유형 더블

중등수학 2-2

지은이

NE능률 수학교육연구소

NE능률 수학교육연구소는 혁신적이며 효율적인 수학 교재를 개발하고
수학 학습의 질을 한 단계 높이고자 노력하는 NE능률의 연구 조직입니다.

검토진

강영주 [월드오브에듀케이션]
구평완 [구평완수학전문학원]
김경남 [유앤아이학원]
김문경 [구주이배학원]
김여란 [상위권수학]
김현석 [엔솔학원]
류재권 [GMS학원]
박언호 [하이스트학원]
변경주 [수학의아침학원]
성은수 [브레인수학학원]
양지은 [진수학전문학원]
위한결 [거산학원 목동본원]
윤인영 [브레인수학학원]
이승훈 [탑씨크리트학원]
이재영 [YEC원당학원]
이혜진 [엔솔학원]
장재혁 [거산학원 목동본원]
정양수 [와이즈만수학학원]
천경목 [하이스트학원]
하수진 [정상수학학원]

강유미 [대성 엔 학원]
권순재 [리더스학원]
김경진 [경진수학학원]
김방래 [비전매쓰학원]
김영태 [박찬민수학학원]
김환철 [수학의 모토 김환철 수학학원]
류현주 [최강수학학원]
박영근 [성재학원]
서용준 [화정와이즈만영재교육]
송은지 [상위권수학 이촌점]
양철웅 [거산학원 목동본원]
유민정 [파란수학학원]
이동훈 [일등급학원]
이유미 [엔솔학원]
이정환 [거산학원 목동본원]
이흥식 [흥샘학원]
정귀영 [거산학원 목동본원]
정재도 [네오올림수학학원]
최광섭 [성북엔콕학원]
하원우 [엔솔학원]

곽민수 [청라 현수학 학원]
권승미 [대성N학원(새롬)]
김국철 [필즈영수전문학원]
김서린 [dys학원]
김진미 [개념폴리아학원]
남해주 [엔솔학원]
박경아 [뿌리깊은 봉선 수학학원]
박지현 [상위권수학 이촌점]
서원준 [시그마수학학원]
안소연 [거산학원 목동본원]
오광재 [미퍼스트학원]
유진희 [엔솔학원]
이만재 [매쓰로드학원]
이윤주 [yj수학]
이지영 [선재수학학원]
장경미 [휘경수학학원]
정미진 [맞춤수학학원]
정진아 [정선생수학]
최수정 [정준 영어 수학학원]
한정수 [페르마수학]

곽병무 [하이스트학원]
권혁동 [청탑학원]
김남진 [산본파스칼수학학원]
김세정 [엔솔학원]
김하영 [포항 이룸 초중등 종합학원]
노관호 [지필드 영재교육]
박병휘 [다원교육]
백은아 [함께하는수학학원]
설주홍 [공신수학학원]
양구근 [매쓰피아 수학학원]
오수환 [삼삼공학원]
유혜주 [엔솔학원]
이송이 [인재와고수학원]
이은희 [한솔학원]
이충안 [분당수이학원]
장미선 [형설학원]
정수인 [분당 수학에 미치다]
정혜림 [일비충천]
최현진 [세종학원]
황미경 [황쌤수학]

Ⅳ. 피타고라스 정리

Ⅴ. 확률

06 평행선 사이의 선분의 길이의 비

유형	문제	유형북	더블북	셀프 코칭
01	01	☐	☐	
	02	☐	☐	
	03	☐	☐	
	04	☐	☐	
02	05	☐	☐	
	06	☐	☐	
	07	☐	☐	
	08	☐	☐	
03	09	☐	☐	
	10	☐	☐	
	11	☐	☐	
	12	☐	☐	
04	13	☐	☐	
	14	☐	☐	
05	15	☐	☐	
	16	☐	☐	
	17	☐	☐	
	18	☐	☐	
06	19	☐	☐	
	20	☐	☐	
	21	☐	☐	
	22	☐	☐	
07	23	☐	☐	
	24	☐	☐	
	25	☐	☐	
08	26	☐	☐	
	27	☐	☐	
	28	☐	☐	
09	29	☐	☐	
	30	☐	☐	
	31	☐	☐	
10	32	☐	☐	
	33	☐	☐	
	34	☐	☐	
11	35	☐	☐	
	36	☐	☐	
	37	☐	☐	
12	38	☐	☐	
	39	☐	☐	
	40	☐	☐	
13	41	☐	☐	
	42	☐	☐	
	43	☐	☐	
14	44	☐	☐	
	45	☐	☐	
	46	☐	☐	
15	47	☐	☐	
	48	☐	☐	
	49	☐	☐	
16	50	☐	☐	
	51	☐	☐	
	52	☐	☐	

07 닮음의 활용

유형	문제	유형북	더블북	셀프 코칭
01	01	☐	☐	
	02	☐	☐	
	03	☐	☐	
	04	☐	☐	
02	05	☐	☐	
	06	☐	☐	
	07	☐	☐	
	08	☐	☐	
03	09	☐	☐	
	10	☐	☐	
	11	☐	☐	
04	12	☐	☐	
	13	☐	☐	
	14	☐	☐	
05	15	☐	☐	
	16	☐	☐	
	17	☐	☐	
	18	☐	☐	
06	19	☐	☐	
	20	☐	☐	
	21	☐	☐	
	22	☐	☐	
07	23	☐	☐	
	24	☐	☐	
	25	☐	☐	
08	26	☐	☐	
	27	☐	☐	
	28	☐	☐	
09	29	☐	☐	
	30	☐	☐	
	31	☐	☐	
10	32	☐	☐	
	33	☐	☐	
	34	☐	☐	
	35	☐	☐	
11	36	☐	☐	
	37	☐	☐	
	38	☐	☐	
12	39	☐	☐	
	40	☐	☐	
	41	☐	☐	
	42	☐	☐	

08 피타고라스 정리

유형	문제	유형북	더블북	셀프 코칭
01	01	☐	☐	
	02	☐	☐	
	03	☐	☐	
02	04	☐	☐	
	05	☐	☐	
	06	☐	☐	
03	07	☐	☐	
	08	☐	☐	
	09	☐	☐	
	10	☐	☐	
04	11	☐	☐	
	12	☐	☐	
	13	☐	☐	
05	14	☐	☐	
	15	☐	☐	
	16	☐	☐	
	17	☐	☐	
06	18	☐	☐	
	19	☐	☐	
	20	☐	☐	
07	21	☐	☐	
	22	☐	☐	
	23	☐	☐	
08	24	☐	☐	
	25	☐	☐	
	26	☐	☐	
09	27	☐	☐	
	28	☐	☐	
	29	☐	☐	
10	30	☐	☐	
	31	☐	☐	
	32	☐	☐	
11	33	☐	☐	
	34	☐	☐	
	35	☐	☐	
12	36	☐	☐	
	37	☐	☐	
	38	☐	☐	

09 경우의 수

유형	문제	유형북	더블북	셀프 코칭
01	01	☐	☐	
	02	☐	☐	
	03	☐	☐	
02	04	☐	☐	
	05	☐	☐	
	06	☐	☐	
	07	☐	☐	
03	08	☐	☐	
	09	☐	☐	
	10	☐	☐	
04	11	☐	☐	
	12	☐	☐	
	13	☐	☐	
05	14	☐	☐	
	15	☐	☐	
	16	☐	☐	
	17	☐	☐	
06	18	☐	☐	
	19	☐	☐	
	20	☐	☐	
07	21	☐	☐	
	22	☐	☐	
	23	☐	☐	
08	24	☐	☐	
	25	☐	☐	
	26	☐	☐	
09	27	☐	☐	
	28	☐	☐	
10	29	☐	☐	
	30	☐	☐	
11	31	☐	☐	
	32	☐	☐	
	33	☐	☐	
	34	☐	☐	
12	35	☐	☐	
	36	☐	☐	
	37	☐	☐	
13	38	☐	☐	
	39	☐	☐	
	40	☐	☐	
14	41	☐	☐	
	42	☐	☐	
	43	☐	☐	
	44	☐	☐	
15	45	☐	☐	
	46	☐	☐	
16	47	☐	☐	
	48	☐	☐	
	49	☐	☐	
	50	☐	☐	
17	51	☐	☐	
	52	☐	☐	
	53	☐	☐	

10 확률

유형	문제	유형북	더블북	셀프 코칭
01	01	☐	☐	
	02	☐	☐	
	03	☐	☐	
	04	☐	☐	
02	05	☐	☐	
	06	☐	☐	
	07	☐	☐	
03	08	☐	☐	
	09	☐	☐	
	10	☐	☐	
04	11	☐	☐	
	12	☐	☐	
	13	☐	☐	
05	14	☐	☐	
	15	☐	☐	
	16	☐	☐	
06	17	☐	☐	
	18	☐	☐	
	19	☐	☐	
	20	☐	☐	
07	21	☐	☐	
	22	☐	☐	
	23	☐	☐	
	24	☐	☐	
08	25	☐	☐	
	26	☐	☐	
	27	☐	☐	
09	28	☐	☐	
	29	☐	☐	
	30	☐	☐	
10	31	☐	☐	
	32	☐	☐	
	33	☐	☐	
	34	☐	☐	
11	35	☐	☐	
	36	☐	☐	
	37	☐	☐	
	38	☐	☐	
	39	☐	☐	
12	40	☐	☐	
	41	☐	☐	
	42	☐	☐	
13	43	☐	☐	
	44	☐	☐	
	45	☐	☐	
	46	☐	☐	
14	47	☐	☐	
	48	☐	☐	
	49	☐	☐	
	50	☐	☐	
15	51	☐	☐	
	52	☐	☐	

유형을 꽉 잡는

유형 더블 체크 유형북 더블북

❶ '답'의 채점이 아닌 '풀이'의 채점을 한다.
- ◯ 정확하게 알고 답을 맞혔다.
- ◬ 답은 맞혔지만 뭔가 찜찜함이 남아 있다.
- ⊘ 틀렸다.
- ⊗ 틀렸지만 단순 계산 실수이다.

❷ 유형북과 더블북의 채점 결과를 확인한 후 셀프 코칭을 한다.
- 예 다시 보기, 시험 기간에 다시 보기, 질문하기, 완성! 등

Ⅰ. 삼각형의 성질

01 삼각형의 성질

유형	문제	유형북	더블북	셀프 코칭
01	01	□	□	
	02	□	□	
02	03	□	□	
	04	□	□	
	05	□	□	
03	06	□	□	
	07	□	□	
	08	□	□	
04	09	□	□	
	10	□	□	
	11	□	□	
05	12	□	□	
	13	□	□	
	14	□	□	
06	15	□	□	
	16	□	□	
	17	□	□	
07	18	□	□	
	19	□	□	
	20	□	□	
08	21	□	□	
	22	□	□	
	23	□	□	
	24	□	□	
	25	□	□	
09	26	□	□	
	27	□	□	
	28	□	□	
10	29	□	□	
	30	□	□	
	31	□	□	
11	32	□	□	
	33	□	□	
	34	□	□	

02 삼각형의 외심과 내심

유형	문제	유형북	더블북	셀프 코칭
01	01	□	□	
	02	□	□	
	03	□	□	
02	04	□	□	
	05	□	□	
	06	□	□	
	07	□	□	
03	08	□	□	
	09	□	□	
	10	□	□	
04	11	□	□	
	12	□	□	
	13	□	□	
	14	□	□	
05	15	□	□	
	16	□	□	
	17	□	□	
06	18	□	□	
	19	□	□	
	20	□	□	
07	21	□	□	
	22	□	□	
	23	□	□	
	24	□	□	
08	25	□	□	
	26	□	□	
	27	□	□	
09	28	□	□	
	29	□	□	
	30	□	□	
10	31	□	□	
	32	□	□	
	33	□	□	
11	34	□	□	
	35	□	□	
	36	□	□	
12	37	□	□	
	38	□	□	
	39	□	□	

Ⅱ. 사각형의 성질

03 평행사변형의 성질

유형	문제	유형북	더블북	셀프 코칭
01	01	□	□	
	02	□	□	
	03	□	□	
02	04	□	□	
	05	□	□	
03	06	□	□	
	07	□	□	
	08	□	□	
04	09	□	□	
	10	□	□	
	11	□	□	
05	12	□	□	
	13	□	□	
	14	□	□	
06	15	□	□	
	16	□	□	
07	17	□	□	
	18	□	□	
	19	□	□	
08	20	□	□	
	21	□	□	
	22	□	□	
09	23	□	□	
	24	□	□	
10	25	□	□	
	26	□	□	
	27	□	□	
11	28	□	□	
	29	□	□	
	30	□	□	
12	31	□	□	
	32	□	□	
	33	□	□	

04 여러 가지 사각형

유형	문제	유형북	더블북	셀프 코칭
01	01	□	□	
	02	□	□	
	03	□	□	
02	04	□	□	
	05	□	□	
	06	□	□	
03	07	□	□	
	08	□	□	
	09	□	□	
	10	□	□	
04	11	□	□	
	12	□	□	
	13	□	□	
05	14	□	□	
	15	□	□	
	16	□	□	
06	17	□	□	
	18	□	□	
	19	□	□	
07	20	□	□	
	21	□	□	
	22	□	□	
08	23	□	□	
	24	□	□	
	25	□	□	
09	26	□	□	
	27	□	□	
	28	□	□	
10	29	□	□	
	30	□	□	
11	31	□	□	
	32	□	□	
	33	□	□	
12	34	□	□	
	35	□	□	
	36	□	□	
13	37	□	□	
	38	□	□	
	39	□	□	
	40	□	□	
14	41	□	□	
	42	□	□	
	43	□	□	
	44	□	□	
15	45	□	□	
	46	□	□	
	47	□	□	
	48	□	□	
16	49	□	□	
	50	□	□	
	51	□	□	

Ⅲ. 도형의 닮음

05 도형의 닮음

유형	문제	유형북	더블북	셀프 코칭
01	01	□	□	
	02	□	□	
	03	□	□	
02	04	□	□	
	05	□	□	
	06	□	□	
03	07	□	□	
	08	□	□	
	09	□	□	
	10	□	□	
04	11	□	□	
	12	□	□	
	13	□	□	
05	14	□	□	
	15	□	□	
	16	□	□	
	17	□	□	
06	18	□	□	
	19	□	□	
07	20	□	□	
	21	□	□	
	22	□	□	
	23	□	□	
08	24	□	□	
	25	□	□	
	26	□	□	
	27	□	□	
09	28	□	□	
	29	□	□	
	30	□	□	
10	31	□	□	
	32	□	□	
	33	□	□	
11	34	□	□	
	35	□	□	
	36	□	□	
12	37	□	□	
	38	□	□	
	39	□	□	

유형 더블

중등수학
2-2

구성과 특징

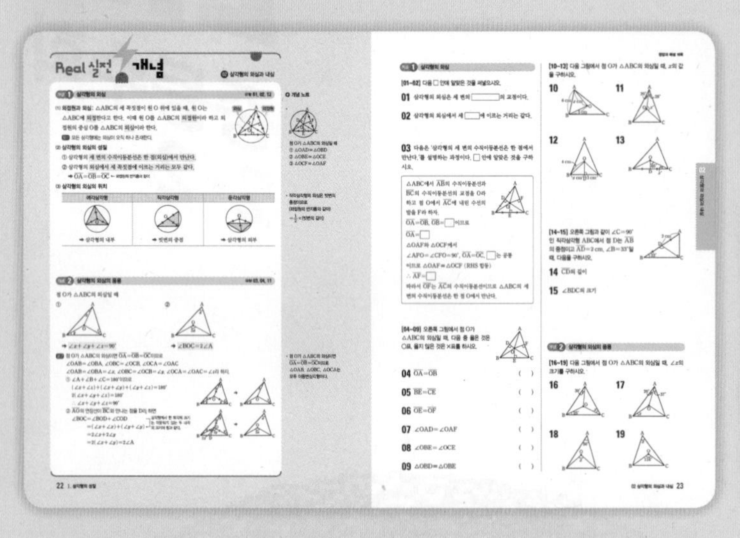

개념

실전에 꼭 필요한 개념을 단원별로 모아 정리하고 기본 문제로 확인할 수 있습니다.
예, 참고, 주의, ⊕ 개념 노트를 통하여 탄탄한 개념 학습을 할 수 있으며, 개념과 관련된 유형의 번호를 바로 확인할 수 있습니다.

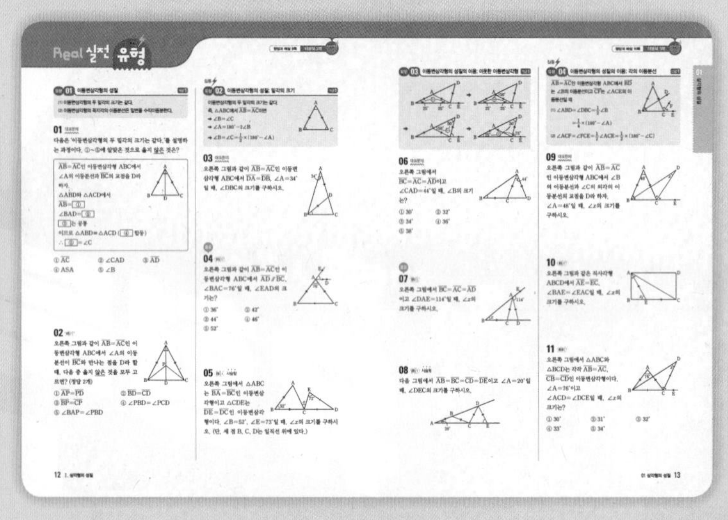

유형

전국 학교 시험에 출제된 모든 문제를 분석하여 엄선된 유형과 최적화된 문제 배열로 구성하였습니다.
내신 출제 비율 70 % 이상인 유형의 경우 집중 유형으로 표시하였고, 꼭 풀어 봐야 하는 문제는 중요 표시를 하여 효율적인 학습을 하도록 하였습니다.
모든 문제를 더블북의 문제와 1 : 1 매칭시켜서 반복 학습을 통한 확실한 복습과 실력 향상을 기대할 수 있습니다.

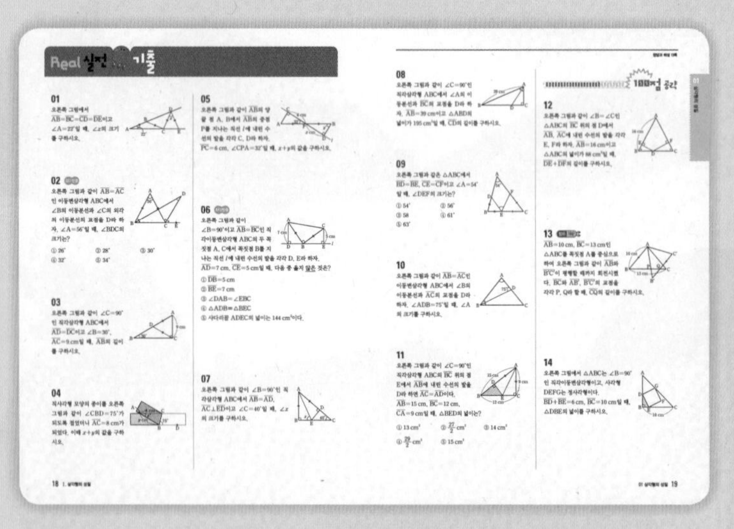

기출

단원별로 학교 시험 형태로 연습하고 창의 역량, 최다빈출, 서술형 문제를 풀어 봄으로써 실전 감각을 최대로 끌어올릴 수 있습니다.
또한 100점 공략 문제를 해결함으로써 학교 시험 고난도 문제까지 정복할 수 있습니다.

실전에 필요한 모든 유형을 두번 푸니까 실력이 더블!

유형북 Real 실전 유형의 모든 문제를 복습할 수 있습니다.

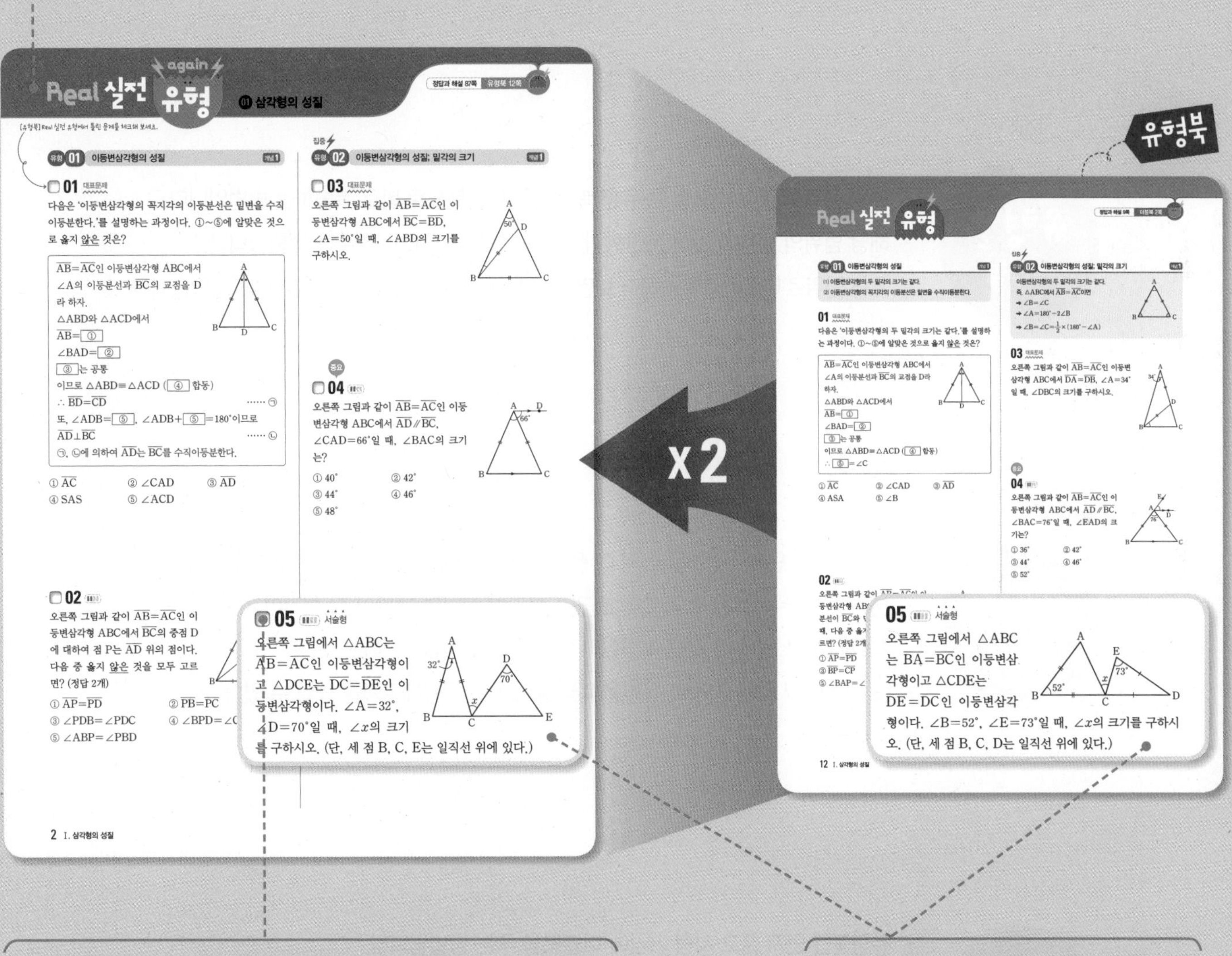

체크박스 ☐ 에는 유형북에서 틀린 문제를 체크해 보세요.
한 번 더 풀어 보면서 맞혔던 문제는 잘 알고 풀었던 것인지, 틀렸던 문제는 이제 완전히 이해하였는지 점검할 수 있습니다.

유형북과 더블북의 모든 문제의 위치가 동일하여 문제를 매칭해 보기 용이합니다.

더블북 활용법

아는 문제도 다시 풀면 다르다!

유형 더블은 수학 문제를 온전히 자기 것으로 만드는 방법으로 '반복'을 제시합니다.
가장 효율적인 반복 학습을 위해 자신에게 맞는 더블북 활용 방법을 찾아보고
다음 페이지에서 학습 계획을 세워 보세요!

유형별 복습형

- 유형 단위로 끊어서 오늘 푼 유형북 범위를 더블북으로 바로 복습하는 방법입니다.
- 해당 범위의 내용이 아직 온전히 내 것으로 느껴지지 않는 경우에 적합합니다.
- 유형 단위로 바로바로 복습하다 보면 조금 더 빠르게 유형을 내 것으로 만들 수 있습니다.

단원별 복습형

- 유형북에서 단원 1~3개를 먼저 다 푼 뒤, 해당 범위의 더블북을 푸는 방법입니다.
- 분명 풀 때는 이해한 것 같은데 조금만 시간이 지나면 내용이 잘 생각이 나지 않거나 잘 이해하고 푼 것이 맞는지 의심이 되는 경우에 적합합니다.
- 좀 더 넓은 시야를 가지고 유형을 파악하게 되어 문제해결력을 높일 수 있습니다.

시험기간 복습형

- 유형북만 먼저 풀고 시험 기간에 더블북을 푸는 방법입니다.
- 유형북을 풀 때 이미 어느 정도 내용을 잘 이해한 경우에 적합합니다.
- 유형북을 풀 때, 어려웠던 문제나 실수로 틀린 문제 또는 나중에 다시 복습하고 싶은 문제 등을 더블북에 미리 표시해 두면 좀 더 효율적으로 복습할 수 있습니다.

학습 계획표

대단원	중단원	분량	유형북 학습일	더블북 학습일
Ⅰ. 삼각형의 성질	01 삼각형의 성질	개념 4쪽		
		유형 6쪽		
		기출 3쪽		
	02 삼각형의 외심과 내심	개념 4쪽		
		유형 6쪽		
		기출 3쪽		
Ⅱ. 사각형의 성질	03 평행사변형의 성질	개념 2쪽		
		유형 6쪽		
		기출 3쪽		
	04 여러 가지 사각형	개념 4쪽		
		유형 8쪽		
		기출 3쪽		
Ⅲ. 도형의 닮음	05 도형의 닮음	개념 4쪽		
		유형 6쪽		
		기출 3쪽		
	06 평행선 사이의 선분의 길이의 비	개념 4쪽		
		유형 8쪽		
		기출 3쪽		
	07 닮음의 활용	개념 2쪽		
		유형 6쪽		
		기출 3쪽		
Ⅳ. 피타고라스 정리	08 피타고라스 정리	개념 4쪽		
		유형 6쪽		
		기출 3쪽		
Ⅴ. 확률	09 경우의 수	개념 4쪽		
		유형 8쪽		
		기출 3쪽		
	10 확률	개념 4쪽		
		유형 8쪽		
		기출 3쪽		

유형북의 차례

I. 삼각형의 성질

01 삼각형의 성질

7~20쪽

2~7쪽

Real 실전 개념

개념 1 이등변삼각형의 성질 유형 01~05

(1) 이등변삼각형

두 변의 길이가 같은 삼각형 ➔ $\overline{AB}=\overline{AC}$

① 꼭지각: 길이가 같은 두 변이 이루는 각 ➔ $\angle A$

② 밑변: 꼭지각의 대변 ➔ $\overline{BC}$

③ 밑각: 밑변의 양 끝 각 ➔ $\angle B$, $\angle C$

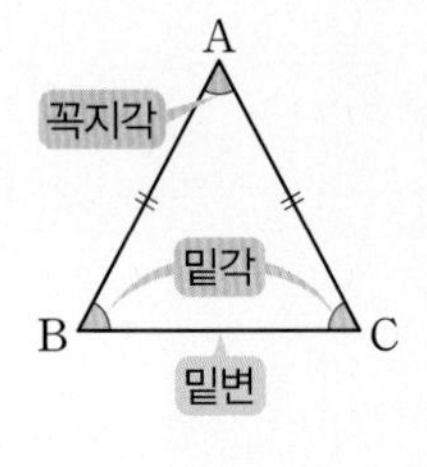

참고 정삼각형은 세 변의 길이가 같으므로 이등변삼각형이다.

(2) 이등변삼각형의 성질

① 이등변삼각형의 두 밑각의 크기는 같다.

➔ $\angle B=\angle C$
↳ $\triangle ABD\equiv\triangle ACD$ (SAS 합동)이므로 $\angle B=\angle C$

② 이등변삼각형의 꼭지각의 이등분선은 밑변을 수직이등분한다.

➔ $\overline{BD}=\overline{CD}$, $\overline{AD}\perp\overline{BC}$
↳ $\triangle ABD\equiv\triangle ACD$ (SAS 합동)이므로 $\overline{BD}=\overline{CD}$
또, $\angle ADB=\angle ADC$, $\angle ADB+\angle ADC=180°$이므로
$\angle ADB=\angle ADC=90°$

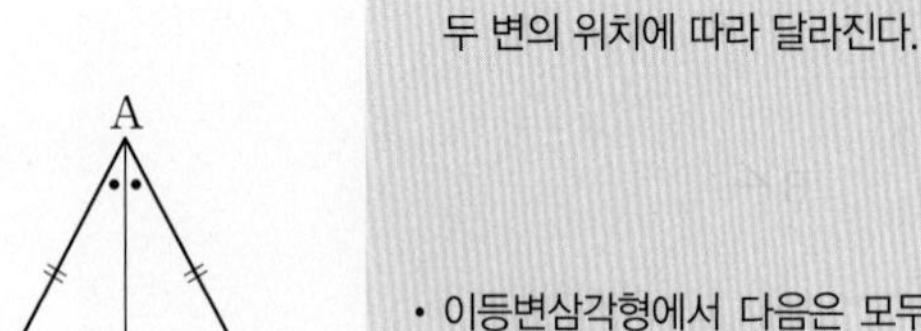

+ 개념 노트

• 이등변삼각형의 밑각은 밑에 있는 각이 아니라 밑변의 양 끝 각으로, 그 위치는 길이가 같은 두 변의 위치에 따라 달라진다.

• 이등변삼각형에서 다음은 모두 일치한다.
① 꼭지각의 이등분선
② 밑변의 수직이등분선
③ 꼭지각의 꼭짓점에서 밑변에 그은 수선
④ 꼭지각의 꼭짓점과 밑변의 중점을 지나는 직선

개념 2 이등변삼각형이 되는 조건 유형 06, 07

두 내각의 크기가 같은 삼각형은 이등변삼각형이다.

➔ $\triangle ABC$에서 $\angle B=\angle C$이면
$\overline{AB}=\overline{AC}$

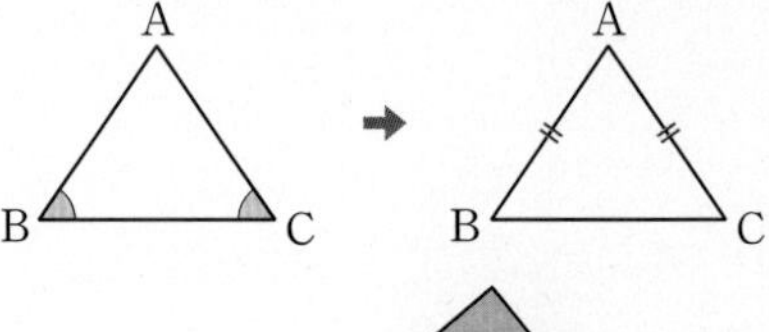

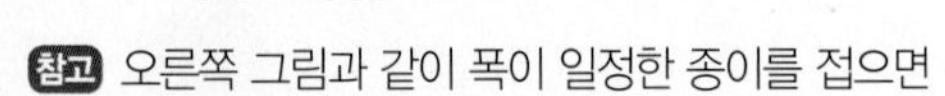

참고 오른쪽 그림과 같이 폭이 일정한 종이를 접으면
$\angle ABC=\angle CBD$ (접은 각), $\angle ACB=\angle CBD$ (엇각)
이므로 $\angle ABC=\angle ACB$
따라서 $\triangle ABC$는 $\overline{AB}=\overline{AC}$인 이등변삼각형이다.

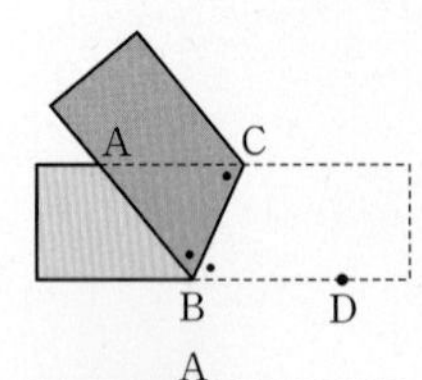

예 오른쪽 그림과 같이 폭이 일정한 종이를 접을 때, $\triangle ABC$는 $\overline{BA}=\overline{BC}$인 이등변삼각형이다.
$\therefore x=3$

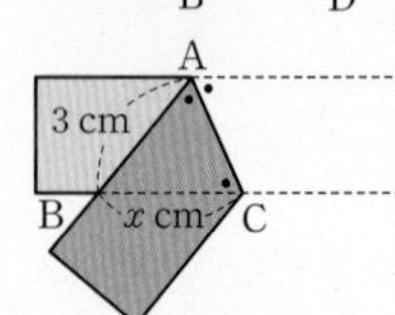

• 이등변삼각형이 되는 조건은 이등변삼각형의 성질을 거꾸로 한 것과 같다.

• 어떤 삼각형이 이등변삼각형임을 보이려면 두 내각의 크기가 같음을 보이면 된다.

개념 1 이등변삼각형의 성질

[01~06] 다음 그림과 같은 이등변삼각형 ABC에서 $\angle x$의 크기를 구하시오.

01

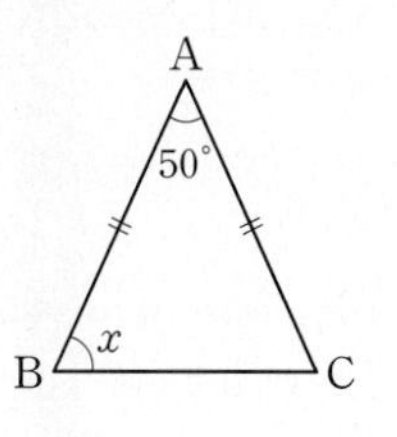

02

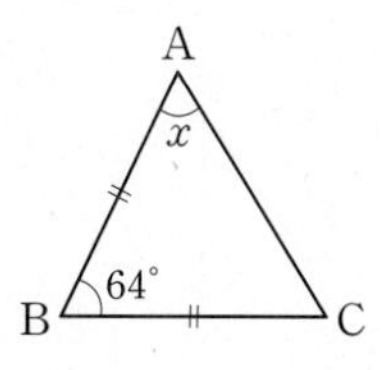

03

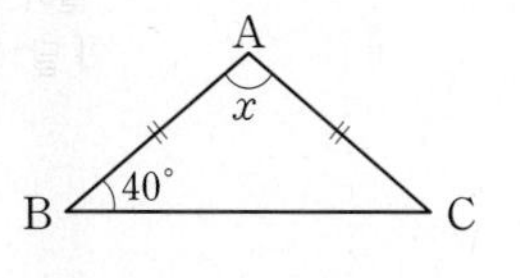

04

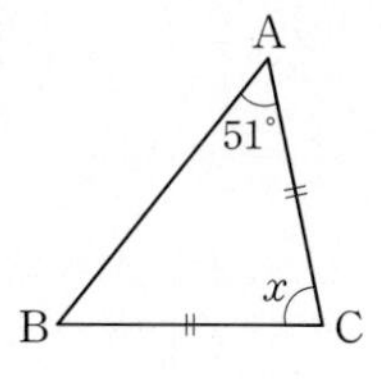

05

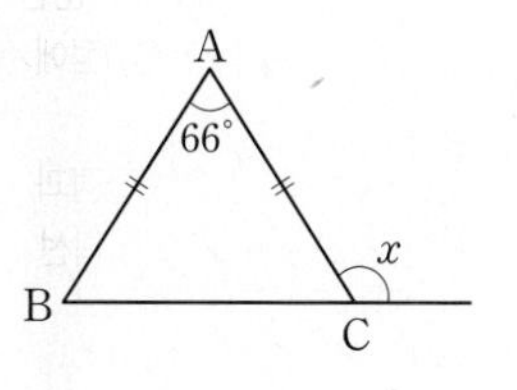

06

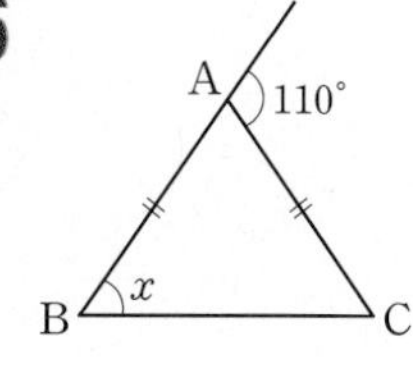

[07~10] 다음 그림과 같이 $\overline{AB}=\overline{AC}$인 이등변삼각형 ABC에서 $\overline{AD}$가 $\angle A$의 이등분선일 때, x의 값을 구하시오.

07

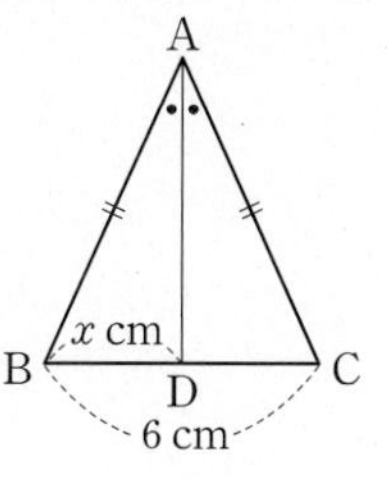

08

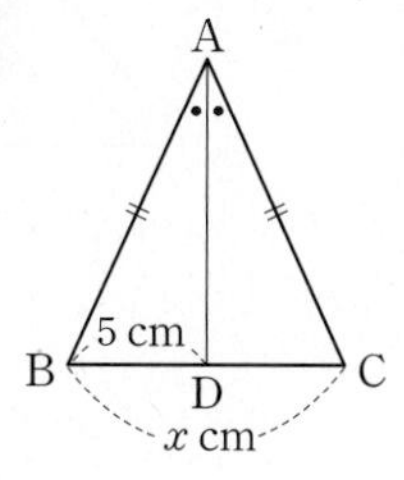

09

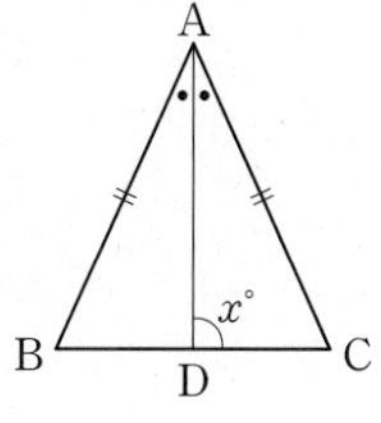

10

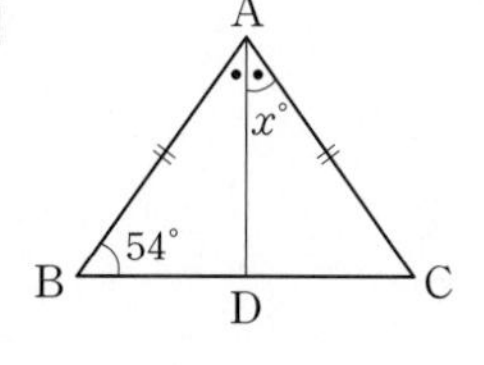

개념 2 이등변삼각형이 되는 조건

11 다음은 '두 내각의 크기가 같은 삼각형은 이등변삼각형이다.'를 설명하는 과정이다. □ 안에 알맞은 것을 써넣으시오.

> $\angle B=\angle C$인 $\triangle ABC$에서 $\angle A$의 이등분선과 $\overline{BC}$의 교점을 D라 하자.
> $\triangle ABD$와 $\triangle ACD$에서
> □는 공통 ······ ㉠
> $\angle BAD=$□ ······ ㉡
> $\angle B=\angle C$이고 삼각형에서 세 내각의 크기의 합은 180°이므로
> $\angle ADB=$□ ······ ㉢
> ㉠, ㉡, ㉢에 의하여 $\triangle ABD\equiv\triangle ACD$ (□ 합동)이므로
> $\overline{AB}=$□
> 따라서 $\triangle ABC$는 이등변삼각형이다.

[12~13] 다음 그림과 같은 $\triangle ABC$에서 x의 값을 구하시오.

12

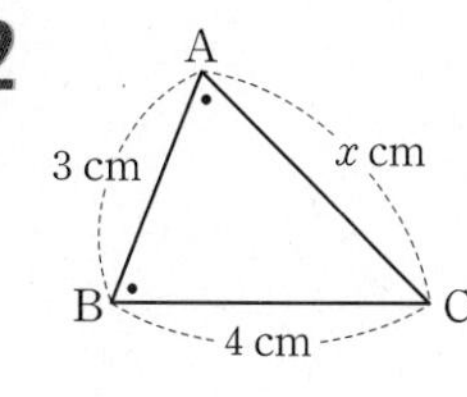

13

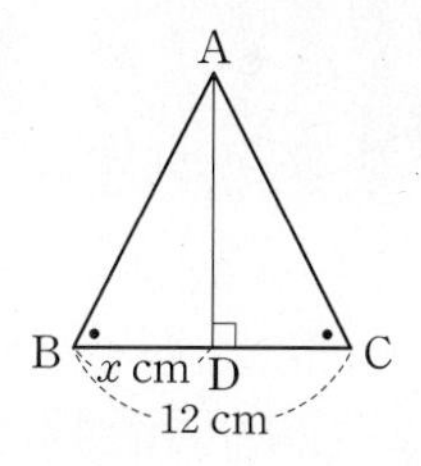

[14~15] 직사각형 모양의 종이를 오른쪽 그림과 같이 접었더니 $\angle EFG=50^\circ$, $\overline{FG}=2$ cm가 되었을 때, 다음을 구하시오.

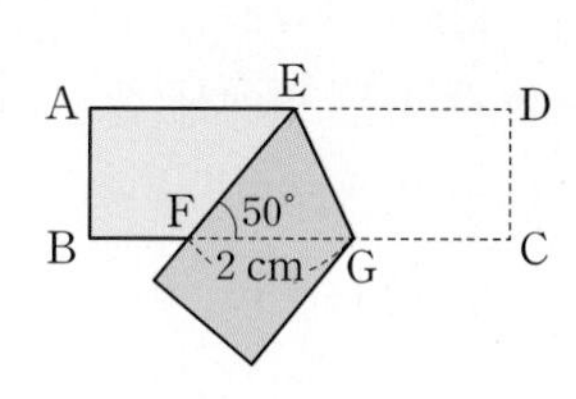

14 $\angle EGF$의 크기

15 $\overline{EF}$의 길이

개념 3 직각삼각형의 합동 조건

유형 08~10

두 직각삼각형은 다음의 각 경우에 합동이다.

(1) 두 직각삼각형의 빗변의 길이와 한 예각의 크기가 각각 같을 때 (RHA 합동)
Ⓡ　Ⓗ　Ⓐ

➜ $\angle C=\angle F=90^\circ$, $\overline{AB}=\overline{DE}$, $\angle B=\angle E$이면

$\triangle ABC\equiv\triangle DEF$

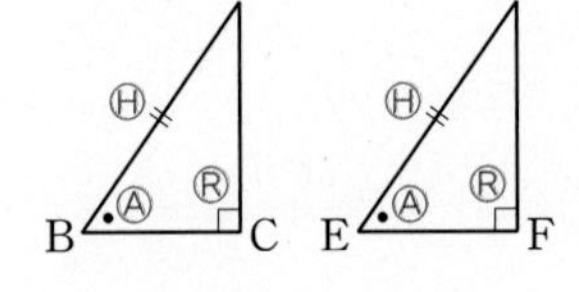

(2) 두 직각삼각형의 빗변의 길이와 다른 한 변의 길이가 각각 같을 때 (RHS 합동)
Ⓡ　Ⓗ　Ⓢ

➜ $\angle C=\angle F=90^\circ$, $\overline{AB}=\overline{DE}$, $\overline{AC}=\overline{DF}$이면

$\triangle ABC\equiv\triangle DEF$

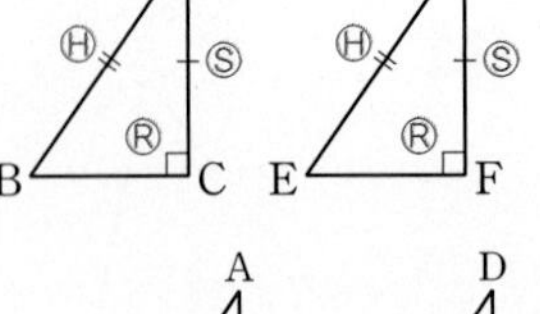
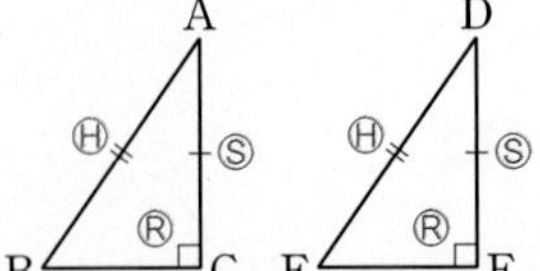

참고 (1) 오른쪽 그림과 같은 두 직각삼각형 ABC와 DEF에서

$\overline{AB}=\overline{DE}$, $\angle B=\angle E$ …… ㉠

$\angle C=\angle F=90^\circ$이므로

$\angle A=90^\circ-\angle B=90^\circ-\angle E=\angle D$ …… ㉡

㉠, ㉡에서 $\triangle ABC\equiv\triangle DEF$ (ASA 합동)

(2) 오른쪽 그림과 같은 두 직각삼각형 ABC와 DEF에서

$\overline{AC}=\overline{DF}$ …… ㉠

$\overline{AB}=\overline{DE}$ …… ㉡

두 변 AC와 DF를 맞붙여 놓으면 $\triangle ABE$는 이등변삼각형이므로

$\angle B=\angle E$

또, $\angle ACB=\angle DFE=90^\circ$이므로

$\angle BAC=90^\circ-\angle B=90^\circ-\angle E=\angle EDF$ …… ㉢

㉠, ㉡, ㉢에서 $\triangle ABC\equiv\triangle DEF$ (SAS 합동)

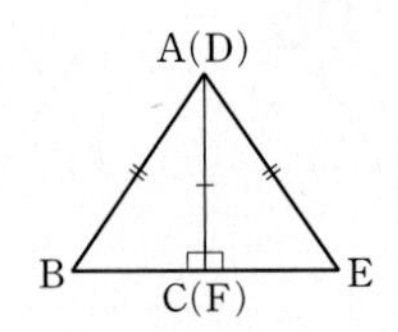

➕ 개념 노트

- 직각삼각형: 한 내각의 크기가 90°인 삼각형
- 빗변: 직각삼각형에서 직각의 대변
- RHA 합동, RHS 합동에서 R는 직각(Right angle), H는 빗변(Hypotenuse), A는 각(Angle), S는 변(Side)을 뜻한다.

개념 4 각의 이등분선의 성질

유형 11

(1) 각의 이등분선 위의 한 점에서 그 각을 이루는 두 변까지의 거리는 같다.

➜ $\angle AOP=\angle BOP$이면

$\overline{PQ}=\overline{PR}$

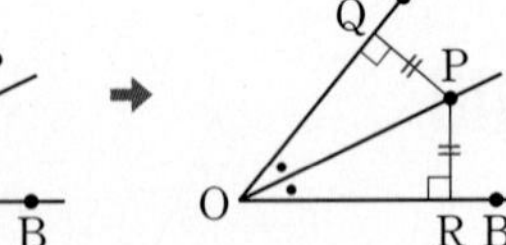

참고 각의 이등분선 위의 어떤 점을 택하여도 그 점에서 각의 두 변에 이르는 거리는 같다.

(2) 각의 두 변에서 같은 거리에 있는 점은 그 각의 이등분선 위에 있다.

➜ $\overline{PQ}=\overline{PR}$이면

$\angle AOP=\angle BOP$

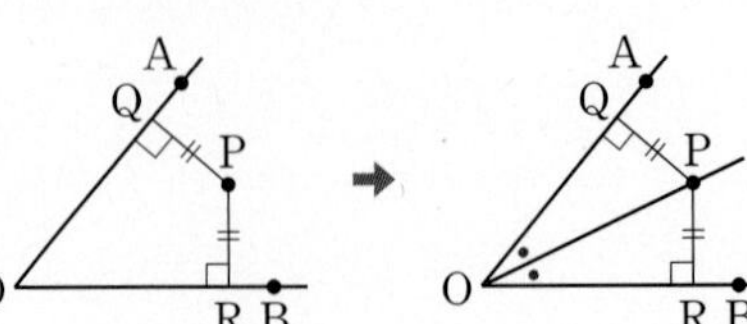
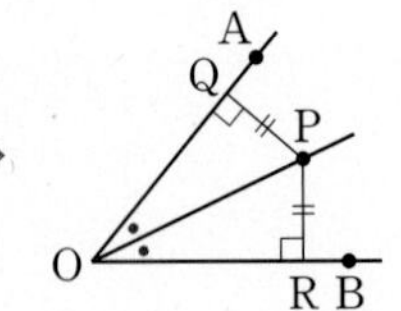

- 각의 이등분선의 성질은 직각삼각형의 합동을 이용하여 설명할 수 있다.

개념 3 직각삼각형의 합동 조건

[16~17] 오른쪽 그림과 같은 두 직각삼각형 ABC, DEF에 대하여 다음 물음에 답하시오.

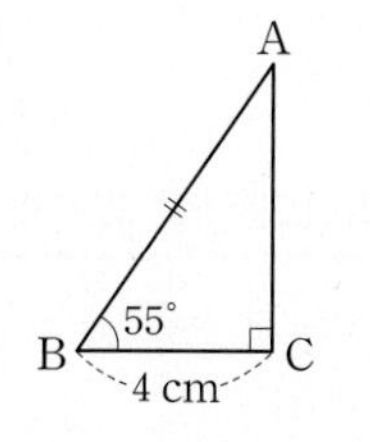

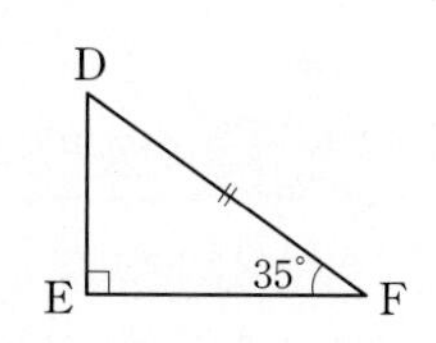

16 합동인 두 삼각형을 기호로 나타내고, 그 합동 조건을 말하시오.

17 $\overline{DE}$의 길이를 구하시오.

[18~19] 오른쪽 그림과 같은 두 직각삼각형 ABC, DEF에 대하여 다음 물음에 답하시오.

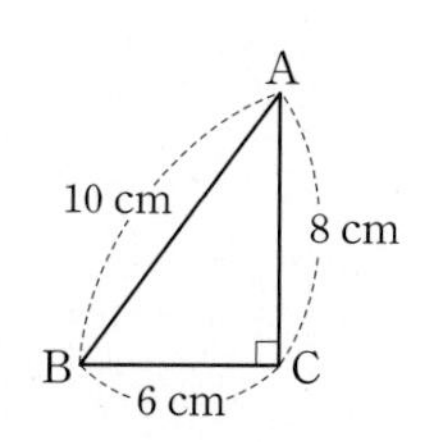

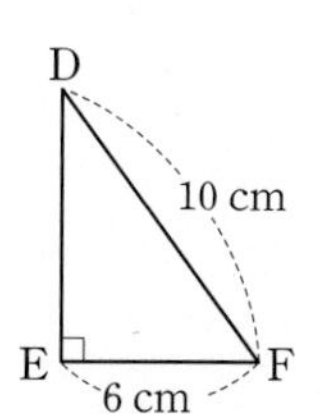

18 합동인 두 삼각형을 기호로 나타내고, 그 합동 조건을 말하시오.

19 $\overline{DE}$의 길이를 구하시오.

[20~23] 오른쪽 그림의 삼각형과 합동인 삼각형은 ○표, 합동이 아닌 삼각형은 ×표를 하시오.

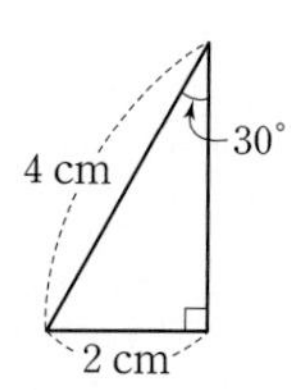

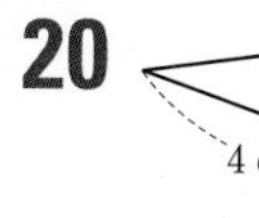

20

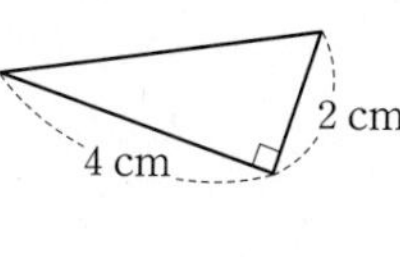

( )

21

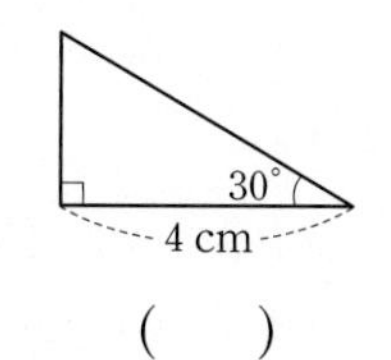

( )

22

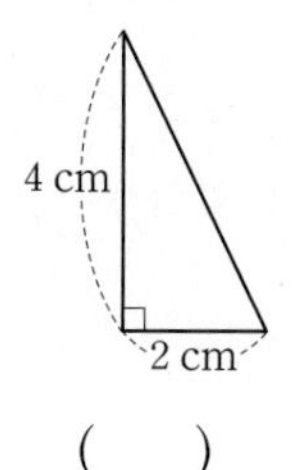

( )

23

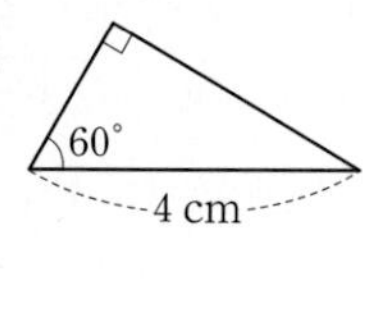

( )

개념 4 각의 이등분선의 성질

24 다음은 '각의 이등분선 위의 한 점에서 그 각을 이루는 두 변까지의 거리는 같다.'를 설명하는 과정이다. □ 안에 알맞은 것을 써넣으시오.

> $\angle XOY$의 이등분선 위의 점 P에서 $\overrightarrow{OX}$, $\overrightarrow{OY}$에 내린 수선의 발을 각각 A, B라 하자.
> $\triangle AOP$와 $\triangle BOP$에서
> $\angle PAO=$ □ $=90^\circ$
> □는 공통
> $\angle AOP=$ □
> 이므로 $\triangle AOP\equiv\triangle BOP$ (□ 합동)
> $\therefore \overline{PA}=\overline{PB}$

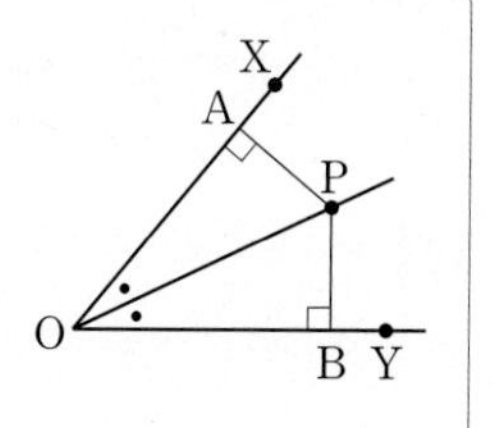

25 오른쪽 그림에서 $\angle AOP=\angle BOP$일 때, x의 값을 구하시오.

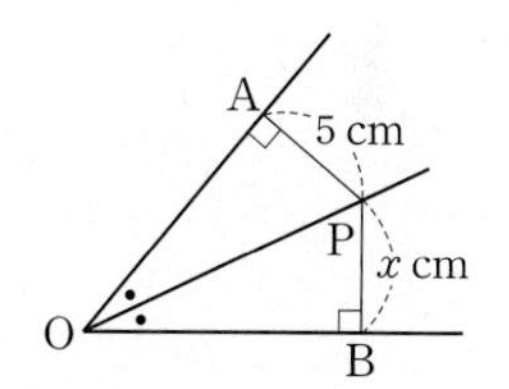

26 다음은 '각의 두 변에서 같은 거리에 있는 점은 그 각의 이등분선 위에 있다.'를 설명하는 과정이다. □ 안에 알맞은 것을 써넣으시오.

> $\overrightarrow{OX}$, $\overrightarrow{OY}$에서 같은 거리에 있는 점을 P라 하자.
> $\triangle AOP$와 $\triangle BOP$에서
> 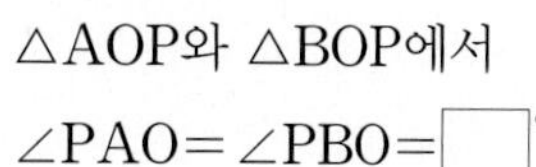
> $\angle PAO=\angle PBO=$ □$^\circ$
> □는 공통
> $\overline{PA}=$ □
> 이므로 $\triangle AOP\equiv\triangle BOP$ (□ 합동)
> $\therefore \angle AOP=$ □

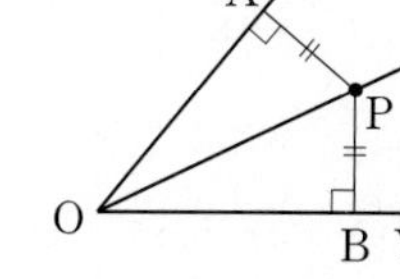

27 오른쪽 그림에서 $\overline{PA}=\overline{PB}$일 때, x의 값을 구하시오.

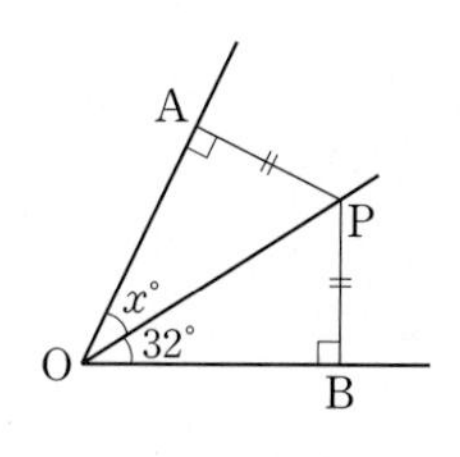

Real 실전 유형

정답과 해설 9쪽 | 더블북 2쪽

유형 01 이등변삼각형의 성질 개념 1

(1) 이등변삼각형의 두 밑각의 크기는 같다.
(2) 이등변삼각형의 꼭지각의 이등분선은 밑변을 수직이등분한다.

01 대표문제

다음은 '이등변삼각형의 두 밑각의 크기는 같다.'를 설명하는 과정이다. ①~⑤에 알맞은 것으로 옳지 않은 것은?

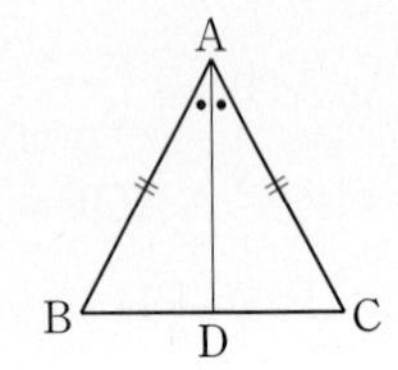

$\overline{AB}=\overline{AC}$인 이등변삼각형 ABC에서 $\angle A$의 이등분선과 $\overline{BC}$의 교점을 D라 하자.
$\triangle ABD$와 $\triangle ACD$에서
$\overline{AB}=$ ①
$\angle BAD=$ ②
③ 는 공통
이므로 $\triangle ABD \equiv \triangle ACD$ (④ 합동)
$\therefore$ ⑤ $=\angle C$

① $\overline{AC}$ ② $\angle CAD$ ③ $\overline{AD}$
④ ASA ⑤ $\angle B$

02

오른쪽 그림과 같이 $\overline{AB}=\overline{AC}$인 이등변삼각형 ABC에서 $\angle A$의 이등분선이 $\overline{BC}$와 만나는 점을 D라 할 때, 다음 중 옳지 않은 것을 모두 고르면? (정답 2개)

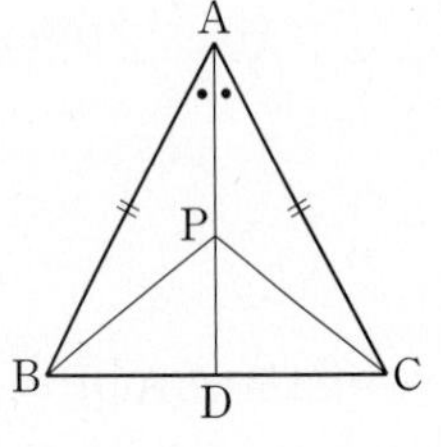

① $\overline{AP}=\overline{PD}$ ② $\overline{BD}=\overline{CD}$
③ $\overline{BP}=\overline{CP}$ ④ $\angle PBD=\angle PCD$
⑤ $\angle BAP=\angle PBD$

집중

유형 02 이등변삼각형의 성질; 밑각의 크기 개념 1

이등변삼각형의 두 밑각의 크기는 같다.
즉, $\triangle ABC$에서 $\overline{AB}=\overline{AC}$이면
➡ $\angle B=\angle C$
➡ $\angle A=180^\circ-2\angle B$
➡ $\angle B=\angle C=\frac{1}{2}\times(180^\circ-\angle A)$

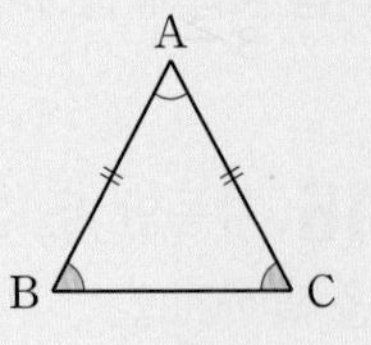

03 대표문제

오른쪽 그림과 같이 $\overline{AB}=\overline{AC}$인 이등변삼각형 ABC에서 $\overline{DA}=\overline{DB}$, $\angle A=34^\circ$일 때, $\angle DBC$의 크기를 구하시오.

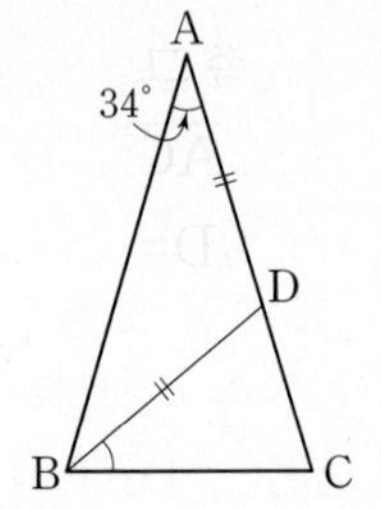

중요

04

오른쪽 그림과 같이 $\overline{AB}=\overline{AC}$인 이등변삼각형 ABC에서 $\overline{AD} /\!/ \overline{BC}$, $\angle BAC=76^\circ$일 때, $\angle EAD$의 크기는?

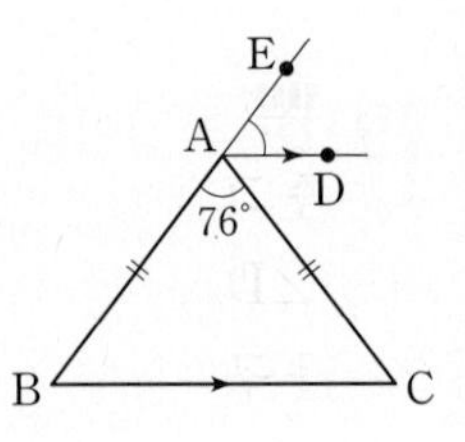

① 36° ② 42°
③ 44° ④ 46°
⑤ 52°

05 서술형

오른쪽 그림에서 $\triangle ABC$는 $\overline{BA}=\overline{BC}$인 이등변삼각형이고 $\triangle CDE$는 $\overline{DE}=\overline{DC}$인 이등변삼각형이다. $\angle B=52^\circ$, $\angle E=73^\circ$일 때, $\angle x$의 크기를 구하시오. (단, 세 점 B, C, D는 일직선 위에 있다.)

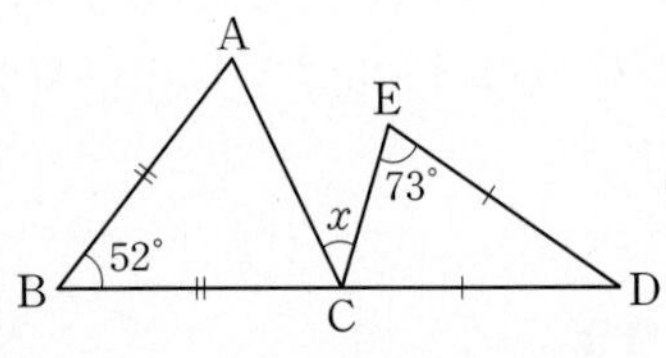

유형 03 이등변삼각형의 성질의 이용; 이웃한 이등변삼각형 개념 1

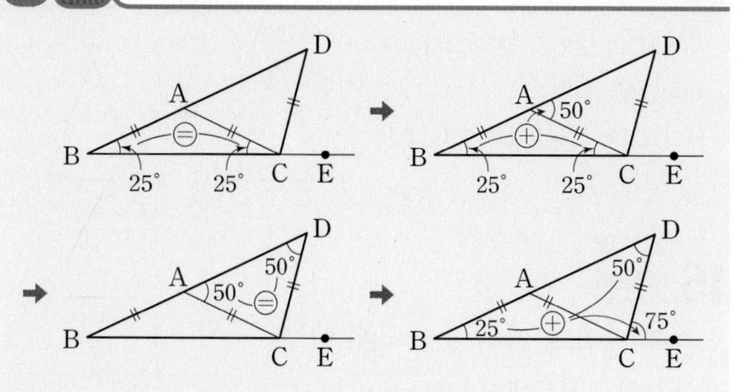

06 대표문제

오른쪽 그림에서 $\overline{BC}=\overline{AC}=\overline{AD}$이고 $\angle CAD=44°$일 때, $\angle B$의 크기는?

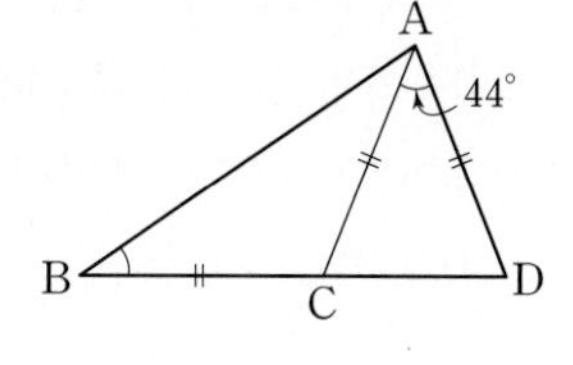

① $30°$ ② $32°$ ③ $34°$
④ $36°$ ⑤ $38°$

중요

07

오른쪽 그림에서 $\overline{BC}=\overline{AC}=\overline{AD}$이고 $\angle DAE=114°$일 때, $\angle x$의 크기를 구하시오.

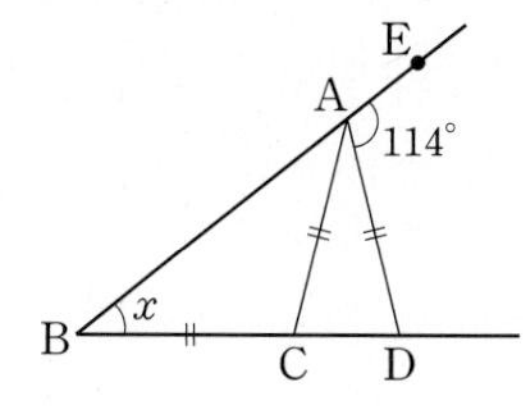

08 서술형

다음 그림에서 $\overline{AB}=\overline{BC}=\overline{CD}=\overline{DE}$이고 $\angle A=20°$일 때, $\angle DEC$의 크기를 구하시오.

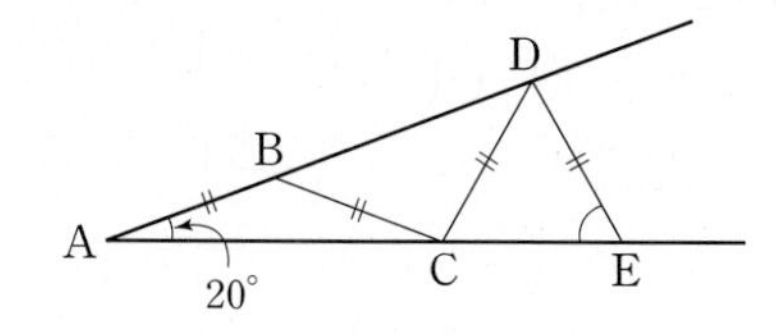

집중

유형 04 이등변삼각형의 성질의 이용; 각의 이등분선 개념 1

$\overline{AB}=\overline{AC}$인 이등변삼각형 ABC에서 $\overrightarrow{BD}$는 $\angle B$의 이등분선이고 $\overrightarrow{CF}$는 $\angle ACE$의 이등분선일 때

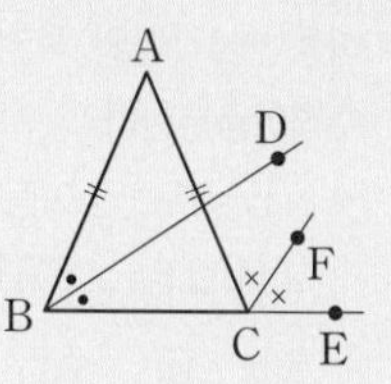

(1) $\angle ABD=\angle DBC=\frac{1}{2}\angle B$

$=\frac{1}{4}\times(180°-\angle A)$

(2) $\angle ACF=\angle FCE=\frac{1}{2}\angle ACE=\frac{1}{2}\times(180°-\angle C)$

09 대표문제

오른쪽 그림과 같이 $\overline{AB}=\overline{AC}$인 이등변삼각형 ABC에서 $\angle B$의 이등분선과 $\angle C$의 외각의 이등분선의 교점을 D라 하자. $\angle A=48°$일 때, $\angle x$의 크기를 구하시오.

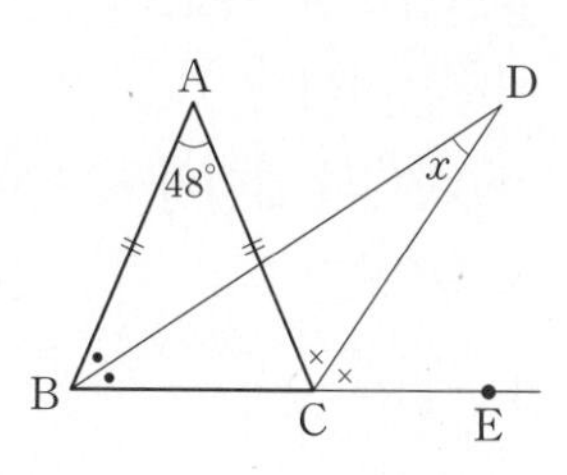

10

오른쪽 그림과 같은 직사각형 ABCD에서 $\overline{AE}=\overline{EC}$, $\angle BAE=\angle EAC$일 때, $\angle x$의 크기를 구하시오.

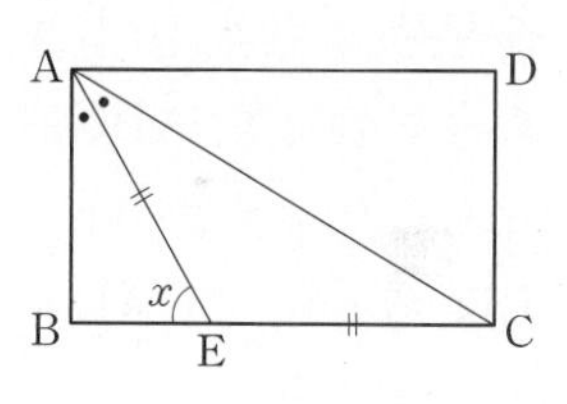

11

오른쪽 그림에서 $\triangle ABC$와 $\triangle BCD$는 각각 $\overline{AB}=\overline{AC}$, $\overline{CB}=\overline{CD}$인 이등변삼각형이다. $\angle A=76°$이고 $\angle ACD=\angle DCE$일 때, $\angle x$의 크기는?

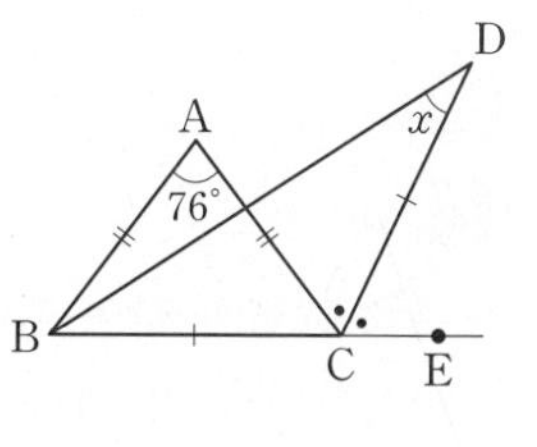

① $30°$ ② $31°$ ③ $32°$
④ $33°$ ⑤ $34°$

유형 05 이등변삼각형의 성질; 꼭지각의 이등분선 개념1

이등변삼각형의 꼭지각의 이등분선은 밑변을 수직이등분한다.

➜ $\overline{AB}=\overline{AC}$인 이등변삼각형 ABC에서 $\angle BAD=\angle CAD$이면

$\overline{AD}\perp\overline{BC}$, $\overline{BD}=\overline{CD}=\frac{1}{2}\overline{BC}$

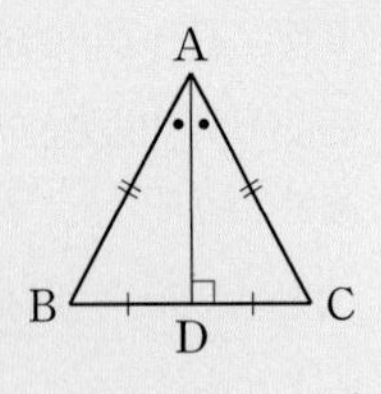

12 대표문제

오른쪽 그림과 같이 $\overline{AB}=\overline{AC}$인 이등변삼각형 ABC에서 $\overline{AD}$는 $\angle A$의 이등분선이다. $\overline{BC}=8$ cm이고 $\triangle ABC$의 넓이가 32 cm^2일 때, $\overline{AD}$의 길이는?

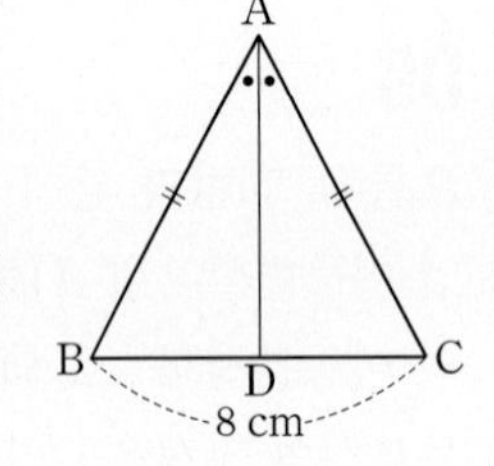

① 8 cm ② 9 cm ③ 10 cm ④ 11 cm ⑤ 12 cm

13

오른쪽 그림과 같이 $\overline{AB}=\overline{AC}$인 이등변삼각형 ABC에서 $\overline{AD}$는 $\angle A$의 이등분선이다. $\overline{BD}=7$ cm, $\angle CAD=35°$일 때, $x+y$의 값은?

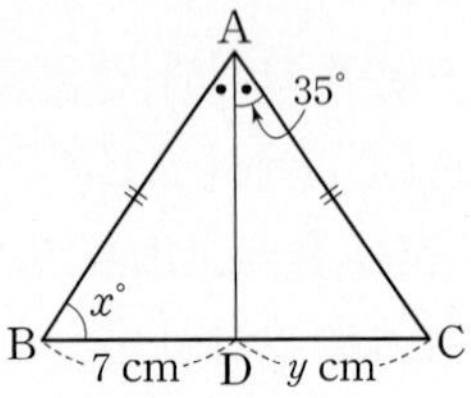

A
35°
$x°$
B
7 cm
D
y cm
C

① 50 ② 53 ③ 57 ④ 59 ⑤ 62

중요

14

오른쪽 그림과 같이 $\overline{AB}=\overline{AC}$인 이등변삼각형 ABC에서 $\angle BAD=\angle CAD$이고 $\overline{AD}=10$ cm, $\overline{BC}=12$ cm일 때, $\triangle ADC$의 넓이를 구하시오.

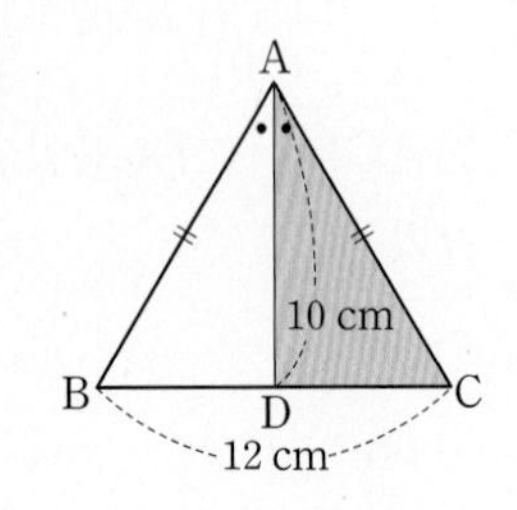

집중

유형 06 이등변삼각형이 되는 조건 개념2

두 내각의 크기가 같은 삼각형은 이등변삼각형이다.

➜ $\triangle ABC$에서 $\angle B=\angle C$이면 $\overline{AB}=\overline{AC}$

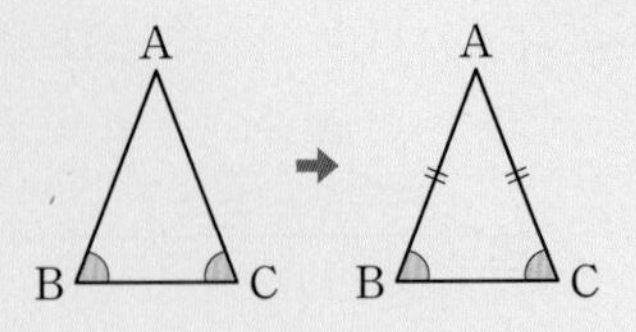

15 대표문제

오른쪽 그림과 같이 $\angle B=90°$인 직각삼각형 ABC에서 $\overline{DB}=\overline{DC}$이고 $\angle A=33°$, $\overline{BD}=6$ cm일 때, $\overline{AC}$의 길이는?

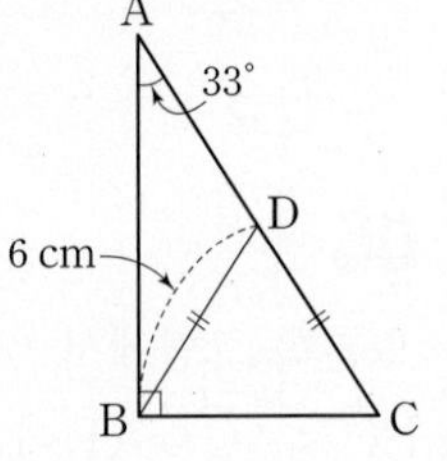

① 8 cm ② 10 cm ③ 12 cm ④ 14 cm ⑤ 16 cm

16 서술형

오른쪽 그림과 같이 $\overline{AB}=\overline{AC}$인 이등변삼각형 ABC에서 $\angle B$의 이등분선이 $\overline{AC}$와 만나는 점을 D라 하자. $\angle C=72°$, $\overline{BC}=10$ cm일 때, $x+y$의 값을 구하시오.

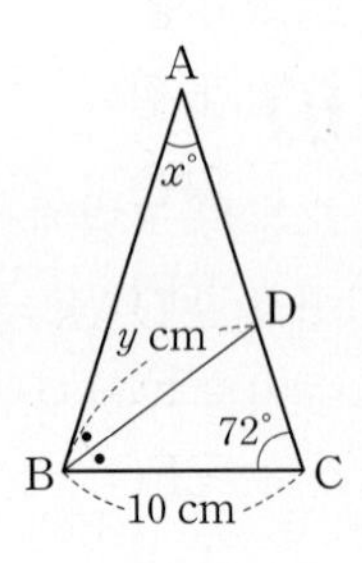

17

오른쪽 그림에서 $\angle A=35°$, $\angle CBD=70°$, $\angle DCE=105°$이고 $\overline{AB}=8$ cm일 때, $\overline{CD}$의 길이를 구하시오.

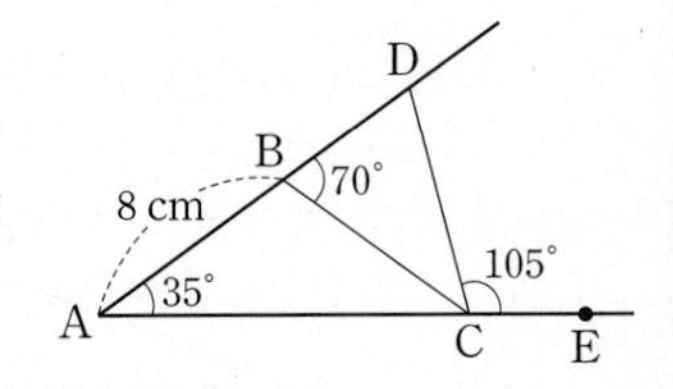

유형 07 접은 도형에서의 이등변삼각형 개념2

직사각형 모양의 종이를 오른쪽 그림과 같이 접으면

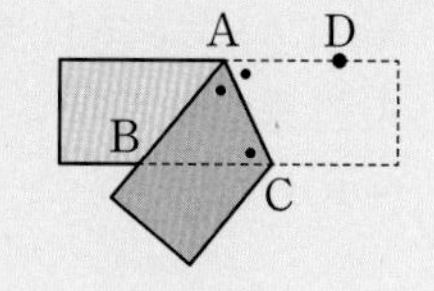

$\angle BAC = \angle DAC = \angle BCA$ (엇각, 접은 각)

→ △ABC는 $\overline{BA} = \overline{BC}$인 이등변삼각형이다.

18 대표문제

직사각형 모양의 종이를 오른쪽 그림과 같이 접었다. $\overline{EG} = 5$ cm, $\overline{FG} = 4$ cm일 때, △EFG의 둘레의 길이는?

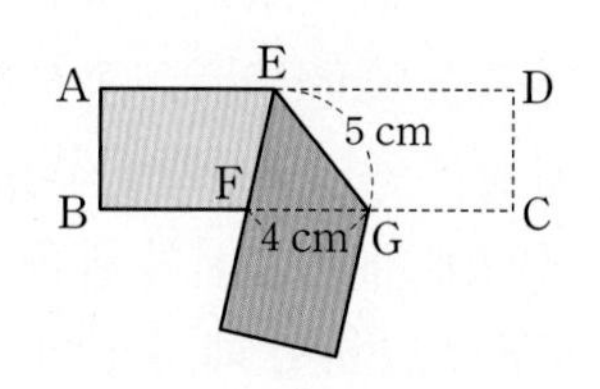

① 12 cm ② 13 cm ③ 14 cm
④ 15 cm ⑤ 16 cm

중요

19

직사각형 모양의 종이를 오른쪽 그림과 같이 접었을 때, 다음 중 옳지 않은 것은?

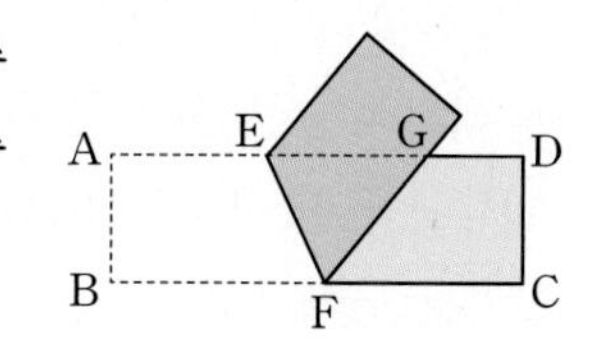

① $\angle EFB = \angle GFE$
② $\angle EFB = \angle GEF$
③ $\angle EFG = \angle GFC$
④ $\overline{GE} = \overline{GF}$
⑤ △GEF는 이등변삼각형이다.

20 서술형

폭이 4 cm로 일정한 종이테이프를 오른쪽 그림과 같이 접었더니 $\overline{AB} = 6$ cm가 되었다. 이때 △ABC의 넓이를 구하시오.

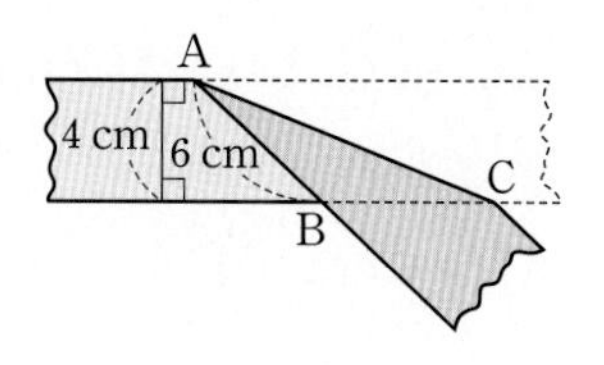

집중

유형 08 직각삼각형의 합동 조건 개념3

두 직각삼각형에서
(1) 빗변의 길이와 한 예각의 크기가 각각 같을 때
→ RHA 합동
(2) 빗변의 길이와 다른 한 변의 길이가 각각 같을 때
→ RHS 합동

21 대표문제

다음 **보기**의 직각삼각형 중 서로 합동인 것을 찾아 기호를 사용하여 나타내고, 각각의 합동 조건을 말하시오.

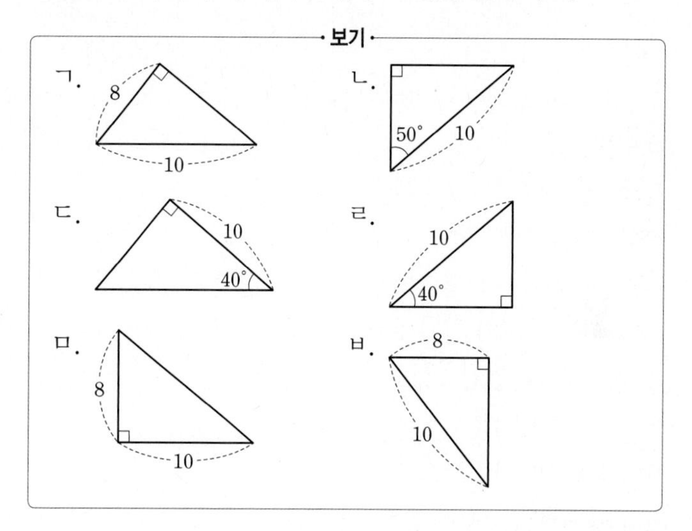

22

오른쪽 그림의 두 직각삼각형 ABC와 FED가 합동일 때, 다음 중 이 두 직각삼각형이 합동임을 보이는 조건으로 알맞은 것을 모두 고르면? (정답 2개)

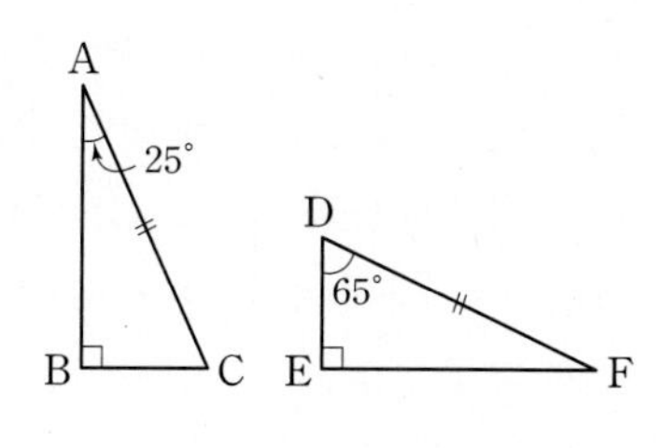

① ASA 합동 ② SAS 합동
③ SSS 합동 ④ RHA 합동
⑤ RHS 합동

23

오른쪽 그림과 같은 두 직각삼각형 ABC와 DEF에서 $\overline{BC}=\overline{EF}$일 때, 다음 중 이 두 직각삼각형이 합동이 되기 위해 필요한 조건이 아닌 것을 모두 고르면? (정답 2개)

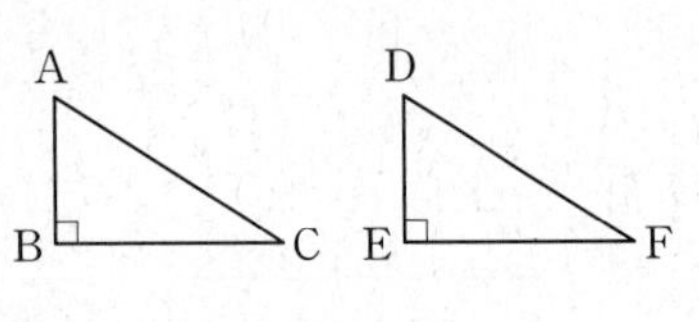

① $\overline{AB}=\overline{DE}$ ② $\overline{AB}=\overline{DF}$
③ $\overline{AC}=\overline{DF}$ ④ $\angle A=\angle D$
⑤ $\angle B=\angle D$

24

다음 중 오른쪽 그림과 같은 두 직각삼각형 ABC와 DEF가 합동이 되기 위한 조건이 아닌 것은?

① $\overline{AB}=\overline{DE}$, $\overline{AC}=\overline{DF}$
② $\overline{AB}=\overline{DE}$, $\overline{BC}=\overline{EF}$
③ $\overline{AC}=\overline{DF}$, $\overline{BC}=\overline{EF}$
④ $\overline{AC}=\overline{DF}$, $\angle C=\angle F$
⑤ $\angle A=\angle D$, $\angle C=\angle F$

25

다음은 오른쪽 그림과 같이 $\overline{AB}=\overline{AC}$인 이등변삼각형 ABC의 두 꼭짓점 B, C에서 $\overline{AC}$, $\overline{AB}$에 내린 수선의 발을 각각 D, E라 할 때, $\overline{BD}=\overline{CE}$임을 설명하는 과정이다. (가)~(라)에 알맞은 것을 구하시오.

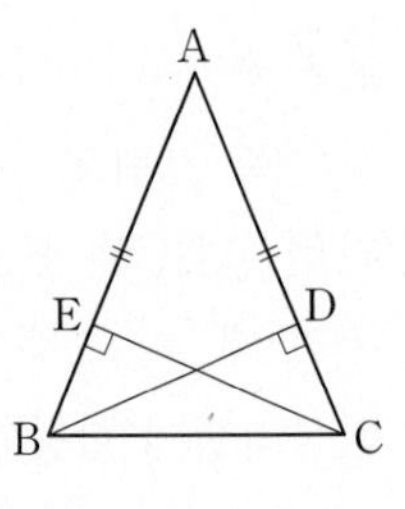

> △BCD와 △CBE에서
> ∠BDC=∠CEB= (가) °
> (나) 는 공통
> (다) =∠CBE
> 이므로 △BCD≡△CBE ((라) 합동)
> ∴ $\overline{BD}=\overline{CE}$

집중

유형 09 직각삼각형의 합동 조건의 응용; RHA 합동 (개념3)

두 직각(R)삼각형의 빗변의 길이(H)가 같을 때, 직각을 제외한 나머지 각 중 어느 한 각(A)의 크기가 같으면 두 삼각형은 합동이다.
→ RHA 합동

26 대표문제

오른쪽 그림과 같이 ∠B=90°이고 $\overline{AB}=\overline{BC}$인 직각이등변삼각형 ABC의 두 꼭짓점 A, C에서 꼭짓점 B를 지나는 직선 l에 내린 수선의 발을 각각 D, E라 하자. $\overline{AD}=3$ cm, $\overline{CE}=6$ cm일 때, $\overline{DE}$의 길이를 구하시오.

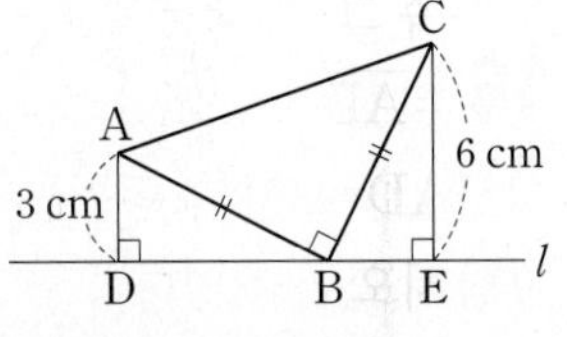

27

오른쪽 그림과 같이 ∠C=90°인 직각삼각형 ABC에서 $\overline{BC}$ 위의 점 D에 대하여 ∠ADE=∠ADC, $\overline{AB}\perp\overline{DE}$일 때, △BDE의 둘레의 길이를 구하시오.

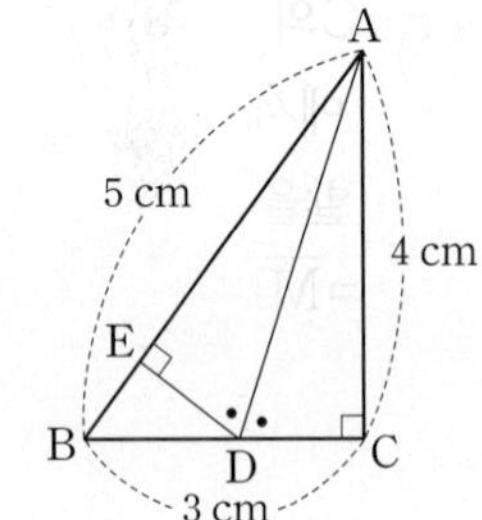

중요

28

오른쪽 그림과 같이 ∠B=90°이고 $\overline{AB}=\overline{BC}$인 직각이등변삼각형 ABC의 두 꼭짓점 A, C에서 꼭짓점 B를 지나는 직선 l에 내린 수선의 발을 각각 D, E라 하자.
$\overline{AD}=6$ cm, $\overline{CE}=4$ cm일 때, $\overline{DE}$의 길이를 구하시오.

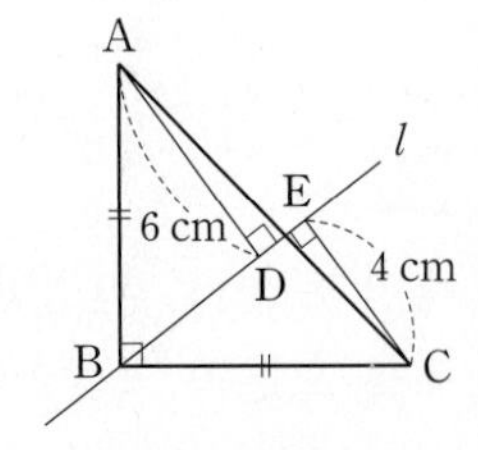

집중

유형 10 직각삼각형의 합동 조건의 응용; RHS 합동 개념 3

두 직각(R)삼각형의 빗변의 길이(H)가 같을 때, 빗변을 제외한 나머지 변 중 어느 한 변(S)의 길이가 같으면 두 삼각형은 합동이다.
➜ RHS 합동

29 대표문제

오른쪽 그림과 같은 $\triangle ABC$에서 $\overline{AB}=\overline{AE}$이고 $\angle B=\angle AED=90^\circ$, $\angle BAD=20^\circ$일 때, $\angle C$의 크기를 구하시오.

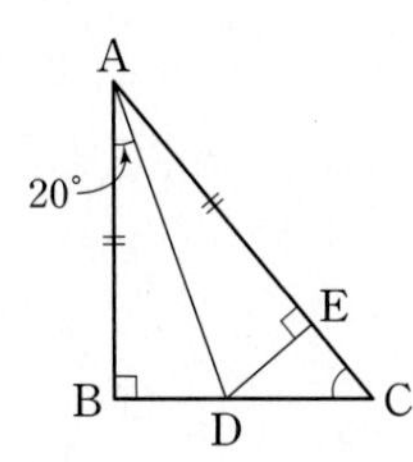

30 서술형

오른쪽 그림과 같은 $\triangle ABC$에서 $\overline{BC}$의 중점을 M이라 하고, 점 M에서 $\overline{AB}$, $\overline{AC}$에 내린 수선의 발을 각각 D, E라 하자. $\overline{MD}=\overline{ME}$이고 $\overline{AB}=8\text{ cm}$일 때, $\overline{AC}$의 길이를 구하시오.

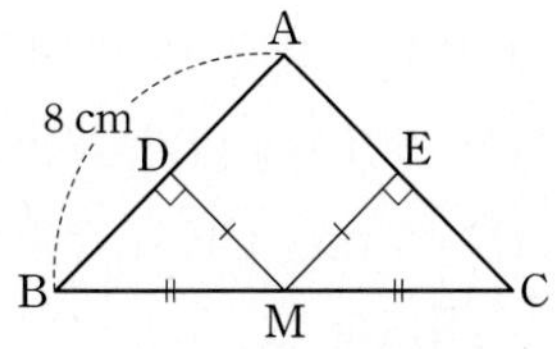

31

오른쪽 그림과 같이 $\angle C=90^\circ$인 직각삼각형 ABC에서 $\overline{AC}=\overline{AD}$, $\overline{AB}\perp\overline{ED}$이다. $\overline{AB}=13\text{ cm}$, $\overline{BC}=12\text{ cm}$, $\overline{CA}=5\text{ cm}$일 때, $\triangle BED$의 둘레의 길이는?

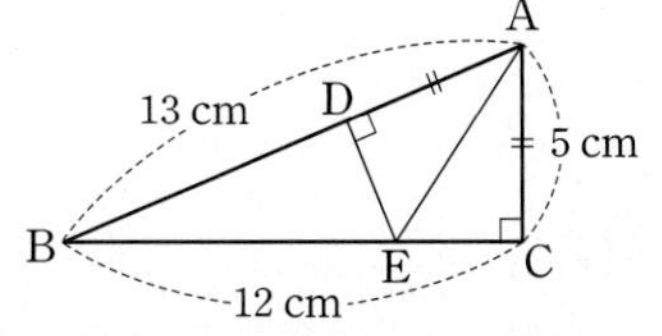

① 17 cm ② 18 cm ③ 20 cm
④ 22 cm ⑤ 25 cm

유형 11 각의 이등분선의 성질 개념 4

(1) 각의 이등분선 위의 한 점에서 그 각을 이루는 두 변까지의 거리는 같다.
➜ $\angle AOP=\angle BOP$이면 $\overline{PC}=\overline{PD}$
(2) 각의 두 변에서 같은 거리에 있는 점은 그 각의 이등분선 위에 있다.
➜ $\overline{PC}=\overline{PD}$이면 $\angle AOP=\angle BOP$

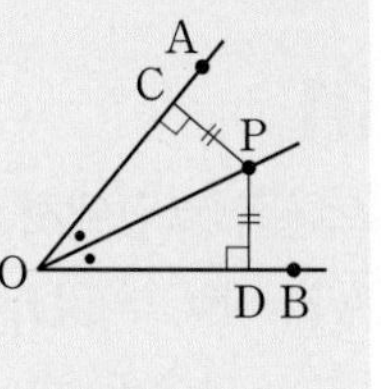

32 대표문제

오른쪽 그림과 같이 $\angle A=90^\circ$인 직각삼각형 ABC에서 $\angle B$의 이등분선과 $\overline{AC}$의 교점을 D라 하자. $\overline{AD}=6\text{ cm}$, $\overline{BC}=20\text{ cm}$일 때, $\triangle DBC$의 넓이를 구하시오.

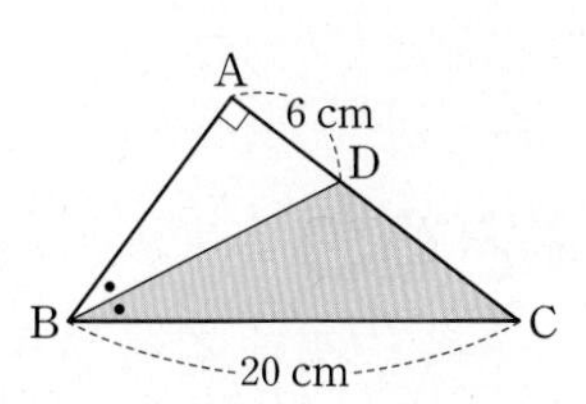

중요

33

오른쪽 그림과 같은 $\triangle ABC$에서 $\overline{CD}=\overline{ED}$, $\angle C=\angle BED=90^\circ$이고 $\angle A=46^\circ$일 때, $\angle x$의 크기를 구하시오.

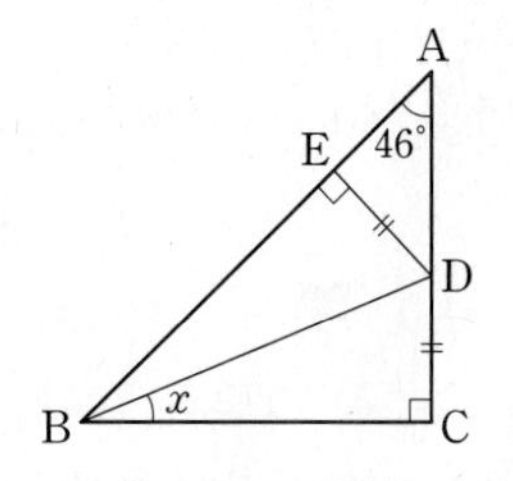

34 서술형

오른쪽 그림과 같이 $\angle C=90^\circ$인 직각삼각형 ABC에서 $\angle A$의 이등분선이 $\overline{BC}$와 만나는 점을 D라 하고 점 D에서 $\overline{AB}$에 내린 수선의 발을 E라 할 때, $\overline{CD}$의 길이를 구하시오.

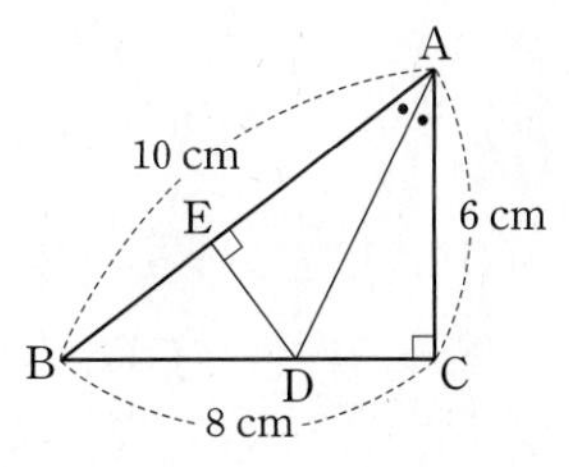

Real 실전 기출

01

오른쪽 그림에서 $\overline{AB}=\overline{BC}=\overline{CD}=\overline{DE}$이고 $\angle A=22°$일 때, $\angle x$의 크기를 구하시오.

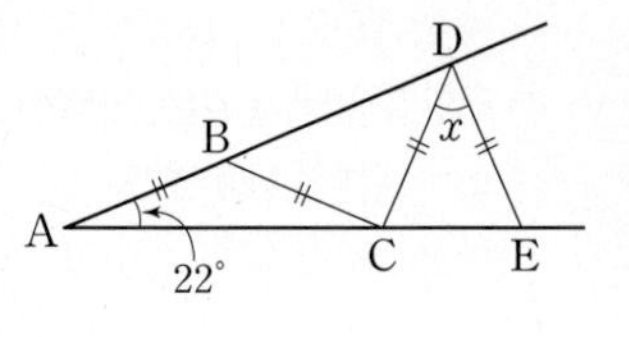

02 최다빈출

오른쪽 그림과 같이 $\overline{AB}=\overline{AC}$인 이등변삼각형 ABC에서 $\angle B$의 이등분선과 $\angle C$의 외각의 이등분선의 교점을 D라 하자. $\angle A=56°$일 때, $\angle BDC$의 크기는?

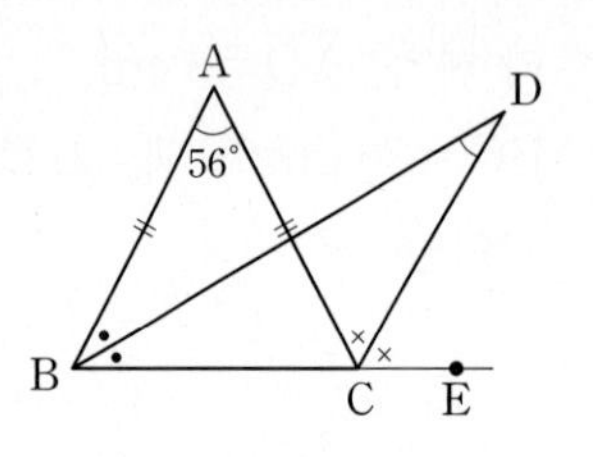

① 26° ② 28° ③ 30°
④ 32° ⑤ 34°

03

오른쪽 그림과 같이 $\angle C=90°$인 직각삼각형 ABC에서 $\overline{AD}=\overline{DC}$이고 $\angle B=30°$, $\overline{AC}=9$ cm일 때, $\overline{AB}$의 길이를 구하시오.

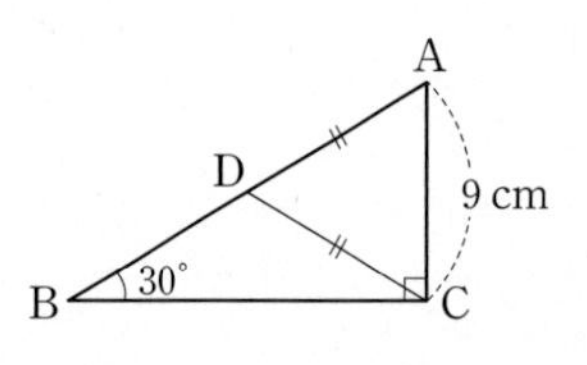

04

직사각형 모양의 종이를 오른쪽 그림과 같이 $\angle CBD=75°$가 되도록 접었더니 $\overline{AC}=8$ cm가 되었다. 이때 $x+y$의 값을 구하시오.

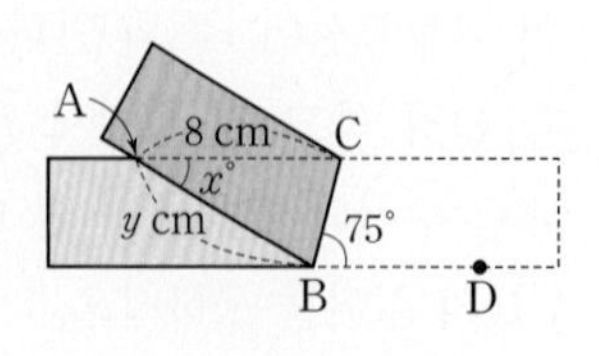

05

오른쪽 그림과 같이 $\overline{AB}$의 양 끝 점 A, B에서 $\overline{AB}$의 중점 P를 지나는 직선 l에 내린 수선의 발을 각각 C, D라 하자. $\overline{PC}=6$ cm, $\angle CPA=32°$일 때, $x+y$의 값을 구하시오.

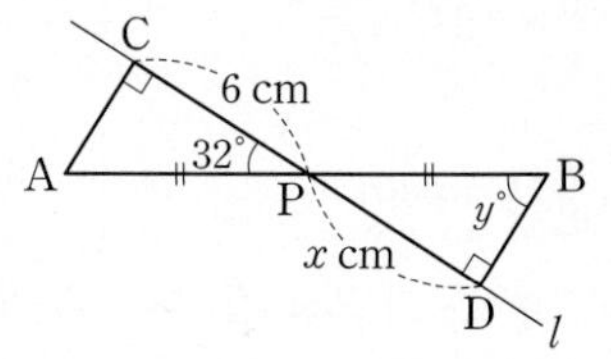

06 최다빈출

오른쪽 그림과 같이 $\angle B=90°$이고 $\overline{AB}=\overline{BC}$인 직각이등변삼각형 ABC의 두 꼭짓점 A, C에서 꼭짓점 B를 지나는 직선 l에 내린 수선의 발을 각각 D, E라 하자. $\overline{AD}=7$ cm, $\overline{CE}=5$ cm일 때, 다음 중 옳지 않은 것은?

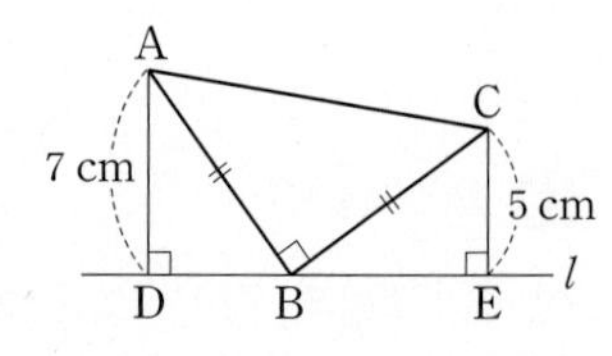

① $\overline{DB}=5$ cm
② $\overline{BE}=7$ cm
③ $\angle DAB=\angle EBC$
④ $\triangle ADB\equiv\triangle BEC$
⑤ 사다리꼴 ADEC의 넓이는 144 cm^2이다.

07

오른쪽 그림과 같이 $\angle B=90°$인 직각삼각형 ABC에서 $\overline{AB}=\overline{AD}$, $\overline{AC}\perp\overline{ED}$이고 $\angle C=40°$일 때, $\angle x$의 크기를 구하시오.

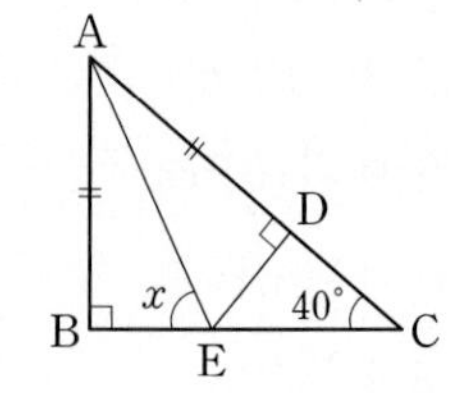

08

오른쪽 그림과 같이 $\angle C=90°$인 직각삼각형 ABC에서 $\angle A$의 이등분선과 $\overline{BC}$의 교점을 D라 하자. $\overline{AB}=39$ cm이고 $\triangle ABD$의 넓이가 195 cm^2일 때, $\overline{CD}$의 길이를 구하시오.

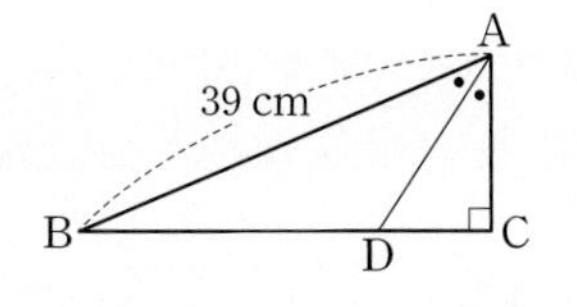

09

오른쪽 그림과 같은 $\triangle ABC$에서 $\overline{BD}=\overline{BE}$, $\overline{CE}=\overline{CF}$이고 $\angle A=54°$일 때, $\angle DEF$의 크기는?

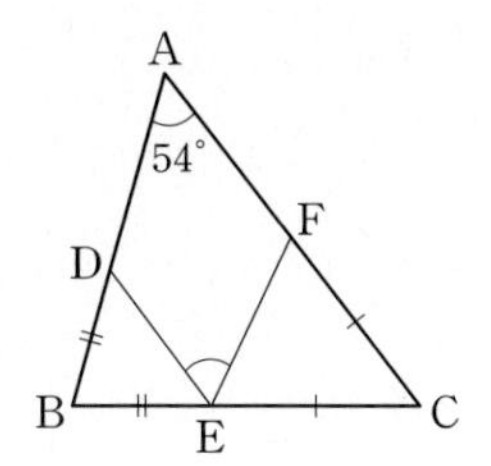

① 54° ② 56°
③ 58° ④ 61°
⑤ 63°

10

오른쪽 그림과 같이 $\overline{AB}=\overline{AC}$인 이등변삼각형 ABC에서 $\angle B$의 이등분선과 $\overline{AC}$의 교점을 D라 하자. $\angle ADB=75°$일 때, $\angle A$의 크기를 구하시오.

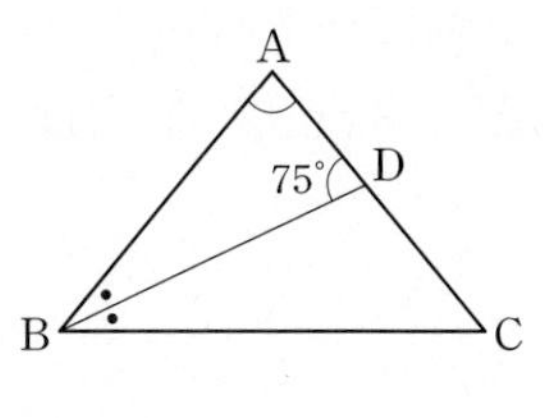

11

오른쪽 그림과 같이 $\angle C=90°$인 직각삼각형 ABC의 $\overline{BC}$ 위의 점 E에서 $\overline{AB}$에 내린 수선의 발을 D라 하면 $\overline{AC}=\overline{AD}$이다. $\overline{AB}=15$ cm, $\overline{BC}=12$ cm, $\overline{CA}=9$ cm일 때, $\triangle BED$의 넓이는?

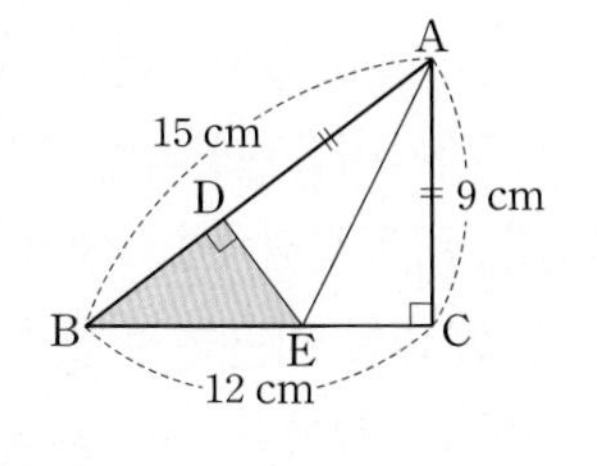

① 13 cm^2 ② $\frac{27}{2}$ cm^2 ③ 14 cm^2
④ $\frac{29}{2}$ cm^2 ⑤ 15 cm^2

100점 공략

12

오른쪽 그림과 같이 $\angle B=\angle C$인 $\triangle ABC$의 $\overline{BC}$ 위의 점 D에서 $\overline{AB}$, $\overline{AC}$에 내린 수선의 발을 각각 E, F라 하자. $\overline{AB}=16$ cm이고 $\triangle ABC$의 넓이가 88 cm^2일 때, $\overline{DE}+\overline{DF}$의 길이를 구하시오.

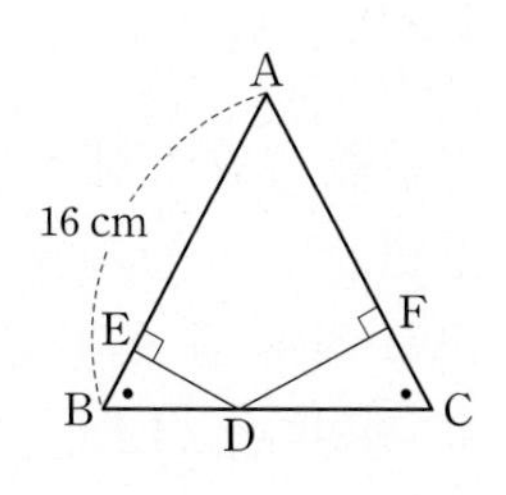

13 창의 역량

$\overline{AB}=10$ cm, $\overline{BC}=13$ cm인 $\triangle ABC$를 꼭짓점 A를 중심으로 하여 오른쪽 그림과 같이 $\overline{AB}$와 $\overline{B'C'}$이 평행할 때까지 회전시켰다. $\overline{BC}$와 $\overline{AB'}$, $\overline{B'C'}$의 교점을 각각 P, Q라 할 때, $\overline{CQ}$의 길이를 구하시오.

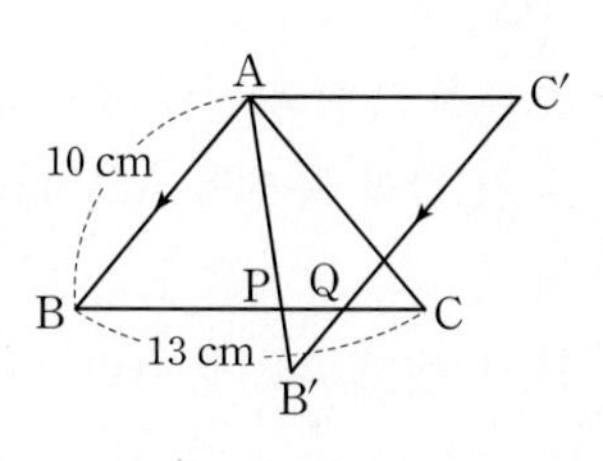

14

오른쪽 그림에서 $\triangle ABC$는 $\angle B=90°$인 직각이등변삼각형이고, 사각형 DEFG는 정사각형이다. $\overline{BD}+\overline{BE}=6$ cm, $\overline{BC}=10$ cm일 때, $\triangle DBE$의 넓이를 구하시오.

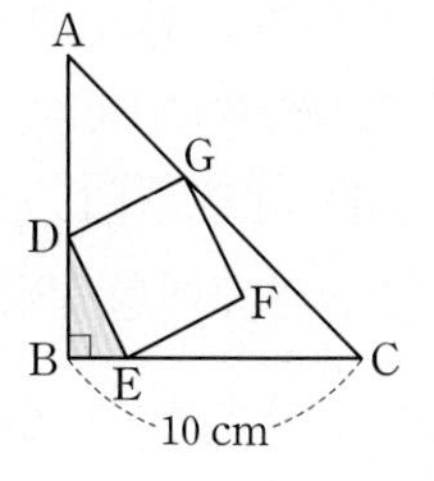

정답과 해설 15쪽

서술형

15

오른쪽 그림과 같이 $\overline{AB}=\overline{AC}$인 이등변삼각형 ABC를 $\overline{DE}$를 접는 선으로 하여 점 A와 점 B가 겹쳐지도록 접었다. $\angle EBC=15°$일 때, $\angle A$의 크기를 구하시오.

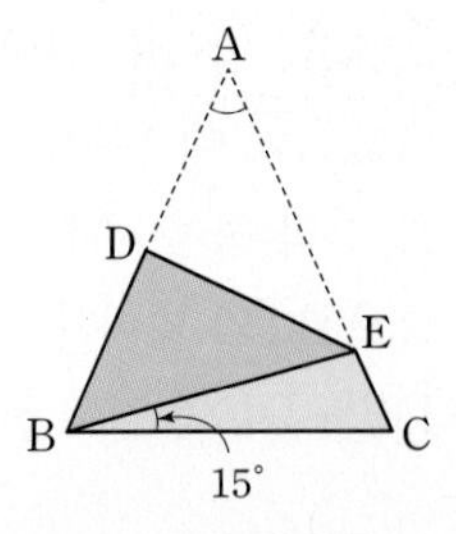

풀이

답 ____________

16

오른쪽 그림과 같이 정사각형 ABCD의 꼭짓점 A를 지나는 직선과 $\overline{BC}$의 교점을 E라 하고, 두 점 B, D에서 $\overline{AE}$에 내린 수선의 발을 각각 F, G라 하자. $\overline{BF}=3$ cm, $\overline{DG}=5$ cm일 때, $\triangle DGF$의 넓이를 구하시오.

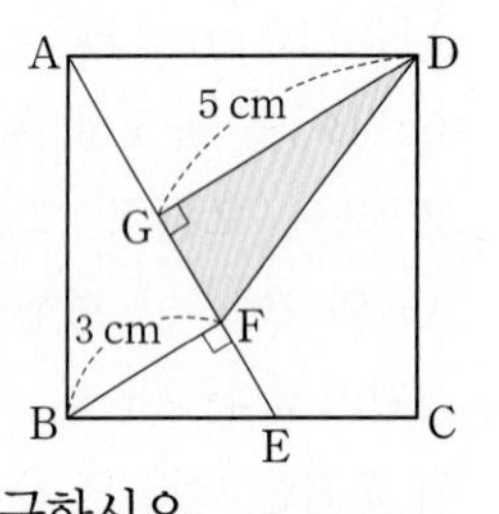

풀이

답 ____________

17

오른쪽 그림과 같이 $\angle C=90°$인 직각삼각형 ABC에서 $\overline{BD}=\overline{DE}=\overline{EC}$, $\overline{AB}\perp\overline{ED}$일 때, $\angle x$의 크기를 구하시오.

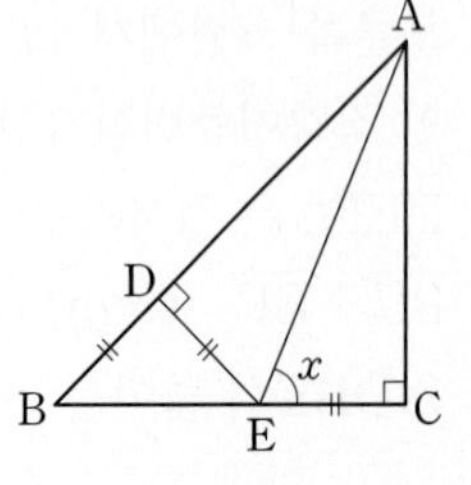

풀이

답 ____________

18

오른쪽 그림과 같은 정오각형 ABCDE에서 $\angle CAD$의 크기를 구하시오.

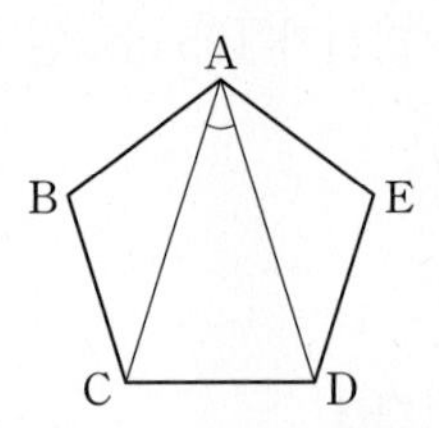

풀이

답 ____________

19 100점

오른쪽 그림과 같이 $\overline{AB}=\overline{AC}$인 이등변삼각형 ABC에서 $\overline{CA}$의 연장선 위의 점 D에서 $\overline{BC}$에 내린 수선의 발을 E라 하고 $\overline{AB}$와 $\overline{DE}$의 교점을 P라 하자. $\overline{CD}=14$ cm, $\overline{BP}=6$ cm일 때, $\overline{AD}$의 길이를 구하시오.

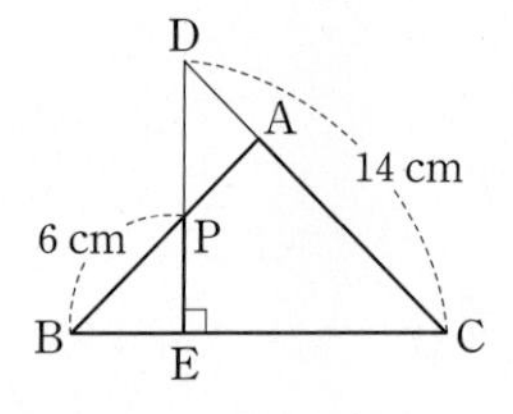

풀이

답 ____________

20 100점

오른쪽 그림과 같이 $\angle A=90°$이고 $\overline{AB}=\overline{AC}$인 직각이등변삼각형 ABC의 두 꼭짓점 B, C에서 꼭짓점 A를 지나는 직선 l에 내린 수선의 발을 각각 D, E라 하자. $\overline{BD}=12$ cm, $\overline{CE}=8$ cm일 때, $\triangle ABC$의 넓이를 구하시오.

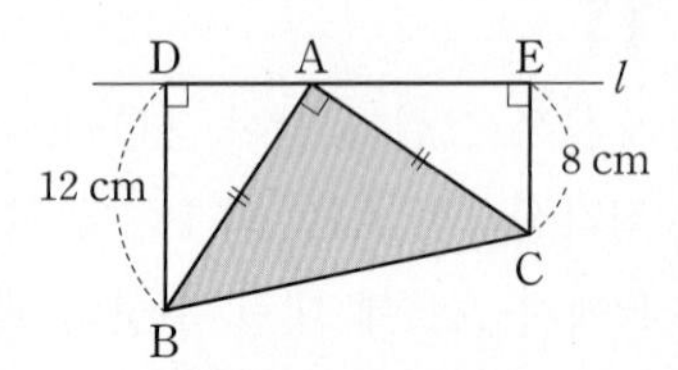

풀이

답 ____________

I. 삼각형의 성질

02 삼각형의 외심과 내심

유형북 21 ~ 34쪽
더블북 8 ~ 13쪽

개념 1 삼각형의 외심

유형 01, 02, 12

(1) **외접원과 외심**: △ABC의 세 꼭짓점이 원 O 위에 있을 때, 원 O는 △ABC에 외접한다고 한다. 이때 원 O를 △ABC의 외접원이라 하고 외접원의 중심 O를 △ABC의 외심이라 한다.

참고 모든 삼각형에는 외심이 오직 하나 존재한다.

(2) **삼각형의 외심의 성질**

① 삼각형의 세 변의 수직이등분선은 한 점(외심)에서 만난다.

② 삼각형의 외심에서 세 꼭짓점에 이르는 거리는 모두 같다.

➡ $\overline{OA}=\overline{OB}=\overline{OC}$ ← 외접원의 반지름의 길이

(3) **삼각형의 외심의 위치**

예각삼각형	직각삼각형	둔각삼각형
➡ 삼각형의 내부	➡ 빗변의 중점	➡ 삼각형의 외부

개념 노트

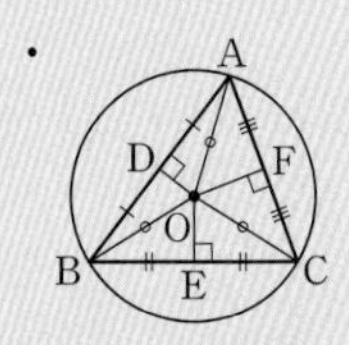

점 O가 △ABC의 외심일 때
① △OAD≡△OBD
② △OBE≡△OCE
③ △OCF≡△OAF

• 직각삼각형의 외심은 빗변의 중점이므로
(외접원의 반지름의 길이) $=\frac{1}{2}\times$(빗변의 길이)

개념 2 삼각형의 외심의 응용

유형 03, 04, 11

점 O가 △ABC의 외심일 때

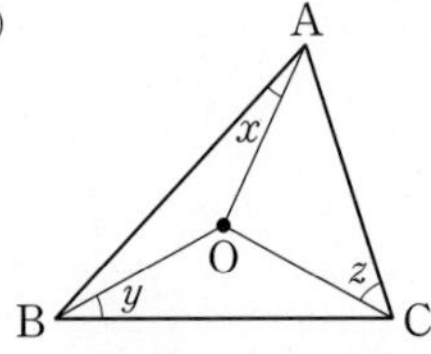

➡ $\angle x+\angle y+\angle z=90^\circ$

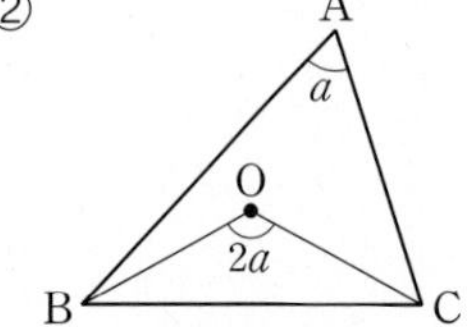

➡ $\angle BOC=2\angle A$

참고 점 O가 △ABC의 외심이면 $\overline{OA}=\overline{OB}=\overline{OC}$이므로
$\angle OAB=\angle OBA$, $\angle OBC=\angle OCB$, $\angle OCA=\angle OAC$
$\angle OAB=\angle OBA=\angle x$, $\angle OBC=\angle OCB=\angle y$, $\angle OCA=\angle OAC=\angle z$라 하자.

① $\angle A+\angle B+\angle C=180^\circ$이므로
$(\angle x+\angle z)+(\angle x+\angle y)+(\angle y+\angle z)=180^\circ$
$2(\angle x+\angle y+\angle z)=180^\circ$
$\therefore \angle x+\angle y+\angle z=90^\circ$

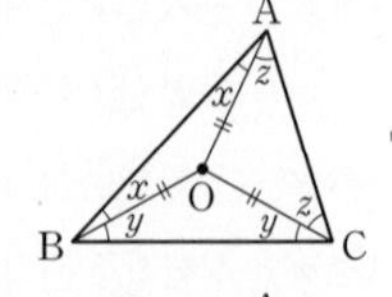

② $\overline{AO}$의 연장선이 $\overline{BC}$와 만나는 점을 D라 하면
$\angle BOC=\angle BOD+\angle COD$
$=(\angle x+\angle x)+(\angle y+\angle y)$ ← 삼각형에서 한 외각의 크기는 이웃하지 않는 두 내각의 크기의 합과 같다.
$=2\angle x+2\angle y$
$=2(\angle x+\angle y)=2\angle A$

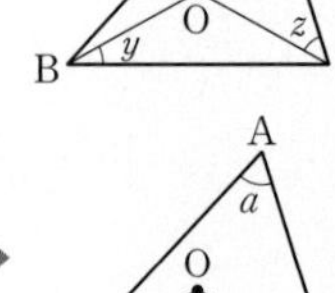

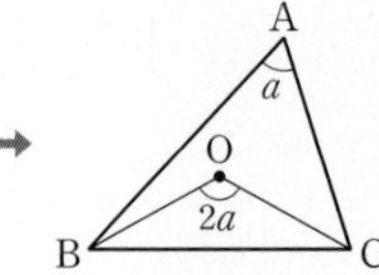

• 점 O가 △ABC의 외심이면 $\overline{OA}=\overline{OB}=\overline{OC}$이므로 △OAB, △OBC, △OCA는 모두 이등변삼각형이다.

개념 1 삼각형의 외심

[01~02] 다음 □ 안에 알맞은 것을 써넣으시오.

01 삼각형의 외심은 세 변의 □의 교점이다.

02 삼각형의 외심에서 세 □에 이르는 거리는 같다.

03 다음은 '삼각형의 세 변의 수직이등분선은 한 점에서 만난다.'를 설명하는 과정이다. □ 안에 알맞은 것을 써넣으시오.

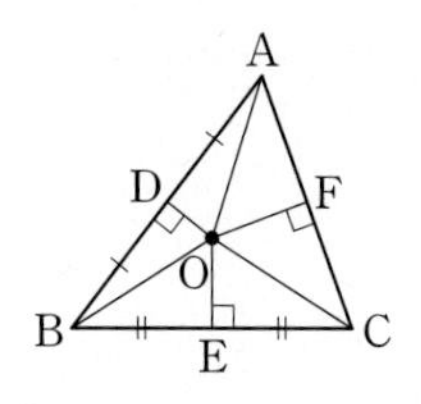

$\triangle ABC$에서 $\overline{AB}$의 수직이등분선과 $\overline{BC}$의 수직이등분선의 교점을 O라 하고 점 O에서 $\overline{AC}$에 내린 수선의 발을 F라 하자.

$\overline{OA}=\overline{OB}$, $\overline{OB}=$□이므로

$\overline{OA}=$□

$\triangle OAF$와 $\triangle OCF$에서

$\angle AFO=\angle CFO=90^\circ$, $\overline{OA}=\overline{OC}$, □는 공통

이므로 $\triangle OAF\equiv\triangle OCF$ (RHS 합동)

$\therefore\ \overline{AF}=$□

따라서 $\overline{OF}$는 $\overline{AC}$의 수직이등분선이므로 $\triangle ABC$의 세 변의 수직이등분선은 한 점 O에서 만난다.

[04~09] 오른쪽 그림에서 점 O가 $\triangle ABC$의 외심일 때, 다음 중 옳은 것은 ○표, 옳지 않은 것은 ×표를 하시오.

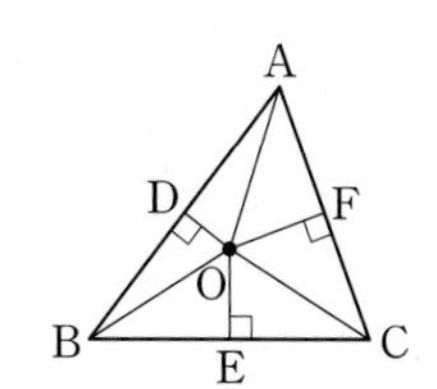

04 $\overline{OA}=\overline{OB}$ ( )

05 $\overline{BE}=\overline{CE}$ ( )

06 $\overline{OE}=\overline{OF}$ ( )

07 $\angle OAD=\angle OAF$ ( )

08 $\angle OBE=\angle OCE$ ( )

09 $\triangle OBD\equiv\triangle OBE$ ( )

[10~13] 다음 그림에서 점 O가 $\triangle ABC$의 외심일 때, x의 값을 구하시오.

10

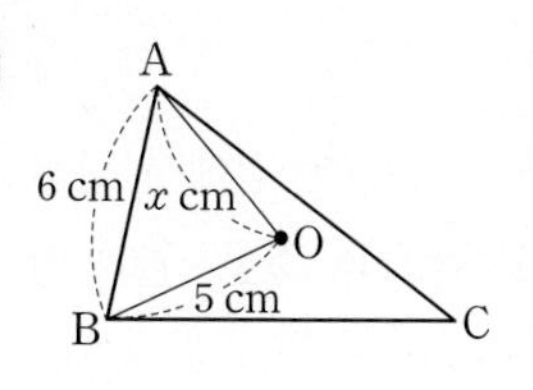

11

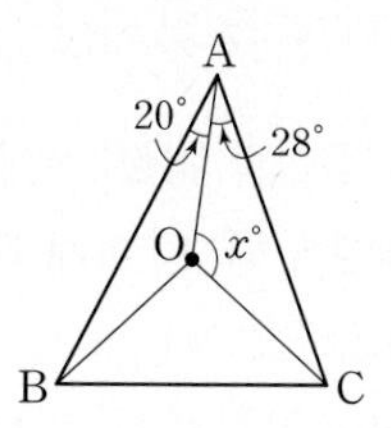

12

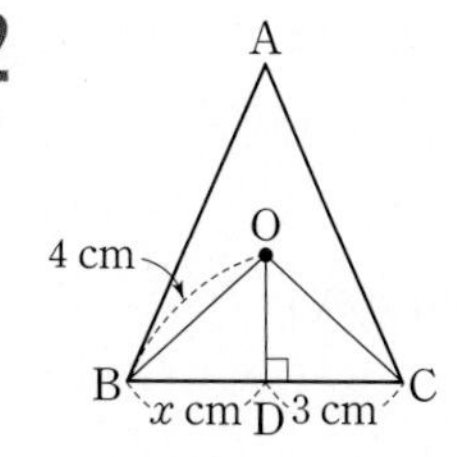

13

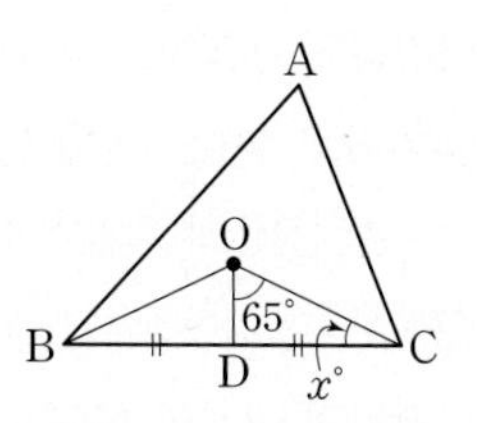

[14~15] 오른쪽 그림과 같이 $\angle C=90^\circ$인 직각삼각형 ABC에서 점 D는 $\overline{AB}$의 중점이고 $\overline{AD}=2$ cm, $\angle B=33^\circ$일 때, 다음을 구하시오.

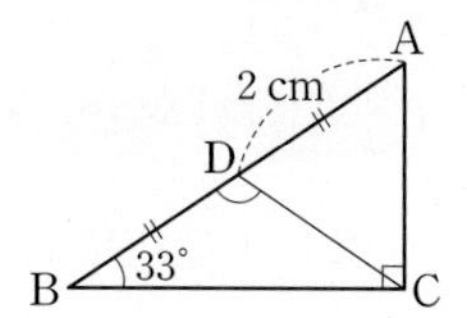

14 $\overline{CD}$의 길이

15 $\angle BDC$의 크기

개념 2 삼각형의 외심의 응용

[16~19] 다음 그림에서 점 O가 $\triangle ABC$의 외심일 때, $\angle x$의 크기를 구하시오.

16

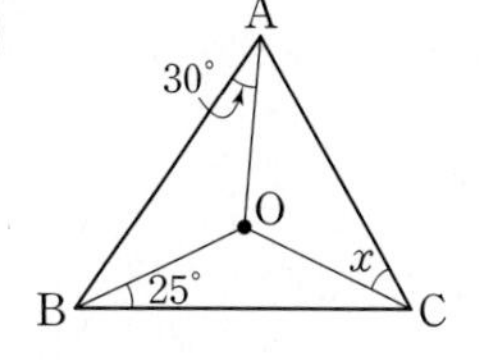

17

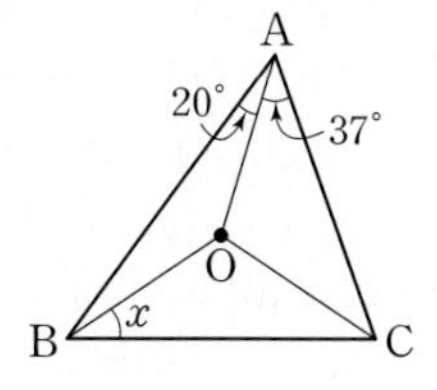

18

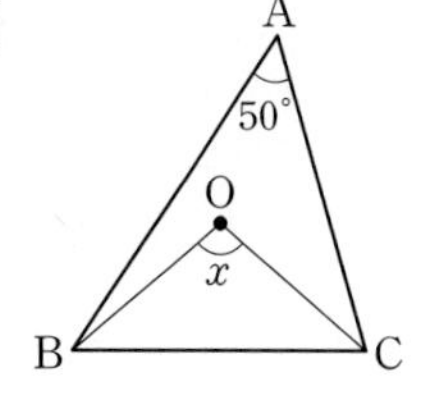

19

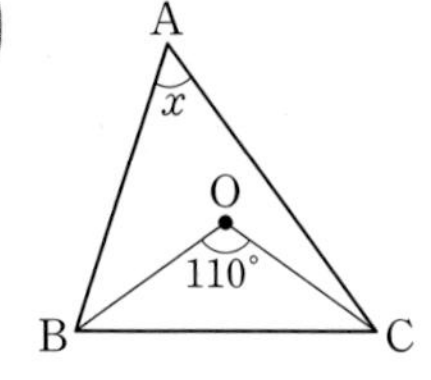

개념 3 삼각형의 내심 유형 05

(1) **원의 접선과 접점:** 원 O와 직선 l이 한 점에서 만날 때, 직선 l은 원 O에 접한다고 한다. 이때 직선 l을 원 O의 접선, 원과 만나는 점 T를 접점이라 한다.

➡ 원의 접선은 그 접점을 지나는 반지름과 수직이다.

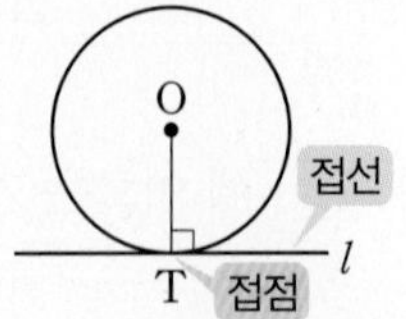

(2) **삼각형의 내심:** $\triangle$ABC의 세 변이 원 I에 접할 때, 원 I는 $\triangle$ABC에 내접한다고 한다. 이때 원 I를 $\triangle$ABC의 내접원이라 하고 내접원의 중심 I를 $\triangle$ABC의 내심이라 한다.

참고 모든 삼각형에는 내심이 오직 하나 존재한다.

(3) **삼각형의 내심의 성질**

① 삼각형의 세 내각의 이등분선은 한 점(내심)에서 만난다.

② 삼각형의 내심에서 세 변에 이르는 거리는 모두 같다.

➡ $\overline{\mathrm{ID}}=\overline{\mathrm{IE}}=\overline{\mathrm{IF}}$ ← 내접원의 반지름의 길이

개념 4 삼각형의 내심의 응용 유형 06~12

(1) 점 I가 $\triangle$ABC의 내심일 때

①

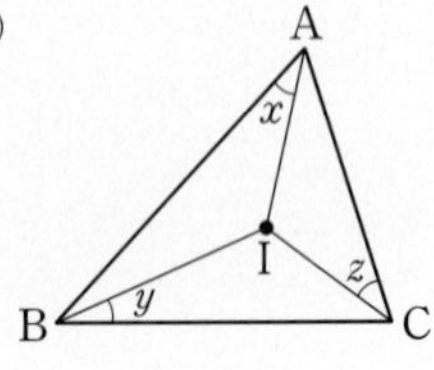

➡ $\angle x+\angle y+\angle z=90^\circ$

②

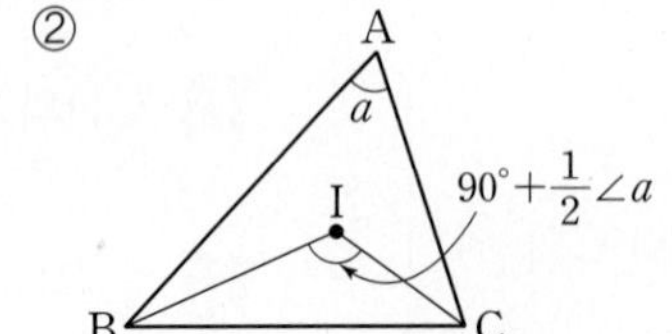

➡ $\angle \mathrm{BIC}=90^\circ+\frac{1}{2}\angle \mathrm{A}$

(2) **삼각형의 내심과 내접원:** $\triangle$ABC의 내접원의 반지름의 길이를 r라 하면

$$\triangle \mathrm{ABC}=\frac{1}{2}r(\overline{\mathrm{AB}}+\overline{\mathrm{BC}}+\overline{\mathrm{CA}})$$

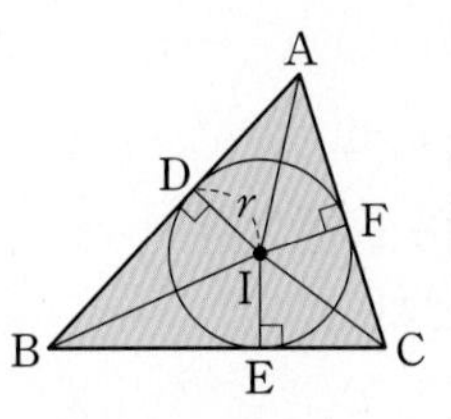

참고 점 I가 $\triangle$ABC의 내심이므로

$\angle \mathrm{IAB}=\angle \mathrm{IAC}$, $\angle \mathrm{IBA}=\angle \mathrm{IBC}$, $\angle \mathrm{ICB}=\angle \mathrm{ICA}$

$\angle \mathrm{IAB}=\angle \mathrm{IAC}=\angle x$, $\angle \mathrm{IBA}=\angle \mathrm{IBC}=\angle y$, $\angle \mathrm{ICB}=\angle \mathrm{ICA}=\angle z$라 하자.

① $\angle \mathrm{A}+\angle \mathrm{B}+\angle \mathrm{C}=180^\circ$이므로

$(\angle x+\angle x)+(\angle y+\angle y)+(\angle z+\angle z)=180^\circ$

$2(\angle x+\angle y+\angle z)=180^\circ$

$\therefore \angle x+\angle y+\angle z=90^\circ$

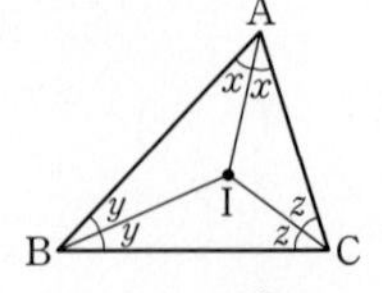

➡

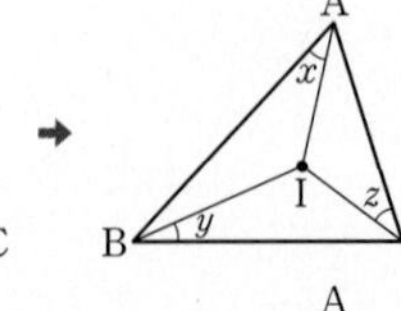

② $\overline{\mathrm{AI}}$의 연장선이 $\overline{\mathrm{BC}}$와 만나는 점을 D라 하면

$\angle \mathrm{BIC}=\angle \mathrm{BID}+\angle \mathrm{CID}$

$=(\angle x+\angle y)+(\angle x+\angle z)$ ← 삼각형에서 한 외각의 크기는 이웃하지 않는 두 내각의 크기의 합과 같다.

$=(\angle x+\angle y+\angle z)+\angle x$

$=90^\circ+\frac{1}{2}\angle \mathrm{A}$

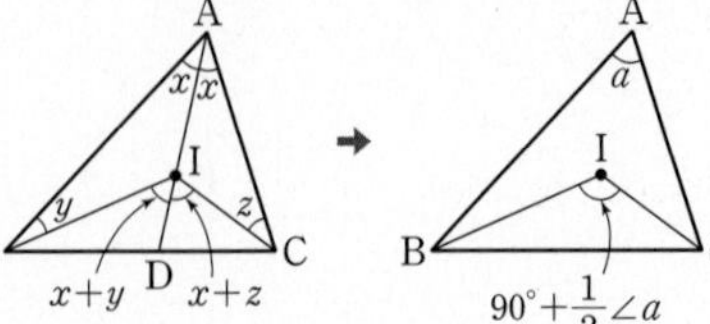

개념 노트

- 점 I가 $\triangle$ABC의 내심일 때
  ① $\triangle \mathrm{IAD}\equiv\triangle \mathrm{IAF}$
  ② $\triangle \mathrm{IBD}\equiv\triangle \mathrm{IBE}$
  ③ $\triangle \mathrm{ICE}\equiv\triangle \mathrm{ICF}$
- 모든 삼각형의 내심은 삼각형의 내부에 있다.
- 정삼각형과 이등변삼각형의 외심과 내심의 위치
  ① 정삼각형: 외심과 내심이 일치한다.
  ② 이등변삼각형: 외심과 내심은 모두 꼭지각의 이등분선 위에 있다.

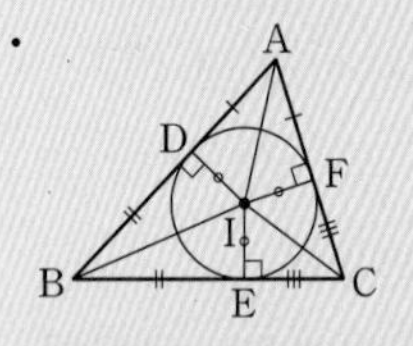

- 점 I가 $\triangle$ABC의 내심일 때
  $\overline{\mathrm{AD}}=\overline{\mathrm{AF}}$, $\overline{\mathrm{BD}}=\overline{\mathrm{BE}}$, $\overline{\mathrm{CE}}=\overline{\mathrm{CF}}$

- $\triangle \mathrm{ABC}$
  $=\triangle \mathrm{IAB}+\triangle \mathrm{IBC}+\triangle \mathrm{ICA}$
  $=\left(\frac{1}{2}\times\overline{\mathrm{AB}}\times r\right)+\left(\frac{1}{2}\times\overline{\mathrm{BC}}\times r\right)+\left(\frac{1}{2}\times\overline{\mathrm{CA}}\times r\right)$
  $=\frac{1}{2}r(\overline{\mathrm{AB}}+\overline{\mathrm{BC}}+\overline{\mathrm{CA}})$

개념 3 삼각형의 내심

[20~25] 다음 그림에서 점 I가 삼각형의 외심이면 '외', 내심이면 '내'를 쓰고, 외심도 내심도 아니면 ×표를 하시오.

20

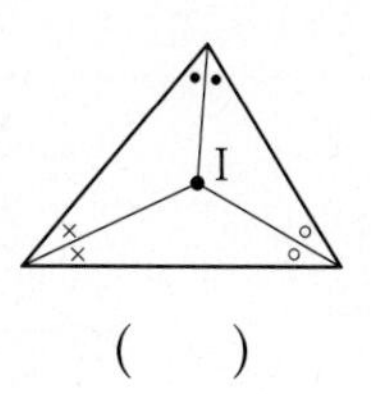

( )

21

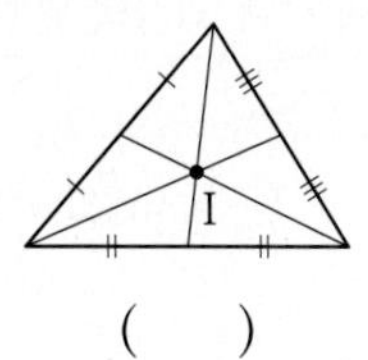

( )

22

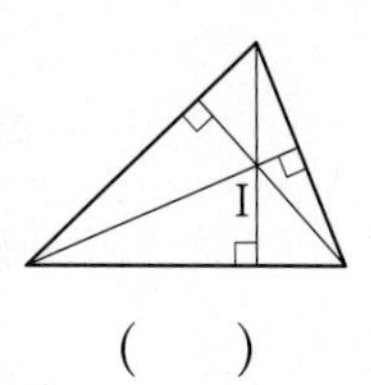

( )

23

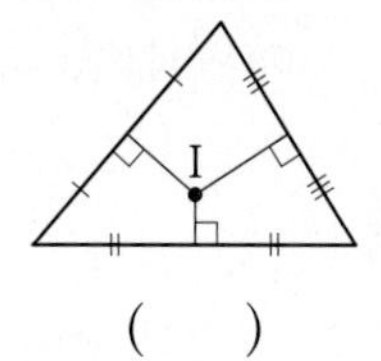

( )

24

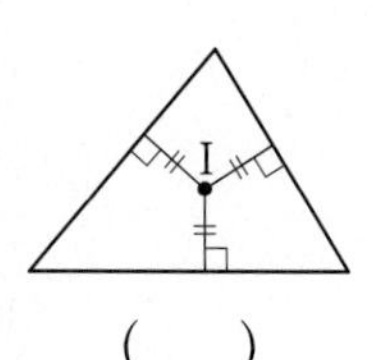

( )

25

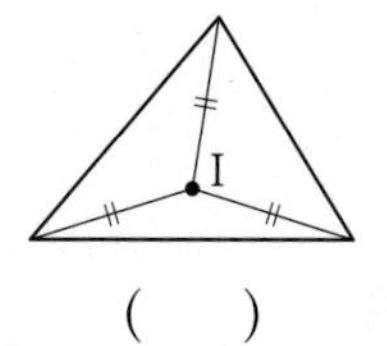

( )

26 다음은 '삼각형의 세 내각의 이등분선은 한 점에서 만난다.'를 설명하는 과정이다. □ 안에 알맞은 것을 써넣으시오.

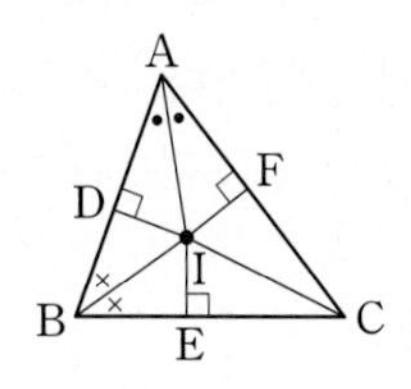

△ABC에서 ∠A의 이등분선과 ∠B의 이등분선의 교점을 I라 하고 점 I에서 세 변에 내린 수선의 발을 각각 D, E, F라 하자.
$\overline{ID}=\overline{IE}$, $\overline{ID}=\overline{IF}$이므로
□$=\overline{IF}$
점 I는 ∠C의 두 변인 $\overline{CE}$, $\overline{CF}$에서 같은 거리에 있으므로
∠ICE=□
따라서 $\overline{IC}$는 ∠C의 □이므로 삼각형의 세 내각의 이등분선은 한 점 I에서 만난다.

[27~32] 오른쪽 그림에서 점 I가 △ABC의 내심일 때, 다음 중 옳은 것은 ○표, 옳지 않은 것은 ×표를 하시오.

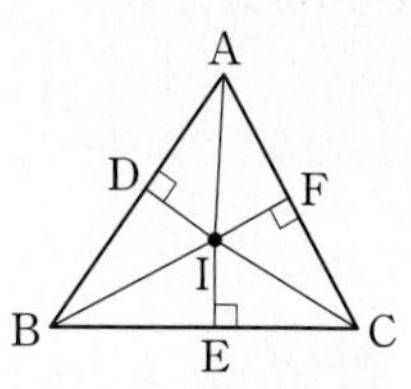

27 $\overline{IA}=\overline{IC}$ ( )

28 $\overline{BD}=\overline{BE}$ ( )

29 $\overline{AF}=\overline{CF}$ ( )

30 ∠IAD=∠IBD ( )

31 ∠ICE=∠ICF ( )

32 △IAD≡△IAF ( )

[33~34] 다음 그림에서 점 I가 △ABC의 내심일 때, x의 값을 구하시오.

33

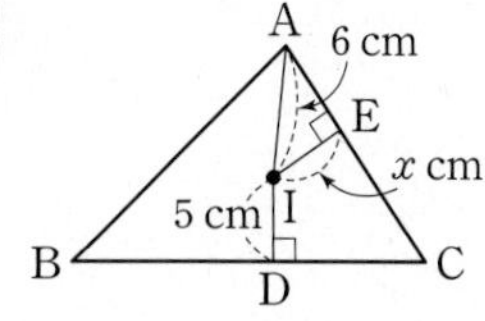

34

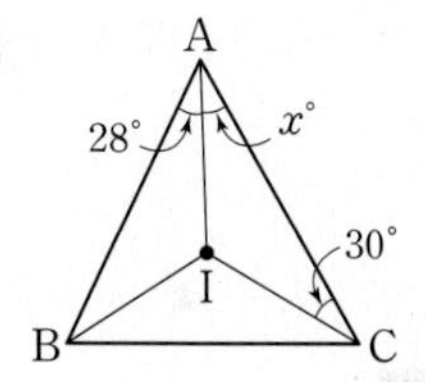

개념 4 삼각형의 내심의 응용

[35~36] 다음 그림에서 점 I가 △ABC의 내심일 때, ∠x의 크기를 구하시오.

35

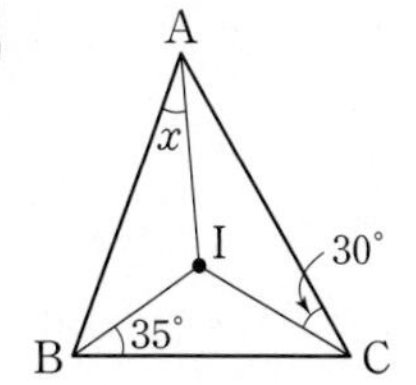

36

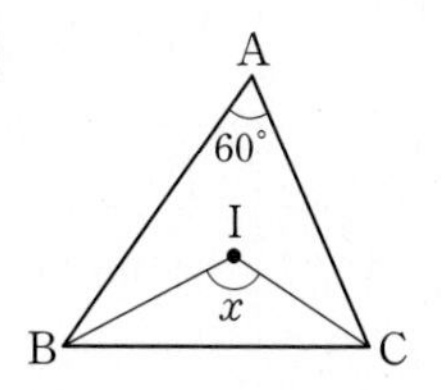

[37~38] 다음 그림에서 원 I는 △ABC의 내접원이고 세 점 D, E, F는 접점일 때, x의 값을 구하시오.

37

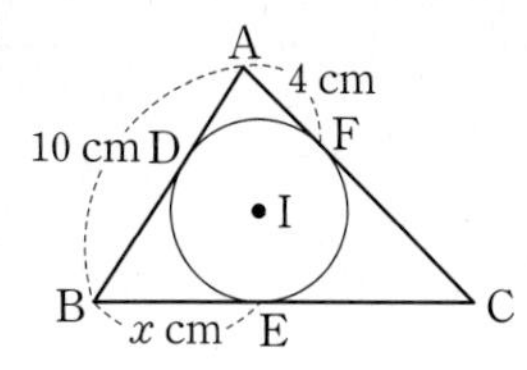

38

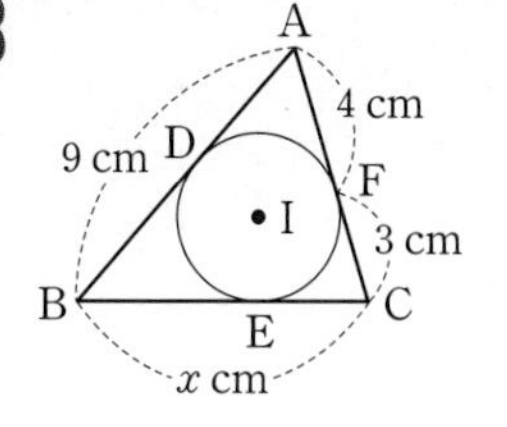

유형 01 삼각형의 외심 개념 1

(1) 삼각형의 외심은 세 변의 수직이등분선의 교점이다.
(2) $\overline{OA}=\overline{OB}=\overline{OC}$
(3) $\triangle OAD \equiv \triangle OBD$, $\triangle OBE \equiv \triangle OCE$, $\triangle OCF \equiv \triangle OAF$

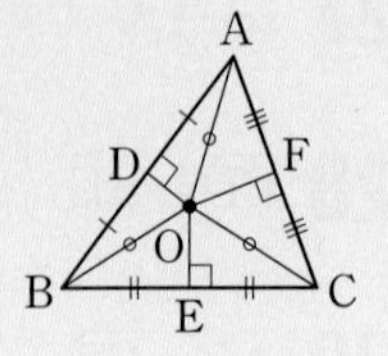

01 대표문제

오른쪽 그림에서 점 O가 $\triangle ABC$의 외심일 때, 다음 중 옳은 것을 모두 고르면? (정답 2개)

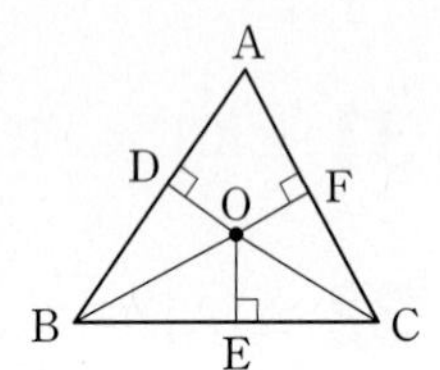

① $\overline{AD}=\overline{AF}$
② $\overline{AF}=\overline{CF}$
③ $\overline{OD}=\overline{OE}=\overline{OF}$
④ $\angle ECO=\angle FCO$
⑤ $\triangle OBE \equiv \triangle OCE$

02

오른쪽 그림에서 점 O는 $\triangle ABC$의 외심이고 $\angle OAB=32^\circ$, $\angle OCB=35^\circ$일 때, $\angle B$의 크기를 구하시오.

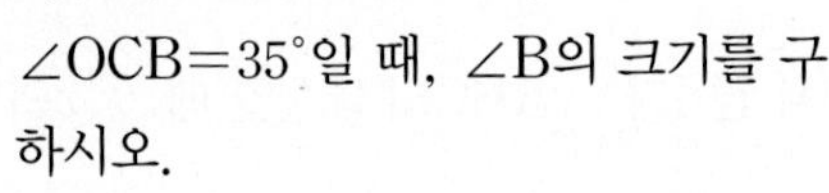

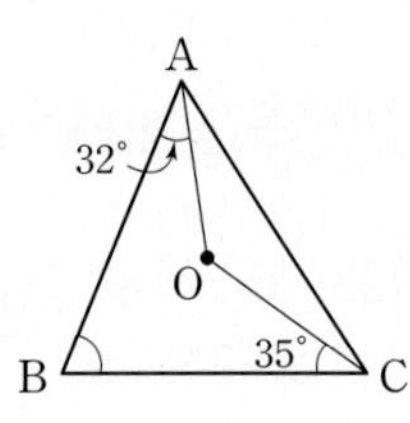

03 서술형

오른쪽 그림에서 점 O는 $\triangle ABC$의 외심이고 $\overline{BC}=10\text{ cm}$이다. $\triangle OBC$의 둘레의 길이가 28 cm일 때, $\triangle ABC$의 외접원의 둘레의 길이를 구하시오.

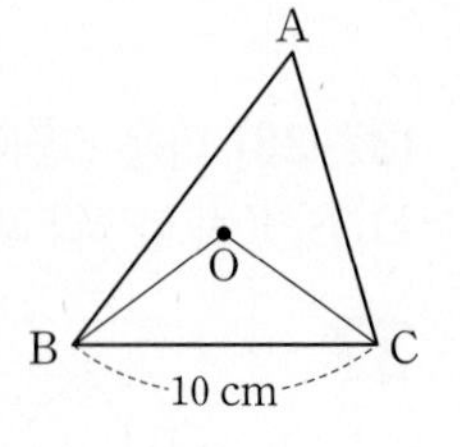

유형 02 외심의 위치 개념 1

(1) 직각삼각형의 외심
① 직각삼각형의 외심은 빗변의 중점이다.
② $\triangle ABC$의 외접원의 반지름의 길이
→ $\frac{1}{2}\overline{AB}$

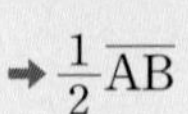

(2) 둔각삼각형의 외심
① 삼각형의 외부에 존재한다.
② $\triangle OAB$, $\triangle OBC$, $\triangle OCA$는 모두 이등변삼각형이다.

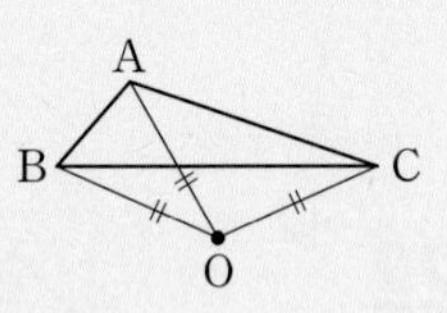

04 대표문제

오른쪽 그림과 같이 $\angle C=90^\circ$인 직각삼각형 ABC에서 $\overline{AB}=12\text{ cm}$, $\overline{BC}=8\text{ cm}$일 때, $\triangle ABC$의 외접원의 넓이를 구하시오.

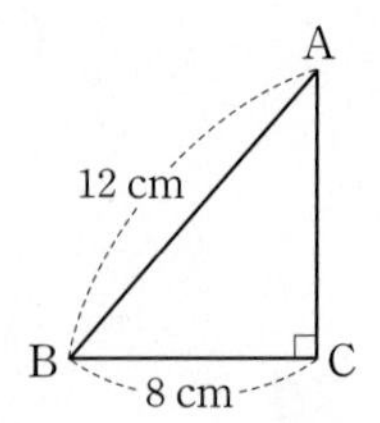

05

오른쪽 그림에서 점 O는 $\triangle ABC$의 외심이고 $\angle ABO=80^\circ$, $\angle BOC=60^\circ$일 때, $\angle x+\angle y$의 크기를 구하시오.

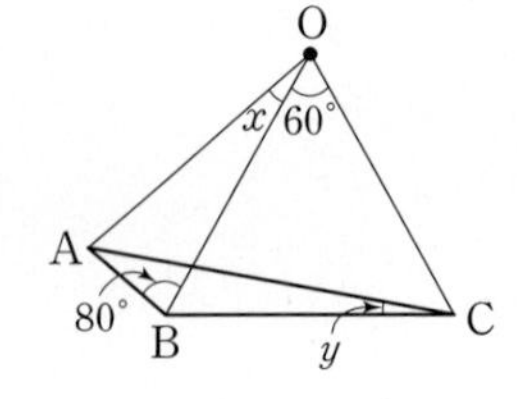

중요

06

오른쪽 그림과 같이 $\angle A=90^\circ$인 직각삼각형 ABC에서 점 M은 $\overline{BC}$의 중점이다. $\angle B=32^\circ$일 때, $\angle MAC$의 크기를 구하시오.

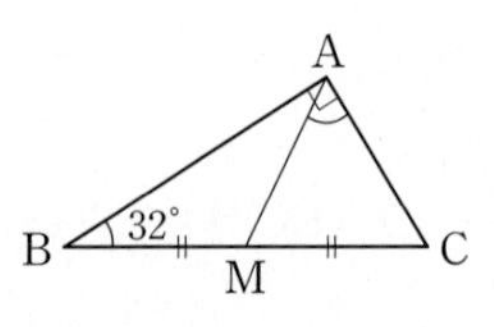

07

오른쪽 그림에서 점 O는 $\angle A=90^\circ$인 직각삼각형 ABC의 외심이고 $\overline{AB}=6\text{ cm}$, $\overline{AC}=8\text{ cm}$일 때, $\triangle AOC$의 넓이를 구하시오.

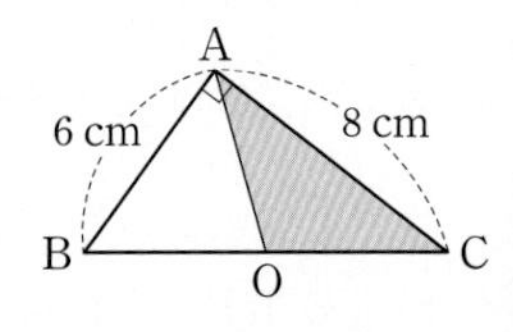

집중

유형 03 삼각형의 외심의 응용 (1) 개념2

점 O가 △ABC의 외심일 때, $\angle x+\angle y+\angle z=90°$

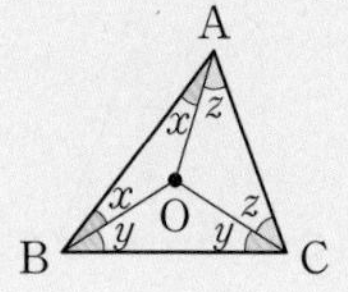

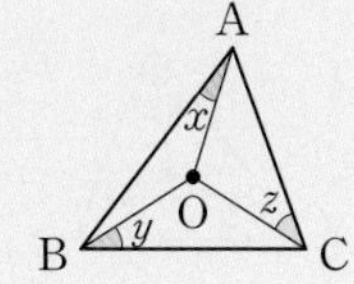

08 대표문제

오른쪽 그림에서 점 O는 △ABC의 외심이고 ∠OBA=25°, ∠OBC=30°일 때, $\angle x+\angle y$의 크기를 구하시오.

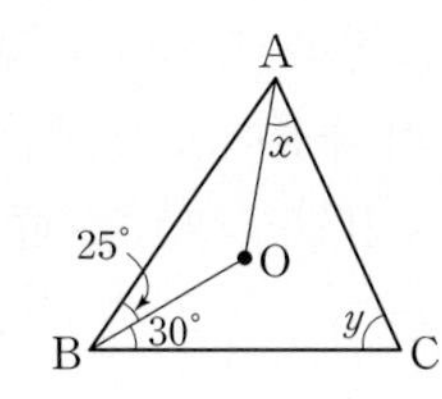

09

오른쪽 그림에서 점 O가 △ABC의 외심일 때, ∠BOC의 크기를 구하시오.

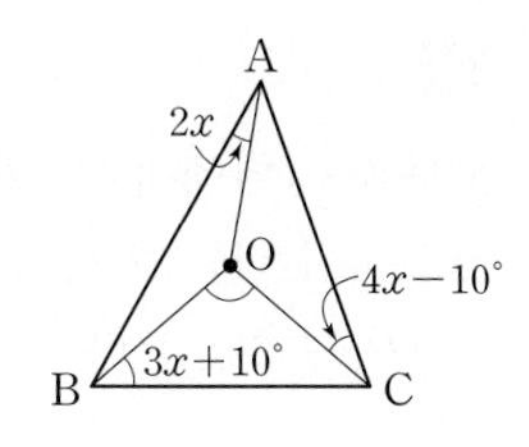

10

오른쪽 그림과 같은 △ABC에서 점 O는 $\overline{AC}$의 수직이등분선과 $\overline{BC}$의 수직이등분선의 교점이다. ∠A=56°일 때, ∠OCB의 크기를 구하시오.

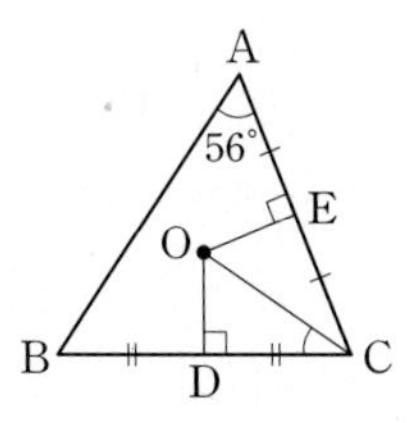

집중

유형 04 삼각형의 외심의 응용 (2) 개념2

점 O가 △ABC의 외심일 때, ∠BOC=2∠A

11 대표문제

오른쪽 그림에서 점 O는 △ABC의 외심이고 ∠ABO=34°, ∠AOC=110°일 때, ∠OCB의 크기를 구하시오.

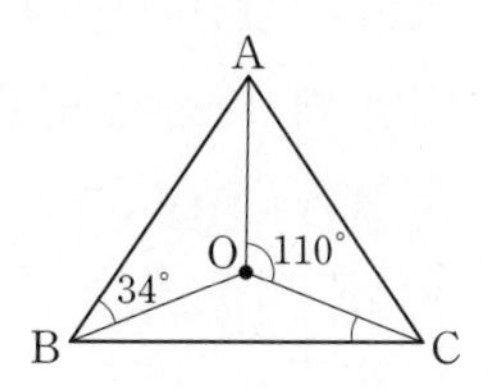

12

오른쪽 그림과 같이 ∠B=90°인 직각삼각형 ABC에서 $\overline{MA}=\overline{MC}$, ∠BMC=106°일 때, ∠A의 크기를 구하시오.

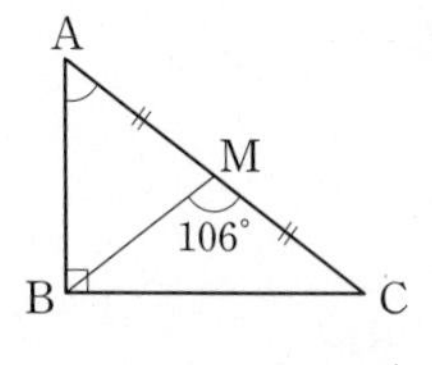

13 서술형

오른쪽 그림에서 원 O는 △ABC의 외접원이고 $\overline{OC}$=4 cm이다. ∠OBA=20°, ∠OCA=25°일 때, $\widehat{BC}$의 길이를 구하시오.

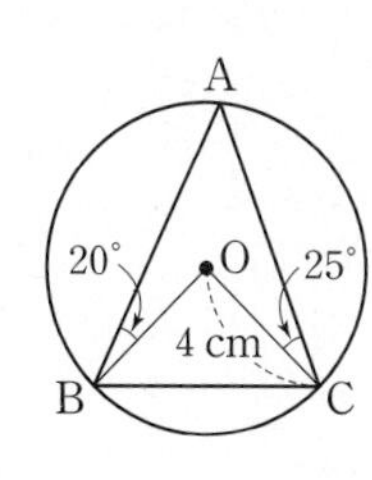

중요

14

오른쪽 그림에서 점 O는 △ABC의 외심이고

∠AOB : ∠BOC : ∠COA

=5 : 6 : 7

일 때, ∠ACB의 크기를 구하시오.

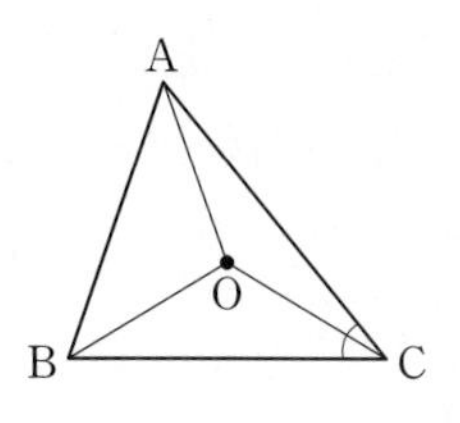

유형 05 삼각형의 내심 개념3

(1) 삼각형의 내심은 세 내각의 이등분선의 교점이다.
(2) $\overline{ID}=\overline{IE}=\overline{IF}$
(3) $\triangle IAD\equiv\triangle IAF$, $\triangle IBD\equiv\triangle IBE$, $\triangle ICE\equiv\triangle ICF$

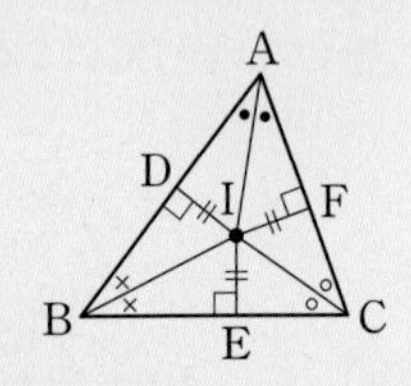

15 대표문제

오른쪽 그림에서 점 I가 $\triangle ABC$는 내심일 때, 다음 중 옳은 것은?

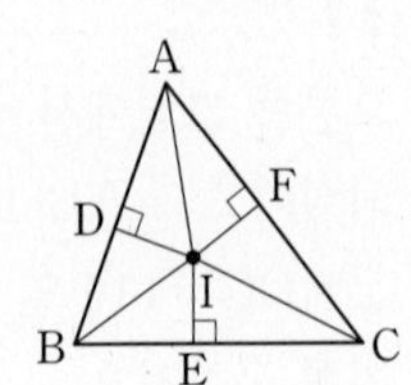

① $\overline{AD}=\overline{BD}$
② $\overline{IA}=\overline{IB}=\overline{IC}$
③ $\overline{ID}=\overline{IE}=\overline{IF}$
④ $\angle IBC=\angle ICB$
⑤ $\triangle ICF\equiv\triangle IAF$

16

오른쪽 그림에서 점 I는 $\triangle ABC$의 내심이고 $\angle IBA=24^\circ$, $\angle BIC=127^\circ$일 때, $\angle ICA$의 크기를 구하시오.

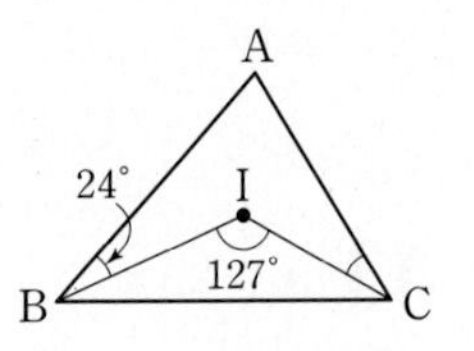

중요

17

오른쪽 그림에서 점 I는 $\triangle ABC$의 내심이고 점 I′은 $\triangle IBC$의 내심이다. $\angle A=\angle B-20^\circ$, $\angle B=\angle C-20^\circ$일 때, $\angle IBI'$의 크기를 구하시오.

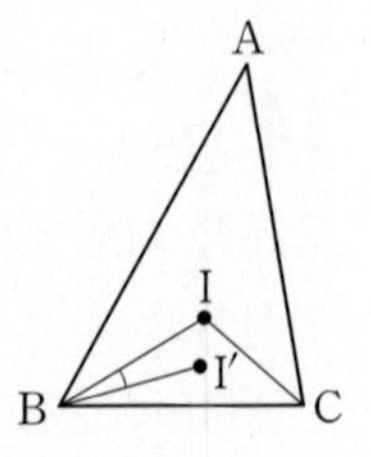

집중

유형 06 삼각형의 내심의 응용 (1) 개념4

점 I가 $\triangle ABC$의 내심일 때, $\angle x+\angle y+\angle z=90^\circ$

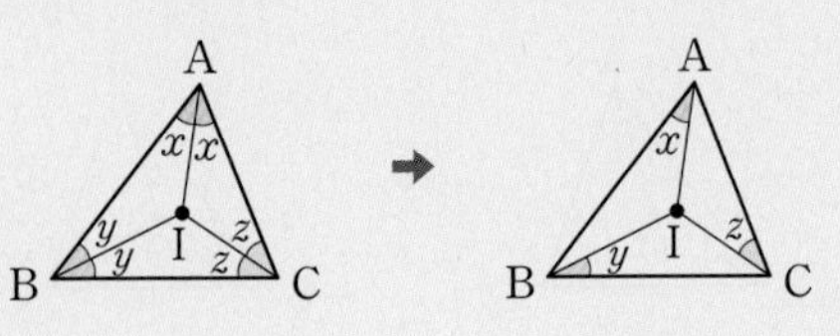

18 대표문제

오른쪽 그림에서 점 I는 $\triangle ABC$의 내심이고 $\angle IBA=18^\circ$, $\angle ICA=30^\circ$일 때, $\angle A$의 크기는?

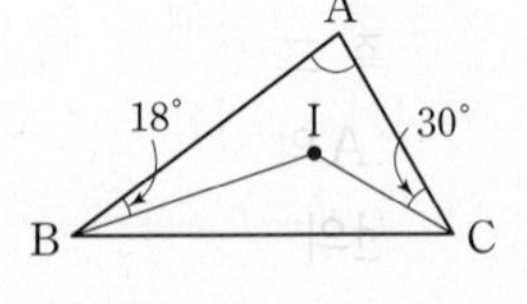

① 80° ② 82° ③ 84°
④ 86° ⑤ 88°

19

오른쪽 그림에서 점 I는 $\triangle ABC$의 내심이고 $\angle IAB=21^\circ$, $\angle ICB=32^\circ$일 때, $\angle x$의 크기를 구하시오.

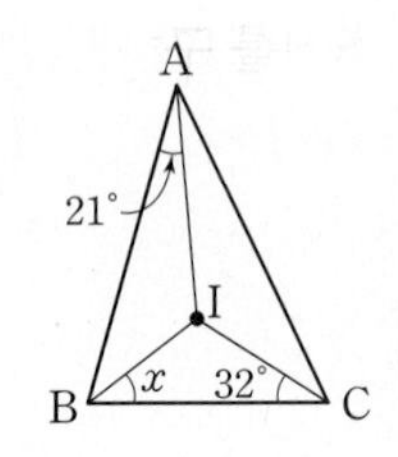

20 서술형

오른쪽 그림에서 점 I는 $\triangle ABC$의 내심이다. $\overline{BC}\perp\overline{AH}$이고 $\angle IBC=25^\circ$, $\angle ICA=35^\circ$일 때, $\angle IAH$의 크기를 구하시오.

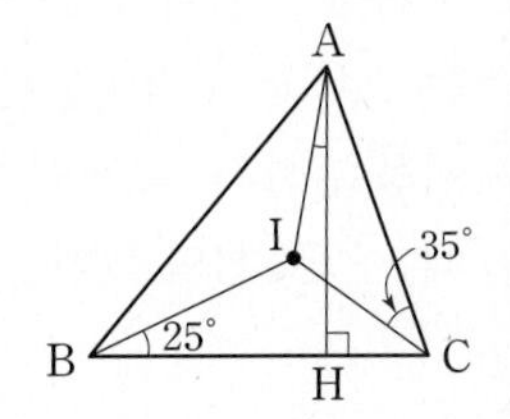

집중

유형 07 삼각형의 내심의 응용 (2)

개념 4

점 I가 △ABC의 내심일 때, $\angle BIC = 90^\circ + \frac{1}{2}\angle A$

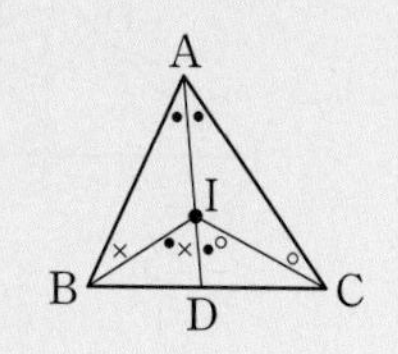
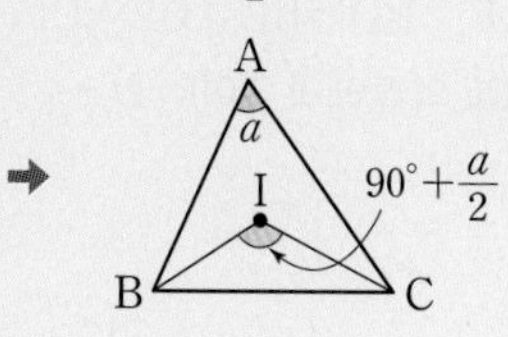

21 대표문제

오른쪽 그림의 △ABC에서 점 I는 ∠A의 이등분선과 ∠B의 이등분선의 교점이고 $\angle AIB = 108^\circ$일 때, ∠C의 크기는?

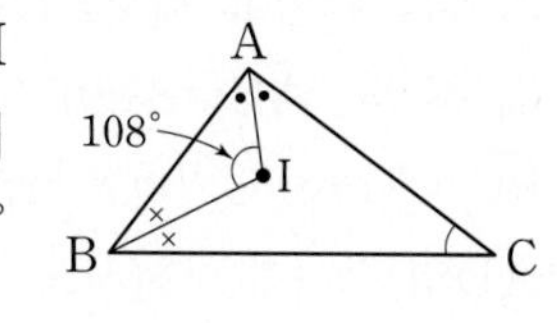

① 35° ② 36° ③ 37°
④ 38° ⑤ 39°

22

오른쪽 그림에서 점 I는 △ABC의 내심이고 $\angle CIE = 44^\circ$일 때, ∠B의 크기를 구하시오.

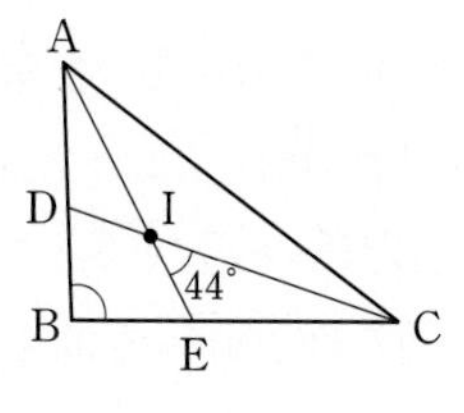

23

오른쪽 그림에서 점 I는 △ABC의 내심이고 점 I′은 △ICA의 내심이다. $\angle ABI = 32^\circ$일 때, $\angle AI'C$의 크기를 구하시오.

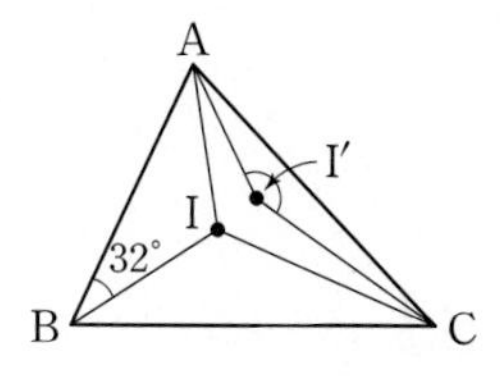

24

오른쪽 그림에서 점 I는 △ABC의 내심이고
$\angle AIB : \angle BIC : \angle CIA = 3 : 4 : 5$
일 때, ∠BAC의 크기를 구하시오.

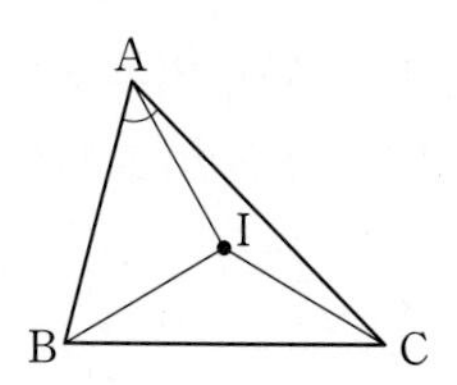

유형 08 삼각형의 내심과 평행선

개념 4

점 I가 △ABC의 내심이고 $\overline{BC} /\!/ \overline{DE}$일 때
(1) $\overline{DB} = \overline{DI}$, $\overline{EC} = \overline{EI}$
(2) (△ADE의 둘레의 길이)$= \overline{AB} + \overline{AC}$

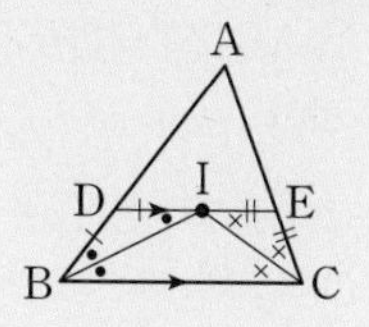

25 대표문제

오른쪽 그림에서 점 I는 △ABC의 내심이고 $\overline{DE} /\!/ \overline{BC}$이다.
$\overline{AB} = 10$ cm, $\overline{BC} = 9$ cm, $\overline{CA} = 8$ cm일 때, △ADE의 둘레의 길이를 구하시오.

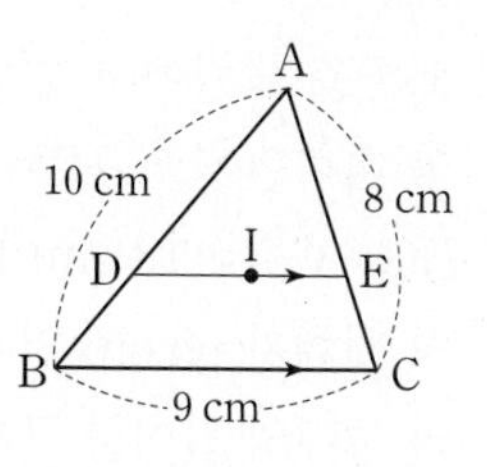

26

오른쪽 그림에서 점 I는 △ABC의 내심이고 $\overline{DE} /\!/ \overline{BC}$일 때, 다음 중 옳지 않은 것은?

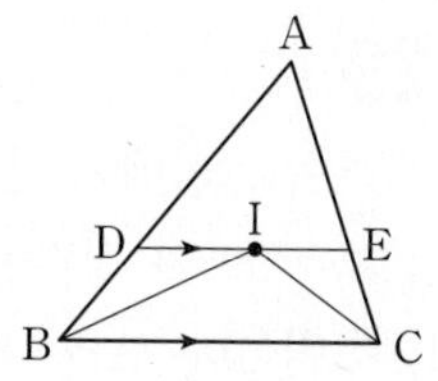

① $\angle DIB = \angle IBC$
② $\angle EIC = \angle ECI$
③ $\angle IBC = \angle ICB$
④ $\overline{DB} = \overline{DI}$
⑤ (△ADE의 둘레의 길이)$= \overline{AB} + \overline{AC}$

27

오른쪽 그림에서 점 I는 △ABC의 내심이고 $\overline{DE} /\!/ \overline{BC}$이다. $\overline{DB} = 3$ cm, $\overline{EC} = 2$ cm일 때, $\overline{DE}$의 길이는?

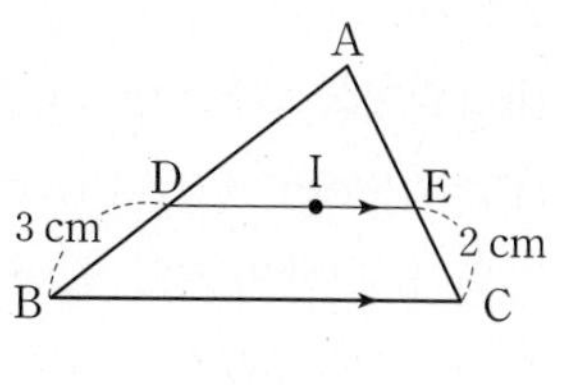

① 4 cm ② 5 cm ③ 6 cm
④ 7 cm ⑤ 8 cm

유형 09 삼각형의 내접원의 반지름의 길이 개념 4

△ABC의 내접원 I의 반지름의 길이를 r라 하면

$\triangle ABC = \frac{1}{2}r(a+b+c)$

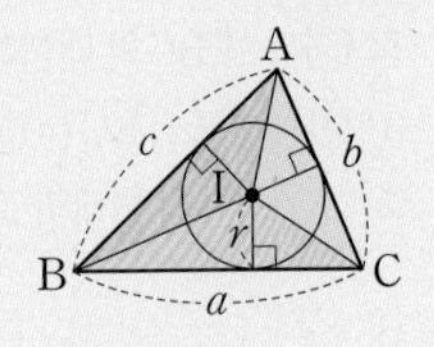

28 대표문제

오른쪽 그림에서 원 I는 △ABC의 내접원이고 $\overline{AB}=10$ cm, $\overline{BC}=\overline{CA}=13$ cm이다. △ABC의 넓이가 60 cm^2일 때, 내접원 I의 둘레의 길이를 구하시오.

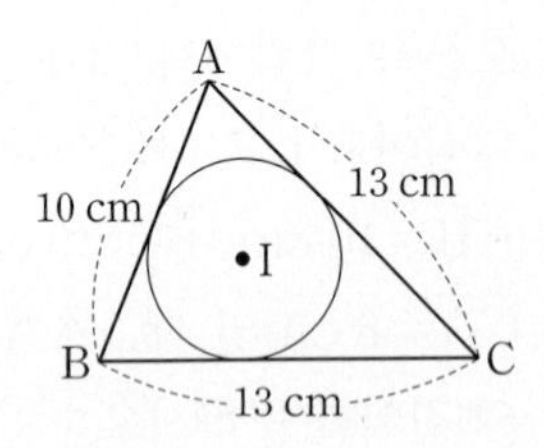

29 중요

오른쪽 그림에서 원 I는 ∠A=90°인 직각삼각형 ABC의 내접원이다. $\overline{AB}=8$ cm, $\overline{BC}=10$ cm, $\overline{CA}=6$ cm일 때, △IBC의 넓이를 구하시오.

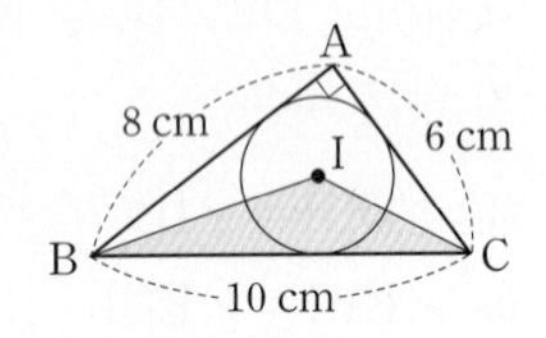

30

오른쪽 그림에서 원 I는 △ABC의 내접원이고 $\overline{AB}=20$ cm, $\overline{BC}=12$ cm, $\overline{CA}=16$ cm이다. 내접원 I의 반지름의 길이가 4 cm일 때, 색칠한 부분의 넓이를 구하시오.

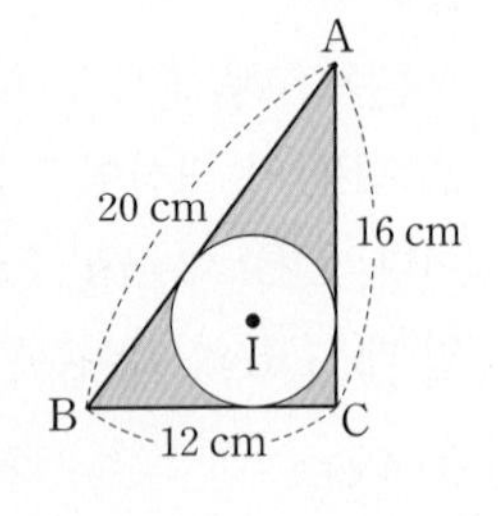

집중

유형 10 삼각형의 내접원과 접선의 길이 개념 4

점 I가 △ABC의 내심일 때

$\overline{AD}=\overline{AF}$, $\overline{BD}=\overline{BE}$, $\overline{CE}=\overline{CF}$

➜ (△ABC의 둘레의 길이)$=2(x+y+z)$

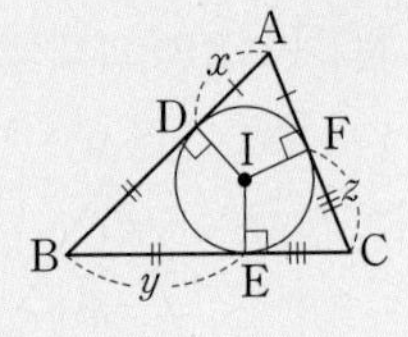

31 대표문제

오른쪽 그림에서 원 I는 △ABC의 내접원이고 세 점 D, E, F는 접점이다. $\overline{AB}=8$ cm, $\overline{BC}=9$ cm, $\overline{CA}=7$ cm일 때, $\overline{AD}$의 길이를 구하시오.

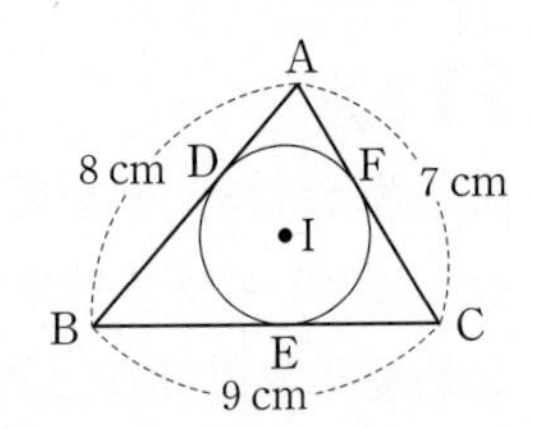

32

오른쪽 그림에서 원 I는 △ABC의 내접원이고 세 점 D, E, F는 접점이다. $\overline{AB}=7$ cm, $\overline{BE}=5$ cm, $\overline{CF}=3$ cm일 때, △ABC의 둘레의 길이는?

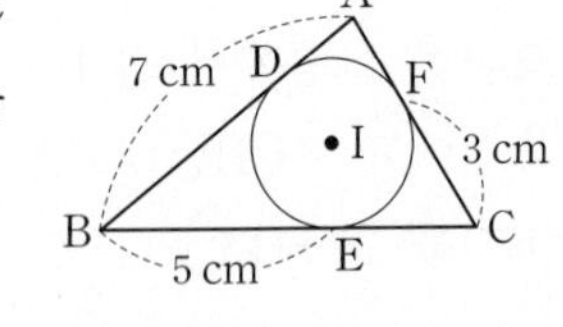

① 16 cm ② 18 cm ③ 20 cm ④ 22 cm ⑤ 24 cm

33 서술형

오른쪽 그림에서 원 I는 ∠C=90°인 직각삼각형 ABC의 내접원이고 세 점 D, E, F는 접점이다. 내접원 I의 반지름의 길이가 3 cm이고 $\overline{AC}=9$ cm, $\overline{BC}=12$ cm일 때, $\overline{AB}$의 길이를 구하시오.

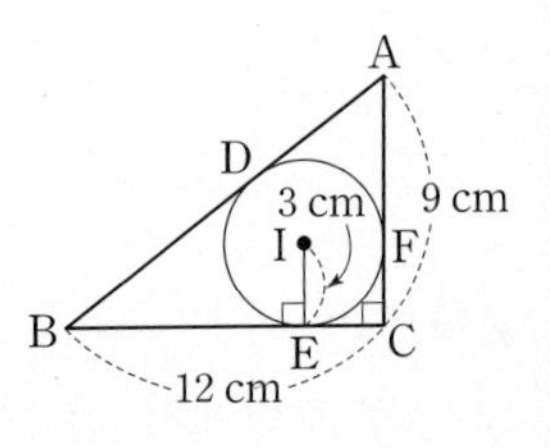

집중

유형 11 삼각형의 외심과 내심 개념 2, 4

두 점 O, I가 각각 △ABC의 외심, 내심일 때

(1) $\angle BOC = 2\angle A$, $\angle BIC = 90° + \frac{1}{2}\angle A$

(2) $\angle OBC = \angle OCB$, $\angle IBA = \angle IBC$

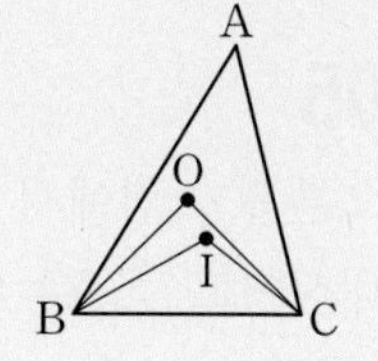

34 대표문제

오른쪽 그림에서 두 점 O, I는 각각 △ABC의 외심, 내심이다. $\angle BOC = 88°$일 때, $\angle BIC$의 크기는?

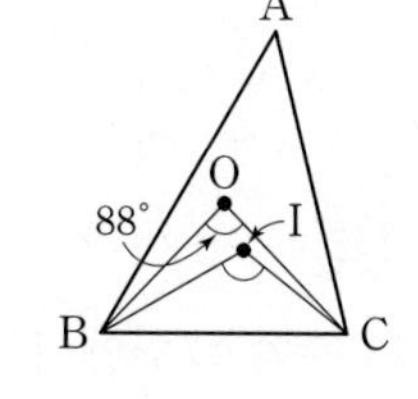

① 112° ② 113° ③ 114° ④ 115° ⑤ 116°

35

오른쪽 그림에서 점 O는 △ABC의 외심이고, 점 I는 △OBC의 내심이다. $\angle A = 50°$일 때, $\angle BIC$의 크기를 구하시오.

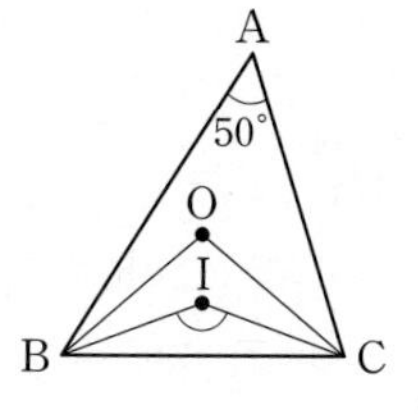

36 서술형

오른쪽 그림에서 △ABC는 $\overline{AB} = \overline{AC}$인 이등변삼각형이다. 두 점 O, I가 각각 △ABC의 외심, 내심이고 $\angle A = 32°$일 때, $\angle OBI$의 크기를 구하시오.

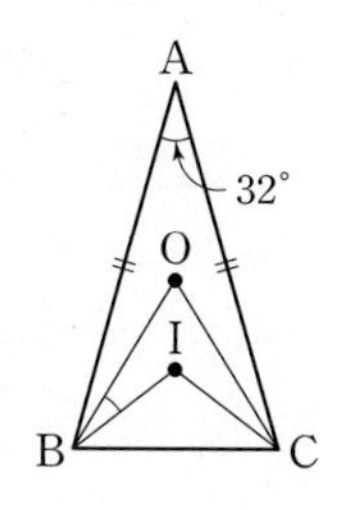

유형 12 직각삼각형의 외접원과 내접원 개념 1, 4

$\angle C = 90°$인 직각삼각형 ABC에서

(1) (외접원 O의 반지름의 길이)$= \frac{1}{2}c$

(2) 내접원 I의 반지름의 길이를 r라 하면

$\triangle ABC = \frac{1}{2}ab = \frac{1}{2}r(a+b+c)$

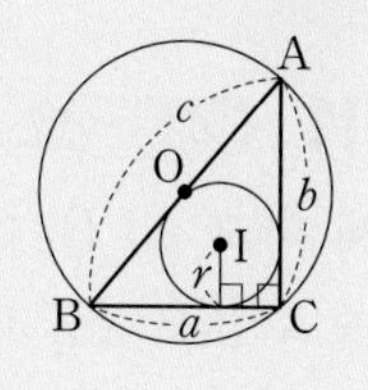

37 대표문제

오른쪽 그림과 같이 $\angle C = 90°$인 직각삼각형 ABC에서 $\overline{AB} = 17$ cm, $\overline{BC} = 8$ cm, $\overline{CA} = 15$ cm일 때, △ABC의 외접원 O와 내접원 I의 둘레의 길이의 합은?

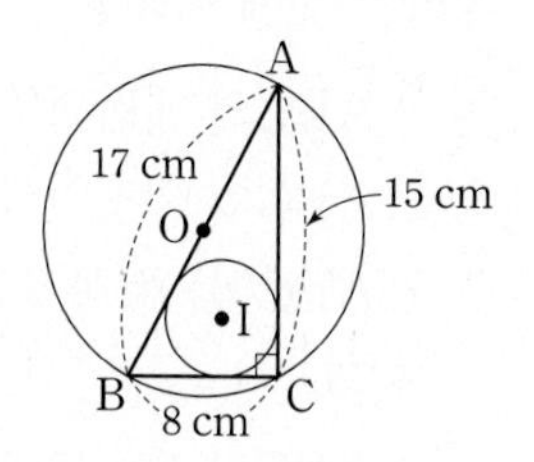

① 20π cm ② 21π cm ③ 22π cm ④ 23π cm ⑤ 24π cm

38

오른쪽 그림과 같이 $\angle A = 90°$인 직각삼각형 ABC의 외접원의 반지름의 길이를 x cm, 내접원의 반지름의 길이를 y cm라 할 때, $x+y$의 값을 구하시오.

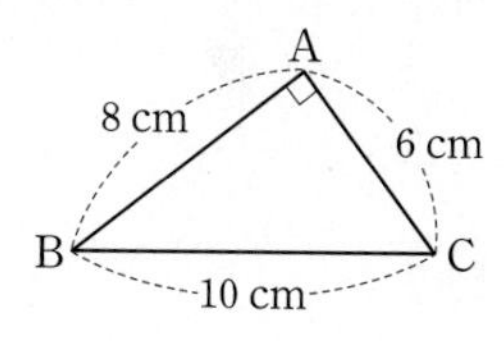

39

오른쪽 그림과 같이 $\angle B = 90°$인 직각삼각형 ABC의 외접원 O의 반지름의 길이는 13 cm이고 내접원 I의 반지름의 길이는 4 cm일 때, △ABC의 넓이를 구하시오.

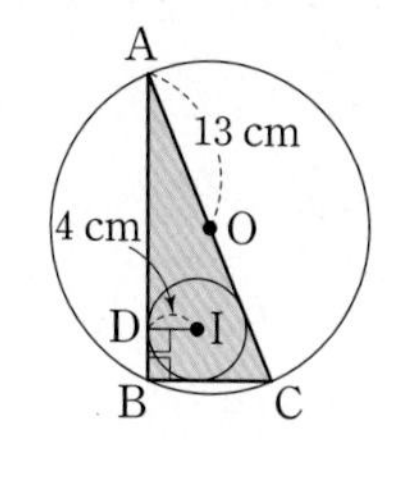

Real 실전 기출

01 창의 역량

세 학교 A, B, C의 위치가 오른쪽 그림과 같을 때, 이 세 학교로부터 같은 거리에 도서관을 지으려고 한다. 이때 도서관의 위치를 정하기 위해 이용할 수 있는 것은?

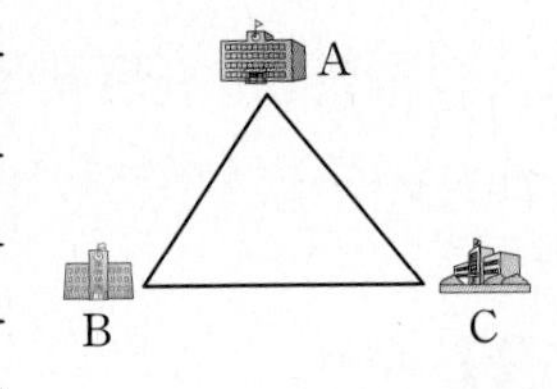

① △ABC의 내접원의 중심
② △ABC의 외접원의 중심
③ △ABC의 세 꼭짓점과 각 대변의 중점을 이은 선분의 교점
④ △ABC의 세 내각의 이등분선의 교점
⑤ △ABC의 세 변에서 같은 거리에 있는 점

02

오른쪽 그림과 같이 $\angle A=90°$인 직각삼각형 ABC의 꼭짓점 A에서 $\overline{BC}$에 내린 수선의 발을 H라 하자. $\overline{AH}=5$ cm, △ABC의 넓이가 30 cm^{2}일 때, △ABC의 외접원의 넓이를 구하시오.

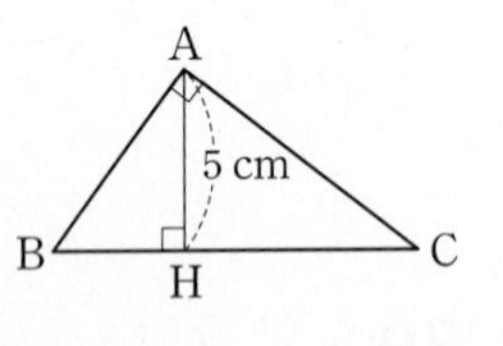

03

오른쪽 그림에서 점 O는 △ABC의 외심이고 $\overline{OA}$는 $\angle A$의 이등분선이다. $\angle OBC=\angle OBA+9°$일 때, $\angle OCB$의 크기는?

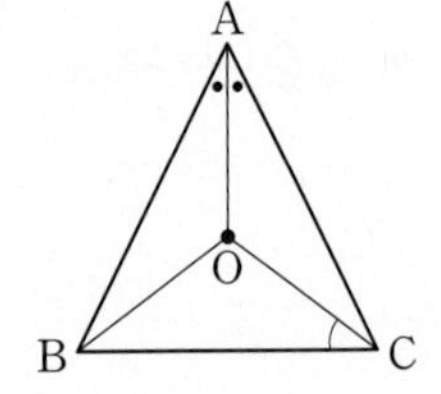

① 27°　② 30°
③ 33°　④ 36°
⑤ 39°

04

오른쪽 그림에서 점 O는 $\overline{AB}=\overline{AC}$인 이등변삼각형 ABC의 외심이다. $\angle A=54°$일 때, $\angle ABO$의 크기를 구하시오.

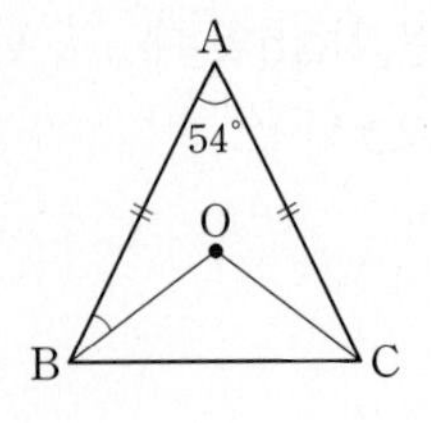

05

오른쪽 그림에서 점 I는 △ABC의 내심이고 $\angle A=80°$, $\angle IBA=24°$일 때, $\angle x$의 크기를 구하시오.

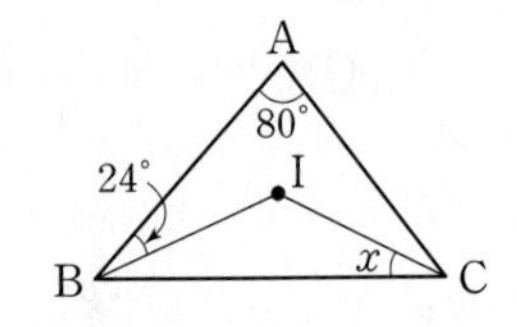

06

오른쪽 그림에서 점 I는 $\overline{AB}=\overline{AC}$인 이등변삼각형 ABC의 내심이다. $\overline{DE}\,/\!/\,\overline{BC}$이고 △ADE의 둘레의 길이가 36 cm일 때, $\overline{AB}$의 길이는?

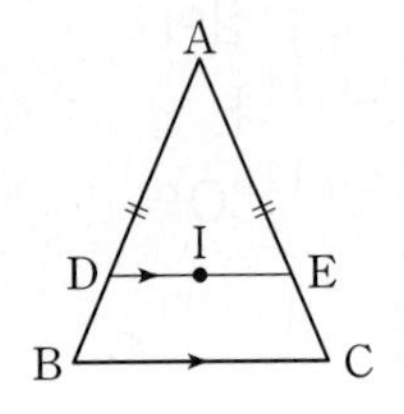

① 14 cm　② 16 cm
③ 18 cm　④ 20 cm
⑤ 22 cm

07

오른쪽 그림과 같은 △ABC의 둘레의 길이는 38 cm이고 넓이는 76 cm^{2}이다. 이때 △ABC의 내접원 I의 넓이를 구하시오.

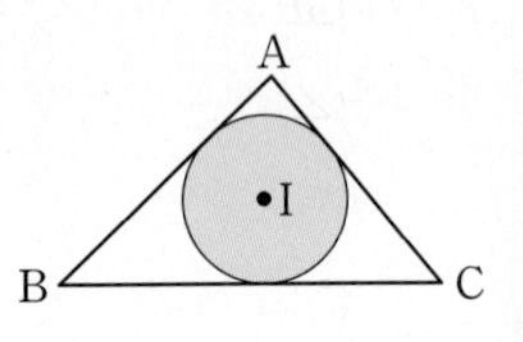

08 최다빈출

오른쪽 그림에서 원 I는 △ABC의 내접원이고 세 점 D, E, F는 접점이다. $\overline{AC}=15$ cm이고 △ABC의 둘레의 길이가 52 cm일 때, $\overline{BD}$의 길이는?

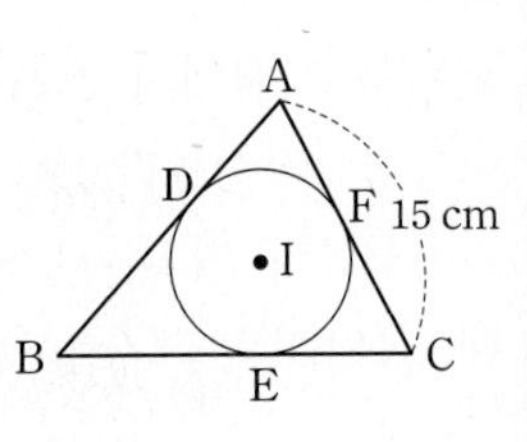

① 7 cm　② 8 cm　③ 9 cm
④ 10 cm　⑤ 11 cm

09 최다빈출

오른쪽 그림에서 두 점 O, I는 각각 △ABC의 외심, 내심이다. ∠ABI=25°, ∠ACI=30°일 때, ∠BOC의 크기를 구하시오.

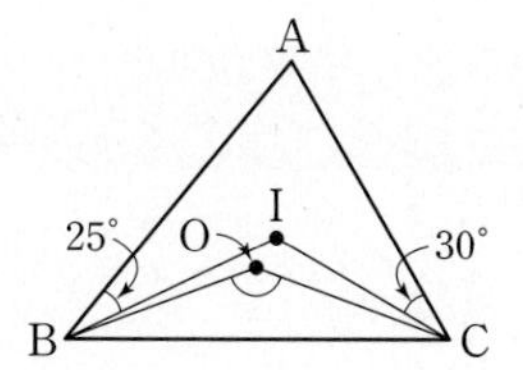

10

오른쪽 그림에서 점 O는 △ABC의 외심이고 점 O′은 △AOC의 외심이다. ∠B=48°일 때, ∠O′CO의 크기는?

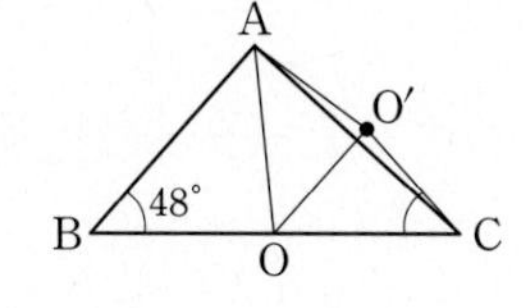

① 45° ② 46° ③ 47°
④ 48° ⑤ 49°

11

오른쪽 그림에서 점 I는 △ABC의 내심이고 ∠C=64°일 때, ∠x+∠y의 크기는?

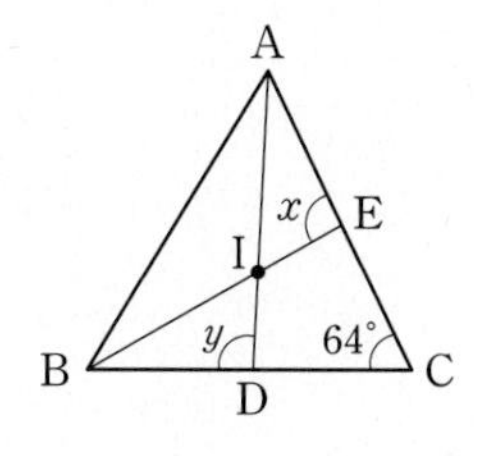

① 180° ② 182°
③ 184° ④ 186°
⑤ 188°

12

오른쪽 그림과 같이 ∠B=90°인 직각삼각형 ABC에서 두 점 O, I는 각각 △ABC의 외심, 내심이고 ∠A : ∠C=11 : 4이다. $\overline{BO}$와 $\overline{IC}$의 교점을 P라 할 때, ∠BPC의 크기를 구하시오.

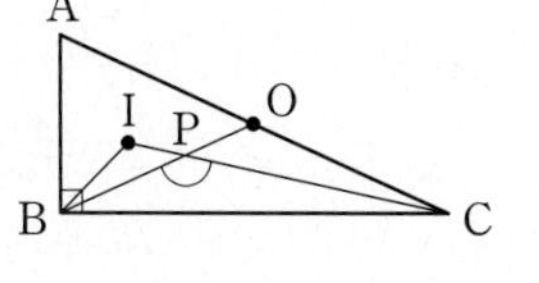

100점 공략

13

오른쪽 그림에서 점 O는 △ABC의 외심이고 $\overline{AD}=\overline{DE}=\overline{EC}$일 때, ∠$y$−∠$x$의 크기는?

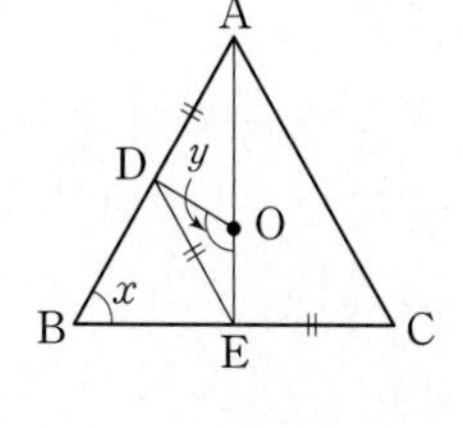

① 50° ② 55°
③ 60° ④ 65°
⑤ 70°

14

오른쪽 그림과 같이 △ABC의 내심 I를 중심으로 하고 두 꼭짓점 A, B를 지나는 원을 그렸다. $\overline{AB}$=10 cm, $\overline{BC}$=15 cm일 때, $\overline{EC}$의 길이는?

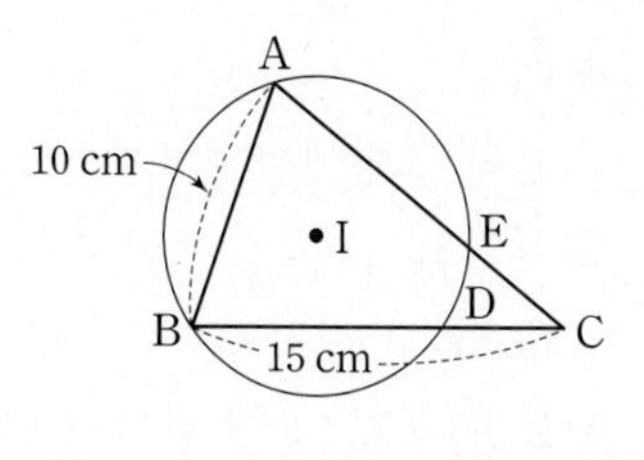

① 4 cm ② $\frac{9}{2}$ cm ③ 5 cm
④ $\frac{11}{2}$ cm ⑤ 6 cm

15

오른쪽 그림과 같이 직사각형 ABCD에서 대각선 AC와 △ABC, △ACD의 내접원 I, I′의 교점을 각각 E, F라 하자. $\overline{AB}$=8 cm, $\overline{BC}$=6 cm, $\overline{CA}$=10 cm일 때, $\overline{EF}$의 길이를 구하시오.

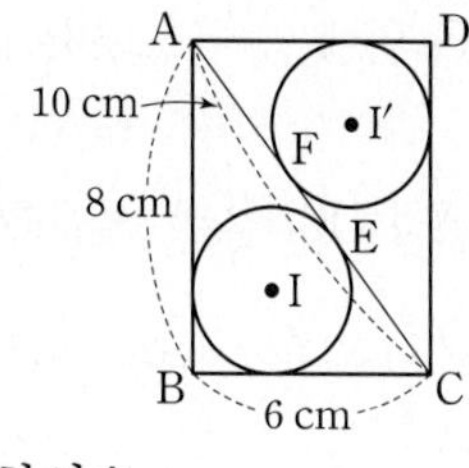

서술형

16

오른쪽 그림에서 점 O는 $\triangle ABC$의 외심이고 $\angle ABC=28^\circ$, $\angle ACB=30^\circ$일 때, $\angle BOC$의 크기를 구하시오.

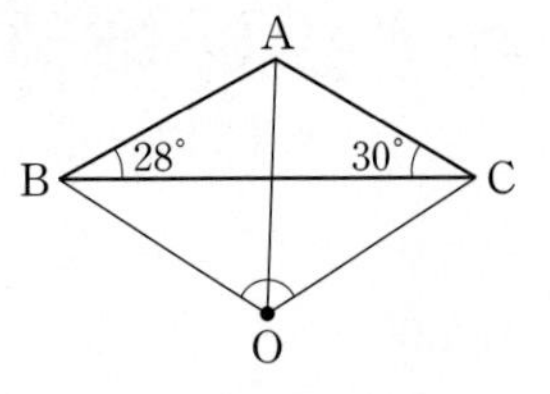

풀이

답 ______________

17

오른쪽 그림에서 점 O는 $\triangle ABC$의 외심이고

$\angle OAB : \angle OBC : \angle OCA$
$=3 : 5 : 7$

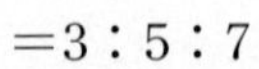

일 때, $\angle BAC$의 크기를 구하시오.

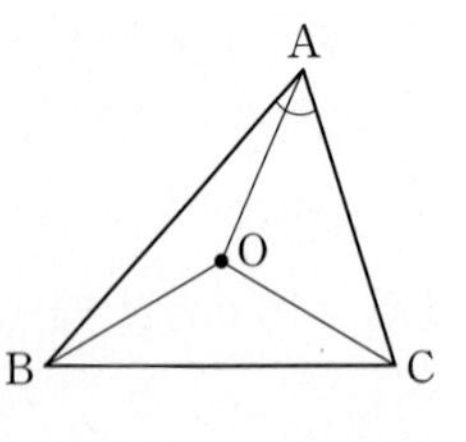

풀이

답 ______________

18

오른쪽 그림에서 세 점 A, B, C는 원 O 위에 있다. $\angle OBA=35^\circ$, $\angle OCA=25^\circ$, $\overline{OA}=9$ cm일 때, 부채꼴 BOC의 넓이를 구하시오.

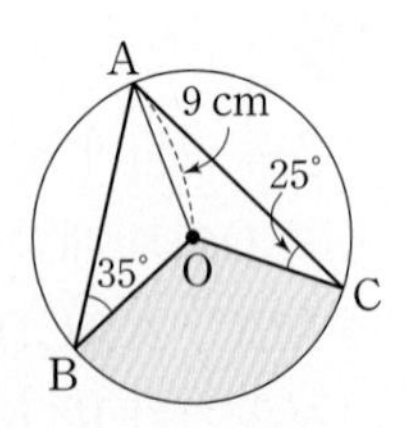

풀이

답 ______________

19

오른쪽 그림에서 점 I는 $\overline{AB}=\overline{AC}$인 이등변삼각형 ABC의 내심이고 $\angle BAC=72^\circ$일 때, $\angle AIC$의 크기를 구하시오.

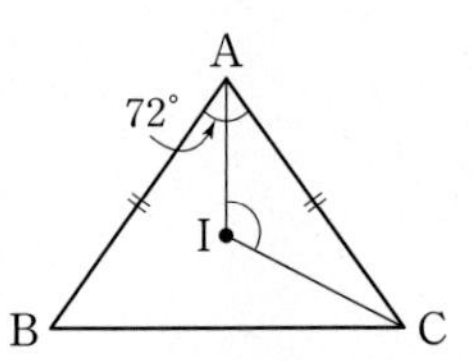

풀이

답 ______________

20 100점

오른쪽 그림에서 점 I는 $\angle B=90^\circ$인 직각삼각형 ABC의 내심이고 두 점 D, E는 각각 내접원과 $\overline{BC}$, $\overline{AC}$의 접점이다. $\overline{AB}=5$ cm, $\overline{BC}=12$ cm, $\overline{CA}=13$ cm일 때, 사각형 IDCE의 둘레의 길이를 구하시오.

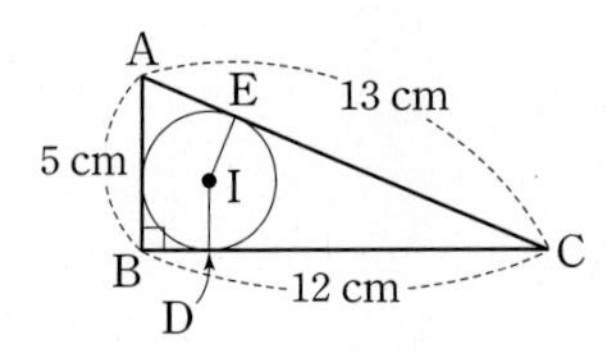

풀이

답 ______________

21 100점

오른쪽 그림에서 두 점 O, I는 각각 $\triangle ABC$의 외심, 내심이고 $\angle BAD=32^\circ$이다. $\overline{AC}$의 중점 E에 대하여 $\overline{EO}$와 $\overline{CI}$의 교점을 F라 할 때, $\angle EFC$의 크기를 구하시오.

(단, 네 점 A, I, O, D는 일직선 위에 있다.)

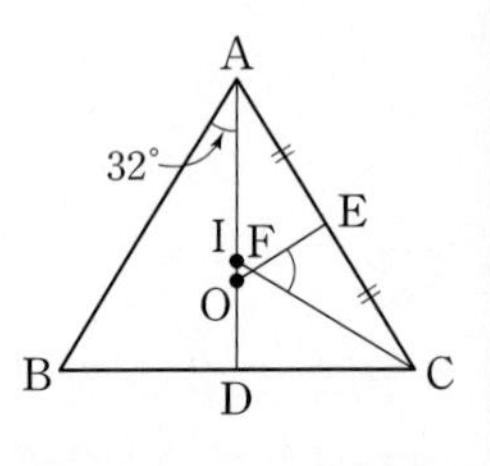

풀이

답 ______________

Ⅱ. 사각형의 성질

03 평행사변형의 성질

유형북 35 ~ 46쪽
더블북 14 ~ 19쪽

Real 실전 개념

개념 1 평행사변형의 성질 유형 01~05

(1) **평행사변형**: 두 쌍의 대변이 각각 평행한 사각형

➜ □ABCD에서 $\overline{AB} /\!/ \overline{DC}$, $\overline{AD} /\!/ \overline{BC}$

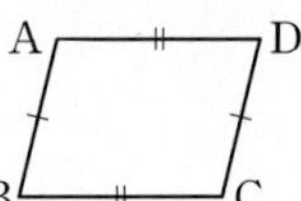

(2) **평행사변형의 성질**: 평행사변형 ABCD에서

① 두 쌍의 대변의 길이는 각각 같다.

➜ $\overline{AB}=\overline{DC}$, $\overline{AD}=\overline{BC}$

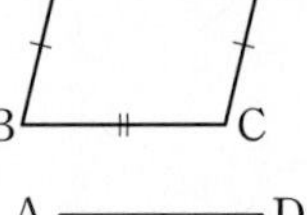

② 두 쌍의 대각의 크기는 각각 같다.

➜ $\angle A=\angle C$, $\angle B=\angle D$

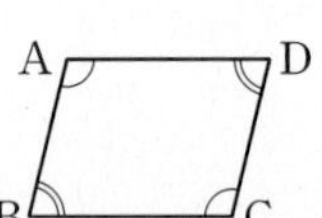

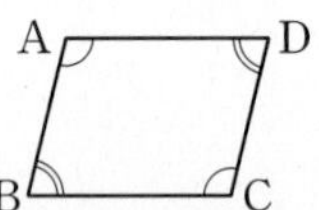

③ 두 대각선은 서로 다른 것을 이등분한다.

➜ $\overline{OA}=\overline{OC}$, $\overline{OB}=\overline{OD}$

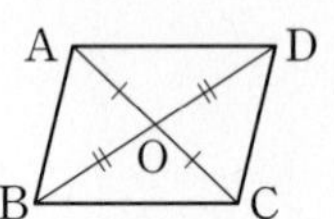

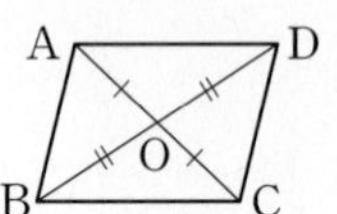

개념 2 평행사변형이 되는 조건 유형 06~10

다음 중 어느 한 조건을 만족시키는 사각형은 평행사변형이 된다.

① 두 쌍의 대변이 각각 평행하다.

➜ $\overline{AB} /\!/ \overline{DC}$, $\overline{AD} /\!/ \overline{BC}$ ← 평행사변형의 뜻

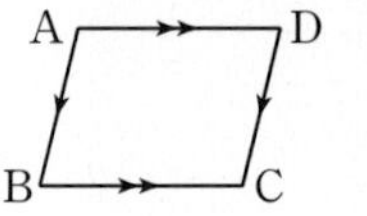

② 두 쌍의 대변의 길이가 각각 같다.

➜ $\overline{AB}=\overline{DC}$, $\overline{AD}=\overline{BC}$

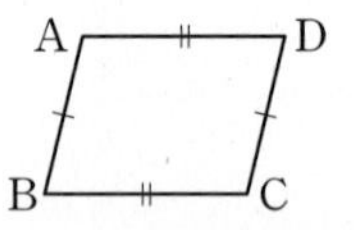

③ 두 쌍의 대각의 크기가 각각 같다.

➜ $\angle A=\angle C$, $\angle B=\angle D$

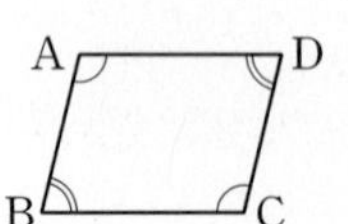

④ 두 대각선이 서로 다른 것을 이등분한다.

➜ $\overline{OA}=\overline{OC}$, $\overline{OB}=\overline{OD}$

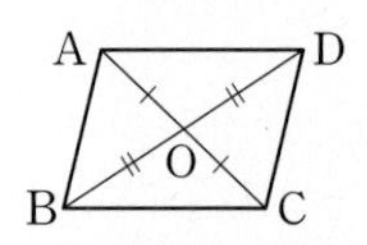

⑤ 한 쌍의 대변이 평행하고 그 길이가 같다.

➜ $\overline{AD} /\!/ \overline{BC}$, $\overline{AD}=\overline{BC}$ (또는 $\overline{AB} /\!/ \overline{DC}$, $\overline{AB}=\overline{DC}$)

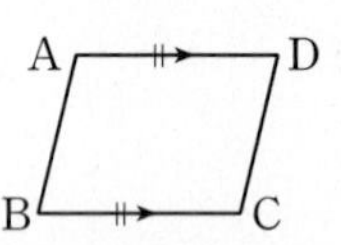

개념 3 평행사변형과 넓이 유형 11, 12

(1) 평행사변형 ABCD에서 두 대각선의 교점을 O라 하면

① 평행사변형의 넓이는 한 대각선에 의하여 이등분된다.

➜ $\triangle ABC=\triangle BCD=\triangle CDA=\triangle DAB=\frac{1}{2}\square ABCD$

② 평행사변형의 넓이는 두 대각선에 의하여 사등분된다.

➜ $\triangle ABO=\triangle BCO=\triangle CDO=\triangle DAO=\frac{1}{4}\square ABCD$

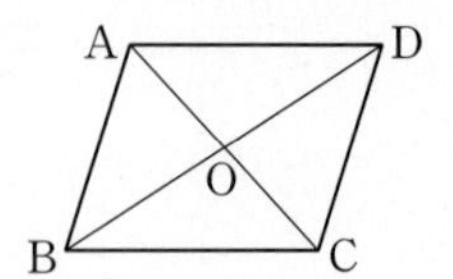

(2) 평행사변형 ABCD의 내부의 한 점 P에 대하여

➜ $\triangle PAB+\triangle PCD=\triangle PDA+\triangle PBC=\frac{1}{2}\square ABCD$

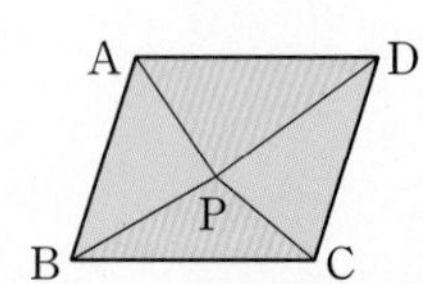

개념 노트

- 사각형 ABCD를 기호로 □ABCD와 같이 나타낸다.
- 사각형에서 마주 보는 두 변을 대변, 마주 보는 두 각을 대각이라 한다.

➜ 대변: $\overline{AB}$와 $\overline{DC}$, $\overline{AD}$와 $\overline{BC}$

대각: $\angle A$와 $\angle C$, $\angle B$와 $\angle D$

- 평행사변형의 이웃하는 두 내각의 크기의 합은 180°이다.

➜ $\angle A+\angle B=\angle B+\angle C=\angle C+\angle D=\angle D+\angle A=180°$

- 평행사변형의 한 대각선에 의하여 나누어진 두 삼각형은 밑변의 길이와 높이가 각각 같으므로 넓이가 같다.

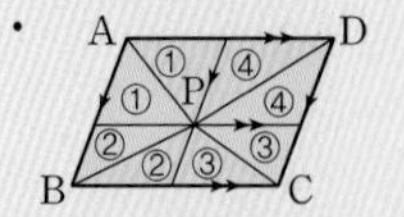

$\triangle PDA+\triangle PBC$
$=①+④+②+③$
$=\frac{1}{2}\square ABCD$

개념 1 평행사변형의 성질

[01~02] 다음 그림과 같은 평행사변형 ABCD에서 $\angle x$, $\angle y$의 크기를 구하시오.

01

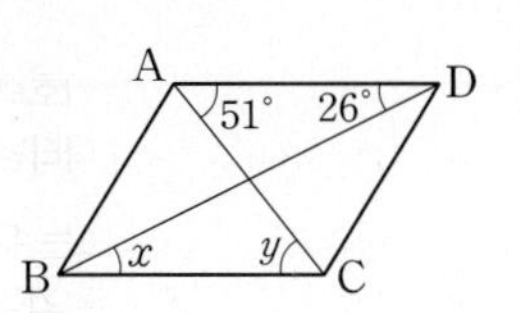

02

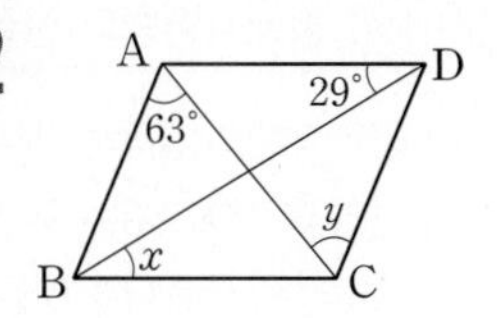

[03~06] 다음 그림과 같은 평행사변형 ABCD에서 x, y의 값을 구하시오. (단, 점 O는 두 대각선의 교점이다.)

03

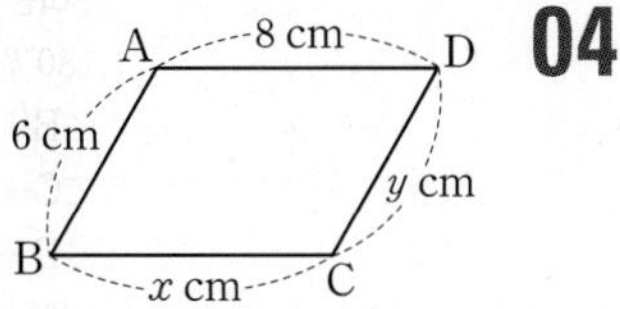

04

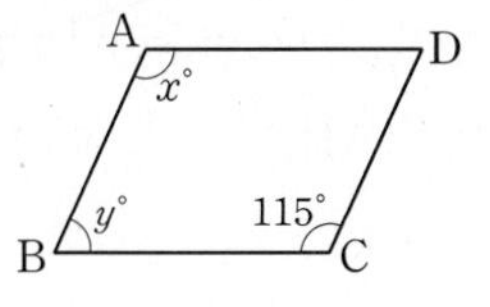

05

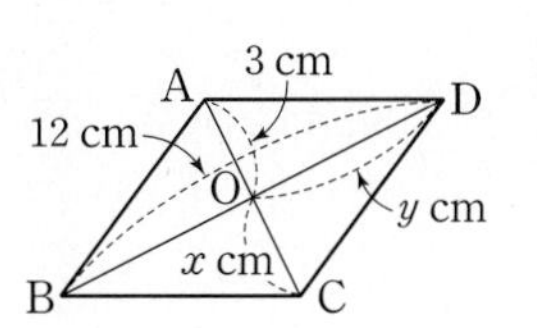

06

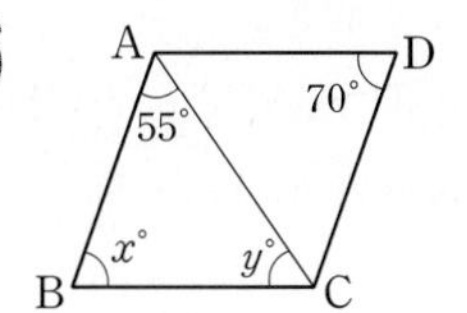

[07~12] 다음 중 오른쪽 그림과 같은 평행사변형 ABCD에 대한 설명으로 옳은 것은 ○표, 옳지 않은 것은 ×표를 하시오.

(단, 점 O는 두 대각선의 교점이다.)

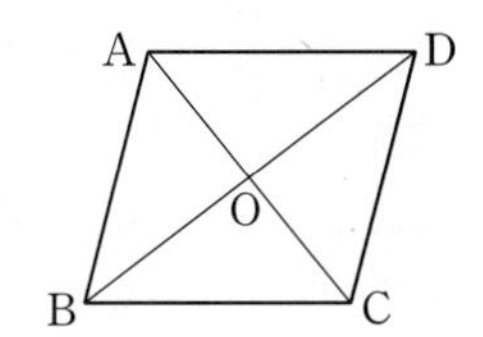

07 $\overline{AB}=\overline{DC}$ ( )

08 $\overline{OB}=\overline{OC}$ ( )

09 $\angle ABD=\angle ADB$ ( )

10 $\angle BAD=\angle BCD$ ( )

11 $\triangle ABC\equiv\triangle CDA$ ( )

12 $\triangle OCD\equiv\triangle OAD$ ( )

개념 2 평행사변형이 되는 조건

[13~17] 다음은 오른쪽 그림과 같은 □ABCD가 평행사변형이 되기 위한 조건이다. □ 안에 알맞은 것을 써넣으시오.

(단, 점 O는 두 대각선의 교점이다.)

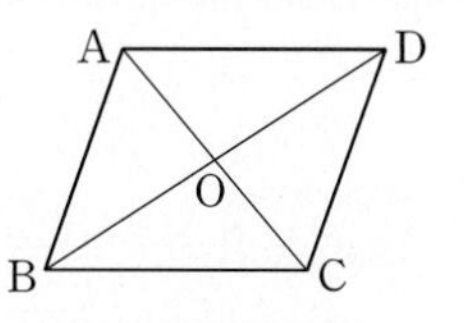

13 $\overline{AB}$ // □, $\overline{AD}$ // □

14 $\overline{AB}$ = □, $\overline{AD}$ = □

15 $\angle BAD$ = □, $\angle ABC$ = □

16 $\overline{OA}$ = □, $\overline{OB}$ = □

17 $\overline{AB}$ // □, $\overline{AB}$ = □

개념 3 평행사변형과 넓이

[18~21] 다음 그림과 같은 평행사변형 ABCD의 넓이가 12 cm^2일 때, 색칠한 부분의 넓이를 구하시오.

(단, 점 O는 두 대각선의 교점이다.)

18

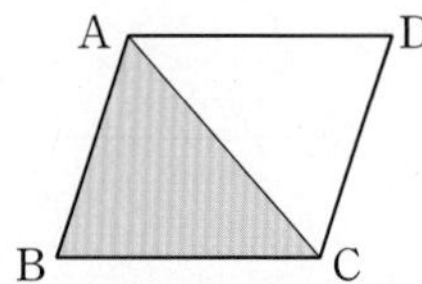

19

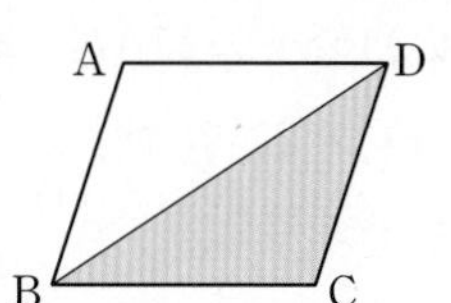

20

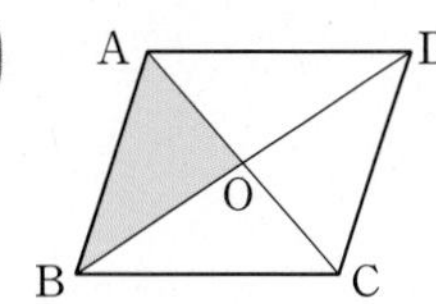

21

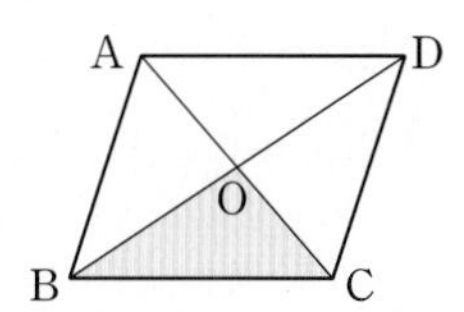

[22~23] 다음 그림과 같은 평행사변형 ABCD의 넓이가 16 cm^2일 때, □ABCD의 내부의 한 점 P에 대하여 색칠한 부분의 넓이를 구하시오.

22

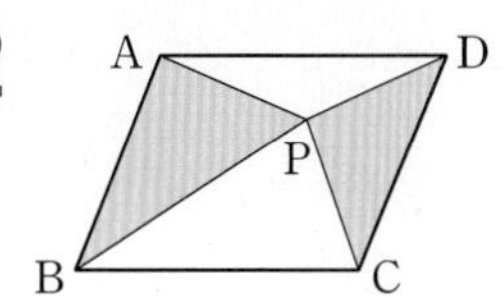

23

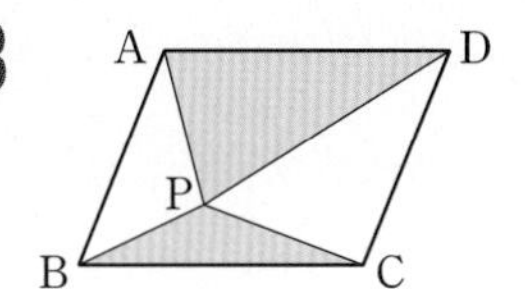

유형 01 평행사변형의 뜻 개념1

평행사변형은 두 쌍의 대변이 각각 평행한 사각형이다.

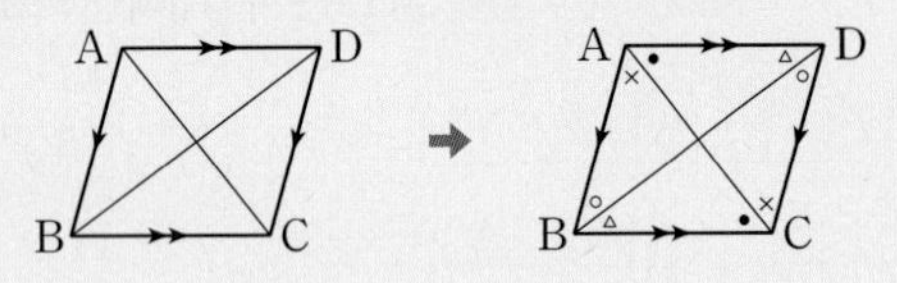

01 대표문제

오른쪽 그림과 같은 평행사변형 ABCD에서 $\angle ADB=24°$, $\angle BDC=43°$일 때, $\angle x+\angle y$의 크기는?

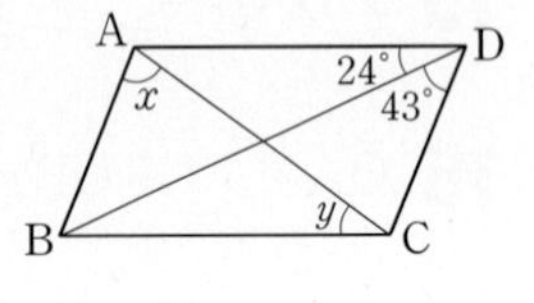

① 67° ② 77° ③ 87°
④ 103° ⑤ 113°

02

오른쪽 그림과 같은 평행사변형 ABCD에서 $\angle DAC=46°$, $\angle DBC=27°$일 때, $\angle DOC$의 크기를 구하시오.

(단, 점 O는 두 대각선의 교점이다.)

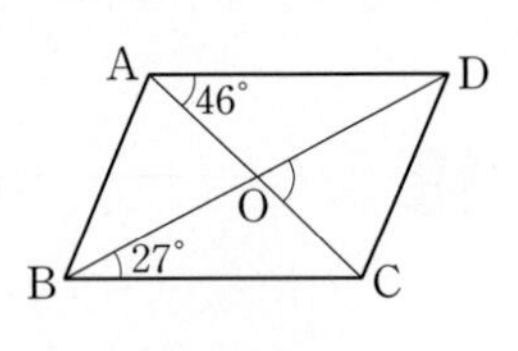

03 서술형

오른쪽 그림과 같은 평행사변형 ABCD에서 $\angle DAE=50°$, $\angle C=122°$일 때, $\angle AED$의 크기를 구하시오.

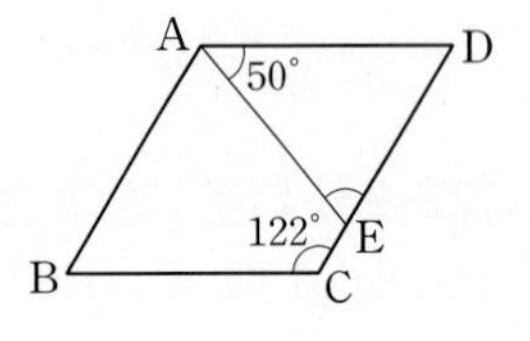

유형 02 평행사변형의 성질 개념1

(1) 두 쌍의 대변의 길이는 각각 같다.
(2) 두 쌍의 대각의 크기는 각각 같다.
(3) 두 대각선은 서로 다른 것을 이등분한다.

04 대표문제

다음은 '평행사변형의 두 쌍의 대변의 길이는 각각 같다.'를 설명하는 과정이다. ①~⑤에 알맞은 것으로 옳지 않은 것은?

> 평행사변형 ABCD에서 대각선 AC를 그으면 △ABC와 △CDA에서 $\overline{AB}$ // [①]이므로
> ∠BAC= [②] (엇각)
> $\overline{AD}$ // [③]이므로 ∠BCA=∠DAC ([④])
> $\overline{AC}$는 공통
> 따라서 △ABC≡△CDA ([⑤] 합동)이므로
> $\overline{AB}=\overline{DC}$, $\overline{AD}=\overline{BC}$

① $\overline{DC}$ ② ∠DCA ③ $\overline{BC}$
④ 엇각 ⑤ SAS

05

오른쪽 그림과 같은 평행사변형 ABCD에서 $\overline{BD}=14$ cm, $\overline{CD}=9$ cm이고 $\angle ABC=70°$일 때, 다음 중 옳지 않은 것은?

(단, 점 O는 두 대각선의 교점이다.)

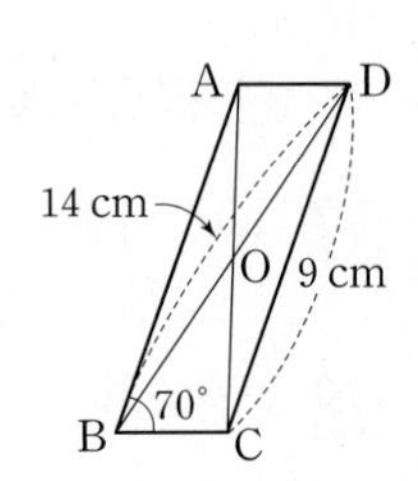

① $\overline{AB}=9$ cm ② $\overline{OB}=7$ cm
③ $\angle ADC=70°$ ④ $\angle BCD=130°$
⑤ △ABD≡△CDB

집중

유형 03 평행사변형의 성질의 응용; 대변

개념 1

평행사변형의 두 쌍의 대변의 길이는 각각 같다.

➜ $\overline{AB}=\overline{DC}$, $\overline{AD}=\overline{BC}$

06 대표문제

오른쪽 그림과 같은 평행사변형 ABCD에서 $\angle B$의 이등분선과 $\overline{CD}$의 연장선이 만나는 점을 E라 하자. $\overline{AB}=6\text{ cm}$, $\overline{BC}=10\text{ cm}$일 때, $\overline{DE}$의 길이를 구하시오.

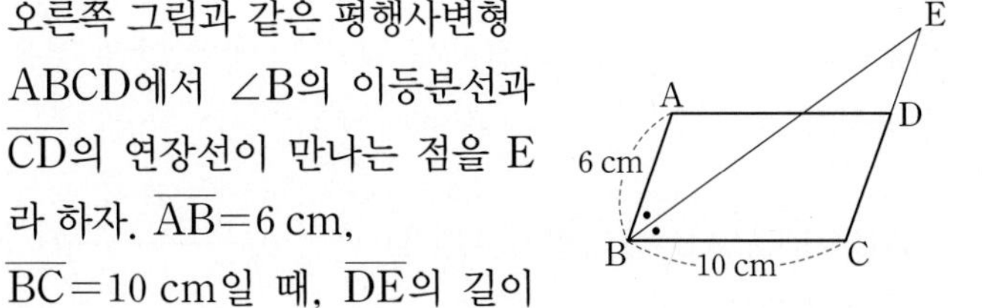

07

오른쪽 그림과 같은 평행사변형 ABCD에서 $\overline{BC}$의 중점을 E라 하고 $\overline{AE}$의 연장선이 $\overline{DC}$의 연장선과 만나는 점을 F라 하자. $\overline{AB}=5\text{ cm}$, $\overline{AD}=6\text{ cm}$일 때, $\overline{DF}$의 길이는?

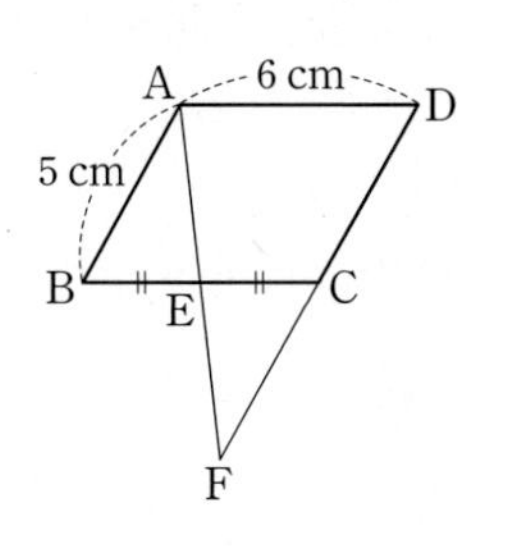

① 9 cm ② 10 cm ③ 11 cm ④ 12 cm ⑤ 13 cm

08 서술형

오른쪽 그림과 같은 평행사변형 ABCD에서 $\angle A$, $\angle D$의 이등분선이 $\overline{BC}$와 만나는 점을 각각 E, F라 하자. $\overline{AB}=10\text{ cm}$, $\overline{AD}=14\text{ cm}$일 때, $\overline{FE}$의 길이를 구하시오.

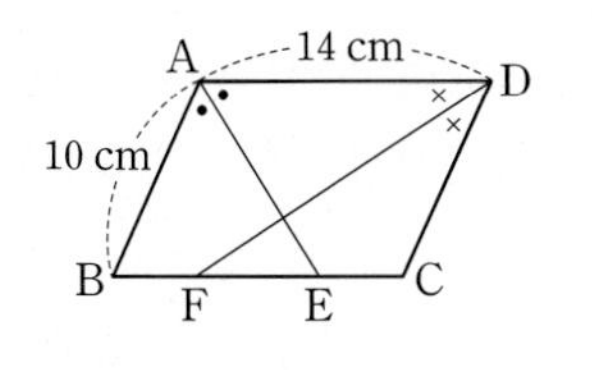

집중

유형 04 평행사변형의 성질의 응용; 대각

개념 1

평행사변형의 두 쌍의 대각의 크기는 각각 같다.

➜ $\angle A=\angle C$, $\angle B=\angle D$

참고 $\angle A+\angle B=180^\circ$, $\angle B+\angle C=180^\circ$

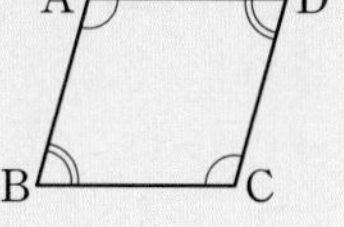

09 대표문제

오른쪽 그림과 같은 평행사변형 ABCD에서 $\angle A$의 이등분선과 $\overline{DC}$의 연장선이 만나는 점을 F라 하자. $\angle F=63^\circ$일 때, $\angle BCD$의 크기를 구하시오.

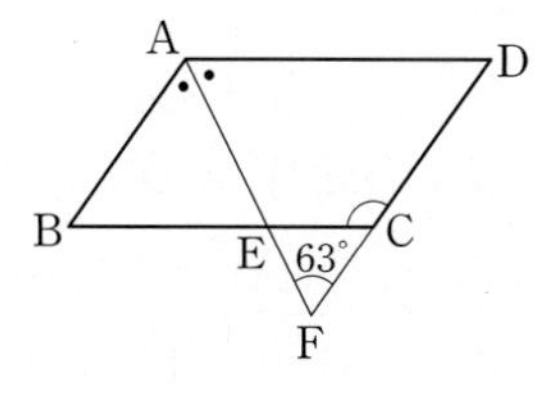

중요

10

오른쪽 그림과 같은 평행사변형 ABCD에서 $\angle A : \angle D=7 : 5$일 때, $\angle C-\angle B$의 크기를 구하시오.

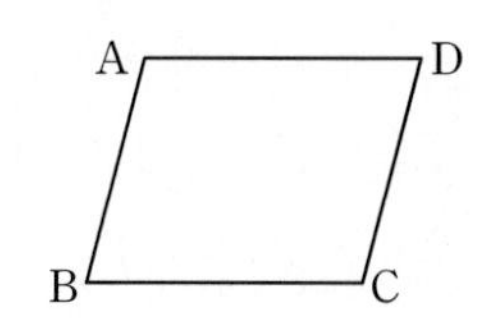

11

오른쪽 그림과 같은 평행사변형 ABCD에서 $\angle D$의 이등분선이 $\overline{BC}$와 만나는 점을 E, 꼭짓점 A에서 $\overline{DE}$에 내린 수선의 발을 F라 하자. $\angle B=52^\circ$일 때, $\angle BAF$의 크기를 구하시오.

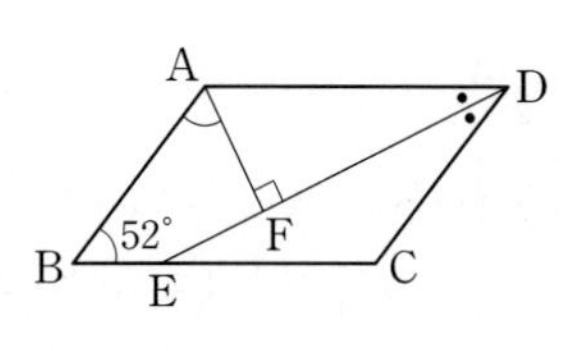

집중

유형 05 평행사변형의 성질의 응용; 대각선 개념1

평행사변형의 두 대각선은 서로 다른 것을 이등분한다.

➜ $\overline{OA}=\overline{OC}$, $\overline{OB}=\overline{OD}$

참고 $\triangle OAB\equiv\triangle OCD$, $\triangle OAD\equiv\triangle OCB$

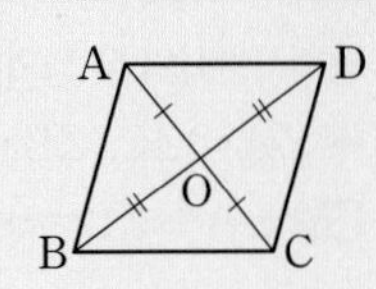

12 대표문제

오른쪽 그림과 같은 평행사변형 ABCD에서 두 대각선의 교점을 O라 하자. $\overline{AC}=12$ cm, $\overline{BD}=18$ cm, $\overline{CD}=10$ cm일 때, $\triangle OCD$의 둘레의 길이를 구하시오.

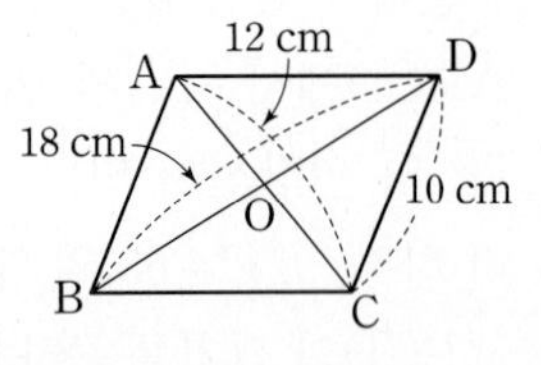

13

오른쪽 그림과 같은 평행사변형 ABCD에서 두 대각선의 교점 O를 지나는 직선이 $\overline{AD}$, $\overline{BC}$와 만나는 점을 각각 E, F라 할 때, 다음 중 옳지 않은 것을 모두 고르면? (정답 2개)

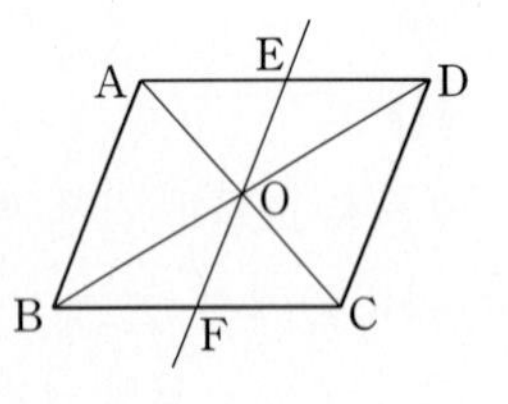

① $\overline{AO}=\overline{CO}$ ② $\overline{EO}=\overline{FO}$
③ $\angle AOB=\angle EOD$ ④ $\triangle OBC\equiv\triangle ODC$
⑤ $\triangle ODE\equiv\triangle OBF$

14 서술형

오른쪽 그림과 같이 평행사변형 ABCD의 두 대각선의 교점 O를 지나는 직선이 $\overline{AB}$, $\overline{CD}$와 만나는 점을 각각 E, F라 하자.
$\angle AEO=90°$, $\overline{EB}=9$ cm, $\overline{EO}=5$ cm이고 $\triangle OCD$의 넓이가 30 cm^2일 때, $\overline{AE}$의 길이를 구하시오.

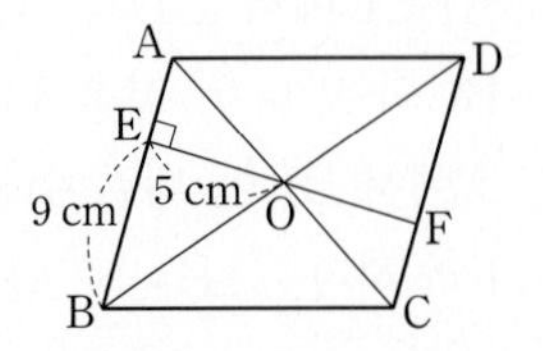

유형 06 평행사변형이 되는 조건의 설명 개념2

두 직선이 다른 한 직선과 만날 때, 엇각 (또는 동위각)의 크기가 같으면 두 직선은 평행하다.

➜ 사각형의 두 쌍의 대변이 각각 평행하면 그 사각형은 평행사변형이다.

15 대표문제

다음은 '두 쌍의 대변의 길이가 각각 같은 사각형은 평행사변형이다.'를 설명하는 과정이다. (가)~(라)에 알맞은 것을 구하시오.

> $\overline{AB}=\overline{DC}$, $\overline{AD}=\overline{BC}$인 □ABCD에서 대각선 AC를 그으면
> $\triangle ABC$와 $\triangle CDA$에서
> $\overline{AB}=\overline{CD}$, $\overline{BC}=\overline{DA}$, [(가)]는 공통
> ∴ $\triangle ABC\equiv\triangle CDA$ ([(나)] 합동)
> 즉, $\angle BAC=$ [(다)] (엇각)이므로 $\overline{AB}/\!/\overline{DC}$ ...... ㉠
> $\angle BCA=\angle DAC$ (엇각)이므로 $\overline{AD}/\!/$ [(라)] ...... ㉡
> ㉠, ㉡에 의하여 □ABCD는 두 쌍의 대변이 각각 평행하므로 평행사변형이다.

중요

16

다음은 '두 대각선이 서로 다른 것을 이등분하는 사각형은 평행사변형이다.'를 설명하는 과정이다. ①~⑤에 알맞은 것으로 옳은 것은?

> □ABCD에서 두 대각선의 교점을 O라 하면 $\triangle OAB$와 $\triangle OCD$에서
> $\overline{OA}=\overline{OC}$, $\overline{OB}=\overline{OD}$,
> $\angle AOB=$ [①] (맞꼭지각)
> 이므로 $\triangle OAB\equiv\triangle OCD$ ([②] 합동)
> 따라서 $\angle OAB=\angle OCD$ (엇각)이므로 [③] ...... ㉠
> 같은 방법으로 $\triangle OAD\equiv\triangle OCB$ ([②] 합동)
> 따라서 $\angle OAD=\angle OCB$ (엇각)이므로 [④] ...... ㉡
> ㉠, ㉡에 의하여 □ABCD는 두 쌍의 대변이 각각 [⑤]하므로 평행사변형이다.

① $\angle AOD$ ② SAS ③ $\overline{AD}/\!/\overline{BC}$
④ $\overline{AB}/\!/\overline{DC}$ ⑤ 수직

유형 07 평행사변형이 되도록 하는 미지수의 값 구하기 개념2

사각형이 다음 조건 중 어느 하나를 만족시키면 평행사변형이 된다.
(1) 두 쌍의 대변이 각각 평행하다.
(2) 두 쌍의 대변의 길이가 각각 같다.
(3) 두 쌍의 대각의 크기가 각각 같다.
(4) 두 대각선이 서로 다른 것을 이등분한다.
(5) 한 쌍의 대변이 평행하고 그 길이가 같다.

17 대표문제

오른쪽 그림과 같은 □ABCD가 평행사변형이 되도록 하는 x, y에 대하여 $x+y$의 값은?

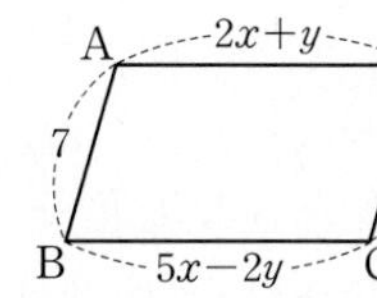

① 5 ② 6
③ 7 ④ 8
⑤ 9

18 서술형

오른쪽 그림과 같이 □ABCD의 두 대각선의 교점을 O라 할 때, □ABCD가 평행사변형이 되도록 하는 x, y에 대하여 △OBC의 둘레의 길이를 구하시오.

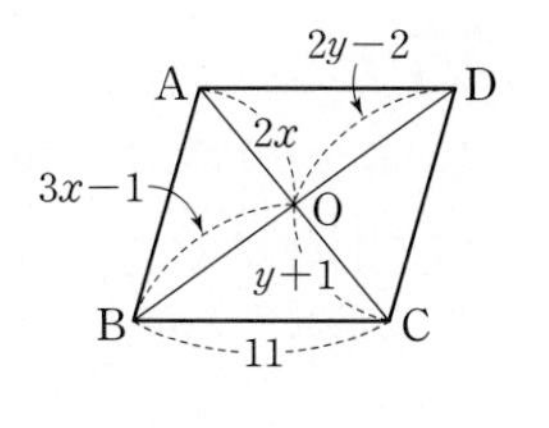

19

오른쪽 그림과 같은 □ABCD에서 $\overline{AB}=\overline{AE}$일 때, □ABCD가 평행사변형이 되도록 하는 ∠x의 크기를 구하시오.

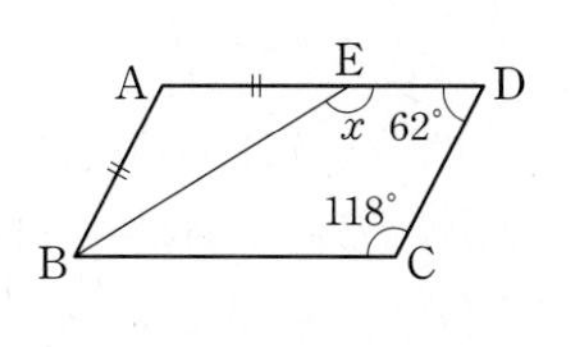

집중

유형 08 평행사변형이 되는 조건 찾기 개념2

주어진 조건대로 사각형을 그렸을 때, 평행사변형이 되는 다음 조건 중 어느 하나를 만족시키는지 확인한다.

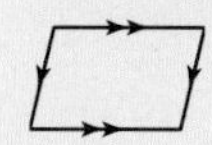 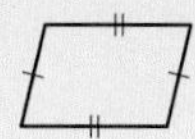 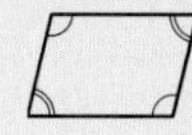 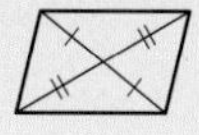 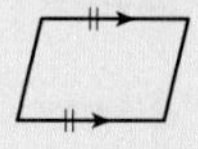

20 대표문제

다음 조건을 만족시키는 □ABCD 중 평행사변형이 아닌 것은?
(단, 점 O는 두 대각선의 교점이다.)

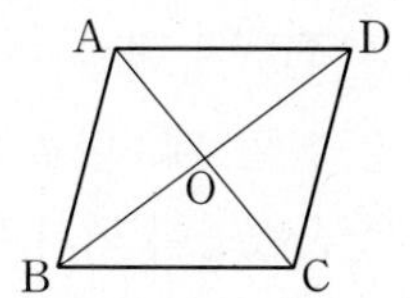

① ∠A=100°, ∠B=80°, ∠C=100°
② $\overline{AB}=\overline{DC}=6$ cm, $\overline{AD}=\overline{BC}=9$ cm
③ $\overline{OA}=\overline{OB}=3$ cm, $\overline{OC}=\overline{OD}=4$ cm
④ $\overline{AB}$ // $\overline{DC}$, ∠A=105°, ∠B=75°
⑤ $\overline{AD}$ // $\overline{BC}$, $\overline{AD}=\overline{BC}=13$ cm

21

다음 중 □ABCD가 평행사변형이 되도록 하는 조건이 아닌 것은?
(단, 점 O는 두 대각선의 교점이다.)

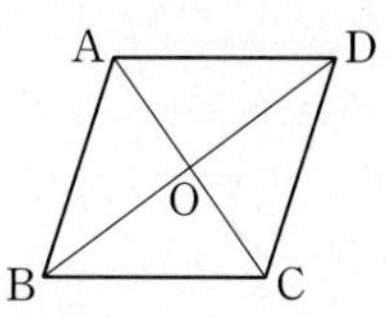

① $\overline{AB}$ // $\overline{DC}$, $\overline{AD}$ // $\overline{BC}$
② $\overline{AB}$ // $\overline{DC}$, $\overline{AB}=\overline{DC}$
③ $\overline{OA}=\overline{OC}$, $\overline{OB}=\overline{OD}$
④ ∠A=∠C, ∠B=∠D
⑤ ∠A+∠B=180°, ∠C+∠D=180°

중요

22

다음 **보기**의 □ABCD 중 평행사변형인지 알 수 없는 것을 모두 고르시오.

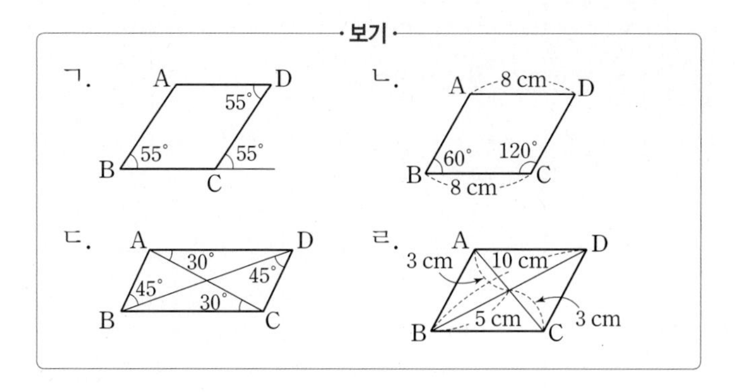

유형 09 새로운 사각형이 평행사변형이 되는 조건 개념2

평행사변형이 되는 조건을 이용하여 새로운 사각형이 평행사변형임을 설명한다.

23 대표문제

오른쪽 그림과 같은 평행사변형 ABCD의 두 꼭짓점 A, C에서 대각선 BD에 내린 수선의 발을 각각 E, F라 할 때, 다음 중 □AECF가 평행사변형이 되기 위한 조건으로 가장 알맞은 것은?

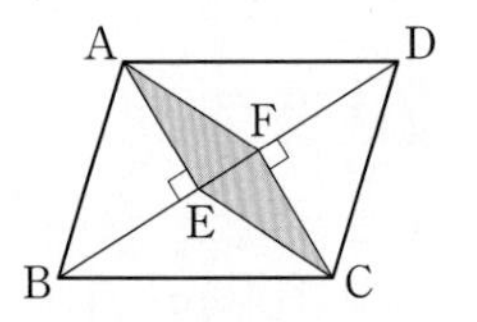

① 두 쌍의 대변이 각각 평행하다.
② 두 쌍의 대변의 길이가 각각 같다.
③ 두 쌍의 대각의 크기가 각각 같다.
④ 두 대각선이 서로 다른 것을 이등분한다.
⑤ 한 쌍의 대변이 평행하고 그 길이가 같다.

24

다음은 '평행사변형 ABCD에서 $\overline{AB}$, $\overline{CD}$ 위에 $\overline{AE}=\overline{CF}$가 되도록 두 점 E, F를 각각 잡을 때, □EBFD는 평행사변형이다.'를 설명하는 과정이다. (가)~(다)에 알맞은 것을 구하시오.

□ABCD가 평행사변형이므로
$\overline{BE}$ // (가) …… ㉠
$\overline{AB}$= (나) , $\overline{AE}=\overline{CF}$이므로
$\overline{BE}$= (다) …… ㉡
㉠, ㉡에 의하여 □EBFD는 한 쌍의 대변이 평행하고 그 길이가 같으므로 평행사변형이다.

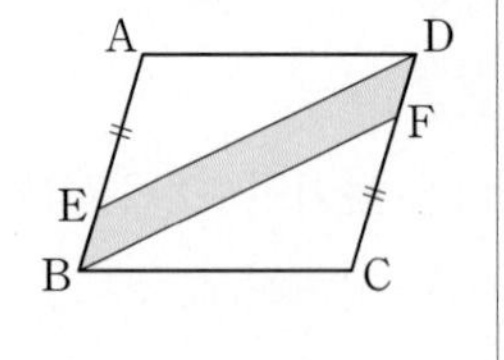

집중 유형 10 새로운 사각형이 평행사변형이 되는 조건의 응용 개념2

□ABCD가 평행사변형일 때, 다음 색칠한 사각형은 모두 평행사변형이다.

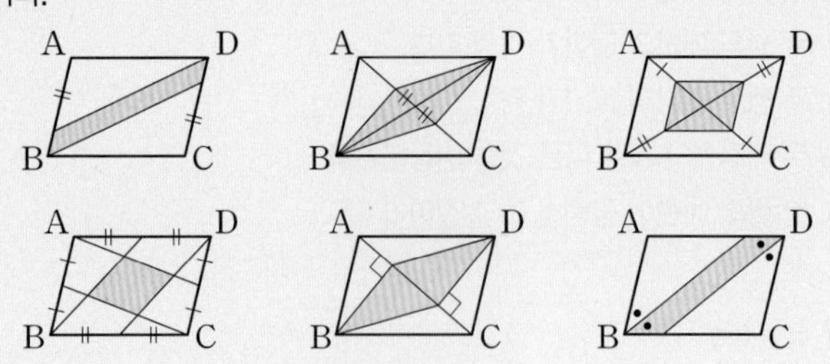

25 대표문제

오른쪽 그림과 같은 평행사변형 ABCD에서 두 대각선의 교점을 O라 하고 대각선 BD 위에 $\overline{BE}=\overline{DF}$가 되도록 두 점 E, F를 잡을 때, 다음 중 옳지 않은 것은?

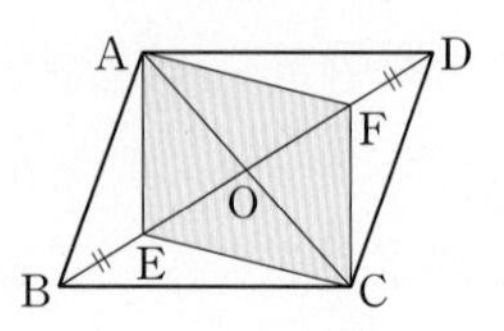

① $\overline{OA}=\overline{OC}$
② $\overline{OE}=\overline{OF}$
③ $\overline{AE}=\overline{AF}$
④ $\angle OEA=\angle OFC$
⑤ $\angle OEC=\angle OFA$

26

오른쪽 그림과 같은 평행사변형 ABCD에서 $\overline{OA}$, $\overline{OB}$, $\overline{OC}$, $\overline{OD}$의 중점을 각각 E, F, G, H라 할 때, 다음 중 옳지 않은 것은?

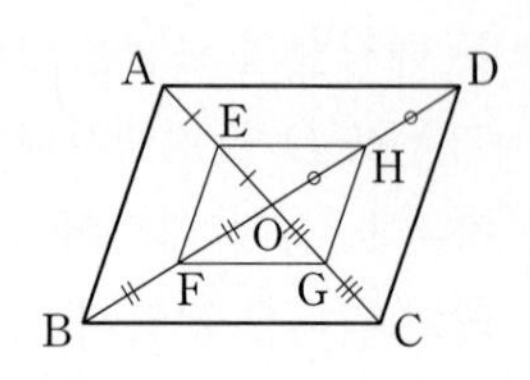

① $\overline{EF}=\overline{HG}$
② $\overline{EH}=\overline{FG}$
③ $\overline{OE}=\overline{OG}$
④ $\angle EFG=\angle EHG$
⑤ $\angle EHF=\angle GHF$

27 서술형

오른쪽 그림과 같은 평행사변형 ABCD에서 ∠B의 이등분선이 $\overline{AD}$와 만나는 점을 E, ∠D의 이등분선이 $\overline{BC}$와 만나는 점을 F라 할 때, □BFDE가 어떤 사각형인지 말하고, □BFDE의 둘레의 길이를 구하시오.

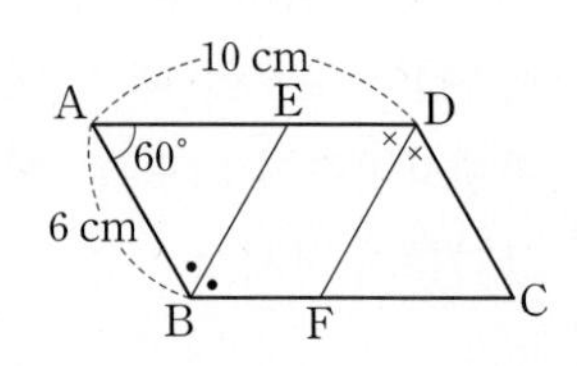

집중

유형 11 평행사변형과 넓이; 대각선 개념3

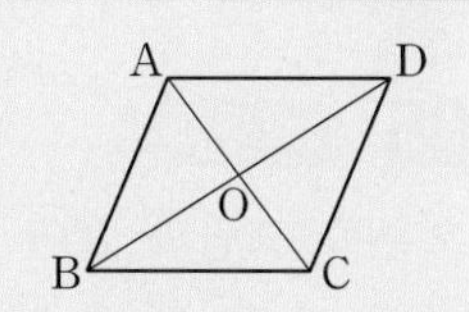

(1) 평행사변형의 넓이는 한 대각선에 의하여 이등분된다.

➡ $\triangle ABC=\triangle BCD=\triangle CDA$

$=\triangle DAB=\frac{1}{2}\square ABCD$

(2) 평행사변형의 넓이는 두 대각선에 의하여 사등분된다.

➡ $\triangle ABO=\triangle BCO=\triangle CDO=\triangle DAO=\frac{1}{4}\square ABCD$

28 대표문제

오른쪽 그림과 같이 평행사변형 ABCD의 두 대각선의 교점 O를 지나는 직선이 $\overline{AD}$, $\overline{BC}$와 만나는 점을 각각 E, F라 하자. □ABCD의 넓이가 52 cm²일 때, 색칠한 부분의 넓이를 구하시오.

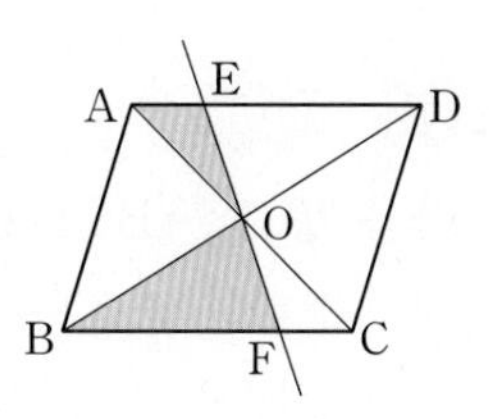

29

오른쪽 그림과 같은 평행사변형 ABCD에서 두 점 M, N은 각각 $\overline{AD}$, $\overline{BC}$의 중점이다. □ABCD의 넓이가 68 cm²일 때, □MPNQ의 넓이를 구하시오.

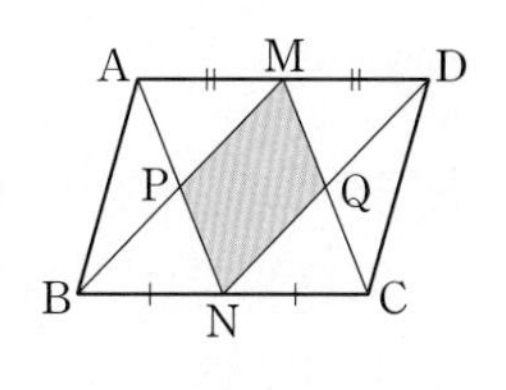

30 서술형

오른쪽 그림과 같은 평행사변형 ABCD에서 두 대각선의 교점을 O라 하고 $\overline{BC}$와 $\overline{DC}$의 연장선 위에 각각 $\overline{BC}=\overline{CE}$, $\overline{DC}=\overline{CF}$가 되도록 두 점 E, F를 잡았다. △AOD의 넓이가 6 cm²일 때, □BFED의 넓이를 구하시오.

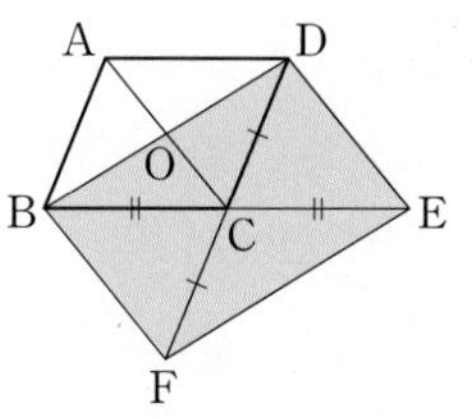

집중

유형 12 평행사변형과 넓이; 내부의 점 개념3

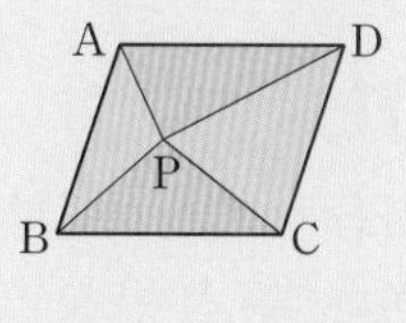

평행사변형 ABCD의 내부의 한 점 P에 대하여

$\triangle PAB+\triangle PCD=\triangle PDA+\triangle PBC$

$=\frac{1}{2}\square ABCD$

31 대표문제

오른쪽 그림과 같이 평행사변형 ABCD의 내부의 한 점 P에 대하여 □ABCD의 넓이는 80 cm²이고 △PCD의 넓이는 15 cm²일 때, △PAB의 넓이를 구하시오.

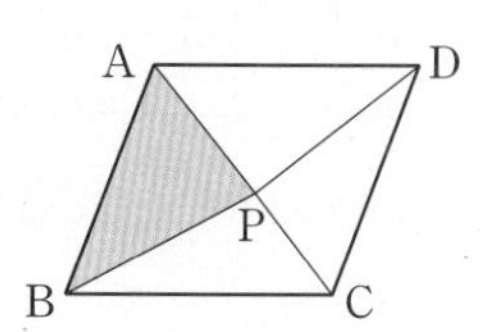

중요

32

오른쪽 그림과 같이 평행사변형 ABCD의 내부의 한 점 P에 대하여 △PAB : △PCD=4 : 3이다. □ABCD의 넓이가 98 cm²일 때, △PCD의 넓이를 구하시오.

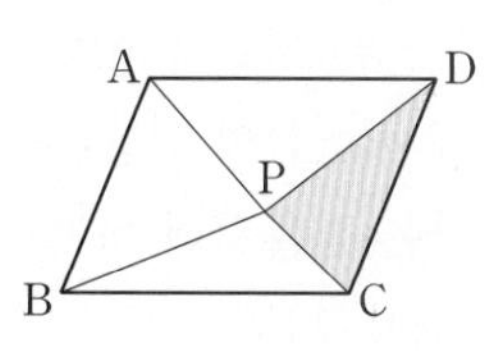

33

오른쪽 그림과 같이 평행사변형 ABCD의 내부의 한 점 P에 대하여 △PCD의 넓이가 12 cm²일 때, △PAB의 넓이를 구하시오.

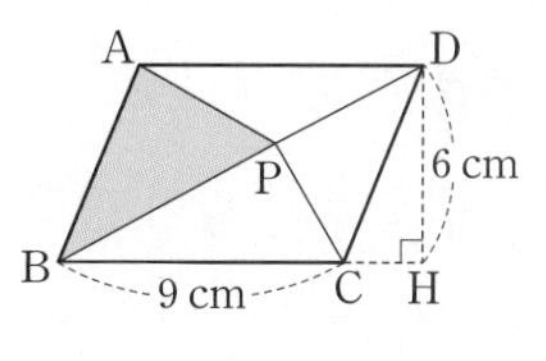

Real 실전 기출

01

다음은 '평행사변형의 두 대각선은 서로 다른 것을 이등분한다.'를 설명하는 과정이다. ①~⑤에 알맞은 것으로 옳지 않은 것은?

> 평행사변형 ABCD의 두 대각선의 교점을 O라 하면
> △OAD와 △OCB에서
> $\overline{AD}$= ① ,
> ∠OAD= ② (엇각), ∠ODA=∠OBC (③)
> 따라서 △OAD≡△OCB (④ 합동)이므로
> $\overline{OA}=\overline{OC}$, $\overline{OD}$= ⑤

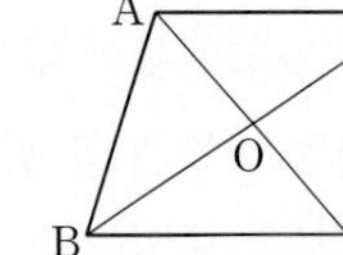

① $\overline{CB}$　② ∠OBC　③ 엇각
④ ASA　⑤ $\overline{OB}$

02 최다빈출

오른쪽 그림의 평행사변형 ABCD에서 ∠D의 이등분선이 $\overline{BC}$와 만나는 점을 E라 하자. $\overline{AB}$=8 cm, $\overline{AD}$=11 cm일 때, $\overline{BE}$의 길이를 구하시오.

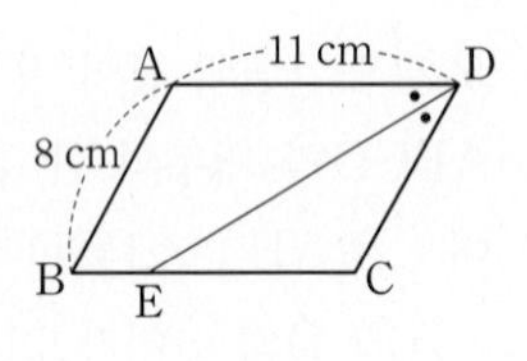

03

오른쪽 그림과 같은 평행사변형 ABCD에서 $\overline{CD}=\overline{CE}$이고 ∠A : ∠B=7 : 3일 때, ∠DEC의 크기를 구하시오.

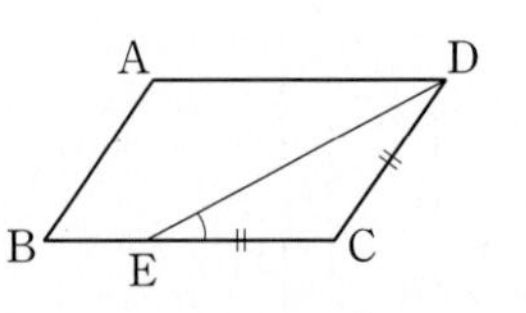

04

다음 그림과 같이 평행사변형 ABCD의 두 대각선의 교점을 O, ∠DBC의 이등분선과 $\overline{AD}$의 연장선의 교점을 E라 하자. $\overline{AO}$=3 cm, $\overline{BO}$=4 cm일 때, $\overline{DE}$의 길이를 구하시오.

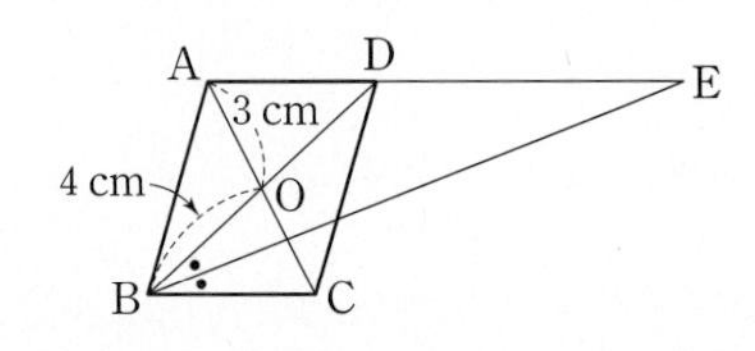

05 창의 역량

오른쪽 그림과 같이 좌표평면 위의 세 점 A, B, C에 대하여 □ABCD가 평행사변형이 되도록 하는 점 D의 좌표를 구하시오.

(단, 점 D는 제1사분면 위에 있다.)

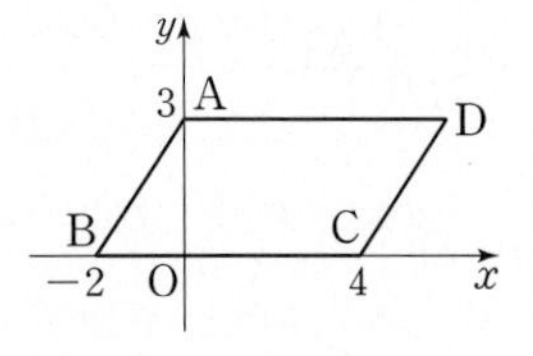

06 최다빈출

다음 중 □ABCD가 평행사변형이 되도록 하는 조건은?
(단, 점 O는 두 대각선의 교점이다.)

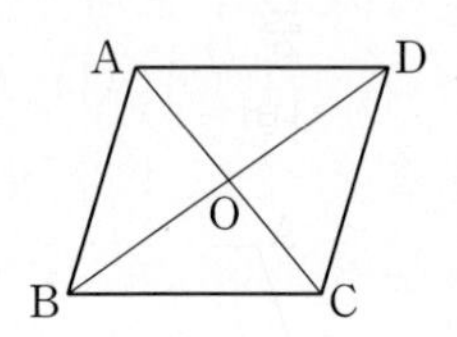

① $\overline{AB}\perp\overline{AD}$, $\overline{AD}\perp\overline{CD}$
② ∠A=60°, ∠B=60°, ∠C=120°
③ $\overline{AB}=\overline{BC}$=7 cm, $\overline{CD}=\overline{DA}$=11 cm
④ $\overline{OA}=\overline{OB}$=4 cm, $\overline{OC}=\overline{OD}$=6 cm
⑤ ∠ADB=∠DBC=55°, $\overline{AD}=\overline{BC}$=8 cm

07

오른쪽 그림과 같이 평행사변형 ABCD의 각 변의 중점을 차례대로 E, F, G, H라 할 때, 다음 중 옳지 않은 것은?

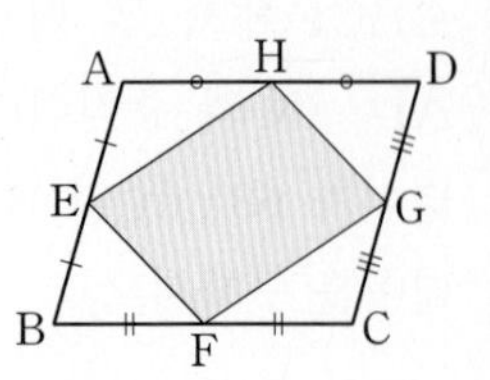

① $\overline{EF}=\overline{GH}$　② $\overline{EH}=\overline{GF}$
③ ∠EFG=∠EHG　④ ∠AEH=∠BEF
⑤ △BFE≡△DHG

08

오른쪽 그림과 같은 평행사변형 ABCD에서 두 대각선의 교점을 O라 하자. △ABC의 넓이가 6 cm^2일 때, 다음 중 옳지 않은 것은?

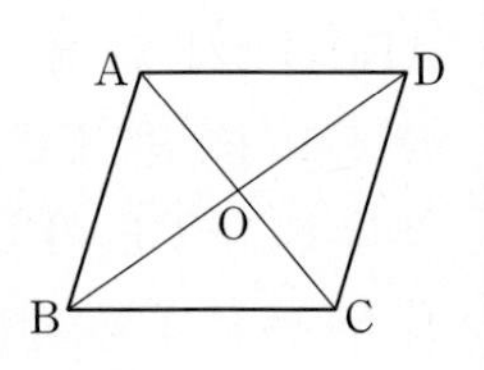

① △OAB=3 cm^2　② △OCD=3 cm^2
③ △ABD=6 cm^2　④ □ABCD=12 cm^2
⑤ △OBC+△ODA=9 cm^2

09

오른쪽 그림과 같은 평행사변형 ABCD에서 $\overline{DE}$, $\overline{DF}$는 $\angle D$를 삼등분하고 $\overline{AF} \perp \overline{DE}$, $\angle B=75°$일 때, $\angle AFB$의 크기를 구하시오.

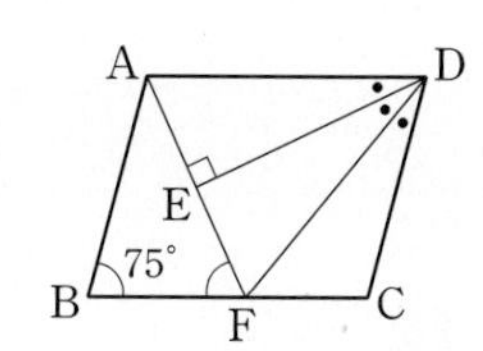

10

다음 중 □ABCD가 평행사변형일 때, 색칠한 사각형이 평행사변형이 아닌 것은?

① 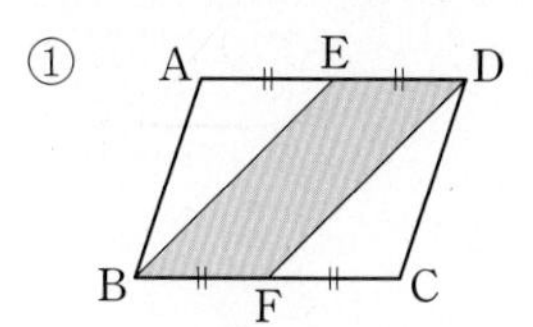

② 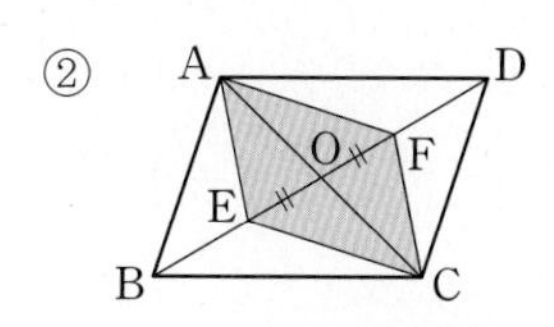

③ 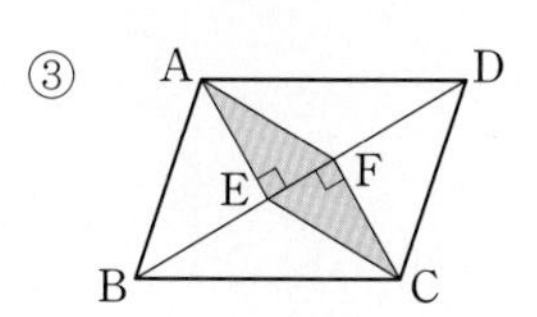

④ 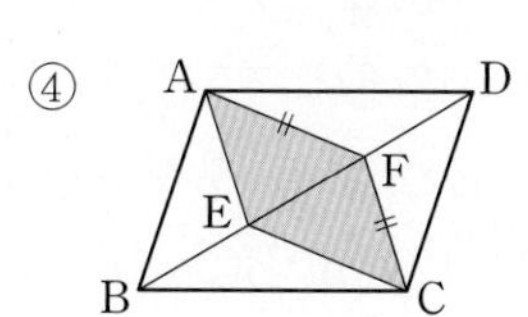

⑤ 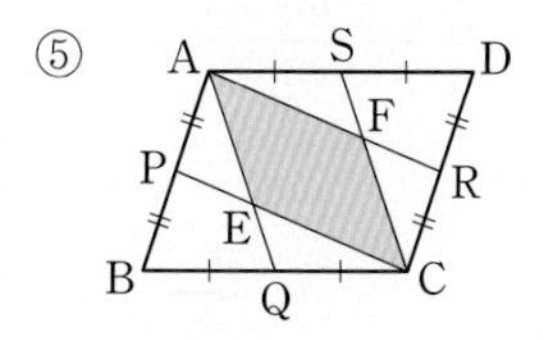

11

오른쪽 그림과 같이 △ABC의 내부의 한 점 P를 지나고 각 변에 평행한 직선을 그었다. $\overline{AB}=11$ cm, $\overline{BC}=9$ cm, $\overline{CA}=8$ cm일 때, 색칠한 세 삼각형의 둘레의 길이의 합을 구하시오.

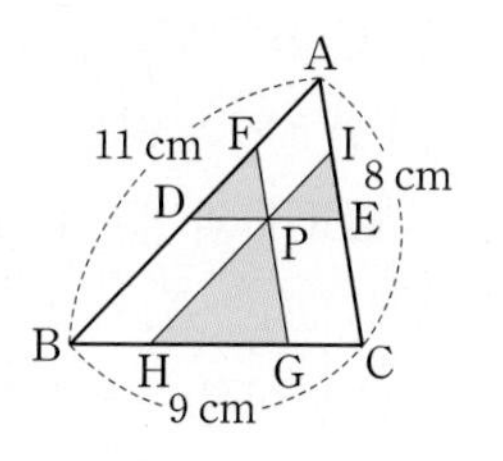

100점 공략

12

오른쪽 그림과 같이 평행사변형 ABCD를 꼭짓점 D가 꼭짓점 B에 오도록 $\overline{EF}$를 접는 선으로 하여 접었더니 정오각형 ABGFE가 생겼다. 이때 $\angle x+\angle y$의 크기를 구하시오.

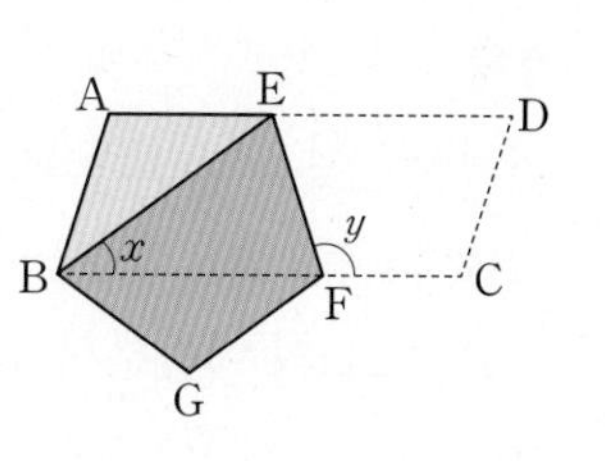

13

오른쪽 그림과 같이 $\overline{AB}=\overline{AC}=8$ cm, $\overline{BC}=6$ cm인 이등변삼각형 ABC에서 $\overline{BC}$ 위를 움직이는 점 P가 있다. 점 P에서 $\overline{AB}$, $\overline{AC}$에 평행한 직선을 그어 $\overline{AC}$, $\overline{AB}$와 만나는 점을 각각 Q, R라 할 때, □ARPQ의 둘레의 길이를 구하시오.

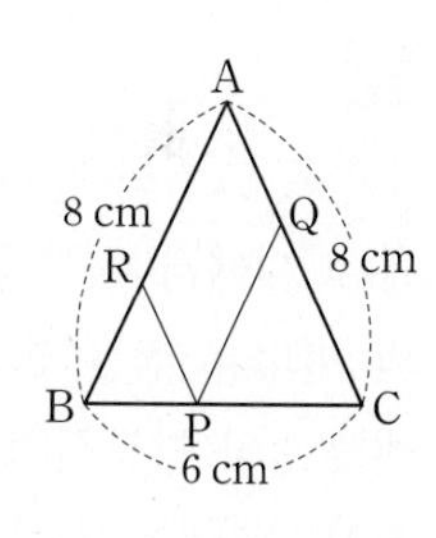

14

오른쪽 그림과 같이 $\overline{AD}=2\overline{AB}$인 평행사변형 ABCD에서 $\overline{CD}$의 연장선 위에 $\overline{CD}=\overline{CE}=\overline{DF}$가 되도록 두 점 E, F를 잡았다. $\overline{AE}$와 $\overline{BF}$가 만나는 점을 P라 할 때, △PEF의 둘레의 길이를 구하시오.

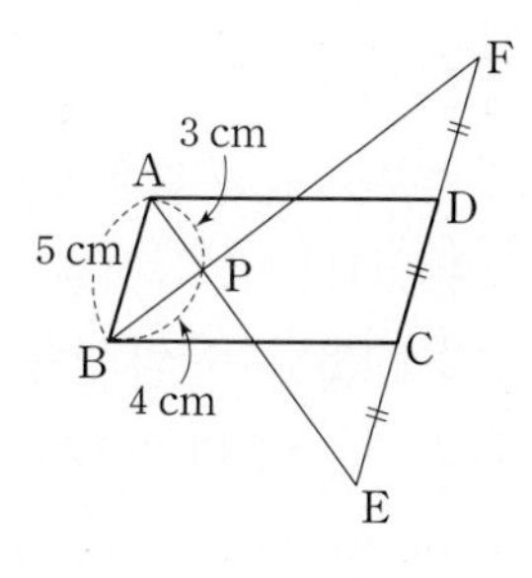

정답과 해설 29쪽

서술형

15

오른쪽 그림과 같은 평행사변형 ABCD에서 $\overline{AE}$, $\overline{DF}$는 각각 $\angle A$, $\angle D$의 이등분선이다. $\overline{AB}=6\text{ cm}$, $\overline{EF}=2\text{ cm}$일 때, $\overline{AD}$의 길이를 구하시오.

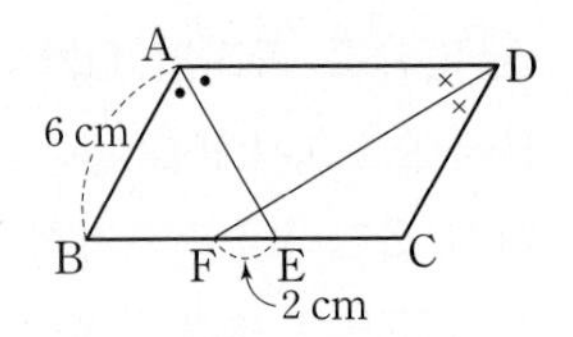

풀이

답 ______

16

오른쪽 그림과 같은 평행사변형 ABCD에서 $\angle B$의 이등분선이 $\overline{AD}$와 만나는 점을 E, $\angle C$의 이등분선이 $\overline{BA}$의 연장선과 만나는 점을 H라 하자. $\angle H=42^\circ$일 때, $\angle BED$의 크기를 구하시오.

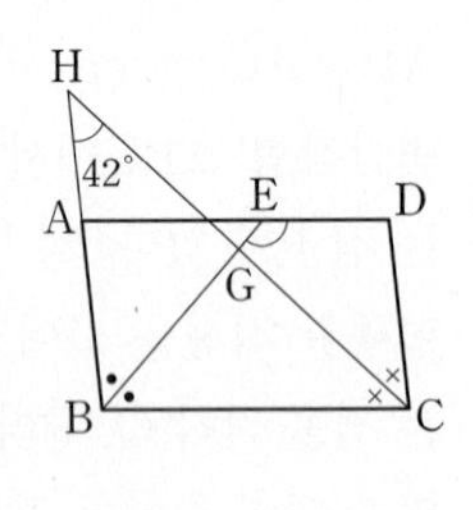

풀이

답 ______

17

오른쪽 그림과 같은 평행사변형 ABCD의 두 꼭짓점 A, C에서 $\overline{BD}$에 내린 수선의 발을 각각 P, Q라 하자. $\angle APC=130^\circ$일 때, $\angle PAQ$의 크기를 구하시오.

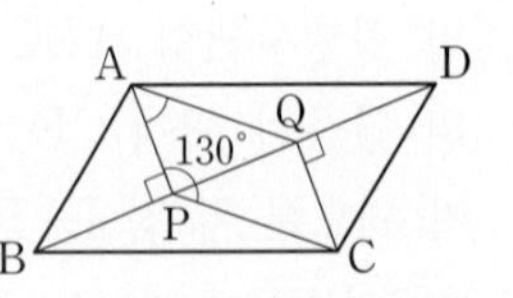

풀이

답 ______

18

오른쪽 그림과 같이 넓이가 64 cm^2인 평행사변형 ABCD에서 두 대각선의 교점 O를 지나는 직선이 $\overline{AB}$, $\overline{CD}$와 만나는 점을 각각 E, F라 할 때, 색칠한 부분의 넓이를 구하시오.

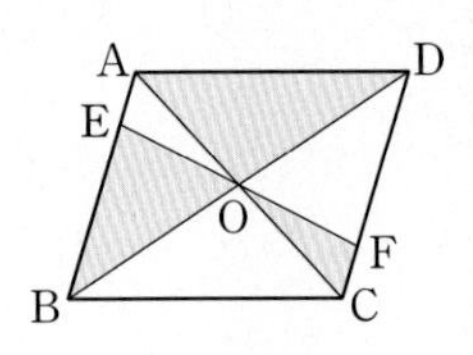

풀이

답 ______

19 100점

오른쪽 그림에서 □ABCD, □OCDE가 모두 평행사변형이고 $\overline{AB}=12\text{ cm}$, $\overline{BC}=16\text{ cm}$, $\overline{CA}=14\text{ cm}$일 때, $\triangle AOF$의 둘레의 길이를 구하시오.

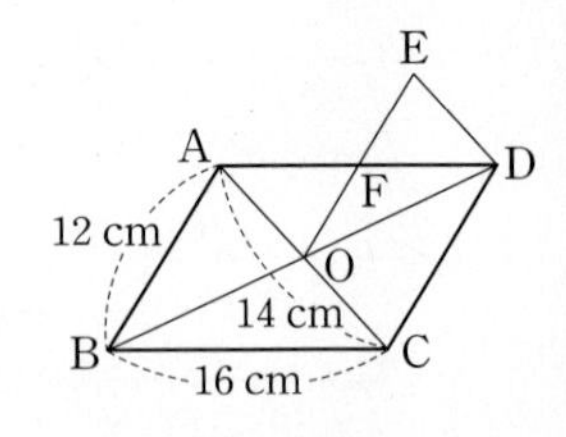

풀이

답 ______

20 100점

오른쪽 그림과 같이 평행사변형 ABCD의 내부의 한 점 P에 대하여 $\triangle PAB$의 넓이는 32 cm^2이고 □ABCD의 넓이는 112 cm^2이다. $\overline{AB}\,/\!/\,\overline{EF}$, $\overline{AD}\,/\!/\,\overline{PG}$일 때, 색칠한 부분의 넓이를 구하시오.

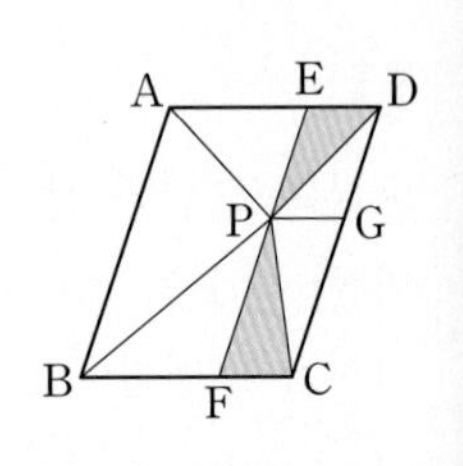

풀이

답 ______

Ⅱ. 사각형의 성질

04 여러 가지 사각형

47 ~ 62쪽
20 ~ 27쪽

Real 실전 개념

개념 1 직사각형 (유형 01, 02)

(1) **직사각형**: 네 내각의 크기가 모두 같은 사각형
➜ $\angle A=\angle B=\angle C=\angle D=90^\circ$

(2) **직사각형의 성질**: 두 대각선은 길이가 같고 서로 다른 것을 이등분한다.
➜ $\overline{AC}=\overline{BD}$, $\overline{OA}=\overline{OB}=\overline{OC}=\overline{OD}$

(3) **평행사변형이 직사각형이 되는 조건**
평행사변형이 다음 중 어느 한 조건을 만족시키면 직사각형이 된다.
① 한 내각이 직각이다. ② 두 대각선의 길이가 같다.

개념 2 마름모 (유형 03, 04)

(1) **마름모**: 네 변의 길이가 모두 같은 사각형
➜ $\overline{AB}=\overline{BC}=\overline{CD}=\overline{DA}$

(2) **마름모의 성질**: 두 대각선은 서로 다른 것을 수직이등분한다.
➜ $\overline{AC}\perp\overline{BD}$, $\overline{OA}=\overline{OC}$, $\overline{OB}=\overline{OD}$

(3) **평행사변형이 마름모가 되는 조건**
평행사변형이 다음 중 어느 한 조건을 만족시키면 마름모가 된다.
① 이웃하는 두 변의 길이가 같다. ② 두 대각선이 수직으로 만난다.

개념 3 정사각형 (유형 05, 06)

(1) **정사각형**: 네 내각의 크기가 모두 같고 네 변의 길이가 모두 같은 사각형
(→ 직사각형의 뜻, → 마름모의 뜻)
➜ $\angle A=\angle B=\angle C=\angle D=90^\circ$, $\overline{AB}=\overline{BC}=\overline{CD}=\overline{DA}$

(2) **정사각형의 성질**: 두 대각선은 길이가 같고 서로 다른 것을 수직이등분한다.
➜ $\overline{AC}=\overline{BD}$, $\overline{OA}=\overline{OB}=\overline{OC}=\overline{OD}$, $\overline{AC}\perp\overline{BD}$

(3) **직사각형이 정사각형이 되는 조건**
직사각형이 다음 중 어느 한 조건을 만족시키면 정사각형이 된다.
① 이웃하는 두 변의 길이가 같다. ② 두 대각선이 수직으로 만난다.

(4) **마름모가 정사각형이 되는 조건**
마름모가 다음 중 어느 한 조건을 만족시키면 정사각형이 된다.
① 한 내각이 직각이다. ② 두 대각선의 길이가 같다.

개념 4 등변사다리꼴 (유형 07, 08)

(1) **사다리꼴**: 한 쌍의 대변이 평행한 사각형 ➜ $\overline{AD}/\!/\overline{BC}$

(2) **등변사다리꼴**: 아랫변의 양 끝 각의 크기가 같은 사다리꼴
➜ $\overline{AD}/\!/\overline{BC}$, $\angle B=\angle C$

(3) **등변사다리꼴의 성질**
① 평행하지 않은 한 쌍의 대변의 길이가 같다. ➜ $\overline{AB}=\overline{DC}$
② 두 대각선의 길이가 같다. ➜ $\overline{AC}=\overline{BD}$

개념 노트

- 직사각형은 두 쌍의 대각의 크기가 각각 같으므로 평행사변형이다.
- 마름모는 두 쌍의 대변의 길이가 각각 같으므로 평행사변형이다.
- 정사각형은 네 내각의 크기가 같으므로 직사각형이고, 네 변의 길이가 같으므로 마름모이다. 따라서 정사각형은 직사각형과 마름모의 성질을 모두 만족시킨다.
- 직사각형과 정사각형은 모두 등변사다리꼴이지만, 마름모는 등변사다리꼴이 아니다.

개념 1 직사각형

[01~02] 다음 그림과 같은 직사각형 ABCD에서 x의 값을 구하시오. (단, 점 O는 두 대각선의 교점이다.)

01

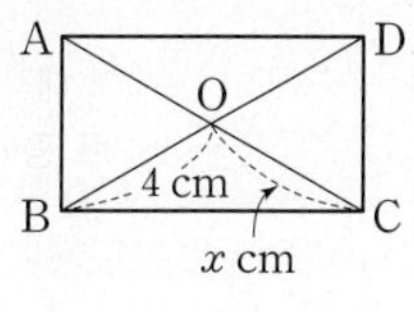

02

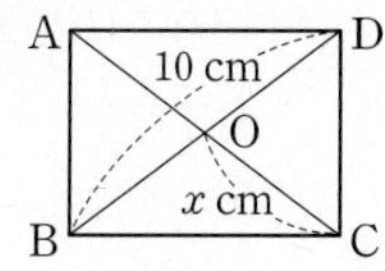

[03~04] 다음 그림과 같은 직사각형 ABCD에서 $\angle x$의 크기를 구하시오. (단, 점 O는 두 대각선의 교점이다.)

03

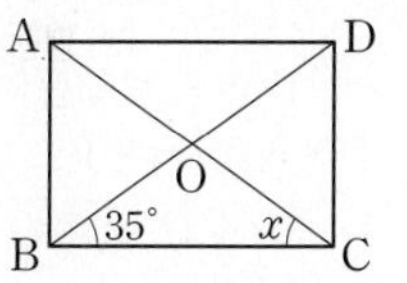

04

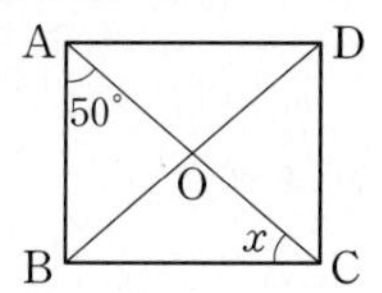

개념 2 마름모

[05~06] 다음 그림과 같은 마름모 ABCD에서 x의 값을 구하시오. (단, 점 O는 두 대각선의 교점이다.)

05

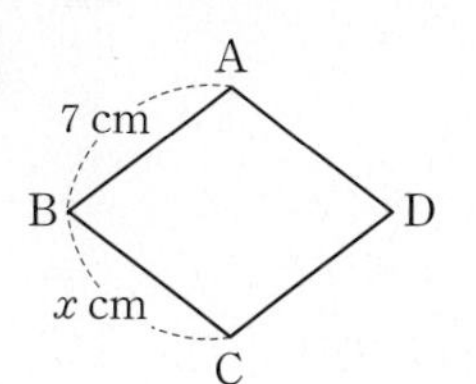

06

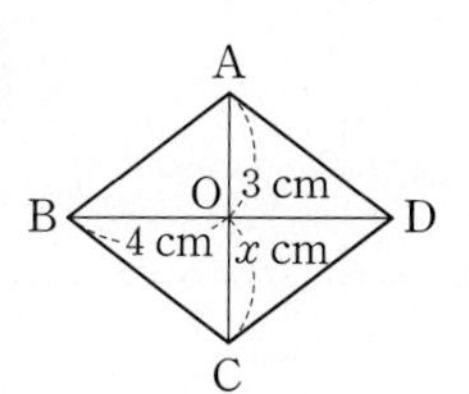

[07~08] 다음 그림과 같은 마름모 ABCD에서 $\angle x$의 크기를 구하시오. (단, 점 O는 두 대각선의 교점이다.)

07

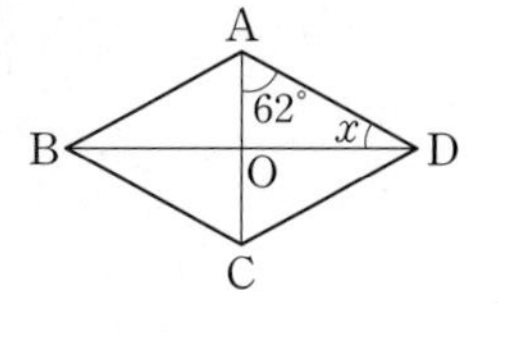

08

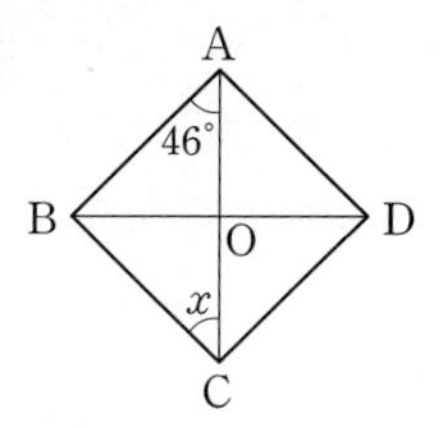

개념 3 정사각형

[09~10] 다음 그림과 같은 정사각형 ABCD에서 x의 값을 구하시오. (단, 점 O는 두 대각선의 교점이다.)

09

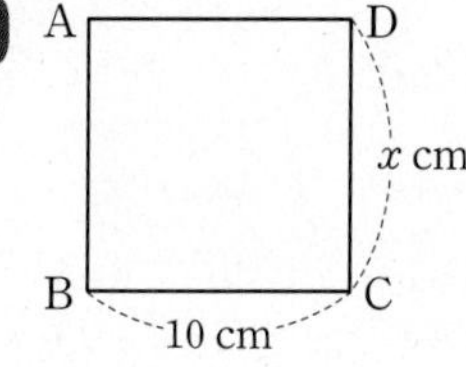

10

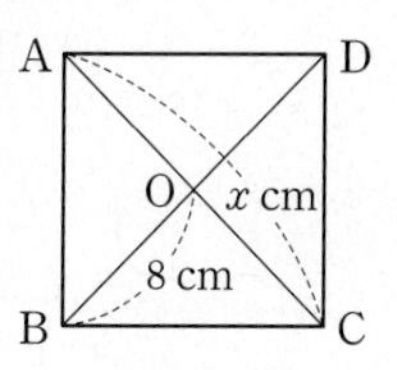

[11~12] 다음 그림과 같은 정사각형 ABCD에서 $\angle x$의 크기를 구하시오. (단, 점 O는 두 대각선의 교점이다.)

11

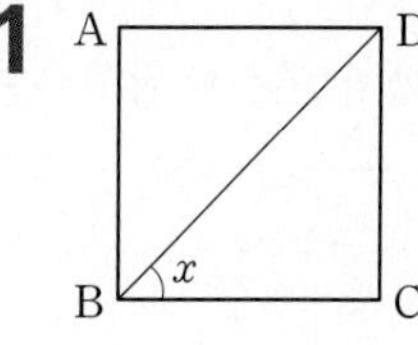

12

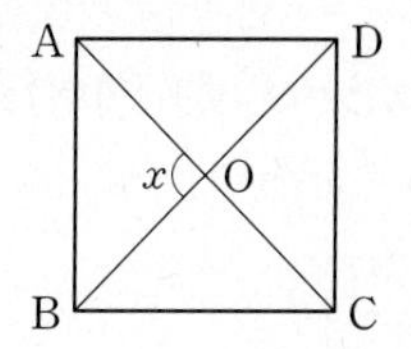

개념 4 등변사다리꼴

[13~14] 다음 그림과 같이 $\overline{AD} /\!/ \overline{BC}$인 등변사다리꼴 ABCD에서 x의 값을 구하시오.

(단, 점 O는 두 대각선의 교점이다.)

13

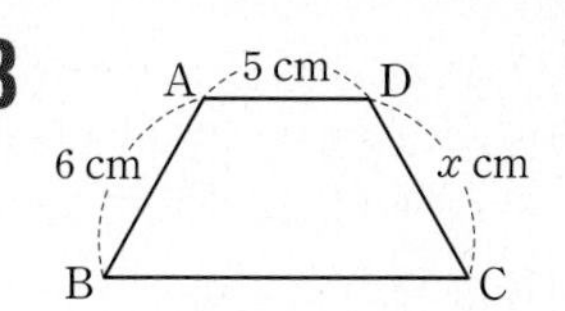

14

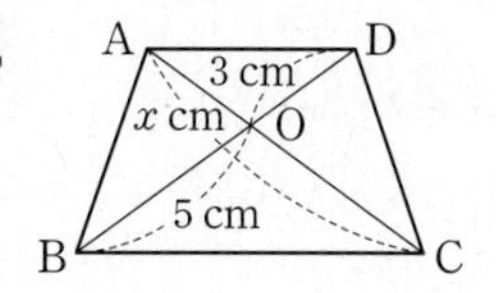

[15~16] 다음 그림과 같이 $\overline{AD} /\!/ \overline{BC}$인 등변사다리꼴 ABCD에서 $\angle x$, $\angle y$의 크기를 구하시오.

15

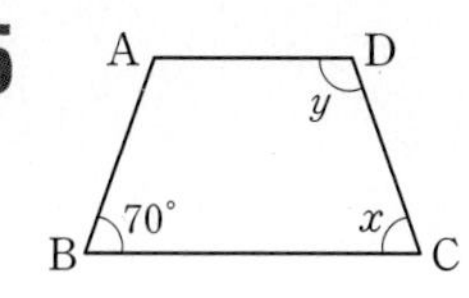

16

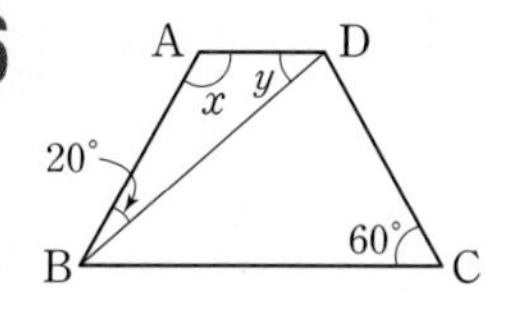

개념 5 여러 가지 사각형 사이의 관계 유형 09~11

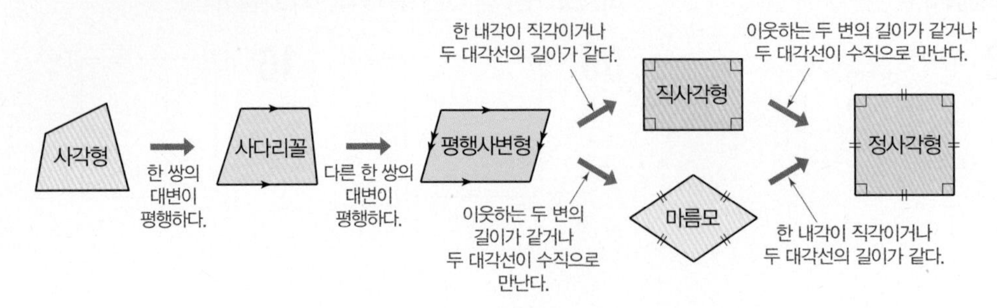

개념 6 사각형의 각 변의 중점을 연결하여 만든 사각형 유형 12

사각형의 각 변의 중점을 연결하여 만든 사각형은 다음과 같다.

① 사각형 ➡ 평행사변형 ② 평행사변형 ➡ 평행사변형 ③ 직사각형 ➡ 마름모

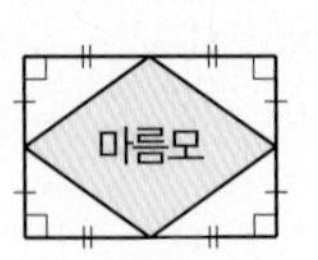

④ 마름모 ➡ 직사각형 ⑤ 정사각형 ➡ 정사각형 ⑥ 등변사다리꼴 ➡ 마름모

개념 7 평행선과 넓이 유형 13~16

(1) 평행선과 넓이

두 직선 l과 m이 평행할 때, △ABC와 △DBC는 밑변 BC가 공통이고 높이가 h로 같으므로 두 삼각형의 넓이는 같다.

➡ $l /\!/ m$이면 $\triangle ABC = \triangle DBC = \frac{1}{2}ah$

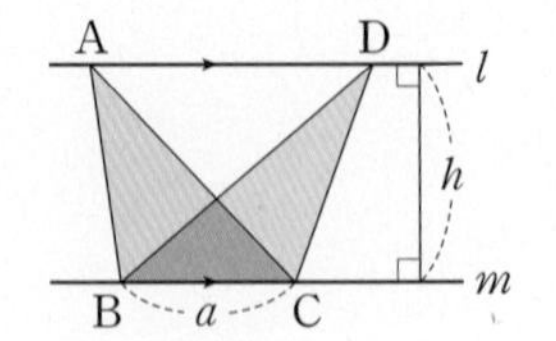

(2) 높이가 같은 두 삼각형의 넓이의 비

높이가 같은 두 삼각형의 넓이의 비는 밑변의 길이의 비와 같다.

➡ $\triangle ABC : \triangle ACD = \overline{BC} : \overline{CD} = m : n$

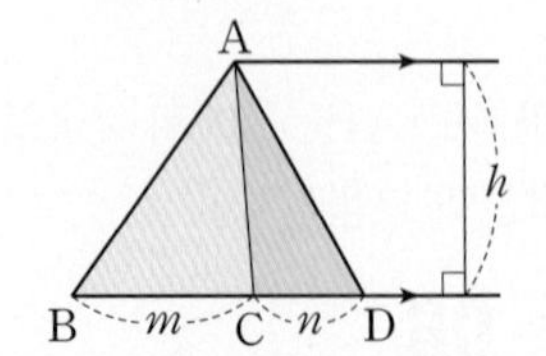

개념 노트

• [사각형의 대각선의 성질]
① 평행사변형: 서로 다른 것을 이등분한다.
② 직사각형: 길이가 같고 서로 다른 것을 이등분한다.
③ 마름모: 서로 다른 것을 수직이등분한다.
④ 정사각형: 길이가 같고 서로 다른 것을 수직이등분한다.
⑤ 등변사다리꼴: 길이가 같다.

• [사각형의 각 변의 중점을 연결하여 만든 사각형]
① 사각형, 평행사변형 ➡ 평행사변형
② 직사각형, 등변사다리꼴 ➡ 마름모
③ 마름모 ➡ 직사각형
④ 정사각형 ➡ 정사각형

• 평행한 두 직선 사이의 거리는 일정하다.

• 점 C가 $\overline{BD}$의 중점이면 $\triangle ABC = \triangle ACD$

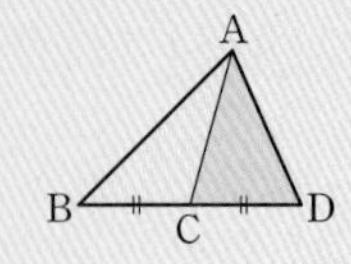

개념 5 여러 가지 사각형 사이의 관계

[17~22] 오른쪽 그림과 같은 평행사변형 ABCD가 다음 조건을 만족시키면 어떤 사각형이 되는지 말하시오.
(단, 점 O는 두 대각선의 교점이다.)

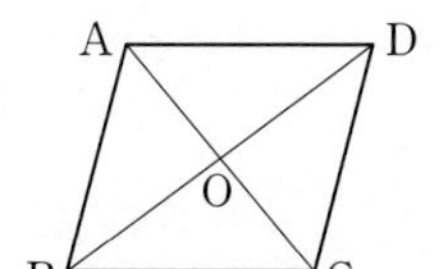

17 $\angle A=90^\circ$

18 $\overline{AB}=\overline{BC}$

19 $\overline{AC}=\overline{BD}$

20 $\overline{AC}\perp\overline{BD}$

21 $\angle A=90^\circ$, $\overline{AB}=\overline{BC}$

22 $\overline{AC}\perp\overline{BD}$, $\overline{AC}=\overline{BD}$

[23~26] 다음 중 옳은 것은 ○표, 옳지 않은 것은 ×표를 하시오.

23 직사각형은 평행사변형이다. ( )

24 평행사변형은 마름모이다. ( )

25 마름모는 직사각형이다. ( )

26 정사각형은 직사각형이다. ( )

[27~29] 다음을 만족시키는 사각형을 **보기**에서 모두 고르시오.

보기
ㄱ. 평행사변형　　ㄴ. 직사각형
ㄷ. 마름모　　ㄹ. 정사각형
ㅁ. 등변사다리꼴

27 두 대각선이 서로 다른 것을 이등분한다.

28 두 대각선의 길이가 같다.

29 두 대각선이 서로 수직이다.

개념 6 사각형의 각 변의 중점을 연결하여 만든 사각형

[30~35] 다음 사각형의 각 변의 중점을 연결하여 만든 사각형이 어떤 사각형인지 말하시오.

30 사각형

31 평행사변형

32 직사각형

33 마름모

34 정사각형

35 등변사다리꼴

개념 7 평행선과 넓이

[36~38] 오른쪽 그림과 같이 $\overline{AD}/\!/\overline{BC}$인 사다리꼴 ABCD에서 다음 삼각형과 넓이가 같은 삼각형을 찾으시오. (단, 점 O는 두 대각선의 교점이다.)

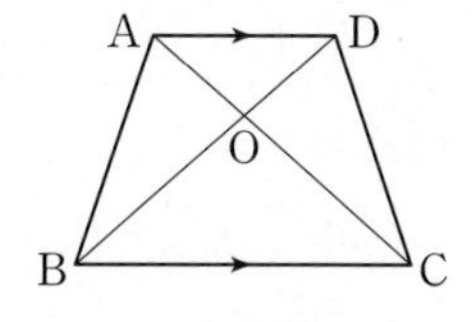

36 $\triangle ABC$

37 $\triangle ABD$

38 $\triangle ABO$

[39~41] 오른쪽 그림과 같은 $\triangle ABC$에서 $\overline{BP}:\overline{CP}=2:1$일 때, 다음 물음에 답하시오.

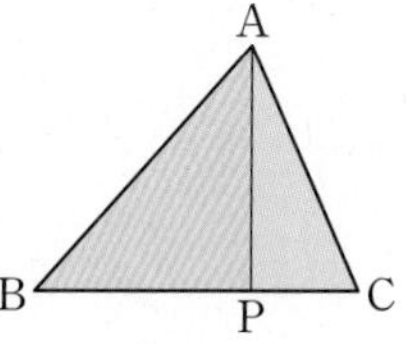

39 $\triangle ABP$와 $\triangle ACP$의 넓이의 비를 가장 간단한 자연수의 비로 나타내시오.

40 $\triangle ABP$의 넓이가 12 cm^2일 때, $\triangle ACP$의 넓이를 구하시오.

41 $\triangle ABC$의 넓이가 24 cm^2일 때, $\triangle ABP$의 넓이를 구하시오.

집중

유형 01 직사각형의 뜻과 성질 개념 1

(1) 직사각형: 네 내각의 크기가 모두 같은 사각형

(2) 직사각형의 성질: 두 대각선은 길이가 같고 서로 다른 것을 이등분한다.

➡ $\overline{OA}=\overline{OB}=\overline{OC}=\overline{OD}$

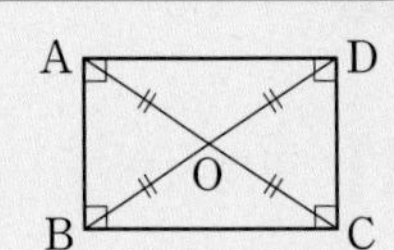

01 대표문제

오른쪽 그림과 같은 직사각형 ABCD에서 $\angle DOC=80°$, $\overline{BD}=14$ cm일 때, $x+y$의 값을 구하시오.

(단, 점 O는 두 대각선의 교점이다.)

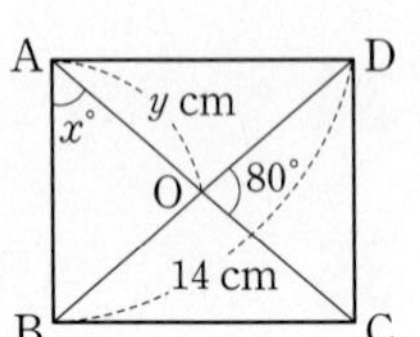

02

오른쪽 그림과 같은 직사각형 ABCD에서 $\angle DAO=27°$일 때, $\angle y-\angle x$의 크기는?

(단, 점 O는 두 대각선의 교점이다.)

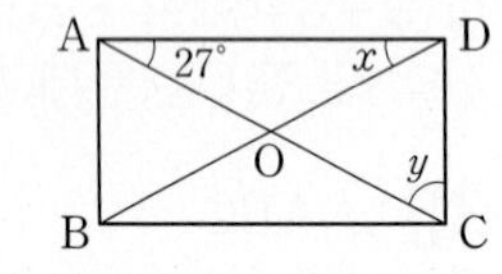

① 30° ② 32° ③ 34°
④ 36° ⑤ 38°

03

오른쪽 그림과 같은 직사각형 ABCD에서 점 O가 두 대각선의 교점일 때, $\overline{BD}$의 길이를 구하시오.

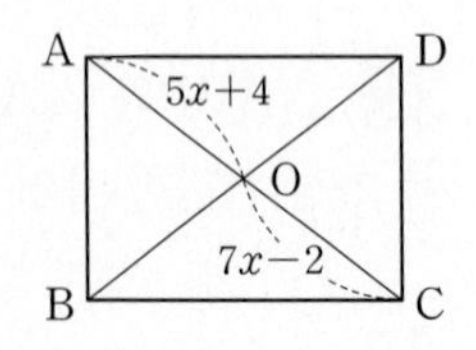

유형 02 평행사변형이 직사각형이 되는 조건 개념 1

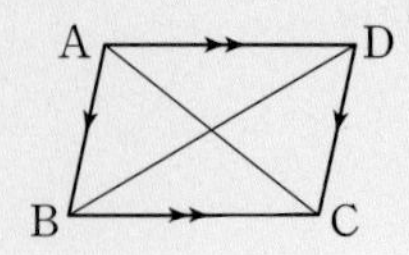

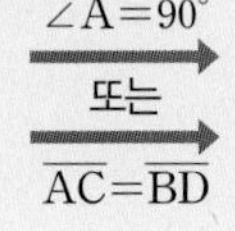

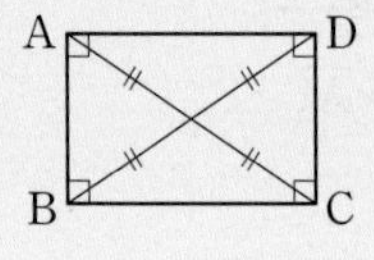

04 대표문제

다음 **보기** 중 오른쪽 그림과 같은 평행사변형 ABCD가 직사각형이 되는 조건인 것을 모두 고르시오.

(단, 점 O는 두 대각선의 교점이다.)

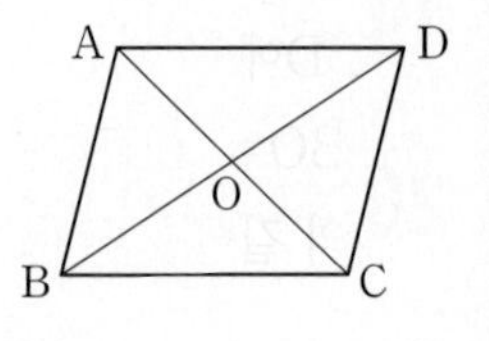

보기

ㄱ. $\overline{AB}\perp\overline{AD}$　　ㄴ. $\angle BCD=\angle CDA$
ㄷ. $\overline{AB}=\overline{BC}$　　ㄹ. $\overline{OA}=\overline{OD}$

05

다음은 '두 대각선의 길이가 같은 평행사변형은 직사각형이다.'를 설명하는 과정이다. (가)~(마)에 알맞은 것을 구하시오.

$\overline{AC}=\overline{BD}$인 평행사변형 ABCD에서 대하여 △ABC와 △DCB에서

$\overline{AB}=$ (가) , $\overline{AC}=\overline{DB}$,

(나) 는 공통

이므로 △ABC≡△DCB ((다) 합동)

∴ $\angle B=$ (라)

이때 $\angle A=\angle C$, $\angle B=$ (마) 이므로

$\angle A=\angle B=\angle C=\angle D$

따라서 □ABCD는 직사각형이다.

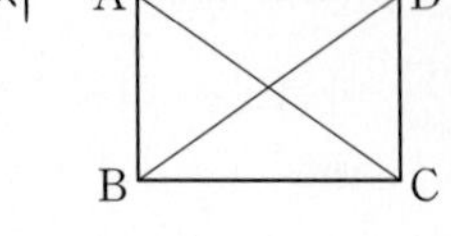

06

오른쪽 그림과 같은 평행사변형 ABCD에서 $\angle ACD=\angle BDC$일 때, □ABCD는 어떤 사각형인지 말하시오.

(단, 점 O는 두 대각선의 교점이다.)

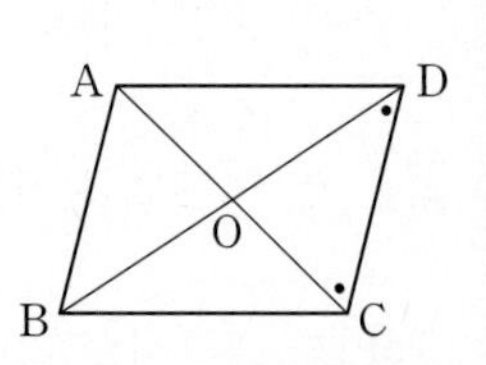

집중

유형 03 마름모의 뜻과 성질 개념2

(1) 마름모: 네 변의 길이가 모두 같은 사각형
(2) 마름모의 성질: 두 대각선은 서로 다른 것을 수직이등분한다.
➡ $\overline{AC}\perp\overline{BD}$, $\overline{OA}=\overline{OC}$, $\overline{OB}=\overline{OD}$

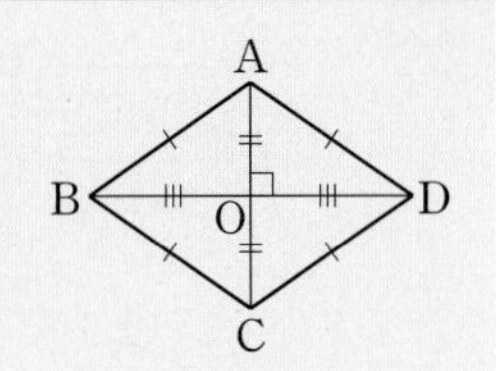

07 대표문제

오른쪽 그림과 같은 마름모 ABCD에서 $\overline{AO}=6$ cm, $\angle ABO=30^\circ$일 때, □ABCD의 둘레의 길이를 구하시오.

(단, 점 O는 두 대각선의 교점이다.)

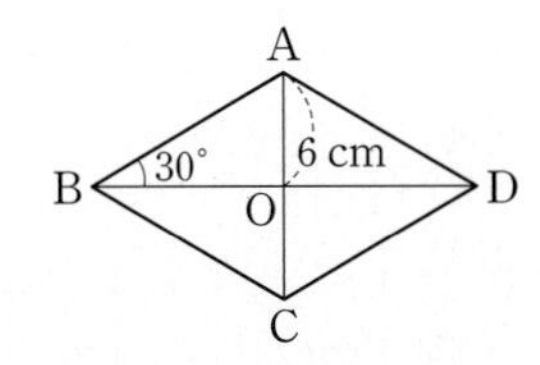

08

오른쪽 그림과 같은 마름모 ABCD에서 $x+y$의 값을 구하시오.

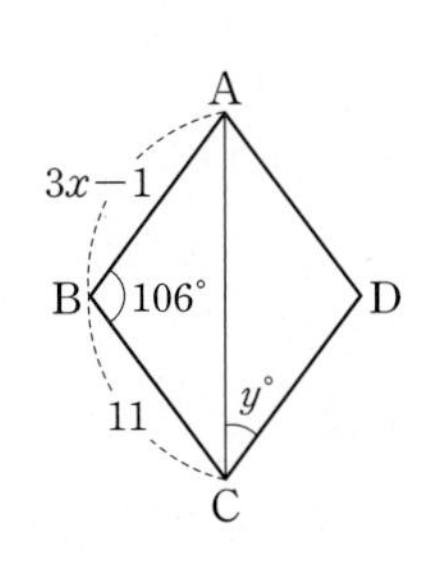

09

오른쪽 그림과 같이 마름모 ABCD의 꼭짓점 C에서 $\overline{AD}$에 내린 수선의 발을 H라 하자. $\angle A=114^\circ$일 때, $\angle x$의 크기를 구하시오.

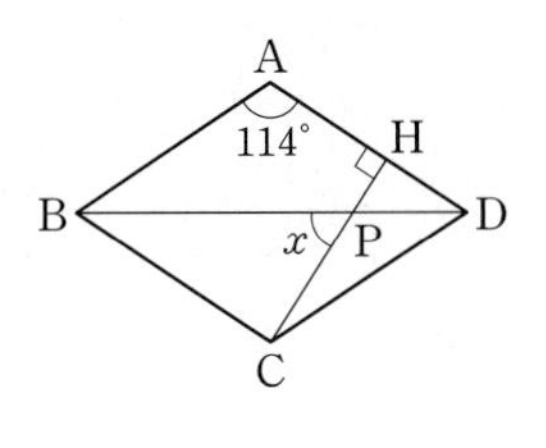

10 서술형

오른쪽 그림과 같이 마름모 ABCD의 꼭짓점 A에서 $\overline{BC}$, $\overline{CD}$에 내린 수선의 발을 각각 E, F라 하자. $\angle D=62^\circ$일 때, $\angle AEF$의 크기를 구하시오.

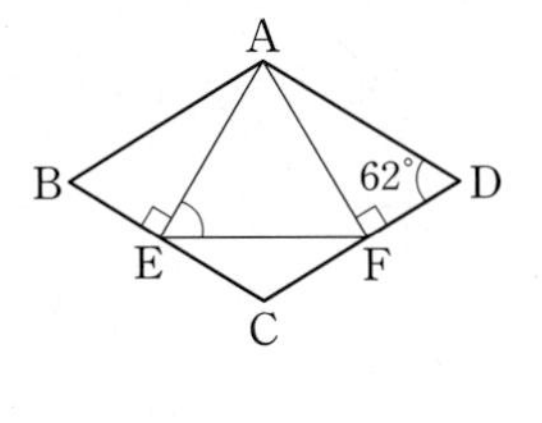

유형 04 평행사변형이 마름모가 되는 조건 개념2

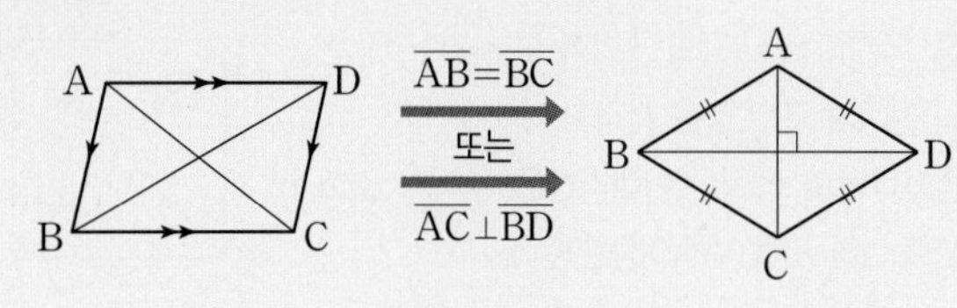

11 대표문제

오른쪽 그림과 같은 평행사변형 ABCD에서 점 O는 두 대각선의 교점이고 $\overline{AC}\perp\overline{BD}$일 때, 다음 중 옳지 않은 것을 모두 고르면? (정답 2개)

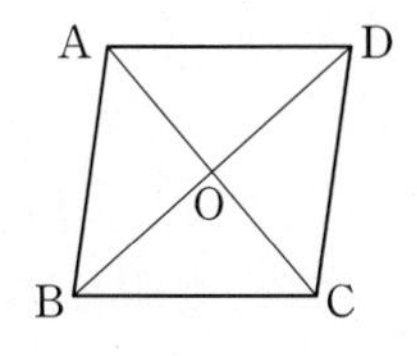

① $\overline{AB}=\overline{BC}$
② $\overline{OA}=\overline{OB}$
③ $\angle BCD=\angle ADC$
④ $\angle ABO=\angle ADO$
⑤ $\angle BCO=\angle DCO$

12 중요

다음 중 오른쪽 그림과 같은 평행사변형 ABCD가 마름모가 되는 조건이 아닌 것은?
(단, 점 O는 두 대각선의 교점이다.)

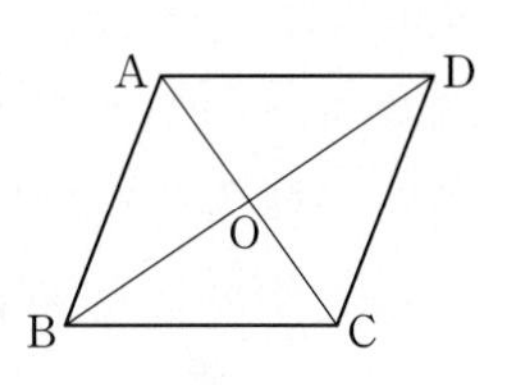

① $\overline{AB}=\overline{BC}$
② $\angle AOD=90^\circ$
③ $\angle BAD=\angle ABC$
④ $\angle ABO=\angle CBO$
⑤ $\angle OBC+\angle OCB=90^\circ$

13 서술형

오른쪽 그림과 같은 평행사변형 ABCD에서 $\angle BAC=58^\circ$, $\angle BDC=32^\circ$, $\overline{CD}=8$ cm일 때, □ABCD의 둘레의 길이를 구하시오. (단, 점 O는 두 대각선의 교점이다.)

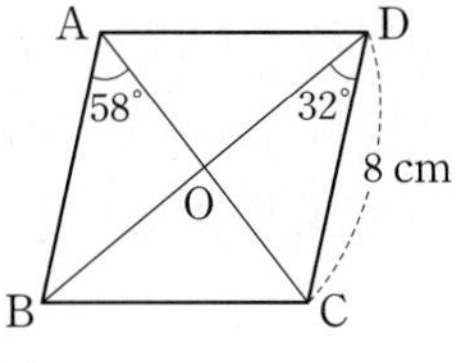

04 여러 가지 사각형

집중

유형 05 정사각형의 뜻과 성질 개념 3

(1) 정사각형: 네 내각의 크기가 모두 같고 네 변의 길이가 모두 같은 사각형

(2) 정사각형의 성질: 두 대각선은 길이가 같고 서로 다른 것을 수직이등분한다.

➜ $\overline{AC}\perp\overline{BD}$, $\overline{OA}=\overline{OB}=\overline{OC}=\overline{OD}$

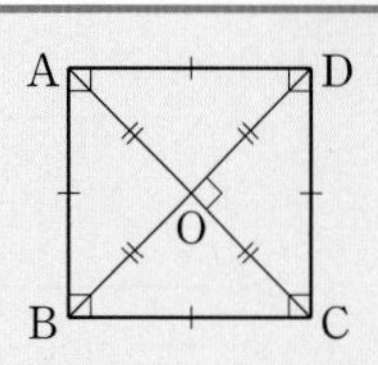

14 대표문제

오른쪽 그림과 같은 정사각형 ABCD에서 대각선 BD 위에 $\angle DAP=26°$가 되도록 점 P를 잡을 때, $\angle BPC$의 크기를 구하시오.

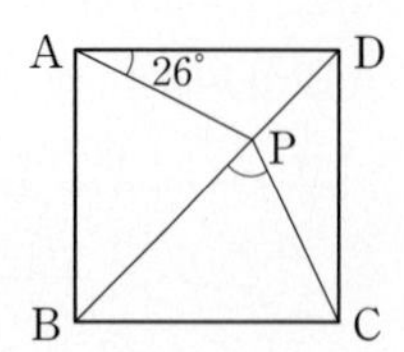

중요

15

오른쪽 그림과 같은 정사각형 ABCD에서 $\overline{AC}=12$ cm일 때, △OAB의 넓이를 구하시오.

(단, 점 O는 두 대각선의 교점이다.)

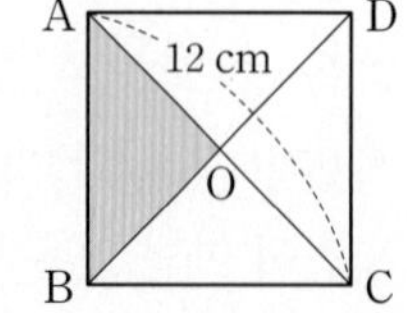

16 서술형

오른쪽 그림과 같은 정사각형 ABCD에서 점 O는 두 대각선의 교점이고 $\angle EOF=90°$이다.

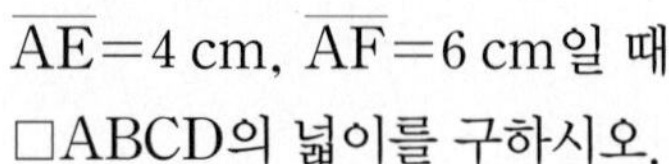

$\overline{AE}=4$ cm, $\overline{AF}=6$ cm일 때, □ABCD의 넓이를 구하시오.

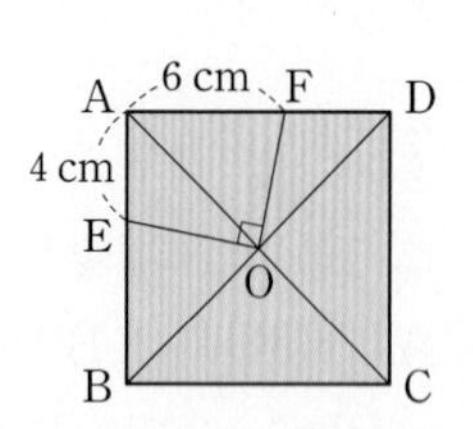

유형 06 정사각형이 되는 조건 개념 3

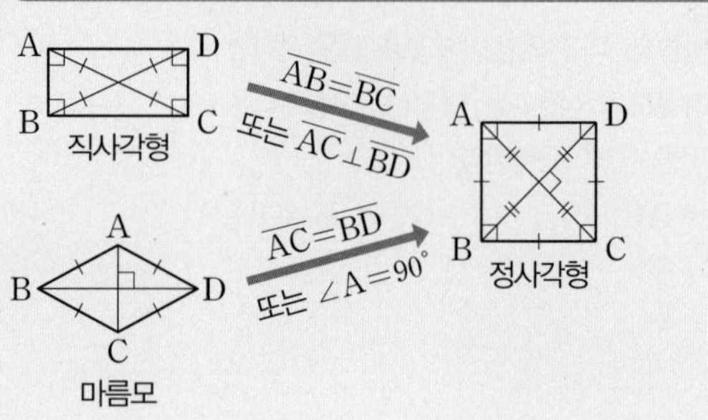

17 대표문제

오른쪽 그림과 같은 마름모 ABCD에서 점 O는 두 대각선의 교점이다. 다음 중 □ABCD가 정사각형이 되는 조건인 것을 모두 고르면? (정답 2개)

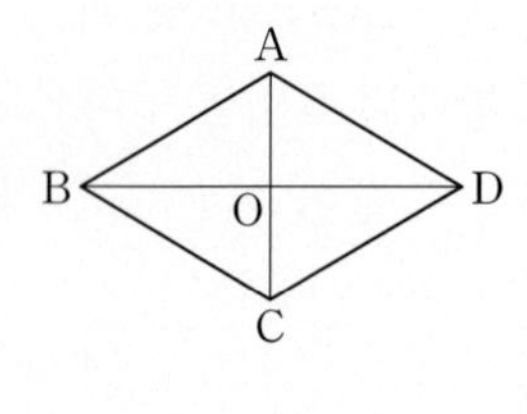

① $\overline{AC}=\overline{BD}$
② $\overline{OA}=\overline{OC}$
③ $\overline{AB}\perp\overline{AD}$
④ $\angle ABO=\angle CDO$
⑤ $\angle CDA=\angle CAD$

18

다음 중 직사각형이 정사각형이 되는 조건인 것을 모두 고르면? (정답 2개)

① 네 변의 길이가 모두 같다.
② 네 내각의 크기가 모두 같다.
③ 두 쌍의 대변이 각각 평행하다.
④ 두 대각선의 길이가 서로 같다.
⑤ 두 대각선이 수직으로 만난다.

19

다음 중 오른쪽 그림과 같은 평행사변형 ABCD가 정사각형이 되는 조건인 것은?

(단, 점 O는 두 대각선의 교점이다.)

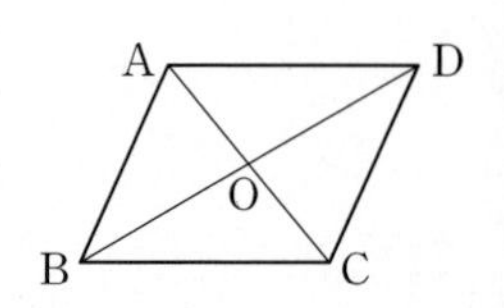

① $\overline{AC}\perp\overline{BD}$
② $\overline{BC}\perp\overline{CD}$
③ $\overline{AC}\perp\overline{BD}$, $\angle BAD=\angle ABC$
④ $\overline{OA}=\overline{OB}$, $\angle BCD=\angle CDA$
⑤ $\overline{AB}=\overline{BC}$, $\angle AOB=\angle AOD$

유형 07 등변사다리꼴의 뜻과 성질 개념 4

(1) 등변사다리꼴: 아랫변의 양 끝 각의 크기가 같은 사다리꼴

(2) 등변사다리꼴의 성질

① 평행하지 않은 한 쌍의 대변의 길이가 같다. ➡ $\overline{AB}=\overline{DC}$

② 두 대각선의 길이가 같다. ➡ $\overline{AC}=\overline{BD}$

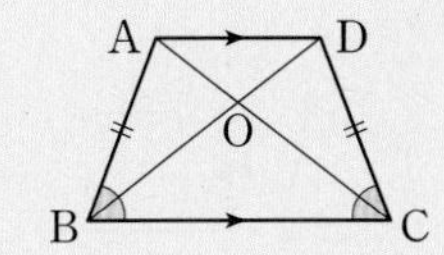

20 대표문제

오른쪽 그림과 같이 $\overline{AD}/\!/\overline{BC}$인 등변사다리꼴 ABCD에서 $\angle B=74°$, $\angle DAC=36°$일 때, $\angle x+\angle y$의 크기를 구하시오.

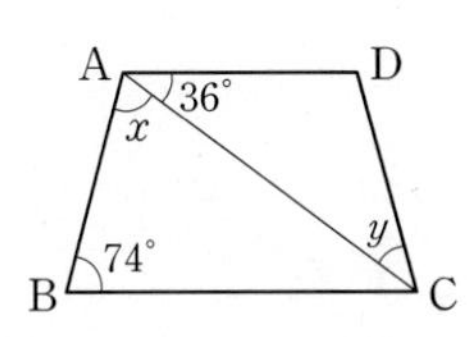

21

오른쪽 그림과 같이 $\overline{AD}/\!/\overline{BC}$인 등변사다리꼴 ABCD에서 점 O는 두 대각선의 교점이다. 다음 중 옳지 않은 것을 모두 고르면? (정답 2개)

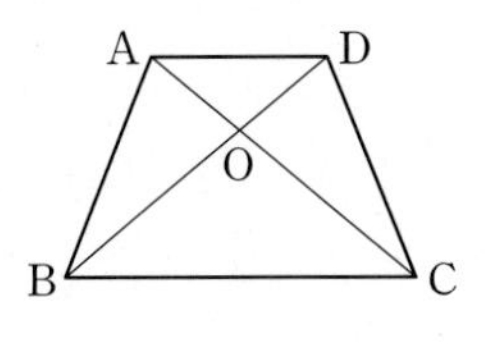

① $\overline{AC}=\overline{BD}$　② $\overline{OA}=\overline{OC}$
③ $\angle BAC=\angle CDB$　④ $\angle ADB=\angle ACB$
⑤ $\triangle ABD\equiv\triangle DCA$

중요

22

오른쪽 그림과 같이 $\overline{AD}/\!/\overline{BC}$인 등변사다리꼴 ABCD에서 $\overline{AC}/\!/\overline{DE}$가 되도록 $\overline{BC}$의 연장선 위에 점 E를 잡았다. $\angle DBC=42°$일 때, $\angle x$의 크기를 구하시오.

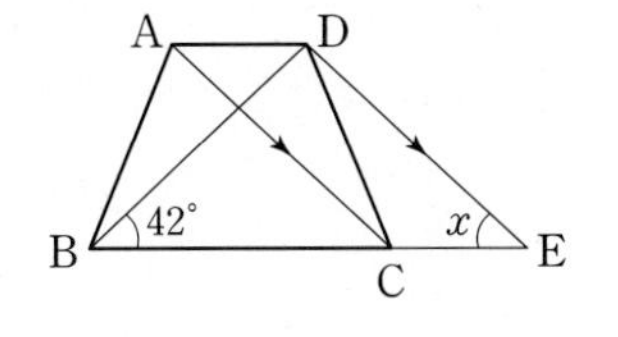

집중

유형 08 등변사다리꼴의 성질의 응용 개념 4

$\overline{AD}/\!/\overline{BC}$인 등변사다리꼴 ABCD에서

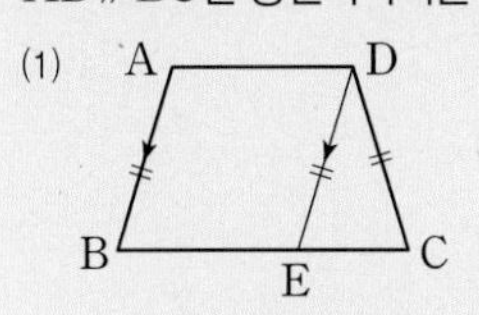

(1) ➡ □ABED는 평행사변형, △DEC는 이등변삼각형

(2) ➡ $\triangle ABE\equiv\triangle DCF$ (RHA 합동)

23 대표문제

오른쪽 그림과 같이 $\overline{AD}/\!/\overline{BC}$인 등변사다리꼴 ABCD에서 $\angle B=60°$, $\overline{AB}=8$ cm, $\overline{AD}=5$ cm일 때, $\overline{BC}$의 길이를 구하시오.

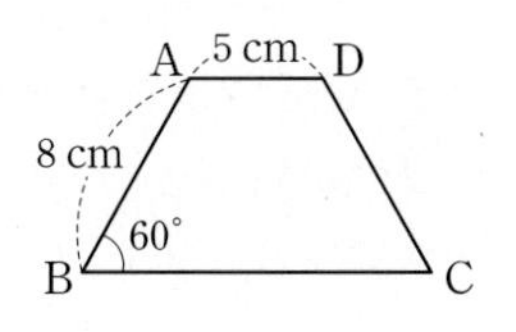

24 서술형

오른쪽 그림과 같이 $\overline{AD}/\!/\overline{BC}$인 등변사다리꼴 ABCD에서 $\overline{AH}\perp\overline{BC}$이고 $\overline{AD}=7$ cm, $\overline{BC}=13$ cm일 때, $\overline{BH}$의 길이를 구하시오.

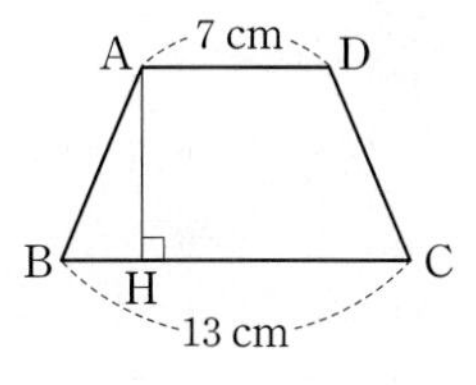

25

오른쪽 그림과 같이 $\overline{AD}/\!/\overline{BC}$인 등변사다리꼴 ABCD에서 $\angle A=120°$, $\overline{AB}=6$ cm, $\overline{AD}=3$ cm일 때, □ABCD의 둘레의 길이를 구하시오.

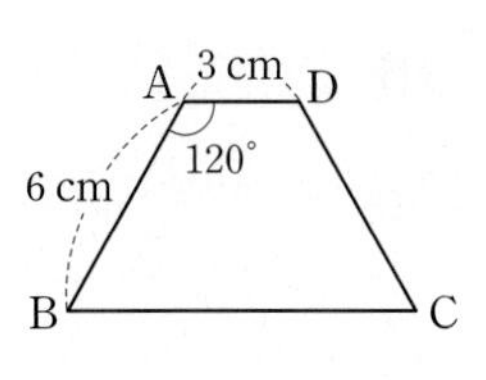

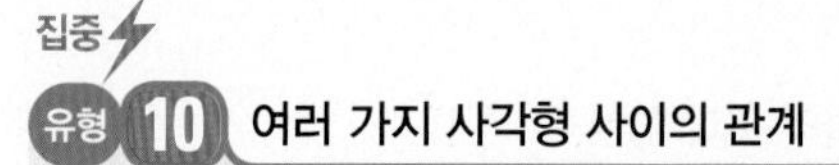

유형 09 여러 가지 사각형 개념5

여러 가지 사각형의 뜻과 성질을 이용하여 주어진 사각형이 어떤 사각형인지 판별한다.

26 대표문제

오른쪽 그림과 같은 직사각형 ABCD에서 $\overline{AC}\perp\overline{MN}$이고 $\overline{AO}=\overline{CO}$일 때, 다음 중 ①~⑤에 알맞은 것으로 옳지 않은 것은?

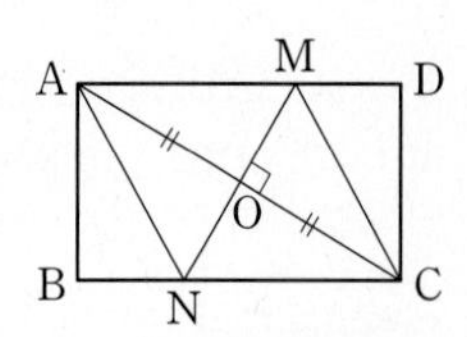

> □ABCD가 직사각형이므로 $\overline{AM}$∥ ①
> △AOM≡△CON (② 합동)이므로
> $\overline{AM}$= ③
> 즉, □ANCM은 ④ 이다.
> 이때 $\overline{AC}\perp\overline{MN}$이므로 □ANCM은 ⑤ 이다.

① $\overline{CN}$ ② ASA ③ $\overline{CN}$
④ 직사각형 ⑤ 마름모

27

오른쪽 그림과 같은 직사각형 ABCD에서 $\overline{AD}=2\overline{AB}$이고 $\overline{AB}=8$ cm이다. 두 점 M, N이 각각 $\overline{AD}$, $\overline{BC}$의 중점일 때, □ENFM의 넓이를 구하시오.

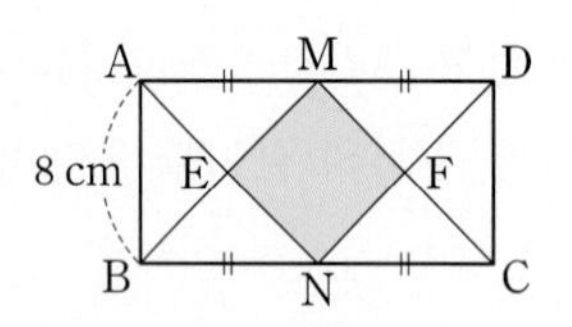

28 서술형

오른쪽 그림과 같이 평행사변형 ABCD의 네 내각의 이등분선의 교점을 각각 E, F, G, H라 하자. $\overline{EG}=2$ cm일 때, $\overline{HF}$의 길이를 구하시오.

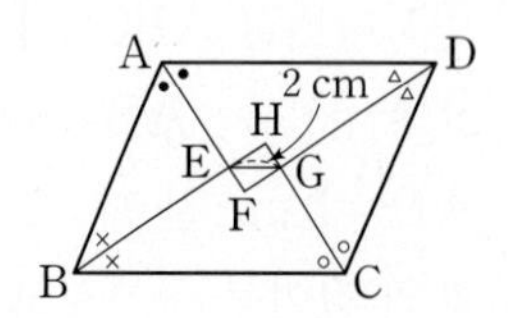

집중

유형 10 여러 가지 사각형 사이의 관계 개념5

사각형 →① 사다리꼴 →② 평행사변형 →③ 직사각형 →④ 정사각형
평행사변형 →④ 마름모 →③ 정사각형

① 한 쌍의 대변이 평행하다.
② 다른 한 쌍의 대변이 평행하다.
③ 한 내각이 직각이거나 두 대각선의 길이가 같다.
④ 이웃하는 두 변의 길이가 같거나 두 대각선이 수직으로 만난다.

29 대표문제

오른쪽 그림과 같은 평행사변형 ABCD에서 점 O는 두 대각선의 교점이다. 다음 중 옳은 것을 모두 고르면? (정답 2개)

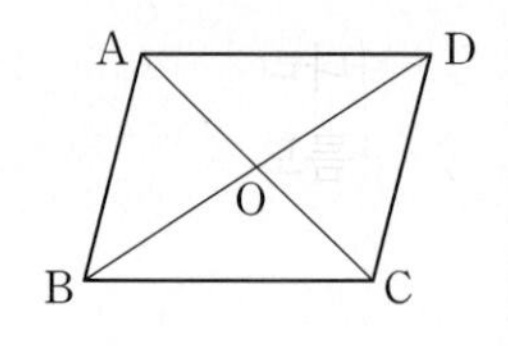

① ∠AOB=90°이면 직사각형이다.
② ∠BAD=∠ABC이면 마름모이다.
③ ∠BOC=∠COD이면 마름모이다.
④ ∠ABC=90°, $\overline{AC}=\overline{BD}$이면 정사각형이다.
⑤ $\overline{OA}=\overline{OB}$, $\overline{BC}=\overline{CD}$이면 정사각형이다.

30

다음 중 옳지 않은 것은?

① 한 내각의 크기가 90°인 평행사변형은 직사각형이다.
② 두 대각선이 수직으로 만나는 평행사변형은 마름모이다.
③ 이웃하는 두 변의 길이가 같은 직사각형은 정사각형이다.
④ 두 대각선의 길이가 같은 마름모는 정사각형이다.
⑤ 평행한 두 변의 길이가 같은 사다리꼴은 등변사다리꼴이다.

집중

유형 11 여러 가지 사각형의 대각선의 성질 개념 5

(1) 평행사변형

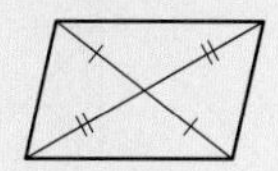

(2) 직사각형

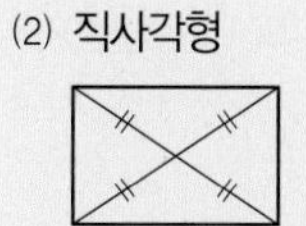

(3) 마름모

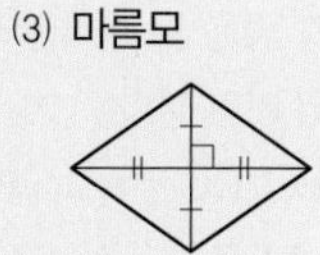

(4) 정사각형

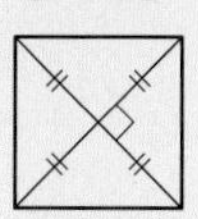

(5) 등변사다리꼴

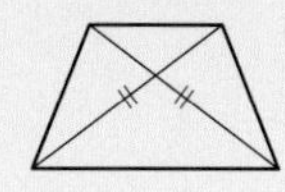

31 대표문제

다음 사각형 중 두 대각선의 길이가 같은 것을 모두 고르면? (정답 2개)

① 사다리꼴 ② 평행사변형 ③ 직사각형
④ 마름모 ⑤ 정사각형

32

다음 **보기**의 사각형 중 두 대각선이 서로 수직인 것은 모두 몇 개인지 구하시오.

보기

ㄱ. 사다리꼴 ㄴ. 평행사변형
ㄷ. 직사각형 ㄹ. 마름모
ㅁ. 정사각형 ㅂ. 등변사다리꼴

중요

33

다음 중 옳은 것을 모두 고르면? (정답 2개)

① 평행사변형의 두 대각선은 길이가 같다.
② 직사각형의 두 대각선은 직교한다.
③ 마름모의 두 대각선은 서로 다른 것을 수직이등분한다.
④ 정사각형의 두 대각선은 길이가 같다.
⑤ 등변사다리꼴의 두 대각선은 수직으로 만난다.

유형 12 사각형의 각 변의 중점을 연결하여 만든 사각형 개념 6

사각형의 각 변의 중점을 연결하여 만든 사각형은 다음과 같다.

(1) 사각형 ➡ 평행사변형
(2) 평행사변형 ➡ 평행사변형
(3) 직사각형 ➡ 마름모
(4) 마름모 ➡ 직사각형
(5) 정사각형 ➡ 정사각형
(6) 등변사다리꼴 ➡ 마름모

34 대표문제

다음 사각형 중 각 변의 중점을 연결하여 만든 사각형이 마름모인 것을 모두 고르면? (정답 2개)

① 사다리꼴 ② 평행사변형 ③ 직사각형
④ 마름모 ⑤ 등변사다리꼴

35

평행사변형 ABCD의 두 대각선이 이루는 각의 크기가 90°일 때, □ABCD의 각 변의 중점을 연결하여 만든 사각형은 어떤 사각형인지 말하시오.

36 서술형

오른쪽 그림과 같이 $\overline{AD}$//$\overline{BC}$인 등변사다리꼴 ABCD에서 각 변의 중점을 E, F, G, H라 하자. $\overline{BC}$=10 cm, $\overline{EF}$=6 cm일 때, □EFGH의 둘레의 길이를 구하시오.

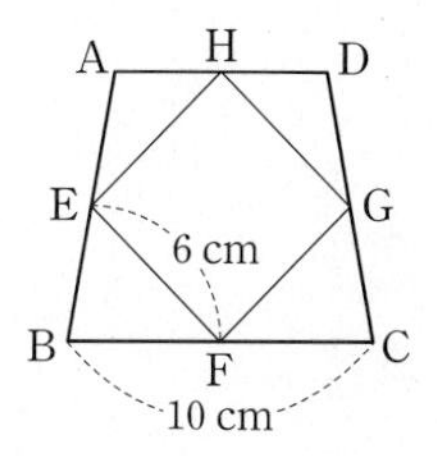

집중

유형 13 평행선과 삼각형의 넓이

개념 7

$l \,/\!/\, m$일 때

$\triangle ABC = \triangle DBC$

$= \frac{1}{2} \times \overline{BC} \times h$

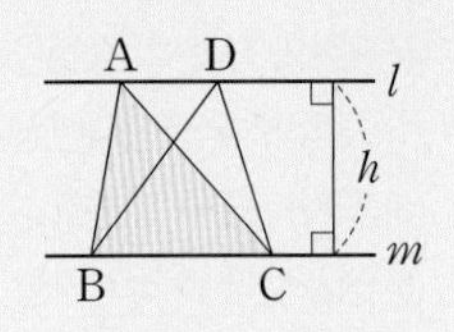

37 대표문제

오른쪽 그림에서 $\overline{AC} /\!/ \overline{DE}$이고 $\triangle ABC$의 넓이는 22 cm^2, $\triangle ABE$의 넓이는 40 cm^2일 때, $\triangle ACD$의 넓이를 구하시오.

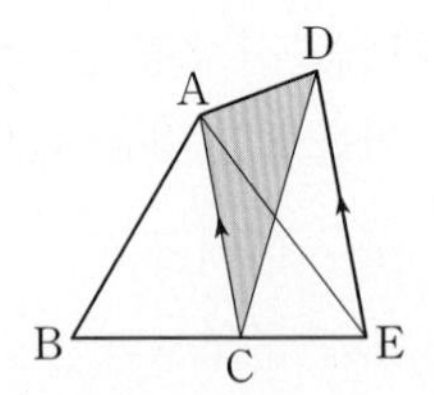

38

오른쪽 그림에서 $\overline{AC} /\!/ \overline{DE}$일 때, 다음 중 $\triangle DCE$와 넓이가 같은 것은?

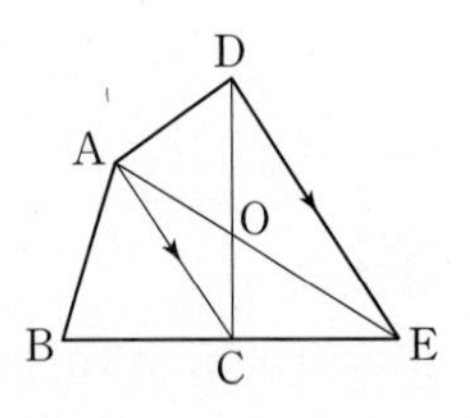

① $\triangle ACD$ ② $\triangle ACE$

③ $\triangle AED$ ④ $\square ABCO$

⑤ $\square ABCD$

39

오른쪽 그림에서 $l /\!/ m$이고 $\triangle ABC$의 넓이는 38 cm^2, $\triangle OBC$의 넓이는 16 cm^2일 때, $\triangle DOC$의 넓이를 구하시오.

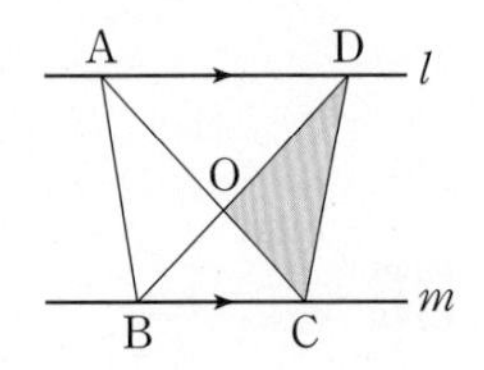

중요

40

오른쪽 그림에서 $\overline{AC} /\!/ \overline{DE}$이고 $\angle B = 90°$이다. $\overline{AB} = 6\text{ cm}$, $\overline{BC} = 4\text{ cm}$, $\overline{CE} = 5\text{ cm}$일 때, $\square ABCD$의 넓이를 구하시오.

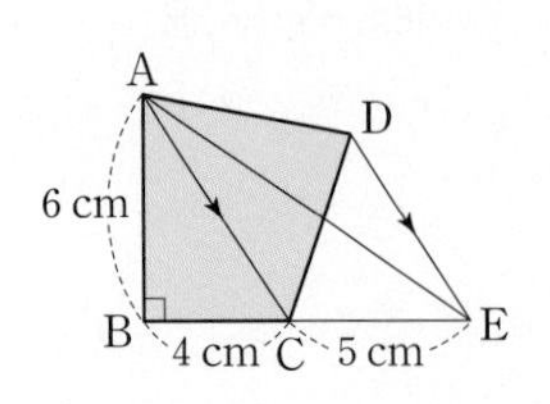

집중

유형 14 높이가 같은 두 삼각형의 넓이의 비

개념 7

높이가 같은 두 삼각형의 넓이의 비는 밑변의 길이의 비와 같다.

➜ $\overline{BD} : \overline{DC} = m : n$이면

$\triangle ABD : \triangle ADC = m : n$

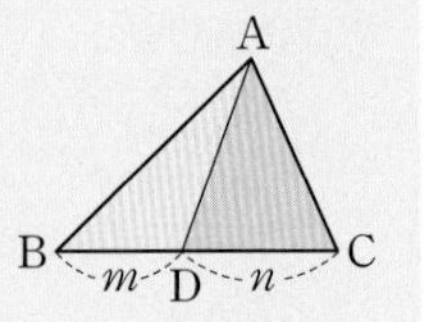

41 대표문제

오른쪽 그림에서 $\overline{BP} : \overline{PC} = 1 : 2$, $\overline{AQ} : \overline{QC} = 5 : 3$이다. $\triangle ABC$의 넓이가 48 cm^2일 때, $\triangle APQ$의 넓이를 구하시오.

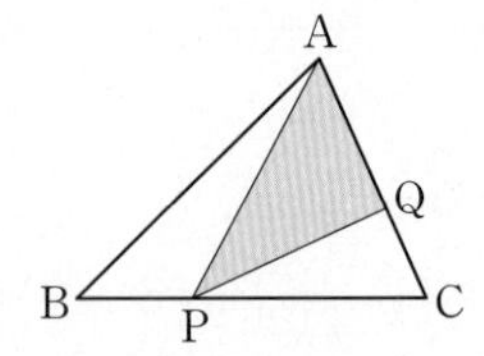

42

오른쪽 그림에서 $\overline{AD} : \overline{DC} = 3 : 4$이고 $\triangle ABD$의 넓이가 21 cm^2일 때, $\triangle ABC$의 넓이를 구하시오.

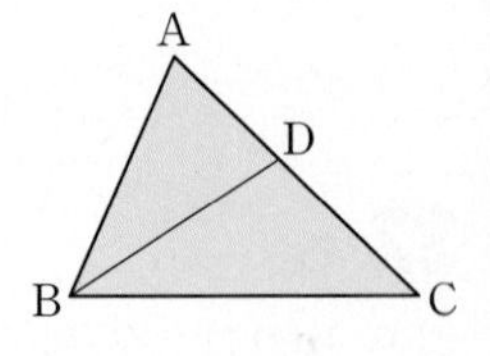

43

오른쪽 그림에서 $\overline{BC} = \overline{CD}$, $\overline{AE} : \overline{ED} = 4 : 1$이다. $\triangle ABD$의 넓이가 60 cm^2일 때, $\triangle CDE$의 넓이를 구하시오.

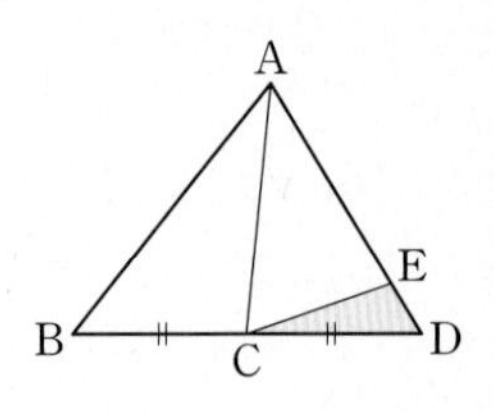

44 서술형

오른쪽 그림에서 $\overline{AE} : \overline{EB} = 2 : 3$, $\overline{EF} : \overline{FC} = 1 : 5$이다. $\triangle AEF$의 넓이가 4 cm^2일 때, $\triangle ABC$의 넓이를 구하시오.

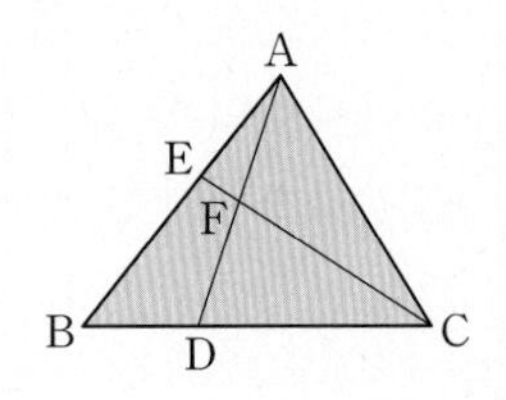

유형 15 평행사변형에서 높이가 같은 두 삼각형의 넓이 개념 7

평행사변형 ABCD에서

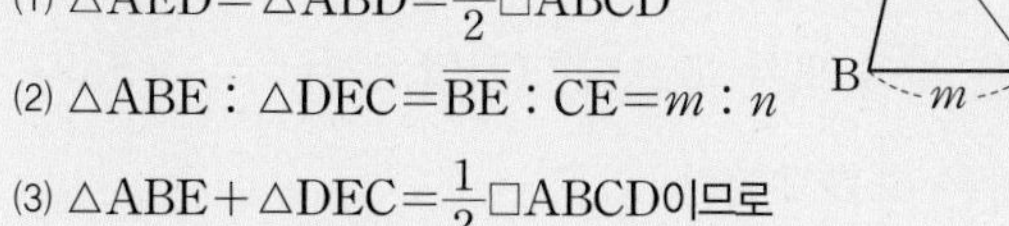

(1) $\triangle AED=\triangle ABD=\frac{1}{2}\square ABCD$

(2) $\triangle ABE:\triangle DEC=\overline{BE}:\overline{CE}=m:n$

(3) $\triangle ABE+\triangle DEC=\frac{1}{2}\square ABCD$이므로

$\triangle ABE=\frac{n}{m+n}\times\frac{1}{2}\square ABCD$

45 대표문제

오른쪽 그림과 같은 평행사변형 ABCD의 넓이가 56 cm^2이고 $\overline{AP}:\overline{PD}=2:5$일 때, $\triangle ABP$의 넓이를 구하시오.

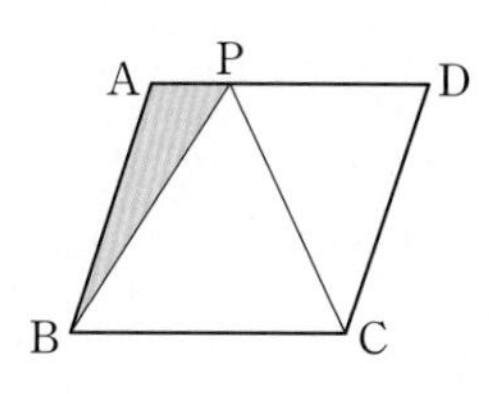

46

오른쪽 그림과 같은 평행사변형 ABCD의 넓이가 42 cm^2일 때, $\overline{CD}$ 위의 점 P에 대하여 $\triangle ABP$의 넓이를 구하시오.

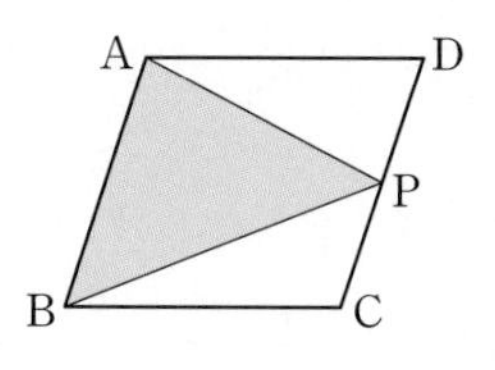

47

오른쪽 그림과 같은 평행사변형 ABCD의 넓이가 72 cm^2이고 $\overline{AP}:\overline{PC}=3:1$일 때, $\triangle PCD$의 넓이를 구하시오.

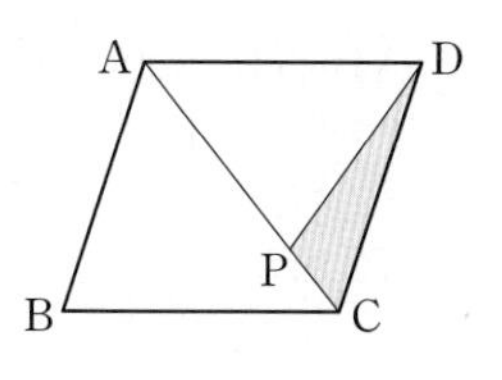

48 서술형

오른쪽 그림과 같은 평행사변형 ABCD의 넓이가 100 cm^2이고 $\overline{AE}:\overline{EB}=2:3$이다. $\overline{EF}/\!/\overline{BD}$일 때, $\triangle BDF$의 넓이를 구하시오.

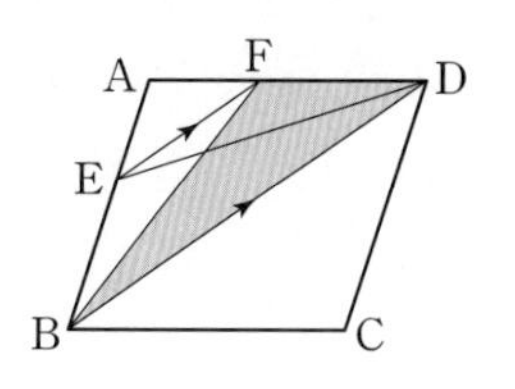

유형 16 사다리꼴에서 높이가 같은 두 삼각형의 넓이 개념 7

$\overline{AD}/\!/\overline{BC}$인 사다리꼴 ABCD에서

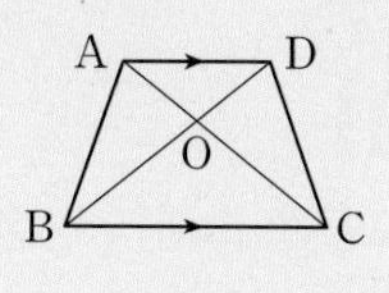

(1) $\triangle OAB=\triangle OCD$

(2) $\triangle OAB:\triangle OBC=\triangle ODA:\triangle OCD$
$=\overline{OA}:\overline{OC}$

49 대표문제

오른쪽 그림과 같이 $\overline{AD}/\!/\overline{BC}$인 사다리꼴 ABCD에서 $\triangle ABC$의 넓이는 36 cm^2, $\triangle OBC$의 넓이는 24 cm^2, $\triangle ODA$의 넓이는 6 cm^2일 때, $\triangle ACD$의 넓이를 구하시오.

(단, 점 O는 두 대각선의 교점이다.)

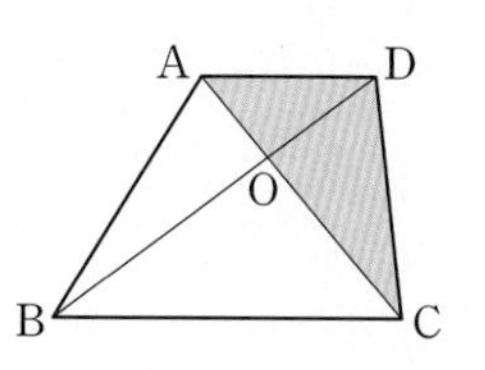

50

오른쪽 그림과 같이 $\overline{AD}/\!/\overline{BC}$인 사다리꼴 ABCD에서 $\overline{OA}:\overline{OC}=3:4$이고 $\triangle OCD$의 넓이가 12 cm^2일 때, $\triangle OBC$의 넓이를 구하시오.

(단, 점 O는 두 대각선의 교점이다.)

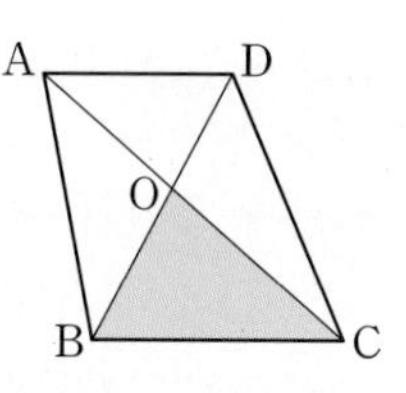

중요

51

오른쪽 그림과 같이 $\overline{AD}/\!/\overline{BC}$인 등변사다리꼴 ABCD에서 $\overline{AD}=6$ cm, $\overline{BC}=10$ cm이다. $\triangle OAB$의 넓이는 15 cm^2이고 $\triangle DBC$의 넓이는 40 cm^2일 때, $\triangle OAD$의 넓이를 구하시오.

(단, 점 O는 두 대각선의 교점이다.)

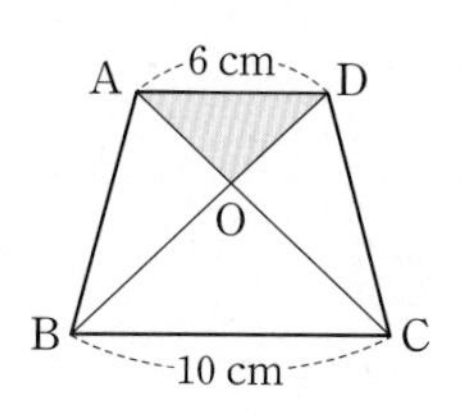

Real 실전 기출

01

오른쪽 그림과 같은 평행사변형 ABCD에서 $\angle DAC=66°$, $\angle DBC=24°$일 때, $\angle ACD$의 크기를 구하시오. (단, 점 O는 두 대각선의 교점이다.)

02

오른쪽 그림과 같이 정사각형 ABCD의 내부에 $\overline{PB}=\overline{BC}=\overline{CP}$가 되도록 점 P를 잡을 때, $\angle ADP$의 크기를 구하시오.

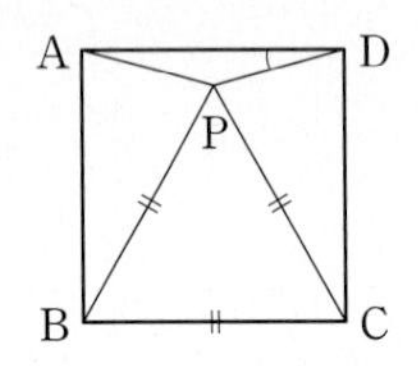

03 최다빈출

오른쪽 그림과 같은 평행사변형 ABCD에서 $\overline{AB}\perp\overline{AD}$일 때, 다음 중 □ABCD가 정사각형이 되기 위한 조건인 것은?
(단, 점 O는 두 대각선의 교점이다.)

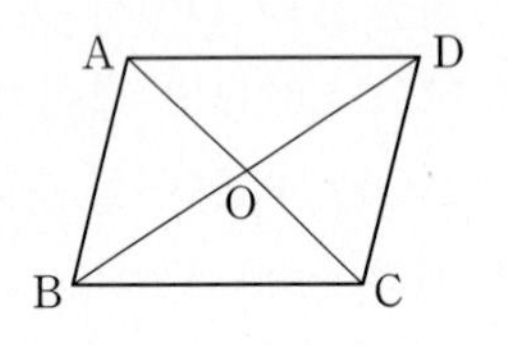

① $\overline{AC}\perp\overline{BD}$ ② $\overline{OA}=\overline{OB}$
③ $\angle BCD=90°$ ④ $\angle ABC=\angle ADC$
⑤ $\angle BAC=\angle BDC$

04

오른쪽 그림과 같이 $\overline{AD}/\!/\overline{BC}$인 등변사다리꼴 ABCD의 넓이가 60 cm^2이다. $\overline{AH}\perp\overline{BC}$, $\overline{AD}=8\text{ cm}$, $\overline{BH}=2\text{ cm}$일 때, $\overline{AH}$의 길이를 구하시오.

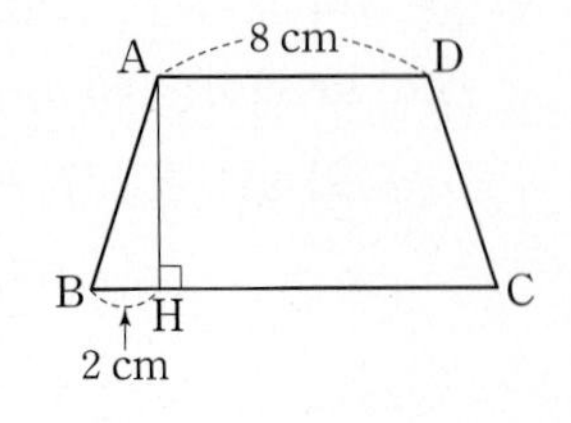

05

다음 중 옳은 것을 모두 고르면? (정답 2개)

① 직사각형은 마름모이다.
② 평행사변형은 정사각형이다.
③ 직사각형의 두 대각선이 직교하면 정사각형이다.
④ 마름모의 두 대각선의 길이가 같으면 정사각형이다.
⑤ 등변사다리꼴의 한 쌍의 대각의 크기가 같으면 마름모이다.

06

오른쪽 그림과 같이 □ABCD의 각 변의 중점을 E, F, G, H라 하자. $\overline{EF}=5\text{ cm}$, $\overline{EH}=6\text{ cm}$, $\angle HGF=80°$일 때, $x+y$의 값을 구하시오.

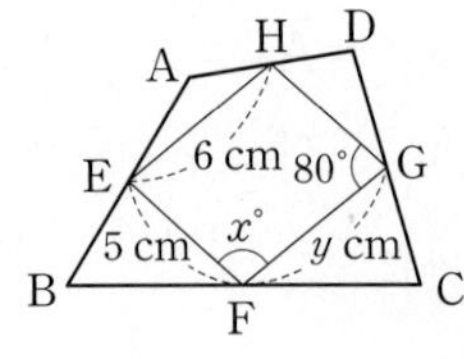

07 최다빈출

오른쪽 그림과 같은 평행사변형 ABCD에서 $\overline{AP}:\overline{PD}=1:3$이고 △ABP의 넓이가 11 cm^2일 때, □ABCD의 넓이는?

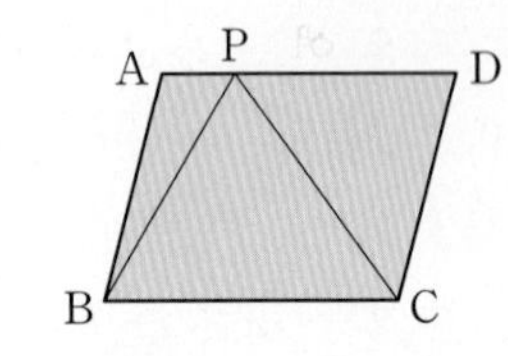

① 33 cm^2 ② 44 cm^2 ③ 60 cm^2
④ 72 cm^2 ⑤ 88 cm^2

08

오른쪽 그림은 직사각형 ABCD를 $\overline{EF}$를 접는 선으로 하여 꼭짓점 C가 꼭짓점 A에 오도록 접은 것이다. $\angle D'AE=22°$일 때, $\angle x$의 크기를 구하시오.

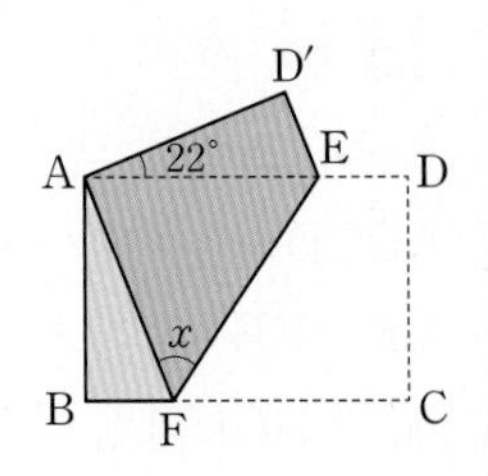

09

오른쪽 그림과 같은 정사각형 ABCD에서 $\overline{BE}=\overline{CF}$, $\angle AEC=130°$일 때, $\angle x$의 크기를 구하시오.

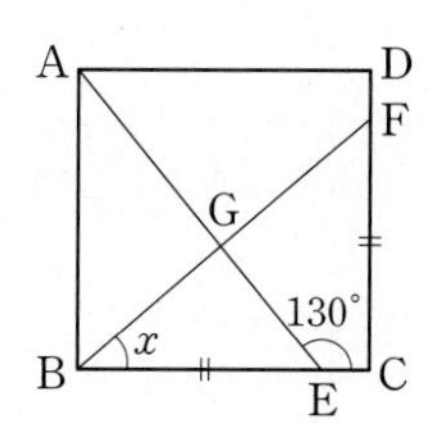

10

오른쪽 그림과 같이 $\overline{AD}/\!/\overline{BC}$인 사다리꼴 ABCD에서 $\overline{AB}=\overline{AD}=\overline{CD}$, $\overline{BC}=2\overline{AD}$일 때, $\angle x$의 크기를 구하시오.

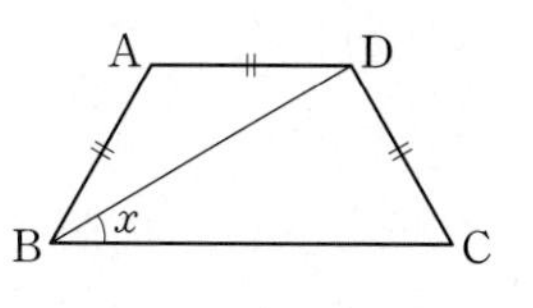

11 창의 역량

다음은 어느 공연에서 마술사가 보인 마술의 일부이다. 아래 **보기** 중 □ 안에 알맞은 것을 고르시오.

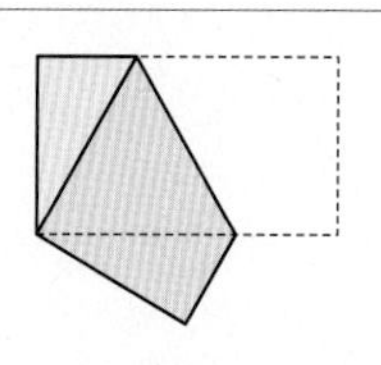

여러분! 입장권을 모두 꺼내 주세요. 이 직사각형 모양의 입장권을 한 꼭짓점이 대각선 방향에 있는 꼭짓점과 겹쳐지도록 접어주세요. 이제 겹쳐진 부분만 남기고 낱장 부분의 종이는 잘라 주세요. 접혀 있는 종이를 펼치면 여러분은 □ 을(를) 얻으실 수 있을 것입니다.

보기

ㄱ. 직사각형　　ㄴ. 마름모
ㄷ. 정사각형　　ㄹ. 등변사다리꼴

12

오른쪽 그림과 같은 평행사변형 ABCD에서 $\overline{AF}=\overline{FD}$이고 $\overline{EF}/\!/\overline{BD}$일 때, 다음 중 넓이가 나머지 넷과 다른 하나는?

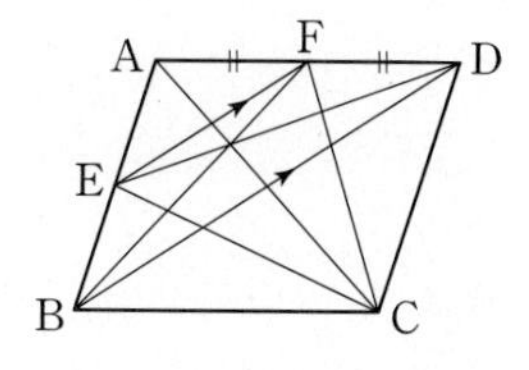

① △ABF　② △EBD　③ △FED
④ △FCD　⑤ △ACF

100점 공략

13

오른쪽 그림과 같은 마름모 ABCD에서 △AED가 정삼각형이고 $\angle BCD=106°$일 때, $\angle x$의 크기를 구하시오.

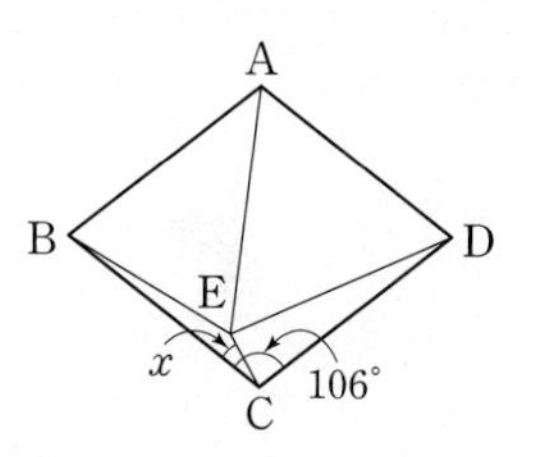

14

오른쪽 그림과 같은 정사각형 ABCD에서 $\angle EAF=45°$, $\angle AEF=65°$일 때, $\angle AFD$의 크기를 구하시오.

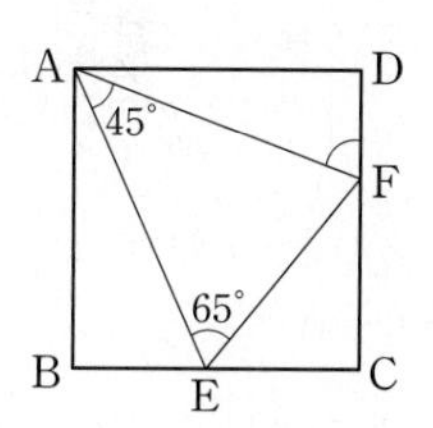

15

오른쪽 그림과 같은 평행사변형 ABCD에서 $\overline{AP}:\overline{PE}=3:4$이고 △PBC의 넓이는 52 cm^2일 때, △APD의 넓이를 구하시오.
(단, 세 점 A, P, E는 한 직선 위에 있다.)

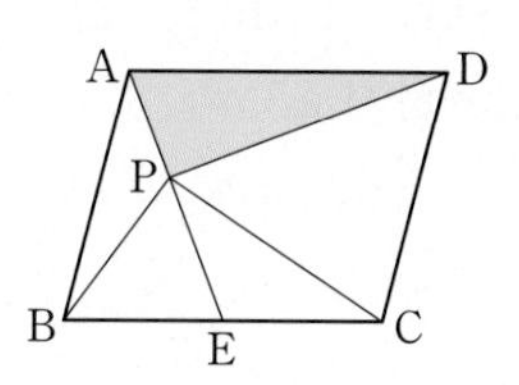

정답과 해설 37쪽

서술형

16

오른쪽 그림과 같은 직사각형 ABCD에서 $\angle$BAC의 이등분선이 $\overline{BC}$와 만나는 점을 E라 할 때, $\overline{AE}=\overline{EC}$이다. 이때 $\angle x+\angle y$의 크기를 구하시오.

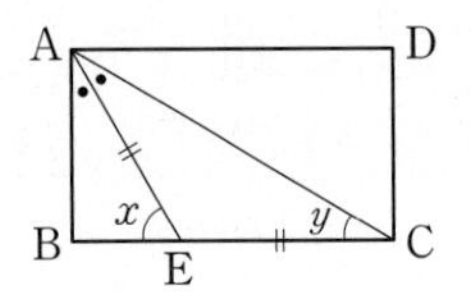

17

오른쪽 그림에서 □ABCD가 정사각형이고 $\overline{AB}=\overline{AE}$, $\angle$ADE$=20°$일 때, $\angle$ABE의 크기를 구하시오.

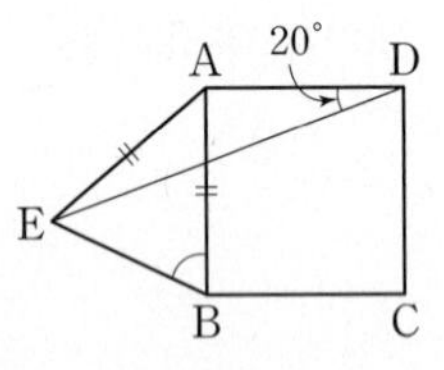

18

오른쪽 그림과 같이 $\overline{AD}\,/\!/\,\overline{BC}$인 등변사다리꼴 ABCD에서 $\angle A=2\angle B$, $\overline{AB}=9$ cm, $\overline{AD}=8$ cm일 때, $\overline{BC}$의 길이를 구하시오.

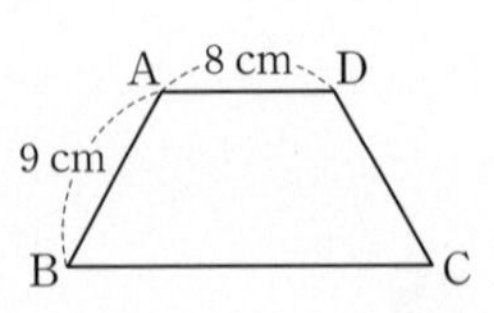

19

오른쪽 그림과 같은 평행사변형 ABCD에서 $\angle$A, $\angle$D의 이등분선이 $\overline{CD}$, $\overline{AB}$와 만나는 점을 각각 F, E라 하자. $\overline{AB}=7$ cm, $\overline{AD}=5$ cm일 때, □AEFD의 둘레의 길이를 구하시오.

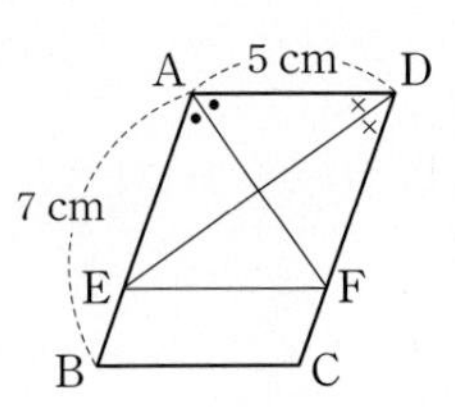

풀이

답

20 100점

오른쪽 그림에서 □ABCD와 □OEFG는 합동인 정사각형이다. $\overline{AB}=6$ cm일 때, 색칠한 부분의 넓이를 구하시오. (단, O는 □ABCD의 두 대각선의 교점이다.)

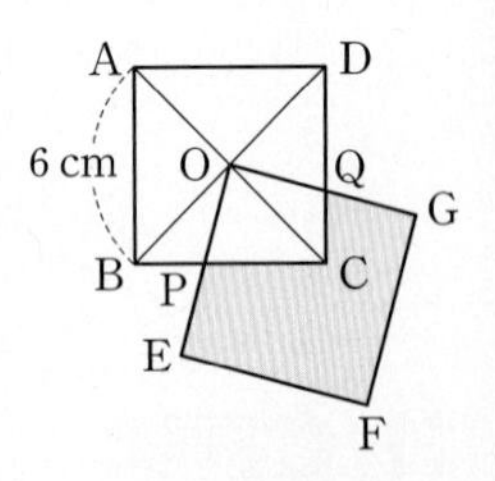

풀이

답

21 100점

오른쪽 그림과 같은 평행사변형 ABCD의 넓이가 108 cm^{2}이다. 대각선 BD 위의 점 P에 대하여 색칠한 부분의 넓이가 48 cm^{2}일 때, $\overline{BP}:\overline{BD}$를 가장 간단한 자연수의 비로 나타내시오.

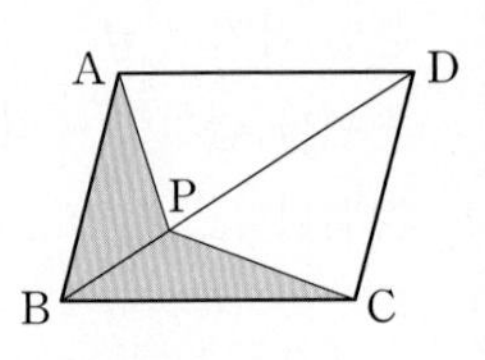

풀이

답

Ⅲ. 도형의 닮음

05 도형의 닮음

63 ~ 76쪽
28 ~ 33쪽

Real 실전 개념

개념 1 닮은 도형 유형 01

(1) **닮음**: 한 도형을 일정한 비율로 확대 또는 축소한 도형이 다른 도형과 합동일 때, 이 두 도형은 닮음인 관계에 있다고 한다.

(2) **닮은 도형**: 닮음인 관계에 있는 두 도형

➡ △ABC와 △DEF가 닮은 도형일 때, 기호 ∽를 사용하여 △ABC∽△DEF와 같이 나타낸다.

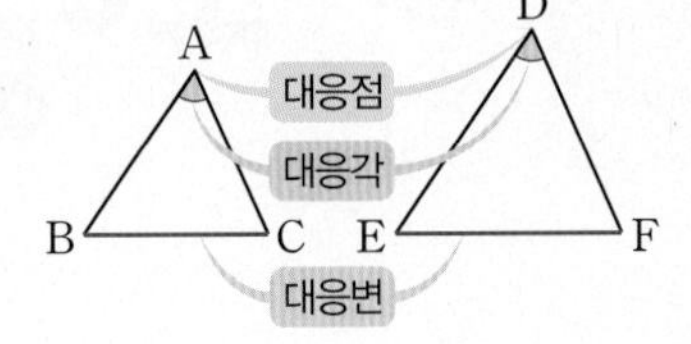

주의 닮은 도형을 기호로 나타낼 때는 △ABC∽△DEF와 같이 두 도형의 대응점의 순서를 맞추어 쓴다.

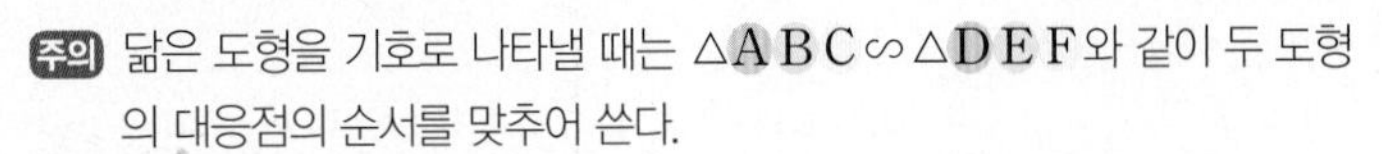

참고 △ABC∽△DEF일 때
대응점: 점 A와 점 D, 점 B와 점 E, 점 C와 점 F
대응변: $\overline{AB}$와 $\overline{DE}$, $\overline{BC}$와 $\overline{EF}$, $\overline{AC}$와 $\overline{DF}$
대응각: ∠A와 ∠D, ∠B와 ∠E, ∠C와 ∠F

(3) **항상 닮은 도형**

① **평면도형**: 두 원, 두 정n각형, 두 직각이등변삼각형, 중심각의 크기가 같은 두 부채꼴 등

② **입체도형**: 두 구, 두 정n면체 등

개념 2 닮은 도형의 성질 유형 02~05

(1) **평면도형에서 닮음의 성질**

닮은 두 평면도형에서

① 대응변의 길이의 비는 일정하다.

② 대응각의 크기는 각각 같다.

예 오른쪽 그림에서 △ABC∽△DEF일 때
① $\overline{AB}:\overline{DE}=\overline{BC}:\overline{EF}=\overline{AC}:\overline{DF}$
② ∠A=∠D, ∠B=∠E, ∠C=∠F

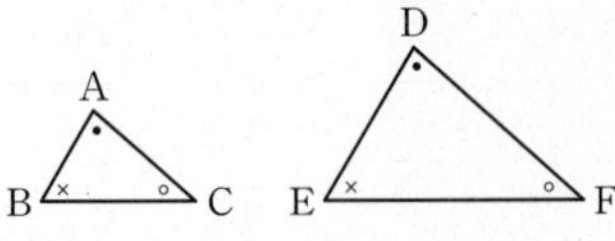
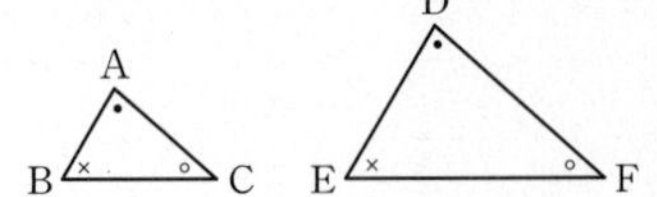

(2) **평면도형에서 닮음비**: 닮은 두 평면도형에서 대응변의 길이의 비

(3) **입체도형에서 닮음의 성질**

닮은 두 입체도형에서

① 대응하는 모서리의 길이의 비는 일정하다.

② 대응하는 면은 닮은 도형이다.

예 오른쪽 그림의 두 직육면체는 닮은 도형이고 면 ABCD에 대응하는 면이 면 IJKL일 때
① $\overline{AB}:\overline{IJ}=\overline{BC}:\overline{JK}=\overline{CD}:\overline{KL}=\cdots$
② □AEFB∽□IMNJ, □BFGC∽□JNOK, ⋯

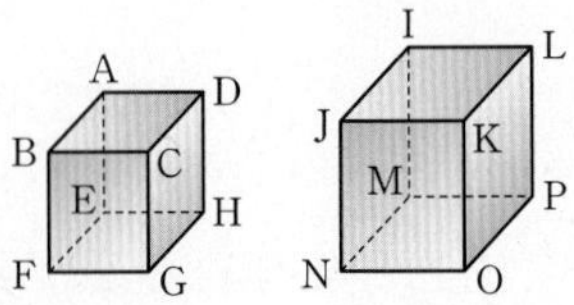

(4) **입체도형에서 닮음비**: 닮은 두 입체도형에서 대응하는 모서리의 길이의 비

개념 노트

- 닮음의 기호 ∽는 라틴어 Similis(영어의 Similar)의 첫 글자 S를 옆으로 눕혀서 쓴 것이다.
- △ABC와 △DEF에 대하여
  ① 넓이가 같다.
  ➡ △ABC=△DEF
  ② 합동이다.
  ➡ △ABC≡△DEF
  ③ 닮음이다.
  ➡ △ABC∽△DEF

- 일반적으로 닮음비는 가장 간단한 자연수의 비로 나타낸다.
- 닮음비가 1 : 1인 닮은 두 도형은 서로 합동이다.
- 두 원의 닮음비는 반지름의 길이의 비이다.

개념 1 닮은 도형

[01~03] 아래 그림에서 □ABCD∽□EFGH일 때, 다음을 구하시오.

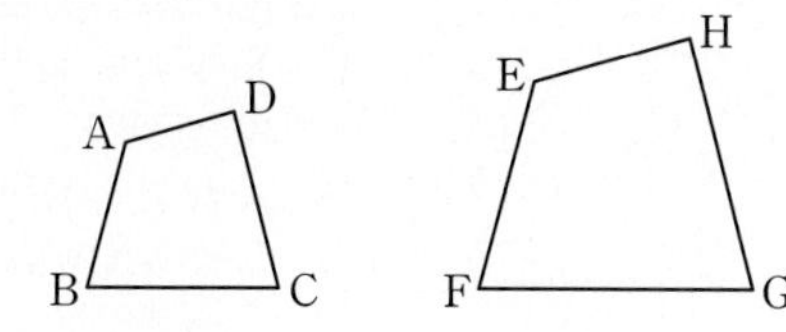

01 점 A의 대응점

02 $\overline{FG}$의 대응변

03 ∠H의 대응각

[04~06] 아래 그림의 두 사면체는 닮은 도형이고 면 ABC에 대응하는 면이 면 EFG일 때, 다음을 구하시오.

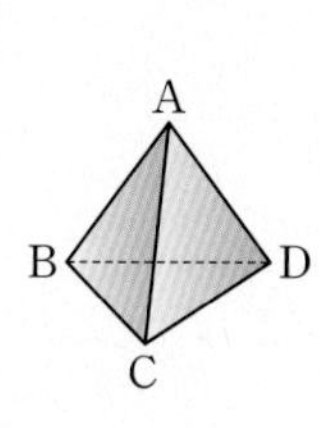

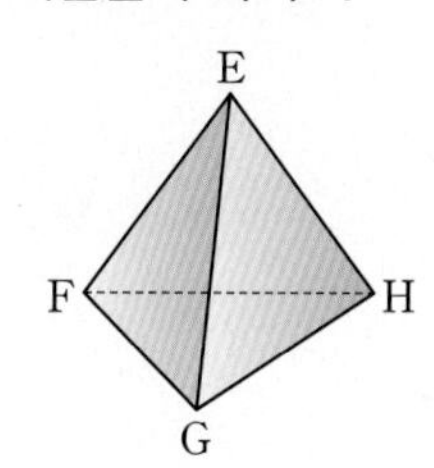

04 점 H의 대응점

05 $\overline{AC}$에 대응하는 모서리

06 면 FGH에 대응하는 면

[07~10] 다음 중 두 도형이 항상 닮음인 것은 ○표, 닮음이 아닌 것은 ×표를 하시오.

07 두 정삼각형 (　　)

08 두 이등변삼각형 (　　)

09 두 직육면체 (　　)

10 두 정팔면체 (　　)

개념 2 닮은 도형의 성질

[11~14] 다음 그림과 같은 닮은 두 도형 A, B의 닮음비를 구하시오.

11

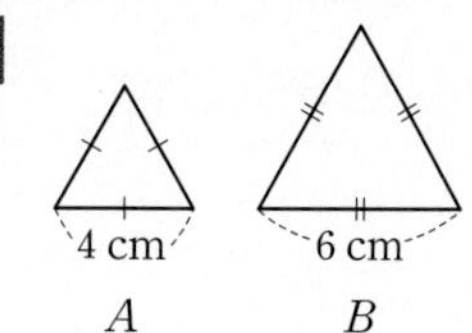

12

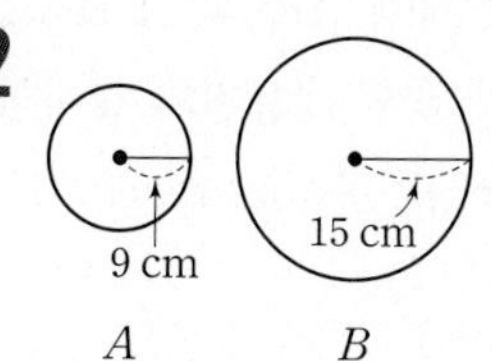

13

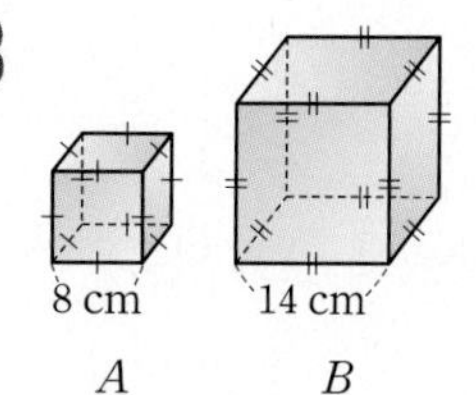

14

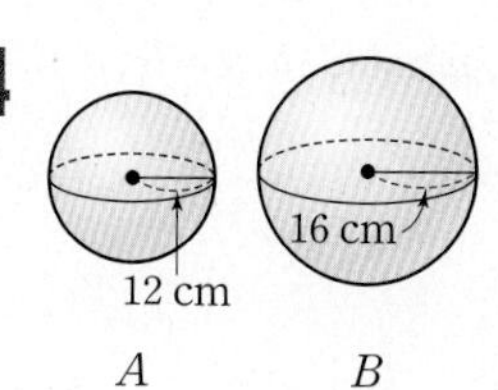

[15~17] 아래 그림에서 △ABC∽△DEF일 때, 다음을 구하시오.

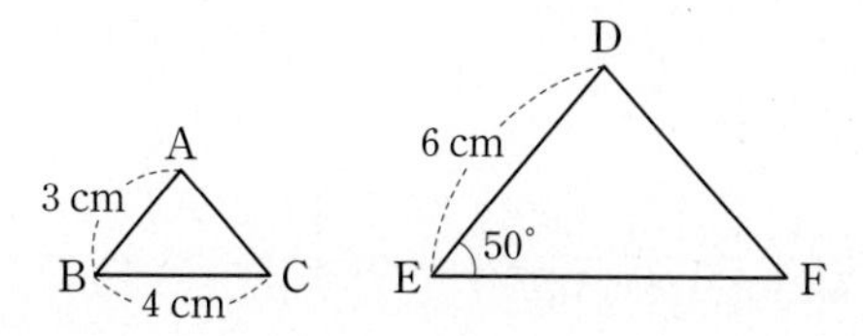

15 △ABC와 △DEF의 닮음비

16 $\overline{EF}$의 길이

17 ∠B의 크기

[18~20] 아래 그림의 두 사각기둥 A, B는 닮은 도형이고 면 ABCD에 대응하는 면이 면 IJKL일 때, 다음을 구하시오.

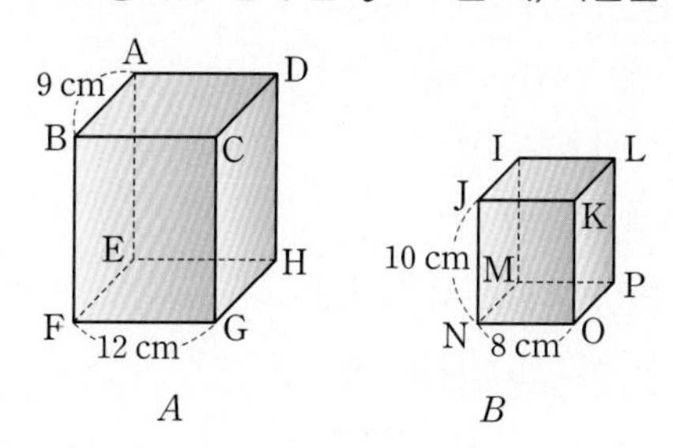

18 두 사각기둥 A, B의 닮음비

19 $\overline{IJ}$의 길이

20 $\overline{BF}$의 길이

Real 실전 개념

개념 3 삼각형의 닮음 조건

유형 06~08, 11, 12

두 삼각형 ABC와 A′B′C′은 다음 각 경우에 닮은 도형이다.

① 세 쌍의 대응변의 길이의 비가 같을 때 (SSS 닮음)

➜ $a : a' = b : b' = c : c'$

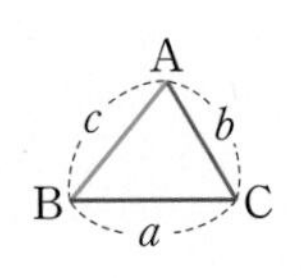

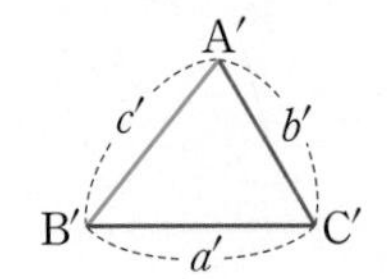

② 두 쌍의 대응변의 길이의 비가 같고, 그 끼인각의 크기가 같을 때 (SAS 닮음)

➜ $a : a' = c : c'$, $\angle B = \angle B'$

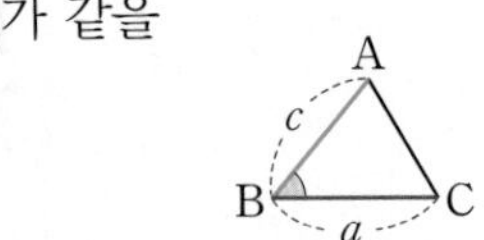

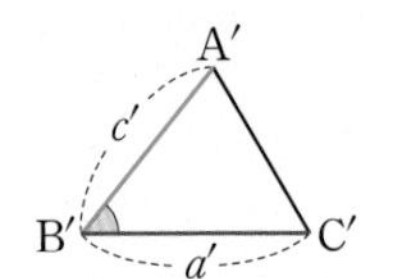

③ 두 쌍의 대응각의 크기가 각각 같을 때 (AA 닮음)

➜ $\angle B = \angle B'$, $\angle C = \angle C'$

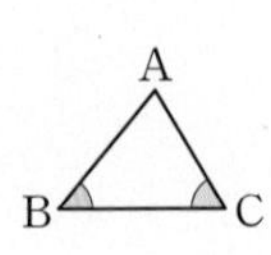

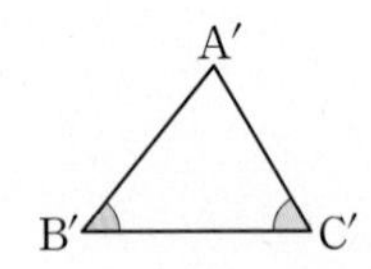

예 오른쪽 그림의 △ABC와 △A′B′C′에서

$\overline{AB} : \overline{A'B'} = \overline{BC} : \overline{B'C'} = 2 : 3$

$\angle B = \angle B' = 50°$

∴ △ABC∽△A′B′C′ (SAS 닮음)

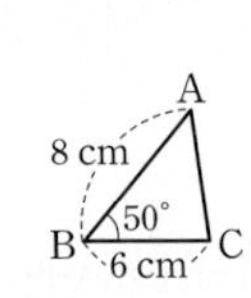

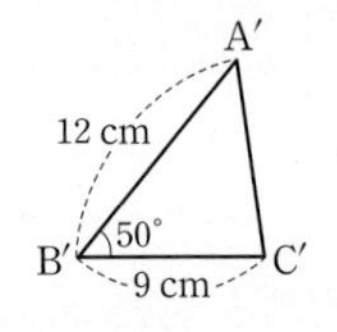

개념 노트

- [삼각형의 합동 조건]
  두 삼각형은 다음 각 경우에 서로 합동이다.
  ① 세 쌍의 대응변의 길이가 각각 같을 때 (SSS 합동)
  ② 두 쌍의 대응변의 길이가 각각 같고, 그 끼인각의 크기가 같을 때 (SAS 합동)
  ③ 한 쌍의 대응변의 길이가 같고, 그 양 끝 각의 크기가 각각 같을 때 (ASA 합동)
- 삼각형의 닮음 조건에서 S는 Side(변), A는 Angle(각)의 첫 글자이다.

개념 4 직각삼각형의 닮음

유형 09, 10, 12

(1) 직각삼각형의 닮음

한 예각의 크기가 같은 두 직각삼각형은 닮은 도형이다.

예 오른쪽 그림의 △ABC와 △EBD에서

$\angle C = \angle EDB = 90°$, ∠B는 공통

이므로 △ABC∽△EBD (AA 닮음)

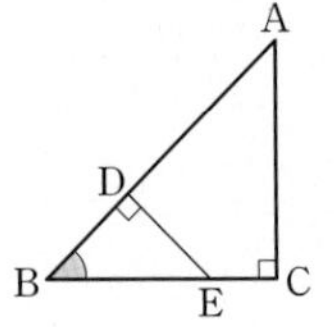
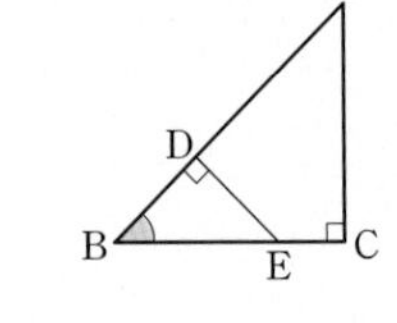

(2) 직각삼각형의 닮음의 응용

$\angle A = 90°$인 직각삼각형 ABC에서 $\overline{AH} \perp \overline{BC}$일 때

△ABC∽△HBA∽△HAC (AA 닮음)

① △ABC∽△HBA이므로

$\overline{AB} : \overline{HB} = \overline{BC} : \overline{BA}$

$\therefore \overline{AB}^2 = \overline{BH} \times \overline{BC}$

② △ABC∽△HAC이므로

$\overline{BC} : \overline{AC} = \overline{AC} : \overline{HC}$

$\therefore \overline{AC}^2 = \overline{CH} \times \overline{CB}$

③ △HBA∽△HAC이므로

$\overline{BH} : \overline{AH} = \overline{AH} : \overline{CH}$

$\therefore \overline{AH}^2 = \overline{HB} \times \overline{HC}$

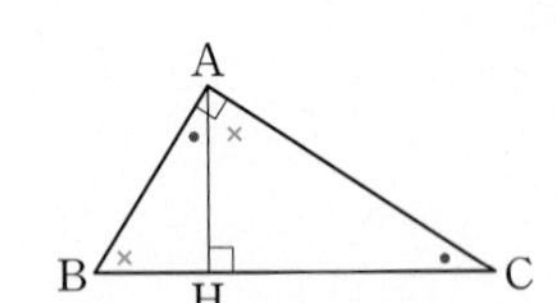

- 직각삼각형의 닮음의 응용은 다음 그림과 같이 화살표를 그려서 ①²=②×③ 꼴로 기억하면 편리하다.

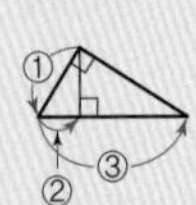
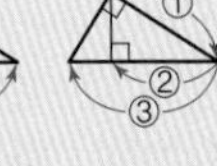
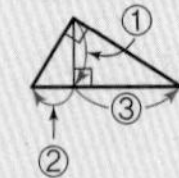

개념 3 삼각형의 닮음 조건

21 다음은 오른쪽 그림에서 $\triangle ABC \backsim \triangle DAC$임을 설명하는 과정이다. □ 안에 알맞은 것을 써넣으시오.

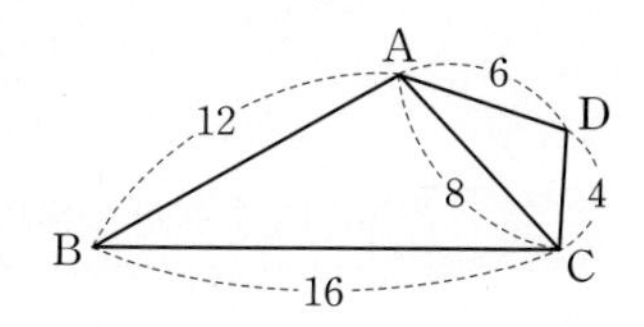

> $\triangle ABC$와 $\triangle DAC$에서
> $\overline{AB} : \overline{DA} = \square : 6 = \square : 1$
> $\overline{BC} : \overline{AC} = \square : 8 = \square : 1$
> $\overline{AC} : \overline{DC} = \square : 4 = \square : 1$
> 이므로 $\triangle ABC \backsim \triangle DAC$ (□ 닮음)

22 다음은 오른쪽 그림에서 $\triangle ABE \backsim \triangle CDE$임을 설명하는 과정이다. □ 안에 알맞은 것을 써넣으시오.

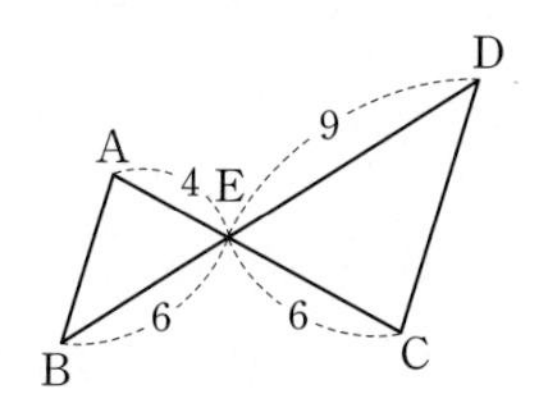

> $\triangle ABE$와 $\triangle CDE$에서
> $\overline{AE} : \overline{CE} = 4 : \square = 2 : \square$
> $\overline{BE} : \overline{DE} = 6 : \square = 2 : \square$
> $\angle AEB = \square$ (맞꼭지각)
> 이므로 $\triangle ABE \backsim \triangle CDE$ (□ 닮음)

23 다음은 오른쪽 그림에서 $\triangle ABC \backsim \triangle ADE$임을 설명하는 과정이다. □ 안에 알맞은 것을 써넣으시오.

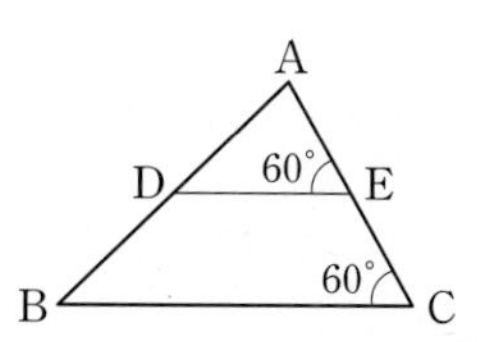

> $\triangle ABC$와 $\triangle ADE$에서
> □는 공통
> $\angle C = \square = 60°$
> 이므로 $\triangle ABC \backsim \triangle ADE$ (□ 닮음)

[24~25] 다음 그림에서 $\triangle ABC$와 닮음인 삼각형을 찾아 기호 $\backsim$를 사용하여 나타내고, 그때의 닮음 조건을 말하시오.

24

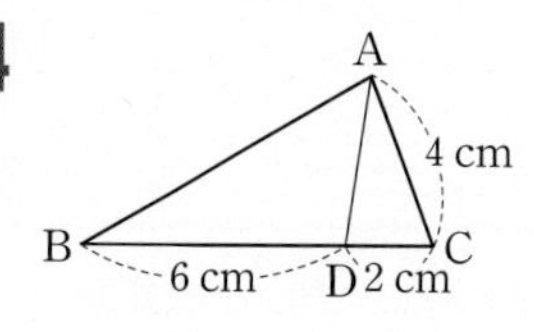

25

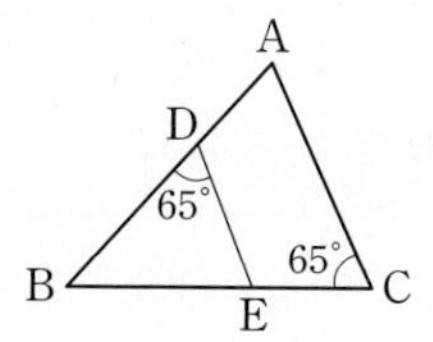

개념 4 직각삼각형의 닮음

[26~28] 오른쪽 그림과 같이 $\angle A = 90°$인 직각삼각형 ABC에서 $\overline{AH} \perp \overline{BC}$일 때, 다음을 모두 구하시오.

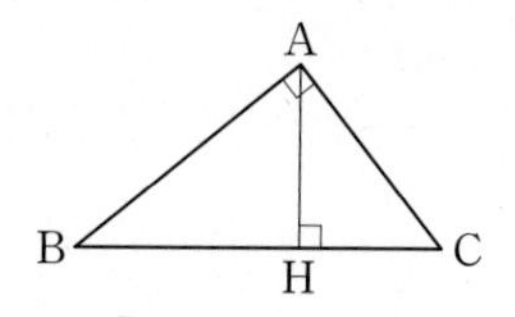

26 $\angle B$와 크기가 같은 각

27 $\angle C$와 크기가 같은 각

28 $\triangle ABC$와 닮음인 삼각형

[29~31] 다음은 $\angle A = 90°$인 직각삼각형 ABC에서 $\overline{AH} \perp \overline{BC}$일 때, x의 값을 구하는 과정이다. □ 안에 알맞은 것을 써넣으시오.

29

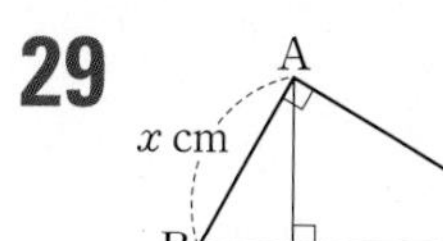

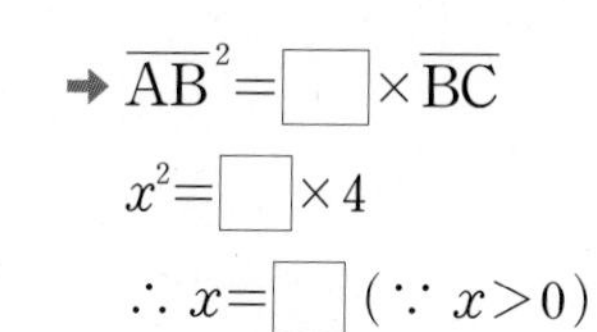

➜ $\overline{AB}^2 = \square \times \overline{BC}$
$x^2 = \square \times 4$
$\therefore x = \square$ ($\because x > 0$)

30

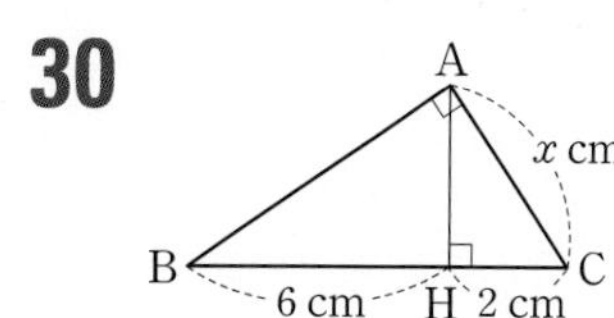

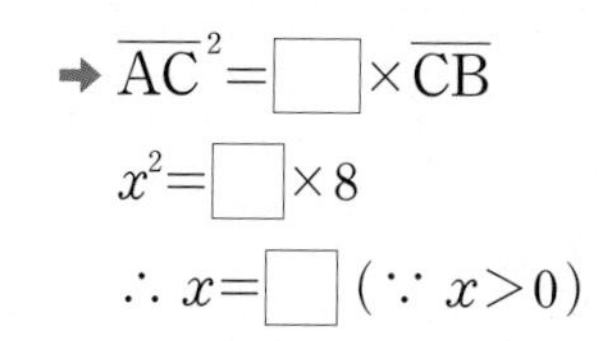

➜ $\overline{AC}^2 = \square \times \overline{CB}$
$x^2 = \square \times 8$
$\therefore x = \square$ ($\because x > 0$)

31

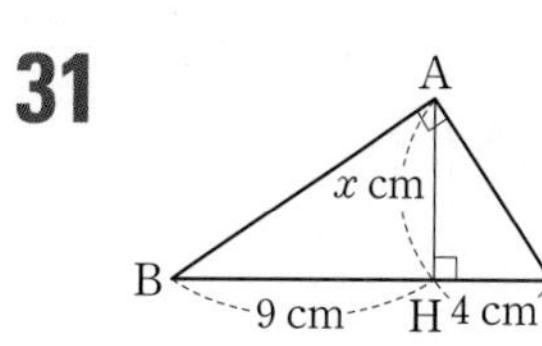

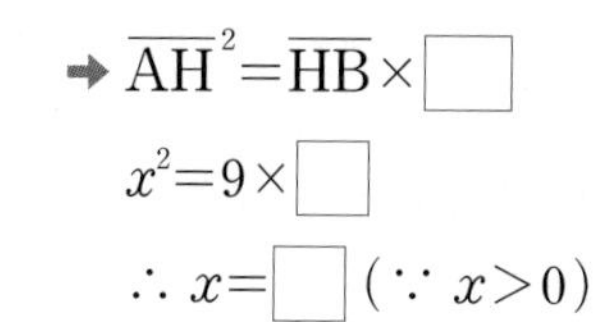

➜ $\overline{AH}^2 = \overline{HB} \times \square$
$x^2 = 9 \times \square$
$\therefore x = \square$ ($\because x > 0$)

정답과 해설 39쪽 | 더블북 28쪽

유형 01 닮은 도형 개념1

(1) △ABC와 △DEF가 닮은 도형이다. ➜ △ABC∽△DEF

(2) 항상 닮음인 도형

① 평면도형: 두 원, 두 정n각형, 두 직각이등변삼각형, 중심각의 크기가 같은 두 부채꼴 등

② 입체도형: 두 구, 두 정n면체 등

01 대표문제

아래 그림에서 △ABC∽△DEF일 때, 다음 중 옳지 않은 것은?

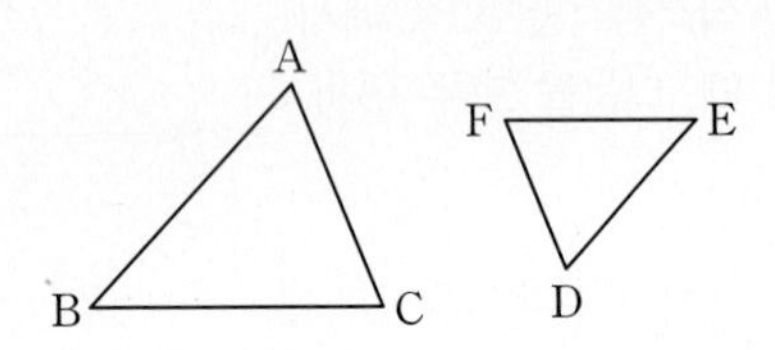

① 점 A의 대응점은 점 D이다.
② $\overline{AC}$의 대응변은 $\overline{DF}$이다.
③ ∠B의 대응각은 ∠F이다.
④ $\overline{AB}>\overline{DE}$일 때, △ABC를 축소하면 △DEF와 포개어진다.
⑤ $\overline{AB}=\overline{DE}$이면 △ABC와 △DEF는 합동이다.

02

다음 그림의 두 삼각기둥은 닮은 도형이고 $\overline{AB}$에 대응하는 모서리가 $\overline{GH}$일 때, $\overline{CF}$에 대응하는 모서리와 면 DEF에 대응하는 면을 차례대로 구하시오.

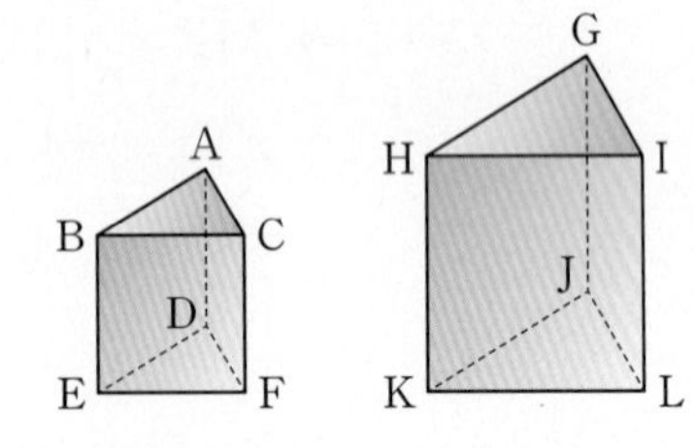

03

다음 중 항상 닮은 도형인 것을 모두 고르면? (정답 2개)

① 두 정사각형 ② 두 직각삼각형
③ 두 이등변삼각형 ④ 두 원기둥
⑤ 두 정육면체

집중

유형 02 평면도형에서 닮음의 성질 개념2

△ABC∽△DEF일 때

(1) 대응변의 길이의 비는 일정하다.
➜ $a:d=b:e=c:f$

(2) 대응각의 크기는 각각 같다.
➜ ∠A=∠D, ∠B=∠E, ∠C=∠F

04 대표문제

아래 그림에서 □ABCD∽□EFGH일 때, 다음 중 옳은 것을 모두 고르면? (정답 2개)

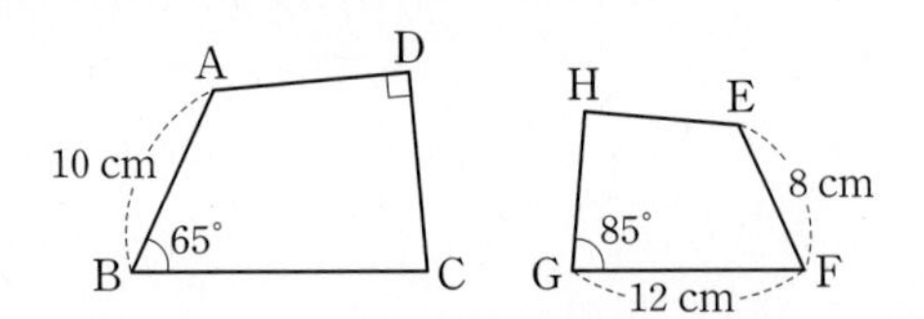

① ∠C=65° ② ∠E=120°
③ $\overline{BC}$=15 cm ④ $\overline{GH}=\frac{5}{4}\overline{CD}$
⑤ □ABCD와 □EFGH의 닮음비는 4 : 5이다.

05

아래 그림에서 △ABC∽△EDF일 때, 다음 중 옳지 않은 것은?

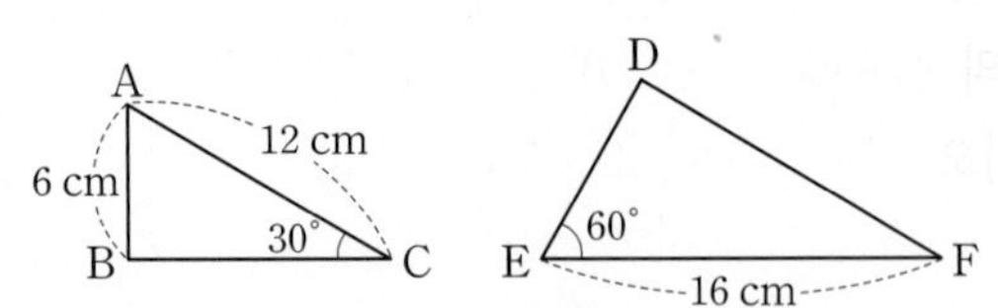

① ∠A=60° ② ∠D=90°
③ $\overline{DE}$=8 cm ④ ∠B : ∠D=3 : 4
⑤ $\overline{BC}$: $\overline{DF}$=3 : 4

06 서술형

다음 그림의 두 부채꼴은 닮은 도형이고 $R:r$를 가장 간단한 자연수의 비로 나타내면 $y:z$일 때, $x+y+z$의 값을 구하시오.

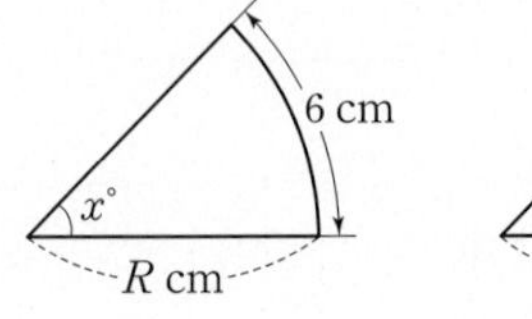

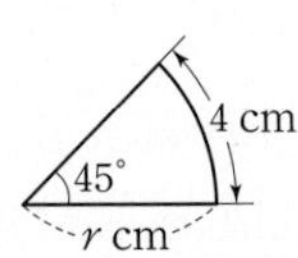

유형 03 평면도형에서 닮음비의 응용 개념2

닮음비가 $m:n$인 두 평면도형 A, B의 한 대응변의 길이가 각각 a, b이면 $a:b=m:n$

참고 다각형의 둘레의 길이는 모든 변의 길이의 합이므로 둘레의 길이를 구하려면 먼저 각 변의 길이를 구한다.

07 대표문제

다음 그림에서 $\triangle ABC \backsim \triangle DEF$이고 닮음비가 $4:3$일 때, $\triangle DEF$의 둘레의 길이를 구하시오.

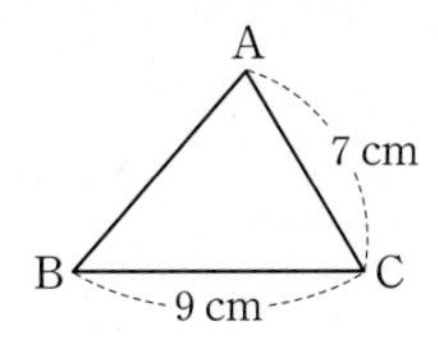

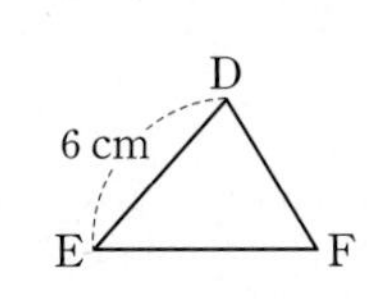

08

원 O와 원 O′의 닮음비가 $2:3$이고 원 O의 반지름의 길이가 3 cm일 때, 원 O′의 둘레의 길이를 구하시오.

09

두 정오각형 A, B의 닮음비가 $3:5$이고 정오각형 B의 한 변의 길이가 7 cm일 때, 정오각형 A의 둘레의 길이를 구하시오.

10 서술형

다음 그림에서 두 사각형 ABCD, EFGH는 모두 평행사변형이고 □ABCD∽□EFGH이다. □ABCD와 □EFGH의 닮음비가 $2:5$일 때, □EFGH의 둘레의 길이를 구하시오.

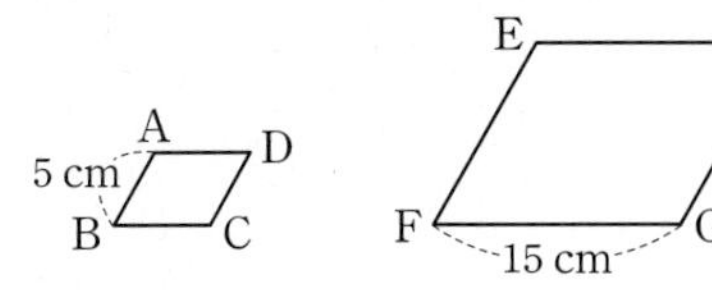

집중

유형 04 입체도형에서 닮음의 성질 개념2

두 입체도형이 닮은 도형일 때

(1) 대응하는 모서리의 길이의 비는 일정하다.

(2) 대응하는 면은 닮은 도형이다.

11 대표문제

다음 그림의 두 직육면체는 닮은 도형이고 면 ABCD에 대응하는 면이 면 IJKL이다. $5\overline{BF}=4\overline{JN}$일 때, $y-x$의 값을 구하시오.

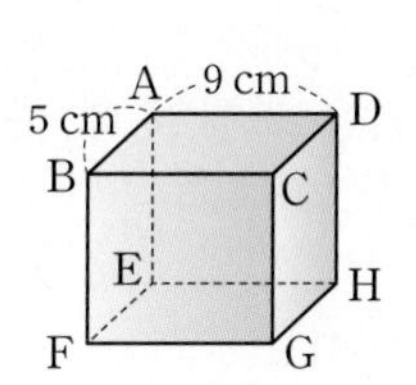

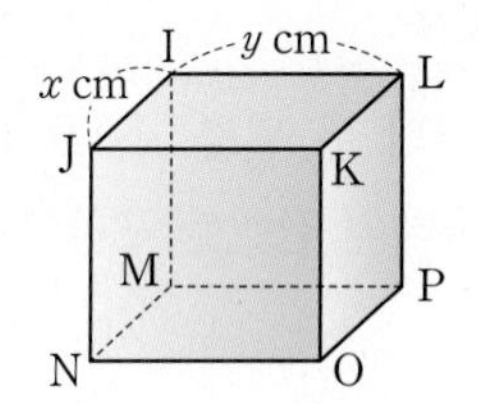

12

아래 그림의 두 삼각기둥은 닮은 도형이고 면 ABC에 대응하는 면이 면 GHI일 때, 다음 중 옳은 것은?

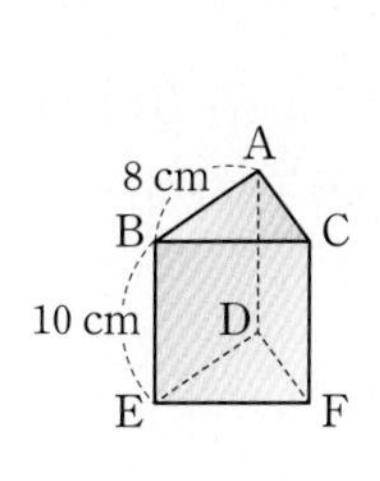

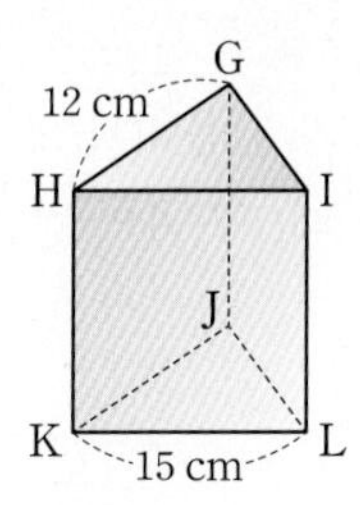

① $\overline{EF}=9$ cm ② $\overline{HK}=12$ cm

③ $\angle GHI=\frac{3}{2}\angle ABC$ ④ $\overline{DF}=\frac{2}{3}\overline{JL}$

⑤ □ADFC≡□GJLI

13

다음 그림의 두 정사면체 A, B의 닮음비가 $6:5$이고 정사면체 A의 한 모서리의 길이가 9 cm일 때, 정사면체 B의 모든 모서리의 길이의 합을 구하시오.

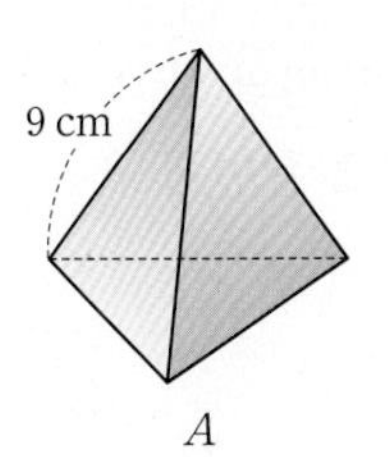

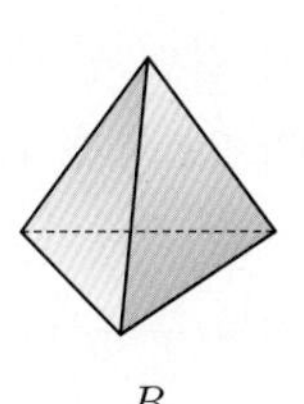

유형 05 원기둥, 원뿔, 구의 닮음비 개념 2

(1) 닮은 두 원기둥 또는 원뿔의 닮음비
➡ 밑면의 반지름의 길이의 비
➡ 모선의 길이의 비
➡ 높이의 비
(2) 원뿔을 밑면에 평행한 평면으로 자를 때 생기는 원뿔은 처음 원뿔과 닮은 도형이다.
(3) 두 구는 항상 닮은 도형이고 그 닮음비는 두 구의 반지름의 길이의 비이다.

14 대표문제

다음 그림의 두 원뿔 A, B가 닮은 도형일 때, 원뿔 A의 밑면의 둘레의 길이를 구하시오.

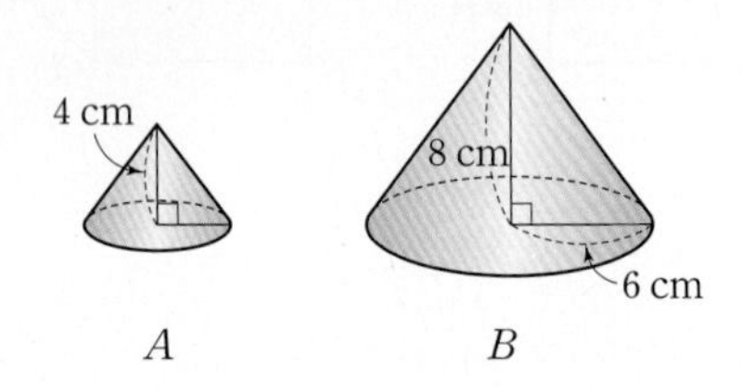

15

두 구 A, B의 닮음비가 $2:5$이고 구 B의 반지름의 길이가 10 cm일 때, 구 A의 겉넓이를 구하시오.

16

다음 그림의 두 원기둥 A, B가 닮은 도형일 때, 원기둥 B의 부피를 구하시오.

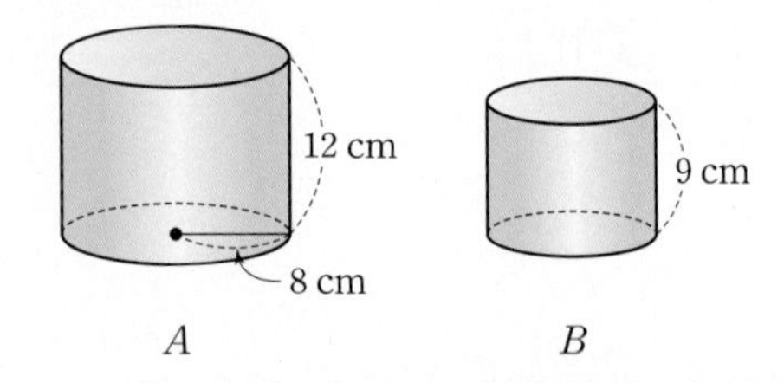

17 서술형

오른쪽 그림과 같이 원뿔을 단면의 반지름의 길이가 2 cm가 되도록 밑면에 평행한 평면으로 잘랐다. 이때 생기는 원뿔대의 높이를 구하시오.

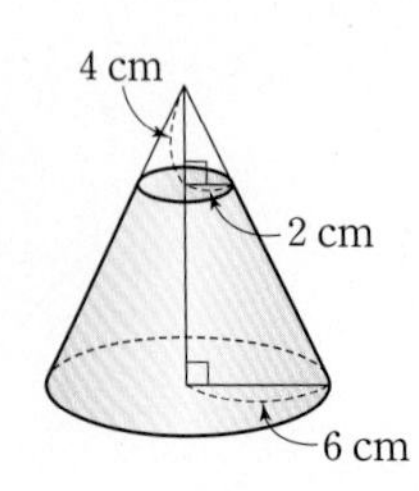

유형 06 삼각형의 닮음 조건 개념 3

두 삼각형은 다음 각 경우에 닮은 도형이다.
(1) 세 쌍의 대응변의 길이의 비가 같다. ➡ SSS 닮음
(2) 두 쌍의 대응변의 길이의 비가 같고, 그 끼인각의 크기가 같다.
➡ SAS 닮음
(3) 두 쌍의 대응각의 크기가 각각 같다. ➡ AA 닮음

18 대표문제

다음 중 닮은 두 삼각형을 모두 찾아 기호 ∽를 사용하여 나타내고, 그때의 닮음 조건을 말하시오.

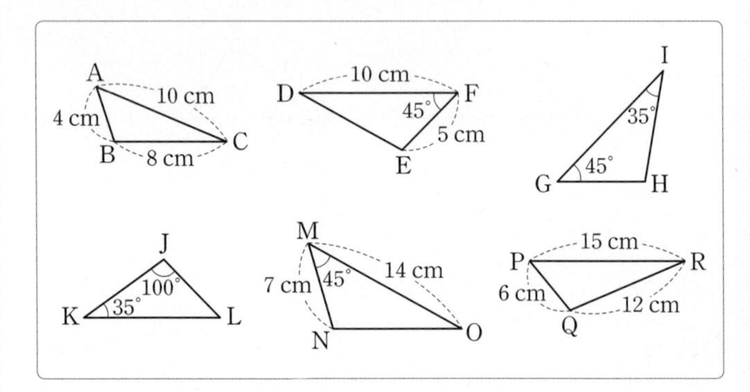

19

아래 그림의 두 삼각형 ABC와 DEF가 닮은 도형이 되려면 다음 중 어느 조건을 만족시켜야 하는가?

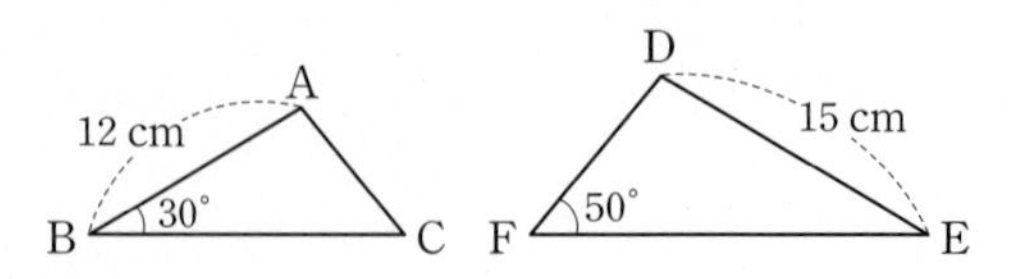

① $\angle A=30^\circ$, $\angle D=50^\circ$
② $\angle C=50^\circ$, $\angle D=100^\circ$
③ $\angle C=50^\circ$, $\overline{BC}=15$ cm
④ $\overline{AC}=8$ cm, $\overline{DF}=10$ cm
⑤ $\overline{BC}=12$ cm, $\overline{EF}=15$ cm

집중

유형 07 삼각형의 닮음 조건의 응용; SAS 닮음 개념3

❶ 공통인 각이나 맞꼭지각을 찾는다.
❷ ❶에서 찾은 각이 끼인각이 되도록 하는 두 변의 길이의 비를 확인한다.
❸ SAS 닮음임을 이용하여 선분의 길이를 구한다.

20 대표문제

오른쪽 그림과 같은 △ABC에서 $\overline{CD}$의 길이를 구하시오.

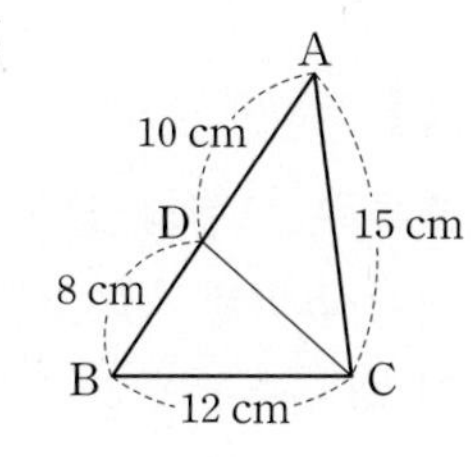

21

오른쪽 그림에서 점 E는 $\overline{AC}$와 $\overline{BD}$이 교점일 때, $\overline{AB}$의 길이는?

① 8 cm ② 9 cm
③ 10 cm ④ 11 cm
⑤ 12 cm

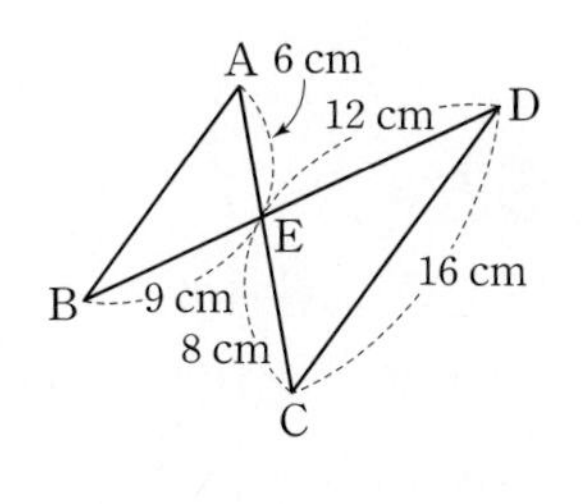

22

오른쪽 그림과 같은 △ABC에서 $\overline{DE}$의 길이를 구하시오.

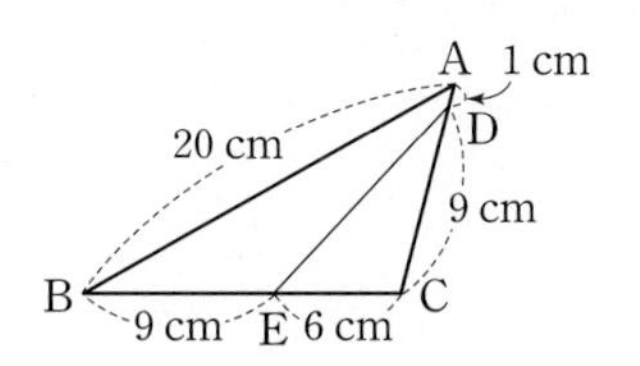

23 서술형

오른쪽 그림과 같은 △ABC에서 $\overline{AD}=\overline{BD}=\overline{DE}$이고 $\overline{AB}=12$ cm, $\overline{BE}=8$ cm, $\overline{CE}=1$ cm일 때, $\overline{AC}$의 길이를 구하시오.

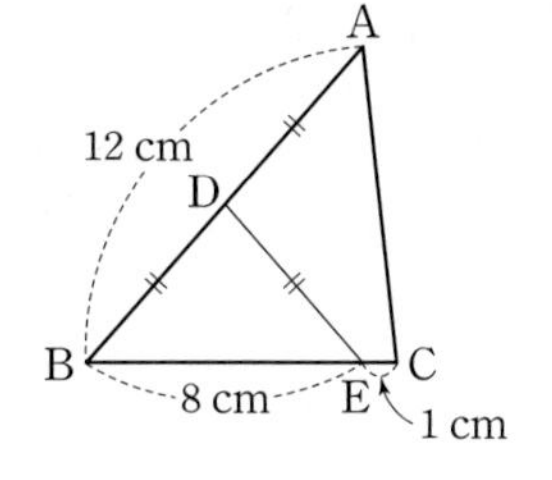

집중

유형 08 삼각형의 닮음 조건의 응용; AA 닮음 개념3

❶ 공통인 각을 찾는다.
❷ 크기가 같은 다른 한 각을 찾는다.
❸ AA 닮음임을 이용하여 선분의 길이를 구한다.

24 대표문제

오른쪽 그림과 같은 △ABC에서 ∠B=∠AED이고 $\overline{AD}=4$ cm, $\overline{BD}=6$ cm, $\overline{AE}=5$ cm일 때, $\overline{CE}$의 길이를 구하시오.

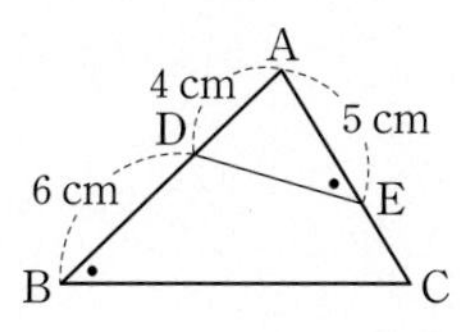

25

오른쪽 그림과 같은 △ABC에서 ∠A=∠DEB이고 $\overline{BD}=10$ cm, $\overline{BE}=8$ cm, $\overline{BC}=15$ cm일 때, $\overline{AB}$의 길이를 구하시오.

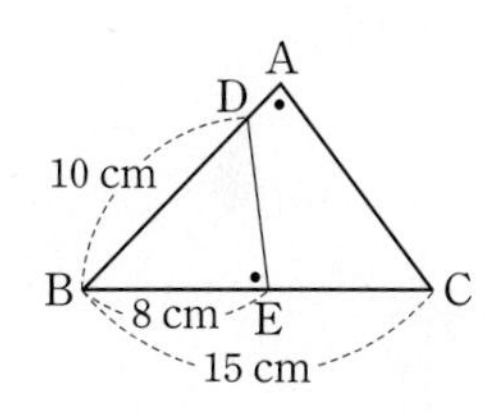

중요

26

오른쪽 그림과 같은 △ABC에서 ∠B=∠CAD이고 $\overline{AC}=12$ cm, $\overline{CD}=8$ cm일 때, $\overline{BD}$의 길이를 구하시오.

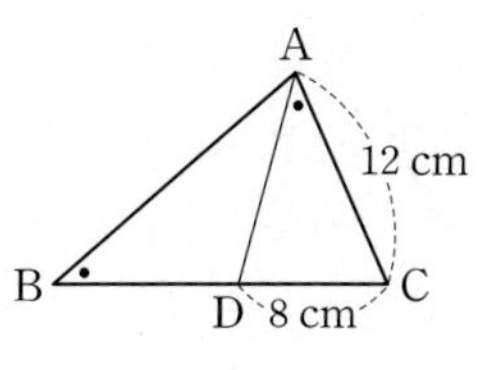

27

오른쪽 그림과 같이 $\overline{AB}=\overline{AC}$인 이등변삼각형 ABC에서 점 D는 $\overline{BC}$의 중점이고 ∠B=∠ADE이다. $\overline{AB}=6$ cm, $\overline{BC}=8$ cm일 때, $\overline{CE}$의 길이를 구하시오.

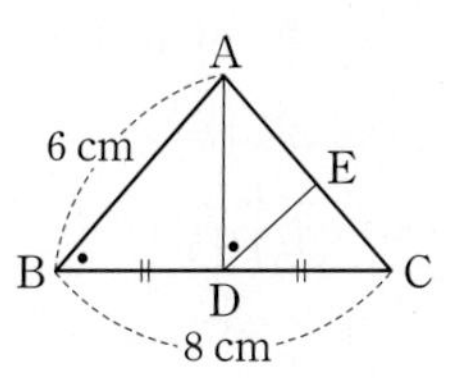

집중

유형 09 직각삼각형의 닮음

개념 4

한 예각의 크기가 같은 두 직각삼각형은 닮은 도형이다.

(1) 공통인 각이 있는 경우

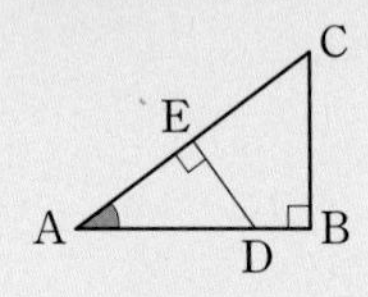

➜ $\triangle ABC \backsim \triangle AED$ (AA 닮음)

└ $\angle A$는 공통, $\angle B = \angle AED = 90^\circ$

(2) 한 예각의 크기가 같은 경우

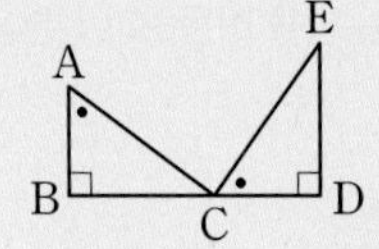

➜ $\triangle ABC \backsim \triangle CDE$ (AA 닮음)

└ $\angle A = \angle ECD$, $\angle B = \angle D = 90^\circ$

28 대표문제

오른쪽 그림과 같은 $\triangle ABC$에서 $\angle C = \angle ADE = 90^\circ$이고 $\overline{AD} = 12$ cm, $\overline{AE} = 15$ cm, $\overline{BD} = 18$ cm일 때, $\overline{CE}$의 길이를 구하시오.

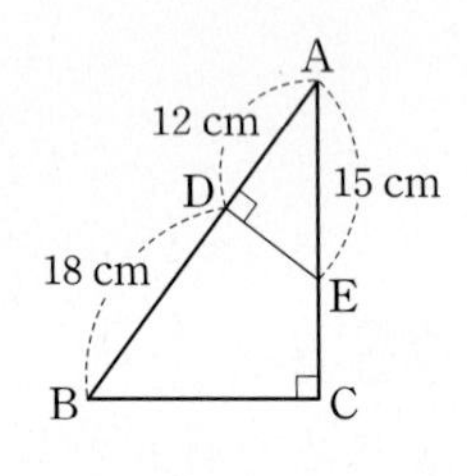

중요

29

오른쪽 그림과 같이 $\angle B = 90^\circ$인 직각삼각형 ABC의 두 꼭짓점 A, C에서 점 B를 지나는 직선에 내린 수선의 발을 각각 D, E라 하자. $\overline{AD} = 6$ cm, $\overline{CE} = 18$ cm, $\overline{BD} = 9$ cm일 때, $\overline{BE}$의 길이를 구하시오.

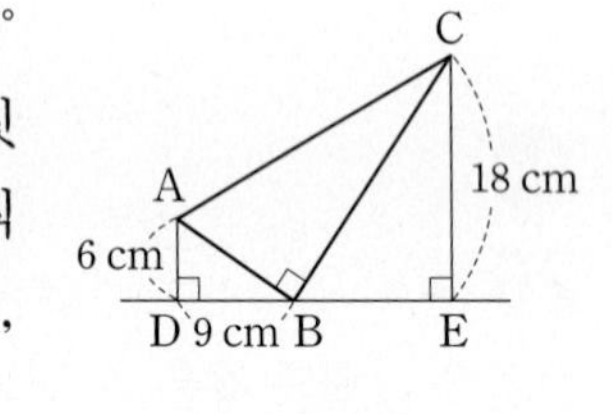

30

오른쪽 그림과 같은 $\triangle ABC$에서 $\overline{AB} \perp \overline{CE}$, $\overline{AC} \perp \overline{BD}$일 때, 다음 삼각형 중 나머지 넷과 닮은 삼각형이 아닌 하나는?

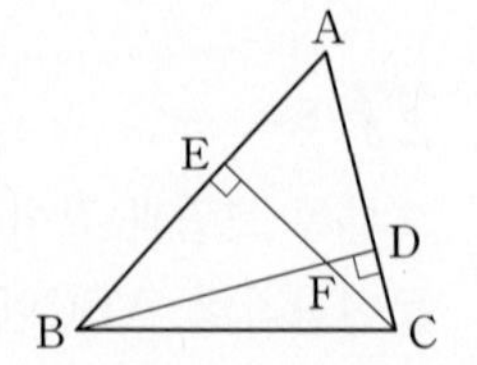

① $\triangle ABD$
② $\triangle ACE$
③ $\triangle CBE$
④ $\triangle FBE$
⑤ $\triangle FCD$

유형 10 직각삼각형의 닮음의 응용

개념 4

$\angle A = 90^\circ$인 직각삼각형 ABC에서 $\overline{AH} \perp \overline{BC}$일 때

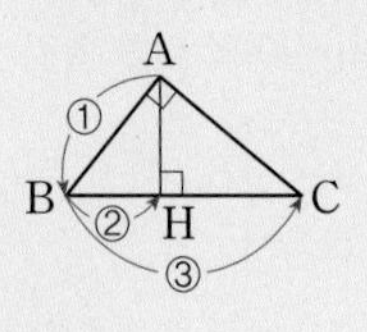

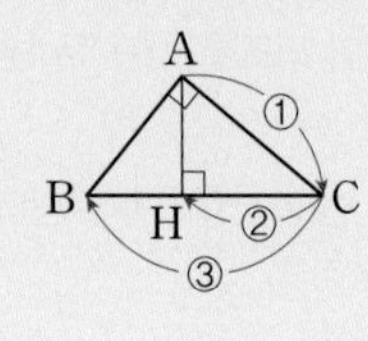

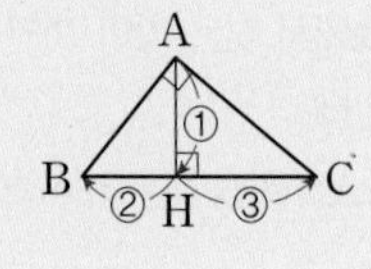

➜ ①^2 = ② × ③

31 대표문제

오른쪽 그림과 같이 $\angle A = 90^\circ$인 직각삼각형 ABC에서 $\overline{AH} \perp \overline{BC}$일 때, $x + y$의 값을 구하시오.

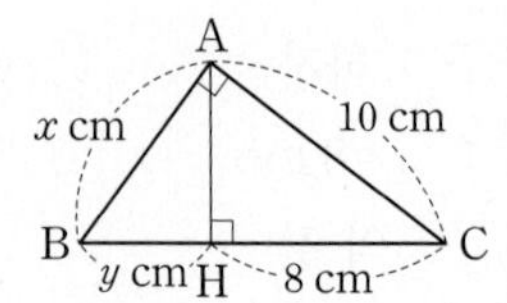

32

오른쪽 그림에서 $\angle ABC = \angle BHC = 90^\circ$이고 $\overline{AH} = 12$ cm, $\overline{CH} = 3$ cm일 때, $\triangle ABC$의 넓이는?

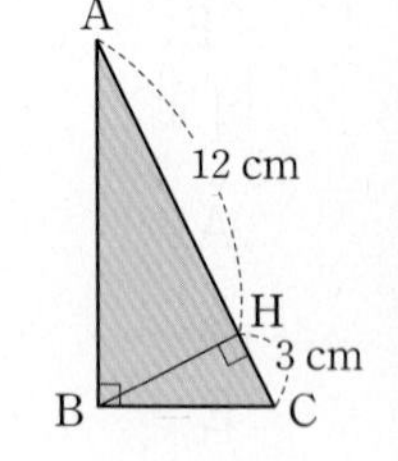

① 30 cm^2
② 45 cm^2
③ 60 cm^2
④ 75 cm^2
⑤ 90 cm^2

33 서술형

오른쪽 그림과 같이 $\angle A = 90^\circ$인 직각삼각형 ABC에서 $\overline{AD} \perp \overline{BC}$, $\overline{AB} \perp \overline{DE}$이고 $\overline{AB} = 12$ cm, $\overline{BC} = 16$ cm일 때, $\overline{BE}$의 길이를 구하시오.

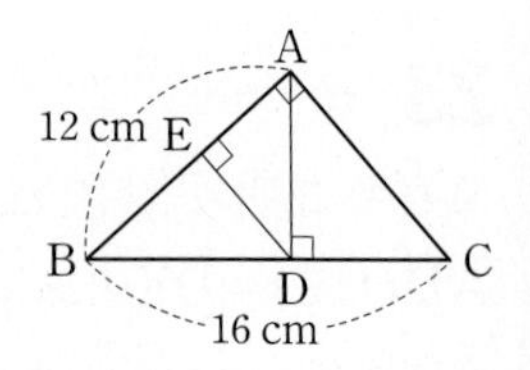

유형 11 삼각형에서 닮음의 응용 개념 3

$l /\!/ m$일 때, $\triangle ACB$와 $\triangle ECD$에서
$\angle BAC = \angle DEC$ (엇각)
$\angle ABC = \angle EDC$ (엇각)
이므로 $\triangle ACB \backsim \triangle ECD$ (AA 닮음)

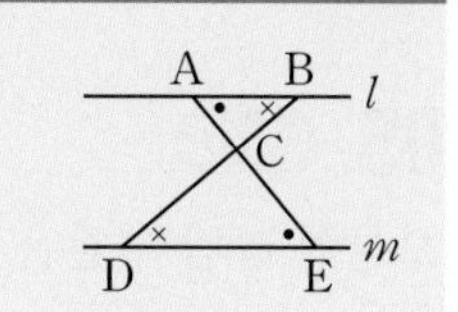

34 대표문제

오른쪽 그림과 같은 평행사변형 ABCD에서 $\overline{AC}$와 $\overline{BE}$의 교점을 F라 하자. $\overline{AF} = 4\text{ cm}$, $\overline{CF} = 8\text{ cm}$, $\overline{BC} = 12\text{ cm}$일 때, $\overline{AE}$의 길이를 구하시오.

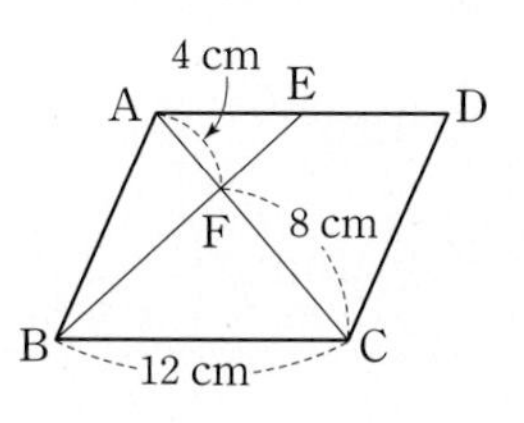

35

오른쪽 그림에서 $\overline{BF} /\!/ \overline{ED}$, $\overline{DF} /\!/ \overline{EC}$이고 점 A는 $\overline{BD}$와 $\overline{CE}$의 교점일 때, 다음 중 옳지 않은 것은?

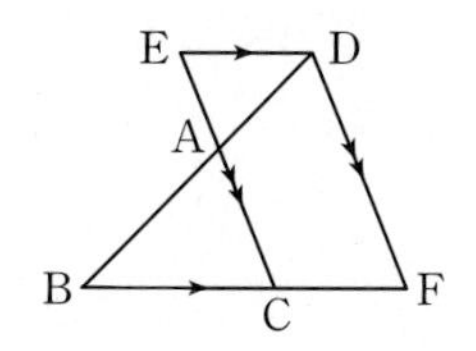

① $\triangle ABC \backsim \triangle ADE$
② $\triangle ABC \backsim \triangle DBF$
③ $\angle E = \angle F$
④ $\overline{AD} : \overline{AB} = \overline{AE} : \overline{AC}$
⑤ $\overline{AC} : \overline{DF} = \overline{BC} : \overline{CF}$

36

오른쪽 그림과 같이 평행사변형 ABCD의 꼭짓점 A를 지나는 직선이 $\overline{BC}$와 만나는 점을 E, $\overline{DC}$의 연장선과 만나는 점을 F라 하자. $\overline{AB} = 4\text{ cm}$, $\overline{AD} = 9\text{ cm}$, $\overline{BE} = 6\text{ cm}$일 때, $\overline{CF}$의 길이를 구하시오.

유형 12 접은 도형에서의 닮음 개념 3, 4

접은 면은 서로 합동임을 이용하여 닮은 삼각형을 찾는다.

(1) 정삼각형 접기

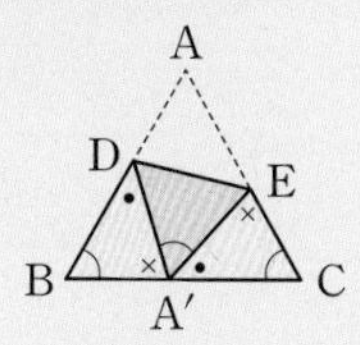

➜ $\triangle BA'D \backsim \triangle CEA'$ (AA 닮음)

(2) 직사각형 접기

➜ $\triangle AEB' \backsim \triangle DB'C$ (AA 닮음)

37 대표문제

오른쪽 그림과 같이 정삼각형 ABC를 $\overline{DF}$를 접는 선으로 하여 꼭짓점 A가 $\overline{BC}$ 위의 점 E에 오도록 접었다. $\overline{BD} = 8\text{ cm}$, $\overline{BE} = 3\text{ cm}$, $\overline{DE} = 7\text{ cm}$일 때, $\overline{AF}$의 길이를 구하시오.

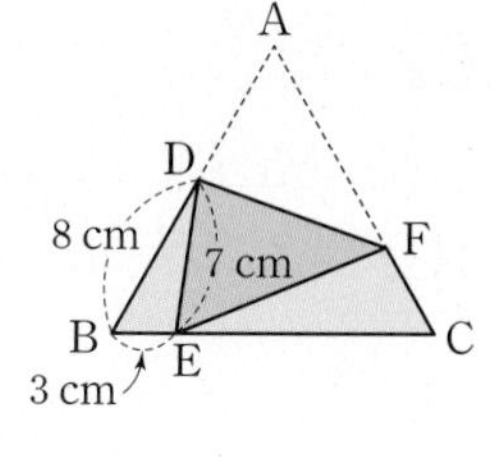

38

오른쪽 그림과 같이 직사각형 ABCD를 $\overline{BE}$를 접는 선으로 하여 꼭짓점 C가 $\overline{AD}$ 위의 점 F에 오도록 접었다. $\overline{AB} = 9\text{ cm}$, $\overline{DE} = 4\text{ cm}$, $\overline{DF} = 3\text{ cm}$일 때, $\overline{AF}$의 길이를 구하시오.

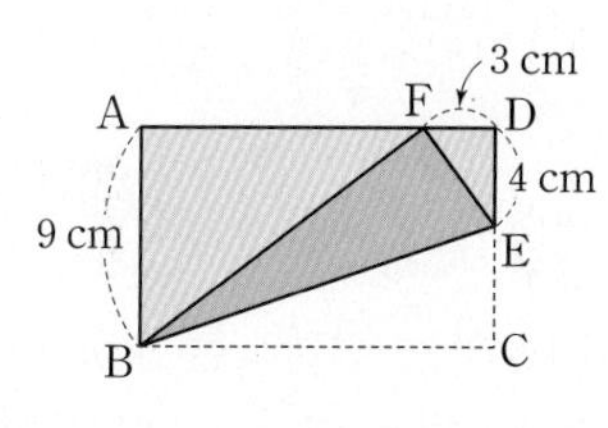

39 서술형

오른쪽 그림과 같이 직사각형 ABCD를 대각선 BD를 접는 선으로 하여 접었다. $\overline{PQ} \perp \overline{BD}$이고 $\overline{AB} = 6\text{ cm}$, $\overline{BC} = 8\text{ cm}$, $\overline{BD} = 10\text{ cm}$일 때, $\triangle PBD$의 넓이를 구하시오.

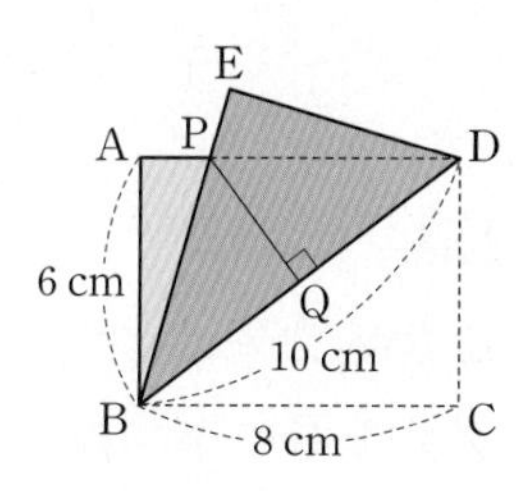

Real 실전 기출

01

다음 중 항상 닮은 도형이 아닌 것은?

① 반지름의 길이가 다른 두 구
② 중심각의 크기가 같은 두 부채꼴
③ 한 내각의 크기가 같은 두 마름모
④ 꼭지각의 크기가 같은 두 이등변삼각형
⑤ 밑면의 반지름의 길이가 같은 두 원기둥

02 최다빈출

아래 그림에서 □ABCD∽□GHEF일 때, 다음 중 옳지 않은 것을 모두 고르면? (정답 2개)

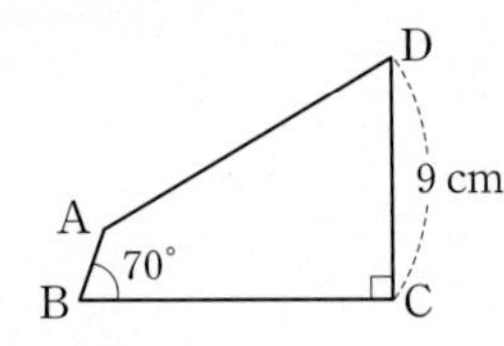

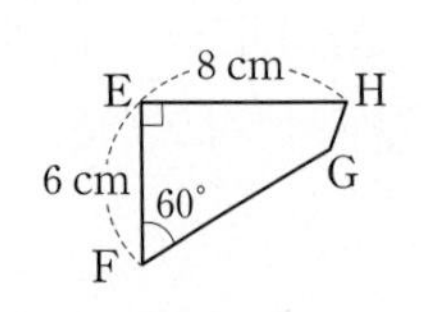

① $\angle D=60^\circ$
② $\angle G=130^\circ$
③ $\overline{BC}=12$ cm
④ $\overline{AD}=\frac{2}{3}\overline{GF}$
⑤ □ABCD와 □GHEF의 닮음비는 3 : 2이다.

03 창의 역량

지윤이는 컴퍼스를 사용하여 오른쪽 그림과 같이 원 A는 원 B의 중심을, 원 B는 원 C의 중심을, 원 C는 원 D의 중심을 지나고, 네 원 A, B, C, D가 한 점에서 만나도록 4개의 원을 그렸다.

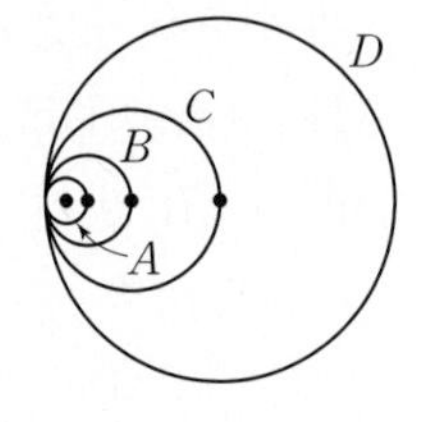

지윤이가 두 원 A, D를 그릴 때, 컴퍼스를 각각 a cm, b cm 벌렸다고 하자. 이때 $a:b$를 가장 간단한 자연수의 비로 나타내시오.

04

오른쪽 그림과 같은 원뿔 모양의 그릇에 물을 넣었을 때, 수면의 넓이를 구하시오. (단, 그릇의 두께는 생각하지 않는다.)

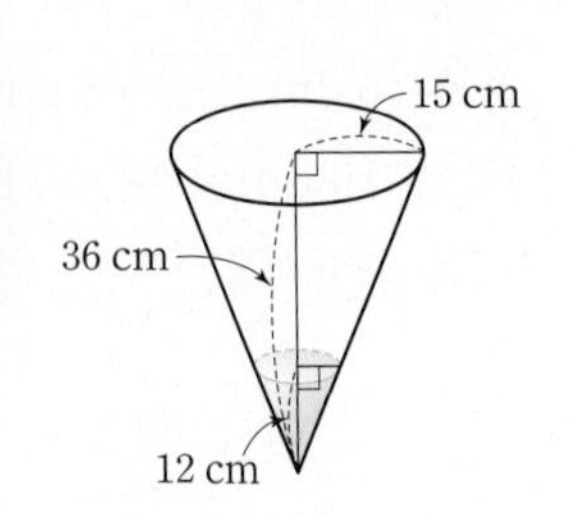

05 최다빈출

오른쪽 그림과 같은 △ABC에서 $\overline{AB}=6$ cm, $\overline{AC}=9$ cm, $\overline{AD}=4$ cm, $\overline{BC}=8$ cm일 때, $\overline{BD}$의 길이는?

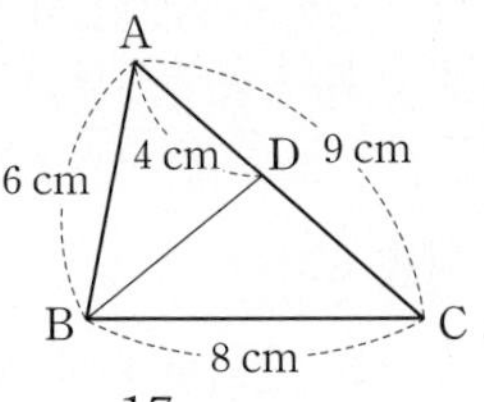

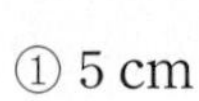

① 5 cm　② $\frac{16}{3}$ cm　③ $\frac{17}{3}$ cm

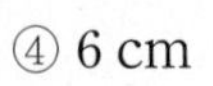

④ 6 cm　⑤ $\frac{19}{3}$ cm

06

오른쪽 그림과 같은 △ABC에서 $\angle A=\angle DEB$이고 $\overline{BD}=6$ cm, $\overline{BE}=5$ cm, $\overline{CE}=7$ cm일 때, $\overline{AD}$의 길이를 구하시오.

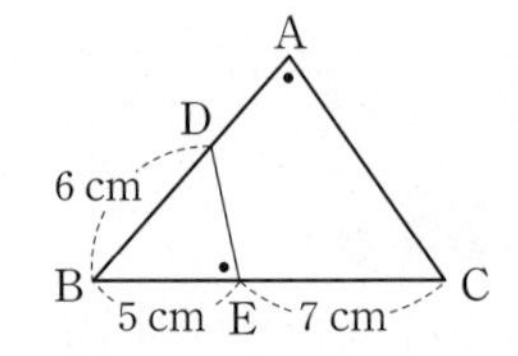

07

오른쪽 그림과 같이 $\angle A=90^\circ$인 직각삼각형 ABC에서 $\overline{AD}\perp\overline{BC}$일 때, 다음 중 옳지 않은 것은?

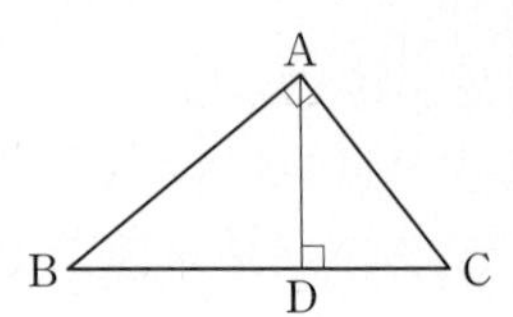

① △ABC∽△DBA
② △DBA∽△DAC
③ $\overline{AB}^2=\overline{BD}\times\overline{BC}$
④ $\overline{AD}^2=\overline{AB}\times\overline{AC}$
⑤ $\overline{AB}\times\overline{AC}=\overline{AD}\times\overline{BC}$

08

오른쪽 그림과 같이 한 변의 길이가 16 cm인 정삼각형 ABC에서 $\overline{AD}\perp\overline{BC}$, $\overline{AC}\perp\overline{DE}$일 때, $\overline{AE}$의 길이를 구하시오.

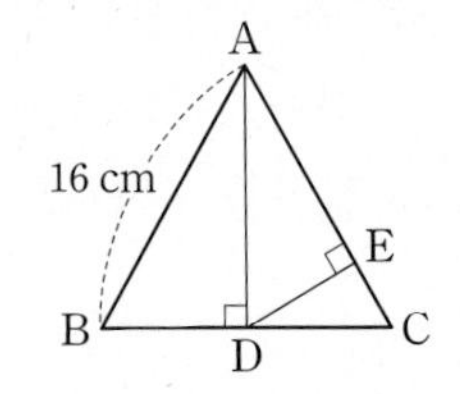

09

오른쪽 그림과 같은 평행사변형 ABCD에서 점 E는 $\overline{BC}$의 중점이고 점 F는 $\overline{AE}$의 연장선과 $\overline{DC}$의 연장선의 교점이다. $\overline{AB}=4$ cm, $\overline{AD}=6$ cm일 때, $\overline{DF}$의 길이를 구하시오.

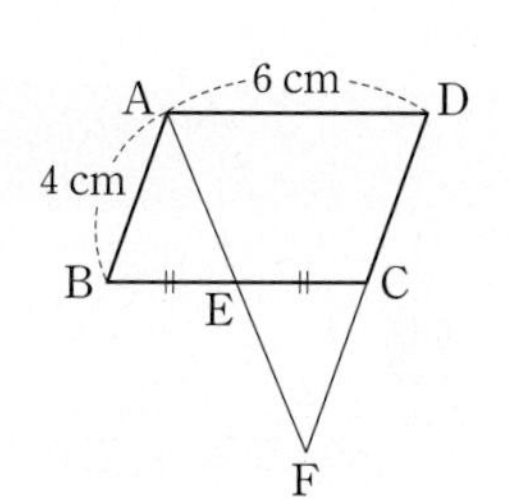

10

오른쪽 그림과 같이 좌표평면 위에 네 점 A, B, C, D가 있다. 두 점 A, B의 좌표는 A$(-4,\ 6)$, B$(-4,\ 0)$이고 선분 AC에 대하여 $\overline{AO}:\overline{CO}=3:4$일 때, 점 C의 좌표를 구하시오.
(단, 점 O는 원점이고 두 점 C, D의 x좌표는 서로 같다.)

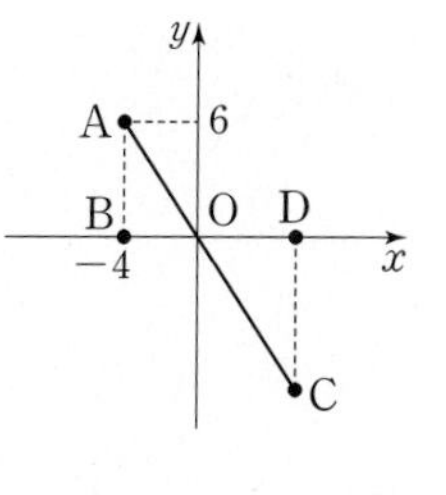

11

오른쪽 그림과 같이 $\angle C=90°$인 직각삼각형 ABC에서 $\overline{AB}\perp\overline{CD}$, $\overline{DE}\perp\overline{BC}$, $\overline{BD}\perp\overline{EF}$이고 $\overline{CD}=16$ cm, $\overline{EF}=9$ cm일 때, $\overline{DE}$의 길이를 구하시오.

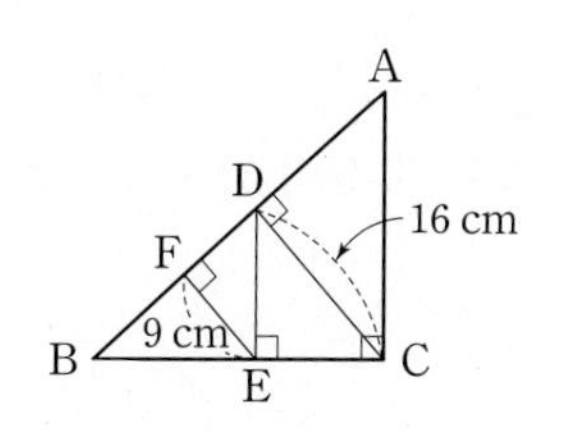

12

오른쪽 그림과 같이 $\angle A=90°$인 직각삼각형 ABC에서 $\overline{BM}=\overline{CM}$이고 $\overline{AD}\perp\overline{BC}$, $\overline{AM}\perp\overline{DH}$이다. $\overline{BD}=8$ cm, $\overline{CD}=2$ cm일 때, $\overline{DH}$의 길이를 구하시오.

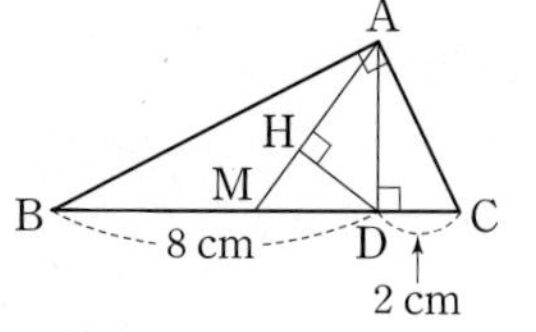

100점 공략

13

오른쪽 그림과 같은 정삼각형 ABC에서 $\overline{BD}:\overline{CD}=2:1$이고 $\angle ADE=60°$일 때, $\overline{AE}:\overline{BE}$를 가장 간단한 자연수의 비로 나타내시오.

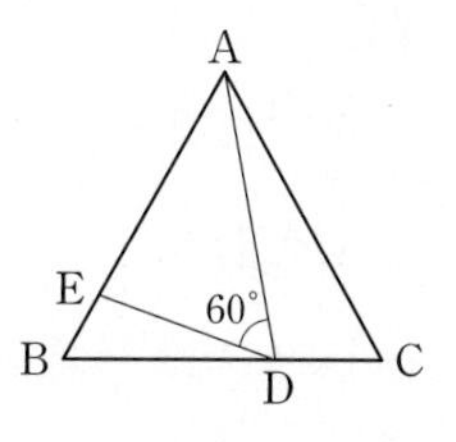

14

오른쪽 그림에서 점 C는 $\overline{BE}$ 위에 있고 $\triangle ABC\backsim\triangle DCE$이다. $\overline{AB}=12$ cm, $\overline{BC}=8$ cm, $\overline{CE}=10$ cm일 때, $\overline{DF}$의 길이를 구하시오.

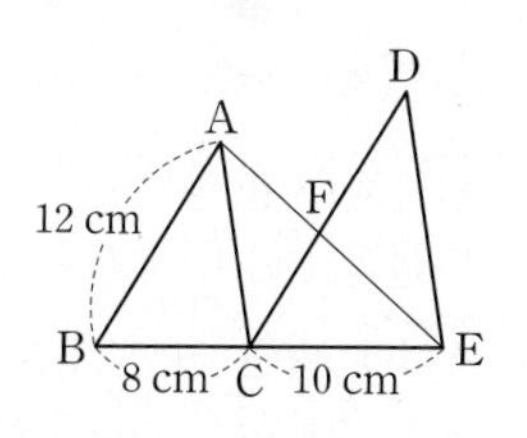

15

오른쪽 그림과 같이 직사각형 ABCD를 $\overline{BE}$를 접는 선으로 하여 꼭짓점 C가 $\overline{AD}$ 위의 점 F에 오도록 접었다. $\overline{BF}=10$ cm, $\overline{FE}=5$ cm일 때, $\overline{DF}$의 길이를 구하시오.

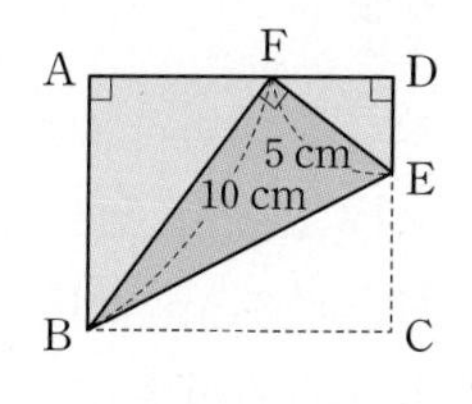

정답과 해설 45쪽

서술형

16

오른쪽 그림에서 □EBFG는 □ABCD를 $\frac{5}{3}$배로 확대한 것이다. $\overline{BC}=15$ cm일 때, $\overline{CF}$의 길이를 구하시오.

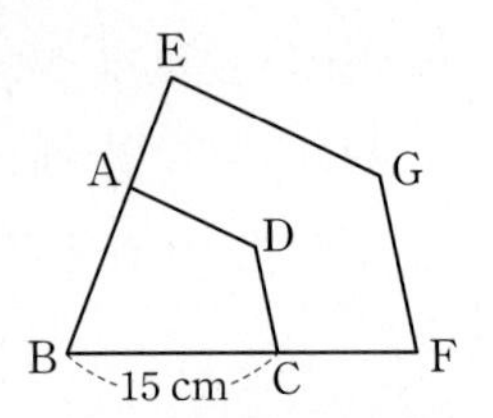

17

오른쪽 그림과 같이 ∠C=90°인 직각삼각형 ABC에서 ∠A의 이등분선과 $\overline{BC}$의 교점을 D, 점 D에서 $\overline{AB}$에 내린 수선의 발을 E라 하자. $\overline{AC}=12$ cm, $\overline{BD}=5$ cm, $\overline{BE}=3$ cm일 때, $\overline{CD}$의 길이를 구하시오.

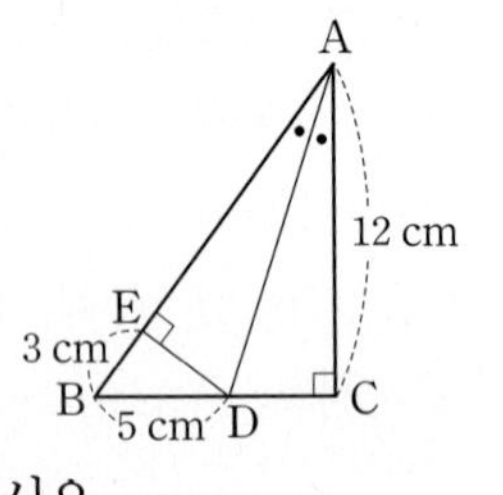

풀이

답

18

오른쪽 그림과 같은 직사각형 ABCD에서 $\overline{AH}\perp\overline{BD}$이고 $\overline{BC}=10$ cm, $\overline{DH}=8$ cm일 때, $\overline{AH}$의 길이를 구하시오.

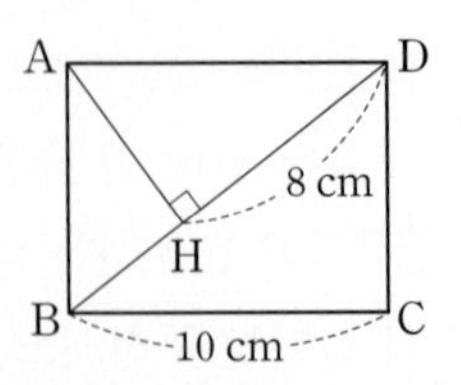

19

오른쪽 그림과 같이 ∠A=90°인 직각삼각형 ABC에서 $\overline{AB}$의 중점을 D, 점 D에서 $\overline{BC}$에 내린 수선의 발을 E라 하자. △ABC를 $\overline{DE}$를 접는 선으로 하여 꼭짓점 B가 $\overline{BC}$ 위의 점 F에 오도록 접었다. $\overline{AB}=6$ cm, $\overline{BC}=8$ cm일 때, $\overline{CF}$의 길이를 구하시오.

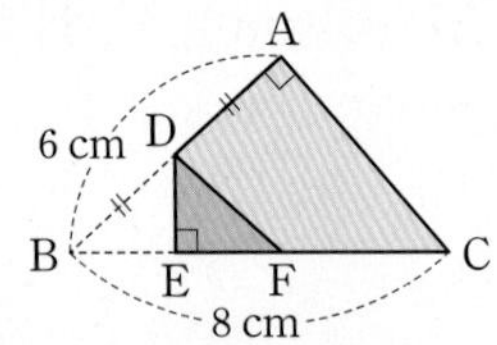

20 100점

오른쪽 그림과 같은 평행사변형 ABCD에서 $\overline{BC}$ 위의 한 점 E에 대하여 $\overline{DE}$의 연장선과 $\overline{AB}$의 연장선의 교점을 F라 하고, $\overline{AE}$의 연장선과 $\overline{DC}$의 연장선의 교점을 G라 하자. $\overline{AF}=20$ cm, $\overline{DC}=12$ cm일 때, $\overline{CG}$의 길이를 구하시오.

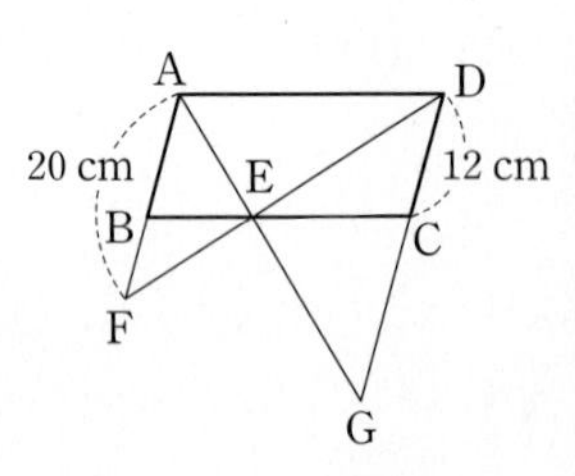

풀이

답

21 100점

오른쪽 그림과 같은 정사각형 ABCD에서 두 점 M, N은 각각 $\overline{BC}$, $\overline{CD}$의 중점이고 점 P는 $\overline{AM}$과 $\overline{BN}$의 교점이다. $\overline{AP}=16$ cm일 때, $\overline{PN}$의 길이를 구하시오.

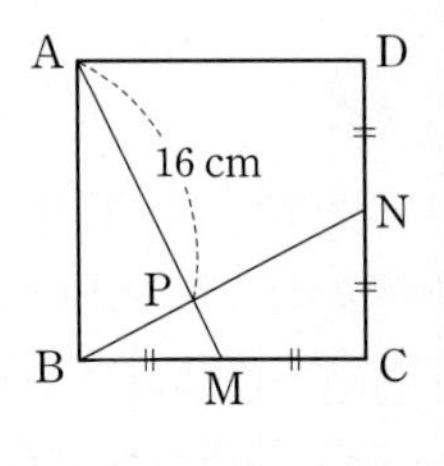

풀이

답

Ⅲ. 도형의 닮음

06 평행선 사이의 선분의 길이의 비

개념 1 삼각형에서 평행선과 선분의 길이의 비 유형 01~04

⊕ 개념 노트

(1) 삼각형에서 평행선과 선분의 길이의 비 (1)

△ABC에서 두 변 AB, AC 또는 그 연장선 위에 각각 두 점 D, E가 있을 때, 다음이 성립한다.

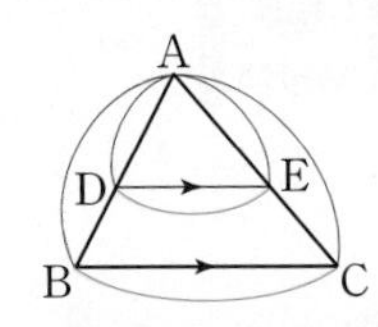

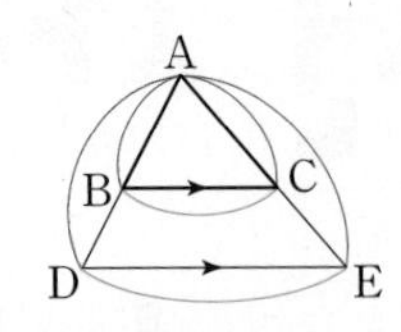

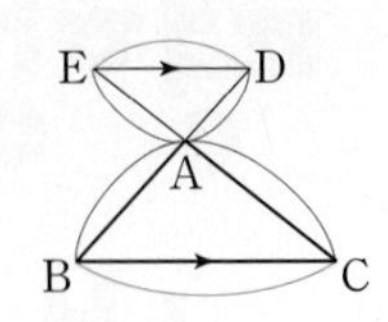

① $\overline{BC} /\!/ \overline{DE}$이면 $\overline{AB} : \overline{AD} = \overline{AC} : \overline{AE} = \overline{BC} : \overline{DE}$

② $\overline{AB} : \overline{AD} = \overline{AC} : \overline{AE}$이면 $\overline{BC} /\!/ \overline{DE}$

• $\overline{BC} /\!/ \overline{DE}$이면 △ABC∽△ADE (AA 닮음) 이므로 $\overline{AB} : \overline{AD} = \overline{AC} : \overline{AE} = \overline{BC} : \overline{DE}$

(2) 삼각형에서 평행선과 선분의 길이의 비 (2)

△ABC에서 두 변 AB, AC 또는 그 연장선 위에 각각 두 점 D, E가 있을 때, 다음이 성립한다.

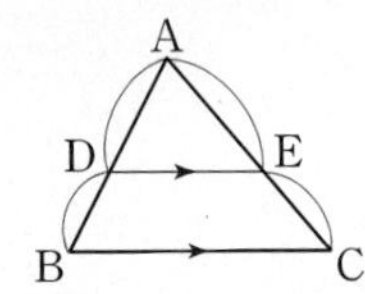

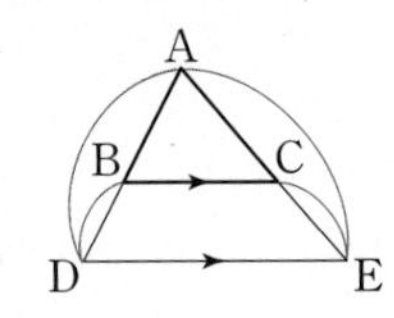

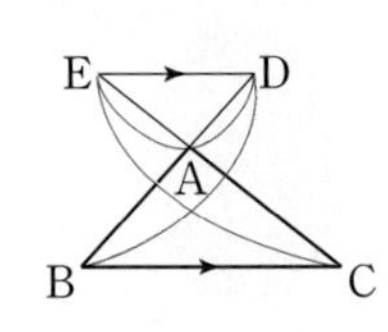

① $\overline{BC} /\!/ \overline{DE}$이면 $\overline{AD} : \overline{DB} = \overline{AE} : \overline{EC}$

② $\overline{AD} : \overline{DB} = \overline{AE} : \overline{EC}$이면 $\overline{BC} /\!/ \overline{DE}$

주의 $\overline{AD} : \overline{DB} \neq \overline{DE} : \overline{BC}$

개념 2 삼각형의 각의 이등분선 유형 05, 06

(1) 삼각형의 내각의 이등분선의 성질

△ABC에서 ∠A의 이등분선이 변 BC와 만나는 점을 D라 하면

$\overline{AB} : \overline{AC} = \overline{BD} : \overline{CD}$

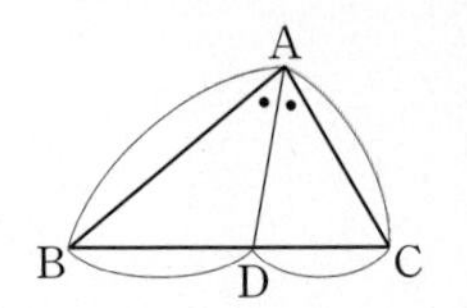

• △ABD와 △ACD의 높이가 같을 때, △ABD와 △ACD의 넓이의 비는 밑변의 길이의 비와 같다.
➡ △ABD : △ACD $= \overline{BD} : \overline{CD} = \overline{AB} : \overline{AC}$

(2) 삼각형의 외각의 이등분선의 성질

△ABC에서 ∠A의 외각의 이등분선이 변 BC의 연장선과 만나는 점을 D라 하면

$\overline{AB} : \overline{AC} = \overline{BD} : \overline{CD}$

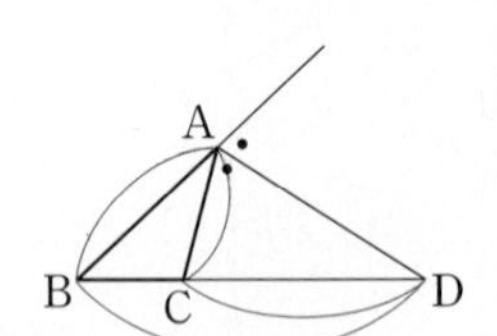

개념 3 평행선 사이의 선분의 길이의 비 유형 07

세 개의 평행선이 다른 두 직선과 만나서 생긴 선분의 길이의 비는 같다.

➡ $l /\!/ m /\!/ n$이면 $a : b = a' : b'$ 또는 $a : a' = b : b'$

주의 $a : b = a' : b'$이라 하여 세 직선 l, m, n이 평행한 것은 아니다.

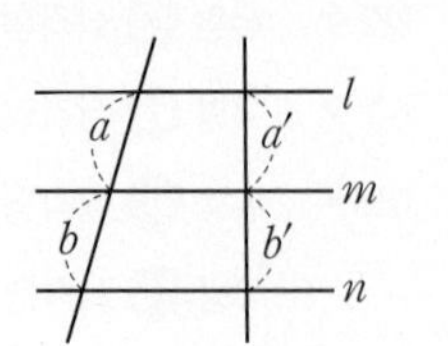

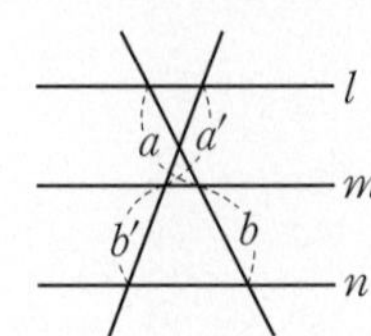

• 네 개 이상의 평행선 사이에서도 평행선 사이의 선분의 길이의 비가 성립한다.

개념 1 삼각형에서 평행선과 선분의 길이의 비

01 다음은 $\triangle ABC$에서 $\overline{BC}$에 평행한 직선이 $\overline{AB}$, $\overline{AC}$와 만나는 점을 각각 D, E라 할 때, $\overline{AD}:\overline{DB}=\overline{AE}:\overline{EC}$임을 설명하는 과정이다. □ 안에 알맞은 것을 써넣으시오.

> 오른쪽 그림과 같이 점 E를 지나고 $\overline{AB}$에 평행한 직선이 $\overline{BC}$와 만나는 점을 F라 하자.
> $\triangle ADE$와 $\triangle EFC$에서
> $\angle A=$ □ (동위각)
> $\angle AED=\angle C$ (동위각)
> 이므로 $\triangle ADE \backsim \triangle EFC$ (□ 닮음)
> $\therefore \overline{AD}:\overline{EF}=\overline{AE}:$ □ ······ ㉠
> 또, □DBFE는 평행사변형이므로
> $\overline{EF}=$ □ ······ ㉡
> ㉠, ㉡에서 $\overline{AD}:\overline{DB}=\overline{AE}:\overline{EC}$

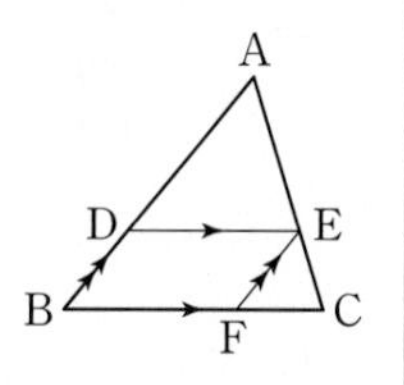

[02~05] 다음 그림에서 $\overline{BC} /\!/ \overline{DE}$일 때, x의 값을 구하시오.

02

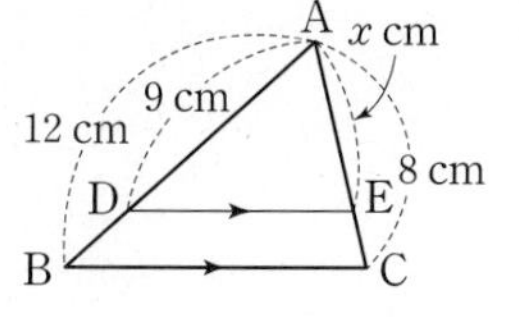

03

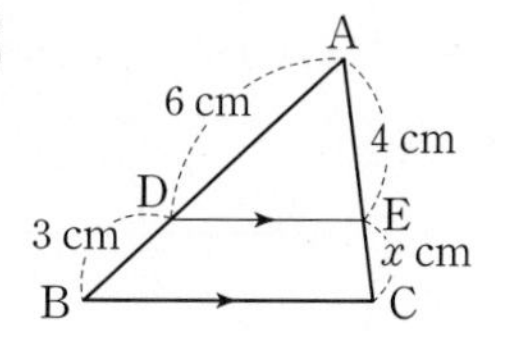

04

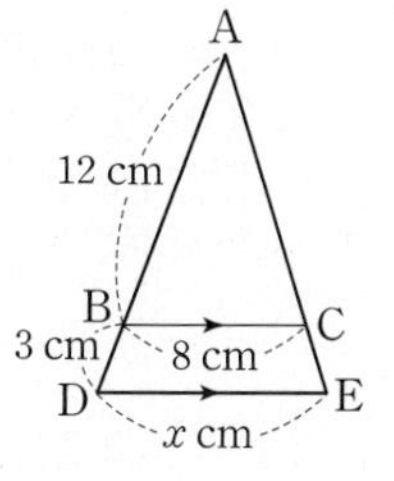

05

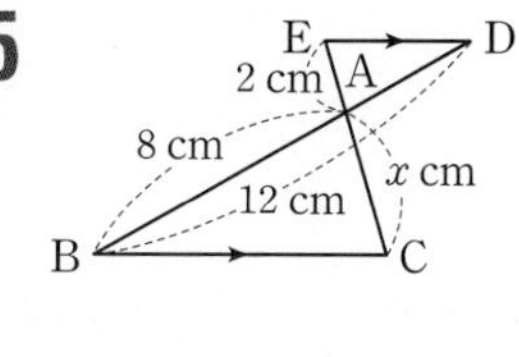

[06~09] 다음 그림에서 $\overline{BC}$와 $\overline{DE}$가 평행한 것은 ○표, 평행하지 않은 것은 ×표를 하시오.

06

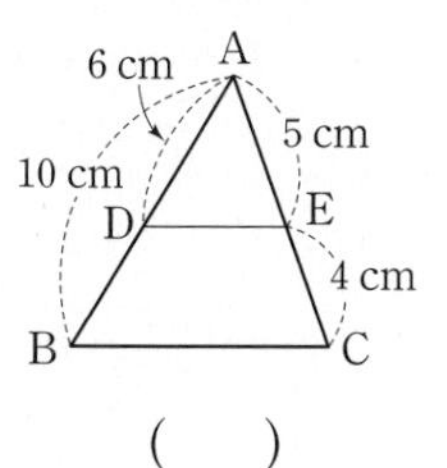

( )

07

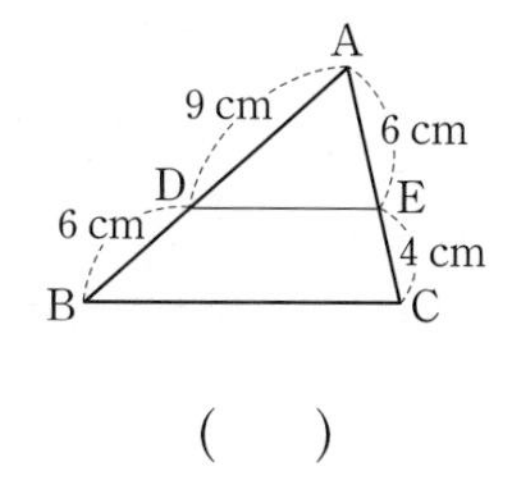

( )

08

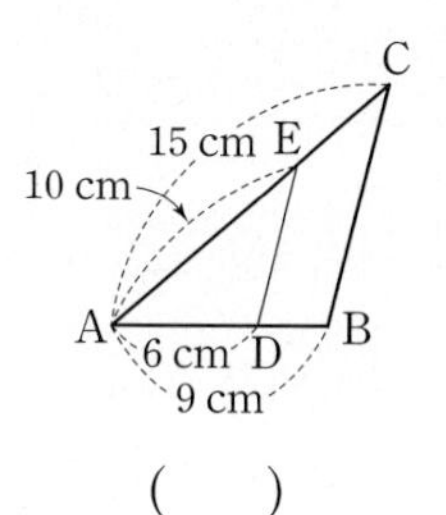

( )

09

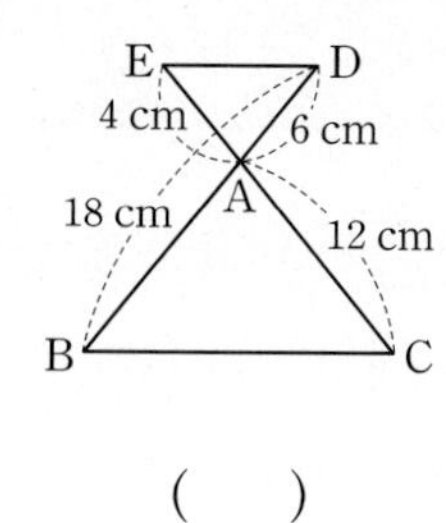

( )

개념 2 삼각형의 각의 이등분선

[10~11] 다음 그림과 같은 $\triangle ABC$에서 $\overline{AD}$가 $\angle A$의 이등분선일 때, x의 값을 구하시오.

10

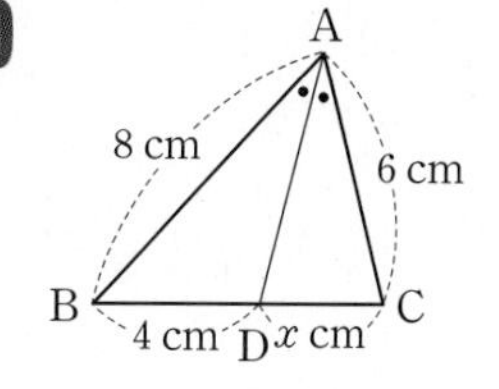

11

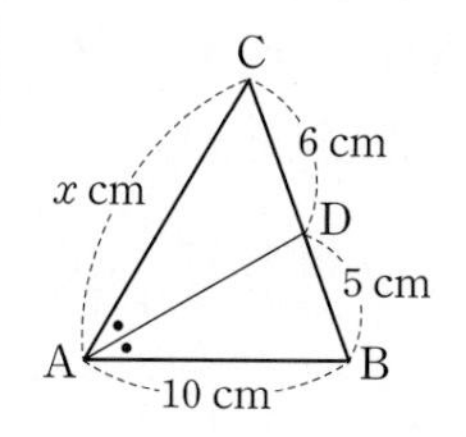

[12~13] 다음 그림과 같은 $\triangle ABC$에서 $\overline{AD}$가 $\angle A$의 외각의 이등분선일 때, x의 값을 구하시오.

12

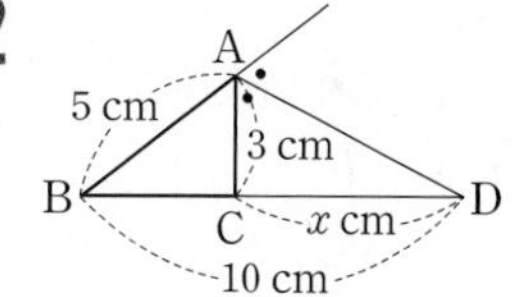

13

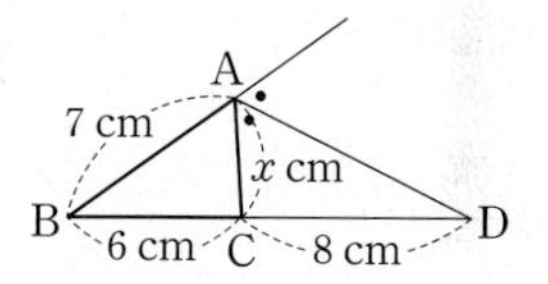

개념 3 평행선 사이의 선분의 길이의 비

[14~17] 다음 그림에서 $l /\!/ m /\!/ n$일 때, x의 값을 구하시오.

14

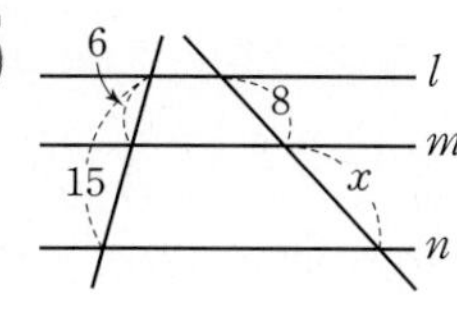

15

6, 8, 15, x (그림의 직선 l, m, n)

16

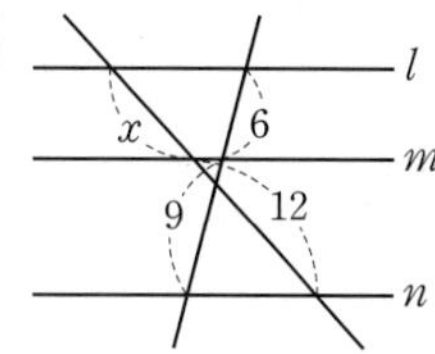

17

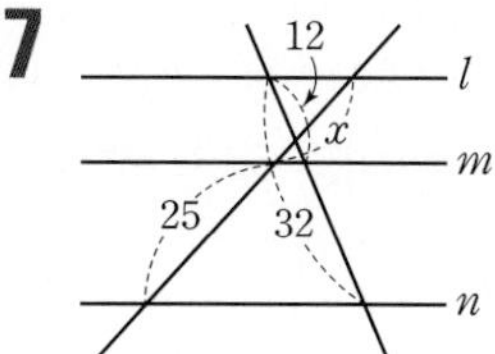

개념 4 사다리꼴에서 평행선과 선분의 길이의 비 유형 08, 09

사다리꼴 ABCD에서 $\overline{AD}/\!/\overline{EF}/\!/\overline{BC}$이고 $\overline{AD}=a$, $\overline{BC}=b$, $\overline{AE}=m$, $\overline{EB}=n$일 때

$$\overline{EF}=\frac{an+bm}{m+n}$$

참고 사다리꼴 ABCD에서 $\overline{AD}/\!/\overline{EF}/\!/\overline{BC}$일 때, $\overline{EF}$의 길이 구하기

방법 1 점 A를 지나고 $\overline{DC}$에 평행한 직선 긋기

□AGFD는 평행사변형이므로 $\overline{GF}=\overline{AD}=a$

△ABH에서 $\overline{AE}:\overline{AB}=\overline{EG}:\overline{BH}$, $m:(m+n)=\overline{EG}:(b-a)$

└ □AHCD는 평행사변형이므로 $\overline{HC}=\overline{AD}=a$ ∴ $\overline{BH}=\overline{BC}-\overline{HC}=b-a$

∴ $\overline{EG}=\frac{m(b-a)}{m+n}$

∴ $\overline{EF}=\overline{EG}+\overline{GF}=\frac{m(b-a)}{m+n}+a=\frac{an+bm}{m+n}$

방법 2 대각선 AC 긋기

△ABC에서 $\overline{AE}:\overline{AB}=\overline{EG}:\overline{BC}$, $m:(m+n)=\overline{EG}:b$ ∴ $\overline{EG}=\frac{bm}{m+n}$

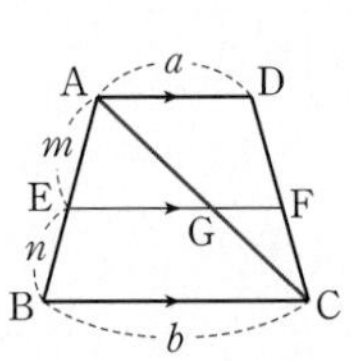

△CDA에서 $\overline{CF}:\overline{CD}=\overline{GF}:\overline{AD}$, $n:(m+n)=\overline{GF}:a$ ∴ $\overline{GF}=\frac{an}{m+n}$

└ $\overline{CF}:\overline{CD}=\overline{BE}:\overline{BA}$

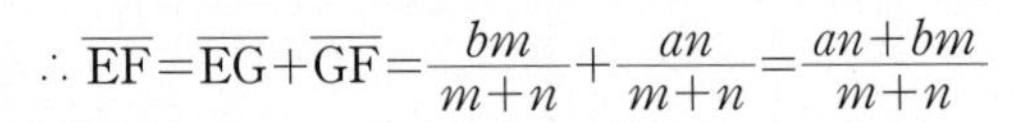

∴ $\overline{EF}=\overline{EG}+\overline{GF}=\frac{bm}{m+n}+\frac{an}{m+n}=\frac{an+bm}{m+n}$

⊕ 개념 노트

개념 5 평행선과 선분의 길이의 비의 응용 유형 10

$\overline{AC}$와 $\overline{BD}$의 교점을 E라 할 때, $\overline{AB}/\!/\overline{EF}/\!/\overline{DC}$이고 $\overline{AB}=a$, $\overline{DC}=b$이면

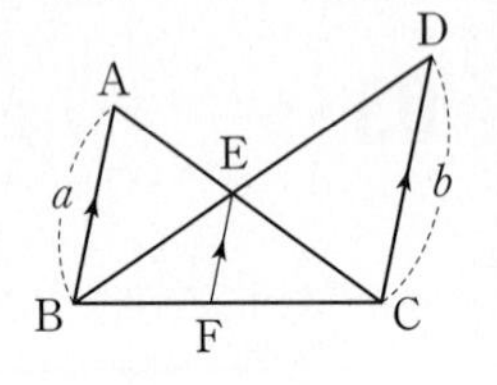

① $\overline{EF}=\frac{ab}{a+b}$

참고 $\overline{AB}/\!/\overline{DC}$이므로 $\overline{AE}:\overline{CE}=\overline{AB}:\overline{CD}=a:b$

$\overline{AB}/\!/\overline{EF}$이므로 $\overline{CA}:\overline{CE}=\overline{AB}:\overline{EF}$

$(a+b):b=a:\overline{EF}$ ∴ $\overline{EF}=\frac{ab}{a+b}$

② $\overline{BF}:\overline{FC}=a:b$

• $a:b=\overline{AB}:\overline{DC}$
$=\overline{AE}:\overline{EC}$
$=\overline{BE}:\overline{ED}$
$=\overline{BF}:\overline{FC}$

개념 6 삼각형의 두 변의 중점을 연결한 선분의 성질 유형 11~16

(1) △ABC에서 두 변 AB, AC의 중점을 각각 M, N이라 하면

└ $\overline{AM}=\overline{MB}$, $\overline{AN}=\overline{NC}$

$\overline{MN}/\!/\overline{BC}$, $\overline{MN}=\frac{1}{2}\overline{BC}$

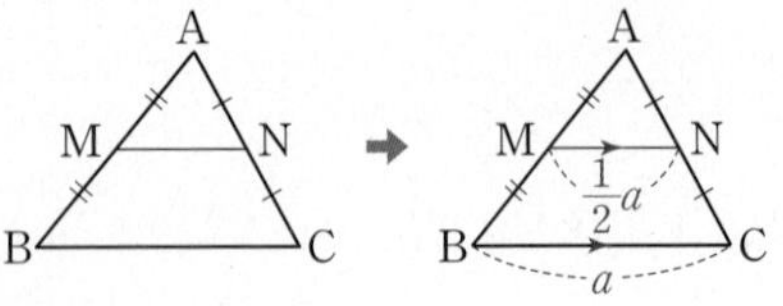

(2) △ABC에서 변 AB의 중점 M을 지나고 변 BC에 평행한 직선과 변 AC의 교점을 N이라 하면

$\overline{AN}=\overline{NC}$

└ $\overline{AM}=\overline{MB}$, $\overline{MN}/\!/\overline{BC}$

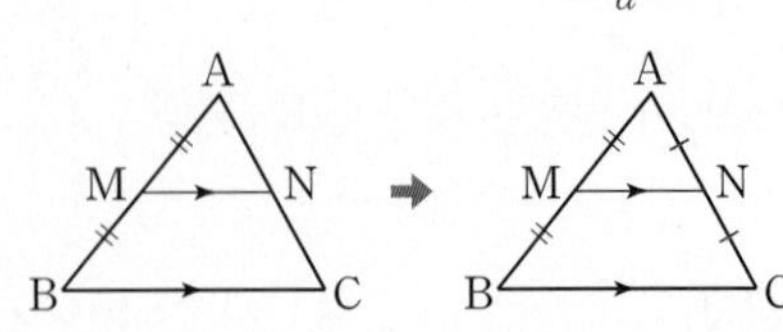

참고 $\overline{AD}/\!/\overline{BC}$인 사다리꼴 ABCD에서 $\overline{AB}$, $\overline{DC}$의 중점을 각각 M, N이라 하면

① $\overline{AD}/\!/\overline{MN}/\!/\overline{BC}$

② $\overline{MN}=\overline{MP}+\overline{PN}=\frac{1}{2}(\overline{AD}+\overline{BC})$

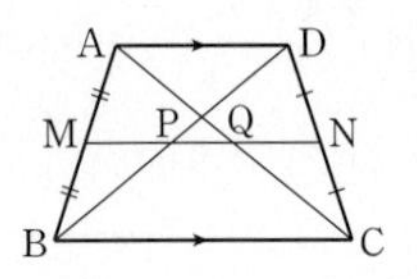

• 삼각형의 두 변의 중점을 연결한 선분의 성질(1)은 개념 1에서 학습한 삼각형에서 평행선과 선분의 길이의 비(1)의 특수한 경우이다.
즉, 선분의 길이의 비가 $\overline{AM}:\overline{MB}=\overline{AN}:\overline{NC}=1:1$ 인 경우이다.

개념 4 사다리꼴에서 평행선과 선분의 길이의 비

[18~20] 오른쪽 그림과 같은 사다리꼴 ABCD에서 $\overline{AD} /\!/ \overline{EF} /\!/ \overline{BC}$이고 $\overline{AH} /\!/ \overline{DC}$일 때, 다음을 구하시오.

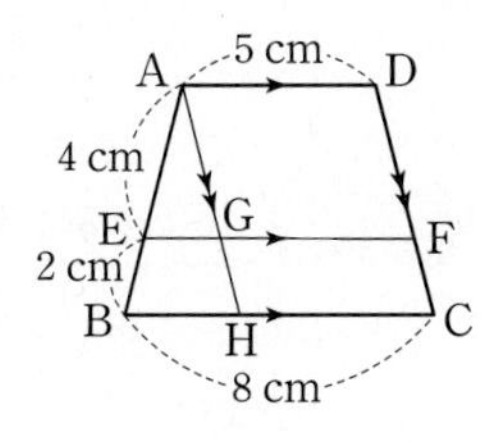

18 $\overline{GF}$의 길이

19 $\overline{EG}$의 길이

20 $\overline{EF}$의 길이

[21~23] 오른쪽 그림과 같은 사다리꼴 ABCD에서 $\overline{AD} /\!/ \overline{EF} /\!/ \overline{BC}$일 때, 다음을 구하시오.

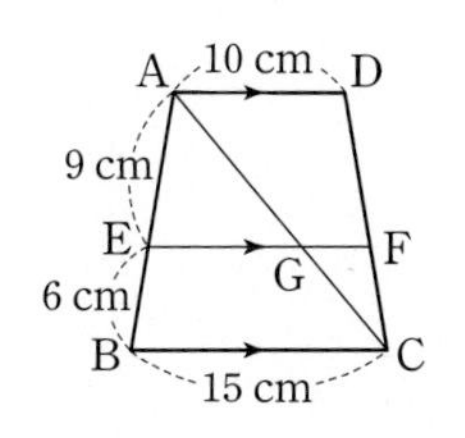

21 $\overline{EG}$의 길이

22 $\overline{GF}$의 길이

23 $\overline{EF}$의 길이

개념 5 평행선과 선분의 길이의 비의 응용

[24~26] 오른쪽 그림에서 $\overline{AB} /\!/ \overline{EF} /\!/ \overline{DC}$일 때, 다음 물음에 답하시오.

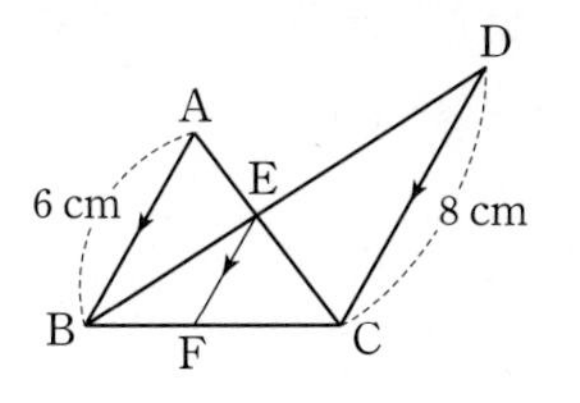

24 $\overline{BE} : \overline{DE}$를 가장 간단한 자연수의 비로 나타내시오.

25 $\overline{BF} : \overline{BC}$를 가장 간단한 자연수의 비로 나타내시오.

26 $\overline{EF}$의 길이를 구하시오.

개념 6 삼각형의 두 변의 중점을 연결한 선분의 성질

[27~28] 다음 그림과 같은 △ABC에서 두 점 M, N이 각각 $\overline{AB}$, $\overline{AC}$의 중점일 때, x의 값을 구하시오.

27

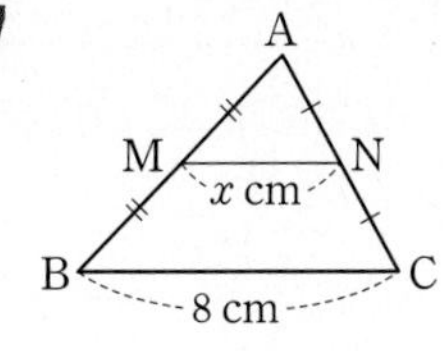

28

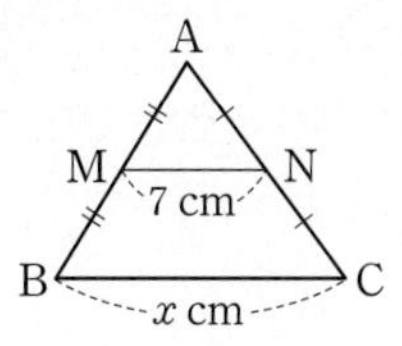

[29~30] 다음 그림과 같은 △ABC에서 점 M은 $\overline{AB}$의 중점이고 $\overline{MN} /\!/ \overline{BC}$일 때, x의 값을 구하시오.

29

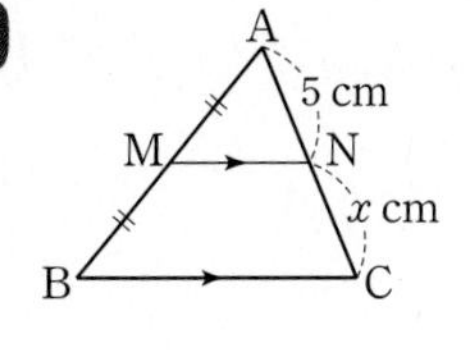

30

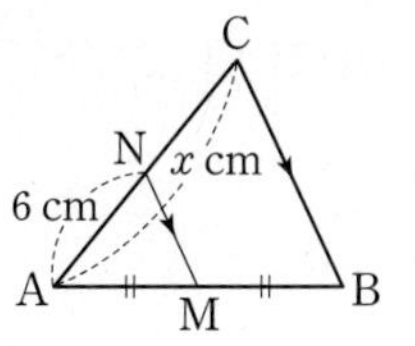

[31~32] 오른쪽 그림과 같은 △ABC에서 세 점 D, E, F가 각각 $\overline{AB}$, $\overline{BC}$, $\overline{CA}$의 중점일 때, 다음을 구하시오.

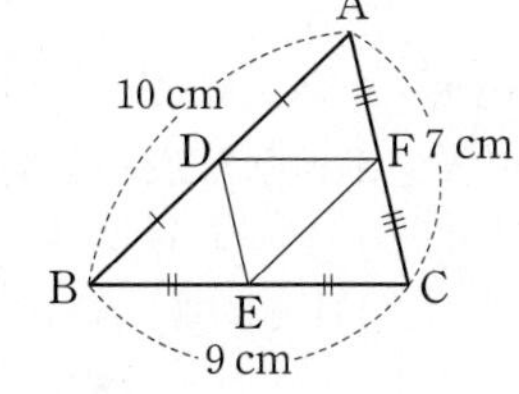

31 $\overline{EF}$의 길이

32 △DEF의 둘레의 길이

[33~35] 오른쪽 그림과 같이 $\overline{AD} /\!/ \overline{BC}$인 사다리꼴 ABCD에서 두 점 M, N이 각각 $\overline{AB}$, $\overline{CD}$의 중점일 때, 다음을 구하시오.

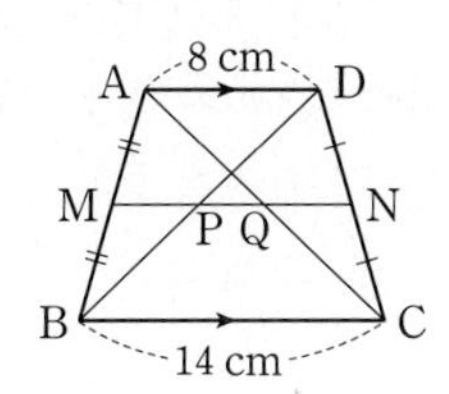

33 $\overline{MQ}$의 길이

34 $\overline{MP}$의 길이

35 $\overline{PQ}$의 길이

06 평행선 사이의 선분의 길이의 비

유형 01 삼각형에서 평행선 사이의 선분의 길이의 비; △ 개념 1

△ABC에서 두 점 D, E가 각각 $\overline{AB}$, $\overline{AC}$ 위의 점일 때, $\overline{BC}/\!/\overline{DE}$이면

(1) $a : a'=b : b'=c : c'$ (2) $a : a'=b : b'$

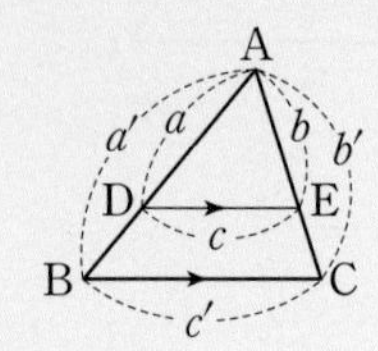

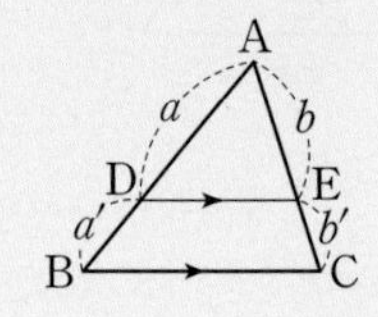

01 대표문제

오른쪽 그림과 같은 △ABC에서 $\overline{BC}/\!/\overline{DE}$일 때, $x-y$의 값은?

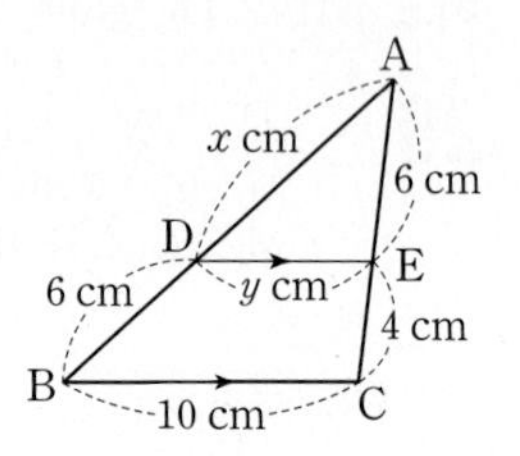

① 3 ② $\frac{7}{2}$ ③ 4 ④ $\frac{9}{2}$ ⑤ 5

02

오른쪽 그림과 같은 △ABC에서 $\overline{AB}/\!/\overline{DE}$일 때, $\overline{AB}$의 길이를 구하시오.

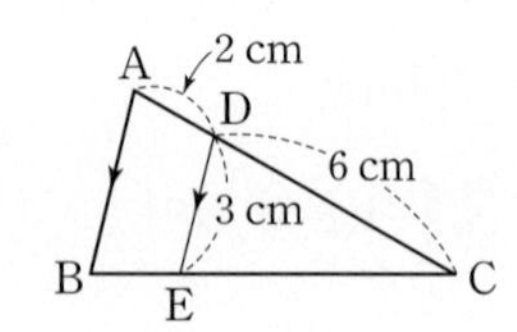

중요

03

오른쪽 그림과 같은 평행사변형 ABCD에서 $\overline{BC}$ 위의 점 E에 대하여 $\overline{AE}$의 연장선과 $\overline{CD}$의 연장선의 교점을 F라 할 때, $\overline{BE}$의 길이를 구하시오.

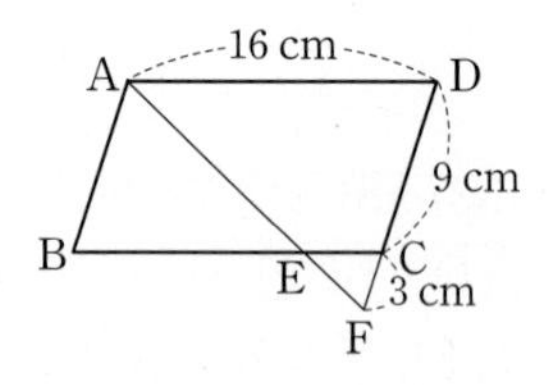

04

오른쪽 그림과 같은 △ABC에서 $\overline{AC}/\!/\overline{DE}$일 때, △ABC의 둘레의 길이를 구하시오.

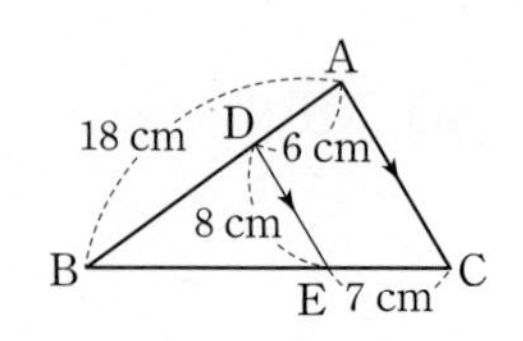

유형 02 삼각형에서 평행선 사이의 선분의 길이의 비; ⧖ 개념 1

△ABC에서 두 점 D, E가 각각 $\overline{AB}$, $\overline{AC}$의 연장선 위의 점일 때, $\overline{BC}/\!/\overline{DE}$이면

(1) $a : a'=b : b'=c : c'$ (2) $a : a'=b : b'$

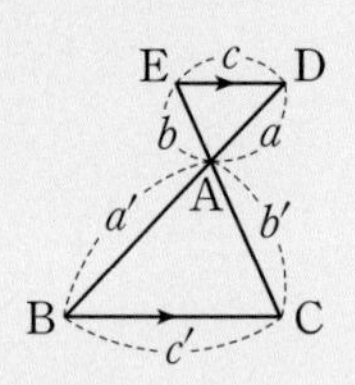

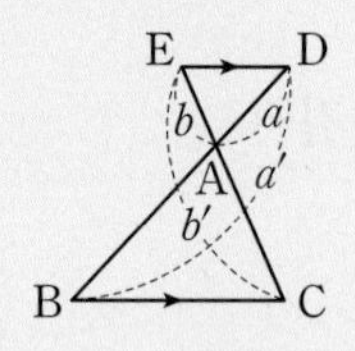

05 대표문제

오른쪽 그림에서 $\overline{BC}/\!/\overline{DE}$일 때, $x+y$의 값을 구하시오.

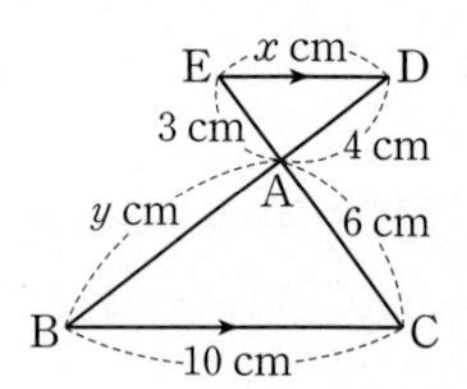

06

오른쪽 그림에서 $\overline{AB}/\!/\overline{DE}$일 때, x의 값을 구하시오.

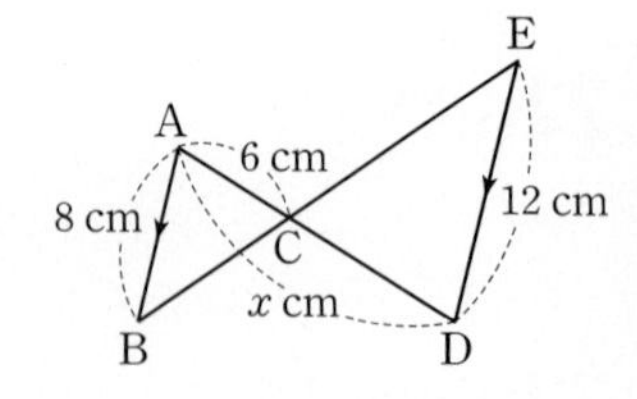

07

오른쪽 그림에서 $\overline{AB}/\!/\overline{FG}$, $\overline{BC}/\!/\overline{DE}$일 때, $x-y$의 값은?

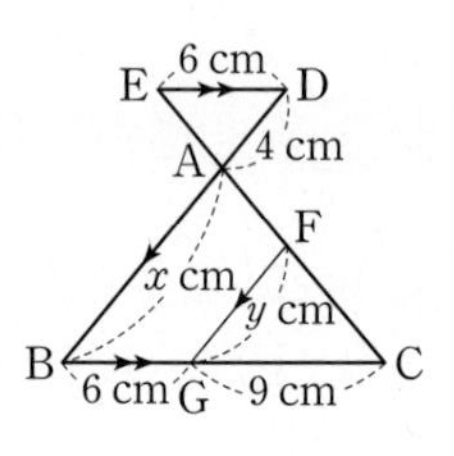

① 2 ② 3 ③ 4 ④ 5 ⑤ 6

08 서술형

오른쪽 그림에서 $\overline{BC}/\!/\overline{DE}$, $\overline{EC}/\!/\overline{DF}$이고 $\overline{AE}=\frac{1}{2}\overline{AC}$일 때, $\overline{BF}$의 길이를 구하시오.

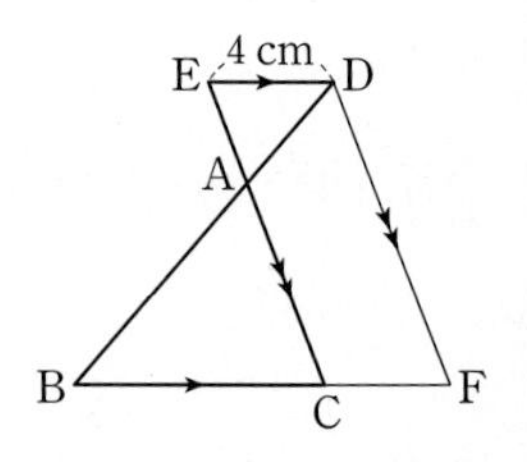

집중

유형 03 삼각형에서 평행선 사이의 선분의 길이의 비의 응용 (개념1)

(1) $\triangle ABC$에서 $\overline{BC} /\!/ \overline{DE}$이면
$a : b = c : d = e : f$

(2) $\triangle ABC$에서 $\overline{BC} /\!/ \overline{DE}$, $\overline{BE} /\!/ \overline{DF}$이면
$a : b = c : d = e : f$

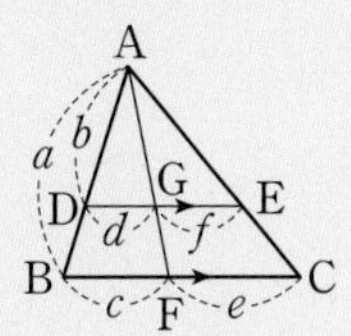

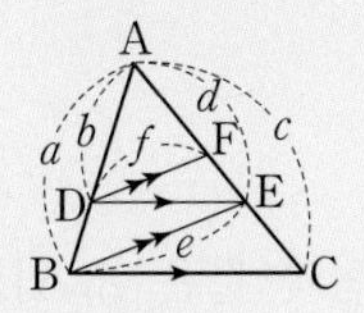

09 대표문제

오른쪽 그림과 같은 $\triangle ABC$에서 $\overline{BC} /\!/ \overline{DE}$일 때, $\overline{DG}$의 길이를 구하시오.

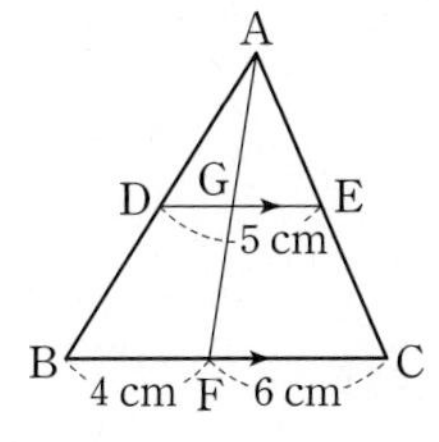

10

오른쪽 그림과 같은 $\triangle ABC$에서 $\overline{AC} /\!/ \overline{DE}$일 때, $x+y$의 값은?

① 3 ② 4
③ 5 ④ 6
⑤ 7

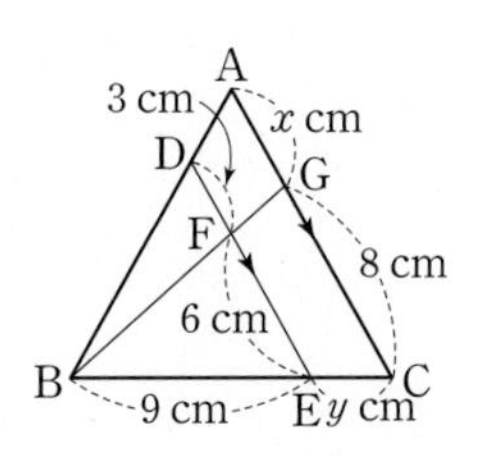

11

오른쪽 그림과 같은 $\triangle ABC$에서 $\overline{BC} /\!/ \overline{DE}$, $\overline{BE} /\!/ \overline{DF}$이고 $\overline{AF} : \overline{FE} = 3 : 1$일 때, $\overline{EC}$의 길이를 구하시오.

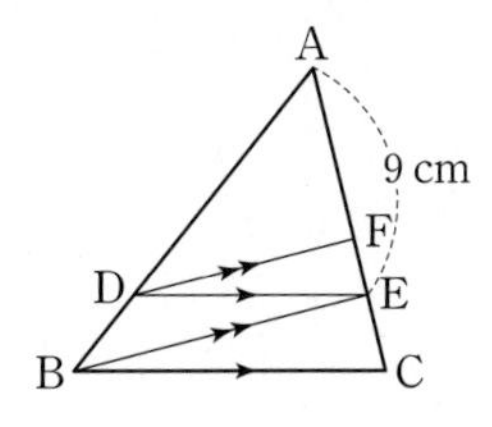

12

오른쪽 그림과 같은 $\triangle ABC$에서 $\overline{AF} /\!/ \overline{DE}$, $\overline{AC} /\!/ \overline{DF}$일 때, $\overline{BE}$의 길이를 구하시오.

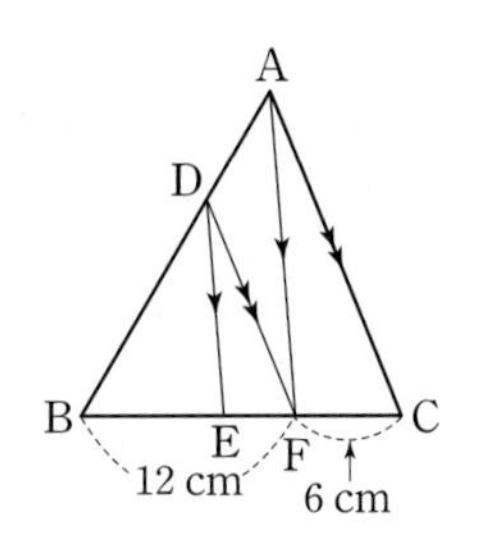

집중

유형 04 삼각형에서 평행선 찾기 (개념1)

$\triangle ABC$에서 두 점 D, E가 각각 $\overline{AB}$, $\overline{AC}$ 또는 그 연장선 위의 점일 때, $a : a' = b : b'$이면 $\overline{BC} /\!/ \overline{DE}$

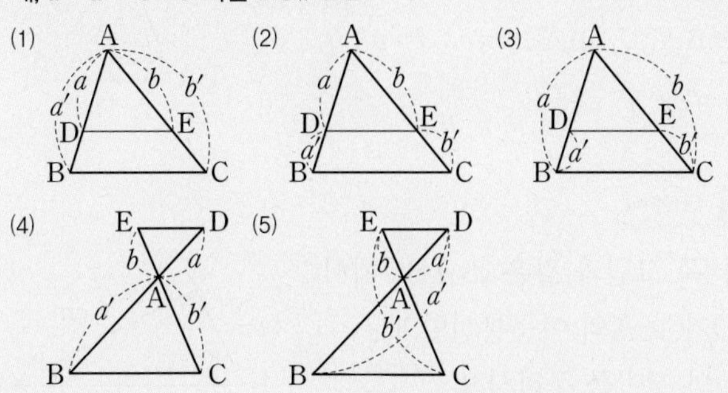

13 대표문제

다음 중 $\overline{BC} /\!/ \overline{DE}$인 것은?

①
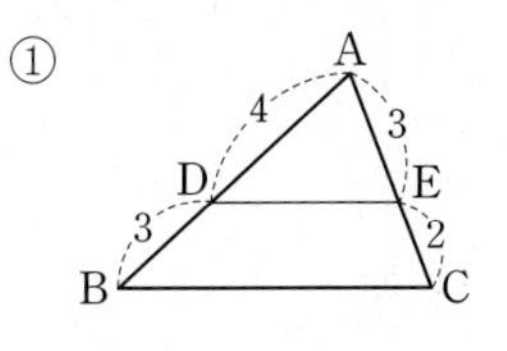

②
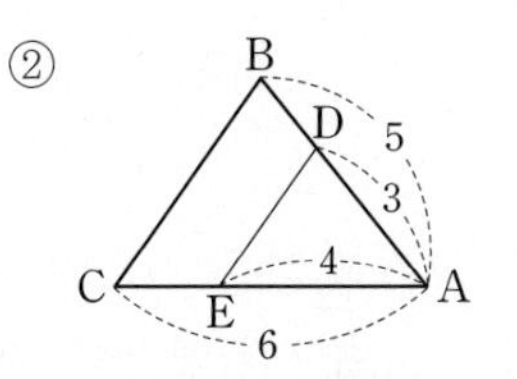

③
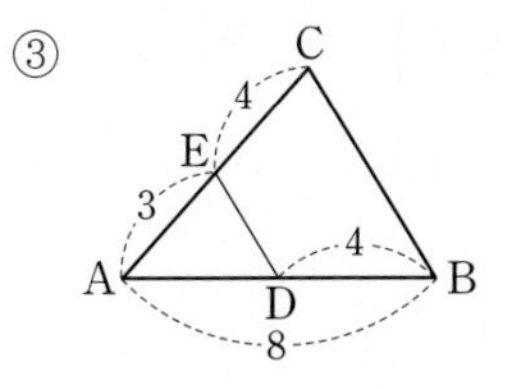

④
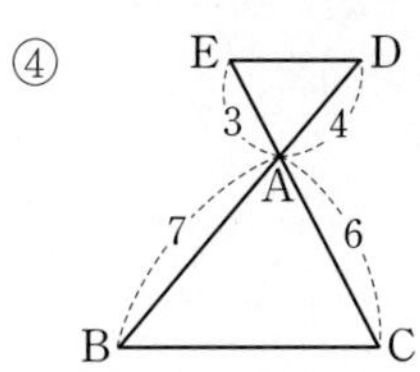

⑤
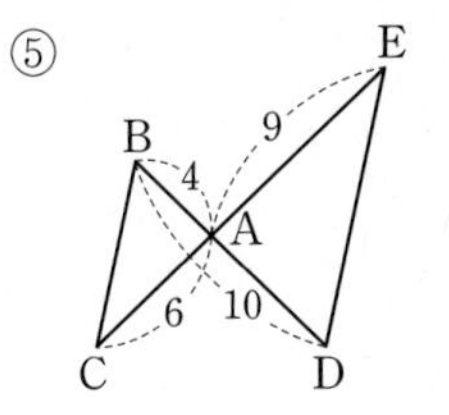

14 서술형

오른쪽 그림의 $\triangle ABC$에서 $\overline{PQ}$, $\overline{QR}$, $\overline{RP}$ 중 $\triangle ABC$의 어느 한 변에 평행하지 않은 것을 고르시오.

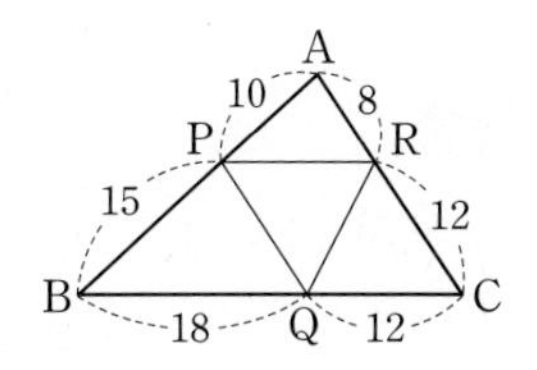

유형 05 삼각형의 내각의 이등분선 개념 2

△ABC에서 ∠BAD=∠CAD이면
(1) $a : b=c : d$
(2) △ABD : △ACD$=c : d=a : b$

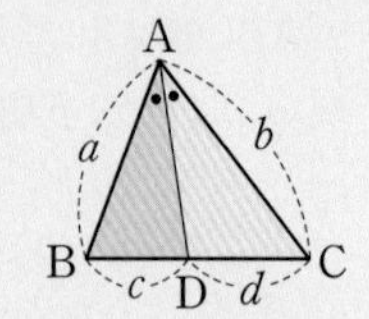

15 대표문제

오른쪽 그림과 같은 △ABC에서 $\overline{AD}$가 ∠A의 이등분선일 때, $\overline{BD}$의 길이를 구하시오.

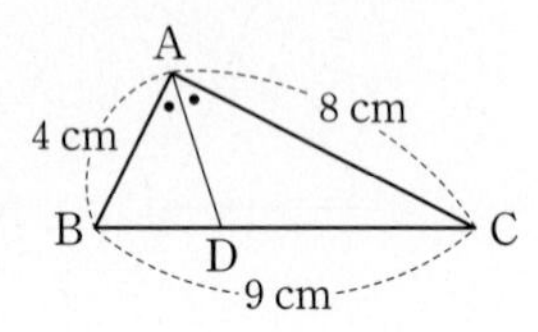

16

오른쪽 그림과 같은 △ABC에서 $\overline{AD}$가 ∠A의 이등분선일 때, x의 값을 구하시오.

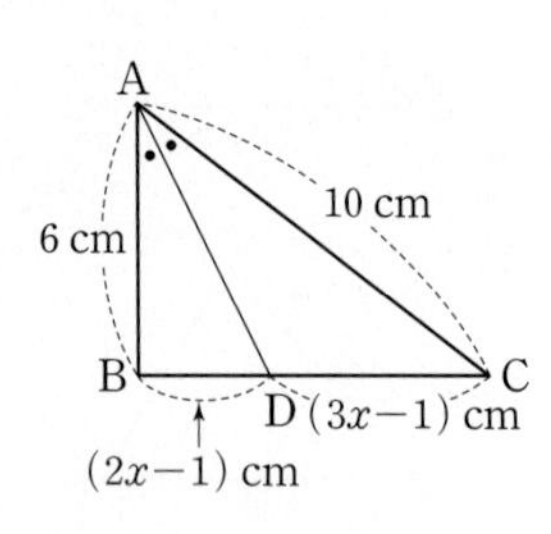

17

오른쪽 그림과 같은 △ABC에서 $\overline{AD}$는 ∠A의 이등분선이다. 점 C를 지나고 $\overline{AD}$에 평행한 직선이 $\overline{BA}$의 연장선과 만나는 점을 E라 할 때, $x+y$의 값을 구하시오.

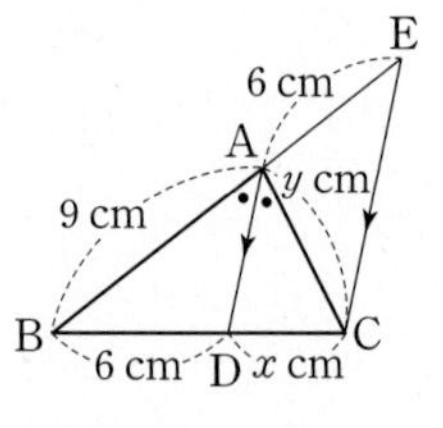

18 서술형

오른쪽 그림과 같은 △ABC에서 $\overline{AD}$가 ∠A의 이등분선이고 △ABC의 넓이가 18 cm²일 때, △ABD의 넓이를 구하시오.

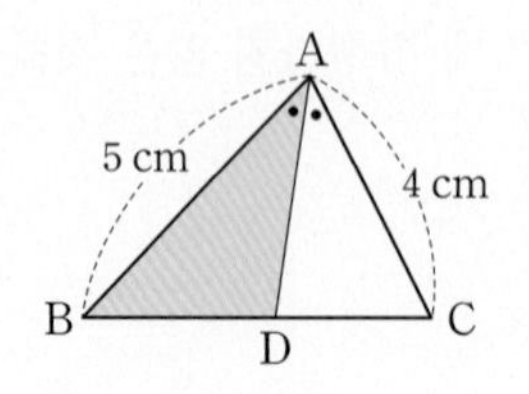

유형 06 삼각형의 외각의 이등분선 개념 2

△ABC에서 ∠CAD=∠EAD이면
$a : b=c : d$

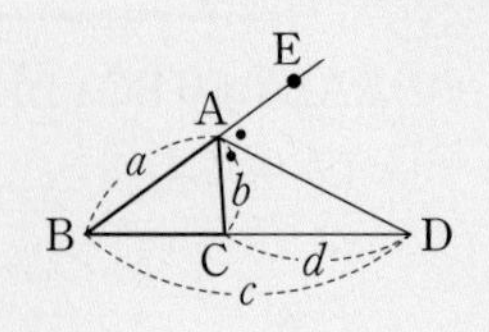

19 대표문제

오른쪽 그림과 같은 △ABC에서 $\overline{AD}$가 ∠A의 외각의 이등분선일 때, $\overline{BC}$의 길이를 구하시오.

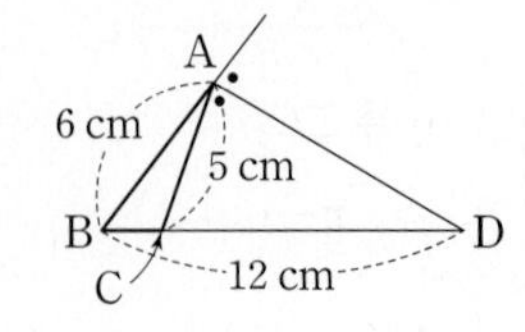

20

오른쪽 그림과 같은 △ABC에서 $\overline{AD}$가 ∠A의 외각의 이등분선일 때, $\overline{AB}$의 길이를 구하시오.

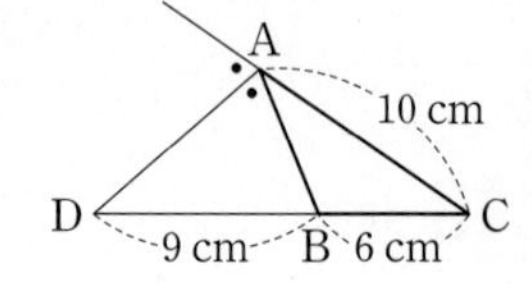

21

오른쪽 그림과 같은 △ABC에서 $\overline{AD}$가 ∠A의 외각의 이등분선일 때, △ABC : △ACD는?

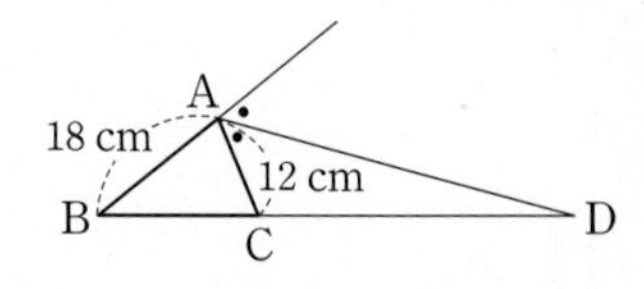

① 1 : 2 ② 1 : 3 ③ 2 : 3
④ 2 : 5 ⑤ 3 : 4

22

오른쪽 그림과 같은 △ABC에서 ∠BAD=∠CAD, ∠CAE=∠FAE일 때, $\overline{CE}$의 길이를 구하시오.

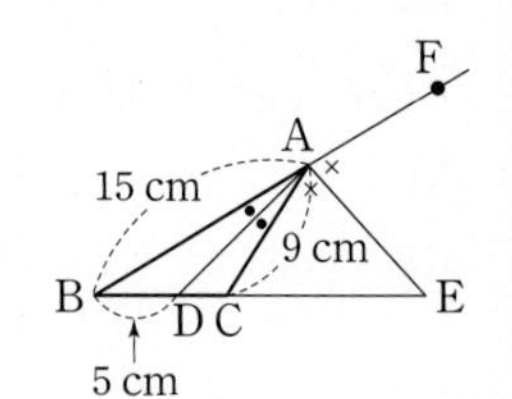

유형 07 평행선 사이의 선분의 길이의 비 개념3

$l /\!/ m /\!/ n$이면 $a:b=c:d$

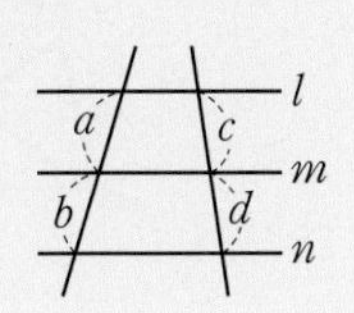

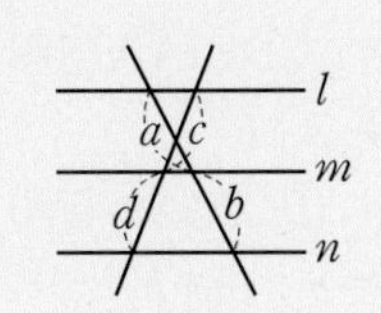

23 대표문제

오른쪽 그림에서 $l /\!/ m /\!/ n$일 때, $x-y$의 값은?

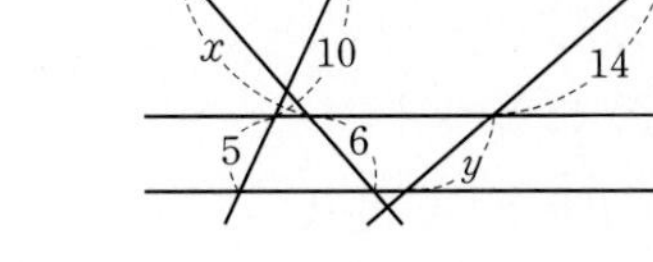

① 4　② 5　③ 6　④ 7　⑤ 8

24

오른쪽 그림에서 $l /\!/ m /\!/ n$일 때, x의 값은?

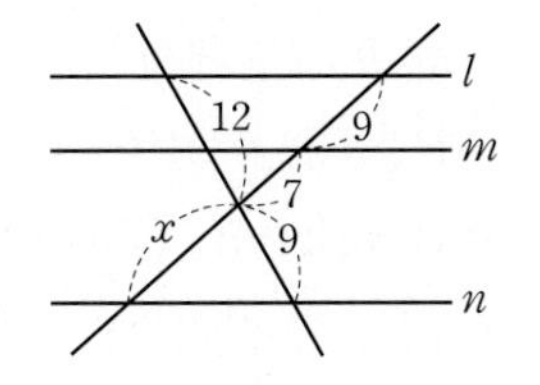

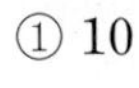
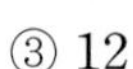

① 10　② 11　③ 12　④ 13　⑤ 14

중요

25

오른쪽 그림에서 $k /\!/ l /\!/ m /\!/ n$일 때, xy의 값을 구하시오.

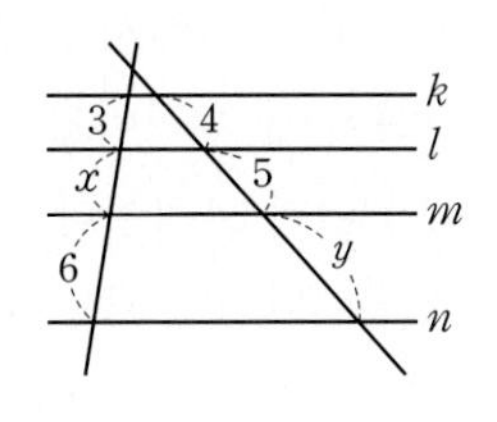

집중

유형 08 사다리꼴에서 평행선과 선분의 길이의 비 개념4

사다리꼴 ABCD에서 $\overline{AD} /\!/ \overline{EF} /\!/ \overline{BC}$일 때, $\overline{EF}$의 길이 구하기

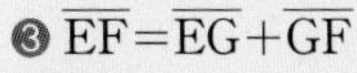

방법1 평행한 직선 이용하기

❶ $\overline{GF}$의 길이를 구한다.
　→ $\overline{GF}=\overline{HC}=\overline{AD}=a$

❷ △ABH에서 $\overline{EG}$의 길이를 구한다.
　→ $\overline{EG}:\overline{BH}=m:(m+n)$

❸ $\overline{EF}=\overline{EG}+\overline{GF}$

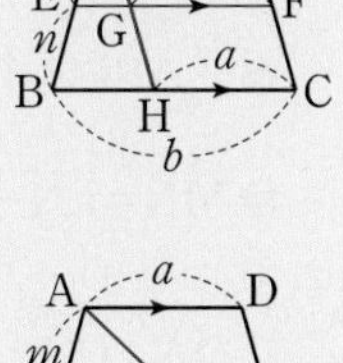

방법2 대각선 이용하기

❶ △ABC에서 $\overline{EG}$의 길이를 구한다.
　→ $\overline{EG}:\overline{BC}=m:(m+n)$

❷ △ACD에서 $\overline{GF}$의 길이를 구한다.
　→ $\overline{GF}:\overline{AD}=n:(m+n)$

❸ $\overline{EF}=\overline{EG}+\overline{GF}$

26 대표문제

오른쪽 그림과 같은 사다리꼴 ABCD에서 $\overline{AD} /\!/ \overline{EF} /\!/ \overline{BC}$일 때, $\overline{EF}$의 길이는?

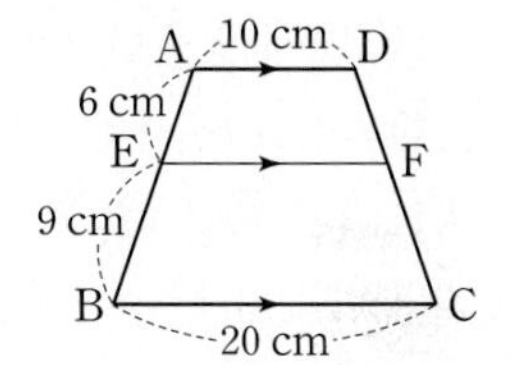

① 11 cm　② 12 cm　③ 13 cm　④ 14 cm　⑤ 15 cm

27

오른쪽 그림과 같은 사다리꼴 ABCD에서 $\overline{AD} /\!/ \overline{EF} /\!/ \overline{BC}$이고 $\overline{AE}:\overline{EB}=3:2$일 때, $x-y$의 값을 구하시오.

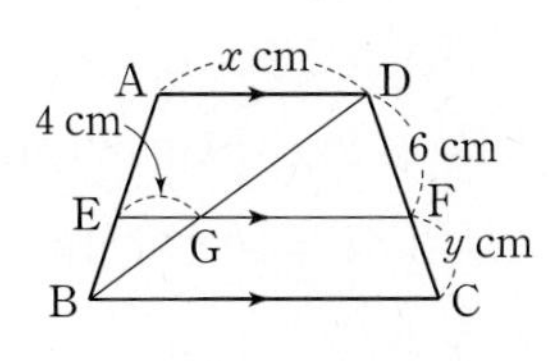

28 서술형

오른쪽 그림과 같은 사다리꼴 ABCD에서 $\overline{AD} /\!/ \overline{EF} /\!/ \overline{BC}$일 때, $x+y$의 값을 구하시오.

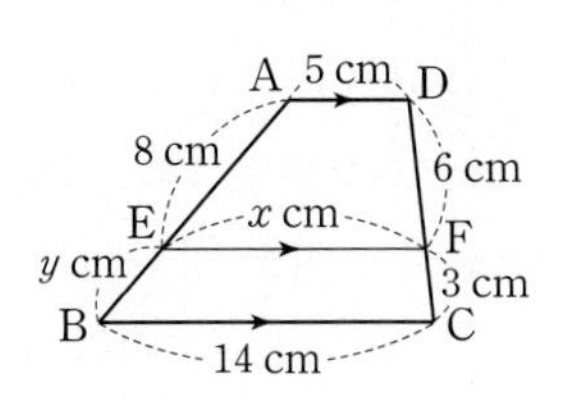

유형 09 사다리꼴에서 평행선과 선분의 길이의 비의 응용 개념 4

사다리꼴 ABCD에서 $\overline{AD} /\!/ \overline{EF} /\!/ \overline{BC}$일 때

(1) $\overline{MN}$의 길이 구하기

❶ △ABC에서 $\overline{EN}$의 길이를 구한다.
  → $\overline{EN} : \overline{BC} = m : (m+n)$

❷ △ABD에서 $\overline{EM}$의 길이를 구한다.
  → $\overline{EM} : \overline{AD} = n : (m+n)$

❸ $\overline{MN} = \overline{EN} - \overline{EM}$

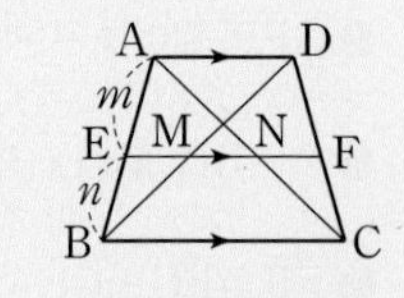

(2) ① △AOD ∽ △COB (AA 닮음)이므로
$\overline{OA} : \overline{OC} = \overline{OD} : \overline{OB} = a : b$
② $\overline{AE} : \overline{BE} = \overline{DF} : \overline{CF} = a : b$

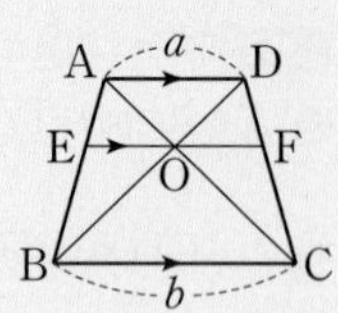

29 대표문제

오른쪽 그림과 같은 사다리꼴 ABCD에서 $\overline{AD} /\!/ \overline{EF} /\!/ \overline{BC}$이고 $\overline{AD} = 15$ cm, $\overline{BC} = 21$ cm, $\overline{AE} = 2\overline{EB}$일 때, $\overline{PQ}$의 길이를 구하시오.

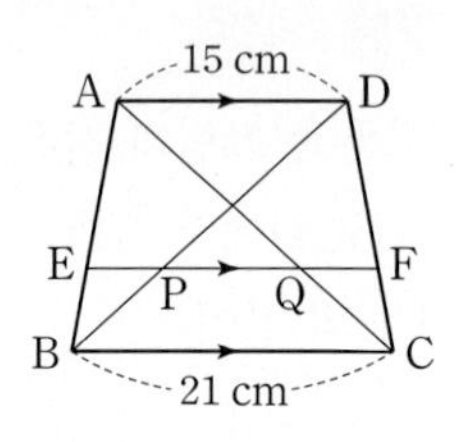

30

오른쪽 그림과 같은 사다리꼴 ABCD에서 $\overline{AD} /\!/ \overline{EF} /\!/ \overline{BC}$이고 $\overline{AD} = 10$ cm, $\overline{AE} = 6$ cm, $\overline{EB} = 4$ cm, $\overline{BC} = 20$ cm일 때, $\overline{PQ}$의 길이를 구하시오.

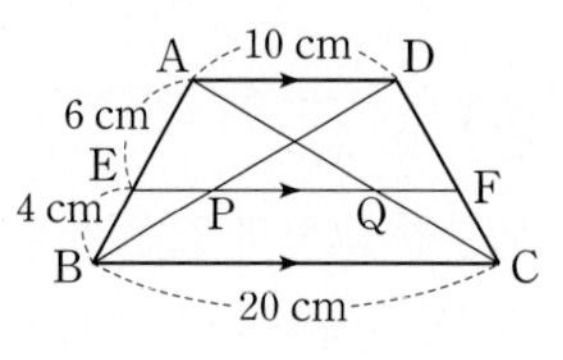

중요

31

오른쪽 그림과 같은 사다리꼴 ABCD에서 $\overline{AD} /\!/ \overline{EF} /\!/ \overline{BC}$이고 $\overline{AD} = 10$ cm, $\overline{BC} = 15$ cm일 때, $\overline{EF}$의 길이를 구하시오.
(단, 점 O는 두 대각선의 교점이다.)

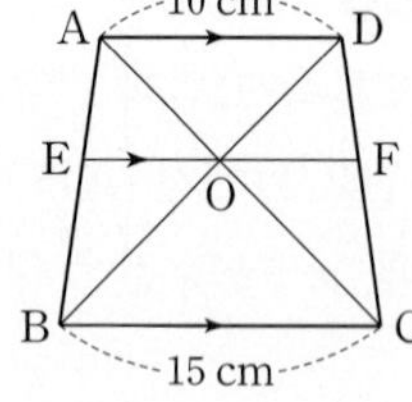

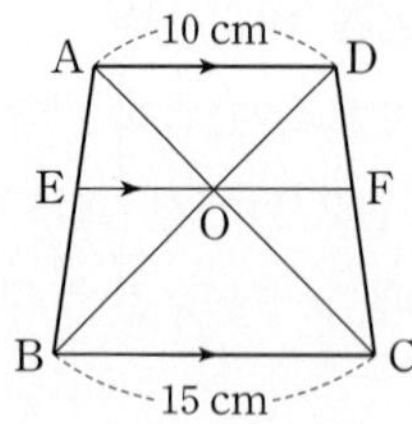

집중

유형 10 평행선과 선분의 길이의 비의 응용 개념 5

$\overline{AB} /\!/ \overline{EF} /\!/ \overline{DC}$일 때

(1) △ABE ∽ △CDE (AA 닮음)
  → 닮음비는 $a : b$

(2) △BFE ∽ △BCD (AA 닮음)
  → 닮음비는 $a : (a+b)$

(3) △CEF ∽ △CAB (AA 닮음)
  → 닮음비는 $b : (a+b)$

32 대표문제

오른쪽 그림에서 $\overline{AB} /\!/ \overline{EF} /\!/ \overline{DC}$이고 $\overline{AB} = 3$ cm, $\overline{BC} = 6$ cm, $\overline{CD} = 6$ cm일 때, $\overline{BF}$의 길이를 구하시오.

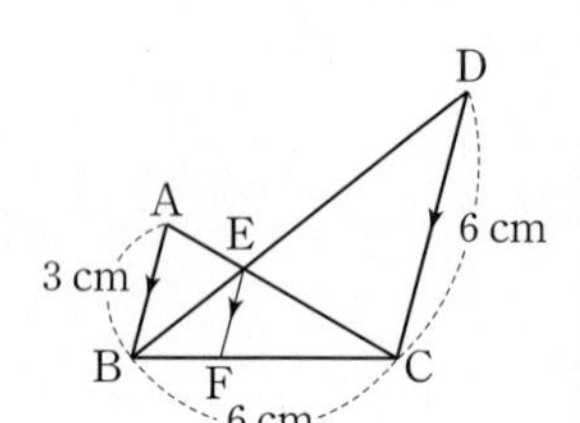

33

오른쪽 그림에서 $\overline{AB} /\!/ \overline{EF} /\!/ \overline{DC}$이고 $\overline{AB} = 10$ cm, $\overline{CD} = 15$ cm일 때, $\overline{EF}$의 길이는?

① 5 cm ② 6 cm ③ 7 cm
④ 8 cm ⑤ 9 cm

34 서술형

오른쪽 그림에서 $\overline{AB}$, $\overline{DC}$는 모두 $\overline{BC}$에 수직이고 점 E는 $\overline{AC}$와 $\overline{BD}$의 교점이다. $\overline{AB} = 20$ cm, $\overline{BC} = 16$ cm, $\overline{CD} = 12$ cm일 때, △EBC의 넓이를 구하시오.

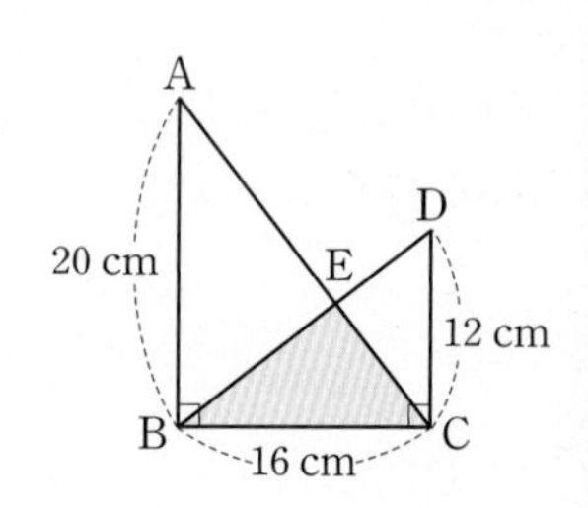

집중

유형 11 삼각형의 두 변의 중점을 연결한 선분의 성질 (1) 개념 6

△ABC에서 $\overline{AM}=\overline{MB}$, $\overline{AN}=\overline{NC}$이면

$\overline{BC} /\!/ \overline{MN}$, $\overline{MN}=\frac{1}{2}\overline{BC}$

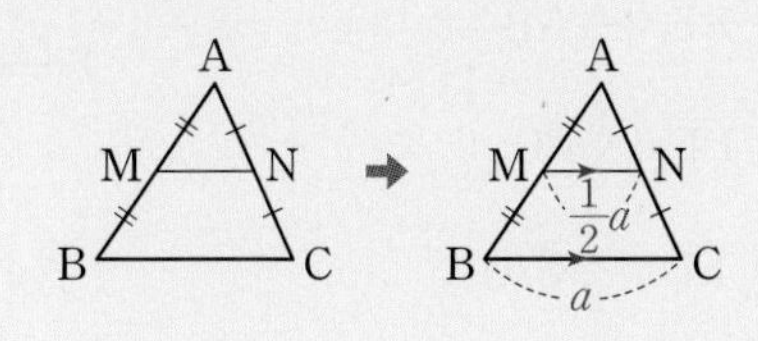

35 대표문제

오른쪽 그림과 같은 △ABC에서 두 점 M, N이 각각 $\overline{AB}$, $\overline{AC}$의 중점일 때, x, y의 값을 구하시오.

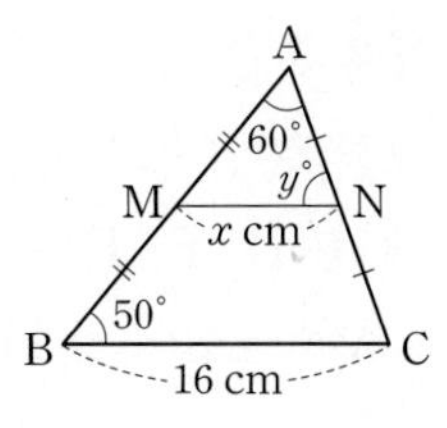

36

오른쪽 그림과 같은 △ABC에서 두 점 M, N은 각각 $\overline{AB}$, $\overline{AC}$의 중점이고 $\overline{AB}=8$ cm, $\overline{BC}=5$ cm, $\overline{CA}=7$ cm일 때, △AMN의 둘레의 길이는?

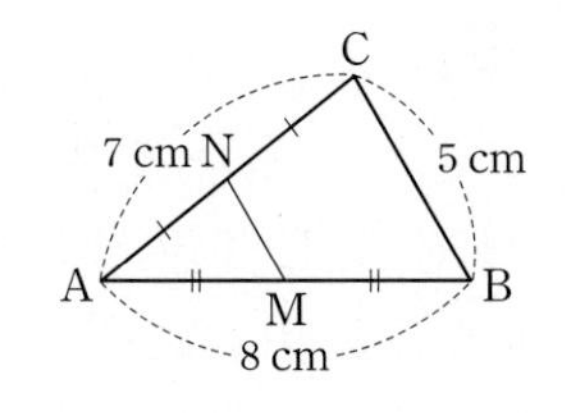

① 10 cm ② 12 cm ③ 14 cm
④ 16 cm ⑤ 18 cm

37

오른쪽 그림의 △ABC와 △DBC에서 $\overline{AB}$, $\overline{AC}$, $\overline{DB}$, $\overline{DC}$의 중점을 각각 M, N, P, Q라 하자. $\overline{PQ}=9$ cm일 때, $\overline{MN}$의 길이는?

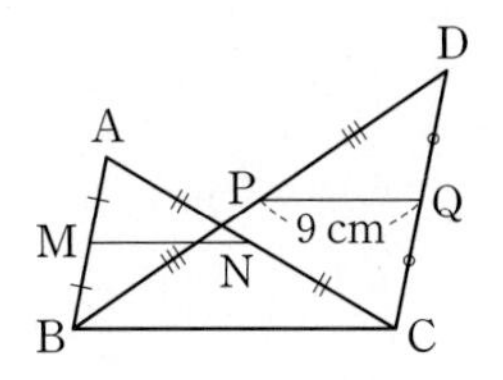

① 6 cm ② 7 cm ③ 8 cm
④ 9 cm ⑤ 10 cm

집중

유형 12 삼각형의 두 변의 중점을 연결한 선분의 성질 (2) 개념 6

△ABC에서 $\overline{AM}=\overline{MB}$, $\overline{MN} /\!/ \overline{BC}$이면 $\overline{AN}=\overline{NC}$

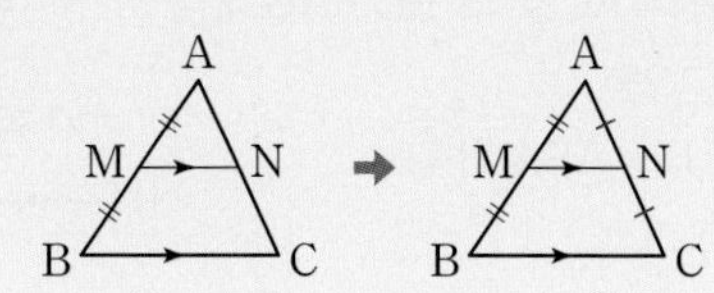

38 대표문제

오른쪽 그림과 같은 △ABC에서 점 M은 $\overline{AB}$의 중점이고 $\overline{MN} /\!/ \overline{BC}$일 때, $x-y$의 값은?

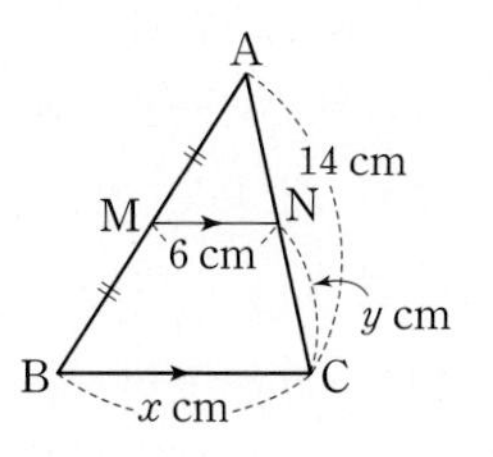

① 4 ② 5
③ 6 ④ 7
⑤ 8

중요

39

오른쪽 그림과 같은 △ABC에서 점 D는 $\overline{AB}$의 중점이고 $\overline{AC} /\!/ \overline{DF}$, $\overline{BC} /\!/ \overline{DE}$이다. $\overline{DE}=13$ cm일 때, $\overline{BF}$의 길이는?

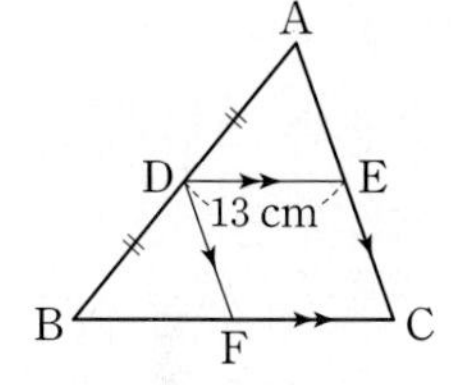

① 10 cm ② 11 cm
③ 12 cm ④ 13 cm
⑤ 14 cm

40 서술형

오른쪽 그림과 같은 △ABC에서 $\overline{AD}=\overline{DB}$, $\overline{AE}=\overline{EF}=\overline{FC}$이고 점 G는 $\overline{BF}$와 $\overline{CD}$의 교점이다. $\overline{BG}=6$ cm일 때, $\overline{DE}$의 길이를 구하시오.

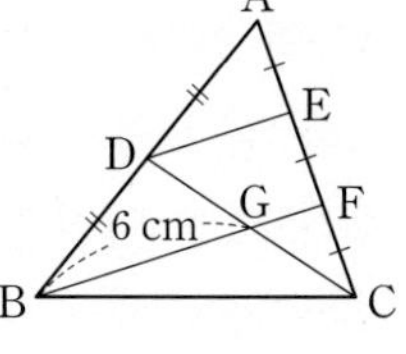

정답과 해설 52쪽 더블북 40쪽

집중

유형 13 삼각형의 두 변의 중점을 연결한 선분의 성질의 응용 개념 6

$\overline{AB}=\overline{AD}$, $\overline{AE}=\overline{EC}$일 때, $\overline{BC}/\!/\overline{AG}$가 되도록 $\overline{AG}$를 그으면

$\triangle AEG \equiv \triangle CEF$ (ASA 합동)

$\therefore \overline{AG}=\overline{CF}$

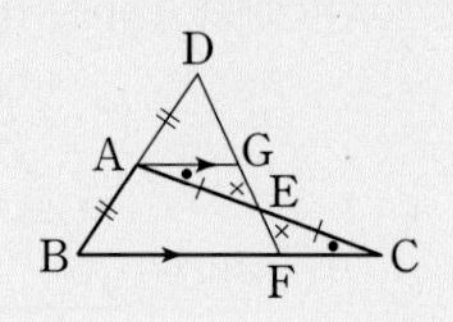

41 대표문제

오른쪽 그림과 같이 $\triangle ABC$의 변 AB의 연장선 위에 $\overline{AB}=\overline{AD}$가 되도록 점 D를 잡고, 점 D와 $\overline{AC}$의 중점 M을 연결한 직선이 $\overline{BC}$와 만나는 점을 E라 하자. $\overline{BE}=16$ cm 일 때, $\overline{CE}$의 길이는?

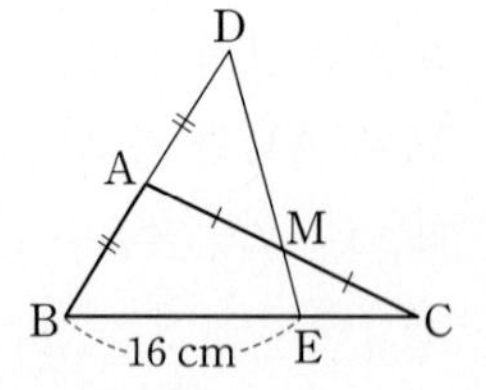

① 5 cm ② 6 cm ③ 7 cm
④ 8 cm ⑤ 9 cm

42

오른쪽 그림과 같이 $\triangle ABC$의 변 AB의 연장선 위에 $\overline{AB}=\overline{AD}$가 되도록 점 D를 잡고, 점 D와 $\overline{AC}$의 중점 M을 연결한 직선이 $\overline{BC}$와 만나는 점을 E라 하자. $\overline{ME}=5$ cm일 때, $\overline{DE}$의 길이를 구하시오.

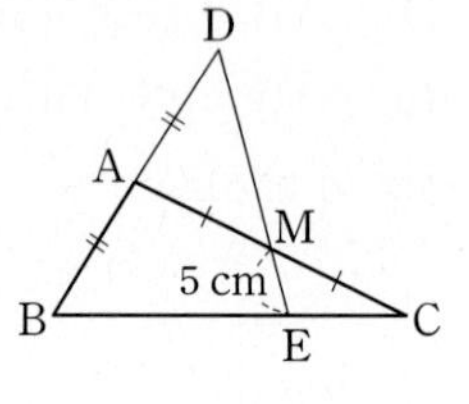

43 서술형

오른쪽 그림과 같이 $\triangle ABC$의 변 AC의 연장선 위에 $\overline{AC}=\overline{AD}$가 되도록 점 D를 잡고, 점 D와 $\overline{AB}$의 중점 M을 연결한 직선이 $\overline{BC}$와 만나는 점을 E라 하자. $\overline{BC}=9$ cm일 때, $\overline{BE}$의 길이를 구하시오.

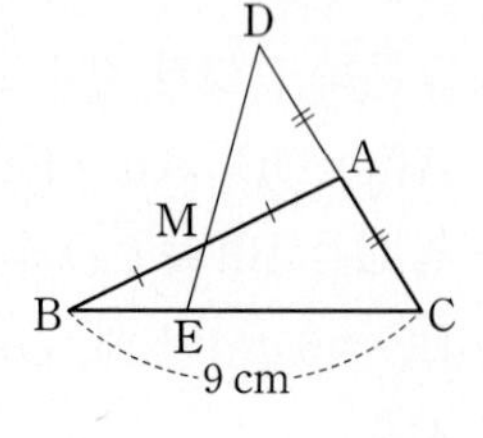

집중

유형 14 삼각형의 세 변의 중점을 연결한 삼각형 개념 6

$\triangle ABC$에서 $\overline{AB}$, $\overline{BC}$, $\overline{CA}$의 중점을 각각 D, E, F라 하면

(1) $\overline{AB}/\!/\overline{FE}$, $\overline{FE}=\frac{1}{2}\overline{AB}$

(2) $\overline{BC}/\!/\overline{DF}$, $\overline{DF}=\frac{1}{2}\overline{BC}$

(3) $\overline{CA}/\!/\overline{ED}$, $\overline{ED}=\frac{1}{2}\overline{CA}$

(4) ($\triangle DEF$의 둘레의 길이)$=\frac{1}{2}\times$($\triangle ABC$의 둘레의 길이)

44 대표문제

오른쪽 그림과 같은 $\triangle ABC$에서 세 점 D, E, F는 각각 $\overline{AB}$, $\overline{BC}$, $\overline{CA}$의 중점이고 $\overline{AB}=8$ cm, $\overline{BC}=13$ cm, $\overline{CA}=9$ cm일 때, $\triangle DEF$의 둘레의 길이를 구하시오.

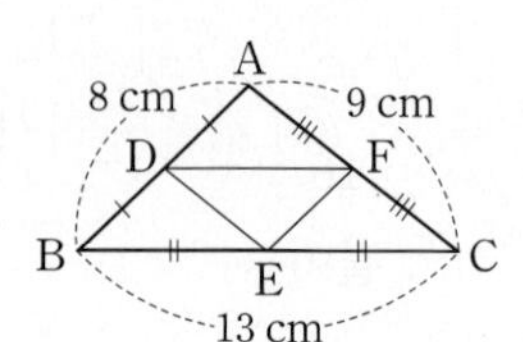

중요

45

오른쪽 그림과 같은 $\triangle ABC$에서 세 점 D, E, F는 각각 $\overline{AB}$, $\overline{BC}$, $\overline{CA}$의 중점이고 $\overline{AB}=15$ cm, $\overline{BC}=19$ cm이다. $\triangle DEF$의 둘레의 길이가 23 cm일 때, $\overline{AC}$의 길이를 구하시오.

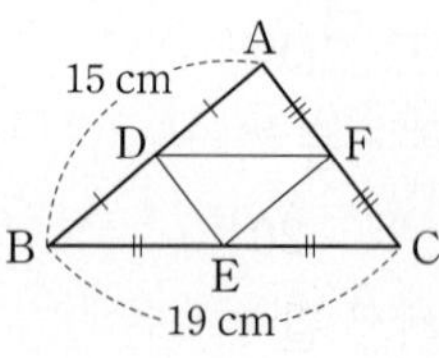

46

오른쪽 그림과 같은 $\triangle ABC$에서 세 점 D, E, F가 각각 $\overline{AB}$, $\overline{BC}$, $\overline{CA}$의 중점일 때, 다음 중 옳지 않은 것은?

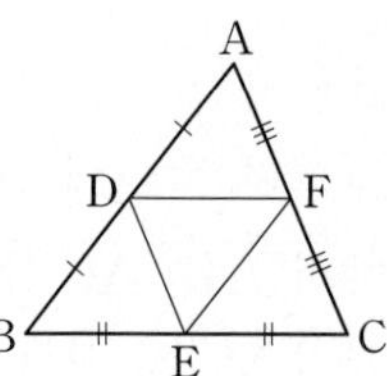

① $\overline{AB}/\!/\overline{EF}$
② $\angle B=\angle DFE$
③ $\angle C=\angle BED$
④ $\overline{DF}=\overline{EF}$
⑤ $\overline{AC}=2\overline{DE}$

유형 15 사각형의 네 변의 중점을 연결한 사각형 개념 6

□ABCD에서 $\overline{AB}$, $\overline{BC}$, $\overline{CD}$, $\overline{DA}$의 중점을 각각 E, F, G, H라 하면

(1) $\overline{AC} /\!/ \overline{EF} /\!/ \overline{HG}$, $\overline{EF}=\overline{HG}=\frac{1}{2}\overline{AC}$

(2) $\overline{BD} /\!/ \overline{EH} /\!/ \overline{FG}$, $\overline{EH}=\overline{FG}=\frac{1}{2}\overline{BD}$

(3) (□EFGH의 둘레의 길이)$=\overline{AC}+\overline{BD}$

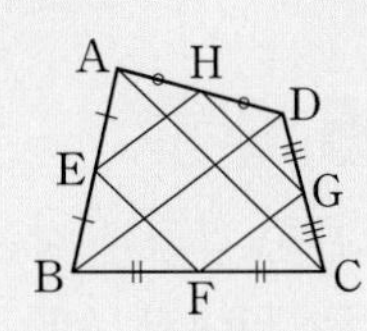

유형 16 사다리꼴에서 두 변의 중점을 연결한 선분의 성질 개념 6

$\overline{AD} /\!/ \overline{BC}$인 사다리꼴 ABCD에서 $\overline{AB}$, $\overline{CD}$의 중점을 각각 M, N이라 하면

(1) $\overline{AD} /\!/ \overline{MN} /\!/ \overline{BC}$

(2) $\overline{MP}=\overline{NQ}=\frac{1}{2}\overline{AD}$, $\overline{MQ}=\overline{NP}=\frac{1}{2}\overline{BC}$

(3) $\overline{MN}=\frac{1}{2}(\overline{AD}+\overline{BC})$

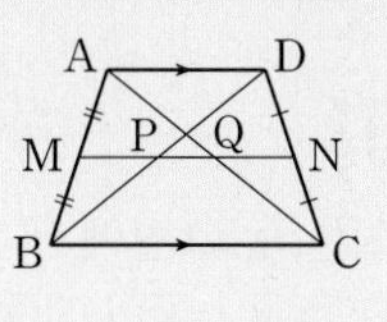

47 대표문제

오른쪽 그림과 같은 □ABCD에서 $\overline{AB}$, $\overline{BC}$, $\overline{CD}$, $\overline{DA}$의 중점을 각각 E, F, G, H라 하자. $\overline{AC}=12$ cm, $\overline{BD}=16$ cm일 때, □EFGH의 둘레의 길이를 구하시오.

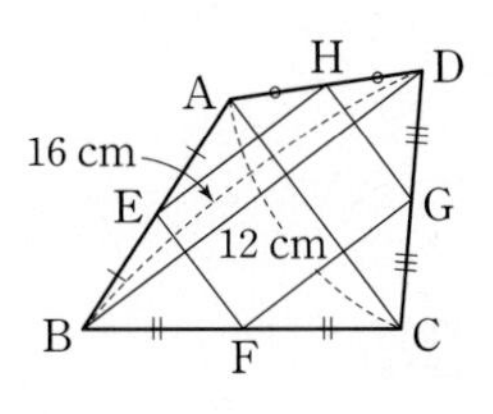

48

오른쪽 그림과 같은 직사각형 ABCD에서 $\overline{AB}$, $\overline{BC}$, $\overline{CD}$, $\overline{DA}$의 중점을 각각 E, F, G, H라 하자. $\overline{AC}=20$ cm일 때, □EFGH의 둘레의 길이는?

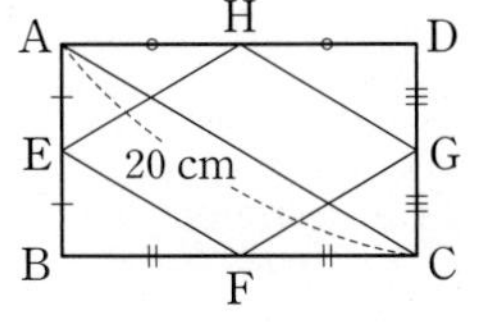
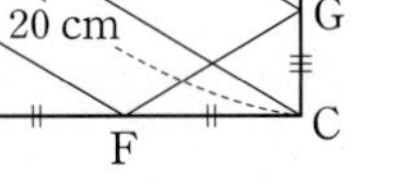

① 32 cm ② 34 cm ③ 36 cm ④ 38 cm ⑤ 40 cm

49

오른쪽 그림과 같은 마름모 ABCD에서 $\overline{AB}$, $\overline{BC}$, $\overline{CD}$, $\overline{DA}$의 중점을 각각 E, F, G, H라 하자. $\overline{AC}=10$ cm, $\overline{BD}=14$ cm일 때, □EFGH의 넓이를 구하시오.

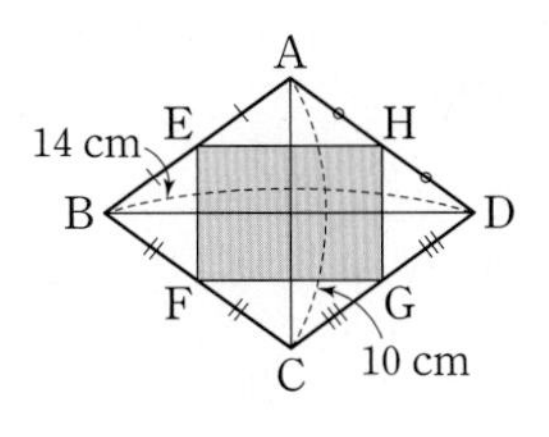

50 대표문제

오른쪽 그림과 같이 $\overline{AD} /\!/ \overline{BC}$인 사다리꼴 ABCD에서 두 점 M, N은 각각 $\overline{AB}$, $\overline{CD}$의 중점이고 $\overline{AD}=6$ cm, $\overline{BC}=10$ cm일 때, $\overline{PQ}$의 길이는?

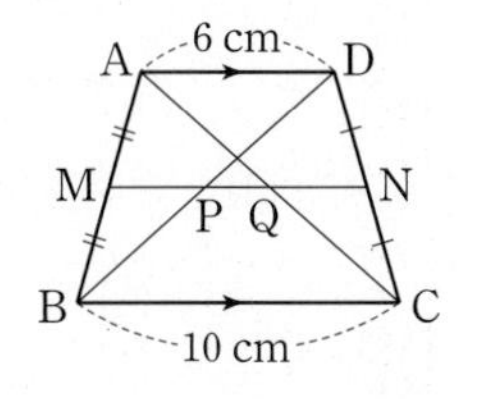

① 2 cm ② $\frac{5}{2}$ cm ③ 3 cm ④ $\frac{7}{2}$ cm ⑤ 4 cm

중요

51

오른쪽 그림과 같이 $\overline{AD} /\!/ \overline{BC}$인 사다리꼴 ABCD에서 두 점 M, N은 각각 $\overline{AB}$, $\overline{CD}$의 중점이고 $\overline{AD}=8$ cm, $\overline{BC}=12$ cm일 때, $\overline{MN}$의 길이를 구하시오.

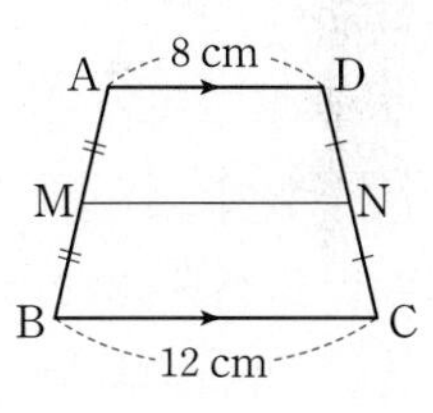

52 서술형

오른쪽 그림과 같이 $\overline{AD} /\!/ \overline{BC}$인 사다리꼴 ABCD에서 두 점 M, N은 각각 $\overline{AB}$, $\overline{CD}$의 중점이고 $\overline{AD}=11$ cm, $\overline{MN}=16$ cm일 때, $\overline{BC}$의 길이를 구하시오.

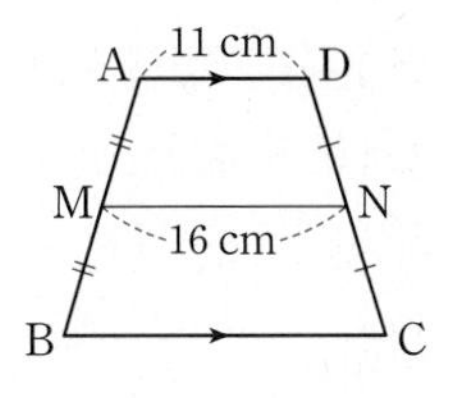

Real 실전 기출

01

오른쪽 그림에서 $\overline{DE} /\!/ \overline{FG} /\!/ \overline{BC}$이고 $\overline{DA} : \overline{AF} : \overline{FB} = 1 : 2 : 1$일 때, $x+y$의 값을 구하시오.

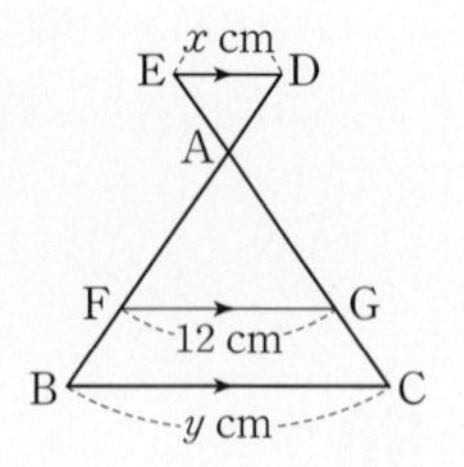

02 최다빈출

오른쪽 그림에서 $\overline{BC} /\!/ \overline{DE}$이고 $\overline{AC} = 9$ cm, $\overline{BF} = 6$ cm, $\overline{DG} = 8$ cm일 때, $\overline{CE}$의 길이를 구하시오.

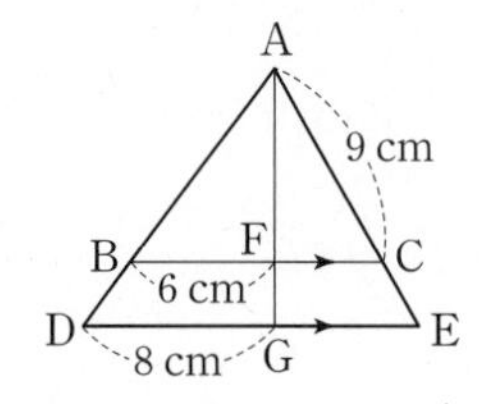

03

오른쪽 그림과 같은 △ABC에서 $\overline{AD}$가 ∠A의 외각의 이등분선이고 $\overline{AB} = 8$ cm, $\overline{AC} = 6$ cm이다. △ACD의 넓이가 36 cm²일 때, △ABC의 넓이를 구하시오.

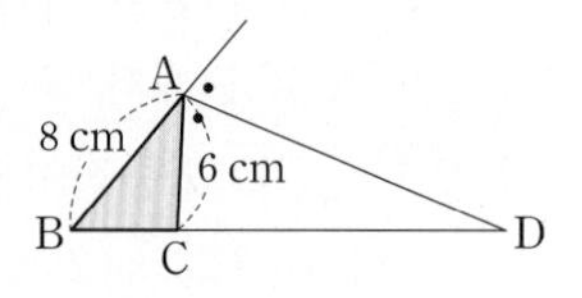

04

오른쪽 그림에서 $k /\!/ l /\!/ m /\!/ n$일 때, $y-x$의 값은?

① 6　　② 8
③ 10　　④ 12
⑤ 14

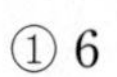

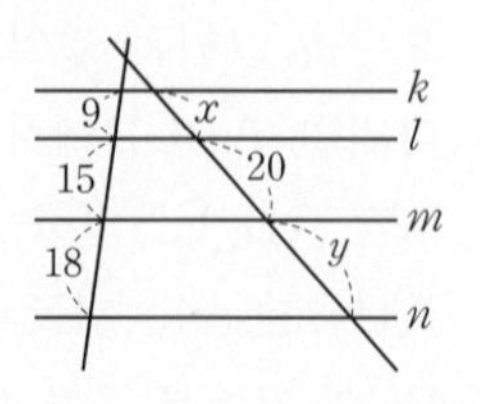

05 최다빈출

오른쪽 그림과 같은 사다리꼴 ABCD에서 $\overline{AD} /\!/ \overline{EF} /\!/ \overline{BC}$이고 $\overline{AD} = 9$ cm, $\overline{AE} = 8$ cm, $\overline{BE} = 12$ cm, $\overline{EF} = 17$ cm일 때, $\overline{BC}$의 길이를 구하시오.

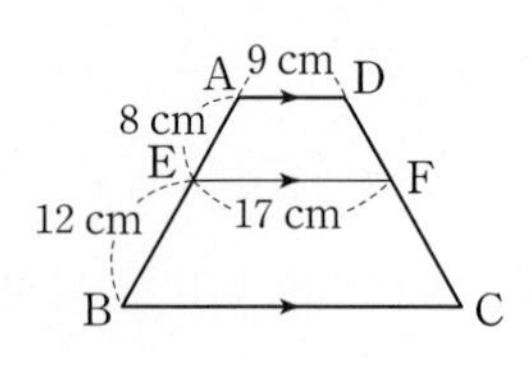

06

오른쪽 그림에서 $\overline{AB}$, $\overline{EF}$, $\overline{DC}$는 모두 $\overline{BC}$에 수직이고 $\overline{AB} = 9$ cm, $\overline{BC} = 21$ cm, $\overline{CD} = 18$ cm일 때, △EBF의 넓이를 구하시오.

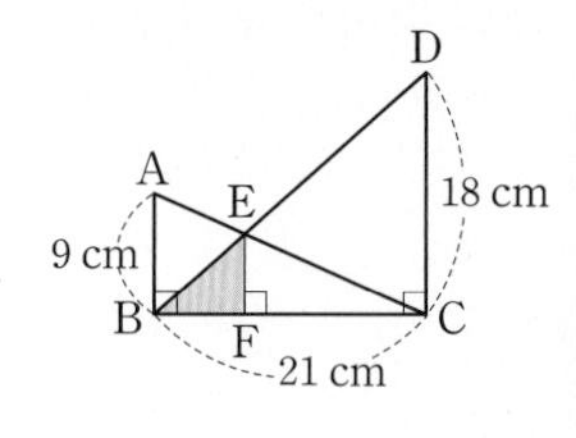

07 창의 역량

윤주는 오른쪽 그림과 같이 한 모서리의 길이가 8 cm인 정사면체 모양의 장난감을 네 모서리 AC, BC, BD, AD의 중점 P, Q, R, S를 지나도록 끈으로 묶었다. 이때 끈의 최소 길이를 구하시오. (단, 매듭의 길이는 생각하지 않는다.)

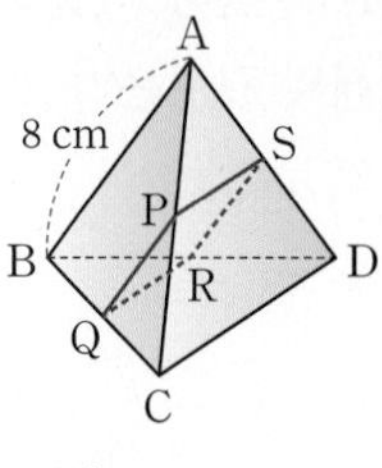

08

오른쪽 그림과 같은 △ABC에서 세 점 D, E, F는 각각 $\overline{AB}$, $\overline{BC}$, $\overline{CA}$의 중점이고 △ABC의 넓이는 20 cm²일 때, △DEF의 넓이를 구하시오.

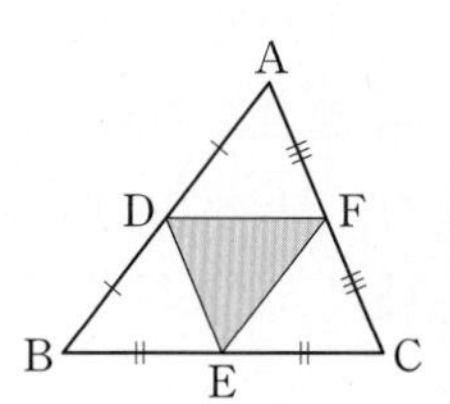

09 최다빈출

오른쪽 그림과 같이 $\overline{AD} /\!/ \overline{BC}$인 사다리꼴 ABCD에서 $\overline{AM}=\overline{MB}$, $\overline{DN}=\overline{NC}$이고 $\overline{BC}=24$ cm, $\overline{PQ}=4$ cm일 때, $\overline{AD}$의 길이를 구하시오.

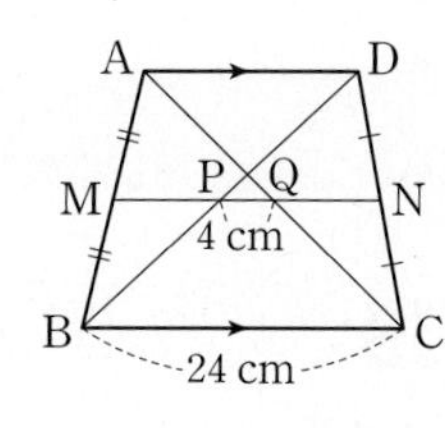

10

오른쪽 그림에서 $l /\!/ m /\!/ n$일 때, x의 값은?

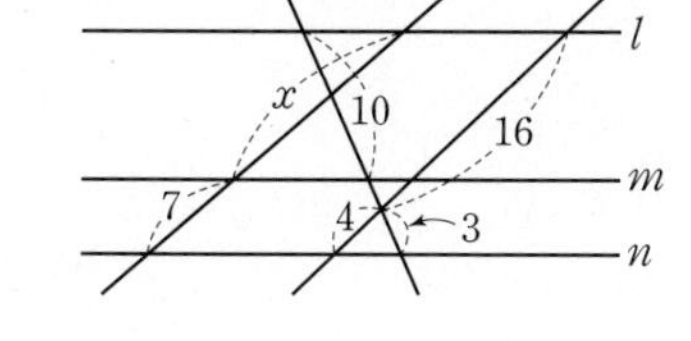

① 14　② 15　③ 16　④ 17　⑤ 18

11

오른쪽 그림에서 두 점 M, N은 각각 $\overline{CD}$, $\overline{AB}$의 중점이고 $\overline{AC}=4$ cm, $\overline{DB}=8$ cm일 때, $\overline{MN}$의 길이를 구하시오.

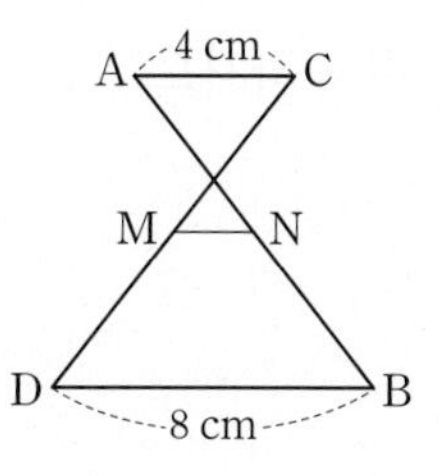

12

오른쪽 그림과 같은 △ABC에서 두 점 D, E는 $\overline{AB}$를 삼등분하는 점이고 두 점 F, G는 $\overline{AC}$를 삼등분하는 점이다. 두 점 P, Q는 각각 $\overline{EG}$와 $\overline{BF}$, $\overline{CD}$의 교점이고 $\overline{DF}=8$ cm일 때, $\overline{PQ}$의 길이를 구하시오.

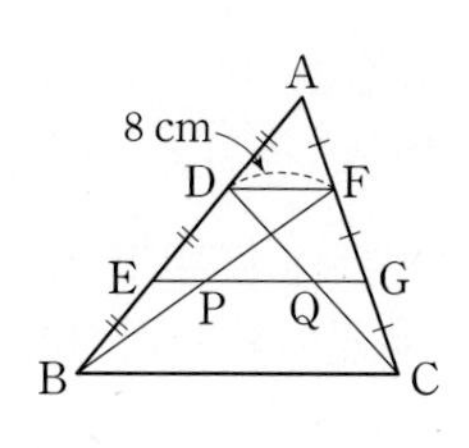

100점 공략

13

오른쪽 그림과 같은 사다리꼴 ABCD에서 두 점 E, F는 $\overline{AB}$를 삼등분하는 점이고 $\overline{AD} /\!/ \overline{EG} /\!/ \overline{FH} /\!/ \overline{BC}$이다. $\overline{AD}=6$ cm, $\overline{FH}=10$ cm일 때, $\overline{BC}$의 길이를 구하시오.

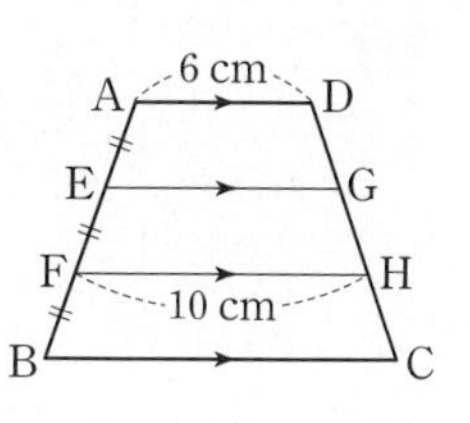

14

오른쪽 그림에서 △ABC의 내접원 I는 세 점 D, E, F에서 △ABC의 각 변에 접한다. 점 P는 $\overline{AI}$의 연장선과 $\overline{BC}$의 교점이고 $\overline{AB}=6$ cm, $\overline{BC}=12$ cm, $\overline{CA}=10$ cm일 때, $\overline{EP}$의 길이를 구하시오.

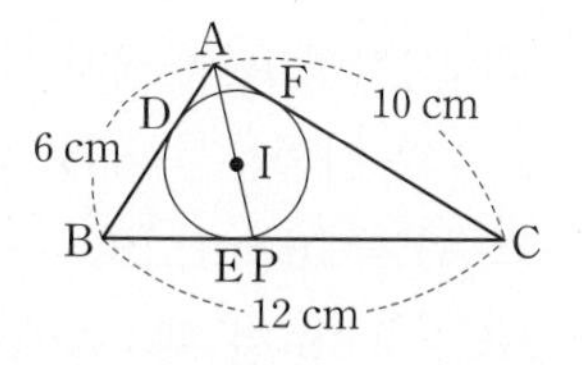

15

오른쪽 그림과 같은 △ABC에서 $\overline{AM}=\overline{MB}$이고 $\overline{BD} : \overline{DC}=1 : 2$일 때, $\overline{AE} : \overline{AD}$를 가장 간단한 자연수의 비로 나타내시오.

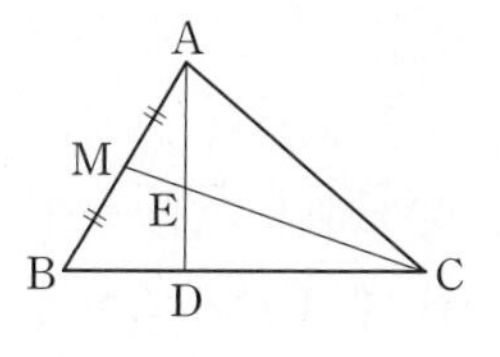

정답과 해설 55쪽

서술형

16

오른쪽 그림에서 $\overline{AB}=4$ cm, $\overline{CD}=9$ cm이고 $\overline{AF}:\overline{FD}=\overline{BE}:\overline{EC}=3:2$일 때, $\overline{EF}$의 길이를 구하시오.

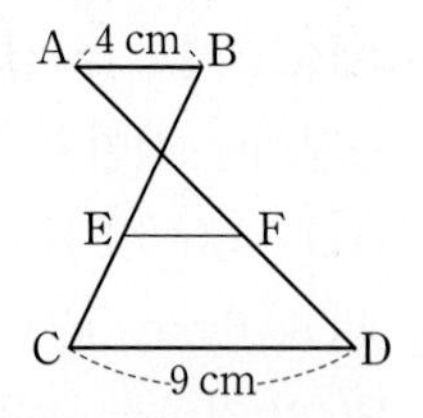

풀이

답

17

오른쪽 그림과 같이 $\angle C=90°$인 직각삼각형 ABC에서 점 D는 $\angle A$의 이등분선과 $\overline{BC}$의 교점이고 $\overline{AB}=10$ cm, $\overline{BC}=8$ cm, $\overline{AC}=6$ cm일 때, $\triangle ABD$의 넓이를 구하시오.

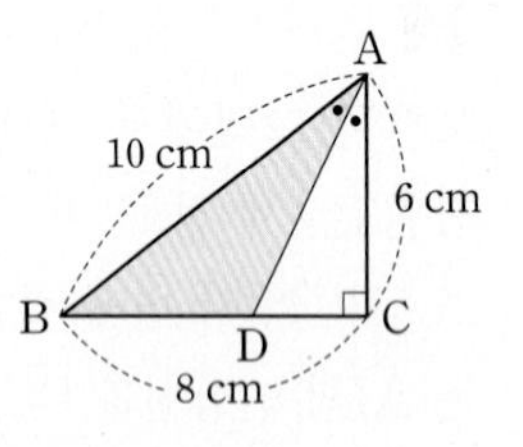

풀이

답

18

오른쪽 그림과 같이 $\overline{AD}/\!/\overline{BC}$인 사다리꼴 ABCD에서 $\overline{EF}$는 두 대각선 $\overline{AC}$, $\overline{BD}$의 교점 O를 지나고 $\overline{BC}$와 평행하다. $\overline{AD}=21$ cm, $\overline{BC}=28$ cm일 때, $\overline{EF}$의 길이를 구하시오.

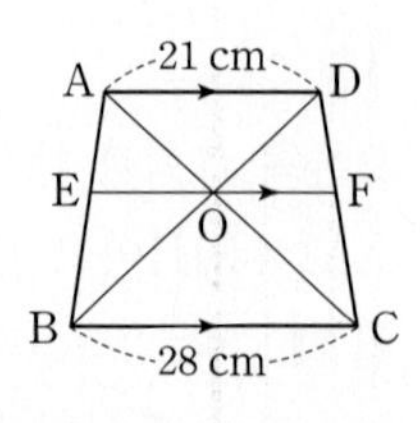

풀이

답

19

오른쪽 그림의 $\triangle ABC$에서 두 점 D, E는 각각 $\overline{AB}$를 삼등분하는 점이고 두 점 F, G는 각각 $\overline{AC}$를 삼등분하는 점이다. $\overline{DF}=3$ cm일 때, $x+y$의 값을 구하시오.

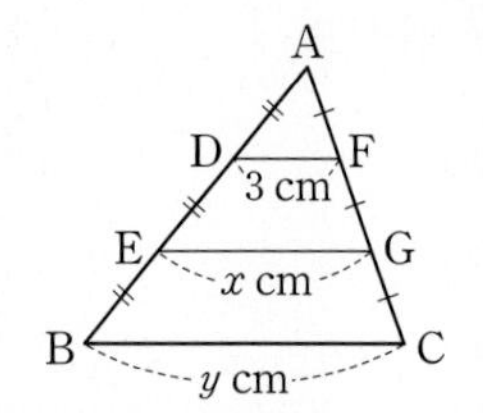

풀이

답

20 100점

오른쪽 그림과 같이 $\angle A=90°$인 직각삼각형 ABC의 꼭짓점 A에서 $\overline{BC}$에 내린 수선의 발을 D라 하자. $\angle ADE=\angle BDE$이고 $\overline{AB}=4$ cm, $\overline{BC}=5$ cm, $\overline{CA}=3$ cm일 때, $\overline{AE}$의 길이를 구하시오.

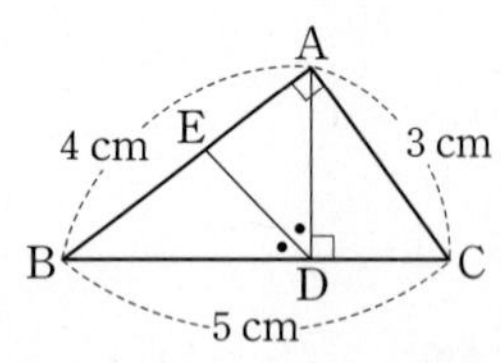

풀이

답

21 100점

오른쪽 그림과 같이 $\angle B=90°$인 직각삼각형 ABC에서 $\overline{AB}$, $\overline{BC}$, $\overline{CA}$의 중점을 각각 D, E, F라 하고 $\overline{AF}$, $\overline{FC}$의 중점을 각각 P, Q라 하자. $\overline{AC}=12$ cm일 때, □DEQP의 둘레의 길이를 구하시오.

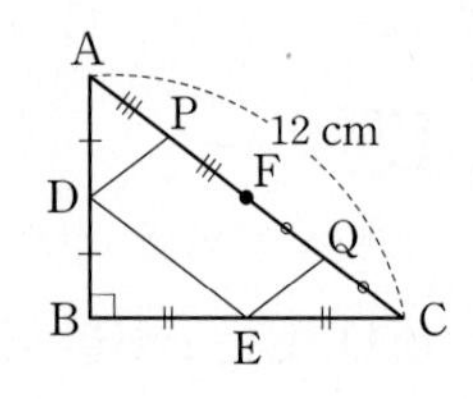

풀이

답

Ⅲ. 도형의 닮음

07 닮음의 활용

유형북 93 ~ 104쪽

더블북 42 ~ 47쪽

유형 01 삼각형의 중선의 성질

집중 유형 02 삼각형의 무게중심의 성질

유형 03 삼각형의 무게중심의 응용 (1)

집중 유형 04 삼각형의 무게중심의 응용 (2)

집중 유형 05 삼각형의 무게중심과 넓이

유형 06 평행사변형에서 삼각형의 무게중심의 응용

집중 유형 07 닮은 두 평면도형의 넓이의 비

유형 08 닮은 두 평면도형의 넓이의 비의 활용

유형 09 닮은 두 입체도형의 겉넓이의 비

집중 유형 10 닮은 두 입체도형의 부피의 비

유형 11 높이 또는 거리의 측정

유형 12 축도와 축척

Real 실전 개념

개념 1 삼각형의 중선 (유형 01)

(1) **중선**: 삼각형에서 한 꼭짓점과 그 대변의 중점을 이은 선분

(2) **삼각형의 중선의 성질**

삼각형의 한 중선은 그 삼각형의 넓이를 이등분한다.

➜ $\overline{AD}$가 $\triangle ABC$의 중선이면

$$\triangle ABD = \triangle ACD = \frac{1}{2}\triangle ABC$$

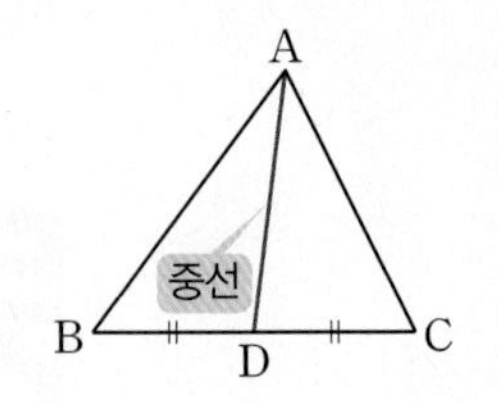

개념 노트

- 한 삼각형에는 세 개의 중선이 있다.
- 정삼각형의 세 중선의 길이는 모두 같다.

개념 2 삼각형의 무게중심 (유형 02~04, 06)

(1) **삼각형의 무게중심**: 삼각형의 세 중선의 교점

(2) **삼각형의 무게중심의 성질**

① 삼각형의 세 중선은 한 점(무게중심)에서 만난다.

② 삼각형의 무게중심은 세 중선의 길이를 각 꼭짓점으로부터 각각 2 : 1로 나눈다.

➜ $\triangle ABC$의 무게중심을 G라 하면

$$\overline{AG} : \overline{GD} = \overline{BG} : \overline{GE} = \overline{CG} : \overline{GF} = 2 : 1$$

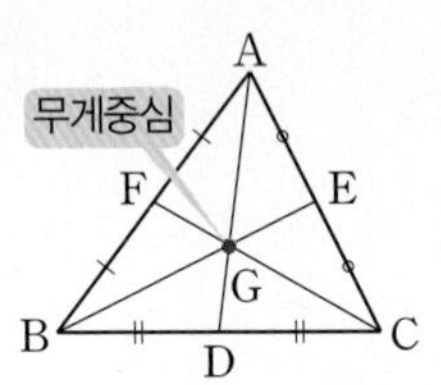

- 정삼각형의 외심, 내심, 무게중심은 모두 일치한다.
- 이등변삼각형의 외심, 내심, 무게중심은 모두 꼭지각의 이등분선 위에 있다.

개념 3 삼각형의 무게중심과 넓이 (유형 05, 06)

삼각형의 세 중선에 의하여 나누어지는 6개의 삼각형의 넓이는 모두 같다.

➜ $\triangle ABC$의 무게중심을 G라 하면

$$\triangle GAF = \triangle GBF = \triangle GBD = \triangle GCD$$
$$= \triangle GCE = \triangle GAE = \frac{1}{6}\triangle ABC$$

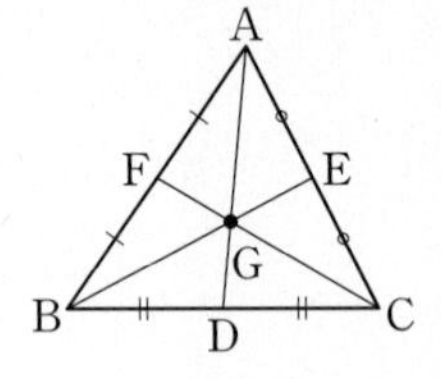

- $\triangle GAB = \triangle GBC = \triangle GCA = \frac{1}{3}\triangle ABC$

개념 4 닮은 도형의 성질의 활용 (유형 07~12)

(1) **닮은 두 평면도형의 둘레의 길이의 비와 넓이의 비**

닮은 두 평면도형의 닮음비가 $m : n$일 때

① 둘레의 길이의 비 ➜ $m : n$ ← 닮음비 　　② 넓이의 비 ➜ $m^2 : n^2$ ← 닮음비의 제곱

(2) **닮은 두 입체도형의 겉넓이의 비와 부피의 비**

닮은 두 입체도형의 닮음비가 $m : n$일 때

① 겉넓이의 비 ➜ $m^2 : n^2$ ← 닮음비의 제곱 　　② 부피의 비 ➜ $m^3 : n^3$ ← 닮음비의 세제곱

(3) **축도와 축척**: 실제 거리나 높이를 직접 측정하기 어려운 경우에는 닮음을 이용하여 간접적으로 측정할 수 있다.

① **축도**: 어떤 도형을 일정한 비율로 줄인 그림

② **축척**: 축도에서의 길이와 실제 길이의 비율

➜ $(\text{축척}) = \dfrac{(\text{축도에서의 길이})}{(\text{실제 길이})}$

- 닮은 두 입체도형의 닮음비가 $m : n$일 때
  ① 밑넓이의 비 ➜ $m^2 : n^2$
  ② 옆넓이의 비 ➜ $m^2 : n^2$
- 축척은 $1 : 1000$ 또는 $\frac{1}{1000}$과 같이 나타낸다. 이는 축도에서의 길이와 실제 길이의 비가 $1 : 1000$임을 뜻한다.

개념 1 삼각형의 중선

[01~02] 오른쪽 그림에서 $\overline{AD}$가 $\triangle ABC$의 중선일 때, 다음 물음에 답하시오.

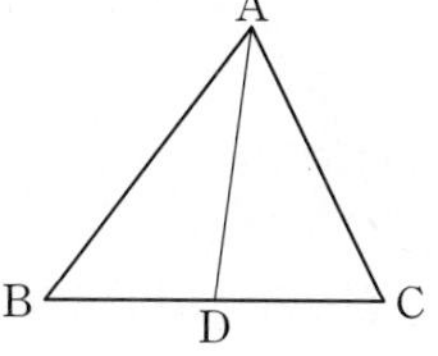

01 $\overline{BC}=6\text{ cm}$일 때, $\overline{BD}$의 길이를 구하시오.

02 $\triangle ACD$의 넓이가 5 cm^2일 때, $\triangle ABC$의 넓이를 구하시오.

개념 2 삼각형의 무게중심

[03~06] 다음 그림에서 점 G가 $\triangle ABC$의 무게중심일 때, x의 값을 구하시오.

03

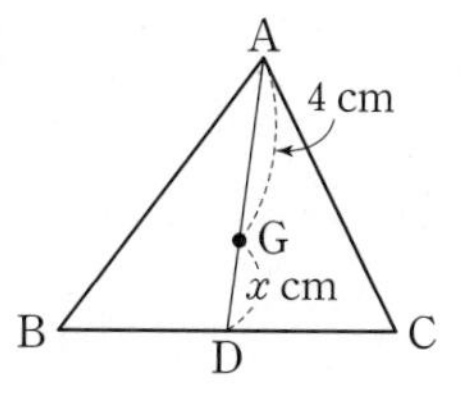

04

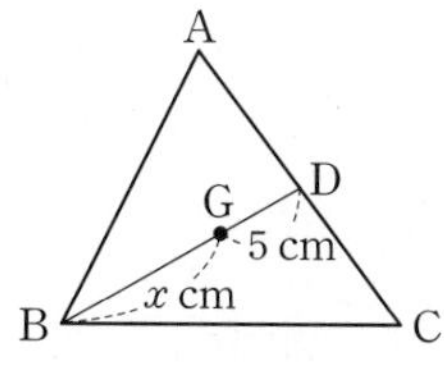

05

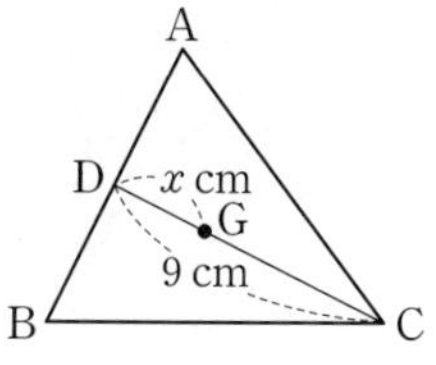

06

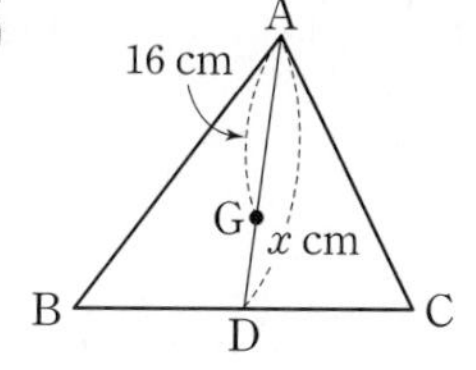

개념 3 삼각형의 무게중심과 넓이

[07~10] 다음 그림에서 점 G는 $\triangle ABC$의 무게중심이고 $\triangle ABC$의 넓이는 18 cm^2일 때, 색칠한 부분의 넓이를 구하시오.

07

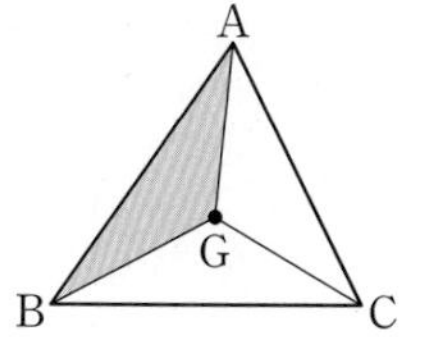

08

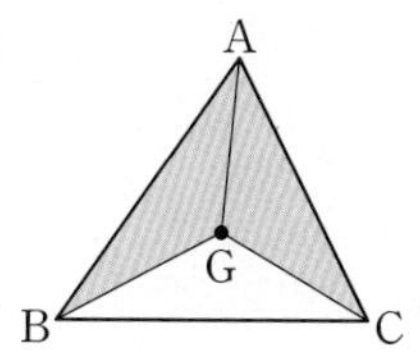

09

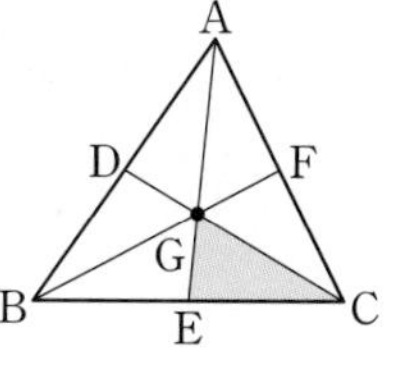

10

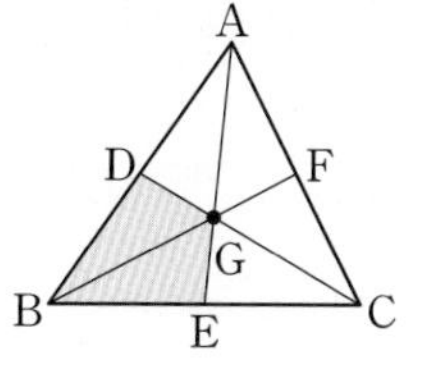

개념 4 닮은 도형의 성질의 활용

[11~13] 아래 그림에서 $\square ABCD \backsim \square EFGH$일 때, 다음을 구하시오.

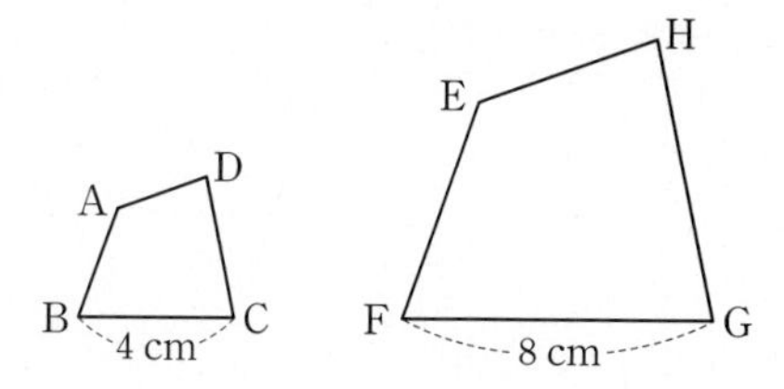

11 $\square ABCD$와 $\square EFGH$의 닮음비

12 $\square ABCD$와 $\square EFGH$의 둘레의 길이의 비

13 $\square ABCD$와 $\square EFGH$의 넓이의 비

[14~17] 아래 그림에서 두 원기둥 A, B가 닮은 도형일 때, 다음을 구하시오.

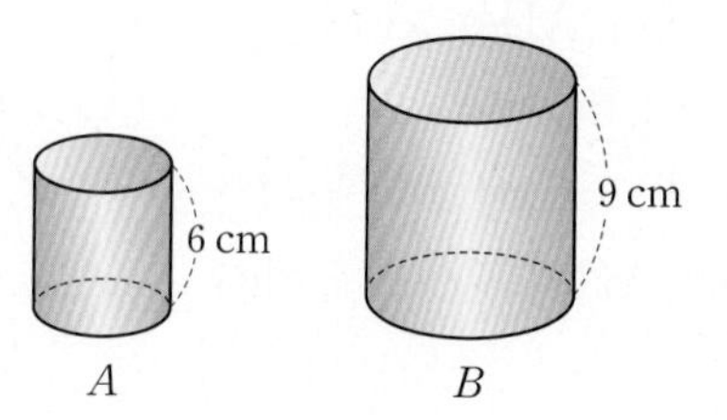

14 두 원기둥 A, B의 닮음비

15 두 원기둥 A, B의 밑면의 둘레의 길이의 비

16 두 원기둥 A, B의 겉넓이의 비

17 두 원기둥 A, B의 부피의 비

[18~19] 축척이 $\frac{1}{20000}$인 지도에 대하여 다음 물음에 답하시오.

18 실제 거리가 2 km인 두 지점 사이의 지도에서의 거리는 몇 cm인지 구하시오.

19 지도에서의 거리가 8 cm인 두 지점 사이의 실제 거리는 몇 km인지 구하시오.

유형 01 삼각형의 중선의 성질 개념1

$\overline{AD}$가 $\triangle ABC$의 중선일 때
(1) $\overline{BD}=\overline{CD}$
(2) $\triangle ABD=\triangle ACD=\frac{1}{2}\triangle ABC$

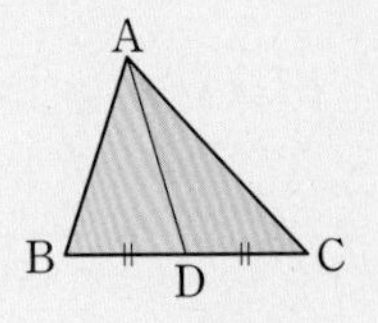

01 대표문제

오른쪽 그림과 같은 $\triangle ABC$에서 점 D는 $\overline{BC}$의 중점이고 점 E는 $\overline{AD}$의 중점이다. $\triangle ABC$의 넓이가 20 cm^2일 때, $\triangle CED$의 넓이를 구하시오.

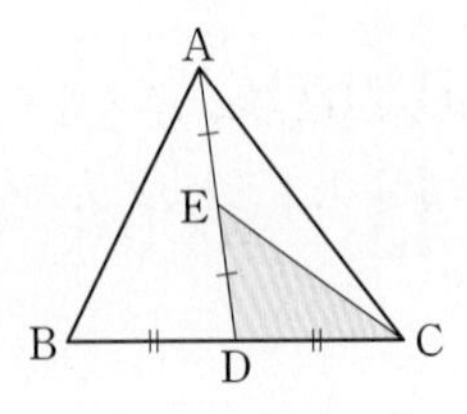

02

오른쪽 그림에서 $\overline{AD}$는 $\triangle ABC$의 중선이고 $\overline{AH}\perp\overline{BC}$이다. $\overline{BC}=12\text{ cm}$이고 $\triangle ABD$의 넓이가 24 cm^2일 때, $\overline{AH}$의 길이를 구하시오.

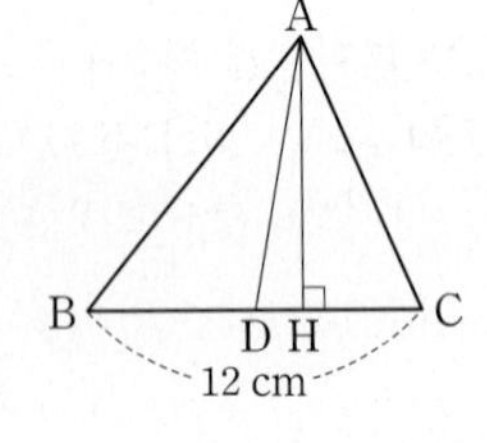

03 서술형

오른쪽 그림에서 $\overline{AD}$는 $\triangle ABC$의 중선이고 $\overline{AE}=\overline{EF}=\overline{FD}$이다. $\triangle ABC$의 넓이가 36 cm^2일 때, $\triangle CEF$의 넓이를 구하시오.

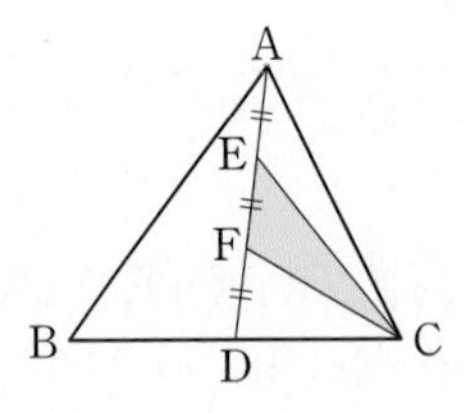

04

오른쪽 그림과 같은 $\triangle ABC$에서 $\overline{BD}$는 중선이고 $\overline{BE}:\overline{ED}=2:1$이다. $\triangle AED$의 넓이가 5 cm^2일 때, $\triangle ABC$의 넓이를 구하시오.

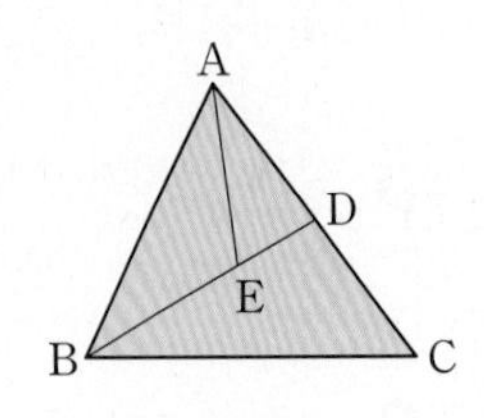

집중

유형 02 삼각형의 무게중심의 성질 개념2

점 G가 $\triangle ABC$의 무게중심일 때
(1) $\overline{AG}=2\overline{GD}$
(2) $\overline{AG}=\frac{2}{3}\overline{AD}$, $\overline{GD}=\frac{1}{3}\overline{AD}$
(3) $\overline{AD}=\frac{3}{2}\overline{AG}=3\overline{GD}$

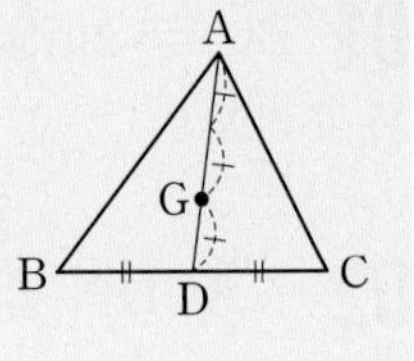

05 대표문제

오른쪽 그림에서 $\overline{AD}$는 $\triangle ABC$의 중선이고 점 G는 $\triangle ABC$의 무게중심이다. $\overline{AD}=21\text{ cm}$, $\overline{BD}=9\text{ cm}$일 때, $x+y$의 값을 구하시오.

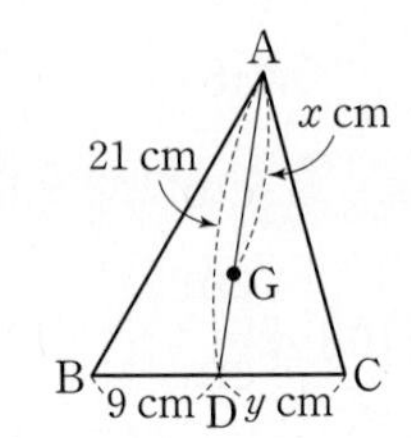

06

오른쪽 그림에서 두 점 G, G′은 각각 $\triangle ABC$, $\triangle GBC$의 무게중심이다. $\overline{G'D}=2\text{ cm}$일 때, $\overline{AD}$의 길이를 구하시오.

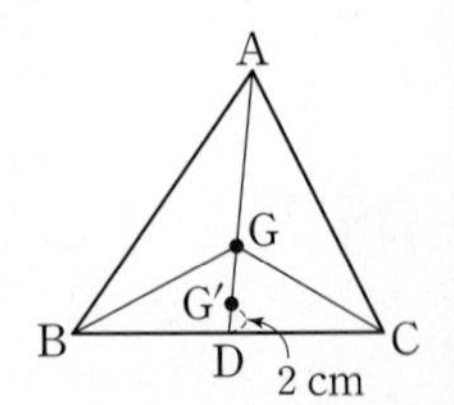

07

오른쪽 그림에서 두 점 G, G′이 각각 $\triangle ABC$, $\triangle GAB$의 무게중심일 때, $\overline{CG}:\overline{GG'}:\overline{G'D}$를 가장 간단한 자연수의 비로 나타내시오.

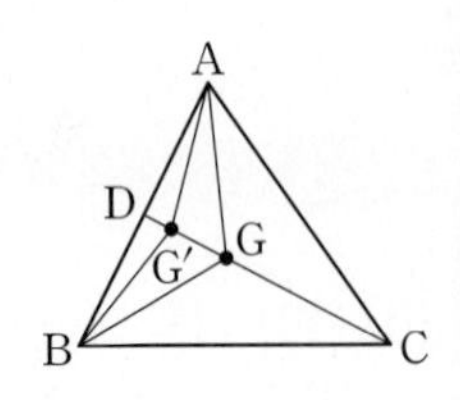

중요

08

오른쪽 그림과 같이 $\angle B=90°$인 직각삼각형 ABC에서 점 G는 무게중심이고 $\overline{AC}=24\text{ cm}$일 때, $\overline{GD}$의 길이를 구하시오.

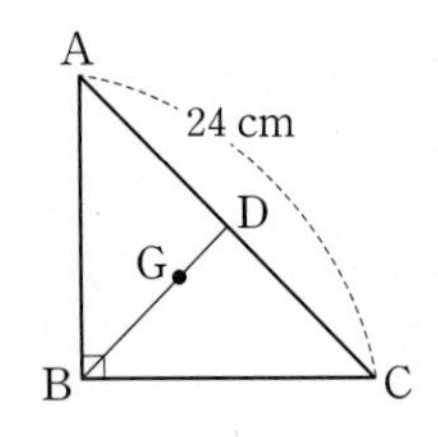

유형 03 삼각형의 무게중심의 응용 (1) 개념2

점 G가 $\triangle ABC$의 무게중심이고 $\overline{BE} /\!/ \overline{DF}$, $\overline{GE}=a$일 때

(1) $\overline{BE}=3\overline{GE}=3a$

(2) $\overline{GE} : \overline{DF}=\overline{AG} : \overline{AD}=2 : 3$이므로

$\overline{DF}=\frac{3}{2}\overline{GE}=\frac{3}{2}a$

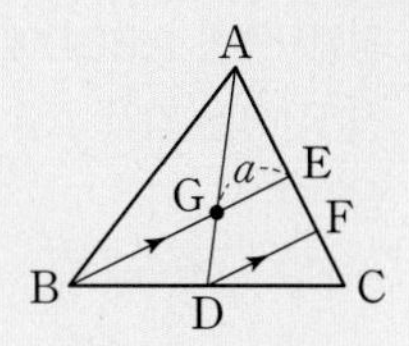

09 대표문제

오른쪽 그림에서 점 G는 $\triangle ABC$의 무게중심이고 $\overline{BE} /\!/ \overline{DF}$이다. $\overline{DF}=18$ cm일 때, $\overline{GE}$의 길이는?

① 12 cm　② 13 cm

③ 14 cm　④ 15 cm

⑤ 16 cm

10

오른쪽 그림에서 점 G는 $\triangle ABC$의 무게중심이고 점 F는 $\overline{DC}$의 중점이다. $\overline{AG}=8$ cm일 때, $\overline{EF}$의 길이를 구하시오.

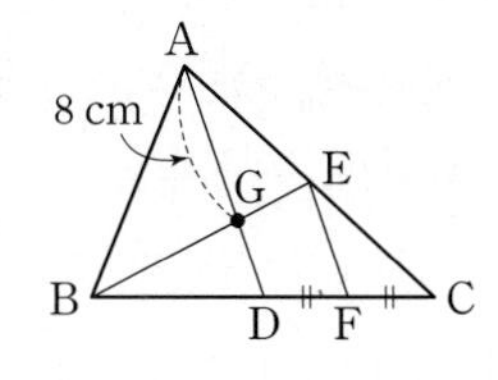

11

오른쪽 그림에서 점 G는 $\triangle ABC$의 무게중심이고 $\overline{AD} /\!/ \overline{EF}$일 때, $\overline{BF} : \overline{FC}$를 가장 간단한 자연수의 비로 나타내시오.

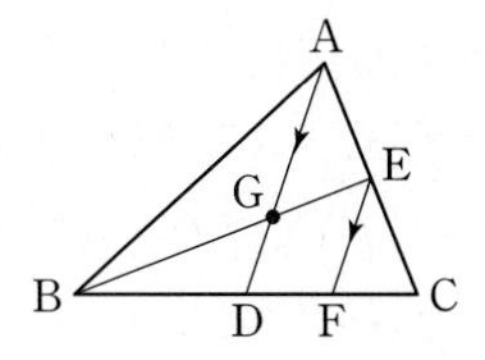

집중

유형 04 삼각형의 무게중심의 응용 (2) 개념2

점 G가 $\triangle ABC$의 무게중심이고 $\overline{BC} /\!/ \overline{DE}$일 때

(1) $\triangle ADG \backsim \triangle ABM$이므로

$\overline{DG} : \overline{BM}=\overline{AG} : \overline{AM}=2 : 3$

(2) $\triangle AGE \backsim \triangle AMC$이므로

$\overline{GE} : \overline{MC}=\overline{AG} : \overline{AM}=2 : 3$

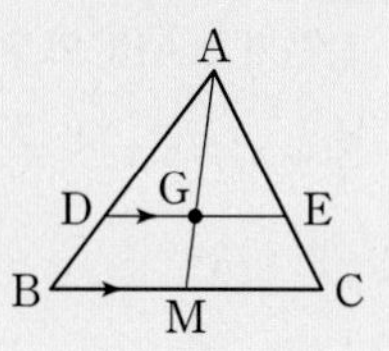

12 대표문제

오른쪽 그림에서 점 G는 $\triangle ABC$의 무게중심이고 $\overline{EF} /\!/ \overline{AC}$이다. $\overline{AD}=3$ cm일 때, $\overline{EF}$의 길이를 구하시오.

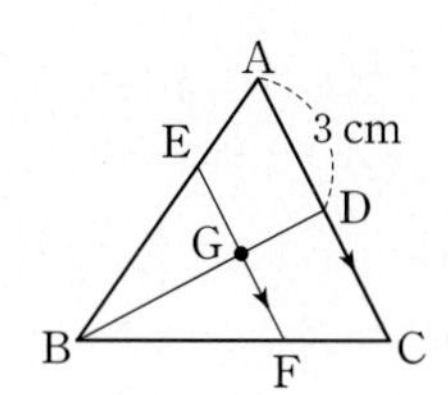

13 서술형

오른쪽 그림과 같은 $\triangle ABC$에서 두 중선 AD, BE의 교점을 G라 하자. $\overline{EF} /\!/ \overline{BD}$이고 $\overline{AD}=12$ cm일 때, $\overline{GF}$의 길이를 구하시오.

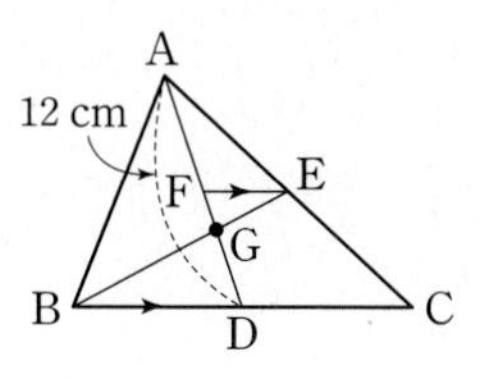

중요

14

오른쪽 그림과 같은 $\triangle ABC$에서 두 점 G, G′은 각각 $\triangle ABM$, $\triangle ACM$의 무게중심이다. $\overline{GG'}=10$ cm일 때, $\overline{BC}$의 길이는?

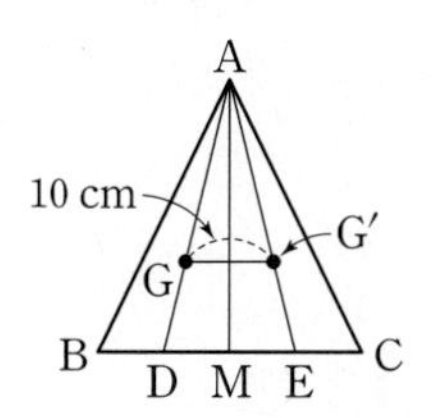

① 22 cm　② 24 cm

③ 26 cm　④ 28 cm

⑤ 30 cm

집중

유형 05 삼각형의 무게중심과 넓이 (개념 3)

점 G가 △ABC의 무게중심일 때

$S_1=S_2=S_3=S_4=S_5=S_6=\frac{1}{6}\triangle ABC$

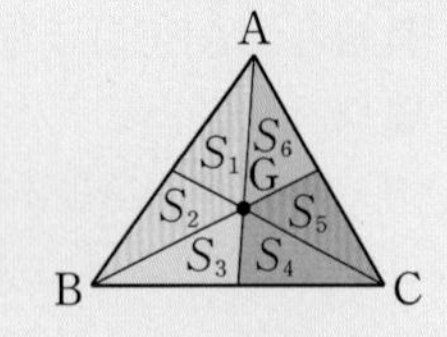

15 대표문제

오른쪽 그림에서 점 G는 △ABC의 무게중심이고 △BDG의 넓이가 $4\ cm^2$일 때, □GDCE의 넓이를 구하시오.

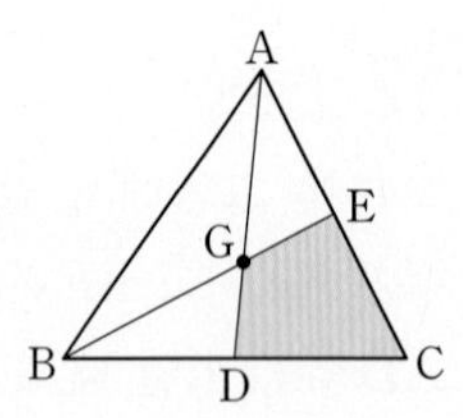

16

오른쪽 그림에서 점 G가 △ABC의 무게중심일 때, 다음 중 넓이가 나머지 넷과 다른 하나는?

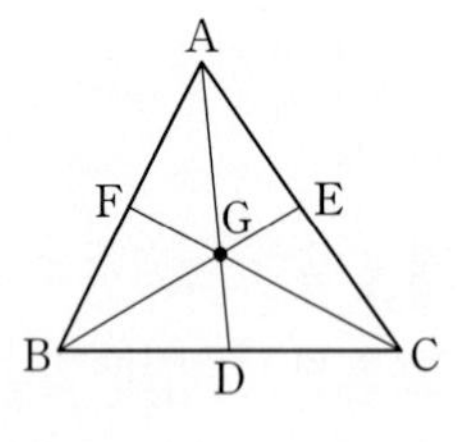

① △ABG ② △AGC
③ △ABD ④ □AFGE
⑤ □BDGF

17 서술형

오른쪽 그림에서 두 점 G, G′은 각각 △ABC, △GBC의 무게중심이고 △GBG′의 넓이가 $5\ cm^2$일 때, △ABC의 넓이를 구하시오.

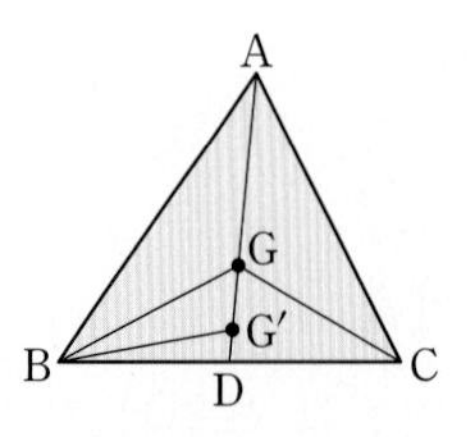

중요

18

오른쪽 그림과 같은 △ABC에서 $\overline{AB}$, $\overline{AC}$의 중점을 각각 M, N이라 하고 $\overline{BN}$, $\overline{CM}$의 교점을 G라 하자. △GBC의 넓이가 $12\ cm^2$일 때, △MGN의 넓이를 구하시오.

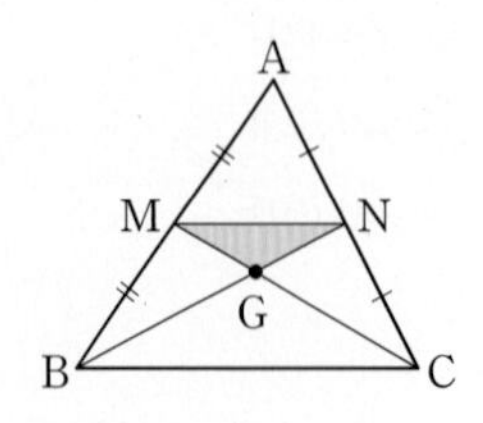

유형 06 평행사변형에서 삼각형의 무게중심의 응용 (개념 2, 3)

평행사변형 ABCD에서 $\overline{AO}=\overline{OC}$이므로 두 점 P, Q는 각각 △ABC, △ACD의 무게중심이다.

➜ $\overline{BP}:\overline{PO}=\overline{DQ}:\overline{QO}=2:1$

➜ $\overline{BP}=\overline{PQ}=\overline{QD}$

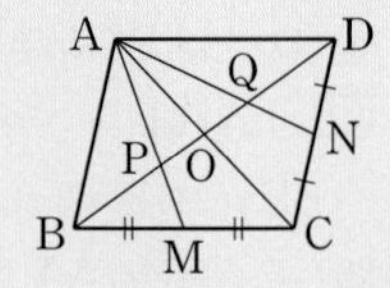

19 대표문제

오른쪽 그림과 같은 평행사변형 ABCD에서 $\overline{BC}$, $\overline{CD}$의 중점을 각각 M, N이라 하고 $\overline{BD}$와 $\overline{AM}$, $\overline{AN}$의 교점을 각각 P, Q라 하자.

$\overline{PQ}=8$ cm일 때, $\overline{MN}$의 길이를 구하시오.

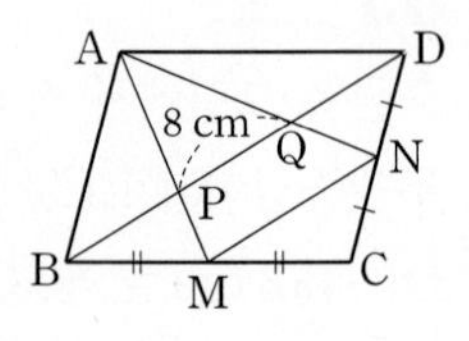

20

오른쪽 그림과 같은 평행사변형 ABCD에서 $\overline{BC}$의 중점을 M이라 하고 $\overline{AM}$과 $\overline{BD}$의 교점을 P라 하자. $\overline{BP}=7$ cm일 때, $\overline{PD}$의 길이를 구하시오.

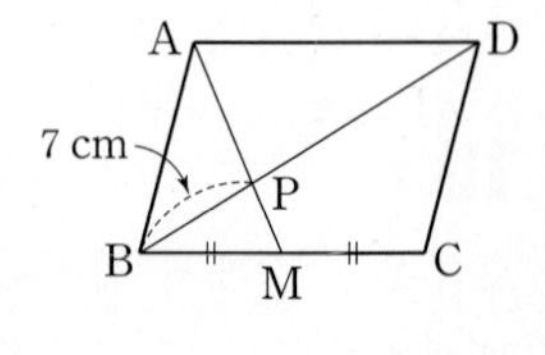

21

오른쪽 그림과 같은 평행사변형 ABCD에서 두 점 M, N은 각각 $\overline{BC}$, $\overline{CD}$의 중점이다. □ABCD의 넓이가 $48\ cm^2$일 때, △APQ의 넓이는?

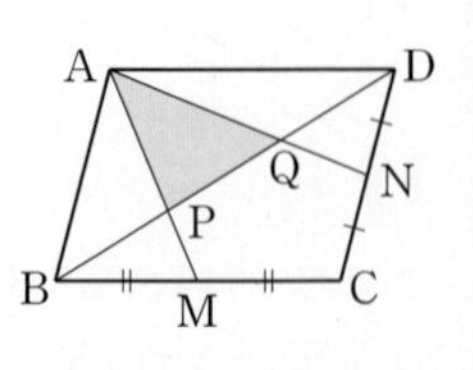

① $6\ cm^2$ ② $8\ cm^2$ ③ $10\ cm^2$
④ $12\ cm^2$ ⑤ $14\ cm^2$

22

오른쪽 그림과 같은 평행사변형 ABCD에서 $\overline{BC}$의 중점을 M, $\overline{AM}$과 $\overline{BD}$의 교점을 P라 하고 꼭짓점 D에서 $\overline{BC}$의 연장선에 내린 수선의 발을 H라 하자. $\overline{BC}=6$ cm, $\overline{DH}=5$ cm일 때, △ABP의 넓이를 구하시오.

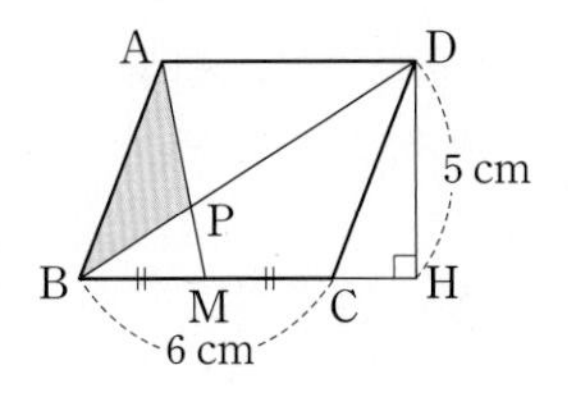

집중

유형 07 닮은 두 평면도형의 넓이의 비 (개념 4)

닮음비가 $m : n$인 닮은 두 평면도형의 넓이의 비
➜ $m^2 : n^2$

23 대표문제

오른쪽 그림과 같은 △ABC에서 ∠ADE=∠B이고 $\overline{AE}=8$ cm, $\overline{AD}=10$ cm, $\overline{EB}=7$ cm이다. △AED의 넓이가 32 cm^2일 때, △ABC의 넓이를 구하시오.

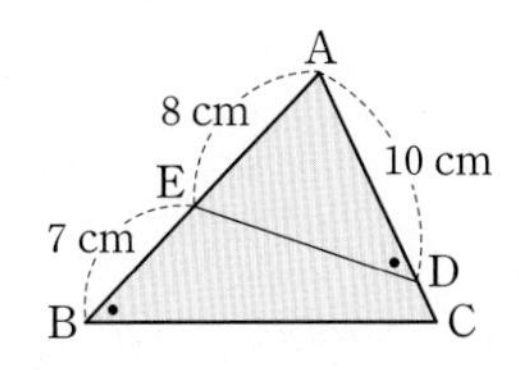

24

오른쪽 그림과 같이 중심이 O로 같은 세 원이 있다. 가장 작은 원의 넓이가 9π cm^2일 때, 가장 큰 원의 넓이를 구하시오.

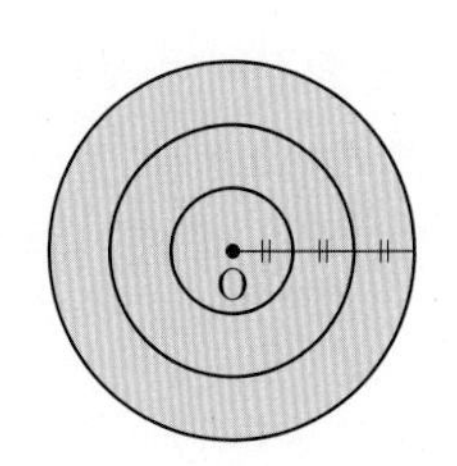

25 서술형

오른쪽 그림과 같이 $\overline{AD}$ // $\overline{BC}$인 사다리꼴 ABCD에서 $\overline{AD}=9$ cm, $\overline{BC}=18$ cm이다. △OBC의 넓이가 92 cm^2일 때, △ODA의 넓이를 구하시오.

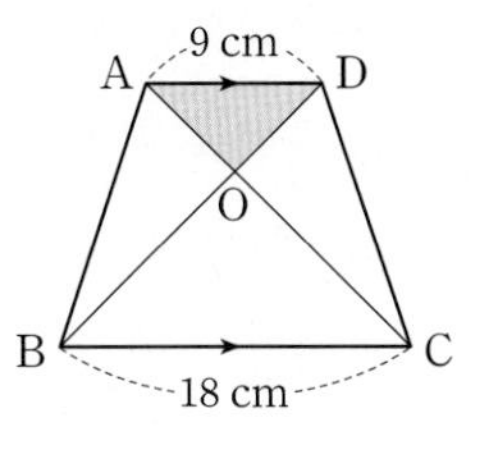

유형 08 닮은 두 평면도형의 넓이의 비의 활용 (개념 4)

❶ 닮음비를 구한다. ➜ $m : n$
❷ 넓이의 비를 구한다. ➜ $m^2 : n^2$
❸ 비례식을 이용하여 구하고자 하는 값을 구한다.

26 대표문제

반지름의 길이의 비가 3 : 4인 두 원을 물감으로 색칠하였다. 두 원을 모두 색칠하는 데 50 mL의 물감을 사용했을 때, 큰 원을 색칠하는 데 사용한 물감의 양을 구하시오.
(단, 사용한 물감의 양은 원의 넓이에 정비례한다.)

중요

27

오른쪽 그림과 같이 A4 용지를 절반으로 나눌 때마다 만들어지는 종이의 크기를 차례대로 A5, A6, A7, A8이라 하는데 이때 만들어지는 용지들은 모두 닮은 도형이 된다. A4 용지 100매의 가격이 6000원일 때, A8 용지 200매의 가격을 구하시오. (단, 종이의 가격은 종이의 넓이와 매수에 각각 정비례한다.)

A6	A8 A8 / A7
A5	

A4

28

오른쪽 그림과 같이 정사각형 모양의 색종이 ABCD에서 정사각형 EFGH를 잘라 내었다. 두 정사각형의 한 변의 길이의 비가 5 : 2이고 처음 색종이의 넓이가 100 cm^2일 때, 남은 색종이의 넓이는?

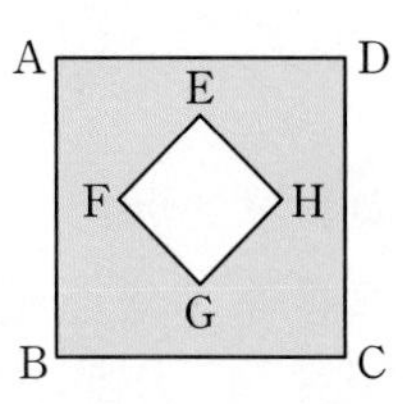

① 66 cm^2 ② 68 cm^2 ③ 80 cm^2
④ 82 cm^2 ⑤ 84 cm^2

유형 09 닮은 두 입체도형의 겉넓이의 비 (개념 4)

닮음비가 $m : n$인 닮은 두 입체도형에서
(1) 옆넓이의 비 ➔ $m^2 : n^2$
(2) 밑넓이의 비 ➔ $m^2 : n^2$
(3) 겉넓이의 비 ➔ $m^2 : n^2$

29 대표문제

두 직육면체 A, B가 닮은 도형이고 닮음비가 $3 : 5$이다. 직육면체 A의 겉넓이가 $27\ \text{cm}^2$일 때, 직육면체 B의 겉넓이는?

① $60\ \text{cm}^2$ ② $65\ \text{cm}^2$ ③ $70\ \text{cm}^2$
④ $75\ \text{cm}^2$ ⑤ $80\ \text{cm}^2$

30

오른쪽 그림과 같은 두 구 A, B의 겉넓이의 비는?

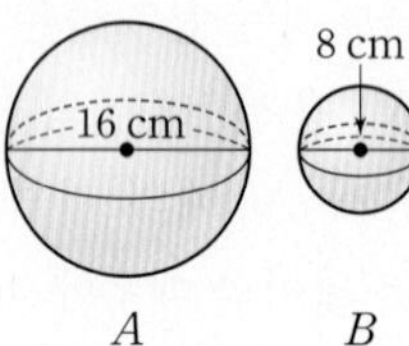

① $2 : 1$ ② $3 : 1$
③ $3 : 2$ ④ $4 : 1$
⑤ $8 : 1$

31 서술형

오른쪽 그림과 같은 닮은 두 원뿔 A, B의 겉넓이의 비가 $4 : 9$일 때, $x+y$의 값을 구하시오.

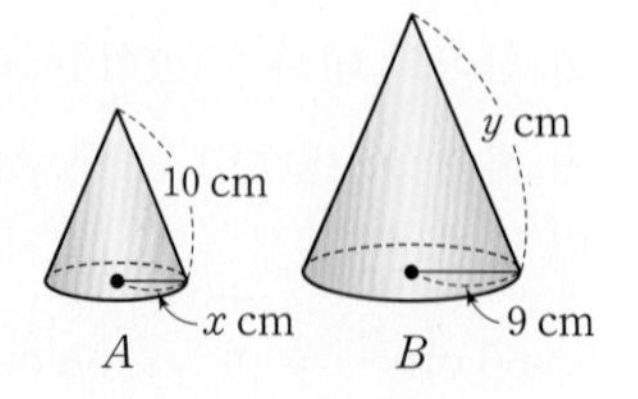

집중

유형 10 닮은 두 입체도형의 부피의 비 (개념 4)

닮음비가 $m : n$인 닮은 두 입체도형의 부피의 비
➔ $m^3 : n^3$

32 대표문제

두 정팔면체 A, B의 겉넓이의 비가 $25 : 49$이고 정팔면체 B의 부피가 $343\ \text{cm}^3$일 때, 정팔면체 A의 부피를 구하시오.

33

큰 쇠구슬 한 개를 녹여서 반지름의 길이를 $\frac{1}{4}$로 줄인 작은 쇠구슬을 만들 때, 작은 쇠구슬을 최대 몇 개 만들 수 있는지 구하시오.

34

오른쪽 그림에서 □ABCD∽□EFGH이다. □EFGH를 $\overline{EF}$를 회전축으로 하여 1회전 시킬 때 생기는 회전체의 부피가 $256\pi\ \text{cm}^3$일 때, □ABCD를 $\overline{AB}$를 회전축으로 하여 1회전 시킬 때 생기는 회전체의 부피를 구하시오.

중요

35

오른쪽 그림과 같은 원뿔 모양의 그릇에 일정한 속력으로 물을 채우고 있다. 전체 높이의 $\frac{1}{3}$만큼 물을 채우는 데 20초가 걸렸을 때, 그릇에 물을 가득 채우려면 앞으로 몇 초 동안 물을 더 넣어야 하는지 구하시오.

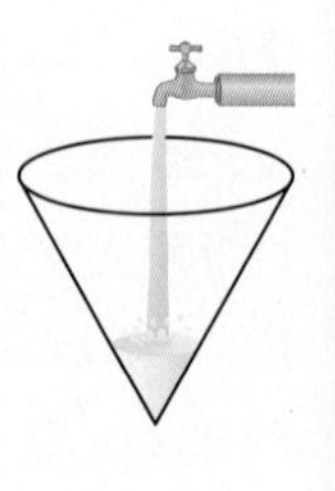

유형 11 높이 또는 거리의 측정 개념 4

❶ 닮은 두 도형을 찾는다.
❷ 닮음비를 구한다.
❸ 비례식을 이용하여 높이 또는 거리를 구한다.

36 대표문제

오른쪽 그림과 같이 높이가 50 cm인 막대의 그림자의 길이가 1 m이었을 때, 나무의 그림자의 길이는 4 m이었다. 이 나무의 높이는?

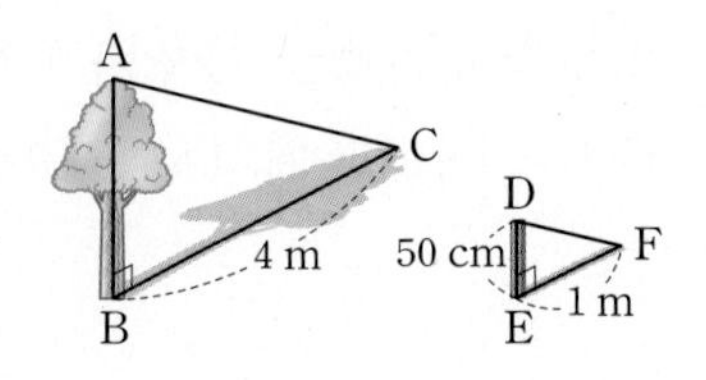

① 1.6 m ② 1.8 m ③ 2 m
④ 2.2 m ⑤ 2.4 m

37

오른쪽 그림과 같이 가로등의 높이를 재기 위하여 가로등으로부터 7.5 m 떨어진 거리에 높이가 1 m인 막대를 세워 가로등과 막대의 그림자의 끝이 일치하도록 하였다. 막대가 세워진 곳에서 그림자 끝까지의 거리가 5 m일 때, 가로등의 높이를 구하시오.

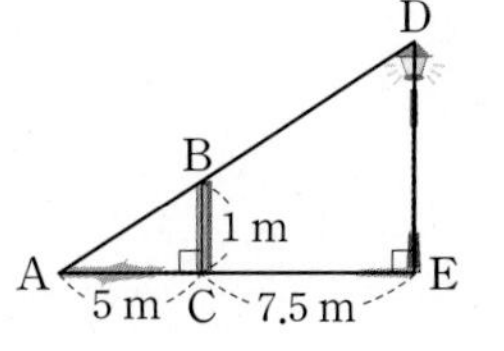

중요

38

오른쪽 그림과 같이 수민이가 어떤 건물에서 3 m 떨어진 지점에 거울을 놓고, 거울에서 1.2 m 떨어진 지점에 섰더니 건물의 꼭대기가 거울에 비쳐 보였다. 수민이의 눈높이가 1.6 m일 때, 이 건물의 높이를 구하시오. (단, 입사각과 반사각의 크기는 같고 거울의 두께는 생각하지 않는다.)

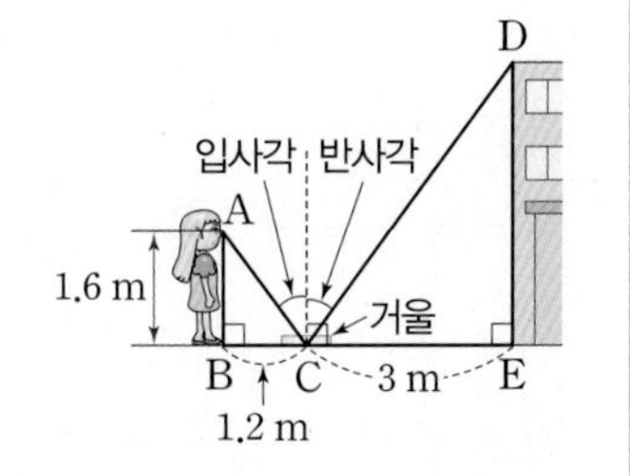

유형 12 축도와 축척 개념 4

(1) (축척)$=\dfrac{\text{(축도에서의 길이)}}{\text{(실제 길이)}}$

(2) (실제 길이)$=\dfrac{\text{(축도에서의 길이)}}{\text{(축척)}}$

(3) (축도에서의 길이)=(축척)×(실제 길이)

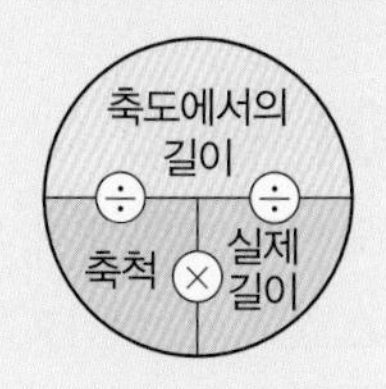

39 대표문제

축척이 1 : 3000000인 지도에서 지은이네 집에서 정동진까지의 거리가 6 cm일 때, 지은이네 집에서 정동진까지의 실제 거리는 몇 km인지 구하시오.

40

축척이 $\dfrac{1}{200}$인 지도에서 거리가 5 cm인 두 지점 사이의 실제 거리는 몇 m인지 구하시오.

41

어떤 건물을 1 : 300으로 축소한 모형의 겉면에 페인트를 칠하는 데 $\dfrac{1}{3}$통의 페인트를 사용했다. 실제 건물을 칠하는 데 필요한 페인트의 양은 몇 통인지 구하시오.
(단, 필요한 페인트의 양은 입체도형의 겉넓이에 정비례한다.)

42 서술형

축척이 $\dfrac{1}{50000}$인 지도에서 가로의 길이가 3 cm, 세로의 길이가 4 cm인 직사각형 모양의 땅의 실제 넓이는 몇 km^2인지 구하시오.

Real 실전 기출

01 최다빈출

오른쪽 그림에서 두 점 G, G′은 각각 △ABC, △GBC의 무게중심이다. $\overline{GG'}=8$ cm일 때, $\overline{AD}$의 길이를 구하시오.

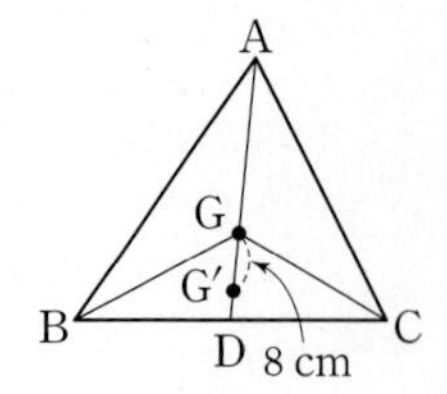

02

오른쪽 그림에서 점 G는 △ABC의 무게중심이고 $\overline{HG}=7$ cm일 때, $\overline{GD}$의 길이를 구하시오.

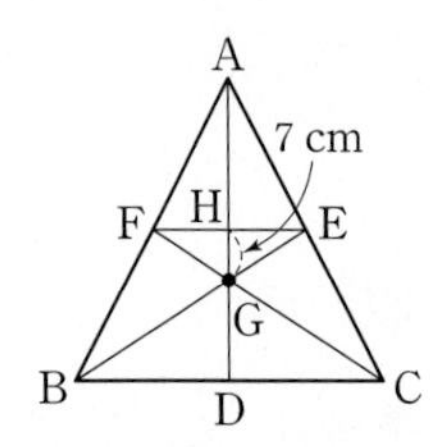

03

오른쪽 그림과 같이 ∠A=90°인 직각삼각형 ABC에서 점 G는 무게중심이다. $\overline{DE}$ // $\overline{BC}$, $\overline{AG}=4$ cm일 때, $\overline{BC}$의 길이를 구하시오.

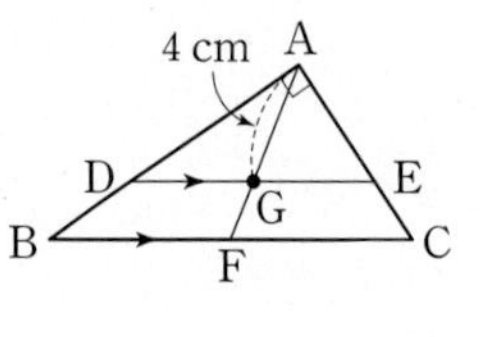

04

오른쪽 그림에서 점 G가 △ABC의 무게중심일 때, 다음 중 옳지 않은 것은?

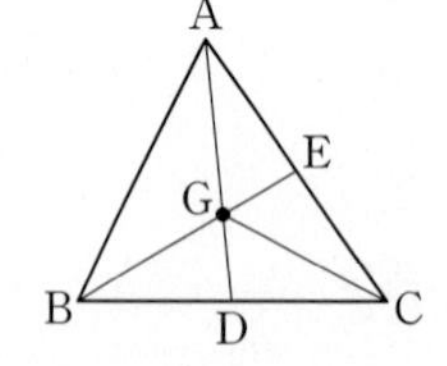

① $\overline{BD}=\overline{CD}$

② $\overline{CD}=\overline{CE}$

③ $\overline{BG}=2\overline{GE}$

④ $\triangle GBD=\frac{1}{2}\triangle GCA$

⑤ △ABC=3□GDCE

05

오른쪽 그림과 같은 평행사변형 ABCD에서 $\overline{AD}$, $\overline{BC}$의 중점을 각각 M, N이라 하고 $\overline{BD}$와 $\overline{AN}$, $\overline{CM}$의 교점을 각각 P, Q라 하자. $\overline{BD}=21$ cm일 때, $\overline{PQ}$의 길이를 구하시오.

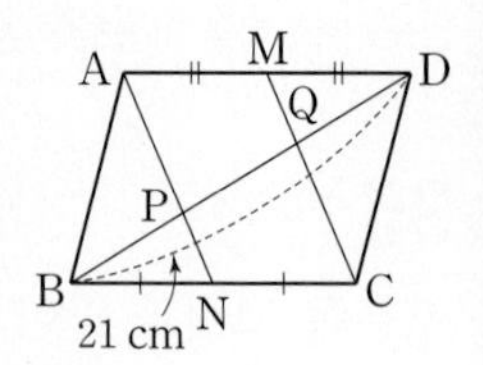

06

오른쪽 그림과 같은 △ABC에서 $\overline{DE}$ // $\overline{BC}$이고 $\overline{AD}=5$ cm, $\overline{DB}=10$ cm이다. △ADE의 넓이가 10 cm^2일 때, □DBCE의 넓이를 구하시오.

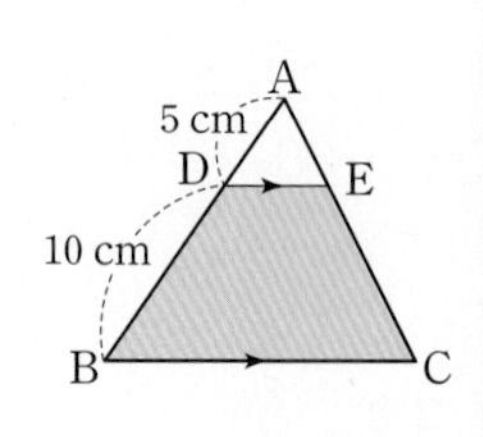

07

두 개의 구를 물감으로 색칠하는데 작은 구는 8 mL, 큰 구는 50 mL의 물감을 사용하였다. 작은 구의 부피가 24 cm^3일 때, 큰 구의 부피를 구하시오.

(단, 사용한 물감의 양은 구의 겉넓이에 정비례한다.)

08 최다빈출

오른쪽 그림과 같은 원뿔 모양의 그릇에 전체 높이의 $\frac{2}{3}$만큼 물을 부었더니 물의 부피가 32π cm^3가 되었다. 이 그릇의 부피를 구하시오.

(단, 그릇의 두께는 생각하지 않는다.)

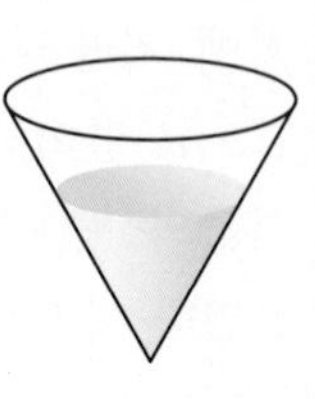

09

강 건너편에 있는 두 지점 A, B 사이의 거리를 측정하기 위하여 오른쪽 그림과 같이 측정하였다. 이때 두 지점 A, B 사이의 거리를 구하시오.

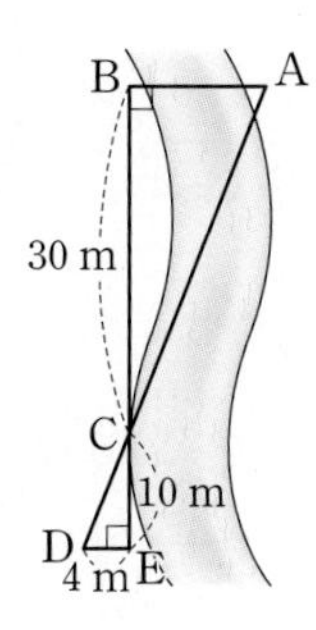

10

오른쪽 그림에서 $\overline{BD}$는 $\triangle ABC$의 중선이고 두 점 G, G′은 각각 $\triangle ABC$, $\triangle DBC$의 무게중심이다. $\overline{AC}=12$ cm일 때, $\overline{GG'}$의 길이를 구하시오.

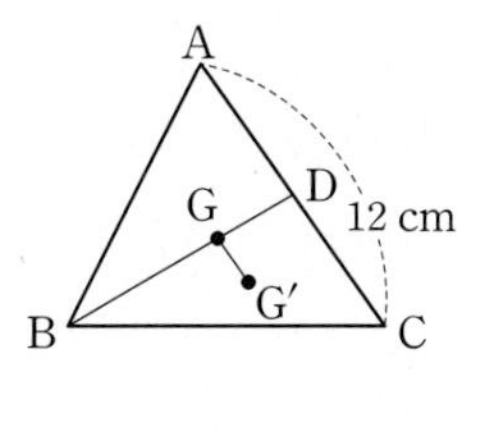

11

오른쪽 그림과 같은 $\triangle ABC$에서 세 점 D, E, F는 각각 $\overline{AB}$, $\overline{BC}$, $\overline{CA}$의 중점이다. $\triangle DEF$의 넓이가 3 cm^{2}일 때, $\triangle GBE$의 넓이를 구하시오.

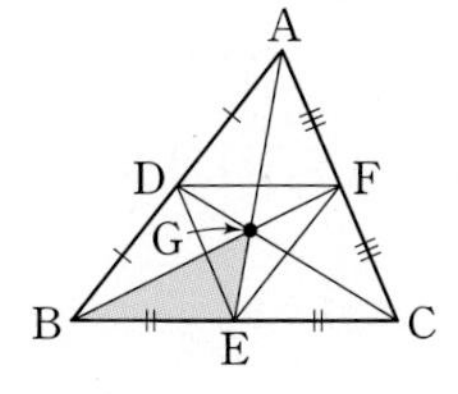

12

다음 그림과 같이 크기가 같은 정육면체 모양의 두 상자 A, B가 있다. 상자 A에는 큰 구슬 1개가 꼭 맞게 들어 있고, 상자 B에는 크기가 같은 작은 구슬 27개가 꼭 맞게 들어 있다. 두 상자 A, B 각각에 들어 있는 구슬 전체의 겉넓이의 비를 가장 간단한 자연수의 비로 나타내시오.

(단, 구슬은 모두 구 모양이다.)

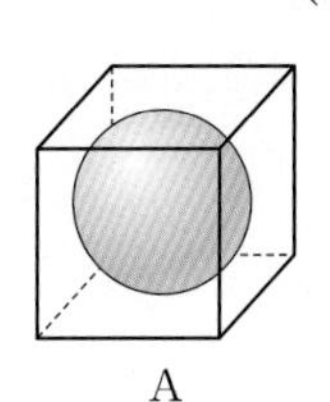
A

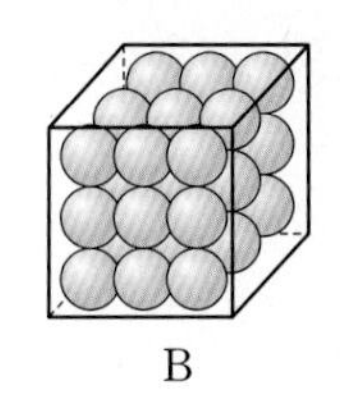
B

100점 공략

13

오른쪽 그림과 같은 정사면체 A－BCD에서 $\triangle ABC$의 무게중심을 G, $\triangle ACD$의 무게중심을 K라 하자. $\overline{AE}=6$ cm일 때, 점 G에서 $\overline{AC}$를 지나 점 K에 이르는 최단 거리를 구하시오.

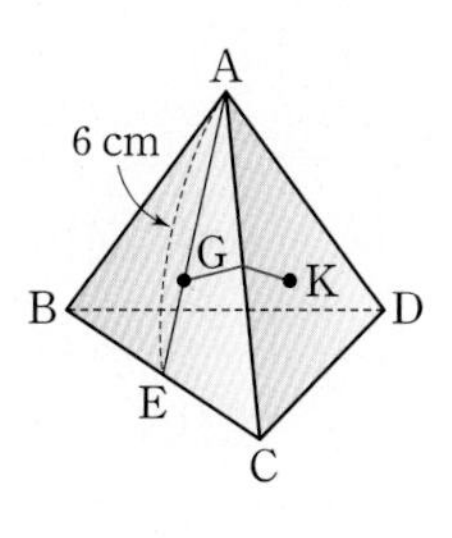

14

오른쪽 그림과 같은 $\triangle ABC$에서 두 중선 AD와 CE의 교점을 G라 하고 $\overline{AD}$, $\overline{CE}$의 중점을 각각 M, N이라 하자. $\triangle ABC$의 넓이가 96 cm^{2}일 때, □DNME의 넓이를 구하시오.

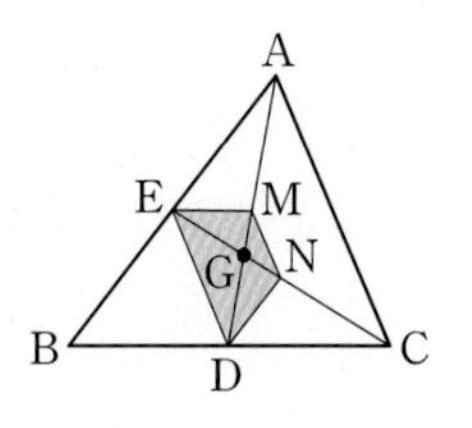

15 창의 역량

전봇대의 그림자가 오른쪽 그림과 같이 벽에 드리워졌을 때, 길이가 1 m인 막대의 그림자의 길이는 1.5 m이었다. 이때 전봇대의 높이를 구하시오. (단, 벽은 지면에 수직이다.)

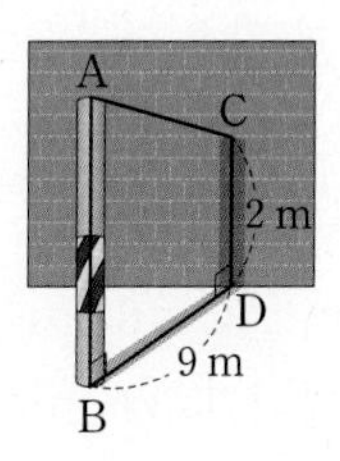

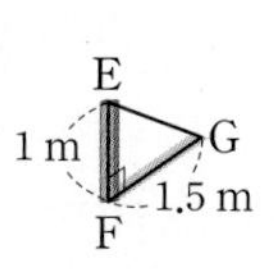

서술형

16

오른쪽 그림과 같이 $\angle A=90^\circ$인 직각삼각형 ABC에서 두 점 M, N은 각각 $\overline{AB}$, $\overline{BC}$의 중점이고 점 G는 $\triangle ABN$의 무게중심이다. $\overline{AB}=9\text{ cm}$, $\overline{BC}=15\text{ cm}$, $\overline{CA}=12\text{ cm}$일 때, $\overline{GM}$의 길이를 구하시오.

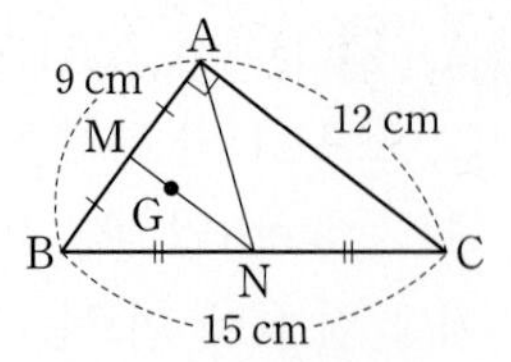

풀이

답

17

오른쪽 그림에서 점 G는 $\triangle ABC$의 무게중심이고 $\triangle GDE$의 넓이가 8 cm^2일 때, $\triangle ABC$의 넓이를 구하시오.

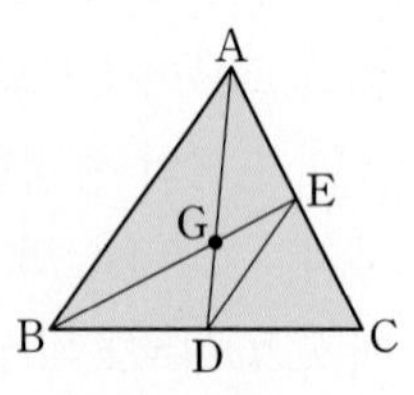

풀이

답

18

오른쪽 그림과 같은 $\triangle ABC$에서 $\angle A$의 이등분선이 $\overline{BC}$와 만나는 점을 D라 하자. $\overline{ED} /\!/ \overline{AC}$, $\overline{AB}=10\text{ cm}$, $\overline{AC}=6\text{ cm}$이고 $\triangle ABC$의 넓이가 32 cm^2일 때, $\triangle BDE$의 넓이를 구하시오.

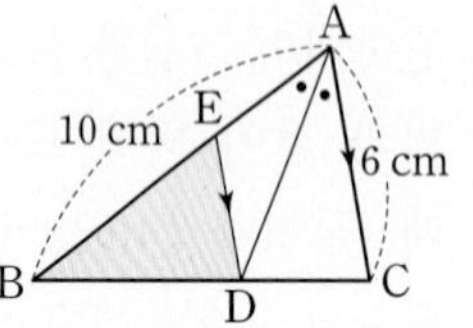

풀이

답

19

오른쪽 그림과 같은 원뿔을 모선 PQ를 삼등분 하는 두 점 M, N을 지나고 밑면에 평행한 두 평면으로 각각 자를 때 생기는 세 입체도형을 차례대로 A, B, C라 하자. 입체도형 B의 부피가 14 cm^3일 때, 입체도형 C의 부피를 구하시오.

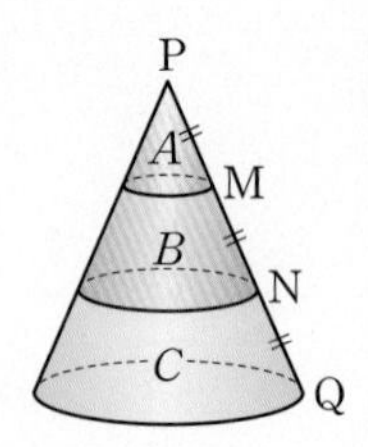

풀이

답

20 100점

오른쪽 그림과 같은 정사각형 ABCD에서 두 점 E, F는 각각 $\overline{AB}$, $\overline{BC}$의 중점이고 점 G는 $\overline{AF}$, $\overline{CE}$의 교점이다. $\triangle GFC$의 넓이가 4 cm^2일 때, $\square AGCD$의 넓이를 구하시오.

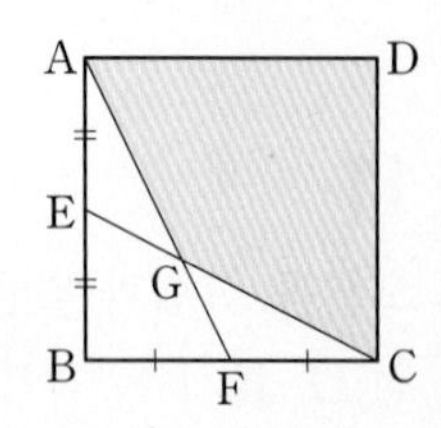

풀이

답

21 100점

오른쪽 그림과 같이 $\angle B=90^\circ$인 직각삼각형 ABC를 $\overline{AB}$를 회전축으로 하여 1회전 시킬 때 생기는 원뿔 안에 밑면의 반지름의 길이가 1 cm인 원기둥을 넣었더니 꼭 맞게 들어갔다. $\overline{AB}=6\text{ cm}$, $\overline{BC}=3\text{ cm}$일 때, 원기둥의 높이를 구하시오.

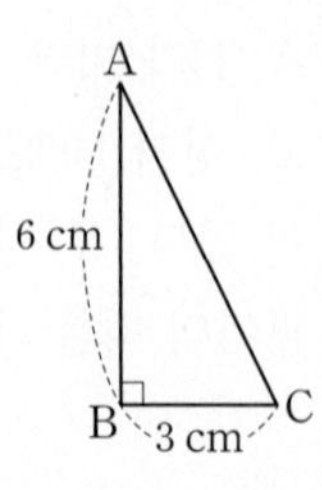

풀이

답

Ⅳ. 피타고라스 정리

08 피타고라스 정리

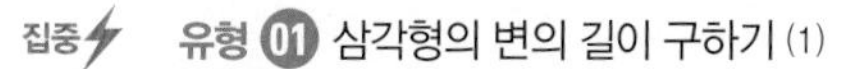

Real 실전 개념

08 피타고라스 정리

개념 1 피타고라스 정리 유형 01~03, 05

직각삼각형에서 직각을 낀 두 변의 길이를 각각 a, b라 하고 빗변의 길이를 c라 하면

$a^2+b^2=c^2$

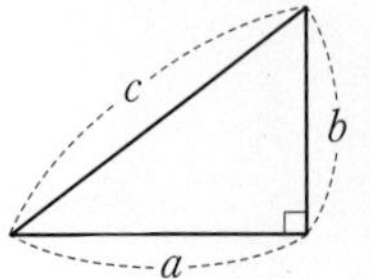

참고 a, b, c는 변의 길이이므로 항상 양수이다.

개념 노트

- 직각삼각형에서 빗변은 길이가 가장 긴 변으로 직각의 대변이다.

개념 2 피타고라스 정리의 설명 유형 06, 07

(1) 유클리드의 방법

다음 그림에서 △ACE=△ABE=△AFC=△AFL이므로 □ACDE=□AFML

같은 방법으로 하면 □BHIC=□LMGB

➜ □AFGB=□ACDE+□BHIC ∴ $\overline{AB}^2=\overline{AC}^2+\overline{BC}^2$

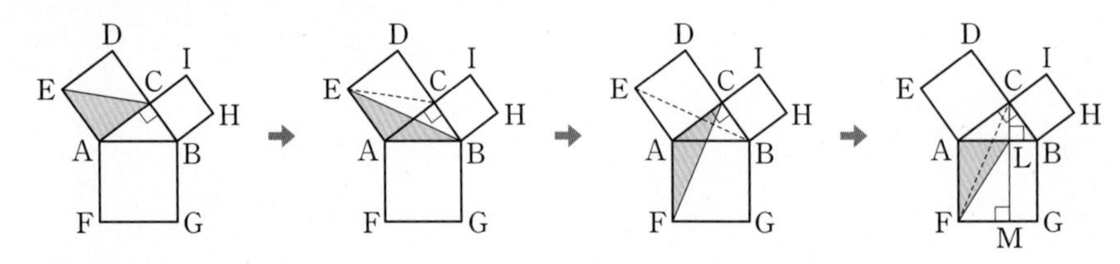

- 평행한 두 직선 l, m에 대하여 △ABC와 △ABD는 밑변의 길이가 $\overline{AB}$로 같고 높이가 같으므로 △ABC=△ABD

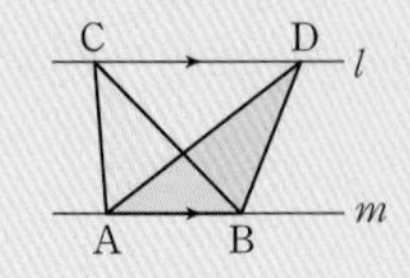

(2) 피타고라스의 방법

오른쪽 그림의 직각삼각형 ABC와 합동인 4개의 직각삼각형을 이용하여 다음 그림과 같이 한 변의 길이가 $a+b$인 정사각형을 두 가지 방법으로 나누어 보자.

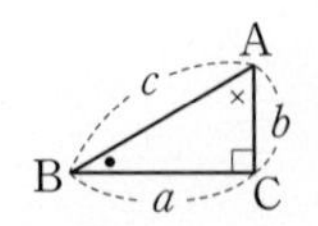

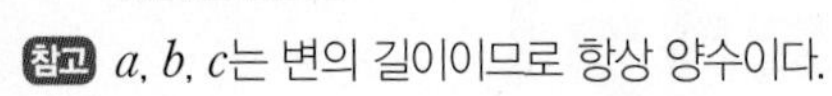

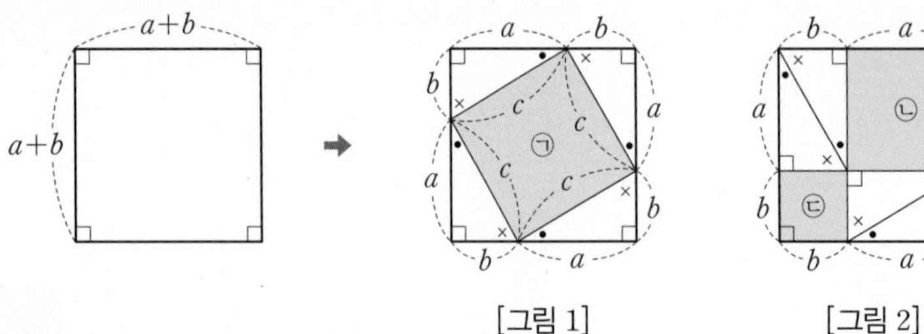

[그림 1] [그림 2]

❶ [그림 1]에서 ㉠은 한 변의 길이가 c인 정사각형이다. ← ㉠의 네 내각의 크기는 $180°-(\bullet+\times)=90°$로 모두 같다.

❷ [그림 2]에서 ㉡과 ㉢은 한 변의 길이가 각각 a, b인 정사각형이다.

❸ [그림 1]에서 ㉠의 넓이 c^2과 [그림 2]에서 ㉡과 ㉢의 넓이의 합 a^2+b^2은 모두 한 변의 길이가 $a+b$인 정사각형의 넓이에서 직각삼각형 ABC와 합동인 4개의 직각삼각형의 넓이의 합을 뺀 것이므로 서로 같다. ➜ $c^2=a^2+b^2$

개념 3 직각삼각형이 되는 조건 유형 08

세 변의 길이가 각각 a, b, c인 삼각형에서 $a^2+b^2=c^2$이 성립하면 이 삼각형은 빗변의 길이가 c인 직각삼각형이다.

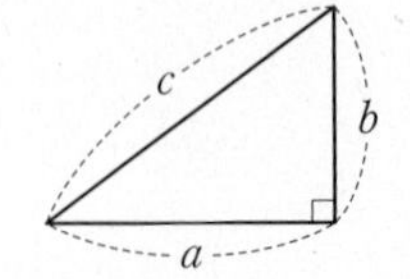

- $a^2+b^2=c^2$을 만족시키는 세 자연수 a, b, c를 피타고라스 수라 한다.
  예 (3, 4, 5), (5, 12, 13), (6, 8, 10), (7, 24, 25), (8, 15, 17), (9, 12, 15), …

개념 1 피타고라스 정리

[01~04] 다음 그림의 직각삼각형에서 x의 값을 구하시오.

01

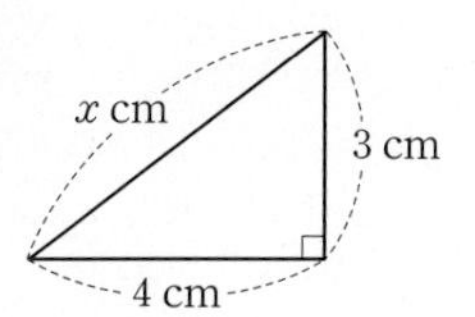

02

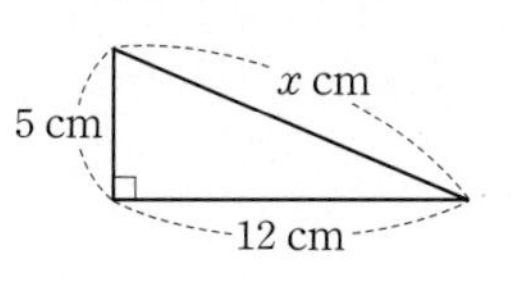

03

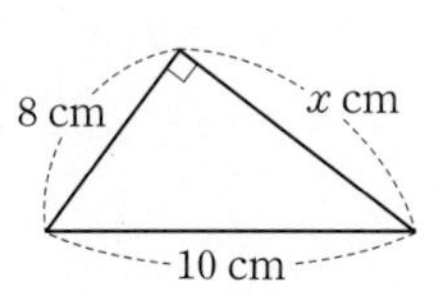

04

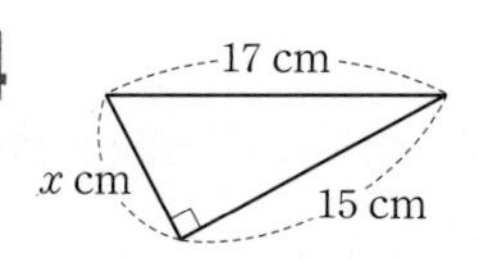

[05~06] 다음 그림에서 x, y의 값을 구하시오.

05

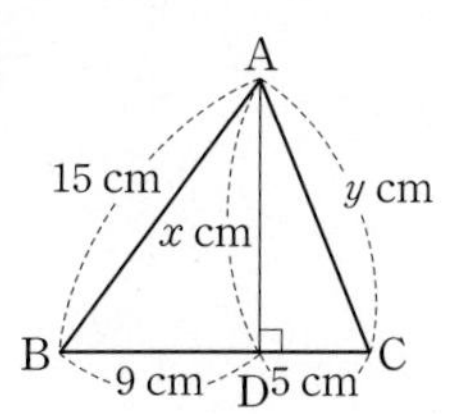

06

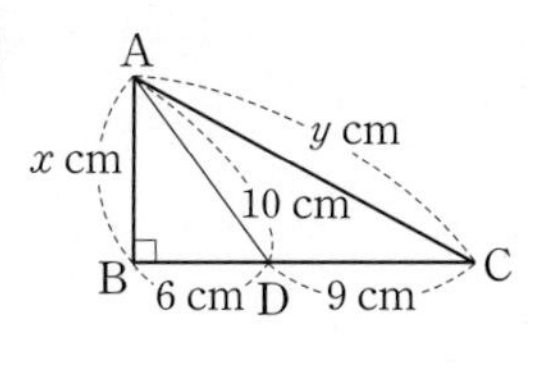

개념 2 피타고라스 정리의 설명

[07~09] 오른쪽 그림은 $\angle A=90^\circ$인 직각삼각형 ABC의 세 변을 각각 한 변으로 하는 세 정사각형을 그린 것이다. $\overline{AM}\perp\overline{BC}$일 때, 다음 □ 안에 알맞은 것을 써넣으시오.

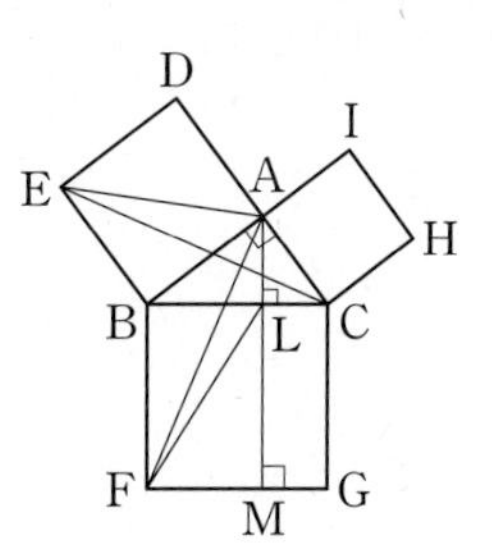

07 $\overline{DC}/\!/\overline{EB}$이므로
$\triangle AEB=$□

08 $\triangle CEB\equiv\triangle FAB$ (□ 합동)이므로
$\triangle CEB=$□

09 $\overline{AM}/\!/\overline{BF}$이므로
$\triangle FAB=$□

[10~12] 오른쪽 그림은 $\angle A=90^\circ$인 직각삼각형 ABC의 세 변을 각각 한 변으로 하는 세 정사각형을 그린 것이다. □ADEB, □BFGC의 넓이가 각각 16 cm^2, 25 cm^2일 때, 다음을 구하시오.

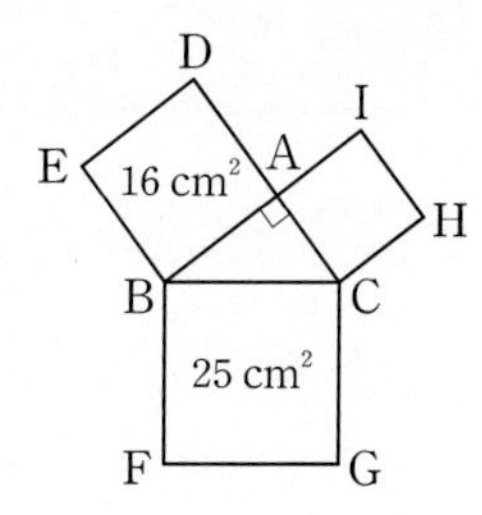

10 □ACHI의 넓이

11 $\overline{AC}$의 길이

12 △ABC의 넓이

[13~15] 오른쪽 그림과 같은 정사각형 ABCD에서
$\overline{AE}=\overline{BF}=\overline{CG}=\overline{DH}=8\text{ cm}$,
$\overline{AH}=\overline{BE}=\overline{CF}=\overline{DG}=6\text{ cm}$일 때,
다음을 구하시오.

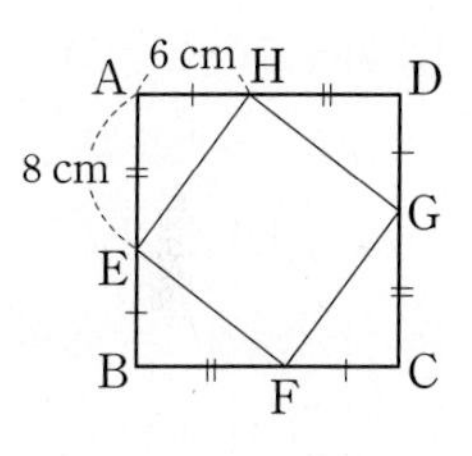

13 $\overline{EH}$의 길이

14 □EFGH의 둘레의 길이

15 □EFGH의 넓이

개념 3 직각삼각형이 되는 조건

[16~19] 삼각형의 세 변의 길이가 각각 다음과 같을 때, 직각삼각형인 것은 ○표, 직각삼각형이 아닌 것은 ×표를 하시오.

16 5, 12, 13 (　　)

17 6, 8, 10 (　　)

18 7, 9, 11 (　　)

19 9, 12, 15 (　　)

Real 실전 개념

개념 4 삼각형의 변의 길이와 각의 크기 사이의 관계 유형 09

삼각형 ABC에서 $\overline{AB}=c$, $\overline{BC}=a$, $\overline{CA}=b$이고 c가 가장 긴 변의 길이일 때

① $c^2<a^2+b^2$이면 $\angle C<90°$ ➔ $\triangle ABC$는 예각삼각형

② $c^2=a^2+b^2$이면 $\angle C=90°$ ➔ $\triangle ABC$는 직각삼각형

③ $c^2>a^2+b^2$이면 $\angle C>90°$ ➔ $\triangle ABC$는 둔각삼각형

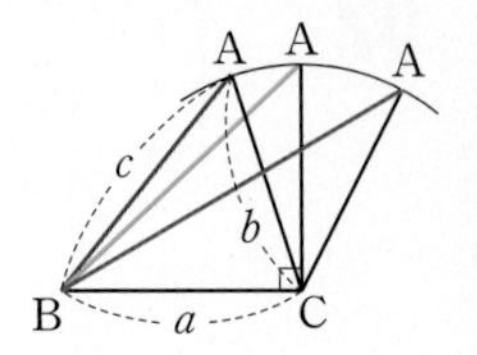

⊕ 개념 노트

• 왼쪽 그림에서 $\angle C=90°$일 때, $c^2=a^2+b^2$이고 a와 b의 값은 변하지 않으므로 $\angle C$의 크기가 90°보다 작아지면 c의 값도 작아져서 $c^2<a^2+b^2$이 되고, $\angle C$의 크기가 90°보다 커지면 c의 값도 커져서 $c^2>a^2+b^2$이 된다.

개념 5 피타고라스 정리의 활용 유형 04, 10~12

(1) 직각삼각형에서의 성질

$\angle A=90°$인 직각삼각형 ABC에서 $\overline{AD}\perp\overline{BC}$일 때

① $a^2=b^2+c^2$ ← 피타고라스 정리

② $c^2=ax$, $b^2=ay$, $h^2=xy$ ← 직각삼각형의 닮음을 이용한 성질

③ $bc=ah$ ← 직각삼각형의 넓이를 이용한 성질

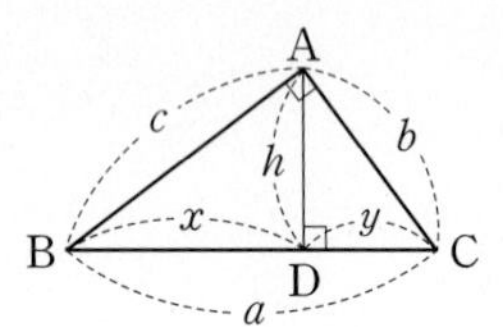

(2) 피타고라스 정리를 이용한 직각삼각형의 성질

$\angle A=90°$인 직각삼각형 ABC에서 두 점 D, E가 각각 $\overline{AB}$, $\overline{AC}$ 위에 있을 때

$\overline{DE}^2+\overline{BC}^2=\overline{BE}^2+\overline{CD}^2$

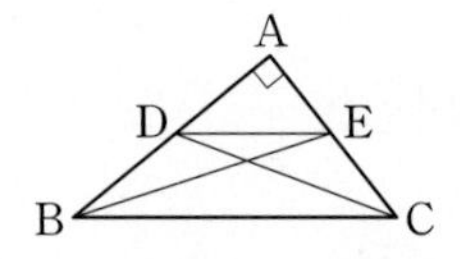

(3) 사각형에서의 성질

① 두 대각선이 직교하는 사각형의 성질

사각형 ABCD에서 두 대각선이 직교할 때, 즉 $\overline{AC}\perp\overline{BD}$일 때

$\overline{AB}^2+\overline{CD}^2=\overline{AD}^2+\overline{BC}^2$

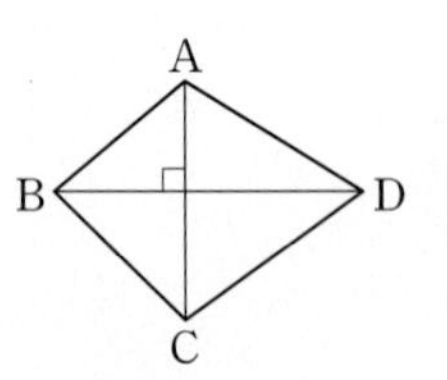

② 피타고라스 정리를 이용한 직사각형의 성질

직사각형 ABCD의 내부에 한 점 P가 있을 때

$\overline{AP}^2+\overline{CP}^2=\overline{BP}^2+\overline{DP}^2$

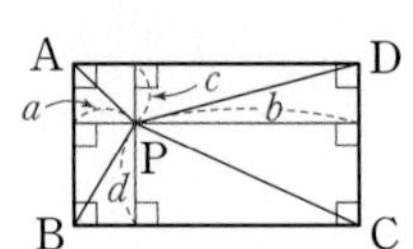

• $\overline{AP}^2+\overline{CP}^2$
$=(a^2+c^2)+(b^2+d^2)$
$=(a^2+d^2)+(b^2+c^2)$
$=\overline{BP}^2+\overline{DP}^2$

(4) 직각삼각형과 원의 넓이

① 직각삼각형에서 세 반원 사이의 관계

$\angle A=90°$인 직각삼각형 ABC에서 세 변 AB, AC, BC를 각각 지름으로 하는 세 반원의 넓이를 S_1, S_2, S_3이라 할 때

$S_1+S_2=S_3$

참고 $S_1+S_2=\frac{1}{2}\times\pi\times\left(\frac{c}{2}\right)^2+\frac{1}{2}\times\pi\times\left(\frac{b}{2}\right)^2=\frac{1}{8}\pi(b^2+c^2)$

$=\frac{1}{8}\pi a^2=\frac{1}{2}\times\pi\times\left(\frac{a}{2}\right)^2=S_3$

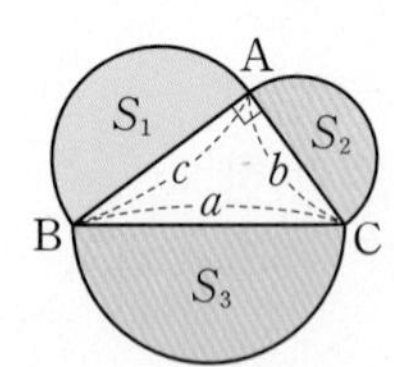
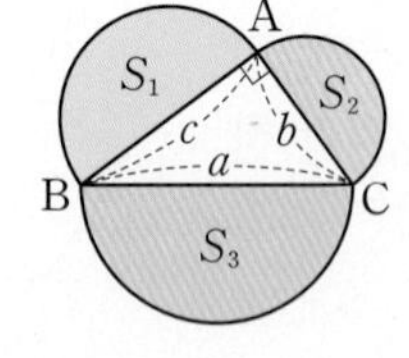

• 직각삼각형의 세 변을 각각 지름으로 하는 반원 또는 세 변을 각각 한 변으로 하는 정다각형의 넓이 사이에는 항상 다음과 같은 관계가 성립한다.
(가장 큰 도형의 넓이)
=(나머지 두 도형의 넓이의 합)

② 히포크라테스의 원의 넓이

$\angle A=90°$인 직각삼각형 ABC에서 세 변 AB, BC, CA를 각각 지름으로 하는 세 반원을 그렸을 때

(색칠한 부분의 넓이)$=\triangle ABC=\frac{1}{2}\times\overline{AB}\times\overline{AC}$

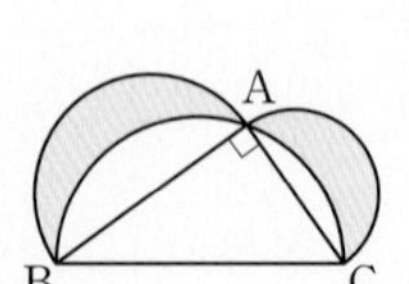
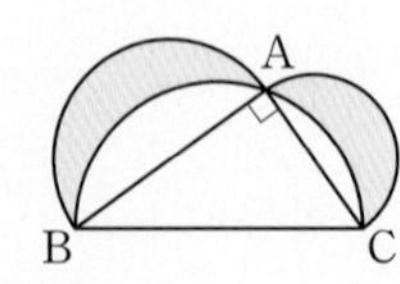

• 왼쪽과 같은 그림을 히포크라테스의 초승달이라 하고, 색칠한 부분의 넓이를 히포크라테스의 원의 넓이라 한다.

참고 (색칠한 부분의 넓이)=

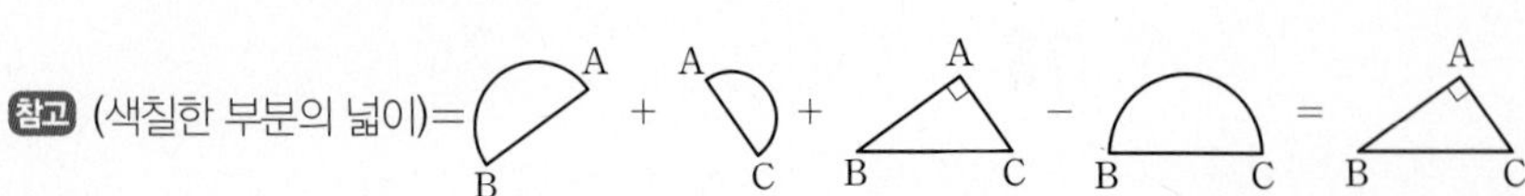

•

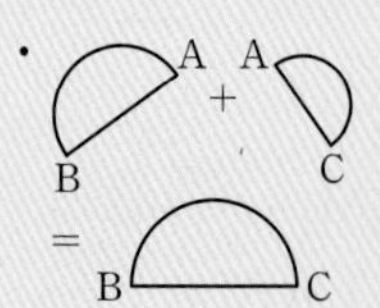

개념 4 삼각형의 변의 길이와 각의 크기 사이의 관계

[20~23] 삼각형의 세 변의 길이가 다음과 같을 때, 예각삼각형인 것은 '예', 직각삼각형인 것은 '직', 둔각삼각형인 것은 '둔'을 쓰시오.

20 4, 6, 8 (　　)

21 7, 8, 9 (　　)

22 7, 24, 25 (　　)

23 8, 15, 17 (　　)

개념 5 피타고라스 정리의 활용

[24~26] 오른쪽 그림과 같이 $\angle A=90°$인 직각삼각형 ABC에서 $\overline{AD}\perp\overline{BC}$이고 $\overline{AB}=4$ cm, $\overline{BC}=5$ cm일 때, 다음을 구하시오.

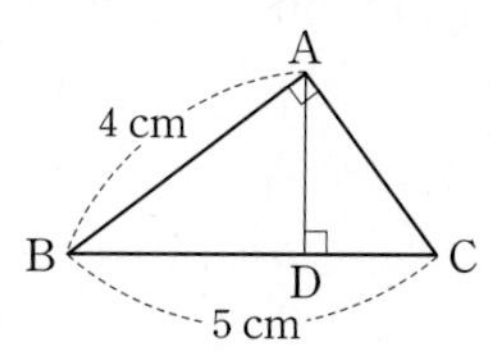

24 $\overline{AC}$의 길이

25 $\overline{BD}$의 길이

26 $\overline{AD}$의 길이

27 다음은 오른쪽 그림과 같이 $\angle A=90°$인 직각삼각형 ABC에서 두 점 D, E가 각각 $\overline{AB}$, $\overline{AC}$ 위에 있을 때, $\overline{DE}^2+\overline{BC}^2=\overline{BE}^2+\overline{CD}^2$이 성립함을 설명하는 과정이다. □ 안에 알맞은 것을 써넣으시오.

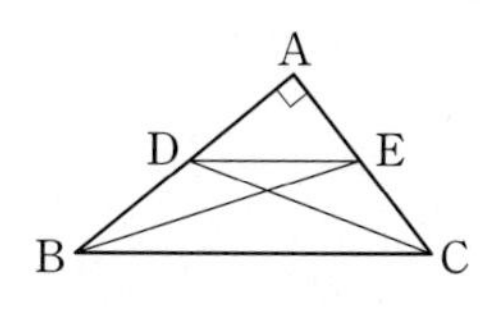

△ADE에서 $\overline{AD}^2+\overline{AE}^2=$□ …… ㉠
△ABC에서 $\overline{AB}^2+\overline{AC}^2=$□ …… ㉡
㉠+㉡을 하면
$\overline{AD}^2+\overline{AE}^2+\overline{AB}^2+\overline{AC}^2=$□+□
△ABE에서 $\overline{AB}^2+\overline{AE}^2=$□ …… ㉢
△ACD에서 $\overline{AC}^2+\overline{AD}^2=$□ …… ㉣
㉢+㉣을 하면
$\overline{AB}^2+\overline{AE}^2+\overline{AC}^2+\overline{AD}^2=$□+□
$\therefore \overline{DE}^2+\overline{BC}^2=\overline{BE}^2+\overline{CD}^2$

28 다음은 오른쪽 그림과 같은 □ABCD에서 두 대각선이 직교할 때, $\overline{AB}^2+\overline{CD}^2=\overline{BC}^2+\overline{DA}^2$이 성립함을 설명하는 과정이다. □ 안에 알맞은 것을 써넣으시오.
(단, 점 O는 두 대각선의 교점이다.)

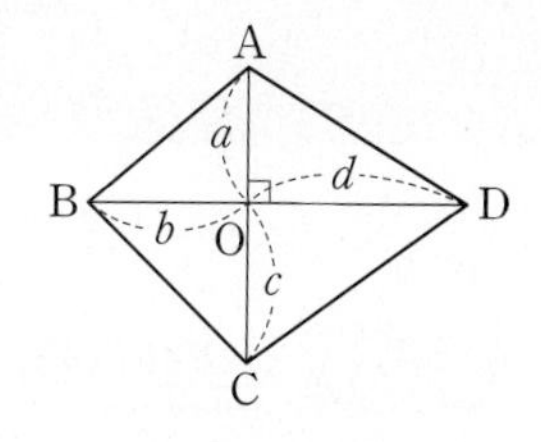

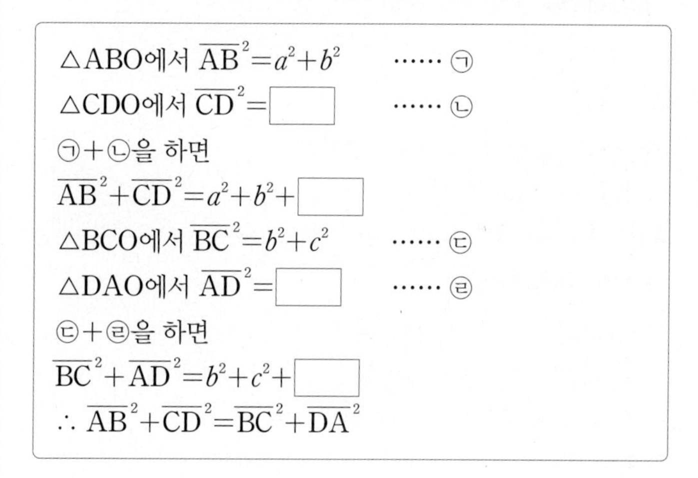
△ABO에서 $\overline{AB}^2=a^2+b^2$ …… ㉠
△CDO에서 $\overline{CD}^2=$□ …… ㉡
㉠+㉡을 하면
$\overline{AB}^2+\overline{CD}^2=a^2+b^2+$□
△BCO에서 $\overline{BC}^2=b^2+c^2$ …… ㉢
△DAO에서 $\overline{AD}^2=$□ …… ㉣
㉢+㉣을 하면
$\overline{BC}^2+\overline{AD}^2=b^2+c^2+$□
$\therefore \overline{AB}^2+\overline{CD}^2=\overline{BC}^2+\overline{DA}^2$

[29~30] 다음 그림에서 x^2+y^2의 값을 구하시오.

29　**30**

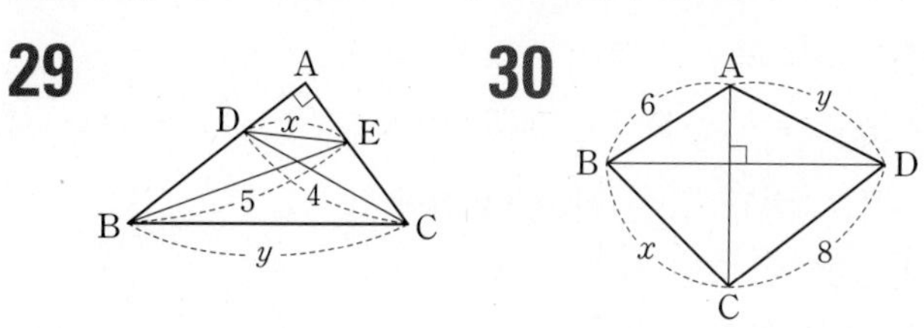

[31~32] 다음 그림은 $\angle A=90°$인 직각삼각형 ABC의 세 변을 각각 지름으로 하는 세 반원을 그린 것이다. 색칠한 부분의 넓이를 구하시오.

31　**32**

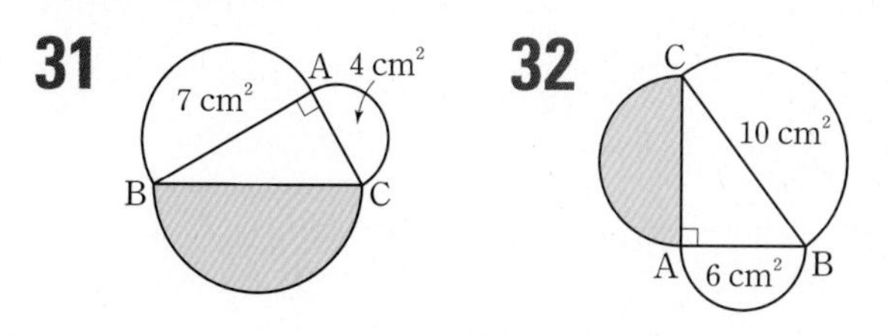

[33~34] 다음 그림은 $\angle A=90°$인 직각삼각형 ABC의 세 변을 각각 지름으로 하는 세 반원을 그린 것이다. 색칠한 부분의 넓이를 구하시오.

33

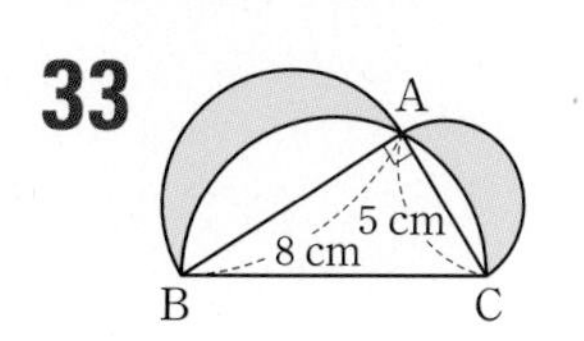

34

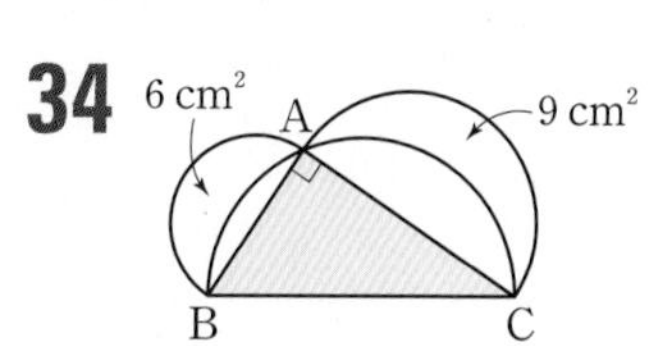

집중

유형 01 삼각형의 변의 길이 구하기 (1) 개념 1

직각삼각형에서 두 변의 길이를 알면 피타고라스 정리를 이용하여 나머지 한 변의 길이를 구할 수 있다.

01 대표문제

오른쪽 그림과 같이 $\angle C=90°$인 직각삼각형 ABC에서 $\overline{AB}=13$ cm, $\overline{BC}=12$ cm일 때, $\triangle ABC$의 넓이는?

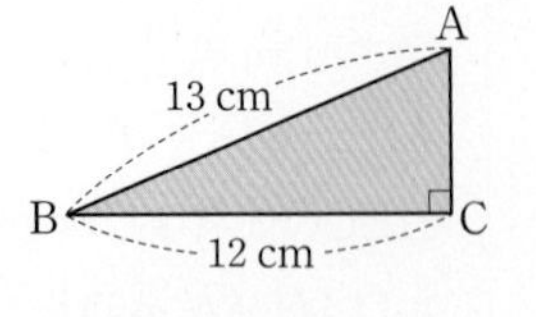

① 30 cm^2 ② 35 cm^2 ③ 40 cm^2
④ 45 cm^2 ⑤ 50 cm^2

02

오른쪽 그림과 같은 반원 O 안에 $\angle A=90°$인 직각삼각형 ABC가 꼭 맞게 들어 있다. $\overline{AB}=16$ cm, $\overline{AC}=12$ cm일 때, 색칠한 부분의 넓이를 구하시오.

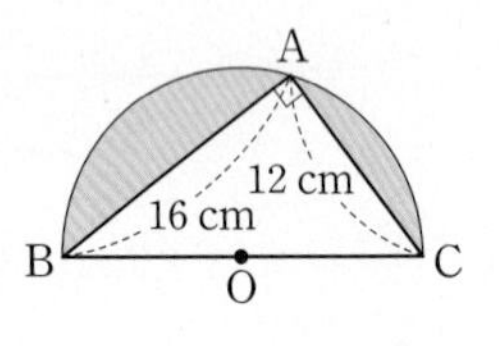

03 서술형

오른쪽 그림과 같이 넓이가 각각 64 cm^2, 49 cm^2인 두 정사각형 ABCD, ECFG를 이어 붙였다. 이때 $\overline{AF}$의 길이를 구하시오.

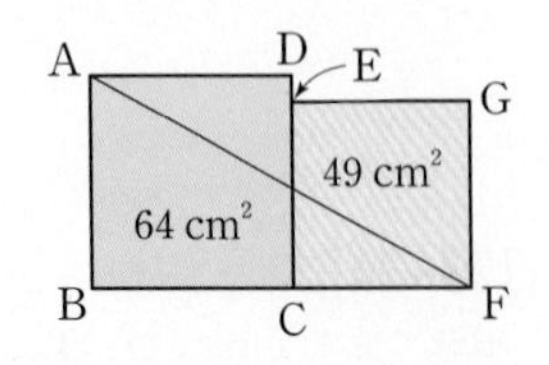

유형 02 직사각형의 대각선의 길이 개념 1

가로의 길이가 a, 세로의 길이가 b인 직사각형의 대각선의 길이를 l이라 하면
➡ $l^2=a^2+b^2$

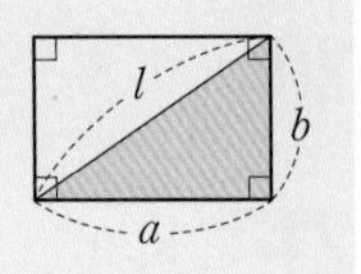

04 대표문제

오른쪽 그림과 같은 직사각형 ABCD에서 $\overline{AC}=20$ cm이고 $\overline{AB}:\overline{BC}=3:4$일 때, $\overline{AD}$의 길이는?

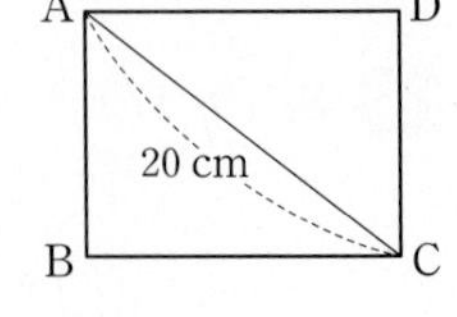

① 12 cm ② 13 cm ③ 14 cm
④ 15 cm ⑤ 16 cm

05

오른쪽 그림과 같은 직사각형 ABCD에서 $\overline{BC}=15$ cm, $\overline{BD}=17$ cm일 때, □ABCD의 넓이를 구하시오.

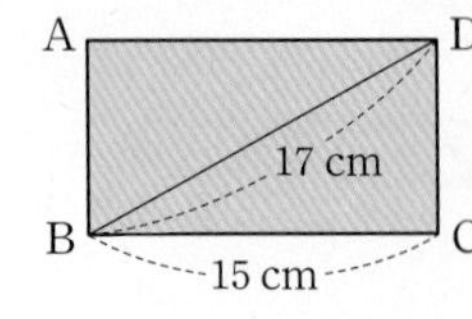

06

오른쪽 그림과 같이 가로와 세로의 길이가 각각 12 cm, 5 cm인 직사각형에 외접하는 원 O의 둘레의 길이는?

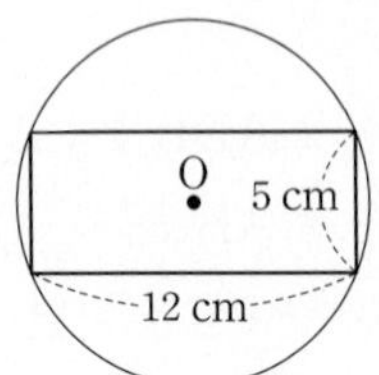

① 10π cm ② 13π cm
③ 15π cm ④ 20π cm
⑤ 26π cm

유형 03 삼각형의 변의 길이 구하기 (2)

(1)

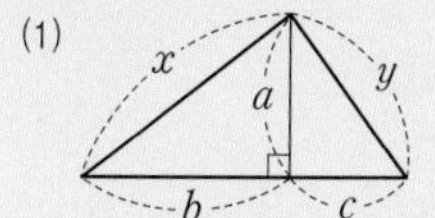
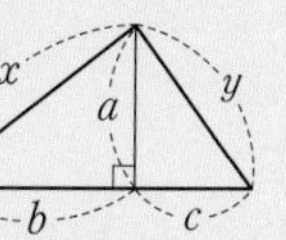

① $x^2=a^2+b^2$

② $y^2=a^2+c^2$

(2)

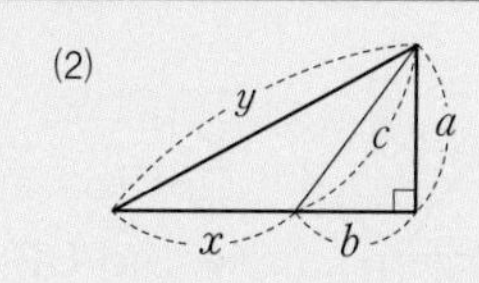

① $c^2=a^2+b^2$

② $y^2=a^2+(x+b)^2$

07 대표문제

오른쪽 그림과 같은 $\triangle ABC$에서 $\overline{AD}\perp\overline{BC}$이고 $\overline{AB}=10\text{ cm}$, $\overline{BD}=6\text{ cm}$, $\overline{CD}=15\text{ cm}$일 때, $\overline{AC}$의 길이를 구하시오.

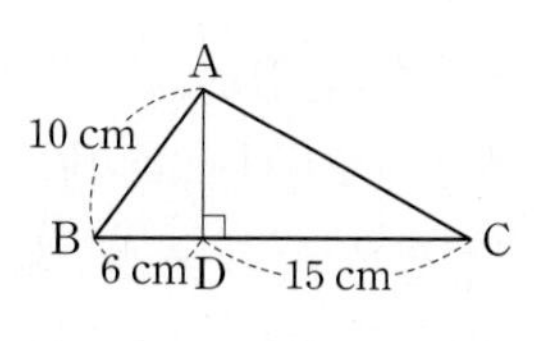

08

오른쪽 그림과 같이 $\angle B=90°$인 직각삼각형 ABC에서 점 M은 $\overline{AB}$의 중점이다. $\overline{AB}=6$, $\overline{CM}=5$일 때, $\overline{AC}^2$의 값을 구하시오.

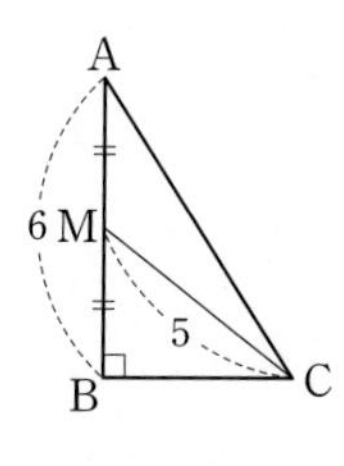

09

오른쪽 그림에서 $\angle ACB=\angle CAD=90°$이고 $\overline{AD}=5\text{ cm}$, $\overline{BC}=9\text{ cm}$, $\overline{CD}=13\text{ cm}$일 때, $\triangle ABC$의 둘레의 길이를 구하시오.

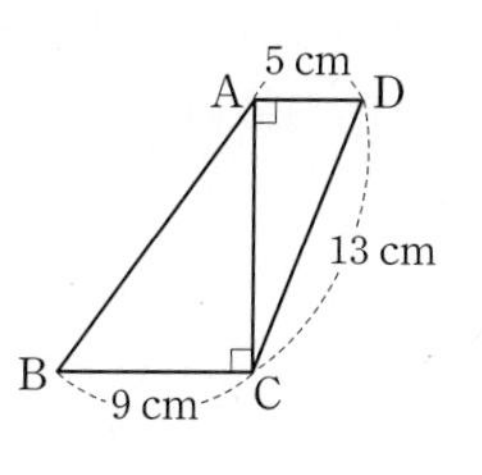

10 서술형

오른쪽 그림과 같이 $\angle C=90°$인 직각삼각형 ABC에서 $\angle A$의 이등분선이 $\overline{BC}$와 만나는 점을 D라 하자. $\overline{AB}=30\text{ cm}$, $\overline{AC}=18\text{ cm}$일 때, $\overline{BD}$의 길이를 구하시오.

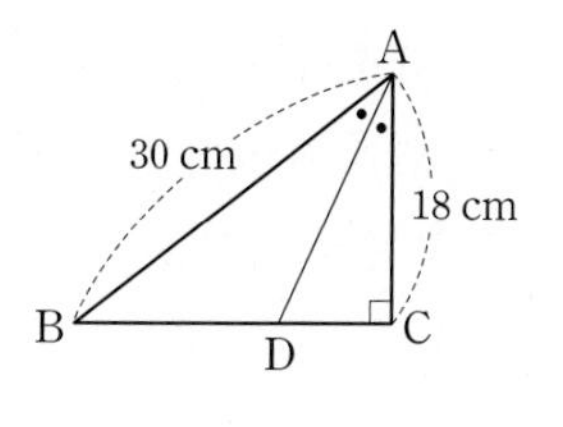

집중

유형 04 삼각형의 닮음과 피타고라스 정리

개념 5

(1) $①^2=②\times③$ ← ①:②=③:①

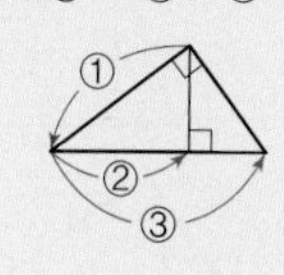
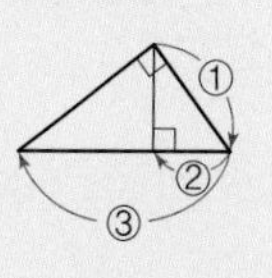
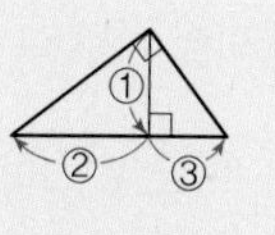

(2) ①×②=③×④ ← (삼각형의 넓이)$=\frac{1}{2}$×①×②$=\frac{1}{2}$×③×④

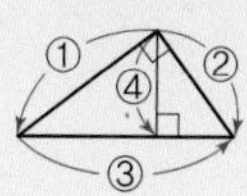

11 대표문제

오른쪽 그림과 같이 $\angle A=90°$인 직각삼각형 ABC에서 $\overline{AD}\perp\overline{BC}$이고 $\overline{AB}=12\text{ cm}$, $\overline{AC}=16\text{ cm}$일 때, $\overline{BD}$의 길이를 구하시오.

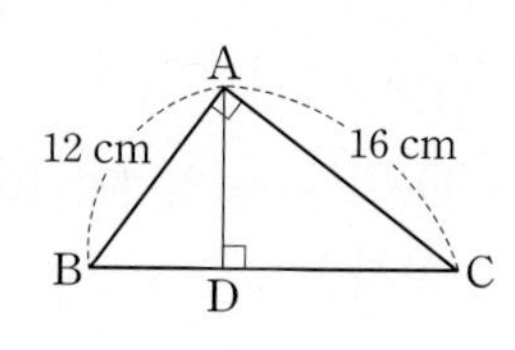

12

오른쪽 그림과 같이 $\angle B=90°$인 직각삼각형 ABC에서 $\overline{AC}\perp\overline{BD}$이고 $\overline{BD}=6$, $\overline{CD}=12$일 때, $\overline{AB}^2$의 값을 구하시오.

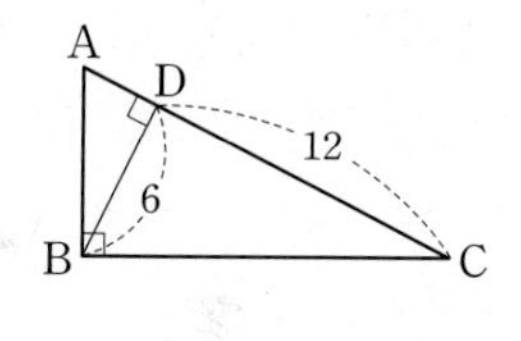

중요

13

오른쪽 그림과 같이 $\angle A=90°$인 직각삼각형 ABC에서 $\overline{AD}\perp\overline{BC}$이고 $\overline{AB}=15$, $\overline{BD}=9$일 때, $x+y+z$의 값은?

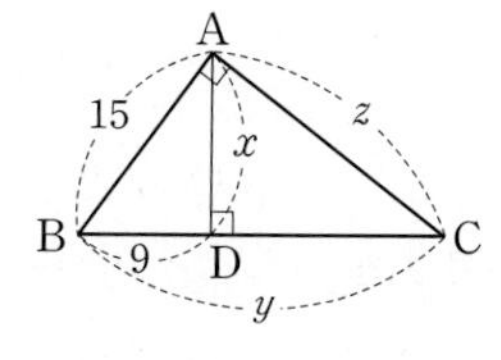

① 53 ② 55 ③ 57
④ 59 ⑤ 61

유형 05 사각형에서 피타고라스 정리의 이용 개념1

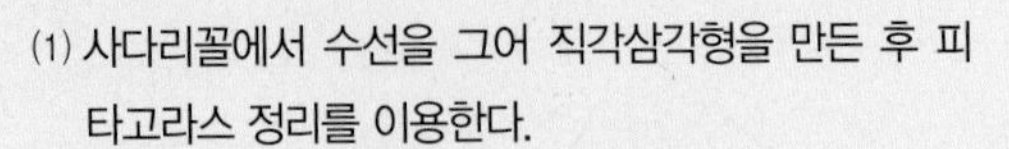

(1) 사다리꼴에서 수선을 그어 직각삼각형을 만든 후 피타고라스 정리를 이용한다.

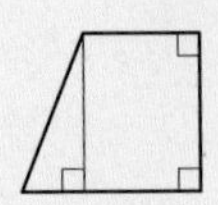

(2) 사각형에서 보조선을 그어 직각삼각형을 만든 후 피타고라스 정리를 이용한다.

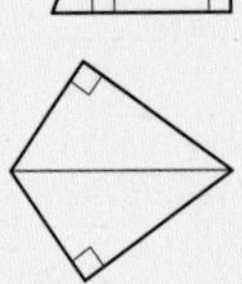

14 대표문제

오른쪽 그림과 같은 사다리꼴 ABCD에서 $\angle C=\angle D=90^\circ$이고 $\overline{AB}=25\text{ cm}$, $\overline{AD}=13\text{ cm}$, $\overline{CD}=24\text{ cm}$일 때, $\overline{BC}$의 길이를 구하시오.

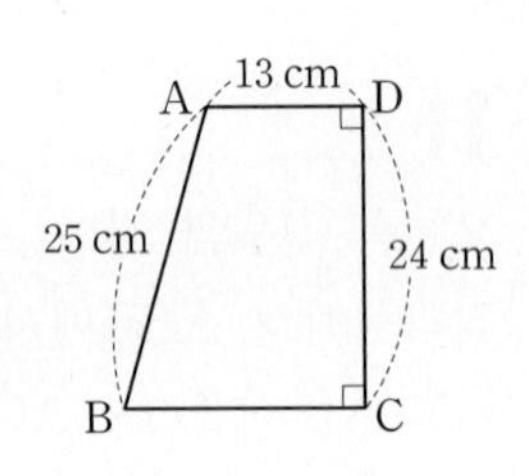

15

오른쪽 그림과 같은 □ABCD에서 $\angle A=\angle C=90^\circ$이고 $\overline{AD}=5$, $\overline{BC}=8$, $\overline{CD}=6$일 때, $\overline{AB}^2$의 값을 구하시오.

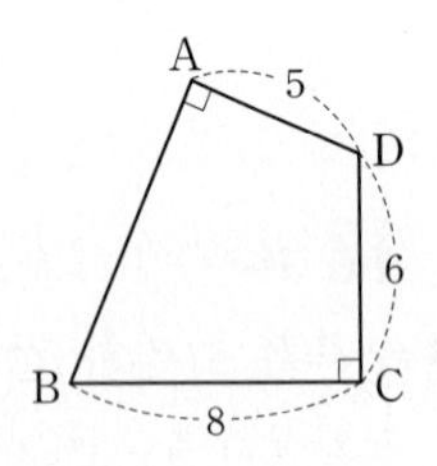

중요

16

오른쪽 그림과 같은 사다리꼴 ABCD에서 $\angle A=\angle B=90^\circ$이고 $\overline{AD}=12\text{ cm}$, $\overline{BC}=20\text{ cm}$, $\overline{CD}=17\text{ cm}$일 때, $\overline{AC}$의 길이를 구하시오.

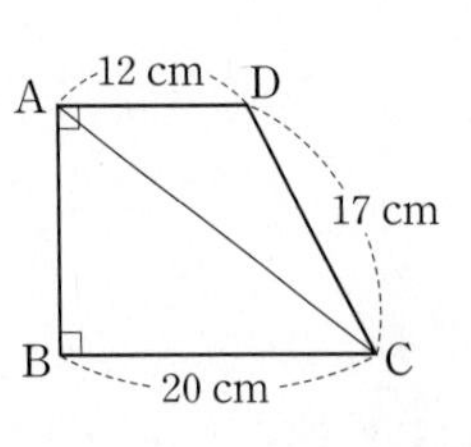

17 서술형

오른쪽 그림과 같은 등변사다리꼴 ABCD에서 $\overline{AB}=\overline{AD}=\overline{CD}=5\text{ cm}$, $\overline{BC}=11\text{ cm}$일 때, □ABCD의 넓이를 구하시오.

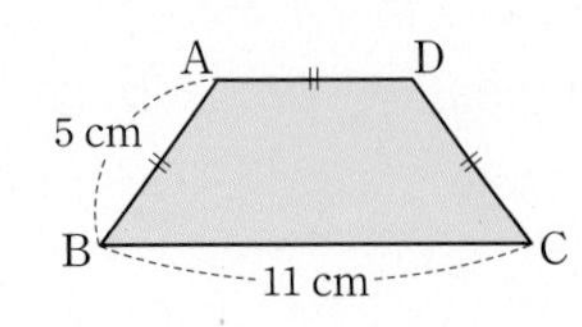

집중

유형 06 피타고라스 정리의 설명; 유클리드 개념2

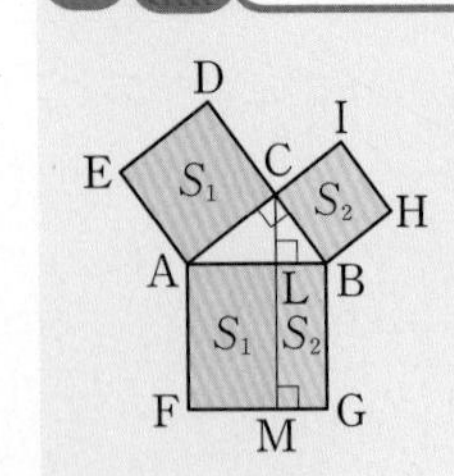

□ACDE=□AFML$=S_1$

□BHIC=□LMGB$=S_2$

➡ □AFGB=□ACDE+□BHIC (S_1+S_2, S_1, S_2)

➡ $\overline{AB}^2=\overline{AC}^2+\overline{BC}^2$

18 대표문제

오른쪽 그림은 $\angle A=90^\circ$인 직각삼각형 ABC의 세 변을 각각 한 변으로 하는 세 정사각형을 그린 것이다. □ACHI, □BFGC의 넓이가 각각 24 cm^2, 60 cm^2일 때, △ABF의 넓이를 구하시오.

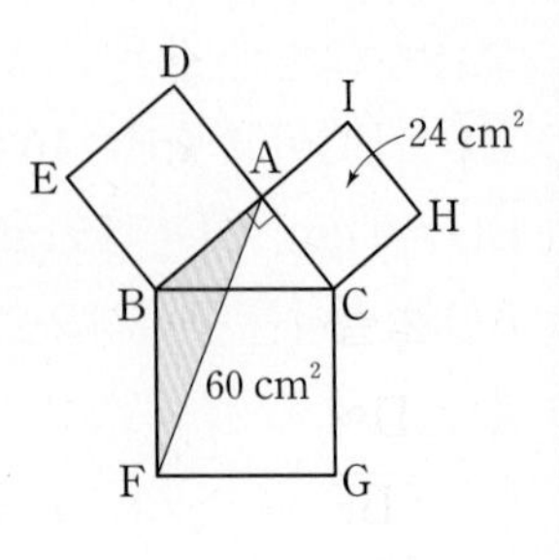

19 서술형

오른쪽 그림은 $\angle A=90^\circ$인 직각삼각형 ABC의 세 변을 각각 한 변으로 하는 세 정사각형을 그린 것이다. □ADEB, □BFGC의 넓이가 각각 64 cm^2, 89 cm^2일 때, △ABC의 넓이를 구하시오.

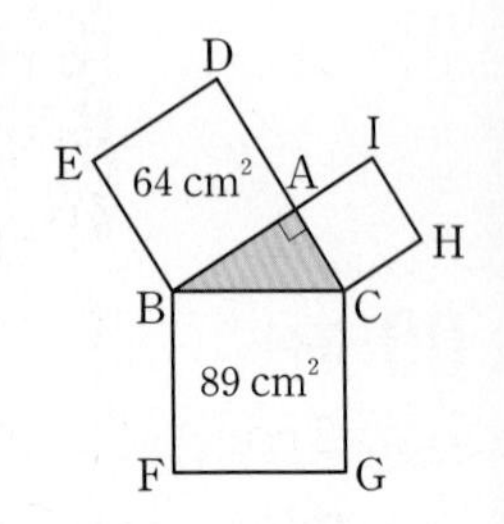

20

오른쪽 그림은 $\angle A=90^\circ$인 직각삼각형 ABC에서 $\overline{BC}$를 한 변으로 하는 정사각형 BDEC를 그린 것이다. $\overline{AG}\perp\overline{BC}$이고 $\overline{AB}=6\text{ cm}$, $\overline{AC}=4\text{ cm}$일 때, 색칠한 부분의 넓이를 구하시오.

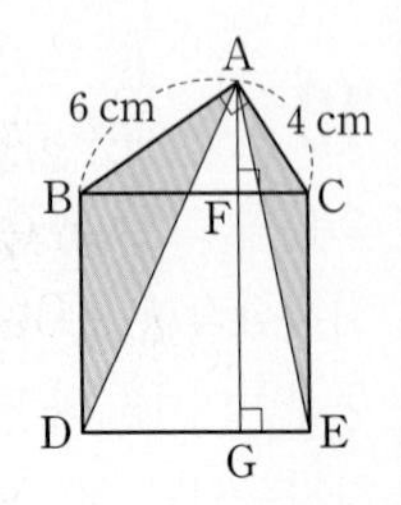

유형 07 피타고라스 정리의 설명; 피타고라스 개념2

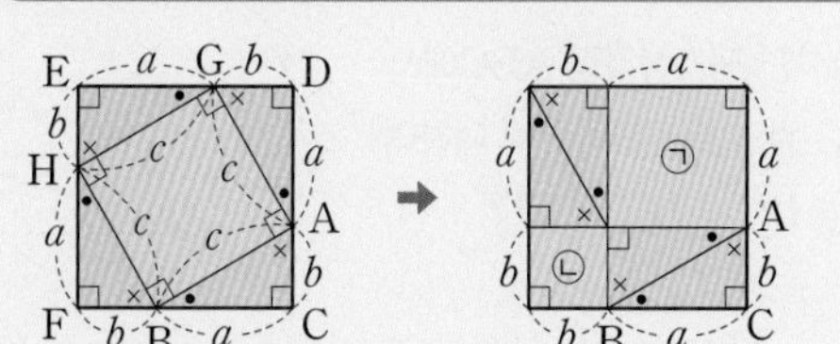

(1) $\triangle ABC \equiv \triangle GAD \equiv \triangle HGE \equiv \triangle BHF$

(2) □EFCD, □AGHB는 정사각형

(3) $\square EFCD = 4\triangle ABC + \underbrace{\square AGHB}_{c^2} = 4\triangle ABC + \underbrace{㉠}_{a^2} + \underbrace{㉡}_{b^2}$

➡ $c^2 = a^2 + b^2$

21 대표문제

오른쪽 그림과 같은 정사각형 ABCD에서 $\overline{AE}=\overline{BF}=\overline{CG}=\overline{DH}=5$ cm이고 □EFGH의 넓이는 169 cm^2일 때, □ABCD의 넓이를 구하시오.

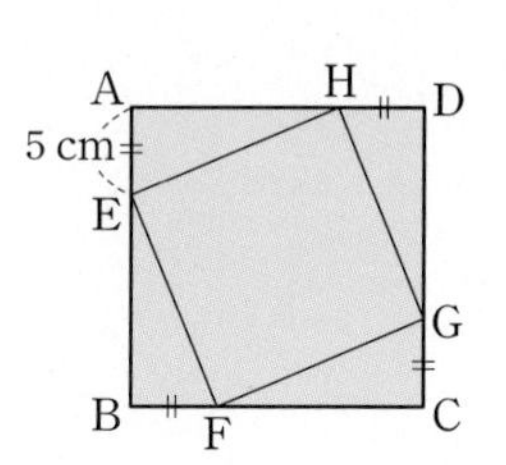

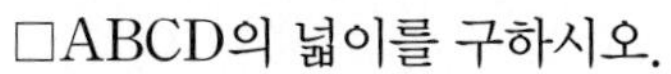

22

오른쪽 그림과 같은 정사각형 ABCD에서 4개의 직각삼각형은 모두 합동이다. $\overline{AE}=4$ cm, $\overline{EB}=2$ cm일 때, □EFGH의 넓이를 구하시오.

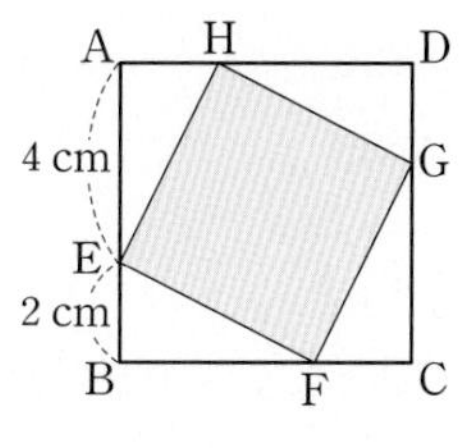

23 서술형

오른쪽 그림과 같이 한 변의 길이가 14 cm인 정사각형 ABCD에서 $\overline{AH}=\overline{BE}=\overline{CF}=\overline{DG}=6$ cm일 때, □EFGH의 둘레의 길이를 구하시오.

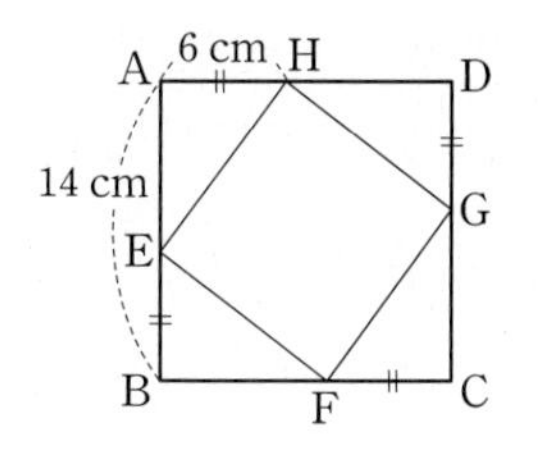

집중

유형 08 직각삼각형이 되는 조건 개념3

세 변의 길이가 각각 a, b, c인 △ABC에서 $a^2+b^2=c^2$이면

➡ △ABC는 빗변의 길이가 c인 직각삼각형이다.

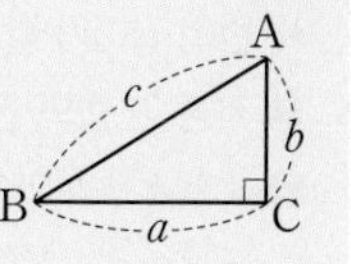

24 대표문제

세 변의 길이가 각각 다음과 같은 삼각형 중 직각삼각형인 것을 모두 고르면? (정답 2개)

① 3 cm, 3 cm, 3 cm
② 3 cm, 4 cm, 5 cm
③ 5 cm, 11 cm, 12 cm
④ 6 cm, 8 cm, 12 cm
⑤ 7 cm, 24 cm, 25 cm

25

세 변의 길이가 각각 9 cm, 12 cm, 15 cm인 삼각형의 넓이는?

① 54 cm^2　② 56 cm^2　③ 58 cm^2
④ 60 cm^2　⑤ 62 cm^2

중요

26

길이가 각각 3 cm, 4 cm, 5 cm, …, 10 cm인 8개의 막대가 있다. 이 중 서로 다른 3개의 막대를 선택하여 삼각형을 만들 때, 모두 몇 개의 직각삼각형을 만들 수 있는지 구하시오.

집중

유형 09 삼각형의 변의 길이와 각의 크기 사이의 관계 개념 4

세 변의 길이가 각각 a, b, c인 △ABC에서
❶ 가장 긴 변의 길이 c를 찾는다.
❷ c^2과 a^2+b^2의 대소를 비교한다.
• $c^2<a^2+b^2$이면 $\angle C<90°$ ➡ 예각삼각형
• $c^2=a^2+b^2$이면 $\angle C=90°$ ➡ 직각삼각형
• $c^2>a^2+b^2$이면 $\angle C>90°$ ➡ 둔각삼각형

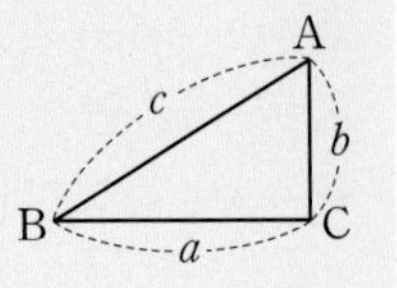

27 대표문제

다음 **보기** 중 삼각형의 세 변의 길이와 삼각형의 모양을 짝 지은 것으로 옳은 것을 모두 고른 것은?

보기

ㄱ. 4 cm, 5 cm, 7 cm ➡ 예각삼각형
ㄴ. 6 cm, 9 cm, 10 cm ➡ 둔각삼각형
ㄷ. 8 cm, 15 cm, 17 cm ➡ 직각삼각형
ㄹ. 10 cm, 12 cm, 15 cm ➡ 예각삼각형

① ㄱ, ㄴ ② ㄱ, ㄹ ③ ㄷ, ㄹ
④ ㄱ, ㄴ, ㄷ ⑤ ㄴ, ㄷ, ㄹ

28

$\overline{AB}=4$ cm, $\overline{BC}=6$ cm, $\overline{CA}=8$ cm인 △ABC는 어떤 삼각형인가?

① 예각삼각형
② $\angle A=90°$인 직각삼각형
③ $\angle A>90°$인 둔각삼각형
④ $\angle B=90°$인 직각삼각형
⑤ $\angle B>90°$인 둔각삼각형

29

세 변의 길이가 각각 x, 12, 20인 삼각형에 대하여 다음 중 옳은 것을 모두 고르면? (정답 2개)

① $x=10$이면 예각삼각형이다.
② $x=15$이면 둔각삼각형이다.
③ $x=16$이면 직각삼각형이다.
④ $x=22$이면 둔각삼각형이다.
⑤ $x=25$이면 예각삼각형이다.

유형 10 피타고라스 정리의 활용; 직각삼각형 개념 5

$\angle A=90°$인 직각삼각형 ABC에서
$\overline{AB}$, $\overline{AC}$ 위의 두 점 D, E에 대하여
➡ $\overline{DE}^2+\overline{BC}^2=\overline{BE}^2+\overline{CD}^2$

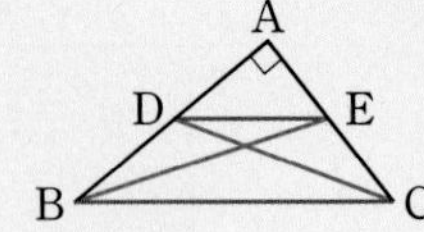

30 대표문제

오른쪽 그림과 같이 $\angle A=90°$인 직각삼각형 ABC에서 $\overline{BC}=9$, $\overline{BE}=8$, $\overline{CD}=6$일 때, $\overline{DE}^2$의 값을 구하시오.

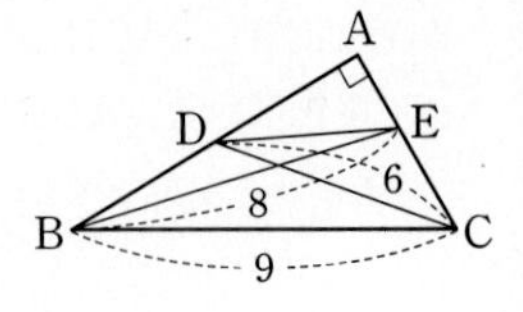

31

오른쪽 그림과 같이 $\angle C=90°$인 직각삼각형 ABC에서 $\overline{AC}=3$, $\overline{BC}=4$, $\overline{DE}=2$일 때, $\overline{AE}^2+\overline{BD}^2$의 값은?

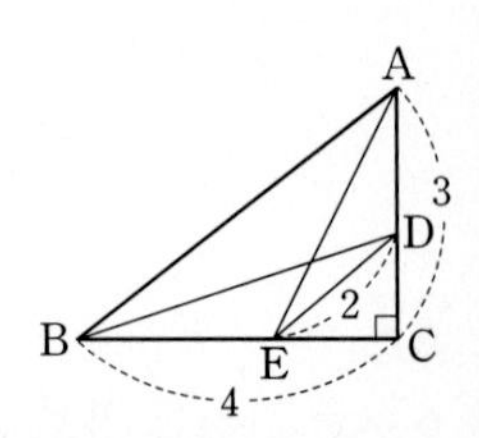

① 20 ② 23
③ 25 ④ 29
⑤ 33

32 서술형

오른쪽 그림과 같이 $\angle A=90°$인 직각삼각형 ABC에서 두 점 D, E는 각각 $\overline{AB}$, $\overline{AC}$의 중점이고 $\overline{BC}=10$일 때, $\overline{BE}^2+\overline{CD}^2$의 값을 구하시오.

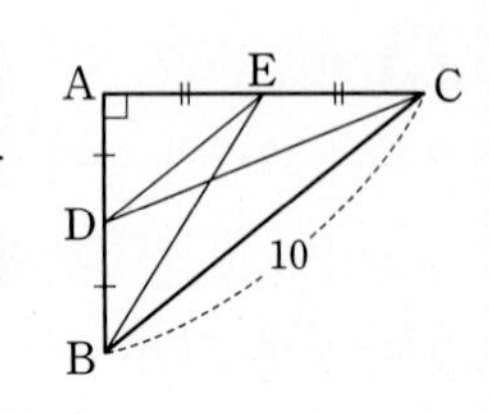

유형 11 피타고라스 정리의 활용; 사각형 개념5

(1) □ABCD의 두 대각선이 직교할 때
→ $\overline{AB}^2+\overline{CD}^2=\overline{BC}^2+\overline{DA}^2$

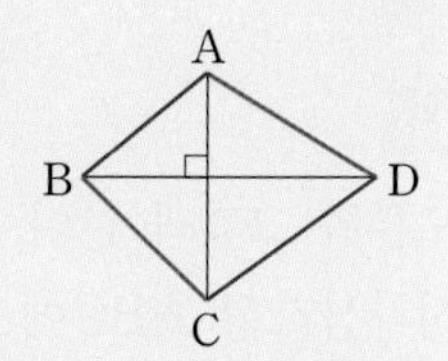

(2) 직사각형 ABCD의 내부에 있는 한 점 P에 대하여
→ $\overline{AP}^2+\overline{CP}^2=\overline{BP}^2+\overline{DP}^2$

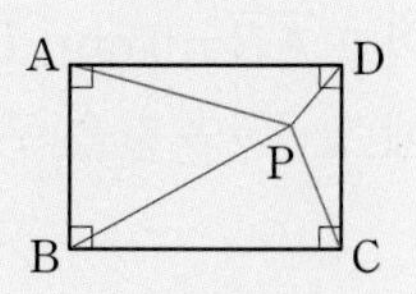

33 대표문제

오른쪽 그림과 같은 □ABCD에서 $\overline{AC}\perp\overline{BD}$이고 $\overline{AB}=14$, $\overline{AD}=9$, $\overline{BO}=12$, $\overline{CO}=5$일 때, $\overline{CD}^2$의 값을 구하시오.
(단, 점 O는 두 대각선의 교점이다.)

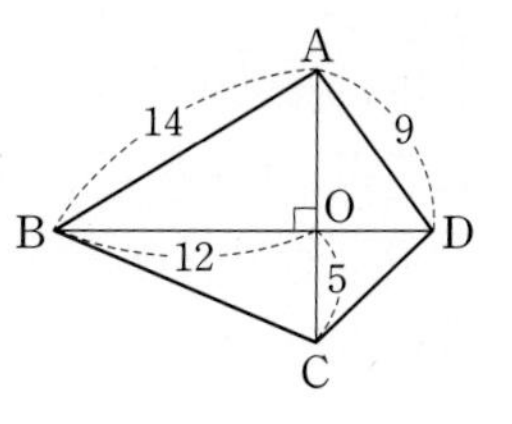

34

오른쪽 그림과 같은 직사각형 ABCD의 내부에 한 점 P가 있다. $\overline{AP}=9$, $\overline{BP}=7$, $\overline{CP}=2$일 때, $\overline{DP}$의 길이는?

① 4 ② 5
③ 6 ④ 7
⑤ 8

35

오른쪽 그림과 같이 $\overline{AD}/\!/\overline{BC}$인 등변사다리꼴 ABCD의 두 대각선이 직교하고 $\overline{AD}=5$, $\overline{BC}=7$일 때, $\overline{AB}^2$의 값을 구하시오.
(단, 점 O는 두 대각선의 교점이다.)

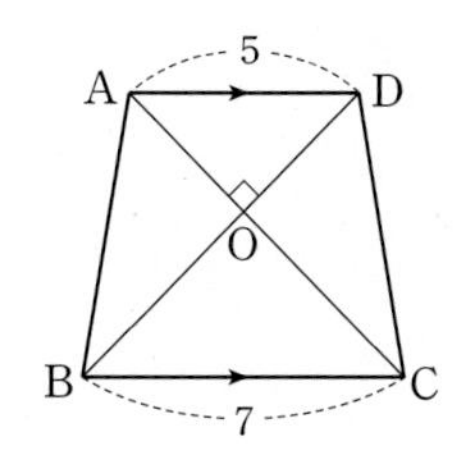

집중

유형 12 피타고라스 정리의 활용; 직각삼각형의 세 반원 사이의 관계 개념5

$\angle A=90°$인 직각삼각형 ABC의 세 변을 각각 지름으로 하는 세 반원에서

(1)

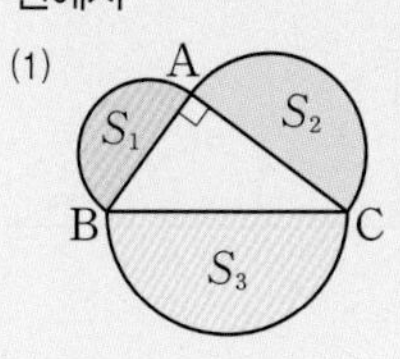

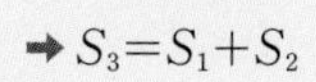

→ $S_3=S_1+S_2$

(2)

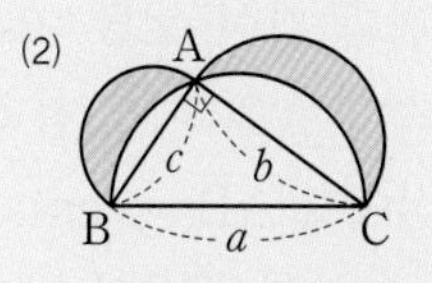

→ (색칠한 부분의 넓이)
$=\triangle ABC=\frac{1}{2}bc$

36 대표문제

오른쪽 그림은 $\angle A=90°$인 직각삼각형 ABC의 세 변을 각각 지름으로 하는 세 반원을 그린 것이다. $\overline{AB}$, $\overline{BC}$를 지름으로 하는 두 반원의 넓이가 각각 $10\pi\text{ cm}^2$, $28\pi\text{ cm}^2$일 때, $\overline{AC}$의 길이를 구하시오.

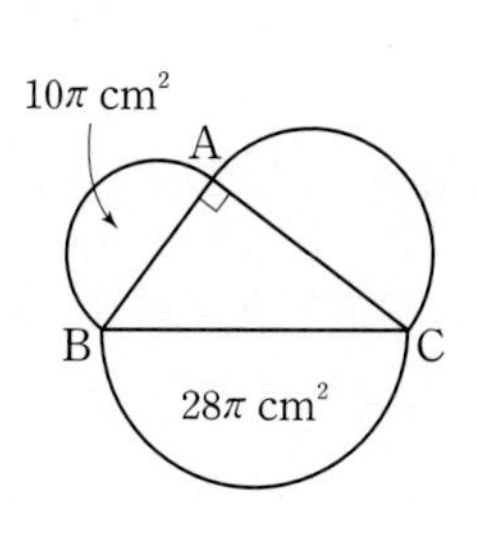

37 서술형

오른쪽 그림은 $\angle A=90°$인 직각삼각형 ABC의 세 변을 각각 지름으로 하는 세 반원을 그린 것이다. $\overline{AB}=12\text{ cm}$, $\overline{BC}=15\text{ cm}$일 때, 색칠한 부분의 넓이를 구하시오.

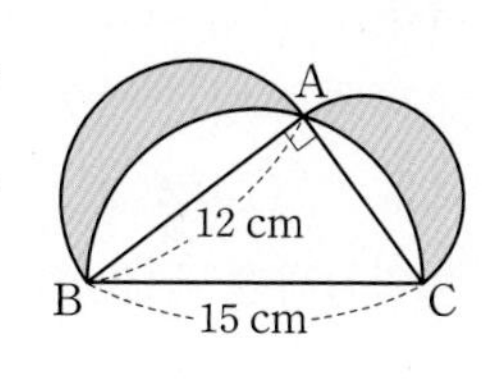

38

오른쪽 그림은 $\angle A=90°$인 직각이등변삼각형 ABC의 세 변을 각각 지름으로 하는 세 반원을 그린 것이다. $\overline{BC}=12\text{ cm}$일 때, 색칠한 부분의 넓이를 구하시오.

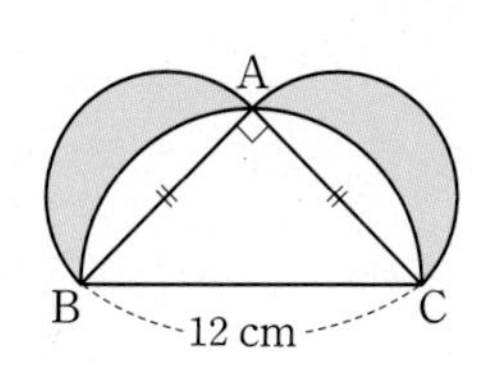

Real 실전 기출

01

오른쪽 그림과 같이 $\angle B=90^\circ$인 직각삼각형 ABC에서 점 G는 무게중심이고 $\overline{AB}=5$ cm, $\overline{BC}=12$ cm일 때, $\overline{BG}$의 길이를 구하시오.

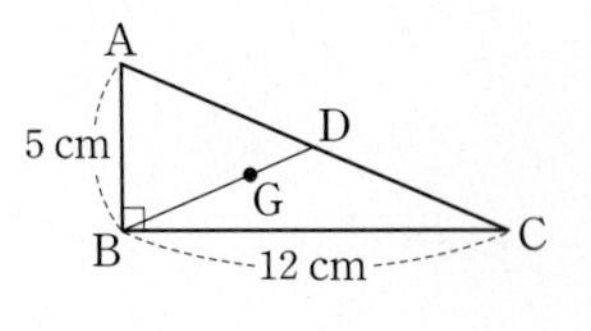

02 최다빈출

오른쪽 그림과 같이 $\angle C=90^\circ$인 직각삼각형 ABC에서 $\overline{AB}=25$ cm, $\overline{AD}=17$ cm, $\overline{CD}=8$ cm일 때, $\overline{BD}$의 길이를 구하시오.

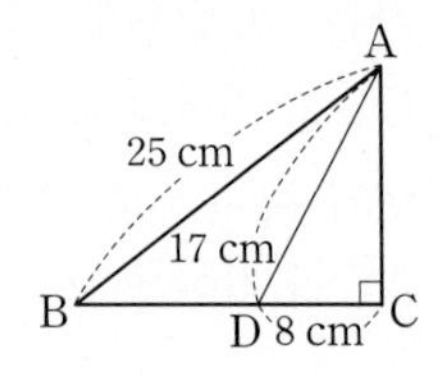

03

오른쪽 그림과 같이 $\overline{AB}=\overline{AC}=25$ cm, $\overline{BC}=14$ cm인 이등변삼각형 ABC의 넓이를 구하시오.

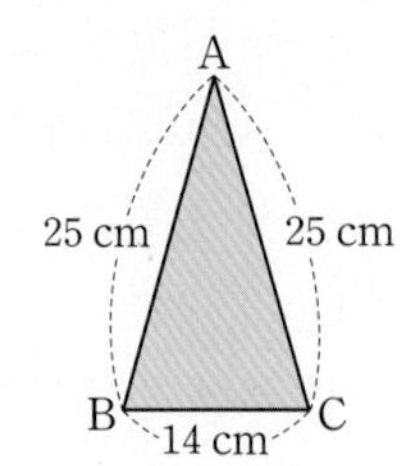

04

오른쪽 그림과 같이 가로, 세로의 길이가 각각 15 cm, 9 cm인 직사각형 모양의 종이를 점 A가 $\overline{BC}$ 위의 점 E에 오도록 접을 때, $\overline{EF}$의 길이를 구하시오.

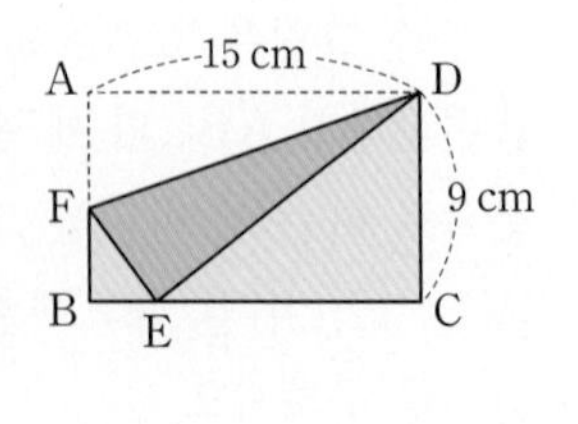

05

오른쪽 그림과 같이 $\angle A=90^\circ$인 직각삼각형 ABC에서 $\overline{AH}\perp\overline{BC}$이고 $\overline{AB}=9$ cm, $\overline{BC}=15$ cm일 때, $x-y$의 값을 구하시오.

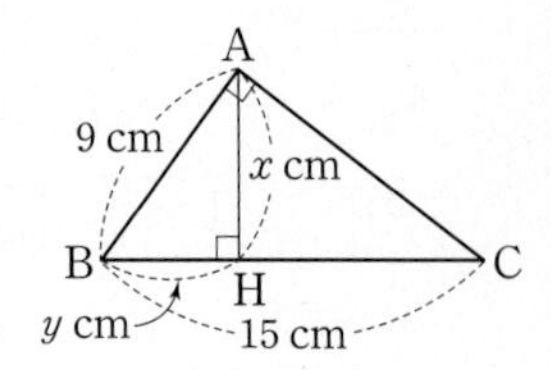

06 최다빈출

오른쪽 그림과 같은 사다리꼴 ABCD에서 $\angle C=\angle D=90^\circ$이고 $\overline{AD}=7$ cm, $\overline{AB}=13$ cm, $\overline{BC}=12$ cm일 때, □ABCD의 넓이를 구하시오.

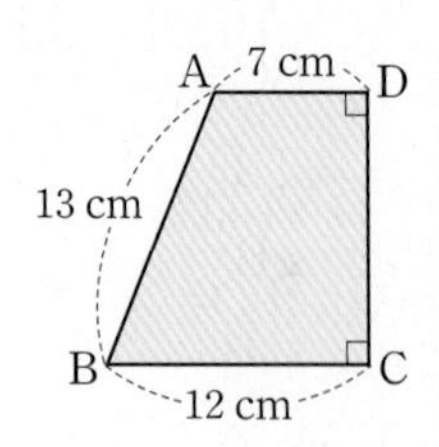

07

오른쪽 그림은 $\angle A=90^\circ$인 직각삼각형 ABC의 세 변을 각각 한 변으로 하는 세 정사각형을 그린 것이다. 다음 중 그 넓이가 나머지 넷과 다른 하나는?

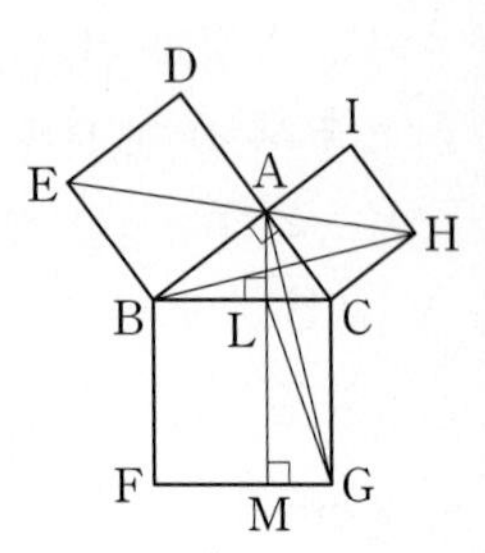

① △HAC　② △HBC　③ △AEB　④ △AGC　⑤ △LGC

08

오른쪽 그림과 같이 □ABCD의 두 대각선이 점 O에서 직교하고 $\overline{AB}=4$, $\overline{AD}=3$, $\overline{BC}=5$일 때, x^2+y^2의 값을 구하시오.

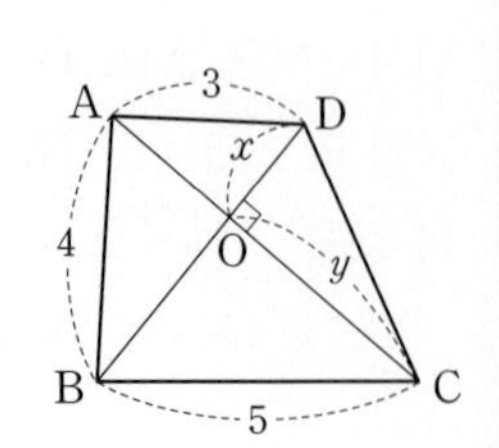

09

오른쪽 그림과 같이 $\angle A=90^\circ$인 직각삼각형 ABC에서 $\overline{AB}$, $\overline{AC}$, $\overline{BC}$를 지름으로 하는 세 반원의 넓이를 각각 S_1, S_2, S_3이라 하자. $\overline{BC}=12$일 때, $S_1+S_2+S_3$의 값을 구하시오.

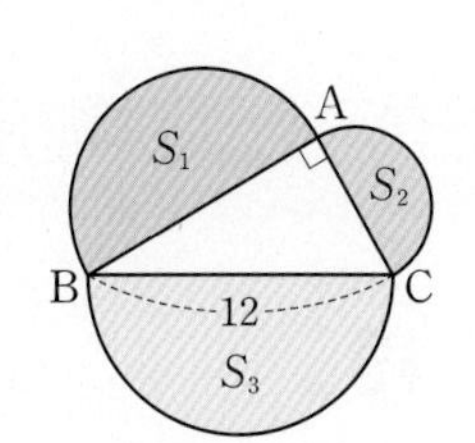

10

오른쪽 그림에서 $\triangle ABC \equiv \triangle CDE$이고 세 점 B, C, D는 한 직선 위에 있다. $\angle B=\angle D=90^\circ$이고 $\overline{AB}=10$ cm, $\overline{DE}=24$ cm일 때, $\triangle ACE$의 넓이를 구하시오.

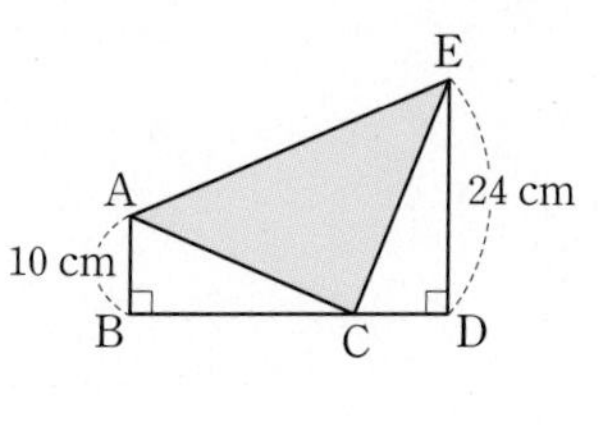

11

오른쪽 그림에서 $\angle B=\angle ACD=\angle ADE=90^\circ$이고 $\overline{AB}=\overline{BC}=\overline{CD}=\overline{DE}=2$ cm일 때, $\overline{AE}$의 길이는?

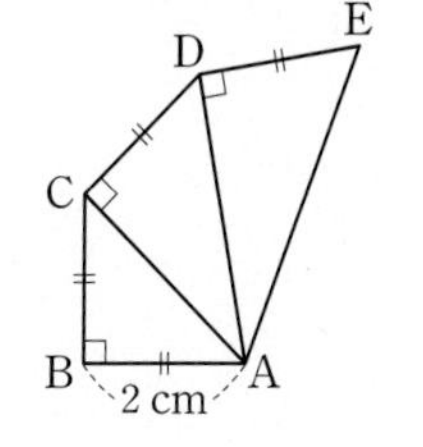

① 3 cm ② 4 cm
③ 5 cm ④ 6 cm
⑤ 7 cm

12

오른쪽 그림과 같은 $\triangle ABC$에서 $90^\circ<\angle A<180^\circ$일 때, x의 값이 될 수 있는 모든 자연수의 합을 구하시오.

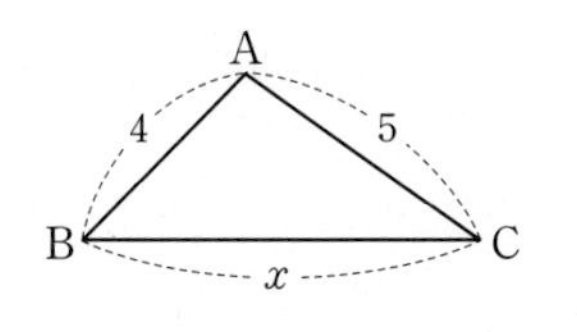

100점 공략

13

다음 그림은 합동인 정사각형 5개를 이어 붙인 것이다. □ABCD의 넓이가 25일 때, $\overline{AC}^2$의 값은?

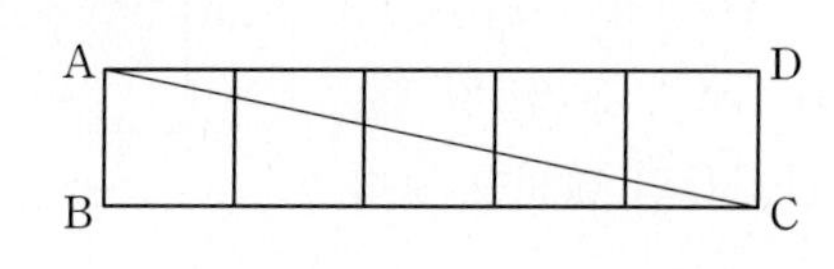

① 115 ② 120 ③ 125
④ 130 ⑤ 135

14

오른쪽 그림은 $\angle A=90^\circ$인 직각삼각형 ABC의 세 변을 각각 한 변으로 하는 세 정사각형을 그리고 $\overline{DE}$, $\overline{HI}$를 빗변으로 하는 직각삼각형 DJE, HKI를 각각 그린 다음 다시 이 삼각형들의 나머지 두 변을 각각 한 변으로 하는 네 정사각형을 그린 것이다. $\overline{AB}=6$ cm, $\overline{AC}=5$ cm일 때, 색칠한 부분의 넓이를 구하시오.

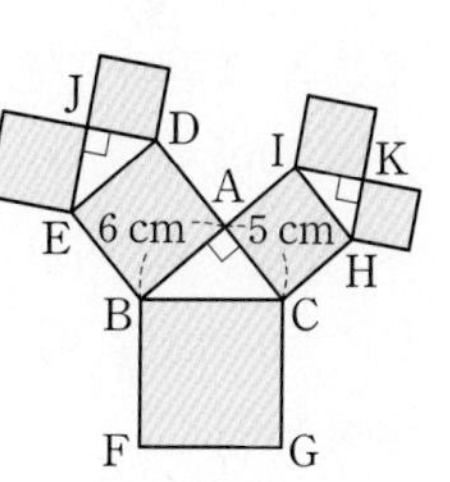

15 창의 역량

오른쪽 그림과 같은 직육면체의 꼭짓점 A에서 출발하여 겉면을 따라 모서리 BF, 꼭짓점 G, 모서리 DH를 지나 다시 꼭짓점 A로 오는 최단 거리를 구하시오.

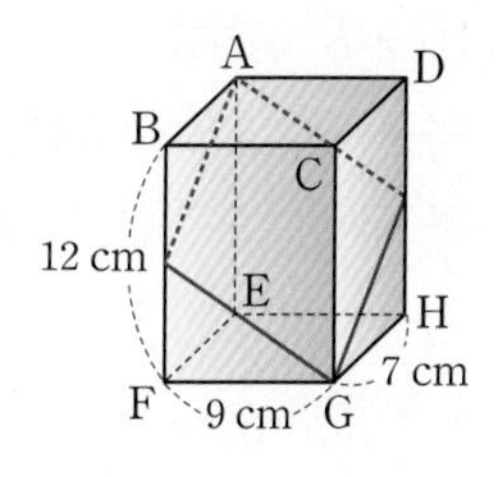

서술형

16

오른쪽 그림과 같은 직사각형 ABCD에서 $\overline{AD}=\overline{ED}$이고 $\overline{AB}=3\text{ cm}$, $\overline{BC}=5\text{ cm}$일 때, 사다리꼴 AECD의 넓이를 구하시오.

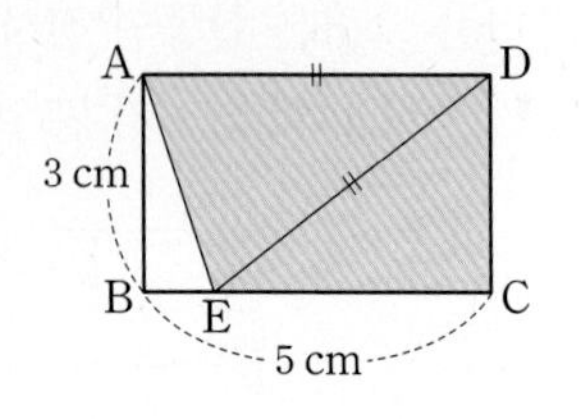

풀이

답 ______

17

오른쪽 그림과 같은 직사각형 ABCD에서 $\angle DAQ=\angle PAQ$, $\angle APQ=90°$이고 $\overline{AB}=8\text{ cm}$, $\overline{BP}=6\text{ cm}$일 때, $\overline{PQ}$의 길이를 구하시오.

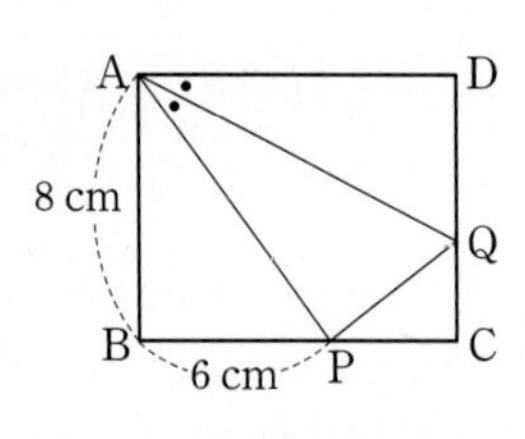

풀이

답 ______

18

오른쪽 그림과 같이 직선 $y=\frac{4}{3}x+4$가 x축, y축과 만나는 점을 각각 A, B라 하자. $\overline{AB}\perp\overline{OH}$일 때, $\overline{OH}$의 길이를 구하시오. (단, 점 O는 원점이다.)

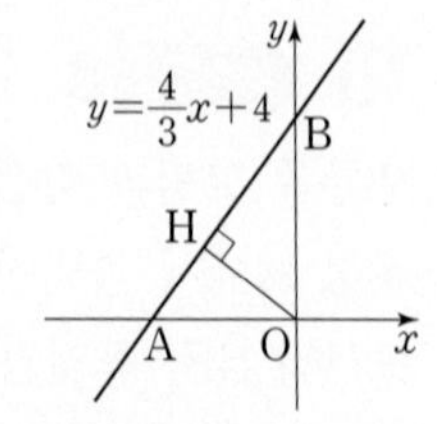

풀이

답 ______

19

오른쪽 그림과 같이 □ABCD의 두 대각선이 점 O에서 직교하고 $\overline{AB}=13\text{ cm}$, $\overline{BC}=15\text{ cm}$, $\overline{CD}=9\text{ cm}$, $\overline{OD}=3\text{ cm}$일 때, △AOD의 넓이를 구하시오.

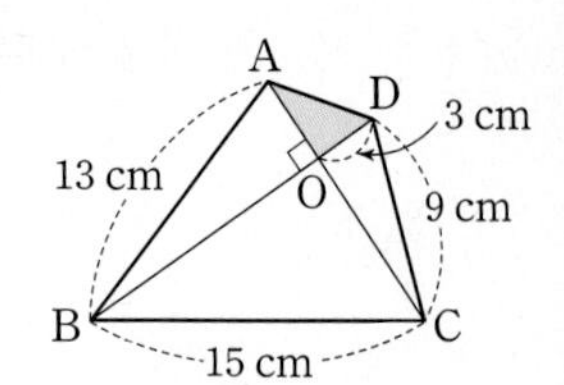

풀이

답 ______

20 100점

오른쪽 그림은 $\angle A=90°$인 직각삼각형 ABC에서 $\overline{BC}$를 한 변으로 하는 정사각형 BDEC를 그린 것이다. $\overline{BC}=15\text{ cm}$이고 △ABD의 넓이가 88 cm^2일 때, $\overline{AC}$의 길이를 구하시오.

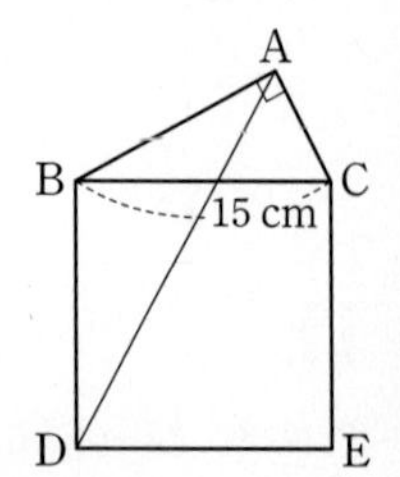

풀이

답 ______

21 100점

오른쪽 그림과 같이 원에 내접하는 직사각형 ABCD의 네 변을 각각 지름으로 하는 네 반원을 그렸다. $\overline{AB}=5\text{ cm}$, $\overline{AD}=7\text{ cm}$일 때, 색칠한 부분의 넓이를 구하시오.

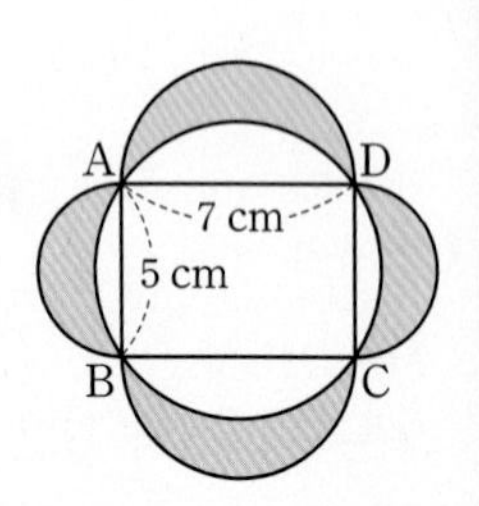

풀이

답 ______

V. 확률

09 경우의 수

유형북 119~134쪽
더블북 54~61쪽

Real 실전 개념

개념 1 사건과 경우의 수 유형 01~03

(1) **사건**: 같은 조건에서 여러 번 반복할 수 있는 실험이나 관찰에 의하여 나타나는 결과

(2) **경우의 수**: 어떤 사건이 일어나는 경우의 가짓수

예

실험 · 관찰	사건	경우	경우의 수
한 개의 주사위를 던진다.	2 이하의 눈이 나온다.	⚀ ⚁	2
	홀수의 눈이 나온다.	⚀ ⚂ ⚄	3

개념 노트

- 경우의 수를 구할 때는 모든 경우를 중복되지 않게 빠짐없이 구한다.

개념 2 사건 A 또는 사건 B가 일어나는 경우의 수 유형 04, 05

두 사건 A와 B가 동시에 일어나지 않을 때, 사건 A가 일어나는 경우의 수가 m, 사건 B가 일어나는 경우의 수가 n이면

(사건 A 또는 사건 B가 일어나는 경우의 수)$=m+n$

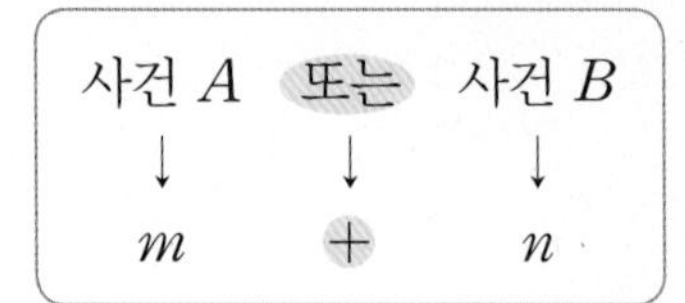

예 한 개의 주사위를 던질 때, 짝수 또는 1의 눈이 나오는 경우의 수

➜ (짝수의 눈이 나오는 경우의 수)+(1의 눈이 나오는 경우의 수)$=3+1=4$

↳ 2, 4, 6의 3가지　↳ 1의 1가지

- 두 사건 A와 B가 동시에 일어나지 않는다는 것은 사건 A가 일어나면 사건 B는 일어날 수 없고, 사건 B가 일어나면 사건 A는 일어날 수 없다는 뜻이다.
- 일반적으로 '또는', '~이거나' 등과 같은 표현이 있으면 각 사건이 일어나는 경우의 수를 더한다.

개념 3 두 사건 A와 B가 동시에 일어나는 경우의 수 유형 06~08

사건 A가 일어나는 경우의 수가 m, 그 각각에 대하여 사건 B가 일어나는 경우의 수가 n이면

(두 사건 A와 B가 동시에 일어나는 경우의 수)$=m\times n$

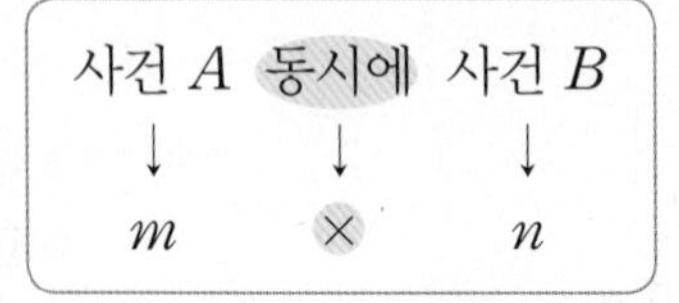

예 동전 한 개와 주사위 한 개를 동시에 던질 때, 동전은 앞면이 나오고 주사위는 3의 배수의 눈이 나오는 경우의 수

➜ (동전의 앞면이 나오는 경우의 수)×(주사위의 3의 배수의 눈이 나오는 경우의 수)$=1\times2=2$

↳ 앞면의 1가지　↳ 3, 6의 2가지

- 두 사건 A와 B가 동시에 일어난다는 것은 사건 A와 사건 B가 같은 시간에 일어나는 것만을 뜻하는 것이 아니라, 사건 A의 각각의 경우에 대하여 사건 B가 일어난다는 뜻이다.
- 일반적으로 '동시에', '그리고', '~와', '~하고 나서' 등과 같은 표현이 있으면 각 사건이 일어나는 경우의 수를 곱한다.

개념 1 사건과 경우의 수

[01~03] 한 개의 주사위를 던질 때, 다음을 구하시오.

01 소수의 눈이 나오는 경우의 수

02 5 이상의 눈이 나오는 경우의 수

03 2의 배수의 눈이 나오는 경우의 수

[04~06] 1부터 10까지의 자연수가 각각 하나씩 적힌 10장의 카드가 있다. 이 중에서 한 장의 카드를 뽑을 때, 다음을 구하시오.

04 홀수가 적힌 카드가 나오는 경우의 수

05 3보다 작은 수가 적힌 카드가 나오는 경우의 수

06 10의 약수가 적힌 카드가 나오는 경우의 수

[07~08] 한 개의 주사위를 던져서 나온 눈의 수를 a라 할 때, 십의 자리의 숫자는 4이고 일의 자리의 숫자는 a인 두 자리 자연수에 대하여 다음을 구하시오.

07 두 자리 자연수가 홀수가 되는 경우의 수

08 두 자리 자연수가 5의 배수가 되는 경우의 수

[09~10] 민성이는 문구점에서 500원짜리 볼펜 한 자루를 사려고 한다. 100원짜리 동전과 50원짜리 동전을 각각 5개씩 가지고 있을 때, 다음 물음에 답하시오.

09 다음 표는 볼펜의 값을 지불하는 방법을 나타낸 것이다. 표를 완성하시오.

100원(개)	5	4	3
50원(개)	0		

10 주어진 동전을 사용하여 볼펜의 값을 지불하는 방법의 수를 구하시오.

개념 2 사건 A 또는 사건 B가 일어나는 경우의 수

[11~13] 어느 음식점의 메뉴가 오른쪽과 같을 때, 다음을 구하시오.

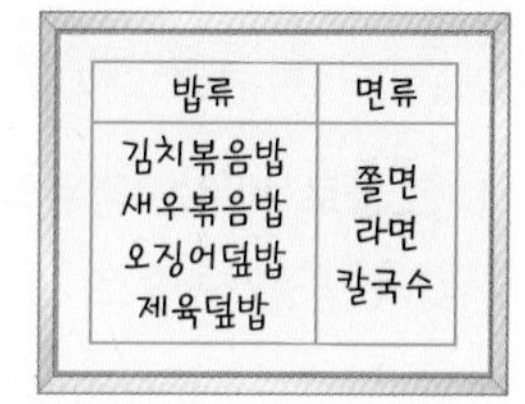

밥류	면류
김치볶음밥 새우볶음밥 오징어덮밥 제육덮밥	쫄면 라면 칼국수

11 밥 한 가지를 선택하는 경우의 수

12 면 한 가지를 선택하는 경우의 수

13 밥 또는 면 한 가지를 선택하는 경우의 수

[14~16] 서로 다른 두 개의 주사위를 동시에 던질 때, 다음을 구하시오.

14 두 눈의 수의 합이 3이 되는 경우의 수

15 두 눈의 수의 합이 10이 되는 경우의 수

16 두 눈의 수의 합이 3 또는 10이 되는 경우의 수

개념 3 두 사건 A와 B가 동시에 일어나는 경우의 수

[17~19] 어느 상점에서 우유 2종류와 빵 4종류를 팔고 있을 때, 다음을 구하시오.

17 우유 한 종류를 선택하는 경우의 수

18 빵 한 종류를 선택하는 경우의 수

19 우유와 빵을 각각 한 종류씩 선택하는 경우의 수

[20~22] 집, 도서관, 학교 사이의 길이 아래 그림과 같을 때, 다음을 구하시오. (단, 한 번 지나간 지점은 다시 지나지 않는다.)

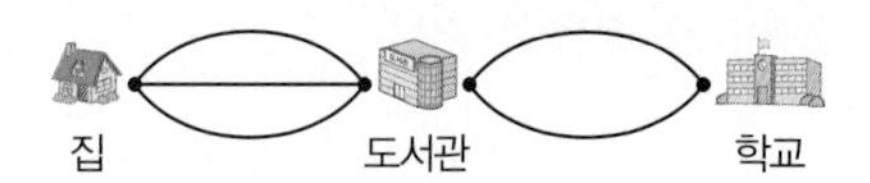

20 집에서 도서관까지 가는 경우의 수

21 도서관에서 학교까지 가는 경우의 수

22 집에서 도서관을 거쳐 학교까지 가는 경우의 수

Real 실전 개념

개념 4 한 줄로 세우는 경우의 수 유형 09~12

(1) **한 줄로 세우는 경우의 수**

① n명을 한 줄로 세우는 경우의 수 ➡ $n\times(n-1)\times(n-2)\times\cdots\times2\times1$

(→ n명 중 1명을 뽑는 경우의 수 / → 1명을 뽑고 남은 $(n-1)$명 중 1명을 뽑는 경우의 수)

② n명 중 2명을 뽑아 한 줄로 세우는 경우의 수 ➡ $n\times(n-1)$

③ n명 중 3명을 뽑아 한 줄로 세우는 경우의 수 ➡ $n\times(n-1)\times(n-2)$

(2) **이웃하여 한 줄로 세우는 경우의 수**

이웃하여 한 줄로 세우는 경우의 수는 다음과 같은 순서로 구한다.

❶ 이웃하는 것을 하나로 묶어 한 줄로 세우는 경우의 수를 구한다.

❷ 묶음 안에서 자리를 바꾸는 경우의 수를 구한다. (→ 묶음 안에서 한 줄로 세우는 경우의 수와 같다.)

❸ ❶과 ❷의 경우의 수를 곱한다.

개념 노트

- 특정한 사람의 자리를 고정하고 한 줄로 세우는 경우의 수는 자리가 고정된 사람을 제외한 나머지 사람을 한 줄로 세우는 경우의 수와 같다.

개념 5 자연수를 만드는 경우의 수 유형 13, 14

(1) **0을 포함하지 않는 경우**

0이 아닌 서로 다른 한 자리의 숫자가 각각 하나씩 적힌 n장의 카드 중에서

① 2장을 뽑아 만들 수 있는 두 자리 자연수의 개수 ➡ $n\times(n-1)$

② 3장을 뽑아 만들 수 있는 세 자리 자연수의 개수 ➡ $n\times(n-1)\times(n-2)$

(2) **0을 포함하는 경우**

0을 포함한 서로 다른 한 자리의 숫자가 각각 하나씩 적힌 n장의 카드 중에서

① 2장을 뽑아 만들 수 있는 두 자리 자연수의 개수 ➡ $(n-1)\times(n-1)$

(→ 0을 제외한 $(n-1)$장 중 1장을 뽑는 경우의 수 / → 십의 자리에 사용한 숫자를 제외한 $(n-1)$장 중 1장을 뽑는 경우의 수)

② 3장을 뽑아 만들 수 있는 세 자리 자연수의 개수 ➡ $(n-1)\times(n-1)\times(n-2)$

- 0을 포함하지 않는 n개의 서로 다른 한 자리의 숫자로 자연수를 만드는 경우의 수는 n명을 한 줄로 세우는 경우의 수와 같다.
- 0을 포함한 n개의 서로 다른 한 자리의 숫자로 자연수를 만드는 경우에 맨 앞자리에는 0이 올 수 없다.
  ➡ 맨 앞자리에 올 수 있는 숫자는 $(n-1)$개이다.

개념 6 대표를 뽑는 경우의 수 유형 15~17

(1) **자격이 다른 대표를 뽑는 경우**

① n명 중에서 자격이 다른 대표 2명을 뽑는 경우의 수 ➡ $n\times(n-1)$

② n명 중에서 자격이 다른 대표 3명을 뽑는 경우의 수 ➡ $n\times(n-1)\times(n-2)$

(2) **자격이 같은 대표를 뽑는 경우**

① n명 중에서 자격이 같은 대표 2명을 뽑는 경우의 수 ➡ $\frac{n\times(n-1)}{2}$

② n명 중에서 자격이 같은 대표 3명을 뽑는 경우의 수 ➡ $\frac{n\times(n-1)\times(n-2)}{3\times2\times1}$

- 자격이 다른 대표를 뽑는 경우의 수는 한 줄로 세우는 경우의 수와 같다.
- 자격이 같은 대표를 뽑는 경우의 수를 구할 때는 자격이 다른 대표를 뽑는 경우의 수를 중복되는 경우의 수로 나누어 주어야 한다.

개념 4 한 줄로 세우는 경우의 수

[23~25] 네 명의 학생 A, B, C, D가 있을 때, 다음을 구하시오.

23 4명을 한 줄로 세우는 경우의 수

24 4명 중 2명을 뽑아 한 줄로 세우는 경우의 수

25 4명 중 3명을 뽑아 한 줄로 세우는 경우의 수

26 다음은 부모님, 형, 나, 동생으로 이루어진 가족 5명이 한 줄로 서려고 할 때, 부모님이 이웃하여 서는 경우의 수를 구하는 과정이다. □ 안에 알맞은 수를 써넣으시오.

> 부모님을 1명으로 생각하여 □명을 한 줄로 세우는 경우의 수는
> □×3×2×1=24
> 이때 부모님의 자리를 바꾸는 경우는
> (아버지, 어머니), (어머니, 아버지)의 □가지
> 따라서 구하는 경우의 수는
> 24×□=□

개념 5 자연수를 만드는 경우의 수

[27~28] 1, 2, 3, 4, 5가 각각 하나씩 적힌 5장의 카드가 있을 때, 다음을 구하시오.

27 2장을 뽑아 만들 수 있는 두 자리 자연수의 개수

28 3장을 뽑아 만들 수 있는 세 자리 자연수의 개수

29 다음은 0, 1, 2, 3, 4가 각각 하나씩 적힌 5장의 카드 중에서 3장을 뽑아 만들 수 있는 세 자리 자연수의 개수를 구하는 과정이다. □ 안에 알맞은 수를 써넣으시오.

> 백의 자리에 올 수 있는 숫자는 □을 제외한 4가지, 십의 자리에 올 수 있는 숫자는 백의 자리에 사용한 숫자를 제외한 □가지, 일의 자리에 올 수 있는 숫자는 백의 자리와 십의 자리에 사용한 숫자를 제외한 □가지이다.
> 따라서 만들 수 있는 세 자리 자연수의 개수는
> 4×□×□=□

[30~31] 0, 2, 4, 6이 각각 하나씩 적힌 4장의 카드가 있을 때, 다음을 구하시오.

30 2장을 뽑아 만들 수 있는 두 자리 자연수의 개수

31 3장을 뽑아 만들 수 있는 세 자리 자연수의 개수

개념 6 대표를 뽑는 경우의 수

[32~35] 네 명의 후보 A, B, C, D 중에서 대표를 뽑을 때, 다음을 구하시오.

32 회장 1명, 부회장 1명을 뽑는 경우의 수

33 회장 1명, 부회장 1명, 총무 1명을 뽑는 경우의 수

34 대표 2명을 뽑는 경우의 수

35 대표 3명을 뽑는 경우의 수

Real 실전 유형

정답과 해설 71쪽 더블북 54쪽

유형 01 경우의 수; 동전 또는 주사위 던지기 개념 1

(1) 경우의 수를 구할 때는 모든 경우를 중복되지 않게 빠짐없이 구한다.
(2) 동전 또는 주사위를 던지는 경우의 수
➜ 일어나는 사건의 경우를 순서쌍으로 나타내어 그 개수를 센다.

01 대표문제

서로 다른 두 개의 주사위를 동시에 던질 때, 나오는 두 눈의 수의 합이 9가 되는 경우의 수는?

① 4 ② 6 ③ 8
④ 10 ⑤ 12

02

서로 다른 세 개의 동전을 동시에 던질 때, 앞면이 2개, 뒷면이 1개 나오는 경우의 수는?

① 3 ② 4 ③ 5
④ 6 ⑤ 7

03

서로 다른 두 개의 주사위를 동시에 던져서 나오는 눈의 수를 각각 x, y라 할 때, $2x+y=10$을 만족시키는 경우의 수를 구하시오.

집중

유형 02 여러 가지 경우의 수 개념 1

구하는 모든 경우를 순서쌍, 나뭇가지 모양의 그림 등을 이용하여 중복되지 않게 빠짐없이 구한다.

04 대표문제

민지, 윤희, 승아가 가위바위보를 한 번 할 때, 세 사람이 모두 서로 다른 것을 내는 경우의 수를 구하시오.

05

1부터 8까지의 자연수가 각각 하나씩 적힌 8장의 카드가 있다. 이 중에서 한 장의 카드를 뽑을 때, 8의 약수가 적힌 카드가 나오는 경우의 수를 구하시오.

중요

06

준섭이는 길이가 각각 3 cm, 5 cm, 6 cm, 8 cm인 4개의 막대를 가지고 있다. 이 중에서 3개의 막대를 선택하여 삼각형을 만들 때, 만들 수 있는 삼각형의 개수를 구하시오.

07

오른쪽 그림과 같은 모양의 도로가 있을 때, A 지점에서 출발하여 B 지점까지 최단 거리로 가는 경우의 수를 구하시오.

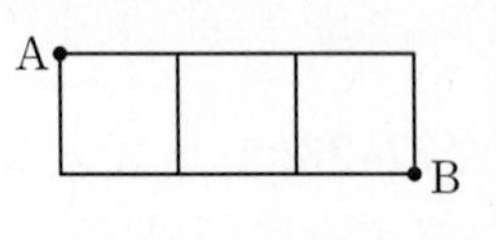

유형 03 돈을 지불하는 방법의 수 개념1

금액이 큰 동전의 개수부터 정하여 지불하는 금액에 맞게 각 동전의 개수를 표로 나타내어 구한다.

예 100원짜리 동전과 50원짜리 동전을 각각 5개씩 가지고 있을 때, 300원을 지불하는 방법은 다음 표와 같다.

100원(개)	3	2	1
50원(개)	0	2	4

➜ 구하는 방법의 수는 3이다.

08 대표문제

예림이는 편의점에서 650원짜리 음료수 한 캔을 사려고 한다. 100원짜리 동전 6개와 50원짜리 동전 10개를 가지고 있을 때, 음료수의 값을 지불하는 방법의 수는?

① 3 ② 4 ③ 5
④ 6 ⑤ 7

09

지수는 문구점에서 1500원짜리 공책 한 권을 사려고 한다. 500원짜리 동전 3개, 100원짜리 동전 10개, 50원짜리 동전 6개를 가지고 있을 때, 공책의 값을 지불하는 방법의 수는?

① 6 ② 7 ③ 8
④ 9 ⑤ 10

10 서술형

500원짜리 동전 3개, 100원짜리 동전 6개가 있다. 이 동전을 각각 1개 이상 사용하여 지불할 수 있는 금액은 모두 몇 가지인지 구하시오.

집중

유형 04 사건 A 또는 사건 B가 일어나는 경우의 수; 교통수단 또는 물건을 선택하는 경우 개념2

(1) 교통수단 A가 m가지, 교통수단 B가 n가지일 때, A 또는 B를 선택하는 경우의 수
➜ $m+n$

(2) 물건 A가 m개, 물건 B가 n개일 때, A 또는 B를 선택하는 경우의 수
➜ $m+n$

11 대표문제

수혁이네 집에서 박물관까지 가는 버스 노선은 4가지, 지하철 노선은 2가지가 있다. 수혁이가 집에서 박물관까지 버스 또는 지하철을 타고 가는 경우의 수를 구하시오.

12

어느 음료수 가게의 메뉴가 오른쪽과 같을 때, 탄산음료 또는 생과일주스 중 한 가지를 선택하는 경우의 수는?

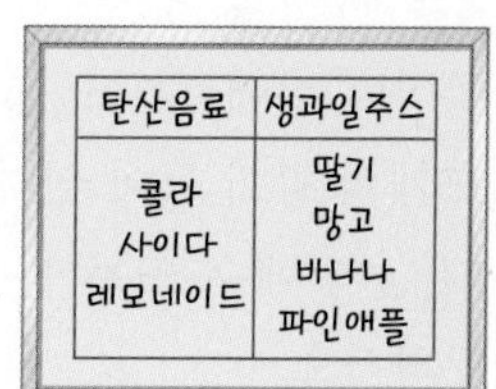

① 5 ② 6
③ 7 ④ 10
⑤ 12

중요

13

윤호는 문화센터 강좌 중 하나를 신청하려고 한다. 체육 관련 강좌가 5가지, 어학 관련 강좌가 3가지, 역사 관련 강좌가 4가지일 때, 윤호가 체육 또는 역사 관련 강좌 중 하나를 선택하는 경우의 수는?

① 6 ② 7 ③ 8
④ 9 ⑤ 10

집중

유형 05 사건 A 또는 사건 B가 일어나는 경우의 수; 주사위를 던지거나 수를 뽑는 경우 개념 2

a의 배수 또는 b의 배수가 나오는 경우의 수
(1) a와 b의 공배수가 없는 경우
➡ (a의 배수의 개수)+(b의 배수의 개수)
(2) a와 b의 공배수가 있는 경우
➡ (a의 배수의 개수)+(b의 배수의 개수)−(a와 b의 공배수의 개수)

14 대표문제

서로 다른 두 개의 주사위를 동시에 던질 때, 나오는 두 눈의 수의 합이 3 또는 6인 경우의 수는?

① 4 ② 5 ③ 6
④ 7 ⑤ 8

15

주머니 속에 1부터 15까지의 자연수가 각각 하나씩 적힌 15개의 공이 들어 있다. 이 주머니에서 한 개의 공을 꺼낼 때, 4의 배수 또는 홀수가 적힌 공이 나오는 경우의 수를 구하시오.

16 서술형

1부터 30까지의 자연수가 각각 하나씩 적힌 30장의 카드 중에서 한 장의 카드를 뽑을 때, 6의 배수 또는 8의 배수가 적힌 카드가 나오는 경우의 수를 구하시오.

중요

17

한 개의 주사위를 두 번 던질 때, 나오는 두 눈의 수의 차가 2의 배수인 경우의 수를 구하시오.

집중

유형 06 두 사건 A와 B가 동시에 일어나는 경우의 수; 물건을 선택하는 경우 개념 3

물건 A가 m개, 물건 B가 n개일 때, A와 B를 각각 한 개씩 선택하는 경우의 수
➡ $m\times n$

18 대표문제

승현이는 5가지 색상의 티셔츠와 4가지 색상의 바지를 가지고 있다. 승현이가 티셔츠와 바지를 각각 하나씩 짝 지어 입는 경우의 수는?

① 9 ② 11 ③ 14
④ 16 ⑤ 20

19

오른쪽과 같이 자음 ㄱ, ㄴ, ㄷ이 각각 하나씩 적힌 카드 3장과 모음 ㅏ, ㅑ, ㅓ, ㅕ, ㅗ가 각각 하나씩 적힌 카드 5장이 있다. 자음이 적힌 카드와 모음이 적힌 카드를 각각 한 장씩 선택하여 만들 수 있는 글자의 개수는?

① 8 ② 12 ③ 15
④ 18 ⑤ 20

20

어떤 야구팀에 유격수가 4명, 투수가 5명, 포수가 2명 있다. 감독이 선발 유격수, 투수, 포수를 각각 한 명씩 선택하는 경우의 수는?

① 11 ② 20 ③ 22
④ 40 ⑤ 44

집중

유형 07 두 사건 A와 B가 동시에 일어나는 경우의 수; 길 또는 교통수단을 선택하는 경우 개념 3

A 지점에서 B 지점까지 가는 길이 m가지, B 지점에서 C 지점까지 가는 길이 n가지일 때, A 지점에서 B 지점을 거쳐 C 지점까지 가는 경우의 수

➜ $m\times n$

21 대표문제

학교, 서점, 진우네 집 사이에 오른쪽 그림과 같은 길이 있을 때, 진우가 학교에서 출발하여 서점을 거쳐 집까지 가는 경우의 수는?

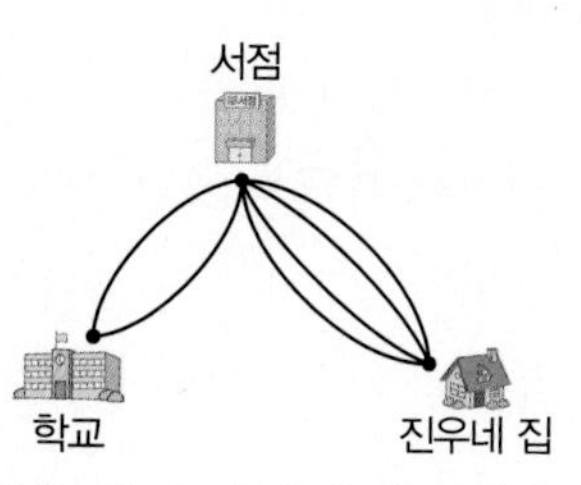

(단, 한 번 지나간 지점은 다시 지나지 않는다.)

① 7 ② 8 ③ 9
④ 10 ⑤ 11

22

어느 전시실에는 5개의 출입구가 있다. 그중의 한 출입구로 들어가서 다른 출입구로 나오는 경우의 수를 구하시오.

23

윤하네 집, 공원, 할머니 댁 사이에 오른쪽 그림과 같은 길이 있을 때, 윤하네 집에서 할머니 댁까지 가는 경우의 수를 구하시오.

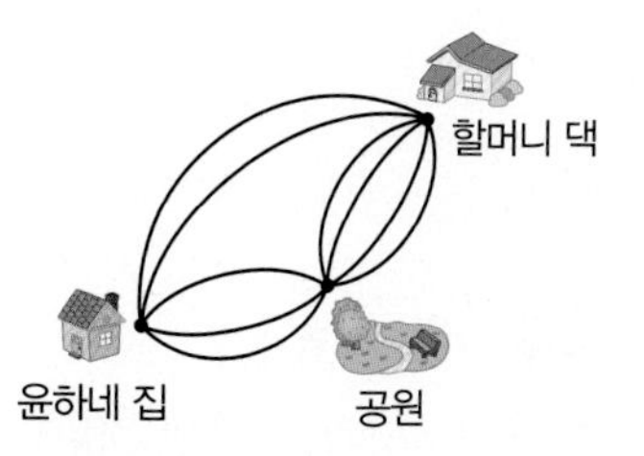

(단, 한 번 지나간 지점은 다시 지나지 않는다.)

유형 08 두 사건 A와 B가 동시에 일어나는 경우의 수; 동전 또는 주사위를 던지는 경우 개념 3

(1) 서로 다른 n개의 동전을 동시에 던질 때, 일어나는 모든 경우의 수

➜ $\underbrace{2\times2\times\cdots\times2}_{n\text{개}}=2^n$

(2) 서로 다른 n개의 주사위를 동시에 던질 때, 일어나는 모든 경우의 수

➜ $\underbrace{6\times6\times\cdots\times6}_{n\text{개}}=6^n$

24 대표문제

서로 다른 동전 2개와 주사위 2개를 동시에 던질 때, 일어나는 모든 경우의 수는?

① 48 ② 72 ③ 96
④ 120 ⑤ 144

25

500원짜리, 100원짜리, 50원짜리 동전이 각각 1개씩 있다. 이 동전 3개를 동시에 던질 때, 일어나는 모든 경우의 수는?

① 3 ② 6 ③ 8
④ 9 ⑤ 10

26 서술형

서로 다른 동전 2개와 주사위 1개를 동시에 던질 때, 동전은 서로 다른 면이 나오고 주사위는 3 이상의 눈이 나오는 경우의 수를 구하시오.

집중

유형 09 한 줄로 세우는 경우의 수 개념 4

(1) n명을 한 줄로 세우는 경우의 수
➡ $n\times(n-1)\times(n-2)\times\cdots\times2\times1$
(2) n명 중 2명을 뽑아 한 줄로 세우는 경우의 수
➡ $n\times(n-1)$
(3) n명 중 3명을 뽑아 한 줄로 세우는 경우의 수
➡ $n\times(n-1)\times(n-2)$

27 대표문제

어느 오케스트라가 공연에서 총 10곡의 음악을 연주하려고 한다. 공연의 시작과 끝에 각각 1곡씩 연주할 음악 2곡을 선택하는 경우의 수를 구하시오.

28

서로 다른 소설책 6권 중에서 3권을 골라 세 학생 A, B, C에게 각각 한 권씩 나누어 주려고 한다. 소설책 3권을 나누어 주는 경우의 수를 구하시오.

유형 10 한 줄로 세우는 경우의 수; 특정한 사람의 자리를 고정하는 경우 개념 4

자리가 고정되어 있는 사람을 제외한 나머지를 한 줄로 세운 후 자리가 정해진 사람을 세운다.

29 대표문제

5개의 문자 A, N, G, E, L이 각각 하나씩 적힌 5장의 카드를 일렬로 나열할 때, A가 적힌 카드를 가장 왼쪽에, E가 적힌 카드를 가장 오른쪽에 놓는 경우의 수를 구하시오.

30

어른 2명과 어린이 3명을 한 줄로 세울 때, 어른 2명이 양 끝에 서는 경우의 수를 구하시오.

집중

유형 11 한 줄로 세우는 경우의 수; 이웃하는 경우 개념 4

A, B, C, D를 한 줄로 세울 때, A, B, C가 이웃하는 경우의 수
❶ (A B C)(D) ➡ 2명을 한 줄로 세우는 경우의 수는 $2\times1=2$
└ A, B, C를 한 명으로 생각한다.
❷ A, B, C의 자리를 바꾸는 경우의 수는 $3\times2\times1=6$
❸ 구하는 경우의 수는 $2\times6=12$

31 대표문제

4장의 사진 A, B, C, D를 액자에 일렬로 꽂을 때, A와 B를 이웃하도록 꽂는 경우의 수는?

① 6 ② 12 ③ 18
④ 24 ⑤ 30

중요

32

세빈이는 서로 다른 소설책 3권과 서로 다른 시집 2권을 읽으려고 한다. 소설책 3권은 연속하여 읽으려고 할 때, 책을 읽는 순서를 정하는 경우의 수를 구하시오.

33

5명의 학생 A, B, C, D, E가 한 줄로 설 때, C가 D의 바로 앞에 서는 경우의 수는?

① 6 ② 9 ③ 12
④ 24 ⑤ 36

34 서술형

남학생 3명과 여학생 2명이 한 줄로 설 때, 남학생은 남학생끼리, 여학생은 여학생끼리 이웃하여 서는 경우의 수를 구하시오.

유형 12 색칠하는 방법의 수 개념 4

서로 다른 3가지 색을 가지고 A, B, C 세 부분에 색을 칠하는 방법의 수

A
B
C

(1) 모든 부분에 서로 다른 색을 칠하는 방법의 수

➡ $3\times2\times1=6$

(2) 같은 색을 여러 번 사용해도 좋으나 이웃하는 부분에는 서로 다른 색을 칠하는 방법의 수

➡ $3\times2\times2=12$

35 대표문제

오른쪽 그림과 같은 원의 세 부분 A, B, C에 빨강, 노랑, 초록, 파랑, 보라의 5가지 색을 사용하여 색을 칠하려고 한다. 각 부분에 서로 다른 색을 칠하는 방법의 수를 구하시오.

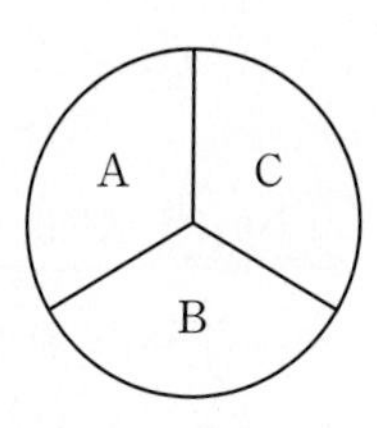

36 서술형

오른쪽 그림과 같은 원의 네 부분 A, B, C, D에 분홍, 하늘, 노랑, 연두의 4가지 색을 사용하여 색을 칠하려고 한다. 같은 색을 여러 번 사용해도 좋으나 이웃한 부분에는 서로 다른 색을 칠하려고 할 때, 색을 칠하는 방법의 수를 구하시오.

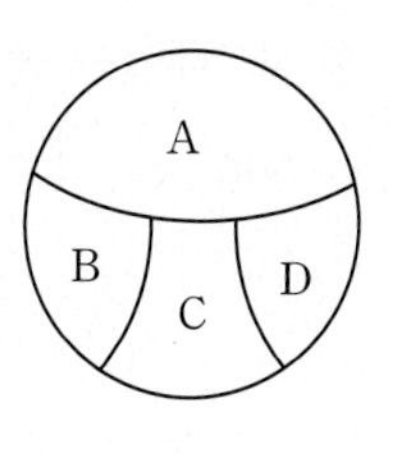

37

오른쪽 그림과 같은 직사각형의 다섯 부분 A, B, C, D, E에 서로 다른 5가지 색을 사용하여 색을 칠하려고 한다. 같은 색을 여러 번 사용해도 좋으나 이웃한 부분에는 서로 다른 색을 칠하려고 할 때, 색을 칠하는 방법의 수를 구하시오.

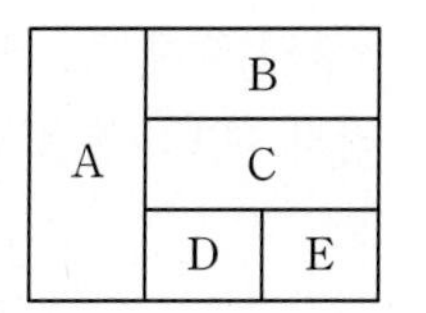

유형 13 자연수의 개수; 0을 포함하지 않는 경우 개념 5

0이 아닌 서로 다른 한 자리의 숫자가 각각 하나씩 적힌 n장의 카드 중에서

(1) 2장을 뽑아 만들 수 있는 두 자리 자연수의 개수

➡ $n\times(n-1)$

(2) 3장을 뽑아 만들 수 있는 세 자리 자연수의 개수

➡ $n\times(n-1)\times(n-2)$

38 대표문제

1부터 6까지의 자연수가 각각 하나씩 적힌 6장의 카드 중에서 2장을 뽑아 두 자리 자연수를 만들 때, 짝수의 개수는?

① 9 ② 12 ③ 15
④ 24 ⑤ 30

39

3부터 7까지의 자연수를 사용하여 두 자리 자연수를 만들려고 한다. 같은 숫자를 여러 번 사용해도 된다고 할 때, 만들 수 있는 두 자리 자연수의 개수를 구하시오.

40

1부터 5까지의 자연수가 각각 하나씩 적힌 5장의 카드 중에서 2장을 뽑아 두 자리 정수를 만들 때, 25 이상인 수의 개수는?

① 11 ② 12 ③ 13
④ 14 ⑤ 15

집중

유형 14 자연수의 개수; 0을 포함하는 경우 (개념 5)

0을 포함한 서로 다른 한 자리의 숫자가 각각 하나씩 적힌 n장의 카드 중에서
(→ 맨 앞자리에는 0이 올 수 없다.)

(1) 2장을 뽑아 만들 수 있는 두 자리 자연수의 개수
→ $(n-1)\times(n-1)$

(2) 3장을 뽑아 만들 수 있는 세 자리 자연수의 개수
→ $(n-1)\times(n-1)\times(n-2)$

41 대표문제

0, 1, 2, 3, 4, 5가 각각 하나씩 적힌 6장의 카드 중에서 3장을 뽑아 만들 수 있는 세 자리 자연수의 개수는?

① 60 ② 80 ③ 100
④ 110 ⑤ 120

42

0, 1, 2, 3, 4의 5개의 숫자를 사용하여 두 자리 자연수를 만들려고 한다. 같은 숫자를 여러 번 사용해도 된다고 할 때, 만들 수 있는 두 자리 자연수의 개수를 구하시오.

43 서술형

0, 1, 2, 3, 4가 각각 하나씩 적힌 5장의 카드 중에서 2장을 뽑아 만들 수 있는 두 자리 정수 중 짝수의 개수를 구하시오.

44

0, 1, 2, 3, 4, 5가 각각 하나씩 적힌 6개의 구슬이 들어 있는 주머니에서 구슬 2개를 꺼내어 만들 수 있는 두 자리 자연수 중 30 미만인 수의 개수를 구하시오.

집중

유형 15 대표를 뽑는 경우의 수; 자격이 다른 경우 (개념 6)

(1) n명 중에서 자격이 다른 대표 2명을 뽑는 경우의 수
→ $n\times(n-1)$

(2) n명 중에서 자격이 다른 대표 3명을 뽑는 경우의 수
→ $n\times(n-1)\times(n-2)$

45 대표문제

피겨스케이팅 대회에 출전한 10개국 중에서 1등, 2등, 3등을 각각 한 국가씩 뽑아 금메달, 은메달, 동메달을 주려고 할 때, 메달을 줄 수 있는 모든 경우의 수는?

① 500 ② 640 ③ 720
④ 900 ⑤ 990

46

5명의 후보 A, B, C, D, E 중에서 회장, 부회장, 총무를 각각 1명씩 뽑을 때, A가 총무가 되는 경우의 수를 구하시오.

집중

유형 16 대표를 뽑는 경우의 수; 자격이 같은 경우 개념 6

(1) n명 중에서 자격이 같은 대표 2명을 뽑는 경우의 수

➡ $\dfrac{n\times(n-1)}{2}$

(2) n명 중에서 자격이 같은 대표 3명을 뽑는 경우의 수

➡ $\dfrac{n\times(n-1)\times(n-2)}{3\times2\times1}$

47 대표문제

수영 동호회 회원 6명 중에서 수영 대회에 출전할 회원 3명을 뽑는 경우의 수를 구하시오.

48

빨강, 파랑, 노랑, 초록, 보라의 다섯 가지 색의 물감이 각각 1개씩 있다. 이 중에서 3개의 물감을 고를 때, 파랑 물감이 포함되는 경우의 수를 구하시오.

49

어느 탁구 대회에 7팀이 참가하였다. 각 팀이 한 팀도 빠짐없이 서로 한 번씩 시합을 하려고 할 때, 모두 몇 번의 시합을 해야 하는지 구하시오.

50 서술형

여학생 3명과 남학생 5명이 있다. 이 중에서 여학생 대표 1명과 남학생 대표 2명을 뽑는 경우의 수를 구하시오.

유형 17 선분 또는 삼각형의 개수 개념 6

어느 세 점도 한 직선 위에 있지 않은 $n(n\geq3)$개의 점 중에서

(1) 두 점을 연결하여 만들 수 있는 선분의 개수

➡ $\dfrac{n\times(n-1)}{2}$

(2) 세 점을 연결하여 만들 수 있는 삼각형의 개수

➡ $\dfrac{n\times(n-1)\times(n-2)}{3\times2\times1}$

51 대표문제

오른쪽 그림과 같이 어느 세 점도 한 직선 위에 있지 않은 5개의 점 A, B, C, D, E가 있다. 이 중 두 점을 연결하여 만들 수 있는 선분의 개수는?

E• •D A• B• •C

① 6 ② 8 ③ 10 ④ 12 ⑤ 14

52

오른쪽 그림과 같이 평행한 두 직선 l, m 위에 5개의 점 A, B, C, D, E가 있다. 직선 l 위의 한 점과 직선 m 위의 한 점을 연결하여 만들 수 있는 선분의 개수를 구하시오.

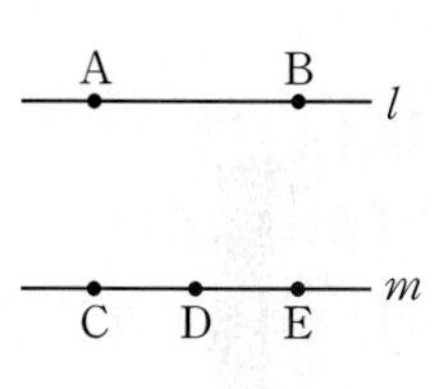

53

오른쪽 그림과 같이 한 원 위에 6개의 점 A, B, C, D, E, F가 있을 때, 이 중 세 점을 연결하여 만들 수 있는 삼각형의 개수는?

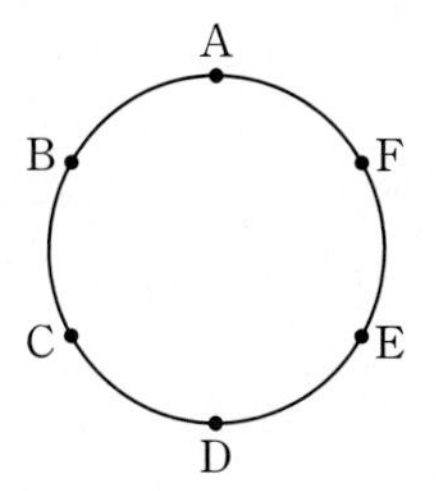

① 10 ② 15 ③ 20 ④ 25 ⑤ 30

Real 실전 기출

01

1부터 15까지의 자연수가 각각 하나씩 적힌 15장의 카드가 있다. 이 중에서 한 장의 카드를 뽑을 때, 소수가 적힌 카드가 나오는 경우의 수는?

① 3 ② 4 ③ 5 ④ 6 ⑤ 7

02

서로 다른 두 개의 주사위를 동시에 던져서 나오는 눈의 수를 각각 x, y라 할 때, $3x+y<9$가 성립하는 경우의 수는?

① 5 ② 6 ③ 7 ④ 8 ⑤ 9

03

서윤이는 분식점에서 2000원짜리 떡볶이를 사먹으려고 한다. 500원짜리 동전 4개와 100원짜리 동전 15개를 가지고 있을 때, 떡볶이의 값을 지불하는 방법의 수는?

① 3 ② 4 ③ 5 ④ 6 ⑤ 7

04

다음 표는 정현이네 반 학생들의 혈액형을 조사하여 나타낸 것이다. 정현이네 반 학생 중 한 명을 선택할 때, B형 또는 O형인 경우의 수는?

혈액형	A	B	AB	O
학생 수(명)	8	7	2	5

① 7 ② 9 ③ 12 ④ 13 ⑤ 15

05 최다빈출

서로 다른 두 개의 주사위를 동시에 던질 때, 나오는 두 눈의 수의 차가 3 또는 5인 경우의 수는?

① 5 ② 6 ③ 7 ④ 8 ⑤ 9

06

어느 공연장의 평면도가 오른쪽 그림과 같을 때, 공연장에서 복도를 거쳐 화장실로 가는 경우의 수는?

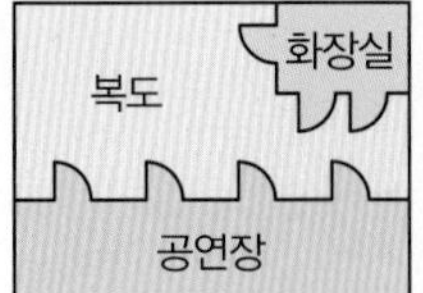
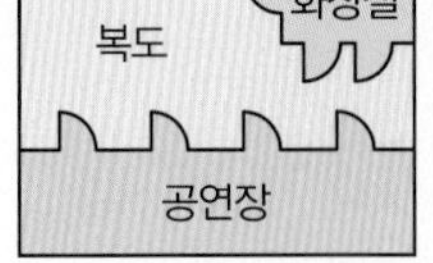

① 8 ② 9 ③ 10 ④ 11 ⑤ 12

07

오른쪽 그림과 같은 3개의 전구를 켜거나 꺼서 신호를 만들려고 할 때, 만들 수 있는 신호는 모두 몇 가지인지 구하시오.

(단, 전구가 모두 꺼진 경우는 신호로 생각하지 않는다.)

08

교내 체육 대회에서 이어달리기 선수로 4명의 학생 태윤, 진호, 경아, 지선이가 출전하려고 한다. 태윤이가 마지막 주자로 달리게 되는 경우의 수를 구하시오.

09

0, 1, 2, 3, 4가 각각 하나씩 적힌 5장의 카드 중에서 2장을 뽑아 두 자리 자연수를 만들려고 한다. 만들 수 있는 모든 두 자리 자연수를 작은 수부터 차례대로 나열할 때, 32는 몇 번째 수인지 구하시오.

10 최다빈출

어느 독서 토론 모임에 모인 6명의 학생들이 한 사람도 빠짐없이 서로 한 번씩 악수를 하려고 한다. 모두 몇 번의 악수를 해야 하는가?

① 10번 ② 15번 ③ 20번
④ 25번 ⑤ 30번

11 창의 역량

각 면에 1부터 4까지의 자연수가 각각 하나씩 적힌 정사면체 모양의 서로 다른 두 개의 주사위를 동시에 던질 때, 바닥에 오는 면에 적힌 두 수의 곱이 홀수인 경우의 수를 구하시오.

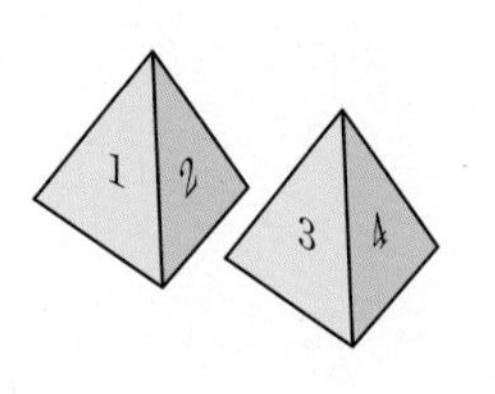

12

오른쪽 그림과 같은 모양의 도로가 있을 때, A 지점에서 P 지점을 거쳐 B 지점까지 최단 거리로 가는 경우의 수를 구하시오.

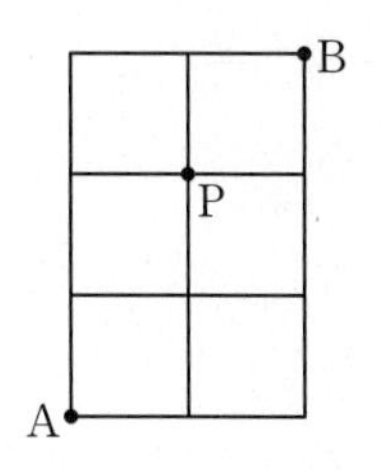

13

6명의 학생 A, B, C, D, E, F 중에서 3명을 뽑아 한 줄로 세울 때, A 또는 B가 맨 앞에 서는 경우의 수를 구하시오.

100점 공략

14

4개의 문자 m, a, t, h를 일렬로 배열할 때, m이 a보다 앞에 오는 경우의 수를 구하시오.

15

네 쌍의 부부가 한 줄로 설 때, 부부끼리 이웃하여 서는 경우의 수는?

① 24 ② 48 ③ 96
④ 192 ⑤ 384

16

오른쪽 그림과 같이 반원 위에 8개의 점 A~H가 있을 때, 이 중 세 점을 연결하여 만들 수 있는 삼각형의 개수는?

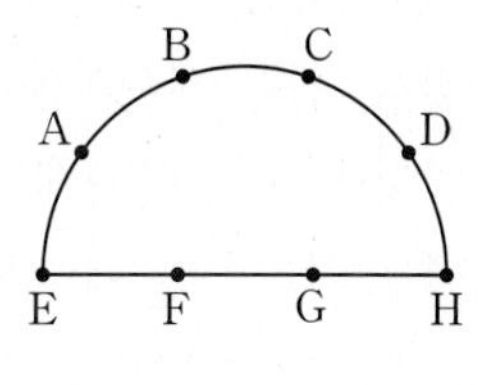

① 40 ② 44 ③ 48
④ 52 ⑤ 56

서술형

17

주머니 속에 1부터 20까지의 자연수가 각각 하나씩 적힌 20개의 공이 들어 있다. 이 주머니에서 한 개의 공을 꺼낼 때, 4의 배수 또는 5의 배수가 적힌 공이 나오는 경우의 수를 구하시오.

18

6명의 학생 A, B, C, D, E, F를 한 줄로 세울 때, B는 맨 앞에 서고 D와 E는 이웃하여 서는 경우의 수를 구하시오.

19

오른쪽 그림과 같은 직사각형의 다섯 부분 A, B, C, D, E에 서로 다른 5가지 색을 사용하여 색을 칠하려고 한다. 같은 색을 여러 번 사용해도 좋으나 이웃한 부분에는 서로 다른 색을 칠하려고 할 때, 색을 칠하는 방법의 수를 구하시오.

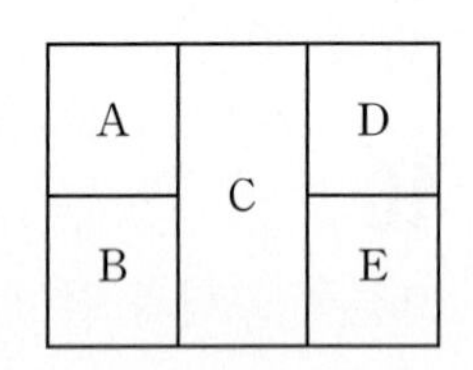

20

5, 6, 7, 8, 9가 각각 하나씩 적힌 5장의 카드 중에서 2장을 뽑아 두 자리 자연수를 만들 때, 홀수의 개수를 구하시오.

21 100점

4개의 문자 a, b, c, d를 $abcd$, $abdc$, $acbd$, $\cdots$, $dcba$와 같이 사전식으로 배열할 때, $cabd$는 몇 번째에 나타나는지 구하시오.

풀이

답

22 100점

0, 1, 2, 3, 4가 각각 하나씩 적힌 5장의 카드 중에서 3장을 뽑아 세 자리 자연수를 만들 때, 3의 배수의 개수를 구하시오.

풀이

답

V. 확률

10 확률

유형북 135 ~ 150쪽

더블북 62 ~ 69쪽

Real 실전 개념

개념 1 확률 유형 01~03

(1) **확률**

동일한 조건에서 실험이나 관찰을 여러 번 반복할 때, 어떤 사건이 일어나는 상대도수가 일정한 값에 가까워지면 이 일정한 값을 그 사건이 일어날 확률이라 한다.

(2) **사건 A가 일어날 확률**

어떤 실험이나 관찰에서 각 경우가 일어날 가능성이 모두 같을 때, 일어날 수 있는 모든 경우의 수가 n이고 사건 A가 일어나는 경우의 수가 a이면 사건 A가 일어날 확률 p는

$$p=\frac{(\text{사건 } A\text{가 일어나는 경우의 수})}{(\text{모든 경우의 수})}=\frac{a}{n}$$

예 한 개의 주사위를 던질 때, 2 이하의 눈이 나올 확률 구하기

❶ 일어날 수 있는 모든 경우 ➡ 1, 2, 3, 4, 5, 6의 6가지

❷ 2 이하의 눈이 나오는 경우 ➡ 1, 2의 2가지

❸ 2 이하의 눈이 나올 확률 ➡ $\frac{2}{6}=\frac{1}{3}$

개념 2 도형에서의 확률 유형 04

일어날 수 있는 모든 경우의 수는 도형의 전체 넓이로, 어떤 사건이 일어나는 경우의 수는 사건에 해당하는 부분의 넓이로 생각한다.

$$(\text{도형에서의 확률})=\frac{(\text{사건에 해당하는 부분의 넓이})}{(\text{도형의 전체 넓이})}$$

예 오른쪽 그림과 같이 4등분된 원판에 화살을 한 번 쏠 때, 2가 적힌 부분을 맞힐 확률

1	4
2	3

➡ $\frac{(\text{2가 적힌 부분의 넓이})}{(\text{원판 전체의 넓이})}=\frac{1}{4}$

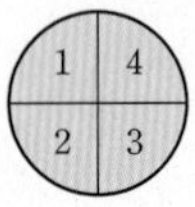

개념 3 확률의 기본 성질 유형 05

(1) 어떤 사건이 일어날 확률을 p라 하면 $0\le p\le 1$이다.

(2) 절대로 일어나지 않는 사건의 확률은 0이다.

(3) 반드시 일어나는 사건의 확률은 1이다.

예 (1) 한 개의 주사위를 던질 때, 6보다 큰 눈이 나올 확률 ➡ 0

(2) 한 개의 주사위를 던질 때, 자연수의 눈이 나올 확률 ➡ 1

개념 4 어떤 사건이 일어나지 않을 확률 유형 06, 07, 10, 15

사건 A가 일어날 확률을 p라 하면

$(\text{사건 } A\text{가 일어나지 않을 확률})=1-p$

예 명중률이 $\frac{1}{4}$인 사격 선수가 화살을 한 번 쏠 때, 명중시키지 못할 확률

➡ $1-(\text{명중시킬 확률})=1-\frac{1}{4}=\frac{3}{4}$

⊕ 개념 노트

- 상대도수: 도수의 총합에 대한 각 계급의 도수의 비율
  ➡ (어떤 계급의 상대도수) $=\frac{(\text{그 계급의 도수})}{(\text{도수의 총합})}$
- 확률은 어떤 사건이 일어날 가능성을 수로 나타낸 것이다.
- 확률은 보통 probability의 첫 글자인 p로 나타낸다.
- 도형에서의 확률은 해당하는 넓이가 전체 넓이에서 차지하는 비율이다.
- 모든 경우의 수가 n, 사건 A가 일어날 경우의 수가 a, 사건 A가 일어날 확률이 p일 때, $0\le a\le n$이므로
  $0\le\frac{a}{n}\le 1$ $\quad\therefore 0\le p\le 1$
- 사건 A가 일어날 확률을 p, 일어나지 않을 확률을 q라 하면
  $p+q=1$ $\quad\therefore q=1-p$
- 일반적으로 '~가 아닐 확률', '~을 못할 확률', '적어도 ~일 확률' 등과 같은 표현이 있으면 어떤 사건이 일어나지 않을 확률을 이용한다.

개념 1 확률

[01~03] 서로 다른 두 개의 동전을 동시에 던질 때, 다음을 구하시오.

01 일어나는 모든 경우의 수

02 모두 앞면이 나오는 경우의 수

03 모두 앞면이 나올 확률

[04~06] 1부터 12까지의 자연수가 각각 하나씩 적힌 12장의 카드가 있다. 이 중에서 한 장의 카드를 뽑을 때, 다음을 구하시오.

04 일어나는 모든 경우의 수

05 3의 배수가 적힌 카드가 나오는 경우의 수

06 3의 배수가 적힌 카드가 나올 확률

개념 2 도형에서의 확률

[07~09] 오른쪽 그림과 같이 6등분된 원판에 화살을 한 번 쏠 때, 다음을 구하시오. (단, 화살이 원판을 벗어나거나 경계선을 맞히는 경우는 생각하지 않는다.)

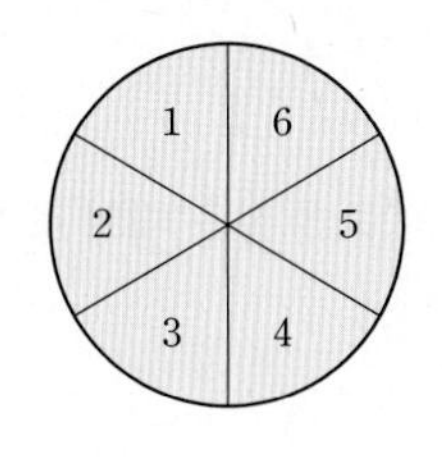

07 1이 적힌 부분을 맞힐 확률

08 짝수가 적힌 부분을 맞힐 확률

09 4의 약수가 적힌 부분을 맞힐 확률

개념 3 확률의 기본 성질

[10~13] 주머니 속에 빨간 공 3개, 파란 공 5개가 들어 있다. 이 주머니에서 한 개의 공을 꺼낼 때, 다음을 구하시오.

10 빨간 공이 나올 확률

11 파란 공이 나올 확률

12 빨간 공 또는 파란 공이 나올 확률

13 노란 공이 나올 확률

개념 4 어떤 사건이 일어나지 않을 확률

14 선영이가 어떤 문제를 맞힐 확률이 $\frac{1}{5}$일 때, 이 문제를 맞히지 못할 확률을 구하시오.

15 내일 비가 올 확률이 $\frac{7}{10}$일 때, 내일 비가 오지 않을 확률을 구하시오.

[16~17] 서로 다른 두 개의 동전을 동시에 던질 때, 다음을 구하시오.

16 모두 뒷면이 나올 확률

17 적어도 한 개는 앞면이 나올 확률

Real 실전 개념

개념 5 사건 A 또는 사건 B가 일어날 확률

유형 08, 11, 14, 15

두 사건 A와 B가 동시에 일어나지 않을 때, 사건 A가 일어날 확률을 p, 사건 B가 일어날 확률을 q라 하면

(사건 A 또는 사건 B가 일어날 확률)$=p+q$ ← 확률의 덧셈

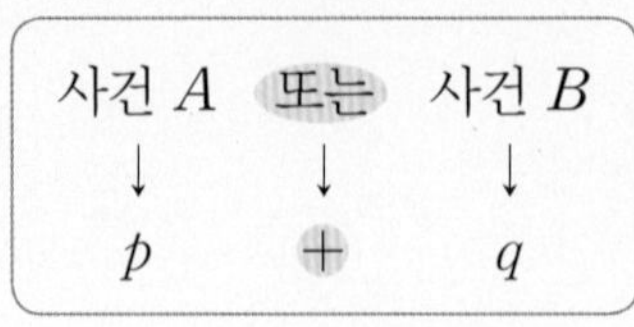

예 한 개의 주사위를 던질 때, 1 이하 또는 5 이상의 눈이 나올 확률

➡ $\frac{1}{6}+\frac{2}{6}=\frac{3}{6}=\frac{1}{2}$

⊕ 개념 노트

- 두 사건 A와 B가 동시에 일어나지 않는다는 것은 사건 A가 일어나면 사건 B는 일어날 수 없고, 사건 B가 일어나면 사건 A는 일어날 수 없다는 뜻이다.
- 일반적으로 동시에 일어나지 않는 두 사건에 대하여 '또는', '~이거나' 등과 같은 표현이 있으면 두 사건의 확률을 더한다.

개념 6 두 사건 A와 B가 동시에 일어날 확률

유형 09~11, 14, 15

두 사건 A와 B가 서로 영향을 끼치지 않을 때, 사건 A가 일어날 확률을 p, 사건 B가 일어날 확률을 q라 하면

(두 사건 A와 B가 동시에 일어날 확률)$=p\times q$ ← 확률의 곱셈

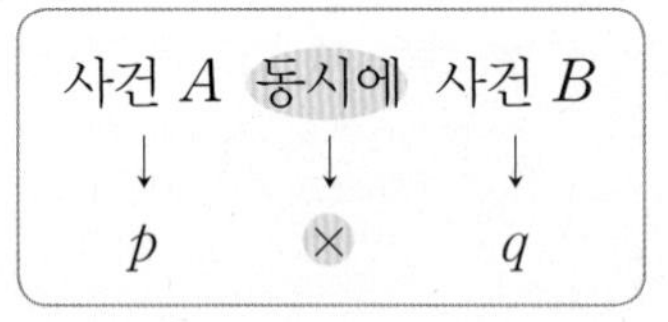

예 서로 다른 두 개의 주사위 A, B를 동시에 던질 때, 주사위 A는 4 이상의 눈이 나오고, 주사위 B는 3 이하의 눈이 나올 확률

➡ $\frac{3}{6}\times\frac{3}{6}=\frac{1}{4}$

- 두 사건 A와 B가 서로 영향을 끼치지 않는다는 것은 사건 A가 일어날 때와 사건 A가 일어나지 않을 때 각각의 경우에 대하여 사건 B가 일어날 확률이 같다는 뜻이다.
- 일반적으로 서로 영향을 끼치지 않는 두 사건에 대하여 '동시에', '그리고', '~와', '~하고 나서' 등과 같은 표현이 있으면 두 사건의 확률을 곱한다.

개념 7 연속하여 꺼내는 경우의 확률

유형 12, 13

(1) **꺼낸 것을 다시 넣고 연속하여 뽑는 경우의 확률**

처음에 뽑은 것을 나중에 다시 뽑을 수 있으므로 처음에 뽑을 때와 나중에 뽑을 때의 조건이 같다.

➡ (처음에 사건 A가 일어날 확률)=(나중에 사건 A가 일어날 확률)

(2) **꺼낸 것을 다시 넣지 않고 연속하여 뽑는 경우의 확률**

처음에 뽑은 것을 나중에 다시 뽑을 수 없으므로 처음에 뽑을 때와 나중에 뽑을 때의 조건이 다르다.

➡ (처음에 사건 A가 일어날 확률)≠(나중에 사건 A가 일어날 확률)

예 노란 공 2개와 파란 공 3개가 들어 있는 주머니에서 연속하여 2개의 공을 꺼낼 때, 2개 모두 노란 공이 나올 확률은

(1) 처음에 꺼낸 공을 다시 넣는 경우: $\frac{2}{5}\times\frac{2}{5}=\frac{4}{25}$

(2) 처음에 꺼낸 공을 다시 넣지 않는 경우: $\frac{2}{5}\times\frac{1}{4}=\frac{1}{10}$

- 꺼낸 것을 다시 넣고 뽑을 때 (처음 뽑을 때의 전체 개수) =(나중에 뽑을 때의 전체 개수)
- 꺼낸 것을 다시 넣지 않고 뽑을 때 (처음 뽑을 때의 전체 개수) ≠(나중에 뽑을 때의 전체 개수)

개념 5 사건 A 또는 사건 B가 일어날 확률

[18~20] 주머니 속에 1부터 10까지의 자연수가 각각 하나씩 적힌 10개의 공이 들어 있다. 이 주머니에서 한 개의 공을 꺼낼 때, 다음을 구하시오.

18 2 이하의 수가 적힌 공이 나올 확률

19 8 이상의 수가 적힌 공이 나올 확률

20 2 이하 또는 8 이상의 수가 적힌 공이 나올 확률

[21~23] 서로 다른 두 개의 주사위를 동시에 던질 때, 다음을 구하시오.

21 두 눈의 수의 합이 4일 확률

22 두 눈의 수의 합이 11일 확률

23 두 눈의 수의 합이 4 또는 11일 확률

개념 6 두 사건 A와 B가 동시에 일어날 확률

[24~26] 동전 한 개와 주사위 한 개가 있을 때, 다음을 구하시오.

24 동전 한 개를 던질 때, 앞면이 나올 확률

25 주사위 한 개를 던질 때, 소수의 눈이 나올 확률

26 동전 한 개와 주사위 한 개를 동시에 던질 때, 동전에서 앞면이 나오고 주사위에서 소수의 눈이 나올 확률

[27~29] 서로 다른 두 개의 주사위 A, B가 있을 때, 다음을 구하시오.

27 주사위 A를 던질 때, 6의 약수의 눈이 나올 확률

28 주사위 B를 던질 때, 짝수의 눈이 나올 확률

29 두 개의 주사위 A, B를 동시에 던질 때, 주사위 A에서 6의 약수의 눈이 나오고 주사위 B에서 짝수의 눈이 나올 확률

개념 7 연속하여 꺼내는 경우의 확률

[30~31] 주머니 속에 흰 공 4개, 검은 공 3개가 들어 있다. 이 주머니에서 공을 연속하여 1개씩 두 번 꺼낼 때, 두 번 모두 흰 공이 나올 확률을 다음 경우에 대하여 구하시오.

30 첫 번째 꺼낸 공을 다시 넣을 때

31 첫 번째 꺼낸 공을 다시 넣지 않을 때

[32~33] 10개의 제비 중 당첨 제비가 3개 들어 있다. 현수와 지민이가 차례대로 제비를 한 개씩 뽑을 때, 현수만 당첨 제비를 뽑을 확률을 다음 경우에 대하여 구하시오.

32 현수가 꺼낸 제비를 다시 넣을 때

33 현수가 꺼낸 제비를 다시 넣지 않을 때

정답과 해설 79쪽 더블북 62쪽

집중

유형 01 확률

개념 1

(사건 A가 일어날 확률)$=\dfrac{(\text{사건 } A\text{가 일어나는 경우의 수})}{(\text{모든 경우의 수})}$

01 대표문제

1부터 15까지의 자연수가 각각 하나씩 적힌 15장의 카드 중에서 한 장의 카드를 뽑을 때, 카드에 적힌 수가 4의 배수일 확률은?

① $\frac{1}{15}$ ② $\frac{2}{15}$ ③ $\frac{1}{5}$
④ $\frac{4}{15}$ ⑤ $\frac{1}{3}$

02

흰 공과 검은 공을 합하여 12개가 들어 있는 주머니에서 한 개의 공을 꺼낼 때, 흰 공이 나올 확률은 $\frac{2}{3}$이다. 이때 주머니 속에 들어 있는 흰 공의 개수를 구하시오.

03

서로 다른 3개의 동전을 동시에 던질 때, 모두 같은 면이 나올 확률을 구하시오.

04

서로 다른 두 개의 주사위를 동시에 던질 때, 나오는 두 눈의 수의 차가 1일 확률을 구하시오.

유형 02 확률; 한 줄로 세우기, 대표 뽑기

개념 1

(1) n명을 한 줄로 세우는 경우의 수
→ $n\times(n-1)\times(n-2)\times\cdots\times1$

(2) n명 중에서 자격이 같은 대표 2명을 뽑는 경우의 수
→ $\dfrac{n\times(n-1)}{2}$

05 대표문제

민규를 포함한 5명의 학생을 한 줄로 세울 때, 민규가 맨 앞에 설 확률은?

① $\frac{1}{10}$ ② $\frac{1}{5}$ ③ $\frac{3}{10}$
④ $\frac{2}{5}$ ⑤ $\frac{1}{2}$

중요

06

중학생 2명과 초등학생 2명을 한 줄로 세울 때, 초등학생끼리 이웃하여 설 확률은?

① $\frac{1}{24}$ ② $\frac{1}{12}$ ③ $\frac{1}{8}$
④ $\frac{1}{4}$ ⑤ $\frac{1}{2}$

07 서술형

어느 중학교 2학년 학생 3명과 3학년 학생 4명 중에서 학교 대표 2명을 뽑을 때, 2명 모두 2학년 학생이 뽑힐 확률을 구하시오.

유형 03 확률; 방정식과 부등식 개념1

서로 다른 두 개의 주사위를 동시에 던져서 나오는 눈의 수를 각각 x, y라 할 때, $x+2y=8$일 확률 구하기

❶ 모든 경우의 수를 구한다. ➡ $6\times6=36$

❷ $x+2y=8$을 만족시키는 순서쌍 (x, y)를 구한다.
➡ $(6, 1)$, $(4, 2)$, $(2, 3)$의 3개 ← 계수가 큰 문자인 y를 기준으로 대입해서 찾으면 편리하다.

❸ 확률을 구한다. ➡ $\frac{3}{36}=\frac{1}{12}$

08 대표문제

두 개의 주사위 A, B를 동시에 던져서 A 주사위에서 나오는 눈의 수를 x, B 주사위에서 나오는 눈의 수를 y라 할 때, $2x-y=2$일 확률은?

① $\frac{1}{12}$ ② $\frac{1}{9}$ ③ $\frac{5}{36}$ ④ $\frac{1}{6}$ ⑤ $\frac{7}{36}$

09

한 개의 주사위를 두 번 던져서 첫 번째 나오는 눈의 수를 x, 두 번째 나오는 눈의 수를 y라 할 때, $2x<y$일 확률을 구하시오.

10  서술형

두 개의 주사위 A, B를 동시에 던져서 A 주사위에서 나오는 눈의 수를 x, B 주사위에서 나오는 눈의 수를 y라 할 때, $3x+y\le8$일 확률을 구하시오.

유형 04 도형에서의 확률 개념2

$$(\text{도형에서의 확률})=\frac{(\text{사건에 해당하는 부분의 넓이})}{(\text{도형 전체의 넓이})}$$

11 대표문제

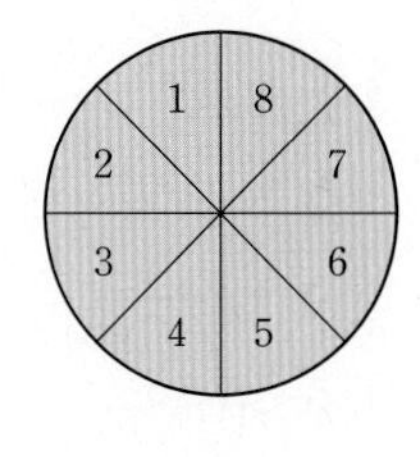

오른쪽 그림과 같이 8등분된 원판에 화살을 한 번 쏠 때, 홀수가 적힌 부분을 맞힐 확률은? (단, 화살이 원판을 벗어나거나 경계선을 맞히는 경우는 생각하지 않는다.)

① $\frac{1}{8}$ ② $\frac{1}{4}$ ③ $\frac{3}{8}$ ④ $\frac{1}{2}$ ⑤ $\frac{3}{4}$

12

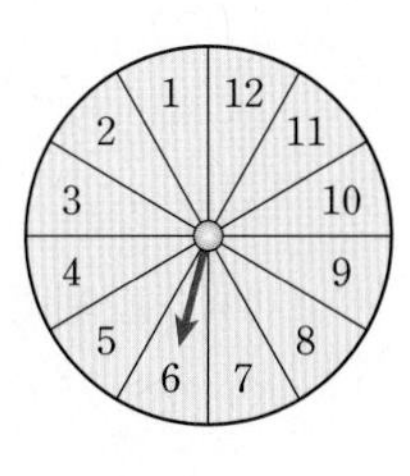

오른쪽 그림과 같이 12등분된 원판 위의 바늘을 돌려서 바늘이 멈춘 부분의 수를 확인할 때, 바늘이 소수가 적힌 부분에 멈출 확률은? (단, 바늘이 경계선에 멈추는 경우는 생각하지 않는다.)

① $\frac{1}{6}$ ② $\frac{1}{4}$ ③ $\frac{1}{3}$ ④ $\frac{5}{12}$ ⑤ $\frac{1}{2}$

중요

13 서술형

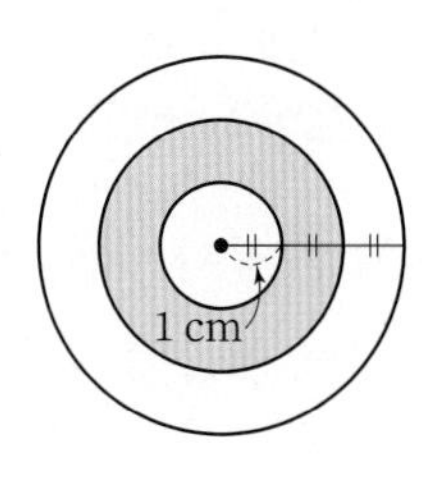

오른쪽 그림과 같은 과녁에 화살을 한 번 쏠 때, 화살이 색칠한 부분을 맞힐 확률을 구하시오. (단, 화살이 과녁을 벗어나거나 경계선을 맞히는 경우는 생각하지 않는다.)

유형 05 확률의 기본 성질 개념 3

어떤 사건이 일어날 확률을 p라 하면
➡ $0\le p\le 1$
↳ 반드시 일어나는 사건의 확률 (1)
↳ 절대로 일어날 수 없는 사건의 확률 (0)

14 대표문제

사건 A가 일어날 확률을 p라 할 때, 다음 중 옳지 않은 것을 모두 고르면? (정답 2개)

① $0<p<1$
② p의 값이 정수인 경우는 없다.
③ $p=\dfrac{(\text{사건 } A\text{가 일어나는 경우의 수})}{(\text{모든 경우의 수})}$
④ $p=1$이면 사건 A는 반드시 일어난다.
⑤ $p=0$이면 사건 A는 절대로 일어나지 않는다.

15

다음 **보기** 중 확률이 1인 것을 모두 고른 것은?

보기

ㄱ. 한 개의 동전을 던질 때, 뒷면이 나올 확률
ㄴ. 서로 다른 두 개의 동전을 동시에 던질 때, 모두 앞면이 나올 확률
ㄷ. 한 개의 주사위를 던질 때, 1 이상의 눈이 나올 확률
ㄹ. 서로 다른 두 개의 주사위를 동시에 던질 때, 나오는 두 눈의 수의 합이 12 이하일 확률

① ㄱ, ㄴ ② ㄱ, ㄷ ③ ㄴ, ㄷ
④ ㄴ, ㄹ ⑤ ㄷ, ㄹ

16

주머니 속에 흰 공 5개, 검은 공 10개가 들어 있다. 이 주머니에서 한 개의 공을 꺼낼 때, 다음 중 옳은 것을 모두 고르면? (정답 2개)

① 흰 공이 나올 확률은 $\dfrac{2}{3}$이다.
② 검은 공이 나올 확률은 $\dfrac{1}{3}$이다.
③ 빨간 공이 나올 확률은 0이다.
④ 흰 공 또는 검은 공이 나올 확률은 1이다.
⑤ 흰 공이 나올 확률은 검은 공이 나올 확률과 같다.

유형 06 어떤 사건이 일어나지 않을 확률 개념 4

사건 A가 일어날 확률을 p라 하면
➡ (사건 A가 일어나지 않을 확률)$=1-p$

17 대표문제

민지를 포함한 10명의 후보 중에서 대표 2명을 뽑을 때, 민지가 뽑히지 않을 확률을 구하시오.

18

시윤이네 반 학생들은 내일 비가 오지 않으면 소풍을 가기로 하였다. 내일 비가 올 확률이 $\dfrac{1}{4}$일 때, 내일 학생들이 소풍을 갈 확률을 구하시오.

19 서술형

A와 B를 포함한 5명이 한 줄로 설 때, A와 B가 이웃하지 않을 확률을 구하시오.

중요

20

서로 다른 두 개의 주사위를 동시에 던질 때, 나오는 두 눈의 수의 차가 5가 아닐 확률을 구하시오.

집중

유형 07 '적어도 하나는 ~'일 확률 개념 4

(적어도 하나는 ~일 확률)$=1-$(모두 ~가 아닐 확률)

21 대표문제

남학생 4명과 여학생 2명 중에서 대표 2명을 뽑을 때, 적어도 한 명은 여학생이 뽑힐 확률은?

① $\frac{1}{15}$ ② $\frac{4}{15}$ ③ $\frac{2}{5}$
④ $\frac{3}{5}$ ⑤ $\frac{14}{15}$

22

재형이가 ○, ×로 답하는 3개의 문제에 임의로 답을 쓸 때, 적어도 한 문제는 맞힐 확률을 구하시오.

23

서로 다른 동전 4개를 동시에 던질 때, 적어도 하나는 앞면이 나올 확률은?

① $\frac{1}{16}$ ② $\frac{1}{8}$ ③ $\frac{3}{4}$
④ $\frac{7}{8}$ ⑤ $\frac{15}{16}$

24 서술형

1, 2, 3, 4, 5가 각각 하나씩 적힌 5장의 카드 중에서 2장을 뽑아 두 자리 정수를 만들 때, 각 자리의 숫자 중 적어도 하나는 홀수일 확률을 구하시오.

집중

유형 08 사건 A 또는 사건 B가 일어날 확률 개념 5

두 사건 A와 B가 동시에 일어나지 않을 때, 사건 A가 일어날 확률을 p, 사건 B가 일어날 확률을 q라 하면
➡ (사건 A 또는 사건 B가 일어날 확률)$=p+q$

25 대표문제

서로 다른 두 개의 주사위를 동시에 던질 때, 나오는 두 눈의 수의 합이 4 또는 9일 확률은?

① $\frac{7}{36}$ ② $\frac{2}{9}$ ③ $\frac{5}{18}$
④ $\frac{11}{18}$ ⑤ $\frac{25}{36}$

26

오른쪽 표는 어느 반 학생 24명이 배우고 싶은 악기를 한 가지씩 조사하여 나타낸 것이다. 이 반 학생 중에서 한 명을 선택할 때, 그 학생이 배우고 싶은 악기가 바이올린이거나 드럼일 확률은?

악기	학생 수(명)
피아노	7
바이올린	4
플루트	5
드럼	8

① $\frac{5}{24}$ ② $\frac{1}{4}$ ③ $\frac{1}{3}$
④ $\frac{3}{8}$ ⑤ $\frac{1}{2}$

27 서술형

1부터 15까지의 자연수가 각각 하나씩 적힌 15장의 카드가 있다. 이 중에서 한 장의 카드를 꺼낼 때, 소수 또는 4의 배수가 적힌 카드가 나올 확률을 구하시오.

집중

유형 09 두 사건 A와 B가 동시에 일어날 확률 개념 6

두 사건 A와 B가 서로 영향을 끼치지 않을 때, 사건 A가 일어날 확률을 p, 사건 B가 일어날 확률을 q라 하면

➡ (두 사건 A와 B가 동시에 일어날 확률)$=p\times q$

28 대표문제

A 주머니에는 흰 공 2개, 검은 공 5개가 들어 있고, B 주머니에는 흰 공 3개, 검은 공 6개가 들어 있다. 두 주머니 A, B에서 각각 한 개의 공을 꺼낼 때, A 주머니에서는 흰 공, B 주머니에서는 검은 공이 나올 확률을 구하시오.

29

명중률이 각각 $\frac{1}{3}$, $\frac{3}{4}$, $\frac{2}{5}$인 세 명의 양궁 선수가 표적을 향하여 활을 한 번씩 쏠 때, 3명 모두 표적을 맞힐 확률을 구하시오.

중요

30

두 개의 주사위 A, B를 동시에 던질 때, A 주사위에서 나오는 눈의 수가 홀수이고, B 주사위에서 나오는 눈의 수가 5 이하일 확률은?

① $\frac{1}{18}$ ② $\frac{3}{8}$ ③ $\frac{5}{12}$
④ $\frac{7}{12}$ ⑤ $\frac{3}{4}$

집중

유형 10 두 사건 A, B 중 적어도 하나가 일어날 확률 개념 4, 6

두 사건 A와 B가 서로 영향을 끼치지 않을 때, 두 사건 A, B 중 적어도 하나가 일어날 확률

➡ $1-$(두 사건 A, B가 모두 일어나지 않을 확률)

31 대표문제

한자 급수 시험에서 영민이가 합격할 확률은 $\frac{5}{7}$이고, 현경이가 합격할 확률은 $\frac{1}{2}$이다. 이 시험에서 적어도 한 명은 합격할 확률을 구하시오.

32 서술형

어느 배드민턴 동호회의 남자 회원 5명, 여자 회원 3명 중에서 2명의 대표를 뽑을 때, 적어도 한 명은 여자 회원이 뽑힐 확률을 구하시오.

33

승훈이와 윤경이가 공원에서 만나기로 약속하였다. 승훈이가 약속을 지킬 확률은 $\frac{7}{12}$이고, 윤경이가 약속을 지키지 않을 확률은 $\frac{3}{7}$일 때, 두 사람이 만나지 못할 확률을 구하시오.

34

오른쪽 그림과 같은 전기 회로에서 두 스위치 A, B가 닫힐 확률이 각각 $\frac{1}{3}$, $\frac{2}{5}$일 때, 전구에 불이 들어올 확률은?

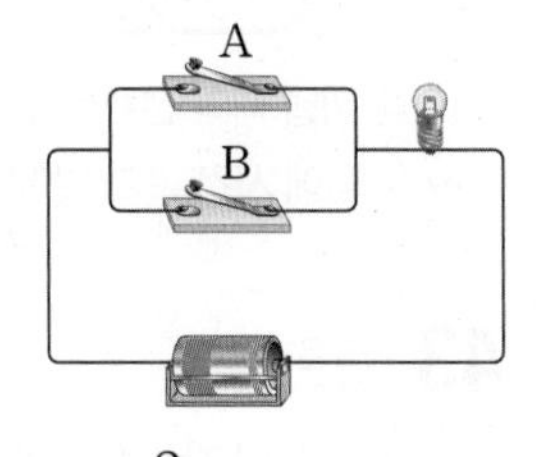

① $\frac{2}{15}$ ② $\frac{1}{5}$ ③ $\frac{2}{5}$
④ $\frac{3}{5}$ ⑤ $\frac{13}{15}$

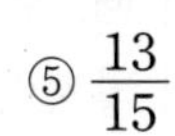

집중

유형 11 확률의 덧셈과 곱셈

개념 5, 6

두 사건 A와 B가 서로 영향을 끼치지 않을 때, 두 사건 A, B가 일어날 확률을 각각 p, q라 하면

(1) 사건 A가 일어나고 사건 B가 일어나지 않을 확률
➡ $p\times(1-q)$

(2) 사건 A가 일어나지 않고 사건 B가 일어날 확률
➡ $(1-p)\times q$

35 대표문제

A 주머니에는 흰 바둑돌 2개, 검은 바둑돌 4개가 들어 있고, B 주머니에는 흰 바둑돌 3개, 검은 바둑돌 1개가 들어 있다. 두 주머니 A, B에서 각각 한 개의 바둑돌을 꺼낼 때, 두 바둑돌의 색이 서로 다를 확률은?

① $\frac{5}{12}$ ② $\frac{1}{2}$ ③ $\frac{7}{12}$
④ $\frac{3}{4}$ ⑤ $\frac{5}{6}$

36

어느 반 학생들은 A, B 두 문구점 중 한 곳만 이용하는데 A 문구점을 이용할 확률은 $\frac{3}{5}$이다. 이 반 학생 중 한율이와 세현이가 같은 문구점을 이용할 확률을 구하시오.

중요

37

어느 공장에서 만든 제품을 두 상자 A, B에 넣어서 판매하려고 한다. 두 상자 A, B에 각각 1 %, 2 %의 불량품이 들어 있다고 할 때, 두 상자 A, B 중 하나에서 꺼낸 제품이 불량품일 확률은?

① $\frac{1}{200}$ ② $\frac{1}{100}$ ③ $\frac{3}{200}$
④ $\frac{1}{50}$ ⑤ $\frac{1}{40}$

38 서술형

두 자연수 a, b가 짝수일 확률이 각각 $\frac{2}{3}$, $\frac{1}{4}$일 때, $a+b$가 짝수일 확률을 구하시오.

중요

39

어느 시험에서 세 응시생 A, B, C가 합격할 확률이 각각 $\frac{2}{3}$, $\frac{3}{4}$, $\frac{4}{5}$일 때, 이 중 2명만 합격할 확률은?

① $\frac{1}{10}$ ② $\frac{2}{15}$ ③ $\frac{1}{5}$
④ $\frac{13}{30}$ ⑤ $\frac{8}{15}$

유형 12 연속하여 꺼내는 경우의 확률; 꺼낸 것을 다시 넣는 경우 개념 7

(처음 꺼낼 때의 전체 개수)=(나중에 꺼낼 때의 전체 개수)
→ (처음에 사건 A가 일어날 확률)=(나중에 사건 A가 일어날 확률)

40 대표문제

12개의 제비 중 당첨 제비가 2개 들어 있다. 지원이가 제비를 한 개 뽑아 확인하고 다시 넣은 후 진환이가 제비를 한 개 뽑을 때, 두 사람 모두 당첨 제비를 뽑을 확률은?

① $\frac{1}{36}$ ② $\frac{1}{9}$ ③ $\frac{5}{36}$
④ $\frac{2}{9}$ ⑤ $\frac{1}{3}$

41

1부터 10까지의 자연수가 각각 하나씩 적힌 10장의 카드가 있다. 이 중에서 한 장의 카드를 뽑아 확인하고 넣은 후 다시 한 장의 카드를 뽑을 때, 첫 번째에는 3의 배수, 두 번째에는 10의 약수가 적힌 카드가 나올 확률은?

① $\frac{2}{25}$ ② $\frac{3}{25}$ ③ $\frac{4}{25}$
④ $\frac{1}{5}$ ⑤ $\frac{6}{25}$

42

주머니 속에 흰 구슬 3개, 검은 구슬 6개가 들어 있다. 이 주머니에서 구슬을 한 개 꺼내 확인하고 넣은 후 다시 한 개의 구슬을 꺼낼 때, 적어도 한 개는 흰 구슬이 나올 확률을 구하시오.

집중

유형 13 연속하여 꺼내는 경우의 확률; 꺼낸 것을 다시 넣지 않는 경우 개념 7

(처음 꺼낼 때의 전체 개수)≠(나중에 꺼낼 때의 전체 개수)
→ (처음에 사건 A가 일어날 확률)≠(나중에 사건 A가 일어날 확률)

43 대표문제

50개의 장난감 중 5개의 불량품이 섞여 있다. 이 중에서 두 개의 장난감을 연속하여 꺼낼 때, 두 개 모두 불량품일 확률은? (단, 꺼낸 장난감은 다시 넣지 않는다.)

① $\frac{1}{490}$ ② $\frac{1}{245}$ ③ $\frac{3}{490}$
④ $\frac{2}{245}$ ⑤ $\frac{1}{98}$

44

상자 안에 초코 우유 4개, 딸기 우유 2개가 들어 있다. 이 상자에서 두 개의 우유를 연속하여 꺼낼 때, 처음에는 딸기 우유가 나오고 두 번째에는 초코 우유가 나올 확률을 구하시오. (단, 꺼낸 우유는 다시 넣지 않는다.)

45

주머니 속에 빨간 공 3개, 파란 공 5개가 들어 있다. 이 주머니에서 두 개의 공을 연속하여 꺼낼 때, 두 공의 색이 같을 확률을 구하시오. (단, 꺼낸 공은 다시 넣지 않는다.)

46 서술형

찜통 안에 단팥 호빵 8개, 야채 호빵 2개가 들어 있다. 이 찜통에서 은영이와 수정이가 차례대로 호빵을 한 개씩 꺼낼 때, 수정이가 야채 호빵을 꺼낼 확률을 구하시오.
(단, 꺼낸 호빵은 다시 넣지 않는다.)

유형 14 가위바위보에서의 확률 개념 5, 6

	두 사람	세 사람
모든 경우의 수	$3\times3=9$	$3\times3\times3=27$
비기는 경우의 수	모두 같은 것을 내는 경우 ➡ 3	모두 같은 것을 내거나 모두 다른 것을 내는 경우 ➡ $3+6=9$
비길 확률	$\frac{3}{9}=\frac{1}{3}$	$\frac{9}{27}=\frac{1}{3}$

47 대표문제

선우와 주현이가 가위바위보를 두 번 할 때, 선우가 첫 번째에는 지고 두 번째에는 이길 확률은?

① $\frac{1}{27}$ ② $\frac{1}{18}$ ③ $\frac{1}{9}$
④ $\frac{1}{6}$ ⑤ $\frac{1}{3}$

48

A, B 두 사람이 가위바위보를 한 번 할 때, A가 이기거나 비길 확률을 구하시오.

49

A, B, C 세 사람이 술래잡기를 하려고 한다. 가위바위보를 하여 진 사람이 술래가 된다고 할 때, 가위바위보를 한 번 하여 C가 술래가 될 확률을 구하시오.

50

성진, 민하, 나연 세 사람이 가위바위보를 한 번 할 때, 비길 확률을 구하시오.

유형 15 승패에 대한 확률 개념 4~6

자유투를 성공하면 상품을 받는 게임에서 자유투를 1회 던져서 성공할 확률이 p인 사람 A가 2회 이내에 상품을 받을 확률은

➡ $p+(1-p)\times p$

- p → 1회에 성공
- $(1-p)\times p$ → 1회에 실패, 2회에 성공

51 대표문제

A, B 두 팀이 시합을 하는데 먼저 2번을 이긴 팀이 우승한다고 한다. 각 시합에서 A팀이 이길 확률이 $\frac{2}{3}$일 때, 3번째 시합에서 A팀이 우승할 확률은?

(단, 비기는 경우는 생각하지 않는다.)

① $\frac{1}{27}$ ② $\frac{8}{27}$ ③ $\frac{1}{3}$
④ $\frac{11}{27}$ ⑤ $\frac{4}{9}$

52 서술형

송이, 슬이 두 사람이 1회에는 송이, 2회에는 슬이, 3회에는 송이, 4회에는 슬이, …의 순서로 주사위 한 개를 번갈아 던지는 게임을 하고 있다. 소수의 눈이 먼저 나오는 사람이 이긴다고 할 때, 3회 이내에 송이가 이길 확률을 구하시오.

Real 실전 기출

01

1부터 10까지의 자연수가 각각 하나씩 적힌 10장의 카드가 있다. 이 중에서 한 장의 카드를 뽑을 때, 다음 중 그 확률이 가장 작은 것은?

① 홀수가 적힌 카드가 나올 확률
② 소수가 적힌 카드가 나올 확률
③ 2의 배수가 적힌 카드가 나올 확률
④ 5의 배수가 적힌 카드가 나올 확률
⑤ 10의 약수가 적힌 카드가 나올 확률

02

한 개의 주사위를 두 번 던져서 첫 번째에 나오는 눈의 수를 x, 두 번째에 나오는 눈의 수를 y라 할 때, $x-3y\geq1$일 확률은?

① $\frac{1}{18}$ ② $\frac{1}{12}$ ③ $\frac{1}{9}$
④ $\frac{5}{36}$ ⑤ $\frac{7}{36}$

03

어떤 사건 A가 일어날 확률을 p, 사건 A가 일어나지 않을 확률을 q라 할 때, 다음 중 옳은 것을 모두 고르면? (정답 2개)

① $0\leq p<1$
② $0<q\leq1$
③ $p+q=1$
④ 사건 A가 반드시 일어나면 $p=1$이다.
⑤ 사건 A가 절대로 일어나지 않으면 $q=0$이다.

04 최다빈출

A 중학교의 축구선수 5명, B 중학교의 축구선수 3명 중에서 두 명의 청소년 대표선수를 뽑을 때, 적어도 한 명은 A 중학교의 선수가 뽑힐 확률을 구하시오.

05

1부터 12까지의 자연수가 각각 하나씩 적힌 정십이면체를 던질 때, 윗면에 적힌 수가 6의 배수 또는 7의 배수일 확률을 구하시오.

06

다음 그림과 같이 6등분, 8등분된 두 원판 A, B가 있다. 두 원판 A, B를 각각 돌려서 바늘이 멈춘 부분의 수를 확인할 때, 원판 A의 바늘은 6의 약수, 원판 B의 바늘은 4의 배수가 적힌 부분에 멈출 확률을 구하시오.

(단, 바늘이 경계선에 멈추는 경우는 생각하지 않는다.)

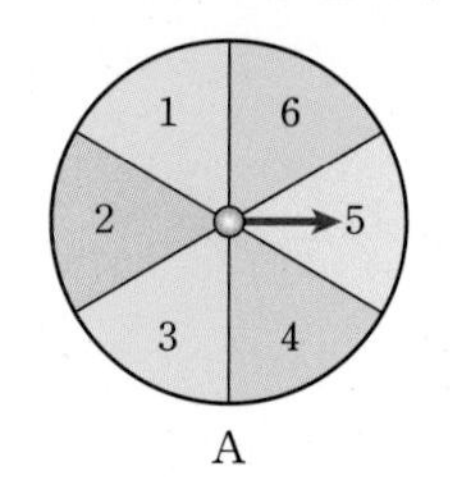

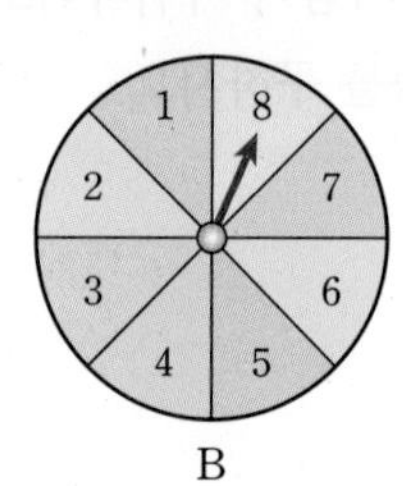

07

서로 다른 두 개의 주사위를 동시에 던질 때, 나오는 두 눈의 수의 곱이 짝수일 확률은?

① $\frac{1}{18}$ ② $\frac{1}{9}$ ③ $\frac{1}{4}$
④ $\frac{4}{9}$ ⑤ $\frac{3}{4}$

08

A 바구니에는 깨 송편 3개, 콩 송편 3개가 들어 있고, B 바구니에는 깨 송편 4개, 콩 송편 1개가 들어 있다. 아현이가 A, B 두 바구니에서 각각 송편을 한 개씩 꺼낼 때, 두 송편의 종류가 서로 같을 확률을 구하시오.

09

주머니 속에 흰 구슬 4개, 파란 구슬 2개가 들어 있다. 이 주머니에서 한 개의 구슬을 꺼내 확인하고 넣은 후 다시 한 개의 구슬을 꺼낼 때, 두 구슬의 색이 서로 다를 확률을 구하시오.

10 최다빈출

8개의 제비 중에 당첨 제비가 3개 들어 있다. A, B 두 학생이 차례대로 제비를 한 개씩 뽑을 때, A, B 두 학생 중 적어도 한 명은 당첨 제비를 뽑을 확률을 구하시오.

(단, 꺼낸 제비는 다시 넣지 않는다.)

11

어느 도시에서 비가 온 다음 날에 비가 올 확률은 $\frac{3}{4}$이고, 비가 오지 않은 다음 날에 비가 올 확률은 $\frac{1}{3}$이라 한다. 목요일에 비가 왔을 때, 그 주 토요일에 비가 오지 않을 확률은?

① $\frac{5}{16}$　② $\frac{17}{48}$　③ $\frac{19}{48}$
④ $\frac{7}{16}$　⑤ $\frac{25}{48}$

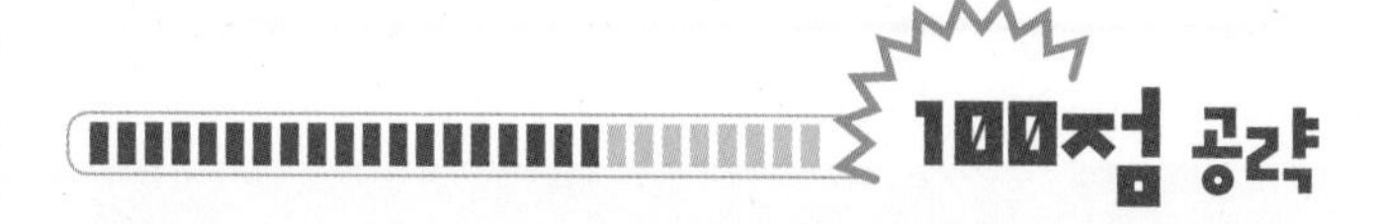

12

한 개의 주사위를 두 번 던져서 첫 번째에 나오는 눈의 수를 a, 두 번째에 나오는 눈의 수를 b라 할 때, 두 직선 $ax+by=2$, $2x+y=1$이 평행할 확률을 구하시오.

13

오른쪽 그림과 같은 정사각형 ABCD에서 점 P가 꼭짓점 A를 출발하여 주사위를 던져서 나오는 눈의 수만큼 정사각형의 변을 따라 화살표 방향의 꼭짓점으로 이동한다. 한 개의 주사위를 두 번 던질 때, 점 P가 꼭짓점 D에 올 확률을 구하시오.

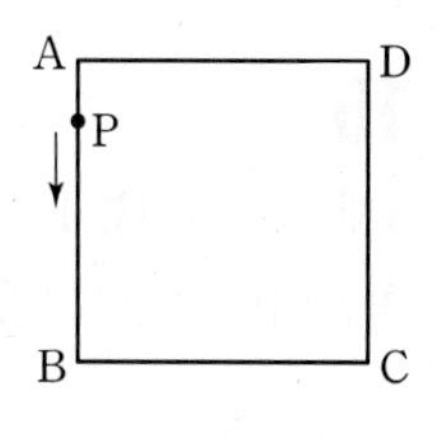

14 창의 역량

새별이가 인공지능을 상대로 한 어떤 게임에서 이길 확률은 $\frac{1}{2}$이라고 한다. 이 게임에서 이기면 1점을 얻고 지면 2점을 잃는다고 할 때, 새별이가 6회의 게임을 끝낸 후 0점이 될 확률을 구하시오.

(단, 비기는 경우는 생각하지 않는다.)

정답과 해설 86쪽

서술형

15

A, B 두 개의 주사위를 동시에 던질 때, 나오는 두 눈의 수의 합이 10 이하일 확률을 구하시오.

16

5개의 문자 B, E, U, T, Y를 일렬로 나열할 때, B가 맨 처음이나 맨 마지막에 올 확률을 구하시오.

17

상자 속에 빨간색 볼펜 4자루, 파란색 볼펜 3자루가 들어 있다. 이 상자에서 A가 볼펜 한 자루를 꺼내 확인하고 다시 넣은 후 B가 볼펜 한 자루를 꺼낼 때, A만 빨간색 볼펜을 꺼낼 확률을 구하시오.

18

연정이네 집 앞 정류장에 오전 8시 10분에 도착 예정인 스쿨버스가 정시에 도착할 확률은 $\frac{2}{3}$, 정시보다 일찍 도착할 확률은 $\frac{1}{4}$이다. 이 스쿨버스가 이틀 연속 정시보다 늦게 도착할 확률을 구하시오.

19 100점

다음 그림과 같이 수직선의 원점 위에 점 P가 있다. 동전 한 개를 던져서 앞면이 나오면 점 P를 오른쪽으로 1만큼, 뒷면이 나오면 왼쪽으로 1만큼 움직이기로 하였다. 한 개의 동전을 세 번 던질 때, 점 P의 위치가 1일 확률을 구하시오.

P

−3 −2 −1 0 1 2 3

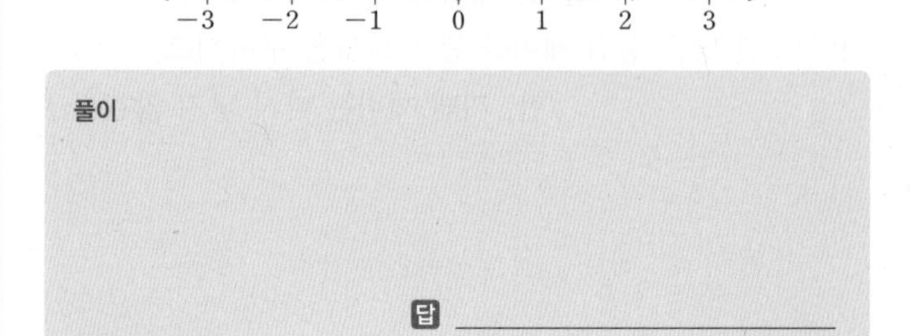

20 100점

오른쪽 그림과 같이 정육면체 모양의 쌓기나무 64개를 쌓아서 큰 정육면체를 만들고, 이 큰 정육면체의 겉면에 색칠을 하였다. 큰 정육면체를 흐트러뜨린 다음 64개의 쌓기나무 중 한 개를 집었을 때, 적어도 어느 한 면에 색칠된 것을 고를 확률을 구하시오.

풀이

답

• Memo •

• Memo •

유형 더블

중등수학 2-2

[유형북] Real 실전 유형에서 틀린 문제를 체크해 보세요.

유형 01 이등변삼각형의 성질 개념1

☐ 01 대표문제

다음은 '이등변삼각형의 꼭지각의 이등분선은 밑변을 수직이등분한다.'를 설명하는 과정이다. ①~⑤에 알맞은 것으로 옳지 않은 것은?

> $\overline{AB}=\overline{AC}$인 이등변삼각형 ABC에서 $\angle A$의 이등분선과 $\overline{BC}$의 교점을 D라 하자.
>
> 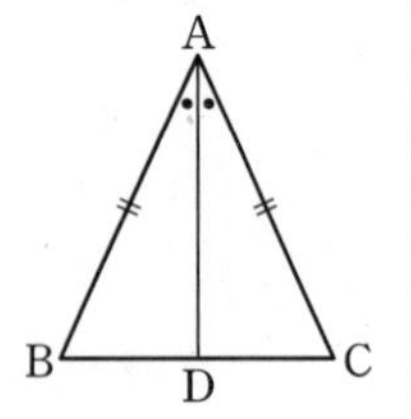
>
>
> $\triangle ABD$와 $\triangle ACD$에서
> $\overline{AB}=$ [①]
> $\angle BAD=$ [②]
> [③]는 공통
> 이므로 $\triangle ABD \equiv \triangle ACD$ ([④] 합동)
> $\therefore \overline{BD}=\overline{CD}$ ······ ㉠
> 또, $\angle ADB=$ [⑤], $\angle ADB+$ [⑤] $=180^\circ$이므로
> $\overline{AD}\perp\overline{BC}$ ······ ㉡
> ㉠, ㉡에 의하여 $\overline{AD}$는 $\overline{BC}$를 수직이등분한다.

① $\overline{AC}$ ② $\angle CAD$ ③ $\overline{AD}$
④ SAS ⑤ $\angle ACD$

☐ 02

오른쪽 그림과 같이 $\overline{AB}=\overline{AC}$인 이등변삼각형 ABC에서 $\overline{BC}$의 중점 D에 대하여 점 P는 $\overline{AD}$ 위의 점이다. 다음 중 옳지 않은 것을 모두 고르면? (정답 2개)

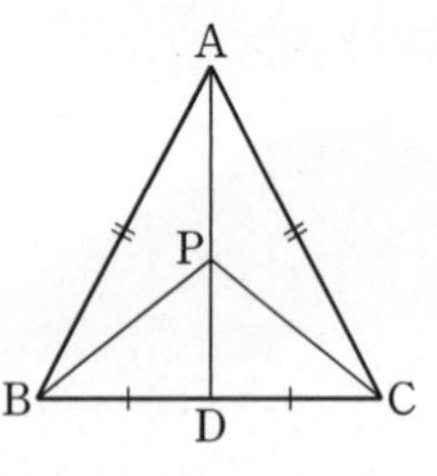

① $\overline{AP}=\overline{PD}$ ② $\overline{PB}=\overline{PC}$
③ $\angle PDB=\angle PDC$ ④ $\angle BPD=\angle CPD$
⑤ $\angle ABP=\angle PBD$

집중

유형 02 이등변삼각형의 성질; 밑각의 크기 개념1

☐ 03 대표문제

오른쪽 그림과 같이 $\overline{AB}=\overline{AC}$인 이등변삼각형 ABC에서 $\overline{BC}=\overline{BD}$, $\angle A=50^\circ$일 때, $\angle ABD$의 크기를 구하시오.

중요

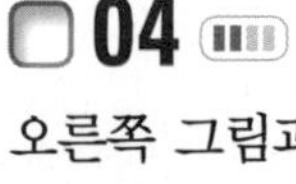

☐ 04

오른쪽 그림과 같이 $\overline{AB}=\overline{AC}$인 이등변삼각형 ABC에서 $\overline{AD}/\!/\overline{BC}$, $\angle CAD=66^\circ$일 때, $\angle BAC$의 크기는?

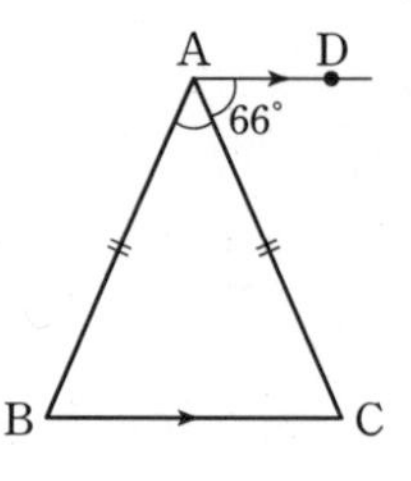

① 40° ② 42°
③ 44° ④ 46°
⑤ 48°

☐ 05 서술형

오른쪽 그림에서 $\triangle ABC$는 $\overline{AB}=\overline{AC}$인 이등변삼각형이고 $\triangle DCE$는 $\overline{DC}=\overline{DE}$인 이등변삼각형이다. $\angle A=32^\circ$, $\angle D=70^\circ$일 때, $\angle x$의 크기를 구하시오. (단, 세 점 B, C, E는 일직선 위에 있다.)

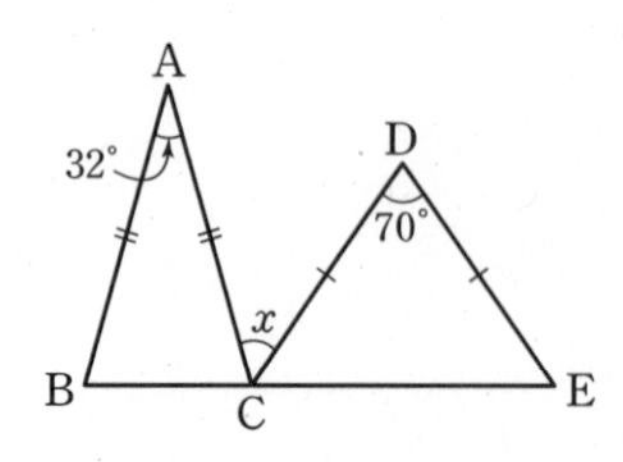

유형 03 이등변삼각형의 성질의 이용; 이웃한 이등변삼각형 개념1

06 대표문제

오른쪽 그림에서 $\overline{AB}=\overline{AC}=\overline{CD}$이고 $\angle B=36°$일 때, $\angle ACD$의 크기는?

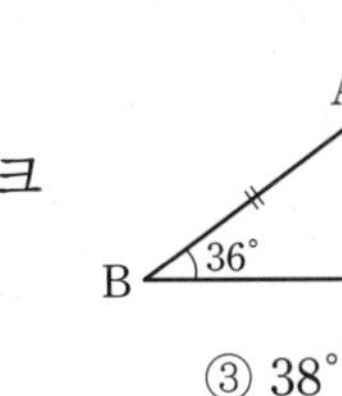

① 34° ② 36° ③ 38°
④ 40° ⑤ 42°

07 중요

오른쪽 그림에서 $\overline{AB}=\overline{BC}=\overline{CD}$이고 $\angle DCE=75°$일 때, $\angle ABC$의 크기를 구하시오.

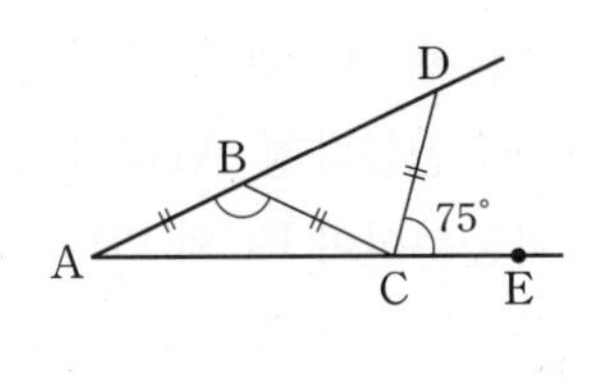

08 서술형

다음 그림에서 $\overline{AB}=\overline{BC}=\overline{CD}=\overline{DE}$이고 $\angle EDF=84°$일 때, $\angle A$의 크기를 구하시오.

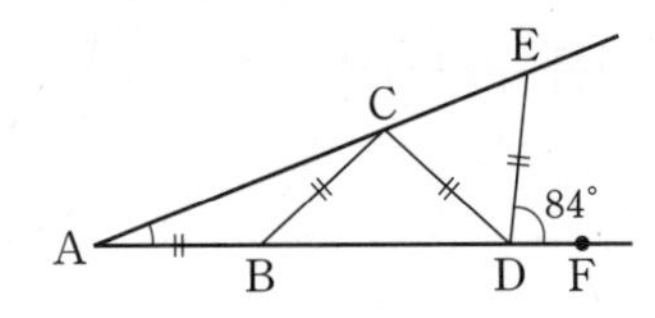

집중

유형 04 이등변삼각형의 성질의 이용; 각의 이등분선 개념1

09 대표문제

오른쪽 그림과 같이 $\overline{AB}=\overline{AC}$인 이등변삼각형 ABC에서 $\angle B$의 이등분선과 $\angle C$의 외각의 이등분선의 교점을 D라 하자. $\angle D=42°$일 때, $\angle x$의 크기를 구하시오.

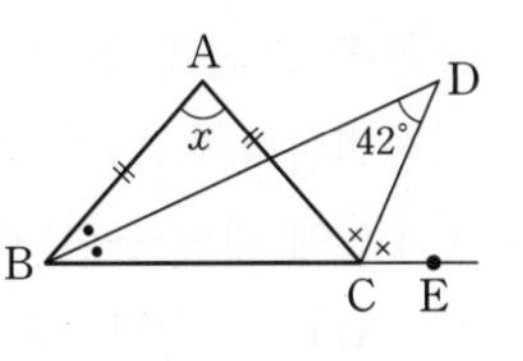

10

오른쪽 그림과 같은 직사각형 ABCD에서 $\angle DBC$의 이등분선이 $\overline{CD}$와 만나는 점을 E라 하면 $\overline{BE}=\overline{DE}$이다. $\angle x$의 크기를 구하시오.

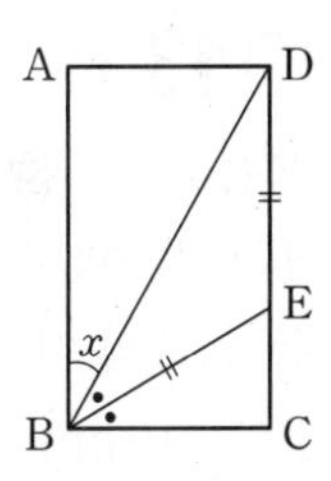

11

오른쪽 그림과 같이 $\overline{AB}=\overline{AC}$인 $\triangle ABC$에서 $\angle B$의 외각의 이등분선 위의 점 D에 대하여 $\overline{BC}=\overline{BD}$이다. $\angle A=28°$일 때, $\angle x$의 크기는?

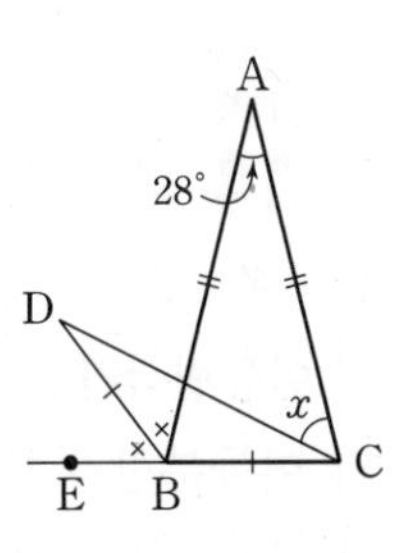

① 50° ② 52°
③ 54° ④ 56°
⑤ 58°

유형 05 이등변삼각형의 성질; 꼭지각의 이등분선 개념1

12 대표문제

오른쪽 그림과 같이 $\overline{AB}=\overline{AC}$인 이등변삼각형 ABC의 꼭짓점 A에서 $\overline{BC}$에 내린 수선의 발을 H라 할 때, $\overline{AH}=5$, $\overline{BH}=3$이다. 이때 $\triangle ABC$의 넓이는?

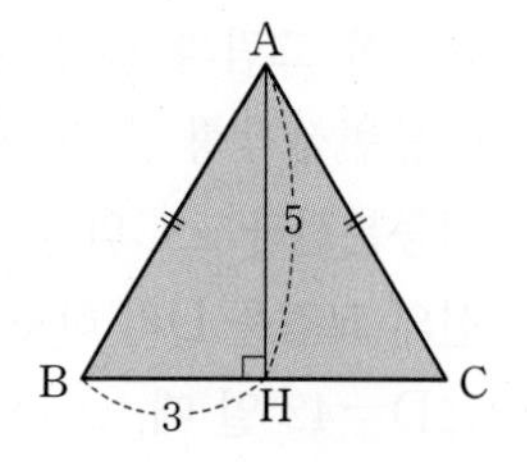

① 15 ② 16 ③ 17
④ 18 ⑤ 19

13

오른쪽 그림과 같이 $\overline{AB}=\overline{AC}$인 이등변삼각형 ABC에서 $\overline{AD}$는 $\angle A$의 이등분선이다. $\overline{BC}=10$ cm, $\angle B=50°$일 때, $x+y$의 값은?

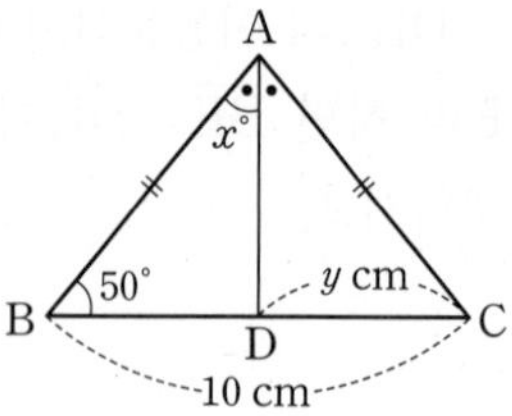

① 40 ② 45 ③ 50
④ 55 ⑤ 60

중요

14

오른쪽 그림과 같이 $\overline{AB}=\overline{AC}$인 이등변삼각형 ABC에서 $\angle A$의 이등분선과 $\overline{BC}$의 교점을 D라 하자. $\overline{CD}=10$ cm이고 $\triangle ABC$의 넓이가 120 cm^{2}일 때, $\overline{AD}$의 길이를 구하시오.

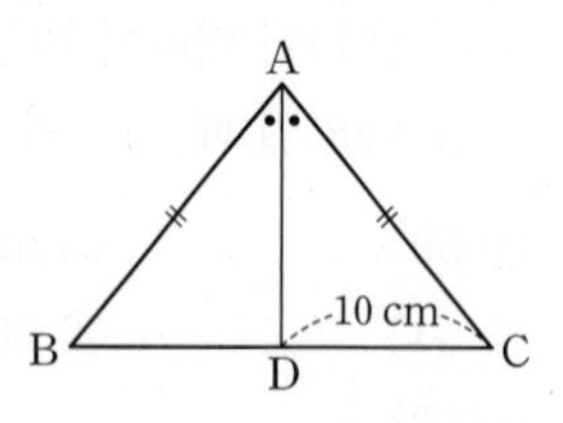

집중

유형 06 이등변삼각형이 되는 조건 개념2

15 대표문제

오른쪽 그림과 같이 $\angle B=90°$인 직각삼각형 ABC에서 $\overline{DA}=5$ cm이고 $\angle DAB=\angle DBA=41°$일 때, $\overline{CD}$의 길이는?

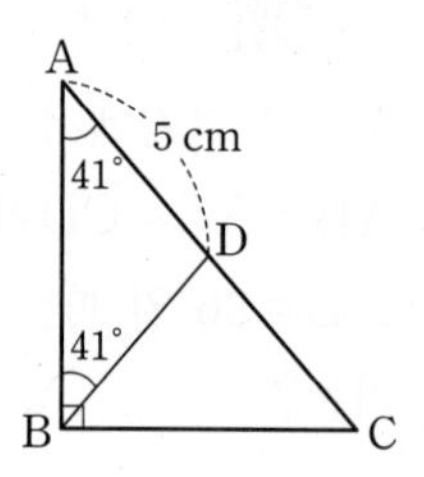

① 3 cm ② 4 cm
③ 5 cm ④ 6 cm
⑤ 7 cm

16 서술형

오른쪽 그림과 같이 $\overline{CA}=\overline{CB}$인 이등변삼각형 ABC에서 $\angle A$의 이등분선이 $\overline{BC}$와 만나는 점을 D라 하자. $\angle C=36°$, $\overline{AD}=4$ cm일 때, $\overline{AB}$의 길이를 구하시오.

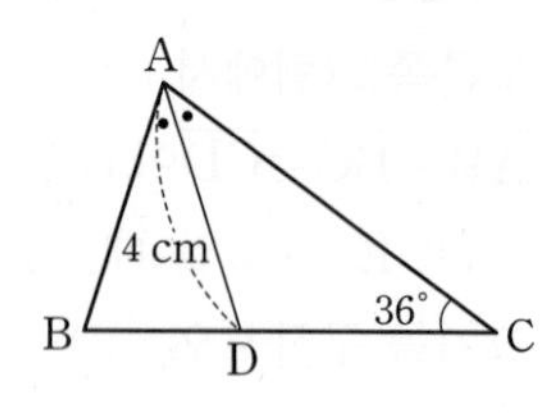

17

오른쪽 그림에서 $\angle A=25°$, $\angle CBD=50°$, $\angle DCE=75°$이고 $\overline{BC}=3$ cm일 때, $\overline{AB}+\overline{CD}$의 길이를 구하시오.

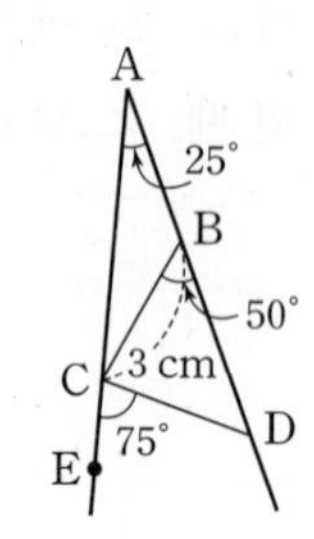

유형 07 접은 도형에서의 이등변삼각형 개념2

18 대표문제

직사각형 모양의 종이를 오른쪽 그림과 같이 접었다. $\overline{EF}=5\text{ cm}$이고 $\triangle EFG$의 둘레의 길이가 16 cm일 때, $\overline{GF}$의 길이는?

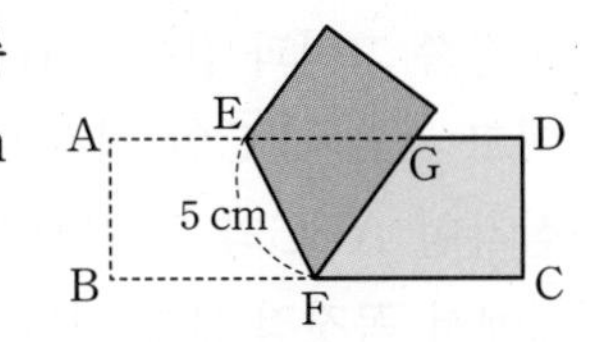

① $\frac{9}{2}$ cm ② 5 cm ③ $\frac{11}{2}$ cm

④ 6 cm ⑤ $\frac{13}{2}$ cm

19

직사각형 모양의 종이를 오른쪽 그림과 같이 접었을 때, 다음 중 옳은 것은?

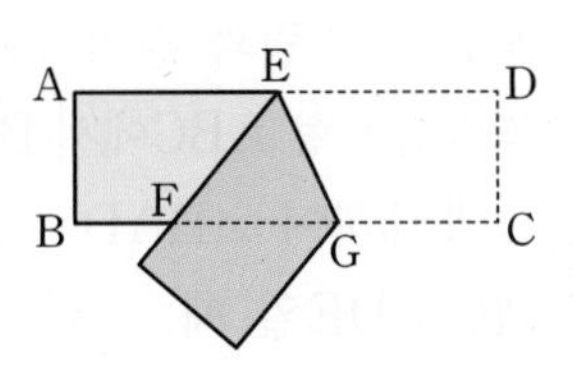

① $\angle FEG=\angle EFG$

② $\angle EFG=\angle EGF$

③ $\overline{EF}=\overline{FG}$

④ $\overline{EF}=\overline{EG}$

⑤ $\overline{EG}=\overline{FG}$

20 서술형

폭이 일정한 종이테이프를 오른쪽 그림과 같이 접었더니 $\overline{AC}=10\text{ cm}$이고 $\triangle ABC$의 넓이가 30 cm^2이었다. 이때 종이테이프의 폭을 구하시오.

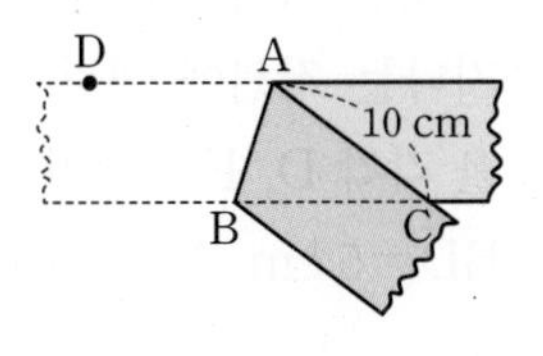

집중

유형 08 직각삼각형의 합동 조건 개념3

21 대표문제

오른쪽 그림과 같은 직각삼각형 ABC와 합동인 삼각형을 **보기**에서 모두 고르시오.

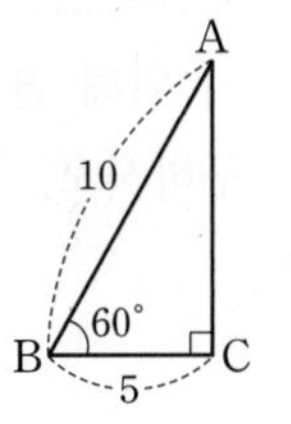

보기

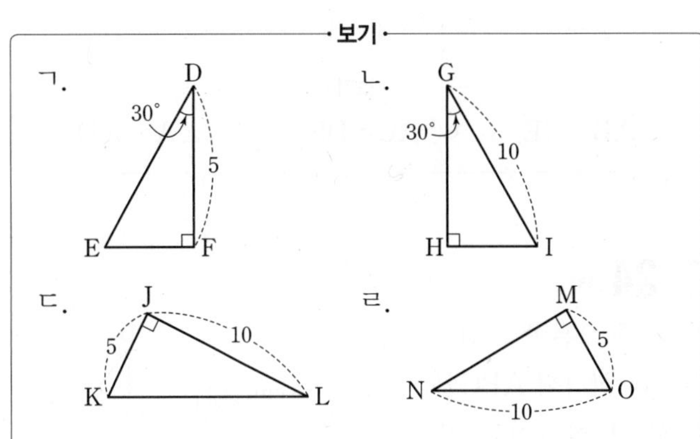

22

다음 그림의 두 직각삼각형 ABC와 FDE의 합동 조건과 $\angle F$의 크기를 차례대로 구한 것은?

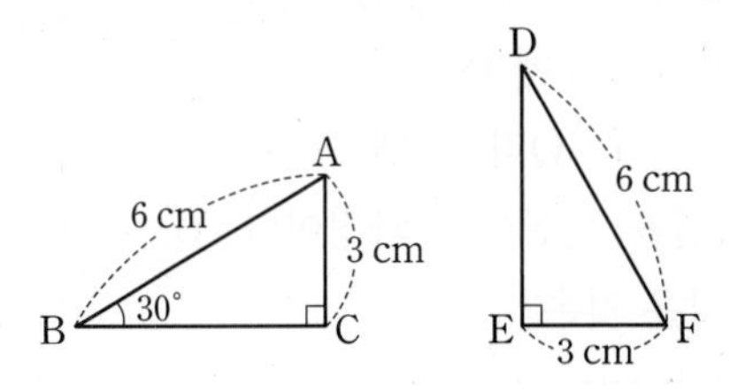

① RHA 합동, 30° ② RHA 합동, 60°

③ RHS 합동, 30° ④ RHS 합동, 45°

⑤ RHS 합동, 60°

23

아래 그림과 같은 두 직각삼각형 ABC와 DEF에서 $\angle B=\angle E$일 때, 다음 **보기** 중 두 직각삼각형이 합동이 되기 위해 필요한 조건을 모두 고르고, 그때의 합동 조건을 구하시오.

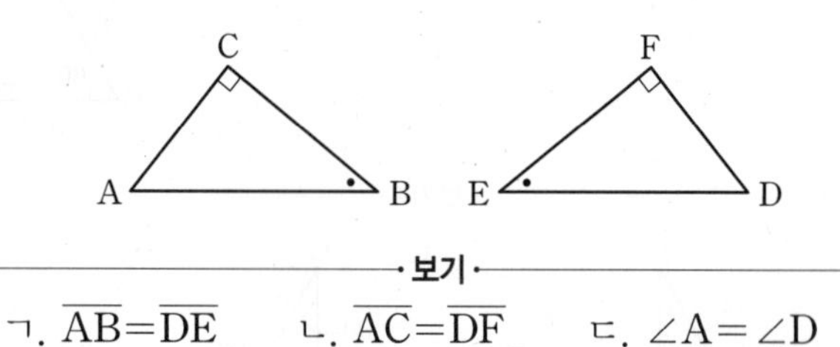

보기

ㄱ. $\overline{AB}=\overline{DE}$　ㄴ. $\overline{AC}=\overline{DF}$　ㄷ. $\angle A=\angle D$

24

다음 중 오른쪽 그림과 같은 두 직각삼각형 ABC와 DEF가 합동이 되기 위한 조건은?

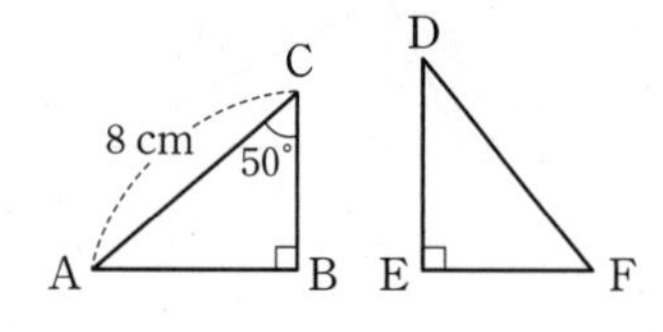

① $\angle D=40°$, $\overline{DE}=8\text{ cm}$
② $\angle D=40°$, $\overline{DF}=8\text{ cm}$
③ $\angle D=40°$, $\angle F=50°$
④ $\angle D=50°$, $\overline{DE}=8\text{ cm}$
⑤ $\angle D=50°$, $\overline{EF}=8\text{ cm}$

25

다음은 오른쪽 그림과 같이 두 점 A, B에서 $\overline{AB}$의 중점 M을 지나는 직선 l에 내린 수선의 발을 각각 P, Q라 할 때, $\overline{PM}=\overline{QM}$임을 설명하는 과정이다. ①~⑤에 알맞은 것으로 옳지 않은 것은?

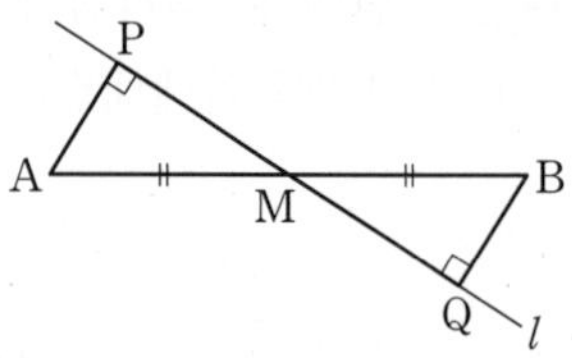

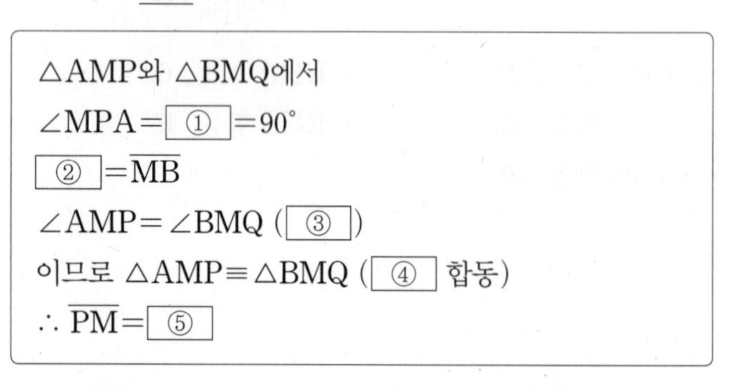
$\triangle AMP$와 $\triangle BMQ$에서
$\angle MPA=$ ① $=90°$
② $=\overline{MB}$
$\angle AMP=\angle BMQ$ (③)
이므로 $\triangle AMP\equiv\triangle BMQ$ (④ 합동)
$\therefore\ \overline{PM}=$ ⑤

① $\angle MQB$　② $\overline{MA}$　③ 맞꼭지각
④ RHS　⑤ $\overline{QM}$

집중 유형 09 직각삼각형의 합동 조건의 응용; RHA 합동 개념3

26 대표문제

오른쪽 그림과 같이 $\angle B=90°$이고 $\overline{AB}=\overline{BC}$인 직각이등변삼각형 ABC의 두 꼭짓점 A, C에서 꼭짓점 B를 지나는 직선 l에 내린 수선의 발을 각각 D, E라 하자. $\overline{AD}=4\text{ cm}$, $\overline{CE}=3\text{ cm}$일 때, $\triangle BEC$의 넓이를 구하시오.

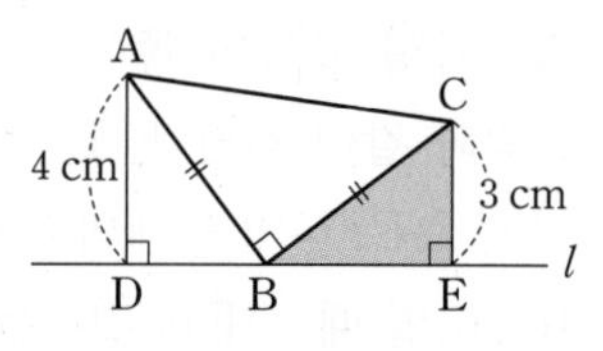

27

오른쪽 그림과 같이 $\angle B=90°$인 직각삼각형 ABC에서 $\overline{BC}$ 위의 점 D에 대하여 $\angle BAD=\angle CAD$, $\overline{AC}\perp\overline{DE}$일 때, $\triangle CED$의 둘레의 길이를 구하시오.

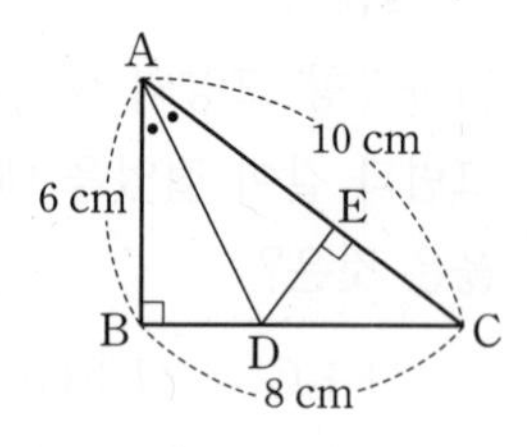

28 중요

오른쪽 그림과 같이 삼각형 ABC의 두 꼭짓점 B, C에서 꼭짓점 A와 $\overline{BC}$의 중점 M을 지나는 직선에 내린 수선의 발을 각각 D, E라 하자. $\overline{BD}=5\text{ cm}$, $\overline{DE}=8\text{ cm}$일 때, $\triangle CME$의 넓이를 구하시오.

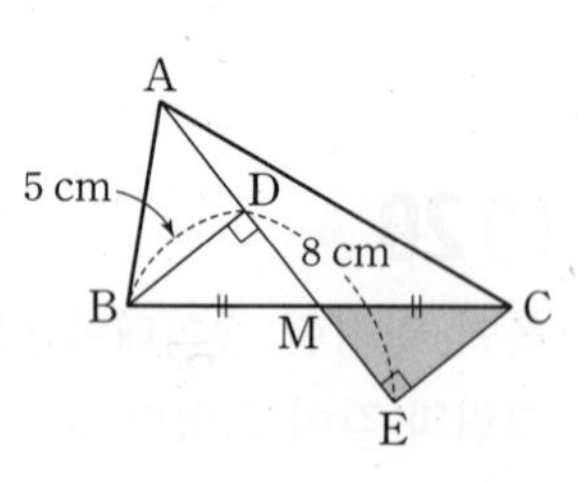

집중

유형 10 직각삼각형의 합동 조건의 응용; RHS 합동 개념 3

29 대표문제

오른쪽 그림과 같이 $\angle A=90°$인 직각삼각형 ABC에서 $\overline{AC}$ 위의 점 D에서 $\overline{BC}$에 내린 수선의 발을 E라 하자.
$\overline{AB}=\overline{BE}$, $\angle C=42°$일 때, $\angle ADB$의 크기를 구하시오.

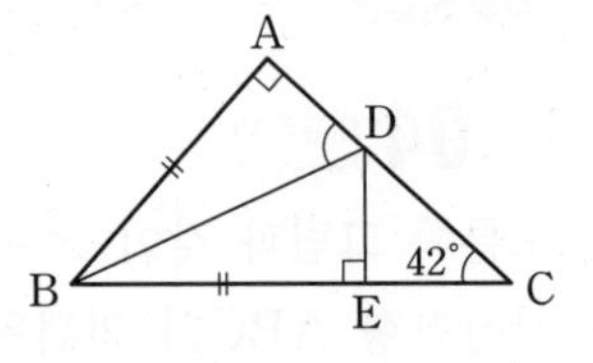

30 서술형

오른쪽 그림과 같은 $\triangle ABC$에서 $\overline{BC}$의 중점을 M이라 하고, 점 M에서 $\overline{AB}$, $\overline{AC}$에 내린 수선의 발을 각각 D, E라 하자. $\angle A=128°$, $\overline{MD}=\overline{ME}$일 때, $\angle B$의 크기를 구하시오.

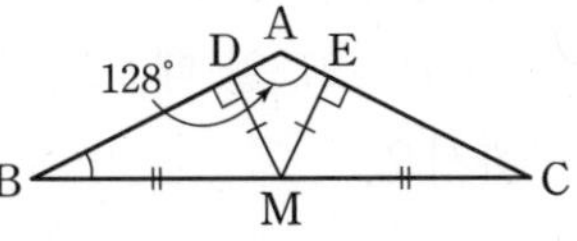

31

오른쪽 그림과 같이 $\angle C=90°$인 직각삼각형 ABC에서
$\overline{AC}=\overline{AD}$, $\overline{AB}\perp\overline{ED}$이다.
$\overline{AB}=15$ cm, $\overline{BC}=9$ cm,
$\overline{AC}=12$ cm일 때, $\triangle BDE$의 둘레의 길이를 구하시오.

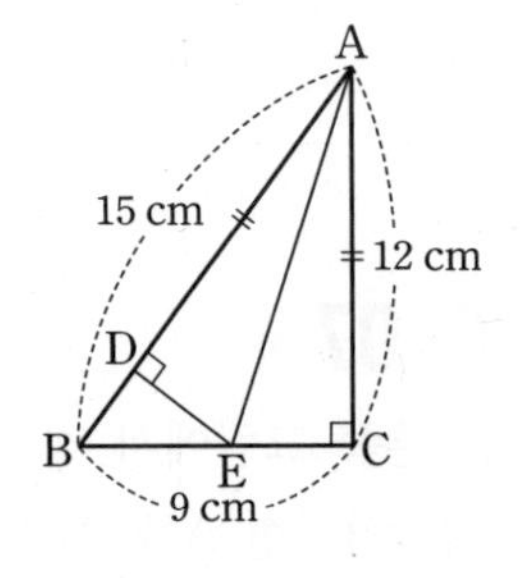

유형 11 각의 이등분선의 성질 개념 4

32 대표문제

오른쪽 그림과 같이 $\angle B=90°$인 직각삼각형 ABC에서 $\angle A$의 이등분선이 $\overline{BC}$와 만나는 점을 D라 하자.
$\overline{AC}=30$ cm이고 $\triangle ADC$의 넓이가 135 cm^2일 때, $\overline{BD}$의 길이를 구하시오.

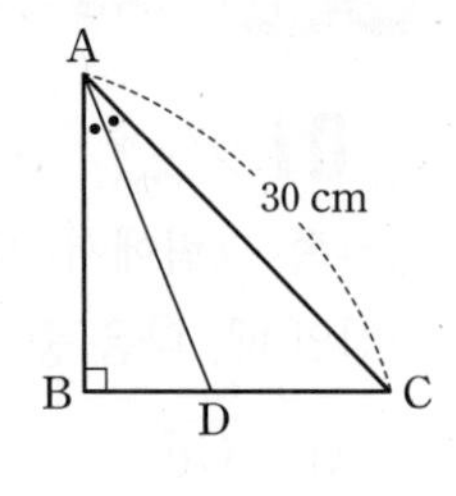

33

오른쪽 그림과 같이 $\angle C=90°$인 직각삼각형 ABC의 $\overline{AC}$ 위의 점 D에서 $\overline{AB}$에 내린 수선의 발을 E라 하자. $\overline{CD}=\overline{ED}$이고 $\angle BDC=63°$일 때, $\angle A$의 크기를 구하시오.

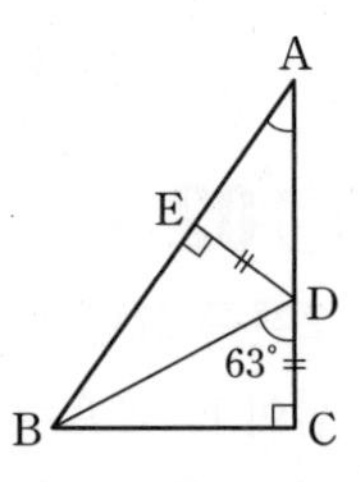

34 서술형

오른쪽 그림과 같이 $\angle B=90°$인 직각삼각형 ABC에서 $\angle A$의 이등분선이 $\overline{BC}$와 만나는 점을 D라 하자. $\overline{AB}=10$,
$\overline{AC}=26$이고 $\triangle ABD$의 넓이가 $\dfrac{100}{3}$일 때, $\overline{BC}$의 길이를 구하시오.

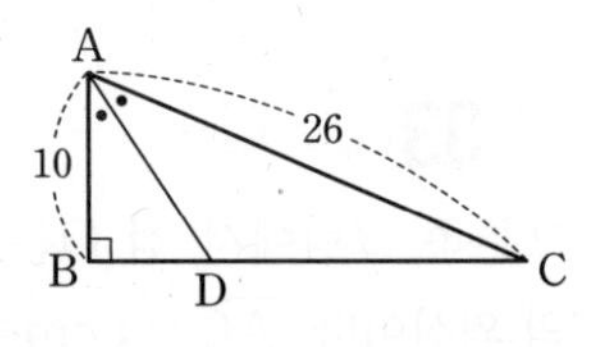

[유형북] Real 실전 유형에서 틀린 문제를 체크해 보세요.

유형 01 삼각형의 외심 개념1

01 대표문제

오른쪽 그림에서 점 O가 $\triangle ABC$의 외심일 때, 다음 중 옳지 않은 것은?

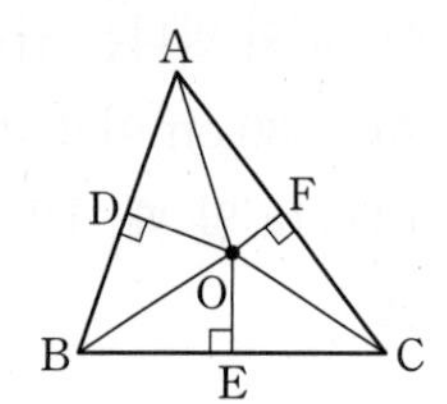

① $\overline{AF}=\overline{CF}$
② $\overline{OB}=\overline{OC}$
③ $\angle OAB=\angle OBA$
④ $\triangle OAF\equiv\triangle OCF$
⑤ $\triangle OBD\equiv\triangle OBE$

02

오른쪽 그림에서 점 O는 $\triangle ABC$의 외심이고 $\angle A=50°$, $\angle OBA=24°$일 때, $\angle OCA$의 크기를 구하시오.

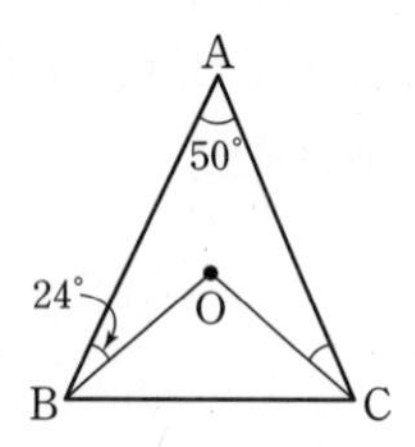

03 서술형

오른쪽 그림에서 점 O는 $\triangle ABC$의 외심이다. $\overline{AC}=4$ cm이고 $\triangle ABC$의 외접원의 넓이가 9π cm^{2}일 때, $\triangle OCA$의 둘레의 길이를 구하시오.

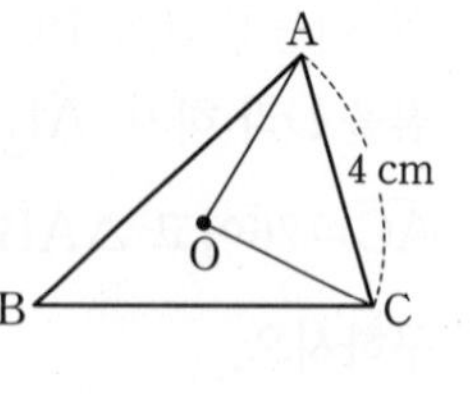

유형 02 외심의 위치 개념1

04 대표문제

오른쪽 그림과 같이 $\angle A=90°$인 직각삼각형 ABC의 외접원 O의 넓이가 64π cm^{2}일 때, $\overline{BC}$의 길이를 구하시오.

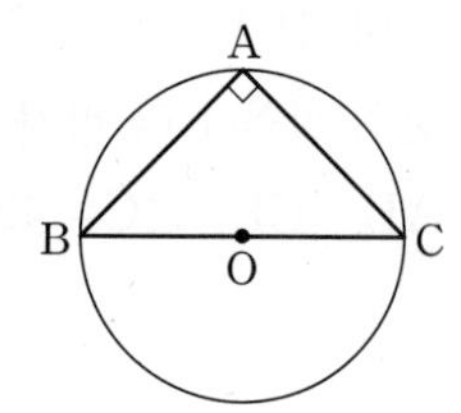

05

오른쪽 그림에서 점 O는 $\triangle ABC$의 외심이고 $\angle ABC=30°$, $\angle OCB=27°$일 때, $\angle x$의 크기를 구하시오.

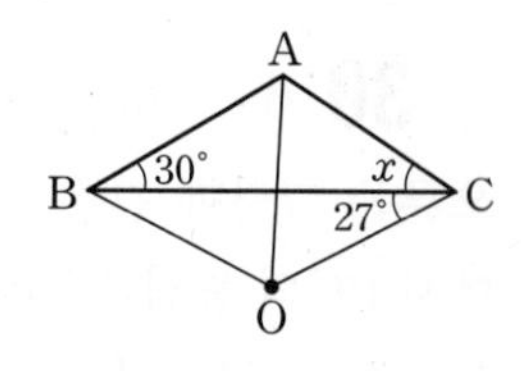

중요

06

오른쪽 그림과 같이 $\angle C=90°$인 직각삼각형 ABC에서 점 M은 $\overline{AB}$의 중점이다. $\angle B=59°$일 때, $\angle MCA$의 크기를 구하시오.

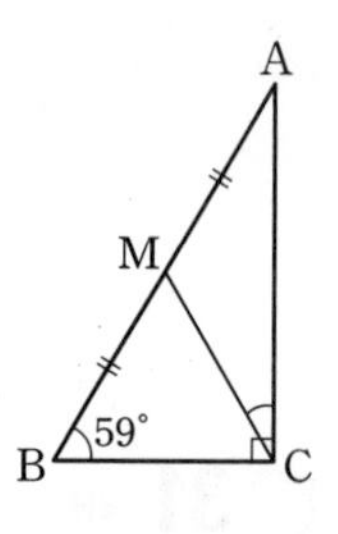

07

오른쪽 그림에서 점 O는 $\angle B=90°$인 직각삼각형 ABC의 외심이다. $\overline{AC}=12$ cm, $\overline{BC}=8$ cm일 때, $\triangle OBC$의 둘레의 길이를 구하시오.

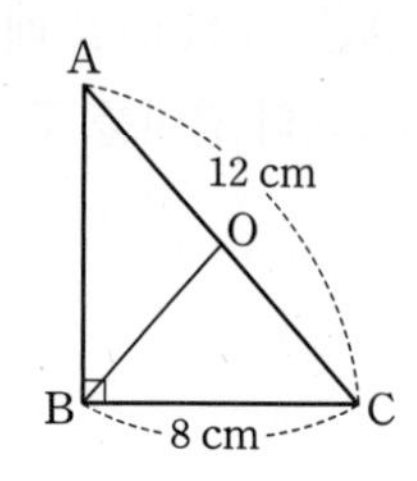

집중

유형 03 삼각형의 외심의 응용 (1) 개념 2

08 대표문제

오른쪽 그림에서 점 O는 $\triangle ABC$의 외심이고 $\angle OBC=20°$, $\angle OCA=25°$일 때, $\angle x-\angle y$의 크기를 구하시오.

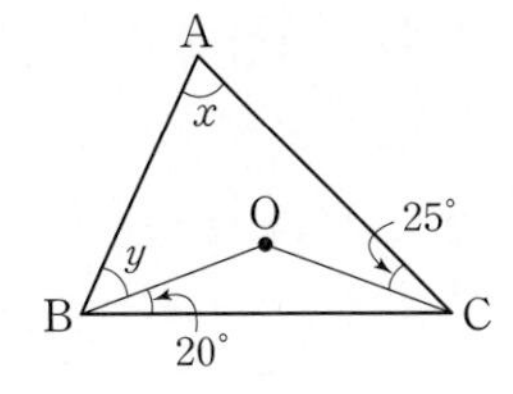

09

오른쪽 그림에서 점 O가 $\triangle ABC$의 외심일 때, $\angle AOB$의 크기를 구하시오.

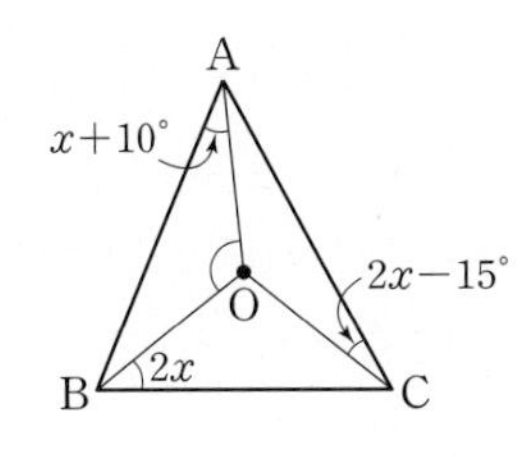

10

오른쪽 그림과 같은 $\triangle ABC$에서 점 O는 $\overline{AB}$와 $\overline{BC}$의 수직이등분선의 교점이다. $\angle OBA=45°$, $\angle OBC=35°$일 때, $\angle C$의 크기를 구하시오.

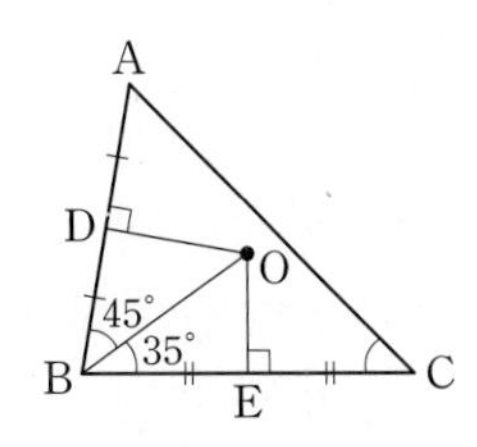

집중

유형 04 삼각형의 외심의 응용 (2) 개념 2

11 대표문제

오른쪽 그림에서 점 O는 $\triangle ABC$의 외심이고 $\angle A=52°$일 때, $\angle OBC$의 크기를 구하시오.

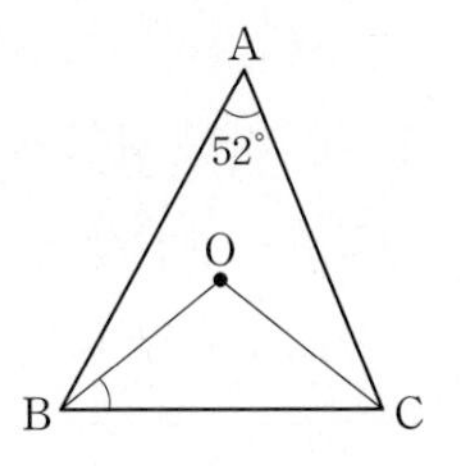

12

오른쪽 그림과 같이 $\angle A=90°$인 직각삼각형 ABC에서 $\overline{MB}=\overline{MC}$이고 $\angle AMC=\angle B+50°$일 때, $\angle C$의 크기를 구하시오.

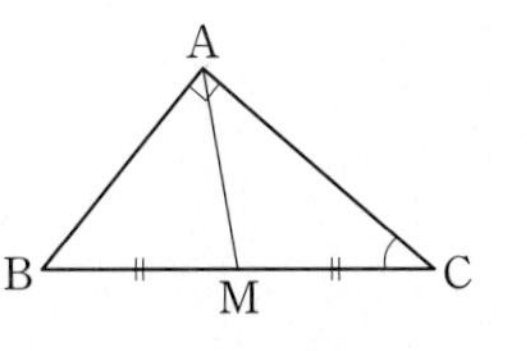

13 서술형

오른쪽 그림에서 원 O는 $\triangle ABC$의 외접원이고 $\overline{OA}=12$ cm이다. $\angle OAC=30°$, $\angle OBC=20°$일 때, 부채꼴 AOB의 넓이를 구하시오.

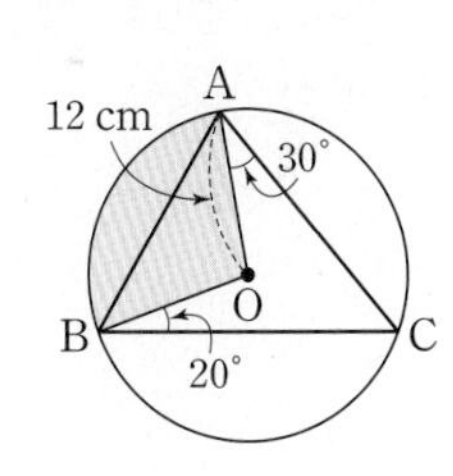

중요

14

오른쪽 그림에서 점 O는 $\triangle ABC$의 외심이고
$\angle BAC : \angle ABC : \angle ACB$
$=4 : 5 : 6$
일 때, $\angle BOC$의 크기를 구하시오.

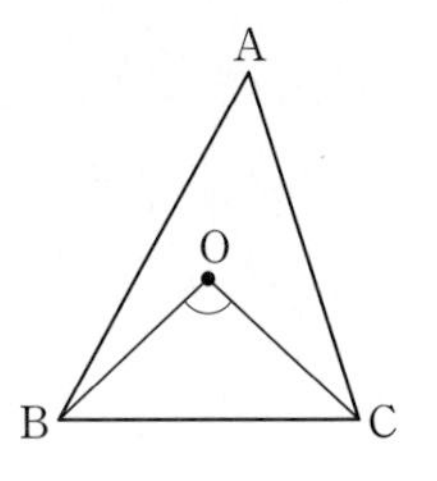

유형 05 삼각형의 내심 개념 3

15 대표문제

오른쪽 그림에서 점 I가 △ABC의 내심일 때, 다음 **보기** 중 옳은 것을 모두 고른 것은?

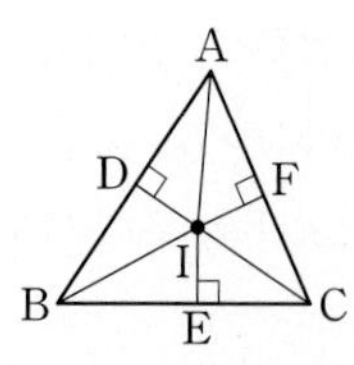

보기

ㄱ. $\overline{IA}=\overline{IB}$　　ㄴ. $\overline{IE}=\overline{IF}$

ㄷ. $\angle IBC=\angle IBA$　　ㄹ. $\angle ICA=\angle IAC$

① ㄱ, ㄷ　② ㄱ, ㄹ　③ ㄴ, ㄷ
④ ㄴ, ㄹ　⑤ ㄷ, ㄹ

16

오른쪽 그림에서 점 I는 △ABC의 내심이고 $\angle IBA=25°$, $\angle ICA=28°$일 때, $\angle BIC$의 크기를 구하시오.

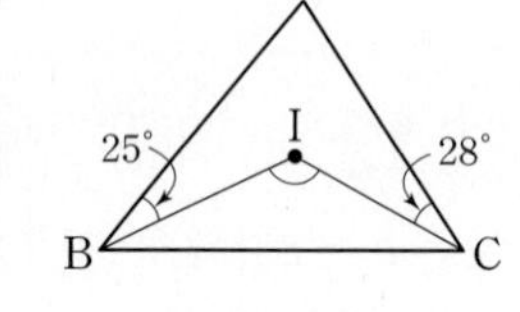

17 중요

오른쪽 그림에서 점 I는 △ABC의 내심이고 점 I′은 △IBC의 내심이다. $\angle A=\frac{1}{2}\angle C$, $\angle B=\angle A+20°$일 때, $\angle ICI'$의 크기를 구하시오.

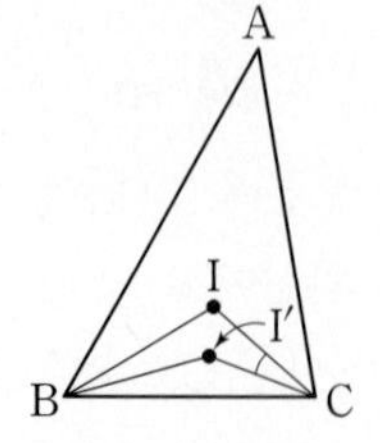

집중 유형 06 삼각형의 내심의 응용 (1) 개념 4

18 대표문제

오른쪽 그림에서 점 I는 △ABC의 내심이고 $\angle IAB=24°$, $\angle IBA=38°$일 때, $\angle C$의 크기는?

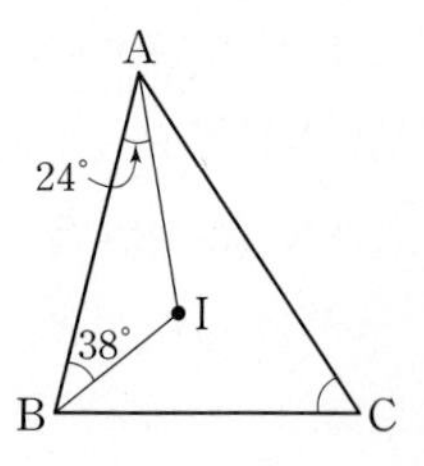

① 50°　② 52°
③ 54°　④ 56°
⑤ 58°

19

오른쪽 그림과 같은 △ABC에서 $\overline{ID}=\overline{IE}=\overline{IF}$이고 $\angle IBC=35°$, $\angle ICA=17°$일 때, $\angle x$의 크기를 구하시오.

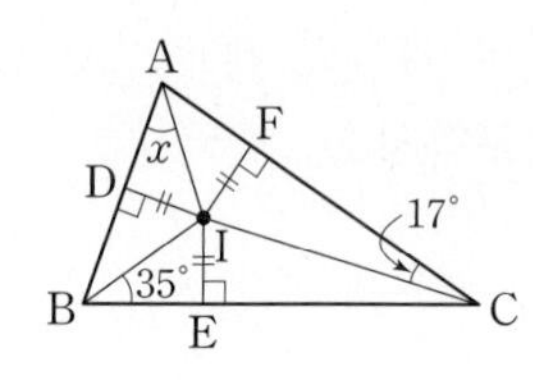

20 서술형

오른쪽 그림과 같이 $\angle BAC=90°$인 직각삼각형 ABC의 꼭짓점 A에서 $\overline{BC}$에 내린 수선의 발을 H라 하자. △ABC의 내심 I에 대하여 $\angle ACI=16°$일 때, $\angle IAH$의 크기를 구하시오.

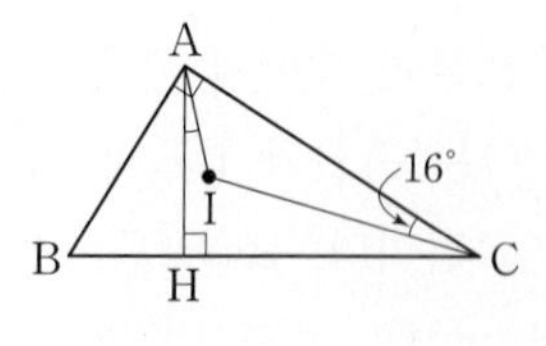

집중

유형 07 삼각형의 내심의 응용 (2) 개념 4

21 대표문제

오른쪽 그림과 같은 △ABC에서 $\overline{ID}=\overline{IE}=\overline{IF}$이고 $\angle A=100°$일 때, $\angle BIC$의 크기는?

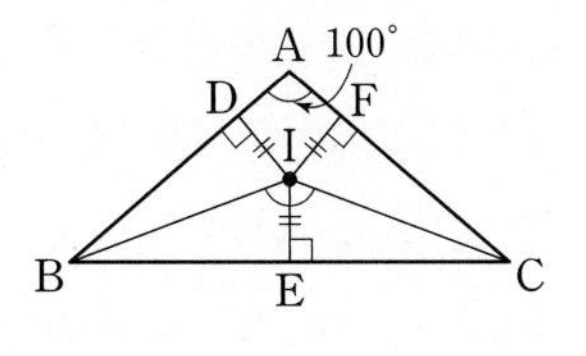

① 130° ② 132° ③ 135°
④ 138° ⑤ 140°

22

오른쪽 그림에서 점 I는 △ABC의 내심이고 $\angle C=70°$일 때, $\angle AIE$의 크기를 구하시오.

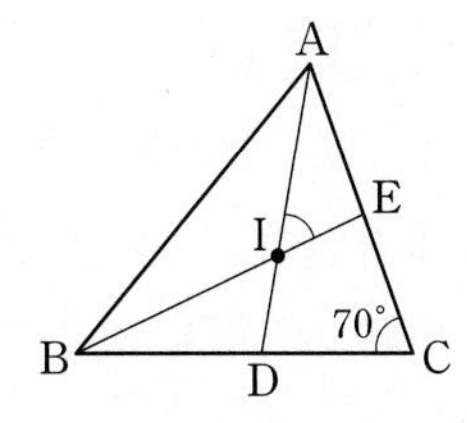

중요

23

오른쪽 그림에서 점 I는 △ABC의 내심이고 점 I′은 △IBC의 내심이다. $\angle BI'C=152°$일 때, $\angle A$의 크기를 구하시오.

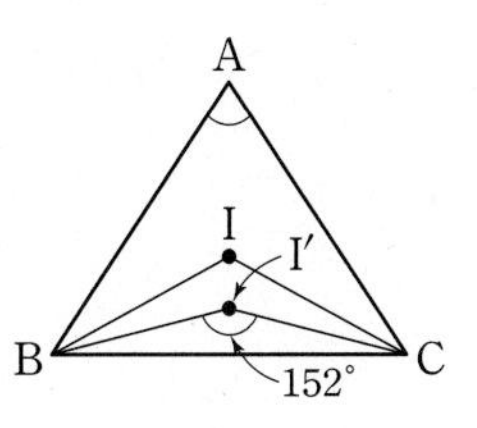

24

오른쪽 그림에서 점 I는 △ABC의 내심이고
$\angle BAC : \angle ABC : \angle ACB$
$=5 : 7 : 6$
일 때, $\angle BIC$의 크기를 구하시오.

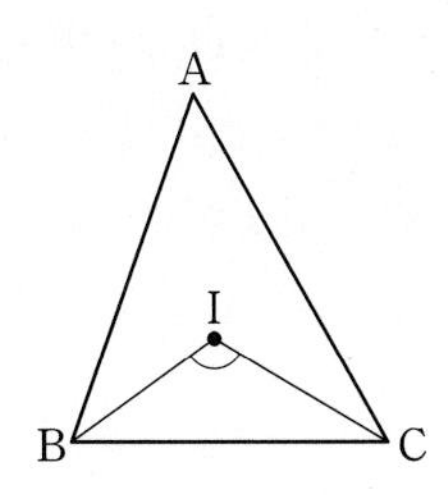

유형 08 삼각형의 내심과 평행선 개념 4

25 대표문제

오른쪽 그림에서 점 I는 △ABC의 내심이고 $\overline{DE} /\!/ \overline{AB}$이다. $\overline{AB}=5$ cm, $\overline{BC}=6$ cm, $\overline{CA}=4$ cm일 때, △CDE의 둘레의 길이를 구하시오.

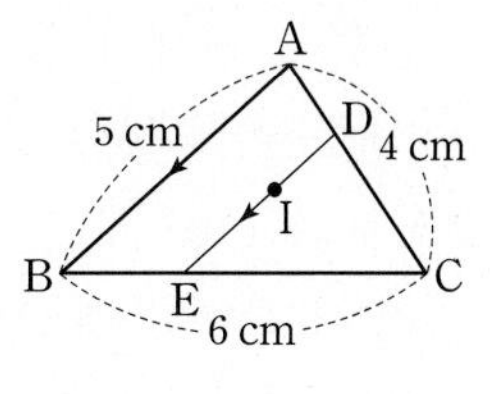

26

오른쪽 그림에서 점 I는 △ABC의 내심이고 $\overline{DE} /\!/ \overline{BC}$이다. 다음 중 옳지 않은 것은?

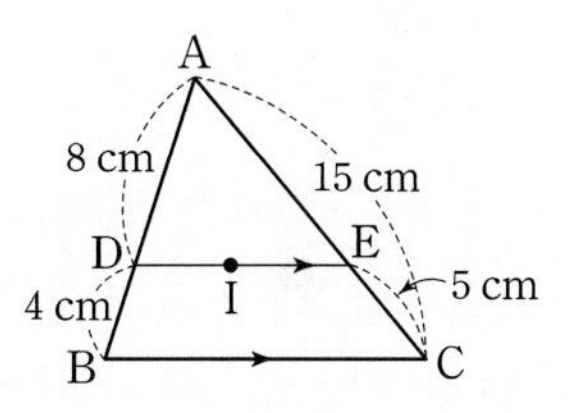

① $\overline{DI}=4$ cm
② $\overline{EI}=5$ cm
③ $\overline{DE}=9$ cm
④ $\overline{BC}=15$ cm
⑤ △ADE의 둘레의 길이는 27 cm이다.

27

오른쪽 그림에서 원 I는 △ABC의 내접원이고 $\overline{DE} /\!/ \overline{BC}$이다. $\overline{DB}=7$ cm, $\overline{BC}=16$ cm, $\overline{CE}=5$ cm이고 원 I의 반지름의 길이가 4 cm일 때, 사다리꼴 DBCE의 넓이는?

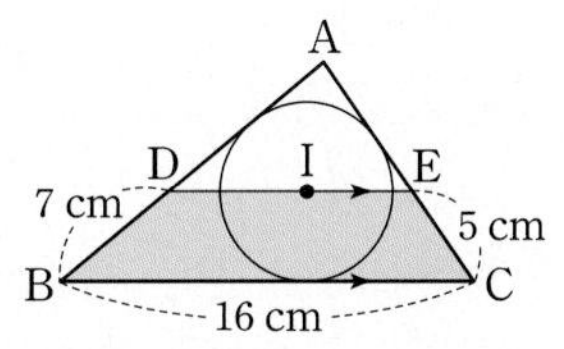

① 56 cm^2 ② 60 cm^2 ③ 64 cm^2
④ 68 cm^2 ⑤ 72 cm^2

유형 09 삼각형의 내접원의 반지름의 길이 개념 4

28 대표문제

오른쪽 그림에서 원 I는 $\triangle ABC$의 내접원이고 $\overline{AB}=\overline{AC}=10$ cm, $\overline{BC}=12$ cm이다. $\triangle ABC$의 넓이가 48 cm²일 때, 내접원 I의 넓이를 구하시오.

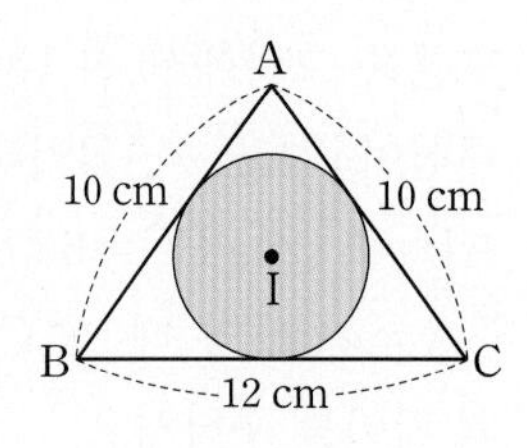

중요

29

오른쪽 그림에서 원 I는 $\angle C=90°$인 직각삼각형 ABC의 내접원이다.
$\overline{AB}=13$ cm, $\overline{BC}=5$ cm, $\overline{CA}=12$ cm일 때, $\triangle IAB$의 넓이를 구하시오.

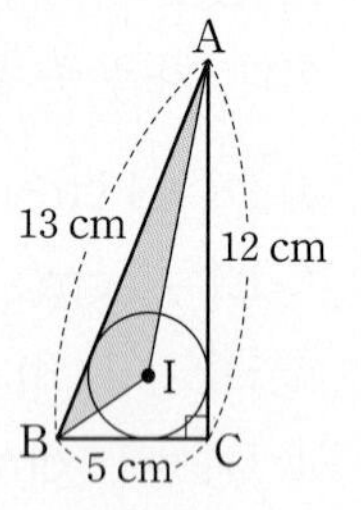

30

오른쪽 그림에서 원 I는 $\triangle ABC$의 내접원이고 $\overline{AB}=10$ cm, $\overline{BC}=17$ cm, $\overline{CA}=21$ cm이다. 내접원 I의 지름의 길이가 7 cm일 때, 색칠한 부분의 넓이를 구하시오.

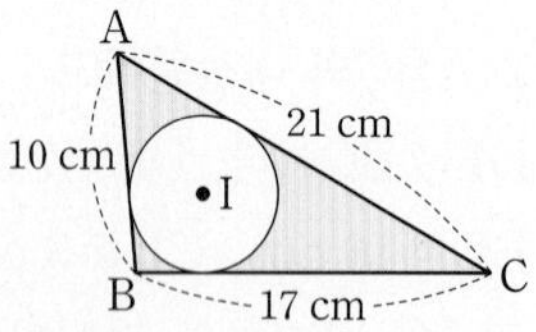

집중

유형 10 삼각형의 내접원과 접선의 길이 개념 4

31 대표문제

오른쪽 그림에서 원 I는 $\triangle ABC$의 내접원이고 세 점 D, E, F는 접점이다. $\overline{AB}=5$ cm, $\overline{BC}=7$ cm, $\overline{CA}=8$ cm일 때, $\overline{CE}$의 길이를 구하시오.

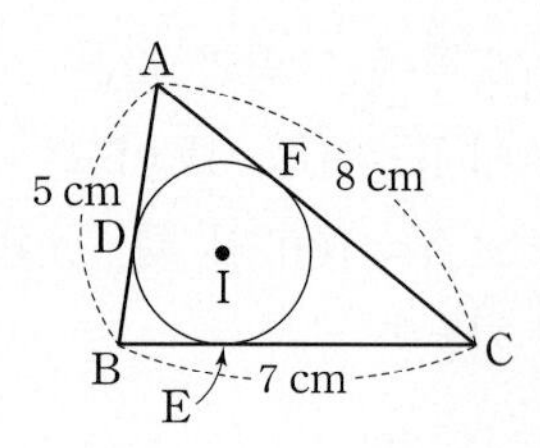

32

오른쪽 그림에서 원 I는 $\triangle ABC$의 내접원이고 세 점 D, E, F는 접점이다. $\triangle ABC$의 둘레의 길이가 30 cm이고 $\overline{AD}=4$ cm, $\overline{DB}=6$ cm일 때, $\overline{CE}$의 길이는?

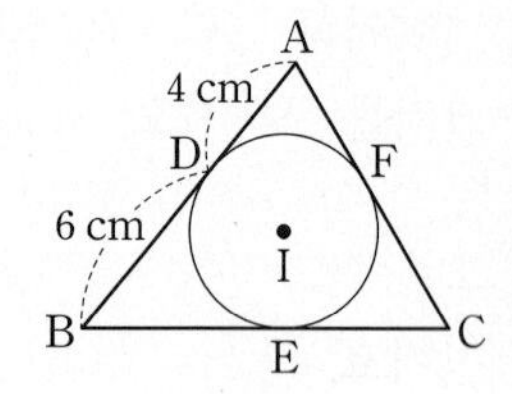

① 3 cm ② $\frac{7}{2}$ cm ③ 4 cm
④ $\frac{9}{2}$ cm ⑤ 5 cm

33 서술형

오른쪽 그림에서 원 I는 $\angle A=90°$인 직각삼각형 ABC의 내접원이고 세 점 D, E, F는 접점이다. $\overline{AB}=3$ cm, $\overline{BC}=5$ cm이고 내접원 I의 넓이가 π cm²일 때, $\overline{AC}$의 길이를 구하시오.

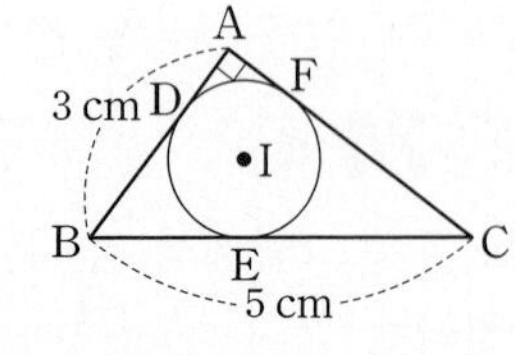

집중

유형 11 삼각형의 외심과 내심 개념 2, 4

34 대표문제

오른쪽 그림에서 두 점 O, I는 각각 $\triangle ABC$의 외심, 내심이다. $\angle AIC=125°$일 때, $\angle AOC$의 크기는?

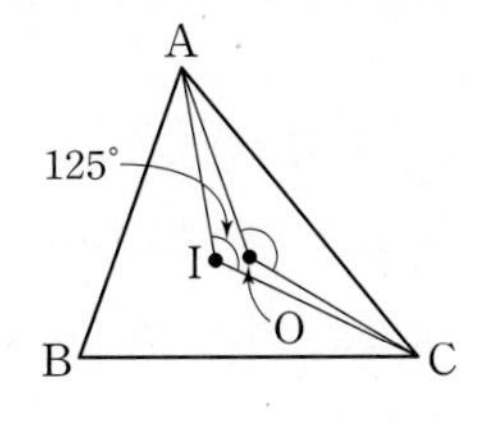

① 134° ② 136° ③ 138° ④ 140° ⑤ 142°

중요

35

오른쪽 그림에서 점 O는 $\triangle ABC$의 외심이고, 점 I는 $\triangle OBC$의 내심이다. $\angle BIC=130°$일 때, $\angle A$의 크기를 구하시오.

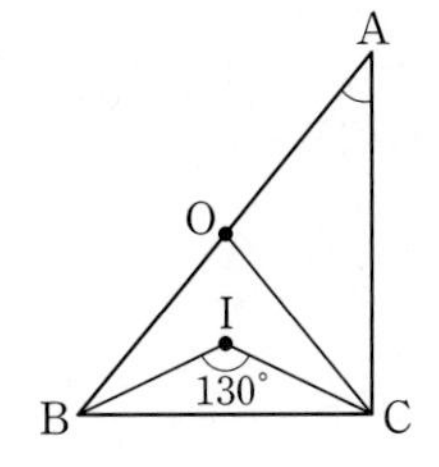

36 서술형

오른쪽 그림에서 두 점 O, I는 각각 $\overline{AB}=\overline{AC}$인 이등변삼각형 ABC의 외심, 내심이다. $\angle A=80°$일 때, $\angle IBO$의 크기를 구하시오.

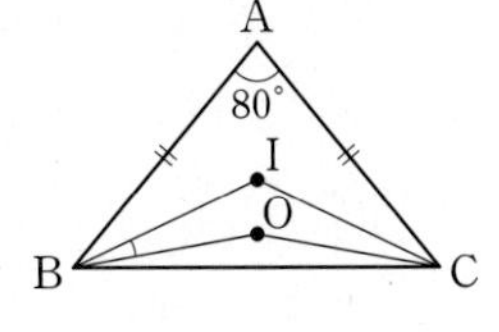

유형 12 직각삼각형의 외접원과 내접원 개념 1, 4

37 대표문제

오른쪽 그림과 같이 $\angle A=90°$인 직각삼각형 ABC에서 $\overline{AB}=24$ cm, $\overline{BC}=26$ cm, $\overline{CA}=10$ cm이다. $\triangle ABC$의 외접원 O와 내접원 I에 대하여 색칠한 부분의 넓이는?

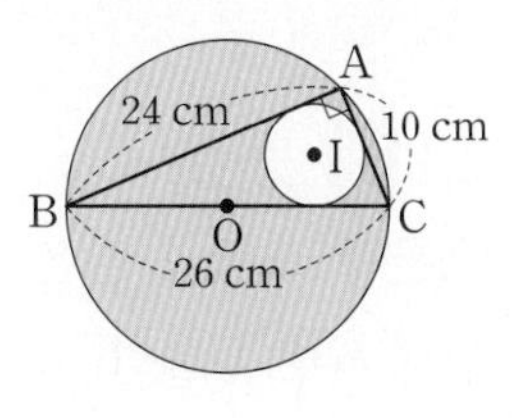

① 152π cm^2 ② 153π cm^2 ③ 154π cm^2 ④ 155π cm^2 ⑤ 156π cm^2

38

오른쪽 그림과 같이 $\angle C=90°$인 직각삼각형 ABC의 외접원의 반지름의 길이를 x cm, 내접원의 반지름의 길이를 y cm라 할 때, $x+y$의 값을 구하시오.

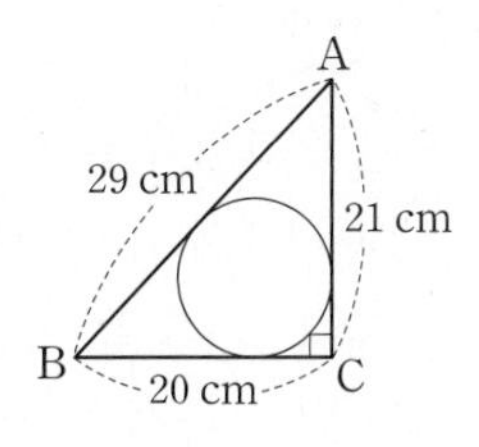

39

오른쪽 그림과 같이 $\angle A=90°$인 직각삼각형 ABC의 외접원 O의 반지름의 길이는 17 cm이고 내접원 I의 반지름의 길이는 6 cm일 때, $\triangle ABC$의 둘레의 길이는?

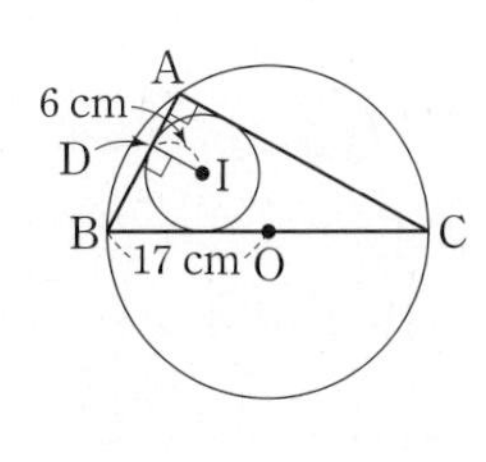

① 80 cm ② 81 cm ③ 82 cm ④ 83 cm ⑤ 84 cm

[유형북] Real 실전 유형에서 틀린 문제를 체크해 보세요.

유형 01 평행사변형의 뜻 개념1

01 대표문제

오른쪽 그림과 같은 평행사변형 ABCD에서 $\angle ABD=23°$, $\angle DAC=40°$일 때, $\angle x+\angle y$의 크기는?

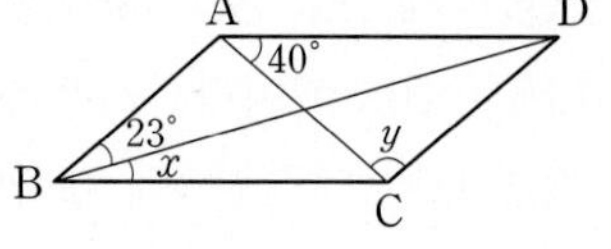

① 63° ② 87° ③ 93°
④ 107° ⑤ 117°

02

오른쪽 그림과 같은 평행사변형 ABCD에서 $\angle AOD=92°$, $\angle ACD=65°$일 때, $\angle ABD$의 크기를 구하시오. (단, 점 O는 두 대각선의 교점이다.)

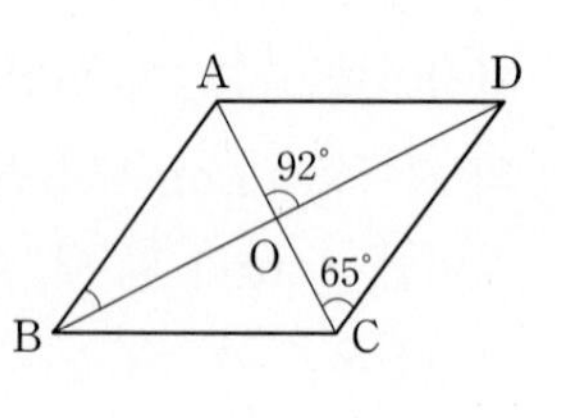

03 서술형

오른쪽 그림과 같은 평행사변형 ABCD에서 $\angle B=66°$, $\angle AED=30°$일 때, $\angle ADE$의 크기를 구하시오.

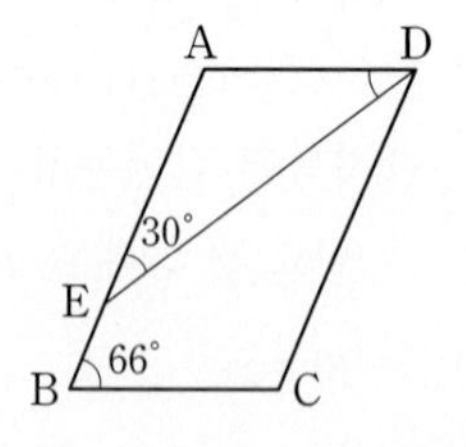

유형 02 평행사변형의 성질 개념1

04 대표문제

다음은 '평행사변형의 두 쌍의 대각의 크기는 각각 같다.'를 설명하는 과정이다. ①~⑤에 알맞은 것으로 옳지 않은 것은?

> 평행사변형 ABCD에서 대각선 BD를 그으면 △ABD와 △CDB에서 $\overline{AB}/\!/$ ① 이므로
> $\angle ABD=$ ② (엇각)
> $\overline{AD}/\!/\overline{BC}$이므로 $\angle ADB=$ ③ (엇각)
> $\overline{BD}$는 공통
> 따라서 △ABD≡△CDB (④ 합동)이므로
> $\angle A=\angle C$
> 같은 방법으로 △ABC≡△CDA (④ 합동)이므로
> ⑤

① $\overline{DC}$ ② $\angle CDB$ ③ $\angle CBD$
④ ASA ⑤ $\angle B=\angle C$

중요

05

오른쪽 그림과 같은 평행사변형 ABCD에서 $\overline{AB}=6$ cm, $\overline{BD}=10$ cm, $\angle BCD=125°$일 때, 다음 중 옳지 않은 것은?

(단, 점 O는 두 대각선의 교점이다.)

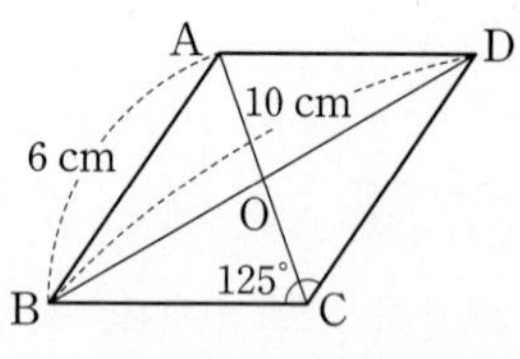

① $\overline{DC}=6$ cm ② $\overline{BO}=5$ cm
③ $\angle BAD=125°$ ④ $\angle ADC=55°$
⑤ $\overline{AC}=10$ cm

집중

유형 03 평행사변형의 성질의 응용; 대변 개념 1

06 대표문제

오른쪽 그림과 같은 평행사변형 ABCD에서 $\angle A$의 이등분선이 $\overline{BC}$와 만나는 점을 E, $\overline{CD}$의 연장선과 만나는 점을 F라 하자. $\overline{AB}=8\text{ cm}$, $\overline{AD}=12\text{ cm}$일 때, $\overline{CF}$의 길이를 구하시오.

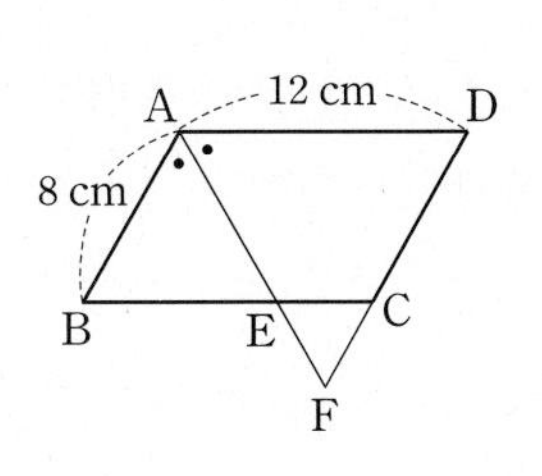

07

오른쪽 그림과 같은 평행사변형 ABCD에서 $\overline{CD}$의 중점을 E라 하고 $\overline{BE}$의 연장선이 $\overline{AD}$의 연장선과 만나는 점을 F라 하자. $\overline{AB}=4\text{ cm}$, $\overline{BC}=3\text{ cm}$일 때, $\overline{AF}$의 길이는?

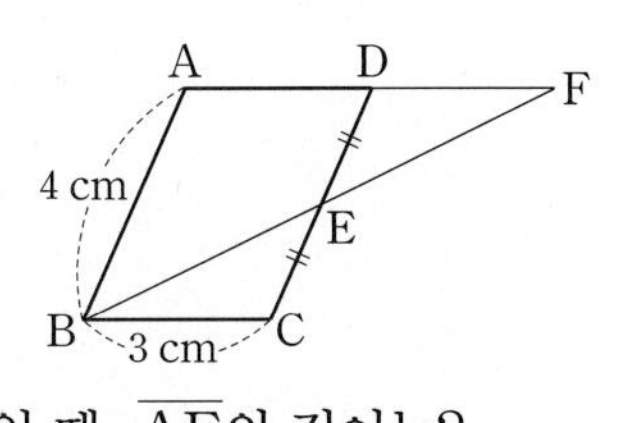

① 4 cm ② 5 cm ③ 6 cm
④ 7 cm ⑤ 8 cm

08 서술형

오른쪽 그림과 같은 평행사변형 ABCD에서 $\angle B$, $\angle C$의 이등분선이 $\overline{AD}$와 만나는 점을 각각 E, F라 하자. $\overline{BC}=10\text{ cm}$, $\overline{EF}=6\text{ cm}$일 때, $\overline{AB}$의 길이를 구하시오.

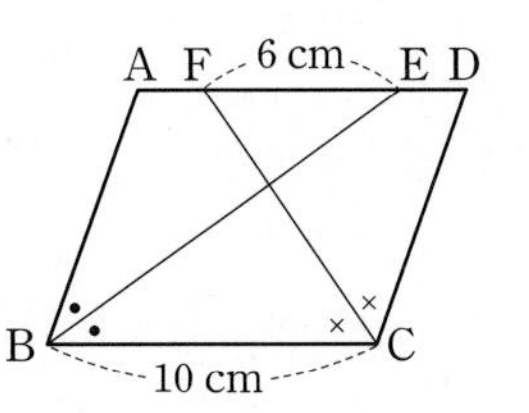

집중

유형 04 평행사변형의 성질의 응용; 대각 개념 1

09 대표문제

오른쪽 그림과 같은 평행사변형 ABCD에서 $\angle C$의 이등분선과 $\overline{AB}$의 연장선이 만나는 점을 E라 하자. $\angle DAB=132°$일 때, $\angle E$의 크기를 구하시오.

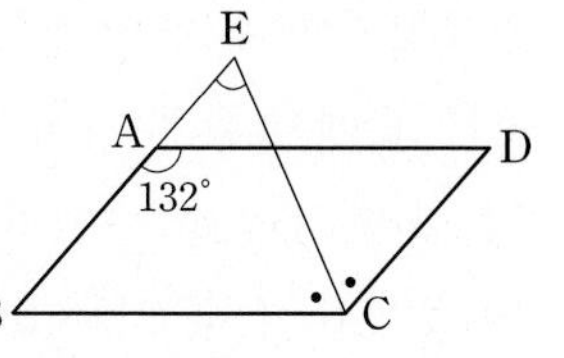

10 중요

오른쪽 그림과 같은 평행사변형 ABCD에서 $2\angle A=3\angle B$일 때, $\angle C-\angle D$의 크기를 구하시오.

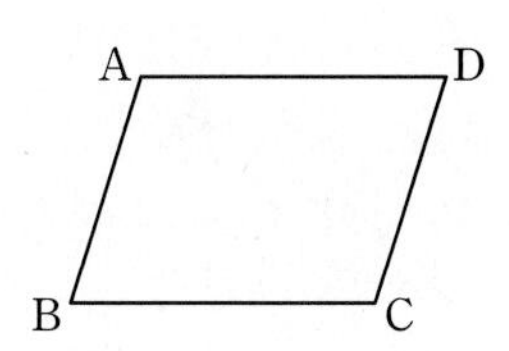

11

오른쪽 그림과 같은 평행사변형 ABCD에서 $\angle A$의 이등분선이 $\overline{BC}$와 만나는 점을 E, 꼭짓점 B에서 $\overline{AE}$에 내린 수선의 발을 F라 하자. $\angle FBE=25°$일 때, $\angle C$의 크기를 구하시오.

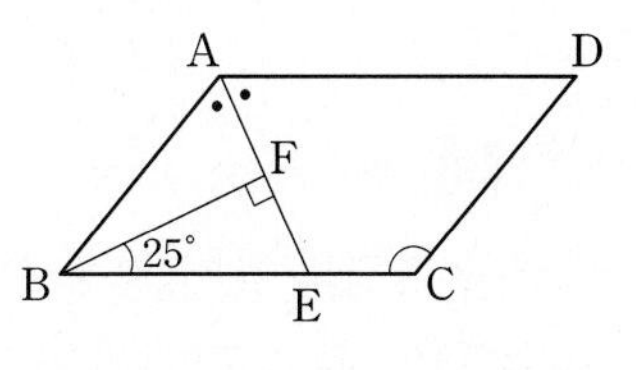

집중

유형 05 평행사변형의 성질의 응용; 대각선 개념1

12 대표문제

오른쪽 그림과 같은 평행사변형 ABCD에서 두 대각선의 교점을 O라 하자. $\overline{BC}=7$ cm이고 $\triangle OBC$의 둘레의 길이가 17 cm일 때, $\overline{AC}+\overline{BD}$의 길이를 구하시오.

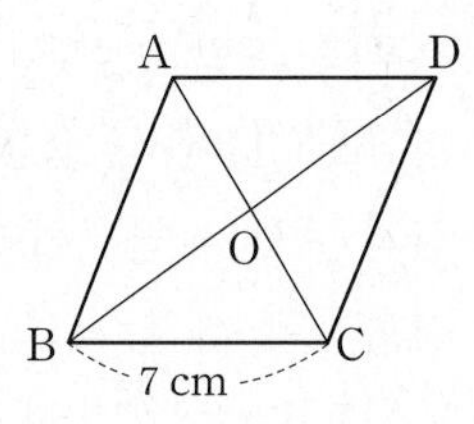

13

오른쪽 그림과 같은 평행사변형 ABCD에서 두 대각선의 교점 O를 지나는 직선이 $\overline{AB}$, $\overline{CD}$와 만나는 점을 각각 E, F라 할 때, 다음 **보기** 중 옳은 것을 모두 고르면?

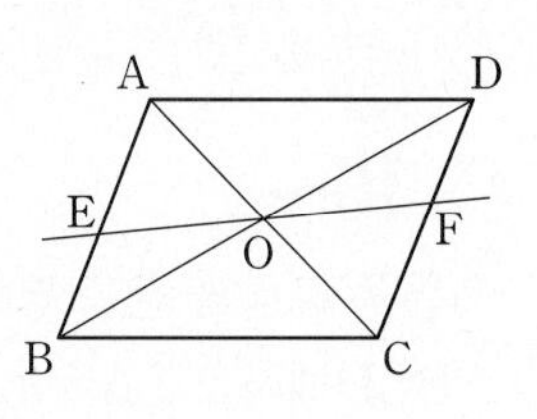

보기

ㄱ. $\overline{BE}=\overline{CF}$　　ㄴ. $\overline{OE}=\overline{OF}$
ㄷ. $\angle AEO=\angle DFO$　　ㄹ. $\triangle BOE\equiv\triangle DOF$

① ㄱ, ㄴ　② ㄱ, ㄷ　③ ㄴ, ㄷ
④ ㄴ, ㄹ　⑤ ㄷ, ㄹ

14 서술형

오른쪽 그림과 같이 평행사변형 ABCD의 두 대각선의 교점 O에서 $\overline{AD}$, $\overline{BC}$에 내린 수선의 발을 각각 E, F라 하면 $\overline{AE}=3$ cm, $\overline{BF}=6$ cm이다. $\triangle OBC$의 넓이가 18 cm^2일 때, $\overline{EF}$의 길이를 구하시오.

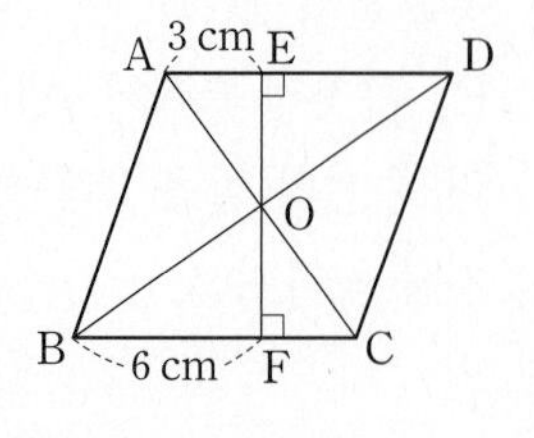

유형 06 평행사변형이 되는 조건의 설명 개념2

15 대표문제

다음은 '한 쌍의 대변이 평행하고 그 길이가 같은 사각형은 평행사변형이다.'를 설명하는 과정이다. (가)~(라)에 알맞은 것을 구하시오.

> $\overline{AD}/\!/\overline{BC}$, $\overline{AD}=\overline{BC}$인 □ABCD에서 대각선 AC를 그으면 $\triangle ABC$와 $\triangle CDA$에서
> $\angle BCA=$ (가) (엇각),
> $\overline{AC}$는 공통, $\overline{BC}=\overline{DA}$
> $\therefore \triangle ABC\equiv\triangle CDA$ ((나) 합동)
> 따라서 $\angle BAC=$ (다) 이므로 $\overline{AB}/\!/$ (라)
> 즉, □ABCD는 두 쌍의 대변이 각각 평행하므로 평행사변형이다.

16

다음은 '두 쌍의 대각의 크기가 각각 같은 사각형은 평행사변형이다.'를 설명하는 과정이다. ①~⑤에 알맞은 것으로 옳지 않은 것은?

> $\angle A=\angle C$, $\angle B=\angle D$인 □ABCD에서
> $\angle A+\angle B+\angle C+\angle D=$ ①
> 이므로 $\angle A+\angle B=$ ②
> 따라서 $\angle EAD=$ ③ 이므로
> ④ …… ㉠
> 또, $\angle B+\angle C=180°$이므로 $\angle DCF=\angle B$
> ∴ ⑤ …… ㉡
> ㉠, ㉡에 의하여 □ABCD는 두 쌍의 대변이 각각 평행하므로 평행사변형이다.

① 360°　② 180°　③ $\angle B$
④ $\overline{AD}=\overline{BC}$　⑤ $\overline{AB}/\!/\overline{DC}$

유형 07 평행사변형이 되도록 하는 미지수의 값 구하기 개념 2

17 대표문제

오른쪽 그림과 같은 □ABCD가 평행사변형이 되도록 하는 x, y에 대하여 $x+y$의 값은?

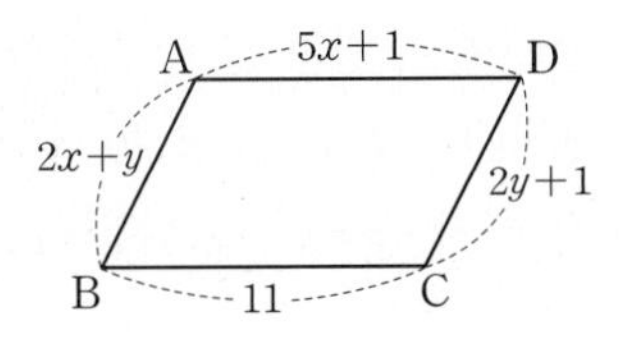

① 2 ② 3
③ 4 ④ 5
⑤ 6

18 서술형

오른쪽 그림과 같이 □ABCD의 두 대각선의 교점을 O라 할 때, □ABCD가 평행사변형이 되도록 하는 x, y에 대하여 △OBC의 둘레의 길이를 구하시오.

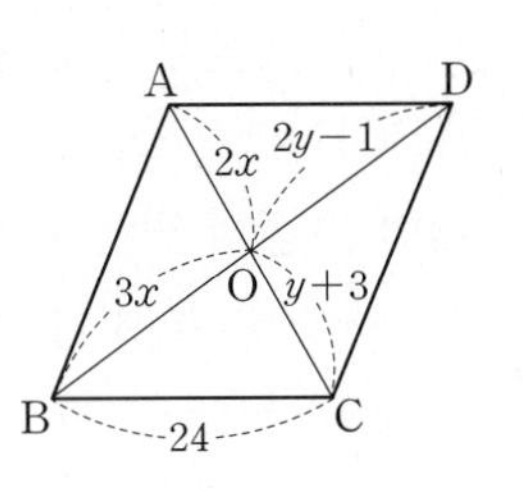

19

오른쪽 그림과 같은 □ABCD에서 $\overline{DC}=\overline{DE}$일 때, □ABCD가 평행사변형이 되도록 하는 ∠x의 크기를 구하시오.

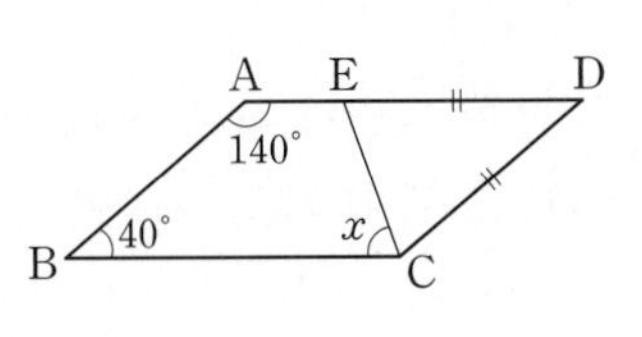

집중

유형 08 평행사변형이 되는 조건 찾기 개념 2

20 대표문제

다음 조건을 만족시키는 □ABCD 중 평행사변형이 아닌 것은?
(단, 점 O는 두 대각선의 교점이다.)

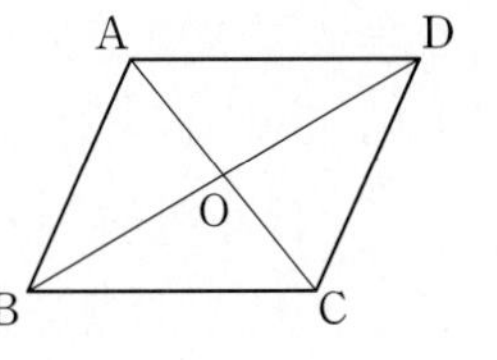

① $\angle A=124°$, $\angle B=56°$, $\angle D=56°$
② $\overline{AB}=7$, $\overline{BC}=4$, $\overline{CD}=7$, $\overline{DA}=4$
③ $\overline{OA}=10$, $\overline{OB}=15$, $\overline{AC}=20$, $\overline{BD}=30$
④ $\angle ABD=\angle ADB=25°$, $\angle CBD=\angle CDB=30°$
⑤ $\angle B=65°$, $\angle C=115°$, $\overline{AB}=\overline{DC}=10$

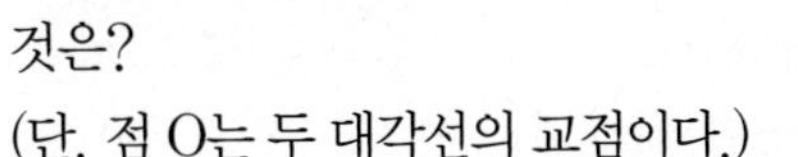

21

다음 중 □ABCD가 평행사변형이 되도록 하는 조건인 것은?
(단, 점 O는 두 대각선의 교점이다.)

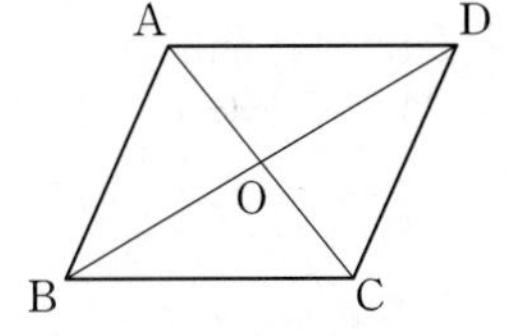

① $\angle A=\angle B$, $\angle B=\angle C$
② $\angle AOB=\angle COB$, $\angle AOD=\angle COD$
③ $\angle OAB=\angle OCD$, $\overline{AB}=\overline{DC}$
④ $\overline{AB}/\!/\overline{DC}$, $\overline{AD}=\overline{BC}$
⑤ $\overline{AB}=\overline{DC}$, $\overline{AC}=\overline{BD}$

중요

22

다음 **보기**의 □ABCD 중 평행사변형인 것을 모두 고르시오.

보기

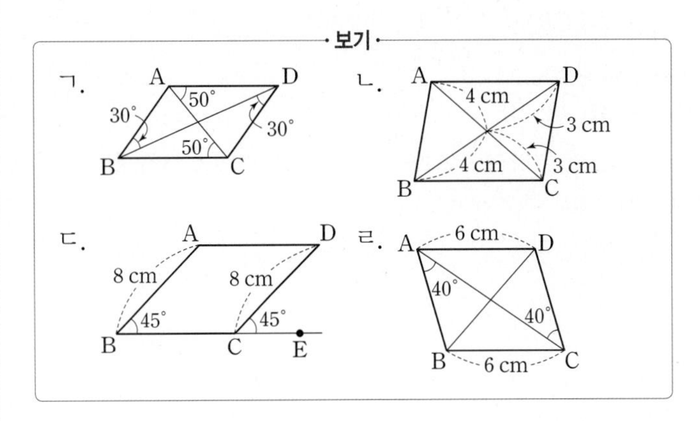

유형 09 새로운 사각형이 평행사변형이 되는 조건 개념2

23 대표문제

오른쪽 그림과 같은 평행사변형 ABCD의 네 변의 중점을 각각 E, F, G, H라 할 때, 다음 중 □EFGH가 평행사변형이 되기 위한 조건으로 가장 알맞은 것은?

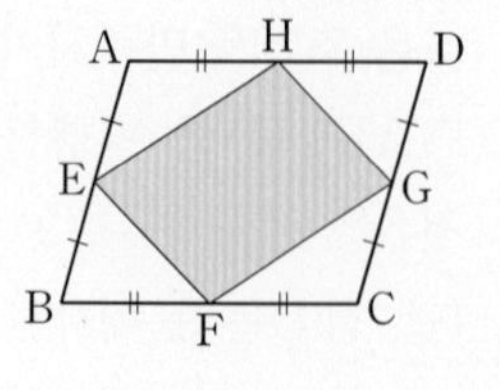

① 두 쌍의 대변이 각각 평행하다.
② 두 쌍의 대변의 길이가 각각 같다.
③ 두 쌍의 대각의 크기가 각각 같다.
④ 두 대각선이 서로 다른 것을 이등분한다.
⑤ 한 쌍의 대변이 평행하고 그 길이가 같다.

24

다음은 '평행사변형 ABCD에서 ∠A, ∠C의 이등분선이 $\overline{BC}$, $\overline{AD}$와 만나는 점을 각각 E, F라 할 때, □AECF는 평행사변형이다.'를 설명하는 과정이다. (가)~(다)에 알맞은 것을 구하시오.

> □ABCD가 평행사변형이므로
> $\overline{AF}$ // (가) ⋯⋯ ㉠
> $\angle EAF=\frac{1}{2}\angle BAD$
> $=\frac{1}{2}\angle BCD=\angle ECF$
> 이고 ∠CFD=∠ECF (엇각)이므로
> ∠EAF= (나)
> ∴ $\overline{AE}$ // (다) ⋯⋯ ㉡
> ㉠, ㉡에 의하여 □AECF는 두 쌍의 대변이 각각 평행하므로 평행사변형이다.

집중

유형 10 새로운 사각형이 평행사변형이 되는 조건의 응용 개념2

25 대표문제

오른쪽 그림과 같은 평행사변형 ABCD에서 네 점 E, F, G, H가 각 변의 중점일 때, 다음 중 옳지 않은 것은?

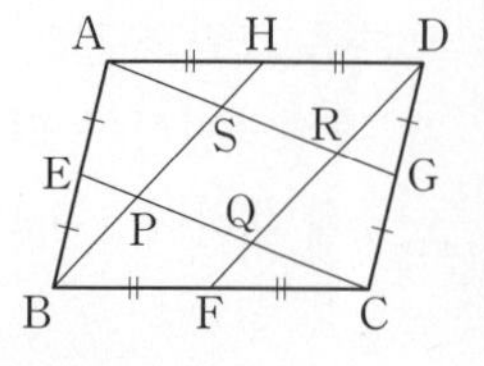

① $\overline{AG}=\overline{CE}$
② $\overline{PQ}=\overline{QR}$
③ ∠AEC=∠AGC
④ ∠BHA=∠DFC
⑤ ∠PQR=∠PSR

26

오른쪽 그림과 같이 평행사변형 ABCD의 꼭짓점 B, D에서 $\overline{AC}$에 내린 수선의 발을 각각 E, F라 할 때, 다음 중 옳지 않은 것은?

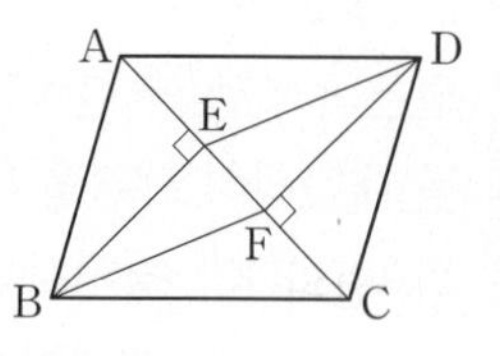

① $\overline{BE}=\overline{DF}$
② $\overline{BF}=\overline{DE}$
③ $\overline{AE}=\overline{EF}=\overline{FC}$
④ ∠EBF=∠EDF
⑤ ∠ADE=∠CBF

27 서술형

오른쪽 그림과 같은 평행사변형 ABCD에서 $\overline{BC}$, $\overline{AD}$의 중점을 각각 E, F라 하자. □ABCD의 넓이가 80 cm^2일 때, □AECF가 어떤 사각형인지 말하고, □AECF의 넓이를 구하시오.

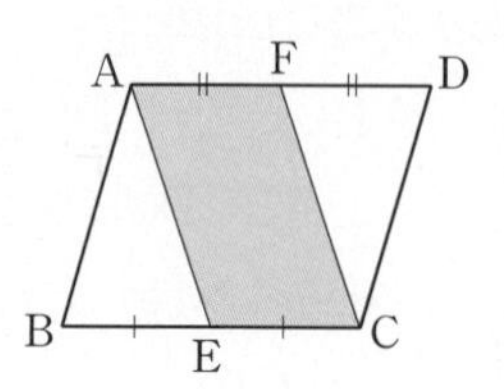

집중 유형 11 평행사변형과 넓이; 대각선 개념3

28 대표문제

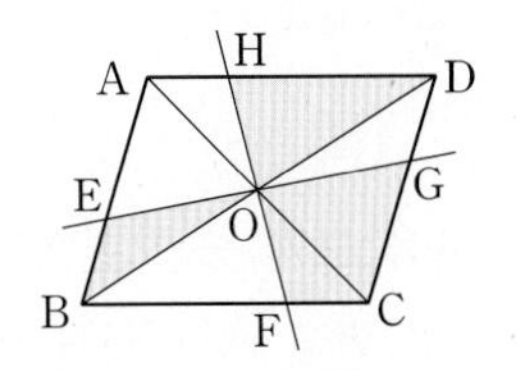

오른쪽 그림과 같이 평행사변형 ABCD의 두 대각선의 교점 O를 지나는 두 직선이 $\overline{AB}$, $\overline{BC}$, $\overline{CD}$, $\overline{DA}$와 만나는 점을 각각 E, F, G, H라 하자. □ABCD의 넓이가 20 cm^2일 때, 색칠한 부분의 넓이를 구하시오.

29

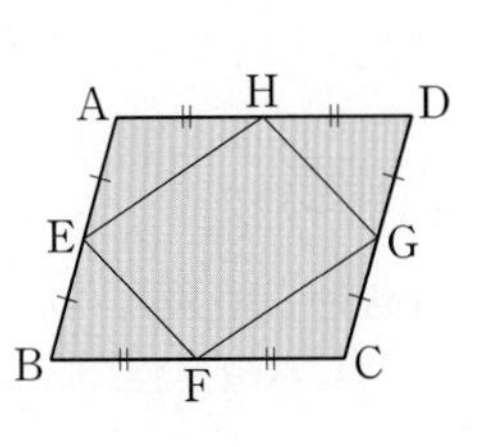

오른쪽 그림과 같은 평행사변형 ABCD에서 네 점 E, F, G, H는 각 변의 중점이다. □EFGH의 넓이가 25 cm^2일 때, □ABCD의 넓이를 구하시오.

30 서술형

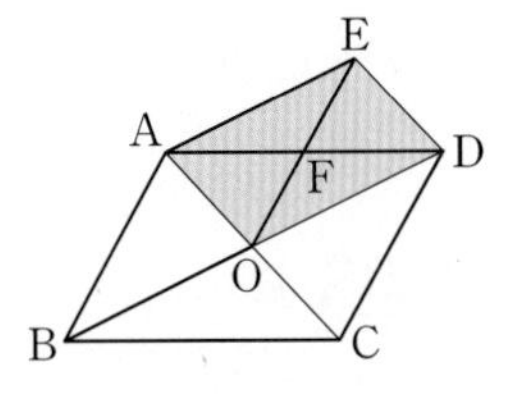

오른쪽 그림에서 □ABCD, □ABOE가 모두 평행사변형이고 △OBC의 넓이가 4 cm^2일 때, □AODE의 넓이를 구하시오.

집중 유형 12 평행사변형과 넓이; 내부의 점 개념3

31 대표문제

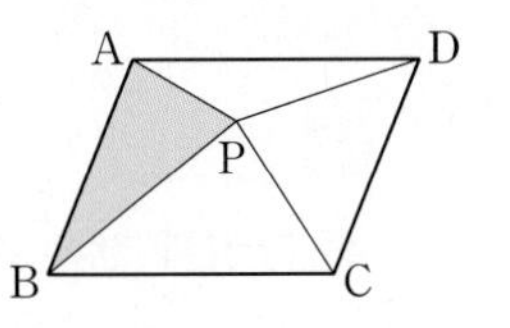

오른쪽 그림과 같이 평행사변형 ABCD의 내부의 한 점 P에 대하여 △PBC의 넓이는 10 cm^2, △PCD의 넓이는 8 cm^2, △PDA의 넓이는 4 cm^2일 때, △PAB의 넓이를 구하시오.

중요

32

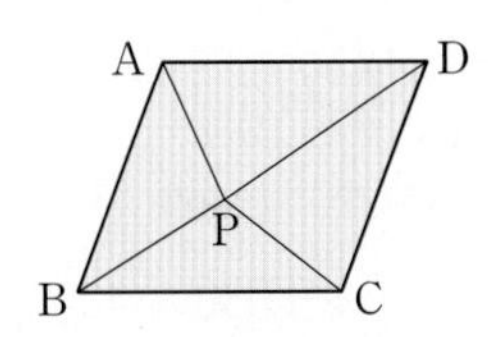

오른쪽 그림과 같이 평행사변형 ABCD의 내부의 한 점 P에 대하여 △PBC : △PDA=2 : 3이다. △PBC의 넓이가 6 cm^2일 때, □ABCD의 넓이를 구하시오.

33

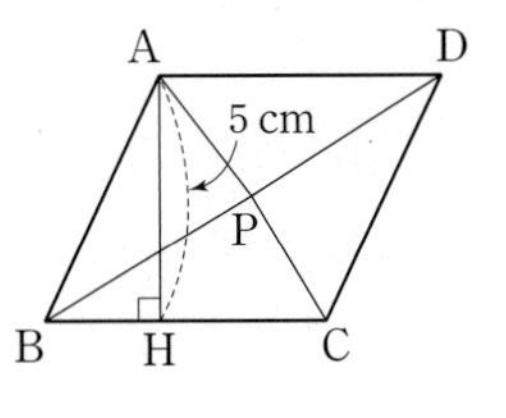

오른쪽 그림과 같이 평행사변형 ABCD의 내부의 한 점 P에 대하여 △PAB의 넓이는 8 cm^2이고 △PCD의 넓이는 7 cm^2이다. 꼭짓점 A에서 $\overline{BC}$에 내린 수선의 발 H에 대하여 $\overline{AH}=5\text{ cm}$일 때, $\overline{AD}$의 길이를 구하시오.

[유형북] Real 실전 유형에서 틀린 문제를 체크해 보세요.

유형 01 직사각형의 뜻과 성질 개념 1

□ 01 대표문제

오른쪽 그림과 같은 직사각형 ABCD에서 $\angle ACB=35°$, $\overline{OB}=5\text{ cm}$일 때, $x+y$의 값을 구하시오.
(단, 점 O는 두 대각선의 교점이다.)

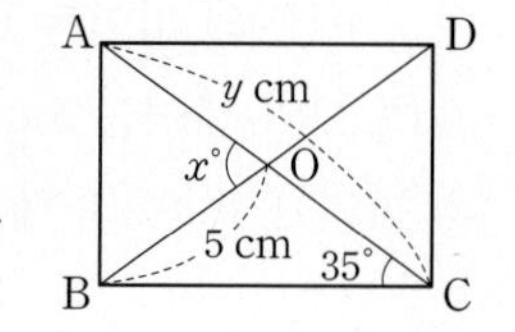

□ 02

오른쪽 그림과 같은 직사각형 ABCD에서 $\angle DBC=42°$일 때, $\angle x+\angle y$의 크기는?
(단, 점 O는 두 대각선의 교점이다.)

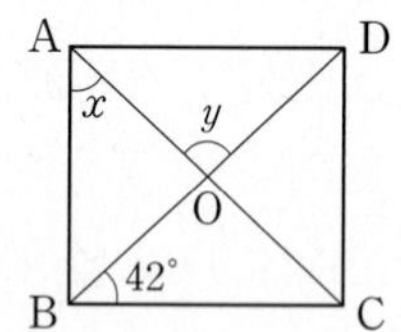

① 128° ② 132° ③ 136°
④ 140° ⑤ 144°

중요

□ 03

오른쪽 그림과 같은 직사각형 ABCD에서 점 O가 두 대각선의 교점일 때, $\overline{BD}$의 길이를 구하시오.

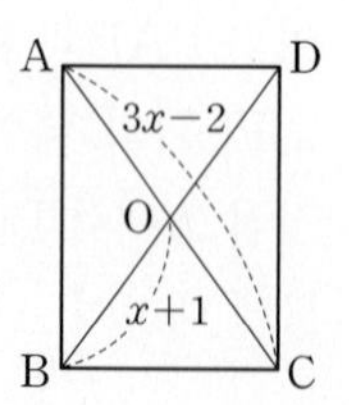

유형 02 평행사변형이 직사각형이 되는 조건 개념 1

□ 04 대표문제

다음 **보기** 중 오른쪽 그림과 같은 평행사변형 ABCD가 직사각형이 되는 조건인 것을 모두 고르시오.
(단, 점 O는 두 대각선의 교점이다.)

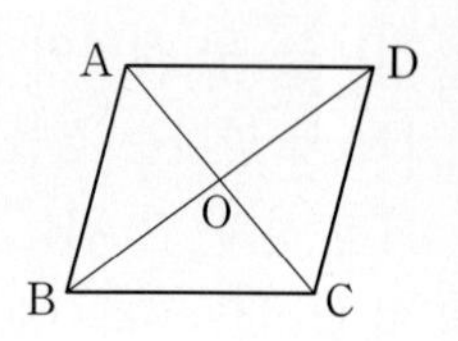

보기

ㄱ. $\angle AOB=\angle COB$
ㄴ. $\angle OCD=\angle ODC$
ㄷ. $\angle ABD=\angle ADB$
ㄹ. $\angle ABC+\angle ADC=180°$

□ 05

다음은 '한 내각의 크기가 90°인 평행사변형은 직사각형이다.'를 설명하는 과정이다. (가)~(마)에 알맞은 것을 구하시오.

$\angle A=90°$인 평행사변형 ABCD에서
$\angle A+\angle B=$ (가) °이므로
$\angle B=$ (나) °

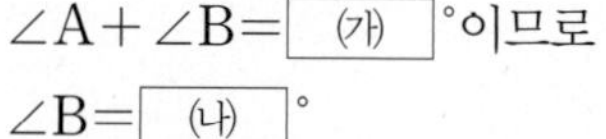

$\angle A=$ (다) , $\angle B=$ (라) 이므로
$\angle A=\angle B=\angle C=\angle D=$ (마) °
따라서 □ABCD는 직사각형이다.

□ 06

오른쪽 그림과 같은 평행사변형 ABCD에서 $\overline{BC}$의 중점 E에 대하여 $\overline{AE}=\overline{DE}$일 때, □ABCD는 어떤 사각형인지 말하시오.

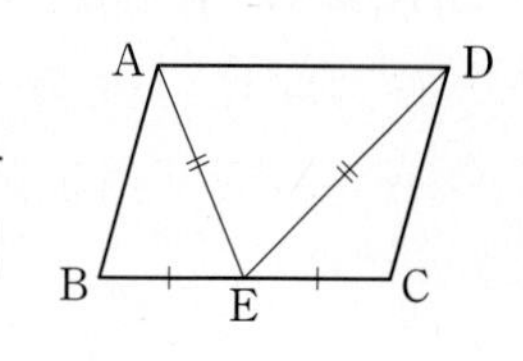

집중

유형 03 마름모의 뜻과 성질 개념2

07 대표문제

오른쪽 그림과 같은 마름모 ABCD에서 $\angle BAD=120°$이고 □ABCD의 둘레의 길이가 72 cm일 때, $\overline{AC}$의 길이를 구하시오.

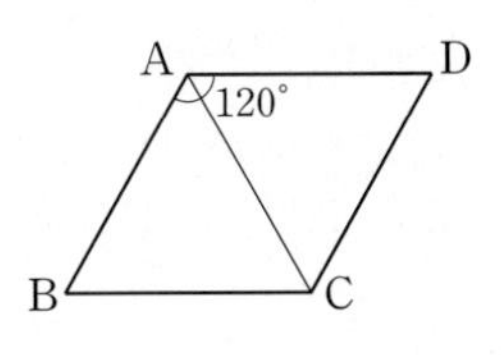

08

오른쪽 그림과 같은 마름모 ABCD에서 점 O가 두 대각선의 교점일 때, xy의 값을 구하시오.

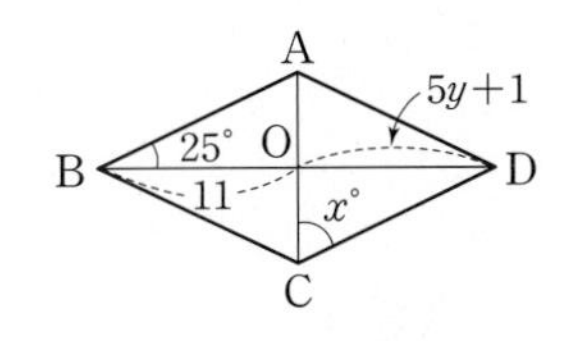

09

오른쪽 그림과 같이 마름모 ABCD의 꼭짓점 A에서 $\overline{BC}$에 내린 수선의 발을 H라 하자. $\angle C=118°$일 때, $\angle x$의 크기를 구하시오.

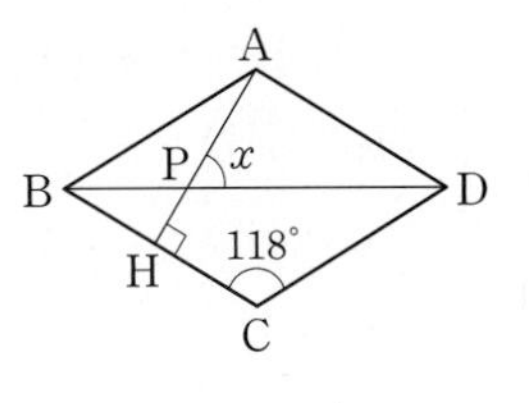

10 서술형

오른쪽 그림과 같이 마름모 ABCD의 꼭짓점 B에서 $\overline{AD}$, $\overline{CD}$에 내린 수선의 발을 각각 E, F라 하자. $\angle EBF=88°$일 때, $\angle x$의 크기를 구하시오.

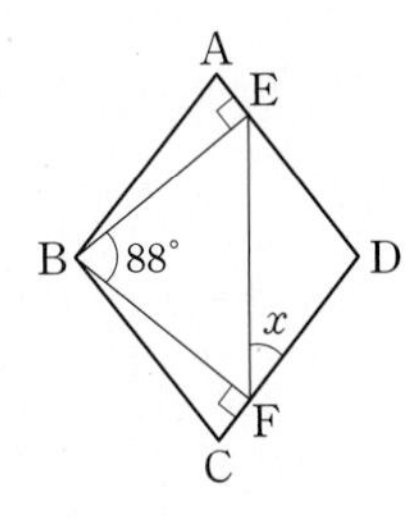

유형 04 평행사변형이 마름모가 되는 조건 개념2

11 대표문제

오른쪽 그림과 같은 평행사변형 ABCD에서 $\overline{AB}=\overline{AD}$일 때, 다음 **보기** 중 옳은 것을 모두 고른 것은?

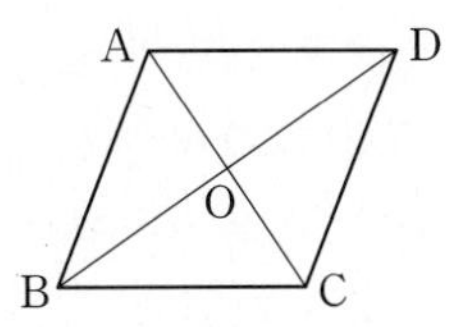

보기

ㄱ. $\overline{OA}=\overline{OD}$	ㄴ. $\angle AOD=\angle COD$
ㄷ. $\angle OBC=\angle OCB$	ㄹ. $\angle ABD=\angle CBD$

① ㄱ　② ㄴ　③ ㄱ, ㄷ　④ ㄴ, ㄹ　⑤ ㄷ, ㄹ

12

오른쪽 그림과 같은 평행사변형 ABCD에서 점 O는 두 대각선의 교점이다. 다음 중 □ABCD가 마름모가 되는 조건인 것을 모두 고르면? (정답 2개)

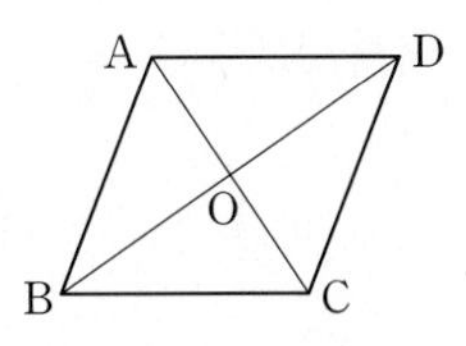

① $\overline{BC}=\overline{CD}$　② $\overline{OB}=\overline{OD}$
③ $\angle BCD=90°$　④ $\angle COD=90°$
⑤ $\angle DAC=\angle DBC$

13 서술형

오른쪽 그림과 같은 평행사변형 ABCD에서 $\angle OBC=20°$, $\angle OAD=70°$, $\overline{BC}=6$ cm일 때, □ABCD의 둘레의 길이를 구하시오. (단, 점 O는 두 대각선의 교점이다.)

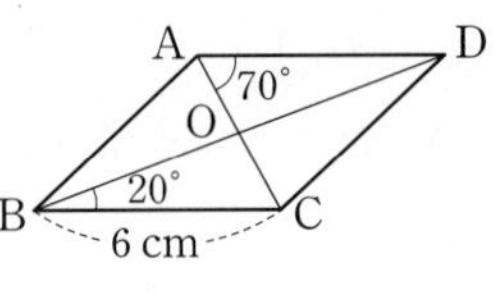

집중

유형 05 정사각형의 뜻과 성질 개념 3

14 대표문제

오른쪽 그림과 같은 정사각형 ABCD에서 대각선 AC 위에 $\angle APD=80^\circ$가 되도록 점 P를 잡을 때, $\angle x$의 크기를 구하시오.

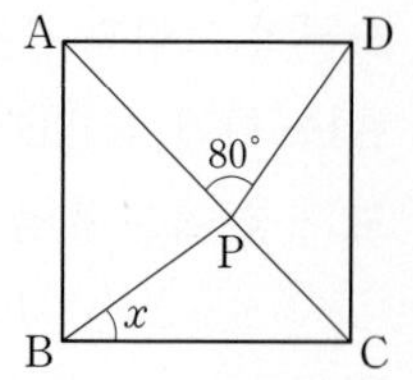

중요

15

오른쪽 그림과 같은 정사각형 ABCD의 넓이가 32 cm^2일 때, $\overline{\text{BD}}$의 길이를 구하시오.

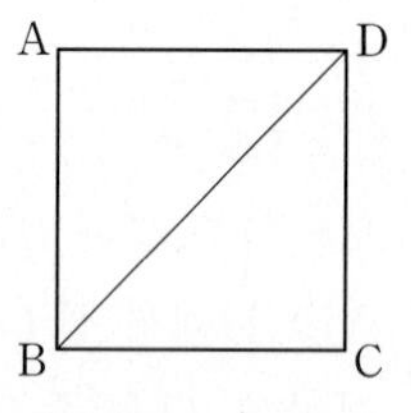

16 서술형

오른쪽 그림과 같이 한 변의 길이가 6 cm인 정사각형 ABCD에서 $\overline{\text{DE}}=\overline{\text{CF}}$일 때, □OFDE의 넓이를 구하시오.
(단, 점 O는 두 대각선의 교점이다.)

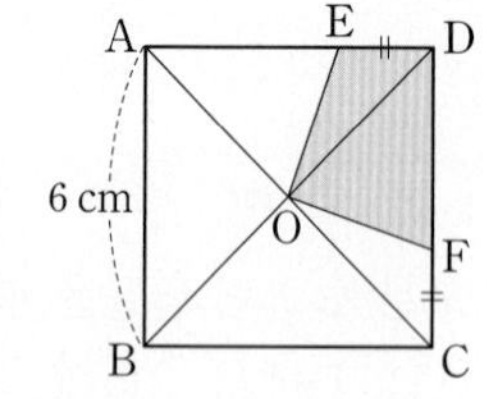

유형 06 정사각형이 되는 조건 개념 3

17 대표문제

오른쪽 그림과 같은 직사각형 ABCD에서 점 O는 두 대각선의 교점이다. 다음 **보기** 중 □ABCD가 정사각형이 되는 조건인 것을 모두 고르시오.

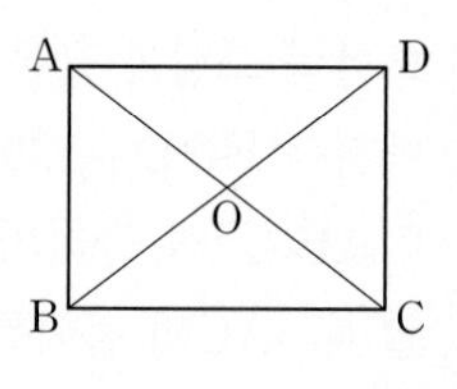

보기

ㄱ. $\overline{\text{AB}}=\overline{\text{BC}}$　　ㄴ. $\overline{\text{OB}}=\overline{\text{OC}}$
ㄷ. $\angle\text{BOC}=\angle\text{DOC}$　　ㄹ. $\angle\text{ABC}=\angle\text{ADC}$

18

다음 중 오른쪽 그림과 같은 마름모 ABCD가 정사각형이 되는 조건인 것을 모두 고르면? (정답 2개)

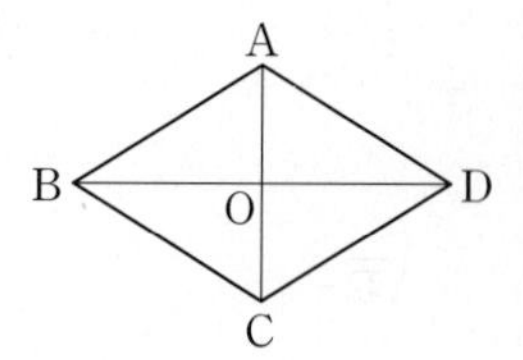

① $\overline{\text{AB}}=\overline{\text{BC}}=\overline{\text{CD}}=\overline{\text{DA}}$
② $\angle\text{ABC}=\angle\text{ADC}$
③ $\angle\text{BCD}=\angle\text{CDA}$
④ $\overline{\text{AC}}=\overline{\text{BD}}$
⑤ $\overline{\text{AC}}\perp\overline{\text{BD}}$

19

오른쪽 그림과 같은 평행사변형 ABCD에서 점 O는 두 대각선의 교점이다. 다음 **보기** 중 □ABCD가 정사각형이 되는 조건인 것을 모두 고르시오.

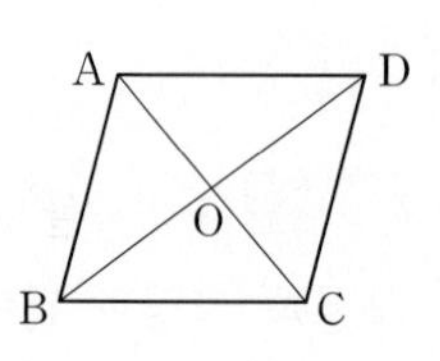

보기

ㄱ. $\overline{\text{AB}}=\overline{\text{BC}}$, $\overline{\text{AC}}=\overline{\text{BD}}$　　ㄴ. $\overline{\text{AB}}=\overline{\text{BC}}$, $\overline{\text{AC}}\perp\overline{\text{BD}}$
ㄷ. $\overline{\text{AB}}\perp\overline{\text{BC}}$, $\overline{\text{AC}}=\overline{\text{BD}}$　　ㄹ. $\overline{\text{AB}}\perp\overline{\text{BC}}$, $\overline{\text{AC}}\perp\overline{\text{BD}}$

유형 07 등변사다리꼴의 뜻과 성질 개념 4

20 대표문제

오른쪽 그림과 같이 $\overline{AD}/\!/\overline{BC}$인 등변사다리꼴 ABCD에서 $\overline{AB}=\overline{AD}$이고 $\angle DBC=32°$일 때, $\angle x-\angle y$의 크기를 구하시오.

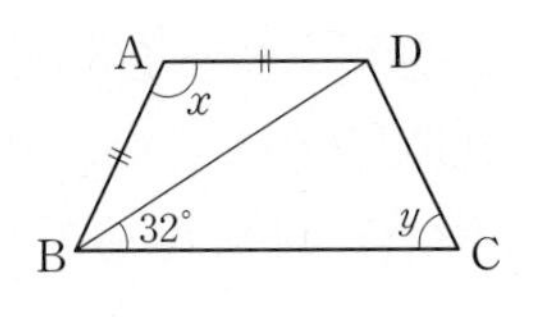

21

오른쪽 그림과 같이 $\overline{AD}/\!/\overline{BC}$인 등변사다리꼴 ABCD에서 점 O는 두 대각선의 교점이다. 다음 중 옳지 않은 것을 모두 고르면? (정답 2개)

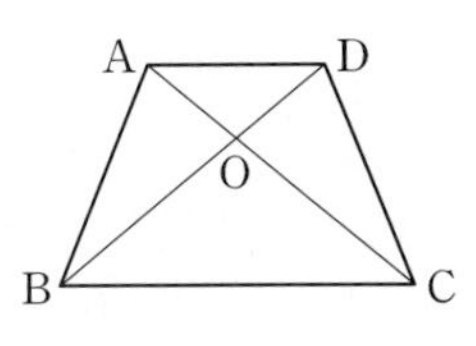

① $\overline{AB}=\overline{DC}$　② $\overline{OC}=\overline{DC}$
③ $\angle OBC=\angle OCB$　④ $\angle AOB=\angle AOD$
⑤ $\triangle OAB\equiv\triangle ODC$

중요

22

오른쪽 그림과 같이 $\overline{AD}/\!/\overline{BC}$인 등변사다리꼴 ABCD에서 $\overline{AE}/\!/\overline{BD}$가 되도록 $\overline{BC}$의 연장선 위에 점 E를 잡았다. $\angle ACB=33°$일 때, $\angle EAC$의 크기를 구하시오.

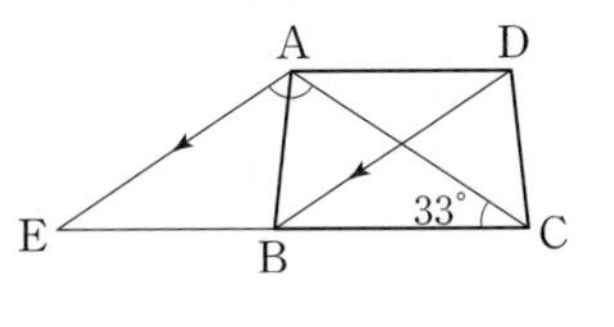

집중

유형 08 등변사다리꼴의 성질의 응용 개념 4

23 대표문제

오른쪽 그림과 같이 $\overline{AD}/\!/\overline{BC}$인 등변사다리꼴 ABCD에서 $\angle A=120°$, $\overline{AB}=6\text{ cm}$, $\overline{BC}=10\text{ cm}$일 때, $\overline{AD}$의 길이를 구하시오.

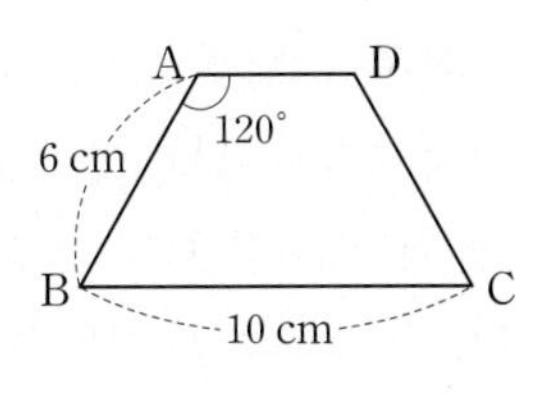

24 서술형

오른쪽 그림과 같이 $\overline{AD}/\!/\overline{BC}$인 등변사다리꼴 ABCD에서 $\overline{DH}\perp\overline{BC}$이고 $\overline{AD}=10\text{ cm}$, $\overline{DH}=12\text{ cm}$, $\overline{CH}=4\text{ cm}$일 때, □ABCD의 넓이를 구하시오.

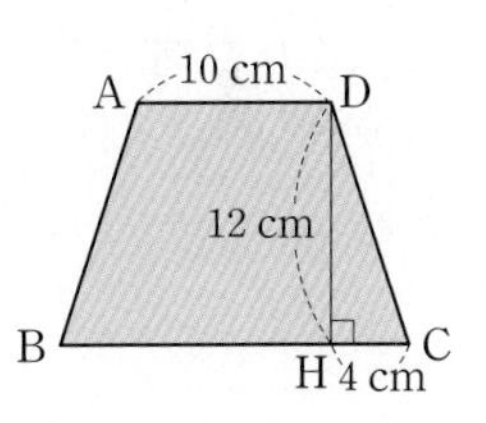

25

오른쪽 그림과 같이 $\overline{AD}/\!/\overline{BC}$인 등변사다리꼴 ABCD에서 $\angle C=60°$, $\overline{CD}=8\text{ cm}$이다. □ABCD의 둘레의 길이가 36 cm일 때, $\overline{BC}$의 길이를 구하시오.

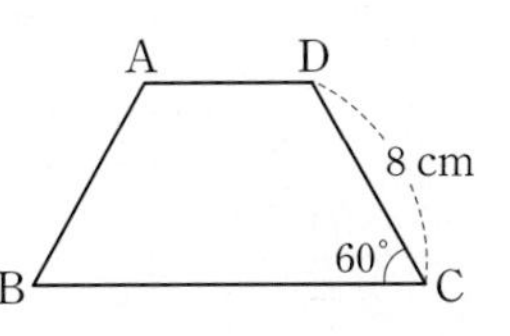

유형 09 여러 가지 사각형 개념5

26 대표문제

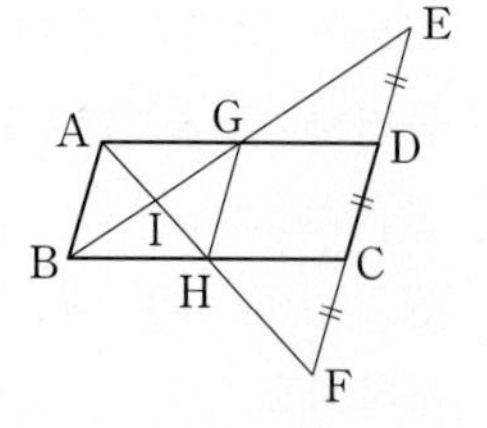

오른쪽 그림과 같이 $\overline{AD}=2\overline{AB}$인 평행사변형 ABCD에서 $\overline{CD}$의 연장선 위에 $\overline{DE}=\overline{CD}=\overline{CF}$인 두 점 E, F를 잡았다. $\overline{BE}$와 $\overline{AD}$의 교점을 G, $\overline{AF}$와 $\overline{BC}$의 교점을 H, $\overline{AF}$와 $\overline{BE}$의 교점을 I라 할 때, 다음 □ 안에 알맞은 것을 써넣으시오.

△AGB≡△DGE (ASA 합동)이므로

$\overline{AG}=\overline{DG}=\frac{1}{2}\overline{AD}=$ □

△ABH≡△FCH (□ 합동)이므로

$\overline{BH}=\overline{CH}=\frac{1}{2}\overline{BC}=\overline{AB}$

따라서 $\overline{AG}\,/\!/\,\overline{BH}$, $\overline{AG}=$ □이므로 □ABHG는 평행사변형이고 $\overline{AB}=\overline{AG}$이므로 □ABHG는 □이다.

중요

27

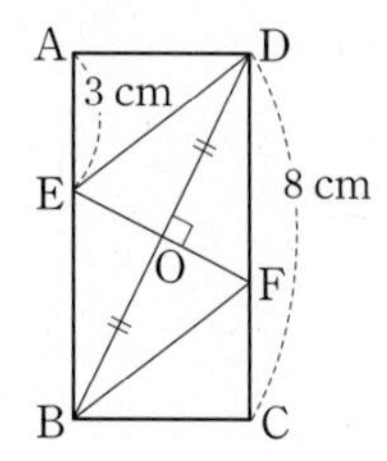

오른쪽 그림과 같은 직사각형 ABCD에서 대각선 BD의 수직이등분선이 $\overline{AB}$, $\overline{DC}$와 만나는 점을 각각 E, F라 하자. $\overline{AE}=3$ cm, $\overline{DC}=8$ cm일 때, □EBFD의 둘레의 길이를 구하시오.

28 서술형

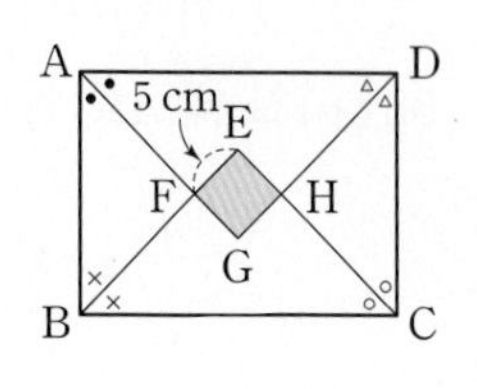

오른쪽 그림과 같이 직사각형 ABCD의 네 내각의 이등분선의 교점을 각각 E, F, G, H라 하자. $\overline{EF}=5$ cm일 때, □EFGH의 넓이를 구하시오.

집중

유형 10 여러 가지 사각형 사이의 관계 개념5

29 대표문제

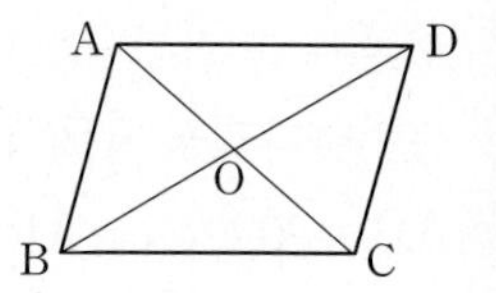

오른쪽 그림과 같은 평행사변형 ABCD에서 점 O는 두 대각선의 교점이다. 다음 중 옳지 않은 것은?

① $\overline{OA}=\overline{OB}$이면 직사각형이다.
② ∠COD=90°이면 마름모이다.
③ ∠ABC=90°이면 직사각형이다.
④ ∠OBC=∠OAD이면 마름모이다.
⑤ △OCD가 직각이등변삼각형이면 정사각형이다.

30

다음 중 옳은 것을 모두 고르면? (정답 2개)

① 두 대각선의 길이가 같은 평행사변형은 마름모이다.
② 두 대각선이 서로 수직인 평행사변형은 직사각형이다.
③ 한 내각의 크기가 90°인 마름모는 정사각형이다.
④ 두 대각선이 서로 수직인 직사각형은 정사각형이다.
⑤ 이웃하는 두 변의 길이가 같고 두 대각선이 수직으로 만나는 평행사변형은 정사각형이다.

유형 11 여러 가지 사각형의 대각선의 성질 개념5

31 대표문제

다음 사각형 중 두 대각선이 서로 다른 것을 수직이등분하는 사각형을 모두 고르면? (정답 2개)

① 사다리꼴 ② 평행사변형 ③ 직사각형
④ 마름모 ⑤ 정사각형

32

다음 **보기**의 사각형 중 두 대각선이 서로 다른 것을 이등분하는 것을 모두 고르시오.

보기

ㄱ. 사다리꼴 ㄴ. 평행사변형
ㄷ. 직사각형 ㄹ. 마름모
ㅁ. 정사각형 ㅂ. 등변사다리꼴

33

다음 중 옳지 않은 것을 모두 고르면? (정답 2개)

① 마름모의 두 대각선은 길이가 같다.
② 직사각형의 두 대각선은 길이가 같다.
③ 평행사변형의 두 대각선은 서로 다른 것을 수직이등분한다.
④ 정사각형의 두 대각선은 서로 다른 것을 수직이등분한다.
⑤ 등변사다리꼴의 두 대각선은 길이가 같다.

유형 12 사각형의 각 변의 중점을 연결하여 만든 사각형 개념6

34 대표문제

다음 사각형 중 각 변의 중점을 연결하여 만든 사각형이 직사각형인 것을 고르면?

① 사다리꼴 ② 평행사변형 ③ 직사각형
④ 마름모 ⑤ 등변사다리꼴

35

평행사변형 ABCD의 두 대각선의 길이가 같을 때, □ABCD의 각 변의 중점을 연결하여 만든 사각형은 어떤 사각형인지 말하시오.

36 서술형

오른쪽 그림과 같이 □ABCD의 각 변의 중점을 E, F, G, H라 하자. □EFGH에서 $\angle H=80^\circ$일 때, $\angle E$의 크기를 구하시오.

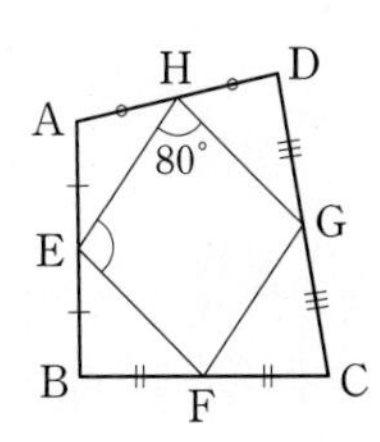

집중

유형 13 평행선과 삼각형의 넓이 개념 7

37 대표문제

오른쪽 그림에서 $\overline{BC} /\!/ \overline{DE}$이고 $\triangle ADE$의 넓이는 $10\ cm^2$, $\triangle DCE$의 넓이는 $5\ cm^2$일 때, $\triangle ABE$의 넓이를 구하시오.

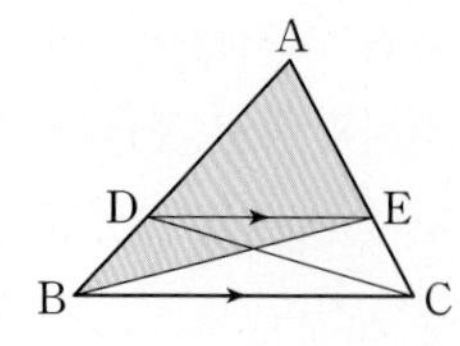

38

오른쪽 그림에서 $\overline{AC} /\!/ \overline{DE}$일 때, $\triangle DBC$와 넓이가 같은 삼각형을 말하시오.

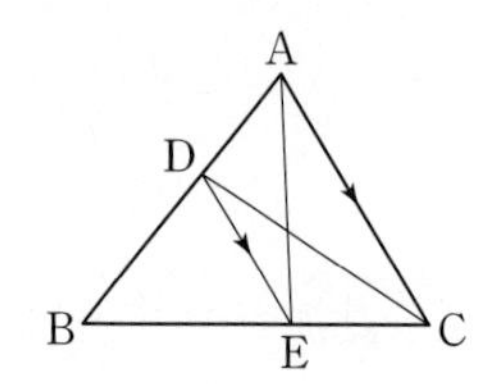

39

오른쪽 그림에서 $l /\!/ m$이고 $\triangle ABO$의 넓이는 $9\ cm^2$, $\triangle ACD$의 넓이는 $21\ cm^2$일 때, $\triangle ODA$의 넓이를 구하시오.

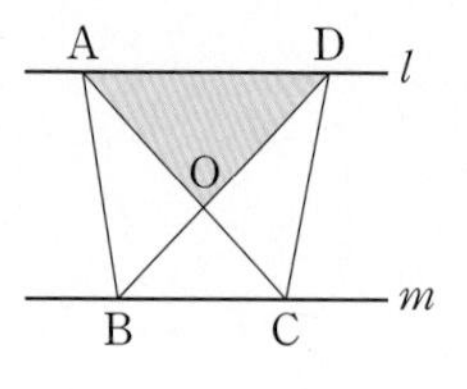

중요

40

오른쪽 그림에서 $\overline{AE} /\!/ \overline{DB}$, $\angle C=90°$이고 $\overline{BC}=6\ cm$, $\overline{CD}=8\ cm$이다. $\square ABCD$의 넓이가 $56\ cm^2$일 때, $\overline{BE}$의 길이를 구하시오.

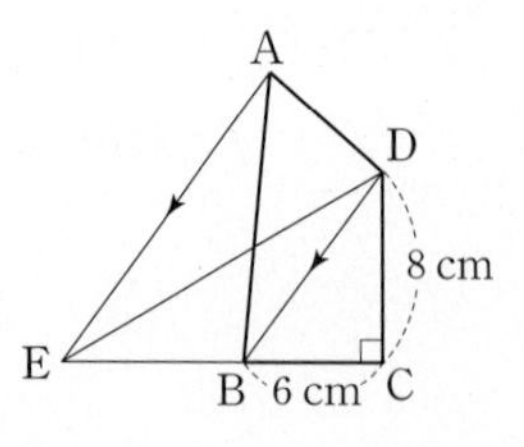

집중

유형 14 높이가 같은 두 삼각형의 넓이의 비 개념 7

41 대표문제

오른쪽 그림에서 $\overline{BD} : \overline{DC}=1 : 2$, $\overline{AE} : \overline{EB}=3 : 2$이다. $\triangle ABC$의 넓이가 $60\ cm^2$일 때, $\triangle AED$의 넓이를 구하시오.

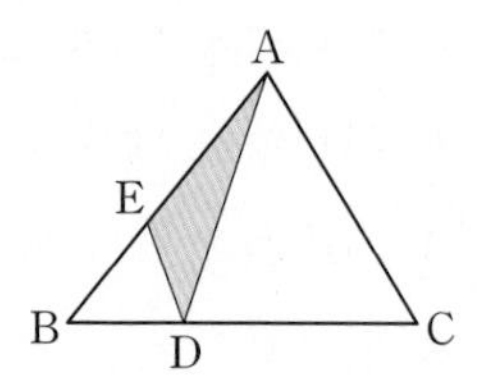

42

오른쪽 그림에서 $\overline{AD} : \overline{DB}=1 : 3$이고 $\triangle ABC$의 넓이가 $28\ cm^2$일 때, $\triangle BCD$의 넓이를 구하시오.

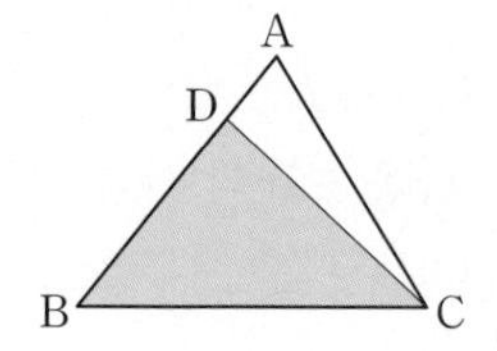

43

오른쪽 그림에서 $\overline{BD} : \overline{CD}=4 : 1$이고 $\overline{AE}=\overline{BE}$이다. $\triangle BDE$의 넓이가 $24\ cm^2$일 때, $\triangle ABC$의 넓이를 구하시오.

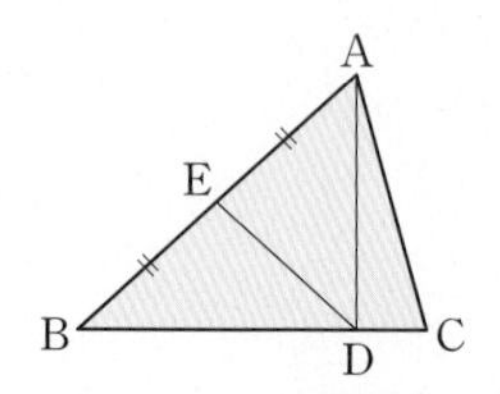

44 서술형

오른쪽 그림에서 $\overline{BD} : \overline{DC}=3 : 5$, $\overline{AF} : \overline{FD}=3 : 1$이다. $\triangle ABC$의 넓이가 $48\ cm^2$일 때, $\triangle ABF$의 넓이를 구하시오.

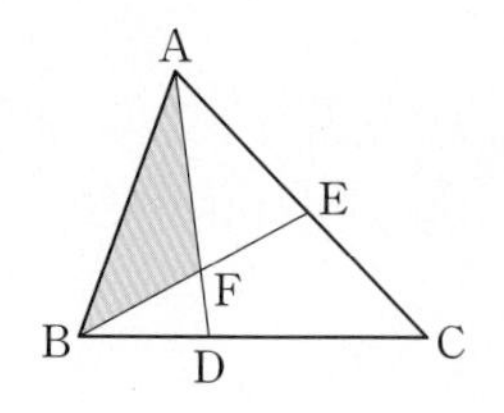

유형 15 평행사변형에서 높이가 같은 두 삼각형의 넓이 개념 7

45 대표문제

오른쪽 그림과 같은 평행사변형 ABCD의 넓이가 60 cm^2이고 $\overline{AP}:\overline{PD}=2:1$일 때, △PCD의 넓이를 구하시오.

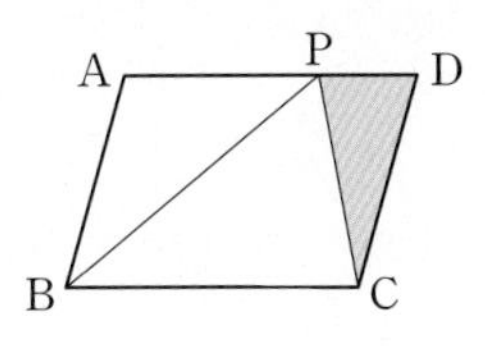

46

오른쪽 그림과 같은 평행사변형 ABCD의 넓이가 12 cm^2일 때, 색칠한 부분의 넓이를 구하시오.

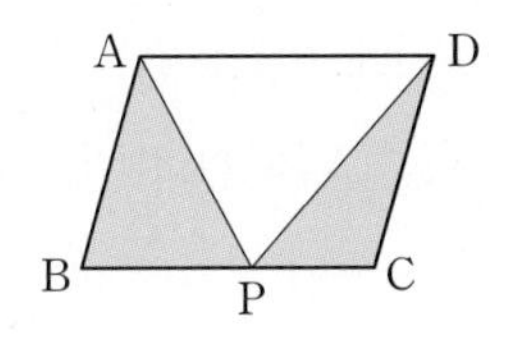

47

오른쪽 그림과 같은 평행사변형 ABCD의 넓이가 28 cm^2이고 $\overline{BP}:\overline{PD}=4:3$일 때, △ABP와 △APD의 넓이의 차를 구하시오.

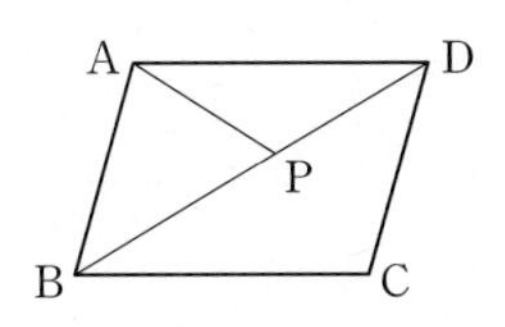

48 서술형

오른쪽 그림과 같은 평행사변형 ABCD에서 $\overline{AC}$∥$\overline{EF}$이고 $\overline{AF}=\overline{DF}$이다. △ACE의 넓이가 8 cm^2일 때, □ABCD의 넓이를 구하시오.

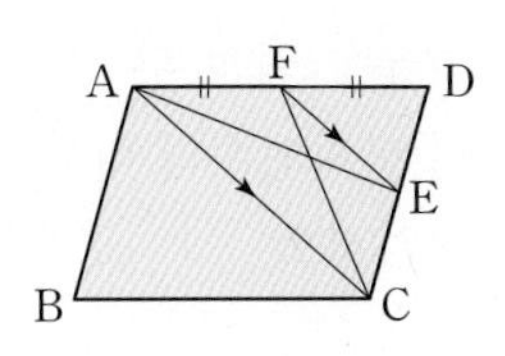

유형 16 사다리꼴에서 높이가 같은 두 삼각형의 넓이 개념 7

49 대표문제

오른쪽 그림과 같이 $\overline{AD}$∥$\overline{BC}$인 사다리꼴 ABCD에서 △ABD의 넓이는 15 cm^2, △ODA의 넓이는 5 cm^2, △OBC의 넓이는 20 cm^2일 때, △DBC의 넓이를 구하시오.

(단, 점 O는 두 대각선의 교점이다.)

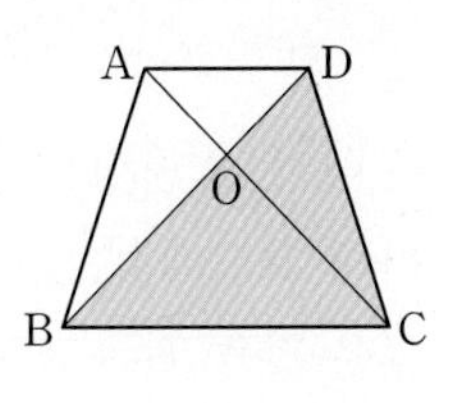

50

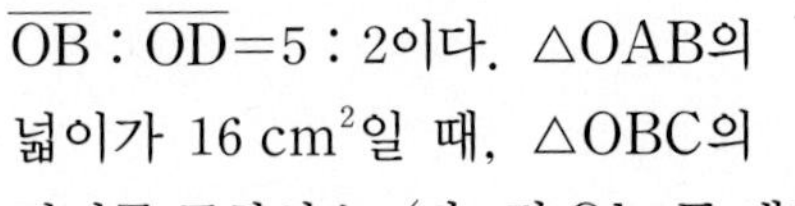

오른쪽 그림과 같이 $\overline{AD}$∥$\overline{BC}$인 사다리꼴 ABCD에서 $\overline{OB}:\overline{OD}=5:2$이다. △OAB의 넓이가 16 cm^2일 때, △OBC의 넓이를 구하시오. (단, 점 O는 두 대각선의 교점이다.)

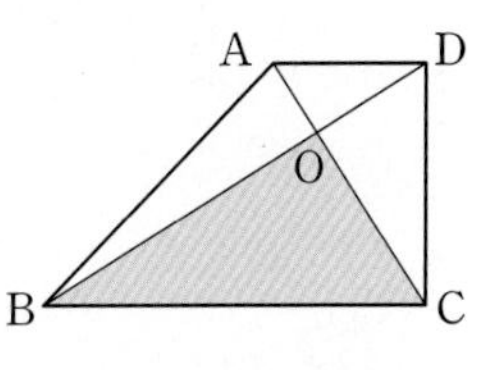

51

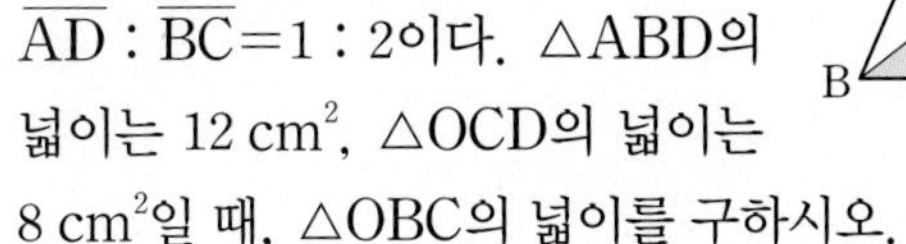

오른쪽 그림과 같이 $\overline{AD}$∥$\overline{BC}$인 등변사다리꼴 ABCD에서 $\overline{AD}:\overline{BC}=1:2$이다. △ABD의 넓이는 12 cm^2, △OCD의 넓이는 8 cm^2일 때, △OBC의 넓이를 구하시오.

(단, 점 O는 두 대각선의 교점이다.)

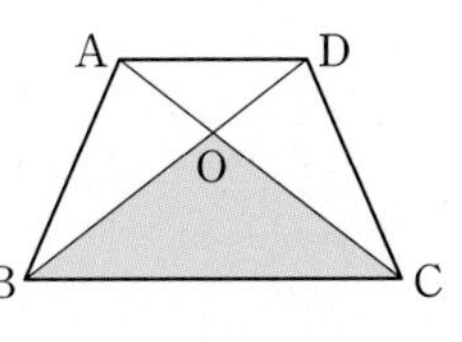

04 여러 가지 사각형

[유형북] Real 실전 유형에서 틀린 문제를 체크해 보세요.

유형 01 닮은 도형 개념1

01 대표문제

아래 그림에서 □ABCD∽□EFGH일 때, 다음 중 옳지 않은 것을 모두 고르면? (정답 2개)

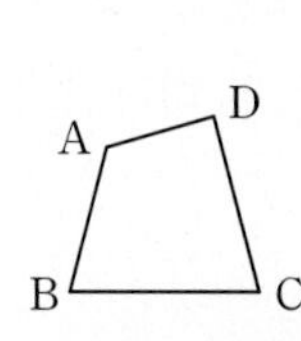

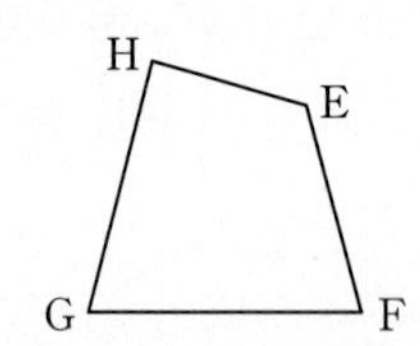

① 점 B의 대응점은 점 F이다.
② $\overline{CD}$의 대응변은 $\overline{GH}$이다.
③ ∠A의 대응각은 ∠E이다.
④ □ABCD를 이동하면 □EFGH와 포개어진다.
⑤ ∠C=∠G이면 □ABCD와 □EFGH는 합동이다.

02

다음 그림의 두 사면체는 닮은 도형이고 면 ABC에 대응하는 면이 면 EFG일 때, $\overline{CD}$에 대응하는 모서리와 면 EFH에 대응하는 면을 차례대로 구하시오.

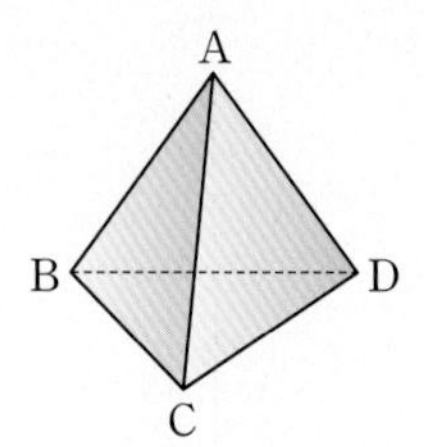

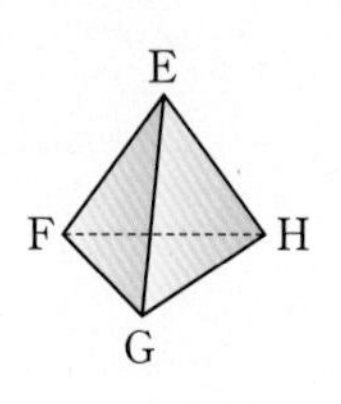

03

다음 중 항상 닮은 도형인 것을 모두 고르면? (정답 2개)

① 두 원
② 두 마름모
③ 두 반구
④ 두 사각기둥
⑤ 두 십이면체

집중

유형 02 평면도형에서 닮음의 성질 개념2

04 대표문제

아래 그림에서 □ABCD∽□EFGH일 때, 다음 중 옳지 않은 것은?

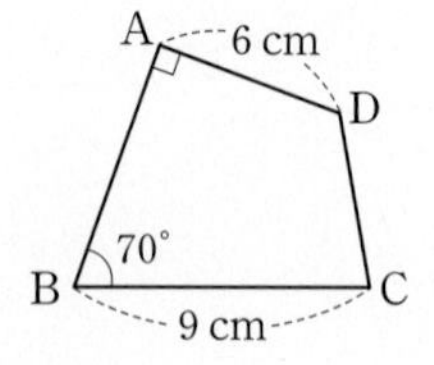

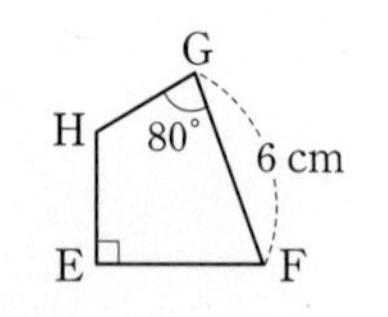

① ∠C=80°
② ∠H=120°
③ $\overline{EH}$=4 cm
④ $\overline{AB}=\frac{2}{3}\overline{EF}$
⑤ □ABCD와 □EFGH의 닮음비는 3 : 2이다.

05

아래 그림에서 △ABC∽△EFD일 때, 다음 중 옳은 것은?

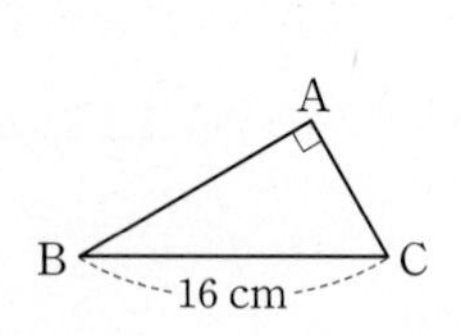

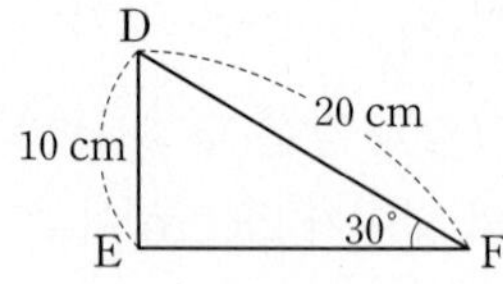

① ∠C=30°
② ∠D=90°
③ $\overline{AC}$=6 cm
④ ∠A : ∠E=4 : 5
⑤ $\overline{AB}$: $\overline{EF}$=4 : 5

06 서술형

다음 그림의 두 부채꼴은 닮은 도형이고 $R:r$를 가장 간단한 자연수의 비로 나타내면 $y:z$일 때, $x-y-z$의 값을 구하시오.

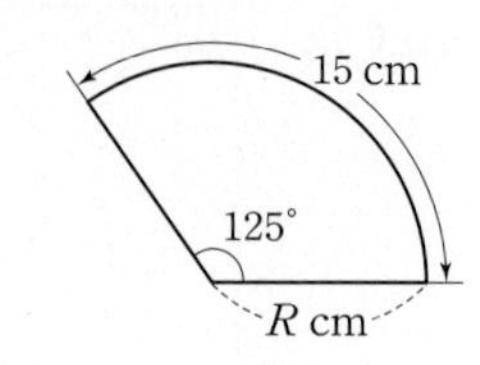

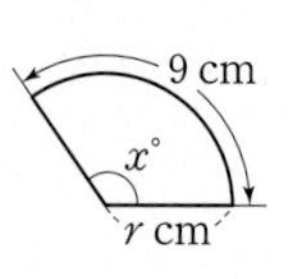

유형 03 평면도형에서 닮음비의 응용 개념2

07 대표문제

다음 그림에서 $\triangle ABC \backsim \triangle DEF$이고 닮음비가 $2:3$일 때, $\triangle DEF$의 둘레의 길이를 구하시오.

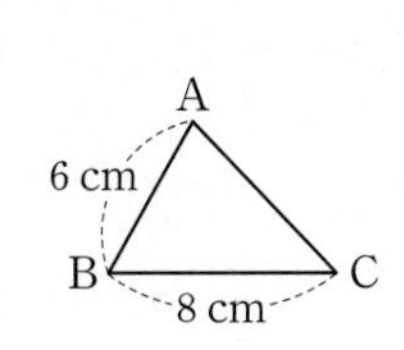

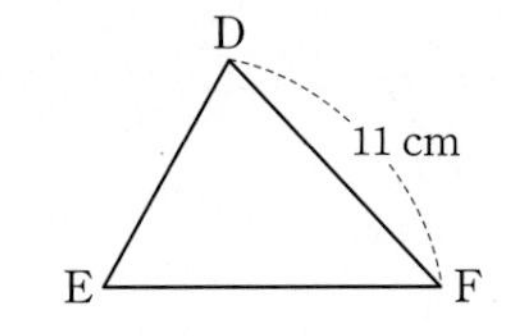

중요

08

원 O와 원 O′의 닮음비가 $4:7$이고 원 O의 반지름의 길이가 10 cm일 때, 원 O′의 둘레의 길이를 구하시오.

09

두 정육각형 A, B의 닮음비가 $5:2$이고 정육각형 B의 한 변의 길이가 3 cm일 때, 정육각형 A의 둘레의 길이를 구하시오.

10 서술형

다음 그림에서 두 사각형 ABCD, EFGH는 모두 평행사변형이고 □ABCD∽□EFGH이다. □ABCD와 □EFGH의 닮음비가 $3:4$일 때, □EFGH의 둘레의 길이를 구하시오.

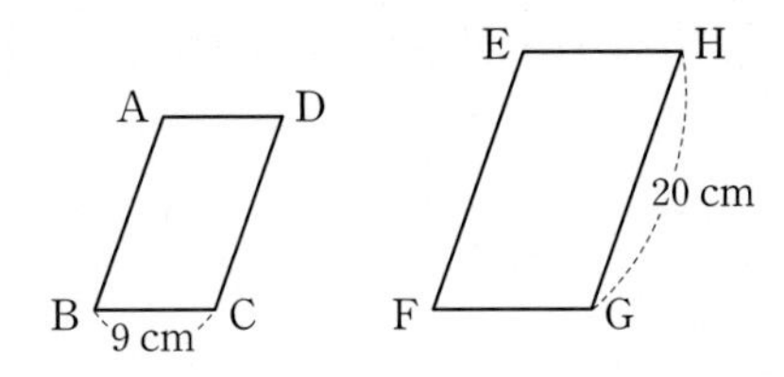

집중

유형 04 입체도형에서 닮음의 성질 개념2

11 대표문제

다음 그림의 두 삼각기둥은 닮은 도형이고 면 ABC에 대응하는 면이 면 GHI이다. $5\overline{AB}=3\overline{GH}$일 때, $x+y$의 값을 구하시오.

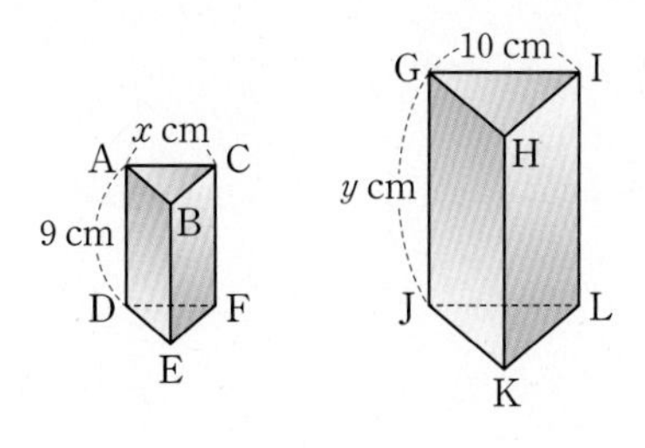

12

아래 그림의 두 직육면체는 닮은 도형이고 면 ABCD에 대응하는 면이 면 IJKL일 때, 다음 중 옳은 것을 모두 고르면? (정답 2개)

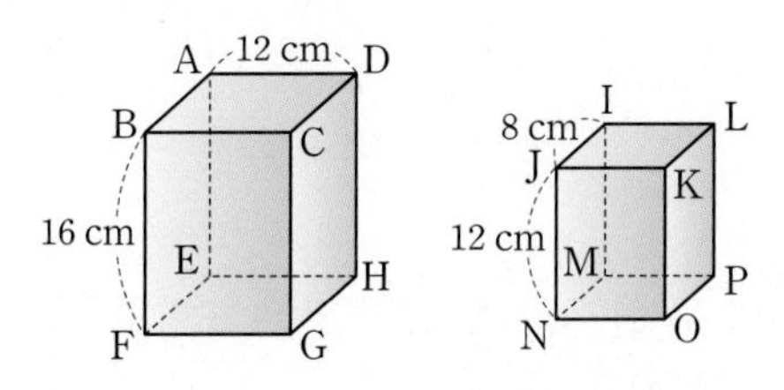

① $\overline{AB}=6$ cm ② $\overline{MP}=10$ cm

③ $\angle ABC=\frac{4}{3}\angle IJK$ ④ $\angle CGH=\angle KOP$

⑤ □EFGH∽□MNOP

13

다음 그림의 두 정사면체 A, B의 닮음비가 $3:2$이고 정사면체 B의 한 모서리의 길이가 7 cm일 때, 정사면체 A의 모든 모서리의 길이의 합을 구하시오.

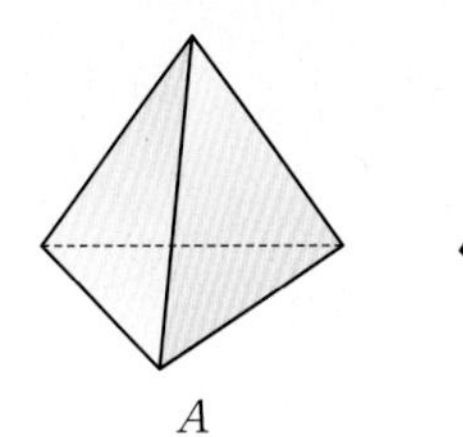

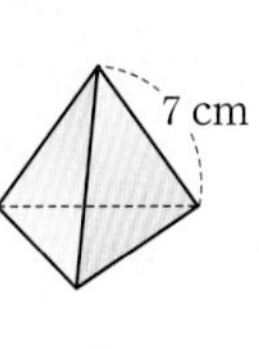

A B

유형 05 원기둥, 원뿔, 구의 닮음비 개념 2

14 대표문제

다음 그림의 두 원뿔 A, B가 닮은 도형일 때, 원뿔 B의 밑면의 둘레의 길이를 구하시오.

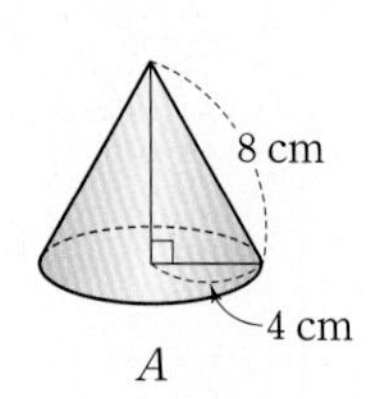

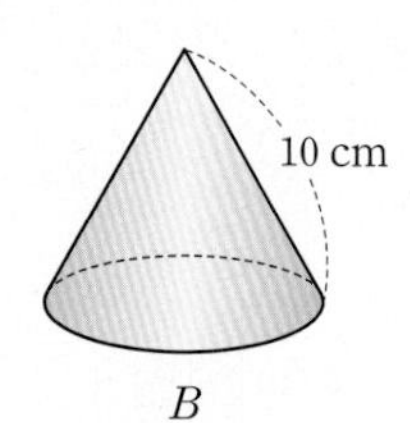

중요

15

두 구 A, B의 닮음비가 $5:6$이고 구 B의 반지름의 길이가 3 cm일 때, 구 A의 겉넓이를 구하시오.

16

다음 그림의 두 원기둥 A, B가 닮은 도형일 때, 원기둥 A의 부피를 구하시오.

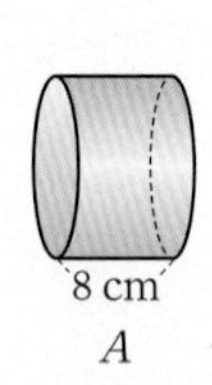

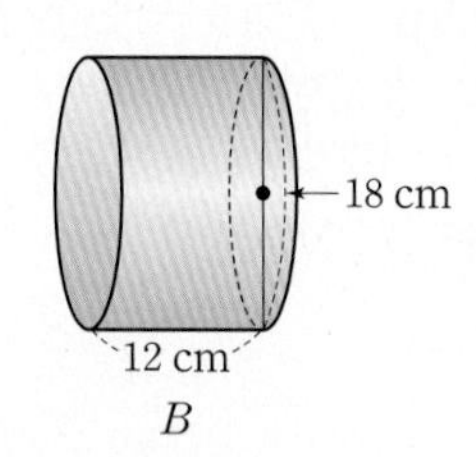

17 서술형

오른쪽 그림과 같이 원뿔을 단면의 반지름의 길이가 6 cm가 되도록 밑면에 평행한 평면으로 잘랐다. 이때 생기는 원뿔대의 높이를 구하시오.

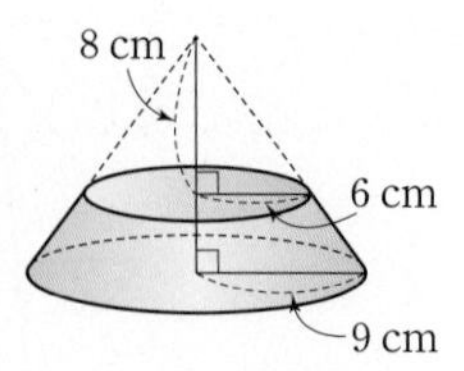

유형 06 삼각형의 닮음 조건 개념 3

18 대표문제

다음 중 닮은 두 삼각형을 모두 찾아 기호 ∽를 사용하여 나타내고, 그때의 닮음 조건을 말하시오.

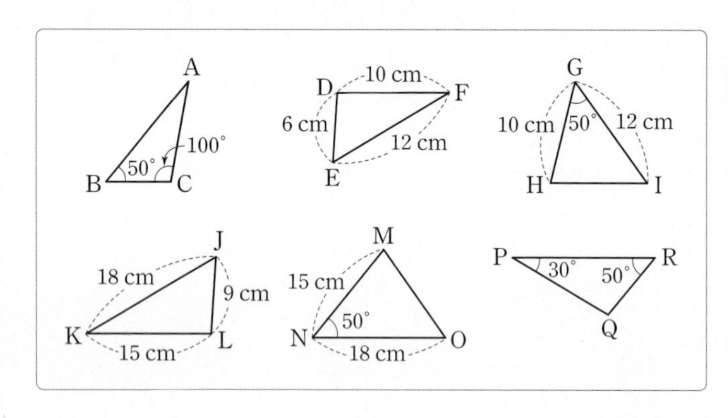

19

아래 그림의 두 삼각형 ABC와 DEF가 닮은 도형이 되려면 다음 중 어느 조건을 만족시켜야 하는가?

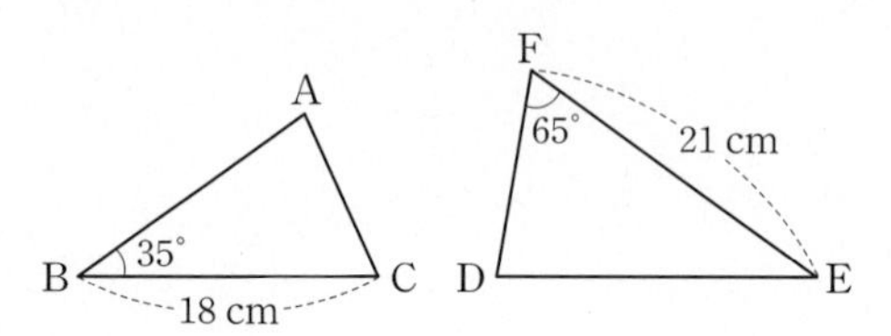

① $\angle A=35°$, $\angle E=65°$
② $\angle A=65°$, $\angle D=65°$
③ $\angle C=65°$, $\angle D=80°$
④ $\angle A=80°$, $\overline{DF}=12$ cm
⑤ $\overline{AC}=12$ cm, $\overline{DE}=14$ cm

집중 유형 07 삼각형의 닮음 조건의 응용; SAS 닮음 개념3

20 대표문제

오른쪽 그림과 같은 △ABC에서 $\overline{CD}$의 길이를 구하시오.

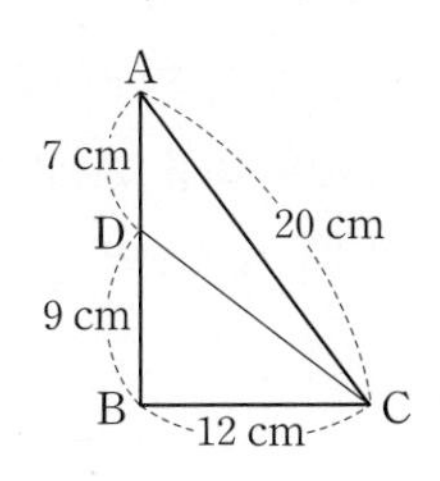

21

오른쪽 그림에서 점 E는 $\overline{AC}$와 $\overline{BD}$의 교점일 때, $\overline{CD}$의 길이는?

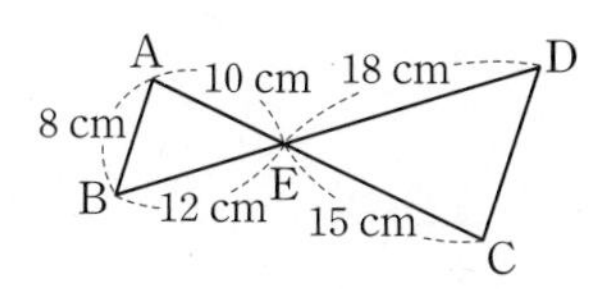

① 10 cm ② 11 cm ③ 12 cm
④ 13 cm ⑤ 14 cm

22

오른쪽 그림과 같은 △ABC에서 $\overline{DE}$의 길이를 구하시오.

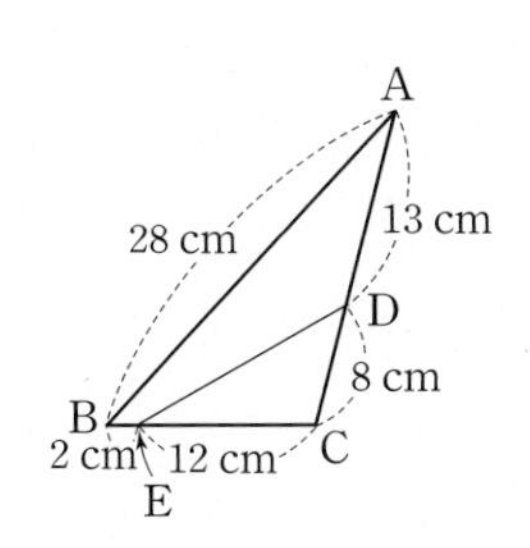

23 서술형

오른쪽 그림과 같은 △ABC에서 $\overline{AD}=\overline{CD}=\overline{DE}$이고 $\overline{AC}=24$ cm, $\overline{BE}=2$ cm, $\overline{CE}=16$ cm일 때, $\overline{AB}$의 길이를 구하시오.

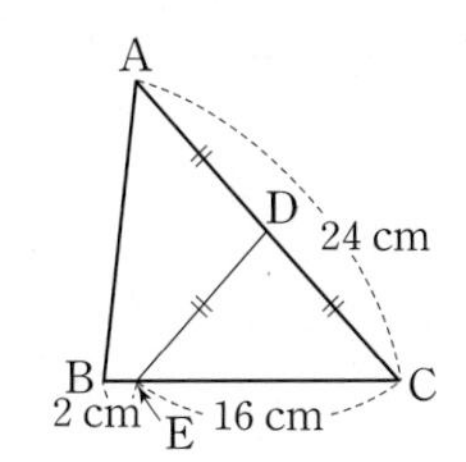

집중 유형 08 삼각형의 닮음 조건의 응용; AA 닮음 개념3

24 대표문제

오른쪽 그림과 같은 △ABC에서 ∠B=∠AED이고 $\overline{AD}=8$ cm, $\overline{AE}=6$ cm, $\overline{CE}=10$ cm일 때, $\overline{BD}$의 길이를 구하시오.

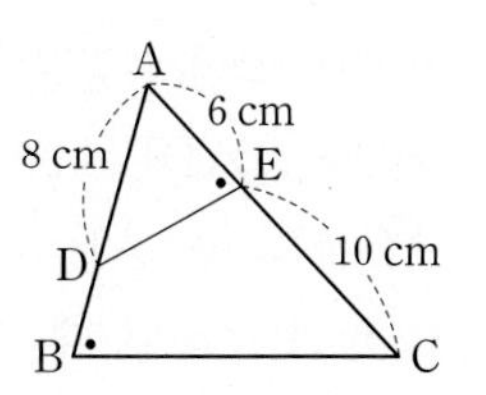

25

오른쪽 그림과 같은 △ABC에서 ∠A=∠DEB이고 $\overline{BD}=3$ cm, $\overline{BE}=4$ cm, $\overline{BC}=9$ cm일 때, $\overline{AB}$의 길이를 구하시오.

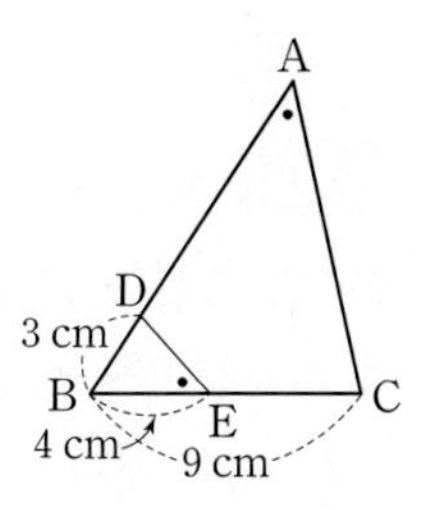

중요

26

오른쪽 그림과 같은 △ABC에서 ∠B=∠CAD이고 $\overline{AC}=16$ cm, $\overline{CD}=8$ cm일 때, $\overline{BD}$의 길이를 구하시오.

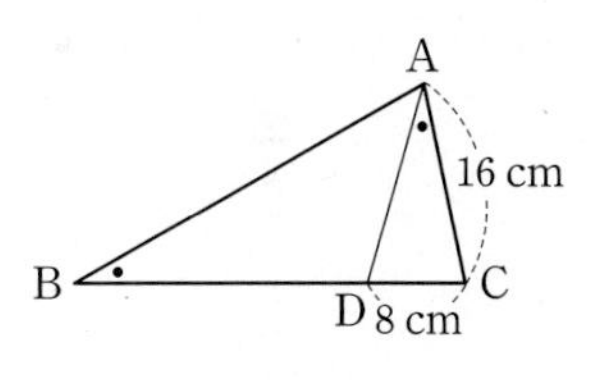

27

오른쪽 그림과 같이 $\overline{AB}=\overline{AC}$인 이등변삼각형 ABC에서 점 D는 $\overline{BC}$의 중점이고 ∠B=∠ADE이다. $\overline{AB}=9$ cm, $\overline{BC}=12$ cm일 때, $\overline{CE}$의 길이를 구하시오.

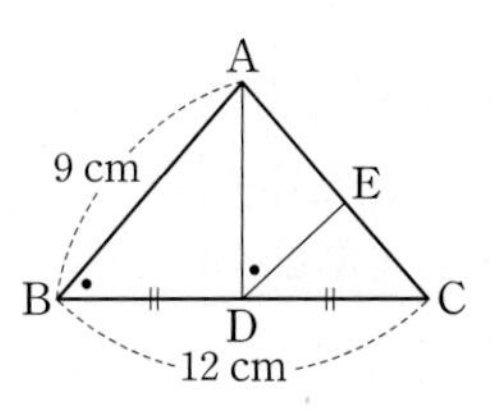

집중

유형 09 직각삼각형의 닮음 개념4

28 대표문제

오른쪽 그림과 같은 △ABC에서 ∠C=∠ADE=90°이고 $\overline{AD}=8$ cm, $\overline{AE}=10$ cm, $\overline{BD}=12$ cm일 때, $\overline{CE}$의 길이를 구하시오.

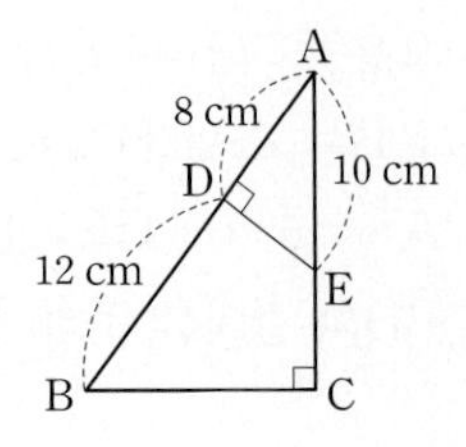

중요

29

오른쪽 그림과 같이 ∠B=90°인 직각삼각형 ABC의 두 꼭짓점 A, C에서 점 B를 지나는 직선에 내린 수선의 발을 각각 D, E라 하자.
$\overline{AD}=12$ cm, $\overline{CE}=24$ cm, $\overline{BE}=16$ cm일 때, $\overline{BD}$의 길이를 구하시오.

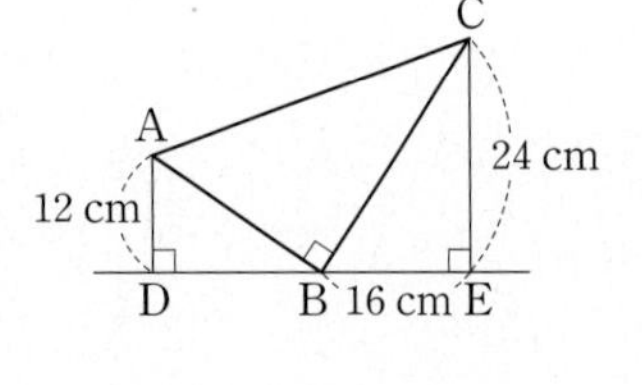

30

오른쪽 그림과 같은 △ABC에서 $\overline{AE}\perp\overline{BC}$, $\overline{AC}\perp\overline{BD}$일 때, 다음 삼각형 중 나머지 넷과 닮은 삼각형이 아닌 하나는?

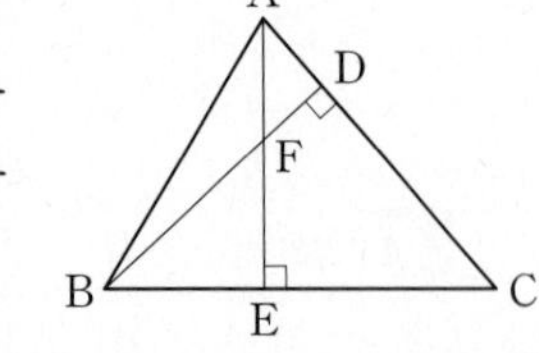

① △ABE ② △AEC
③ △ADF ④ △BDC
⑤ △BEF

유형 10 직각삼각형의 닮음의 응용 개념4

31 대표문제

오른쪽 그림과 같이 ∠A=90°인 직각삼각형 ABC에서 $\overline{AH}\perp\overline{BC}$일 때, $x-y$의 값을 구하시오.

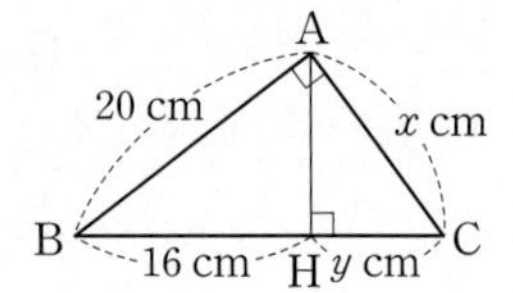

32

오른쪽 그림에서 ∠ACB=∠AHC=90°이고 $\overline{AH}=16$ cm, $\overline{BH}=4$ cm일 때, △ABC의 넓이를 구하시오.

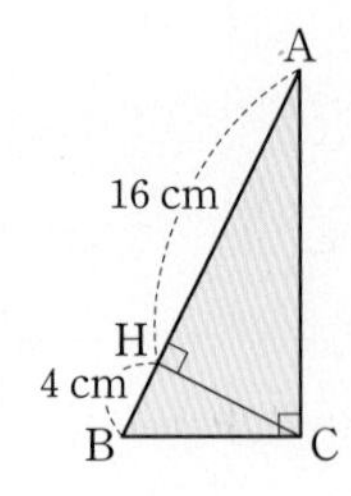

33 서술형

오른쪽 그림과 같이 ∠A=90°인 직각삼각형 ABC에서 $\overline{AD}\perp\overline{BC}$, $\overline{AB}\perp\overline{DE}$이고 $\overline{AB}=20$ cm, $\overline{BC}=25$ cm일 때, $\overline{BE}$의 길이를 구하시오.

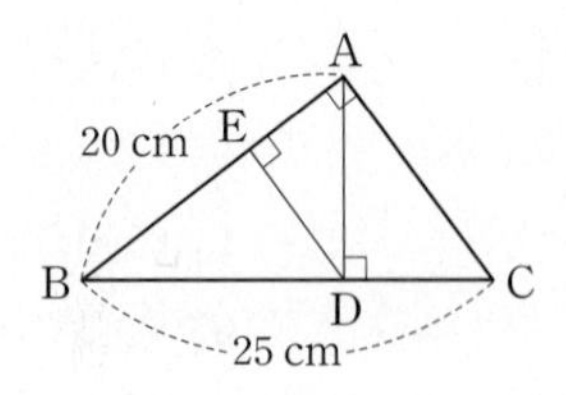

유형 11 삼각형에서 닮음의 응용 개념 3

34 대표문제

오른쪽 그림과 같은 평행사변형 ABCD에서 $\overline{AC}$와 $\overline{BE}$의 교점을 F라 하자. $\overline{AF}=3$ cm, $\overline{CF}=5$ cm, $\overline{BC}=10$ cm일 때, $\overline{AE}$의 길이를 구하시오.

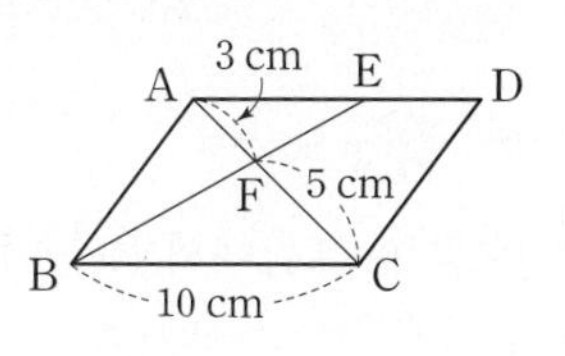

35

오른쪽 그림에서 $\overline{BC}\,/\!/\,\overline{ED}$, $\overline{DF}\,/\!/\,\overline{EC}$이고 점 A는 $\overline{BD}$와 $\overline{CE}$의 교점일 때, 다음 중 옳지 않은 것은?

① $\overline{AD}=4$ cm
② $\overline{DF}=10$ cm
③ $\angle E=\angle F$
④ $\angle EAD=\angle ADF$
⑤ $\overline{BA}:\overline{BD}=3:5$

36

오른쪽 그림과 같이 평행사변형 ABCD의 꼭짓점 A를 지나는 직선이 $\overline{BC}$와 만나는 점을 E, $\overline{DC}$의 연장선과 만나는 점을 F라 하자. $\overline{AB}=6$ cm, $\overline{AD}=12$ cm, $\overline{CE}=4$ cm일 때, $\overline{CF}$의 길이를 구하시오.

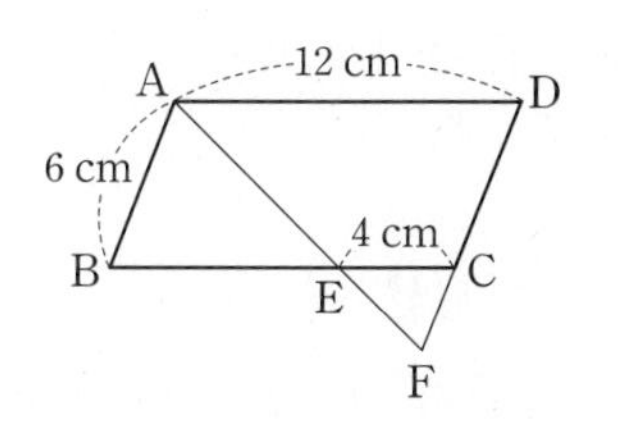

집중

유형 12 접은 도형에서의 닮음 개념 3, 4

37 대표문제

오른쪽 그림과 같이 정삼각형 ABC를 $\overline{DF}$를 접는 선으로 하여 꼭짓점 A가 $\overline{BC}$ 위의 점 E에 오도록 접었다. $\overline{CE}=5$ cm, $\overline{CF}=8$ cm, $\overline{EF}=7$ cm일 때, $\overline{AD}$의 길이를 구하시오.

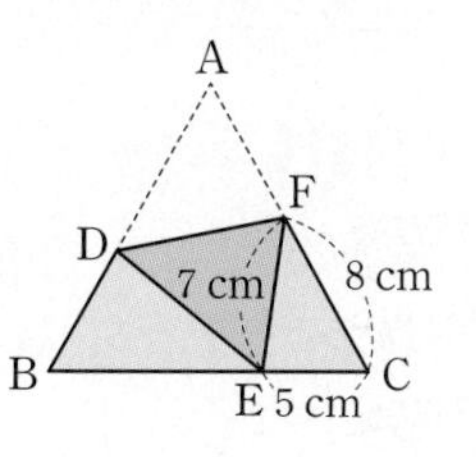

중요

38

오른쪽 그림과 같이 직사각형 ABCD를 $\overline{BE}$를 접는 선으로 하여 꼭짓점 C가 $\overline{AD}$ 위의 점 F에 오도록 접었다. $\overline{AB}=16$ cm, $\overline{DE}=6$ cm, $\overline{DF}=8$ cm일 때, $\overline{AF}$의 길이를 구하시오.

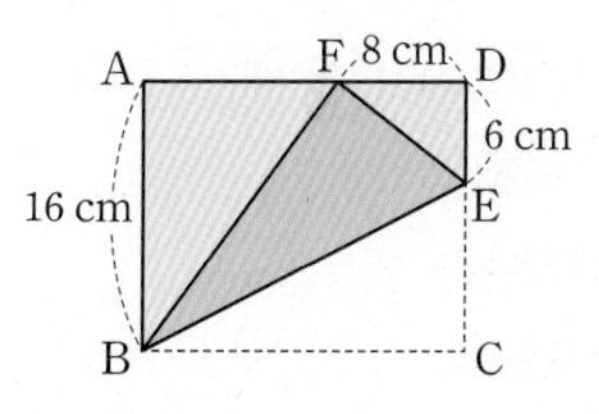

39 서술형

오른쪽 그림과 같이 직사각형 ABCD를 대각선 BD를 접는 선으로 하여 접었다. $\overline{PQ}\perp\overline{BD}$이고 $\overline{AB}=12$ cm, $\overline{BC}=16$ cm, $\overline{BD}=20$ cm일 때, $\triangle PBD$의 넓이를 구하시오.

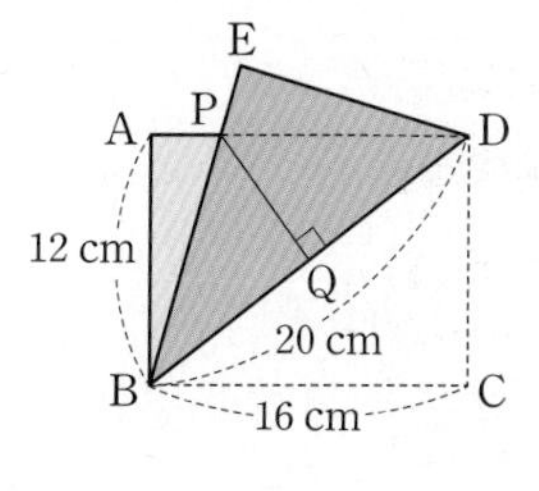

[유형북] Real 실전 유형에서 틀린 문제를 체크해 보세요.

유형 01 삼각형에서 평행선 사이의 선분의 길이의 비;  개념 1

01 대표문제

오른쪽 그림과 같은 △ABC에서 $\overline{BC} /\!/ \overline{DE}$일 때, $y-x$의 값은?

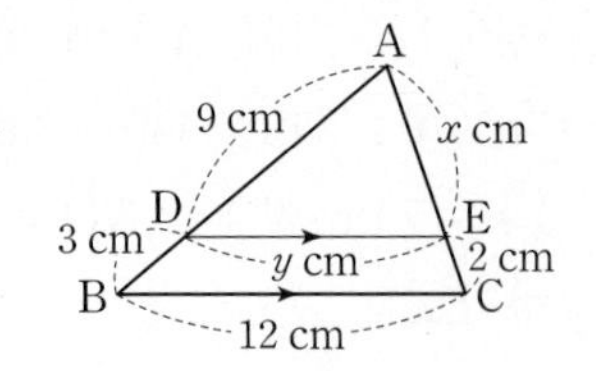

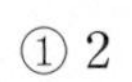 ① 2 ② 3

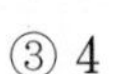 ③ 4 ④ 5

 ⑤ 6

02

오른쪽 그림과 같은 △ABC에서 $\overline{AB} /\!/ \overline{DE}$일 때, $\overline{AB}$의 길이를 구하시오.

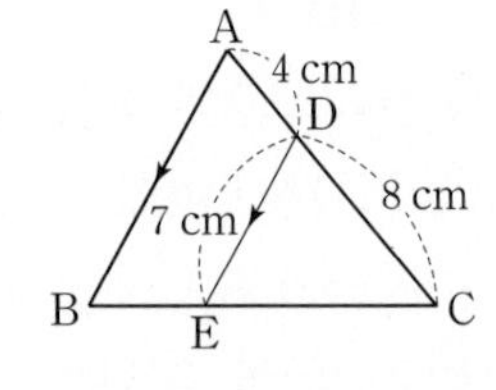

중요

03

오른쪽 그림과 같은 평행사변형 ABCD에서 $\overline{BC}$ 위의 점 E에 대하여 $\overline{AE}$의 연장선과 $\overline{CD}$의 연장선의 교점을 F라 할 때, $\overline{BE}$의 길이를 구하시오.

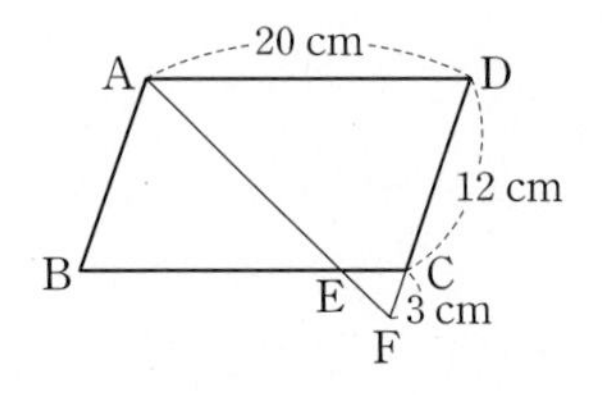

04

오른쪽 그림과 같은 △ABC에서 $\overline{AC} /\!/ \overline{DE}$일 때, △ABC의 둘레의 길이를 구하시오.

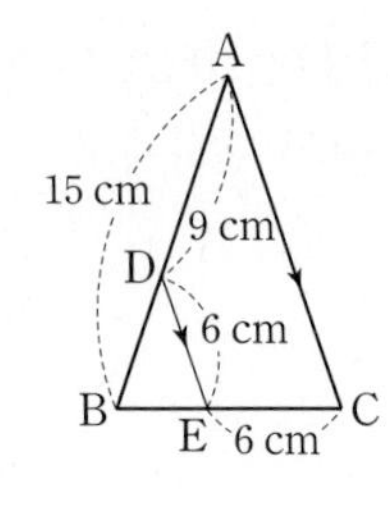

유형 02 삼각형에서 평행선 사이의 선분의 길이의 비; ⧖ 개념 1

05 대표문제

오른쪽 그림에서 $\overline{BC} /\!/ \overline{DE}$일 때, xy의 값을 구하시오.

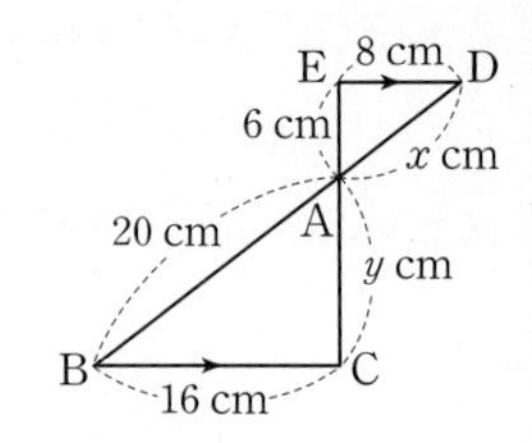

06

오른쪽 그림에서 $\overline{AB} /\!/ \overline{DE}$일 때, x의 값을 구하시오.

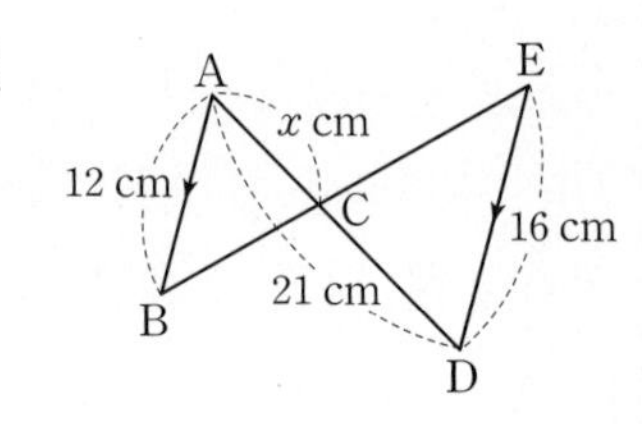

07

오른쪽 그림에서 $\overline{AB} /\!/ \overline{FG}$, $\overline{BC} /\!/ \overline{DE}$일 때, $x-y$의 값은?

① 6 ② 7

③ 8 ④ 9

⑤ 10

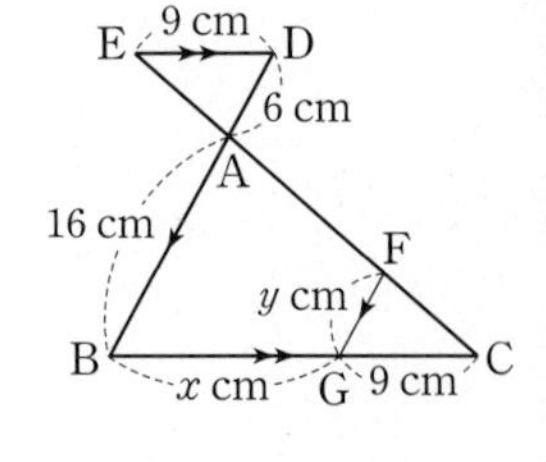

08 서술형

오른쪽 그림에서 $\overline{BC} /\!/ \overline{DE}$, $\overline{EC} /\!/ \overline{DF}$이고 $\overline{AE}=\frac{2}{3}\overline{AC}$일 때, $\overline{BF}$의 길이를 구하시오.

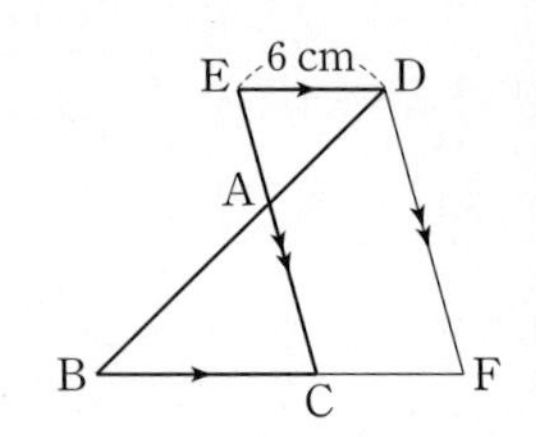

집중

유형 03 삼각형에서 평행선 사이의 선분의 길이의 비의 응용 개념 1

09 대표문제

오른쪽 그림과 같은 $\triangle ABC$에서 $\overline{BC} /\!/ \overline{DE}$일 때, $\overline{GE}$의 길이를 구하시오.

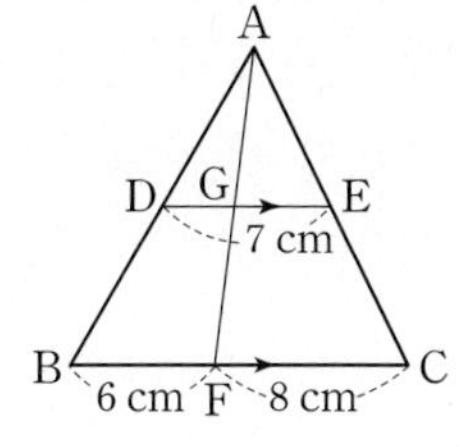

10

오른쪽 그림과 같은 $\triangle ABC$에서 $\overline{AC} /\!/ \overline{DE}$일 때, $x-y$의 값은?

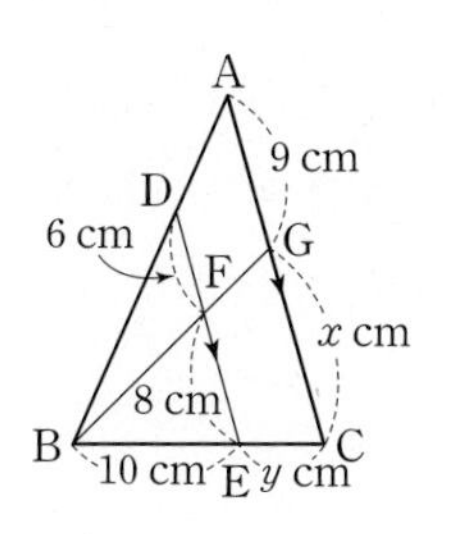

① 5 ② 6
③ 7 ④ 8
⑤ 9

11

오른쪽 그림과 같은 $\triangle ABC$에서 $\overline{BC} /\!/ \overline{DE}$, $\overline{CD} /\!/ \overline{EF}$이고 $\overline{AF} : \overline{FD} = 4 : 3$일 때, $\overline{BD}$의 길이를 구하시오.

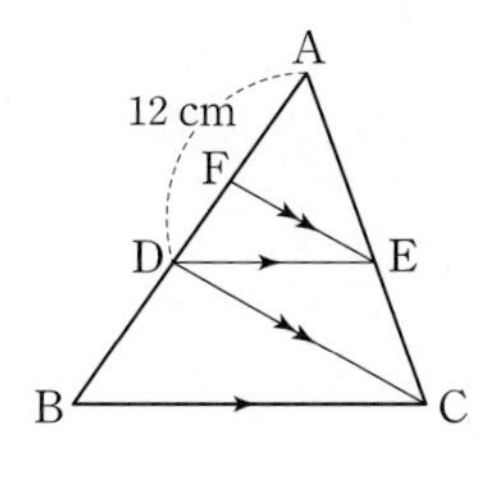

12

오른쪽 그림과 같은 $\triangle ABC$에서 $\overline{AF} /\!/ \overline{DE}$, $\overline{AC} /\!/ \overline{DF}$일 때, $\overline{EF}$의 길이를 구하시오.

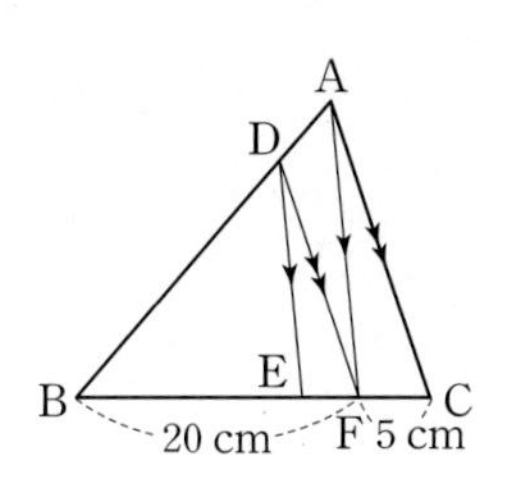

집중

유형 04 삼각형에서 평행선 찾기 개념 1

13 대표문제

다음 중 $\overline{BC} /\!/ \overline{DE}$인 것은?

①
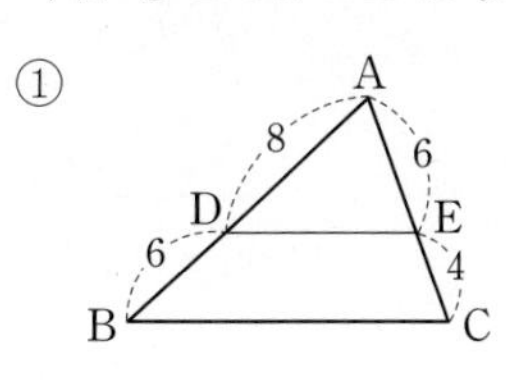

②
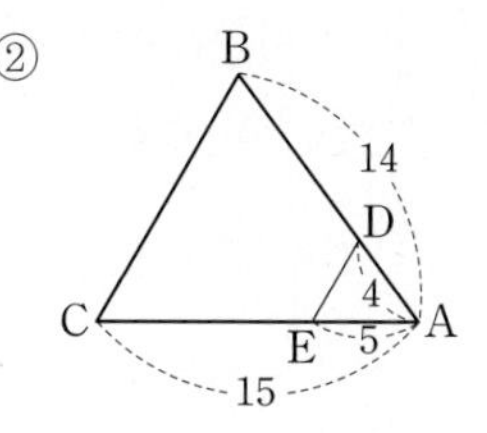

③
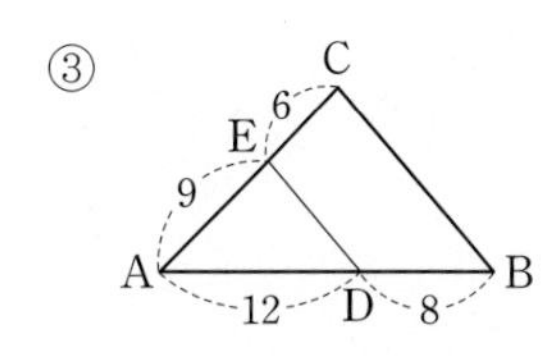

④
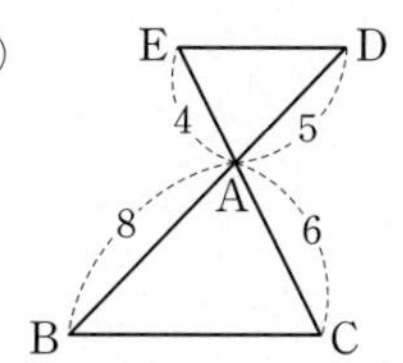

⑤
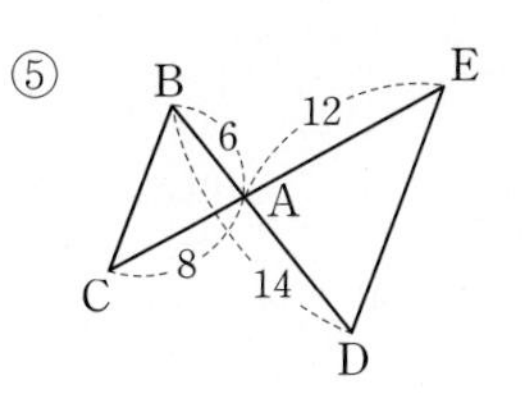

14 서술형

오른쪽 그림의 $\triangle ABC$에서 $\overline{PQ}$, $\overline{QR}$, $\overline{RP}$ 중 $\triangle ABC$의 어느 한 변에 평행하지 않은 것을 고르시오.

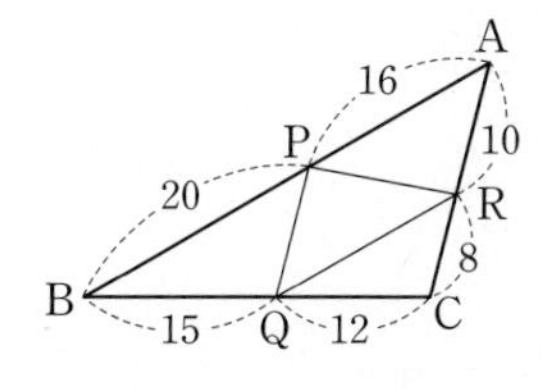

유형 05 삼각형의 내각의 이등분선 개념2

15 대표문제

오른쪽 그림과 같은 $\triangle ABC$에서 $\overline{AD}$가 $\angle A$의 이등분선일 때, $\overline{CD}$의 길이를 구하시오.

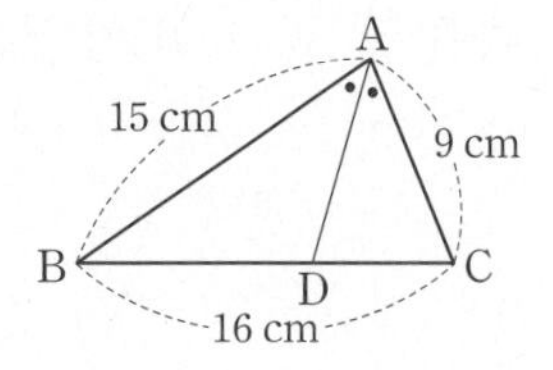

16

오른쪽 그림과 같은 $\triangle ABC$에서 $\overline{BD}$가 $\angle B$의 이등분선일 때, x의 값을 구하시오.

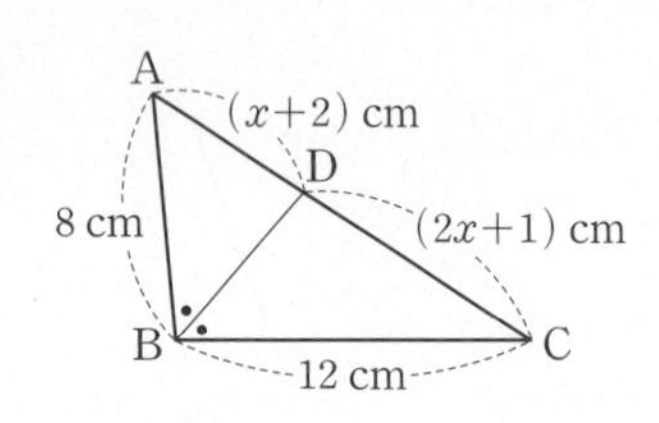

17

오른쪽 그림과 같은 $\triangle ABC$에서 $\overline{AD}$는 $\angle A$의 이등분선이다. 점 C를 지나고 $\overline{AD}$에 평행한 직선이 $\overline{BA}$의 연장선과 만나는 점을 E라 할 때, $x+y$의 값을 구하시오.

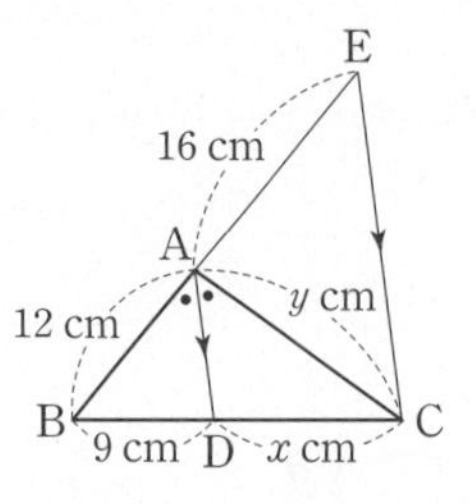

18 서술형

오른쪽 그림과 같은 $\triangle ABC$에서 $\overline{AD}$가 $\angle A$의 이등분선이고 $\triangle ABC$의 넓이가 21 cm^2일 때, $\triangle ACD$의 넓이를 구하시오.

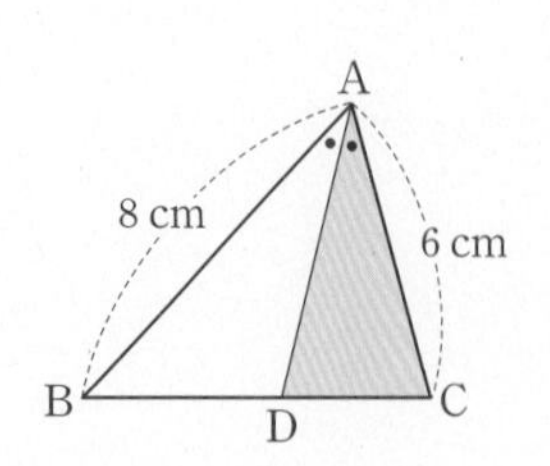

유형 06 삼각형의 외각의 이등분선 개념2

19 대표문제

오른쪽 그림과 같은 $\triangle ABC$에서 $\overline{AD}$가 $\angle A$의 외각의 이등분선일 때, $\overline{BC}$의 길이를 구하시오.

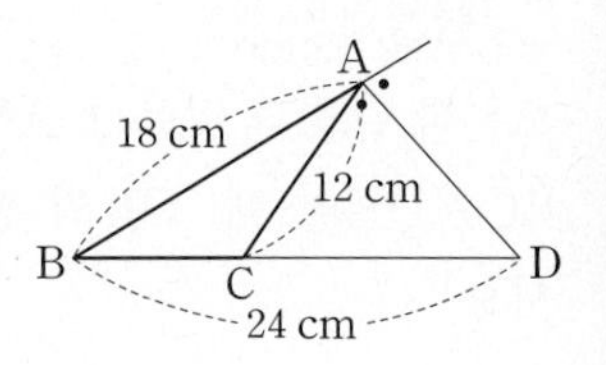

20

오른쪽 그림과 같은 $\triangle ABC$에서 $\overline{AD}$가 $\angle A$의 외각의 이등분선일 때, $\overline{AB}$의 길이를 구하시오.

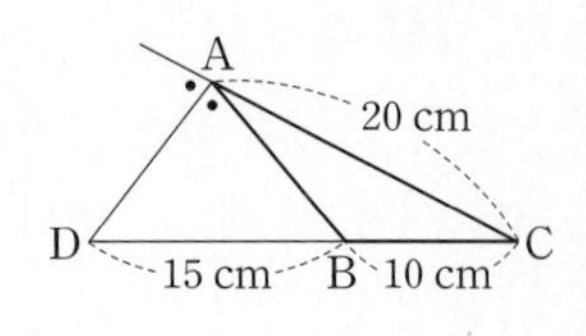

21

오른쪽 그림과 같은 $\triangle ABC$에서 $\overline{AD}$가 $\angle A$의 외각의 이등분선일 때, $\triangle ABC : \triangle ACD$는?

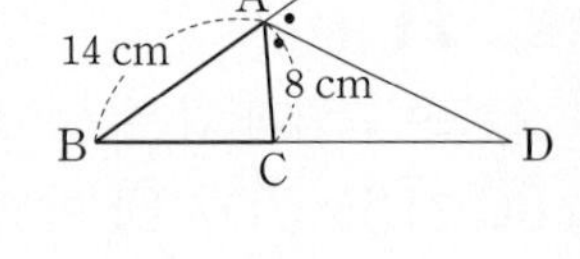

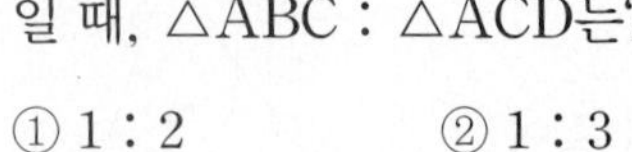

① 1 : 2　② 1 : 3　③ 2 : 3
④ 2 : 5　⑤ 3 : 4

중요
22

오른쪽 그림과 같은 $\triangle ABC$에서 $\angle BAD=\angle CAD$, $\angle BAE=\angle FAE$일 때, $\overline{BE}$의 길이를 구하시오.

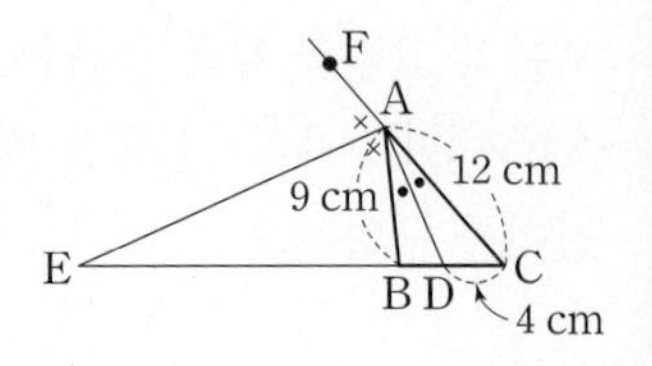

유형 07 평행선 사이의 선분의 길이의 비 개념 3

23 대표문제

오른쪽 그림에서 $l /\!/ m /\!/ n$일 때, $x+y$의 값은?

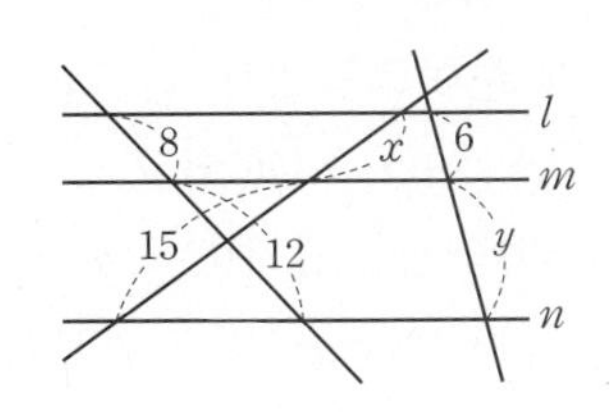

① 16 ② 17 ③ 18 ④ 19 ⑤ 20

24

오른쪽 그림에서 $l /\!/ m /\!/ n$일 때, x의 값은?

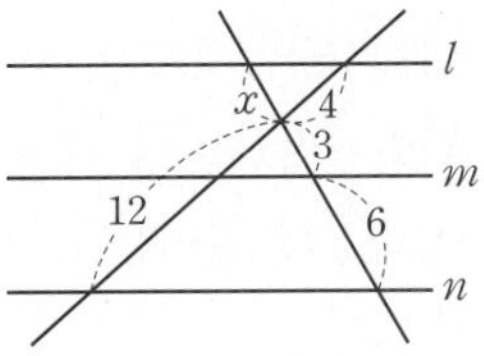

l, m, n, x, 4, 3, 12, 6

① 2 ② $\frac{5}{2}$ ③ 3 ④ $\frac{7}{2}$ ⑤ 4

25 중요

오른쪽 그림에서 $k /\!/ l /\!/ m /\!/ n$일 때, xy의 값을 구하시오.

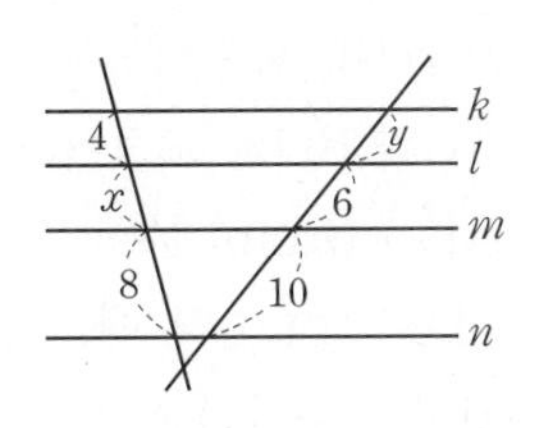

집중 유형 08 사다리꼴에서 평행선과 선분의 길이의 비 개념 4

26 대표문제

오른쪽 그림과 같은 사다리꼴 ABCD에서 $\overline{AD} /\!/ \overline{EF} /\!/ \overline{BC}$일 때, $\overline{EF}$의 길이는?

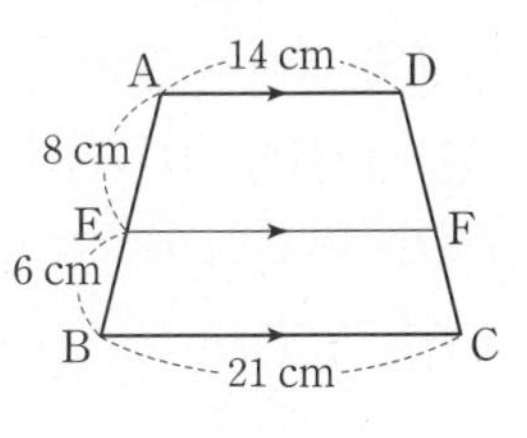

① 16 cm ② 17 cm ③ 18 cm ④ 19 cm ⑤ 20 cm

27

오른쪽 그림과 같은 사다리꼴 ABCD에서 $\overline{AD} /\!/ \overline{EF} /\!/ \overline{BC}$이고 $\overline{AE} : \overline{EB} = 3 : 4$일 때, $x+y$의 값을 구하시오.

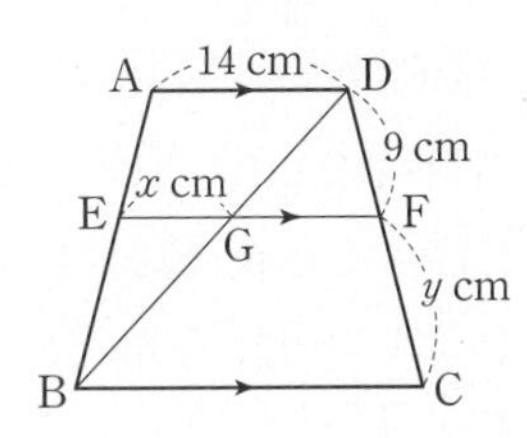

28 서술형

오른쪽 그림과 같은 사다리꼴 ABCD에서 $\overline{AD} /\!/ \overline{EF} /\!/ \overline{BC}$일 때, $x-y$의 값을 구하시오.

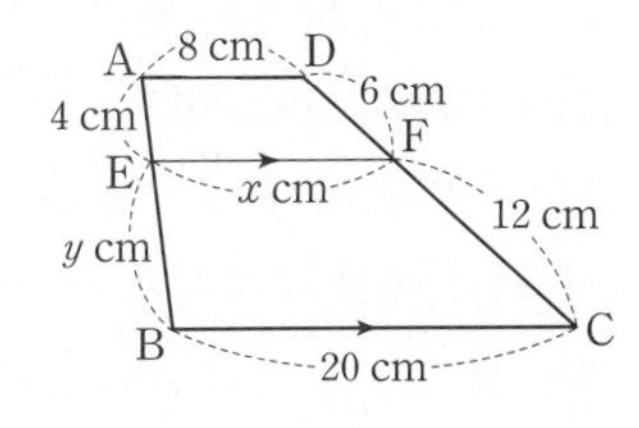

유형 09 사다리꼴에서 평행선과 선분의 길이의 비의 응용 개념 4

29 대표문제

오른쪽 그림과 같은 사다리꼴 ABCD에서 $\overline{AD} /\!/ \overline{EF} /\!/ \overline{BC}$이고 $\overline{AD}=18$ cm, $\overline{BC}=24$ cm, $\overline{EB}=\frac{1}{2}\overline{AE}$일 때, $\overline{PQ}$의 길이를 구하시오.

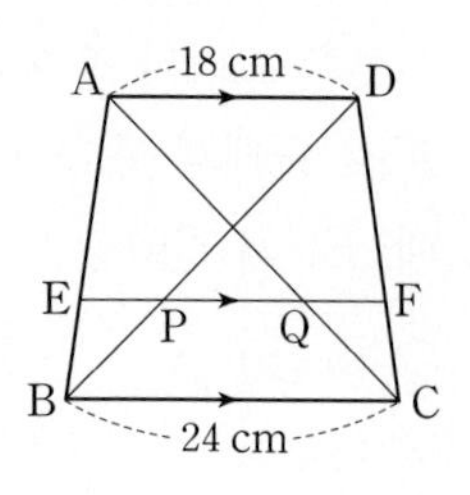

30

오른쪽 그림과 같은 사다리꼴 ABCD에서 $\overline{AD} /\!/ \overline{EF} /\!/ \overline{BC}$이고 $\overline{AD}=10$ cm, $\overline{AE}=3$ cm, $\overline{EB}=12$ cm, $\overline{BC}=15$ cm일 때, $\overline{PQ}$의 길이를 구하시오.

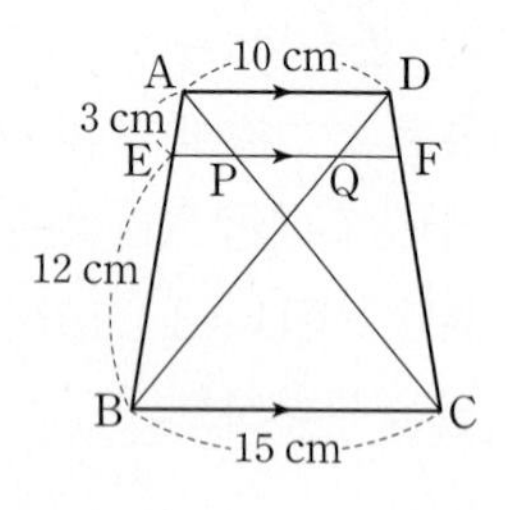

중요
31

오른쪽 그림과 같은 사다리꼴 ABCD에서 $\overline{AD} /\!/ \overline{EF} /\!/ \overline{BC}$이고 $\overline{AD}=20$ cm, $\overline{BC}=30$ cm일 때, $\overline{EF}$의 길이를 구하시오.
(단, 점 O는 두 대각선의 교점이다.)

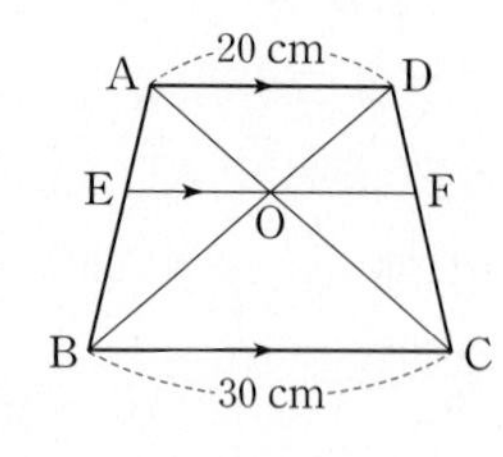

집중
유형 10 평행선과 선분의 길이의 비의 응용 개념 5

32 대표문제

오른쪽 그림에서 $\overline{AB} /\!/ \overline{EF} /\!/ \overline{DC}$이고 $\overline{AB}=12$ cm, $\overline{BC}=22$ cm, $\overline{CD}=21$ cm일 때, $\overline{CF}$의 길이를 구하시오.

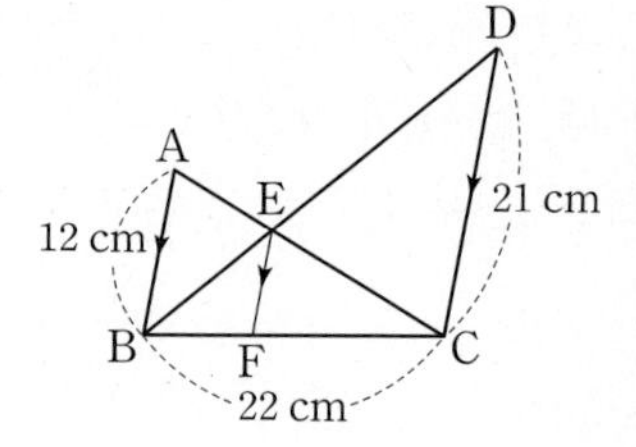

33

오른쪽 그림에서 $\overline{AB} /\!/ \overline{EF} /\!/ \overline{DC}$이고 $\overline{AB}=28$ cm, $\overline{CD}=21$ cm일 때, $\overline{EF}$의 길이는?

① 12 cm ② 13 cm ③ 14 cm
④ 15 cm ⑤ 16 cm

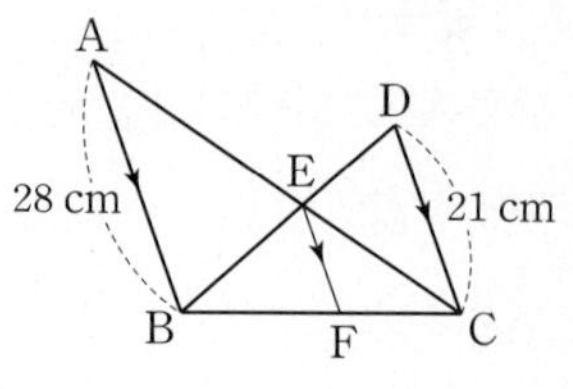

34 서술형

오른쪽 그림에서 $\overline{AB}$, $\overline{DC}$는 모두 $\overline{BC}$에 수직이고 점 E는 $\overline{AC}$와 $\overline{BD}$의 교점이다. $\overline{AB}=15$ cm, $\overline{BC}=26$ cm, $\overline{CD}=24$ cm일 때, $\triangle EBC$의 넓이를 구하시오.

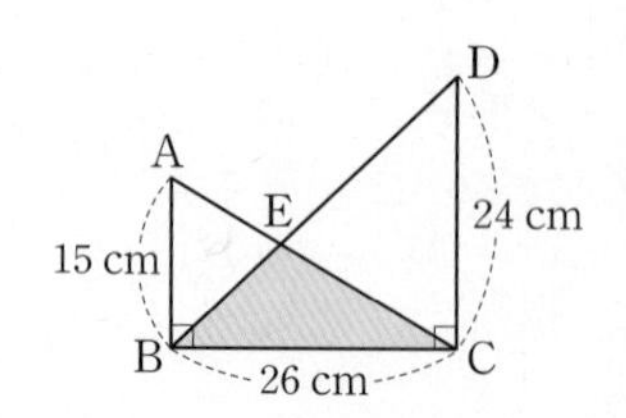

집중

유형 11 삼각형의 두 변의 중점을 연결한 선분의 성질 (1) 개념 6

35 대표문제

오른쪽 그림과 같은 $\triangle ABC$에서 두 점 M, N이 각각 $\overline{AB}$, $\overline{AC}$의 중점일 때, x, y의 값을 구하시오.

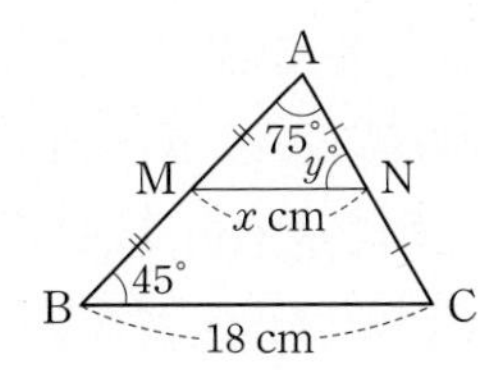

36

오른쪽 그림과 같은 $\triangle ABC$에서 두 점 M, N은 각각 $\overline{AB}$, $\overline{AC}$의 중점이고 $\overline{AC}=10$ cm, $\overline{MB}=6$ cm, $\overline{BC}=8$ cm일 때, $\triangle AMN$의 둘레의 길이는?

① 14 cm ② 15 cm ③ 16 cm
④ 17 cm ⑤ 18 cm

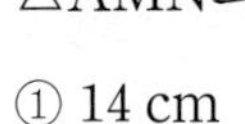

37

오른쪽 그림의 $\triangle ABC$와 $\triangle DBC$에서 $\overline{AB}$, $\overline{AC}$, $\overline{DB}$, $\overline{DC}$의 중점을 각각 M, N, P, Q라 하자. $\overline{PQ}=12$ cm일 때, $\overline{MN}$의 길이는?

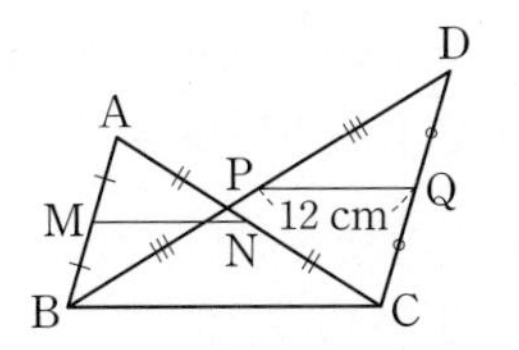

① 10 cm ② 11 cm ③ 12 cm
④ 13 cm ⑤ 14 cm

집중

유형 12 삼각형의 두 변의 중점을 연결한 선분의 성질 (2) 개념 6

38 대표문제

오른쪽 그림과 같은 $\triangle ABC$에서 점 M은 $\overline{AB}$의 중점이고 $\overline{MN} /\!/ \overline{BC}$일 때, $x+y$의 값은?

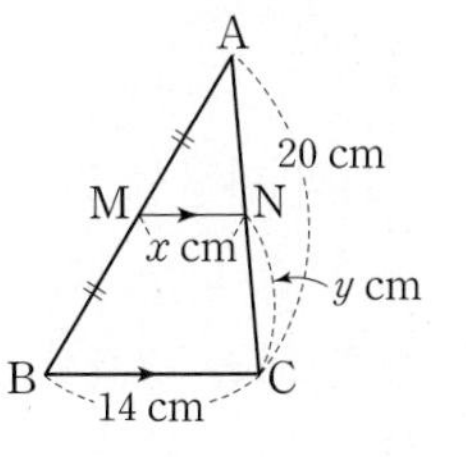

① 16 ② 17
③ 18 ④ 19
⑤ 20

중요

39

오른쪽 그림과 같은 $\triangle ABC$에서 점 E는 $\overline{AC}$의 중점이고 $\overline{AB} /\!/ \overline{EF}$, $\overline{BC} /\!/ \overline{DE}$이다. $\overline{DE}=15$ cm일 때, $\overline{CF}$의 길이는?

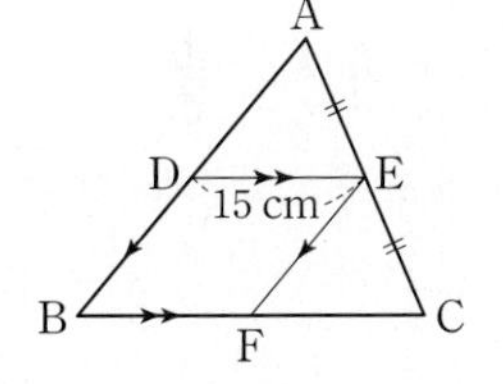

① 13 cm ② 14 cm
③ 15 cm ④ 16 cm
⑤ 17 cm

40 서술형

오른쪽 그림과 같은 $\triangle ABC$에서 $\overline{AD}=\overline{DB}$, $\overline{AE}=\overline{EF}=\overline{FC}$이고 점 G는 $\overline{BF}$와 $\overline{CD}$의 교점이다. $\overline{BG}=9$ cm일 때, $\overline{GF}$의 길이를 구하시오.

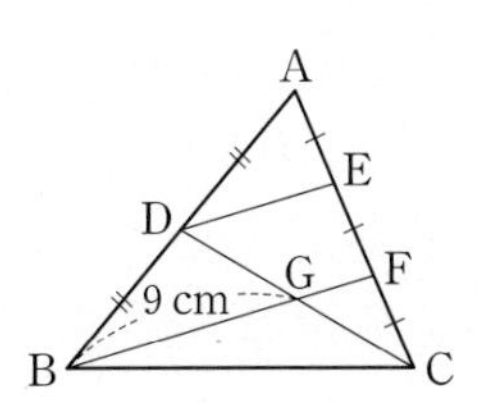

집중

유형 13 삼각형의 두 변의 중점을 연결한 선분의 성질의 응용 개념6

41 대표문제

오른쪽 그림과 같이 △ABC의 변 AB의 연장선 위에 $\overline{BA}=\overline{AD}$가 되도록 점 D를 잡고, 점 D와 $\overline{AC}$의 중점 M을 연결한 직선이 $\overline{BC}$와 만나는 점을 E라 하자. $\overline{BE}=18$ cm일 때, $\overline{EC}$의 길이는?

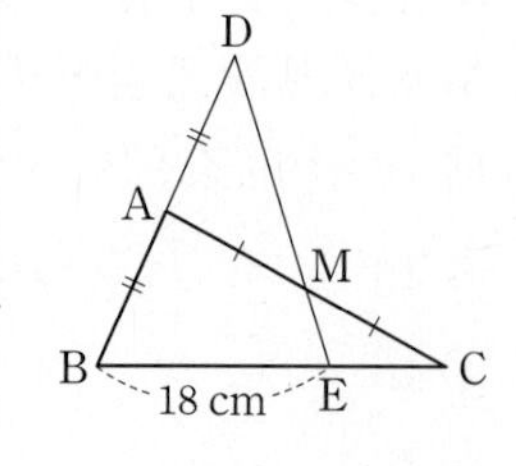

① 8 cm ② 9 cm ③ 10 cm
④ 11 cm ⑤ 12 cm

42

오른쪽 그림과 같이 △ABC의 변 AB의 연장선 위에 $\overline{BA}=\overline{AD}$가 되도록 점 D를 잡고, 점 D와 $\overline{AC}$의 중점 M을 연결한 직선이 $\overline{BC}$와 만나는 점을 E라 하자. $\overline{ME}=4$ cm일 때, $\overline{DE}$의 길이를 구하시오.

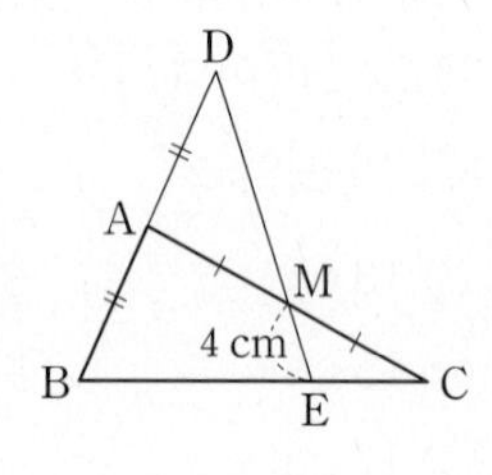

43 서술형

오른쪽 그림과 같이 △ABC의 변 AC의 연장선 위에 $\overline{AC}=\overline{AD}$가 되도록 점 D를 잡고, 점 D와 $\overline{AB}$의 중점 M을 연결한 직선이 $\overline{BC}$와 만나는 점을 E라 하자. $\overline{BC}=21$ cm일 때, $\overline{BE}$의 길이를 구하시오.

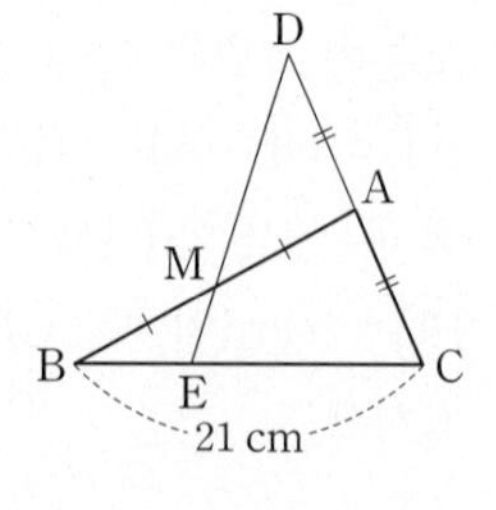

집중

유형 14 삼각형의 세 변의 중점을 연결한 삼각형 개념6

44 대표문제

오른쪽 그림과 같은 △ABC에서 세 점 D, E, F는 각각 $\overline{AB}$, $\overline{BC}$, $\overline{CA}$의 중점이고 $\overline{AB}=11$ cm, $\overline{BC}=12$ cm, $\overline{CA}=9$ cm일 때, △DEF의 둘레의 길이를 구하시오.

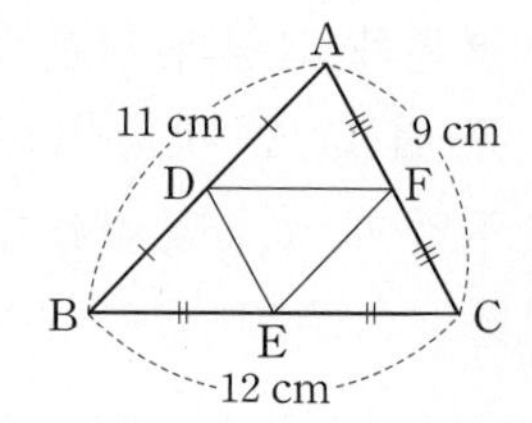

45 중요

오른쪽 그림과 같은 △ABC에서 세 점 D, E, F는 각각 $\overline{AB}$, $\overline{BC}$, $\overline{CA}$의 중점이고 $\overline{AC}=8$ cm, $\overline{BC}=14$ cm이다. △DEF의 둘레의 길이가 19 cm일 때, $\overline{AB}$의 길이를 구하시오.

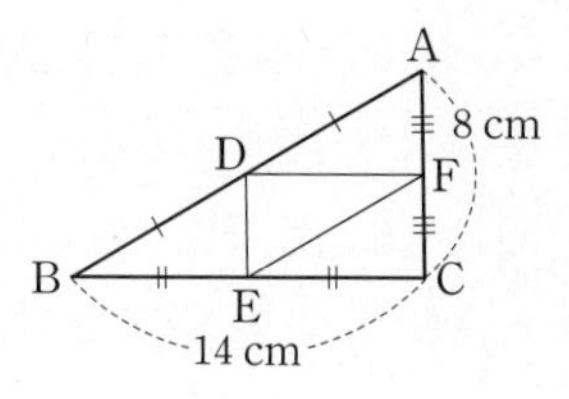

46

오른쪽 그림과 같은 △ABC에서 세 점 D, E, F가 각각 $\overline{AB}$, $\overline{BC}$, $\overline{CA}$의 중점일 때, 다음 중 옳지 않은 것은?

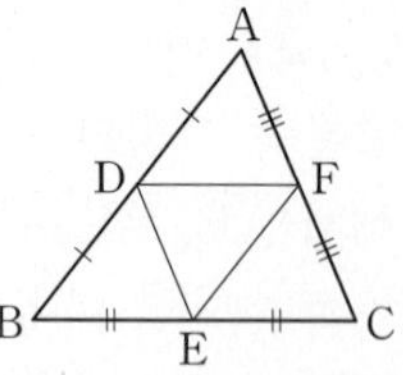

① $\overline{DE} /\!/ \overline{AC}$
② $\overline{AD}=\overline{EF}$
③ ∠A=∠DFE
④ ∠C=∠DEB
⑤ △ABC=4△DEF

유형 15 사각형의 네 변의 중점을 연결한 사각형 개념6

47 대표문제

오른쪽 그림과 같은 □ABCD에서 $\overline{AB}$, $\overline{BC}$, $\overline{CD}$, $\overline{DA}$의 중점을 각각 E, F, G, H라 하자. $\overline{AC}=15$ cm, $\overline{BD}=18$ cm일 때, □EFGH의 둘레의 길이를 구하시오.

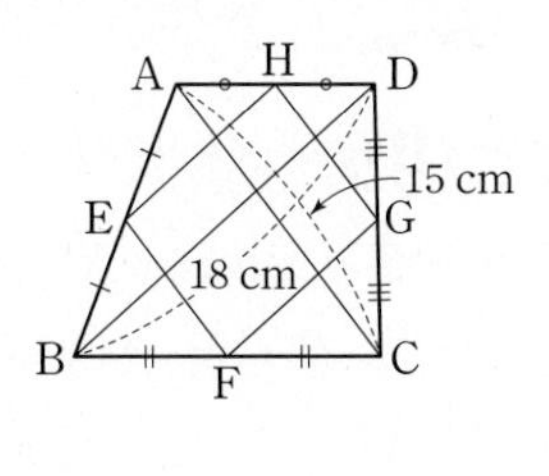

48

오른쪽 그림과 같은 직사각형 ABCD에서 $\overline{AB}$, $\overline{BC}$, $\overline{CD}$, $\overline{DA}$의 중점을 각각 E, F, G, H라 하자. $\overline{AC}=13$ cm일 때, □EFGH의 둘레의 길이는?

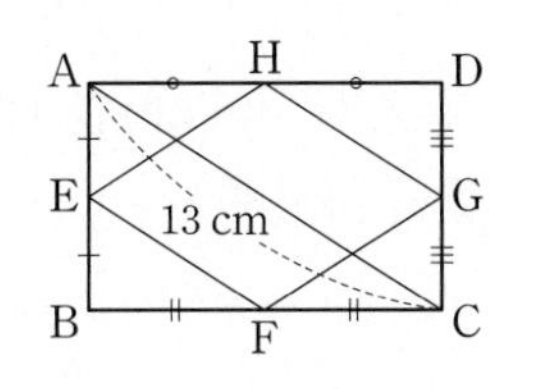

① 22 cm ② 24 cm ③ 26 cm
④ 28 cm ⑤ 30 cm

49

오른쪽 그림과 같은 마름모 ABCD에서 $\overline{AB}$, $\overline{BC}$, $\overline{CD}$, $\overline{DA}$의 중점을 각각 E, F, G, H라 하자. $\overline{AC}=14$ cm, $\overline{BD}=20$ cm일 때, □EFGH의 넓이를 구하시오.

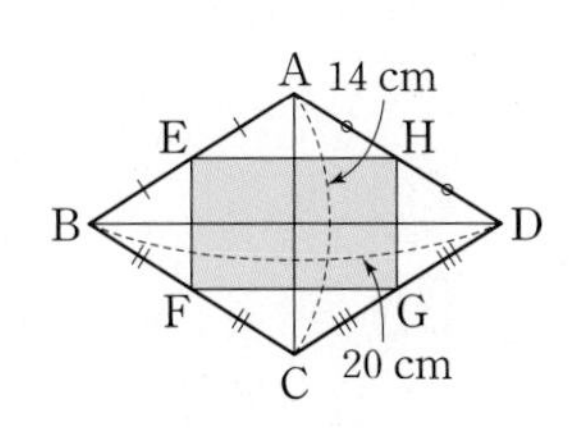

유형 16 사다리꼴에서 두 변의 중점을 연결한 선분의 성질 개념6

50 대표문제

오른쪽 그림과 같이 $\overline{AD}/\!/\overline{BC}$인 사다리꼴 ABCD에서 두 점 M, N은 각각 $\overline{AB}$, $\overline{CD}$의 중점이고 $\overline{AD}=8$ cm, $\overline{PQ}=4$ cm일 때, $\overline{BC}$의 길이는?

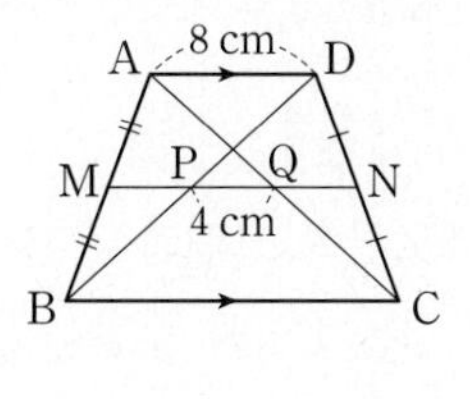

① 12 cm ② 13 cm ③ 14 cm
④ 15 cm ⑤ 16 cm

중요

51

오른쪽 그림과 같이 $\overline{AD}/\!/\overline{BC}$인 사다리꼴 ABCD에서 두 점 M, N은 각각 $\overline{AB}$, $\overline{CD}$의 중점이고 $\overline{AD}=10$ cm, $\overline{BC}=14$ cm일 때, $\overline{MN}$의 길이를 구하시오.

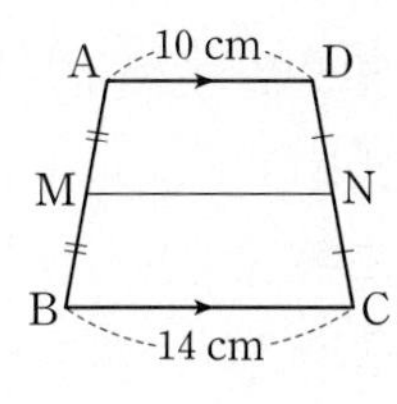

52 서술형

오른쪽 그림과 같이 $\overline{AD}/\!/\overline{BC}$인 사다리꼴 ABCD에서 두 점 M, N은 각각 $\overline{AB}$, $\overline{CD}$의 중점이고 $\overline{AD}=13$ cm, $\overline{MN}=18$ cm일 때, $\overline{BC}$의 길이를 구하시오.

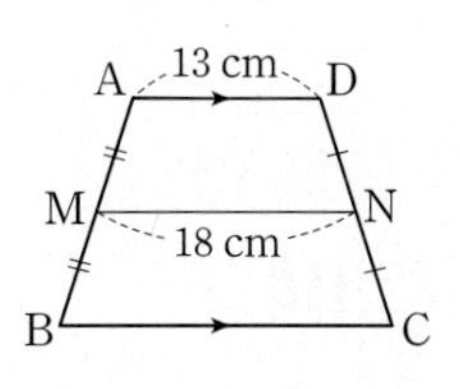

[유형북] Real 실전 유형에서 틀린 문제를 체크해 보세요.

유형 01 삼각형의 중선의 성질 개념 1

01 대표문제

오른쪽 그림과 같은 △ABC에서 점 D는 $\overline{BC}$의 중점이고 점 E는 $\overline{AD}$의 중점이다. △ABC의 넓이가 28 cm^2일 때, △BDE의 넓이를 구하시오.

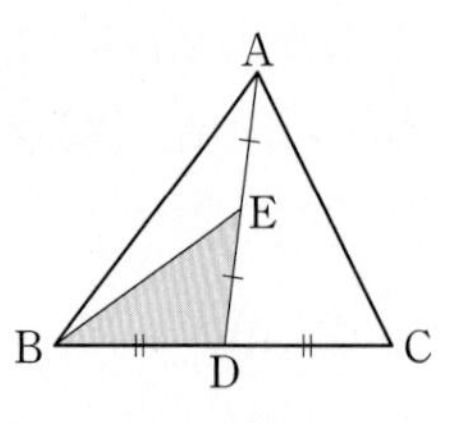

02

오른쪽 그림에서 $\overline{AD}$는 △ABC의 중선이고 $\overline{AH}\perp\overline{BC}$이다. $\overline{BC}=18\text{ cm}$이고 △ACD의 넓이가 45 cm^2일 때, $\overline{AH}$의 길이를 구하시오.

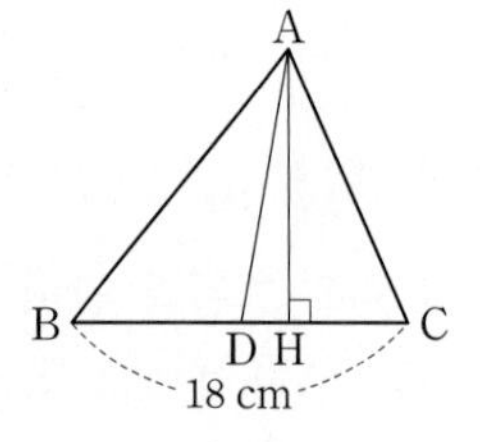

03 서술형

오른쪽 그림에서 $\overline{AD}$는 △ABC의 중선이고 $\overline{AE}=\overline{EF}=\overline{FD}$이다. △ABC의 넓이가 48 cm^2일 때, △BFE의 넓이를 구하시오.

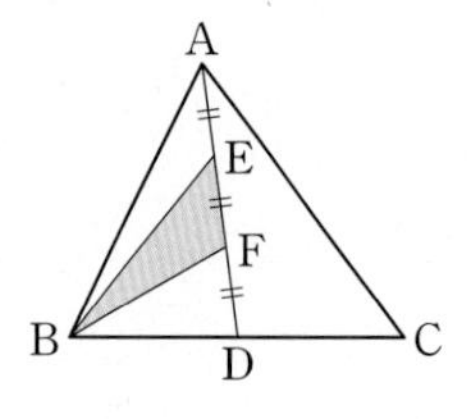

04

오른쪽 그림과 같은 △ABC에서 $\overline{AD}$는 중선이고 $\overline{AE}:\overline{ED}=1:3$이다. △EDC의 넓이가 12 cm^2일 때, △ABC의 넓이를 구하시오.

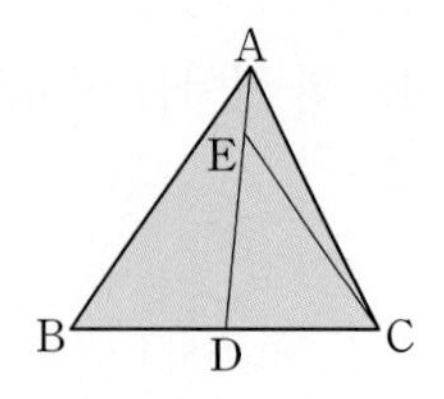

집중

유형 02 삼각형의 무게중심의 성질 개념 2

05 대표문제

오른쪽 그림에서 $\overline{AD}$는 △ABC의 중선이고 점 G는 △ABC의 무게중심이다. $\overline{AD}=24\text{ cm}$, $\overline{DC}=11\text{ cm}$일 때, $x+y$의 값을 구하시오.

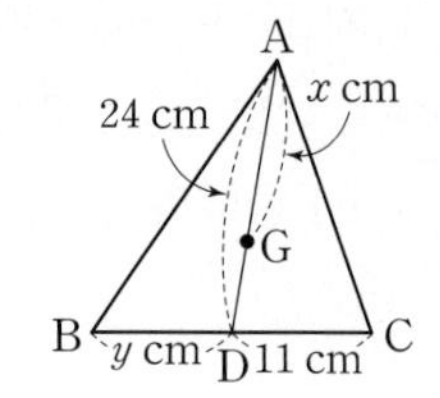

06

오른쪽 그림에서 두 점 G, G′은 각각 △ABC, △GBC의 무게중심이다. $\overline{GG'}=6\text{ cm}$일 때, $\overline{AD}$의 길이를 구하시오.

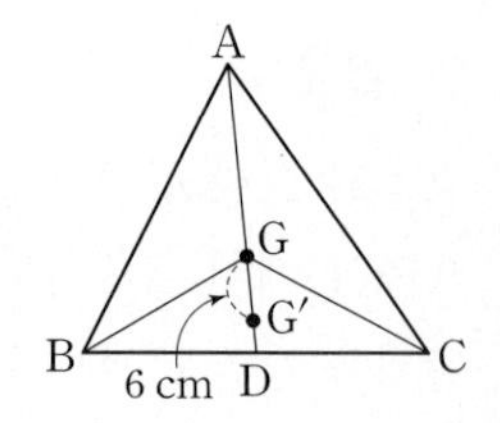

07

오른쪽 그림에서 두 점 G, G′은 각각 △ABC, △GCA의 무게중심이다. $\overline{BG}=m\overline{G'D}$, $\overline{GG'}=n\overline{G'D}$일 때, 자연수 m, n에 대하여 $m-n$의 값을 구하시오.

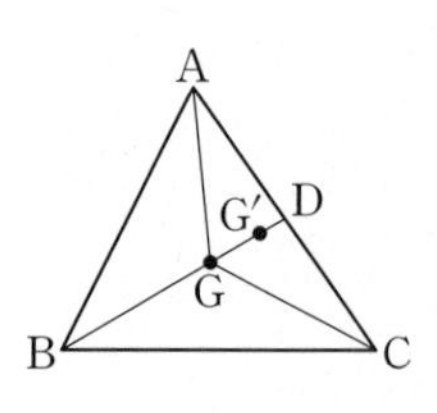

중요

08

오른쪽 그림과 같이 $\angle C=90°$인 직각삼각형 ABC에서 점 G는 무게중심이고 $\overline{AB}=30\text{ cm}$일 때, $\overline{GC}$의 길이를 구하시오.

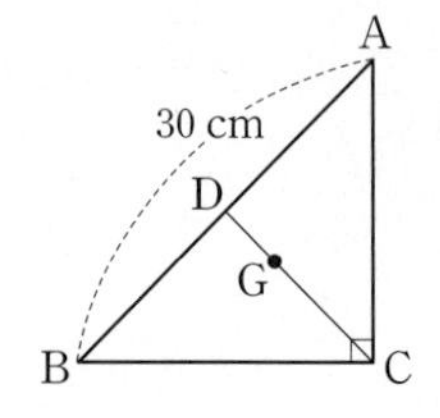

유형 03 삼각형의 무게중심의 응용 (1) 개념 2

09 대표문제

오른쪽 그림에서 점 G는 △ABC의 무게중심이고 $\overline{BE} /\!/ \overline{DF}$이다. $\overline{DF}=15$ cm일 때, $\overline{GE}$의 길이는?

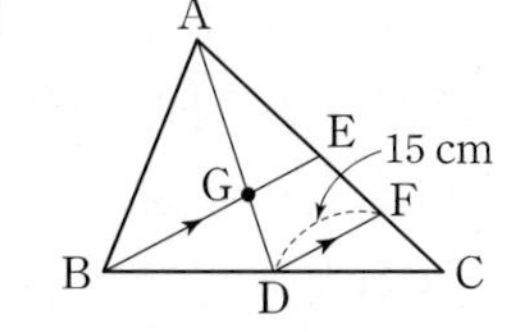

① 7 cm ② 8 cm
③ 9 cm ④ 10 cm
⑤ 11 cm

10

오른쪽 그림에서 점 G는 △ABC의 무게중심이고 점 F는 $\overline{BD}$의 중점이다. $\overline{AG}=12$ cm일 때, $\overline{EF}$의 길이를 구하시오.

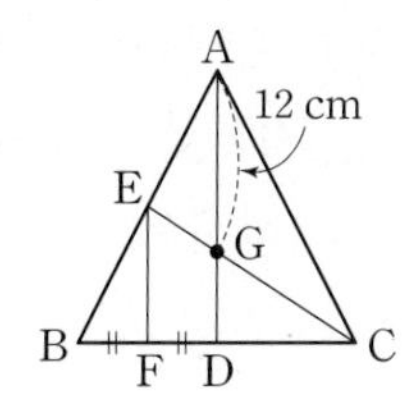

11

오른쪽 그림에서 점 G는 △ABC의 무게중심이고 $\overline{EF} /\!/ \overline{BD}$일 때, $\overline{FD} : \overline{AC}$를 가장 간단한 자연수의 비로 나타내시오.

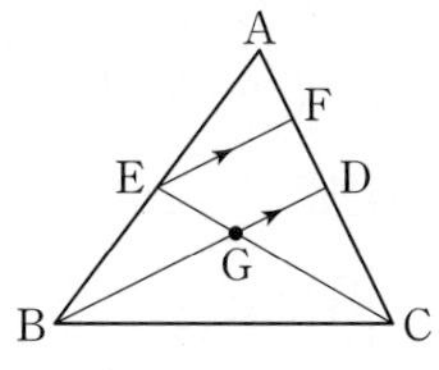

집중

유형 04 삼각형의 무게중심의 응용 (2) 개념 2

12 대표문제

오른쪽 그림에서 점 G는 △ABC의 무게중심이고 $\overline{EF} /\!/ \overline{AC}$이다. $\overline{CD}=6$ cm일 때, $\overline{EF}$의 길이를 구하시오.

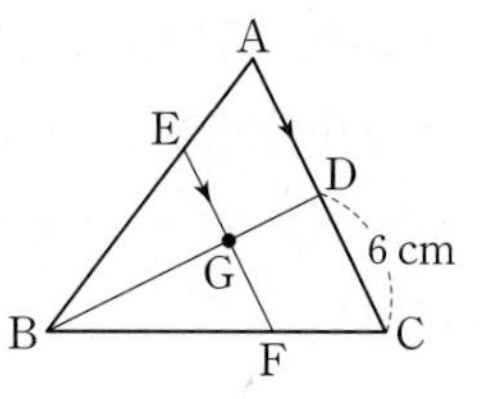

13 서술형

오른쪽 그림과 같은 △ABC에서 두 중선 AD, BE의 교점을 G라 하자. $\overline{EF} /\!/ \overline{BD}$이고 $\overline{AD}=36$ cm일 때, $\overline{GF}$의 길이를 구하시오.

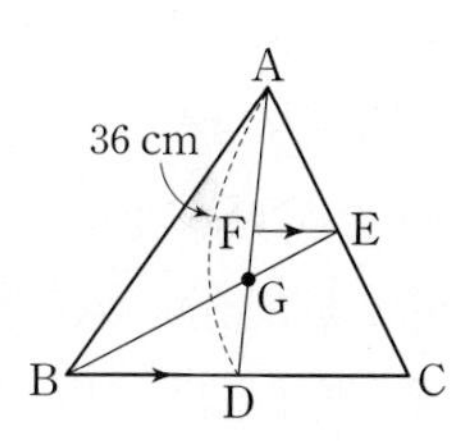

중요

14

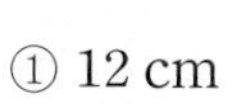

오른쪽 그림과 같은 △ABC에서 두 점 G, G′은 각각 △ABM, △ACM의 무게중심이다. $\overline{BC}=42$ cm일 때, $\overline{GG'}$의 길이는?

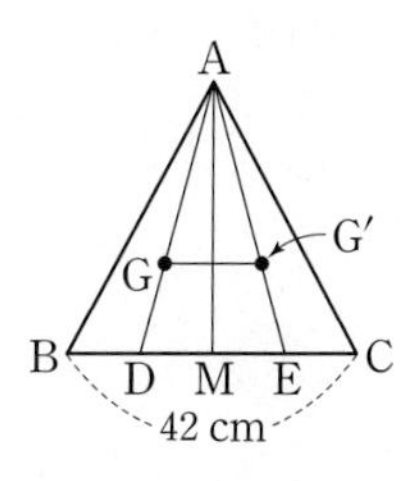

① 12 cm ② 14 cm
③ 16 cm ④ 18 cm
⑤ 20 cm

집중

유형 05 삼각형의 무게중심과 넓이 개념 3

15 대표문제

오른쪽 그림에서 점 G는 △ABC의 무게중심이고 △BGE의 넓이가 8 cm^2일 때, □GDAE의 넓이를 구하시오.

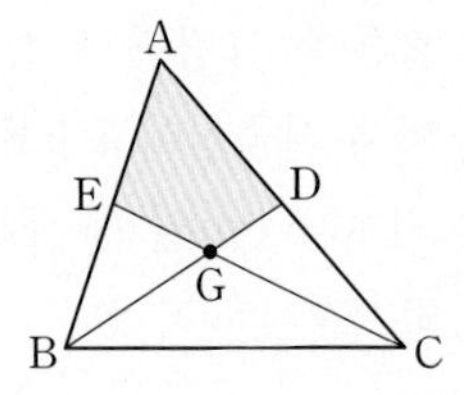

16

오른쪽 그림에서 점 G가 △ABC의 무게중심일 때, 다음 중 옳지 않은 것은?

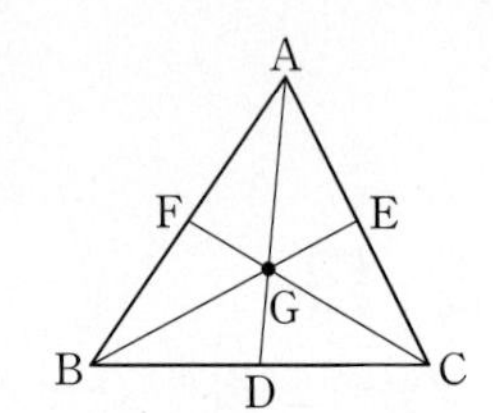

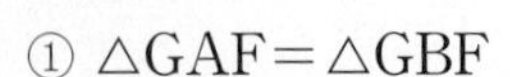

① △GAF=△GBF
② △GCD=△GCE
③ △GAB=△GBC
④ □GFBD=△GCE
⑤ □GDCE=△GAB

17 서술형

오른쪽 그림에서 두 점 G, G′은 각각 △ABC, △GAB의 무게중심이고 △GAG′의 넓이가 6 cm^2일 때, △ABC의 넓이를 구하시오.

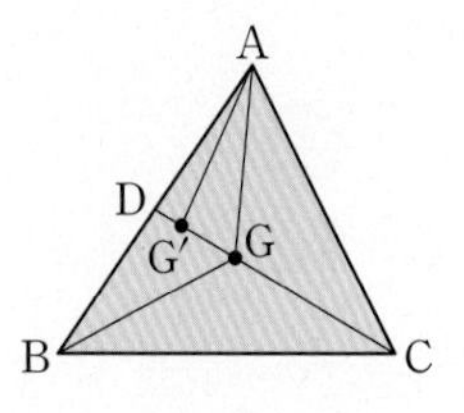

중요

18

오른쪽 그림과 같은 △ABC에서 $\overline{AB}$, $\overline{AC}$의 중점을 각각 M, N이라 하고 $\overline{BN}$, $\overline{CM}$의 교점을 G라 하자. △GBC의 넓이가 20 cm^2일 때, △MGN의 넓이를 구하시오.

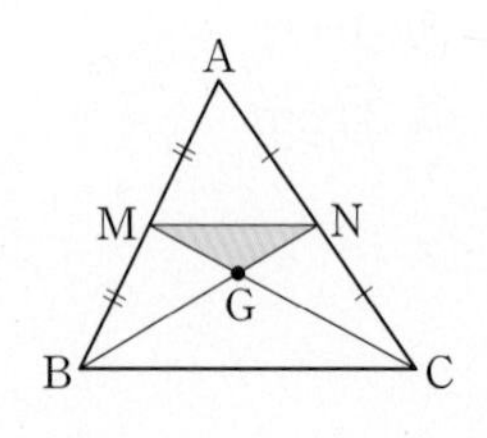

유형 06 평행사변형에서 삼각형의 무게중심의 응용 개념 2, 3

19 대표문제

오른쪽 그림과 같은 평행사변형 ABCD에서 $\overline{BC}$, $\overline{CD}$의 중점을 각각 M, N이라 하고 $\overline{BD}$와 $\overline{AM}$, $\overline{AN}$의 교점을 각각 P, Q라 하자. $\overline{PQ}=10\text{ cm}$일 때, $\overline{MN}$의 길이를 구하시오.

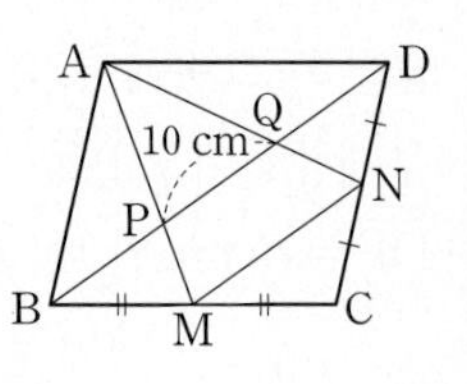

20

오른쪽 그림과 같은 평행사변형 ABCD에서 $\overline{BC}$의 중점을 M이라 하고 $\overline{AM}$과 $\overline{BD}$의 교점을 P라 하자. $\overline{BD}=24\text{ cm}$일 때, $\overline{BP}$의 길이를 구하시오.

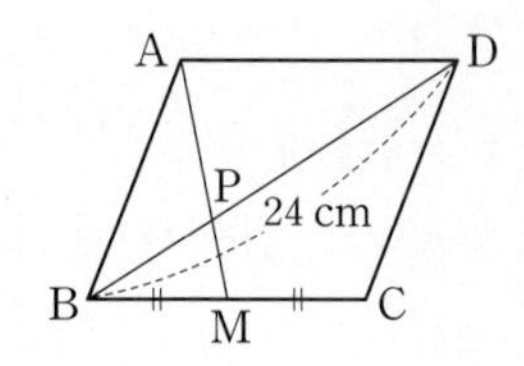

21

오른쪽 그림과 같은 평행사변형 ABCD에서 두 점 M, N은 각각 $\overline{BC}$, $\overline{CD}$의 중점이다. □ABCD의 넓이가 60 cm^2일 때, △APQ의 넓이는?

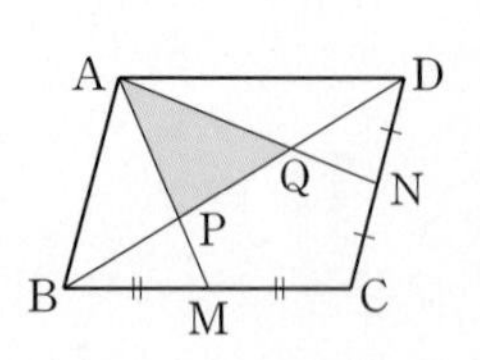

① 10 cm^2 ② 12 cm^2 ③ 14 cm^2
④ 16 cm^2 ⑤ 18 cm^2

22

오른쪽 그림과 같은 평행사변형 ABCD에서 $\overline{BC}$의 중점을 M, $\overline{AM}$과 $\overline{BD}$의 교점을 P라 하고 꼭짓점 D에서 $\overline{BC}$의 연장선에 내린 수선의 발을 H라 하자. $\overline{BC}=9$ cm, $\overline{DH}=6$ cm일 때, △ABP의 넓이를 구하시오.

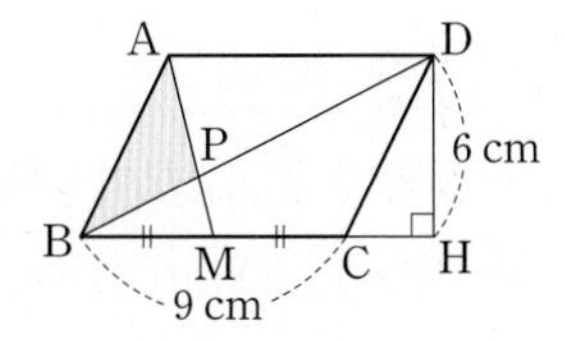

집중

유형 07 닮은 두 평면도형의 넓이의 비 개념 4

23 대표문제

오른쪽 그림과 같은 △ABC에서 ∠ADE=∠B이고 $\overline{AE}=9$ cm, $\overline{AD}=12$ cm, $\overline{EB}=6$ cm이다. △AED의 넓이가 48 cm^2일 때, △ABC의 넓이를 구하시오.

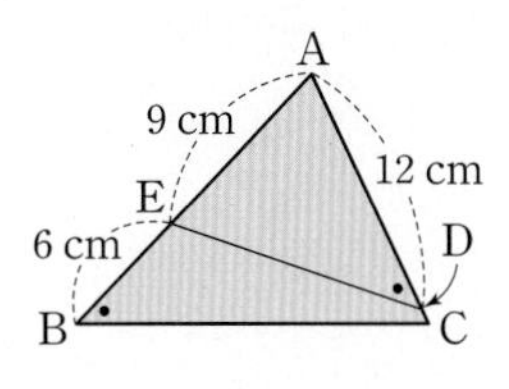

24

오른쪽 그림과 같이 중심이 O로 같은 세 원이 있다. $\overline{OA}:\overline{AB}:\overline{BC}=1:2:3$이고 가장 작은 원의 넓이가 3π cm^2일 때, 가장 큰 원의 넓이를 구하시오.

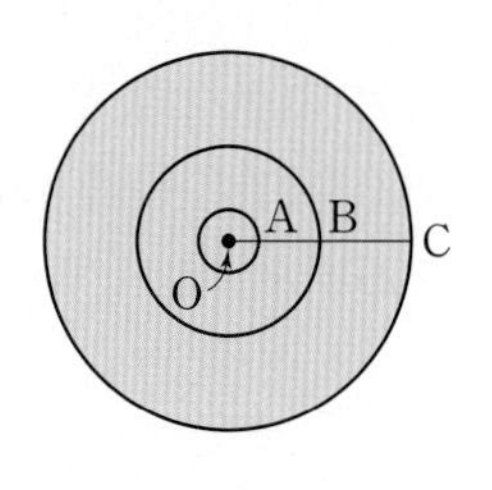

25 서술형

오른쪽 그림과 같이 $\overline{AD}/\!/\overline{BC}$인 사다리꼴 ABCD에서 $\overline{AD}=15$ cm, $\overline{BC}=20$ cm이다. △ODA의 넓이가 45 cm^2일 때, △OBC의 넓이를 구하시오.

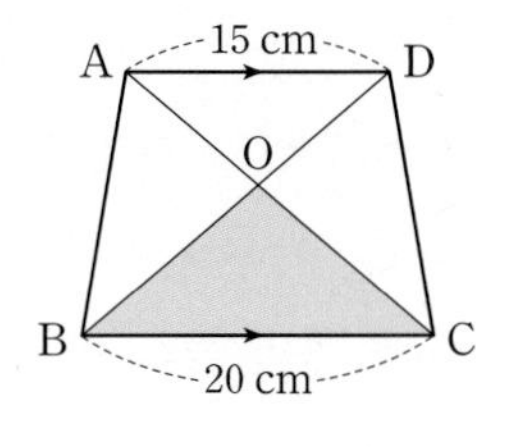

유형 08 닮은 두 평면도형의 넓이의 비의 활용 개념 4

26 대표문제

한 변의 길이의 비가 1 : 3인 두 정사각형을 물감으로 색칠하였다. 두 정사각형을 모두 색칠하는 데 100 mL의 물감을 사용했을 때, 큰 정사각형을 색칠하는 데 사용한 물감의 양을 구하시오.

(단, 사용한 물감의 양은 정사각형의 넓이에 정비례한다.)

중요

27

오른쪽 그림과 같이 A4 용지를 절반으로 나눌 때마다 만들어지는 종이의 크기를 차례대로 A5, A6, A7, A8이라 하는데 이때 만들어지는 용지들은 모두 닮은 도형이 된다. A8 용지 100매의 가격이 500원일 때, A4 용지 300매의 가격을 구하시오.

(단, 종이의 가격은 종이의 넓이와 매수에 각각 정비례한다.)

A6	A8 A8 / A7
A5	

A4

28

오른쪽 그림과 같이 원 모양의 색종이에서 크기가 같은 작은 원 3개를 잘라 내었다. 처음 원과 잘라 낸 원 하나의 반지름의 길이의 비가 7 : 2이고 처음 색종이의 넓이가 98 cm^2일 때, 남은 색종이의 넓이는?

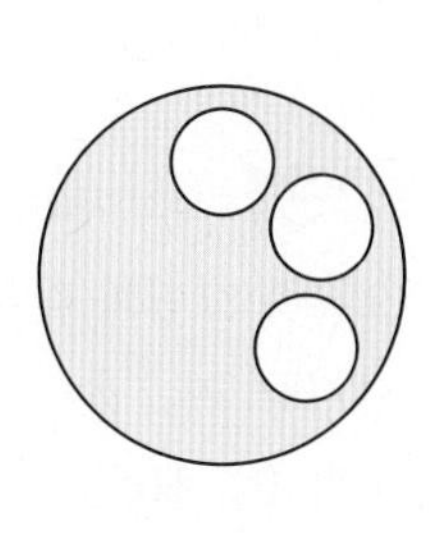

① 72 cm^2 ② 74 cm^2 ③ 76 cm^2
④ 78 cm^2 ⑤ 80 cm^2

유형 09 닮은 두 입체도형의 겉넓이의 비 개념 4

29 대표문제

두 직육면체 A, B가 닮은 도형이고 닮음비가 $5:2$이다. 직육면체 A의 겉넓이가 150 cm^2일 때, 직육면체 B의 겉넓이는?

① 24 cm^2 ② 26 cm^2 ③ 28 cm^2
④ 30 cm^2 ⑤ 32 cm^2

30

오른쪽 그림과 같은 두 구 A, B의 겉넓이의 비는?

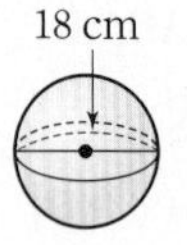

① $2:3$ ② $4:9$
③ $8:27$ ④ $9:16$
⑤ $16:25$

31 서술형

오른쪽 그림과 같은 닮은 두 원기둥 A, B의 겉넓이의 비가 $9:16$일 때, $x+y$의 값을 구하시오.

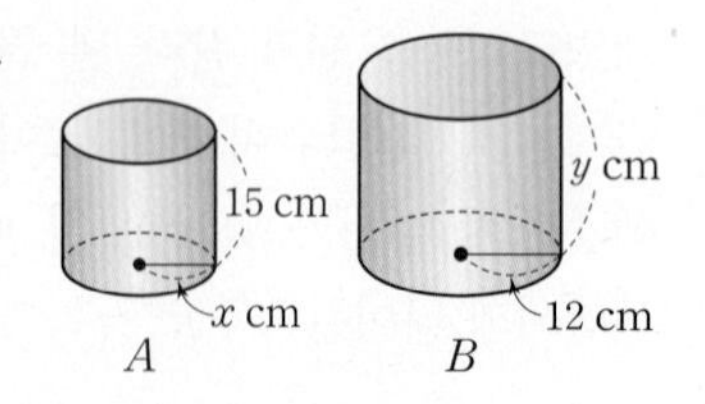

집중

유형 10 닮은 두 입체도형의 부피의 비 개념 4

32 대표문제

두 정팔면체 A, B의 겉넓이의 비가 $9:25$이고 정팔면체 B의 부피가 250 cm^3일 때, 정팔면체 A의 부피를 구하시오.

33

큰 쇠구슬 한 개를 녹여서 반지름의 길이를 $\frac{1}{6}$로 줄인 작은 쇠구슬을 만들 때, 작은 쇠구슬을 최대 몇 개 만들 수 있는지 구하시오.

34

오른쪽 그림에서 $\triangle ABC \backsim \triangle DEF$이다. $\triangle ABC$를 $\overline{AC}$를 회전축으로 하여 1회전 시킬 때 생기는 회전체의 부피가 $108\pi\text{ cm}^3$일 때, $\triangle DEF$를 $\overline{DF}$를 회전축으로 하여 1회전 시킬 때 생기는 회전체의 부피를 구하시오.

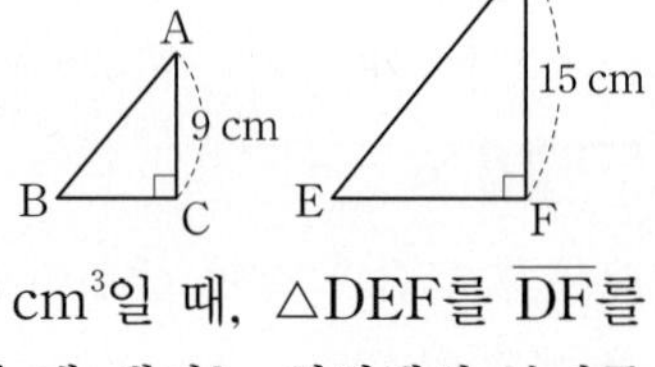

중요

35

오른쪽 그림과 같은 원뿔 모양의 그릇에 일정한 속력으로 물을 채우고 있다. 전체 높이의 $\frac{2}{3}$만큼 물을 채우는 데 24초가 걸렸을 때, 그릇에 물을 가득 채우려면 앞으로 몇 초 동안 물을 더 넣어야 하는지 구하시오.

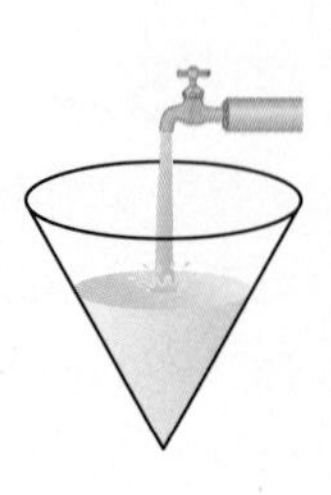

유형 11 높이 또는 거리의 측정 개념 4

36 대표문제

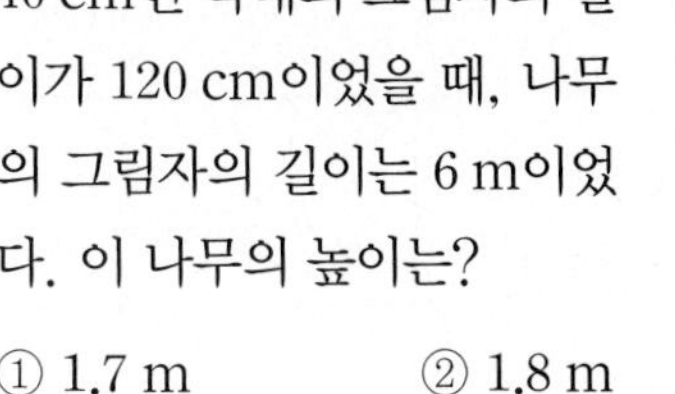

오른쪽 그림과 같이 높이가 40 cm인 막대의 그림자의 길이가 120 cm이었을 때, 나무의 그림자의 길이는 6 m이었다. 이 나무의 높이는?

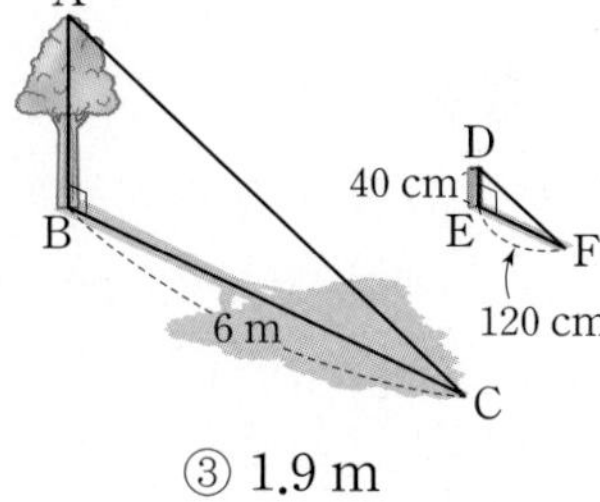

① 1.7 m ② 1.8 m ③ 1.9 m
④ 2 m ⑤ 2.1 m

37

오른쪽 그림과 같이 어떤 탑의 높이를 재기 위하여 탑으로부터 5 m 떨어진 거리에 높이가 60 cm인 막대를 세워 탑과 막대의 그림자의 끝이 일치하도록 하였다. 막대가 세워진 곳에서 그림자 끝까지의 거리가 1 m일 때, 탑의 높이는 몇 m인지 구하시오.

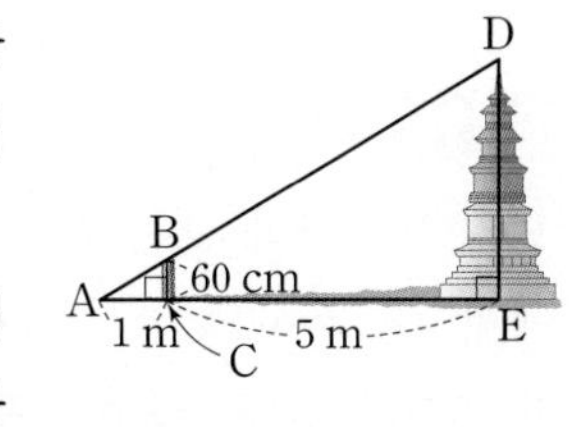

중요

38

오른쪽 그림과 같이 현승이가 어떤 건물에서 6 m 떨어진 지점에 거울을 놓고, 거울에서 2 m 떨어진 지점에 섰더니 건물의 꼭대기가 거울에 비쳐 보였다. 현승이의 눈높이가 1.5 m일 때, 이 건물의 높이를 구하시오. (단, 입사각과 반사각의 크기는 같고 거울의 두께는 생각하지 않는다.)

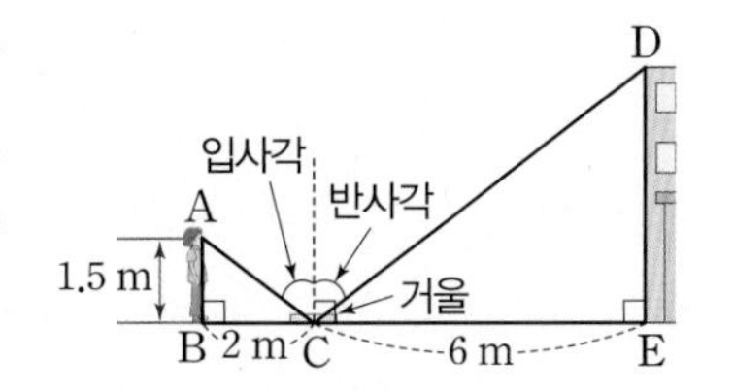

유형 12 축도와 축척 개념 4

39 대표문제

축척이 1 : 2000000인 지도에서 우빈이네 집에서 대전까지의 거리가 7 cm일 때, 우빈이네 집에서 대전까지의 실제 거리는 몇 km인지 구하시오.

40

축척이 $\frac{1}{500}$인 지도에서 거리가 3 cm인 두 지점 사이의 실제 거리는 몇 m인지 구하시오.

41

어떤 건물을 1 : 400으로 축소한 모형의 겉면에 페인트를 칠하는 데 $\frac{1}{8}$통의 페인트를 사용했다. 실제 건물을 칠하는 데 필요한 페인트의 양은 몇 통인지 구하시오. (단, 필요한 페인트의 양은 입체도형의 겉넓이에 정비례한다.)

42 서술형

축척이 $\frac{1}{50000}$인 지도에서 가로의 길이가 5 cm, 세로의 길이가 8 cm인 직사각형 모양의 땅의 실제 넓이는 몇 km^2인지 구하시오.

[유형북] Real 실전 유형에서 틀린 문제를 체크해 보세요.

집중

유형 01 삼각형의 변의 길이 구하기 (1) 개념 1

01 대표문제

오른쪽 그림과 같이 $\angle C=90°$인 직각삼각형 ABC에서 $\overline{AB}=10$ cm, $\overline{AC}=6$ cm일 때, △ABC의 넓이는?

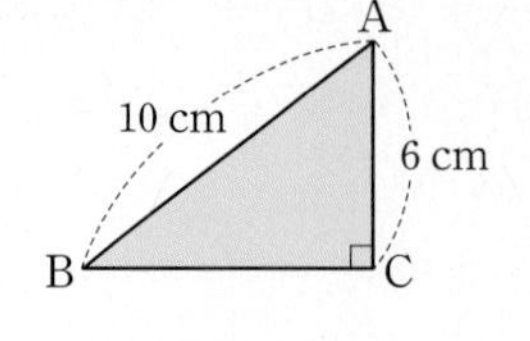

① 16 cm² ② 20 cm² ③ 24 cm² ④ 28 cm² ⑤ 32 cm²

중요

02

오른쪽 그림과 같은 반원 O 안에 $\angle A=90°$인 직각삼각형 ABC가 꼭 맞게 들어 있다. $\overline{AB}=24$ cm, $\overline{OC}=13$ cm일 때, 색칠한 부분의 넓이를 구하시오.

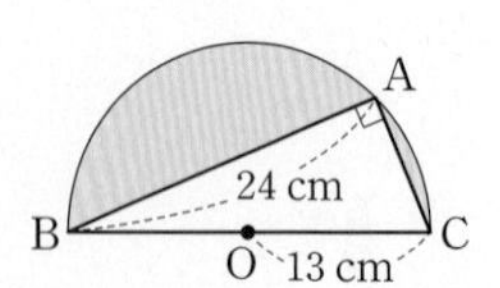

03 서술형

오른쪽 그림과 같이 넓이가 각각 9 cm², 81 cm²인 두 정사각형 ABCD, ECFG를 이어 붙였다. 이때 $\overline{BG}$의 길이를 구하시오.

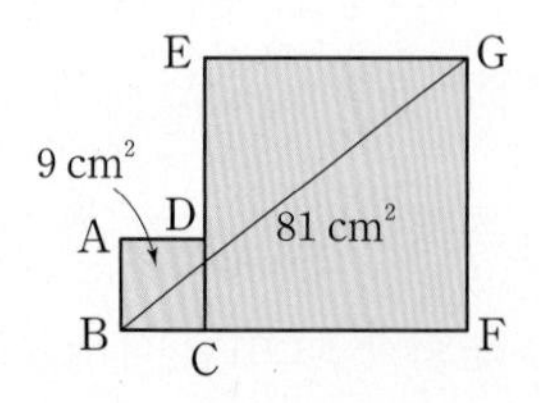

유형 02 직사각형의 대각선의 길이 개념 1

04 대표문제

오른쪽 그림과 같은 직사각형 ABCD에서 $\overline{AC}=26$ cm이고 $\overline{AB}:\overline{BC}=5:12$일 때, $\overline{AD}$의 길이는?

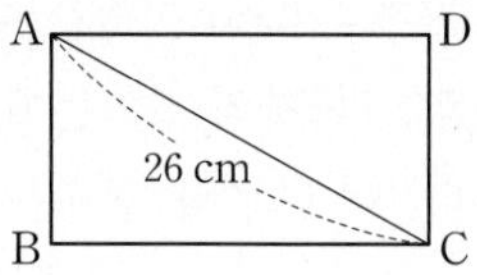

A D 26 cm B C

① 16 cm ② 18 cm ③ 20 cm ④ 22 cm ⑤ 24 cm

05

오른쪽 그림과 같은 직사각형 ABCD에서 $\overline{BC}=12$ cm, $\overline{BD}=15$ cm일 때, □ABCD의 넓이를 구하시오.

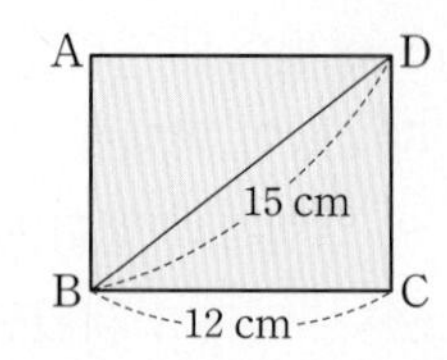

06

오른쪽 그림과 같이 가로와 세로의 길이가 각각 7 cm, 24 cm인 직사각형에 외접하는 원 O의 둘레의 길이는?

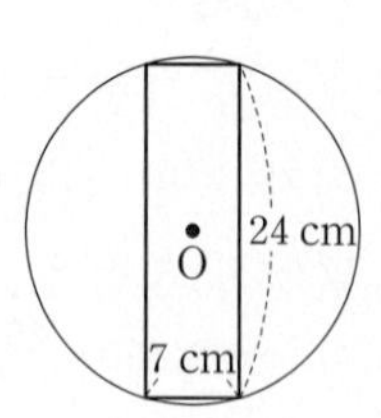

① 23π cm ② $\frac{47}{2}\pi$ cm ③ 24π cm ④ $\frac{49}{2}\pi$ cm ⑤ 25π cm

유형 03 삼각형의 변의 길이 구하기 (2) 개념 1

07 대표문제

오른쪽 그림과 같은 $\triangle ABC$에서 $\overline{AD} \perp \overline{BC}$이고 $\overline{AC}=15$ cm, $\overline{BD}=16$ cm, $\overline{CD}=9$ cm일 때, $\overline{AB}$의 길이를 구하시오.

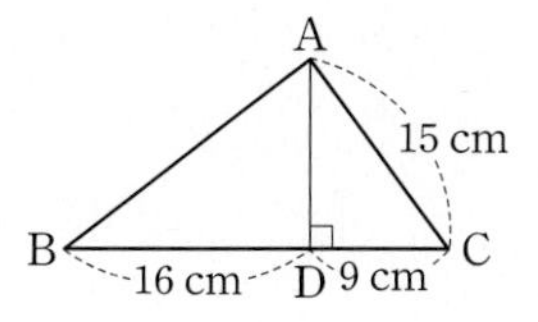

08

오른쪽 그림과 같이 $\angle B=90°$인 직각삼각형 ABC에서 점 M은 $\overline{AB}$의 중점이다. $\overline{AB}=10$, $\overline{CM}=13$일 때, $\overline{AC}^2$의 값을 구하시오.

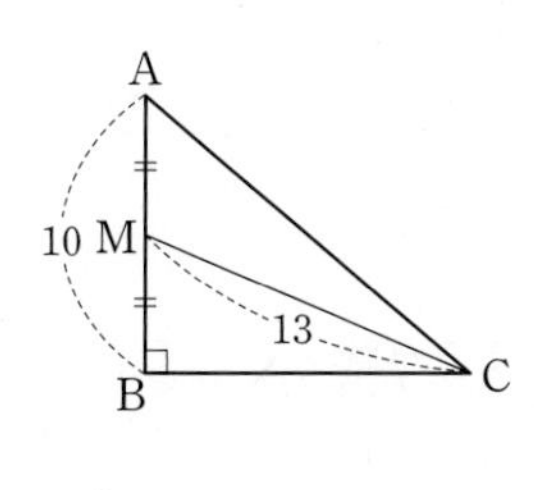

09

오른쪽 그림에서 $\angle ACB=\angle CAD=90°$이고 $\overline{AB}=17$ cm, $\overline{BC}=15$ cm, $\overline{AD}=6$ cm일 때, $\triangle ACD$의 둘레의 길이를 구하시오.

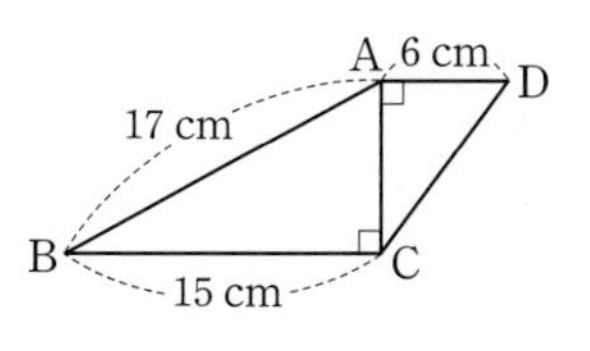

10 서술형

오른쪽 그림과 같이 $\angle C=90°$인 직각삼각형 ABC에서 $\angle A$의 이등분선이 $\overline{BC}$와 만나는 점을 D라 하자. $\overline{AB}=20$ cm, $\overline{AC}=12$ cm일 때, $\overline{CD}$의 길이를 구하시오.

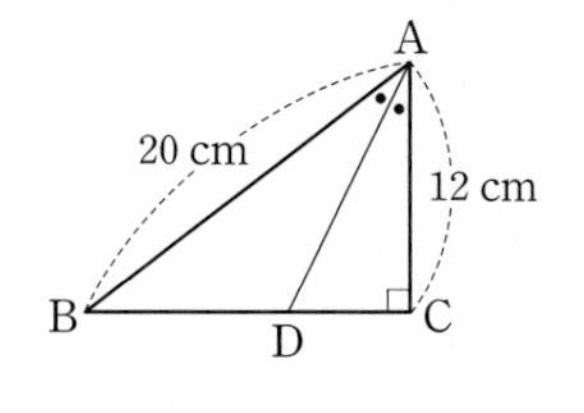

집중

유형 04 삼각형의 닮음과 피타고라스 정리 개념 5

11 대표문제

오른쪽 그림과 같이 $\angle A=90°$인 직각삼각형 ABC에서 $\overline{AD} \perp \overline{BC}$이고 $\overline{AB}=8$ cm, $\overline{AC}=15$ cm일 때, $\overline{BD}$의 길이를 구하시오.

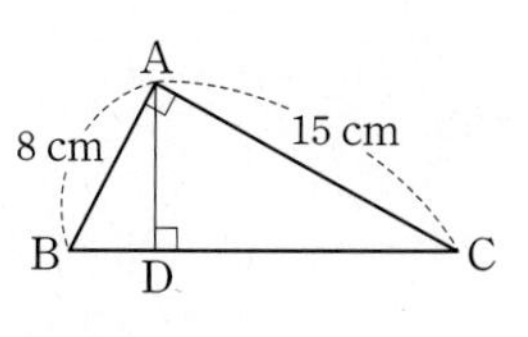

12

오른쪽 그림과 같이 $\angle C=90°$인 직각삼각형 ABC에서 $\overline{AB} \perp \overline{CD}$이고 $\overline{BD}=18$, $\overline{CD}=12$일 때, $\overline{AC}^2$의 값을 구하시오.

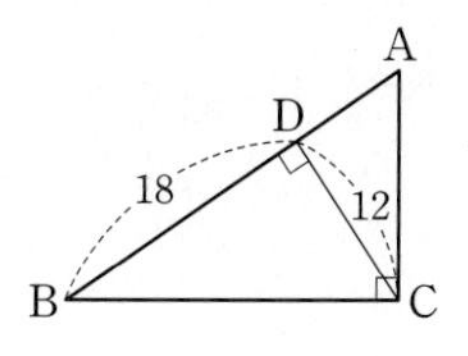

중요

13

오른쪽 그림과 같이 $\angle A=90°$인 직각삼각형 ABC에서 $\overline{AD} \perp \overline{BC}$이고 $\overline{AC}=10$, $\overline{DC}=8$일 때, $x+y+z$의 값은?

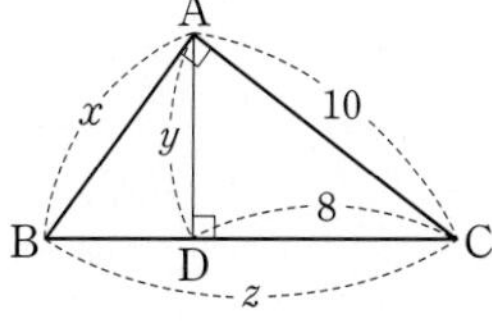

① 20 ② 23 ③ 26 ④ 29 ⑤ 32

08 피타고라스 정리

유형 05 사각형에서 피타고라스 정리의 이용 개념1

14 대표문제

오른쪽 그림과 같은 사다리꼴 ABCD에서 $\angle C = \angle D = 90°$이고 $\overline{AB} = 10$ cm, $\overline{AD} = 7$ cm, $\overline{BC} = 13$ cm일 때, $\overline{CD}$의 길이를 구하시오.

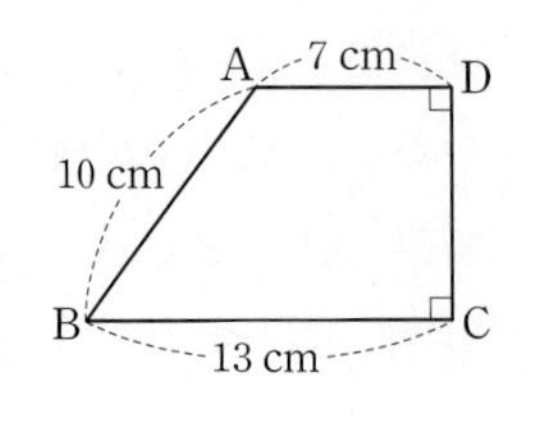

15

오른쪽 그림과 같은 □ABCD에서 $\angle A = \angle C = 90°$이고 $\overline{AD} = 10$, $\overline{BC} = 12$, $\overline{CD} = 9$일 때, $\overline{AB}^2$의 값을 구하시오.

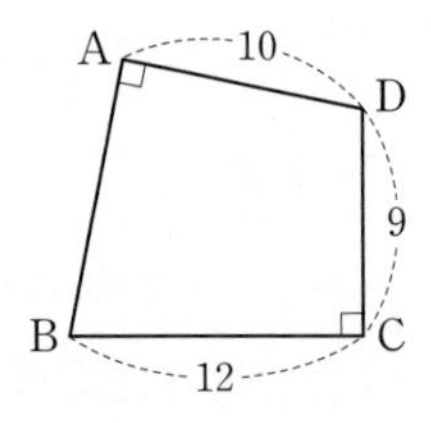

중요

16

오른쪽 그림과 같은 사다리꼴 ABCD에서 $\angle A = \angle B = 90°$이고 $\overline{AD} = 11$ cm, $\overline{BC} = 18$ cm, $\overline{CD} = 25$ cm일 때, $\overline{AC}$의 길이를 구하시오.

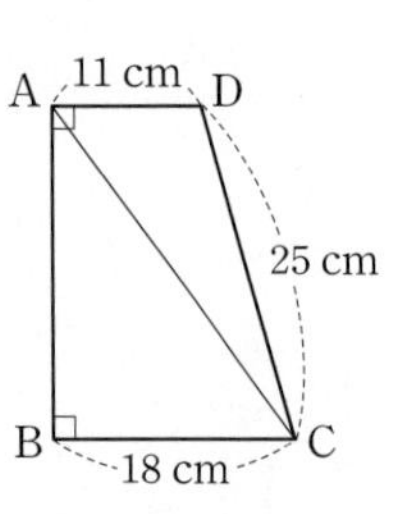

17 서술형

오른쪽 그림과 같은 등변사다리꼴 ABCD에서 $\overline{AB} = 13$ cm, $\overline{BC} = 19$ cm, $\overline{CD} = 13$ cm, $\overline{DA} = 9$ cm일 때, □ABCD의 넓이를 구하시오.

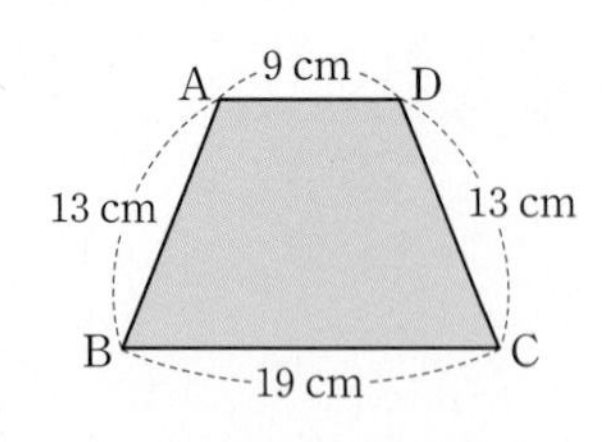

집중

유형 06 피타고라스 정리의 설명; 유클리드 개념2

18 대표문제

오른쪽 그림은 $\angle A = 90°$인 직각삼각형 ABC의 세 변을 각각 한 변으로 하는 세 정사각형을 그린 것이다. □ADEB, □BFGC의 넓이가 각각 34 cm^2, 68 cm^2일 때, △AGC의 넓이를 구하시오.

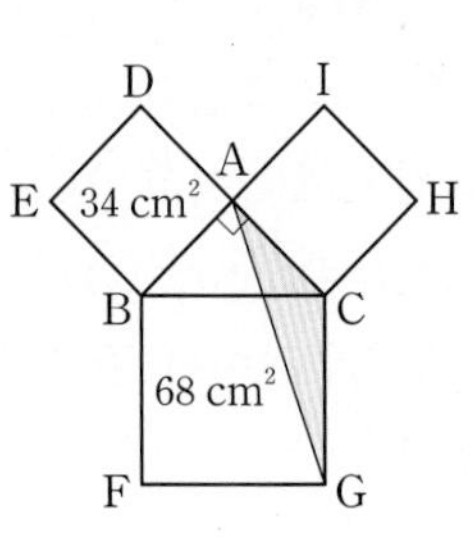

19 서술형

오른쪽 그림은 $\angle A = 90°$인 직각삼각형 ABC의 세 변을 각각 한 변으로 하는 세 정사각형을 그린 것이다. □ACHI, □BFGC의 넓이가 각각 36 cm^2, 85 cm^2일 때, △ABC의 넓이를 구하시오.

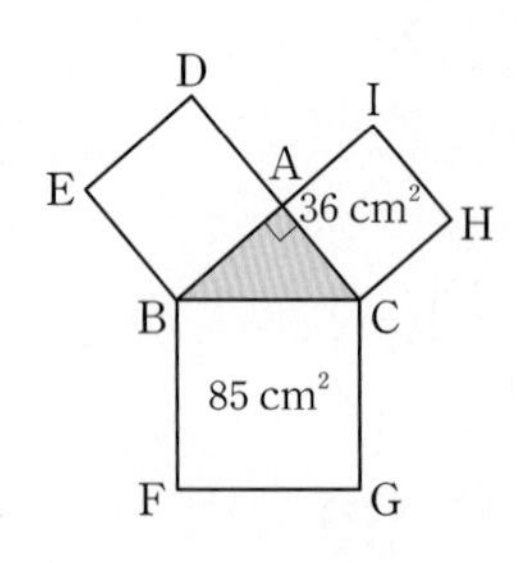

20

오른쪽 그림은 $\angle A = 90°$인 직각삼각형 ABC에서 $\overline{BC}$를 한 변으로 하는 정사각형 BDEC를 그린 것이다. $\overline{AG} \perp \overline{BC}$이고 $\overline{AB} = 9$ cm, $\overline{AC} = 5$ cm일 때, 색칠한 부분의 넓이를 구하시오.

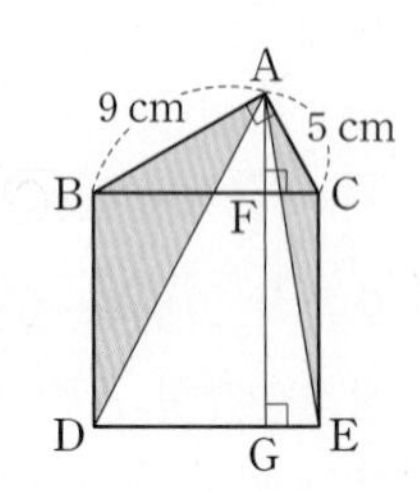

유형 07 피타고라스 정리의 설명; 피타고라스 개념 2

21 대표문제

오른쪽 그림과 같은 정사각형 ABCD에서 $\overline{AE}=\overline{BF}=\overline{CG}=\overline{DH}=8$ cm이고 □EFGH의 넓이는 100 cm²일 때, □ABCD의 넓이를 구하시오.

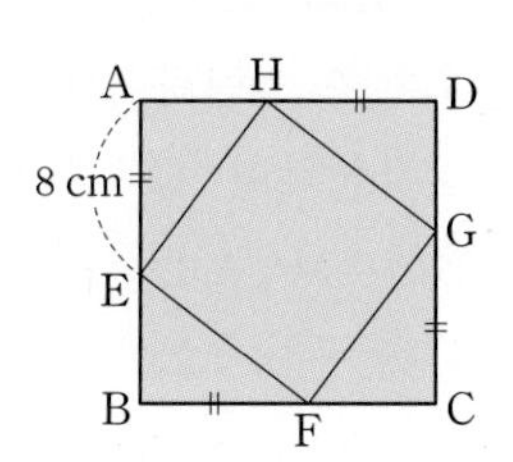

22

오른쪽 그림과 같은 정사각형 ABCD에서 4개의 직각삼각형은 모두 합동이다. $\overline{AE}=5$ cm, $\overline{EB}=4$ cm일 때, □EFGH의 넓이를 구하시오.

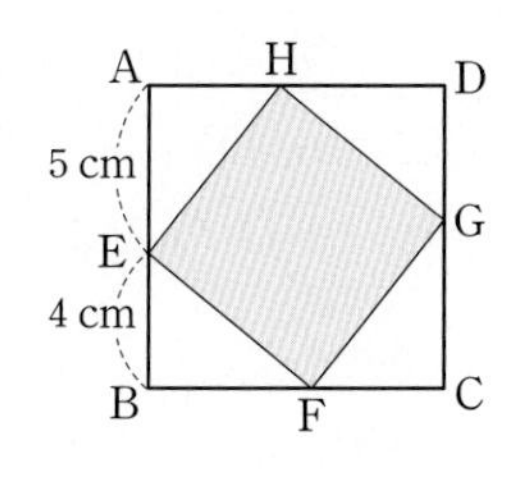

23 서술형

오른쪽 그림과 같이 한 변의 길이가 17 cm인 정사각형 ABCD에서 $\overline{AH}=\overline{BE}=\overline{CF}=\overline{DG}=12$ cm일 때, □EFGH의 둘레의 길이를 구하시오.

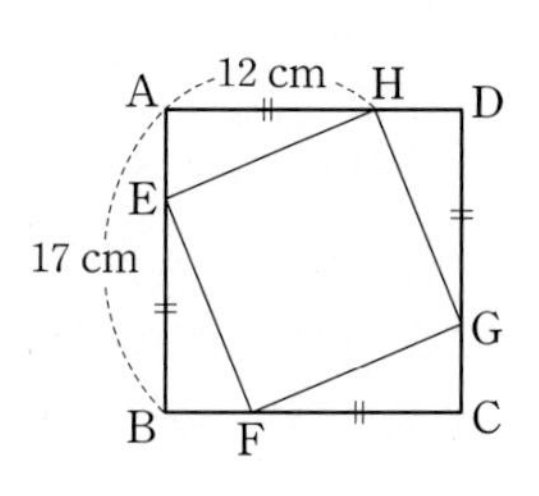

집중

유형 08 직각삼각형이 되는 조건 개념 3

24 대표문제

세 변의 길이가 각각 다음과 같은 삼각형 중 직각삼각형인 것을 모두 고르면? (정답 2개)

① 5 cm, 5 cm, 5 cm
② 5 cm, 6 cm, 7 cm
③ 6 cm, 8 cm, 10 cm
④ 8 cm, 15 cm, 17 cm
⑤ 10 cm, 15 cm, 20 cm

25

세 변의 길이가 각각 10 cm, 24 cm, 26 cm인 삼각형의 넓이는?

① 108 cm²　② 112 cm²　③ 116 cm²
④ 120 cm²　⑤ 124 cm²

중요

26

길이가 각각 5 cm, 6 cm, 7 cm, …, 13 cm인 9개의 막대가 있다. 이 중 서로 다른 3개의 막대를 선택하여 삼각형을 만들 때, 모두 몇 개의 직각삼각형을 만들 수 있는지 구하시오.

집중

유형 09 삼각형의 변의 길이와 각의 크기 사이의 관계 개념 4

27 대표문제

다음 **보기** 중 삼각형의 세 변의 길이와 삼각형의 모양을 짝지은 것으로 옳은 것을 모두 고른 것은?

보기

ㄱ. 6 cm, 9 cm, 12 cm ➡ 둔각삼각형
ㄴ. 7 cm, 24 cm, 25 cm ➡ 예각삼각형
ㄷ. 8 cm, 10 cm, 12 cm ➡ 직각삼각형
ㄹ. 9 cm, 12 cm, 15 cm ➡ 직각삼각형

① ㄱ, ㄷ ② ㄱ, ㄹ ③ ㄴ, ㄹ
④ ㄱ, ㄴ, ㄹ ⑤ ㄴ, ㄷ, ㄹ

28

$\overline{AB}=13$ cm, $\overline{BC}=9$ cm, $\overline{CA}=7$ cm인 $\triangle ABC$는 어떤 삼각형인가?

① 예각삼각형
② $\angle A=90^\circ$인 직각삼각형
③ $\angle A>90^\circ$인 둔각삼각형
④ $\angle C=90^\circ$인 직각삼각형
⑤ $\angle C>90^\circ$인 둔각삼각형

29

세 변의 길이가 각각 x, 8, 15인 삼각형에 대하여 다음 중 옳은 것을 모두 고르면? (정답 2개)

① $x=8$이면 예각삼각형이다.
② $x=13$이면 직각삼각형이다.
③ $x=15$이면 둔각삼각형이다.
④ $x=17$이면 직각삼각형이다.
⑤ $x=20$이면 둔각삼각형이다.

유형 10 피타고라스 정리의 활용; 직각삼각형 개념 5

30 대표문제

오른쪽 그림과 같이 $\angle A=90^\circ$인 직각삼각형 ABC에서 $\overline{BC}=12$, $\overline{BE}=10$, $\overline{CD}=9$일 때, $\overline{DE}^2$의 값을 구하시오.

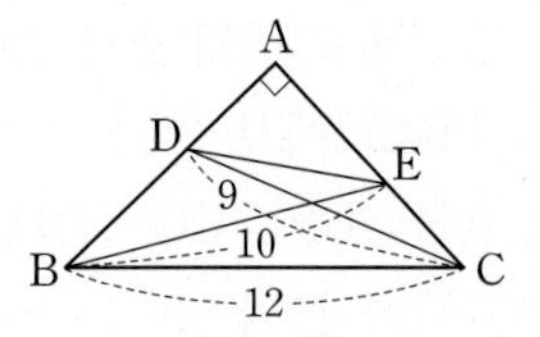

31

오른쪽 그림과 같이 $\angle C=90^\circ$인 직각삼각형 ABC에서 $\overline{AC}=12$, $\overline{BC}=16$, $\overline{DE}=8$일 때, $\overline{AE}^2+\overline{BD}^2$의 값은?

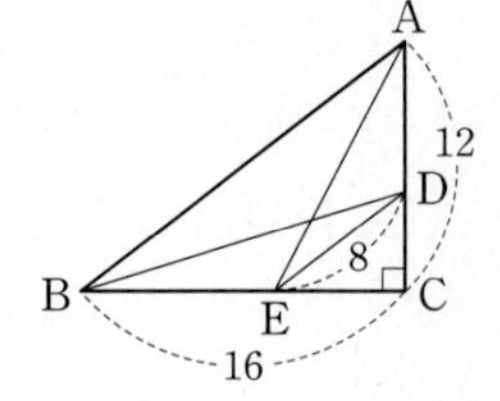

① 336 ② 392
③ 400 ④ 428
⑤ 464

32 서술형

오른쪽 그림과 같이 $\angle B=90^\circ$인 직각삼각형 ABC에서 두 점 D, E는 각각 $\overline{AB}$, $\overline{BC}$의 중점이고 $\overline{AC}=14$일 때, $\overline{AE}^2+\overline{CD}^2$의 값을 구하시오.

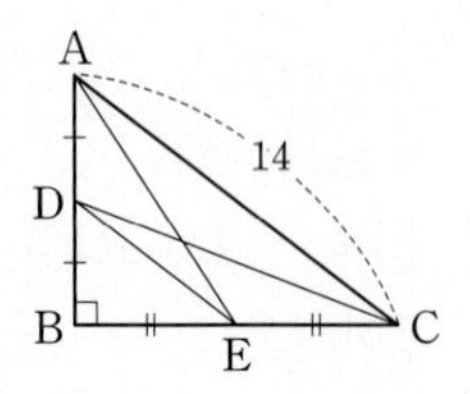

유형 11 피타고라스 정리의 활용; 사각형 개념5

33 대표문제

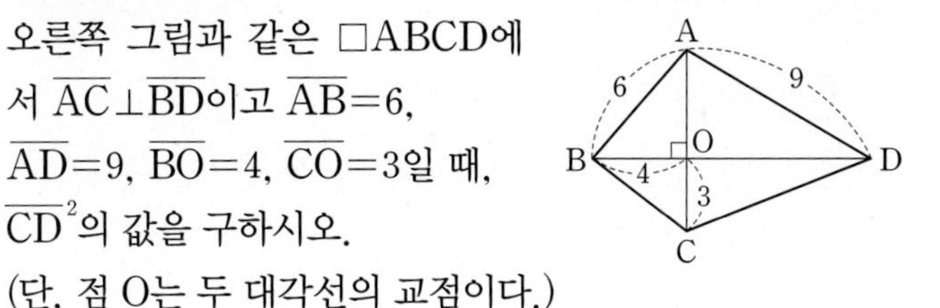

오른쪽 그림과 같은 □ABCD에서 $\overline{AC}\perp\overline{BD}$이고 $\overline{AB}=6$, $\overline{AD}=9$, $\overline{BO}=4$, $\overline{CO}=3$일 때, $\overline{CD}^2$의 값을 구하시오.
(단, 점 O는 두 대각선의 교점이다.)

34

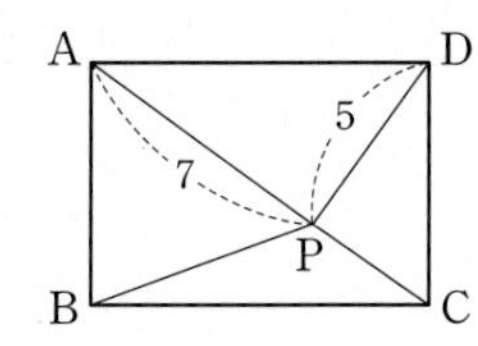

오른쪽 그림과 같은 직사각형 ABCD의 내부에 한 점 P가 있다. $\overline{AP}=7$, $\overline{DP}=5$일 때, $\overline{BP}^2-\overline{CP}^2$의 값은?

① 22 ② 24 ③ 26
④ 28 ⑤ 30

35

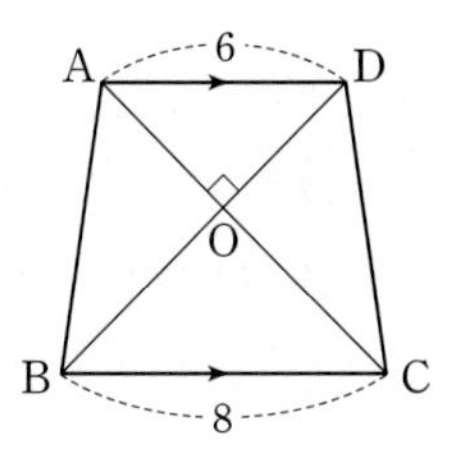

오른쪽 그림과 같이 $\overline{AD}/\!/\overline{BC}$인 등변사다리꼴 ABCD의 두 대각선이 직교하고 $\overline{AD}=6$, $\overline{BC}=8$일 때, $\overline{AB}^2$의 값을 구하시오.

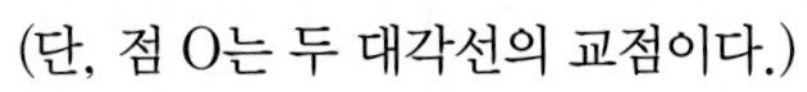

(단, 점 O는 두 대각선의 교점이다.)

집중

유형 12 피타고라스 정리의 활용; 직각삼각형의 세 반원 사이의 관계 개념5

36 대표문제

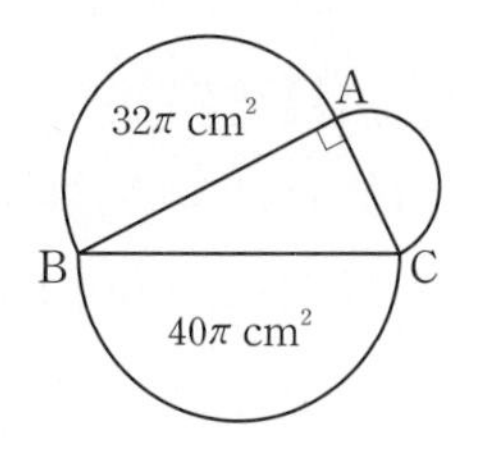

오른쪽 그림은 ∠A=90°인 직각삼각형 ABC의 세 변을 각각 지름으로 하는 세 반원을 그린 것이다. $\overline{AB}$, $\overline{BC}$를 지름으로 하는 두 반원의 넓이가 각각 $32\pi\text{ cm}^2$, $40\pi\text{ cm}^2$일 때, $\overline{AC}$의 길이를 구하시오.

37 서술형

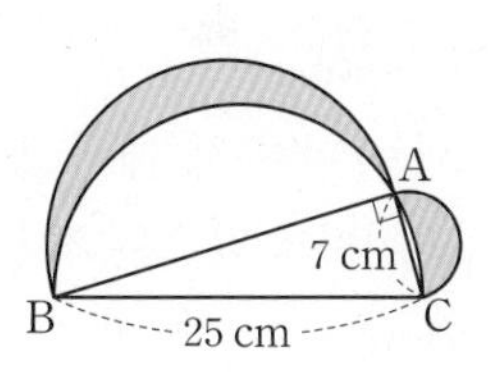

오른쪽 그림은 ∠A=90°인 직각삼각형 ABC의 세 변을 각각 지름으로 하는 세 반원을 그린 것이다. $\overline{AC}=7\text{ cm}$, $\overline{BC}=25\text{ cm}$일 때, 색칠한 부분의 넓이를 구하시오.

38

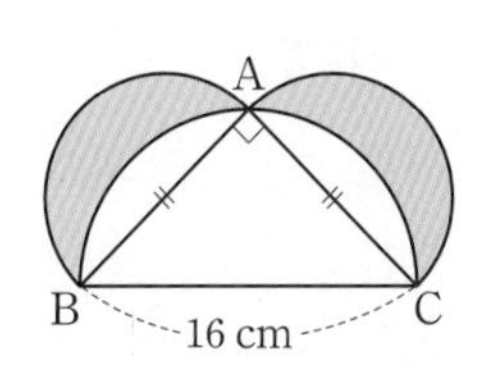

오른쪽 그림은 ∠A=90°인 직각이등변삼각형 ABC의 세 변을 각각 지름으로 하는 세 반원을 그린 것이다. $\overline{BC}=16\text{ cm}$일 때, 색칠한 부분의 넓이를 구하시오.

정답과 해설 119쪽 유형북 124쪽

[유형북] Real 실전 유형에서 틀린 문제를 체크해 보세요.

유형 01 경우의 수; 동전 또는 주사위 던지기 개념 1

01 대표문제

서로 다른 두 개의 주사위를 동시에 던질 때, 나오는 두 눈의 수의 합이 6이 되는 경우의 수는?

① 3 ② 5 ③ 7
④ 9 ⑤ 11

02

서로 다른 세 개의 동전을 동시에 던질 때, 앞면이 1개, 뒷면이 2개 나오는 경우의 수는?

① 2 ② 3 ③ 4
④ 5 ⑤ 6

03

서로 다른 두 개의 주사위를 동시에 던져서 나오는 눈의 수를 각각 x, y라 할 때, $x+3y=11$을 만족시키는 경우의 수를 구하시오.

집중

유형 02 여러 가지 경우의 수 개념 1

04 대표문제

창수, 유림, 성호가 가위바위보를 한 번 할 때, 세 사람이 비기는 경우의 수를 구하시오.

05

1부터 9까지의 자연수가 각각 하나씩 적힌 9장의 카드가 있다. 이 중에서 한 장의 카드를 뽑을 때, 9의 약수가 적힌 카드가 나오는 경우의 수를 구하시오.

중요

06

시연이는 길이가 각각 4 cm, 5 cm, 7 cm, 9 cm인 4개의 막대를 가지고 있다. 이 중에서 3개의 막대를 선택하여 삼각형을 만들 때, 만들 수 있는 삼각형의 개수를 구하시오.

07

오른쪽 그림과 같은 모양의 도로가 있을 때, A 지점에서 출발하여 B 지점까지 최단 거리로 가는 경우의 수를 구하시오.

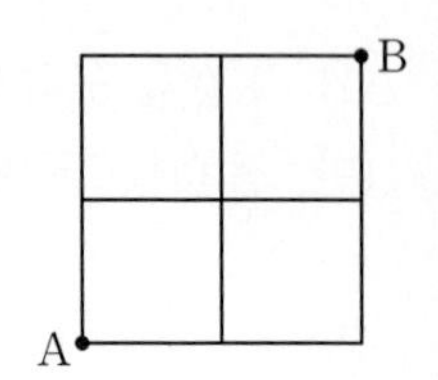

유형 03 돈을 지불하는 방법의 수 개념1

08 대표문제

희진이는 제과점에서 2500원짜리 빵을 1개 사려고 한다. 500원짜리 동전 5개와 100원짜리 동전 10개를 가지고 있을 때, 빵의 값을 지불하는 방법의 수는?

① 2 ② 3 ③ 4
④ 5 ⑤ 6

09

현민이는 꽃집에서 3500원짜리 꽃 한 송이를 사려고 한다. 1000원짜리 지폐 3장, 500원짜리 동전 7개, 100원짜리 동전 10개를 가지고 있을 때, 꽃의 값을 지불하는 방법의 수는?

① 7 ② 8 ③ 9
④ 10 ⑤ 11

10 서술형

500원짜리 동전 3개, 100원짜리 동전 7개가 있다. 이 동전을 각각 1개 이상 사용하여 지불할 수 있는 금액은 모두 몇 가지인지 구하시오.

집중

유형 04 사건 A 또는 사건 B가 일어나는 경우의 수; 교통수단 또는 물건을 선택하는 경우 개념2

11 대표문제

찬수네 집에서 할머니 댁까지 가는 기차 노선은 3가지, 버스 노선은 4가지가 있다. 찬수가 집에서 할머니 댁까지 기차 또는 버스를 타고 가는 경우의 수를 구하시오.

12

어느 분식점의 메뉴가 오른쪽과 같을 때, 김밥 또는 라면 중 한 가지를 선택하는 경우의 수는?

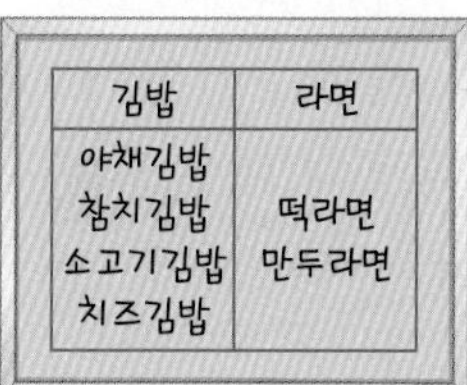

김밥	라면
야채김밥 참치김밥 소고기김밥 치즈김밥	떡라면 만두라면

① 5 ② 6
③ 7 ④ 8
⑤ 9

13

어느 서점에서 수학 참고서 6종류, 영어 참고서 7종류, 과학 참고서 5종류를 판매하고 있다. 수학 참고서 또는 과학 참고서 중 하나를 선택하는 경우의 수는?

① 8 ② 9 ③ 10
④ 11 ⑤ 12

집중 유형 05 사건 A 또는 사건 B가 일어나는 경우의 수; 주사위를 던지거나 수를 뽑는 경우 개념2

14 대표문제

서로 다른 두 개의 주사위를 동시에 던질 때, 나오는 두 눈의 수의 합이 4 또는 5인 경우의 수는?

① 5 ② 6 ③ 7
④ 8 ⑤ 9

15

주머니 속에 1부터 18까지의 자연수가 각각 하나씩 적힌 18개의 공이 들어 있다. 이 주머니에서 한 개의 공을 꺼낼 때, 9의 배수 또는 소수가 적힌 공이 나오는 경우의 수를 구하시오.

16 서술형

1부터 35까지의 자연수가 각각 하나씩 적힌 35장의 카드 중에서 한 장의 카드를 뽑을 때, 5의 배수 또는 7의 배수가 적힌 카드가 나오는 경우의 수를 구하시오.

중요
17

한 개의 주사위를 두 번 던질 때, 나오는 두 눈의 수의 차가 홀수인 경우의 수를 구하시오.

집중 유형 06 두 사건 A와 B가 동시에 일어나는 경우의 수; 물건을 선택하는 경우 개념3

18 대표문제

어느 음식점에서 햄버거 6종류와 음료수 4종류를 판매하고 있다. 햄버거와 음료수를 각각 하나씩 짝 지어 세트를 만드는 경우의 수는?

① 14 ② 16 ③ 18
④ 20 ⑤ 24

19

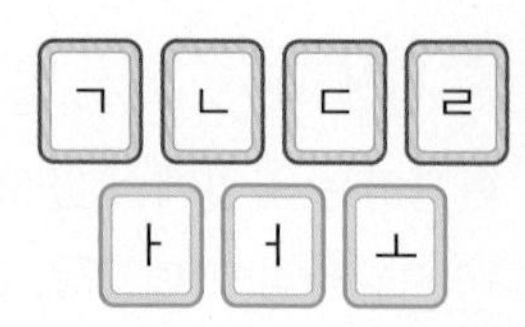

오른쪽과 같이 자음 ㄱ, ㄴ, ㄷ, ㄹ이 각각 하나씩 적힌 카드 4장과 모음 ㅏ, ㅓ, ㅗ가 각각 하나씩 적히 카드 3장이 있다. 자음이 적힌 카드와 모음이 적힌 카드를 각각 한 장씩 선택하여 만들 수 있는 글자의 개수는?

① 7 ② 12 ③ 15
④ 18 ⑤ 20

20

컴퓨터 게임의 아바타에게 입힐 수 있는 3가지 색상의 티셔츠, 2가지 색상의 바지, 4가지 색상의 모자가 있다. 지민이가 아바타에게 티셔츠, 바지, 모자를 각각 하나씩 짝 지어 입히는 경우의 수는?

① 16 ② 20 ③ 24
④ 28 ⑤ 32

집중

유형 07 두 사건 A와 B가 동시에 일어나는 경우의 수; 길 또는 교통수단을 선택하는 경우 개념3

21 대표문제

윤주네 집, 우체국, 도서관 사이에 오른쪽 그림과 같은 길이 있을 때, 윤주가 집에서 출발하여 우체국을 거쳐 도서관까지 가는 경우의 수는?

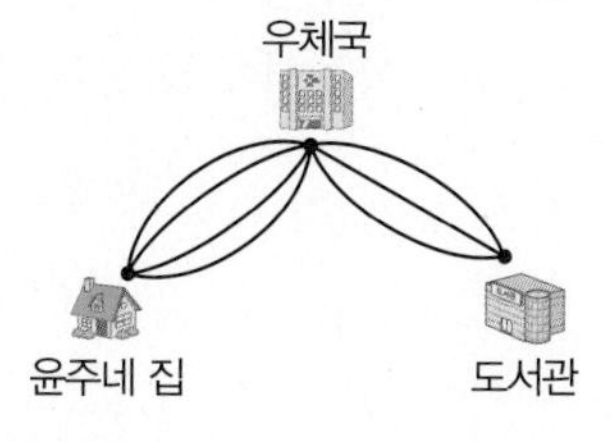

(단, 한 번 지나간 지점은 다시 지나지 않는다.)

① 11 ② 12 ③ 13
④ 14 ⑤ 15

22

어느 산의 정상까지의 등산로는 6가지가 있다. 그중의 한 등산로로 올라가서 다른 등산로로 내려오는 경우의 수를 구하시오.

중요

23

세 지점 A, B, C 사이에 오른쪽 그림과 같은 길이 있을 때, A 지점에서 C 지점까지 가는 경우의 수를 구하시오.

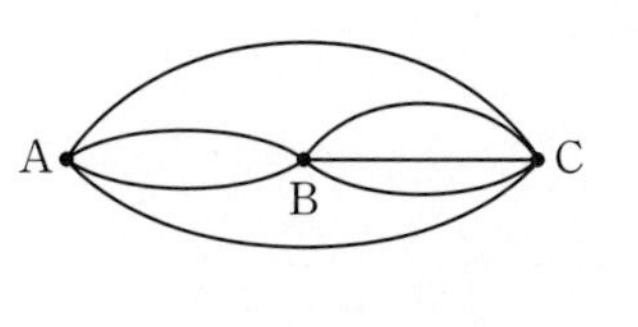

(단, 한 번 지나간 지점은 다시 지나지 않는다.)

유형 08 두 사건 A와 B가 동시에 일어나는 경우의 수; 동전 또는 주사위를 던지는 경우 개념3

24 대표문제

서로 다른 동전 3개와 주사위 2개를 동시에 던질 때, 일어나는 모든 경우의 수는?

① 144 ② 200 ③ 264
④ 288 ⑤ 300

25

500원짜리, 100원짜리, 50원짜리, 10원짜리 동전이 각각 1개씩 있다. 이 동전 4개를 동시에 던질 때, 일어나는 모든 경우의 수는?

① 4 ② 8 ③ 12
④ 16 ⑤ 20

26 서술형

서로 다른 동전 2개와 주사위 1개를 동시에 던질 때, 동전은 서로 같은 면이 나오고 주사위는 5 이하의 눈이 나오는 경우의 수를 구하시오.

집중

유형 09 한 줄로 세우는 경우의 수 개념 4

27 대표문제

어느 영화제에서 총 20편의 영화를 상영하려고 한다. 영화제의 개막식과 폐막식에 각각 1편씩 상영할 영화 2편을 선택하는 경우의 수를 구하시오.

28

서로 다른 사탕 7개 중에서 3개를 골라 세 학생 A, B, C에게 각각 한 개씩 나누어 주려고 한다. 사탕 3개를 나누어 주는 경우의 수를 구하시오.

유형 10 한 줄로 세우는 경우의 수; 특정한 사람의 자리를 고정하는 경우 개념 4

29 대표문제

6명의 학생 A, B, C, D, E, F를 한 줄로 세울 때, A가 두 번째에, F가 맨 뒤에 서는 경우의 수를 구하시오.

30

부모님과 언니, 오빠, 나, 동생이 한 줄로 서서 사진을 찍으려고 한다. 이때 부모님이 양 끝에 서는 경우의 수를 구하시오.

집중

유형 11 한 줄로 세우는 경우의 수; 이웃하는 경우 개념 4

31 대표문제

5권의 책 A, B, C, D, E를 책꽂이에 일렬로 꽂을 때, C와 D를 이웃하도록 꽂는 경우의 수는?

① 12 ② 24 ③ 36
④ 48 ⑤ 60

중요

32

초등학생 3명과 중학생 3명이 증명사진을 찍는 순서를 정하려고 한다. 초등학생 3명은 연속하여 찍으려고 할 때, 증명사진을 찍는 순서를 정하는 경우의 수를 구하시오.

33

6개의 문자 F, L, O, W, E, R가 각각 하나씩 적힌 6장의 카드를 일렬로 나열할 때, W가 O의 바로 뒤에 오는 경우의 수는?

① 80 ② 92 ③ 100
④ 120 ⑤ 136

34 서술형

1, 2, 3, 4, 5, 6이 각각 하나씩 적힌 6장의 카드를 일렬로 나열할 때, 짝수가 적힌 카드끼리, 홀수가 적힌 카드끼리 이웃하도록 나열하는 경우의 수를 구하시오.

유형 12 색칠하는 방법의 수 개념 4

35 대표문제

오른쪽 그림과 같은 사각형의 네 부분 A, B, C, D에 빨강, 노랑, 초록, 파랑, 보라의 5가지 색을 사용하여 색을 칠하려고 한다. 각 부분에 서로 다른 색을 칠하는 방법의 수를 구하시오.

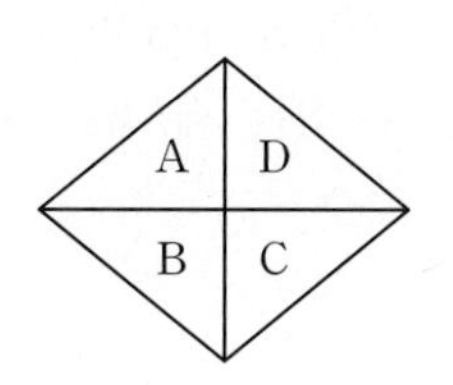

36 서술형

오른쪽 그림과 같은 사각형의 다섯 부분 A, B, C, D, E에 빨강, 분홍, 하늘, 노랑, 연두의 5가지 색을 사용하여 색을 칠하려고 한다. 같은 색을 여러 번 사용해도 좋으나 이웃한 부분에는 서로 다른 색을 칠하려고 할 때, 색을 칠하는 방법의 수를 구하시오.

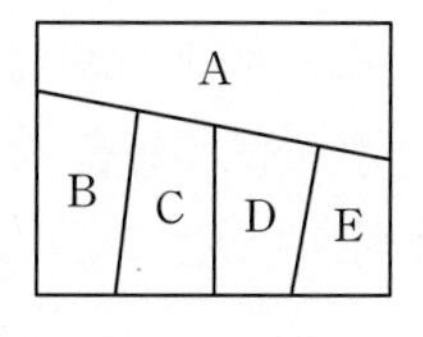

37

오른쪽 그림과 같은 원의 다섯 부분 A, B, C, D, E에 서로 다른 4가지 색을 사용하여 색을 색칠하려고 한다. 같은 색을 여러 번 사용해도 좋으나 이웃한 부분에는 서로 다른 색을 칠하려고 할 때, 색을 칠하는 방법의 수를 구하시오.

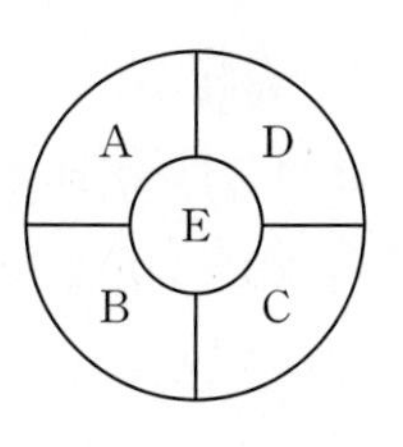

유형 13 자연수의 개수; 0을 포함하지 않는 경우 개념 5

38 대표문제

1부터 5까지의 자연수가 각각 하나씩 적힌 5장의 카드 중에서 2장을 뽑아 두 자리 자연수를 만들 때, 홀수의 개수는?

① 9 ② 12 ③ 15 ④ 18 ⑤ 24

39

1부터 9까지의 자연수를 사용하여 두 자리 자연수를 만들려고 한다. 같은 숫자를 여러 번 사용해도 된다고 할 때, 만들 수 있는 두 자리 자연수의 개수를 구하시오.

40

1부터 6까지의 자연수가 각각 하나씩 적힌 6장의 카드 중에서 2장을 뽑아 두 자리 정수를 만들 때, 36 이상인 수의 개수는?

① 14 ② 15 ③ 16 ④ 17 ⑤ 18

집중 유형 14 자연수의 개수; 0을 포함하는 경우 개념 5

41 대표문제

0, 1, 2, 3, 4, 5, 6이 각각 하나씩 적힌 7장의 카드 중에서 3장을 뽑아 만들 수 있는 세 자리 자연수의 개수는?

① 160 ② 170 ③ 180
④ 190 ⑤ 200

42

0부터 9까지의 10개의 숫자를 사용하여 두 자리 자연수를 만들려고 한다. 같은 숫자를 여러 번 사용해도 된다고 할 때, 만들 수 있는 두 자리 자연수의 개수를 구하시오.

43 서술형

0, 3, 4, 5, 6, 7이 각각 하나씩 적힌 6장의 카드 중에서 2장을 뽑아 만들 수 있는 두 자리 정수 중 짝수의 개수를 구하시오.

44

주머니 속에 0, 1, 2, 3, 4, 5의 숫자가 각각 하나씩 적힌 6개의 공이 들어 있다. 이 주머니에서 공 3개를 꺼내어 만들 수 있는 세 자리 자연수 중 310 미만인 수의 개수를 구하시오.

집중 유형 15 대표를 뽑는 경우의 수; 자격이 다른 경우 개념 6

45 대표문제

어느 축구 대회에 8개의 팀이 출전하였다. 이 대회에서 1등, 2등, 3등을 각각 한 팀씩 뽑아 상을 주려고 할 때, 상을 줄 수 있는 모든 경우의 수는?

① 300 ② 320 ③ 336
④ 410 ⑤ 442

중요
46

준형이를 포함한 10명의 후보 중에서 회장, 부회장, 총무를 각각 1명씩 뽑을 때, 준형이가 회장이 되는 경우의 수를 구하시오.

집중

유형 16 대표를 뽑는 경우의 수; 자격이 같은 경우 개념 6

47 대표문제

학생 7명 중에서 청소 당번 3명을 뽑는 경우의 수를 구하시오.

48

사과, 배, 감, 귤, 바나나, 포도의 여섯 가지 과일이 각각 1개씩 있다. 이 중에서 3개의 과일을 고를 때, 사과가 포함되는 경우의 수를 구하시오.

중요

49

2학년 학생 대표 회의에 학급대표 8명이 참석하였다. 학급대표가 한 사람도 빠짐없이 서로 한 번씩 악수를 하려고 할 때, 모두 몇 번의 악수를 해야 하는지 구하시오.

50 서술형

여학생 6명과 남학생 7명이 있다. 이 중에서 여학생 대표 2명과 남학생 대표 1명을 뽑는 경우의 수를 구하시오.

유형 17 선분 또는 삼각형의 개수 개념 6

51 대표문제

오른쪽 그림과 같이 한 원 위에 7개의 점 A ~ G가 있을 때, 이 중 두 점을 연결하여 만들 수 있는 선분의 개수는?

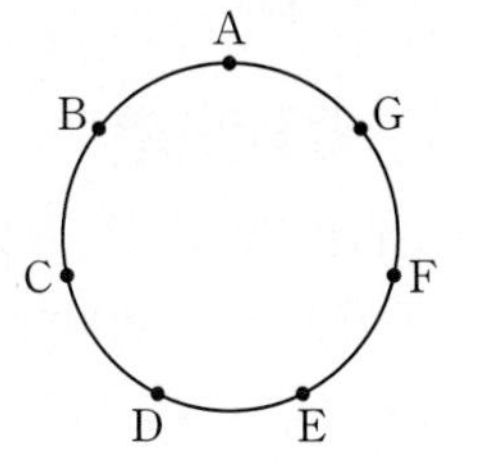

① 19 ② 20
③ 21 ④ 22
⑤ 23

52

오른쪽 그림과 같이 평행한 두 직선 l, m 위에 7개의 점 A ~ G가 있다. 직선 l 위의 한 점과 직선 m 위의 한 점을 연결하여 만들 수 있는 선분의 개수를 구하시오.

53

오른쪽 그림과 같이 한 원 위에 8개의 점 A ~ H가 있을 때, 이 중 세 점을 연결하여 만들 수 있는 삼각형의 개수는?

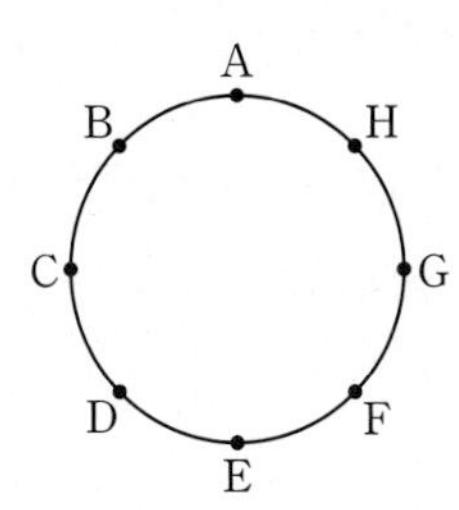

① 52 ② 54
③ 56 ④ 58
⑤ 60

[유형북] Real 실전 유형에서 틀린 문제를 체크해 보세요.

집중

유형 01 확률 개념 1

01 대표문제

1부터 20까지의 자연수가 각각 하나씩 적힌 20개의 공이 들어 있는 주머니에서 한 개의 공을 꺼낼 때, 공에 적힌 수가 5의 배수일 확률은?

① $\frac{1}{15}$ ② $\frac{2}{15}$ ③ $\frac{1}{5}$
④ $\frac{4}{15}$ ⑤ $\frac{1}{3}$

02

딸기맛 사탕과 포도맛 사탕을 합하여 16개가 들어 있는 주머니에서 사탕 한 개를 꺼낼 때, 포도맛 사탕이 나올 확률은 $\frac{3}{4}$이다. 이때 주머니 속에 들어 있는 포도맛 사탕의 개수를 구하시오.

03

서로 다른 3개의 동전을 동시에 던질 때, 앞면이 2개 나올 확률을 구하시오.

04

서로 다른 두 개의 주사위를 동시에 던질 때, 나오는 두 눈의 수의 차가 3일 확률을 구하시오.

유형 02 확률; 한 줄로 세우기, 대표 뽑기 개념 1

05 대표문제

재윤이를 포함한 6명의 학생을 한 줄로 세울 때, 재윤이가 맨 뒤에 설 확률은?

① $\frac{1}{12}$ ② $\frac{1}{6}$ ③ $\frac{1}{4}$
④ $\frac{1}{3}$ ⑤ $\frac{1}{2}$

중요

06

남학생 2명과 여학생 3명을 한 줄로 세울 때, 남학생끼리 이웃하여 설 확률은?

① $\frac{5}{24}$ ② $\frac{7}{12}$ ③ $\frac{2}{5}$
④ $\frac{1}{4}$ ⑤ $\frac{1}{2}$

07 서술형

A 농구팀 선수 5명과 B 농구팀 선수 6명 중에서 2명의 대표 선수를 뽑을 때, 2명 모두 A 농구팀 선수가 뽑힐 확률을 구하시오.

유형 03 확률; 방정식과 부등식 개념 1

08 대표문제

두 개의 주사위 A, B를 동시에 던져서 A 주사위에서 나오는 눈의 수를 x, B 주사위에서 나오는 눈의 수를 y라 할 때, $2x+y=7$일 확률은?

① $\frac{1}{12}$ ② $\frac{1}{9}$ ③ $\frac{5}{36}$
④ $\frac{1}{6}$ ⑤ $\frac{7}{36}$

09

한 개의 주사위를 두 번 던져서 첫 번째 나오는 눈의 수를 x, 두 번째 나오는 눈의 수를 y라 할 때, $3x<2y$일 확률을 구하시오.

10 서술형

두 개의 주사위 A, B를 동시에 던져서 A 주사위에서 나오는 눈의 수를 x, B 주사위에서 나오는 눈의 수를 y라 할 때, $2x+y\le 6$일 확률을 구하시오.

유형 04 도형에서의 확률 개념 2

11 대표문제

오른쪽 그림과 같이 12등분된 원판에 화살을 한 번 쏠 때, 3의 배수가 적힌 부분을 맞힐 확률은? (단, 화살이 원판을 벗어나거나 경계선을 맞히는 경우는 생각하지 않는다.)

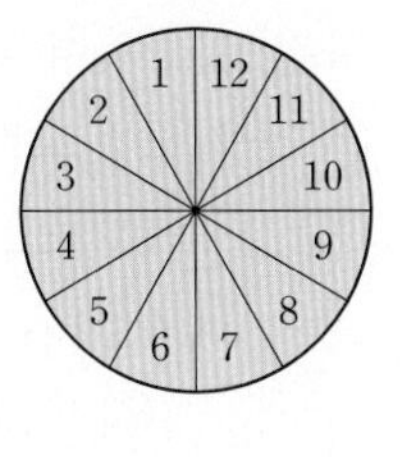

① $\frac{1}{12}$ ② $\frac{1}{6}$ ③ $\frac{1}{4}$
④ $\frac{1}{3}$ ⑤ $\frac{1}{2}$

12

오른쪽 그림과 같이 10등분된 원판 위의 바늘을 돌려서 바늘이 멈춘 부분의 수를 확인할 때, 바늘이 10의 약수가 적힌 부분에 멈출 확률은? (단, 바늘이 경계선에 멈추는 경우는 생각하지 않는다.)

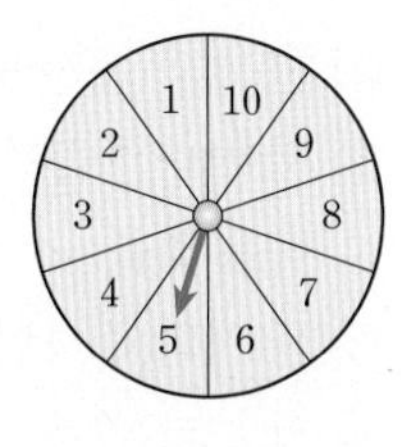

① $\frac{1}{10}$ ② $\frac{1}{5}$ ③ $\frac{3}{10}$
④ $\frac{2}{5}$ ⑤ $\frac{1}{2}$

13 서술형

오른쪽 그림과 같은 과녁에 화살을 한 번 쏘아 A, B, C 세 영역에 맞히면 각각 10점, 9점, 8점을 얻는다고 한다. 화살을 한 번 쏠 때, 9점을 얻을 확률을 구하시오. (단, 화살이 과녁을 벗어나거나 경계선을 맞히는 경우는 생각하지 않는다.)

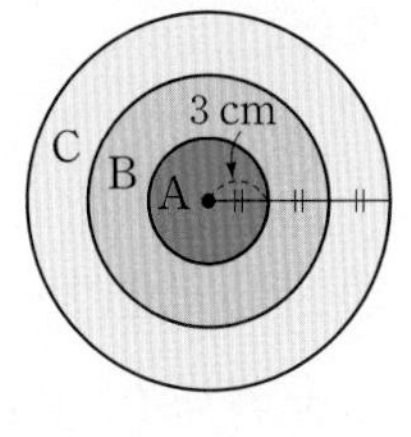

유형 05 확률의 기본 성질 개념3

14 대표문제

사건 A가 일어날 확률을 p라 할 때, 다음 **보기** 중 옳지 않은 것을 모두 고르시오.

보기

ㄱ. $0 \le p \le 1$

ㄴ. $p=\dfrac{(\text{사건 }A\text{가 일어나는 경우의 수})}{(\text{모든 경우의 수})}$

ㄷ. $p=0$이면 사건 A는 반드시 일어난다.

ㄹ. $p=1$이면 사건 A는 절대로 일어나지 않는다.

15

다음 중 확률이 1인 것을 모두 고르면? (정답 2개)

① 한 개의 동전을 던질 때, 앞면이 나올 확률
② 서로 다른 두 개의 동전을 동시에 던질 때, 모두 뒷면이 나올 확률
③ 한 개의 주사위를 던질 때, 6 이하의 눈이 나올 확률
④ 서로 다른 두 개의 주사위를 동시에 던질 때, 나오는 두 눈의 수의 합이 2 이상일 확률
⑤ 한 개의 주사위를 던질 때, 7이 나올 확률

16

주머니 속에 빨간 구슬 4개, 파란 구슬 8개가 들어 있다. 이 주머니에서 한 개의 구슬을 꺼낼 때, 다음 중 옳지 않은 것은?

① 빨간 구슬이 나올 확률은 $\frac{1}{3}$이다.
② 파란 구슬이 나올 확률은 $\frac{2}{3}$이다.
③ 노란 구슬이 나올 확률은 0이다.
④ 빨간 구슬 또는 파란 구슬이 나올 확률은 1이다.
⑤ 빨간 구슬이 나올 확률은 파란 구슬이 나올 확률과 같다.

유형 06 어떤 사건이 일어나지 않을 확률 개념4

17 대표문제

종민이를 포함한 12명의 후보 중에서 대표 2명을 뽑을 때, 종민이가 뽑히지 않을 확률을 구하시오.

18

A, B 두 중학교의 축구 시합에서 B 중학교가 이길 확률이 $\frac{3}{5}$일 때, A 중학교가 이길 확률을 구하시오.

(단, 비기는 경우는 생각하지 않는다.)

19 서술형

6명의 학생 A, B, C, D, E, F가 한 줄로 설 때, C와 D가 이웃하지 않을 확률을 구하시오.

중요

20

서로 다른 두 개의 주사위를 동시에 던질 때, 나오는 두 눈의 수의 합이 9가 아닐 확률을 구하시오.

집중

유형 07 '적어도 하나는 ~'일 확률 개념 4

21 대표문제

남학생 3명과 여학생 4명 중에서 대표 2명을 뽑을 때, 적어도 한 명은 남학생이 뽑힐 확률은?

① $\frac{1}{7}$ ② $\frac{2}{7}$ ③ $\frac{3}{7}$
④ $\frac{4}{7}$ ⑤ $\frac{5}{7}$

22

수미는 ○, ×로 답하는 4개의 문제에 임의로 답을 쓸 때, 적어도 한 문제는 틀릴 확률을 구하시오.

23

서로 다른 동전 5개를 동시에 던질 때, 적어도 하나는 뒷면이 나올 확률은?

① $\frac{1}{16}$ ② $\frac{1}{8}$ ③ $\frac{29}{32}$
④ $\frac{15}{16}$ ⑤ $\frac{31}{32}$

24 서술형

1, 2, 3, 4, 5, 6이 각각 하나씩 적힌 6장의 카드 중에서 2장을 뽑아 두 자리 정수를 만들 때, 각 자리의 숫자 중 적어도 하나는 짝수일 확률을 구하시오.

집중

유형 08 사건 A 또는 사건 B가 일어날 확률 개념 5

25 대표문제

서로 다른 두 개의 주사위를 동시에 던질 때, 나오는 두 눈의 수의 차가 3 또는 5일 확률은?

① $\frac{7}{36}$ ② $\frac{2}{9}$ ③ $\frac{5}{18}$
④ $\frac{11}{18}$ ⑤ $\frac{25}{36}$

26

오른쪽 표는 어느 반 학생 25명이 좋아하는 과일을 한 가지씩 조사하여 나타낸 것이다. 이 반 학생 중에서 한 명을 선택할 때, 그 학생이 좋아하는 과일이 귤이거나 딸기일 확률은?

과일	학생 수(명)
귤	5
사과	7
배	6
감	3
딸기	4

① $\frac{1}{5}$ ② $\frac{6}{25}$ ③ $\frac{7}{25}$
④ $\frac{8}{25}$ ⑤ $\frac{9}{25}$

27 서술형

1부터 14까지의 자연수가 각각 하나씩 적힌 14개의 공이 들어 있는 상자에서 한 개의 공을 꺼낼 때, 5의 배수 또는 14의 약수가 적힌 공이 나올 확률을 구하시오.

10 확률

집중

유형 09 두 사건 A와 B가 동시에 일어날 확률 개념 6

28 대표문제

A 상자에는 빨간 공 4개, 파란 공 6개가 들어 있고, B 상자에는 빨간 공 5개, 파란 공 3개가 들어 있다. 두 상자 A, B에서 각각 한 개의 공을 꺼낼 때, A 상자에서는 빨간 공, B 상자에서는 파란 공이 나올 확률을 구하시오.

29

어떤 시험에 합격할 확률이 각각 $\frac{2}{3}$, $\frac{4}{5}$, $\frac{3}{8}$인 세 학생이 있다. 이 시험에서 3명 모두 합격할 확률을 구하시오.

중요

30

두 개의 주사위 A, B를 동시에 던질 때, A 주사위에서 나오는 눈의 수가 소수이고, B 주사위에서 나오는 눈의 수가 3 이상일 확률은?

① $\frac{1}{5}$ ② $\frac{1}{4}$ ③ $\frac{1}{3}$
④ $\frac{2}{3}$ ⑤ $\frac{3}{4}$

집중

유형 10 두 사건 A, B 중 적어도 하나가 일어날 확률 개념 4, 6

31 대표문제

명중률이 각각 $\frac{5}{9}$, $\frac{1}{3}$인 두 사격 선수 A, B가 표적을 향하여 총을 한 번씩 쏠 때, 적어도 한 명은 표적을 명중시킬 확률을 구하시오.

32 서술형

어느 반 남학생 6명, 여학생 4명 중에서 2명의 대표를 뽑을 때, 적어도 한 명은 남학생이 뽑힐 확률을 구하시오.

33

성우와 소진이가 도서관에서 만나기로 약속하였다. 성우가 약속을 지키지 않을 확률은 $\frac{3}{8}$이고 소진이가 약속을 지킬 확률은 $\frac{4}{5}$일 때, 두 사람이 만나지 못할 확률을 구하시오.

34

오른쪽 그림과 같은 전기 회로에서 두 스위치 A, B가 닫힐 확률이 각각 $\frac{3}{4}$, $\frac{2}{3}$일 때, 전구에 불이 들어올 확률은?

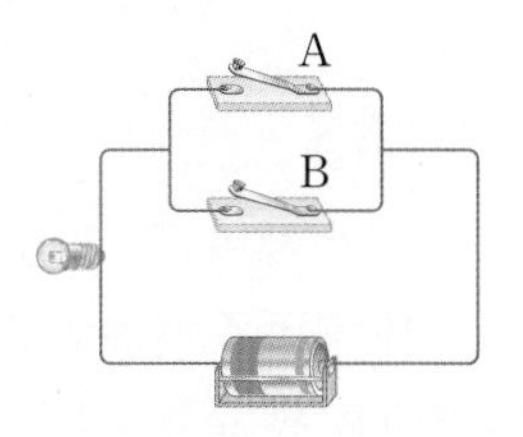

① $\frac{7}{12}$ ② $\frac{2}{3}$ ③ $\frac{3}{4}$
④ $\frac{5}{6}$ ⑤ $\frac{11}{12}$

집중

유형 11 확률의 덧셈과 곱셈 개념 5, 6

35 대표문제

A 상자에는 노란 공 4개, 빨간 공 5개가 들어 있고, B 상자에는 노란 공 4개, 빨간 공 8개가 들어 있다. 두 상자 A, B에서 각각 한 개의 공을 꺼낼 때, 두 공의 색이 서로 다를 확률은?

① $\frac{10}{27}$ ② $\frac{13}{27}$ ③ $\frac{5}{9}$
④ $\frac{20}{27}$ ⑤ $\frac{25}{27}$

36

어느 반 학생들은 A, B 두 영화관 중 한 곳만 이용하는데 A 영화관을 이용할 확률은 $\frac{4}{7}$이다. 이 반 학생 중 민희와 규민이가 같은 영화관을 이용할 확률을 구하시오.

37

어느 공장에서 만든 제품을 두 상자 A, B에 넣어서 판매하려고 한다. 두 상자 A, B에 각각 3 %, 4 %의 불량품이 들어 있다고 할 때, 두 상자 A, B 중 하나에서 꺼낸 제품이 불량품일 확률은?

① $\frac{1}{50}$ ② $\frac{1}{40}$ ③ $\frac{3}{100}$
④ $\frac{7}{200}$ ⑤ $\frac{1}{25}$

38 서술형

두 자연수 a, b가 홀수일 확률이 각각 $\frac{5}{6}$, $\frac{1}{3}$일 때, $a+b$가 홀수일 확률을 구하시오.

39

이번 주 월요일, 화요일, 수요일에 비가 올 확률이 각각 $\frac{1}{2}$, $\frac{1}{3}$, $\frac{1}{4}$일 때, 사흘 중 이틀만 비가 올 확률은?

① $\frac{1}{10}$ ② $\frac{1}{4}$ ③ $\frac{1}{5}$
④ $\frac{5}{12}$ ⑤ $\frac{2}{3}$

유형 12 연속하여 꺼내는 경우의 확률; 꺼낸 것을 다시 넣는 경우 개념7

40 대표문제

20개의 제비 중 당첨 제비가 4개 들어 있다. 원재가 제비를 한 개 뽑아 확인하고 다시 넣은 후 은서가 제비를 한 개 뽑을 때, 두 사람 모두 당첨 제비를 뽑을 확률은?

① $\frac{1}{25}$ ② $\frac{3}{20}$ ③ $\frac{4}{25}$
④ $\frac{1}{4}$ ⑤ $\frac{1}{5}$

41

1부터 16까지의 자연수가 각각 하나씩 적힌 16장의 카드가 있다. 이 중에서 한 장의 카드를 뽑아 확인하고 넣은 후 다시 한 장의 카드를 뽑을 때, 첫 번째에는 4의 배수가 적힌 카드가 나오고 두 번째에는 12의 약수가 적힌 카드가 나올 확률은?

① $\frac{3}{32}$ ② $\frac{1}{8}$ ③ $\frac{5}{32}$
④ $\frac{3}{16}$ ⑤ $\frac{7}{32}$

42

상자 속에 노란 공 4개, 파란 공 6개가 들어 있다. 이 상자에서 공을 한 개 꺼내 확인하고 넣은 후 다시 한 개의 공을 꺼낼 때, 적어도 한 개는 파란 공이 나올 확률을 구하시오.

집중

유형 13 연속하여 꺼내는 경우의 확률; 꺼낸 것을 다시 넣지 않는 경우 개념7

43 대표문제

30개의 제비 중 당첨 제비가 6개 들어 있다. 희원이와 영재가 제비를 차례대로 한 개씩 뽑을 때, 두 사람 모두 당첨 제비를 뽑을 확률은? (단, 꺼낸 제비는 다시 넣지 않는다.)

① $\frac{1}{30}$ ② $\frac{1}{29}$ ③ $\frac{1}{5}$
④ $\frac{3}{10}$ ⑤ $\frac{20}{29}$

44

주머니 속에 빨간 구슬 3개, 흰 구슬 6개가 들어 있다. 시연이가 두 개의 구슬을 연속하여 꺼낼 때, 처음에는 빨간 구슬이 나오고 두 번째에는 흰 구슬이 나올 확률을 구하시오. (단, 꺼낸 구슬은 다시 넣지 않는다.)

45

상자 속에 흰 바둑돌 8개, 검은 바둑돌 7개가 들어 있다. 이 상자에서 두 개의 바둑돌을 연속하여 꺼낼 때, 두 바둑돌의 색이 같을 확률을 구하시오.

(단, 꺼낸 바둑돌은 다시 넣지 않는다.)

46 서술형

화병에 장미 4송이, 백합 8송이가 꽂혀 있다. 이 화병에서 병규와 민정이가 차례대로 꽃을 한 송이씩 꺼낼 때, 민정이가 장미를 꺼낼 확률을 구하시오.

(단, 꺼낸 꽃은 다시 넣지 않는다.)

유형 14 가위바위보에서의 확률 개념 5, 6

47 대표문제

우찬이와 미수가 가위바위보를 두 번 할 때, 첫 번째에는 우찬이가 이기고 두 번째에는 비길 확률은?

① $\frac{1}{27}$ ② $\frac{1}{18}$ ③ $\frac{1}{9}$
④ $\frac{1}{6}$ ⑤ $\frac{1}{3}$

48

A, B 두 사람이 가위바위보를 한 번 할 때, B가 이기거나 질 확률을 구하시오.

49

A, B, C 세 사람이 가위바위보를 한 번 할 때, A만 이길 확률을 구하시오.

중요
50

지숙, 혜원, 문희 세 사람이 가위바위보를 한 번 할 때, 승부가 결정될 확률을 구하시오.

유형 15 승패에 대한 확률 개념 4~6

51 대표문제

A, B 두 팀이 시합을 하는데 먼저 2번을 이긴 팀이 우승한다고 한다. 각 시합에서 A팀이 이길 확률이 $\frac{3}{5}$일 때, 3번째 시합에서 A팀이 우승할 확률은?

(단, 비기는 경우는 생각하지 않는다.)

① $\frac{8}{125}$ ② $\frac{21}{125}$ ③ $\frac{6}{25}$
④ $\frac{32}{125}$ ⑤ $\frac{36}{125}$

52 서술형

찬미, 현수 두 사람이 1회에는 찬미, 2회에는 현수, 3회에는 찬미, 4회에는 현수, …의 순서로 주사위 한 개를 번갈아 던지는 게임을 하고 있다. 3의 배수의 눈이 먼저 나오는 사람이 이긴다고 할 때, 4회 이내에 현수가 이길 확률을 구하시오.

• Memo •

• Memo •

유형 반복 훈련서

유형 더블

중등수학 2-2

정답과 해설

유형 더블

중등수학 2-2

유형북 빠른 정답

01 삼각형의 성질

개념 9, 11쪽 풀이 9쪽

01 65° **02** 58° **03** 100° **04** 78° **05** 123°
06 55° **07** 3 **08** 10 **09** 90 **10** 36
11 $\overline{AD}$, $\angle CAD$, $\angle ADC$, ASA, $\overline{AC}$ **12** 4
13 6 **14** 65° **15** 2 cm
16 $\triangle ABC \equiv \triangle FDE$, RHA 합동 **17** 4 cm
18 $\triangle ABC \equiv \triangle DFE$, RHS 합동 **19** 8 cm **20** ○
21 × **22** × **23** ○
24 $\angle PBO$, $\overline{OP}$, $\angle BOP$, RHA **25** 5
26 90, $\overline{OP}$, $\overline{PB}$, RHS, $\angle BOP$ **27** 32

유형 12~17쪽 풀이 9~13쪽

01 ④ **02** ①, ⑤ **03** 39° **04** ⑤ **05** 43°
06 ③ **07** 38° **08** 60° **09** 24° **10** 60°
11 ③ **12** ① **13** ⑤ **14** 30 cm^2 **15** ③
16 46 **17** 8 cm **18** ② **19** ③ **20** 12 cm^2
21 ㄱ과 ㅂ(RHS 합동), ㄴ과 ㄹ(RHA 합동) **22** ①, ④
23 ②, ⑤ **24** ⑤
25 (가) 90 (나) $\overline{BC}$ (다) $\angle BCD$ (라) RHA **26** 9 cm
27 4 cm **28** 2 cm **29** 50° **30** 8 cm **31** ③
32 60 cm^2 **33** 22° **34** 3 cm

기출 18~20쪽 풀이 13~16쪽

01 48° **02** ② **03** 18 cm **04** 38 **05** 64
06 ⑤ **07** 65° **08** 10 cm **09** ⑤ **10** 80°
11 ② **12** 11 cm **13** 3 cm **14** 4 cm^2 **15** 50°
16 5 cm^2 **17** 67.5° **18** 36° **19** 4 cm **20** 104 cm^2

02 삼각형의 외심과 내심

개념 23, 25쪽 풀이 16~17쪽

01 수직이등분선 **02** 꼭짓점 **03** $\overline{OC}$, $\overline{OC}$, $\overline{OF}$, $\overline{CF}$
04 ○ **05** ○ **06** × **07** × **08** ○
09 × **10** 5 **11** 124 **12** 3 **13** 25
14 2 cm **15** 114° **16** 35° **17** 33° **18** 100°
19 55° **20** 내 **21** × **22** × **23** 외
24 내 **25** 외 **26** $\overline{IE}$, $\angle ICF$, 이등분선
27 × **28** ○ **29** × **30** × **31** ○
32 ○ **33** 5 **34** 28 **35** 25° **36** 120°
37 6 **38** 8

유형 26~31쪽 풀이 17~21쪽

01 ②, ⑤ **02** 67° **03** 18π cm **04** $36\pi\text{ cm}^2$
05 30° **06** 58° **07** 12 cm^2 **08** 100° **09** 100°
10 34° **11** 21° **12** 53° **13** 2π cm **14** 50°
15 ③ **16** 29° **17** 15° **18** ③ **19** 37°
20 10° **21** ② **22** 92° **23** 151° **24** 60°
25 18 cm **26** ③ **27** ② **28** $\frac{20}{3}\pi$ cm
29 10 cm^2 **30** $(96-16\pi)\text{ cm}^2$ **31** 3 cm **32** ③
33 15 cm **34** ① **35** 140° **36** 21° **37** ④
38 7 **39** 120 cm^2

기출 32~34쪽 풀이 21~23쪽

01 ② **02** $36\pi\text{ cm}^2$ **03** ④ **04** 27°
05 26° **06** ③ **07** $16\pi\text{ cm}^2$ **08** ⑤
09 140° **10** ④ **11** ④ **12** 144° **13** ③
14 ③ **15** 2 cm **16** 116° **17** 60° **18** $27\pi\text{ cm}^2$
19 117° **20** 24 cm **21** 61°

03 평행사변형의 성질

개념 37쪽 풀이 24쪽

01 $\angle x=26°$, $\angle y=51°$ **02** $\angle x=29°$, $\angle y=63°$
03 $x=8$, $y=6$ **04** $x=115$, $y=65$
05 $x=3$, $y=6$ **06** $x=70$, $y=55$ **07** ○
08 × **09** × **10** ○ **11** ○ **12** ×
13 $\overline{DC}$, $\overline{BC}$ **14** $\overline{DC}$, $\overline{BC}$
15 $\angle BCD$, $\angle ADC$ **16** $\overline{OC}$, $\overline{OD}$ **17** $\overline{DC}$, $\overline{DC}$
18 6 cm^2 **19** 6 cm^2 **20** 3 cm^2 **21** 3 cm^2 **22** 8 cm^2
23 8 cm^2

유형 38~43쪽 풀이 24~27쪽

01 ⑤ **02** 73° **03** 72° **04** ⑤ **05** ④
06 4 cm **07** ② **08** 6 cm **09** 126° **10** 30°
11 64° **12** 25 cm **13** ③, ④ **14** 3 cm
15 (가) $\overline{AC}$ (나) SSS (다) $\angle DCA$ (라) $\overline{BC}$ **16** ②
17 ④ **18** 25 **19** 149° **20** ③ **21** ⑤
22 ㄴ **23** ⑤ **24** (가) $\overline{DF}$ (나) $\overline{CD}$ (다) $\overline{DF}$
25 ③ **26** ⑤ **27** 평행사변형, 20 cm **28** 13 cm^2
29 17 cm^2 **30** 48 cm^2 **31** 25 cm^2 **32** 21 cm^2 **33** 15 cm^2

기출 44~46쪽 풀이 27~30쪽

01 ② **02** 3 cm **03** 27° **04** 8 cm **05** D(6, 3)
06 ⑤ **07** ④ **08** ⑤ **09** 65° **10** ④
11 28 cm **12** 144° **13** 16 cm **14** 36 cm **15** 10 cm
16 132° **17** 50° **18** 32 cm^2 **19** 21 cm **20** 24 cm^2

04 여러 가지 사각형

개념 49, 51쪽 풀이 30~31쪽

01 4 **02** 5 **03** 35° **04** 40° **05** 7
06 3 **07** 28° **08** 46° **09** 10 **10** 16
11 45° **12** 90° **13** 6 **14** 8
15 $\angle x=70°$, $\angle y=110°$ **16** $\angle x=120°$, $\angle y=40°$
17 직사각형 **18** 마름모 **19** 직사각형
20 마름모 **21** 정사각형 **22** 정사각형
23 ○ **24** × **25** × **26** ○
27 ㄱ, ㄴ, ㄷ, ㄹ **28** ㄴ, ㄹ, ㅁ **29** ㄷ, ㄹ
30 평행사변형 **31** 평행사변형 **32** 마름모
33 직사각형 **34** 정사각형 **35** 마름모
36 $\triangle DBC$ **37** $\triangle ACD$ **38** $\triangle CDO$ **39** 2 : 1 **40** 6 cm^2
41 16 cm^2

유형 52~59쪽 풀이 31~36쪽

01 57 **02** ④ **03** 38 **04** ㄱ, ㄴ, ㄹ
05 (가) $\overline{DC}$ (나) $\overline{BC}$ (다) SSS (라) $\angle C$ (마) $\angle D$
06 직사각형 **07** 48 cm **08** 41 **09** 57°
10 59° **11** ②, ③ **12** ③ **13** 32 cm **14** 71°
15 18 cm^2 **16** 100 cm^2 **17** ①, ③ **18** ①, ⑤ **19** ③
20 108° **21** ②, ④ **22** 42° **23** 13 cm **24** 3 cm
25 24 cm **26** ④ **27** 32 cm^2 **28** 2 cm **29** ③, ⑤
30 ⑤ **31** ③, ⑤ **32** 2개 **33** ③, ④ **34** ③, ⑤
35 직사각형 **36** 24 cm **37** 18 cm^2 **38** ③
39 22 cm^2 **40** 27 cm^2 **41** 20 cm^2 **42** 49 cm^2 **43** 6 cm^2
44 60 cm^2 **45** 8 cm^2 **46** 21 cm^2 **47** 9 cm^2 **48** 30 cm^2
49 18 cm^2 **50** 16 cm^2 **51** 9 cm^2

기출 60~62쪽 풀이 36~38쪽

01 66° **02** 15° **03** ① **04** 6 cm **05** ③, ④
06 106 **07** ⑤ **08** 56° **09** 40° **10** 30°
11 ㄴ **12** ③ **13** 23° **14** 70° **15** 39 cm^2
16 90° **17** 65° **18** 17 cm **19** 20 cm **20** 27 cm^2
21 4:9

05 도형의 닮음

개념 65, 67쪽 풀이 39쪽

01 점 E 02 $\overline{BC}$ 03 $\angle D$ 04 점 D 05 $\overline{EG}$
06 면 BCD 07 ○ 08 × 09 ×
10 ○ 11 2 : 3 12 3 : 5 13 4 : 7 14 3 : 4
15 1 : 2 16 8 cm 17 $50°$ 18 3 : 2 19 6 cm
20 15 cm 21 12, 2, 16, 2, 8, 2, SSS
22 6, 3, 9, 3, $\angle$CED, SAS 23 $\angle$A, $\angle$AED, AA
24 $\triangle ABC \backsim \triangle DAC$, SAS 닮음
25 $\triangle ABC \backsim \triangle EBD$, AA 닮음 26 $\angle$CAH
27 $\angle$BAH 28 $\triangle$HBA, $\triangle$HAC 29 $\overline{BH}$, 1, 2
30 $\overline{CH}$, 2, 4 31 $\overline{HC}$, 4, 6

유형 68~73쪽 풀이 39~44쪽

01 ③ 02 $\overline{IL}$, 면 JKL 03 ①, ⑤ 04 ②, ③
05 ④ 06 50 07 18 cm 08 9π cm 09 21 cm
10 55 cm 11 5 12 ④ 13 45 cm 14 6π cm
15 64π cm^2 16 324π cm^3 17 8 cm
18 $\triangle ABC \backsim \triangle PQR$ (SSS 닮음), $\triangle DEF \backsim \triangle ONM$ (SAS 닮음), $\triangle GHI \backsim \triangle LJK$ (AA 닮음)
19 ② 20 10 cm 21 ⑤ 22 12 cm 23 9 cm
24 3 cm 25 12 cm 26 10 cm 27 $\frac{8}{3}$ cm 28 9 cm
29 12 cm 30 ③ 31 12 32 ② 33 $\frac{27}{4}$ cm
34 6 cm 35 ⑤ 36 2 cm 37 $\frac{21}{2}$ cm 38 12 cm
39 $\frac{75}{4}$ cm^2

기출 74~76쪽 풀이 44~46쪽

01 ⑤ 02 ②, ④ 03 1 : 8 04 25π cm^2
05 ② 06 4 cm 07 ④ 08 12 cm 09 8 cm
10 $C\left(\frac{16}{3}, -8\right)$ 11 12 cm 12 $\frac{12}{5}$ cm
13 7 : 2 14 $\frac{25}{3}$ cm 15 4 cm 16 10 cm 17 4 cm
18 6 cm 19 $\frac{7}{2}$ cm 20 18 cm 21 12 cm

06 평행선 사이의 선분의 길이의 비

개념 79, 81쪽 풀이 47~48쪽

01 $\angle$FEC, AA, $\overline{EC}$, $\overline{DB}$ 02 6 03 2
04 10 05 4 06 × 07 ○ 08 ○
09 × 10 3 11 12 12 6 13 4
14 14 15 12 16 8 17 15 18 5 cm
19 2 cm 20 7 cm 21 9 cm 22 4 cm 23 13 cm
24 3 : 4 25 3 : 7 26 $\frac{24}{7}$ cm 27 4 28 14
29 5 30 12 31 5 cm 32 13 cm 33 7 cm
34 4 cm 35 3 cm

유형 82~89쪽 풀이 48~53쪽

01 ① 02 4 cm 03 12 cm 04 51 cm 05 13
06 15 07 ③ 08 12 cm 09 2 cm 10 ⑤
11 3 cm 12 8 cm 13 ⑤ 14 $\overline{QR}$ 15 3 cm
16 2 17 10 18 10 cm^2 19 2 cm 20 6 cm
21 ① 22 12 cm 23 ② 24 ③ 25 30
26 ④ 27 6 28 15 29 9 cm 30 8 cm
31 12 cm 32 2 cm 33 ② 34 60 cm^2
35 $x=8$, $y=70$ 36 ① 37 ④ 38 ②
39 ④ 40 4 cm 41 ④ 42 20 cm 43 3 cm
44 15 cm 45 12 cm 46 ④ 47 28 cm 48 ⑤
49 35 cm^2 50 ① 51 10 cm 52 21 cm

기출 90~92쪽 풀이 53~56쪽

01 24 02 3 cm 03 12 cm^2 04 ④ 05 29 cm
06 21 cm^2 07 16 cm 08 5 cm^2 09 16 cm 10 ①
11 2 cm 12 8 cm 13 12 cm 14 $\frac{1}{2}$ cm 15 3 : 5
16 $\frac{19}{5}$ cm 17 15 cm^2 18 24 cm 19 15 20 $\frac{12}{7}$ cm
21 18 cm

07 닮음의 활용

개념 95쪽 풀이 56~57쪽

01 3 cm **02** 10 cm^2 **03** 2 **04** 10 **05** 3
06 24 **07** 6 cm^2 **08** 12 cm^2 **09** 3 cm^2 **10** 6 cm^2
11 1 : 2 **12** 1 : 2 **13** 1 : 4 **14** 2 : 3 **15** 2 : 3
16 4 : 9 **17** 8 : 27 **18** 10 cm **19** 1.6 km

유형 96~101쪽 풀이 57~61쪽

01 5 cm^2 **02** 8 cm **03** 6 cm^2 **04** 30 cm^2 **05** 23
06 18 cm **07** 6 : 2 : 1 **08** 4 cm **09** ①
10 6 cm **11** 3 : 1 **12** 4 cm **13** 2 cm **14** ⑤
15 8 cm^2 **16** ③ **17** 45 cm^2 **18** 3 cm^2 **19** 12 cm
20 14 cm **21** ② **22** 5 cm^2 **23** 72 cm^2 **24** 81π cm^2
25 23 cm^2 **26** 32 mL **27** 750원 **28** ⑤ **29** ④
30 ④ **31** 21 **32** 125 cm^3 **33** 64개
34 108π cm^3 **35** 520초 **36** ③ **37** 2.5 m
38 4 m **39** 180 km **40** 10 m **41** 30000통
42 3 km^2

기출 102~104쪽 풀이 61~63쪽

01 36 cm **02** 14 cm **03** 12 cm **04** ② **05** 7 cm
06 80 cm^2 **07** 375 cm^3 **08** 108π cm^3
09 12 m **10** 2 cm **11** 2 cm^2 **12** 1 : 3 **13** 4 cm
14 18 cm^2 **15** 8 m **16** 2 cm **17** 96 cm^2 **18** $\frac{25}{2}$ cm^2
19 38 cm^3 **20** 32 cm^2 **21** 4 cm

08 피타고라스 정리

개념 107, 109쪽 풀이 64쪽

01 5 **02** 13 **03** 6 **04** 8
05 $x=12$, $y=13$ **06** $x=8$, $y=17$ **07** △CEB
08 SAS, △FAB **09** △FLB **10** 9 cm^2 **11** 3 cm
12 6 cm^2 **13** 10 cm **14** 40 cm **15** 100 cm^2 **16** ○
17 ○ **18** × **19** ○ **20** 둔 **21** 예
22 직 **23** 직 **24** 3 cm **25** $\frac{16}{5}$ cm **26** $\frac{12}{5}$ cm
27 $\overline{DE}^2$, $\overline{BC}^2$, $\overline{DE}^2$, $\overline{BC}^2$, $\overline{BE}^2$, $\overline{CD}^2$, $\overline{BE}^2$, $\overline{CD}^2$
28 c^2+d^2, c^2+d^2, a^2+d^2, a^2+d^2 **29** 41 **30** 100
31 11 cm^2 **32** 4 cm^2 **33** 20 cm^2 **34** 15 cm^2

유형 110~115쪽 풀이 65~68쪽

01 ① **02** $(50\pi-96)$ cm^2 **03** 17 cm **04** ⑤
05 120 cm^2 **06** ② **07** 17 cm **08** 52
09 36 cm **10** 15 cm **11** $\frac{36}{5}$ cm **12** 45 **13** ③
14 20 cm **15** 75 **16** 25 cm **17** 32 cm^2 **18** 18 cm^2
19 20 cm^2 **20** 26 cm^2 **21** 289 cm^2 **22** 20 cm^2
23 40 cm **24** ②, ⑤ **25** ① **26** 2개 **27** ③
28 ⑤ **29** ②, ③ **30** 19 **31** ④ **32** 125
33 54 **34** ③ **35** 37 **36** 12 cm **37** 54 cm^2
38 36 cm^2

기출 116~118쪽 풀이 68~70쪽

01 $\frac{13}{3}$ cm **02** 12 cm **03** 168 cm^2 **04** 5 cm
05 $\frac{9}{5}$ **06** 114 cm^2 **07** ③ **08** 18
09 36π **10** 338 cm^2 **11** ② **12** 15
13 ④ **14** 183 cm^2 **15** 40 cm **16** $\frac{27}{2}$ cm^2
17 5 cm **18** $\frac{12}{5}$ **19** 6 cm^2 **20** 7 cm **21** 35 cm^2

09 경우의 수

개념 121, 123쪽 풀이 71쪽

01 3 02 2 03 3 04 5 05 2
06 4 07 3 08 1 09 2, 4 10 3
11 4 12 3 13 7 14 2 15 3
16 5 17 2 18 4 19 8 20 3
21 2 22 6 23 24 24 12 25 24
26 4, 4, 2, 2, 48 27 20 28 60
29 0, 4, 3, 4, 3, 48 30 9 31 18 32 12
33 24 34 6 35 4

유형 124~131쪽 풀이 71~75쪽

01 ① 02 ① 03 3 04 6 05 4
06 3 07 4 08 ③ 09 ④ 10 16가지
11 6 12 ③ 13 ④ 14 ④ 15 11
16 7 17 12 18 ⑤ 19 ③ 20 ④
21 ② 22 20 23 14 24 ⑤ 25 ③
26 8 27 90 28 120 29 6 30 12
31 ② 32 36 33 ④ 34 24 35 60
36 48 37 540 38 ③ 39 25 40 ③
41 ③ 42 20 43 10 44 10 45 ③
46 12 47 20 48 6 49 21번 50 30
51 ③ 52 6 53 ③

기출 132~134쪽 풀이 75~77쪽

01 ④ 02 ③ 03 ② 04 ③ 05 ④
06 ⑤ 07 7가지 08 6 09 11번째 10 ②
11 4 12 6 13 40 14 12 15 ⑤
16 ④ 17 8 18 48 19 720 20 12
21 13번째 22 20

10 확률

개념 137, 139쪽 풀이 78~79쪽

01 4 02 1 03 $\frac{1}{4}$ 04 12 05 4
06 $\frac{1}{3}$ 07 $\frac{1}{6}$ 08 $\frac{1}{2}$ 09 $\frac{1}{2}$ 10 $\frac{3}{8}$
11 $\frac{5}{8}$ 12 1 13 0 14 $\frac{4}{5}$ 15 $\frac{3}{10}$
16 $\frac{1}{4}$ 17 $\frac{3}{4}$ 18 $\frac{1}{5}$ 19 $\frac{3}{10}$ 20 $\frac{1}{2}$
21 $\frac{1}{12}$ 22 $\frac{1}{18}$ 23 $\frac{5}{36}$ 24 $\frac{1}{2}$ 25 $\frac{1}{2}$
26 $\frac{1}{4}$ 27 $\frac{2}{3}$ 28 $\frac{1}{2}$ 29 $\frac{1}{3}$ 30 $\frac{16}{49}$
31 $\frac{2}{7}$ 32 $\frac{21}{100}$ 33 $\frac{7}{30}$

유형 140~147쪽 풀이 79~84쪽

01 ③ 02 8 03 $\frac{1}{4}$ 04 $\frac{5}{18}$ 05 ②
06 ⑤ 07 $\frac{1}{7}$ 08 ① 09 $\frac{1}{6}$ 10 $\frac{7}{36}$
11 ④ 12 ④ 13 $\frac{1}{3}$ 14 ①, ② 15 ⑤
16 ③, ④ 17 $\frac{4}{5}$ 18 $\frac{3}{4}$ 19 $\frac{3}{5}$ 20 $\frac{17}{18}$
21 ④ 22 $\frac{7}{8}$ 23 ⑤ 24 $\frac{9}{10}$ 25 ①
26 ⑤ 27 $\frac{3}{5}$ 28 $\frac{4}{21}$ 29 $\frac{1}{10}$ 30 ③
31 $\frac{6}{7}$ 32 $\frac{9}{14}$ 33 $\frac{2}{3}$ 34 ④ 35 ③
36 $\frac{13}{25}$ 37 ③ 38 $\frac{5}{12}$ 39 ④ 40 ①
41 ② 42 $\frac{5}{9}$ 43 ④ 44 $\frac{4}{15}$ 45 $\frac{13}{28}$
46 $\frac{1}{5}$ 47 ③ 48 $\frac{2}{3}$ 49 $\frac{1}{9}$ 50 $\frac{1}{3}$
51 ② 52 $\frac{5}{8}$

기출 148~150쪽 풀이 84~86쪽

01 ④ 02 ② 03 ③, ④ 04 $\frac{25}{28}$ 05 $\frac{1}{4}$
06 $\frac{1}{6}$ 07 ⑤ 08 $\frac{1}{2}$ 09 $\frac{4}{9}$ 10 $\frac{9}{14}$
11 ② 12 $\frac{1}{18}$ 13 $\frac{5}{18}$ 14 $\frac{15}{64}$ 15 $\frac{11}{12}$
16 $\frac{2}{5}$ 17 $\frac{12}{49}$ 18 $\frac{1}{144}$ 19 $\frac{3}{8}$ 20 $\frac{7}{8}$

again 더블북 빠른 정답

01 삼각형의 성질

2~7쪽 풀이 87~90쪽

01 ⑤ 02 ①, ⑤ 03 15° 04 ⑤ 05 51°
06 ② 07 130° 08 21° 09 84° 10 30°
11 ① 12 ① 13 ② 14 12 cm 15 ③
16 4 cm 17 6 cm 18 ③ 19 ③ 20 6 cm
21 ㄴ, ㄹ 22 ⑤ 23 ㄱ. RHA 합동, ㄴ. ASA 합동
24 ② 25 ④ 26 6 cm^2 27 12 cm 28 10 cm^2
29 66° 30 26° 31 12 cm 32 9 cm 33 36°
34 24

02 삼각형의 외심과 내심

8~13쪽 풀이 90~94쪽

01 ⑤ 02 26° 03 10 cm 04 16 cm 05 33°
06 31° 07 20 cm 08 25° 09 122° 10 45°
11 38° 12 40° 13 40π cm^2 14 96°
15 ③ 16 127° 17 20° 18 ④ 19 38°
20 13° 21 ⑤ 22 55° 23 68° 24 115°
25 10 cm 26 ④ 27 ① 28 9π cm^2
29 13 cm^2 30 $\left(84-\frac{49}{4}\pi\right)$ cm^2 31 5 cm 32 ⑤
33 4 cm 34 ④ 35 40° 36 15° 37 ②
38 $\frac{41}{2}$ 39 ①

03 평행사변형의 성질

14~19쪽 풀이 94~97쪽

01 ⑤ 02 27° 03 36° 04 ⑤ 05 ⑤
06 4 cm 07 ③ 08 8 cm 09 66° 10 36°
11 130° 12 20 cm 13 ④ 14 8 cm
15 (가) ∠DAC (나) SAS (다) ∠DCA (라) $\overline{DC}$ 16 ④
17 ④ 18 59 19 70° 20 ④ 21 ③
22 ㄱ, ㄷ 23 ② 24 (가) $\overline{CE}$ (나) ∠CFD (다) $\overline{FC}$
25 ② 26 ③ 27 평행사변형, 40 cm^2
28 10 cm^2 29 50 cm^2 30 8 cm^2 31 6 cm^2 32 30 cm^2
33 6 cm

04 여러 가지 사각형

20~27쪽 풀이 98~102쪽

01 80 02 ⑤ 03 10 04 ㄴ, ㄹ
05 (가) 180 (나) 90 (다) ∠C (라) ∠D (마) 90 06 직사각형
07 18 cm 08 130 09 59° 10 44° 11 ④
12 ①, ④ 13 24 cm 14 35° 15 8 cm 16 9 cm^2
17 ㄱ, ㄷ 18 ③, ④ 19 ㄱ, ㄹ 20 52° 21 ②, ④
22 114° 23 4 cm 24 168 cm^2 25 14 cm
26 $\overline{AB}$, ASA, $\overline{BH}$, 마름모 27 20 cm 28 25 cm^2
29 ④ 30 ③, ④ 31 ④, ⑤ 32 ㄴ, ㄷ, ㄹ, ㅁ
33 ①, ③ 34 ④ 35 마름모 36 100° 37 15 cm^2
38 △ABE 39 12 cm^2 40 8 cm 41 12 cm^2
42 21 cm^2 43 60 cm^2 44 $\frac{27}{2}$ cm^2 45 10 cm^2 46 6 cm^2
47 2 cm^2 48 32 cm^2 49 30 cm^2 50 40 cm^2 51 16 cm^2

05 도형의 닮음

28~33쪽 풀이 102~106쪽

01 ④, ⑤ 02 $\overline{GH}$, 면 ABD 03 ①, ③ 04 ④
05 ⑤ 06 117 07 32 cm 08 35π cm
09 45 cm 10 64 cm 11 21 12 ④, ⑤ 13 63 cm
14 10π cm 15 25π cm^2 16 288π cm^3
17 4 cm
18 △ABC∽△PRQ (AA 닮음), △DEF∽△LJK (SSS 닮음), △GHI∽△NMO (SAS 닮음)
19 ③ 20 15 cm 21 ③ 22 16 cm 23 18 cm
24 4 cm 25 12 cm 26 24 cm 27 4 cm 28 6 cm
29 18 cm 30 ① 31 6 32 80 cm^2 33 $\frac{64}{5}$ cm
34 6 cm 35 ① 36 3 cm 37 $\frac{35}{4}$ cm 38 12 cm
39 75 cm^2

06 평행선 사이의 선분의 길이의 비

34~41쪽 풀이 106~111쪽

01 ② 02 $\frac{21}{2}$ cm 03 16 cm 04 40 cm 05 120
06 9 07 ④ 08 15 cm 09 4 cm 10 ③
11 9 cm 12 4 cm 13 ③ 14 $\overline{PR}$ 15 6 cm

16 4	17 28	18 9 cm^2	19 8 cm	20 12 cm
21 ⑤	22 21 cm	23 ④	24 ③	25 24
26 ③	27 20	28 4	29 10 cm	30 5 cm
31 24 cm	32 14 cm	33 ①	34 120 cm^2	
35 $x=9$, $y=60$		36 ②	37 ③	38 ②
39 ③	40 3 cm	41 ②	42 16 cm	43 7 cm
44 16 cm	45 16 cm	46 ③	47 33 cm	48 ③
49 70 cm^2	50 ⑤	51 12 cm	52 23 cm	

07 닮음의 활용

42~47쪽 풀이 111~115쪽

01 7 cm^2	02 10 cm	03 8 cm^2	04 32 cm^2	05 27
06 27 cm	07 4	08 10 cm	09 ④	10 9 cm
11 1 : 4	12 8 cm	13 6 cm	14 ②	15 16 cm^2
16 ④	17 54 cm^2	18 5 cm^2	19 15 cm	20 8 cm
21 ①	22 9 cm^2	23 75 cm^2	24 108π cm^3	
25 80 cm^2	26 90 mL	27 24000원		28 ②
29 ①	30 ②	31 29	32 54 cm^3	
33 216개	34 500π cm^3		35 57초	36 ④
37 3.6 m	38 4.5 m	39 140 km	40 15 m	41 20000통
42 10 km^2				

08 피타고라스 정리

48~53쪽 풀이 115~118쪽

01 ③	02 $\left(\frac{169}{2}\pi-120\right)$ cm^2		03 15 cm	04 ⑤
05 108 cm^2	06 ⑤	07 20 cm	08 244	09 24 cm
10 6 cm	11 $\frac{64}{17}$ cm	12 208	13 ③	14 8 cm
15 125	16 30 cm	17 168 cm^2	18 17 cm^2	19 21 cm^2
20 53 cm^2	21 196 cm^2	22 41 cm^2	23 52 cm	24 ③, ④
25 ④	26 2개	27 ②	28 ⑤	29 ④, ⑤
30 37	31 ⑤	32 245	33 70	34 ②
35 50	36 8 cm	37 84 cm^2	38 64 cm^2	

09 경우의 수

54~61쪽 풀이 119~122쪽

01 ②	02 ②	03 2	04 9	05 3
06 3	07 6	08 ②	09 ⑤	10 17가지
11 7	12 ②	13 ④	14 ③	15 9
16 11	17 18	18 ⑤	19 ②	20 ③
21 ②	22 30	23 8	24 ④	25 ④
26 10	27 380	28 210	29 24	30 48
31 ④	32 144	33 ④	34 72	35 120
36 540	37 48	38 ②	39 81	40 ③
41 ③	42 90	43 13	44 44	45 ③
46 72	47 35	48 10	49 28번	50 105
51 ③	52 12	53 ③		

10 확률

62~69쪽 풀이 123~127쪽

01 ③	02 12	03 $\frac{3}{8}$	04 $\frac{1}{6}$	05 ②
06 ③	07 $\frac{2}{11}$	08 ①	09 $\frac{5}{18}$	10 $\frac{1}{6}$
11 ④	12 ④	13 $\frac{1}{3}$	14 ㄷ, ㄹ	15 ③, ④
16 ⑤	17 $\frac{5}{6}$	18 $\frac{2}{5}$	19 $\frac{2}{3}$	20 $\frac{8}{9}$
21 ⑤	22 $\frac{15}{16}$	23 ⑤	24 $\frac{4}{5}$	25 ②
26 ⑤	27 $\frac{3}{7}$	28 $\frac{3}{20}$	29 $\frac{1}{5}$	30 ③
31 $\frac{19}{27}$	32 $\frac{13}{15}$	33 $\frac{1}{2}$	34 ⑤	35 ②
36 $\frac{25}{49}$	37 ④	38 $\frac{11}{18}$	39 ②	40 ①
41 ①	42 $\frac{21}{25}$	43 ②	44 $\frac{1}{4}$	45 $\frac{7}{15}$
46 $\frac{1}{3}$	47 ③	48 $\frac{2}{3}$	49 $\frac{1}{9}$	50 $\frac{2}{3}$
51 ⑤	52 $\frac{26}{81}$			

01 삼각형의 성질

Real 실전 개념 9, 11쪽

01 $\angle x=\frac{1}{2}\times(180^\circ-50^\circ)=65^\circ$ 답 65°

02 $\angle x=\frac{1}{2}\times(180^\circ-64^\circ)=58^\circ$ 답 58°

03 $\angle x=180^\circ-2\times40^\circ=100^\circ$ 답 100°

04 $\angle x=180^\circ-2\times51^\circ=78^\circ$ 답 78°

05 $\angle ACB=\frac{1}{2}\times(180^\circ-66^\circ)=57^\circ$
$\therefore \angle x=180^\circ-57^\circ=123^\circ$ 답 123°

06 $\angle BAC=180^\circ-110^\circ=70^\circ$
$\therefore \angle x=\frac{1}{2}\times(180^\circ-70^\circ)=55^\circ$ 답 55°

07 $x=\frac{1}{2}\times6=3$ 답 3

08 $x=2\times5=10$ 답 10

09 답 90

10 $\triangle ADC$에서 $\angle ACD=54^\circ$, $\angle ADC=90^\circ$이므로
$\angle DAC=180^\circ-(90^\circ+54^\circ)=36^\circ$
$\therefore x=36$ 답 36

11 답 $\overline{AD}$, $\angle CAD$, $\angle ADC$, ASA, $\overline{AC}$

12 $\angle A=\angle B$이므로 $\triangle ABC$는 $\overline{AC}=\overline{BC}$인 이등변삼각형이다.
$\therefore x=4$ 답 4

13 $\angle B=\angle C$이므로 $\triangle ABC$는 $\overline{AB}=\overline{AC}$인 이등변삼각형이다.
$\overline{AD}\perp\overline{BC}$이므로 $\overline{BD}=\overline{CD}=\frac{1}{2}\overline{BC}=\frac{1}{2}\times12=6(\text{cm})$
$\therefore x=6$ 답 6

14 $\angle EGF=\angle DEG$ (엇각), $\angle DEG=\angle FEG$ (접은 각)이므로 $\angle EGF=\angle FEG$
$\triangle EFG$에서 $\angle EGF=\frac{1}{2}\times(180^\circ-50^\circ)=65^\circ$ 답 65°

15 $\triangle EFG$는 $\overline{EF}=\overline{FG}$인 이등변삼각형이므로
$\overline{EF}=\overline{FG}=2(\text{cm})$ 답 2 cm

16 $\triangle ABC$와 $\triangle FDE$에서
$\angle C=\angle E=90^\circ$
$\overline{AB}=\overline{FD}$
$\angle BAC=90^\circ-55^\circ=35^\circ=\angle DFE$
이므로 $\triangle ABC\equiv\triangle FDE$ (RHA 합동)
답 $\triangle ABC\equiv\triangle FDE$, RHA 합동

17 $\triangle ABC\equiv\triangle FDE$이므로 $\overline{DE}=\overline{BC}=4(\text{cm})$ 답 4 cm

18 $\triangle ABC$와 $\triangle DFE$에서
$\angle C=\angle E=90^\circ$
$\overline{AB}=\overline{DF}=10(\text{cm})$
$\overline{BC}=\overline{FE}=6(\text{cm})$
이므로 $\triangle ABC\equiv\triangle DFE$ (RHS 합동)
답 $\triangle ABC\equiv\triangle DFE$, RHS 합동

19 $\triangle ABC\equiv\triangle DFE$이므로 $\overline{DE}=\overline{AC}=8(\text{cm})$ 답 8 cm

20 RHS 합동 답 ○

21 답 ×

22 답 ×

23 RHA 합동 답 ○

24 답 $\angle PBO$, $\overline{OP}$, $\angle BOP$, RHA

25 $\overline{PB}=\overline{PA}=5(\text{cm})$ $\therefore x=5$ 답 5

26 답 90, $\overline{OP}$, $\overline{PB}$, RHS, $\angle BOP$

27 $\angle AOP=\angle BOP=32^\circ$ $\therefore x=32$ 답 32

Real 실전 유형 12~17쪽

01 ④ SAS 답 ④

02 $\triangle PBD$와 $\triangle PCD$에서
$\overline{PD}$는 공통, $\angle PDB=\angle PDC$, $\overline{BD}=\overline{CD}$ (②)
이므로 $\triangle PBD\equiv\triangle PCD$ (SAS 합동)

$\therefore \overline{BP}=\overline{CP}$ (③)

즉, $\triangle$PBC는 $\overline{BP}=\overline{CP}$인 이등변삼각형이므로

$\angle PBD=\angle PCD$ (④)

답 ①, ⑤

03 $\triangle$ABC에서 $\overline{AB}=\overline{AC}$이므로

$\angle ABC=\frac{1}{2}\times(180^\circ-34^\circ)=73^\circ$

$\triangle$DAB에서 $\overline{DA}=\overline{DB}$이므로

$\angle DBA=\angle A=34^\circ$

$\therefore \angle DBC=\angle ABC-\angle DBA$

$=73^\circ-34^\circ=39^\circ$

답 39°

04 $\triangle$ABC에서 $\overline{AB}=\overline{AC}$이므로

$\angle ABC=\frac{1}{2}\times(180^\circ-76^\circ)=52^\circ$

$\overline{AD}/\!/\overline{BC}$이므로

$\angle EAD=\angle ABC=52^\circ$ (동위각)

답 ⑤

보충 TIP 평행선의 성질

서로 다른 두 직선이 다른 한 직선과 만날 때

(1) 두 직선이 평행하면 동위각의 크기는 서로 같다.
➡ $l/\!/m$이면 $\angle a=\angle b$

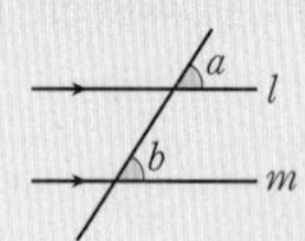

(2) 두 직선이 평행하면 엇각의 크기는 서로 같다.
➡ $l/\!/m$이면 $\angle c=\angle d$

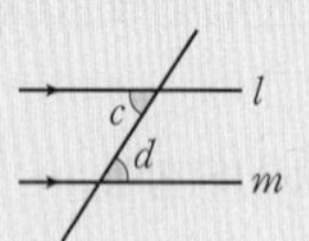

05 $\triangle$ABC에서

$\angle BCA=\frac{1}{2}\times(180^\circ-52^\circ)=64^\circ$ … ❶

$\triangle$ECD에서

$\angle DCE=\angle E=73^\circ$ … ❷

$\therefore \angle x=180^\circ-(64^\circ+73^\circ)=43^\circ$ … ❸

답 43°

채점 기준	배점
❶ $\angle$BCA의 크기 구하기	50%
❷ $\angle$DCE의 크기 구하기	30%
❸ $\angle x$의 크기 구하기	20%

06 $\triangle$ACD에서 $\overline{AC}=\overline{AD}$이므로

$\angle ACD=\frac{1}{2}\times(180^\circ-44^\circ)=68^\circ$

$\triangle$CAB에서 $\overline{CA}=\overline{CB}$이므로

$\angle B=\frac{1}{2}\angle ACD=\frac{1}{2}\times68^\circ=34^\circ$

답 ③

07 $\triangle$BCA에서 $\overline{CA}=\overline{CB}$이므로

$\angle CAB=\angle B=\angle x$

$\therefore \angle ACD=\angle x+\angle x=2\angle x$

$\triangle$ACD에서 $\overline{AC}=\overline{AD}$이므로

$\angle ADC=\angle ACD=2\angle x$

$\triangle$ABD에서

$\angle DAE=\angle B+\angle ADC$

$=\angle x+2\angle x=3\angle x$

즉, $3\angle x=114^\circ$이므로 $\angle x=38^\circ$

답 38°

08 $\triangle$BAC에서 $\overline{BA}=\overline{BC}$이므로

$\angle BCA=\angle A=20^\circ$

$\therefore \angle CBD=\angle A+\angle BCA$

$=20^\circ+20^\circ=40^\circ$ … ❶

$\triangle$CBD에서 $\overline{CB}=\overline{CD}$이므로

$\angle CDB=\angle CBD=40^\circ$

$\triangle$ACD에서

$\angle DCE=\angle A+\angle CDB$

$=20^\circ+40^\circ=60^\circ$ … ❷

$\triangle$DCE에서 $\overline{DC}=\overline{DE}$이므로

$\angle DEC=\angle DCE=60^\circ$ … ❸

답 60°

채점 기준	배점
❶ $\angle$CBD의 크기 구하기	40%
❷ $\angle$DCE의 크기 구하기	40%
❸ $\angle$DEC의 크기 구하기	20%

09 $\triangle$ABC에서 $\overline{AB}=\overline{AC}$이므로

$\angle ABC=\angle ACB=\frac{1}{2}\times(180^\circ-48^\circ)=66^\circ$

$\therefore \angle DBC=\frac{1}{2}\angle ABC=\frac{1}{2}\times66^\circ=33^\circ$

$\angle ACE=180^\circ-\angle ACB=180^\circ-66^\circ=114^\circ$이므로

$\angle DCE=\frac{1}{2}\angle ACE=\frac{1}{2}\times114^\circ=57^\circ$

$\triangle$BCD에서 $\angle DCE=\angle DBC+\angle BDC$이므로

$57^\circ=33^\circ+\angle x \qquad \therefore \angle x=24^\circ$

답 24°

10 $\angle BAE=\angle EAC=\angle a$라 하면

$\triangle$AEC에서 $\overline{EA}=\overline{EC}$이므로

$\angle ECA=\angle EAC=\angle a$

$\triangle$ABC에서

$(\angle a+\angle a)+90^\circ+\angle a=180^\circ$

$3\angle a+90^\circ=180^\circ$, $3\angle a=90^\circ$

$\therefore \angle a=30^\circ$

$\triangle$AEC에서

$\angle x=\angle a+\angle a=30^\circ+30^\circ=60^\circ$

답 60°

11 $\triangle ABC$에서 $\overline{AB}=\overline{AC}$이므로

$\angle ACB=\frac{1}{2}\times(180°-76°)=52°$

이때 $\angle ACE=180°-\angle ACB=180°-52°=128°$이므로

$\angle DCA=\frac{1}{2}\angle ACE=\frac{1}{2}\times128°=64°$

$\therefore \angle BCD=\angle ACB+\angle DCA$

$=52°+64°=116°$

$\triangle CDB$에서 $\overline{CB}=\overline{CD}$이므로

$\angle x=\frac{1}{2}\times(180°-116°)=32°$ 답 ③

12 이등변삼각형 ABC에서 $\overline{AD}$가 $\angle A$의 이등분선이므로 $\overline{AD}\perp\overline{BC}$이다.

이때 $\triangle ABC$의 넓이가 32 cm^2이므로

$\triangle ABC=\frac{1}{2}\times\overline{BC}\times\overline{AD}=\frac{1}{2}\times8\times\overline{AD}=32$

$\therefore \overline{AD}=8(cm)$ 답 ①

13 이등변삼각형 ABC에서 $\overline{AD}$가 $\angle A$의 이등분선이므로

$\angle ADC=90°$, $\overline{BD}=\overline{CD}$

$\triangle ADC$에서

$\angle C=180°-(90°+35°)=55°$

따라서 $\angle B=\angle C=55°$이므로 $x=55$

$\overline{CD}=\overline{BD}=7(cm)$이므로 $y=7$

$\therefore x+y=55+7=62$ 답 ⑤

14 이등변삼각형 ABC에서 $\angle BAD=\angle CAD$이므로

$\angle ADC=90°$, $\overline{BD}=\overline{CD}$

따라서 $\overline{CD}=\frac{1}{2}\overline{BC}=\frac{1}{2}\times12=6(cm)$이므로

$\triangle ADC=\frac{1}{2}\times6\times10=30(cm^2)$ 답 30 cm^2

15 $\triangle BCD$에서 $\overline{DC}=\overline{DB}=6(cm)$

$\triangle ABC$에서

$\angle C=180°-(90°+33°)=57°$

$\angle DBC=\angle C=57°$이므로

$\angle ABD=90°-\angle DBC=90°-57°=33°$

따라서 $\triangle ABD$는 $\overline{DA}=\overline{DB}$인 이등변삼각형이므로

$\overline{DA}=\overline{DB}=6(cm)$

$\therefore \overline{AC}=\overline{AD}+\overline{DC}$

$=6+6=12(cm)$ 답 ③

16 $\triangle ABC$에서 $\overline{AB}=\overline{AC}$이므로

$\angle A=180°-2\times72°=36°$ $\therefore x=36$ … ❶

$\triangle BCD$에서

$\angle DBC=\frac{1}{2}\angle ABC=\frac{1}{2}\angle C=\frac{1}{2}\times72°=36°$

$\therefore \angle BDC=180°-(\angle DBC+\angle BCD)$

$=180°-(36°+72°)=72°$

따라서 $\angle BCD=\angle BDC=72°$이므로 $\triangle BCD$는 $\overline{BC}=\overline{BD}$인 이등변삼각형이다.

즉, $\overline{BD}=\overline{BC}=10(cm)$이므로 $y=10$ … ❷

$\therefore x+y=36+10=46$ … ❸

답 46

채점 기준	배점
❶ x의 값 구하기	30%
❷ y의 값 구하기	50%
❸ $x+y$의 값 구하기	20%

17 $\triangle ACB$에서

$\angle BCA=70°-35°=35°$

즉, $\triangle ACB$는 $\overline{BA}=\overline{BC}$인 이등변삼각형이므로

$\overline{BC}=\overline{BA}=8(cm)$

$\triangle DAC$에서

$\angle ADC=105°-35°=70°$

즉, $\triangle CDB$는 $\overline{CB}=\overline{CD}$인 이등변삼각형이므로

$\overline{CD}=\overline{CB}=8(cm)$ 답 8 cm

18 $\angle FEG=\angle DEG$ (접은 각),

$\angle DEG=\angle FGE$ (엇각)이므로

$\angle FEG=\angle FGE$

따라서 $\triangle EFG$는 $\overline{EF}=\overline{FG}$인 이등변삼각형이므로

$\overline{EF}=\overline{FG}=4(cm)$

$\therefore$ ($\triangle EFG$의 둘레의 길이)$=\overline{EF}+\overline{FG}+\overline{GE}$

$=4+4+5$

$=13(cm)$ 답 ②

19 $\angle EFB=\angle GFE$ (접은 각)(①),

$\angle EFB=\angle GEF$ (엇각)(②)이므로 $\angle GEF=\angle GFE$

따라서 $\triangle GEF$는 $\overline{GE}=\overline{GF}$(④)인 이등변삼각형(⑤)이다. 답 ③

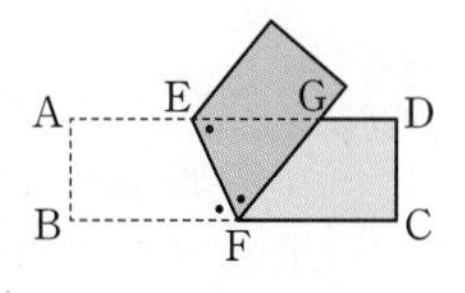

20 $\angle BAC=\angle DAC$ (접은 각),

$\angle DAC=\angle BCA$ (엇각)이므로

$\angle BAC=\angle BCA$ … ❶

따라서 $\triangle ABC$는 $\overline{BA}=\overline{BC}$인 이등변삼각형이므로

$\overline{BC}=\overline{BA}=6(cm)$ … ❷

$\therefore \triangle ABC=\frac{1}{2}\times6\times4=12(cm^2)$ … ❸

답 12 cm^2

채점 기준	배점
❶ $\angle BAC=\angle BCA$임을 알기	50%
❷ $\overline{BC}$의 길이 구하기	20%
❸ $\triangle ABC$의 넓이 구하기	30%

21 ㄱ과 ㅂ. 빗변의 길이와 다른 한 변의 길이가 각각 같으므로 RHS 합동이다.

ㄴ과 ㄹ. ㄹ에서 나머지 한 내각의 크기는

$180^\circ-(90^\circ+40^\circ)=50^\circ$

즉, 빗변의 길이와 한 예각의 크기가 각각 같으므로 RHA 합동이다.

답 ㄱ과 ㅂ(RHS 합동), ㄴ과 ㄹ(RHA 합동)

22 ① $\triangle ABC$와 $\triangle FED$에서

$\overline{AC}=\overline{FD}$

$\angle C=90^\circ-25^\circ=65^\circ=\angle D$

$\angle F=90^\circ-65^\circ=25^\circ=\angle A$

이므로 $\triangle ABC\equiv\triangle FED$ (ASA 합동)

④ $\triangle ABC$와 $\triangle FED$에서

$\angle B=\angle E=90^\circ$

$\overline{AC}=\overline{FD}$

$\angle F=90^\circ-65^\circ=25^\circ=\angle A$

이므로 $\triangle ABC\equiv\triangle FED$ (RHA 합동)

답 ①, ④

보충 TIP 삼각형의 합동 조건

(1) 세 쌍의 대응하는 변의 길이가 각각 같으면 두 삼각형은 합동이다. (SSS 합동)

(2) 두 쌍의 대응하는 변의 길이가 각각 같고 그 끼인각의 크기가 같으면 두 삼각형은 합동이다. (SAS 합동)

(3) 한 쌍의 대응하는 변의 길이가 같고 그 양 끝 각의 크기가 각각 같으면 두 삼각형은 합동이다. (ASA 합동)

23 ① 빗변의 길이와 다른 한 변의 길이가 각각 같으므로 RHS 합동이다.

③ 두 변의 길이와 그 끼인각의 크기가 각각 같으므로 SAS 합동이다.

④ $\angle A=\angle D$이면

$\angle B=90^\circ-\angle A=90^\circ-\angle D=\angle E$

즉, 한 변의 길이와 그 양 끝 각의 크기가 각각 같으므로 ASA 합동이다.

답 ②, ⑤

24 ①, ③ RHS 합동 ② SAS 합동

④ RHA 합동

답 ⑤

25 답 (가) 90 (나) $\overline{BC}$ (다) $\angle BCD$ (라) RHA

26 $\triangle ADB$와 $\triangle BEC$에서

$\overline{AB}=\overline{BC}$

$\angle ADB=\angle BEC=90^\circ$

$\angle DAB=90^\circ-\angle ABD$

$=\angle EBC$

이므로 $\triangle ADB\equiv\triangle BEC$ (RHA 합동)

따라서 $\overline{BD}=\overline{CE}=6(cm)$, $\overline{BE}=\overline{AD}=3(cm)$이므로

$\overline{DE}=\overline{BD}+\overline{BE}=6+3=9(cm)$

답 9 cm

27 $\triangle AED$와 $\triangle ACD$에서

$\angle AED=\angle ACD=90^\circ$

$\overline{AD}$는 공통

$\angle ADE=\angle ADC$

이므로 $\triangle AED\equiv\triangle ACD$ (RHA 합동)

따라서 $\overline{AE}=\overline{AC}=4(cm)$이므로

$\overline{BE}=\overline{AB}-\overline{AE}$

$=5-4=1(cm)$

또, $\overline{DE}=\overline{DC}$이므로 $\triangle BDE$의 둘레의 길이는

$\overline{BD}+\overline{DE}+\overline{EB}=(\overline{BD}+\overline{DC})+\overline{EB}$

$=\overline{BC}+\overline{BE}$

$=3+1=4(cm)$

답 4 cm

28 $\triangle ABD$와 $\triangle BCE$에서

$\angle ADB=\angle BEC=90^\circ$

$\overline{AB}=\overline{BC}$

$\angle BAD=90^\circ-\angle ABD$

$=\angle CBE$

이므로 $\triangle ABD\equiv\triangle BCE$ (RHA 합동)

따라서 $\overline{BD}=\overline{CE}=4(cm)$, $\overline{BE}=\overline{AD}=6(cm)$이므로

$\overline{DE}=\overline{BE}-\overline{BD}=6-4=2(cm)$

답 2 cm

29 $\triangle ABD$와 $\triangle AED$에서

$\angle ABD=\angle AED=90^\circ$

$\overline{AD}$는 공통

$\overline{AB}=\overline{AE}$

이므로 $\triangle ABD\equiv\triangle AED$ (RHS 합동)

따라서 $\angle EAD=\angle BAD=20^\circ$이므로 $\triangle ABC$에서

$\angle C=180^\circ-(\angle B+\angle BAC)$

$=180^\circ-(90^\circ+20^\circ+20^\circ)=50^\circ$

답 50°

30 $\triangle DBM$과 $\triangle ECM$에서

$\angle BDM=\angle CEM=90^\circ$

$\overline{BM}=\overline{CM}$

$\overline{MD}=\overline{ME}$

이므로 $\triangle DBM\equiv\triangle ECM$ (RHS 합동) … ❶

따라서 $\angle B=\angle C$이므로 $\triangle ABC$는 이등변삼각형이다.

$\therefore \overline{AC}=\overline{AB}=8(cm)$ … ❷

답 8 cm

채점 기준	배점
❶ $\triangle DBM\equiv\triangle ECM$임을 설명하기	60%
❷ $\overline{AC}$의 길이 구하기	40%

31 $\triangle ADE$와 $\triangle ACE$에서

$\angle ADE=\angle ACE=90^\circ$

$\overline{AE}$는 공통

$\overline{AD}=\overline{AC}$

이므로 $\triangle ADE\equiv\triangle ACE$ (RHS 합동)

$\therefore \overline{DE}=\overline{CE},\ \overline{AD}=\overline{AC}=5(cm)$

$\therefore \overline{BD}=\overline{AB}-\overline{AD}$

$=13-5=8(cm)$

따라서 $\triangle BED$의 둘레의 길이는

$\overline{BE}+\overline{ED}+\overline{DB}=(\overline{BE}+\overline{EC})+\overline{DB}$

$=\overline{BC}+\overline{DB}$

$=12+8=20(cm)$

답 ③

32 오른쪽 그림과 같이 점 D에서 $\overline{BC}$에 내린 수선의 발을 E라 하면

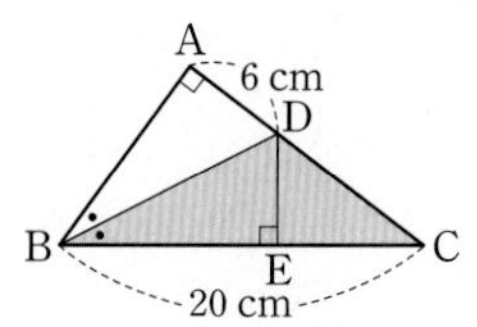

$\overline{BD}$가 $\angle B$의 이등분선이므로

$\overline{DE}=\overline{DA}=6(cm)$

$\therefore \triangle DBC=\frac{1}{2}\times\overline{BC}\times\overline{DE}$

$=\frac{1}{2}\times20\times6$

$=60(cm^2)$

답 60 cm²

33 $\overline{CD}=\overline{ED}$에서 점 D는 $\angle EBC$의 이등분선 위의 점이므로

$\angle x=\frac{1}{2}\angle ABC$

$=\frac{1}{2}\times\{180^\circ-(90^\circ+46^\circ)\}=22^\circ$

답 22°

34 $\overline{AD}$가 $\angle A$의 이등분선이므로 $\overline{CD}=\overline{ED}$ … ❶

$\triangle ABC=\triangle ABD+\triangle ADC$이므로

$\frac{1}{2}\times8\times6=\frac{1}{2}\times10\times\overline{CD}+\frac{1}{2}\times6\times\overline{CD}$ … ❷

$24=8\overline{CD}$ $\quad\therefore \overline{CD}=3(cm)$ … ❸

답 3 cm

채점 기준	배점
❶ $\overline{CD}=\overline{ED}$임을 알기	20%
❷ 삼각형의 넓이를 이용하여 $\overline{CD}$에 대한 방정식 세우기	60%
❸ $\overline{CD}$의 길이 구하기	20%

Real 실전 기출

18~20쪽

01 $\triangle BAC$에서 $\overline{BA}=\overline{BC}$이므로

$\angle BCA=\angle A=22^\circ$

$\therefore \angle CBD=\angle A+\angle BCA$

$=22^\circ+22^\circ=44^\circ$

$\triangle CDB$에서 $\overline{CB}=\overline{CD}$이므로

$\angle CDB=\angle CBD=44^\circ$

$\therefore \angle DCE=\angle A+\angle CDB$

$=22^\circ+44^\circ=66^\circ$

$\triangle DCE$에서 $\overline{DC}=\overline{DE}$이므로

$\angle x=180^\circ-2\times66^\circ=48^\circ$

답 48°

02 $\triangle ABC$에서 $\overline{AB}=\overline{AC}$이므로

$\angle ABC=\angle ACB=\frac{1}{2}\times(180^\circ-56^\circ)=62^\circ$

$\therefore \angle DBC=\frac{1}{2}\angle ABC=\frac{1}{2}\times62^\circ=31^\circ$

$\angle ACE=180^\circ-\angle ACB=180^\circ-62^\circ=118^\circ$이므로

$\angle DCE=\frac{1}{2}\angle ACE=\frac{1}{2}\times118^\circ=59^\circ$

$\triangle BCD$에서 $\angle DCE=\angle DBC+\angle BDC$이므로

$59^\circ=31^\circ+\angle BDC$ $\quad\therefore \angle BDC=28^\circ$

답 ②

03 $\triangle ABC$에서

$\angle A=90^\circ-30^\circ=60^\circ$

$\overline{DA}=\overline{DC}$이므로

$\angle DCA=\angle A=60^\circ$

$\therefore \angle ADC=180^\circ-(60^\circ+60^\circ)=60^\circ$

따라서 $\triangle ADC$는 정삼각형이므로

$\overline{DA}=\overline{DC}=\overline{AC}=9(cm)$

또, $\angle DCB=90^\circ-\angle DCA=90^\circ-60^\circ=30^\circ=\angle DBC$이므로 $\triangle DBC$는 $\overline{DB}=\overline{DC}$인 이등변삼각형이다.

따라서 $\overline{DB}=\overline{DC}=9(cm)$이므로

$\overline{AB}=\overline{AD}+\overline{DB}=9+9=18(cm)$

답 18 cm

04 $\angle ABC=\angle CBD=75^\circ$ (접은 각),

$\angle ACB=\angle CBD=75^\circ$ (엇각)이므로

$\angle ABC=\angle ACB$

따라서 $\triangle ABC$는 $\overline{AB}=\overline{AC}$인 이등변삼각형이므로

$\angle BAC=180^\circ-(75^\circ+75^\circ)=30^\circ$ $\quad\therefore x=30$

$\overline{AB}=\overline{AC}=8(cm)$이므로 $y=8$

$\therefore x+y=30+8=38$

답 38

05 △PCA와 △PDB에서
$\angle PCA = \angle PDB = 90^\circ$
$\overline{PA} = \overline{PB}$
$\angle APC = \angle BPD$ (맞꼭지각)
이므로 △PCA≡△PDB (RHA 합동)
따라서 $\overline{PD} = \overline{PC} = 6(cm)$이므로
$x = 6$
또, $\angle PBD = \angle PAC = 180^\circ - (90^\circ + 32^\circ) = 58^\circ$이므로
$y = 58$
$\therefore x + y = 6 + 58 = 64$
답 64

06 △ADB와 △BEC에서
$\angle ADB = \angle BEC = 90^\circ$
$\overline{AB} = \overline{BC}$
$\angle DAB = 90^\circ - \angle ABD = \angle EBC$ (③)
이므로 △ADB≡△BEC (RHA 합동) (④)
따라서 $\overline{DB} = \overline{EC} = 5(cm)$(①), $\overline{BE} = \overline{AD} = 7(cm)$(②)
이므로
(사다리꼴 ADEC의 넓이)$= \frac{1}{2} \times (\overline{AD} + \overline{CE}) \times \overline{DE}$
$= \frac{1}{2} \times (7+5) \times 12$
$= 72(cm^2)$
답 ⑤

07 △ABC에서
$\angle BAC = 180^\circ - (90^\circ + 40^\circ) = 50^\circ$
△ABE와 △ADE에서
$\angle B = \angle ADE = 90^\circ$
$\overline{AE}$는 공통
$\overline{AB} = \overline{AD}$
이므로 △ABE≡△ADE (RHS 합동)
따라서 $\angle BAE = \angle DAE$이므로
$\angle BAE = \frac{1}{2} \times 50^\circ = 25^\circ$
따라서 △ABE에서
$\angle x = 180^\circ - (25^\circ + 90^\circ) = 65^\circ$
답 65°

08 오른쪽 그림과 같이 점 D에서 $\overline{AB}$에 내린 수선의 발을 E라 하면
$\triangle ABD = \frac{1}{2} \times \overline{AB} \times \overline{DE}$
$= \frac{1}{2} \times 39 \times \overline{DE}$
$= 195$
$\therefore \overline{DE} = 10(cm)$
$\overline{AD}$가 $\angle BAC$의 이등분선이므로
$\overline{CD} = \overline{ED} = 10(cm)$
답 10 cm

09 △ABC에서
$\angle B + \angle C = 180^\circ - 54^\circ = 126^\circ$
$\angle BED = \angle a$, $\angle CEF = \angle b$라 하면
△BED에서
$\angle B + \angle a + \angle a = 180^\circ$ …… ㉠
△CEF에서
$\angle C + \angle b + \angle b = 180^\circ$ …… ㉡
㉠+㉡을 하면
$(\angle B + \angle C) + 2\angle a + 2\angle b = 360^\circ$
$126^\circ + 2\angle a + 2\angle b = 360^\circ$
$2\angle a + 2\angle b = 234^\circ$ $\therefore \angle a + \angle b = 117^\circ$
$\therefore \angle DEF = 180^\circ - (\angle a + \angle b)$
$= 180^\circ - 117^\circ = 63^\circ$
답 ⑤

10 $\angle ABD = \angle a$라 하면 $\angle ABC = 2\angle a$
$\overline{AB} = \overline{AC}$이므로 $\angle C = \angle ABC = 2\angle a$
△DBC에서 $\angle a + 2\angle a = 75^\circ$
$3\angle a = 75^\circ$ $\therefore \angle a = 25^\circ$
△ABC에서
$\angle A = 180^\circ - (2\angle a + 2\angle a)$
$= 180^\circ - 4\angle a$
$= 180^\circ - 4 \times 25^\circ = 80^\circ$
답 80°

11 △ADE와 △ACE에서
$\overline{AE}$는 공통
$\angle ADE = \angle C = 90^\circ$
$\overline{AD} = \overline{AC}$
이므로 △ADE≡△ACE (RHS 합동)
$\therefore \overline{DE} = \overline{CE}$, $\overline{AD} = \overline{AC} = 9(cm)$
$\overline{DE} = x$ cm라 하면 $\overline{CE} = x$ cm
△ABC=△ABE+△AEC이므로
$\frac{1}{2} \times 12 \times 9 = \frac{1}{2} \times 15 \times x + \frac{1}{2} \times x \times 9$
$54 = 12x$ $\therefore x = \frac{9}{2}$
이때 $\overline{BD} = \overline{AB} - \overline{AD} = 15 - 9 = 6(cm)$이므로
$\triangle BED = \frac{1}{2} \times 6 \times \frac{9}{2} = \frac{27}{2}(cm^2)$
답 ②

12 $\angle B = \angle C$에서 △ABC는 이등변삼각형이므로
$\overline{AC} = \overline{AB} = 16(cm)$
오른쪽 그림과 같이 $\overline{AD}$를 그으면
△ABC=△ABD+△ADC이므로

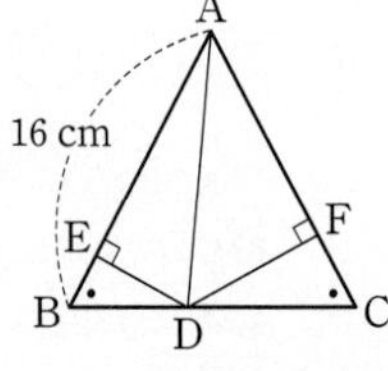

$88 = \frac{1}{2} \times 16 \times \overline{DE} + \frac{1}{2} \times 16 \times \overline{DF}$
$8\overline{DE} + 8\overline{DF} = 88$
$\therefore \overline{DE} + \overline{DF} = 11(cm)$
답 11 cm

13 $\angle ABP=\angle PB'Q$

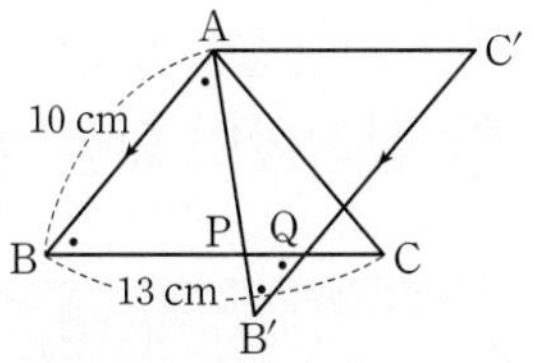

$\overline{AB} /\!/ \overline{C'B'}$에서

$\angle BAP=\angle PB'Q$ (엇각)

이므로

$\angle ABP=\angle BAP$

즉, $\triangle PAB$는 $\overline{PA}=\overline{PB}$인 이등변삼각형이다.

같은 방법으로 $\angle PB'Q=\angle ABP=\angle PQB'$이므로

$\triangle PB'Q$는 $\overline{PB'}=\overline{PQ}$인 이등변삼각형이다.

$\therefore \overline{BQ}=\overline{PB}+\overline{PQ}=\overline{PA}+\overline{PB'}$

$=\overline{AB'}=\overline{AB}=10(\text{cm})$

$\therefore \overline{CQ}=\overline{BC}-\overline{BQ}$

$=13-10=3(\text{cm})$

답 3 cm

14 오른쪽 그림과 같이 점 G에서 $\overline{AB}$에 내린 수선의 발을 H라 하면 $\triangle GHD$와 $\triangle DBE$에서

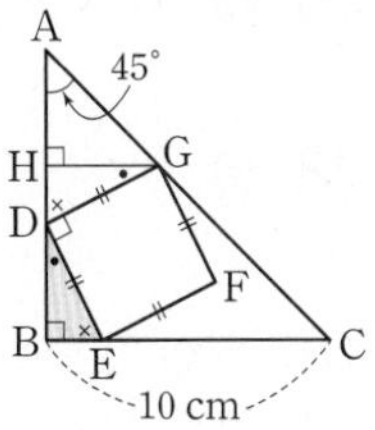

$\angle GHD=\angle DBE=90^\circ$

$\overline{GD}=\overline{DE}$

$\angle HGD=90^\circ-\angle GDH=\angle BDE$

이므로 $\triangle GHD\equiv\triangle DBE$ (RHA 합동)

따라서 $\overline{HD}=\overline{BE}$, $\overline{GH}=\overline{DB}$이므로

$\overline{HB}=\overline{BD}+\overline{DH}=\overline{BD}+\overline{BE}=6(\text{cm})$

$\overline{AB}=\overline{BC}=10(\text{cm})$이므로

$\overline{AH}=10-6=4(\text{cm})$

이때 $\triangle ABC$가 직각이등변삼각형이므로

$\angle A=45^\circ$

$\triangle AHG$도 $\overline{HA}=\overline{HG}$인 직각이등변삼각형이므로

$\overline{GH}=\overline{AH}=4(\text{cm})$

따라서 $\overline{DB}=\overline{GH}=4(\text{cm})$이므로

$\overline{BE}=6-4=2(\text{cm})$

$\therefore \triangle DBE=\frac{1}{2}\times4\times2=4(\text{cm}^2)$

답 4 cm^2

15 $\angle A=\angle x$라 하면

$\angle DBE=\angle A=\angle x$ (접은 각)이므로

$\angle DBC=\angle C=\angle x+15^\circ$ … ❶

$\triangle ABC$의 세 내각의 크기의 합은 180°이므로

$\angle x+(\angle x+15^\circ)+(\angle x+15^\circ)=180^\circ$ … ❷

$3\angle x+30^\circ=180^\circ$ $\therefore \angle x=50^\circ$

$\therefore \angle A=50^\circ$ … ❸

답 50°

채점 기준	배점
❶ $\angle A=\angle x$로 놓고 $\angle DBC$, $\angle C$의 크기를 $\angle x$를 사용하여 나타내기	40%
❷ 삼각형의 세 내각의 크기의 합이 180°임을 이용하여 $\angle x$에 대한 방정식 세우기	30%
❸ $\angle A$의 크기 구하기	30%

16 $\triangle ABF$와 $\triangle DAG$에서

$\overline{AB}=\overline{DA}$

$\angle AFB=\angle DGA=90^\circ$

$\angle ABF=90^\circ-\angle BAF=\angle DAG$

이므로 $\triangle ABF\equiv\triangle DAG$ (RHA 합동) … ❶

따라서 $\overline{AG}=\overline{BF}=3(\text{cm})$, $\overline{AF}=\overline{DG}=5(\text{cm})$이므로

$\overline{GF}=5-3=2(\text{cm})$ … ❷

$\therefore \triangle DGF=\frac{1}{2}\times5\times2=5(\text{cm}^2)$ … ❸

답 5 cm^2

채점 기준	배점
❶ $\triangle ABF\equiv\triangle DAG$임을 설명하기	50%
❷ $\overline{GF}$의 길이 구하기	30%
❸ $\triangle DGF$의 넓이 구하기	20%

17 $\triangle DBE$에서 $\overline{DB}=\overline{DE}$이므로

$\angle DBE=\angle DEB=\frac{1}{2}\times(180^\circ-90^\circ)=45^\circ$

$\triangle ABC$에서

$\angle BAC=180^\circ-(\angle C+\angle ABC)$

$=180^\circ-(90^\circ+45^\circ)=45^\circ$ … ❶

$\overline{ED}=\overline{EC}$에서 점 E는 $\angle A$의 이등분선 위의 점이므로

$\angle CAE=\frac{1}{2}\angle BAC$

$=\frac{1}{2}\times45^\circ=22.5^\circ$ … ❷

$\triangle AEC$에서

$\angle x=180^\circ-(\angle C+\angle CAE)$

$=180^\circ-(90^\circ+22.5^\circ)=67.5^\circ$ … ❸

답 67.5°

채점 기준	배점
❶ $\angle BAC$의 크기 구하기	50%
❷ $\angle CAE$의 크기 구하기	30%
❸ $\angle x$의 크기 구하기	20%

18 정오각형의 한 내각의 크기는

$\frac{180^\circ\times(5-2)}{5}=108^\circ$ … ❶

$\triangle BCA$는 $\overline{BA}=\overline{BC}$인 이등변삼각형이므로

$\angle BAC=\frac{1}{2}\times(180^\circ-108^\circ)=36^\circ$

같은 방법으로 $\angle EAD=36^\circ$ … ❷

$\therefore \angle CAD=108^\circ-(36^\circ+36^\circ)=36^\circ$ … ❸

답 36°

채점 기준	배점
❶ 정오각형의 한 내각의 크기 구하기	40%
❷ $\angle BAC$, $\angle EAD$의 크기 구하기	40%
❸ $\angle CAD$의 크기 구하기	20%

보충 TIP　정다각형의 한 내각의 크기와 한 외각의 크기

(1) 정n각형의 한 내각의 크기

→ $\dfrac{180^\circ\times(n-2)}{n}$

(2) 정n각형의 한 외각의 크기

→ $\dfrac{360^\circ}{n}$

19 $\overline{AB}=\overline{AC}$이므로

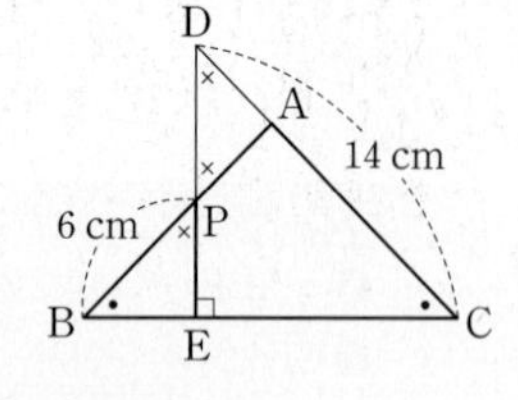

$\angle B=\angle C$

$\therefore \angle BPE=90^\circ-\angle B$

$=90^\circ-\angle C$

$=\angle CDE$

이때 $\angle BPE=\angle DPA$(맞꼭지각)이므로

$\angle CDE=\angle DPA$

따라서 $\triangle ADP$는 $\overline{AD}=\overline{AP}$인 이등변삼각형이다. … ❶

$\overline{AD}=\overline{AP}=x$ cm라 하면

$\overline{AB}=(x+6)$ cm, $\overline{AC}=(14-x)$ cm … ❷

즉, $x+6=14-x$이므로

$2x=8$　　$\therefore x=4$

$\therefore \overline{AD}=4$(cm) … ❸

답 4 cm

채점 기준	배점
❶ $\triangle ADP$가 이등변삼각형임을 알기	50%
❷ $\overline{AD}=x$ cm로 놓고 $\overline{AB}$, $\overline{AC}$의 길이를 x를 사용하여 나타내기	20%
❸ $\overline{AD}$의 길이 구하기	30%

20 $\triangle DBA$와 $\triangle EAC$에서

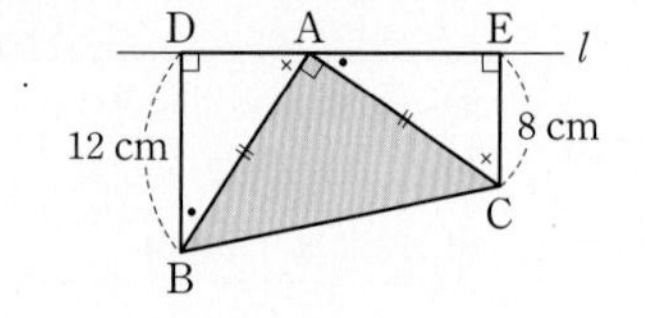

$\angle BDA=\angle AEC=90^\circ$

$\overline{BA}=\overline{AC}$

$\angle DBA=90^\circ-\angle DAB$

$=\angle EAC$

이므로 $\triangle DBA\equiv\triangle EAC$ (RHA 합동) … ❶

따라서 $\overline{DA}=\overline{EC}=8$(cm), $\overline{AE}=\overline{BD}=12$(cm)이므로

$\overline{DE}=8+12=20$(cm) … ❷

$\therefore \triangle ABC=$(사다리꼴 DBCE의 넓이)$-2\triangle DBA$

$=\dfrac{1}{2}\times(12+8)\times20-2\times\left(\dfrac{1}{2}\times12\times8\right)$

$=200-96=104(\text{cm}^2)$ … ❸

답 104 cm^2

채점 기준	배점
❶ $\triangle DBA\equiv\triangle EAC$임을 설명하기	40%
❷ $\overline{DE}$의 길이 구하기	20%
❸ $\triangle ABC$의 넓이 구하기	40%

02 삼각형의 외심과 내심

Real 실전 개념

23, 25쪽

01 답 수직이등분선　　**02** 답 꼭짓점

03 답 $\overline{OC}$, $\overline{OC}$, $\overline{OF}$, $\overline{CF}$

04 답 ○　　**05** 답 ○

06 답 ×　　**07** 답 ×

08 답 ○　　**09** 답 ×

10 점 O가 $\triangle ABC$의 외심이므로

$\overline{OA}=\overline{OB}=5$(cm)　　$\therefore x=5$

답 5

11 점 O가 $\triangle ABC$의 외심이므로 $\overline{OA}=\overline{OC}$

따라서 $\angle OCA=\angle OAC=28^\circ$이므로 $\triangle OCA$에서

$\angle AOC=180^\circ-(28^\circ+28^\circ)=124^\circ$

$\therefore x=124$

답 124

12 점 O가 $\triangle ABC$의 외심이므로 $\overline{OD}$는 $\overline{BC}$를 수직이등분한다.

즉, $\overline{BD}=\overline{CD}=3$(cm)이므로 $x=3$

답 3

13 점 O가 $\triangle ABC$의 외심이므로 $\overline{OD}$는 $\overline{BC}$를 수직이등분한다.

즉, $\angle ODC=90^\circ$이므로 $\triangle ODC$에서

$\angle OCD=180^\circ-(90^\circ+65^\circ)=25^\circ$

$\therefore x=25$

답 25

14 점 D가 $\triangle ABC$의 외심이므로

$\overline{CD}=\overline{AD}=2$(cm)

답 2 cm

15 점 D가 $\triangle ABC$의 외심이므로 $\overline{DB}=\overline{DC}$

따라서 $\triangle DBC$는 이등변삼각형이므로

$\angle BDC=180^\circ-2\times33^\circ=114^\circ$

답 114°

16 점 O가 $\triangle ABC$의 외심이므로

$\angle OAB+\angle OBC+\angle OCA=90^\circ$

즉, $30^\circ+25^\circ+\angle x=90^\circ$이므로

$\angle x=35^\circ$

답 35°

17 점 O가 △ABC의 외심이므로
$\angle OAB+\angle OBC+\angle OAC=90°$
즉, $20°+\angle x+37°=90°$이므로 $\angle x=33°$ 답 $33°$

18 점 O가 △ABC의 외심이므로
$\angle BOC=2\angle A=2\times 50°=100°$
$\therefore \angle x=100°$ 답 $100°$

19 점 O가 △ABC의 외심이므로
$\angle BOC=2\angle A$
즉, $110°=2\angle x$이므로 $\angle x=55°$ 답 $55°$

20 답 내 **21** 답 ×

22 답 × **23** 답 외

24 답 내 **25** 답 외

26 답 $\overline{IE}$, $\angle ICF$, 이등분선

27 답 × **28** 답 ○

29 답 × **30** 답 ×

31 답 ○ **32** 답 ○

33 점 I가 △ABC의 내심이므로
$\overline{IE}=\overline{ID}=5(cm)$ $\therefore x=5$ 답 5

34 점 I가 △ABC의 내심이므로
$\angle IAC=\angle IAB=28°$ $\therefore x=28$ 답 28

35 점 I가 △ABC의 내심이므로
$\angle IAB+\angle IBC+\angle ICA=90°$
즉, $\angle x+35°+30°=90°$이므로 $\angle x=25°$ 답 $25°$

36 점 I가 △ABC의 내심이므로
$\angle x=90°+\frac{1}{2}\angle A=90°+\frac{1}{2}\times 60°=120°$ 답 $120°$

37 점 I가 △ABC의 내심이므로
$\overline{AD}=\overline{AF}=4(cm)$
따라서 $\overline{BE}=\overline{BD}=10-4=6(cm)$이므로
$x=6$ 답 6

38 점 I가 △ABC의 내심이므로
$\overline{CE}=\overline{CF}=3(cm)$, $\overline{AD}=\overline{AF}=4(cm)$
따라서 $\overline{BE}=\overline{BD}=9-4=5(cm)$이므로
$\overline{BC}=\overline{BE}+\overline{CE}=5+3=8(cm)$ $\therefore x=8$ 답 8

Real 실전 유형 26~31쪽

01 ② 삼각형의 외심은 세 변의 수직이등분선의 교점이므로
$\overline{AF}=\overline{CF}$
⑤ △OBE와 △OCE에서
$\angle OEB=\angle OEC=90°$, $\overline{OB}=\overline{OC}$, $\overline{OE}$는 공통
이므로 $\triangle OBE\equiv\triangle OCE$ (RHS 합동) 답 ②, ⑤

02 오른쪽 그림과 같이 $\overline{OB}$를 그으면

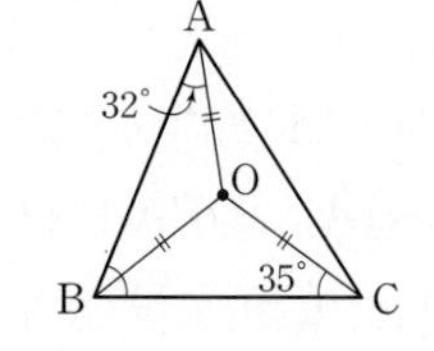

$\overline{OA}=\overline{OB}=\overline{OC}$이므로
$\angle OBA=\angle OAB=32°$
$\angle OBC=\angle OCB=35°$
$\therefore \angle B=\angle OBA+\angle OBC$
$=32°+35°=67°$ 답 $67°$

03 점 O는 △ABC의 외심이므로 $\overline{OB}=\overline{OC}$
△OBC의 둘레의 길이가 28 cm이므로
$\overline{OB}+\overline{BC}+\overline{CO}=28$, $2\overline{OB}+10=28$
$\therefore \overline{OB}=9(cm)$ … ❶
따라서 △ABC의 외접원의 반지름의 길이가 9 cm이므로
구하는 외접원의 둘레의 길이는
$2\pi\times 9=18\pi$ cm … ❷
답 18π cm

채점 기준	배점
❶ $\overline{OB}$의 길이 구하기	60%
❷ △ABC의 외접원의 둘레의 길이 구하기	40%

보충 TIP 원의 둘레의 길이와 넓이
반지름의 길이가 r인 원의 둘레의 길이는 $2\pi r$, 넓이는 πr^2이다.

04 직각삼각형의 외심은 빗변의 중점이므로 △ABC의 외접원의 반지름의 길이는
$\frac{1}{2}\overline{AB}=\frac{1}{2}\times 12=6(cm)$
따라서 △ABC의 외접원의 넓이는
$\pi\times 6^2=36\pi(cm^2)$ 답 36π cm²

05 $\overline{OA}=\overline{OB}=\overline{OC}$이므로 △OAB에서
$\angle x=180°-2\times 80°=20°$
$\angle AOC=20°+60°=80°$이므로 △OAC에서
$\angle OCA=\frac{1}{2}\times(180°-80°)=50°$
△OBC에서 $\angle OCB=\frac{1}{2}\times(180°-60°)=60°$이므로
$\angle y=\angle OCB-\angle OCA=60°-50°=10°$
$\therefore \angle x+\angle y=20°+10°=30°$ 답 $30°$

06 점 M은 직각삼각형 ABC의 외심이므로

$\overline{MA}=\overline{MB}=\overline{MC}$

따라서 △MAB에서 $\angle MAB=\angle MBA=32°$

$\therefore \angle MAC=90°-\angle MAB=90°-32°=58°$ 　답 58°

07 직각삼각형의 외심은 빗변의 중점이므로

$\overline{BO}=\overline{CO}$

$\therefore \triangle AOC=\frac{1}{2}\triangle ABC$

$=\frac{1}{2}\times\left(\frac{1}{2}\times6\times8\right)=12(\text{cm}^2)$ 　답 12 cm²

08 $\angle OBA+\angle OBC+\angle OAC=90°$이므로

$25°+30°+\angle x=90°$ 　$\therefore \angle x=35°$

오른쪽 그림과 같이 $\overline{OC}$를 그으면

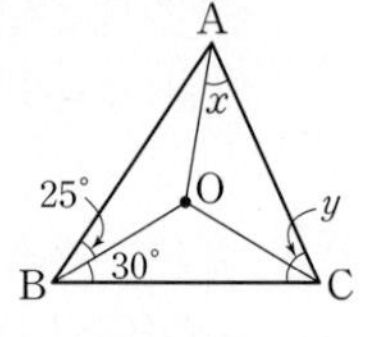

$\angle OCB=\angle OBC=30°$

$\angle OCA=\angle OAC=35°$

$\therefore \angle y=\angle OCB+\angle OCA$

$=30°+35°=65°$

$\therefore \angle x+\angle y=35°+65°=100°$ 　답 100°

다른 풀이 $\angle OAB=\angle OBA=25°$이고

$\angle A+\angle B+\angle C=180°$이므로

$25°+25°+30°+\angle y+\angle x=180°$

$\therefore \angle x+\angle y=100°$

09 $\angle OAB+\angle OBC+\angle OCA=90°$이므로

$2\angle x+(3\angle x+10°)+(4\angle x-10°)=90°$

$9\angle x=90°$ 　$\therefore \angle x=10°$

따라서 $\angle OBC=3\times10°+10°=40°$이고 $\overline{OB}=\overline{OC}$이므로

$\angle BOC=180°-2\times40°=100°$ 　답 100°

10 점 O는 △ABC의 외심이므로 오른쪽 그림과 같이 $\overline{OA}$를 그으면

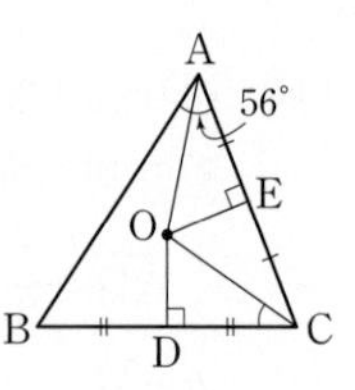

$\angle OAB+\angle OAC+\angle OCB=90°$

$56°+\angle OCB=90°$

$\therefore \angle OCB=34°$ 　답 34°

11 점 O는 △ABC의 외심이므로

$\angle ABC=\frac{1}{2}\angle AOC=\frac{1}{2}\times110°=55°$

$\therefore \angle OBC=\angle ABC-\angle ABO=55°-34°=21°$

따라서 △OBC에서 $\overline{OB}=\overline{OC}$이므로

$\angle OCB=\angle OBC=21°$ 　답 21°

12 점 M은 직각삼각형 ABC의 외심이므로

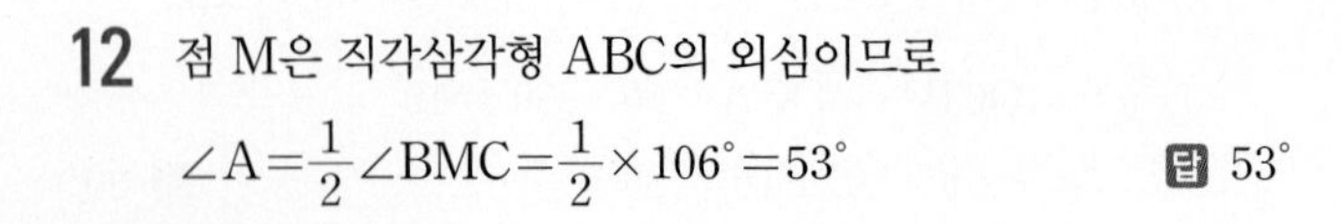

$\angle A=\frac{1}{2}\angle BMC=\frac{1}{2}\times106°=53°$ 　답 53°

13 오른쪽 그림과 같이 $\overline{OA}$를 그으면

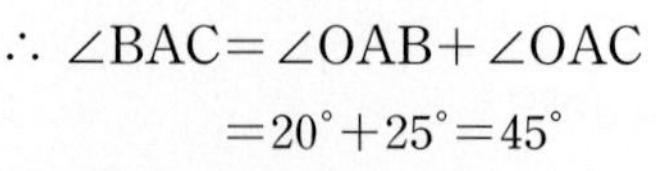

$\angle OAB=\angle OBA=20°$

$\angle OAC=\angle OCA=25°$

$\therefore \angle BAC=\angle OAB+\angle OAC$

$=20°+25°=45°$ 　… ❶

점 O가 △ABC의 외심이므로

$\angle BOC=2\angle BAC=2\times45°=90°$ 　… ❷

$\therefore \overset{\frown}{BC}=2\pi\times4\times\frac{90}{360}=2\pi(\text{cm})$ 　… ❸

답 2π cm

채점 기준	배점
❶ ∠BAC의 크기 구하기	30%
❷ ∠BOC의 크기 구하기	30%
❸ $\overset{\frown}{BC}$의 길이 구하기	40%

14 $\angle AOB:\angle BOC:\angle COA=5:6:7$이므로

$\angle AOB=360°\times\frac{5}{5+6+7}=360°\times\frac{5}{18}=100°$

$\therefore \angle ACB=\frac{1}{2}\angle AOB=\frac{1}{2}\times100°=50°$ 　답 50°

15 ③ 삼각형의 내심에서 세 변에 이르는 거리는 같으므로

$\overline{ID}=\overline{IE}=\overline{IF}$ 　답 ③

16 점 I는 △ABC의 내심이므로

$\angle IBC=\angle IBA=24°$

△IBC에서 $\angle ICB=180°-(127°+24°)=29°$

$\therefore \angle ICA=\angle ICB=29°$ 　답 29°

17 $\angle B=\angle C-20°$이므로 $\angle C=\angle B+20°$

△ABC에서 $\angle A+\angle B+\angle C=180°$이므로

$(\angle B-20°)+\angle B+(\angle B+20°)=180°$

$3\angle B=180°$ 　$\therefore \angle B=60°$

이때 점 I는 △ABC의 내심이므로

$\angle IBC=\frac{1}{2}\angle B=\frac{1}{2}\times60°=30°$

또, 점 I′은 △IBC의 내심이므로

$\angle IBI'=\frac{1}{2}\angle IBC=\frac{1}{2}\times30°=15°$ 　답 15°

18 오른쪽 그림과 같이 $\overline{IA}$를 그으면

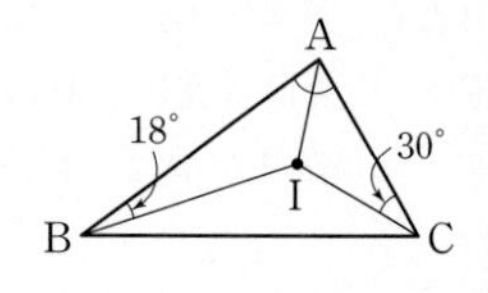

$\angle IAB+\angle IBA+\angle ICA=90°$

이므로 $\angle IAB+18°+30°=90°$

$\therefore \angle IAB=42°$

$\therefore \angle A=2\angle IAB=2\times42°=84°$ 　답 ③

다른 풀이 점 I는 △ABC의 내심이므로

$\angle IBC=\angle IBA=18°$, $\angle ICB=\angle ICA=30°$

$\therefore \angle A=180°-(18°+18°+30°+30°)=84°$

19 $\angle IAB+\angle IBC+\angle ICB=90^\circ$이므로

$21^\circ+\angle x+32^\circ=90^\circ$ $\therefore \angle x=37^\circ$ 답 37°

20 $\angle IAC+\angle IBC+\angle ICA=90^\circ$이므로

$\angle IAC+25^\circ+35^\circ=90^\circ$ $\therefore \angle IAC=30^\circ$ … ❶

또, $\angle ICB=\angle ICA=35^\circ$이므로

$\angle ACB=35^\circ+35^\circ=70^\circ$

$\triangle AHC$에서 $\angle HAC=180^\circ-(90^\circ+70^\circ)=20^\circ$ … ❷

$\therefore \angle IAH=\angle IAC-\angle HAC=30^\circ-20^\circ=10^\circ$ … ❸

답 10°

채점 기준	배점
❶ ∠IAC의 크기 구하기	40%
❷ ∠HAC의 크기 구하기	40%
❸ ∠IAH의 크기 구하기	20%

21 점 I는 $\triangle ABC$의 내심이므로

$\angle AIB=90^\circ+\frac{1}{2}\angle C$, $108^\circ=90^\circ+\frac{1}{2}\angle C$

$\frac{1}{2}\angle C=18^\circ$ $\therefore \angle C=36^\circ$ 답 ②

22 $\angle AIC=180^\circ-44^\circ=136^\circ$

점 I는 $\triangle ABC$의 내심이므로

$\angle AIC=90^\circ+\frac{1}{2}\angle B$, $136^\circ=90^\circ+\frac{1}{2}\angle B$

$\frac{1}{2}\angle B=46^\circ$ $\therefore \angle B=92^\circ$ 답 92°

23 점 I는 $\triangle ABC$의 내심이므로

$\angle AIC=90^\circ+\frac{1}{2}\angle B=90^\circ+\angle ABI=90^\circ+32^\circ=122^\circ$

또, 점 I′은 $\triangle ICA$의 내심이므로

$\angle AI'C=90^\circ+\frac{1}{2}\angle AIC=90^\circ+\frac{1}{2}\times122^\circ=151^\circ$

답 151°

24 $\angle AIB : \angle BIC : \angle CIA=3:4:5$이므로

$\angle BIC=360^\circ\times\frac{4}{3+4+5}=360^\circ\times\frac{1}{3}=120^\circ$

이때 $\angle BIC=90^\circ+\frac{1}{2}\angle BAC$이므로

$120^\circ=90^\circ+\frac{1}{2}\angle BAC$

$\frac{1}{2}\angle BAC=30^\circ$ $\therefore \angle BAC=60^\circ$ 답 60°

25 오른쪽 그림과 같이 $\overline{IB}$, $\overline{IC}$를 그으면

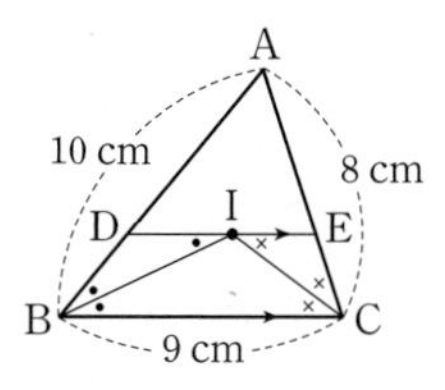

$\angle DBI=\angle IBC$

$\overline{DE}/\!/\overline{BC}$이므로

$\angle DIB=\angle IBC$ (엇각)

$\therefore \angle DBI=\angle DIB$

즉, $\triangle DBI$는 $\overline{DB}=\overline{DI}$인 이등변삼각형이다.

같은 방법으로 $\angle ECI=\angle EIC$이므로 $\triangle EIC$는 $\overline{EI}=\overline{EC}$인 이등변삼각형이다.

따라서 $\triangle ADE$의 둘레의 길이는

$\overline{AD}+\overline{DE}+\overline{EA}=\overline{AD}+(\overline{DI}+\overline{EI})+\overline{EA}$

$=(\overline{AD}+\overline{DB})+(\overline{EC}+\overline{EA})$

$=\overline{AB}+\overline{AC}$

$=10+8=18(\text{cm})$ 답 18 cm

26 점 I는 $\triangle ABC$의 내심이므로 $\angle DBI=\angle IBC$

$\overline{DE}/\!/\overline{BC}$이므로 $\angle DIB=\angle IBC$ (엇각) (①)

$\therefore \angle DBI=\angle DIB$

즉, $\triangle DBI$는 $\overline{DB}=\overline{DI}$ (④)인 이등변삼각형이다.

같은 방법으로 $\angle ECI=\angle EIC$ (②)이므로 $\triangle EIC$는 $\overline{EI}=\overline{EC}$인 이등변삼각형이다.

따라서 $\triangle ADE$의 둘레의 길이는

$\overline{AD}+\overline{DE}+\overline{EA}=\overline{AD}+(\overline{DI}+\overline{EI})+\overline{EA}$

$=(\overline{AD}+\overline{DB})+(\overline{EC}+\overline{EA})$

$=\overline{AB}+\overline{AC}$ (⑤) 답 ③

27 오른쪽 그림과 같이 $\overline{IB}$, $\overline{IC}$를 그으면 $\angle DBI=\angle IBC$

$\overline{DE}/\!/\overline{BC}$이므로

$\angle DIB=\angle IBC$ (엇각)

$\therefore \angle DBI=\angle DIB$

따라서 $\triangle DBI$에서 $\overline{DI}=\overline{DB}=3(\text{cm})$

같은 방법으로 $\angle ECI=\angle EIC$이므로 $\triangle EIC$에서

$\overline{EI}=\overline{EC}=2(\text{cm})$

$\therefore \overline{DE}=\overline{DI}+\overline{EI}=3+2=5(\text{cm})$ 답 ②

28 내접원 I의 반지름의 길이를 r cm라 하면

$\triangle ABC=\frac{1}{2}r(\overline{AB}+\overline{BC}+\overline{CA})$이므로

$60=\frac{1}{2}\times r\times(10+13+13)$

$18r=60$ $\therefore r=\frac{10}{3}$

따라서 내접원 I의 둘레의 길이는

$2\pi\times\frac{10}{3}=\frac{20}{3}\pi(\text{cm})$ 답 $\frac{20}{3}\pi$ cm

29 내접원 I의 반지름의 길이를 r cm라 하면

$\triangle ABC=\frac{1}{2}r(\overline{AB}+\overline{BC}+\overline{CA})$이므로

$\frac{1}{2}\times8\times6=\frac{1}{2}\times r\times(8+10+6)$

$12r=24$ $\therefore r=2$

$\therefore \triangle IBC=\frac{1}{2}\times10\times2=10(\text{cm}^2)$ 답 10 cm^2

30 $\triangle ABC=\frac{1}{2}\times$(내접원 I의 반지름의 길이)

$\times(\overline{AB}+\overline{BC}+\overline{CA})$

$=\frac{1}{2}\times4\times(20+12+16)=96(\text{cm}^2)$

$\therefore$ (색칠한 부분의 넓이)$=\triangle ABC-$(내접원 I의 넓이)

$=96-\pi\times4^2=96-16\pi(\text{cm}^2)$

답 $(96-16\pi)\ \text{cm}^2$

31 $\overline{AD}=x$ cm라 하면 $\overline{AF}=\overline{AD}=x(\text{cm})$

$\therefore \overline{BE}=\overline{BD}=8-x(\text{cm}),\ \overline{CE}=\overline{CF}=7-x(\text{cm})$

이때 $\overline{BC}=\overline{BE}+\overline{CE}$이므로

$9=(8-x)+(7-x),\ 15-2x=9$

$2x=6 \qquad \therefore x=3$

$\therefore \overline{AD}=3(\text{cm})$

답 3 cm

32 $\overline{BD}=\overline{BE}=5(\text{cm})$이므로

$\overline{AF}=\overline{AD}=7-5=2(\text{cm})$

또, $\overline{CE}=\overline{CF}=3(\text{cm})$이므로 $\triangle ABC$의 둘레의 길이는

$\overline{AB}+\overline{BC}+\overline{CA}=\overline{AB}+(\overline{BE}+\overline{CE})+(\overline{CF}+\overline{AF})$

$=7+(5+3)+(3+2)=20(\text{cm})$

답 ③

33 오른쪽 그림과 같이 $\overline{IF}$를 그으면

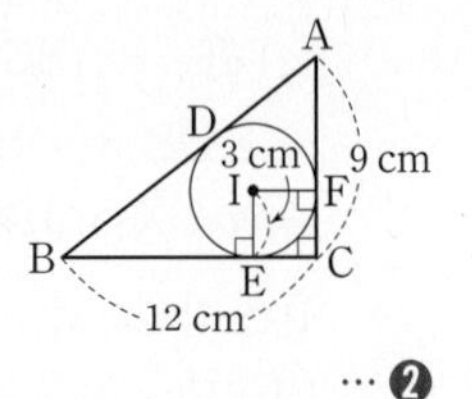

사각형 IECF는 정사각형이므로

$\overline{EC}=\overline{FC}=\overline{IE}=3(\text{cm})$ ··· ❶

$\therefore \overline{AD}=\overline{AF}=9-3=6(\text{cm})$

$\overline{BD}=\overline{BE}=12-3=9(\text{cm})$ ··· ❷

$\therefore \overline{AB}=\overline{AD}+\overline{BD}=6+9=15(\text{cm})$ ··· ❸

답 15 cm

채점 기준	배점
❶ $\overline{EC}$, $\overline{FC}$의 길이 구하기	40%
❷ $\overline{AD}$, $\overline{BD}$의 길이 구하기	40%
❸ $\overline{AB}$의 길이 구하기	20%

참고 $\angle C=90°$인 직각삼각형 ABC의 내심 I에서 $\overline{BC}$, $\overline{AC}$에 내린 수선의 발을 각각 D, E라 하면

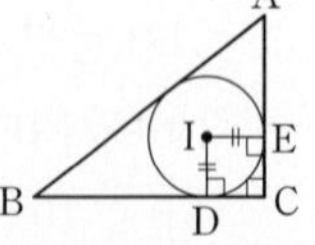

$\angle IDC=\angle C=\angle IEC=90°$이므로

$\angle DIE=360°-(90°+90°+90°)=90°$

이때 $\overline{ID}=\overline{IE}=$(내접원 I의 반지름의 길이)이므로 사각형 IDCE는 정사각형이다.

34 점 O는 $\triangle ABC$의 외심이므로

$2\angle A=88° \qquad \therefore \angle A=44°$

또, 점 I는 $\triangle ABC$의 내심이므로

$\angle BIC=90°+\frac{1}{2}\angle A=90°+\frac{1}{2}\times44°=112°$

답 ①

35 점 O는 $\triangle ABC$의 외심이므로

$\angle BOC=2\angle A=2\times50°=100°$

또, 점 I는 $\triangle OBC$의 내심이므로

$\angle BIC=90°+\frac{1}{2}\angle BOC=90°+\frac{1}{2}\times100°=140°$

답 140°

36 점 O는 $\triangle ABC$의 외심이므로

$\angle BOC=2\angle A=2\times32°=64°$

$\triangle OBC$에서 $\overline{OB}=\overline{OC}$이므로

$\angle OBC=\frac{1}{2}\times(180°-64°)=58°$ ··· ❶

한편, $\triangle ABC$에서 $\overline{AB}=\overline{AC}$이므로

$\angle ABC=\frac{1}{2}\times(180°-32°)=74°$

점 I가 $\triangle ABC$의 내심이므로

$\angle IBC=\frac{1}{2}\angle ABC=\frac{1}{2}\times74°=37°$ ··· ❷

$\therefore \angle OBI=\angle OBC-\angle IBC=58°-37°=21°$ ··· ❸

답 21°

채점 기준	배점
❶ $\angle OBC$의 크기 구하기	40%
❷ $\angle IBC$의 크기 구하기	40%
❸ $\angle OBI$의 크기 구하기	20%

37 $\triangle ABC$의 외접원 O의 반지름의 길이는

$\frac{1}{2}\overline{AB}=\frac{1}{2}\times17=\frac{17}{2}(\text{cm})$

이때 외접원 O의 둘레의 길이는

$2\pi\times\frac{17}{2}=17\pi(\text{cm})$

$\triangle ABC$의 내접원 I의 반지름의 길이를 r cm라 하면

$\triangle ABC=\frac{1}{2}r(\overline{AB}+\overline{BC}+\overline{CA})$이므로

$\frac{1}{2}\times8\times15=\frac{1}{2}\times r\times(17+8+15)$

$20r=60 \qquad \therefore r=3$

이때 내접원 I의 둘레의 길이는

$2\pi\times3=6\pi(\text{cm})$

따라서 구하는 둘레의 길이의 합은

$17\pi+6\pi=23\pi(\text{cm})$

답 ④

38 외접원의 반지름의 길이는

$\frac{1}{2}\overline{BC}=\frac{1}{2}\times10=5 \qquad \therefore x=5$

$\triangle ABC=\frac{1}{2}r(\overline{AB}+\overline{BC}+\overline{CA})$이므로

$\frac{1}{2}\times8\times6=\frac{1}{2}\times y\times(8+10+6)$

$12y=24 \qquad \therefore y=2$

$\therefore x+y=5+2=7$

답 7

39 오른쪽 그림과 같이 내접원 I와 $\overline{BC}$, $\overline{AC}$의 접점을 각각 E, F라 하면 사각형 IDBE는 정사각형이므로

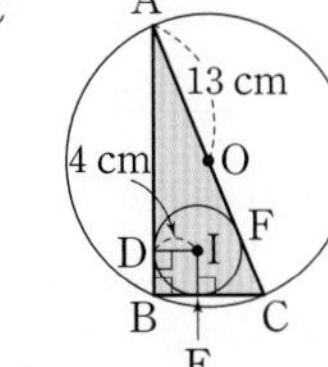

$\overline{BD}=\overline{BE}=\overline{ID}=4(\text{cm})$

$\overline{AB}=x$ cm, $\overline{BC}=y$ cm라 하면

$\overline{AF}=\overline{AD}=x-4(\text{cm})$, $\overline{CF}=\overline{CE}=y-4(\text{cm})$

이때 $\overline{AC}=2\overline{OA}=2\times13=26(\text{cm})$이므로

$(x-4)+(y-4)=26 \qquad \therefore x+y=34$

$\therefore \triangle ABC=\frac{1}{2}\times4\times(x+y+26)$

$=\frac{1}{2}\times4\times(34+26)$

$=\frac{1}{2}\times4\times60=120(\text{cm}^2)$

답 120 cm^2

Real 실전 기출

32~34쪽

01 삼각형의 외접원의 중심, 즉 외심에서 세 꼭짓점에 이르는 거리는 모두 같으므로 도서관의 위치를 △ABC의 외접원의 중심으로 정하면 된다.

답 ②

02 △ABC의 넓이가 30 cm²이므로

$\frac{1}{2}\times\overline{BC}\times5=30 \qquad \therefore \overline{BC}=12(\text{cm})$

따라서 △ABC의 외접원의 반지름의 길이는

$\frac{1}{2}\overline{BC}=\frac{1}{2}\times12=6(\text{cm})$

이므로 외접원의 넓이는

$\pi\times6^2=36\pi(\text{cm}^2)$

답 $36\pi\text{ cm}^2$

03 $\overline{OA}=\overline{OB}$이므로 $\angle OAB=\angle OAC=\angle a$라 하면

$\angle OBA=\angle OAB=\angle a$, $\angle OBC=\angle a+9°$

$\angle OAB+\angle OBC+\angle OAC=90°$이므로

$\angle a+(\angle a+9°)+\angle a=90°$

$3\angle a+9°=90°$, $3\angle a=81°$

$\therefore \angle a=27°$

따라서 △OBC에서 $\overline{OB}=\overline{OC}$이므로

$\angle OCB=\angle OBC=\angle a+9°$

$=27°+9°=36°$

답 ④

04 △ABC에서 $\overline{AB}=\overline{AC}$이므로

$\angle ABC=\frac{1}{2}\times(180°-54°)=63°$

또, 점 O가 △ABC의 외심이므로

$\angle BOC=2\angle A=2\times54°=108°$

$\therefore \angle OBC=\frac{1}{2}\times(180°-108°)=36°$

$\therefore \angle ABO=\angle ABC-\angle OBC$

$=63°-36°=27°$

답 27°

05 점 I는 △ABC의 내심이므로

$\angle IAB=\frac{1}{2}\angle A=\frac{1}{2}\times80°=40°$

이때 $\angle IAB+\angle IBA+\angle ICB=90°$이므로

$40°+24°+\angle x=90° \qquad \therefore \angle x=26°$

답 26°

다른풀이 $\angle IBC=\angle IBA=24°$, $\angle ICA=\angle ICB=\angle x$이므로

$80°+(24°+24°)+(\angle x+\angle x)=180°$

$128°+2\angle x=180°$, $2\angle x=52° \qquad \therefore \angle x=26°$

06 오른쪽 그림과 같이 $\overline{IB}$, $\overline{IC}$를 그으면

점 I가 △ABC의 내심이므로

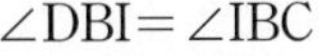

$\angle DBI=\angle IBC$

$\overline{DE}/\!/\overline{BC}$이므로

$\angle DIB=\angle IBC$ (엇각)

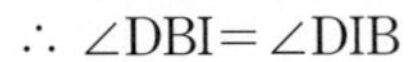

$\therefore \angle DBI=\angle DIB$

따라서 △DBI는 $\overline{DB}=\overline{DI}$인 이등변삼각형이다.

같은 방법으로 $\angle ECI=\angle EIC$이므로 △EIC는 $\overline{EI}=\overline{EC}$인 이등변삼각형이다.

따라서 △ADE의 둘레의 길이는

$\overline{AD}+\overline{DE}+\overline{EA}=\overline{AD}+(\overline{DI}+\overline{EI})+\overline{EA}$

$=(\overline{AD}+\overline{DB})+(\overline{EC}+\overline{EA})$

$=\overline{AB}+\overline{AC}$

$=2\overline{AB}=36$

$\therefore \overline{AB}=\frac{1}{2}\times36=18(\text{cm})$

답 ③

07 내접원 I의 반지름의 길이를 r cm라 하면

$\triangle ABC=\frac{1}{2}r(\overline{AB}+\overline{BC}+\overline{CA})$이므로

$76=\frac{1}{2}\times r\times38$, $19r=76 \qquad \therefore r=4$

따라서 내접원 I의 넓이는

$\pi\times4^2=16\pi(\text{cm}^2)$

답 $16\pi\text{ cm}^2$

08 $\overline{BD}=x$ cm라 하면 $\overline{BE}=\overline{BD}=x(\text{cm})$

$\overline{AD}=\overline{AF}$, $\overline{CE}=\overline{CF}$이므로 $\overline{AD}+\overline{CE}=15(\text{cm})$

따라서 △ABC의 둘레의 길이는

$\overline{AB}+\overline{BC}+\overline{CA}=(\overline{AD}+\overline{BD})+(\overline{BE}+\overline{CE})+\overline{CA}$

$=(\overline{AD}+\overline{CE})+(\overline{BD}+\overline{BE})+\overline{CA}$

$=15+2x+15$

$=2x+30(\text{cm})$

즉, $2x+30=52$이므로

$2x=22 \qquad \therefore x=11$

$\therefore \overline{BD}=11(\text{cm})$

답 ⑤

09 점 I는 $\triangle ABC$의 내심이므로

$\angle IBC=\angle ABI=25^\circ$, $\angle ICB=\angle ACI=30^\circ$

$\triangle IBC$에서 $\angle BIC=180^\circ-(25^\circ+30^\circ)=125^\circ$

이때 $\angle BIC=90^\circ+\frac{1}{2}\angle A$이므로

$125^\circ=90^\circ+\frac{1}{2}\angle A$

$\frac{1}{2}\angle A=35^\circ$ $\quad\therefore \angle A=70^\circ$

$\therefore \angle BOC=2\angle A=2\times70^\circ=140^\circ$

답 140°

10 $\triangle ABC$의 외심이 $\overline{BC}$ 위에 있으므로 $\triangle ABC$는 $\angle A=90^\circ$인 직각삼각형이다.

$\triangle OAB$에서 $\overline{OA}=\overline{OB}$이므로

$\angle OAB=\angle OBA=48^\circ$

$\therefore \angle OAC=90^\circ-48^\circ=42^\circ$

점 O′은 $\triangle AOC$의 외심이므로

$\angle OO'C=2\angle OAC=2\times42^\circ=84^\circ$

따라서 $\triangle O'OC$에서

$\angle O'CO=\frac{1}{2}\times(180^\circ-84^\circ)=48^\circ$

답 ④

11 오른쪽 그림과 같이 $\angle IAB=\angle a$, $\angle IBA=\angle b$라 하면

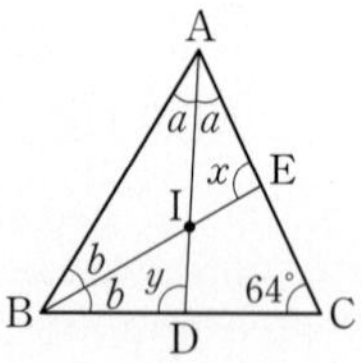

$\angle IAE=\angle IAB=\angle a$,

$\angle IBD=\angle IBA=\angle b$

$\triangle BCE$에서 $\angle x=\angle b+64^\circ$

$\triangle ADC$에서 $\angle y=\angle a+64^\circ$

한편, $\triangle ABC$에서 $2\angle a+2\angle b+64^\circ=180^\circ$이므로

$2\angle a+2\angle b=116^\circ$ $\quad\therefore \angle a+\angle b=58^\circ$

$\therefore \angle x+\angle y=(\angle b+64^\circ)+(\angle a+64^\circ)$

$=\angle a+\angle b+128^\circ$

$=58^\circ+128^\circ=186^\circ$

답 ④

12 $\angle B=90^\circ$이므로 $\triangle ABC$에서 $\angle A+\angle C=90^\circ$

이때 $\angle A:\angle C=11:4$이므로

$\angle A=90^\circ\times\frac{11}{11+4}=90^\circ\times\frac{11}{15}=66^\circ$

$\angle C=90^\circ\times\frac{4}{11+4}=90^\circ\times\frac{4}{15}=24^\circ$

점 I는 $\triangle ABC$의 내심이므로

$\angle OCI=\frac{1}{2}\angle C=\frac{1}{2}\times24^\circ=12^\circ$

점 O는 $\triangle ABC$의 외심이므로

$\angle BOC=2\angle A=2\times66^\circ=132^\circ$

따라서 $\triangle OPC$에서

$\angle BPC=132^\circ+12^\circ=144^\circ$

답 144°

13 오른쪽 그림과 같이 $\overline{OB}$를 긋고

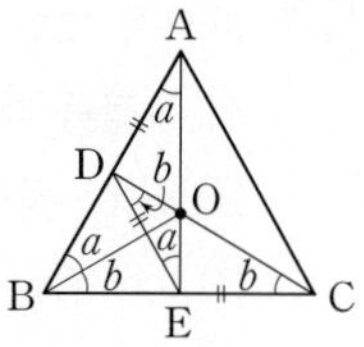

$\angle OBD=\angle a$, $\angle OBE=\angle b$라 하면

$\angle OAD=\angle OBD=\angle a$

$\angle OCE=\angle OBE=\angle b$

이때 $\overline{DE}=\overline{DA}$이므로

$\angle DEO=\angle DAO=\angle a$

또, $\overline{ED}=\overline{EC}$이므로

$\angle EDO=\angle ECO=\angle b$

$\triangle ODE$에서 $\angle y=180^\circ-(\angle a+\angle b)$ $\quad\cdots\cdots$ ㉠

$\angle AOC=2\angle B$이므로

$\angle AOC=2(\angle a+\angle b)$ $\quad\cdots\cdots$ ㉡

이때 $\angle y=\angle AOC$ (맞꼭지각)이므로 ㉠, ㉡에 의하여

$180^\circ-(\angle a+\angle b)=2(\angle a+\angle b)$

$3(\angle a+\angle b)=180^\circ$ $\quad\therefore \angle a+\angle b=60^\circ$

$\therefore \angle x=\angle a+\angle b=60^\circ$

$\angle y=180^\circ-60^\circ=120^\circ$

$\therefore \angle y-\angle x=120^\circ-60^\circ=60^\circ$

답 ③

14 오른쪽 그림에서 점 I는 $\triangle ABC$의 내심이므로

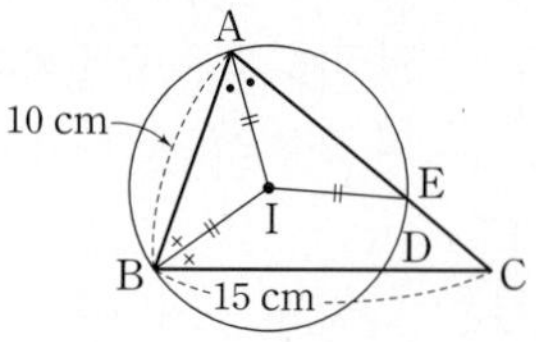

$\angle IAB=\angle IAC$,

$\angle IBA=\angle IBC$ $\quad\cdots\cdots$ ㉠

이때 $\overline{IA}=\overline{IB}$이므로

$\angle IAB=\angle IBA$ $\quad\cdots\cdots$ ㉡

㉠, ㉡에서 $\angle IAB=\angle IAC=\angle IBA=\angle IBC$이므로

$\angle A=\angle B$

$\therefore \overline{AC}=\overline{BC}=15(cm)$

또, $\triangle ABI\equiv\triangle AEI$ (SAS 합동)이므로

$\overline{AE}=\overline{AB}=10(cm)$

$\therefore \overline{EC}=\overline{AC}-\overline{AE}$

$=15-10=5(cm)$

답 ③

15 오른쪽 그림과 같이 내접원 I와 $\overline{AB}$, $\overline{BC}$의 접점을 각각 G, H라 하고 $\overline{BG}=\overline{BH}=x$ cm라 하면

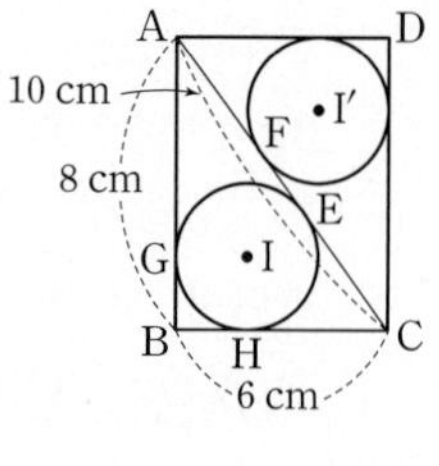

$\overline{AE}=\overline{AG}=(8-x)$ cm,

$\overline{CE}=\overline{CH}=(6-x)$ cm

$\overline{AC}=\overline{AE}+\overline{CE}$이므로

$10=(8-x)+(6-x)$, $14-2x=10$

$2x=4$ $\quad\therefore x=2$

$\therefore \overline{AE}=8-2=6(cm)$

같은 방법으로 $\triangle ACD$에서

$\overline{CF}=6(cm)$

$\therefore \overline{EF}=\overline{AE}+\overline{CF}-\overline{AC}$

$=6+6-10=2(cm)$

답 2 cm

16 점 O가 △ABC의 외심이므로

$\overline{OA}=\overline{OB}=\overline{OC}$

$\angle OBC=\angle x$라 하면 △OBC에서

$\angle OCB=\angle OBC=\angle x$

△OAB에서

$\angle OAB=\angle OBA=\angle x+28°$

△OCA에서

$\angle OAC=\angle OCA=\angle x+30°$ … ❶

△ABC에서

$(\angle x+28°+\angle x+30°)+28°+30°=180°$

$2\angle x+116°=180°$, $2\angle x=64°$

$\therefore \angle x=32°$ … ❷

따라서 △OCB에서

$\angle BOC=180°-(32°+32°)=116°$ … ❸

답 116°

채점 기준	배점
❶ $\angle OBC=\angle x$로 놓고 ∠OAB, ∠OAC의 크기를 $\angle x$를 사용하여 나타내기	50%
❷ $\angle x$의 크기 구하기	30%
❸ ∠BOC의 크기 구하기	20%

17 $\angle OAB+\angle OBC+\angle OCA=90°$이고

$\angle OAB : \angle OBC : \angle OCA=3:5:7$이므로

$\angle OAB=90°\times\frac{3}{3+5+7}=90°\times\frac{1}{5}=18°$ … ❶

$\angle OCA=90°\times\frac{7}{3+5+7}=90°\times\frac{7}{15}=42°$

이때 $\overline{OA}=\overline{OC}$이므로

$\angle OAC=\angle OCA=42°$ … ❷

$\therefore \angle BAC=\angle OAB+\angle OAC$

$=18°+42°=60°$ … ❸

답 60°

채점 기준	배점
❶ ∠OAB의 크기 구하기	40%
❷ ∠OAC의 크기 구하기	50%
❸ ∠BAC의 크기 구하기	10%

18 점 O는 △ABC의 외심이므로

$\angle OAB=\angle OBA=35°$

$\angle OAC=\angle OCA=25°$

$\therefore \angle BAC=\angle OAB+\angle OAC$

$=35°+25°=60°$ … ❶

$\therefore \angle BOC=2\angle BAC=2\times60°=120°$ … ❷

따라서 부채꼴 BOC의 넓이는

$\pi\times9^2\times\frac{120}{360}=27\pi(\text{cm}^2)$ … ❸

답 27π cm²

채점 기준	배점
❶ ∠BAC의 크기 구하기	40%
❷ ∠BOC의 크기 구하기	30%
❸ 부채꼴 BOC의 넓이 구하기	30%

19 △ABC에서 $\overline{AB}=\overline{AC}$이므로

$\angle B=\frac{1}{2}\times(180°-72°)=54°$ … ❶

점 I가 △ABC의 내심이므로

$\angle AIC=90°+\frac{1}{2}\angle B=90°+\frac{1}{2}\times54°=117°$ … ❷

답 117°

채점 기준	배점
❶ ∠B의 크기 구하기	40%
❷ ∠AIC의 크기 구하기	60%

20 $\triangle ABC=\frac{1}{2}r(\overline{AB}+\overline{BC}+\overline{CA})$이므로

$\frac{1}{2}\times12\times5=\frac{1}{2}\times\overline{ID}\times(5+12+13)$

$15\overline{ID}=30$ $\therefore \overline{ID}=2(\text{cm})$ … ❶

이때 $\overline{ID}=\overline{IE}=\overline{BD}=2(\text{cm})$이므로

$\overline{CD}=\overline{CE}=12-2=10(\text{cm})$ … ❷

따라서 사각형 IDCE의 둘레의 길이는

$2+10+10+2=24(\text{cm})$ … ❸

답 24 cm

채점 기준	배점
❶ $\overline{ID}$의 길이 구하기	50%
❷ $\overline{CD}$, $\overline{CE}$의 길이 구하기	30%
❸ 사각형 IDCE의 둘레의 길이 구하기	20%

21 점 I는 △ABC의 내심이므로

$\angle BAC=2\angle BAD=2\times32°=64°$

외심 O와 내심 I가 일직선 위에 있으므로 △ABC는 $\overline{AB}=\overline{AC}$인 이등변삼각형이다.

$\therefore \angle ACB=\frac{1}{2}\times(180°-64°)=58°$

$\therefore \angle ICE=\frac{1}{2}\angle ACB=\frac{1}{2}\times58°=29°$ … ❶

점 O는 △ABC의 외심이므로

$\angle OEC=90°$ … ❷

따라서 △FCE에서

$\angle EFC=180°-(90°+29°)=61°$ … ❸

답 61°

채점 기준	배점
❶ ∠ICE의 크기 구하기	60%
❷ ∠OEC의 크기 구하기	20%
❸ ∠EFC의 크기 구하기	20%

Ⅱ. 사각형의 성질

03 평행사변형의 성질

Real 실전 개념 37쪽

01 평행사변형의 두 쌍의 대변은 각각 평행하므로
$\angle x=\angle ADB=26^\circ$, $\angle y=\angle DAC=51^\circ$
답 $\angle x=26^\circ$, $\angle y=51^\circ$

02 평행사변형의 두 쌍의 대변은 각각 평행하므로
$\angle x=\angle ADB=29^\circ$, $\angle y=\angle BAC=63^\circ$
답 $\angle x=29^\circ$, $\angle y=63^\circ$

03 평행사변형의 두 쌍의 대변의 길이는 각각 같으므로
$\overline{BC}=\overline{AD}=8(\text{cm})$ $\therefore x=8$
$\overline{DC}=\overline{AB}=6(\text{cm})$ $\therefore y=6$
답 $x=8$, $y=6$

04 평행사변형의 두 쌍의 대각의 크기는 각각 같으므로
$\angle A=\angle C=115^\circ$ $\therefore x=115$
$\angle B=180^\circ-115^\circ=65^\circ$ $\therefore y=65$
답 $x=115$, $y=65$

05 평행사변형의 두 대각선은 서로 다른 것을 이등분하므로
$\overline{OC}=\overline{OA}=3(\text{cm})$ $\therefore x=3$
$\overline{OD}=\overline{OB}=\frac{1}{2}\overline{BD}=\frac{1}{2}\times12=6(\text{cm})$ $\therefore y=6$
답 $x=3$, $y=6$

06 평행사변형의 두 쌍의 대각의 크기는 각각 같으므로
$\angle B=\angle D=70^\circ$ $\therefore x=70$
$\triangle ABC$에서
$\angle ACB=180^\circ-(55^\circ+70^\circ)=55^\circ$ $\therefore y=55$
답 $x=70$, $y=55$

07 답 ○

08 답 ×

09 답 ×

10 답 ○

11 답 ○

12 답 ×

13 답 $\overline{DC}$, $\overline{BC}$

14 답 $\overline{DC}$, $\overline{BC}$

15 답 $\angle BCD$, $\angle ADC$

16 답 $\overline{OC}$, $\overline{OD}$

17 답 $\overline{DC}$, $\overline{DC}$

18 $\triangle ABC=\frac{1}{2}\square ABCD=\frac{1}{2}\times12=6(\text{cm}^2)$ 답 6 cm^2

19 $\triangle BCD=\frac{1}{2}\square ABCD=\frac{1}{2}\times12=6(\text{cm}^2)$ 답 6 cm^2

20 $\triangle OAB=\frac{1}{4}\square ABCD=\frac{1}{4}\times12=3(\text{cm}^2)$ 답 3 cm^2

21 $\triangle OBC=\frac{1}{4}\square ABCD=\frac{1}{4}\times12=3(\text{cm}^2)$ 답 3 cm^2

22 $\triangle PAB+\triangle PCD=\frac{1}{2}\square ABCD=\frac{1}{2}\times16=8(\text{cm}^2)$
답 8 cm^2

23 $\triangle PBC+\triangle PDA=\frac{1}{2}\square ABCD=\frac{1}{2}\times16=8(\text{cm}^2)$
답 8 cm^2

Real 실전 유형 38~43쪽

01 $\overline{AB}/\!/\overline{DC}$이므로 $\angle ABD=\angle BDC=43^\circ$ (엇각)
$\overline{AD}/\!/\overline{BC}$이므로 $\angle CBD=\angle ADB=24^\circ$ (엇각)
따라서 $\triangle ABC$에서
$\angle x+(43^\circ+24^\circ)+\angle y=180^\circ$
$\therefore \angle x+\angle y=113^\circ$
답 ⑤

02 $\overline{AD}/\!/\overline{BC}$이므로 $\angle ADB=\angle DBC=27^\circ$ (엇각)
따라서 $\triangle AOD$에서
$\angle DOC=46^\circ+27^\circ=73^\circ$
답 73°

03 $\overline{AD}/\!/\overline{BC}$이므로 $\angle C+\angle D=180^\circ$
$122^\circ+\angle D=180^\circ$ $\therefore \angle D=58^\circ$ ··· ❶
따라서 $\triangle AED$에서
$50^\circ+\angle AED+58^\circ=180^\circ$
$\therefore \angle AED=72^\circ$ ··· ❷
답 72°

채점 기준	배점
❶ $\angle D$의 크기 구하기	50%
❷ $\angle AED$의 크기 구하기	50%

다른 풀이 $\angle BAD=\angle BCD=122^\circ$이므로
$\angle BAE=122^\circ-50^\circ=72^\circ$
$\overline{AB}/\!/\overline{DC}$이므로 $\angle AED=\angle BAE=72^\circ$ (엇각)

04 ⑤ ASA
답 ⑤

05 ④ $\angle ABC+\angle BCD=180^\circ$이므로
$\angle BCD=180^\circ-70^\circ=110^\circ$
답 ④

06 평행사변형의 두 쌍의 대변의 길이는 각각 같으므로

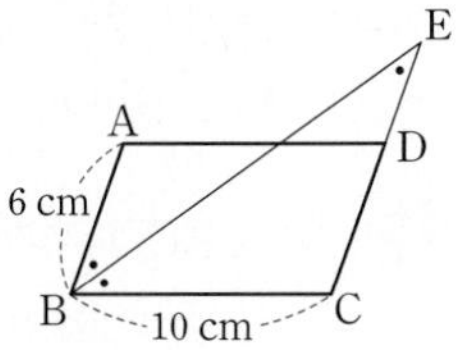

$\overline{CD}=\overline{AB}=6(cm)$

$\overline{AB}/\!/\overline{CE}$이므로

$\angle CEB=\angle ABE$ (엇각)

따라서 $\angle CBE=\angle CEB$이므로 $\triangle CEB$에서

$\overline{CE}=\overline{CB}=10(cm)$

$\therefore \overline{DE}=\overline{CE}-\overline{CD}=10-6=4(cm)$ 답 4 cm

07 $\triangle ABE$와 $\triangle FCE$에서

$\angle ABE=\angle FCE$ (엇각)

$\overline{BE}=\overline{CE}$

$\angle AEB=\angle FEC$ (맞꼭지각)

이므로 $\triangle ABE\equiv\triangle FCE$ (ASA 합동)

$\therefore \overline{FC}=\overline{AB}=5(cm)$

또, $\overline{DC}=\overline{AB}=5(cm)$이므로

$\overline{DF}=\overline{DC}+\overline{CF}=5+5=10(cm)$ 답 ②

08 $\overline{AD}/\!/\overline{BC}$이므로

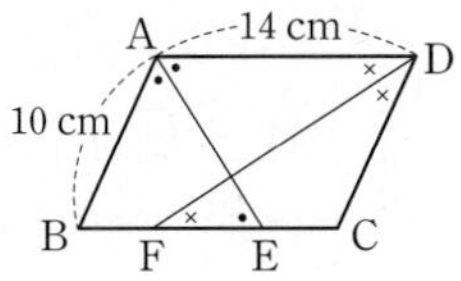

$\angle BEA=\angle DAE$ (엇각)

따라서 $\angle BAE=\angle BEA$이므로

$\triangle BEA$에서

$\overline{BE}=\overline{BA}=10(cm)$ … ❶

같은 방법으로 $\triangle CDF$에서

$\overline{CF}=\overline{CD}=\overline{AB}=10(cm)$ … ❷

이때 $\overline{BC}=\overline{AD}=14(cm)$이므로

$\overline{BF}=\overline{BC}-\overline{CF}=14-10=4(cm)$

$\therefore \overline{FE}=\overline{BE}-\overline{BF}=10-4=6(cm)$ … ❸

답 6 cm

채점 기준	배점
❶ $\overline{BE}$의 길이 구하기	40%
❷ $\overline{CF}$의 길이 구하기	30%
❸ $\overline{FE}$의 길이 구하기	30%

09 $\overline{AB}/\!/\overline{DF}$이므로

$\angle BAF=\angle F=63^\circ$ (엇각)

따라서 $\angle BAD=2\angle BAF=2\times63^\circ=126^\circ$이므로

$\angle BCD=\angle BAD=126^\circ$ 답 126°

10 $\angle A+\angle D=180^\circ$이고 $\angle A : \angle D=7 : 5$이므로

$\angle A=180^\circ\times\frac{7}{7+5}=180^\circ\times\frac{7}{12}=105^\circ$

$\angle D=180^\circ\times\frac{5}{7+5}=180^\circ\times\frac{5}{12}=75^\circ$

이때 $\angle C=\angle A=105^\circ$, $\angle B=\angle D=75^\circ$이므로

$\angle C-\angle B=105^\circ-75^\circ=30^\circ$ 답 30°

11 $\angle ADC=\angle B=52^\circ$이므로

$\angle ADE=\frac{1}{2}\angle ADC=\frac{1}{2}\times52^\circ=26^\circ$

따라서 $\triangle AFD$에서

$\angle FAD=180^\circ-(90^\circ+26^\circ)=64^\circ$

이때 $\angle BAD+\angle B=180^\circ$이므로

$\angle BAD+52^\circ=180^\circ$ $\therefore \angle BAD=128^\circ$

$\therefore \angle BAF=\angle BAD-\angle FAD$

$=128^\circ-64^\circ=64^\circ$ 답 64°

12 평행사변형의 두 대각선은 서로 다른 것을 이등분하므로

$\overline{OC}=\frac{1}{2}\overline{AC}=\frac{1}{2}\times12=6(cm)$

$\overline{OD}=\frac{1}{2}\overline{BD}=\frac{1}{2}\times18=9(cm)$

따라서 $\triangle OCD$의 둘레의 길이는

$\overline{OC}+\overline{CD}+\overline{OD}=6+10+9=25(cm)$ 답 25 cm

13 ① 평행사변형의 두 대각선은 서로 다른 것을 이등분하므로 $\overline{AO}=\overline{CO}$

②, ⑤ $\triangle ODE$와 $\triangle OBF$에서

$\angle ODE=\angle OBF$ (엇각)

$\overline{OD}=\overline{OB}$

$\angle EOD=\angle FOB$ (맞꼭지각)이므로

$\triangle ODE\equiv\triangle OBF$ (ASA 합동)

$\therefore \overline{EO}=\overline{FO}$ 답 ③, ④

14 $\triangle OAE$와 $\triangle OCF$에서

$\angle AEO=\angle CFO=90^\circ$ (엇각)

$\overline{OA}=\overline{OC}$

$\angle AOE=\angle COF$ (맞꼭지각)

이므로 $\triangle OAE\equiv\triangle OCF$ (RHA 합동)

$\therefore \overline{OF}=\overline{OE}=5(cm)$ … ❶

이때 $\triangle OCD$의 넓이가 30 cm^2이므로

$\frac{1}{2}\times\overline{CD}\times5=30$ $\therefore \overline{CD}=12(cm)$ … ❷

또, $\overline{AB}=\overline{CD}=12(cm)$이므로

$\overline{AE}=\overline{AB}-\overline{EB}=12-9=3(cm)$ … ❸

답 3 cm

채점 기준	배점
❶ $\overline{OF}$의 길이 구하기	40%
❷ $\overline{CD}$의 길이 구하기	30%
❸ $\overline{AE}$의 길이 구하기	30%

15 답 (가) $\overline{AC}$ (나) SSS (다) $\angle DCA$ (라) $\overline{BC}$

16 ① $\angle COD$ ③ $\overline{AB}/\!/\overline{DC}$ ④ $\overline{AD}/\!/\overline{BC}$ ⑤ 평행

답 ②

17 $\overline{AB}=\overline{DC}$이어야 하므로

$7=2x-1, -2x=-8 \quad \therefore x=4$

$\overline{AD}=\overline{BC}$이어야 하므로

$2x+y=5x-2y, 3y=3x \quad \therefore y=x=4$

$\therefore x+y=4+4=8$

답 ④

18 $\overline{OA}=\overline{OC}$이어야 하므로

$2x=y+1 \quad \therefore 2x-y=1$ ······ ㉠

$\overline{OB}=\overline{OD}$이어야 하므로

$3x-1=2y-2 \quad \therefore 3x-2y=-1$ ······ ㉡ ··· ❶

㉠, ㉡을 연립하여 풀면 $x=3, y=5$

$\therefore \overline{OB}=3x-1=3\times3-1=8$,

$\overline{OC}=y+1=5+1=6$ ··· ❷

따라서 △OBC의 둘레의 길이는

$\overline{OB}+\overline{BC}+\overline{OC}=8+11+6=25$ ··· ❸

답 25

채점 기준	배점
❶ x, y에 대한 연립방정식 세우기	40%
❷ $\overline{OB}$, $\overline{OC}$의 길이 구하기	40%
❸ △OBC의 둘레의 길이 구하기	20%

19 $\angle A=\angle C=118^\circ$이어야 하므로 △ABE에서

$\angle AEB=\frac{1}{2}\times(180^\circ-118^\circ)=31^\circ$

$\therefore \angle x=180^\circ-31^\circ=149^\circ$

답 149°

20 ① $\angle D=360^\circ-(100^\circ+80^\circ+100^\circ)=80^\circ$이므로

$\angle A=\angle C, \angle B=\angle D$

즉, 두 쌍의 대각의 크기가 각각 같으므로 평행사변형이다.

② 두 쌍의 대변의 길이가 각각 같으므로 평행사변형이다.

③ $\overline{OA}\neq\overline{OC}, \overline{OB}\neq\overline{OD}$이므로 평행사변형이 아니다.

④ $\angle A=105^\circ, \angle B=75^\circ$에서 $\angle A+\angle B=180^\circ$이므로

$\overline{AD}/\!/\overline{BC}$

즉, 두 쌍의 대변이 각각 평행하므로 평행사변형이다.

⑤ 한 쌍의 대변이 평행하고 그 길이가 같으므로 평행사변형이다.

답 ③

21 ① 두 쌍의 대변이 각각 평행하므로 평행사변형이다.

② 한 쌍의 대변이 평행하고 그 길이가 같으므로 평행사변형이다.

③ 두 대각선이 서로 다른 것을 이등분하므로 평행사변형이다.

④ 두 쌍의 대각의 크기가 각각 같으므로 평행사변형이다.

⑤ $\angle A+\angle B=180^\circ$이므로 $\overline{AD}/\!/\overline{BC}$

$\angle C+\angle D=180^\circ$이므로 $\overline{AD}/\!/\overline{BC}$

즉, 한 쌍의 대변이 평행하므로 평행사변형이 되도록 하는 조건이 아니다.

답 ⑤

22 ㄱ. $\angle BCD=180^\circ-55^\circ=125^\circ$,

$\angle A=360^\circ-(55^\circ+125^\circ+55^\circ)=125^\circ$이므로

$\angle A=\angle BCD, \angle B=\angle D$

즉, 두 쌍의 대각의 크기가 각각 같으므로 평행사변형이다.

ㄴ. $\angle B+\angle C=180^\circ$이므로 $\overline{AB}/\!/\overline{CD}$

즉, 평행한 한 쌍의 대변의 길이가 같은지 알 수 없으므로 평행사변형인지 알 수 없다.

ㄷ. $\angle ACB=\angle DAC$이므로 $\overline{AD}/\!/\overline{BC}$

$\angle ABD=\angle CDB$이므로 $\overline{AB}/\!/\overline{DC}$

즉, 두 쌍의 대변이 각각 평행하므로 평행사변형이다.

ㄹ. 두 대각선이 서로 다른 것을 이등분하므로 평행사변형이다.

따라서 평행사변형인지 알 수 없는 것은 ㄴ이다.

답 ㄴ

23 △ABE와 △CDF에서

$\angle AEB=\angle CFD=90^\circ$

$\overline{AB}=\overline{CD}$

$\angle ABE=\angle CDF$ (엇각)

이므로 △ABE≡△CDF (RHA 합동)

$\therefore \overline{AE}=\overline{CF}$ ······ ㉠

또, $\angle AEF=\angle CFE$이므로

$\overline{AE}/\!/\overline{CF}$ ······ ㉡

㉠, ㉡에 의하여 □AECF는 한 쌍의 대변이 평행하고 그 길이가 같으므로 평행사변형이다.

답 ⑤

24 답 (가) $\overline{DF}$ (나) $\overline{CD}$ (다) $\overline{DF}$

25 □ABCD는 평행사변형이므로

$\overline{OA}=\overline{OC}$ (①) ······ ㉠

$\overline{OE}=\overline{OB}-\overline{BE}=\overline{OD}-\overline{DF}=\overline{OF}$ (②) ······ ㉡

㉠, ㉡에 의하여 □AECF는 두 대각선이 서로 다른 것을 이등분하므로 평행사변형이다.

따라서 $\overline{AE}/\!/\overline{FC}$이므로 $\angle OEA=\angle OFC$ (④)

$\overline{AF}/\!/\overline{EC}$이므로 $\angle OEC=\angle OFA$ (⑤)

답 ③

26 □ABCD는 평행사변형이므로

$\overline{OE}=\frac{1}{2}\overline{OA}=\frac{1}{2}\overline{OC}=\overline{OG}$ (③) ······ ㉠

$\overline{OF}=\frac{1}{2}\overline{OB}=\frac{1}{2}\overline{OD}=\overline{OH}$ ······ ㉡

㉠, ㉡에 의하여 □EFGH는 두 대각선이 서로 다른 것을 이등분하므로 평행사변형이다.

$\therefore \overline{EF}=\overline{HG}$ (①), $\overline{EH}=\overline{FG}$ (②), $\angle EFG=\angle EHG$ (④)

답 ⑤

27 □ABCD가 평행사변형이므로

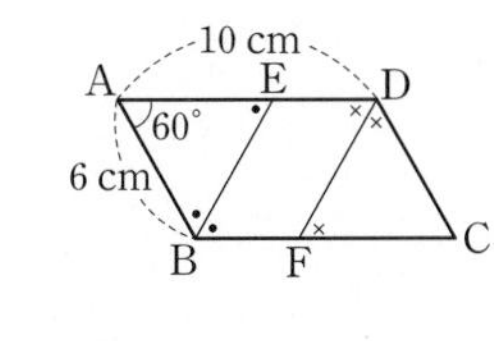

$\angle ABF = \angle EDC$

$\therefore \angle EBF = \frac{1}{2}\angle ABF$

$= \frac{1}{2}\angle EDC = \angle EDF$ ······ ㉠

$\angle AEB = \angle EBF$ (엇각), $\angle EDF = \angle CFD$ (엇각)이므로

$\angle AEB = \angle CFD$

$\therefore \angle DEB = 180° - \angle AEB$

$= 180° - \angle CFD = \angle DFB$ ······ ㉡

㉠, ㉡에 의하여 □BFDE는 두 쌍의 대각의 크기가 각각 같으므로 평행사변형이다. … ❶

한편, △ABE에서 $\angle ABE = \angle AEB$이고 $\angle A = 60°$이므로 △ABE는 정삼각형이다.

즉, $\overline{BE} = \overline{AE} = \overline{AB} = 6$(cm)이므로

$\overline{ED} = \overline{AD} - \overline{AE} = 10 - 6 = 4$(cm) … ❷

따라서 □BFDE의 둘레의 길이는

$2 \times (\overline{BE} + \overline{ED}) = 2 \times (6+4) = 20$(cm) … ❸

답 평행사변형, 20 cm

채점 기준	배점
❶ □BFDE가 평행사변형임을 설명하기	50%
❷ $\overline{BE}$, $\overline{ED}$의 길이 구하기	30%
❸ □BFDE의 둘레의 길이 구하기	20%

참고 △ABC에서 $\angle B = \angle C$이고 $\angle A = 60°$일 때,
$\angle A + \angle B + \angle C = 180°$이므로
$60° + \angle B + \angle B = 180°$, $2\angle B = 120°$ $\therefore \angle B = 60°$
$\therefore \angle C = \angle B = 60°$
따라서 $\angle A = \angle B = \angle C$이므로 △ABC는 정삼각형이다.

28 △AOE와 △COF에서

$\overline{OA} = \overline{OC}$

$\angle AOE = \angle COF$ (맞꼭지각)

$\angle EAO = \angle FCO$ (엇각)

이므로 △AOE≡△COF (ASA 합동)

따라서 색칠한 부분의 넓이는

△AOE+△BFO=△COF+△BFO

=△OBC

$= \frac{1}{4}$□ABCD

$= \frac{1}{4} \times 52 = 13(\text{cm}^2)$ 답 13 cm²

29 오른쪽 그림과 같이 $\overline{MN}$을 그으면 □ABNM, □MNCD는 모두 평행사변형이므로

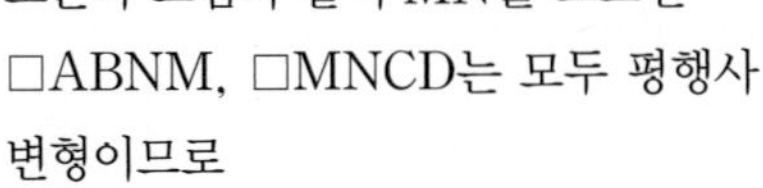

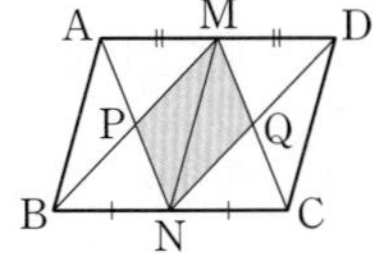

△MPN$= \frac{1}{4}$□ABNM

△MNQ$= \frac{1}{4}$□MNCD

$\therefore$ □MPNQ=△MPN+△MNQ

$= \frac{1}{4}$□ABNM$+\frac{1}{4}$□MNCD

$= \frac{1}{4}$(□ABNM+□MNCD)

$= \frac{1}{4}$□ABCD

$= \frac{1}{4} \times 68 = 17(\text{cm}^2)$ 답 17 cm²

30 $\overline{CB} = \overline{CE}$, $\overline{CD} = \overline{CF}$이므로 □BFED는 평행사변형이다. … ❶

$\therefore$ □BFED=4△BCD=4×2△AOD

=8△AOD$= 8 \times 6 = 48(\text{cm}^2)$ … ❷

답 48 cm²

채점 기준	배점
❶ □BFED가 평행사변형임을 설명하기	60%
❷ □BFED의 넓이 구하기	40%

31 △PAB+△PCD$= \frac{1}{2}$□ABCD이므로

△PAB$+15 = \frac{1}{2} \times 80$

$\therefore$ △PAB$= 25(\text{cm}^2)$ 답 25 cm²

32 △PAB+△PCD$= \frac{1}{2}$□ABCD$= \frac{1}{2} \times 98 = 49(\text{cm}^2)$

$\therefore$ △PCD$= 49 \times \frac{3}{4+3} = 49 \times \frac{3}{7} = 21(\text{cm}^2)$

답 21 cm²

33 △PAB+△PCD$= \frac{1}{2}$□ABCD이므로

△PAB$+12 = \frac{1}{2} \times 9 \times 6$

$\therefore$ △PAB$= 15(\text{cm}^2)$ 답 15 cm²

Real 실전 기출

44~46쪽

01 ② $\angle OCB$ 답 ②

02 $\overline{AD} /\!/ \overline{BC}$이므로

11 cm, 8 cm, A, D, B, E, C

$\angle ADE = \angle CED$ (엇각)

따라서 $\angle CDE = \angle CED$이므로

△CDE에서

$\overline{CE} = \overline{CD} = \overline{AB} = 8$(cm)

이때 $\overline{BC} = \overline{AD} = 11$(cm)이므로

$\overline{BE} = \overline{BC} - \overline{CE} = 11 - 8 = 3$(cm) 답 3 cm

03 $\angle A+\angle B=180°$이고 $\angle A : \angle B=7 : 3$이므로

$\angle A=180° \times \frac{7}{7+3}=180° \times \frac{7}{10}=126°$

$\therefore \angle C=\angle A=126°$

따라서 $\triangle CDE$는 $\overline{CD}=\overline{CE}$인 이등변삼각형이므로

$\angle DEC=\frac{1}{2} \times (180°-126°)=27°$ 　답 $27°$

04 $\overline{AE} /\!/ \overline{BC}$이므로

$\angle CBE=\angle E$ (엇각)

따라서 $\angle DBE=\angle E$이므로 $\triangle DBE$는 $\overline{DB}=\overline{DE}$인 이등변삼각형이다.

이때 $\square ABCD$는 평행사변형이므로

$\overline{DB}=2\overline{BO}=2 \times 4=8(cm)$

$\therefore \overline{DE}=\overline{DB}=8(cm)$ 　답 8 cm

05 $\overline{AD}=\overline{BC}=4-(-2)=6$이어야 하고 점 A의 x좌표는 0이므로 점 D의 x좌표는 6이다.

또, $\overline{AD} /\!/ \overline{BC}$이어야 하므로 두 점 A, D의 y좌표는 서로 같아야 한다.

이때 점 A의 y좌표가 3이므로 점 D의 y좌표도 3이다.

따라서 구하는 점 D의 좌표는 D(6, 3)이다.

답 D(6, 3)

06 ⑤ $\angle ADB=\angle DBC=55°$이므로 $\overline{AD} /\!/ \overline{BC}$

즉, 한 쌍의 대변이 평행하고 그 길이가 같으므로 $\square ABCD$는 평행사변형이다. 　답 ⑤

07 $\triangle AEH$와 $\triangle CGF$에서

$\overline{AE}=\frac{1}{2}\overline{AB}=\frac{1}{2}\overline{DC}=\overline{CG}$

$\overline{AH}=\frac{1}{2}\overline{AD}=\frac{1}{2}\overline{BC}=\overline{CF}$

$\angle A=\angle C$

이므로 $\triangle AEH \equiv \triangle CGF$ (SAS 합동)

$\therefore \overline{EH}=\overline{GF}$ (②) 　…… ㉠

같은 방법으로 $\triangle BFE \equiv \triangle DHG$ (⑤)이므로

$\overline{EF}=\overline{GH}$ (①) 　…… ㉡

㉠, ㉡에 의하여 두 쌍의 대변의 길이가 각각 같으므로 $\square EFGH$는 평행사변형이다.

$\therefore \angle EFG=\angle EHG$ (③) 　답 ④

08 ① $\triangle OAB=\frac{1}{2}\triangle ABC=\frac{1}{2} \times 6=3(cm^2)$

② $\triangle OCD=\triangle OAB=3(cm^2)$

③ $\triangle ABD=\triangle ABC=6(cm^2)$

④ $\square ABCD=2\triangle ABC=2 \times 6=12(cm^2)$

⑤ $\triangle OBC+\triangle ODA=\frac{1}{4}\square ABCD+\frac{1}{4}\square ABCD$

$=\frac{1}{2}\square ABCD$

$=\frac{1}{2} \times 12=6(cm^2)$ 　답 ⑤

09 $\angle D=\angle B=75°$이므로

$\angle ADE=\frac{1}{3}\angle D=\frac{1}{3} \times 75°=25°$

이때 $\angle AED=90°$이므로 $\triangle AED$에서

$\angle DAE=180°-(90°+25°)=65°$

$\overline{AD} /\!/ \overline{BC}$이므로

$\angle AFB=\angle DAF=65°$ 　답 $65°$

10 ① $\overline{ED} /\!/ \overline{BF}$, $\overline{ED}=\overline{BF}$

즉, 한 쌍의 대변이 평행하고 그 길이가 같으므로 평행사변형이다.

② $\overline{OA}=\overline{OC}$, $\overline{OE}=\overline{OF}$

즉, 두 대각선이 서로 다른 것을 이등분하므로 평행사변형이다.

③ $\overline{AE} /\!/ \overline{CF}$

$\triangle ABE \equiv \triangle CDF$ (RHA 합동)이므로 $\overline{AE}=\overline{CF}$

즉, 한 쌍의 대변이 평행하고 그 길이가 같으므로 평행사변형이다.

⑤ $\square AQCS$가 평행사변형이므로 $\overline{AE} /\!/ \overline{FC}$

$\square APCR$가 평행사변형이므로 $\overline{AF} /\!/ \overline{EC}$

즉, 두 쌍의 대변이 각각 평행하므로 평행사변형이다.

답 ④

11 $\square AFPI$, $\square DBHP$, $\square PGCE$는 두 쌍의 대변이 각각 평행하므로 모두 평행사변형이다.

$\square AFPI$에서 $\overline{FP}=\overline{AI}$, $\overline{IP}=\overline{AF}$

$\square DBHP$에서 $\overline{DP}=\overline{BH}$, $\overline{PH}=\overline{DB}$

$\square PGCE$에서 $\overline{PE}=\overline{GC}$, $\overline{PG}=\overline{EC}$

따라서 색칠한 세 삼각형의 둘레의 길이의 합은 $\triangle ABC$의 둘레의 길이와 같으므로

$11+9+8=28(cm)$ 　답 28 cm

12 정오각형의 한 내각의 크기는

$\frac{180° \times (5-2)}{5}=108°$ 　$\therefore \angle A=108°$

$\triangle ABE$에서 $\overline{AB}=\overline{AE}$이므로

$\angle AEB=\frac{1}{2} \times (180°-108°)=36°$

$\overline{AD} /\!/ \overline{BC}$이므로 $\angle x=\angle AEB=36°$ (엇각)

또, $\angle y=\angle AEF=108°$ (엇각)이므로

$\angle x+\angle y=36°+108°=144°$ 　답 $144°$

13 □ARPQ에서 $\overline{AR}/\!/\overline{QP}$, $\overline{AQ}/\!/\overline{RP}$이므로 □ARPQ는 평행사변형이다.

$\therefore \overline{AR}=\overline{QP}$ ...... ㉠

또, $\angle RPB=\angle C=\angle B$이므로 △RBP는 이등변삼각형이다.

$\therefore \overline{RB}=\overline{RP}$ ...... ㉡

㉠, ㉡에 의하여

$\overline{PQ}+\overline{PR}=\overline{AR}+\overline{RB}=\overline{AB}=8(cm)$

따라서 □ARPQ의 둘레의 길이는

$8\times2=16(cm)$

답 16 cm

14 오른쪽 그림과 같이 $\overline{AD}$와 $\overline{BF}$의 교점을 H, $\overline{BC}$와 $\overline{AE}$의 교점을 G라 하고 $\overline{HG}$를 그으면

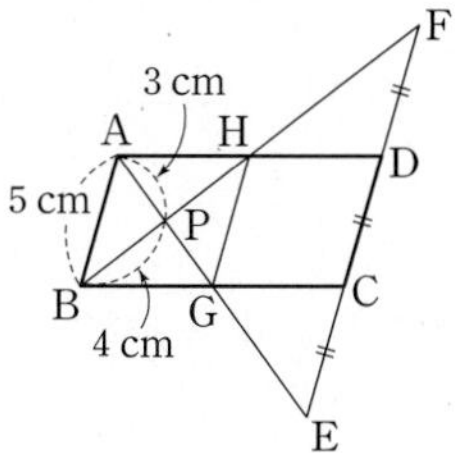

△ABH와 △DFH에서

$\overline{AB}=\overline{DF}$

$\angle BAH=\angle FDH$ (엇각)

$\angle ABH=\angle DFH$ (엇각)

이므로 △ABH≡△DFH (ASA 합동)

$\therefore \overline{AH}=\overline{DH}$ ...... ㉠

같은 방법으로 △ABG≡△ECG (ASA 합동)이므로

$\overline{BG}=\overline{CG}$ ...... ㉡

㉠, ㉡에 의하여 $\overline{AH}=\frac{1}{2}\overline{AD}=\frac{1}{2}\overline{BC}=\overline{BG}$

따라서 $\overline{AH}/\!/\overline{BG}$, $\overline{AH}=\overline{BG}$이므로 □ABGH는 평행사변형이다.

$\therefore \overline{PG}=\overline{AP}=3(cm)$, $\overline{PH}=\overline{BP}=4(cm)$

또, $\overline{EG}=\overline{AG}=6(cm)$, $\overline{FH}=\overline{BH}=8(cm)$이므로

$\overline{PE}=\overline{PG}+\overline{GE}=3+6=9(cm)$

$\overline{PF}=\overline{PH}+\overline{HF}=4+8=12(cm)$

$\overline{EF}=3\overline{CD}=3\overline{AB}=3\times5=15(cm)$이므로 △PEF의 둘레의 길이는

$\overline{PE}+\overline{EF}+\overline{FP}=9+15+12=36(cm)$

답 36 cm

15 $\overline{AD}/\!/\overline{BC}$이므로

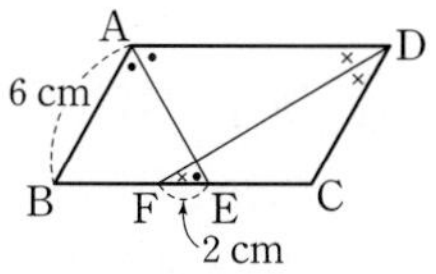

$\angle DAE=\angle BEA$ (엇각)

따라서 $\angle BAE=\angle BEA$이므로

△BEA에서

$\overline{BE}=\overline{AB}=6(cm)$ ··· ❶

같은 방법으로 △CDF에서

$\overline{CF}=\overline{CD}=\overline{AB}=6(cm)$ ··· ❷

$\therefore \overline{AD}=\overline{BC}$

$=\overline{BE}+\overline{CF}-\overline{FE}$

$=6+6-2=10(cm)$ ··· ❸

답 10 cm

채점 기준	배점
❶ $\overline{BE}$의 길이 구하기	40%
❷ $\overline{CF}$의 길이 구하기	30%
❸ $\overline{AD}$의 길이 구하기	30%

16 $\angle ABC+\angle BCD=180°$이므로

$\angle GBC+\angle GCB=\frac{1}{2}\angle ABC+\frac{1}{2}\angle BCD$

$=\frac{1}{2}(\angle ABC+\angle BCD)$

$=\frac{1}{2}\times180°=90°$

△GBC에서

$\angle BGC=180°-(\angle GBC+\angle GCB)$

$=180°-90°=90°$ ··· ❶

△HBG에서

$\angle HBG=180°-(90°+42°)=48°$ ··· ❷

따라서 $\angle AEB=\angle CBE=\angle HBG=48°$이므로

$\angle BED=180°-48°=132°$ ··· ❸

답 132°

채점 기준	배점
❶ ∠BGC의 크기 구하기	60%
❷ ∠HBG의 크기 구하기	20%
❸ ∠BED의 크기 구하기	20%

17 △ABP와 △CDQ에서

$\overline{AB}=\overline{CD}$

$\angle ABP=\angle CDQ$

$\angle APB=\angle CQD=90°$

이므로 △ABP≡△CDQ (RHA 합동) ··· ❶

$\therefore \overline{AP}=\overline{CQ}$

또, $\overline{AP}/\!/\overline{CQ}$이므로 □APCQ는 평행사변형이다. ··· ❷

따라서 $\angle PAQ+\angle APC=180°$이므로

$\angle PAQ+130°=180°$

$\therefore \angle PAQ=50°$ ··· ❸

답 50°

채점 기준	배점
❶ △ABP≡△CDQ임을 설명하기	40%
❷ □APCQ가 평행사변형임을 알기	30%
❸ ∠PAQ의 크기 구하기	30%

18 △AEO와 △CFO에서

$\overline{OA}=\overline{OC}$

$\angle AOE=\angle COF$ (맞꼭지각)

$\angle EAO=\angle FCO$ (엇각)

이므로 △AEO≡△CFO (ASA 합동) ··· ❶

따라서 색칠한 부분의 넓이는

$\triangle EBO+\triangle OCF+\triangle AOD$

$=\triangle EBO+\triangle OAE+\triangle AOD$

$=\triangle ABD$

$=\frac{1}{2}\square ABCD$

$=\frac{1}{2}\times 64=32(cm^2)$ … ❷

답 $32\ cm^2$

채점 기준	배점
❶ $\triangle AEO\equiv\triangle CFO$임을 설명하기	40%
❷ 색칠한 부분의 넓이 구하기	60%

19 $\square ABCD$가 평행사변형이므로

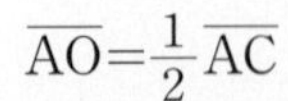

$\overline{AO}=\frac{1}{2}\overline{AC}$

$=\frac{1}{2}\times 14=7(cm)$ … ❶

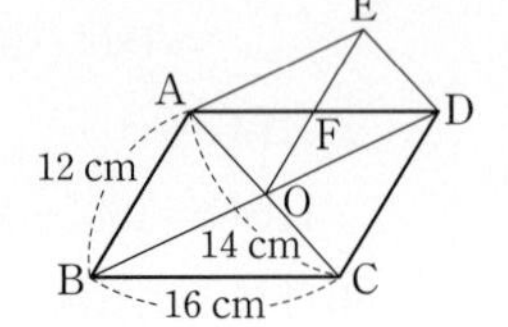

$\square ABCD$, $\square OCDE$가 평행사변형이므로

$\overline{AO}=\overline{OC}=\overline{ED}$, $\overline{AO}/\!/\overline{ED}$

즉, $\square AODE$는 평행사변형이다. … ❷

$\therefore \overline{OF}=\frac{1}{2}\overline{OE}=\frac{1}{2}\overline{CD}=\frac{1}{2}\overline{AB}=\frac{1}{2}\times 12=6(cm)$

$\overline{AF}=\frac{1}{2}\overline{AD}=\frac{1}{2}\overline{BC}=\frac{1}{2}\times 16=8(cm)$ … ❸

따라서 $\triangle AOF$의 둘레의 길이는

$\overline{AO}+\overline{OF}+\overline{FA}=7+6+8=21(cm)$ … ❹

답 21 cm

채점 기준	배점
❶ $\overline{AO}$의 길이 구하기	20%
❷ $\square AODE$가 평행사변형임을 설명하기	40%
❸ $\overline{OF}$, $\overline{AF}$의 길이 구하기	30%
❹ $\triangle AOF$의 둘레의 길이 구하기	10%

20 $\triangle PAB+\triangle PCD=\frac{1}{2}\square ABCD$이므로

$32+\triangle PCD=\frac{1}{2}\times 112$ $\therefore \triangle PCD=24(cm^2)$ … ❶

$\overline{DC}/\!/\overline{AB}/\!/\overline{EF}$, $\overline{BC}/\!/\overline{AD}/\!/\overline{PG}$에서 $\square EPGD$, $\square PFCG$는 모두 평행사변형이다. … ❷

따라서 색칠한 부분의 넓이는

$\triangle PDE+\triangle PFC=\triangle PGD+\triangle PCG$

$=\triangle PCD=24(cm^2)$ … ❸

답 $24\ cm^2$

채점 기준	배점
❶ $\triangle PCD$의 넓이 구하기	40%
❷ $\square EPGD$, $\square PFCG$가 평행사변형임을 알기	30%
❸ 색칠한 부분의 넓이 구하기	30%

04 여러 가지 사각형

Real 실전 개념

49, 51쪽

01 직사각형의 두 대각선은 길이가 같고 서로 다른 것을 이등분하므로

$\overline{OC}=\overline{OB}=4(cm)$ $\therefore x=4$

답 4

02 직사각형의 두 대각선은 길이가 같고 서로 다른 것을 이등분하므로

$\overline{OC}=\frac{1}{2}\overline{AC}=\frac{1}{2}\overline{BD}=\frac{1}{2}\times 10=5(cm)$

$\therefore x=5$

답 5

03 $\triangle OBC$에서 $\overline{OB}=\overline{OC}$이므로

$\angle x=\angle OBC=35°$

답 35°

04 $\triangle ABC$에서 $\angle ABC=90°$이므로

$\angle x=180°-(50°+90°)=40°$

답 40°

05 마름모는 네 변의 길이가 모두 같으므로

$\overline{BC}=\overline{AB}=7(cm)$ $\therefore x=7$

답 7

06 마름모의 두 대각선은 서로 다른 것을 수직이등분하므로

$\overline{OC}=\overline{OA}=3(cm)$ $\therefore x=3$

답 3

07 $\triangle AOD$에서 $\angle AOD=90°$이므로

$\angle x=180°-(62°+90°)=28°$

답 28°

08 $\triangle ABC$에서 $\overline{AB}=\overline{BC}$이므로

$\angle x=\angle BAC=46°$

답 46°

09 정사각형은 네 변의 길이가 모두 같으므로

$\overline{CD}=\overline{BC}=10(cm)$ $\therefore x=10$

답 10

10 정사각형의 두 대각선은 길이가 같고 서로 다른 것을 수직이등분하므로

$\overline{AC}=\overline{BD}=2\overline{OB}=2\times 8=16(cm)$

$\therefore x=16$

답 16

11 $\triangle BCD$에서 $\angle C=90°$, $\overline{CB}=\overline{CD}$이므로

$\angle x=\frac{1}{2}\times(180°-90°)=45°$

답 45°

12 정사각형의 두 대각선은 길이가 같고 서로 다른 것을 수직이등분하므로 $\angle x=90°$

답 90°

13 등변사다리꼴은 평행하지 않은 한 쌍의 대변의 길이가 같으므로
$\overline{DC}=\overline{AB}=6(\text{cm})$ $\therefore x=6$ 답 6

14 등변사다리꼴의 두 대각선은 길이가 같으므로
$\overline{AC}=\overline{BD}=\overline{OB}+\overline{OD}=5+3=8(\text{cm})$
$\therefore x=8$ 답 8

15 등변사다리꼴의 아랫변의 양 끝 각의 크기는 같으므로
$\angle x=\angle B=70°$
$\overline{AD}/\!/\overline{BC}$이므로 $\angle C+\angle D=180°$
$70°+\angle y=180°$ $\therefore \angle y=110°$
답 $\angle x=70°$, $\angle y=110°$

16 $\angle ABC=\angle C=60°$
$\overline{AD}/\!/\overline{BC}$이므로 $\angle A+\angle ABC=180°$
$\angle x+60°=180°$ $\therefore \angle x=120°$
$\triangle ABD$에서 $\angle y=180°-(120°+20°)=40°$
답 $\angle x=120°$, $\angle y=40°$

17 답 직사각형

18 답 마름모

19 답 직사각형

20 답 마름모

21 답 정사각형

22 답 정사각형

23 답 ○

24 답 ×

25 답 ×

26 답 ○

27 답 ㄱ, ㄴ, ㄷ, ㄹ

28 답 ㄴ, ㄹ, ㅁ

29 답 ㄷ, ㄹ

30 답 평행사변형

31 답 평행사변형

32 답 마름모

33 답 직사각형

34 답 정사각형

35 답 마름모

36 답 $\triangle DBC$

37 답 $\triangle ACD$

38 답 $\triangle CDO$

39 $\triangle ABP:\triangle ACP=\overline{BP}:\overline{CP}=2:1$ 답 $2:1$

40 $\triangle ABP:\triangle ACP=2:1$이므로
$12:\triangle ACP=2:1$ $\therefore \triangle ACP=6(\text{cm}^2)$ 답 6 cm^2

41 $\triangle ABP:\triangle ACP=2:1$이므로
$\triangle ABP=\frac{2}{3}\triangle ABC=\frac{2}{3}\times 24=16(\text{cm}^2)$ 답 16 cm^2

Real 실전 유형

52~59쪽

01 $\angle AOB=\angle DOC=80°$ (맞꼭지각)
$\triangle ABO$에서 $\overline{OA}=\overline{OB}$이므로
$\angle OAB=\frac{1}{2}\times(180°-80°)=50°$ $\therefore x=50$
또, $\overline{AO}=\frac{1}{2}\overline{AC}=\frac{1}{2}\overline{BD}=\frac{1}{2}\times 14=7(\text{cm})$이므로
$y=7$
$\therefore x+y=50+7=57$ 답 57

02 $\triangle ODA$에서 $\overline{OA}=\overline{OD}$이므로
$\angle x=\angle OAD=27°$
$\triangle ACD$에서 $\angle ADC=90°$이므로
$\angle y=180°-(27°+90°)=63°$
$\therefore \angle y-\angle x=63°-27°=36°$ 답 ④

03 $\overline{AO}=\overline{CO}$이므로
$5x+4=7x-2$, $-2x=-6$ $\therefore x=3$
$\therefore \overline{BD}=\overline{AC}=2\overline{AO}$
$=2\times(5\times3+4)=38$ 답 38

04 ㄱ, ㄴ. 한 내각의 크기가 90°이므로 평행사변형 ABCD는 직사각형이 된다.
ㄹ. 두 대각선의 길이가 같으므로 평행사변형 ABCD는 직사각형이 된다.
따라서 평행사변형 ABCD가 직사각형이 되는 조건인 것은 ㄱ, ㄴ, ㄹ이다. 답 ㄱ, ㄴ, ㄹ

참고 평행사변형 ABCD에서 $\angle BCD=\angle CDA$일 때,
$\angle BCD+\angle CDA=180°$이므로
$\angle BCD+\angle BCD=180°$, $2\angle BCD=180°$
$\therefore \angle BCD=90°$
따라서 □ABCD는 직사각형이 된다.

05 답 (가) $\overline{DC}$ (나) $\overline{BC}$ (다) SSS (라) $\angle C$ (마) $\angle D$

06 $\angle ACD=\angle BDC$이므로 $\overline{OC}=\overline{OD}$
평행사변형의 두 대각선은 서로 다른 것을 이등분하므로
$\overline{AC}=2\overline{OC}=2\overline{OD}=\overline{BD}$
즉, 두 대각선의 길이가 같으므로 □ABCD는 직사각형이다. 답 직사각형

07 $\overline{OC}=\overline{OA}=6(cm)$이므로 $\overline{AC}=12(cm)$
$\triangle ABO$에서 $\angle AOB=90°$이므로
$\angle BAO=180°-(90°+30°)=60°$
$\triangle BCA$에서 $\overline{BA}=\overline{BC}$이므로
$\angle BCA=\angle BAC=60°$
즉, $\triangle BCA$는 정삼각형이므로
$\overline{AB}=\overline{AC}=12(cm)$
따라서 □ABCD의 둘레의 길이는
$4\overline{AB}=4\times12=48(cm)$ 답 48 cm

08 $\overline{AB}=\overline{BC}$이므로 $3x-1=11$, $3x=12$ $\therefore x=4$
$\triangle ACD$에서 $\overline{AD}=\overline{CD}$이고 $\angle D=\angle B=106°$이므로
$\angle ACD=\frac{1}{2}\times(180°-106°)=37°$ $\therefore y=37$
$\therefore x+y=4+37=41$ 답 41

09 $\triangle ABD$에서 $\overline{AB}=\overline{AD}$이므로
$\angle ADB=\frac{1}{2}\times(180°-114°)=33°$
따라서 $\triangle PDH$에서
$\angle x=\angle HPD=180°-(90°+33°)=57°$ 답 57°

10 $\triangle ABE$와 $\triangle ADF$에서
$\overline{AB}=\overline{AD}$, $\angle AEB=\angle AFD=90°$, $\angle B=\angle D$
이므로 $\triangle ABE\equiv\triangle ADF$ (RHA 합동)
$\therefore \angle BAE=\angle DAF=180°-(90°+62°)=28°$ … ❶
이때 $\angle BAD=180°-62°=118°$이므로
$\angle EAF=118°-(28°+28°)=62°$ … ❷
따라서 $\triangle AEF$에서 $\overline{AE}=\overline{AF}$이므로
$\angle AEF=\frac{1}{2}\times(180°-62°)=59°$ … ❸
답 59°

채점 기준	배점
❶ ∠BAE, ∠DAF의 크기 구하기	50%
❷ ∠EAF의 크기 구하기	30%
❸ ∠AEF의 크기 구하기	20%

11 평행사변형 ABCD에서 $\overline{AC}\perp\overline{BD}$이므로 □ABCD는 마름모이다.
②, ③ 직사각형의 성질
④ $\triangle ABD$에서 $\overline{AB}=\overline{AD}$이므로 $\angle ABO=\angle ADO$
⑤ $\triangle BCD$는 $\overline{BC}=\overline{CD}$인 이등변삼각형이고, $\overline{OC}\perp\overline{BD}$이므로 $\overline{OC}$는 $\angle C$의 이등분선이다.
$\therefore \angle BCO=\angle DCO$ 답 ②, ③

12 ① 이웃한 두 변의 길이가 같으므로 평행사변형 ABCD는 마름모가 된다.
②, ⑤ 두 대각선이 수직으로 만나므로 평행사변형 ABCD는 마름모가 된다.
④ $\overline{AD}/\!/\overline{BC}$이므로 $\angle ADB=\angle CBD$ (엇각)
이때 $\angle ABD=\angle CBD$이므로 $\angle ABD=\angle ADB$
$\therefore \overline{AB}=\overline{AD}$
즉, 이웃한 두 변의 길이가 같으므로 평행사변형 ABCD는 마름모가 된다. 답 ③

13 $\overline{AB}/\!/\overline{CD}$이므로 $\angle ABD=\angle CDB=32°$ (엇각)
$\triangle ABO$에서 $\angle AOB=180°-(58°+32°)=90°$ … ❶
즉, 평행사변형 ABCD에서 $\overline{AC}\perp\overline{BD}$이므로 □ABCD는 마름모이다. … ❷
따라서 □ABCD의 둘레의 길이는
$4\overline{CD}=4\times8=32(cm)$ … ❸
답 32 cm

채점 기준	배점
❶ ∠AOB의 크기 구하기	40%
❷ □ABCD가 마름모임을 알기	40%
❸ □ABCD의 둘레의 길이 구하기	20%

14 $\angle ADP=45°$이므로 $\triangle APD$에서
$\angle APB=26°+45°=71°$
$\triangle ABP$와 $\triangle CBP$에서
$\overline{AB}=\overline{CB}$, $\angle ABP=\angle CBP$, $\overline{BP}$는 공통
이므로 $\triangle ABP\equiv\triangle CBP$ (SAS 합동)
$\therefore \angle BPC=\angle APB=71°$ 답 71°

15 $\overline{OA}=\overline{OB}=\frac{1}{2}\overline{AC}=\frac{1}{2}\times12=6(cm)$
$\angle AOB=90°$이므로
$\triangle OAB=\frac{1}{2}\times\overline{OA}\times\overline{OB}$
$=\frac{1}{2}\times6\times6=18(cm^2)$ 답 18 cm²

16 $\triangle EOA$와 $\triangle FOD$에서
$\angle EAO=\angle FDO=45°$, $\overline{AO}=\overline{DO}$,
$\angle EOA=90°-\angle AOF=\angle FOD$
이므로 $\triangle EOA\equiv\triangle FOD$ (ASA 합동) … ❶
따라서 $\overline{DF}=\overline{AE}=4(cm)$이므로
$\overline{AD}=\overline{AF}+\overline{FD}=6+4=10(cm)$ … ❷
$\therefore$ □ABCD$=10\times10=100(cm^2)$ … ❸
답 100 cm²

채점 기준	배점
❶ △EOA≡△FOD임을 설명하기	60%
❷ 정사각형 ABCD의 한 변의 길이 구하기	30%
❸ 정사각형 ABCD의 넓이 구하기	10%

39 $l /\!/ m$이므로
$\triangle DBC = \triangle ABC = 38(cm^2)$
$\therefore \triangle DOC = \triangle DBC - \triangle OBC$
$= 38 - 16 = 22(cm^2)$ 답 $22\ cm^2$

40 $\overline{AC} /\!/ \overline{DE}$이므로 $\triangle ACD = \triangle ACE$
$\therefore \square ABCD = \triangle ABC + \triangle ACD$
$= \triangle ABC + \triangle ACE$
$= \triangle ABE$
$= \frac{1}{2} \times \overline{BE} \times \overline{AB}$
$= \frac{1}{2} \times (4+5) \times 6 = 27(cm^2)$ 답 $27\ cm^2$

41 $\overline{BP} : \overline{PC} = 1 : 2$이므로
$\triangle ABP : \triangle APC = 1 : 2$
$\therefore \triangle APC = \frac{2}{3} \triangle ABC$
$= \frac{2}{3} \times 48 = 32(cm^2)$
또, $\overline{AQ} : \overline{QC} = 5 : 3$이므로
$\triangle APQ : \triangle PCQ = 5 : 3$
$\therefore \triangle APQ = \frac{5}{8} \triangle APC$
$= \frac{5}{8} \times 32 = 20(cm^2)$ 답 $20\ cm^2$

42 $\overline{AD} : \overline{DC} = 3 : 4$이므로
$\triangle ABD : \triangle BCD = 3 : 4$, $21 : \triangle BCD = 3 : 4$
$\therefore \triangle BCD = 28(cm^2)$
$\therefore \triangle ABC = \triangle ABD + \triangle BCD$
$= 21 + 28 = 49(cm^2)$ 답 $49\ cm^2$

43 $\overline{BC} = \overline{CD}$이므로
$\triangle ACD = \frac{1}{2} \triangle ABD$
$= \frac{1}{2} \times 60 = 30(cm^2)$
$\overline{AE} : \overline{ED} = 4 : 1$이므로
$\triangle ACE : \triangle CDE = 4 : 1$
$\therefore \triangle CDE = \frac{1}{5} \triangle ACD$
$= \frac{1}{5} \times 30 = 6(cm^2)$ 답 $6\ cm^2$

44 $\overline{EF} : \overline{FC} = 1 : 5$이므로
$\triangle AEF : \triangle AFC = 1 : 5$, $4 : \triangle AFC = 1 : 5$
$\therefore \triangle AFC = 20(cm^2)$
$\therefore \triangle AEC = \triangle AEF + \triangle AFC$
$= 4 + 20 = 24(cm^2)$ … ❶
또, $\overline{AE} : \overline{EB} = 2 : 3$이므로
$\triangle AEC : \triangle EBC = 2 : 3$, $24 : \triangle EBC = 2 : 3$
$\therefore \triangle EBC = 36(cm^2)$
$\therefore \triangle ABC = \triangle AEC + \triangle EBC$
$= 24 + 36 = 60(cm^2)$ … ❷
답 $60\ cm^2$

채점 기준	배점
❶ △AEC의 넓이 구하기	50%
❷ △ABC의 넓이 구하기	50%

45 $\triangle ABP + \triangle PCD = \frac{1}{2} \square ABCD$
$= \frac{1}{2} \times 56 = 28(cm^2)$
이때 $\overline{AP} : \overline{PD} = 2 : 5$이므로
$\triangle ABP : \triangle PCD = 2 : 5$
$\therefore \triangle ABP = \frac{2}{7} \times 28 = 8(cm^2)$ 답 $8\ cm^2$

46 $\triangle ABP = \frac{1}{2} \square ABCD$
$= \frac{1}{2} \times 42 = 21(cm^2)$ 답 $21\ cm^2$

47 $\triangle ACD = \frac{1}{2} \square ABCD$
$= \frac{1}{2} \times 72 = 36(cm^2)$
$\overline{AP} : \overline{PC} = 3 : 1$이므로
$\triangle APD : \triangle PCD = 3 : 1$
$\therefore \triangle PCD = \frac{1}{4} \triangle ACD = \frac{1}{4} \times 36 = 9(cm^2)$ 답 $9\ cm^2$

48 $\triangle ABD = \frac{1}{2} \square ABCD$
$= \frac{1}{2} \times 100 = 50(cm^2)$ … ❶
$\overline{AE} : \overline{EB} = 2 : 3$이므로
$\triangle AED : \triangle BDE = 2 : 3$
$\therefore \triangle BDE = \frac{3}{5} \triangle ABD$
$= \frac{3}{5} \times 50 = 30(cm^2)$ … ❷
이때 $\overline{EF} /\!/ \overline{BD}$이므로
$\triangle BDF = \triangle BDE = 30(cm^2)$ … ❸
답 $30\ cm^2$

채점 기준	배점
❶ △ABD의 넓이 구하기	20%
❷ △BDE의 넓이 구하기	40%
❸ △BDF의 넓이 구하기	40%

49 $\overline{AD} /\!/ \overline{BC}$이므로

$\triangle ACD = \triangle ABD$
$= \triangle OAB + \triangle ODA$
$= (\triangle ABC - \triangle OBC) + \triangle ODA$
$= (36-24)+6 = 18(\text{cm}^2)$ 답 18 cm^2

50 $\overline{AD} /\!/ \overline{BC}$이므로

$\triangle ABC = \triangle DBC$

$\therefore \triangle OAB = \triangle ABC - \triangle OBC$
$= \triangle DBC - \triangle OBC$
$= \triangle OCD = 12(\text{cm}^2)$

이때 $\overline{OA} : \overline{OC} = 3:4$이므로

$\triangle OAB : \triangle OBC = 3:4$, $12 : \triangle OBC = 3:4$

$\therefore \triangle OBC = 16(\text{cm}^2)$ 답 16 cm^2

51 $\triangle ACD$와 $\triangle DBC$는 각각 $\overline{AD}$, $\overline{BC}$를 밑변으로 할 때, 높이가 같으므로

$\triangle ACD : \triangle DBC = \overline{AD} : \overline{BC} = 3:5$

$\triangle ACD : 40 = 3:5$ $\quad \therefore \triangle ACD = 24(\text{cm}^2)$

$\overline{AD} /\!/ \overline{BC}$이므로

$\triangle ABD = \triangle ACD = 24(\text{cm}^2)$

$\therefore \triangle OAD = \triangle ABD - \triangle OAB$
$= 24 - 15 = 9(\text{cm}^2)$ 답 9 cm^2

Real 실전 기출 60~62쪽

01 $\overline{AD} /\!/ \overline{BC}$이므로

$\angle ACB = \angle DAC = 66^\circ$ (엇각)

$\therefore \angle BOC = 180^\circ - (24^\circ + 66^\circ) = 90^\circ$

따라서 두 대각선이 수직이므로 □ABCD는 마름모이다.

즉, $\overline{AD} = \overline{CD}$이므로

$\angle ACD = \angle DAC = 66^\circ$ 답 66°

02 $\overline{PB} = \overline{BC} = \overline{CP}$에서 $\triangle PBC$는 정삼각형이므로

$\angle PCB = 60^\circ$

$\therefore \angle PCD = \angle BCD - \angle PCB$
$= 90^\circ - 60^\circ = 30^\circ$

$\triangle CDP$에서 $\overline{CP} = \overline{CD}$이므로

$\angle CDP = \frac{1}{2} \times (180^\circ - 30^\circ) = 75^\circ$

$\therefore \angle ADP = \angle ADC - \angle CDP$
$= 90^\circ - 75^\circ = 15^\circ$ 답 15°

03 평행사변형 ABCD에서 $\overline{AB} \perp \overline{AD}$이므로 □ABCD는 직사각형이다.

① $\overline{AC} \perp \overline{BD}$이면 □ABCD는 정사각형이 된다. 답 ①

04 오른쪽 그림과 같이 점 D에서 $\overline{BC}$에 내린 수선의 발을 I라 하면

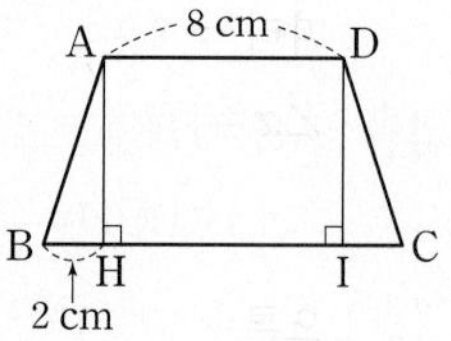

□AHID는 직사각형이므로

$\overline{HI} = \overline{AD} = 8(\text{cm})$

$\triangle ABH$와 $\triangle DCI$에서

$\angle AHB = \angle DIC = 90^\circ$, $\overline{AB} = \overline{DC}$, $\angle B = \angle C$

이므로 $\triangle ABH \equiv \triangle DCI$ (RHA 합동)

따라서 $\overline{CI} = \overline{BH} = 2(\text{cm})$이므로

$\overline{BC} = \overline{BH} + \overline{HI} + \overline{CI} = 2+8+2 = 12(\text{cm})$

이때 □ABCD의 넓이가 60 cm^2이므로

$\frac{1}{2} \times (8+12) \times \overline{AH} = 60$

$\therefore \overline{AH} = 6(\text{cm})$ 답 6 cm

05 ⑤ $\overline{AD} /\!/ \overline{BC}$인 등변사다리꼴 ABCD에서 $\angle A = \angle C$이면

$\angle B = \angle C = \angle A$

$\angle A + \angle B = 180^\circ$이므로

$\angle A = \angle B = \angle C = \angle D = 90^\circ$

따라서 □ABCD는 직사각형이다. 답 ③, ④

06 □ABCD의 각 변의 중점을 연결하여 만든 사각형 EFGH는 평행사변형이다.

따라서 $\angle EFG + \angle FGH = 180^\circ$이므로

$\angle EFG + 80^\circ = 180^\circ$ $\quad \therefore \angle EFG = 100^\circ$

$\therefore x = 100$

또, $\overline{FG} = \overline{EH} = 6(\text{cm})$이므로 $y = 6$

$\therefore x + y = 100 + 6 = 106$ 답 106

07 $\overline{AP} : \overline{PD} = 1:3$이므로

$\triangle ABP : \triangle PCD = 1:3$

$11 : \triangle PCD = 1:3$ $\quad \therefore \triangle PCD = 33(\text{cm}^2)$

$\therefore$ □ABCD $= 2 \times (\triangle ABP + \triangle PCD)$
$= 2 \times (11+33) = 88(\text{cm}^2)$ 답 ⑤

08 $\angle CFE = \angle AFE = \angle x$ (접은 각)

$\angle AEF = \angle CFE = \angle x$ (엇각)

이므로 $\angle AFE = \angle AEF$

따라서 $\triangle AFE$는 $\overline{AF} = \overline{AE}$인 이등변삼각형이다.

이때 $\angle EAF = \angle D'AF - \angle D'AE = 90^\circ - 22^\circ = 68^\circ$이므로 $\triangle AFE$에서

$\angle x = \frac{1}{2} \times (180^\circ - 68^\circ) = 56^\circ$ 답 56°

09 △ABE와 △BCF에서

$\overline{AB}=\overline{BC}$, ∠ABE=∠BCF, $\overline{BE}=\overline{CF}$

이므로 △ABE≡△BCF (SAS 합동)

∴ ∠BFC=∠AEB=180°−130°=50°

따라서 △BCF에서 ∠C=90°이므로

∠x=180°−(90°+50°)=40° 답 40°

10 오른쪽 그림과 같이 점 D를 지나고 $\overline{AB}$와 평행한 직선이 $\overline{BC}$와 만나는 점을 E라 하면 □ABED는 평행사변형이고 $\overline{AB}=\overline{AD}$이므로 □ABED는 마름모이다.

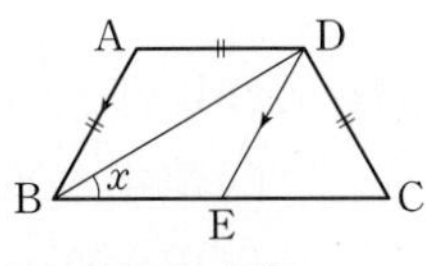

∴ $\overline{DE}=\overline{AB}=\overline{DC}$, $\overline{BE}=\overline{AD}$

이때 $\overline{BC}=2\overline{AD}$이므로

$\overline{EC}=\overline{BC}-\overline{BE}=2\overline{AD}-\overline{AD}$

$=\overline{AD}=\overline{DC}$

즉, △DEC는 정삼각형이므로 ∠DEC=60°

△EDB에서 $\overline{EB}=\overline{ED}$이므로

∠EDB=∠EBD=∠x

따라서 ∠x+∠x=60°이므로

2∠x=60° ∴ ∠x=30° 답 30°

11

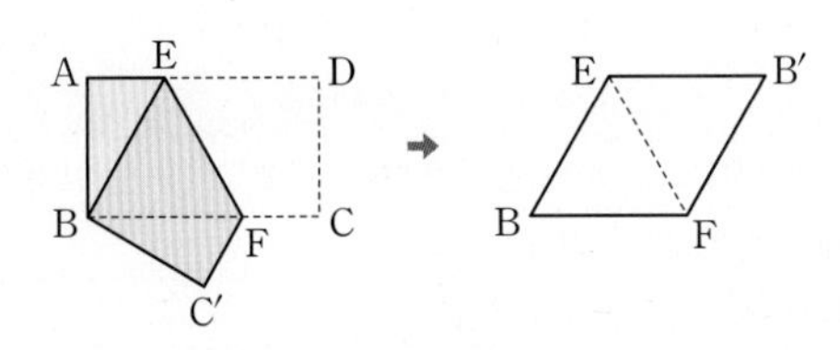

위의 그림과 같이 직사각형 ABCD를 두 꼭짓점 B와 D가 겹쳐지도록 접으면

∠BEF=∠DEF (접은 각), ∠DEF=∠BFE (엇각)

이므로 ∠BEF=∠BFE

따라서 △BFE는 $\overline{BE}=\overline{BF}$인 이등변삼각형이다.

이때 △ABE와 △BC′F를 자르고 접혀 있는 종이를 펼치면

$\overline{BE}=\overline{BF}=\overline{FB'}=\overline{EB'}$

이므로 □EBFB′은 마름모이다. 답 ㄴ

12 $\overline{AD}$∥$\overline{BC}$이므로 △ABF=△ACF

$\overline{AF}=\overline{FD}$이므로 △ACF=△FCD

또, $\overline{AD}$∥$\overline{BC}$이므로 △FCD=△FBD이고

$\overline{EF}$∥$\overline{BD}$이므로 △FBD=△EBD

따라서 넓이가 나머지 넷과 다른 하나는 ③이다. 답 ③

13 □ABCD가 마름모이므로

∠ADC=180°−∠BCD

=180°−106°=74°

이때 △AED가 정삼각형이므로 ∠ADE=60°

∴ ∠CDE=∠ADC−∠ADE

=74°−60°=14°

또, △AED가 정삼각형이고 □ABCD가 마름모이므로

$\overline{DE}=\overline{DA}=\overline{DC}$

따라서 △DEC에서

∠DCE=$\frac{1}{2}$×(180°−14°)=83°

∴ ∠x=∠BCD−∠DCE

=106°−83°=23° 답 23°

14 오른쪽 그림과 같이 $\overline{CD}$의 연장선 위에 $\overline{BE}=\overline{DG}$가 되도록 점 G를 잡으면

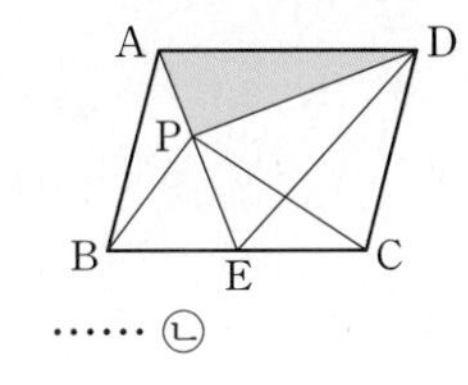

△ABE와 △ADG에서

$\overline{AB}=\overline{AD}$, ∠B=∠ADG, $\overline{BE}=\overline{DG}$

이므로 △ABE≡△ADG (SAS 합동)

∴ $\overline{AE}=\overline{AG}$, ∠BAE=∠DAG

또, △AEF와 △AGF에서

$\overline{AE}=\overline{AG}$, $\overline{AF}$는 공통,

∠GAF=∠DAG+∠FAD=∠BAE+∠FAD

=90°−∠EAF=90°−45°=45°=∠EAF

이므로 △AEF≡△AGF (SAS 합동)

∴ ∠AFD=∠AFE=180°−(45°+65°)=70° 답 70°

15 □ABCD가 평행사변형이므로

△APD+△PBC=$\frac{1}{2}$□ABCD …… ㉠

오른쪽 그림과 같이 $\overline{DE}$를 그으면

△APD+△PED

=△AED

=$\frac{1}{2}$□ABCD …… ㉡

㉠, ㉡에서 △PED=△PBC=52(cm^2)

이때 $\overline{AP}$: $\overline{PE}$=3 : 4이므로

△APD : △PED=3 : 4, △APD : 52=3 : 4

∴ △APD=39(cm^2) 답 39 cm^2

16 $\overline{AE}=\overline{EC}$이므로

∠EAC=∠ECA=∠y

△ABC에서 ∠B=90°이므로

(∠y+∠y)+90°+∠y=180°

3∠y=90° ∴ ∠y=30° … ❶

△ABE에서

∠x=180°−(30°+90°)=60° … ❷

∴ ∠x+∠y=60°+30°=90° … ❸

답 90°

채점 기준	배점
❶ $\angle y$의 크기 구하기	50%
❷ $\angle x$의 크기 구하기	30%
❸ $\angle x+\angle y$의 크기 구하기	20%

17 $\triangle$AED에서 $\overline{AD}=\overline{AB}=\overline{AE}$이므로

$\angle AED=\angle ADE=20^\circ$

$\therefore \angle EAD=180^\circ-2\times20^\circ=140^\circ$ … ❶

이때 $\angle BAD=90^\circ$이므로

$\angle EAB=140^\circ-90^\circ=50^\circ$ … ❷

따라서 $\triangle$AEB에서 $\overline{AE}=\overline{AB}$이므로

$\angle ABE=\frac{1}{2}\times(180^\circ-50^\circ)=65^\circ$ … ❸

답 65°

채점 기준	배점
❶ $\angle$EAD의 크기 구하기	50%
❷ $\angle$EAB의 크기 구하기	20%
❸ $\angle$ABE의 크기 구하기	30%

18 오른쪽 그림과 같이 점 D를 지나고 $\overline{AB}$에 평행한 직선이 $\overline{BC}$와 만나는 점을 E라 하면 □ABED는 평행사변형이므로

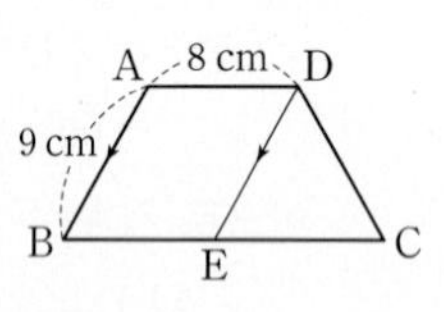

$\overline{BE}=\overline{AD}=8(cm)$ … ❶

한편, $\angle A=2\angle B$이고 $\angle A+\angle B=180^\circ$이므로

$3\angle B=180^\circ \quad \therefore \angle B=60^\circ$

$\overline{AB}/\!/\overline{DE}$이므로 $\angle DEC=\angle B=60^\circ$ (동위각)

또, $\angle C=\angle B=60^\circ$이므로 $\triangle$DEC는 정삼각형이다.

$\therefore \overline{EC}=\overline{CD}=\overline{AB}=9(cm)$ … ❷

$\therefore \overline{BC}=\overline{BE}+\overline{EC}=8+9=17(cm)$ … ❸

답 17 cm

채점 기준	배점
❶ $\overline{BE}$의 길이 구하기	40%
❷ $\overline{EC}$의 길이 구하기	40%
❸ $\overline{BC}$의 길이 구하기	20%

19 $\overline{AE}/\!/\overline{DF}$이므로 $\angle DFA=\angle EAF$ (엇각)

즉, $\angle DAF=\angle DFA$이므로 $\triangle$DAF는 이등변삼각형이다.

$\therefore \overline{DF}=\overline{AD}$

또, $\angle AED=\angle FDE$ (엇각)이므로

$\angle ADE=\angle AED$

즉, $\triangle$AED는 이등변삼각형이므로 $\overline{AE}=\overline{AD}$

$\therefore \overline{AE}=\overline{DF}$ … ❶

따라서 □AEFD는 $\overline{AE}/\!/\overline{DF}$, $\overline{AE}=\overline{DF}$이므로 평행사변형이고 $\overline{AE}=\overline{AD}$이므로 마름모이다. … ❷

그러므로 □AEFD의 둘레의 길이는

$4\overline{AD}=4\times5=20(cm)$ … ❸

답 20 cm

채점 기준	배점
❶ $\overline{AE}=\overline{DF}$임을 알기	40%
❷ □AEFD가 마름모임을 알기	40%
❸ □AEFD의 둘레의 길이 구하기	20%

20 $\triangle$OBP와 $\triangle$OCQ에서

$\angle OBP=\angle OCQ=45^\circ$, $\overline{OB}=\overline{OC}$,

$\angle BOP=90^\circ-\angle POC=\angle COQ$

이므로 $\triangle OBP\equiv\triangle OCQ$ (ASA 합동) … ❶

즉, $\triangle OBP=\triangle OCQ$이므로

□OPCQ $=\triangle OPC+\triangle OCQ$

$=\triangle OPC+\triangle OBP$

$=\triangle OBC$

$=\frac{1}{4}$□ABCD

$=\frac{1}{4}\times6\times6=9(cm^2)$ … ❷

따라서 색칠한 부분의 넓이는

□OEFG $-$ □OPCQ $=6\times6-9=27(cm^2)$ … ❸

답 27 cm^2

채점 기준	배점
❶ $\triangle OBP\equiv\triangle OCQ$임을 설명하기	40%
❷ □OPCQ의 넓이 구하기	40%
❸ 색칠한 부분의 넓이 구하기	20%

21 □ABCD가 평행사변형이므로

$\triangle ABD=\triangle BCD$

$=\frac{1}{2}$□ABCD

$=\frac{1}{2}\times108=54(cm^2)$ … ❶

이때 $\triangle ABP:\triangle ABD=\overline{BP}:\overline{BD}$,

$\triangle BCP:\triangle BCD=\overline{BP}:\overline{BD}$이므로

$\triangle ABP=\triangle BCP$

색칠한 부분의 넓이가 48 cm^2이므로

$\triangle ABP=\frac{1}{2}\times48=24(cm^2)$ … ❷

$\therefore \overline{BP}:\overline{BD}=\triangle ABP:\triangle ABD$

$=24:54=4:9$ … ❸

답 4 : 9

채점 기준	배점
❶ $\triangle$ABD의 넓이 구하기	20%
❷ $\triangle$ABP의 넓이 구하기	40%
❸ $\overline{BP}:\overline{BD}$를 가장 간단한 자연수의 비로 나타내기	40%

05 도형의 닮음

Real 실전 개념 65, 67쪽

01 답 점 E

02 답 $\overline{BC}$

03 답 $\angle D$

04 답 점 D

05 답 $\overline{EG}$

06 답 면 BCD

07 답 ○

08 답 ×

09 답 ×

10 답 ○

11 두 도형 A, B의 닮음비는
$4:6=2:3$ 답 $2:3$

12 두 도형 A, B의 닮음비는
$9:15=3:5$ 답 $3:5$

13 두 도형 A, B의 닮음비는
$8:14=4:7$ 답 $4:7$

14 두 도형 A, B의 닮음비는
$12:16=3:4$ 답 $3:4$

15 $\triangle ABC$와 $\triangle DEF$의 닮음비는
$\overline{AB}:\overline{DE}=3:6=1:2$ 답 $1:2$

16 $\overline{BC}:\overline{EF}=1:2$이므로
$4:\overline{EF}=1:2$ $\quad\therefore \overline{EF}=8(\text{cm})$ 답 8 cm

> **보충 TIP 비례식의 성질**
> 비례식에서 외항의 곱은 내항의 곱과 같다.
> $a:b=c:d \Rightarrow ad=bc$

17 $\angle B=\angle E=50^\circ$ 답 50°

18 두 사각기둥 A, B의 닮음비는
$\overline{FG}:\overline{NO}=12:8=3:2$ 답 $3:2$

19 $\overline{AB}:\overline{IJ}=3:2$이므로
$9:\overline{IJ}=3:2$, $3\overline{IJ}=18$
$\therefore \overline{IJ}=6(\text{cm})$ 답 6 cm

20 $\overline{BF}:\overline{JN}=3:2$이므로
$\overline{BF}:10=3:2$, $2\overline{BF}=30$
$\therefore \overline{BF}=15(\text{cm})$ 답 15 cm

21 답 12, 2, 16, 2, 8, 2, SSS

22 답 6, 3, 9, 3, $\angle CED$, SAS

23 답 $\angle A$, $\angle AED$, AA

24 $\triangle ABC$와 $\triangle DAC$에서
$\overline{AC}:\overline{DC}=4:2=2:1$
$\overline{BC}:\overline{AC}=(6+2):4=2:1$
$\angle C$는 공통
$\therefore \triangle ABC \backsim \triangle DAC$ (SAS 닮음)
답 $\triangle ABC \backsim \triangle DAC$, SAS 닮음

25 $\triangle ABC$와 $\triangle EBD$에서
$\angle B$는 공통
$\angle ACB=\angle EDB=65^\circ$
이므로 $\triangle ABC \backsim \triangle EBD$ (AA 닮음)
답 $\triangle ABC \backsim \triangle EBD$, AA 닮음

26 답 $\angle CAH$

27 답 $\angle BAH$

28 답 $\triangle HBA$, $\triangle HAC$

29 답 $\overline{BH}$, 1, 2

30 답 $\overline{CH}$, 2, 4

31 답 $\overline{HC}$, 4, 6

Real 실전 유형 68~73쪽

01 ③ $\angle B$의 대응각은 $\angle E$이다. 답 ③

02 답 $\overline{IL}$, 면 JKL

03 답 ①, ⑤

04 ① $\angle C=\angle G=85^\circ$
② □ABCD에서
$\angle A=360^\circ-(65^\circ+85^\circ+90^\circ)=120^\circ$
$\therefore \angle E=\angle A=120^\circ$

③, ④, ⑤ □ABCD와 □EFGH의 닮음비는

$\overline{AB}:\overline{EF}=10:8=5:4$

$\overline{BC}:\overline{FG}=5:4$이므로

$\overline{BC}:12=5:4$, $4\overline{BC}=60$

$\therefore \overline{BC}=15(\text{cm})$

$\overline{CD}:\overline{GH}=5:4$이므로

$5\overline{GH}=4\overline{CD}$　　$\therefore \overline{GH}=\frac{4}{5}\overline{CD}$ 　답 ②, ③

05

① $\angle A=\angle E=60°$

② △ABC에서

$\angle B=180°-(60°+30°)=90°$

$\therefore \angle D=\angle B=90°$

③ $\overline{AC}:\overline{EF}=\overline{AB}:\overline{ED}$이므로

$12:16=6:\overline{ED}$, $3:4=6:\overline{DE}$

$3\overline{DE}=24$　　$\therefore \overline{DE}=8(\text{cm})$

④ $\angle B=\angle D$이므로 $\angle B:\angle D=1:1$

⑤ $\overline{BC}:\overline{DF}=\overline{AC}:\overline{EF}=12:16=3:4$ 　답 ④

06

주어진 두 부채꼴이 닮은 도형이므로

$x=45$ …❶

$R:r=6:4=3:2$이므로

$y=3$, $z=2$ …❷

$\therefore x+y+z=45+3+2=50$ …❸

답 50

채점 기준	배점
❶ x의 값 구하기	40%
❷ y, z의 값 구하기	40%
❸ $x+y+z$의 값 구하기	20%

07

△ABC와 △DEF의 닮음비가 4 : 3이므로

$\overline{BC}:\overline{EF}=4:3$에서

$9:\overline{EF}=4:3$, $4\overline{EF}=27$　　$\therefore \overline{EF}=\frac{27}{4}(\text{cm})$

$\overline{CA}:\overline{FD}=4:3$에서

$7:\overline{FD}=4:3$, $4\overline{FD}=21$　　$\therefore \overline{FD}=\frac{21}{4}(\text{cm})$

따라서 △DEF의 둘레의 길이는

$\overline{DE}+\overline{EF}+\overline{FD}=6+\frac{27}{4}+\frac{21}{4}=18(\text{cm})$ 　답 18 cm

08

원 O와 원 O′의 닮음비가 2 : 3이므로 원 O′의 반지름의 길이를 r cm라 하면

$3:r=2:3$, $2r=9$

$\therefore r=\frac{9}{2}$

따라서 원 O′의 둘레의 길이는

$2\pi\times\frac{9}{2}=9\pi(\text{cm})$ 　답 9π cm

보충 TIP 원의 둘레의 길이와 넓이

반지름의 길이가 r인 원에 대하여

(1) (둘레의 길이)$=2\pi r$　　(2) (넓이)$=\pi r^2$

09

두 정오각형 A, B의 닮음비가 3 : 5이므로 정오각형 A의 한 변의 길이를 x cm라 하면

$x:7=3:5$, $5x=21$　　$\therefore x=\frac{21}{5}$

따라서 정오각형 A의 둘레의 길이는

$5\times\frac{21}{5}=21(\text{cm})$ 　답 21 cm

10

□ABCD와 □EFGH의 닮음비가 2 : 5이므로

$\overline{AB}:\overline{EF}=2:5$에서

$5:\overline{EF}=2:5$, $2\overline{EF}=25$

$\therefore \overline{EF}=\frac{25}{2}(\text{cm})$ …❶

따라서 □EFGH의 둘레의 길이는

$\overline{EF}+\overline{FG}+\overline{GH}+\overline{HE}=2(\overline{EF}+\overline{FG})$

$=2\times\left(\frac{25}{2}+15\right)=55(\text{cm})$ …❷

답 55 cm

채점 기준	배점
❶ $\overline{EF}$의 길이 구하기	50%
❷ □EFGH의 둘레의 길이 구하기	50%

11

$5\overline{BF}=4\overline{JN}$이므로 두 직육면체의 닮음비는

$\overline{BF}:\overline{JN}=4:5$

$\overline{AB}:\overline{IJ}=4:5$에서

$5:x=4:5$, $4x=25$　　$\therefore x=\frac{25}{4}$

$\overline{AD}:\overline{IL}=4:5$에서

$9:y=4:5$, $4y=45$　　$\therefore y=\frac{45}{4}$

$\therefore y-x=\frac{45}{4}-\frac{25}{4}=5$ 　답 5

12

두 삼각기둥의 닮음비는

$\overline{AB}:\overline{GH}=8:12=2:3$

① $\overline{EF}:\overline{KL}=2:3$이므로

$\overline{EF}:15=2:3$, $3\overline{EF}=30$

$\therefore \overline{EF}=10(\text{cm})$

② $\overline{BE}:\overline{HK}=2:3$이므로

$10:\overline{HK}=2:3$, $2\overline{HK}=30$

$\therefore \overline{HK}=15(\text{cm})$

③ $\angle GHI=\angle ABC$

④ $\overline{DF} : \overline{JL} = 2 : 3$이므로

$3\overline{DF} = 2\overline{JL}$ $\quad \therefore \overline{DF} = \frac{2}{3}\overline{JL}$

⑤ □ADFC∽□GJLI

답 ④

13 두 정사면체 A, B의 닮음비가 $6 : 5$이므로 정사면체 B의 한 모서리의 길이를 x cm라 하면

$9 : x = 6 : 5$, $6x = 45$ $\quad \therefore x = \frac{15}{2}$

따라서 정사면체 B의 모든 모서리의 길이의 합은

$6 \times \frac{15}{2} = 45(\text{cm})$

답 45 cm

14 두 원뿔 A, B의 닮음비는 $4 : 8 = 1 : 2$

원뿔 A의 밑면의 반지름의 길이를 r cm라 하면

$r : 6 = 1 : 2$, $2r = 6$ $\quad \therefore r = 3$

따라서 원뿔 A의 밑면의 둘레의 길이는

$2\pi \times 3 = 6\pi(\text{cm})$

답 6π cm

15 두 구 A, B의 닮음비가 $2 : 5$이므로 구 A의 반지름의 길이를 r cm라 하면

$r : 10 = 2 : 5$, $5r = 20$ $\quad \therefore r = 4$

따라서 구 A의 겉넓이는

$4\pi \times 4^2 = 64\pi(\text{cm}^2)$

답 64π cm^2

보충 TIP 구의 겉넓이와 부피

반지름의 길이가 r인 구에 대하여

(1) (겉넓이)$= 4\pi r^2$ (2) (부피)$= \frac{4}{3}\pi r^3$

16 두 원기둥 A, B의 닮음비는 $12 : 9 = 4 : 3$

원기둥 B의 밑면의 반지름의 길이를 r cm라 하면

$8 : r = 4 : 3$, $4r = 24$ $\quad \therefore r = 6$

따라서 원기둥 B의 부피는

$\pi \times 6^2 \times 9 = 324\pi(\text{cm}^3)$

답 324π cm^3

17 잘려진 원뿔과 처음 원뿔의 닮음비는

$2 : 6 = 1 : 3$ ⋯ ❶

처음 원뿔의 높이를 h cm라 하면

$4 : h = 1 : 3$ $\quad \therefore h = 12$ ⋯ ❷

따라서 원뿔대의 높이는

$12 - 4 = 8(\text{cm})$ ⋯ ❸

답 8 cm

채점 기준	배점
❶ 잘려진 원뿔과 처음 원뿔의 닮음비 구하기	30%
❷ 처음 원뿔의 높이 구하기	40%
❸ 원뿔대의 높이 구하기	30%

18 △ABC와 △PQR에서

$\overline{AB} : \overline{PQ} = 4 : 6 = 2 : 3$

$\overline{BC} : \overline{QR} = 8 : 12 = 2 : 3$

$\overline{CA} : \overline{RP} = 10 : 15 = 2 : 3$

이므로 △ABC∽△PQR (SSS 닮음)

△DEF와 △ONM에서

$\overline{EF} : \overline{NM} = 5 : 7$

$\overline{FD} : \overline{MO} = 10 : 14 = 5 : 7$

$\angle F = \angle M = 45^\circ$

이므로 △DEF∽△ONM (SAS 닮음)

△GHI와 △LJK에서

$\angle I = \angle K = 35^\circ$

$\angle H = 180^\circ - (45^\circ + 35^\circ) = 100^\circ = \angle J$

이므로 △GHI∽△LJK (AA 닮음)

답 △ABC∽△PQR (SSS 닮음),
△DEF∽△ONM (SAS 닮음),
△GHI∽△LJK (AA 닮음)

19 ② △ABC와 △DEF에서

$\angle C = \angle F = 50^\circ$

$\angle A = 180^\circ - (30^\circ + 50^\circ) = 100^\circ = \angle D$

이므로 △ABC∽△DEF (AA 닮음)

답 ②

20 △ABC와 △CBD에서

∠B는 공통

$\overline{AB} : \overline{CB} = (10+8) : 12 = 3 : 2$

$\overline{BC} : \overline{BD} = 12 : 8 = 3 : 2$

이므로 △ABC∽△CBD (SAS 닮음)

따라서 $\overline{AC} : \overline{CD} = 3 : 2$이므로

$15 : \overline{CD} = 3 : 2$, $3\overline{CD} = 30$

$\therefore \overline{CD} = 10(\text{cm})$

답 10 cm

21 △ABE와 △CDE에서

∠AEB=∠CED (맞꼭지각)

$\overline{AE} : \overline{CE} = 6 : 8 = 3 : 4$

$\overline{BE} : \overline{DE} = 9 : 12 = 3 : 4$

이므로 △ABE∽△CDE (SAS 닮음)

따라서 $\overline{AB} : \overline{CD} = 3 : 4$이므로

$\overline{AB} : 16 = 3 : 4$, $4\overline{AB} = 48$

$\therefore \overline{AB} = 12(\text{cm})$

답 ⑤

22 △ABC와 △EDC에서

∠C는 공통

$\overline{AC} : \overline{EC} = (1+9) : 6 = 5 : 3$

$\overline{BC} : \overline{DC} = (9+6) : 9 = 5 : 3$

이므로 △ABC∽△EDC (SAS 닮음)

따라서 $\overline{AB} : \overline{ED} = 5 : 3$이므로

$20 : \overline{ED} = 5 : 3$, $5\overline{ED} = 60$

$\therefore \overline{DE} = 12$(cm)

답 12 cm

23 $\overline{AD} = \overline{BD} = \overline{DE} = \frac{1}{2}\overline{AB} = \frac{1}{2} \times 12 = 6$(cm)

△ABC와 △EBD에서

∠B는 공통

$\overline{AB} : \overline{EB} = 12 : 8 = 3 : 2$

$\overline{BC} : \overline{BD} = (8+1) : 6 = 3 : 2$

이므로 △ABC∽△EBD (SAS 닮음) … ❶

따라서 $\overline{AC} : \overline{ED} = 3 : 2$이므로

$\overline{AC} : 6 = 3 : 2$, $2\overline{AC} = 18$

$\therefore \overline{AC} = 9$(cm) … ❷

답 9 cm

채점 기준	배점
❶ △ABC∽△EBD임을 설명하기	50%
❷ $\overline{AC}$의 길이 구하기	50%

24 △ABC와 △AED에서

∠A는 공통, ∠B=∠AED

이므로 △ABC∽△AED (AA 닮음)

따라서 $\overline{AB} : \overline{AE} = \overline{AC} : \overline{AD}$이므로

$(4+6) : 5 = (5+\overline{CE}) : 4$, $2 : 1 = (5+\overline{CE}) : 4$

$5+\overline{CE} = 8$ $\quad\therefore \overline{CE} = 3$(cm)

답 3 cm

25 △ABC와 △EBD에서

∠B는 공통, ∠A=∠DEB

이므로 △ABC∽△EBD (AA 닮음)

따라서 $\overline{AB} : \overline{EB} = \overline{BC} : \overline{BD}$이므로

$\overline{AB} : 8 = 15 : 10$, $\overline{AB} : 8 = 3 : 2$

$2\overline{AB} = 24$ $\quad\therefore \overline{AB} = 12$(cm)

답 12 cm

26 △ABC와 △DAC에서

∠C는 공통, ∠B=∠CAD

이므로 △ABC∽△DAC (AA 닮음)

따라서 $\overline{BC} : \overline{AC} = \overline{AC} : \overline{DC}$이므로

$(\overline{BD}+8) : 12 = 12 : 8$, $(\overline{BD}+8) : 12 = 3 : 2$

$2(\overline{BD}+8) = 36$, $\overline{BD}+8 = 18$

$\therefore \overline{BD} = 10$(cm)

답 10 cm

27 △ABC가 $\overline{AB} = \overline{AC}$인 이등변삼각형이므로 ∠B=∠C

$\overline{BD} = \overline{CD} = \frac{1}{2}\overline{BC} = \frac{1}{2} \times 8 = 4$(cm)

△ABD와 △DCE에서

∠B=∠C

∠BAD=∠ADC−∠B

=∠ADC−∠ADE

=∠CDE

이므로 △ABD∽△DCE (AA 닮음)

따라서 $\overline{AB} : \overline{DC} = \overline{BD} : \overline{CE}$이므로

$6 : 4 = 4 : \overline{CE}$, $3 : 2 = 4 : \overline{CE}$

$3\overline{CE} = 8$ $\quad\therefore \overline{CE} = \frac{8}{3}$(cm)

답 $\frac{8}{3}$ cm

보충 TIP 이등변삼각형의 성질

(1) 이등변삼각형의 두 밑각의 크기는 같다.

(2) 이등변삼각형의 꼭지각의 이등분선은 밑변을 수직이등분한다.

28 △ABC와 △AED에서

∠A는 공통, ∠C=∠ADE=90°

이므로 △ABC∽△AED (AA 닮음)

따라서 $\overline{AB} : \overline{AE} = \overline{AC} : \overline{AD}$이므로

$(12+18) : 15 = (15+\overline{CE}) : 12$

$2 : 1 = (15+\overline{CE}) : 12$, $15+\overline{CE} = 24$

$\therefore \overline{CE} = 9$(cm)

답 9 cm

29 △ADB와 △BEC에서

∠D=∠E=90°

∠BAD=180°−(90°+∠ABD)

=∠CBE

이므로 △ADB∽△BEC (AA 닮음)

따라서 $\overline{AD} : \overline{BE} = \overline{BD} : \overline{CE}$이므로

$6 : \overline{BE} = 9 : 18$, $6 : \overline{BE} = 1 : 2$

$\therefore \overline{BE} = 12$(cm)

답 12 cm

30 △ABD와 △ACE에서

∠A는 공통, ∠ADB=∠AEC=90°

이므로 △ABD∽△ACE (AA 닮음) ...... ㉠

△ABD와 △FBE에서

∠EBF는 공통, ∠ADB=∠FEB=90°

이므로 △ABD∽△FBE (AA 닮음) ...... ㉡

△FBE와 △FCD에서

∠BEF=∠CDF=90°

∠BFE=∠CFD (맞꼭지각)

이므로 △FBE∽△FCD (AA 닮음) ...... ㉢

㉠, ㉡, ㉢에서

△ABD∽△ACE∽△FBE∽△FCD

답 ③

31 $\overline{AC}^2=\overline{CH}\times\overline{CB}$이므로

$10^2=8(8+y)$, $100=64+8y$

$8y=36$ $\therefore y=\dfrac{9}{2}$

$\overline{AB}^2=\overline{BH}\times\overline{BC}$이므로

$x^2=\dfrac{9}{2}\times\left(\dfrac{9}{2}+8\right)=\dfrac{225}{4}$

$\therefore x=\dfrac{15}{2}$ ($\because x>0$)

$\therefore x+y=\dfrac{15}{2}+\dfrac{9}{2}=12$ 답 12

32 $\overline{BH}^2=\overline{HA}\times\overline{HC}=12\times3=36$이므로

$\overline{BH}=6(\text{cm})$ ($\because \overline{BH}>0$)

$\therefore \triangle ABC=\dfrac{1}{2}\times(12+3)\times6=45(\text{cm}^2)$ 답 ②

33 $\triangle ABC$에서 $\overline{AB}^2=\overline{BD}\times\overline{BC}$이므로

$12^2=\overline{BD}\times16$ $\therefore \overline{BD}=9(\text{cm})$ … ❶

$\triangle ABD$에서 $\overline{BD}^2=\overline{BE}\times\overline{BA}$이므로

$9^2=\overline{BE}\times12$ $\therefore \overline{BE}=\dfrac{27}{4}(\text{cm})$ … ❷

답 $\dfrac{27}{4}$ cm

채점 기준	배점
❶ $\overline{BD}$의 길이 구하기	50%
❷ $\overline{BE}$의 길이 구하기	50%

34 $\triangle FAE$와 $\triangle FCB$에서

$\angle FAE=\angle FCB$ (엇각)

$\angle FEA=\angle FBC$ (엇각)

이므로 $\triangle FAE \backsim \triangle FCB$ (AA 닮음)

따라서 $\overline{FA}:\overline{FC}=\overline{AE}:\overline{CB}$이므로

$4:8=\overline{AE}:12$, $1:2=\overline{AE}:12$

$2\overline{AE}=12$ $\therefore \overline{AE}=6(\text{cm})$ 답 6 cm

35 ①, ④ $\triangle ABC$와 $\triangle ADE$에서

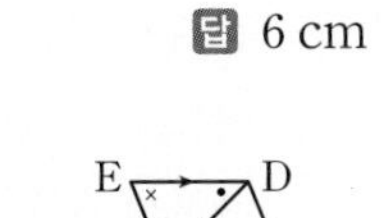

$\angle B=\angle ADE$ (엇각)

$\angle ACB=\angle E$ (엇각)

이므로

$\triangle ABC \backsim \triangle ADE$ (AA 닮음)

$\therefore \overline{AD}:\overline{AB}=\overline{AE}:\overline{AC}$

②, ⑤ $\triangle ABC$와 $\triangle DBF$에서

$\angle B$는 공통

$\angle ACB=\angle F$ (동위각)

이므로 $\triangle ABC \backsim \triangle DBF$ (AA 닮음)

$\therefore \overline{AC}:\overline{DF}=\overline{BC}:\overline{BF}$

③ □ECFD는 평행사변형이므로

$\angle E=\angle F$ 답 ⑤

36 $\triangle ABE$와 $\triangle FCE$에서

$\angle BAE=\angle F$ (엇각)

$\angle B=\angle FCE$ (엇각)

이므로

$\triangle ABE \backsim \triangle FCE$ (AA 닮음)

따라서 $\overline{AB}:\overline{FC}=\overline{BE}:\overline{CE}$이므로

$4:\overline{FC}=6:(9-6)$, $4:\overline{CF}=2:1$

$2\overline{CF}=4$ $\therefore \overline{CF}=2(\text{cm})$ 답 2 cm

37 $\triangle BED$와 $\triangle CFE$에서

$\angle B=\angle C=60°$

$\angle BDE=180°-(60°+\angle DEB)$

$=\angle CEF$

이므로

$\triangle BED \backsim \triangle CFE$ (AA 닮음)

한편, 정삼각형 ABC의 한 변의 길이는

$\overline{AB}=\overline{AD}+\overline{DB}=\overline{ED}+\overline{DB}$

$=7+8=15(\text{cm})$

$\therefore \overline{CE}=15-3=12(\text{cm})$

따라서 $\overline{BD}:\overline{CE}=\overline{DE}:\overline{EF}$이므로

$8:12=7:\overline{EF}$, $2:3=7:\overline{EF}$

$2\overline{EF}=21$ $\therefore \overline{EF}=\dfrac{21}{2}(\text{cm})$

$\therefore \overline{AF}=\overline{EF}=\dfrac{21}{2}(\text{cm})$

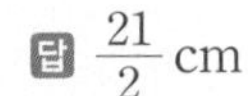

답 $\dfrac{21}{2}$ cm

38 $\triangle ABF$와 $\triangle DFE$에서

$\angle A=\angle D=90°$

$\angle ABF$

$=180°-(90°+\angle AFB)$

$=\angle DFE$

이므로 $\triangle ABF \backsim \triangle DFE$ (AA 닮음)

따라서 $\overline{AB}:\overline{DF}=\overline{AF}:\overline{DE}$이므로

$9:3=\overline{AF}:4$, $3:1=\overline{AF}:4$

$\therefore \overline{AF}=12(\text{cm})$ 답 12 cm

39 $\angle PBD=\angle CBD$ (접은 각),

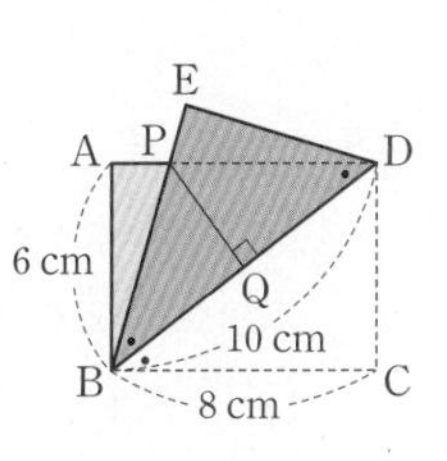

$\angle PDB=\angle CBD$ (엇각)이므로

$\angle PBD=\angle PDB$

따라서 $\triangle PBD$는 이등변삼각형이므로 $\overline{PQ}$는 $\overline{BD}$의 수직이등분선이다.

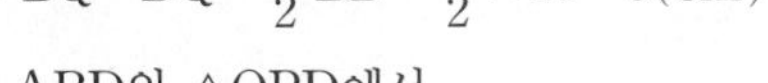

$\therefore \overline{BQ}=\overline{DQ}=\dfrac{1}{2}\overline{BD}=\dfrac{1}{2}\times10=5(\text{cm})$ … ❶

$\triangle ABD$와 $\triangle QPD$에서

$\angle ADB$는 공통

$\angle A=\angle PQD=90°$

이므로 $\triangle ABD \backsim \triangle QPD$ (AA 닮음)

따라서 $\overline{AB}:\overline{QP}=\overline{AD}:\overline{QD}$이므로

$6:\overline{QP}=8:5$, $8\overline{QP}=30$

$\therefore \overline{QP}=\frac{15}{4}(\text{cm})$ …❷

$\therefore \triangle PBD=\frac{1}{2}\times10\times\frac{15}{4}=\frac{75}{4}(\text{cm}^2)$ …❸

답 $\frac{75}{4}\text{ cm}^2$

채점 기준	배점
❶ $\overline{BQ}$의 길이 구하기	30%
❷ $\overline{QP}$의 길이 구하기	50%
❸ $\triangle PBD$의 넓이 구하기	20%

Real 실전 기출 74~76쪽

01 ⑤ 밑면의 반지름의 길이가 같은 두 원기둥이 높이가 서로 다르면 닮음이 아니다. 답 ⑤

02 ① $\angle D=\angle F=60^\circ$

② $\angle H=\angle B=70^\circ$이므로

$\angle G=360^\circ-(90^\circ+60^\circ+70^\circ)=140^\circ$

③, ④, ⑤ □ABCD와 □GHEF의 닮음비는

$\overline{CD}:\overline{EF}=9:6=3:2$

$\overline{BC}:\overline{HE}=3:2$이므로

$\overline{BC}:8=3:2$, $2\overline{BC}=24$

$\therefore \overline{BC}=12(\text{cm})$

$\overline{AD}:\overline{GF}=3:2$이므로

$2\overline{AD}=3\overline{GF}$ $\quad\therefore \overline{AD}=\frac{3}{2}\overline{GF}$ 답 ②, ④

03 원 A의 반지름의 길이를 r cm라 하면 세 원 B, C, D의 반지름의 길이는 차례대로 $2r$ cm, $4r$ cm, $8r$ cm이므로

$a:b=r:8r=1:8$ 답 1 : 8

04 그릇과 물이 채워진 부분은 닮은 도형이고 닮음비는

$36:12=3:1$

수면의 반지름의 길이를 r cm라 하면

$15:r=3:1$, $3r=15$ $\quad\therefore r=5$

따라서 수면의 넓이는

$\pi\times5^2=25\pi(\text{cm}^2)$ 답 $25\pi\text{ cm}^2$

05 $\triangle ABD$와 $\triangle ACB$에서

$\angle A$는 공통

$\overline{AB}:\overline{AC}=6:9=2:3$

$\overline{AD}:\overline{AB}=4:6=2:3$

이므로 $\triangle ABD\backsim\triangle ACB$ (SAS 닮음)

따라서 $\overline{BD}:\overline{CB}=2:3$이므로

$\overline{BD}:8=2:3$, $3\overline{BD}=16$

$\therefore \overline{BD}=\frac{16}{3}(\text{cm})$ 답 ②

06 $\triangle ABC$와 $\triangle EBD$에서

$\angle B$는 공통, $\angle A=\angle DEB$

이므로 $\triangle ABC\backsim\triangle EBD$ (AA 닮음)

따라서 $\overline{AB}:\overline{EB}=\overline{BC}:\overline{BD}$이므로

$(\overline{AD}+6):5=(5+7):6$, $(\overline{AD}+6):5=2:1$

$\overline{AD}+6=10$ $\quad\therefore \overline{AD}=4(\text{cm})$ 답 4 cm

07 ④ $\overline{AD}^2=\overline{DB}\times\overline{DC}$ 답 ④

08 $\triangle ABC$가 정삼각형이므로

$\angle A=\angle B=\angle C=60^\circ$

$\overline{BD}=\overline{CD}=\frac{1}{2}\overline{BC}=\frac{1}{2}\times16=8(\text{cm})$

$\triangle ABD$와 $\triangle DCE$에서

$\angle ADB=\angle DEC=90^\circ$, $\angle B=\angle C$

이므로 $\triangle ABD\backsim\triangle DCE$ (AA 닮음)

따라서 $\overline{AB}:\overline{DC}=\overline{BD}:\overline{CE}$이므로

$16:8=8:\overline{CE}$, $2:1=8:\overline{CE}$

$2\overline{CE}=8$ $\quad\therefore \overline{CE}=4(\text{cm})$

$\therefore \overline{AE}=\overline{AC}-\overline{CE}$

$=16-4=12(\text{cm})$ 답 12 cm

09 $\triangle ABE$와 $\triangle FDA$에서

$\angle BAE=\angle F$ (엇각), $\angle B=\angle D$

이므로 $\triangle ABE\backsim\triangle FDA$ (AA 닮음)

따라서 $\overline{AB}:\overline{FD}=\overline{BE}:\overline{DA}$이고

$\overline{BE}=\frac{1}{2}\overline{BC}=\frac{1}{2}\overline{AD}=\frac{1}{2}\times6=3(\text{cm})$이므로

$4:\overline{FD}=3:6$, $4:\overline{DF}=1:2$

$\therefore \overline{DF}=8(\text{cm})$ 답 8 cm

다른 풀이 $\triangle ABE$와 $\triangle FCE$에서

$\angle ABE=\angle FCE$ (엇각)

$\angle AEB=\angle FEC$ (맞꼭지각)

$\overline{BE}=\overline{CE}$

이므로 $\triangle ABE\equiv\triangle FCE$ (ASA 합동)

따라서 $\overline{CF}=\overline{BA}=4(\text{cm})$이므로

$\overline{DF}=\overline{DC}+\overline{CF}$

$=4+4=8(\text{cm})$

10 $\triangle ABO$와 $\triangle CDO$에서

$\angle ABO = \angle CDO = 90^\circ$

$\angle AOB = \angle COD$ (맞꼭지각)

이므로 $\triangle ABO \backsim \triangle CDO$ (AA 닮음)

따라서 $\overline{BO} : \overline{DO} = \overline{AO} : \overline{CO}$에서

$4 : \overline{DO} = 3 : 4,\ 3\overline{DO} = 16 \quad \therefore \overline{DO} = \frac{16}{3}$

$\overline{AB} : \overline{CD} = \overline{AO} : \overline{CO}$에서

$6 : \overline{CD} = 3 : 4,\ 3\overline{CD} = 24 \quad \therefore \overline{CD} = 8$

따라서 점 C의 좌표는

$C\left(\frac{16}{3}, -8\right)$ 답 $C\left(\frac{16}{3}, -8\right)$

11 $\angle ADC = \angle DFE$이므로

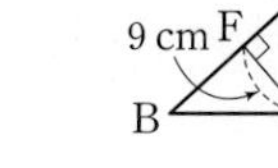

$\overline{DC} /\!/ \overline{FE}$

$\triangle CDE$와 $\triangle DEF$에서

$\angle DEC = \angle EFD = 90^\circ$

$\angle CDE = \angle DEF$ (엇각)

이므로 $\triangle CDE \backsim \triangle DEF$ (AA 닮음)

따라서 $\overline{CD} : \overline{DE} = \overline{DE} : \overline{EF}$이므로

$16 : \overline{DE} = \overline{DE} : 9 \quad \therefore \overline{DE}^2 = 144$

$\therefore \overline{DE} = 12(cm)\ (\because \overline{DE} > 0)$ 답 12 cm

12 $\overline{AD}^2 = \overline{DB} \times \overline{DC} = 8 \times 2 = 16$이므로

$\overline{AD} = 4(cm)\ (\because \overline{AD} > 0)$

점 M이 직각삼각형 ABC의 외심이므로

$\overline{AM} = \overline{BM} = \overline{CM} = \frac{1}{2}\overline{BC}$

$= \frac{1}{2} \times (8+2) = 5(cm)$

$\therefore \overline{MD} = \overline{BD} - \overline{BM} = 8 - 5 = 3(cm)$

$\triangle AMD$에서 $\overline{AM} \times \overline{DH} = \overline{AD} \times \overline{MD}$이므로

$5 \times \overline{DH} = 4 \times 3 \quad \therefore \overline{DH} = \frac{12}{5}(cm)$ 답 $\frac{12}{5}$ cm

13 $\triangle BDE$와 $\triangle CAD$에서

$\angle B = \angle C = 60^\circ$

$\angle BED = 180^\circ - (60^\circ + \angle EDB) = \angle CDA$

이므로 $\triangle BDE \backsim \triangle CAD$ (AA 닮음)

$\overline{BD} : \overline{CD} = 2 : 1$이므로 $\overline{CD} = x$ cm라 하면

$\overline{BD} = 2x(cm),\ \overline{AC} = \overline{BC} = 2x + x = 3x(cm)$

$\overline{BD} : \overline{CA} = \overline{BE} : \overline{CD}$이므로

$2x : 3x = \overline{BE} : x,\ 2 : 3 = \overline{BE} : x$

$3\overline{BE} = 2x \quad \therefore \overline{BE} = \frac{2}{3}x(cm)$

$\therefore \overline{AE} = \overline{AB} - \overline{BE} = 3x - \frac{2}{3}x = \frac{7}{3}x(cm)$

$\therefore \overline{AE} : \overline{BE} = \frac{7}{3}x : \frac{2}{3}x = 7 : 2$ 답 7 : 2

14 $\triangle ABC \backsim \triangle DCE$이므로

$\angle ACB = \angle DEC$

따라서 동위각의 크기가 같으므로

$\overline{AC} /\!/ \overline{DE}$

또, $\overline{AB} : \overline{DC} = \overline{BC} : \overline{CE}$이므로

$12 : \overline{DC} = 8 : 10,\ 12 : \overline{DC} = 4 : 5$

$4\overline{DC} = 60 \quad \therefore \overline{DC} = 15(cm)$

$\triangle ACF$와 $\triangle EDF$에서

$\angle CAF = \angle DEF$ (엇각)

$\angle ACF = \angle D$ (엇각)

이므로 $\triangle ACF \backsim \triangle EDF$ (AA 닮음)

$\therefore \overline{CF} : \overline{DF} = \overline{AC} : \overline{ED} = \overline{BC} : \overline{CE}$

$= 8 : 10 = 4 : 5$

$\therefore \overline{DF} = 15 \times \frac{5}{9} = \frac{25}{3}(cm)$ 답 $\frac{25}{3}$ cm

15 $\triangle ABF$와 $\triangle DFE$에서

$\angle A = \angle D = 90^\circ$

$\angle ABF = 180^\circ - (90^\circ + \angle AFB)$

$= \angle DFE$

이므로 $\triangle ABF \backsim \triangle DFE$ (AA 닮음)

따라서 $\overline{AB} : \overline{DF} = \overline{BF} : \overline{FE}$이므로 $\overline{DF} = x$ cm라 하면

$\overline{AB} : x = 10 : 5,\ \overline{AB} : x = 2 : 1$

$\therefore \overline{AB} = 2x(cm)$

이때 $\overline{DE} = \overline{DC} - \overline{EC} = \overline{AB} - \overline{EF} = 2x - 5(cm)$,

$\overline{AF} = \overline{AD} - \overline{FD} = \overline{BF} - \overline{FD} = 10 - x(cm)$이고

$\overline{AF} : \overline{DE} = 2 : 1$이므로 $(10 - x) : (2x - 5) = 2 : 1$

$2(2x - 5) = 10 - x,\ 5x = 20 \quad \therefore x = 4$

$\therefore \overline{DF} = 4(cm)$ 답 4 cm

16 □ABCD와 □EBFG의 닮음비는 3 : 5이다. … ❶

$\overline{BC} : \overline{BF} = 3 : 5$이므로

$15 : \overline{BF} = 3 : 5,\ 3\overline{BF} = 75$

$\therefore \overline{BF} = 25(cm)$ … ❷

$\therefore \overline{CF} = \overline{BF} - \overline{BC} = 25 - 15 = 10(cm)$ … ❸

답 10 cm

채점 기준	배점
❶ □ABCD와 □EBFG의 닮음비 구하기	30%
❷ $\overline{BF}$의 길이 구하기	40%
❸ $\overline{CF}$의 길이 구하기	30%

17 $\triangle AED$와 $\triangle ACD$에서

$\angle AED = \angle C = 90^\circ$, $\overline{AD}$는 공통, $\angle EAD = \angle CAD$

이므로 $\triangle AED \equiv \triangle ACD$ (RHA 합동)

$\therefore \overline{AE} = \overline{AC} = 12(cm)$ … ❶

$\triangle ABC$와 $\triangle DBE$에서

$\angle B$는 공통, $\angle C = \angle BED = 90^\circ$

이므로 $\triangle ABC \backsim \triangle DBE$ (AA 닮음) … ❷

따라서 $\overline{AB} : \overline{DB} = \overline{BC} : \overline{BE}$이므로

$(12+3) : 5 = (5+\overline{CD}) : 3$, $3 : 1 = (5+\overline{CD}) : 3$

$5+\overline{CD}=9 \quad \therefore \overline{CD}=4(\text{cm})$ … ❸

답 4 cm

채점 기준	배점
❶ $\overline{AE}$의 길이 구하기	40%
❷ $\triangle ABC \backsim \triangle DBE$임을 설명하기	30%
❸ $\overline{CD}$의 길이 구하기	30%

18 $\triangle ABD$에서 $\overline{AD}^2 = \overline{DH} \times \overline{DB}$이므로

$10^2 = 8 \times \overline{BD} \quad \therefore \overline{BD} = \frac{25}{2}(\text{cm})$ … ❶

$\therefore \overline{BH} = \overline{BD} - \overline{DH} = \frac{25}{2} - 8 = \frac{9}{2}(\text{cm})$ … ❷

또, $\overline{AH}^2 = \overline{HB} \times \overline{HD} = \frac{9}{2} \times 8 = 36$이므로

$\overline{AH} = 6(\text{cm})$ ($\because \overline{AH} > 0$) … ❸

답 6 cm

채점 기준	배점
❶ $\overline{BD}$의 길이 구하기	40%
❷ $\overline{BH}$의 길이 구하기	20%
❸ $\overline{AH}$의 길이 구하기	40%

19 $\triangle ABC$와 $\triangle EBD$에서

$\angle B$는 공통, $\angle A = \angle BED = 90^\circ$

이므로 $\triangle ABC \backsim \triangle EBD$ (AA 닮음) … ❶

따라서 $\overline{AB} : \overline{EB} = \overline{BC} : \overline{BD}$이고

$\overline{BD} = \frac{1}{2}\overline{AB} = \frac{1}{2} \times 6 = 3(\text{cm})$이므로

$6 : \overline{EB} = 8 : 3$, $8\overline{EB} = 18$

$\therefore \overline{EB} = \frac{9}{4}(\text{cm})$ … ❷

$\therefore \overline{CF} = \overline{BC} - \overline{BF} = \overline{BC} - 2\overline{EB}$

$= 8 - 2 \times \frac{9}{4} = \frac{7}{2}(\text{cm})$ … ❸

답 $\frac{7}{2}$ cm

채점 기준	배점
❶ $\triangle ABC \backsim \triangle EBD$임을 설명하기	40%
❷ $\overline{EB}$의 길이 구하기	40%
❸ $\overline{CF}$의 길이 구하기	20%

20 $\triangle BFE$와 $\triangle CDE$에서

$\angle FBE = \angle DCE$ (엇각)

$\angle F = \angle CDE$ (엇각)

이므로 $\triangle BFE \backsim \triangle CDE$ (AA 닮음)

$\therefore \overline{BE} : \overline{CE} = \overline{BF} : \overline{CD}$

$= (20-12) : 12 = 2 : 3$ … ❶

$\triangle ABE$와 $\triangle GCE$에서

$\angle BAE = \angle G$ (엇각)

$\angle ABE = \angle GCE$ (엇각)

이므로 $\triangle ABE \backsim \triangle GCE$ (AA 닮음) … ❷

따라서 $\overline{BA} : \overline{CG} = \overline{BE} : \overline{CE}$이므로

$12 : \overline{CG} = 2 : 3$, $2\overline{CG} = 36$

$\therefore \overline{CG} = 18(\text{cm})$ … ❸

답 18 cm

채점 기준	배점
❶ $\overline{BE} : \overline{CE}$를 가장 간단한 자연수의 비로 나타내기	40%
❷ $\triangle ABE \backsim \triangle GCE$임을 설명하기	30%
❸ $\overline{CG}$의 길이 구하기	30%

21 $\triangle ABM$과 $\triangle BCN$에서

$\overline{AB} = \overline{BC}$

$\angle ABM = \angle BCN$

$\overline{BM} = \overline{CN}$

이므로 $\triangle ABM \equiv \triangle BCN$ (SAS 합동)

$\therefore \angle BAM = \angle CBN$

$\triangle BMP$에서

$\angle BPM = 180^\circ - (\angle MBP + \angle BMP)$

$= 180^\circ - (\angle BAM + \angle BMP)$

$= 180^\circ - 90^\circ = 90^\circ$

$\triangle ABP$와 $\triangle BMP$에서

$\angle APB = \angle BPM = 90^\circ$

$\angle BAP = \angle MBP$

이므로 $\triangle ABP \backsim \triangle BMP$ (AA 닮음)

따라서 $\overline{AB} : \overline{BM} = \overline{AP} : \overline{BP}$이고

$\overline{AB} : \overline{BM} = \overline{AB} : \frac{1}{2}\overline{BC} = \overline{AB} : \frac{1}{2}\overline{AB} = 2 : 1$이므로

$2 : 1 = 16 : \overline{BP}$, $2\overline{BP} = 16$

$\therefore \overline{BP} = 8(\text{cm})$ … ❶

직각삼각형 ABM에서 $\overline{BP}^2 = \overline{PA} \times \overline{PM}$이므로

$8^2 = 16 \times \overline{PM} \quad \therefore \overline{PM} = 4(\text{cm})$

$\therefore \overline{AM} = 16 + 4 = 20(\text{cm})$ … ❷

이때 $\overline{BN} = \overline{AM} = 20(\text{cm})$이므로

$\overline{PN} = \overline{BN} - \overline{BP} = 20 - 8 = 12(\text{cm})$ … ❸

답 12 cm

채점 기준	배점
❶ $\overline{BP}$의 길이 구하기	50%
❷ $\overline{AM}$의 길이 구하기	30%
❸ $\overline{PN}$의 길이 구하기	20%

06 평행선 사이의 선분의 길이의 비

Real 실전 개념 79, 81쪽

01 답 $\angle$FEC, AA, $\overline{EC}$, $\overline{DB}$

02 $\overline{AB} : \overline{AD} = \overline{AC} : \overline{AE}$이므로
$12 : 9 = 8 : x$, $4 : 3 = 8 : x$
$4x = 24$ $\therefore x = 6$ 답 6

03 $\overline{AD} : \overline{DB} = \overline{AE} : \overline{EC}$이므로
$6 : 3 = 4 : x$, $2 : 1 = 4 : x$
$2x = 4$ $\therefore x = 2$ 답 2

04 $\overline{AB} : \overline{AD} = \overline{BC} : \overline{DE}$이므로
$12 : (12+3) = 8 : x$, $4 : 5 = 8 : x$
$4x = 40$ $\therefore x = 10$ 답 10

05 $\overline{AB} : \overline{AD} = \overline{AC} : \overline{AE}$이므로
$8 : (12-8) = x : 2$, $2 : 1 = x : 2$
$\therefore x = 4$ 답 4

06 $10 : 6 \neq (5+4) : 5$, 즉 $\overline{AB} : \overline{AD} \neq \overline{AC} : \overline{AE}$이므로
$\overline{BC}$와 $\overline{DE}$는 평행하지 않다. 답 ×

07 $9 : 6 = 6 : 4$, 즉 $\overline{AD} : \overline{DB} = \overline{AE} : \overline{EC}$이므로
$\overline{BC} /\!/ \overline{DE}$ 답 ○

08 $9 : 6 = 15 : 10$, 즉 $\overline{AB} : \overline{AD} = \overline{AC} : \overline{AE}$이므로
$\overline{BC} /\!/ \overline{DE}$ 답 ○

09 $(18-6) : 6 \neq 12 : 4$, 즉 $\overline{AB} : \overline{AD} \neq \overline{AC} : \overline{AE}$이므로
$\overline{BC}$와 $\overline{DE}$는 평행하지 않다. 답 ×

10 $\overline{AB} : \overline{AC} = \overline{BD} : \overline{CD}$이므로
$8 : 6 = 4 : x$, $4 : 3 = 4 : x$ $\therefore x = 3$ 답 3

11 $\overline{AB} : \overline{AC} = \overline{BD} : \overline{CD}$이므로
$10 : x = 5 : 6$, $5x = 60$ $\therefore x = 12$ 답 12

12 $\overline{AB} : \overline{AC} = \overline{BD} : \overline{CD}$이므로
$5 : 3 = 10 : x$, $5x = 30$ $\therefore x = 6$ 답 6

13 $\overline{AB} : \overline{AC} = \overline{BD} : \overline{CD}$이므로
$7 : x = (6+8) : 8$, $7 : x = 7 : 4$ $\therefore x = 4$ 답 4

14 $7 : x = 6 : 12$이므로 $7 : x = 1 : 2$
$\therefore x = 14$ 답 14

15 $6 : (15-6) = 8 : x$이므로 $2 : 3 = 8 : x$
$2x = 24$ $\therefore x = 12$ 답 12

16 $x : 12 = 6 : 9$이므로 $x : 12 = 2 : 3$
$3x = 24$ $\therefore x = 8$ 답 8

17 $12 : (32-12) = x : 25$이므로 $3 : 5 = x : 25$
$5x = 75$ $\therefore x = 15$ 답 15

18 □AGFD는 평행사변형이므로
$\overline{GF} = \overline{AD} = 5$(cm) 답 5 cm

19 □AHCD는 평행사변형이므로
$\overline{HC} = \overline{AD} = 5$(cm)
$\therefore \overline{BH} = \overline{BC} - \overline{HC} = 8 - 5 = 3$(cm)
△ABH에서 $\overline{AE} : \overline{AB} = \overline{EG} : \overline{BH}$이므로
$4 : (4+2) = \overline{EG} : 3$, $2 : 3 = \overline{EG} : 3$
$\therefore \overline{EG} = 2$(cm) 답 2 cm

20 $\overline{EF} = \overline{EG} + \overline{GF} = 2 + 5 = 7$(cm) 답 7 cm

21 △ABC에서 $\overline{AE} : \overline{AB} = \overline{EG} : \overline{BC}$이므로
$9 : (9+6) = \overline{EG} : 15$ $\therefore \overline{EG} = 9$(cm) 답 9 cm

22 △ACD에서 $\overline{CF} : \overline{CD} = \overline{GF} : \overline{AD}$이므로
$6 : (6+9) = \overline{GF} : 10$, $2 : 5 = \overline{GF} : 10$
$5\overline{GF} = 20$ $\therefore \overline{GF} = 4$(cm) 답 4 cm

23 $\overline{EF} = \overline{EG} + \overline{GF} = 9 + 4 = 13$(cm) 답 13 cm

24 $\overline{BE} : \overline{DE} = \overline{AB} : \overline{CD} = 6 : 8 = 3 : 4$ 답 3 : 4

25 $\overline{BF} : \overline{BC} = \overline{BE} : \overline{BD} = 3 : (3+4) = 3 : 7$ 답 3 : 7

26 $\overline{EF} : \overline{DC} = \overline{BF} : \overline{BC}$이므로
$\overline{EF} : 8 = 3 : 7$, $7\overline{EF} = 24$
$\therefore \overline{EF} = \frac{24}{7}$(cm) 답 $\frac{24}{7}$ cm

27 $\overline{AM} = \overline{MB}$, $\overline{AN} = \overline{NC}$이므로
$\overline{MN} = \frac{1}{2}\overline{BC} = \frac{1}{2} \times 8 = 4$(cm) $\therefore x = 4$ 답 4

28 $\overline{AM} = \overline{MB}$, $\overline{AN} = \overline{NC}$이므로 $\overline{MN} = \frac{1}{2}\overline{BC}$
따라서 $\overline{BC} = 2\overline{MN} = 2 \times 7 = 14$(cm)이므로
$x = 14$ 답 14

29 $\overline{AM}=\overline{MB}$, $\overline{MN}/\!/\overline{BC}$이므로
$\overline{NC}=\overline{AN}=5(cm)$ $\therefore x=5$ 답 5

30 $\overline{AM}=\overline{MB}$, $\overline{MN}/\!/\overline{BC}$이므로 $\overline{AN}=\overline{NC}$
따라서 $\overline{AC}=2\overline{AN}=2\times6=12(cm)$이므로
$x=12$ 답 12

31 $\overline{CE}=\overline{EB}$, $\overline{CF}=\overline{FA}$이므로
$\overline{EF}=\frac{1}{2}\overline{AB}=\frac{1}{2}\times10=5(cm)$ 답 5 cm

32 $\overline{DE}=\frac{1}{2}\overline{AC}$, $\overline{EF}=\frac{1}{2}\overline{AB}$, $\overline{FD}=\frac{1}{2}\overline{BC}$
이므로 △DEF의 둘레의 길이는
$\overline{DE}+\overline{EF}+\overline{FD}$
$=\frac{1}{2}\overline{AC}+\frac{1}{2}\overline{AB}+\frac{1}{2}\overline{BC}$
$=\frac{1}{2}(\overline{AB}+\overline{BC}+\overline{AC})$
$=\frac{1}{2}\times(10+9+7)=13(cm)$ 답 13 cm

33 △ABC에서 $\overline{AM}=\overline{MB}$, $\overline{MQ}/\!/\overline{BC}$이므로
$\overline{MQ}=\frac{1}{2}\overline{BC}=\frac{1}{2}\times14=7(cm)$ 답 7 cm

34 △ABD에서 $\overline{AM}=\overline{MB}$, $\overline{MP}/\!/\overline{AD}$이므로
$\overline{MP}=\frac{1}{2}\overline{AD}=\frac{1}{2}\times8=4(cm)$ 답 4 cm

35 $\overline{PQ}=\overline{MQ}-\overline{MP}=7-4=3(cm)$ 답 3 cm

Real 실전 유형 82~89쪽

01 $\overline{AD}:\overline{DB}=\overline{AE}:\overline{EC}$이므로
$x:6=6:4$, $x:6=3:2$
$2x=18$ $\therefore x=9$
$\overline{AE}:\overline{AC}=\overline{DE}:\overline{BC}$이므로
$6:(6+4)=y:10$ $\therefore y=6$
$\therefore x-y=9-6=3$ 답 ①

02 $\overline{CD}:\overline{CA}=\overline{DE}:\overline{AB}$이므로
$6:(6+2)=3:\overline{AB}$, $3:4=3:\overline{AB}$
$\therefore \overline{AB}=4(cm)$ 답 4 cm

03 △AFD에서 $\overline{FC}:\overline{FD}=\overline{EC}:\overline{AD}$이므로
$3:(3+9)=\overline{EC}:16$, $1:4=\overline{EC}:16$
$4\overline{EC}=16$ $\therefore \overline{EC}=4(cm)$
$\therefore \overline{BE}=\overline{BC}-\overline{EC}=16-4=12(cm)$ 답 12 cm

다른 풀이 $\overline{AB}/\!/\overline{CF}$이므로
$\overline{BE}:\overline{CE}=\overline{AB}:\overline{FC}=9:3=3:1$
$\therefore \overline{BE}=16\times\frac{3}{3+1}=12(cm)$

보충 TIP 평행사변형의 뜻
평행사변형은 두 쌍의 대변이 각각 평행한 사각형이다.
➡ □ABCD에서
$\overline{AB}/\!/\overline{DC}$, $\overline{AD}/\!/\overline{BC}$

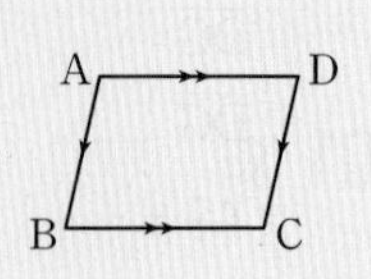

04 $\overline{BD}:\overline{DA}=\overline{BE}:\overline{EC}$이므로
$(18-6):6=\overline{BE}:7$, $2:1=\overline{BE}:7$
$\therefore \overline{BE}=14(cm)$
$\overline{BD}:\overline{BA}=\overline{DE}:\overline{AC}$이므로
$(18-6):18=8:\overline{AC}$, $2:3=8:\overline{AC}$
$2\overline{AC}=24$ $\therefore \overline{AC}=12(cm)$
$\therefore$ (△ABC의 둘레의 길이)$=18+(14+7)+12$
$=51(cm)$ 답 51 cm

05 $\overline{AC}:\overline{AE}=\overline{BC}:\overline{DE}$이므로
$6:3=10:x$, $2:1=10:x$
$2x=10$ $\therefore x=5$
$\overline{AB}:\overline{AD}=\overline{AC}:\overline{AE}$이므로
$y:4=6:3$, $y:4=2:1$ $\therefore y=8$
$\therefore x+y=5+8=13$ 답 13

06 $\overline{AB}:\overline{DE}=\overline{CA}:\overline{CD}$이므로
$8:12=6:\overline{CD}$, $2:3=6:\overline{CD}$
$2\overline{CD}=18$ $\therefore \overline{CD}=9(cm)$
$\therefore x=6+9=15$ 답 15

07 $\overline{AB}:\overline{AD}=\overline{BC}:\overline{DE}$이므로
$x:4=(6+9):6$, $x:4=5:2$
$2x=20$ $\therefore x=10$
$\overline{AB}:\overline{FG}=\overline{CB}:\overline{CG}$이므로
$10:y=(6+9):9$, $10:y=5:3$
$5y=30$ $\therefore y=6$
$\therefore x-y=10-6=4$ 답 ③

08 $\overline{AE}=\frac{1}{2}\overline{AC}$이므로 $\overline{AE}:\overline{AC}=1:2$
$\overline{AE}:\overline{AC}=\overline{DE}:\overline{BC}$이므로
$1:2=4:\overline{BC}$ $\therefore \overline{BC}=8(cm)$ … ❶
또, □ECFD는 평행사변형이므로
$\overline{CF}=\overline{ED}=4(cm)$ … ❷
$\therefore \overline{BF}=\overline{BC}+\overline{CF}=8+4=12(cm)$ … ❸
답 12 cm

채점 기준	배점
❶ $\overline{BC}$의 길이 구하기	40%
❷ $\overline{CF}$의 길이 구하기	40%
❸ $\overline{BF}$의 길이 구하기	20%

09 $\overline{DG}=x$ cm라 하면 $\overline{GE}=(5-x)$ cm

$\overline{DG}:\overline{BF}=\overline{GE}:\overline{FC}$이므로

$x:4=(5-x):6$, $6x=4(5-x)$

$6x=20-4x$, $10x=20$ $\quad\therefore x=2$

$\therefore \overline{DG}=2$(cm)

답 2 cm

10 $\overline{EF}:\overline{CG}=\overline{FD}:\overline{GA}$이므로

$6:8=3:x$, $3:4=3:x$ $\quad\therefore x=4$

$\overline{BE}:\overline{BC}=\overline{EF}:\overline{CG}$이므로

$9:(9+y)=6:8$, $9:(9+y)=3:4$

$3(9+y)=36$, $9+y=12$ $\quad\therefore y=3$

$\therefore x+y=4+3=7$

답 ⑤

11 $\overline{AE}:\overline{EC}=\overline{AD}:\overline{DB}=\overline{AF}:\overline{FE}=3:1$이므로

$9:\overline{EC}=3:1$, $3\overline{EC}=9$ $\quad\therefore \overline{EC}=3$(cm)

답 3 cm

12 $\overline{BE}:\overline{EF}=\overline{BD}:\overline{DA}=\overline{BF}:\overline{FC}=12:6=2:1$

$\overline{BE}=x$ cm라 하면 $\overline{EF}=(12-x)$ cm이므로

$x:(12-x)=2:1$, $x=2(12-x)$

$x=24-2x$, $3x=24$ $\quad\therefore x=8$

$\therefore \overline{BE}=8$(cm)

답 8 cm

13 ① $4:3\neq3:2$, 즉 $\overline{AD}:\overline{DB}\neq\overline{AE}:\overline{EC}$이므로 $\overline{BC}$와 $\overline{DE}$는 평행하지 않다.

② $5:3\neq6:4$, 즉 $\overline{AB}:\overline{AD}\neq\overline{AC}:\overline{AE}$이므로 $\overline{BC}$와 $\overline{DE}$는 평행하지 않다.

③ $8:4\neq(3+4):4$, 즉 $\overline{AB}:\overline{DB}\neq\overline{AC}:\overline{EC}$이므로 $\overline{BC}$와 $\overline{DE}$는 평행하지 않다.

④ $7:4\neq6:3$, 즉 $\overline{AB}:\overline{AD}\neq\overline{AC}:\overline{AE}$이므로 $\overline{BC}$와 $\overline{DE}$는 평행하지 않다.

⑤ $4:(10-4)=6:9$, 즉 $\overline{AB}:\overline{AD}=\overline{AC}:\overline{AE}$이므로 $\overline{BC}\,/\!/\,\overline{DE}$

답 ⑤

14 $15:10=18:12$, 즉 $\overline{BP}:\overline{PA}=\overline{BQ}:\overline{QC}$이므로

$\overline{PQ}\,/\!/\,\overline{AC}$ ··· ❶

$12:8\neq12:18$, 즉 $\overline{CR}:\overline{RA}\neq\overline{CQ}:\overline{QB}$이므로 $\overline{QR}$와 $\overline{AB}$는 평행하지 않다. ··· ❷

$10:15=8:12$, 즉 $\overline{AP}:\overline{PB}=\overline{AR}:\overline{RC}$이므로

$\overline{PR}\,/\!/\,\overline{BC}$ ··· ❸

따라서 △ABC의 어느 한 변에 평행하지 않은 것은 $\overline{QR}$이다. ··· ❹

답 $\overline{QR}$

채점 기준	배점
❶ $\overline{PQ}\,/\!/\,\overline{AC}$인지 확인하기	30%
❷ $\overline{QR}\,/\!/\,\overline{AB}$인지 확인하기	30%
❸ $\overline{PR}\,/\!/\,\overline{BC}$인지 확인하기	30%
❹ △ABC의 어느 한 변에 평행하지 않은 선분 찾기	10%

15 $\overline{BD}=x$ cm라 하면 $\overline{CD}=(9-x)$ cm

$\overline{AD}$가 ∠A의 이등분선이므로 $\overline{AB}:\overline{AC}=\overline{BD}:\overline{CD}$에서

$4:8=x:(9-x)$, $1:2=x:(9-x)$

$2x=9-x$, $3x=9$ $\quad\therefore x=3$

$\therefore \overline{BD}=3$(cm)

답 3 cm

16 $\overline{AD}$가 ∠A의 이등분선이므로 $\overline{AB}:\overline{AC}=\overline{BD}:\overline{CD}$에서

$6:10=(2x-1):(3x-1)$, $3:5=(2x-1):(3x-1)$

$3(3x-1)=5(2x-1)$, $9x-3=10x-5$

$\therefore x=2$

답 2

17 $\overline{AD}\,/\!/\,\overline{CE}$이므로

∠BAD=∠E (동위각), ∠CAD=∠ACE (엇각)

이때 ∠BAD=∠CAD이므로

∠E=∠ACE

따라서 △ACE는 이등변삼각형이므로

$\overline{AC}=\overline{AE}=6$ cm $\quad\therefore y=6$

$\overline{AD}$가 ∠A의 이등분선이므로 $\overline{AB}:\overline{AC}=\overline{BD}:\overline{CD}$에서

$9:6=6:x$, $3:2=6:x$

$3x=12$ $\quad\therefore x=4$

$\therefore x+y=4+6=10$

답 10

다른 풀이 △BCE에서 $\overline{BA}:\overline{AE}=\overline{BD}:\overline{DC}$이므로

$9:6=6:x$, $3:2=6:x$

$3x=12$ $\quad\therefore x=4$

$\overline{AD}$가 ∠A의 이등분선이므로 $\overline{AB}:\overline{AC}=\overline{BD}:\overline{CD}$에서

$9:y=6:4$, $9:y=3:2$

$3y=18$ $\quad\therefore y=6$

$\therefore x+y=4+6=10$

18 $\overline{AD}$가 ∠A의 이등분선이므로

$\overline{BD}:\overline{CD}=\overline{AB}:\overline{AC}=5:4$ ··· ❶

따라서 △ABD : △ACD $=\overline{BD}:\overline{CD}=5:4$이므로

$\triangle ABD=\triangle ABC\times\frac{5}{5+4}$

$=18\times\frac{5}{9}=10(\text{cm}^2)$ ··· ❷

답 10 cm²

채점 기준	배점
❶ $\overline{BD}:\overline{CD}$를 가장 간단한 자연수의 비로 나타내기	50%
❷ △ABD의 넓이 구하기	50%

19 $\overline{AD}$가 $\angle A$의 외각의 이등분선이므로
$\overline{AB} : \overline{AC} = \overline{BD} : \overline{CD}$에서
$6 : 5 = 12 : \overline{CD}$, $6\overline{CD} = 60$　　$\therefore \overline{CD} = 10(\text{cm})$
$\therefore \overline{BC} = \overline{BD} - \overline{CD} = 12 - 10 = 2(\text{cm})$
답 2 cm

20 $\overline{AD}$가 $\angle A$의 외각의 이등분선이므로
$\overline{AC} : \overline{AB} = \overline{CD} : \overline{BD}$에서
$10 : \overline{AB} = (6+9) : 9$, $10 : \overline{AB} = 5 : 3$
$5\overline{AB} = 30$　　$\therefore \overline{AB} = 6(\text{cm})$
답 6 cm

21 $\overline{AD}$가 $\angle A$의 외각의 이등분선이므로
$\overline{BD} : \overline{CD} = \overline{AB} : \overline{AC} = 18 : 12 = 3 : 2$
$\therefore \overline{BC} : \overline{CD} = (3-2) : 2 = 1 : 2$
$\therefore \triangle ABC : \triangle ACD = \overline{BC} : \overline{CD} = 1 : 2$
답 ①

22 $\overline{AD}$가 $\angle A$의 이등분선이므로 $\overline{AB} : \overline{AC} = \overline{BD} : \overline{CD}$에서
$15 : 9 = 5 : \overline{CD}$, $5 : 3 = 5 : \overline{CD}$　　$\therefore \overline{CD} = 3(\text{cm})$
$\overline{CE} = x$ cm라 하면 $\overline{AE}$가 $\angle A$의 외각의 이등분선이므로
$\overline{AB} : \overline{AC} = \overline{BE} : \overline{CE}$에서
$15 : 9 = (5+3+x) : x$, $5 : 3 = (8+x) : x$
$5x = 3(8+x)$, $5x = 24 + 3x$
$2x = 24$　　$\therefore x = 12$
$\therefore \overline{CE} = 12(\text{cm})$
답 12 cm

23 $x : 6 = 10 : 5$이므로 $x : 6 = 2 : 1$
$\therefore x = 12$
$10 : 5 = 14 : y$이므로 $2 : 1 = 14 : y$
$2y = 14$　　$\therefore y = 7$
$\therefore x - y = 12 - 7 = 5$
답 ②

24 $12 : 9 = (9+7) : x$이므로 $4 : 3 = 16 : x$
$4x = 48$　　$\therefore x = 12$
답 ③

보충 TIP $l /\!/ m /\!/ n$이면
$a : (b+c) = d : (e+f)$
$(a+b) : c = (d+e) : f$

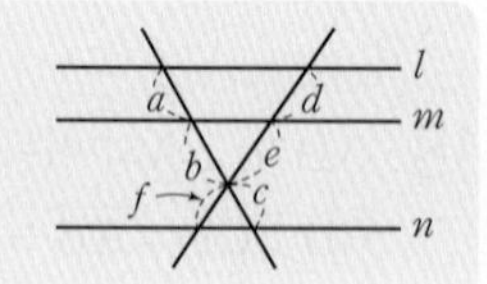

25 $3 : x = 4 : 5$이므로 $4x = 15$
$\therefore x = \frac{15}{4}$
$\frac{15}{4} : 6 = 5 : y$이므로 $5 : 8 = 5 : y$
$\therefore y = 8$
$\therefore xy = \frac{15}{4} \times 8 = 30$
답 30

26 오른쪽 그림과 같이 점 A를 지나고 $\overline{DC}$에 평행한 직선을 그어 $\overline{EF}$, $\overline{BC}$와 만나는 점을 각각 G, H라 하면
$\overline{GF} = \overline{HC} = \overline{AD} = 10$ cm
$\triangle ABH$에서 $\overline{AE} : \overline{AB} = \overline{EG} : \overline{BH}$이므로
$6 : (6+9) = \overline{EG} : (20-10)$, $2 : 5 = \overline{EG} : 10$
$5\overline{EG} = 20$　　$\therefore \overline{EG} = 4(\text{cm})$
$\therefore \overline{EF} = \overline{EG} + \overline{GF} = 4 + 10 = 14(\text{cm})$
답 ④

다른 풀이 오른쪽 그림과 같이 $\overline{AC}$를 그으면 $\triangle ABC$에서
$\overline{AE} : \overline{AB} = \overline{EG} : \overline{BC}$이므로
$6 : (6+9) = \overline{EG} : 20$
$2 : 5 = \overline{EG} : 20$
$5\overline{EG} = 40$　　$\therefore \overline{EG} = 8(\text{cm})$
$\triangle ACD$에서 $\overline{CF} : \overline{CD} = \overline{GF} : \overline{AD}$이므로
$9 : (9+6) = \overline{GF} : 10$, $3 : 5 = \overline{GF} : 10$
$5\overline{GF} = 30$　　$\therefore \overline{GF} = 6(\text{cm})$
$\therefore \overline{EF} = \overline{EG} + \overline{GF} = 8 + 6 = 14(\text{cm})$

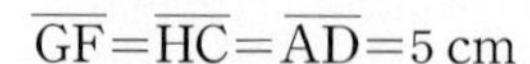

27 $\triangle ABD$에서 $\overline{BE} : \overline{BA} = \overline{EG} : \overline{AD}$이므로
$2 : (2+3) = 4 : x$, $2x = 20$　　$\therefore x = 10$
$\overline{AE} : \overline{EB} = \overline{DF} : \overline{FC}$이므로
$3 : 2 = 6 : y$, $3y = 12$　　$\therefore y = 4$
$\therefore x - y = 10 - 4 = 6$
답 6

28 $\overline{AE} : \overline{EB} = \overline{DF} : \overline{FC}$이므로
$8 : y = 6 : 3$, $8 : y = 2 : 1$
$2y = 8$　　$\therefore y = 4$　…❶
오른쪽 그림과 같이 점 A를 지나고 $\overline{DC}$에 평행한 직선을 그어 $\overline{EF}$, $\overline{BC}$와 만나는 점을 각각 G, H라 하면
$\overline{GF} = \overline{HC} = \overline{AD} = 5$ cm
$\triangle ABH$에서 $\overline{AE} : \overline{AB} = \overline{EG} : \overline{BH}$이므로
$8 : (8+4) = \overline{EG} : (14-5)$, $2 : 3 = \overline{EG} : 9$
$3\overline{EG} = 18$　　$\therefore \overline{EG} = 6(\text{cm})$
이때 $\overline{EF} = \overline{EG} + \overline{GF} = 6 + 5 = 11(\text{cm})$이므로
$x = 11$　…❷
$\therefore x + y = 11 + 4 = 15$　…❸
답 15

채점 기준	배점
❶ y의 값 구하기	40%
❷ x의 값 구하기	50%
❸ $x+y$의 값 구하기	10%

29 $\overline{AE}=2\overline{EB}$이므로 $\overline{AE}:\overline{EB}=2:1$

$\triangle ABC$에서 $\overline{AE}:\overline{AB}=\overline{EQ}:\overline{BC}$이므로

$2:(2+1)=\overline{EQ}:21$, $3\overline{EQ}=42$ $\therefore \overline{EQ}=14(\text{cm})$

$\triangle ABD$에서 $\overline{BE}:\overline{BA}=\overline{EP}:\overline{AD}$이므로

$1:(1+2)=\overline{EP}:15$, $3\overline{EP}=15$ $\therefore \overline{EP}=5(\text{cm})$

$\therefore \overline{PQ}=\overline{EQ}-\overline{EP}=14-5=9(\text{cm})$ 답 9 cm

30 $\triangle ABC$에서 $\overline{AE}:\overline{AB}=\overline{EQ}:\overline{BC}$이므로

$6:(6+4)=\overline{EQ}:20$, $3:5=\overline{EQ}:20$

$5\overline{EQ}=60$ $\therefore \overline{EQ}=12(\text{cm})$

$\triangle ABD$에서 $\overline{BE}:\overline{BA}=\overline{EP}:\overline{AD}$이므로

$4:(4+6)=\overline{EP}:10$, $2:5=\overline{EP}:10$

$5\overline{EP}=20$ $\therefore \overline{EP}=4(\text{cm})$

$\therefore \overline{PQ}=\overline{EQ}-\overline{EP}=12-4=8(\text{cm})$ 답 8 cm

31 $\triangle AOD \backsim \triangle COB$ (AA 닮음)이므로

$\overline{OA}:\overline{OC}=\overline{AD}:\overline{CB}=10:15=2:3$

$\triangle ABC$에서 $\overline{EO}:\overline{BC}=\overline{AO}:\overline{AC}$이므로

$\overline{EO}:15=2:(2+3)$, $5\overline{EO}=30$ $\therefore \overline{EO}=6(\text{cm})$

$\triangle CDA$에서 $\overline{OF}:\overline{AD}=\overline{CO}:\overline{CA}$이므로

$\overline{OF}:10=3:(3+2)$, $5\overline{OF}=30$ $\therefore \overline{OF}=6(\text{cm})$

$\therefore \overline{EF}=\overline{EO}+\overline{OF}=6+6=12(\text{cm})$ 답 12 cm

32 $\overline{BF}:\overline{CF}=\overline{BE}:\overline{DE}=\overline{AB}:\overline{CD}$

$=3:6=1:2$

$\therefore \overline{BF}=\overline{BC}\times\frac{1}{1+2}=6\times\frac{1}{3}=2(\text{cm})$ 답 2 cm

33 $\overline{BF}:\overline{CF}=\overline{BE}:\overline{DE}=\overline{AB}:\overline{CD}$

$=10:15=2:3$

$\triangle BCD$에서 $\overline{BF}:\overline{BC}=\overline{EF}:\overline{DC}$이므로

$2:(2+3)=\overline{EF}:15$, $5\overline{EF}=30$

$\therefore \overline{EF}=6(\text{cm})$ 답 ②

34 오른쪽 그림과 같이 점 E에서 $\overline{BC}$에 내린 수선의 발을 H라 하면

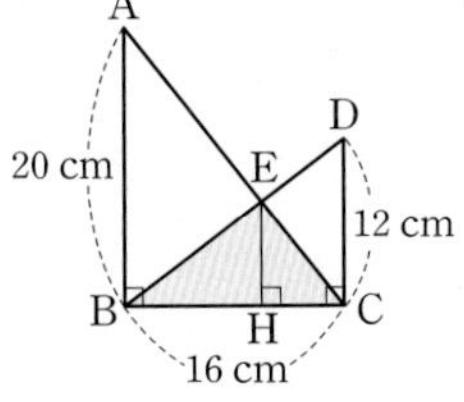

$\overline{BH}:\overline{CH}=\overline{BE}:\overline{DE}$

$=\overline{AB}:\overline{CD}$

$=20:12=5:3$ ⋯ ❶

$\triangle BCD$에서 $\overline{BH}:\overline{BC}=\overline{EH}:\overline{DC}$이므로

$5:(5+3)=\overline{EH}:12$, $8\overline{EH}=60$

$\therefore \overline{EH}=\frac{15}{2}(\text{cm})$ ⋯ ❷

$\therefore \triangle EBC=\frac{1}{2}\times16\times\frac{15}{2}=60(\text{cm}^2)$ ⋯ ❸

답 60 cm²

채점 기준	배점
❶ 점 E에서 $\overline{BC}$에 내린 수선의 발을 H라 할 때, $\overline{BH}:\overline{CH}$ 구하기	40%
❷ $\overline{EH}$의 길이 구하기	40%
❸ $\triangle EBC$의 넓이 구하기	20%

35 $\triangle ABC$에서 $\overline{AM}=\overline{MB}$, $\overline{AN}=\overline{NC}$이므로

$\overline{BC} /\!/ \overline{MN}$

$\angle AMN=\angle B=50^\circ$ (동위각)이므로 $\triangle AMN$에서

$\angle ANM=180^\circ-(60^\circ+50^\circ)=70^\circ$

$\therefore y=70$

또, $\overline{MN}=\frac{1}{2}\overline{BC}=\frac{1}{2}\times16=8(\text{cm})$이므로

$x=8$ 답 $x=8$, $y=70$

36 $\triangle ABC$에서 $\overline{AM}=\overline{MB}$, $\overline{AN}=\overline{NC}$이므로

$\overline{MN}=\frac{1}{2}\overline{BC}$

따라서 $\triangle AMN$의 둘레의 길이는

$\overline{AM}+\overline{MN}+\overline{NA}=\frac{1}{2}(\overline{AB}+\overline{BC}+\overline{CA})$

$=\frac{1}{2}\times(8+5+7)$

$=10(\text{cm})$ 답 ①

37 $\triangle DBC$에서 $\overline{DP}=\overline{PB}$, $\overline{DQ}=\overline{QC}$이므로

$\overline{PQ}=\frac{1}{2}\overline{BC}$

$\therefore \overline{BC}=2\overline{PQ}=2\times9=18(\text{cm})$

$\triangle ABC$에서 $\overline{AM}=\overline{MB}$, $\overline{AN}=\overline{NC}$이므로

$\overline{MN}=\frac{1}{2}\overline{BC}=\frac{1}{2}\times18=9(\text{cm})$ 답 ④

38 $\triangle ABC$에서 $\overline{AM}=\overline{MB}$, $\overline{MN} /\!/ \overline{BC}$이므로

$\overline{AN}=\overline{NC}=\frac{1}{2}\overline{AC}=\frac{1}{2}\times14=7(\text{cm})$

$\therefore y=7$

또, $\overline{MN}=\frac{1}{2}\overline{BC}$이므로

$\overline{BC}=2\overline{MN}=2\times6=12(\text{cm})$

$\therefore x=12$

$\therefore x-y=12-7=5$ 답 ②

39 $\triangle ABC$에서 $\overline{AD}=\overline{DB}$, $\overline{DE} /\!/ \overline{BC}$이므로

$\overline{AE}=\overline{EC}$

따라서 $\overline{DE}=\frac{1}{2}\overline{BC}$이므로

$\overline{BC}=2\overline{DE}=2\times13=26(\text{cm})$

또, $\overline{DE} /\!/ \overline{FC}$, $\overline{DF} /\!/ \overline{EC}$이므로 □DFCE는 평행사변형이다.

따라서 $\overline{FC}=\overline{DE}=13$(cm)이므로

$\overline{BF}=\overline{BC}-\overline{FC}=26-13=13$(cm) 답 ④

40 △ABF에서 $\overline{AD}=\overline{DB}$, $\overline{AE}=\overline{EF}$이므로

$\overline{DE}/\!/\overline{BF}$, $\overline{DE}=\frac{1}{2}\overline{BF}$

△CED에서 $\overline{CF}=\overline{FE}$, $\overline{DE}/\!/\overline{GF}$이므로

$\overline{CG}=\overline{GD}$ $\quad\therefore \overline{GF}=\frac{1}{2}\overline{DE}$

$\overline{DE}=x$ cm라 하면 $\overline{GF}=\frac{1}{2}x$(cm) … ❶

한편, $\overline{DE}=\frac{1}{2}\overline{BF}$이므로

$x=\frac{1}{2}\left(6+\frac{1}{2}x\right)$ … ❷

$x=3+\frac{1}{4}x$, $\frac{3}{4}x=3$ $\quad\therefore x=4$

$\therefore \overline{DE}=4$(cm) … ❸

답 4 cm

채점 기준	배점
❶ $\overline{DE}=x$ cm라 할 때, $\overline{GF}$의 길이를 x를 사용하여 나타내기	30%
❷ x에 대한 방정식 세우기	40%
❸ $\overline{DE}$의 길이 구하기	30%

41 오른쪽 그림과 같이 점 A를 지나고 $\overline{BC}$에 평행한 직선을 그어 $\overline{DE}$와 만나는 점을 F라 하자.

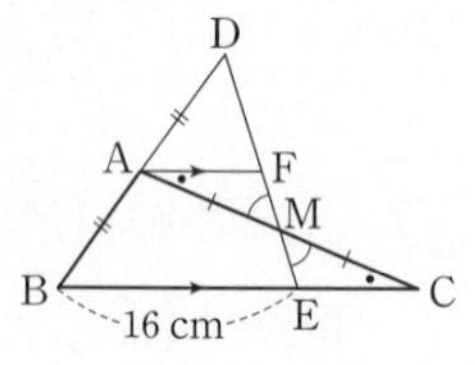

△DBE에서 $\overline{AB}=\overline{AD}$, $\overline{AF}/\!/\overline{BE}$이므로 $\overline{DF}=\overline{FE}$

$\therefore \overline{AF}=\frac{1}{2}\overline{BE}=\frac{1}{2}\times16=8$(cm)

△AMF≡△CME (ASA 합동)이므로

$\overline{CE}=\overline{AF}=8$(cm) 답 ④

42 오른쪽 그림과 같이 점 A를 지나고 $\overline{BC}$에 평행한 직선을 그어 $\overline{DE}$와 만나는 점을 F라 하자.

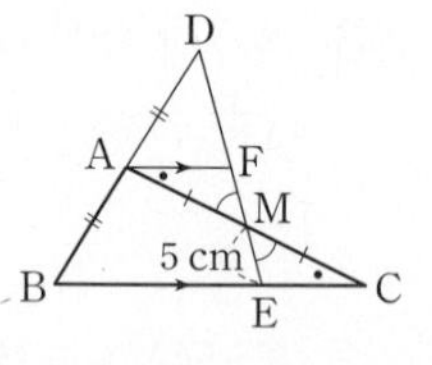

△AMF≡△CME (ASA 합동)이므로

$\overline{MF}=\overline{ME}=5$(cm)

△DBE에서 $\overline{AB}=\overline{AD}$, $\overline{AF}/\!/\overline{BE}$이므로

$\overline{DF}=\overline{FE}=\overline{FM}+\overline{ME}=5+5=10$(cm)

$\therefore \overline{DE}=\overline{DF}+\overline{FE}=10+10=20$(cm) 답 20 cm

43 오른쪽 그림과 같이 점 A를 지나고 $\overline{BC}$에 평행한 직선을 그어 $\overline{DE}$와 만나는 점을 F라 하자.

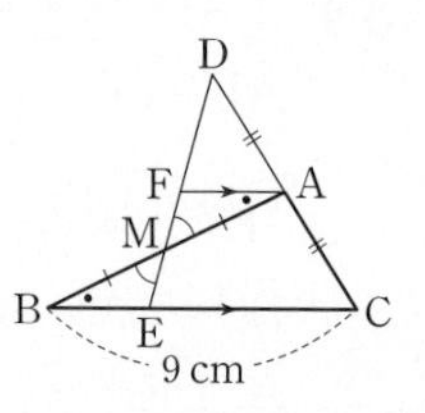

△DEC에서 $\overline{AC}=\overline{AD}$, $\overline{FA}/\!/\overline{EC}$이므로 $\overline{DF}=\overline{FE}$

$\overline{FA}=x$ cm라 하면

$\overline{EC}=2\overline{FA}=2x$(cm) … ❶

△FMA≡△EMB (ASA 합동)이므로

$\overline{BE}=\overline{AF}=x$ cm … ❷

이때 $\overline{BC}=\overline{BE}+\overline{EC}$이므로

$9=x+2x$, $3x=9$ $\quad\therefore x=3$

$\therefore \overline{BE}=3$(cm) … ❸

답 3 cm

채점 기준	배점
❶ $\overline{FA}=x$ cm라 할 때, $\overline{EC}$의 길이를 x를 사용하여 나타내기	30%
❷ $\overline{BE}$의 길이를 x를 사용하여 나타내기	30%
❸ $\overline{BE}$의 길이 구하기	40%

44 (△DEF의 둘레의 길이)

$=\frac{1}{2}\times$(△ABC의 둘레의 길이)

$=\frac{1}{2}\times(8+13+9)=15$(cm) 답 15 cm

45 (△DEF의 둘레의 길이)$=\frac{1}{2}\times$(△ABC의 둘레의 길이)

이므로

$23=\frac{1}{2}\times(15+19+\overline{AC})$, $34+\overline{AC}=46$

$\therefore \overline{AC}=12$(cm) 답 12 cm

46 ① △ABC에서 $\overline{CF}=\overline{FA}$, $\overline{CE}=\overline{EB}$이므로

$\overline{AB}/\!/\overline{EF}$

② △ABC에서 $\overline{AD}=\overline{DB}$, $\overline{AF}=\overline{FC}$이므로

$\overline{DF}/\!/\overline{BC}$

따라서 $\overline{AB}/\!/\overline{EF}$, $\overline{DF}/\!/\overline{BC}$이므로 □BEFD는 평행사변형이다.

$\therefore$ ∠B=∠DFE

③, ⑤ △ABC에서 $\overline{BD}=\overline{DA}$, $\overline{BE}=\overline{EC}$이므로

$\overline{DE}/\!/\overline{AC}$ $\quad\therefore$ ∠C=∠BED (동위각)

또, $\overline{DE}=\frac{1}{2}\overline{AC}$이므로 $\overline{AC}=2\overline{DE}$

④ $\overline{DF}=\overline{EF}$인지는 알 수 없다. 답 ④

47 △ABC와 △ACD에서

$\overline{EF}=\overline{HG}=\frac{1}{2}\overline{AC}=\frac{1}{2}\times12=6$(cm)

△ABD와 △BCD에서

$\overline{EH}=\overline{FG}=\frac{1}{2}\overline{BD}=\frac{1}{2}\times16=8$(cm)

따라서 □EFGH의 둘레의 길이는

$\overline{EF}+\overline{FG}+\overline{GH}+\overline{HE}=6+8+6+8$

$=28$(cm) 답 28 cm

다른 풀이 (□EFGH의 둘레의 길이)$=\overline{AC}+\overline{BD}$
$=12+16=28(\text{cm})$

48 오른쪽 그림과 같이 $\overline{BD}$를 그으면 직사각형의 두 대각선의 길이는 같으므로

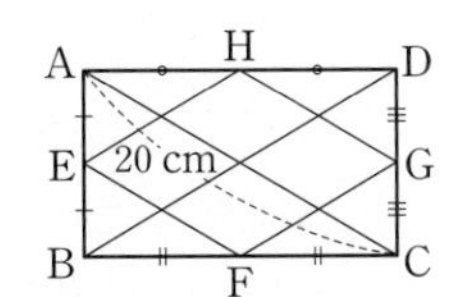

$\overline{BD}=\overline{AC}=20$ cm

△ABC와 △ACD에서

$\overline{EF}=\overline{HG}=\frac{1}{2}\overline{AC}=\frac{1}{2}\times20=10(\text{cm})$

△ABD와 △BCD에서

$\overline{EH}=\overline{FG}=\frac{1}{2}\overline{BD}=\frac{1}{2}\times20=10(\text{cm})$

따라서 □EFGH의 둘레의 길이는

$\overline{EF}+\overline{FG}+\overline{GH}+\overline{HE}=10+10+10+10$
$=40(\text{cm})$ 답 ⑤

다른 풀이 (□EFGH의 둘레의 길이)$=\overline{AC}+\overline{BD}=2\overline{AC}$
$=2\times20=40(\text{cm})$

보충 TIP 직사각형의 대각선의 성질
직사각형의 두 대각선은 길이가 같고 서로를 이등분한다.

49 $\overline{AC}/\!/\overline{EF}/\!/\overline{HG}$, $\overline{BD}/\!/\overline{EH}/\!/\overline{FG}$이므로 □EFGH는 평행사변형이다.

이때 $\overline{AC}\perp\overline{BD}$이고 $\overline{AC}/\!/\overline{EF}$, $\overline{BD}/\!/\overline{EH}$이므로

$\overline{EF}\perp\overline{EH}$

따라서 □EFGH는 직사각형이다.

△ABC에서 $\overline{EF}=\frac{1}{2}\overline{AC}=\frac{1}{2}\times10=5(\text{cm})$

△BCD에서 $\overline{FG}=\frac{1}{2}\overline{BD}=\frac{1}{2}\times14=7(\text{cm})$

∴ □EFGH$=\overline{EF}\times\overline{FG}$
$=5\times7=35(\text{cm}^2)$ 답 35 cm^2

50 △ABC에서 $\overline{MQ}=\frac{1}{2}\overline{BC}=\frac{1}{2}\times10=5(\text{cm})$

△ABD에서 $\overline{MP}=\frac{1}{2}\overline{AD}=\frac{1}{2}\times6=3(\text{cm})$

∴ $\overline{PQ}=\overline{MQ}-\overline{MP}=5-3=2(\text{cm})$ 답 ①

51 오른쪽 그림과 같이 $\overline{AC}$를 그어 $\overline{MN}$과 만나는 점을 P라 하자.

△ABC에서

$\overline{MP}=\frac{1}{2}\overline{BC}=\frac{1}{2}\times12=6(\text{cm})$

△ACD에서

$\overline{PN}=\frac{1}{2}\overline{AD}=\frac{1}{2}\times8=4(\text{cm})$

∴ $\overline{MN}=\overline{MP}+\overline{PN}=6+4=10(\text{cm})$ 답 10 cm

다른 풀이 $\overline{MN}=\frac{1}{2}(\overline{AD}+\overline{BC})=\frac{1}{2}\times(8+12)=10(\text{cm})$

52 오른쪽 그림과 같이 $\overline{AC}$를 그어 $\overline{MN}$과 만나는 점을 P라 하자.

△ACD에서

$\overline{PN}=\frac{1}{2}\overline{AD}$
$=\frac{1}{2}\times11=\frac{11}{2}(\text{cm})$ … ❶

∴ $\overline{MP}=\overline{MN}-\overline{PN}=16-\frac{11}{2}=\frac{21}{2}(\text{cm})$ … ❷

△ABC에서

$\overline{BC}=2\overline{MP}=2\times\frac{21}{2}=21(\text{cm})$ … ❸

답 21 cm

채점 기준	배점
❶ $\overline{PN}$의 길이 구하기	40%
❷ $\overline{MP}$의 길이 구하기	20%
❸ $\overline{BC}$의 길이 구하기	40%

Real 실전 기출 90~92쪽

01 $\overline{AF}:\overline{AD}=\overline{FG}:\overline{DE}$이므로

$2:1=12:x$, $2x=12$ ∴ $x=6$

$\overline{AF}:\overline{AB}=\overline{FG}:\overline{BC}$이므로

$2:(2+1)=12:y$, $2y=36$ ∴ $y=18$

∴ $x+y=6+18=24$ 답 24

02 $\overline{AC}:\overline{AE}=\overline{AF}:\overline{AG}=\overline{BF}:\overline{DG}$이므로

$9:(9+\overline{CE})=6:8$, $9:(9+\overline{CE})=3:4$

$36=3(9+\overline{CE})$, $12=9+\overline{CE}$

∴ $\overline{CE}=3(\text{cm})$ 답 3 cm

03 $\overline{AD}$가 ∠A의 외각의 이등분선이므로

$\overline{BD}:\overline{CD}=\overline{AB}:\overline{AC}=8:6=4:3$

∴ $\overline{BC}:\overline{CD}=(4-3):3=1:3$

∴ △ABC$=\frac{1}{3}$△ACD
$=\frac{1}{3}\times36=12(\text{cm}^2)$ 답 12 cm^2

04 $9:15=x:20$이므로 $3:5=x:20$

$5x=60$ ∴ $x=12$

$15:18=20:y$이므로 $5:6=20:y$

$5y=120$ ∴ $y=24$

∴ $y-x=24-12=12$ 답 ④

05 오른쪽 그림과 같이 점 A를 지나고 $\overline{DC}$에 평행한 직선을 그어 $\overline{EF}$, $\overline{BC}$와 만나는 점을 각각 G, H라 하면

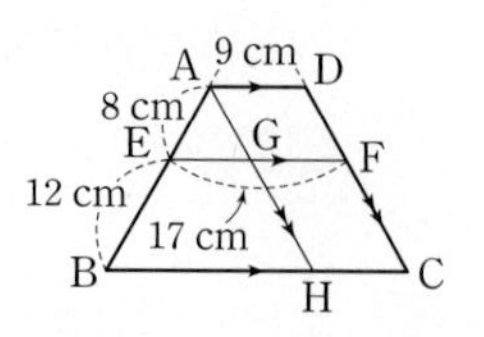

$\overline{GF}=\overline{HC}=\overline{AD}=9$ cm

△ABH에서 $\overline{AE}:\overline{AB}=\overline{EG}:\overline{BH}$이므로

$8:(8+12)=(17-9):\overline{BH}$ $\therefore \overline{BH}=20(\text{cm})$

$\therefore \overline{BC}=\overline{BH}+\overline{HC}=20+9=29(\text{cm})$ 답 29 cm

06 $\overline{BF}:\overline{CF}=\overline{BE}:\overline{DE}=\overline{AB}:\overline{CD}=9:18=1:2$

$\therefore \overline{BF}=\overline{BC}\times\frac{1}{1+2}=21\times\frac{1}{3}=7(\text{cm})$

또, $\overline{EF}:\overline{DC}=\overline{BF}:\overline{BC}$이므로

$\overline{EF}:18=1:(1+2)$, $3\overline{EF}=18$

$\therefore \overline{EF}=6(\text{cm})$

$\therefore \triangle EBF=\frac{1}{2}\times\overline{BF}\times\overline{EF}$

$=\frac{1}{2}\times7\times6=21(\text{cm}^2)$ 답 21 cm²

07 △ABC에서 $\overline{CP}=\overline{PA}$, $\overline{CQ}=\overline{QB}$이고

△ABD에서 $\overline{DS}=\overline{SA}$, $\overline{DR}=\overline{RB}$이므로

$\overline{PQ}=\overline{RS}=\frac{1}{2}\overline{AB}=\frac{1}{2}\times8=4(\text{cm})$

△ACD에서 $\overline{AP}=\overline{PC}$, $\overline{AS}=\overline{SD}$이고 △BCD에서

$\overline{BQ}=\overline{QC}$, $\overline{BR}=\overline{RD}$이므로

$\overline{PS}=\overline{QR}=\frac{1}{2}\overline{CD}=\frac{1}{2}\times8=4(\text{cm})$

따라서 끈의 최소 길이는

$\overline{PQ}+\overline{QR}+\overline{RS}+\overline{SP}=4+4+4+4$

$=16(\text{cm})$ 답 16 cm

08 △ABC에서

$\overline{AD}=\overline{DB}$, $\overline{AF}=\overline{FC}$이므로 $\overline{DF}=\overline{BE}=\overline{EC}$

$\overline{BD}=\overline{DA}$, $\overline{BE}=\overline{EC}$이므로 $\overline{DE}=\overline{AF}=\overline{FC}$

$\overline{CE}=\overline{EB}$, $\overline{CF}=\overline{FA}$이므로 $\overline{EF}=\overline{AD}=\overline{DB}$

$\therefore$ △ADF≡△DBE≡△FEC≡△EFD (SSS 합동)

$\therefore \triangle DEF=\frac{1}{4}\triangle ABC$

$=\frac{1}{4}\times20=5(\text{cm}^2)$ 답 5 cm²

09 △ABC에서

$\overline{MQ}=\frac{1}{2}\overline{BC}=\frac{1}{2}\times24=12(\text{cm})$

$\therefore \overline{MP}=\overline{MQ}-\overline{PQ}=12-4=8(\text{cm})$

△ABD에서

$\overline{AD}=2\overline{MP}=2\times8=16(\text{cm})$ 답 16 cm

10 $(10+y):3=16:4$이므로 $(10+y):3=4:1$

$10+y=12$ $\therefore y=2$

$x:7=10:(2+3)$이므로 $x:7=2:1$

$\therefore x=14$ 답 ①

11 오른쪽 그림과 같이 점 C를 지나고 $\overline{AB}$에 평행한 직선을 그어 $\overline{MN}$, $\overline{DB}$의 연장선과 만나는 점을 각각 E, F라 하면

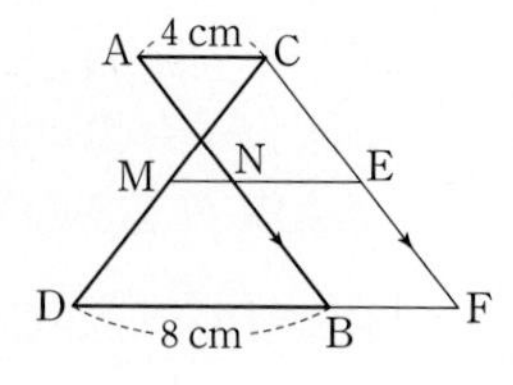

$\overline{NE}=\overline{BF}=\overline{AC}=4$ cm

△CDF에서 $\overline{CM}=\overline{MD}$, $\overline{CE}=\overline{EF}$이므로

$\overline{ME}=\frac{1}{2}\overline{DF}=\frac{1}{2}\times(8+4)=6(\text{cm})$

$\therefore \overline{MN}=\overline{ME}-\overline{NE}=6-4=2(\text{cm})$ 답 2 cm

12 △AEG에서 $\overline{AD}=\overline{DE}$, $\overline{AF}=\overline{FG}$이므로

$\overline{DF}/\!/\overline{EG}$, $\overline{DF}=\frac{1}{2}\overline{EG}$

$\therefore \overline{EG}=2\overline{DF}=2\times8=16(\text{cm})$

△DBF에서 $\overline{BE}=\overline{ED}$, $\overline{EP}/\!/\overline{DF}$이므로

$\overline{BP}=\overline{PF}$

$\therefore \overline{EP}=\frac{1}{2}\overline{DF}=\frac{1}{2}\times8=4(\text{cm})$

△DCF에서 $\overline{CG}=\overline{GF}$, $\overline{QG}/\!/\overline{DF}$이므로

$\overline{CQ}=\overline{QD}$

$\therefore \overline{QG}=\frac{1}{2}\overline{DF}=\frac{1}{2}\times8=4(\text{cm})$

$\therefore \overline{PQ}=\overline{EG}-\overline{EP}-\overline{QG}$

$=16-4-4=8(\text{cm})$ 답 8 cm

13 오른쪽 그림과 같이 점 A를 지나고 $\overline{CD}$에 평행한 직선을 그어 $\overline{FH}$, $\overline{BC}$와 만나는 점을 각각 I, J라 하면

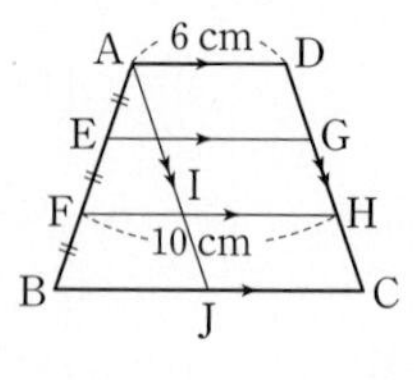

$\overline{IH}=\overline{JC}=\overline{AD}=6$ cm

$\therefore \overline{FI}=10-6=4(\text{cm})$

△ABJ에서 $\overline{AF}:\overline{AB}=\overline{FI}:\overline{BJ}$이므로

$2:3=4:\overline{BJ}$, $2\overline{BJ}=12$

$\therefore \overline{BJ}=6(\text{cm})$

$\therefore \overline{BC}=\overline{BJ}+\overline{JC}=6+6=12(\text{cm})$ 답 12 cm

14 $\overline{BE}=\overline{BD}=x$ cm라 하면

$\overline{AF}=\overline{AD}=(6-x)$ cm, $\overline{CF}=\overline{CE}=(12-x)$ cm

이때 $\overline{AC}=\overline{AF}+\overline{CF}$이므로

$(6-x)+(12-x)=10$, $18-2x=10$

$2x=8$ $\therefore x=4$

$\therefore \overline{BE}=4(\text{cm})$

또, $\overline{AP}$가 $\angle A$의 이등분선이므로

$6:10=\overline{BP}:(12-\overline{BP})$, $3:5=\overline{BP}:(12-\overline{BP})$

$5\overline{BP}=3(12-\overline{BP})$, $5\overline{BP}=36-3\overline{BP}$

$8\overline{BP}=36 \quad \therefore \overline{BP}=\frac{9}{2}(\text{cm})$

$\therefore \overline{EP}=\overline{BP}-\overline{BE}$

$=\frac{9}{2}-4=\frac{1}{2}(\text{cm})$

답 $\frac{1}{2}$ cm

보충 TIP 삼각형의 내심의 성질

(1) 삼각형의 세 내각의 이등분선은 한 점(내심)에서 만난다.

(2) 삼각형의 내심에서 세 변에 이르는 거리는 같다. ➡ $\overline{ID}=\overline{IE}=\overline{IF}$

(3) $\overline{AD}=\overline{AF}$, $\overline{BD}=\overline{BE}$, $\overline{CE}=\overline{CF}$

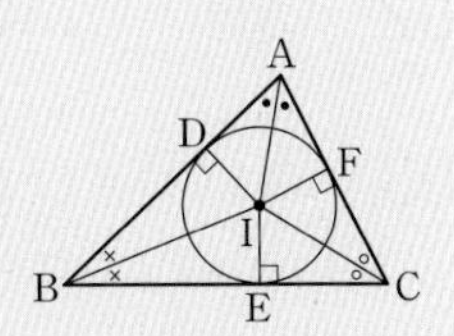

15

오른쪽 그림과 같이 점 M을 지나고 $\overline{BC}$에 평행한 직선을 그어 $\overline{AD}$, $\overline{AC}$와 만나는 점을 각각 F, G라 하자.

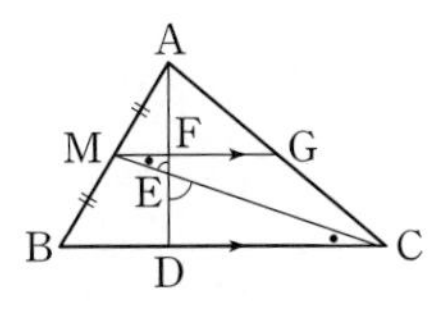

$\triangle ABD$에서 $\overline{AM}=\overline{MB}$, $\overline{MF}\,/\!/\,\overline{BD}$이므로 $\overline{AF}=\overline{FD}$

$\therefore \overline{MF}=\frac{1}{2}\overline{BD}$

이때 $\overline{BD}:\overline{DC}=1:2$이므로 $\overline{BD}=\frac{1}{2}\overline{DC}$

$\therefore \overline{MF}=\frac{1}{2}\overline{BD}=\frac{1}{2}\times\frac{1}{2}\overline{DC}=\frac{1}{4}\overline{DC}$

$\triangle MEF \backsim \triangle CED$ (AA 닮음)이므로

$\overline{EF}:\overline{ED}=\overline{MF}:\overline{CD}=1:4$

또, $\overline{AF}:\overline{EF}=\overline{FD}:\overline{EF}=(1+4):1=5:1$이므로

$\overline{AE}:\overline{AD}=(5+1):(5+1+4)$

$=6:10=3:5$

답 $3:5$

16

오른쪽 그림과 같이 $\overline{EF}$의 연장선과 $\overline{BD}$의 교점을 G라 하자.

A 4 cm B, E F G, C 9 cm D

$\triangle DBA$에서

$\overline{DF}:\overline{DA}=\overline{FG}:\overline{AB}$이므로

$2:(2+3)=\overline{FG}:4$, $5\overline{FG}=8$

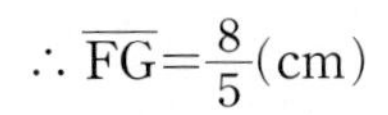

$\therefore \overline{FG}=\frac{8}{5}(\text{cm})$ ··· ❶

$\triangle BCD$에서 $\overline{BE}:\overline{BC}=\overline{EG}:\overline{CD}$이므로

$3:(3+2)=\overline{EG}:9$, $5\overline{EG}=27$

$\therefore \overline{EG}=\frac{27}{5}(\text{cm})$ ··· ❷

$\therefore \overline{EF}=\overline{EG}-\overline{FG}$

$=\frac{27}{5}-\frac{8}{5}=\frac{19}{5}(\text{cm})$ ··· ❸

답 $\frac{19}{5}$ cm

채점 기준	배점
❶ $\overline{FG}$의 길이 구하기	40%
❷ $\overline{EG}$의 길이 구하기	40%
❸ $\overline{EF}$의 길이 구하기	20%

17

$\overline{AD}$가 $\angle A$의 이등분선이므로

$\overline{BD}:\overline{CD}=\overline{AB}:\overline{AC}$

$=10:6=5:3$ ··· ❶

따라서 $\overline{BD}=\overline{BC}\times\frac{5}{5+3}=8\times\frac{5}{8}=5(\text{cm})$이므로 ··· ❷

$\triangle ABD=\frac{1}{2}\times\overline{BD}\times\overline{AC}$

$=\frac{1}{2}\times5\times6=15(\text{cm}^2)$ ··· ❸

답 15 cm^2

채점 기준	배점
❶ $\overline{BD}:\overline{CD}$ 구하기	40%
❷ $\overline{BD}$의 길이 구하기	30%
❸ $\triangle ABD$의 넓이 구하기	30%

18

$\triangle AOD \backsim \triangle COB$ (AA 닮음)이므로

$\overline{AO}:\overline{CO}=\overline{AD}:\overline{CB}$

$=21:28=3:4$

$\triangle ABC$에서 $\overline{AO}:\overline{AC}=\overline{EO}:\overline{BC}$이므로

$3:(3+4)=\overline{EO}:28$, $7\overline{EO}=84$

$\therefore \overline{EO}=12(\text{cm})$ ··· ❶

$\triangle ACD$에서 $\overline{CO}:\overline{CA}=\overline{OF}:\overline{AD}$이므로

$4:(4+3)=\overline{OF}:21$, $7\overline{OF}=84$

$\therefore \overline{OF}=12(\text{cm})$ ··· ❷

$\therefore \overline{EF}=\overline{EO}+\overline{OF}$

$=12+12=24(\text{cm})$ ··· ❸

답 24 cm

채점 기준	배점
❶ $\overline{EO}$의 길이 구하기	40%
❷ $\overline{OF}$의 길이 구하기	40%
❸ $\overline{EF}$의 길이 구하기	20%

19

$\triangle AEG$에서 $\overline{AD}=\overline{DE}$, $\overline{AF}=\overline{FG}$이므로

$\overline{DF}=\frac{1}{2}\overline{EG}$

$\therefore \overline{EG}=2\overline{DF}=2\times3=6(\text{cm})$

$\therefore x=6$ ··· ❶

$\triangle ABC$에서 $\overline{AD}:\overline{AB}=\overline{AF}:\overline{AC}=1:3$이므로

$\overline{DF}\,/\!/\,\overline{BC}$

따라서 $\overline{AD}:\overline{AB}=\overline{DF}:\overline{BC}$이므로

$1:3=3:y \quad \therefore y=9$ ··· ❷

$\therefore x+y=6+9=15$ ··· ❸

답 15

채점 기준	배점
❶ x의 값 구하기	40%
❷ y의 값 구하기	40%
❸ $x+y$의 값 구하기	20%

20 $\triangle ABC$에서 $\overline{BC}\times\overline{AD}=\overline{AB}\times\overline{AC}$이므로

$5\times\overline{AD}=4\times3 \quad \therefore \overline{AD}=\frac{12}{5}(\text{cm})$ … ❶

$\overline{AB}^2=\overline{BD}\times\overline{BC}$이므로

$4^2=\overline{BD}\times5 \quad \therefore \overline{BD}=\frac{16}{5}(\text{cm})$ … ❷

$\angle ADE=\angle BDE$이므로

$\overline{AE}:\overline{BE}=\overline{AD}:\overline{BD}=\frac{12}{5}:\frac{16}{5}=3:4$

$\therefore \overline{AE}=\overline{AB}\times\frac{3}{3+4}=4\times\frac{3}{7}=\frac{12}{7}(\text{cm})$ … ❸

답 $\frac{12}{7}$ cm

채점 기준	배점
❶ $\overline{AD}$의 길이 구하기	30%
❷ $\overline{BD}$의 길이 구하기	30%
❸ $\overline{AE}$의 길이 구하기	40%

21 $\triangle ABC$에서 $\overline{BD}=\overline{DA}$, $\overline{BE}=\overline{EC}$이므로

$\overline{DE}/\!/\overline{AC}$, $\overline{DE}=\frac{1}{2}\overline{AC}=\frac{1}{2}\times12=6(\text{cm})$ … ❶

이때 $\overline{PQ}=\frac{1}{2}\overline{AC}=\overline{DE}$이므로 □DEQP는 평행사변형이다. … ❷

오른쪽 그림과 같이 $\overline{BF}$를 그으면 점 F는 직각삼각형 ABC의 외심이므로

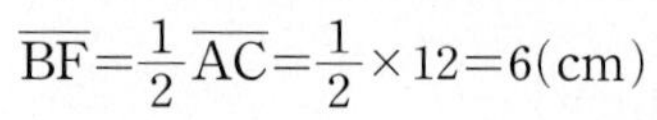

$\overline{BF}=\frac{1}{2}\overline{AC}=\frac{1}{2}\times12=6(\text{cm})$

A, P, F, Q, C, D, B, E, 12 cm

$\triangle ABF$에서 $\overline{AD}=\overline{DB}$, $\overline{AP}=\overline{PF}$이므로

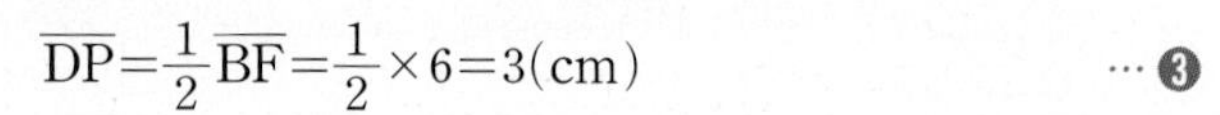

$\overline{DP}=\frac{1}{2}\overline{BF}=\frac{1}{2}\times6=3(\text{cm})$ … ❸

따라서 □DEQP의 둘레의 길이는

$2(\overline{DP}+\overline{DE})=2\times(3+6)=18(\text{cm})$ … ❹

답 18 cm

채점 기준	배점
❶ $\overline{DE}$의 길이 구하기	20%
❷ □DEQP가 평행사변형임을 알기	30%
❸ $\overline{DP}$의 길이 구하기	30%
❹ □DEQP의 둘레의 길이 구하기	20%

07 닮음의 활용

Real 실전 개념

95쪽

01 $\overline{BD}=\frac{1}{2}\overline{BC}=\frac{1}{2}\times6=3(\text{cm})$ 답 3 cm

02 $\triangle ABC=2\triangle ACD=2\times5=10(\text{cm}^2)$ 답 10 cm²

03 $\overline{AG}:\overline{GD}=2:1$이므로

$4:x=2:1$, $2x=4 \quad \therefore x=2$ 답 2

04 $\overline{BG}:\overline{GD}=2:1$이므로

$x:5=2:1 \quad \therefore x=10$ 답 10

05 $\overline{CG}:\overline{GD}=2:1$이므로

$\overline{CD}:\overline{GD}=(2+1):1=3:1$

즉, $9:x=3:1$이므로 $3x=9 \quad \therefore x=3$ 답 3

06 $\overline{AG}:\overline{GD}=2:1$이므로

$\overline{AG}:\overline{AD}=2:(2+1)=2:3$

즉, $16:x=2:3$이므로 $2x=48 \quad \therefore x=24$ 답 24

07 $\triangle GAB=\frac{1}{3}\triangle ABC=\frac{1}{3}\times18=6(\text{cm}^2)$ 답 6 cm²

08 $\triangle GAB+\triangle GCA=2\triangle GAB=2\times\frac{1}{3}\triangle ABC$

$=\frac{2}{3}\triangle ABC=\frac{2}{3}\times18=12(\text{cm}^2)$

답 12 cm²

09 $\triangle GEC=\frac{1}{6}\triangle ABC=\frac{1}{6}\times18=3(\text{cm}^2)$ 답 3 cm²

10 □GDBE $=2\triangle GDB=2\times\frac{1}{6}\triangle ABC$

$=\frac{1}{3}\triangle ABC=\frac{1}{3}\times18=6(\text{cm}^2)$ 답 6 cm²

11 □ABCD와 □EFGH의 닮음비는

$\overline{BC}:\overline{FG}=4:8=1:2$ 답 1 : 2

12 □ABCD와 □EFGH의 둘레의 길이의 비는 닮음비와 같으므로 1 : 2 답 1 : 2

13 □ABCD와 □EFGH의 넓이의 비는

$1^2:2^2=1:4$ 답 1 : 4

14 두 원기둥 A, B의 닮음비는

$6:9=2:3$ 답 2 : 3

15 두 원기둥 A, B의 밑면의 둘레의 길이의 비는 닮음비와 같으므로 $2:3$ 답 $2:3$

16 두 원기둥 A, B의 겉넓이의 비는
$2^2:3^2=4:9$ 답 $4:9$

17 두 원기둥 A, B의 부피의 비는
$2^3:3^3=8:27$ 답 $8:27$

18 $2\text{ km}=200000\text{ cm}$이고
(축도에서의 길이)=(실제 길이)×(축척)이므로 구하는 지도에서의 거리는
$200000\times\frac{1}{20000}=10(\text{cm})$ 답 10 cm

19 (실제 길이)$=\frac{(\text{축도에서의 길이})}{(\text{축척})}$이므로 구하는 실제 거리는
$8\times20000=160000(\text{cm})=1.6(\text{km})$ 답 1.6 km

Real 실전 유형 96~101쪽

01 $\overline{BD}=\overline{CD}$이므로
$\triangle ADC=\frac{1}{2}\triangle ABC=\frac{1}{2}\times20=10(\text{cm}^2)$
$\overline{AE}=\overline{DE}$이므로
$\triangle CED=\frac{1}{2}\triangle ADC=\frac{1}{2}\times10=5(\text{cm}^2)$ 답 5 cm^2

02 $\overline{AD}$는 $\triangle ABC$의 중선이므로
$\overline{BD}=\frac{1}{2}\overline{BC}=\frac{1}{2}\times12=6(\text{cm})$
이때 $\triangle ABD$의 넓이가 24 cm^2이므로
$\frac{1}{2}\times6\times\overline{AH}=24$, $3\overline{AH}=24$
$\therefore \overline{AH}=8(\text{cm})$ 답 8 cm

03 $\overline{AD}$는 $\triangle ABC$의 중선이므로
$\triangle ADC=\frac{1}{2}\triangle ABC=\frac{1}{2}\times36=18(\text{cm}^2)$ … ❶
또, $\overline{AE}=\overline{EF}=\overline{FD}$이므로
$\triangle CEF=\frac{1}{3}\triangle ADC=\frac{1}{3}\times18=6(\text{cm}^2)$ … ❷
답 6 cm^2

채점 기준	배점
❶ △ADC의 넓이 구하기	50%
❷ △CEF의 넓이 구하기	50%

04 $\overline{BE}:\overline{ED}=2:1$이므로
$\overline{BD}:\overline{ED}=(2+1):1=3:1$
즉, $\triangle ABD:\triangle AED=\overline{BD}:\overline{ED}=3:1$이므로
$\triangle ABD:5=3:1$ $\therefore \triangle ABD=15(\text{cm}^2)$
또, $\overline{BD}$는 $\triangle ABC$의 중선이므로
$\triangle ABC=2\triangle ABD=2\times15=30(\text{cm}^2)$ 답 30 cm^2

05 점 G는 $\triangle ABC$의 무게중심이므로
$\overline{AG}=\frac{2}{3}\overline{AD}=\frac{2}{3}\times21=14(\text{cm})$ $\therefore x=14$
$\overline{CD}=\overline{BD}=9(\text{cm})$이므로 $y=9$
$\therefore x+y=14+9=23$ 답 23

06 점 G′은 $\triangle GBC$의 무게중심이므로
$\overline{GD}=3\overline{G'D}=3\times2=6(\text{cm})$
점 G는 $\triangle ABC$의 무게중심이므로
$\overline{AD}=3\overline{GD}=3\times6=18(\text{cm})$ 답 18 cm

07 점 G′은 $\triangle GAB$의 무게중심이므로
$\overline{GG'}=2\overline{G'D}$
또, 점 G는 $\triangle ABC$의 무게중심이므로
$\overline{CG}=2\overline{GD}=2\times3\overline{G'D}=6\overline{G'D}$
$\therefore \overline{CG}:\overline{GG'}:\overline{G'D}=6\overline{G'D}:2\overline{G'D}:\overline{G'D}$
$=6:2:1$ 답 $6:2:1$

08 직각삼각형의 외심은 빗변의 중점과 일치하므로 점 D는 $\triangle ABC$의 외심이다.
$\therefore \overline{AD}=\overline{BD}=\overline{CD}=\frac{1}{2}\overline{AC}=\frac{1}{2}\times24=12(\text{cm})$
이때 점 G는 $\triangle ABC$의 무게중심이므로
$\overline{GD}=\frac{1}{3}\overline{BD}=\frac{1}{3}\times12=4(\text{cm})$ 답 4 cm

보충 TIP 직각삼각형의 외심의 위치
직각삼각형의 외심은 빗변의 중점에 위치한다.
➜ $\overline{OA}=\overline{OB}=\overline{OC}=\frac{1}{2}\overline{AB}$

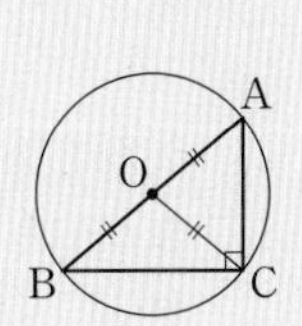

09 점 G는 $\triangle ABC$의 무게중심이므로
$\overline{AG}:\overline{AD}=2:3$
$\triangle ADF$에서 $\overline{GE}\,/\!/\,\overline{DF}$이므로 $\overline{AG}:\overline{AD}=\overline{GE}:\overline{DF}$에서
$2:3=\overline{GE}:18$, $3\overline{GE}=36$
$\therefore \overline{GE}=12(\text{cm})$ 답 ①

10 점 G는 $\triangle ABC$의 무게중심이므로
$\overline{AD}=\frac{3}{2}\overline{AG}=\frac{3}{2}\times8=12(\text{cm})$
$\triangle ADC$에서 $\overline{AE}=\overline{EC}$, $\overline{DF}=\overline{FC}$이므로
$\overline{EF}=\frac{1}{2}\overline{AD}=\frac{1}{2}\times12=6(\text{cm})$ 답 6 cm

11 점 G는 $\triangle ABC$의 무게중심이므로
$\overline{BE} : \overline{GE} = 3 : 1$
이때 $\overline{AD} /\!/ \overline{EF}$이므로
$\overline{BF} : \overline{DF} = \overline{BE} : \overline{GE} = 3 : 1$
$\triangle ADC$에서 $\overline{AE} = \overline{EC}$, $\overline{AD} /\!/ \overline{EF}$이므로
$\overline{DF} = \overline{FC}$
$\therefore \overline{BF} : \overline{FC} = \overline{BF} : \overline{DF} = 3 : 1$ 답 3 : 1

다른 풀이 $\triangle ADC$에서 $\overline{AE} = \overline{EC}$, $\overline{AD} /\!/ \overline{EF}$이므로
$\overline{DF} = \overline{FC}$
$\overline{AD}$는 $\triangle ABC$의 중선이므로
$\overline{BD} = \overline{CD} = 2\overline{FC}$
$\therefore \overline{BF} = \overline{BD} + \overline{DF} = 2\overline{FC} + \overline{FC} = 3\overline{FC}$
$\therefore \overline{BF} : \overline{FC} = 3\overline{FC} : \overline{FC} = 3 : 1$

12 $\overline{BD}$는 $\triangle ABC$의 중선이므로
$\overline{AC} = 2\overline{AD} = 2 \times 3 = 6(\text{cm})$
$\overline{EF} /\!/ \overline{AC}$이므로
$\overline{EF} : \overline{AC} = \overline{BE} : \overline{BA} = \overline{BG} : \overline{BD} = 2 : 3$
즉, $\overline{EF} : 6 = 2 : 3$이므로
$3\overline{EF} = 12 \qquad \therefore \overline{EF} = 4(\text{cm})$ 답 4 cm

13 $\triangle FGE$와 $\triangle DGB$에서
$\angle EFG = \angle BDG$ (엇각), $\angle FGE = \angle DGB$ (맞꼭지각)
이므로 $\triangle FGE \backsim \triangle DGB$ (AA 닮음) … ❶
$\therefore \overline{GF} : \overline{GD} = \overline{GE} : \overline{GB} = 1 : 2$ … ❷
이때 $\overline{GD} = \frac{1}{3}\overline{AD} = \frac{1}{3} \times 12 = 4(\text{cm})$이므로
$\overline{GF} : 4 = 1 : 2$, $2\overline{GF} = 4$
$\therefore \overline{GF} = 2(\text{cm})$ … ❸
답 2 cm

채점 기준	배점
❶ $\triangle FGE \backsim \triangle DGB$임을 설명하기	40%
❷ $\overline{GF} : \overline{GD}$를 가장 간단한 자연수의 비로 나타내기	30%
❸ $\overline{GF}$의 길이 구하기	30%

14 $\triangle AGG'$과 $\triangle ADE$에서
$\overline{AG} : \overline{AD} = 2 : 3$, $\overline{AG'} : \overline{AE} = 2 : 3$, $\angle GAG'$은 공통
이므로 $\triangle AGG' \backsim \triangle ADE$ (SAS 닮음)
따라서 $\overline{AG} : \overline{AD} = \overline{GG'} : \overline{DE}$이므로
$2 : 3 = 10 : \overline{DE}$, $2\overline{DE} = 30 \qquad \therefore \overline{DE} = 15(\text{cm})$
이때 $\overline{BD} = \overline{DM}$, $\overline{CE} = \overline{EM}$이므로
$\overline{BC} = \overline{BM} + \overline{MC} = 2\overline{DM} + 2\overline{EM}$
$= 2(\overline{DM} + \overline{EM}) = 2\overline{DE}$
$= 2 \times 15 = 30(\text{cm})$ 답 ⑤

15 점 G는 $\triangle ABC$의 무게중심이므로
$\square GDCE = 2\triangle GBD = 2 \times 4 = 8(\text{cm}^2)$ 답 8 cm²

16 ①, ②, ④, ⑤ $\triangle ABG = \triangle AGC = \square AFGE = \square BDGF$
$= \frac{1}{3}\triangle ABC$
③ $\triangle ABD = \frac{1}{2}\triangle ABC$ 답 ③

17 점 G′은 $\triangle GBC$의 무게중심이므로
$\triangle GBC = 3\triangle GBG' = 3 \times 5 = 15(\text{cm}^2)$ … ❶
또, 점 G는 $\triangle ABC$의 무게중심이므로
$\triangle ABC = 3\triangle GBC = 3 \times 15 = 45(\text{cm}^2)$ … ❷
답 45 cm²

채점 기준	배점
❶ $\triangle GBC$의 넓이 구하기	50%
❷ $\triangle ABC$의 넓이 구하기	50%

18 점 G는 $\triangle ABC$의 무게중심이므로
$\triangle MBG : \triangle MGN = \overline{BG} : \overline{GN} = 2 : 1$
$\triangle GBC : \triangle MBG = \overline{CG} : \overline{GM} = 2 : 1$
$\therefore \triangle MGN = \frac{1}{2}\triangle MBG = \frac{1}{2} \times \frac{1}{2}\triangle GBC$
$= \frac{1}{4}\triangle GBC = \frac{1}{4} \times 12 = 3(\text{cm}^2)$ 답 3 cm²

19 오른쪽 그림과 같이 $\overline{AC}$를 그어 $\overline{BD}$와 만나는 점을 O라 하면 $\overline{AO} = \overline{OC}$, $\overline{BM} = \overline{MC}$, $\overline{CN} = \overline{ND}$이므로 두 점 P, Q는 각각 $\triangle ABC$, $\triangle ACD$의 무게중심이다.

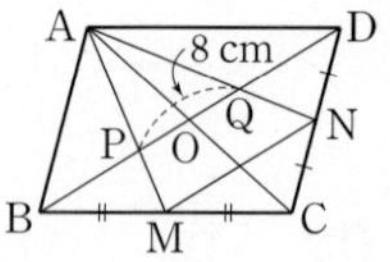

A D B C M N P O Q 8 cm

$\triangle APQ$와 $\triangle AMN$에서
$\overline{AP} : \overline{AM} = 2 : 3$, $\overline{AQ} : \overline{AN} = 2 : 3$, $\angle PAQ$는 공통
이므로 $\triangle APQ \backsim \triangle AMN$ (SAS 닮음)
따라서 $\overline{PQ} : \overline{MN} = 2 : 3$이므로
$8 : \overline{MN} = 2 : 3$, $2\overline{MN} = 24$
$\therefore \overline{MN} = 12(\text{cm})$ 답 12 cm

다른 풀이 두 점 P, Q는 각각 $\triangle ABC$, $\triangle ACD$의 무게중심이므로
$\overline{BP} = 2\overline{PO}$, $\overline{QD} = 2\overline{OQ}$
$\therefore \overline{BD} = \overline{BP} + \overline{PQ} + \overline{QD} = 2\overline{PO} + (\overline{PO} + \overline{OQ}) + 2\overline{OQ}$
$= 3(\overline{PO} + \overline{OQ}) = 3\overline{PQ} = 3 \times 8 = 24(\text{cm})$
$\triangle BCD$에서 $\overline{CM} = \overline{MB}$, $\overline{CN} = \overline{ND}$이므로
$\overline{MN} = \frac{1}{2}\overline{BD} = \frac{1}{2} \times 24 = 12(\text{cm})$

20
오른쪽 그림과 같이 $\overline{AC}$를 그어 $\overline{BD}$와 만나는 점을 O라 하면 $\overline{AO}=\overline{OC}$, $\overline{BM}=\overline{MC}$이므로 점 P는 △ABC의 무게중심이다.

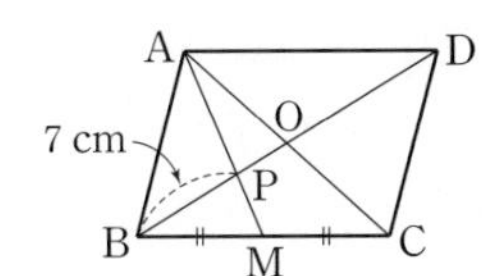

$\therefore \overline{BO}=\frac{3}{2}\overline{BP}=\frac{3}{2}\times 7=\frac{21}{2}(\text{cm})$

$\overline{BO}=\overline{DO}$이므로

$\overline{BD}=2\overline{BO}=2\times\frac{21}{2}=21(\text{cm})$

$\therefore \overline{PD}=\overline{BD}-\overline{BP}=21-7=14(\text{cm})$ 답 14 cm

21
오른쪽 그림과 같이 $\overline{AC}$를 그어 $\overline{BD}$와 만나는 점을 O라 하면 $\overline{AO}=\overline{OC}$, $\overline{BM}=\overline{MC}$, $\overline{CN}=\overline{ND}$이므로 두 점 P, Q는 각각 △ABC, △ACD의 무게중심이다.

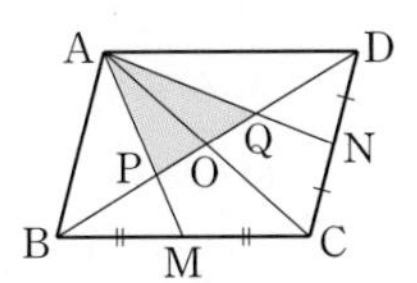

$\therefore \triangle APQ=\triangle APO+\triangle AOQ$

$=\frac{1}{6}\triangle ABC+\frac{1}{6}\triangle ACD$

$=\frac{1}{6}(\triangle ABC+\triangle ACD)$

$=\frac{1}{6}\square ABCD$

$=\frac{1}{6}\times 48=8(\text{cm}^2)$ 답 ②

다른 풀이 두 점 P, Q는 각각 △ABC, △ACD의 무게중심이므로 $\overline{BP}:\overline{PO}=2:1$

또, $\overline{BO}=\overline{DO}$이므로 $\overline{BP}=\overline{PQ}=\overline{QD}$

$\therefore \triangle APQ=\frac{1}{3}\triangle ABD=\frac{1}{3}\times\frac{1}{2}\square ABCD$

$=\frac{1}{6}\square ABCD=\frac{1}{6}\times 48=8(\text{cm}^2)$

22
오른쪽 그림과 같이 $\overline{AC}$를 그어 $\overline{BD}$와 만나는 점을 O라 하면 $\overline{AO}=\overline{OC}$, $\overline{BM}=\overline{MC}$이므로 점 P는 △ABC의 무게중심이다.

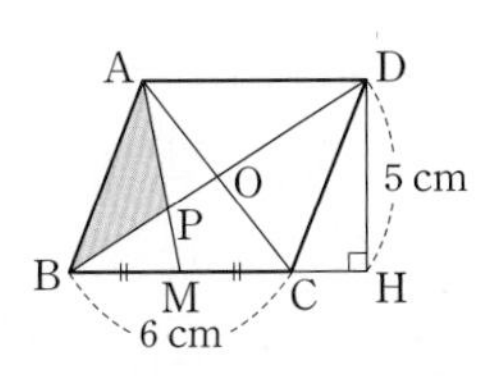

$\therefore \triangle ABP=\frac{1}{3}\triangle ABC=\frac{1}{3}\times\frac{1}{2}\square ABCD$

$=\frac{1}{6}\square ABCD=\frac{1}{6}\times(6\times 5)=5(\text{cm}^2)$

답 5 cm²

23
△ADE와 △ABC에서

∠A는 공통, ∠ADE=∠B

이므로 △ADE∽△ABC (AA 닮음)

이때 닮음비는 $\overline{AD}:\overline{AB}=10:(8+7)=2:3$이므로 넓이의 비는 $2^2:3^2=4:9$이다.

즉, △ADE : △ABC=4 : 9이므로

32 : △ABC=4 : 9, 4△ABC=288

∴ △ABC=72(cm²) 답 72 cm²

24
가장 작은 원과 가장 큰 원의 닮음비는 1 : 3이므로 넓이의 비는 $1^2:3^2=1:9$이다.

가장 큰 원의 넓이를 S cm²라 하면

$9\pi : S=1:9$ $\quad\therefore S=81\pi$

따라서 가장 큰 원의 넓이는 81π cm²이다. 답 81π cm²

25
△ODA와 △OBC에서

∠AOD=∠COB (맞꼭지각), ∠DAO=∠BCO (엇각)

이므로 △ODA∽△OBC (AA 닮음) … ❶

이때 닮음비는 $\overline{AD}:\overline{CB}=9:18=1:2$이므로 넓이의 비는 $1^2:2^2=1:4$이다. … ❷

즉, △ODA : △OBC=1 : 4이므로

△ODA : 92=1 : 4, 4△ODA=92

∴ △ODA=23(cm²) … ❸

답 23 cm²

채점 기준	배점
❶ △ODA∽△OBC임을 설명하기	30%
❷ △ODA와 △OBC의 넓이의 비를 가장 간단한 자연수의 비로 나타내기	30%
❸ △ODA의 넓이 구하기	40%

26
두 원의 반지름의 길이의 비가 3 : 4이므로 넓이의 비는 $3^2:4^2=9:16$이다.

큰 원을 색칠하는 데 사용한 물감의 양을 x mL라 하면

$50:x=(9+16):16$, $25x=800$

$\therefore x=32$

따라서 큰 원을 색칠하는 데 사용한 물감의 양은 32 mL이다. 답 32 mL

27
A4 용지의 짧은 변의 길이를 a라 하면 A8 용지의 짧은 변의 길이는 $a\times\frac{1}{2}\times\frac{1}{2}=\frac{1}{4}a$이다.

즉, A4 용지와 A8 용지의 닮음비는 $a:\frac{1}{4}a=4:1$이므로 넓이의 비는 $4^2:1^2=16:1$이다.

A8 용지 100매의 가격을 x원이라 하면

$6000:x=16:1$, $16x=6000$ $\quad\therefore x=375$

따라서 A8 용지 200매의 가격은

375×2=750(원) 답 750원

28
두 정사각형의 한 변의 길이의 비가 5 : 2이므로 넓이의 비는 $5^2:2^2=25:4$이다.

정사각형 EFGH의 넓이를 S cm²라 하면

$100:S=25:4$, $25S=400$ $\quad\therefore S=16$

따라서 남은 색종이의 넓이는

100−16=84(cm²) 답 ⑤

29 두 직육면체 A, B의 닮음비가 3 : 5이므로 겉넓이의 비는 $3^2 : 5^2 = 9 : 25$이다.
이때 직육면체 B의 겉넓이를 S cm²라 하면
$27 : S = 9 : 25$, $9S = 675$ $\quad \therefore S = 75$
따라서 직육면체 B의 겉넓이는 75 cm²이다. 답 ④

30 두 구 A, B의 닮음비가 16 : 8=2 : 1이므로 겉넓이의 비는 $2^2 : 1^2 = 4 : 1$이다. 답 ④

31 두 원뿔 A, B의 겉넓이의 비가 $4 : 9 = 2^2 : 3^2$이므로 닮음비는 2 : 3이다. …❶
$x : 9 = 2 : 3$에서 $3x = 18$ $\quad \therefore x = 6$ …❷
$10 : y = 2 : 3$에서 $2y = 30$ $\quad \therefore y = 15$ …❸
$\therefore x + y = 6 + 15 = 21$ …❹
답 21

채점 기준	배점
❶ 두 원뿔 A, B의 닮음비 구하기	30%
❷ x의 값 구하기	30%
❸ y의 값 구하기	30%
❹ $x+y$의 값 구하기	10%

32 두 정팔면체 A, B의 겉넓이의 비가 $25 : 49 = 5^2 : 7^2$이므로 닮음비는 5 : 7이다.
즉, 두 정팔면체 A, B의 부피의 비는
$5^3 : 7^3 = 125 : 343$
정팔면체 A의 부피를 V cm³라 하면
$V : 343 = 125 : 343$ $\quad \therefore V = 125$
따라서 정팔면체 A의 부피는 125 cm³이다. 답 125 cm³

33 큰 쇠구슬과 작은 쇠구슬의 반지름의 길이의 비가 4 : 1이므로 부피의 비는 $4^3 : 1^3 = 64 : 1$이다.
따라서 작은 쇠구슬을 최대 64개 만들 수 있다. 답 64개

34 □ABCD와 □EFGH의 닮음비가 12 : 16=3 : 4이므로 $\overline{AB}$와 $\overline{EF}$를 각각 회전축으로 하여 1회전 시킬 때 생기는 회전체의 부피의 비는
$3^3 : 4^3 = 27 : 64$
□ABCD를 $\overline{AB}$를 회전축으로 하여 1회전 시킬 때 생기는 회전체의 부피를 V cm³라 하면
$V : 256\pi = 27 : 64$, $64V = 6912\pi$ $\quad \therefore V = 108\pi$
따라서 구하는 회전체의 부피는 108π cm³이다.
답 108π cm³

참고 □ABCD와 □EFGH를 $\overline{AB}$, $\overline{EF}$를 각각 회전축으로 하여 1회전 시킬 때 생기는 회전체는 모두 원기둥이고 닮은 도형이다.

35 그릇과 물이 채워진 부분의 닮음비가 3 : 1이므로 부피의 비는 $3^3 : 1^3 = 27 : 1$이다.
빈 그릇에 물을 가득 채우는 데 걸리는 시간을 t초라 하면
$27 : 1 = t : 20$ $\quad \therefore t = 540$
따라서 빈 그릇에 물을 가득 채우는 데 걸리는 시간이 540초이므로 앞으로 540−20=520(초) 동안 물을 더 넣어야 한다. 답 520초

다른풀이 그릇과 물이 채워진 부분의 닮음비가 3 : 1이므로 부피의 비는 $3^3 : 1^3 = 27 : 1$이다.
이때 물이 채워진 부분과 더 채워 넣어야 하는 부분의 부피의 비는 $1 : (27-1) = 1 : 26$이므로 앞으로 t초 동안 물을 더 넣어야 된다고 하면
$1 : 26 = 20 : t$ $\quad \therefore t = 520$
따라서 앞으로 520초 동안 물을 더 넣어야 한다.

36 50 cm=0.5 m이고
△ABC∽△DEF (AA 닮음)이므로
$\overline{AB} : \overline{DE} = \overline{BC} : \overline{EF}$에서
$\overline{AB} : 0.5 = 4 : 1$ $\quad \therefore \overline{AB} = 2$(m)
따라서 나무의 높이는 2 m이다. 답 ③

37 △ACB∽△AED (AA 닮음)이므로
$\overline{BC} : \overline{DE} = \overline{AC} : \overline{AE}$에서
$1 : \overline{DE} = 5 : (5 + 7.5)$, $5\overline{DE} = 12.5$ $\quad \therefore \overline{DE} = 2.5$(m)
따라서 가로등의 높이는 2.5 m이다. 답 2.5 m

38 △ABC∽△DEC (AA 닮음)이므로
$\overline{AB} : \overline{DE} = \overline{BC} : \overline{EC}$에서
$1.6 : \overline{DE} = 1.2 : 3$, $1.2\overline{DE} = 4.8$ $\quad \therefore \overline{DE} = 4$(m)
따라서 건물의 높이는 4 m이다. 답 4 m

39 $(\text{실제 거리}) = \dfrac{(\text{축도에서의 거리})}{(\text{축척})}$
$= 6 \times 3000000$
$= 18000000(\text{cm}) = 180(\text{km})$ 답 180 km

보충 TIP a km$=a \times 1000$ m$=a \times 100000$ cm

40 $(\text{실제 거리}) = \dfrac{(\text{축도에서의 거리})}{(\text{축척})}$
$= 5 \times 200$
$= 1000(\text{cm}) = 10(\text{m})$ 답 10 m

41 모형과 건물의 닮음비는 1 : 300이므로 겉넓이의 비는 $1^2 : 300^2 = 1 : 90000$이다.

실제 건물을 칠하는 데 필요한 페인트의 양을 x통이라 하면

$\frac{1}{3} : x=1 : 90000 \qquad \therefore x=30000$

따라서 필요한 페인트의 양은 30000통이다. 답 30000통

42 실제 땅의 가로의 길이는

$3\times50000=150000(\text{cm})=1.5(\text{km})$ … ❶

실제 땅의 세로의 길이는

$4\times50000=200000(\text{cm})=2(\text{km})$ … ❷

따라서 실제 땅의 넓이는

$1.5\times2=3(\text{km}^2)$ … ❸

답 3 km^2

채점 기준	배점
❶ 실제 땅의 가로의 길이 구하기	40%
❷ 실제 땅의 세로의 길이 구하기	40%
❸ 실제 땅의 넓이 구하기	20%

다른 풀이 지도에서의 땅의 넓이는

$3\times4=12(\text{cm}^2)$

실제 땅의 넓이를 $S\text{ cm}^2$라 하면

$12 : S=1 : 50000^2 \qquad \therefore S=3\times10^{10}$

따라서 실제 땅의 넓이는

$3\times10^{10}(\text{cm}^2)=3(\text{km}^2)$

Real 실전 기출

102~104쪽

01 점 G′은 △GBC의 무게중심이므로

$\overline{GD}=\frac{3}{2}\overline{GG'}=\frac{3}{2}\times8=12(\text{cm})$

또, 점 G는 △ABC의 무게중심이므로

$\overline{AD}=3\overline{GD}=3\times12=36(\text{cm})$ 답 36 cm

02 △ABC에서 $\overline{AF}=\overline{FB}$, $\overline{AE}=\overline{EC}$이므로

$\overline{FE}\,/\!/\,\overline{BC}$

△HGE와 △DGB에서

∠HGE=∠DGB (맞꼭지각), ∠GEH=∠GBD (엇각)

이므로 △HGE∽△DGB (AA 닮음)

따라서 $\overline{GH} : \overline{GD}=\overline{GE} : \overline{GB}$이므로

$7 : \overline{GD}=1 : 2 \qquad \therefore \overline{GD}=14(\text{cm})$ 답 14 cm

03 점 G는 △ABC의 무게중심이므로

$\overline{AF}=\frac{3}{2}\overline{AG}=\frac{3}{2}\times4=6(\text{cm})$

직각삼각형의 외심은 빗변의 중점과 일치하므로 점 F는 △ABC의 외심이다.

즉, $\overline{AF}=\overline{BF}=\overline{CF}$이므로

$\overline{BC}=2\overline{AF}=2\times6=12(\text{cm})$ 답 12 cm

04 ② $\overline{CD}=\overline{CE}$인지는 알 수 없다.

④ $\triangle GBD=\frac{1}{6}\triangle ABC$, $\triangle GCA=\frac{1}{3}\triangle ABC$이므로

$\triangle GBD=\frac{1}{2}\triangle GCA$

⑤ □GDCE$=\frac{1}{3}\triangle ABC$이므로 △ABC=3□GDCE

답 ②

05 오른쪽 그림과 같이 $\overline{AC}$를 그어 $\overline{BD}$와 만나는 점을 O라 하면

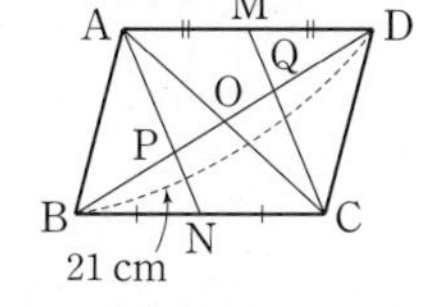

$\overline{AO}=\overline{OC}$, $\overline{BN}=\overline{NC}$, $\overline{AM}=\overline{MD}$

이므로 두 점 P, Q는 각각 △ABC, △ACD의 무게중심이다.

$\overline{BP} : \overline{PO}=2 : 1$이고 $\overline{BO}=\overline{DO}$이므로

$\overline{BP}=\overline{PQ}=\overline{QD}$

$\therefore \overline{PQ}=\frac{1}{3}\overline{BD}=\frac{1}{3}\times21=7(\text{cm})$ 답 7 cm

06 △ADE와 △ABC에서

∠A는 공통, ∠ADE=∠B (동위각)

이므로 △ADE∽△ABC (AA 닮음)

이때 닮음비는 $\overline{AD} : \overline{AB}=5 : (5+10)=1 : 3$이므로 넓이의 비는 $1^2 : 3^2=1 : 9$이다.

즉, △ADE : □DBCE$=1 : (9-1)=1 : 8$이므로

$10 :$ □DBCE$=1 : 8 \qquad \therefore$ □DBCE$=80(\text{cm}^2)$

답 80 cm^2

07 두 구의 겉넓이의 비가 $8 : 50=4 : 25=2^2 : 5^2$이므로 닮음비는 $2 : 5$이다.

이때 두 구의 부피의 비는 $2^3 : 5^3=8 : 125$이므로 큰 구의 부피를 $V\text{ cm}^3$라 하면

$24 : V=8 : 125,\ 8V=3000 \qquad \therefore V=375$

따라서 큰 구의 부피는 375 cm^3이다. 답 375 cm^3

08 그릇과 물이 채워진 부분의 닮음비가 $3 : 2$이므로 부피의 비는 $3^3 : 2^3=27 : 8$이다.

그릇의 부피를 $V\text{ cm}^3$라 하면

$V : 32\pi=27 : 8,\ 8V=864\pi \qquad \therefore V=108\pi$

따라서 그릇의 부피는 $108\pi\text{ cm}^3$이다. 답 $108\pi\text{ cm}^3$

09 △ABC∽△DEC (AA 닮음)이므로

$\overline{AB} : \overline{DE}=\overline{BC} : \overline{EC}$에서

$\overline{AB} : 4=30 : 10,\ \overline{AB} : 4=3 : 1 \qquad \therefore \overline{AB}=12(\text{m})$

따라서 두 지점 A, B 사이의 거리는 12 m이다. 답 12 m

10 오른쪽 그림과 같이 $\overline{BG'}$의 연장선이 $\overline{AC}$와 만나는 점을 E라 하자.

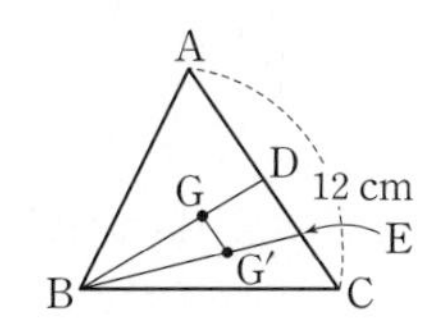

△BG′G와 △BED에서

$\overline{BG} : \overline{BD}=2 : 3$

$\overline{BG'} : \overline{BE} = 2 : 3$

$\angle GBG'$은 공통

이므로 $\triangle BG'G \backsim \triangle BED$ (SAS 닮음)

따라서 $\overline{GG'} : \overline{DE} = 2 : 3$이고

$\overline{DE} = \frac{1}{2}\overline{DC} = \frac{1}{2} \times \frac{1}{2}\overline{AC}$

$= \frac{1}{4}\overline{AC} = \frac{1}{4} \times 12 = 3(\text{cm})$

이므로 $\overline{GG'} : 3 = 2 : 3$

$\therefore \overline{GG'} = 2(\text{cm})$ 답 2 cm

11 $\triangle ABC$와 $\triangle EFD$에서

$\overline{AB} : \overline{EF} = 2 : 1$

$\overline{BC} : \overline{FD} = 2 : 1$

$\overline{CA} : \overline{DE} = 2 : 1$

이므로 $\triangle ABC \backsim \triangle EFD$ (SSS 닮음)

이때 $\triangle ABC$와 $\triangle EFD$의 닮음비는 $2 : 1$이므로 넓이의 비는 $2^2 : 1^2 = 4 : 1$이다.

즉, $\triangle ABC : \triangle EFD = 4 : 1$이므로

$\triangle ABC : 3 = 4 : 1$ $\therefore \triangle ABC = 12(\text{cm}^2)$

이때 점 G는 $\triangle ABC$의 무게중심이므로

$\triangle GBE = \frac{1}{6}\triangle ABC$

$= \frac{1}{6} \times 12 = 2(\text{cm}^2)$ 답 2 cm²

12 상자 A에 들어 있는 구슬과 상자 B에 들어 있는 구슬 1개의 반지름의 길이의 비는 $3 : 1$이므로 겉넓이의 비는 $3^2 : 1^2 = 9 : 1$이다.

두 상자 A, B에 들어 있는 구슬은 각각 1개, 27개이므로 두 상자에 들어 있는 구슬 전체의 겉넓이의 비는

$(9 \times 1) : (1 \times 27) = 1 : 3$ 답 1 : 3

13 오른쪽 그림과 같이 주어진 정사면체의 전개도의 일부에 $\overline{BD}$를 그으면 두 점 G, K는 모두 $\overline{BD}$ 위에 있다.

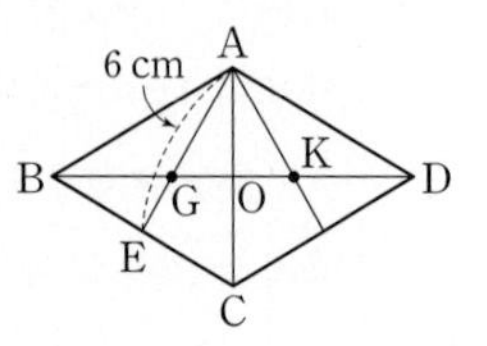

$\overline{BD}$와 $\overline{AC}$의 교점을 O라 하면

$\triangle ABC \equiv \triangle ACD$이고 두 점 G, K는 각각 $\triangle ABC$, $\triangle ACD$의 무게중심이므로

$\overline{GO} = \overline{KO}$ $\therefore \overline{GK} = 2\overline{GO}$

한편, $\triangle ABC$는 정삼각형이므로

$\overline{GO} = \frac{1}{3}\overline{BO} = \frac{1}{3}\overline{AE} = \frac{1}{3} \times 6 = 2(\text{cm})$

$\therefore \overline{GK} = 2\overline{GO} = 2 \times 2 = 4(\text{cm})$

따라서 구하는 최단 거리는 4 cm이다. 답 4 cm

14 $\triangle AEG = \frac{1}{6}\triangle ABC$

$= \frac{1}{6} \times 96 = 16(\text{cm}^2)$

$\overline{AG} : \overline{GD} = 2 : 1$이므로

$\triangle GED = \frac{1}{2}\triangle AEG$

$= \frac{1}{2} \times 16 = 8(\text{cm}^2)$

$\overline{GD} : \overline{GM} = 2 : 1$이므로

$\triangle GME = \frac{1}{2}\triangle GED$

$= \frac{1}{2} \times 8 = 4(\text{cm}^2)$

$\overline{EG} : \overline{GN} = 2 : 1$이므로

$\triangle GNM = \frac{1}{2}\triangle GME$

$= \frac{1}{2} \times 4 = 2(\text{cm}^2)$

$\triangle GDN = \frac{1}{2}\triangle GED$

$= \frac{1}{2} \times 8 = 4(\text{cm}^2)$

$\therefore \square DNME = \triangle GED + \triangle GDN + \triangle GNM + \triangle GME$

$= 8 + 4 + 2 + 4 = 18(\text{cm}^2)$ 답 18 cm²

참고 $\triangle ABD$에서 $\overline{AE} = \overline{EB}$, $\overline{AM} = \overline{MD}$이므로
$\overline{EM} /\!/ \overline{BD}$, 즉 $\overline{EM} /\!/ \overline{BC}$
$\triangle GDC$와 $\triangle GME$에서
$\angle CGD = \angle EGM$ (맞꼭지각), $\angle GDC = \angle GME$ (엇각)
이므로 $\triangle GDC \backsim \triangle GME$ (AA 닮음)
$\therefore \overline{GD} : \overline{GM} = \overline{GC} : \overline{GE} = 2 : 1$

15 다음 그림과 같이 $\overline{AC}$의 연장선과 $\overline{BD}$의 연장선의 교점을 P라 하자.

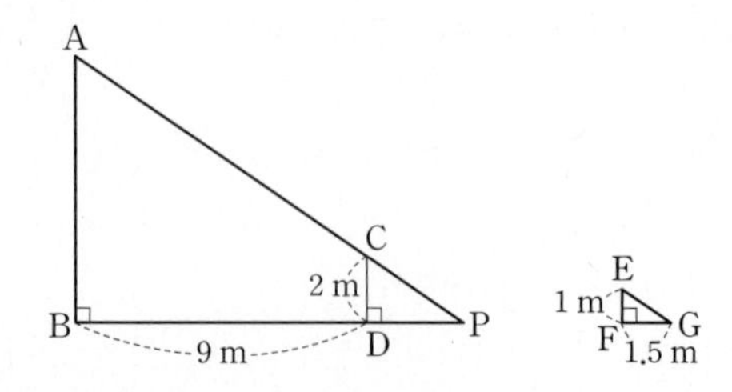

$\triangle CDP \backsim \triangle EFG$ (AA 닮음)이므로

$\overline{CD} : \overline{EF} = \overline{DP} : \overline{FG}$에서

$2 : 1 = \overline{DP} : 1.5$ $\therefore \overline{DP} = 3(\text{m})$

$\therefore \overline{BP} = \overline{BD} + \overline{DP}$

$= 9 + 3 = 12(\text{m})$

또, $\triangle ABP \backsim \triangle CDP$ (AA 닮음)이므로

$\overline{AB} : \overline{CD} = \overline{BP} : \overline{DP}$에서

$\overline{AB} : 2 = 12 : 3$, $\overline{AB} : 2 = 4 : 1$

$\therefore \overline{AB} = 8(\text{m})$

따라서 전봇대의 높이는 8 m이다. 답 8 m

16 △ABC에서 $\overline{BM}=\overline{MA}$, $\overline{BN}=\overline{NC}$이므로

$\overline{MN}=\frac{1}{2}\overline{AC}=\frac{1}{2}\times12=6(\text{cm})$ … ❶

또, 점 G는 △ABN의 무게중심이므로

$\overline{GM}=\frac{1}{3}\overline{MN}=\frac{1}{3}\times6=2(\text{cm})$ … ❷

답 2 cm

채점 기준	배점
❶ $\overline{MN}$의 길이 구하기	50%
❷ $\overline{GM}$의 길이 구하기	50%

17 점 G는 △ABC의 무게중심이므로

$\triangle GBD:\triangle GDE=\overline{BG}:\overline{GE}=2:1$

$\triangle GBD:8=2:1$ $\therefore \triangle GBD=16(\text{cm}^2)$ … ❶

$\therefore \triangle ABC=6\triangle GBD$

$=6\times16=96(\text{cm}^2)$ … ❷

답 96 cm^2

채점 기준	배점
❶ △GBD의 넓이 구하기	50%
❷ △ABC의 넓이 구하기	50%

18 △BDE와 △BCA에서

∠B는 공통, ∠BDE=∠C (동위각)

이므로 △BDE∽△BCA (AA 닮음) … ❶

한편, $\overline{AD}$가 ∠A의 이등분선이므로

$\overline{BD}:\overline{CD}=\overline{AB}:\overline{AC}=10:6=5:3$

$\therefore \overline{BD}:\overline{BC}=5:(5+3)=5:8$

따라서 △BDE와 △BCA의 닮음비는 5 : 8이므로 넓이의 비는 $5^2:8^2=25:64$이다. … ❷

즉, △BDE : △BCA=25 : 64이므로

△BDE : 32=25 : 64, 64△BDE=800

$\therefore \triangle BDE=\frac{25}{2}(\text{cm}^2)$ … ❸

답 $\frac{25}{2}\text{ cm}^2$

채점 기준	배점
❶ △BDE∽△BCA임을 설명하기	30%
❷ △BDE와 △BCA의 넓이의 비를 가장 간단한 자연수의 비로 나타내기	40%
❸ △BDE의 넓이 구하기	30%

19 $\overline{PM}$, $\overline{PN}$, $\overline{PQ}$가 모선인 세 원뿔은 닮은 도형이고 닮음비는 1 : 2 : 3이므로 부피의 비는 $1^3:2^3:3^3=1:8:27$이다. … ❶

이때 세 입체도형 A, B, C의 부피의 비는

$1:(8-1):(27-8)=1:7:19$ … ❷

입체도형 C의 부피를 $V\text{ cm}^3$라 하면

$14:V=7:19$, $7V=266$ $\therefore V=38$

따라서 입체도형 C의 부피는 38 cm^3이다. … ❸

답 38 cm^3

채점 기준	배점
❶ $\overline{PM}$, $\overline{PN}$, $\overline{PQ}$가 모선인 세 원뿔의 부피의 비를 가장 간단한 자연수의 비로 나타내기	30%
❷ 세 입체도형 A, B, C의 부피의 비를 가장 간단한 자연수의 비로 나타내기	30%
❸ 입체도형 C의 부피 구하기	40%

20 오른쪽 그림과 같이 $\overline{AC}$를 그으면 점 G는 △ABC의 무게중심이므로

$\overline{AG}:\overline{GF}=2:1$

$\triangle AGC:\triangle GFC=\overline{AG}:\overline{GF}=2:1$

$\triangle AGC:4=2:1$

$\therefore \triangle AGC=8(\text{cm}^2)$ … ❶

$\triangle ACD=\triangle ABC=3\triangle AGC$

$=3\times8=24(\text{cm}^2)$ … ❷

$\therefore \square AGCD=\triangle AGC+\triangle ACD$

$=8+24=32(\text{cm}^2)$ … ❸

답 32 cm^2

채점 기준	배점
❶ △AGC의 넓이 구하기	40%
❷ △ACD의 넓이 구하기	40%
❸ □AGCD의 넓이 구하기	20%

21 직각삼각형 ABC를 $\overline{AB}$를 회전축으로 하여 1회전 시킬 때 생기는 원뿔과 그 안에 꼭 맞게 들어가는 밑면의 반지름의 길이가 1 cm인 원기둥은 오른쪽 그림과 같다.

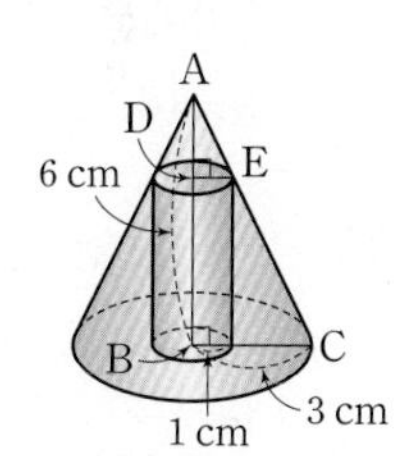

△ADE와 △ABC에서

∠DAE는 공통, ∠ADE=∠ABC=90°

이므로 △ADE∽△ABC (AA 닮음) … ❶

따라서 $\overline{AD}:\overline{AB}=\overline{DE}:\overline{BC}$이므로

$\overline{AD}:6=1:3$, $3\overline{AD}=6$

$\therefore \overline{AD}=2(\text{cm})$ … ❷

$\therefore \overline{DB}=\overline{AB}-\overline{AD}=6-2=4(\text{cm})$

따라서 원기둥의 높이는 4 cm이다. … ❸

답 4 cm

채점 기준	배점
❶ △ADE∽△ABC임을 설명하기	40%
❷ $\overline{AD}$의 길이 구하기	40%
❸ 원기둥의 높이 구하기	20%

08 피타고라스 정리

Real 실전 개념

107, 109쪽

01 $x^2=4^2+3^2=25$이므로 $x=5$ ($\because x>0$) 답 5

02 $x^2=5^2+12^2=169$이므로 $x=13$ ($\because x>0$) 답 13

03 $10^2=8^2+x^2$이므로 $x^2=36$ $\therefore x=6$ ($\because x>0$) 답 6

04 $17^2=x^2+15^2$이므로 $x^2=64$ $\therefore x=8$ ($\because x>0$) 답 8

05 $\triangle$ABD에서 $15^2=x^2+9^2$이므로 $x^2=144$
$\therefore x=12$ ($\because x>0$)
$\triangle$ADC에서 $y^2=12^2+5^2=169$
$\therefore y=13$ ($\because y>0$) 답 $x=12$, $y=13$

06 $\triangle$ABD에서 $10^2=x^2+6^2$이므로 $x^2=64$
$\therefore x=8$ ($\because x>0$)
$\triangle$ABC에서 $y^2=8^2+(6+9)^2=289$
$\therefore y=17$ ($\because y>0$) 답 $x=8$, $y=17$

07 답 $\triangle$CEB

08 답 SAS, $\triangle$FAB

09 답 $\triangle$FLB

10 $\square$BFGC$=\square$ADEB$+\square$ACHI이므로
$25=16+\square$ACHI $\therefore \square$ACHI$=9$(cm^2) 답 9 cm^2

11 $\square$ACHI는 정사각형이므로 $\overline{AC}^2=9$
$\therefore \overline{AC}=3$(cm) ($\because \overline{AC}>0$) 답 3 cm

12 $\square$ADEB는 정사각형이므로 $\overline{AB}^2=16$
$\therefore \overline{AB}=4$(cm) ($\because \overline{AB}>0$)
$\therefore \triangle ABC=\frac{1}{2}\times\overline{AB}\times\overline{AC}$
$=\frac{1}{2}\times4\times3=6$(cm^2) 답 6 cm^2

13 $\triangle$AEH에서 $\overline{EH}^2=8^2+6^2=100$
$\therefore \overline{EH}=10$(cm) ($\because \overline{EH}>0$) 답 10 cm

14 $\triangle AEH\equiv\triangle BFE\equiv\triangle CGF\equiv\triangle DHG$ (SAS 합동)이므로
$\square$EFGH는 정사각형이다.
$\therefore$ ($\square$EFGH의 둘레의 길이)$=4\times\overline{EH}$
$=4\times10$
$=40$(cm) 답 40 cm

15 $\square$EFGH$=\overline{EH}^2=100$(cm^2) 답 100 cm^2

16 $13^2=5^2+12^2$이므로 직각삼각형이다. 답 ○

17 $10^2=6^2+8^2$이므로 직각삼각형이다. 답 ○

18 $11^2\neq7^2+9^2$이므로 직각삼각형이 아니다. 답 ×

19 $15^2=9^2+12^2$이므로 직각삼각형이다. 답 ○

20 $8^2>4^2+6^2$이므로 둔각삼각형이다. 답 둔

21 $9^2<7^2+8^2$이므로 예각삼각형이다. 답 예

22 $25^2=7^2+24^2$이므로 직각삼각형이다. 답 직

23 $17^2=8^2+15^2$이므로 직각삼각형이다. 답 직

24 $5^2=4^2+\overline{AC}^2$이므로 $\overline{AC}^2=9$
$\therefore \overline{AC}=3$(cm) ($\because \overline{AC}>0$) 답 3 cm

25 $\overline{AB}^2=\overline{BD}\times\overline{BC}$이므로
$4^2=\overline{BD}\times5$ $\therefore \overline{BD}=\frac{16}{5}$(cm) 답 $\frac{16}{5}$ cm

26 $\overline{AB}\times\overline{AC}=\overline{BC}\times\overline{AD}$이므로
$4\times3=5\times\overline{AD}$ $\therefore \overline{AD}=\frac{12}{5}$(cm) 답 $\frac{12}{5}$ cm

27 답 $\overline{DE}^2$, $\overline{BC}^2$, $\overline{DE}^2$, $\overline{BC}^2$, $\overline{BE}^2$, $\overline{CD}^2$, $\overline{BE}^2$, $\overline{CD}^2$

28 답 c^2+d^2, c^2+d^2, a^2+d^2, a^2+d^2

29 $x^2+y^2=5^2+4^2=41$ 답 41

30 $x^2+y^2=6^2+8^2=100$ 답 100

31 (색칠한 부분의 넓이)$=7+4=11$(cm^2) 답 11 cm^2

32 (색칠한 부분의 넓이)$=10-6=4$(cm^2) 답 4 cm^2

33 (색칠한 부분의 넓이)$=\triangle$ABC
$=\frac{1}{2}\times8\times5=20$(cm^2) 답 20 cm^2

34 (색칠한 부분의 넓이)$=6+9=15$(cm^2) 답 15 cm^2

Real 실전 유형 110~115쪽

01 $\overline{AC}^2=13^2-12^2=25$이므로
$\overline{AC}=5(cm)$ ($\because \overline{AC}>0$)
$\therefore \triangle ABC=\frac{1}{2}\times 12\times 5=30(cm^2)$ 답 ①

02 $\triangle ABC$에서 $\overline{BC}^2=16^2+12^2=400$
$\therefore \overline{BC}=20(cm)$ ($\because \overline{BC}>0$)
즉, 반원 O의 반지름의 길이는
$20\times\frac{1}{2}=10(cm)$
따라서 색칠한 부분의 넓이는
$\frac{1}{2}\times\pi\times 10^2-\frac{1}{2}\times 16\times 12=50\pi-96(cm^2)$
답 $(50\pi-96)$ cm²

03 정사각형 ABCD의 넓이가 64 cm²이므로
$\overline{AB}^2=64$ $\therefore \overline{AB}=8(cm)$ ($\because \overline{AB}>0$) … ❶
또, 정사각형 ECFG의 넓이가 49 cm²이므로
$\overline{CF}^2=49$ $\therefore \overline{CF}=7(cm)$ ($\because \overline{CF}>0$) … ❷
$\triangle ABF$에서 $\overline{AF}^2=8^2+(8+7)^2=289$
$\therefore \overline{AF}=17(cm)$ ($\because \overline{AF}>0$) … ❸
답 17 cm

채점 기준	배점
❶ $\overline{AB}$의 길이 구하기	30%
❷ $\overline{CF}$의 길이 구하기	30%
❸ $\overline{AF}$의 길이 구하기	40%

04 $\overline{AB}=3a$ cm, $\overline{BC}=4a$ cm라 하면 $\triangle ABC$에서
$(3a)^2+(4a)^2=20^2$, $9a^2+16a^2=400$
$25a^2=400$, $a^2=16$ $\therefore a=4$ ($\because a>0$)
$\therefore \overline{AD}=\overline{BC}=4\times 4=16(cm)$ 답 ⑤

05 $\triangle BCD$에서 $\overline{CD}^2=17^2-15^2=64$
$\therefore \overline{CD}=8(cm)$ ($\because \overline{CD}>0$)
$\therefore \square ABCD=15\times 8=120(cm^2)$ 답 120 cm²

06 직사각형의 대각선의 길이를 l cm라 하면
$l^2=12^2+5^2=169$ $\therefore l=13$ ($\because l>0$)
즉, 원 O의 반지름의 길이는
$13\times\frac{1}{2}=\frac{13}{2}(cm)$
따라서 원 O의 둘레의 길이는
$2\pi\times\frac{13}{2}=13\pi(cm)$ 답 ②

보충 TIP 직사각형의 외접원의 반지름의 길이는 직사각형의 대각선의 길이의 $\frac{1}{2}$이다.

07 $\triangle ABD$에서 $\overline{AD}^2=10^2-6^2=64$
$\therefore \overline{AD}=8(cm)$ ($\because \overline{AD}>0$)
$\triangle ADC$에서 $\overline{AC}^2=8^2+15^2=289$
$\therefore \overline{AC}=17(cm)$ ($\because \overline{AC}>0$) 답 17 cm

08 $\overline{BM}=\frac{1}{2}\overline{AB}=\frac{1}{2}\times 6=3$
$\triangle MBC$에서 $\overline{BC}^2=5^2-3^2=16$
$\therefore \overline{BC}=4$ ($\because \overline{BC}>0$)
$\triangle ABC$에서 $\overline{AC}^2=6^2+4^2=52$ 답 52

09 $\triangle ACD$에서 $\overline{AC}^2=13^2-5^2=144$
$\therefore \overline{AC}=12(cm)$ ($\because \overline{AC}>0$)
$\triangle ABC$에서 $\overline{AB}^2=9^2+12^2=225$
$\therefore \overline{AB}=15(cm)$ ($\because \overline{AB}>0$)
따라서 $\triangle ABC$의 둘레의 길이는
$\overline{AB}+\overline{BC}+\overline{CA}=15+9+12=36(cm)$ 답 36 cm

10 $\triangle ABC$에서 $\overline{BC}^2=30^2-18^2=576$
$\therefore \overline{BC}=24(cm)$ ($\because \overline{BC}>0$) … ❶
$\overline{AD}$는 $\angle A$의 이등분선이므로
$\overline{BD}:\overline{DC}=\overline{AB}:\overline{AC}=30:18=5:3$ … ❷
$\therefore \overline{BD}=\overline{BC}\times\frac{5}{5+3}=24\times\frac{5}{8}=15(cm)$ … ❸
답 15 cm

채점 기준	배점
❶ $\overline{BC}$의 길이 구하기	40%
❷ $\overline{BD}:\overline{DC}$ 구하기	30%
❸ $\overline{BD}$의 길이 구하기	30%

11 $\triangle ABC$에서 $\overline{BC}^2=12^2+16^2=400$
$\therefore \overline{BC}=20(cm)$ ($\because \overline{BC}>0$)
$\overline{AB}^2=\overline{BD}\times\overline{BC}$이므로
$12^2=\overline{BD}\times 20$ $\therefore \overline{BD}=\frac{36}{5}(cm)$ 답 $\frac{36}{5}$ cm

12 $\overline{BD}^2=\overline{AD}\times\overline{CD}$이므로
$6^2=\overline{AD}\times 12$ $\therefore \overline{AD}=3$
$\triangle ABD$에서 $\overline{AB}^2=6^2+3^2=45$ 답 45
다른 풀이 $\overline{AD}=3$이므로
$\overline{AB}^2=\overline{AD}\times\overline{AC}=3\times(3+12)=45$

13 $\triangle ABD$에서 $x^2=15^2-9^2=144$
$\therefore x=12$ ($\because x>0$)

$\overline{AB}^2=\overline{BD}\times\overline{BC}$이므로

$15^2=9\times y \qquad \therefore y=25$

$\triangle ABC$에서 $z^2=25^2-15^2=400$

$\therefore z=20\ (\because z>0)$

$\therefore x+y+z=12+25+20=57$ **답** ③

14 오른쪽 그림과 같이 점 A에서 $\overline{BC}$에 내린 수선의 발을 H라 하면

$\overline{HC}=\overline{AD}=13(\text{cm})$

$\overline{AH}=\overline{DC}=24(\text{cm})$

$\triangle ABH$에서

$\overline{BH}^2=25^2-24^2=49$

$\therefore \overline{BH}=7(\text{cm})\ (\because \overline{BH}>0)$

$\therefore \overline{BC}=\overline{BH}+\overline{HC}=7+13=20(\text{cm})$ **답** 20 cm

15 오른쪽 그림과 같이 $\overline{BD}$를 그으면

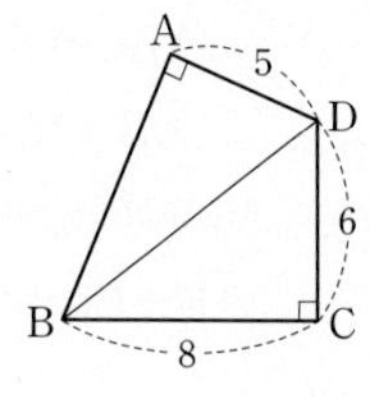

$\triangle BCD$에서

$\overline{BD}^2=8^2+6^2=100$

$\therefore \overline{BD}=10\ (\because \overline{BD}>0)$

$\triangle ABD$에서

$\overline{AB}^2=10^2-5^2=75$ **답** 75

16 오른쪽 그림과 같이 점 D에서 $\overline{BC}$에 내린 수선의 발을 H라 하면

$\overline{BH}=\overline{AD}=12(\text{cm})$

$\therefore \overline{CH}=\overline{BC}-\overline{BH}$

$=20-12=8(\text{cm})$

$\triangle DHC$에서 $\overline{DH}^2=17^2-8^2=225$

$\therefore \overline{DH}=15(\text{cm})\ (\because \overline{DH}>0)$

$\overline{AB}=\overline{DH}=15(\text{cm})$이므로 $\triangle ABC$에서

$\overline{AC}^2=15^2+20^2=625$

$\therefore \overline{AC}=25(\text{cm})\ (\because \overline{AC}>0)$ **답** 25 cm

17 오른쪽 그림과 같이 두 점 A, D에서 $\overline{BC}$에 내린 수선의 발을 각각 H, I라 하면

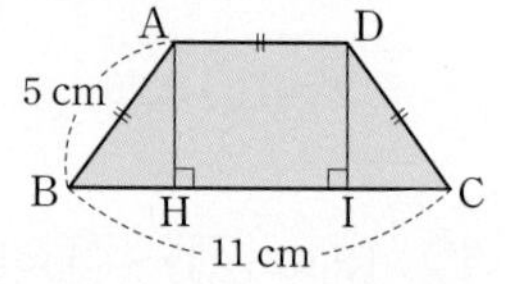

$\overline{BH}=\frac{1}{2}\times(\overline{BC}-\overline{AD})$

$=\frac{1}{2}\times(11-5)=3(\text{cm})$ ⋯❶

$\triangle ABH$에서 $\overline{AH}^2=5^2-3^2=16$

$\therefore \overline{AH}=4(\text{cm})\ (\because \overline{AH}>0)$ ⋯❷

$\therefore \square ABCD=\frac{1}{2}\times(5+11)\times4=32(\text{cm}^2)$ ⋯❸

답 32 cm^2

채점 기준	배점
❶ $\overline{BH}$의 길이 구하기	40%
❷ $\overline{AH}$의 길이 구하기	40%
❸ $\square ABCD$의 넓이 구하기	20%

참고 $\triangle ABH$와 $\triangle DCI$에서

$\angle AHB=\angle DIC=90°$, $\overline{AB}=\overline{DC}$, $\angle B=\angle C$

이므로 $\triangle ABH\equiv\triangle DCI$ (RHA 합동)

$\therefore \overline{BH}=\overline{CI}$

18 $\square ADEB=\square BFGC-\square ACHI$

$=60-24=36(\text{cm}^2)$

오른쪽 그림과 같이 $\overline{EA}$, $\overline{EC}$를 그으면

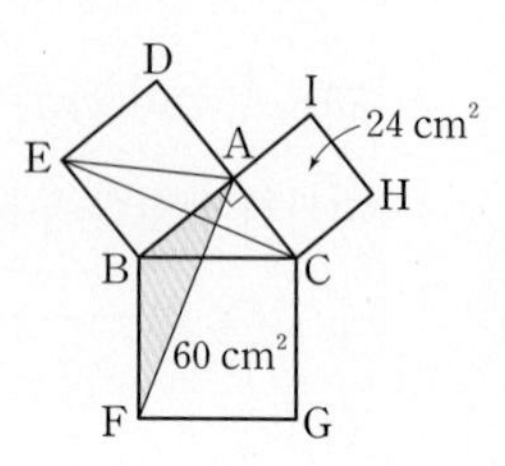

$\triangle ABF=\triangle EBC$

$=\triangle EBA$

$=\frac{1}{2}\square ADEB$

$=\frac{1}{2}\times36=18(\text{cm}^2)$ **답** 18 cm^2

19 $\square ACHI=\square BFGC-\square ADEB$

$=89-64=25(\text{cm}^2)$

이때 $\square ACHI$는 정사각형이므로 $\overline{AC}^2=25$

$\therefore \overline{AC}=5(\text{cm})\ (\because \overline{AC}>0)$ ⋯❶

또, $\square ADEB$도 정사각형이므로 $\overline{AB}^2=64$

$\therefore \overline{AB}=8(\text{cm})\ (\because \overline{AB}>0)$ ⋯❷

$\therefore \triangle ABC=\frac{1}{2}\times8\times5=20(\text{cm}^2)$ ⋯❸

답 20 cm^2

채점 기준	배점
❶ $\overline{AC}$의 길이 구하기	40%
❷ $\overline{AB}$의 길이 구하기	40%
❸ $\triangle ABC$의 넓이 구하기	20%

20 $\triangle ABC$에서 $\overline{BC}^2=6^2+4^2=52$

오른쪽 그림과 같이 $\overline{FD}$, $\overline{FE}$를 그으면

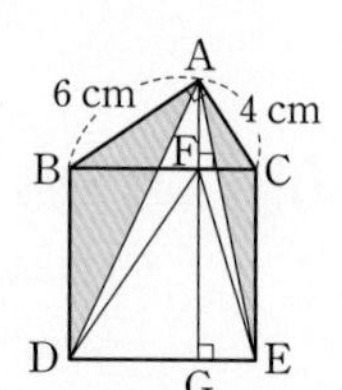

색칠한 부분의 넓이는

$\triangle ABD+\triangle AEC$

$=\triangle BDF+\triangle CFE$

$=\frac{1}{2}\square BDGF+\frac{1}{2}\square FGEC$

$=\frac{1}{2}(\square BDGF+\square FGEC)$

$=\frac{1}{2}\square BDEC$

$=\frac{1}{2}\overline{BC}^2$

$=\frac{1}{2}\times52=26(\text{cm}^2)$ **답** 26 cm^2

21 $\triangle AEH \equiv \triangle BFE \equiv \triangle CGF \equiv \triangle DHG$ (SAS 합동)이므로
□EFGH는 정사각형이다.
□EFGH의 넓이가 169 cm²이므로 $\overline{EF}^2=169$
$\therefore \overline{EF}=13(cm)$ ($\because \overline{EF}>0$)
$\triangle EBF$에서 $\overline{EB}^2=13^2-5^2=144$
$\therefore \overline{EB}=12(cm)$ ($\because \overline{EB}>0$)
따라서 $\overline{AB}=\overline{AE}+\overline{EB}=5+12=17(cm)$이므로
$\square ABCD=\overline{AB}^2=17^2=289(cm^2)$ 답 289 cm²

22 $\triangle AEH \equiv \triangle BFE \equiv \triangle CGF \equiv \triangle DHG$이므로
□EFGH는 정사각형이다.
$\overline{AH}=\overline{BE}=2(cm)$이므로 $\triangle AEH$에서
$\overline{EH}^2=4^2+2^2=20$
$\therefore \square EFGH=\overline{EH}^2=20(cm^2)$ 답 20 cm²

23 $\overline{AE}=\overline{AB}-\overline{BE}=14-6=8(cm)$ … ❶
$\triangle AEH$에서 $\overline{EH}^2=6^2+8^2=100$
$\therefore \overline{EH}=10(cm)$ ($\because \overline{EH}>0$) … ❷
이때 $\triangle AEH \equiv \triangle BFE \equiv \triangle CGF \equiv \triangle DHG$ (SAS 합동)
이므로 □EFGH는 정사각형이다.
따라서 □EFGH의 둘레의 길이는
$4\overline{EH}=4\times10=40(cm)$ … ❸
답 40 cm

채점 기준	배점
❶ $\overline{AE}$의 길이 구하기	30%
❷ $\overline{EH}$의 길이 구하기	40%
❸ □EFGH의 둘레의 길이 구하기	30%

24 ① $3^2\neq3^2+3^2$이므로 직각삼각형이 아니다.
② $5^2=3^2+4^2$이므로 직각삼각형이다.
③ $12^2\neq5^2+11^2$이므로 직각삼각형이 아니다.
④ $12^2\neq6^2+8^2$이므로 직각삼각형이 아니다.
⑤ $25^2=7^2+24^2$이므로 직각삼각형이다. 답 ②, ⑤

25 $15^2=9^2+12^2$이므로 주어진 삼각형은 길이가 9 cm, 12 cm 인 두 변의 끼인각의 크기가 90°인 직각삼각형이다.
따라서 구하는 삼각형의 넓이는
$\frac{1}{2}\times9\times12=54(cm^2)$ 답 ①

보충 TIP 직각삼각형에서 길이가 가장 긴 변은 빗변이므로 가장 긴 변이 아닌 두 변의 끼인각의 크기가 90°이다.

26 $5^2=3^2+4^2$, $10^2=6^2+8^2$이므로 3에서 10까지의 자연수 중 직각삼각형의 세 변의 길이가 될 수 있는 수의 쌍은
(3, 4, 5), (6, 8, 10)의 2개이다.
따라서 2개의 직각삼각형을 만들 수 있다. 답 2개

27 ㄱ. $7^2>4^2+5^2$ ➜ 둔각삼각형
ㄴ. $10^2<6^2+9^2$ ➜ 예각삼각형
ㄷ. $17^2=8^2+15^2$ ➜ 직각삼각형
ㄹ. $15^2<10^2+12^2$ ➜ 예각삼각형
따라서 옳은 것은 ㄷ, ㄹ이다. 답 ③

28 $8^2>4^2+6^2$이므로 $\triangle ABC$는 $\angle B>90°$인 둔각삼각형이다.
답 ⑤

29 ① $20^2>10^2+12^2$이므로 둔각삼각형이다.
② $20^2>15^2+12^2$이므로 둔각삼각형이다.
③ $20^2=16^2+12^2$이므로 직각삼각형이다.
④ $22^2<12^2+20^2$이므로 예각삼각형이다.
⑤ $25^2>12^2+20^2$이므로 둔각삼각형이다. 답 ②, ③

30 $\overline{DE}^2+\overline{BC}^2=\overline{BE}^2+\overline{CD}^2$이므로
$\overline{DE}^2+9^2=8^2+6^2$ $\therefore \overline{DE}^2=19$ 답 19

31 $\triangle ABC$에서 $\overline{AB}^2=4^2+3^2=25$
$\therefore \overline{AE}^2+\overline{BD}^2=\overline{DE}^2+\overline{AB}^2=2^2+25=29$ 답 ④

32 $\triangle ABC$에서 $\overline{AD}=\overline{DB}$, $\overline{AE}=\overline{EC}$이므로
$\overline{DE}=\frac{1}{2}\overline{BC}=\frac{1}{2}\times10=5$ … ❶
$\therefore \overline{BE}^2+\overline{CD}^2=\overline{DE}^2+\overline{BC}^2=5^2+10^2=125$ … ❷
답 125

채점 기준	배점
❶ $\overline{DE}$의 길이 구하기	50%
❷ $\overline{BE}^2+\overline{CD}^2$의 값 구하기	50%

33 $\triangle BCO$에서 $\overline{BC}^2=12^2+5^2=169$
또, $\overline{AB}^2+\overline{CD}^2=\overline{BC}^2+\overline{DA}^2$이므로
$14^2+\overline{CD}^2=169+9^2$ $\therefore \overline{CD}^2=54$ 답 54

34 $\overline{AP}^2+\overline{CP}^2=\overline{BP}^2+\overline{DP}^2$이므로
$9^2+2^2=7^2+\overline{DP}^2$ $\therefore \overline{DP}^2=36$
$\therefore \overline{DP}=6$ ($\because \overline{DP}>0$) 답 ③

35 □ABCD는 $\overline{AD}/\!/\overline{BC}$인 등변사다리꼴이므로 $\overline{AB}=\overline{CD}$
$\overline{AB}^2+\overline{CD}^2=\overline{AD}^2+\overline{BC}^2$이므로
$\overline{AB}^2+\overline{AB}^2=5^2+7^2$, $2\overline{AB}^2=74$
$\therefore \overline{AB}^2=37$ 답 37

보충 TIP 등변사다리꼴의 성질
(1) 평행하지 않은 한 쌍의 대변의 길이가 같다.
(2) 두 대각선의 길이가 같다.

36 ($\overline{AC}$를 지름으로 하는 반원의 넓이)
$=$($\overline{BC}$를 지름으로 하는 반원의 넓이)
$-$($\overline{AB}$를 지름으로 하는 반원의 넓이)
$=28\pi-10\pi=18\pi(\text{cm}^2)$
따라서 $\frac{1}{2}\times\pi\times\left(\frac{\overline{AC}}{2}\right)^2=18\pi$에서 $\overline{AC}^2=144$
$\therefore \overline{AC}=12(\text{cm})$ ($\because \overline{AC}>0$)　**답** 12 cm

37 $\triangle ABC$에서 $\overline{AC}^2=15^2-12^2=81$
$\therefore \overline{AC}=9(\text{cm})$ ($\because \overline{AC}>0$)　… ❶
$\therefore$ (색칠한 부분의 넓이)$=\triangle ABC$
$=\frac{1}{2}\times12\times9=54(\text{cm}^2)$　… ❷
답 54 cm²

채점 기준	배점
❶ $\overline{AC}$의 길이 구하기	50%
❷ 색칠한 부분의 넓이 구하기	50%

38 $\triangle ABC$에서 $\overline{AB}^2+\overline{AC}^2=12^2$
이때 $\overline{AB}=\overline{AC}$이므로 $\overline{AB}^2+\overline{AB}^2=144$
$2\overline{AB}^2=144$　$\therefore \overline{AB}^2=72$
$\therefore$ (색칠한 부분의 넓이)$=\triangle ABC$
$=\frac{1}{2}\times\overline{AB}^2$
$=\frac{1}{2}\times72=36(\text{cm}^2)$　**답** 36 cm²

Real 실전 기출

116~118쪽

01 $\triangle ABC$에서 $\overline{AC}^2=5^2+12^2=169$
$\therefore \overline{AC}=13(\text{cm})$ ($\because \overline{AC}>0$)
점 G가 $\triangle ABC$의 무게중심이므로
$\overline{AD}=\overline{CD}$
따라서 점 D는 $\triangle ABC$의 외심이므로
$\overline{BD}=\frac{1}{2}\overline{AC}=\frac{1}{2}\times13=\frac{13}{2}(\text{cm})$
$\therefore \overline{BG}=\frac{2}{3}\overline{BD}=\frac{2}{3}\times\frac{13}{2}=\frac{13}{3}(\text{cm})$　**답** $\frac{13}{3}$ cm

02 $\triangle ADC$에서 $\overline{AC}^2=17^2-8^2=225$
$\therefore \overline{AC}=15(\text{cm})$ ($\because \overline{AC}>0$)
$\triangle ABC$에서 $\overline{BC}^2=25^2-15^2=400$
$\therefore \overline{BC}=20(\text{cm})$ ($\because \overline{BC}>0$)
$\therefore \overline{BD}=\overline{BC}-\overline{DC}=20-8=12(\text{cm})$　**답** 12 cm

03 오른쪽 그림과 같이 점 A에서 $\overline{BC}$에 내린 수선의 발을 H라 하면
$\overline{BH}=\overline{CH}=\frac{1}{2}\overline{BC}$
$=\frac{1}{2}\times14=7(\text{cm})$
$\triangle ABH$에서
$\overline{AH}^2=25^2-7^2=576$
$\therefore \overline{AH}=24(\text{cm})$ ($\because \overline{AH}>0$)
$\therefore \triangle ABC=\frac{1}{2}\times14\times24=168(\text{cm}^2)$　**답** 168 cm²

04 $\overline{DE}=\overline{AD}=15(\text{cm})$이므로
$\triangle DEC$에서
$\overline{EC}^2=15^2-9^2=144$
$\therefore \overline{EC}=12(\text{cm})$ ($\because \overline{EC}>0$)
$\therefore \overline{BE}=\overline{BC}-\overline{EC}$
$=15-12=3(\text{cm})$
$\triangle FBE$와 $\triangle ECD$에서
$\angle B=\angle C=90^\circ$
$\angle EFB=180^\circ-(90^\circ+\angle FEB)=\angle DEC$
이므로 $\triangle FBE\backsim\triangle ECD$ (AA 닮음)
따라서 $\overline{BE}:\overline{CD}=\overline{EF}:\overline{DE}$이므로
$3:9=\overline{EF}:15$, $1:3=\overline{EF}:15$
$3\overline{EF}=15$　$\therefore \overline{EF}=5(\text{cm})$　**답** 5 cm

05 $\triangle ABC$에서 $\overline{AC}^2=15^2-9^2=144$
$\therefore \overline{AC}=12(\text{cm})$ ($\because \overline{AC}>0$)
또, $\overline{AB}\times\overline{AC}=\overline{BC}\times\overline{AH}$이므로
$9\times12=15\times x$　$\therefore x=\frac{36}{5}$
$\overline{AB}^2=\overline{BH}\times\overline{BC}$이므로
$9^2=y\times15$　$\therefore y=\frac{27}{5}$
$\therefore x-y=\frac{36}{5}-\frac{27}{5}=\frac{9}{5}$　**답** $\frac{9}{5}$

06 오른쪽 그림과 같이 점 A에서 $\overline{BC}$에 내린 수선의 발을 H라 하면
$\overline{HC}=\overline{AD}=7(\text{cm})$
$\therefore \overline{BH}=\overline{BC}-\overline{HC}$
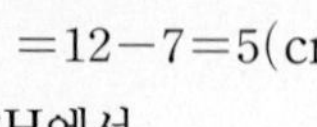
$=12-7=5(\text{cm})$
$\triangle ABH$에서
$\overline{AH}^2=13^2-5^2=144$
$\therefore \overline{AH}=12(\text{cm})$ ($\because \overline{AH}>0$)
$\therefore \square ABCD=\frac{1}{2}\times(7+12)\times12=114(\text{cm}^2)$
답 114 cm²

07 $\overline{BI} /\!/ \overline{CH}$이므로
$\triangle HAC = \triangle HBC$
$\triangle HBC \equiv \triangle AGC$ (SAS 합동)이므로
$\triangle HBC = \triangle AGC$
$\overline{AM} /\!/ \overline{CG}$이므로
$\triangle AGC = \triangle LGC$
따라서 넓이가 나머지 넷과 다른 하나는 ③ △AEB이다.
답 ③

08 $\overline{AB}^2 + \overline{CD}^2 = \overline{AD}^2 + \overline{BC}^2$이므로
$4^2 + \overline{CD}^2 = 3^2 + 5^2$ $\therefore \overline{CD}^2 = 18$
$\triangle DOC$에서 $x^2 + y^2 = \overline{CD}^2 = 18$
답 18

09 $S_3 = \frac{1}{2} \times \pi \times 6^2 = 18\pi$
이때 $S_1 + S_2 = S_3$이므로
$S_1 + S_2 + S_3 = 2S_3 = 2 \times 18\pi = 36\pi$
답 36π

10 $\triangle ABC \equiv \triangle CDE$이므로
$\overline{AC} = \overline{CE}$
$\angle ACE$
$= 180° - (\angle ACB + \angle ECD)$
$= 180° - (\angle ACB + \angle CAB)$
$= 90°$
즉, △ACE는 직각이등변삼각형이다.
$\triangle ABC$에서 $\overline{BC} = \overline{DE} = 24$(cm)이므로
$\overline{AC}^2 = 10^2 + 24^2 = 676$
$\therefore \overline{AC} = 26$(cm) ($\because \overline{AC} > 0$)
$\overline{CE} = \overline{AC} = 26$(cm)이므로
$\triangle ACE = \frac{1}{2} \times 26 \times 26 = 338$(cm²)
답 338 cm²

11 $\triangle ACB$에서 $\overline{AC}^2 = 2^2 + 2^2 = 8$
$\triangle ADC$에서 $\overline{AD}^2 = 8 + 2^2 = 12$
$\triangle AED$에서 $\overline{AE}^2 = 12 + 2^2 = 16$
$\therefore \overline{AE} = 4$(cm) ($\because \overline{AE} > 0$)
답 ②

12 $90° < \angle A < 180°$이므로 x가 가장 긴 변의 길이이고 삼각형이 되기 위한 조건에 의하여
$5 < x < 4 + 5$ $\therefore 5 < x < 9$ ...... ㉠
또, 둔각삼각형이 되려면
$x^2 > 4^2 + 5^2$ $\therefore x^2 > 41$ ...... ㉡
따라서 ㉠, ㉡을 모두 만족시키는 자연수 x는 7, 8이므로 구하는 합은
$7 + 8 = 15$
답 15

13 $\overline{BC} = 5\overline{AB}$이고 □ABCD의 넓이가 25이므로
$\square ABCD = \overline{AB} \times \overline{BC}$
$= \overline{AB} \times 5\overline{AB} = 25$
$\therefore \overline{AB}^2 = 5$
$\triangle ABC$에서 $\overline{AC}^2 = \overline{AB}^2 + \overline{BC}^2$이므로
$\overline{AC}^2 = \overline{AB}^2 + (5\overline{AB})^2 = 26\overline{AB}^2$
$= 26 \times 5 = 130$
답 ④

14 오른쪽 그림과 같이 마지막으로 그린 네 정사각형의 넓이를 각각 S_1, S_2, S_3, S_4라 하면

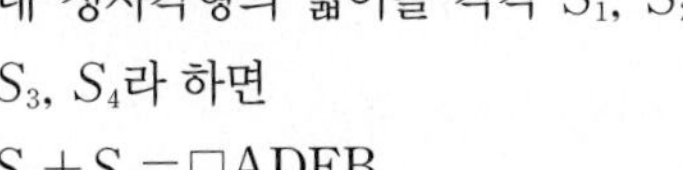

$S_1 + S_2 = \square ADEB$

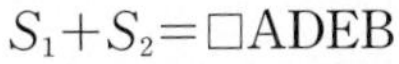

$S_3 + S_4 = \square ACHI$
또, □BFGC = □ADEB + □ACHI이므로
(색칠한 부분의 넓이)
$= S_1 + S_2 + S_3 + S_4 + \square ADEB + \square ACHI + \square BFGC$
$= \square ADEB + \square ACHI + \square ADEB + \square ACHI + (\square ADEB + \square ACHI)$
$= 3 \times (\square ADEB + \square ACHI)$
$= 3 \times (6^2 + 5^2) = 183$(cm²)
답 183 cm²

15 주어진 직육면체의 전개도는 오른쪽 그림과 같으므로 구하는 최단 거리는 $\overline{AG} + \overline{GA'}$의 길이이다.

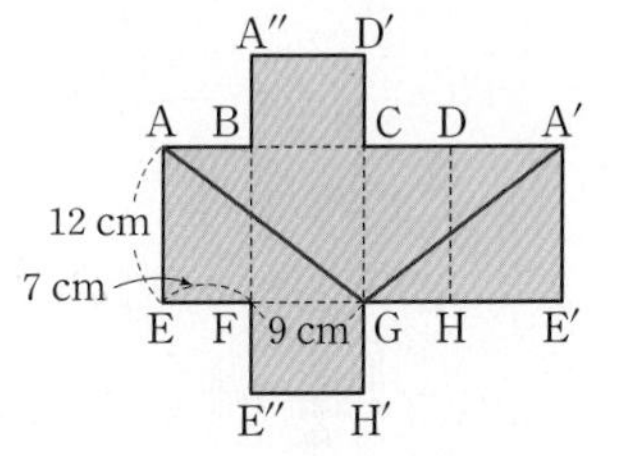

$\triangle AEG$에서
$\overline{AG}^2 = 12^2 + (7+9)^2$
$= 400$
$\therefore \overline{AG} = 20$(cm) ($\because \overline{AG} > 0$)
한편, $\triangle AEG \equiv \triangle A'E'G$ (SAS 합동)이므로
$\overline{A'G} = \overline{AG} = 20$(cm)
따라서 구하는 최단 거리는
$\overline{AG} + \overline{GA'} = 20 + 20 = 40$(cm)
답 40 cm

16 $\overline{ED} = \overline{AD} = \overline{BC} = 5$(cm), $\overline{DC} = \overline{AB} = 3$(cm)이므로
$\triangle DEC$에서 $\overline{EC}^2 = 5^2 - 3^2 = 16$
$\therefore \overline{EC} = 4$(cm) ($\because \overline{EC} > 0$) ···❶
$\therefore \square AECD = \frac{1}{2} \times (5+4) \times 3 = \frac{27}{2}$(cm²) ···❷
답 $\frac{27}{2}$ cm²

채점 기준	배점
❶ $\overline{EC}$의 길이 구하기	50%
❷ 사다리꼴 AECD의 넓이 구하기	50%

17 $\triangle$ABP에서 $\overline{AP}^2=8^2+6^2=100$

$\therefore \overline{AP}=10(cm)$ ($\because \overline{AP}>0$) … ❶

또, $\triangle APQ \equiv \triangle ADQ$ (RHA 합동)이므로

$\overline{AD}=\overline{AP}=10(cm)$

$\therefore \overline{BC}=\overline{AD}=10(cm)$

$\therefore \overline{PC}=\overline{BC}-\overline{BP}$

$=10-6=4(cm)$ … ❷

$\triangle$ABP와 $\triangle$PCQ에서

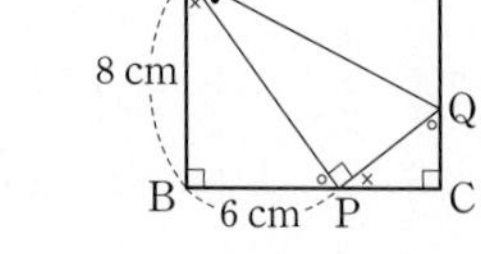

$\angle B=\angle C=90°$

$\angle BAP=180°-(90°+\angle APB)$

$=\angle CPQ$

이므로 $\triangle ABP \backsim \triangle PCQ$ (AA 닮음)

따라서 $\overline{AB}:\overline{PC}=\overline{AP}:\overline{PQ}$이므로

$8:4=10:\overline{PQ}$, $2:1=10:\overline{PQ}$

$2\overline{PQ}=10$ $\therefore \overline{PQ}=5(cm)$ … ❸

답 5 cm

채점 기준	배점
❶ $\overline{AP}$의 길이 구하기	30%
❷ $\overline{PC}$의 길이 구하기	30%
❸ $\overline{PQ}$의 길이 구하기	40%

18 $y=\frac{4}{3}x+4$에 $y=0$을 대입하면

$0=\frac{4}{3}x+4$, $-\frac{4}{3}x=4$

$\therefore x=-3$

즉, A$(-3, 0)$이므로 $\overline{OA}=3$ … ❶

$y=\frac{4}{3}x+4$에 $x=0$을 대입하면

$y=4$

즉, B$(0, 4)$이므로 $\overline{OB}=4$ … ❷

$\triangle$AOB에서 $\overline{AB}^2=3^2+4^2=25$

$\therefore \overline{AB}=5$ ($\because \overline{AB}>0$) … ❸

또, $\overline{OA}\times\overline{OB}=\overline{AB}\times\overline{OH}$이므로

$3\times4=5\times\overline{OH}$ $\therefore \overline{OH}=\frac{12}{5}$ … ❹

답 $\frac{12}{5}$

채점 기준	배점
❶ $\overline{OA}$의 길이 구하기	20%
❷ $\overline{OB}$의 길이 구하기	20%
❸ $\overline{AB}$의 길이 구하기	30%
❹ $\overline{OH}$의 길이 구하기	30%

19 $\overline{AB}^2+\overline{CD}^2=\overline{AD}^2+\overline{BC}^2$이므로

$13^2+9^2=\overline{AD}^2+15^2$ $\therefore \overline{AD}^2=25$

$\therefore \overline{AD}=5(cm)$ ($\because \overline{AD}>0$) … ❶

$\triangle$AOD에서 $\overline{AO}^2=5^2-3^2=16$

$\therefore \overline{AO}=4(cm)$ ($\because \overline{AO}>0$) … ❷

$\therefore \triangle AOD=\frac{1}{2}\times4\times3=6(cm^2)$ … ❸

답 6 cm²

채점 기준	배점
❶ $\overline{AD}$의 길이 구하기	40%
❷ $\overline{AO}$의 길이 구하기	40%
❸ $\triangle$AOD의 넓이 구하기	20%

20 오른쪽 그림과 같이 점 A에서 $\overline{BC}$, $\overline{DE}$에 내린 수선의 발을 각각 L, M이라 하면 $\overline{BD}\,/\!/\,\overline{AM}$이므로

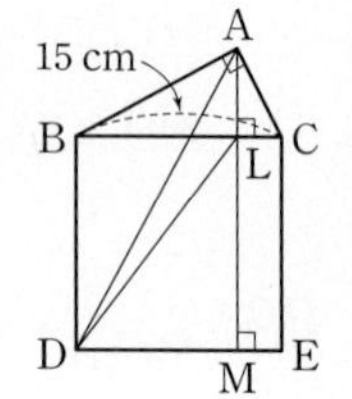

$\triangle LBD=\triangle ABD$

$=88(cm^2)$

$\therefore \square BDML=2\triangle LBD$

$=2\times88=176(cm^2)$ … ❶

$\therefore \square LMEC=\square BDEC-\square BDML$

$=15^2-176=49(cm^2)$ … ❷

이때 $\overline{AC}^2=\square LMEC=49$이므로

$\overline{AC}=7(cm)$ ($\because \overline{AC}>0$) … ❸

답 7 cm

채점 기준	배점
❶ □BDML의 넓이 구하기	40%
❷ □LMEC의 넓이 구하기	30%
❸ $\overline{AC}$의 길이 구하기	30%

21 $\overline{AB}$, $\overline{BC}$, $\overline{CD}$, $\overline{DA}$를 지름으로 하는 네 반원의 넓이를 각각 S_1, S_2, S_3, S_4라 하자.

오른쪽 그림과 같이 $\overline{AC}$를 그으면 $\triangle$ABC와 $\triangle$ACD는 각각 직각삼각형이므로

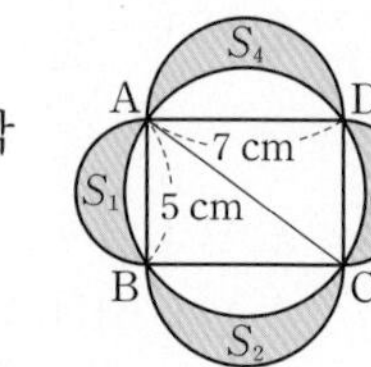

$S_1+S_2=\triangle ABC$

$S_3+S_4=\triangle ACD$ … ❶

$\therefore$ (색칠한 부분의 넓이)$=S_1+S_2+S_3+S_4$

$=\triangle ABC+\triangle ACD$

$=\square ABCD$ … ❷

$=7\times5=35(cm^2)$ … ❸

답 35 cm²

채점 기준	배점
❶ $\overline{AB}$, $\overline{BC}$, $\overline{CD}$, $\overline{DA}$를 지름으로 하는 네 반원의 넓이를 각각 S_1, S_2, S_3, S_4라 할 때, $S_1+S_2=\triangle ABC$, $S_3+S_4=\triangle ACD$임을 알기	40%
❷ 색칠한 부분의 넓이가 □ABCD의 넓이와 같음을 알기	40%
❸ 색칠한 부분의 넓이 구하기	20%

09 경우의 수

Real 실전 개념
121, 123쪽

01 소수의 눈이 나오는 경우는 2, 3, 5의 3가지 답 3

02 5 이상의 눈이 나오는 경우는 5, 6의 2가지 답 2

03 2의 배수의 눈이 나오는 경우는 2, 4, 6의 3가지 답 3

04 홀수가 적힌 카드가 나오는 경우는 1, 3, 5, 7, 9의 5가지 답 5

05 3보다 작은 수가 적힌 카드가 나오는 경우는 1, 2의 2가지 답 2

06 10의 약수가 적힌 카드가 나오는 경우는 1, 2, 5, 10의 4가지 답 4

07 두 자리 자연수가 홀수가 되는 경우는 41, 43, 45의 3가지 답 3

08 두 자리 자연수가 5의 배수가 되는 경우는 45의 1가지 답 1

09 답 2, 4

10 답 3

11 밥 한 가지를 선택하는 경우는 김치볶음밥, 새우볶음밥, 오징어덮밥, 제육덮밥의 4가지 답 4

12 면 한 가지를 선택하는 경우는 쫄면, 라면, 칼국수의 3가지 답 3

13 $4+3=7$ 답 7

14 (1, 2), (2, 1)의 2가지 답 2

15 (4, 6), (5, 5), (6, 4)의 3가지 답 3

16 $2+3=5$ 답 5

17 답 2

18 답 4

19 $2\times4=8$ 답 8

20 답 3

21 답 2

22 $3\times2=6$ 답 6

23 $4\times3\times2\times1=24$ 답 24

24 $4\times3=12$ 답 12

25 $4\times3\times2=24$ 답 24

26 답 4, 4, 2, 2, 48

27 $5\times4=20$ 답 20

28 $5\times4\times3=60$ 답 60

29 답 0, 4, 3, 4, 3, 48

30 $3\times3=9$ 답 9

31 $3\times3\times2=18$ 답 18

32 $4\times3=12$ 답 12

33 $4\times3\times2=24$ 답 24

34 $\frac{4\times3}{2}=6$ 답 6

35 $\frac{4\times3\times2}{3\times2\times1}=4$ 답 4

Real 실전 유형
124~131쪽

01 두 눈의 수의 합이 9가 되는 경우는
(3, 6), (4, 5), (5, 4), (6, 3)의 4가지 답 ①

02 앞면이 2개, 뒷면이 1개 나오는 경우는
(앞면, 앞면, 뒷면), (앞면, 뒷면, 앞면), (뒷면, 앞면, 앞면)의 3가지 답 ①

03 $2x+y=10$을 만족시키는 순서쌍 (x, y)는
(2, 6), (3, 4), (4, 2)의 3가지 답 3

04 세 사람이 모두 서로 다른 것을 내는 경우를 순서쌍 (민지, 윤희, 승아)로 나타내면
(가위, 바위, 보), (가위, 보, 바위),
(바위, 가위, 보), (바위, 보, 가위),
(보, 가위, 바위), (보, 바위, 가위)의 6가지 답 6

05 8의 약수가 적힌 카드가 나오는 경우는 1, 2, 4, 8의 4가지

답 4

06 삼각형을 만들 수 있는 경우는
(3 cm, 5 cm, 6 cm), (3 cm, 6 cm, 8 cm),
(5 cm, 6 cm, 8 cm)의 3가지

답 3

보충 TIP 삼각형이 되는 조건
삼각형의 가장 긴 변의 길이는 나머지 두 변의 길이의 합보다 짧아야 한다. 즉, 삼각형의 세 변의 길이가 각각 a, b, c이고 c가 가장 긴 변의 길이일 때 ➡ $c<a+b$

07 오른쪽 그림과 같이 A 지점에서 B 지점까지 최단 거리로 가는 경우의 수는 4이다.

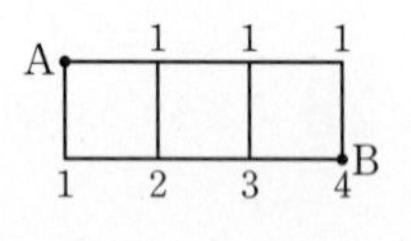

답 4

보충 TIP 최단 거리로 가는 경우의 수 구하기
❶ 점 A의 오른쪽과 아래로 각각 갈 수 있는 경우의 수를 적는다.
❷ 만나는 점에서 경우의 수를 더한다.

08 음료수의 값 650원을 지불하는 방법은 다음 표와 같다.

100원 (개)	6	5	4	3	2
50원 (개)	1	3	5	7	9

따라서 구하는 방법의 수는 5이다.

답 ③

09 공책의 값 1500원을 지불하는 방법은 다음 표와 같다.

500원 (개)	3	2	2	2	2	1	1	1	1
100원 (개)	0	5	4	3	2	10	9	8	7
50원 (개)	0	0	2	4	6	0	2	4	6

따라서 구하는 방법의 수는 9이다.

답 ④

10 동전을 각각 1개 이상 사용하여 지불할 수 있는 금액은 다음 표와 같다.

500원 (개)	3	3	3	3	3	3
100원 (개)	1	2	3	4	5	6
금액 (원)	1600	1700	1800	1900	2000	2100

500원 (개)	2	2	2	2	2	2
100원 (개)	1	2	3	4	5	6
금액 (원)	1100	1200	1300	1400	1500	1600

500원 (개)	1	1	1	1	1	1
100원 (개)	1	2	3	4	5	6
금액 (원)	600	700	800	900	1000	1100

··· ❶

이때 1100원인 경우와 1600원인 경우는 각각 2가지로 중복되므로 지불할 수 있는 금액은
18−2=16(가지)

··· ❷

답 16가지

채점 기준	배점
❶ 표를 만들어 각각의 경우 구하기	60%
❷ 지불할 수 있는 금액은 몇 가지인지 구하기	40%

보충 TIP 금액이 큰 동전의 개수부터 정하여 금액이 나오는 모든 경우를 표로 나타낸 후 중복되는 금액이 있는지 확인한다.

11 버스를 타고 가는 경우는 4가지, 지하철을 타고 가는 경우는 2가지이므로 구하는 경우의 수는
4+2=6

답 6

12 탄산음료는 3가지, 생과일주스는 4가지이므로 구하는 경우의 수는
3+4=7

답 ③

13 체육 관련 강좌는 5가지, 역사 관련 강좌는 4가지이므로 구하는 경우의 수는
5+4=9

답 ④

14 두 눈의 수의 합이 3인 경우는 (1, 2), (2, 1)의 2가지
두 눈의 수의 합이 6인 경우는 (1, 5), (2, 4), (3, 3), (4, 2), (5, 1)의 5가지
따라서 구하는 경우의 수는
2+5=7

답 ④

15 4의 배수가 적힌 공이 나오는 경우는 4, 8, 12의 3가지
홀수가 적힌 공이 나오는 경우는 1, 3, 5, 7, 9, 11, 13, 15의 8가지
따라서 구하는 경우의 수는
3+8=11

답 11

16 6의 배수가 적힌 카드가 나오는 경우는 6, 12, 18, 24, 30의 5가지

··· ❶

8의 배수가 적힌 카드가 나오는 경우는 8, 16, 24의 3가지

··· ❷

이때 6과 8의 공배수는 24의 1개이므로 구하는 경우의 수는
5+3−1=7

··· ❸

답 7

채점 기준	배점
❶ 6의 배수가 적힌 카드가 나오는 경우의 수 구하기	30%
❷ 8의 배수가 적힌 카드가 나오는 경우의 수 구하기	30%
❸ 6의 배수 또는 8의 배수가 적힌 카드가 나오는 경우의 수 구하기	40%

17 두 눈의 수의 차가 2의 배수인 경우는 두 눈의 수의 차가 2 또는 4인 경우이다.
두 눈의 수의 차가 2인 경우는 (1, 3), (2, 4), (3, 1), (3, 5), (4, 2), (4, 6), (5, 3), (6, 4)의 8가지
두 눈의 수의 차가 4인 경우는 (1, 5), (2, 6), (5, 1), (6, 2)의 4가지
따라서 구하는 경우의 수는
$8+4=12$ 답 12

보충 TIP 주사위의 눈의 수는 1부터 6까지의 자연수이므로 두 눈의 수의 차가 될 수 있는 수는 0, 1, 2, 3, 4, 5이다.
따라서 두 눈의 수의 차가 2의 배수인 경우는 두 눈의 수의 차가 2 또는 4인 경우이다.

18 티셔츠를 선택하는 경우의 수는 5이고, 그 각각에 대하여 바지를 선택하는 경우의 수는 4이다.
따라서 구하는 경우의 수는
$5\times4=20$ 답 ⑤

19 자음이 적힌 카드를 선택하는 경우의 수는 3이고, 그 각각에 대하여 모음이 적힌 카드를 선택하는 경우의 수는 5이다.
따라서 구하는 경우의 수는
$3\times5=15$ 답 ③

20 유격수를 선택하는 경우의 수는 4이고, 그 각각에 대하여 투수를 선택하는 경우의 수는 5이며 또, 그 각각에 대하여 포수를 선택하는 경우의 수는 2이다.
따라서 구하는 경우의 수는
$4\times5\times2=40$ 답 ④

21 학교에서 서점까지 가는 경우의 수는 2이고, 그 각각에 대하여 서점에서 진우네 집까지 가는 경우의 수는 4이다.
따라서 구하는 경우의 수는
$2\times4=8$ 답 ②

22 들어갈 때 출입구를 선택하는 경우의 수는 5이고, 그 각각에 대하여 나올 때 출입구를 선택하는 경우의 수는 4이다.
따라서 구하는 경우의 수는
$5\times4=20$ 답 20

23 윤하네 집에서 공원을 거치지 않고 할머니 댁으로 바로 가는 경우의 수는 2
윤하네 집에서 공원을 거쳐 할머니 댁으로 가는 경우의 수는 $3\times4=12$
따라서 구하는 경우의 수는
$2+12=14$ 답 14

보충 TIP 윤하네 집에서 할머니 댁까지 갈 때, 공원을 거치지 않고 바로 가는 경우와 공원을 거쳐 가는 경우가 있음에 주의한다.
(윤하네 집에서 할머니 댁까지 가는 경우의 수)
=(윤하네 집에서 공원을 거치지 않고 할머니 댁으로 가는 경우의 수)
+(윤하네 집에서 공원을 거쳐 할머니 댁으로 가는 경우의 수)

24 $2\times2\times6\times6=144$ 답 ⑤

25 $2\times2\times2=8$ 답 ③

26 동전에서 서로 다른 면이 나오는 경우는
(앞면, 뒷면), (뒷면, 앞면)의 2가지 … ❶
주사위에서 3 이상의 눈이 나오는 경우는 3, 4, 5, 6의 4가지 … ❷
따라서 구하는 경우의 수는
$2\times4=8$ … ❸
답 8

채점 기준	배점
❶ 동전에서 서로 다른 면이 나오는 경우의 수 구하기	40%
❷ 주사위에서 3 이상의 눈이 나오는 경우의 수 구하기	40%
❸ 동전은 서로 다른 면이 나오고 주사위는 3 이상의 눈이 나오는 경우의 수 구하기	20%

27 구하는 경우의 수는 10명 중에서 2명을 뽑아 한 줄로 세우는 경우의 수와 같으므로
$10\times9=90$ 답 90

28 구하는 경우의 수는 6명 중에서 3명을 뽑아 한 줄로 세우는 경우의 수와 같으므로
$6\times5\times4=120$ 답 120

29 구하는 경우의 수는 A와 E를 제외한 나머지 3개의 문자가 적힌 카드를 한 줄로 세우는 경우의 수와 같으므로
$3\times2\times1=6$ 답 6

30 어린이 3명을 한 줄로 세우는 경우의 수는
$3\times2\times1=6$
이때 어른 2명을 양 끝에 세우는 경우의 수는 2
따라서 구하는 경우의 수는
$6\times2=12$ 답 12

31 A와 B를 1장으로 생각하여 3장을 일렬로 세우는 경우의 수는 $3\times2\times1=6$
이때 A와 B의 자리를 바꾸는 경우의 수는 2
따라서 구하는 경우의 수는
$6\times2=12$ 답 ②

32 소설책 3권을 1권으로 생각하여 3권을 한 줄로 세우는 경우의 수는
$3\times2\times1=6$
이때 소설책의 순서를 바꾸는 경우의 수는
$3\times2\times1=6$
따라서 구하는 경우의 수는
$6\times6=36$ 답 36

33 C와 D를 1명으로 생각하여 4명을 한 줄로 세우는 경우의 수는
$4\times3\times2\times1=24$
이때 C와 D의 자리는 정해져 있으므로 구하는 경우의 수는 24 답 ④

34 남학생과 여학생을 각각 1명으로 생각하여 2명을 한 줄로 세우는 경우의 수는
$2\times1=2$ … ❶
이때 남학생끼리 자리를 바꾸는 경우의 수는
$3\times2\times1=6$ … ❷
여학생끼리 자리를 바꾸는 경우의 수는
$2\times1=2$ … ❸
따라서 구하는 경우의 수는
$2\times6\times2=24$ … ❹
답 24

채점 기준	배점
❶ 남학생과 여학생을 각각 1명으로 생각하여 2명을 한 줄로 세우는 경우의 수 구하기	40%
❷ 남학생끼리 자리를 바꾸는 경우의 수 구하기	20%
❸ 여학생끼리 자리를 바꾸는 경우의 수 구하기	20%
❹ 남학생은 남학생끼리, 여학생은 여학생끼리 이웃하여 서는 경우의 수 구하기	20%

35 A에 칠할 수 있는 색: 5가지
B에 칠할 수 있는 색: A에 사용한 색을 제외한 4가지
C에 칠할 수 있는 색: A, B에 사용한 색을 제외한 3가지
따라서 구하는 방법의 수는
$5\times4\times3=60$ 답 60

36 A에 칠할 수 있는 색: 4가지
B에 칠할 수 있는 색: A에 사용한 색을 제외한 3가지
C에 칠할 수 있는 색: A, B에 사용한 색을 제외한 2가지
D에 칠할 수 있는 색: A, C에 사용한 색을 제외한 2가지 … ❶
따라서 구하는 방법의 수는
$4\times3\times2\times2=48$ … ❷
답 48

채점 기준	배점
❶ A, B, C, D에 칠할 수 있는 색의 수 구하기	80%
❷ A, B, C, D에 색을 칠하는 방법의 수 구하기	20%

37 A에 칠할 수 있는 색: 5가지
B에 칠할 수 있는 색: A에 사용한 색을 제외한 4가지
C에 칠할 수 있는 색: A, B에 사용한 색을 제외한 3가지
D에 칠할 수 있는 색: A, C에 사용한 색을 제외한 3가지
E에 칠할 수 있는 색: C, D에 사용한 색을 제외한 3가지
따라서 구하는 방법의 수는
$5\times4\times3\times3\times3=540$ 답 540

38 짝수가 되려면 일의 자리에 올 수 있는 숫자는 2, 4, 6의 3개, 십의 자리에 올 수 있는 숫자는 일의 자리에 사용한 숫자를 제외한 5개이다.
따라서 구하는 짝수의 개수는
$3\times5=15$ 답 ③

39 십의 자리와 일의 자리에 올 수 있는 숫자는 각각 3, 4, 5, 6, 7의 5개이다.
따라서 구하는 두 자리 자연수의 개수는
$5\times5=25$ 답 25

40 십의 자리의 숫자가 5인 경우: 51, 52, 53, 54의 4개
십의 자리의 숫자가 4인 경우: 41, 42, 43, 45의 4개
십의 자리의 숫자가 3인 경우: 31, 32, 34, 35의 4개
십의 자리의 숫자가 2인 경우: 25의 1개
따라서 25 이상인 두 자리 정수의 개수는
$4+4+4+1=13$ 답 ③

41 백의 자리에 올 수 있는 숫자는 0을 제외한 5개, 십의 자리에 올 수 있는 숫자는 백의 자리에 사용한 숫자를 제외한 5개, 일의 자리에 올 수 있는 숫자는 백의 자리와 십의 자리에 사용한 숫자를 제외한 4개이다.
따라서 구하는 세 자리 자연수의 개수는
$5\times5\times4=100$ 답 ③

보충 TIP abc (a, b, c는 한 자리 자연수)에 대하여
(1) $a\neq0$이면 ➡ abc는 세 자리 자연수
(2) $a=0$, $b\neq0$이면 ➡ abc는 두 자리 자연수
(3) $a=0$, $b=0$, $c\neq0$이면 ➡ abc는 한 자리 자연수

42 십의 자리에 올 수 있는 숫자는 0을 제외한 4개, 일의 자리에 올 수 있는 숫자는 5개이다.

따라서 구하는 두 자리 자연수의 개수는

$4\times5=20$ 답 20

43 짝수가 되려면 일의 자리의 숫자는 0 또는 2 또는 4이어야 한다. … ❶

일의 자리의 숫자가 0인 경우: 10, 20, 30, 40의 4개

일의 자리의 숫자가 2인 경우: 12, 32, 42의 3개

일의 자리의 숫자가 4인 경우: 14, 24, 34의 3개 … ❷

따라서 구하는 짝수의 개수는

$4+3+3=10$ … ❸

답 10

채점 기준	배점
❶ 짝수가 되기 위한 일의 자리의 숫자 구하기	20%
❷ ❶의 각 경우에 해당하는 두 자리 정수의 개수 구하기	60%
❸ 두 자리 정수 중 짝수의 개수 구하기	20%

보충 TIP 짝수가 되려면 일의 자리의 숫자가 0 또는 짝수이어야 한다. 이때 0을 제외하지 않도록 주의한다.

44 30 미만인 두 자리 자연수가 되려면 십의 자리에 올 수 있는 숫자는 1, 2의 2개이고, 일의 자리에 올 수 있는 숫자는 십의 자리에 사용한 숫자를 제외한 5개이다.

따라서 30 미만인 두 자리 자연수의 개수는

$2\times5=10$ 답 10

다른 풀이 십의 자리의 숫자가 1인 경우: 10, 12, 13, 14, 15의 5개

십의 자리의 숫자가 2인 경우: 20, 21, 23, 24, 25의 5개

따라서 30 미만인 두 자리 자연수의 개수는

$5+5=10$

45 $10\times9\times8=720$ 답 ③

46 A를 제외한 4명의 후보 중에서 회장 1명, 부회장 1명을 뽑아야 하므로 구하는 경우의 수는

$4\times3=12$ 답 12

47 $\frac{6\times5\times4}{3\times2\times1}=20$ 답 20

48 파랑 물감을 제외한 4개의 물감 중에서 2개를 골라야 하므로 구하는 경우의 수는

$\frac{4\times3}{2}=6$ 답 6

49 구하는 경우의 수는 7명 중에서 자격이 같은 대표 2명을 뽑는 경우의 수와 같으므로

$\frac{7\times6}{2}=21$(번) 답 21번

50 여학생 3명 중에서 대표 1명을 뽑는 경우의 수는 3 … ❶

남학생 5명 중에서 대표 2명을 뽑는 경우의 수는

$\frac{5\times4}{2}=10$ … ❷

따라서 구하는 경우의 수는

$3\times10=30$ … ❸

답 30

채점 기준	배점
❶ 여학생 3명 중에서 대표 1명을 뽑는 경우의 수 구하기	30%
❷ 남학생 5명 중에서 대표 2명을 뽑는 경우의 수 구하기	40%
❸ 여학생 대표 1명과 남학생 대표 2명을 뽑는 경우의 수 구하기	30%

51 구하는 경우의 수는 5명 중에서 자격이 같은 대표 2명을 뽑는 경우의 수와 같으므로

$\frac{5\times4}{2}=10$ 답 ③

52 직선 l 위의 한 점을 선택하는 경우의 수는 2

직선 m 위의 한 점을 선택하는 경우의 수는 3

따라서 구하는 경우의 수는

$2\times3=6$ 답 6

53 구하는 경우의 수는 6명 중에서 자격이 같은 대표 3명을 뽑는 경우의 수와 같으므로

$\frac{6\times5\times4}{3\times2\times1}=20$ 답 ③

Real 실전 기출

132~134쪽

01 소수가 적힌 카드가 나오는 경우는 2, 3, 5, 7, 11, 13의 6가지 답 ④

02 $3x+y<9$가 성립하는 순서쌍 (x, y)는

$(1, 1)$, $(1, 2)$, $(1, 3)$, $(1, 4)$, $(1, 5)$, $(2, 1)$, $(2, 2)$의 7가지 답 ③

03 떡볶이의 값 2000원을 지불하는 방법은 다음 표와 같다.

500원(개)	4	3	2	1
100원(개)	0	5	10	15

따라서 구하는 방법의 수는 4이다. 답 ②

04 B형인 학생은 7명이고 O형인 학생은 5명이므로 구하는 경우의 수는

$7+5=12$

답 ③

05 두 눈의 수의 차가 3인 경우는

(1, 4), (2, 5), (3, 6), (4, 1), (5, 2), (6, 3)

의 6가지

두 눈의 수의 차가 5인 경우는 (1, 6), (6, 1)의 2가지

따라서 구하는 경우의 수는

$6+2=8$

답 ④

06 공연장에서 복도로 가는 경우의 수는 4이고, 그 각각에 대하여 복도에서 화장실로 가는 경우의 수는 3이다.

따라서 구하는 경우의 수는

$4\times3=12$

답 ⑤

07 각각의 전구는 켜지는 경우와 꺼지는 경우의 2가지가 있으므로 3개의 전구를 켜거나 끄는 경우의 수는

$2\times2\times2=8$

이때 전구가 모두 꺼진 경우는 신호로 생각하지 않으므로 구하는 신호는

$8-1=7$(가지)

답 7가지

다른 풀이 전구가 켜졌을 때를 ○, 꺼졌을 때를 ×로 놓고 만들 수 있는 신호를 순서쌍으로 나타내면

(○, ○, ○), (○, ○, ×), (○, ×, ○), (×, ○, ○)

(○, ×, ×), (×, ○, ×), (×, ×, ○)의 7가지

08 구하는 경우의 수는 태윤이를 제외한 나머지 3명을 한 줄로 세우는 경우의 수와 같으므로

$3\times2\times1=6$

답 6

09 십의 자리의 숫자가 1인 경우: 10, 12, 13, 14의 4개

십의 자리의 숫자가 2인 경우: 20, 21, 23, 24의 4개

이때 십의 자리의 숫자가 3인 경우는 30, 31, 32, 34이므로 32는 작은 수부터 차례대로 나열할 때, 11번째 수이다.

답 11번째

10 구하는 경우의 수는 6명 중에서 자격이 같은 대표 2명을 뽑는 경우의 수와 같으므로

$\frac{6\times5}{2}=15$(번)

답 ②

11 두 수의 곱이 홀수인 경우는 (홀수)×(홀수)이다.

따라서 구하는 경우는 (1, 1), (1, 3), (3, 1), (3, 3)의 4가지

답 4

12 (i) A 지점에서 P 지점까지 최단 거리로 가는 경우의 수는 3

(ii) P 지점에서 B 지점까지 최단 거리로 가는 경우의 수는 2

(i), (ii)에서 구하는 경우의 수는

$3\times2=6$

답 6

13 A가 맨 앞에 서는 경우의 수는 A를 제외한 5명 중에서 2명을 뽑아 한 줄로 세우는 경우의 수와 같으므로

$5\times4=20$

B가 맨 앞에 서는 경우의 수는 B를 제외한 5명 중에서 2명을 뽑아 한 줄로 세우는 경우의 수와 같으므로

$5\times4=20$

따라서 구하는 경우의 수는

$20+20=40$

답 40

14 (i) m이 맨 앞에 오는 경우

m을 제외한 3개의 문자를 일렬로 배열하면 되므로

$3\times2\times1=6$

(ii) m이 두 번째에 오는 경우

맨 앞에 t, h 중 한 개를 놓고 맨 앞에 놓은 문자와 m을 제외한 2개의 문자를 m 뒤에 일렬로 배열하면 되므로

$2\times2\times1=4$

(iii) m이 세 번째에 오는 경우

맨 뒤에 a를 놓고 t와 h를 m 앞에 일렬로 배열하면 되므로

$2\times1=2$

(i)~(iii)에서 구하는 경우의 수는

$6+4+2=12$

답 12

15 네 쌍의 부부를 각각 1명으로 생각하여 4명을 한 줄로 세우는 경우의 수는

$4\times3\times2\times1=24$

이때 각 부부가 자리를 바꾸는 경우의 수가 2씩이므로 구하는 경우의 수는

$24\times2\times2\times2\times2=384$

답 ⑤

16 8개의 점 중에서 순서를 생각하지 않고 3개의 점을 선택하는 경우의 수는

$\frac{8\times7\times6}{3\times2\times1}=56$

이때 반원의 지름 위에 있는 네 점 E, F, G, H 중에서 3개의 점을 선택하는 경우에는 삼각형이 만들어지지 않으므로 삼각형이 만들어지지 않는 경우의 수는

$\frac{4\times3\times2}{3\times2\times1}=4$

따라서 만들 수 있는 삼각형의 개수는

$56-4=52$

답 ④

17 4의 배수가 적힌 공이 나오는 경우는 4, 8, 12, 16, 20의 5가지 … ❶

5의 배수가 적힌 공이 나오는 경우는 5, 10, 15, 20의 4가지 … ❷

이때 4와 5의 공배수는 20의 1개이므로 구하는 경우의 수는

$5+4-1=8$ … ❸

답 8

채점 기준	배점
❶ 4의 배수가 적힌 공이 나오는 경우의 수 구하기	30%
❷ 5의 배수가 적힌 공이 나오는 경우의 수 구하기	30%
❸ 4의 배수 또는 5의 배수가 적힌 공이 나오는 경우의 수 구하기	40%

18 B를 맨 앞에 세우고 D와 E를 1명으로 생각하여 4명을 한 줄로 세우는 경우의 수는

$4\times3\times2\times1=24$ … ❶

이때 D와 E가 자리를 바꾸는 경우의 수는 2 … ❷

따라서 구하는 경우의 수는

$24\times2=48$ … ❸

답 48

채점 기준	배점
❶ B를 맨 앞에 세우고 D와 E를 1명으로 생각하여 4명을 한 줄로 세우는 경우의 수 구하기	40%
❷ D와 E가 자리를 바꾸는 경우의 수 구하기	30%
❸ B는 맨 앞에 서고 D와 E는 이웃하여 서는 경우의 수 구하기	30%

19 A에 칠할 수 있는 색: 5가지

B에 칠할 수 있는 색: A에 사용한 색을 제외한 4가지

C에 칠할 수 있는 색: A, B에 사용한 색을 제외한 3가지

D에 칠할 수 있는 색: C에 사용한 색을 제외한 4가지

E에 칠할 수 있는 색: C, D에 사용한 색을 제외한 3가지

… ❶

따라서 구하는 방법의 수는

$5\times4\times3\times4\times3=720$ … ❷

답 720

채점 기준	배점
❶ A, B, C, D, E에 칠할 수 있는 색의 수 구하기	80%
❷ A, B, C, D, E에 색을 칠하는 방법의 수 구하기	20%

20 홀수가 되려면 일의 자리에 올 수 있는 숫자는 5, 7, 9의 3개이다. … ❶

이때 십의 자리에 올 수 있는 숫자는 일의 자리에 사용한 숫자를 제외한 4개이다. … ❷

따라서 구하는 홀수의 개수는

$3\times4=12$ … ❸

답 12

채점 기준	배점
❶ 일의 자리에 올 수 있는 숫자의 개수 구하기	40%
❷ 십의 자리에 올 수 있는 숫자의 개수 구하기	40%
❸ 두 자리 자연수 중 홀수의 개수 구하기	20%

21 a□□□인 경우: $3\times2\times1=6$(개) … ❶

b□□□인 경우: $3\times2\times1=6$(개) … ❷

따라서 $cabd$는 $6+6+1=13$(번째)에 나타난다. … ❸

답 13번째

채점 기준	배점
❶ a□□□인 경우의 문자열의 개수 구하기	30%
❷ b□□□인 경우의 문자열의 개수 구하기	30%
❸ $cabd$는 몇 번째에 나타나는지 구하기	40%

22 세 자리 자연수가 3의 배수이려면 각 자리의 숫자의 합이 3의 배수이어야 한다. … ❶

(i) 각 자리의 숫자의 합이 3인 경우

0, 1, 2로 만들 수 있는 세 자리 자연수의 개수는

$2\times2\times1=4$

(ii) 각 자리의 숫자의 합이 6인 경우

0, 2, 4로 만들 수 있는 세 자리 자연수의 개수는

$2\times2\times1=4$

1, 2, 3으로 만들 수 있는 세 자리 자연수의 개수는

$3\times2\times1=6$

즉, 각 자리의 숫자의 합이 6인 세 자리 자연수의 개수는

$4+6=10$

(iii) 각 자리의 숫자의 합이 9인 경우

2, 3, 4로 만들 수 있는 세 자리 자연수의 개수는

$3\times2\times1=6$ … ❷

(i)~(iii)에서 세 자리 자연수 중 3의 배수의 개수는

$4+10+6=20$ … ❸

답 20

채점 기준	배점
❶ 세 자리 자연수가 3의 배수가 되는 조건 이해하기	20%
❷ 각 자리의 숫자의 합이 3, 6, 9인 경우의 세 자리 자연수의 개수 각각 구하기	60%
❸ 세 자리 자연수 중 3의 배수의 개수 구하기	20%

보충 TIP 배수 판별법

(1) 2의 배수: 일의 자리의 숫자가 0, 2, 4, 6, 8이다.
(2) 3의 배수: 각 자리의 숫자의 합이 3의 배수이다.
(3) 4의 배수: 끝의 두 자리 수가 00이거나 4의 배수이다.
(4) 5의 배수: 일의 자리의 숫자가 0, 5이다.

10 확률

Real 실전 개념 137, 139쪽

01 답 4

02 답 1

03 답 $\frac{1}{4}$

04 답 12

05 3의 배수가 적힌 카드가 나오는 경우는
3, 6, 9, 12의 4가지 답 4

06 $\frac{4}{12}=\frac{1}{3}$ 답 $\frac{1}{3}$

07 6칸 중에서 1이 적힌 부분은 1칸이므로 구하는 확률은 $\frac{1}{6}$
답 $\frac{1}{6}$

08 6칸 중에서 짝수가 적힌 부분은 2, 4, 6의 3칸이므로 구하는 확률은 $\frac{3}{6}=\frac{1}{2}$ 답 $\frac{1}{2}$

09 6칸 중에서 4의 약수가 적힌 부분은 1, 2, 4의 3칸이므로 구하는 확률은 $\frac{3}{6}=\frac{1}{2}$ 답 $\frac{1}{2}$

10 답 $\frac{3}{8}$

11 답 $\frac{5}{8}$

12 주머니 속에 있는 공은 모두 빨간색 또는 파란색이므로 빨간 공 또는 파란 공이 나오는 사건은 반드시 일어난다.
따라서 구하는 확률은 1이다. 답 1

13 주머니 속에 있는 공은 모두 빨간색 또는 파란색이므로 노란 공이 나오는 사건은 절대로 일어나지 않는다.
따라서 구하는 확률은 0이다. 답 0

14 (문제를 맞히지 못할 확률)$=1-$(문제를 맞힐 확률)
$=1-\frac{1}{5}=\frac{4}{5}$ 답 $\frac{4}{5}$

15 (내일 비가 오지 않을 확률)$=1-$(내일 비가 올 확률)
$=1-\frac{7}{10}=\frac{3}{10}$ 답 $\frac{3}{10}$

16 모두 뒷면이 나오는 경우는 (뒷면, 뒷면)의 1가지이므로 구하는 확률은 $\frac{1}{4}$ 답 $\frac{1}{4}$

17 (적어도 한 개는 앞면이 나올 확률)
$=1-$(모두 뒷면이 나올 확률)
$=1-\frac{1}{4}=\frac{3}{4}$ 답 $\frac{3}{4}$

18 2 이하의 수가 적힌 공이 나오는 경우는 1, 2의 2가지이므로 구하는 확률은 $\frac{2}{10}=\frac{1}{5}$ 답 $\frac{1}{5}$

19 8 이상의 수가 적힌 공이 나오는 경우는 8, 9, 10의 3가지이므로 구하는 확률은 $\frac{3}{10}$ 답 $\frac{3}{10}$

20 $\frac{1}{5}+\frac{3}{10}=\frac{5}{10}=\frac{1}{2}$ 답 $\frac{1}{2}$

21 모든 경우의 수는 $6\times6=36$
두 눈의 수의 합이 4인 경우는 (1, 3), (2, 2), (3, 1)의 3가지이므로 구하는 확률은
$\frac{3}{36}=\frac{1}{12}$ 답 $\frac{1}{12}$

22 모든 경우의 수는 $6\times6=36$
두 눈의 수의 합이 11인 경우는 (5, 6), (6, 5)의 2가지이므로 구하는 확률은
$\frac{2}{36}=\frac{1}{18}$ 답 $\frac{1}{18}$

23 $\frac{1}{12}+\frac{1}{18}=\frac{5}{36}$ 답 $\frac{5}{36}$

24 답 $\frac{1}{2}$

25 주사위에서 소수의 눈이 나오는 경우는 2, 3, 5의 3가지이므로 구하는 확률은 $\frac{3}{6}=\frac{1}{2}$ 답 $\frac{1}{2}$

26 $\frac{1}{2}\times\frac{1}{2}=\frac{1}{4}$ 답 $\frac{1}{4}$

27 6의 약수의 눈이 나오는 경우는 1, 2, 3, 6의 4가지이므로 구하는 확률은 $\frac{4}{6}=\frac{2}{3}$ 답 $\frac{2}{3}$

28 짝수의 눈이 나오는 경우는 2, 4, 6의 3가지이므로 구하는 확률은 $\frac{3}{6}=\frac{1}{2}$ 답 $\frac{1}{2}$

29 $\frac{2}{3}\times\frac{1}{2}=\frac{1}{3}$ 답 $\frac{1}{3}$

30 $\frac{4}{7}\times\frac{4}{7}=\frac{16}{49}$ 답 $\frac{16}{49}$

31 $\frac{4}{7}\times\frac{3}{6}=\frac{2}{7}$ 답 $\frac{2}{7}$

32 $\frac{3}{10}\times\frac{7}{10}=\frac{21}{100}$ 　　답 $\frac{21}{100}$

33 $\frac{3}{10}\times\frac{7}{9}=\frac{7}{30}$ 　　답 $\frac{7}{30}$

Real 실전 유형 140~147쪽

01 4의 배수가 적힌 카드가 나오는 경우는 4, 8, 12의 3가지이다.
따라서 구하는 확률은 $\frac{3}{15}=\frac{1}{5}$ 　　답 ③

02 흰 공의 개수를 x라 하면
$\frac{x}{12}=\frac{2}{3}$ 　　$\therefore x=8$
따라서 주머니 속에 들어 있는 흰 공은 8개이다. 　　답 8

03 모든 경우의 수는 $2\times2\times2=8$
모두 같은 면이 나오는 경우는 (앞면, 앞면, 앞면), (뒷면, 뒷면, 뒷면)의 2가지
따라서 구하는 확률은 $\frac{2}{8}=\frac{1}{4}$ 　　답 $\frac{1}{4}$

04 모든 경우의 수는 $6\times6=36$
나오는 두 눈의 수의 차가 1인 경우는 (1, 2), (2, 1), (2, 3), (3, 2), (3, 4), (4, 3), (4, 5), (5, 4), (5, 6), (6, 5)의 10가지
따라서 구하는 확률은 $\frac{10}{36}=\frac{5}{18}$ 　　답 $\frac{5}{18}$

05 모든 경우의 수는 $5\times4\times3\times2\times1=120$
민규가 맨 앞에 서는 경우의 수는 $4\times3\times2\times1=24$
따라서 구하는 확률은 $\frac{24}{120}=\frac{1}{5}$ 　　답 ②

06 모든 경우의 수는 $4\times3\times2\times1=24$
초등학생끼리 이웃하여 서는 경우의 수는
$(3\times2\times1)\times2=12$
따라서 구하는 확률은 $\frac{12}{24}=\frac{1}{2}$ 　　답 ⑤

> **보충 TIP** 이웃하여 서는 경우의 수를 구할 때는 이웃한 사람들이 서로 자리를 바꾸는 경우를 반드시 고려하도록 한다.
> ➡ (이웃하여 서는 경우의 수)
> =(이웃하는 것을 하나로 묶어서 한 줄로 세우는 경우의 수)
> ×(묶음 안에서 자리를 바꾸는 경우의 수)

07 모든 경우의 수는
$\frac{7\times6}{2}=21$ 　　… ❶
2명 모두 2학년 학생이 뽑히는 경우의 수는
$\frac{3\times2}{2}=3$ 　　… ❷
따라서 구하는 확률은 $\frac{3}{21}=\frac{1}{7}$ 　　… ❸
답 $\frac{1}{7}$

채점 기준	배점
❶ 모든 경우의 수 구하기	40%
❷ 2명 모두 2학년 학생이 뽑히는 경우의 수 구하기	40%
❸ 2명 모두 2학년 학생이 뽑힐 확률 구하기	20%

08 모든 경우의 수는 $6\times6=36$
$2x-y=2$를 만족시키는 순서쌍 (x, y)는 (2, 2), (3, 4), (4, 6)의 3가지
따라서 구하는 확률은 $\frac{3}{36}=\frac{1}{12}$ 　　답 ①

09 모든 경우의 수는 $6\times6=36$
$2x<y$를 만족시키는 순서쌍 (x, y)는 (1, 3), (1, 4), (1, 5), (1, 6), (2, 5), (2, 6)의 6가지
따라서 구하는 확률은 $\frac{6}{36}=\frac{1}{6}$ 　　답 $\frac{1}{6}$

10 모든 경우의 수는 $6\times6=36$ 　　… ❶
$3x+y\le8$을 만족시키는 순서쌍 (x, y)는 (1, 1), (1, 2), (1, 3), (1, 4), (1, 5), (2, 1), (2, 2)의 7가지 　　… ❷
따라서 구하는 확률은 $\frac{7}{36}$ 　　… ❸
답 $\frac{7}{36}$

채점 기준	배점
❶ 모든 경우의 수 구하기	40%
❷ $3x+y\le8$을 만족시키는 순서쌍 (x, y)의 개수 구하기	40%
❸ $3x+y\le8$일 확률 구하기	20%

11 8칸 중에서 홀수가 적힌 부분은 1, 3, 5, 7의 4칸이므로 구하는 확률은 $\frac{4}{8}=\frac{1}{2}$ 　　답 ④

12 12칸 중에서 소수가 적힌 부분은 2, 3, 5, 7, 11의 5칸이므로 구하는 확률은 $\frac{5}{12}$ 　　답 ④

13 과녁 전체의 넓이는
$\pi\times3^2=9\pi(\mathrm{cm}^2)$ 　　… ❶
색칠한 부분의 넓이는
$\pi\times2^2-\pi\times1^2=3\pi(\mathrm{cm}^2)$ 　　… ❷
따라서 구하는 확률은 $\frac{3\pi}{9\pi}=\frac{1}{3}$ 　　… ❸
답 $\frac{1}{3}$

채점 기준	배점
❶ 과녁 전체의 넓이 구하기	40%
❷ 색칠한 부분의 넓이 구하기	40%
❸ 색칠한 부분을 맞힐 확률 구하기	20%

참고 과녁 전체의 넓이는 반지름의 길이가 3 cm인 원의 넓이와 같고 색칠한 부분의 넓이는 반지름의 길이가 2 cm인 원의 넓이에서 반지름의 길이가 1 cm인 원의 넓이를 뺀 것과 같다.

14 ① $0 \le p \le 1$
② p의 값은 정수 0, 1이 될 수 있다. 답 ①, ②

15 ㄱ. $\frac{1}{2}$ ㄴ. $\frac{1}{4}$ ㄷ. 1 ㄹ. 1
따라서 확률이 1인 것은 ㄷ, ㄹ이다. 답 ⑤

16 ① 흰 공이 나올 확률은 $\frac{5}{15}=\frac{1}{3}$
② 검은 공이 나올 확률은 $\frac{10}{15}=\frac{2}{3}$
⑤ 흰 공이 나올 확률은 $\frac{1}{3}$이고 검은 공이 나올 확률은 $\frac{2}{3}$이므로 두 확률은 서로 다르다. 답 ③, ④

17 모든 경우의 수는 $\frac{10\times9}{2}=45$
민지가 뽑히는 경우의 수는 9이므로 그 확률은 $\frac{9}{45}=\frac{1}{5}$
따라서 구하는 확률은
$1-\frac{1}{5}=\frac{4}{5}$ 답 $\frac{4}{5}$

다른 풀이 모든 경우의 수는 $\frac{10\times9}{2}=45$
민지가 뽑히지 않는 경우의 수는 민지를 제외한 9명 중에서 2명을 뽑는 경우의 수와 같으므로
$\frac{9\times8}{2}=36$
따라서 구하는 확률은 $\frac{36}{45}=\frac{4}{5}$

18 (내일 소풍을 갈 확률)=(내일 비가 오지 않을 확률)
=1−(내일 비가 올 확률)
$=1-\frac{1}{4}=\frac{3}{4}$ 답 $\frac{3}{4}$

19 모든 경우의 수는 $5\times4\times3\times2\times1=120$
A와 B가 이웃하여 서는 경우의 수는
$(4\times3\times2\times1)\times2=48$
이므로 그 확률은 $\frac{48}{120}=\frac{2}{5}$ …❶
따라서 구하는 확률은
$1-\frac{2}{5}=\frac{3}{5}$ …❷
답 $\frac{3}{5}$

채점 기준	배점
❶ A와 B가 이웃할 확률 구하기	60%
❷ A와 B가 이웃하지 않을 확률 구하기	40%

20 모든 경우의 수는 $6\times6=36$
두 눈의 수의 차가 5인 경우는 (1, 6), (6, 1)의 2가지이므로 그 확률은
$\frac{2}{36}=\frac{1}{18}$
따라서 구하는 확률은
$1-\frac{1}{18}=\frac{17}{18}$ 답 $\frac{17}{18}$

참고 두 눈의 수의 차가 5가 아닌 경우의 수를 구하는 것보다 두 눈의 수의 차가 5인 경우의 수를 구하는 것이 더 간단하므로 어떤 사건이 일어나지 않을 확률을 이용한다.

21 모든 경우의 수는 $\frac{6\times5}{2}=15$
남학생 4명 중에서 대표 2명을 뽑는 경우의 수는 $\frac{4\times3}{2}=6$이므로 그 확률은
$\frac{6}{15}=\frac{2}{5}$
∴ (적어도 한 명은 여학생이 뽑힐 확률)
=1−(2명 모두 남학생이 뽑힐 확률)
$=1-\frac{2}{5}=\frac{3}{5}$ 답 ④

22 모든 경우의 수는 $2\times2\times2=8$
3개의 문제 모두 틀리는 경우의 수는 1이므로 그 확률은 $\frac{1}{8}$
∴ (3개의 문제 중 적어도 한 문제는 맞힐 확률)
=1−(3개의 문제 모두 틀릴 확률)
$=1-\frac{1}{8}=\frac{7}{8}$ 답 $\frac{7}{8}$

23 모든 경우의 수는 $2\times2\times2\times2=16$
동전 4개 모두 뒷면이 나오는 경우는
(뒷면, 뒷면, 뒷면, 뒷면)의 1가지이므로 그 확률은 $\frac{1}{16}$
∴ (적어도 하나는 앞면이 나올 확률)
=1−(4개 모두 뒷면이 나올 확률)
$=1-\frac{1}{16}=\frac{15}{16}$ 답 ⑤

24 5장의 카드 중에서 2장을 뽑아 만들 수 있는 두 자리 정수의 개수는
$5\times4=20$

각 자리의 숫자가 모두 짝수인 수의 개수는

$2\times1=2$이므로 그 확률은

$\frac{2}{20}=\frac{1}{10}$ … ❶

∴ (각 자리의 숫자 중 적어도 하나는 홀수일 확률)

$=1-$(각 자리의 숫자가 모두 짝수일 확률)

$=1-\frac{1}{10}=\frac{9}{10}$ … ❷

답 $\frac{9}{10}$

채점 기준	배점
❶ 각 자리의 숫자가 모두 짝수일 확률 구하기	50%
❷ 각 자리의 숫자 중 적어도 하나는 홀수일 확률 구하기	50%

25 모든 경우의 수는 $6\times6=36$

두 눈의 수의 합이 4인 경우는 (1, 3), (2, 2), (3, 1)의 3가지이므로 그 확률은 $\frac{3}{36}=\frac{1}{12}$

두 눈의 수의 합이 9인 경우는 (3, 6), (4, 5), (5, 4), (6, 3)의 4가지이므로 그 확률은 $\frac{4}{36}=\frac{1}{9}$

따라서 구하는 확률은

$\frac{1}{12}+\frac{1}{9}=\frac{7}{36}$

답 ①

26 배우고 싶은 악기가 바이올린일 확률은 $\frac{4}{24}=\frac{1}{6}$

배우고 싶은 악기가 드럼일 확률은 $\frac{8}{24}=\frac{1}{3}$

따라서 구하는 확률은

$\frac{1}{6}+\frac{1}{3}=\frac{1}{2}$

답 ⑤

27 소수가 적힌 카드가 나오는 경우는 2, 3, 5, 7, 11, 13의 6가지이므로 그 확률은 $\frac{6}{15}=\frac{2}{5}$ … ❶

4의 배수가 적힌 카드가 나오는 경우는 4, 8, 12의 3가지이므로 그 확률은 $\frac{3}{15}=\frac{1}{5}$ … ❷

따라서 구하는 확률은

$\frac{2}{5}+\frac{1}{5}=\frac{3}{5}$ … ❸

답 $\frac{3}{5}$

채점 기준	배점
❶ 소수가 적힌 카드가 나올 확률 구하기	40%
❷ 4의 배수가 적힌 카드가 나올 확률 구하기	40%
❸ 소수 또는 4의 배수가 적힌 카드가 나올 확률 구하기	20%

28 A 주머니에서 흰 공을 꺼낼 확률은 $\frac{2}{7}$

B 주머니에서 검은 공을 꺼낼 확률은 $\frac{6}{9}=\frac{2}{3}$

따라서 구하는 확률은

$\frac{2}{7}\times\frac{2}{3}=\frac{4}{21}$

답 $\frac{4}{21}$

29 $\frac{1}{3}\times\frac{3}{4}\times\frac{2}{5}=\frac{1}{10}$

답 $\frac{1}{10}$

보충 TIP 세 사건 A, B, C가 서로 영향을 끼치지 않을 때, 세 사건 A, B, C가 동시에 일어날 확률은
(사건 A가 일어날 확률)×(사건 B가 일어날 확률)
×(사건 C가 일어날 확률)

30 A 주사위에서 나오는 눈의 수가 홀수인 경우는 1, 3, 5의 3가지이므로 그 확률은 $\frac{3}{6}=\frac{1}{2}$

B 주사위에서 나오는 눈의 수가 5 이하인 경우는 1, 2, 3, 4, 5의 5가지이므로 그 확률은 $\frac{5}{6}$

따라서 구하는 확률은

$\frac{1}{2}\times\frac{5}{6}=\frac{5}{12}$

답 ③

31 두 명 모두 불합격할 확률은

$\left(1-\frac{5}{7}\right)\times\left(1-\frac{1}{2}\right)=\frac{2}{7}\times\frac{1}{2}=\frac{1}{7}$

∴ (적어도 한 명은 합격할 확률)

$=1-$(두 명 모두 불합격할 확률)

$=1-\frac{1}{7}=\frac{6}{7}$

답 $\frac{6}{7}$

32 8명 중에서 2명의 대표를 뽑는 경우의 수는

$\frac{8\times7}{2}=28$

남자 회원 5명 중에서 2명의 대표를 뽑는 경우의 수는

$\frac{5\times4}{2}=10$이므로 그 확률은 $\frac{10}{28}=\frac{5}{14}$ … ❶

∴ (적어도 한 명은 여자 회원이 뽑힐 확률)

$=1-$(두 명 모두 남자 회원이 뽑힐 확률)

$=1-\frac{5}{14}=\frac{9}{14}$ … ❷

답 $\frac{9}{14}$

채점 기준	배점
❶ 두 명 모두 남자 회원이 뽑힐 확률 구하기	50%
❷ 적어도 한 명은 여자 회원이 뽑힐 확률 구하기	50%

33 두 사람 모두 약속을 지킬 확률은

$\frac{7}{12}\times\left(1-\frac{3}{7}\right)=\frac{7}{12}\times\frac{4}{7}=\frac{1}{3}$

$\therefore$ (두 사람이 만나지 못할 확률)

$=1-$(두 사람 모두 약속을 지킬 확률)

$=1-\frac{1}{3}=\frac{2}{3}$ 답 $\frac{2}{3}$

34 두 스위치가 모두 닫히지 않을 확률은

$\left(1-\frac{1}{3}\right)\times\left(1-\frac{2}{5}\right)=\frac{2}{3}\times\frac{3}{5}=\frac{2}{5}$

$\therefore$ (전구에 불이 들어올 확률)

$=$(두 스위치 중 적어도 하나는 닫힐 확률)

$=1-$(두 스위치가 모두 닫히지 않을 확률)

$=1-\frac{2}{5}=\frac{3}{5}$ 답 ④

35 (i) A 주머니에서 흰 바둑돌, B 주머니에서 검은 바둑돌이 나올 확률은

$\frac{2}{6}\times\frac{1}{4}=\frac{1}{12}$

(ii) A 주머니에서 검은 바둑돌, B 주머니에서 흰 바둑돌이 나올 확률은

$\frac{4}{6}\times\frac{3}{4}=\frac{1}{2}$

(i), (ii)에서 구하는 확률은

$\frac{1}{12}+\frac{1}{2}=\frac{7}{12}$ 답 ③

36 A 문구점을 이용할 확률이 $\frac{3}{5}$이므로 B 문구점을 이용할 확률은 $1-\frac{3}{5}=\frac{2}{5}$

(i) 두 명 모두 A 문구점을 이용할 확률은

$\frac{3}{5}\times\frac{3}{5}=\frac{9}{25}$

(ii) 두 명 모두 B 문구점을 이용할 확률은

$\frac{2}{5}\times\frac{2}{5}=\frac{4}{25}$

(i), (ii)에서 구하는 확률은

$\frac{9}{25}+\frac{4}{25}=\frac{13}{25}$ 답 $\frac{13}{25}$

37 (i) A 상자에서 제품을 꺼냈을 때, 불량품일 확률은

$\frac{1}{2}\times\frac{1}{100}=\frac{1}{200}$

(ii) B 상자에서 제품을 꺼냈을 때, 불량품일 확률은

$\frac{1}{2}\times\frac{2}{100}=\frac{1}{100}$

(i), (ii)에서 구하는 확률은

$\frac{1}{200}+\frac{1}{100}=\frac{3}{200}$ 답 ③

38 $a+b$가 짝수가 되려면 a, b가 모두 짝수이거나 모두 홀수이어야 한다. … ❶

(i) a, b가 모두 짝수일 확률은

$\frac{2}{3}\times\frac{1}{4}=\frac{1}{6}$ … ❷

(ii) a, b가 모두 홀수일 확률은

$\left(1-\frac{2}{3}\right)\times\left(1-\frac{1}{4}\right)=\frac{1}{3}\times\frac{3}{4}=\frac{1}{4}$ … ❸

(i), (ii)에서 구하는 확률은

$\frac{1}{6}+\frac{1}{4}=\frac{5}{12}$ … ❹

답 $\frac{5}{12}$

채점 기준	배점
❶ $a+b$가 짝수가 될 조건 이해하기	20%
❷ a, b가 모두 짝수일 확률 구하기	30%
❸ a, b가 모두 홀수일 확률 구하기	30%
❹ $a+b$가 짝수일 확률 구하기	20%

보충 TIP (짝수)+(짝수)=(짝수), (홀수)+(홀수)=(짝수), (짝수)+(홀수)=(홀수), (홀수)+(짝수)=(홀수)이므로 두 자연수 a, b에 대하여 $a+b$가 짝수인 경우는 다음과 같다.
(i) a, b 모두 짝수
(ii) a, b 모두 홀수

39 (i) A만 떨어질 확률은

$\left(1-\frac{2}{3}\right)\times\frac{3}{4}\times\frac{4}{5}=\frac{1}{3}\times\frac{3}{4}\times\frac{4}{5}=\frac{1}{5}$

(ii) B만 떨어질 확률은

$\frac{2}{3}\times\left(1-\frac{3}{4}\right)\times\frac{4}{5}=\frac{2}{3}\times\frac{1}{4}\times\frac{4}{5}=\frac{2}{15}$

(iii) C만 떨어질 확률은

$\frac{2}{3}\times\frac{3}{4}\times\left(1-\frac{4}{5}\right)=\frac{2}{3}\times\frac{3}{4}\times\frac{1}{5}=\frac{1}{10}$

(i)~(iii)에서 구하는 확률은

$\frac{1}{5}+\frac{2}{15}+\frac{1}{10}=\frac{13}{30}$ 답 ④

40 지원이가 당첨 제비를 뽑을 확률은

$\frac{2}{12}=\frac{1}{6}$

진환이가 당첨 제비를 뽑을 확률은

$\frac{2}{12}=\frac{1}{6}$

따라서 구하는 확률은

$\frac{1}{6}\times\frac{1}{6}=\frac{1}{36}$ 답 ①

41 3의 배수는 3, 6, 9의 3개이므로 첫 번째에 3의 배수가 적힌 카드가 나올 확률은 $\frac{3}{10}$

10의 약수는 1, 2, 5, 10의 4개이므로 두 번째에 10의 약수가 적힌 카드가 나올 확률은 $\frac{4}{10}=\frac{2}{5}$

따라서 구하는 확률은

$\frac{3}{10}\times\frac{2}{5}=\frac{3}{25}$ 답 ②

42 두 개 모두 검은 구슬이 나올 확률은

$\frac{6}{9}\times\frac{6}{9}=\frac{4}{9}$

∴ (적어도 한 개는 흰 구슬이 나올 확률)

=1−(두 개 모두 검은 구슬이 나올 확률)

$=1-\frac{4}{9}=\frac{5}{9}$ 답 $\frac{5}{9}$

43 첫 번째에 꺼낸 장난감이 불량품일 확률은 $\frac{5}{50}=\frac{1}{10}$

두 번째에 꺼낸 장난감이 불량품일 확률은 $\frac{4}{49}$

따라서 구하는 확률은

$\frac{1}{10}\times\frac{4}{49}=\frac{2}{245}$ 답 ④

44 첫 번째에 딸기 우유가 나올 확률은 $\frac{2}{6}=\frac{1}{3}$

두 번째에 초코 우유가 나올 확률은 $\frac{4}{5}$

따라서 구하는 확률은

$\frac{1}{3}\times\frac{4}{5}=\frac{4}{15}$ 답 $\frac{4}{15}$

45 (i) 두 공 모두 빨간 공일 확률은

$\frac{3}{8}\times\frac{2}{7}=\frac{3}{28}$

(ii) 두 공 모두 파란 공일 확률은

$\frac{5}{8}\times\frac{4}{7}=\frac{5}{14}$

(i), (ii)에서 구하는 확률은

$\frac{3}{28}+\frac{5}{14}=\frac{13}{28}$ 답 $\frac{13}{28}$

46 (i) 은영이가 단팥 호빵을 꺼내고 수정이가 야채 호빵을 꺼낼 확률은

$\frac{8}{10}\times\frac{2}{9}=\frac{8}{45}$ … ❶

(ii) 은영이가 야채 호빵을 꺼내고 수정이가 야채 호빵을 꺼낼 확률은

$\frac{2}{10}\times\frac{1}{9}=\frac{1}{45}$ … ❷

(i), (ii)에서 구하는 확률은

$\frac{8}{45}+\frac{1}{45}=\frac{1}{5}$ … ❸

답 $\frac{1}{5}$

채점 기준	배점
❶ 은영이가 단팥 호빵을 꺼내고 수정이가 야채 호빵을 꺼낼 확률 구하기	40%
❷ 은영이가 야채 호빵을 꺼내고 수정이가 야채 호빵을 꺼낼 확률 구하기	40%
❸ 수정이가 야채 호빵을 꺼낼 확률 구하기	20%

47 모든 경우의 수는 $3\times3=9$

선우와 주현이가 내는 것을 순서쌍 (선우, 주현)으로 나타내면 선우가 지는 경우는 (가위, 바위), (바위, 보), (보, 가위)의 3가지이므로 그 확률은 $\frac{3}{9}=\frac{1}{3}$

선우가 이기는 경우는 (가위, 보), (바위, 가위), (보, 바위)의 3가지이므로 그 확률은 $\frac{3}{9}=\frac{1}{3}$

따라서 구하는 확률은

$\frac{1}{3}\times\frac{1}{3}=\frac{1}{9}$ 답 ③

48 모든 경우의 수는 $3\times3=9$

A와 B가 내는 것을 순서쌍 (A, B)로 나타내면 A가 이기는 경우는 (가위, 보), (바위, 가위), (보, 바위)의 3가지이므로 그 확률은 $\frac{3}{9}=\frac{1}{3}$

A와 B가 비기는 경우는 (가위, 가위), (바위, 바위), (보, 보)의 3가지이므로 그 확률은 $\frac{3}{9}=\frac{1}{3}$

따라서 구하는 확률은

$\frac{1}{3}+\frac{1}{3}=\frac{2}{3}$ 답 $\frac{2}{3}$

49 A, B, C가 내는 것을 순서쌍 (A, B, C)로 나타낼 때, C가 질 확률은 다음과 같다.

(i) (가위, 가위, 보)를 낼 확률은

$\frac{1}{3}\times\frac{1}{3}\times\frac{1}{3}=\frac{1}{27}$

(ii) (바위, 바위, 가위)를 낼 확률은

$\frac{1}{3}\times\frac{1}{3}\times\frac{1}{3}=\frac{1}{27}$

(iii) (보, 보, 바위)를 낼 확률은

$\frac{1}{3}\times\frac{1}{3}\times\frac{1}{3}=\frac{1}{27}$

(i)~(iii)에서 구하는 확률은

$\frac{1}{27}+\frac{1}{27}+\frac{1}{27}=\frac{1}{9}$ 답 $\frac{1}{9}$

50 모든 경우의 수는 $3\times3\times3=27$

세 사람이 가위바위보를 한 번 할 때, 비기는 경우는 모두 같은 것을 내거나 모두 다른 것을 내는 경우이다.

(i) 세 사람 모두 같은 것을 내는 경우는

(가위, 가위, 가위), (바위, 바위, 바위), (보, 보, 보)의 3가지이므로 그 확률은 $\frac{3}{27}=\frac{1}{9}$

(ii) 세 사람 모두 다른 것을 내는 경우는

(가위, 바위, 보), (가위, 보, 바위), (바위, 가위, 보), (바위, 보, 가위), (보, 가위, 바위), (보, 바위, 가위)의 6가지이므로 그 확률은 $\frac{6}{27}=\frac{2}{9}$

(i), (ii)에서 구하는 확률은

$\frac{1}{9}+\frac{2}{9}=\frac{1}{3}$

답 $\frac{1}{3}$

보충 TIP 세 사람이 가위바위보를 한 번 하여 비기는 경우는 모두 같은 것을 내거나 모두 다른 것을 내는 경우이므로
(비길 확률)=(모두 같은 것을 낼 확률)+(모두 다른 것을 낼 확률)
이다.

51 (i) A팀이 첫 번째 시합에서 이기고 두 번째 시합에서 지고 세 번째 시합에서 이길 확률은

$\frac{2}{3}\times\left(1-\frac{2}{3}\right)\times\frac{2}{3}=\frac{2}{3}\times\frac{1}{3}\times\frac{2}{3}=\frac{4}{27}$

(ii) A팀이 첫 번째 시합에서 지고 두 번째 시합에서 이기고 세 번째 시합에서 이길 확률은

$\left(1-\frac{2}{3}\right)\times\frac{2}{3}\times\frac{2}{3}=\frac{1}{3}\times\frac{2}{3}\times\frac{2}{3}=\frac{4}{27}$

(i), (ii)에서 구하는 확률은

$\frac{4}{27}+\frac{4}{27}=\frac{8}{27}$

답 ②

52 주사위 한 개를 던질 때, 소수의 눈이 나오는 경우는 2, 3, 5의 3가지이므로 그 확률은 $\frac{3}{6}=\frac{1}{2}$

(i) 1회에서 송이가 이길 확률은

$\frac{1}{2}$ … ❶

(ii) 3회에서 송이가 이길 확률은

$\left(1-\frac{1}{2}\right)\times\left(1-\frac{1}{2}\right)\times\frac{1}{2}=\frac{1}{2}\times\frac{1}{2}\times\frac{1}{2}=\frac{1}{8}$ … ❷

(i), (ii)에서 구하는 확률은

$\frac{1}{2}+\frac{1}{8}=\frac{5}{8}$ … ❸

답 $\frac{5}{8}$

채점 기준	배점
❶ 1회에서 송이가 이길 확률 구하기	40%
❷ 3회에서 송이가 이길 확률 구하기	40%
❸ 3회 이내에 송이가 이길 확률 구하기	20%

Real 실전 기출

148~150쪽

01 ① 홀수는 1, 3, 5, 7, 9의 5가지이므로 그 확률은

$\frac{5}{10}=\frac{1}{2}$

② 소수는 2, 3, 5, 7의 4가지이므로 그 확률은

$\frac{4}{10}=\frac{2}{5}$

③ 2의 배수는 2, 4, 6, 8, 10의 5가지이므로 그 확률은

$\frac{5}{10}=\frac{1}{2}$

④ 5의 배수는 5, 10의 2가지이므로 그 확률은

$\frac{2}{10}=\frac{1}{5}$

⑤ 10의 약수는 1, 2, 5, 10의 4가지이므로 그 확률은

$\frac{4}{10}=\frac{2}{5}$

답 ④

02 모든 경우의 수는 $6\times6=36$

$x-3y\geq1$을 만족시키는 순서쌍 (x, y)는 $(4, 1)$, $(5, 1)$, $(6, 1)$의 3가지

따라서 구하는 확률은

$\frac{3}{36}=\frac{1}{12}$

답 ②

03 ① $0\leq p\leq1$

② $0\leq q\leq1$

⑤ 사건 A가 절대로 일어나지 않으면 $p=0$, 즉 $q=1$이다.

답 ③, ④

04 모든 경우의 수는 $\frac{8\times7}{2}=28$

두 명 모두 B 중학교의 선수가 뽑히는 경우의 수는

$\frac{3\times2}{2}=3$이므로 그 확률은 $\frac{3}{28}$

∴ (적어도 한 명은 A 중학교의 선수가 뽑힐 확률)

$=1-$(두 명 모두 B 중학교의 선수가 뽑힐 확률)

$=1-\frac{3}{28}=\frac{25}{28}$

답 $\frac{25}{28}$

05 윗면에 적힌 수가 6의 배수인 경우는 6, 12의 2가지이므로

그 확률은 $\frac{2}{12}=\frac{1}{6}$

윗면에 적힌 수가 7의 배수인 경우는 7의 1가지이므로 그 확률은 $\frac{1}{12}$

따라서 구하는 확률은

$\frac{1}{6}+\frac{1}{12}=\frac{1}{4}$

답 $\frac{1}{4}$

06 원판 A의 6칸 중 6의 약수가 적힌 부분은 1, 2, 3, 6의 4칸이므로 바늘이 6의 약수가 적힌 부분에 멈출 확률은

$\frac{4}{6}=\frac{2}{3}$

원판 B의 8칸 중 4의 배수가 적힌 부분은 4, 8의 2칸이므로 바늘이 4의 배수가 적힌 부분에 멈출 확률은

$\frac{2}{8}=\frac{1}{4}$

따라서 구하는 확률은

$\frac{2}{3}\times\frac{1}{4}=\frac{1}{6}$ 답 $\frac{1}{6}$

07 두 눈의 수의 곱이 홀수인 경우는 (홀수)×(홀수)이다.

모든 경우의 수는 $6\times6=36$

두 눈의 수가 모두 홀수인 경우는 (1, 1), (1, 3), (1, 5), (3, 1), (3, 3), (3, 5), (5, 1), (5, 3), (5, 5)의 9가지이므로 그 확률은 $\frac{9}{36}=\frac{1}{4}$

∴ (두 눈의 수의 곱이 짝수일 확률)

=1−(두 눈의 수의 곱이 홀수일 확률)

$=1-\frac{1}{4}=\frac{3}{4}$ 답 ⑤

08 (i) 두 바구니에서 모두 깨 송편을 꺼낼 확률은

$\frac{3}{6}\times\frac{4}{5}=\frac{2}{5}$

(ii) 두 바구니에서 모두 콩 송편을 꺼낼 확률은

$\frac{3}{6}\times\frac{1}{5}=\frac{1}{10}$

(i), (ii)에서 구하는 확률은

$\frac{2}{5}+\frac{1}{10}=\frac{1}{2}$ 답 $\frac{1}{2}$

09 (i) 첫 번째에는 흰 구슬, 두 번째에는 파란 구슬을 꺼낼 확률은 $\frac{4}{6}\times\frac{2}{6}=\frac{2}{9}$

(ii) 첫 번째에는 파란 구슬, 두 번째에는 흰 구슬을 꺼낼 확률은 $\frac{2}{6}\times\frac{4}{6}=\frac{2}{9}$

(i), (ii)에서 구하는 확률은

$\frac{2}{9}+\frac{2}{9}=\frac{4}{9}$ 답 $\frac{4}{9}$

10 A, B 모두 당첨 제비를 뽑지 못할 확률은

$\frac{5}{8}\times\frac{4}{7}=\frac{5}{14}$

∴ (적어도 한 명은 당첨 제비를 뽑을 확률)

=1−(A, B 모두 당첨 제비를 뽑지 못할 확률)

$=1-\frac{5}{14}=\frac{9}{14}$ 답 $\frac{9}{14}$

11 (i) 금요일에 비가 오고 토요일에 비가 오지 않을 확률은

$\frac{3}{4}\times\left(1-\frac{3}{4}\right)=\frac{3}{4}\times\frac{1}{4}=\frac{3}{16}$

(ii) 금요일에 비가 오지 않고 토요일에 비가 오지 않을 확률은

$\left(1-\frac{3}{4}\right)\times\left(1-\frac{1}{3}\right)=\frac{1}{4}\times\frac{2}{3}=\frac{1}{6}$

(i), (ii)에서 구하는 확률은

$\frac{3}{16}+\frac{1}{6}=\frac{17}{48}$ 답 ②

12 모든 경우의 수는 $6\times6=36$

두 직선 $ax+by=2$, $2x+y=1$, 즉 $y=-\frac{a}{b}x+\frac{2}{b}$, $y=-2x+1$이 평행하려면 기울기는 서로 같고 y절편은 달라야 한다.

즉, $-\frac{a}{b}=-2$, $\frac{2}{b}\neq1$이어야 하므로

$a=2b$, $b\neq2$

이를 만족시키는 순서쌍 (a, b)는 (2, 1), (6, 3)의 2가지

따라서 구하는 확률은

$\frac{2}{36}=\frac{1}{18}$ 답 $\frac{1}{18}$

13 모든 경우의 수는 $6\times6=36$

점 P가 꼭짓점 D에 오는 경우는 두 눈의 수의 합이 3 또는 7 또는 11인 경우이다.

(i) 두 눈의 수의 합이 3인 경우는 (1, 2), (2, 1)의 2가지이므로 그 확률은 $\frac{2}{36}$

(ii) 두 눈의 수의 합이 7인 경우는 (1, 6), (2, 5), (3, 4), (4, 3), (5, 2), (6, 1)의 6가지이므로 그 확률은 $\frac{6}{36}$

(iii) 두 눈의 수의 합이 11인 경우는 (5, 6), (6, 5)의 2가지이므로 그 확률은 $\frac{2}{36}$

(i)~(iii)에서 구하는 확률은

$\frac{2}{36}+\frac{6}{36}+\frac{2}{36}=\frac{5}{18}$ 답 $\frac{5}{18}$

14 새별이가 x회 이기고 y회 졌다고 하면

$\begin{cases} x+y=6 & \cdots\cdots ㉠ \\ x-2y=0 & \cdots\cdots ㉡ \end{cases}$

㉠, ㉡을 연립하여 풀면

$x=4$, $y=2$

따라서 새별이가 6회의 게임을 끝낸 후 0점이 되려면 6회 중 4회를 이기고 2회를 져야 한다.

6회의 게임 중 지는 2회를 선택하는 경우의 수는

$\frac{6\times5}{2}=15$이므로 6회의 게임을 끝낸 후 0점이 되는 경우의 수는 15이다.

이때 각각의 게임에서 새별이가 이길 확률과 질 확률은 모두 $\frac{1}{2}$이므로 구하는 확률은

$15\times\left(\frac{1}{2}\times\frac{1}{2}\times\frac{1}{2}\times\frac{1}{2}\times\frac{1}{2}\times\frac{1}{2}\right)=\frac{15}{64}$ 답 $\frac{15}{64}$

15 모든 경우의 수는 $6\times6=36$

두 눈의 수의 합이 11인 경우는 (5, 6), (6, 5)의 2가지

두 눈의 수의 합이 12인 경우는 (6, 6)의 1가지

즉, 두 눈의 수의 합이 11 이상인 경우의 수는 $2+1=3$이므로 그 확률은

$\frac{3}{36}=\frac{1}{12}$ … ❶

∴ (두 눈의 수의 합이 10 이하일 확률)

=1−(두 눈의 수의 합이 11 이상일 확률)

$=1-\frac{1}{12}=\frac{11}{12}$ … ❷

답 $\frac{11}{12}$

채점 기준	배점
❶ 두 눈의 수의 합이 11 이상일 확률 구하기	50%
❷ 두 눈의 수의 합이 10 이하일 확률 구하기	50%

16 모든 경우의 수는

$5\times4\times3\times2\times1=120$ … ❶

B가 맨 처음에 오는 경우의 수는 $4\times3\times2\times1=24$이므로

그 확률은 $\frac{24}{120}=\frac{1}{5}$ … ❷

B가 맨 마지막에 오는 경우의 수는 $4\times3\times2\times1=24$이므로

그 확률은 $\frac{24}{120}=\frac{1}{5}$ … ❸

따라서 구하는 확률은

$\frac{1}{5}+\frac{1}{5}=\frac{2}{5}$ … ❹

답 $\frac{2}{5}$

채점 기준	배점
❶ 모든 경우의 수 구하기	20%
❷ B가 맨 처음에 올 확률 구하기	30%
❸ B가 맨 마지막에 올 확률 구하기	30%
❹ B가 맨 처음 또는 맨 마지막에 올 확률 구하기	20%

17 A가 빨간색 볼펜을 꺼낼 확률은 $\frac{4}{7}$ … ❶

B가 파란색 볼펜을 꺼낼 확률은 $\frac{3}{7}$ … ❷

따라서 구하는 확률은

$\frac{4}{7}\times\frac{3}{7}=\frac{12}{49}$ … ❸

답 $\frac{12}{49}$

채점 기준	배점
❶ A가 빨간색 볼펜을 꺼낼 확률 구하기	30%
❷ B가 파란색 볼펜을 꺼낼 확률 구하기	40%
❸ A만 빨간색 볼펜을 꺼낼 확률 구하기	30%

18 (정시보다 늦게 도착할 확률)

=1−{(정시에 도착할 확률)+(정시보다 일찍 도착할 확률)}

$=1-\left(\frac{2}{3}+\frac{1}{4}\right)$

$=1-\frac{11}{12}=\frac{1}{12}$ … ❶

따라서 구하는 확률은

$\frac{1}{12}\times\frac{1}{12}=\frac{1}{144}$ … ❷

답 $\frac{1}{144}$

채점 기준	배점
❶ 정시보다 늦게 도착할 확률 구하기	60%
❷ 이틀 연속 정시보다 늦게 도착할 확률 구하기	40%

19 모든 경우의 수는 $2\times2\times2=8$ … ❶

한 개의 동전을 세 번 던질 때, 점 P의 위치가 1인 경우는 앞면이 2번, 뒷면이 1번 나오는 경우이다. … ❷

이때 앞면이 2번, 뒷면이 1번 나오는 경우는

(앞면, 앞면, 뒷면), (앞면, 뒷면, 앞면), (뒷면, 앞면, 앞면)의 3가지 … ❸

따라서 구하는 확률은 $\frac{3}{8}$ … ❹

답 $\frac{3}{8}$

채점 기준	배점
❶ 모든 경우의 수 구하기	20%
❷ 점 P의 위치가 1인 경우 구하기	30%
❸ 앞면이 2번, 뒷면이 1번 나오는 경우의 수 구하기	30%
❹ 점 P의 위치가 1일 확률 구하기	20%

20 어느 면에도 색칠되어 있지 않은 쌓기나무의 개수는 $2\times2\times2=8$이므로 어느 면에도 색칠되어 있지 않은 것을 고를 확률은 $\frac{8}{64}=\frac{1}{8}$ … ❶

∴ (적어도 어느 한 면에 색칠된 것을 고를 확률)

=1−(어느 면에도 색칠되어 있지 않은 것을 고를 확률)

$=1-\frac{1}{8}=\frac{7}{8}$ … ❷

답 $\frac{7}{8}$

채점 기준	배점
❶ 어느 면에도 색칠되어 있지 않은 것을 고를 확률 구하기	50%
❷ 적어도 어느 한 면에 색칠된 것을 고를 확률 구하기	50%

Real 실전 유형 again 2~7쪽

01 삼각형의 성질

01 ⑤ $\angle ADC$ 답 ⑤

02 $\triangle PBD$와 $\triangle PCD$에서
$\overline{BD}=\overline{CD}$, $\angle PDB=\angle PDC=90°$(③), $\overline{PD}$는 공통
이므로 $\triangle PBD\equiv\triangle PCD$ (SAS 합동)
$\therefore \overline{PB}=\overline{PC}$(②), $\angle BPD=\angle CPD$(④) 답 ①, ⑤

보충 TIP 이등변삼각형에서
(꼭지각의 이등분선)
=(밑변의 수직이등분선)
=(꼭지각의 꼭짓점에서 밑변에 그은 수선)
=(꼭지각의 꼭짓점과 밑변의 중점을 지나는 직선)

03 $\triangle ABC$에서 $\overline{AB}=\overline{AC}$이므로
$\angle C=\frac{1}{2}\times(180°-50°)=65°$
$\triangle BCD$에서 $\overline{BC}=\overline{BD}$이므로
$\angle BDC=\angle C=65°$
따라서 $\triangle ABD$에서
$\angle ABD=65°-50°=15°$ 답 15°

04 $\overline{AD}/\!/\overline{BC}$이므로
$\angle C=\angle CAD=66°$ (엇각)
$\triangle ABC$에서 $\overline{AB}=\overline{AC}$이므로
$\angle BAC=180°-2\times66°=48°$ 답 ⑤

05 $\triangle ABC$에서
$\angle ACB=\frac{1}{2}\times(180°-32°)=74°$ … ❶
$\triangle DCE$에서
$\angle DCE=\frac{1}{2}\times(180°-70°)=55°$ … ❷
$\therefore \angle x=180°-(74°+55°)=51°$ … ❸
답 51°

채점 기준	배점
❶ $\angle ACB$의 크기 구하기	40%
❷ $\angle DCE$의 크기 구하기	40%
❸ $\angle x$의 크기 구하기	20%

06 $\triangle ABC$에서 $\overline{AB}=\overline{AC}$이므로
$\angle ACB=\angle B=36°$
$\therefore \angle CAD=\angle B+\angle ACB=36°+36°=72°$
따라서 $\triangle CAD$에서 $\overline{CA}=\overline{CD}$이므로
$\angle ACD=180°-2\times72°=36°$ 답 ②

07 $\angle A=\angle x$라 하면 $\overline{BA}=\overline{BC}$이므로
$\angle BCA=\angle A=\angle x$
$\triangle BAC$에서
$\angle CBD=\angle x+\angle x=2\angle x$
$\triangle CBD$에서 $\overline{CB}=\overline{CD}$이므로
$\angle CDB=\angle CBD=2\angle x$
$\triangle ACD$에서
$\angle DCE=\angle x+2\angle x=3\angle x$
즉, $3\angle x=75°$이므로 $\angle x=25°$
따라서 $\triangle BAC$에서
$\angle ABC=180°-2\times25°=130°$ 답 130°

08 $\triangle ABC$에서 $\overline{AB}=\overline{BC}$이므로 $\angle A=\angle x$라 하면
$\angle BCA=\angle A=\angle x$
$\therefore \angle CBD=\angle x+\angle x=2\angle x$
$\triangle CBD$에서 $\overline{BC}=\overline{CD}$이므로
$\angle CDB=\angle CBD=2\angle x$ … ❶
$\triangle ADC$에서 $\angle DCE=\angle x+2\angle x=3\angle x$
$\triangle CDE$에서 $\overline{CD}=\overline{DE}$이므로
$\angle DEC=\angle DCE=3\angle x$ … ❷
$\triangle ADE$에서
$\angle EDF=\angle x+3\angle x=4\angle x$
즉, $4\angle x=84°$이므로 $\angle x=21°$
$\therefore \angle A=21°$ … ❸
답 21°

채점 기준	배점
❶ $\angle A=\angle x$로 놓고 $\angle CDB$의 크기를 $\angle x$를 사용하여 나타내기	30%
❷ $\angle DEC$의 크기를 $\angle x$를 사용하여 나타내기	30%
❸ $\angle A$의 크기 구하기	40%

09 $\triangle ABC$에서 $\overline{AB}=\overline{AC}$이므로
$\angle ABC=\angle ACB=\frac{1}{2}\times(180°-\angle x)$
$=90°-\frac{1}{2}\angle x$
$\therefore \angle DBC=\frac{1}{2}\angle ABC=\frac{1}{2}\times\left(90°-\frac{1}{2}\angle x\right)$
$=45°-\frac{1}{4}\angle x$
$\angle ACE=180°-\left(90°-\frac{1}{2}\angle x\right)=90°+\frac{1}{2}\angle x$이므로

$\angle DCE=\frac{1}{2}\angle ACE=\frac{1}{2}\times\left(90^\circ+\frac{1}{2}\angle x\right)$

$=45^\circ+\frac{1}{4}\angle x$

따라서 $\triangle BCD$에서

$45^\circ-\frac{1}{4}\angle x+42^\circ=45^\circ+\frac{1}{4}\angle x$

$\frac{1}{2}\angle x=42^\circ$ $\therefore \angle x=84^\circ$ 답 84°

10 $\angle CBE=\angle EBD=\angle a$라 하자.

$\triangle BED$에서 $\overline{EB}=\overline{ED}$이므로

$\angle EDB=\angle EBD=\angle a$

$\triangle BCD$에서 $(\angle a+\angle a)+90^\circ+\angle a=180^\circ$

$3\angle a+90^\circ=180^\circ$, $3\angle a=90^\circ$

$\therefore \angle a=30^\circ$

$\therefore \angle x=90^\circ-(30^\circ+30^\circ)=30^\circ$ 답 30°

11 $\triangle ABC$에서 $\overline{AB}=\overline{AC}$이므로

$\angle ABC=\angle ACB=\frac{1}{2}\times(180^\circ-28^\circ)=76^\circ$

$\angle ABE=180^\circ-76^\circ=104^\circ$이므로

$\angle DBE=\frac{1}{2}\angle ABE=\frac{1}{2}\times104^\circ=52^\circ$

$\triangle BCD$에서 $\overline{BC}=\overline{BD}$이므로

$\angle BCD=\angle BDC$

$\therefore \angle BCD=\frac{1}{2}\angle DBE=\frac{1}{2}\times52^\circ=26^\circ$

$\therefore \angle x=\angle ACB-\angle BCD=76^\circ-26^\circ=50^\circ$ 답 ①

12 점 H는 $\overline{BC}$의 중점이므로

$\overline{BC}=2\overline{BH}=2\times3=6$

$\therefore \triangle ABC=\frac{1}{2}\times6\times5=15$ 답 ①

13 $\overline{AD}$는 $\overline{BC}$의 수직이등분선이므로

$\angle ADB=90^\circ$, $\overline{BD}=\overline{CD}$

따라서 $\angle BAD=180^\circ-(90^\circ+50^\circ)=40^\circ$이므로 $x=40$

또, $\overline{CD}=\frac{1}{2}\overline{BC}=\frac{1}{2}\times10=5(\text{cm})$이므로 $y=5$

$\therefore x+y=40+5=45$ 답 ②

14 $\overline{AD}$는 $\overline{BC}$의 수직이등분선이므로

$\overline{BC}=2\overline{CD}=2\times10=20(\text{cm})$

$\triangle ABC$의 넓이가 120 cm^2이므로

$\frac{1}{2}\times20\times\overline{AD}=120$ $\therefore \overline{AD}=12(\text{cm})$ 답 12 cm

15 $\triangle ABD$에서 $\angle DAB=\angle DBA$이므로

$\overline{DB}=\overline{DA}=5(\text{cm})$

$\angle DBC=90^\circ-\angle DBA=90^\circ-41^\circ=49^\circ$

또, $\angle C=180^\circ-(90^\circ+41^\circ)=49^\circ$이므로

$\angle DBC=\angle C$

따라서 $\triangle DBC$는 $\overline{DB}=\overline{DC}$인 이등변삼각형이므로

$\overline{CD}=\overline{DB}=5(\text{cm})$ 답 ③

16 $\triangle ABC$에서 $\overline{CA}=\overline{CB}$이므로

$\angle B=\angle BAC=\frac{1}{2}\times(180^\circ-36^\circ)=72^\circ$ … ❶

$\angle DAC=\frac{1}{2}\angle BAC=\frac{1}{2}\times72^\circ=36^\circ$이므로 $\triangle ADC$에서

$\angle ADB=36^\circ+36^\circ=72^\circ$ … ❷

따라서 $\angle B=\angle ADB$이므로 $\triangle ABD$는 $\overline{AB}=\overline{AD}$인 이등변삼각형이다.

$\therefore \overline{AB}=\overline{AD}=4(\text{cm})$ … ❸

답 4 cm

채점 기준	배점
❶ $\angle B$, $\angle BAC$의 크기 구하기	30%
❷ $\angle ADB$의 크기 구하기	40%
❸ $\overline{AB}$의 길이 구하기	30%

17 $\triangle ACB$에서 $\angle ACB=50^\circ-25^\circ=25^\circ$

따라서 $\angle A=\angle ACB$이므로

$\overline{AB}=\overline{BC}=3(\text{cm})$

또, $\triangle ACD$에서 $\angle CDA=75^\circ-25^\circ=50^\circ$

따라서 $\angle CBD=\angle CDB$이므로

$\overline{CD}=\overline{CB}=3(\text{cm})$

$\therefore \overline{AB}+\overline{CD}=3+3=6(\text{cm})$ 답 6 cm

18 $\angle EFB=\angle EFG$ (접은 각),

$\angle EFB=\angle GEF$ (엇각)이므로

$\angle EFG=\angle GEF$

따라서 $\triangle GEF$는 $\overline{GE}=\overline{GF}$인 이등변삼각형이므로

$\overline{GE}+\overline{EF}+\overline{FG}=16$에서 $5+2\overline{GF}=16$

$2\overline{GF}=11$ $\therefore \overline{GF}=\frac{11}{2}(\text{cm})$ 답 ③

19 $\angle FEG=\angle DEG$ (접은 각),

$\angle DEG=\angle FGE$ (엇각)이므로

$\angle FEG=\angle FGE$

따라서 $\triangle FGE$는 $\overline{EF}=\overline{FG}$인 이등변삼각형이다. 답 ③

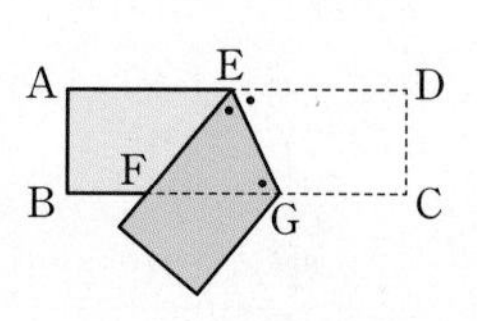

20 $\angle DAB=\angle CAB$ (접은 각),

$\angle DAB=\angle CBA$ (엇각)이므로

$\angle CAB=\angle CBA$ … ❶

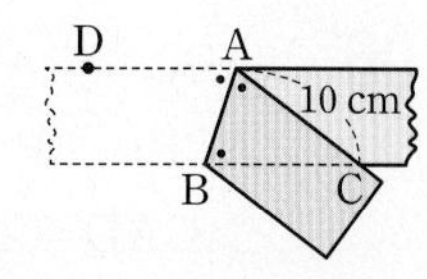

따라서 $\triangle ABC$는 $\overline{CA}=\overline{CB}$인 이등변삼각형이므로

$\overline{BC}=\overline{AC}=10(cm)$ … ❷

종이테이프의 폭을 x cm라 하면

$\frac{1}{2}\times 10\times x=30$ $\therefore x=6$

따라서 종이테이프의 폭은 6 cm이다. … ❸

답 6 cm

채점 기준	배점
❶ $\angle CAB=\angle CBA$임을 알기	40%
❷ $\overline{BC}$의 길이 구하기	30%
❸ 종이테이프의 폭 구하기	30%

21 ㄴ. $\triangle ABC$와 $\triangle GIH$에서

$\angle C=\angle H=90^\circ$

$\overline{AB}=\overline{GI}$

$\angle A=90^\circ-60^\circ=30^\circ=\angle G$

이므로 $\triangle ABC\equiv\triangle GIH$ (RHA 합동)

ㄹ. $\triangle ABC$와 $\triangle NOM$에서

$\angle C=\angle M=90^\circ$

$\overline{AB}=\overline{NO}$

$\overline{BC}=\overline{OM}$

이므로 $\triangle ABC\equiv\triangle NOM$ (RHS 합동) 답 ㄴ, ㄹ

22 $\triangle ABC$와 $\triangle FDE$에서

$\overline{AB}=\overline{FD}$

$\angle C=\angle E=90^\circ$

$\overline{AC}=\overline{FE}$

이므로 $\triangle ABC\equiv\triangle FDE$ (RHS 합동)

$\therefore \angle F=\angle A=90^\circ-30^\circ=60^\circ$ 답 ⑤

23 답 ㄱ. RHA 합동, ㄴ. ASA 합동

24 ② RHA 합동 답 ②

25 ④ RHA 답 ④

26 $\triangle ADB$와 $\triangle BEC$에서

$\angle D=\angle E=90^\circ$

$\overline{AB}=\overline{BC}$

$\angle DAB=90^\circ-\angle ABD=\angle EBC$

이므로 $\triangle ADB\equiv\triangle BEC$ (RHA 합동)

따라서 $\overline{BE}=\overline{AD}=4(cm)$이므로

$\triangle BEC=\frac{1}{2}\times\overline{BE}\times\overline{CE}$

$=\frac{1}{2}\times 4\times 3=6(cm^2)$ 답 6 cm²

27 $\triangle ABD$와 $\triangle AED$에서

$\angle ABD=\angle AED=90^\circ$

$\overline{AD}$는 공통

$\angle BAD=\angle EAD$

이므로 $\triangle ABD\equiv\triangle AED$ (RHA 합동)

$\therefore \overline{AE}=\overline{AB}=6(cm)$, $\overline{BD}=\overline{ED}$

따라서 $\overline{CE}=\overline{AC}-\overline{AE}=10-6=4(cm)$이므로 $\triangle CED$의 둘레의 길이는

$\overline{CE}+\overline{ED}+\overline{DC}=\overline{CE}+(\overline{BD}+\overline{DC})$

$=\overline{CE}+\overline{BC}$

$=4+8=12(cm)$ 답 12 cm

28 $\triangle BMD$와 $\triangle CME$에서

$\angle BDM=\angle CEM=90^\circ$

$\overline{BM}=\overline{CM}$

$\angle BMD=\angle CME$ (맞꼭지각)

이므로 $\triangle BMD\equiv\triangle CME$ (RHA 합동)

따라서 $\overline{CE}=\overline{BD}=5(cm)$, $\overline{ME}=\overline{MD}$이므로

$\overline{ME}=\frac{1}{2}\overline{DE}=\frac{1}{2}\times 8=4(cm)$

$\therefore \triangle CME=\frac{1}{2}\times 5\times 4=10(cm^2)$ 답 10 cm²

29 $\triangle ABC$에서 $\angle ABC=180^\circ-(90^\circ+42^\circ)=48^\circ$

$\triangle ABD$와 $\triangle EBD$에서

$\angle BAD=\angle BED=90^\circ$

$\overline{BD}$는 공통

$\overline{AB}=\overline{EB}$

이므로 $\triangle ABD\equiv\triangle EBD$ (RHS 합동)

$\therefore \angle ABD=\angle EBD$

따라서 $\angle ABD=\frac{1}{2}\angle ABC=\frac{1}{2}\times 48^\circ=24^\circ$이므로

$\triangle ABD$에서

$\angle ADB=180^\circ-(90^\circ+24^\circ)=66^\circ$ 답 66°

30 $\triangle DBM$과 $\triangle ECM$에서

$\angle BDM=\angle CEM=90^\circ$

$\overline{BM}=\overline{CM}$

$\overline{MD}=\overline{ME}$

이므로 $\triangle DBM\equiv\triangle ECM$ (RHS 합동) … ❶

따라서 $\angle B=\angle C$이므로 $\triangle ABC$는 이등변삼각형이다.

$\therefore \angle B=\frac{1}{2}\times(180^\circ-128^\circ)=26^\circ$ … ❷

답 26°

채점 기준	배점
❶ $\triangle DBM\equiv\triangle ECM$임을 설명하기	60%
❷ $\angle B$의 크기 구하기	40%

31 △ACE와 △ADE에서

$\angle ACE=\angle ADE=90^\circ$

$\overline{AE}$는 공통

$\overline{AC}=\overline{AD}$

이므로 △ACE≡△ADE (RHS 합동)

$\therefore \overline{AD}=\overline{AC}=12(\text{cm}),\ \overline{CE}=\overline{DE}$

따라서 $\overline{DB}=\overline{AB}-\overline{AD}=15-12=3(\text{cm})$

이므로 △BDE의 둘레의 길이는

$\overline{BD}+\overline{DE}+\overline{BE}=\overline{BD}+\overline{CE}+\overline{BE}$

$=\overline{BD}+\overline{BC}$

$=3+9=12(\text{cm})$

답 12 cm

32 오른쪽 그림과 같이 점 D에서 $\overline{AC}$에 내린 수선의 발을 E라 하면

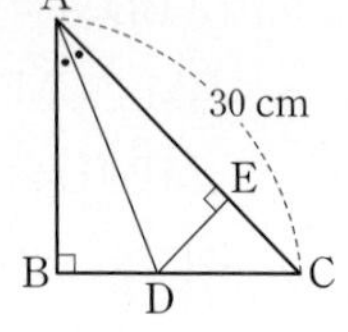

$\frac{1}{2}\times 30\times\overline{DE}=135$

$\therefore \overline{DE}=9(\text{cm})$

이때 $\overline{AD}$가 ∠A의 이등분선이므로

$\overline{BD}=\overline{DE}=9(\text{cm})$

답 9 cm

33 △BCD에서

$\angle DBC=180^\circ-(63^\circ+90^\circ)=27^\circ$

$\overline{CD}=\overline{ED}$에서 점 D는 ∠EBC의 이등분선 위의 점이므로

$\angle EBD=\angle CBD=27^\circ$

따라서 △ABC에서

$\angle A=180^\circ-(90^\circ+27^\circ+27^\circ)=36^\circ$

답 36°

34 △ABD의 넓이가 $\frac{100}{3}$이므로

$\frac{1}{2}\times 10\times\overline{BD}=\frac{100}{3}\qquad \therefore \overline{BD}=\frac{20}{3}$ …❶

오른쪽 그림과 같이 점 D에서 $\overline{AC}$에 내린 수선의 발을 E라 하면

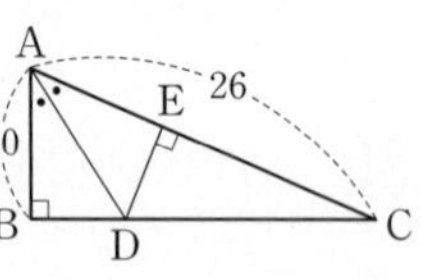

$\overline{ED}=\overline{BD}=\frac{20}{3}$

$\therefore \triangle ADC=\frac{1}{2}\times 26\times\frac{20}{3}=\frac{260}{3}$ …❷

$\triangle ABC=\triangle ABD+\triangle ADC=\frac{100}{3}+\frac{260}{3}=120$이므로

$\frac{1}{2}\times 10\times\overline{BC}=120\qquad \therefore \overline{BC}=24$ …❸

답 24

채점 기준	배점
❶ $\overline{BD}$의 길이 구하기	20%
❷ △ADC의 넓이 구하기	40%
❸ $\overline{BC}$의 길이 구하기	40%

Real 실전 유형 again 8~13쪽

02 삼각형의 외심과 내심

01 ⑤ △OBD≡△OAD

답 ⑤

02 오른쪽 그림과 같이 $\overline{OA}$를 그으면

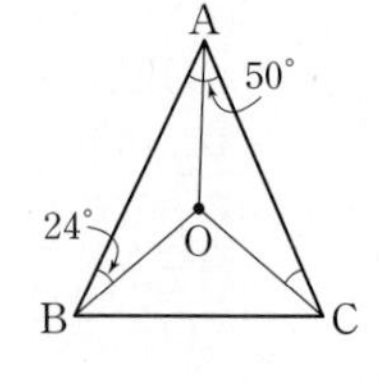

$\overline{OA}=\overline{OB}=\overline{OC}$이므로

$\angle OAB=\angle OBA=24^\circ$

$\therefore \angle OAC=\angle BAC-\angle OAB$

$=50^\circ-24^\circ=26^\circ$

$\therefore \angle OCA=\angle OAC=26^\circ$

답 26°

03 △ABC의 외접원의 반지름의 길이를 r cm라 하면

$\pi r^2=9\pi\qquad \therefore r=3\ (\because r>0)$ …❶

따라서 $\overline{OA}=\overline{OC}=3(\text{cm})$이므로 △OCA의 둘레의 길이는

$\overline{OC}+\overline{CA}+\overline{AO}=3+4+3=10(\text{cm})$ …❷

답 10 cm

채점 기준	배점
❶ △ABC의 외접원의 반지름의 길이 구하기	40%
❷ △OCA의 둘레의 길이 구하기	60%

04 외접원 O의 반지름의 길이를 r cm라 하면

$\pi r^2=64\pi\qquad \therefore r=8\ (\because r>0)$

이때 직각삼각형의 빗변의 길이는 외접원의 지름의 길이와 같으므로

$\overline{BC}=2r=2\times 8=16(\text{cm})$

답 16 cm

05 $\overline{OA}=\overline{OB}=\overline{OC}$이므로 △OCB에서

$\angle OBC=\angle OCB=27^\circ$

△OAB에서

$\angle OAB=\angle OBA=30^\circ+27^\circ=57^\circ$

△OCA에서 $\angle OAC=\angle OCA=\angle x+27^\circ$

따라서 △ABC에서

$\{57^\circ+(\angle x+27^\circ)\}+30^\circ+\angle x=180^\circ$

$2\angle x+114^\circ=180^\circ,\ 2\angle x=66^\circ$

$\therefore \angle x=33^\circ$

답 33°

06 점 M은 직각삼각형 ABC의 외심이므로

$\overline{MA}=\overline{MB}=\overline{MC}$

따라서 △MBC에서 $\angle MCB=\angle B=59^\circ$

$\therefore \angle MCA=90^\circ-\angle MCB$

$=90^\circ-59^\circ=31^\circ$

답 31°

07 직각삼각형의 외심은 빗변의 중점이므로

$\overline{AO}=\overline{CO}=\frac{1}{2}\overline{AC}=\frac{1}{2}\times 12=6(\text{cm})$

$\therefore \overline{OB}=\overline{OC}=6(\text{cm})$

따라서 △OBC의 둘레의 길이는

$\overline{OB}+\overline{BC}+\overline{CO}=6+8+6=20(\text{cm})$ 답 20 cm

08 $\angle OBA+\angle OBC+\angle OCA=90^\circ$이므로

$\angle y+20^\circ+25^\circ=90^\circ \quad \therefore \angle y=45^\circ$

오른쪽 그림과 같이 $\overline{OA}$를 그으면

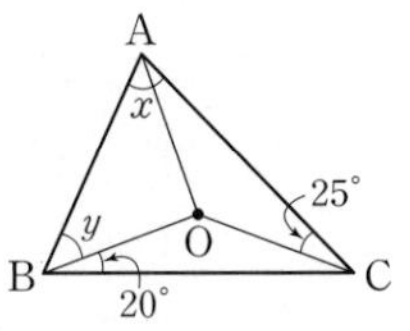

$\angle OAB=\angle OBA=45^\circ$,

$\angle OAC=\angle OCA=25^\circ$이므로

$\angle x=\angle OAB+\angle OAC$

$=45^\circ+25^\circ=70^\circ$

$\therefore \angle x-\angle y=70^\circ-45^\circ=25^\circ$ 답 25°

09 $\angle OAB+\angle OBC+\angle OCA=90^\circ$이므로

$(\angle x+10^\circ)+2\angle x+(2\angle x-15^\circ)=90^\circ$

$5\angle x-5^\circ=90^\circ$, $5\angle x=95^\circ$

$\therefore \angle x=19^\circ$

따라서 $\angle OAB=19^\circ+10^\circ=29^\circ$이고 $\overline{OA}=\overline{OB}$이므로

$\angle AOB=180^\circ-2\times 29^\circ=122^\circ$ 답 122°

10 점 O는 △ABC의 외심이므로 오른쪽 그림과 같이 $\overline{OC}$를 그으면

$\angle OBA+\angle OBC+\angle OCA=90^\circ$

$45^\circ+35^\circ+\angle OCA=90^\circ$

$\therefore \angle OCA=10^\circ$

또, $\overline{OB}=\overline{OC}$이므로

$\angle OCB=\angle OBC=35^\circ$

$\therefore \angle C=\angle OCA+\angle OCB$

$=10^\circ+35^\circ=45^\circ$ 답 45°

11 점 O는 △ABC의 외심이므로

$\angle BOC=2\angle A=2\times 52^\circ=104^\circ$

따라서 △OBC에서 $\overline{OB}=\overline{OC}$이므로

$\angle OBC=\frac{1}{2}\times(180^\circ-104^\circ)=38^\circ$ 답 38°

12 점 M은 △ABC의 외심이므로

$\angle AMC=2\angle B$

따라서 $2\angle B=\angle B+50^\circ$이므로

$\angle B=50^\circ$

$\therefore \angle C=180^\circ-(90^\circ+50^\circ)=40^\circ$ 답 40°

13 오른쪽 그림과 같이 $\overline{OC}$를 그으면

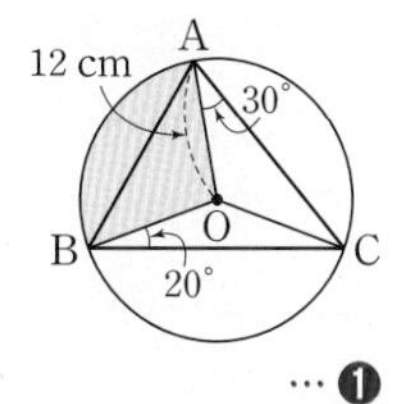

$\angle OCA=\angle OAC=30^\circ$

$\angle OCB=\angle OBC=20^\circ$

$\therefore \angle C=\angle OCA+\angle OCB$

$=30^\circ+20^\circ=50^\circ$ … ❶

점 O가 △ABC의 외심이므로

$\angle AOB=2\angle C=2\times 50^\circ=100^\circ$ … ❷

따라서 부채꼴 AOB의 넓이는

$\pi\times 12^2\times\frac{100}{360}=40\pi(\text{cm}^2)$ … ❸

답 $40\pi\ \text{cm}^2$

채점 기준	배점
❶ ∠C의 크기 구하기	30%
❷ ∠AOB의 크기 구하기	30%
❸ 부채꼴 AOB의 넓이 구하기	40%

14 $\angle BAC:\angle ABC:\angle ACB=4:5:6$이므로

$\angle BAC=180^\circ\times\frac{4}{4+5+6}=180^\circ\times\frac{4}{15}=48^\circ$

$\therefore \angle BOC=2\angle BAC=2\times 48^\circ=96^\circ$ 답 96°

15 ㄴ. 삼각형의 내심에서 세 변에 이르는 거리는 같으므로

$\overline{IE}=\overline{IF}$

ㄷ. 삼각형의 내심은 세 내각의 이등분선의 교점이므로

$\angle IBC=\angle IBA$

따라서 옳은 것은 ㄴ, ㄷ이다. 답 ③

16 점 I는 △ABC의 내심이므로

$\angle IBC=\angle IBA=25^\circ$

$\angle ICB=\angle ICA=28^\circ$

따라서 △IBC에서

$\angle BIC=180^\circ-(25^\circ+28^\circ)=127^\circ$ 답 127°

17 $\angle A=\frac{1}{2}\angle C$이므로 $\angle C=2\angle A$

△ABC에서 $\angle A+\angle B+\angle C=180^\circ$이므로

$\angle A+(\angle A+20^\circ)+2\angle A=180^\circ$

$4\angle A+20^\circ=180^\circ$, $4\angle A=160^\circ$

$\therefore \angle A=40^\circ$

$\therefore \angle C=2\angle A=2\times 40^\circ=80^\circ$

이때 점 I는 △ABC의 내심이므로

$\angle ICB=\frac{1}{2}\angle C=\frac{1}{2}\times 80^\circ=40^\circ$

또, 점 I′은 △IBC의 내심이므로

$\angle ICI'=\frac{1}{2}\angle ICB=\frac{1}{2}\times 40^\circ=20^\circ$ 답 20°

18 오른쪽 그림과 같이 $\overline{IC}$를 그으면

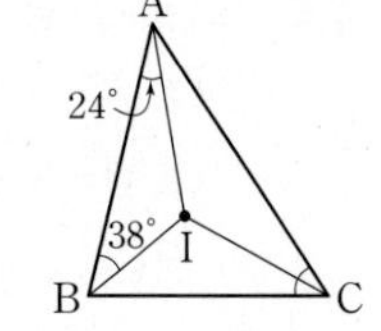

$\angle IAB+\angle IBA+\angle ICA=90°$

이므로

$24°+38°+\angle ICA=90°$

$\therefore \angle ICA=28°$

$\therefore \angle C=2\angle ICA=2\times 28°=56°$ 답 ④

19 점 I가 △ABC의 내심이므로

$\angle IAB+\angle IBC+\angle ICA=90°$

$\angle x+35°+17°=90°$ $\therefore \angle x=38°$ 답 38°

20 점 I가 △ABC의 내심이므로

$\angle IAB=\frac{1}{2}\angle A=\frac{1}{2}\times 90°=45°$ … ❶

또, $\angle ACB=2\angle ACI=2\times 16°=32°$이므로

$\angle B=180°-(90°+32°)=58°$

△ABH에서 $\angle BAH=180°-(90°+58°)=32°$ … ❷

$\therefore \angle IAH=\angle IAB-\angle BAH$

$=45°-32°=13°$ … ❸

답 13°

채점 기준	배점
❶ ∠IAB의 크기 구하기	30%
❷ ∠BAH의 크기 구하기	50%
❸ ∠IAH의 크기 구하기	20%

21 점 I는 △ABC의 내심이므로

$\angle BIC=90°+\frac{1}{2}\angle A=90°+\frac{1}{2}\times 100°=140°$ 답 ⑤

22 점 I는 △ABC의 내심이므로

$\angle AIB=90°+\frac{1}{2}\angle C=90°+\frac{1}{2}\times 70°=125°$

$\therefore \angle AIE=180°-125°=55°$ 답 55°

23 점 I′은 △IBC의 내심이므로

$\angle BI'C=90°+\frac{1}{2}\angle BIC$

$152°=90°+\frac{1}{2}\angle BIC$

$\frac{1}{2}\angle BIC=62°$ $\therefore \angle BIC=124°$

또, 점 I는 △ABC의 내심이므로

$\angle BIC=90°+\frac{1}{2}\angle A$

$124°=90°+\frac{1}{2}\angle A$

$\frac{1}{2}\angle A=34°$ $\therefore \angle A=68°$ 답 68°

24 $\angle BAC : \angle ABC : \angle ACB=5:7:6$이므로

$\angle BAC=180°\times\frac{5}{5+7+6}=180°\times\frac{5}{18}=50°$

$\therefore \angle BIC=90°+\frac{1}{2}\angle BAC$

$=90°+\frac{1}{2}\times 50°=115°$ 답 115°

25 오른쪽 그림과 같이 $\overline{IA}$, $\overline{IB}$를 그으면

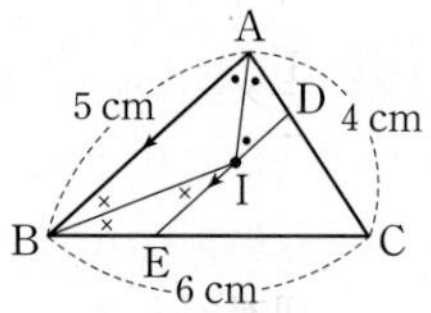

$\angle IAB=\angle DAI$

$\overline{DE}/\!/\overline{AB}$이므로

$\angle IAB=\angle DIA$ (엇각)

$\therefore \angle DAI=\angle DIA$

따라서 △DAI는 $\overline{DA}=\overline{DI}$인 이등변삼각형이다.

같은 방법으로 $\angle EBI=\angle EIB$이므로 △EIB는 $\overline{EI}=\overline{EB}$인 이등변삼각형이다.

따라서 △CDE의 둘레의 길이는

$\overline{CD}+\overline{DE}+\overline{EC}=\overline{CD}+(\overline{DI}+\overline{EI})+\overline{EC}$

$=(\overline{CD}+\overline{DA})+(\overline{EB}+\overline{EC})$

$=\overline{AC}+\overline{BC}$

$=4+6=10(cm)$ 답 10 cm

26 오른쪽 그림과 같이 $\overline{IB}$, $\overline{IC}$를 그으면

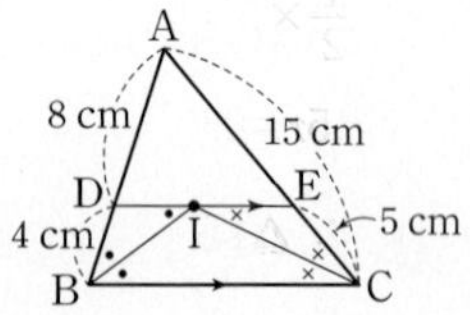

$\angle DBI=\angle IBC$

$\overline{DE}/\!/\overline{BC}$이므로

$\angle DIB=\angle IBC$ (엇각)

$\therefore \angle DBI=\angle DIB$

따라서 △DBI는 $\overline{DB}=\overline{DI}$인 이등변삼각형이므로

$\overline{DI}=\overline{DB}=4(cm)$ (①)

같은 방법으로 $\angle ECI=\angle EIC$이므로 △EIC는 $\overline{EI}=\overline{EC}$인 이등변삼각형이다.

$\therefore \overline{EI}=\overline{EC}=5(cm)$ (②)

$\therefore \overline{DE}=\overline{DI}+\overline{EI}=4+5=9(cm)$ (③)

따라서 △ADE의 둘레의 길이는

$\overline{AD}+\overline{DE}+\overline{EA}=\overline{AD}+(\overline{DI}+\overline{EI})+\overline{EA}$

$=(\overline{AD}+\overline{DB})+(\overline{EC}+\overline{EA})$

$=\overline{AB}+\overline{AC}$

$=(8+4)+15$

$=27(cm)$ (⑤) 답 ④

27 오른쪽 그림과 같이 $\overline{IB}$, $\overline{IC}$를 그으면

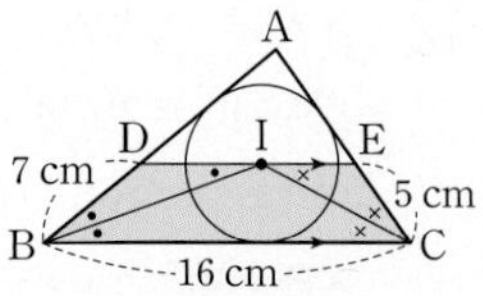

$\angle DBI=\angle IBC$

$\overline{DE}/\!/\overline{BC}$이므로

$\angle DIB=\angle IBC$ (엇각)

$\therefore \angle DBI = \angle DIB$
따라서 $\triangle DBI$에서
$\overline{DI} = \overline{DB} = 7(cm)$
같은 방법으로 $\angle ECI = \angle EIC$이므로 $\triangle EIC$에서
$\overline{EI} = \overline{EC} = 5(cm)$
$\therefore \overline{DE} = \overline{DI} + \overline{EI} = 7 + 5 = 12(cm)$
따라서 사다리꼴 DBCE의 넓이는
$\frac{1}{2} \times (12+16) \times 4 = 56(cm^2)$ 답 ①

28 내접원 I의 반지름의 길이를 r cm라 하면
$\triangle ABC = \frac{1}{2}r(\overline{AB}+\overline{BC}+\overline{CA})$이므로
$48 = \frac{1}{2} \times r \times (10+12+10)$
$16r = 48 \quad \therefore r = 3$
따라서 내접원의 넓이는
$\pi \times 3^2 = 9\pi(cm^2)$ 답 9π cm^2

29 내접원 I의 반지름의 길이를 r cm라 하면
$\triangle ABC = \frac{1}{2}r(\overline{AB}+\overline{BC}+\overline{CA})$이므로
$\frac{1}{2} \times 5 \times 12 = \frac{1}{2} \times r \times (13+5+12)$
$15r = 30 \quad \therefore r = 2$
$\therefore \triangle IAB = \frac{1}{2} \times 13 \times 2 = 13(cm^2)$ 답 13 cm^2

30 $\triangle ABC = \frac{1}{2} \times$(내접원 I의 반지름의 길이)$\times(\overline{AB}+\overline{BC}+\overline{CA})$
$= \frac{1}{2} \times \frac{7}{2} \times (10+17+21)$
$= 84(cm^2)$
$\therefore$ (색칠한 부분의 넓이)$=\triangle ABC-$(내접원 I의 넓이)
$= 84 - \pi \times \left(\frac{7}{2}\right)^2$
$= 84 - \frac{49}{4}\pi(cm^2)$
답 $\left(84 - \frac{49}{4}\pi\right)$ cm^2

31 $\overline{CE} = x$ cm라 하면 $\overline{CF} = \overline{CE} = x(cm)$
$\therefore \overline{BD} = \overline{BE} = 7 - x(cm)$,
$\overline{AD} = \overline{AF} = 8 - x(cm)$
이때 $\overline{AB} = \overline{AD} + \overline{BD}$이므로
$5 = (8-x) + (7-x)$, $15 - 2x = 5$
$2x = 10 \quad \therefore x = 5$
$\therefore \overline{CE} = 5(cm)$ 답 5 cm

32 $\overline{AD} = \overline{AF}$, $\overline{BD} = \overline{BE}$, $\overline{CE} = \overline{CF}$
이므로 $\triangle ABC$의 둘레의 길이는
$2 \times (\overline{AD}+\overline{BD}+\overline{CE}) = 2 \times (4+6+\overline{CE}) = 20 + 2\overline{CE}$
즉, $2\overline{CE} + 20 = 30$이므로
$2\overline{CE} = 10 \quad \therefore \overline{CE} = 5(cm)$ 답 ⑤

33 내접원 I의 반지름의 길이를 r cm라 하면
$\pi \times r^2 = \pi \quad \therefore r = 1 \ (\because r > 0)$ … ❶
오른쪽 그림과 같이 $\overline{ID}$, $\overline{IE}$, $\overline{IF}$를 그으면 사각형 ADIF는 정사각형이므로

$\overline{AD} = \overline{AF} = 1(cm)$ … ❷
$\overline{BE} = \overline{BD} = 3 - 1 = 2(cm)$이므로
$\overline{CF} = \overline{CE} = 5 - 2 = 3(cm)$ … ❸
$\therefore \overline{AC} = \overline{AF} + \overline{CF} = 1 + 3 = 4(cm)$ … ❹
답 4 cm

채점 기준	배점
❶ 내접원 I의 반지름의 길이 구하기	20%
❷ $\overline{AF}$의 길이 구하기	30%
❸ $\overline{CF}$의 길이 구하기	40%
❹ $\overline{AC}$의 길이 구하기	10%

34 점 I는 $\triangle ABC$의 내심이므로
$\angle AIC = 90° + \frac{1}{2}\angle B$
$125° = 90° + \frac{1}{2}\angle B$
$\frac{1}{2}\angle B = 35° \quad \therefore \angle B = 70°$
또, 점 O는 $\triangle ABC$의 외심이므로
$\angle AOC = 2\angle B = 2 \times 70° = 140°$ 답 ④

35 점 I는 $\triangle OBC$의 내심이므로
$\angle BIC = 90° + \frac{1}{2}\angle BOC$
$130° = 90° + \frac{1}{2}\angle BOC$
$\frac{1}{2}\angle BOC = 40° \quad \therefore \angle BOC = 80°$
점 O는 $\triangle ABC$의 외심이므로
$\angle A = \frac{1}{2}\angle BOC = \frac{1}{2} \times 80° = 40°$ 답 40°

36 $\triangle ABC$에서 $\overline{AB} = \overline{AC}$이므로
$\angle ABC = \frac{1}{2} \times (180° - 80°) = 50°$
점 I가 $\triangle ABC$의 내심이므로
$\angle IBC = \frac{1}{2}\angle ABC = \frac{1}{2} \times 50° = 25°$ … ❶
점 O가 $\triangle ABC$의 외심이므로
$\angle BOC = 2\angle A = 2 \times 80° = 160°$

$\triangle$OBC에서 $\overline{OB}=\overline{OC}$이므로

$\angle OBC=\frac{1}{2}\times(180°-160°)=10°$ … ❷

$\therefore \angle IBO=\angle IBC-\angle OBC$

$=25°-10°=15°$ … ❸

답 $15°$

채점 기준	배점
❶ $\angle$IBC의 크기 구하기	40%
❷ $\angle$OBC의 크기 구하기	40%
❸ $\angle$IBO의 크기 구하기	20%

37 $\triangle$ABC의 외접원 O의 반지름의 길이는

$\frac{1}{2}\overline{BC}=\frac{1}{2}\times26=13(\text{cm})$

이때 외접원 O의 넓이는

$\pi\times13^2=169\pi(\text{cm}^2)$

$\triangle$ABC의 내접원 I의 반지름의 길이를 r cm라 하면

$\triangle ABC=\frac{1}{2}r(\overline{AB}+\overline{BC}+\overline{CA})$이므로

$\frac{1}{2}\times24\times10=\frac{1}{2}\times r\times(24+26+10)$

$30r=120 \quad \therefore r=4$

이때 내접원 I의 넓이는

$\pi\times4^2=16\pi(\text{cm}^2)$

따라서 색칠한 부분의 넓이는

$169\pi-16\pi=153\pi(\text{cm}^2)$

답 ②

38 외접원의 반지름의 길이는

$\frac{1}{2}\overline{AB}=\frac{1}{2}\times29=\frac{29}{2}(\text{cm}) \quad \therefore x=\frac{29}{2}$

$\triangle ABC=\frac{1}{2}r(\overline{AB}+\overline{BC}+\overline{CA})$이므로

$\frac{1}{2}\times20\times21=\frac{1}{2}\times y\times(29+20+21)$

$35y=210 \quad \therefore y=6$

$\therefore x+y=\frac{29}{2}+6=\frac{41}{2}$

답 $\frac{41}{2}$

39 오른쪽 그림과 같이 내접원 I와 $\overline{BC}$, $\overline{AC}$의 접점을 각각 E, F라 하면 사각형 ADIF는 정사각형이므로

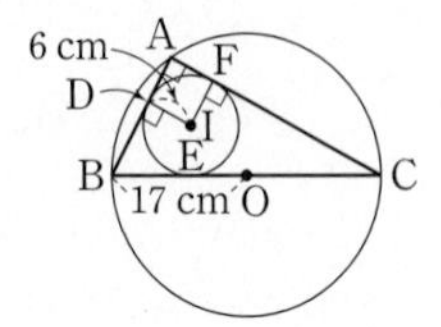

$\overline{AD}=\overline{AF}=\overline{ID}=6(\text{cm})$

$\overline{AB}=x$ cm, $\overline{AC}=y$ cm라 하면

$\overline{BE}=\overline{BD}=x-6(\text{cm})$, $\overline{CE}=\overline{CF}=y-6(\text{cm})$

이때 $\overline{BC}=2\overline{OB}=2\times17=34(\text{cm})$이므로

$(x-6)+(y-6)=34 \quad \therefore x+y=46$

따라서 $\triangle$ABC의 둘레의 길이는

$x+\overline{BC}+y=(x+y)+\overline{BC}$

$=46+34=80(\text{cm})$

답 ①

Real 실전 유형 again 14~19쪽

03 평행사변형의 성질

01 $\overline{AD}/\!/\overline{BC}$이므로

$\angle ACB=\angle DAC=40°$ (엇각)

$\overline{AB}/\!/\overline{DC}$이므로

$\angle BDC=\angle ABD=23°$ (엇각)

따라서 $\triangle$BCD에서

$\angle x+(40°+\angle y)+23°=180°$

$\therefore \angle x+\angle y=117°$

답 ⑤

02 $\overline{AB}/\!/\overline{DC}$이므로

$\angle BAC=\angle ACD=65°$ (엇각)

따라서 $\triangle$OAB에서

$65°+\angle ABD=92° \quad \therefore \angle ABD=27°$

답 $27°$

03 $\overline{AD}/\!/\overline{BC}$이므로 $\angle A+\angle B=180°$

$\angle A+66°=180° \quad \therefore \angle A=114°$ … ❶

따라서 $\triangle$AED에서

$114°+30°+\angle ADE=180°$

$\therefore \angle ADE=36°$ … ❷

답 $36°$

채점 기준	배점
❶ $\angle$A의 크기 구하기	50%
❷ $\angle$ADE의 크기 구하기	50%

04 ⑤ $\angle B=\angle D$

답 ⑤

05 ① $\overline{DC}=\overline{AB}=6(\text{cm})$

② $\overline{BO}=\frac{1}{2}\overline{BD}=\frac{1}{2}\times10=5(\text{cm})$

③ $\angle BAD=\angle BCD=125°$

④ $\angle BCD+\angle ADC=180°$이므로

$125°+\angle ADC=180° \quad \therefore \angle ADC=55°$

답 ⑤

06 평행사변형의 두 쌍의 대변의 길이는 각각 같으므로

$\overline{BC}=\overline{AD}=12(\text{cm})$

$\overline{DC}=\overline{AB}=8(\text{cm})$

$\overline{AB}/\!/\overline{DF}$이므로

$\angle DFA=\angle BAE$ (엇각)

따라서 $\angle DAF=\angle DFA$이므로 $\triangle$DAF에서

$\overline{DF}=\overline{AD}=12(\text{cm})$

$\therefore \overline{CF}=\overline{DF}-\overline{DC}=12-8=4(\text{cm})$

답 4 cm

07 △BCE와 △FDE에서

$\overline{CE}=\overline{DE}$

∠BCE=∠FDE (엇각)

∠BEC=∠FED (맞꼭지각)

이므로 △BCE≡△FDE (ASA 합동)

∴ $\overline{DF}=\overline{BC}=3$(cm)

또, $\overline{AD}=\overline{BC}=3$(cm)이므로

$\overline{AF}=\overline{AD}+\overline{DF}=3+3=6$(cm) 답 ③

08 $\overline{AD}/\!/\overline{BC}$이므로

A F 6 cm E D
B 10 cm C

∠AEB=∠CBE (엇각)

따라서 ∠ABE=∠AEB이므로

△ABE에서

$\overline{AE}=\overline{AB}$ …❶

같은 방법으로 △CDF에서

$\overline{DF}=\overline{DC}=\overline{AB}$ …❷

이때 $\overline{AD}=\overline{BC}=10$(cm)이므로

$\overline{AE}+\overline{DF}-\overline{EF}=10$, $\overline{AB}+\overline{AB}-6=10$

$2\overline{AB}=16$ ∴ $\overline{AB}=8$(cm) …❸

답 8 cm

채점 기준	배점
❶ $\overline{AE}=\overline{AB}$임을 알기	50%
❷ $\overline{DF}=\overline{AB}$임을 알기	20%
❸ $\overline{AB}$의 길이 구하기	30%

09 ∠BCD=∠A=132°이므로

$\angle DCE=\frac{1}{2}\angle BCD=\frac{1}{2}\times 132°=66°$

이때 $\overline{BE}/\!/\overline{CD}$이므로

∠E=∠DCE=66° (엇각) 답 66°

10 2∠A=3∠B이므로 $\angle A=\frac{3}{2}\angle B$

∠A+∠B=180°이므로 $\frac{3}{2}\angle B+\angle B=180°$

$\frac{5}{2}\angle B=180°$ ∴ ∠B=72°

∴ $\angle A=\frac{3}{2}\times 72°=108°$

이때 ∠C=∠A=108°, ∠D=∠B=72°이므로

∠C−∠D=108°−72°=36° 답 36°

11 △BEF에서

∠BEF=180°−(90°+25°)=65°

$\overline{AD}/\!/\overline{BC}$이므로

∠DAE=∠BEF=65°

따라서 ∠BAD=2∠DAE=2×65°=130°이므로

∠C=∠BAD=130° 답 130°

12 △OBC의 둘레의 길이가 17 cm이므로

$\overline{OB}+\overline{BC}+\overline{OC}=17$ ∴ $\overline{OB}+\overline{OC}=10$(cm)

평행사변형의 두 대각선은 서로 다른 것을 이등분하므로

$\overline{AC}=2\overline{OC}$, $\overline{BD}=2\overline{OB}$

∴ $\overline{AC}+\overline{BD}=2\overline{OC}+2\overline{OB}$

$=2(\overline{OB}+\overline{OC})$

$=2\times 10=20$(cm) 답 20 cm

13 ㄴ. △AEO와 △CFO에서

$\overline{OA}=\overline{OC}$

∠AOE=∠COF (맞꼭지각)

∠OAE=∠OCF (엇각)

이므로 △AEO≡△CFO (ASA 합동)

∴ $\overline{OE}=\overline{OF}$

ㄹ. △BOE와 △DOF에서

$\overline{OB}=\overline{OD}$

∠EOB=∠FOD (맞꼭지각)

∠EBO=∠FDO (엇각)

이므로 △BOE≡△DOF (ASA 합동)

따라서 보기 중 옳은 것은 ㄴ, ㄹ이다. 답 ④

14 △OEA와 △OFC에서

∠AEO=∠CFO=90°

$\overline{OA}=\overline{OC}$

∠AOE=∠COF (맞꼭지각)

이므로 △OEA≡△OFC (RHA 합동)

∴ $\overline{CF}=\overline{AE}=3$(cm) …❶

이때 △OBC의 넓이가 18 cm²이므로

$\frac{1}{2}\times(6+3)\times\overline{OF}=18$ ∴ $\overline{OF}=4$(cm) …❷

따라서 $\overline{OE}=\overline{OF}=4$(cm)이므로

$\overline{EF}=\overline{OE}+\overline{OF}=4+4=8$(cm) …❸

답 8 cm

채점 기준	배점
❶ $\overline{CF}$의 길이 구하기	50%
❷ $\overline{OF}$의 길이 구하기	30%
❸ $\overline{EF}$의 길이 구하기	20%

15 답 (가) ∠DAC (나) SAS (다) ∠DCA (라) $\overline{DC}$

16 ④ $\overline{AD}/\!/\overline{BC}$ 답 ④

17 $\overline{AD}=\overline{BC}$이어야 하므로

$5x+1=11$, $5x=10$ ∴ $x=2$

$\overline{AB}=\overline{DC}$이어야 하므로

$2x+y=2y+1$ ∴ $2x-y=1$ …… ㉠

$x=2$를 ㉠에 대입하면 $4-y=1$ ∴ $y=3$

∴ $x+y=2+3=5$ 답 ④

18 $\overline{OA}=\overline{OC}$이어야 하므로

$2x=y+3$ ∴ $2x-y=3$ …… ㉠

$\overline{OB}=\overline{OD}$이어야 하므로

$3x=2y-1$ ∴ $3x-2y=-1$ …… ㉡ … ❶

㉠, ㉡을 연립하여 풀면 $x=7$, $y=11$

∴ $\overline{OB}=3x=3\times7=21$, $\overline{OC}=y+3=11+3=14$ … ❷

따라서 △OBC의 둘레의 길이는

$\overline{OB}+\overline{BC}+\overline{OC}=21+24+14=59$ … ❸

답 59

채점 기준	배점
❶ x, y에 대한 연립방정식 세우기	40%
❷ $\overline{OB}$, $\overline{OC}$의 길이 구하기	40%
❸ △OBC의 둘레의 길이 구하기	20%

19 $\angle D=\angle B=40^\circ$이어야 하므로 △DEC에서

$\angle DCE=\frac{1}{2}\times(180^\circ-40^\circ)=70^\circ$

또, $\angle BCD=\angle A=140^\circ$이어야 하므로

$\angle x=\angle BCD-\angle DCE=140^\circ-70^\circ=70^\circ$ 답 70°

20 ① $\angle C=360^\circ-(124^\circ+56^\circ+56^\circ)=124^\circ$이므로

$\angle A=\angle C$, $\angle B=\angle D$

즉, 두 쌍의 대각의 크기가 각각 같으므로 평행사변형이다.

② 두 쌍의 대변의 길이가 각각 같으므로 평행사변형이다.

③ $\overline{OC}=20-10=10$, $\overline{OD}=30-15=15$이므로

$\overline{OA}=\overline{OC}$, $\overline{OB}=\overline{OD}$

즉, 두 대각선이 서로 다른 것을 이등분하므로 평행사변형이다.

④ $\angle ABD=\angle ADB=25^\circ$에서

$\angle BAD=180^\circ-(25^\circ+25^\circ)=130^\circ$

$\angle CBD=\angle CDB=30^\circ$에서

$\angle BCD=180^\circ-(30^\circ+30^\circ)=120^\circ$

따라서 대각의 크기가 다르므로 □ABCD는 평행사변형이 아니다.

⑤ $\angle B+\angle C=180^\circ$이므로 $\overline{AB}/\!/\overline{DC}$

즉, 한 쌍의 대변이 평행하고 그 길이가 같으므로 평행사변형이다. 답 ④

21 ③ $\angle OAB=\angle OCD$이므로 $\overline{AB}/\!/\overline{DC}$

즉, 한 쌍의 대변이 평행하고 그 길이가 같으므로 평행사변형이다. 답 ③

22 ㄱ. $\angle ABD=\angle CDB$이므로 $\overline{AB}/\!/\overline{DC}$

$\angle DAC=\angle BCA$이므로 $\overline{AD}/\!/\overline{BC}$

즉, 두 쌍의 대변이 각각 평행하므로 평행사변형이다.

ㄷ. $\angle B=\angle DCE$이므로 $\overline{AB}/\!/\overline{DC}$

즉, 한 쌍의 대변이 평행하고 그 길이가 같으므로 평행사변형이다.

따라서 평행사변형인 것은 ㄱ, ㄷ이다. 답 ㄱ, ㄷ

23 △AEH와 △CGF에서

$\angle A=\angle C$, $\overline{AE}=\overline{CG}$, $\overline{AH}=\overline{CF}$

이므로 △AEH≡△CGF (SAS 합동)

∴ $\overline{EH}=\overline{GF}$ …… ㉠

같은 방법으로 △BFE≡△DHG (SAS 합동)이므로

$\overline{EF}=\overline{GH}$ …… ㉡

㉠, ㉡에 의하여 □EFGH는 두 쌍의 대변의 길이가 각각 같으므로 평행사변형이다. 답 ②

24 답 (가) $\overline{CE}$ (나) $\angle CFD$ (다) $\overline{FC}$

25 $\overline{AE}/\!/\overline{CG}$, $\overline{AE}=\overline{CG}$이므로 □AECG는 평행사변형이다.

∴ $\overline{PQ}/\!/\overline{SR}$ …… ㉠

또, $\overline{BF}/\!/\overline{HD}$, $\overline{BF}=\overline{HD}$이므로 □BFDH는 평행사변형이다.

∴ $\overline{SP}/\!/\overline{RQ}$ …… ㉡

㉠, ㉡에 의하여 □PQRS는 두 쌍의 대변이 각각 평행하므로 평행사변형이다.

①, ③ □AECG가 평행사변형이므로

$\overline{AG}=\overline{CE}$, $\angle AEC=\angle AGC$

④ □BFDH가 평행사변형이므로 $\angle BHD=\angle BFD$

∴ $\angle BHA=180^\circ-\angle BHD$

$=180^\circ-\angle BFD=\angle DFC$

⑤ □PQRS가 평행사변형이므로 $\angle PQR=\angle PSR$

답 ②

26 $\angle AEB=\angle CFD=90^\circ$이므로 $\overline{BE}/\!/\overline{DF}$ …… ㉠

△ABE와 △CDF에서

$\angle AEB=\angle CFD=90^\circ$, $\overline{AB}=\overline{CD}$, $\angle BAE=\angle DCF$

이므로 △ABE≡△CDF (RHA 합동)

∴ $\overline{BE}=\overline{DF}$ (①) …… ㉡

㉠, ㉡에 의하여 □BFDE는 한 쌍의 대변이 평행하고 그 길이가 같으므로 평행사변형이다.

∴ $\overline{BF}=\overline{DE}$ (②), $\angle EBF=\angle EDF$ (④)

또, △AED와 △CFB에서

$\overline{AD}=\overline{CB}$, $\angle DAE=\angle BCF$, $\overline{AE}=\overline{CF}$

이므로 △AED≡△CFB (SAS 합동)

∴ $\angle ADE=\angle CBF$ (⑤) 답 ③

27 □ABCD가 평행사변형이므로

$\overline{AF} /\!/ \overline{EC}$, $\overline{AF}=\frac{1}{2}\overline{AD}=\frac{1}{2}\overline{BC}=\overline{EC}$

따라서 □AECF는 한 쌍의 대변이 평행하고 그 길이가 같으므로 평행사변형이다. … ❶

또, □ABCD의 넓이가 80 cm^2이므로

□AECF $=\overline{CE}\times$(높이)

$=\frac{1}{2}\overline{BC}\times$(높이)

$=\frac{1}{2}$□ABCD

$=\frac{1}{2}\times 80=40(cm^2)$ … ❷

답 평행사변형, 40 cm^2

채점 기준	배점
❶ □AECF가 평행사변형임을 설명하기	60%
❷ □AECF의 넓이 구하기	40%

28 △OBE와 △ODG에서

$\overline{OB}=\overline{OD}$

$\angle BOE=\angle DOG$ (맞꼭지각)

$\angle OBE=\angle ODG$ (엇각)

이므로 △OBE≡△ODG (ASA 합동)

같은 방법으로 하면 △ODH≡△OBF (ASA 합동)

따라서 색칠한 부분의 넓이는

△OBE+△OCF+△OCG+△ODH

=△ODG+△OCF+△OCG+△OBF

=△BCD

$=\frac{1}{2}$□ABCD

$=\frac{1}{2}\times 20=10(cm^2)$

답 10 cm^2

29 오른쪽 그림과 같이 $\overline{EG}$와 $\overline{FH}$의 교점을 O라 하면

□AEOH, □EBFO, □OFCG, □HOGD는 모두 평행사변형이므로

□EFGH

=△OHE +△OEF+△OFG+△OGH

$=\frac{1}{2}$□AEOH$+\frac{1}{2}$□EBFO$+\frac{1}{2}$□OFCG$+\frac{1}{2}$□HOGD

$=\frac{1}{2}$□ABCD

∴ □ABCD=2□EFGH

$=2\times 25=50(cm^2)$

답 50 cm^2

30 □ABCD, □ABOE가 모두 평행사변형이므로

$\overline{AE} /\!/ \overline{OD}$, $\overline{AE}=\overline{BO}=\overline{OD}$

따라서 □AODE는 한 쌍의 대변이 평행하고 그 길이가 같으므로 평행사변형이다. … ❶

∴ □AODE=2△OAD

=2△OBC

$=2\times 4=8(cm^2)$ … ❷

답 8 cm^2

채점 기준	배점
❶ □AODE가 평행사변형임을 설명하기	60%
❷ □AODE의 넓이 구하기	40%

31 △PAB+△PCD=△PBC+△PDA이므로

△PAB+8=10+4 ∴ △PAB$=6(cm^2)$

답 6 cm^2

32 △PBC : △PDA=2 : 3에서

6 : △PDA=2 : 3 ∴ △PDA$=9(cm^2)$

△PBC+△PDA$=\frac{1}{2}$□ABCD에서

□ABCD=2(△PBC+△PDA)

$=2\times(6+9)=30(cm^2)$

답 30 cm^2

33 △PAB+△PCD$=\frac{1}{2}$□ABCD에서

□ABCD=2(△PAB+△PCD)

$=2\times(8+7)=30(cm^2)$

이때 □ABCD$=\overline{AD}\times\overline{AH}$이므로

$30=\overline{AD}\times 5$ ∴ $\overline{AD}=6(cm)$

답 6 cm

Real 실전 유형 again 20~27쪽

04 여러 가지 사각형

01 $\triangle OBC$에서 $\overline{OB}=\overline{OC}$이므로
$\angle OBC=\angle OCB=35°$
$\therefore \angle AOB=35°+35°=70°$ $\therefore x=70$
$\overline{AC}=\overline{BD}=2\overline{OB}=2\times5=10(cm)$이므로 $y=10$
$\therefore x+y=70+10=80$ 답 80

02 $\triangle OBC$에서 $\overline{OB}=\overline{OC}$이므로
$\angle OCB=\angle OBC=42°$
$\therefore \angle y=\angle BOC=180°-(42°+42°)=96°$
또, $\triangle ABC$에서 $\angle ABC=90°$이므로
$\angle x=180°-(90°+42°)=48°$
$\therefore \angle x+\angle y=48°+96°=144°$ 답 ⑤

03 $\overline{AC}=\overline{BD}=2\overline{OB}$이므로
$3x-2=2(x+1)$, $3x-2=2x+2$ $\therefore x=4$
$\therefore \overline{BD}=\overline{AC}=3\times4-2=10$ 답 10

04 ㄴ. $\angle OCD=\angle ODC$이면 $\overline{OC}=\overline{OD}$
$\therefore \overline{AC}=2\overline{OC}=2\overline{OD}=\overline{BD}$
즉, 두 대각선의 길이가 같으므로 평행사변형 ABCD는 직사각형이 된다.
ㄹ. □ABCD가 평행사변형이므로 $\angle ABC=\angle ADC$
$\angle ABC+\angle ADC=180°$이므로
$2\angle ABC=180°$ $\therefore \angle ABC=90°$
즉, 한 내각의 크기가 90°이므로 평행사변형 ABCD는 직사각형이 된다.
따라서 평행사변형 ABCD가 직사각형이 되는 조건인 것은 ㄴ, ㄹ이다. 답 ㄴ, ㄹ

05 답 (가) 180 (나) 90 (다) $\angle C$ (라) $\angle D$ (마) 90

06 $\triangle ABE$와 $\triangle DCE$에서
$\overline{AE}=\overline{DE}$, $\overline{BE}=\overline{CE}$, $\overline{AB}=\overline{DC}$
이므로 $\triangle ABE\equiv\triangle DCE$ (SSS 합동)
$\therefore \angle ABE=\angle DCE$
이때 $\angle ABE+\angle DCE=180°$이므로
$2\angle ABE=180°$ $\therefore \angle ABE=90°$
즉, 한 내각의 크기가 90°이므로 □ABCD는 직사각형이다. 답 직사각형

07 $\triangle ABC$와 $\triangle ADC$에서
$\overline{AB}=\overline{AD}$, $\overline{BC}=\overline{DC}$, $\overline{AC}$는 공통
이므로 $\triangle ABC\equiv\triangle ADC$ (SSS 합동)
$\therefore \angle BAC=\angle DAC=\frac{1}{2}\times120°=60°$
따라서 $\triangle ABC$는 정삼각형이므로
$\overline{AC}=\overline{AB}=\frac{1}{4}\times72=18(cm)$ 답 18 cm

08 $\overline{AB}\,/\!/\,\overline{DC}$이므로 $\angle ODC=\angle OBA=25°$
$\triangle OCD$에서 $\angle COD=90°$이므로
$\angle OCD=180°-(90°+25°)=65°$
$\therefore x=65$
또, $\overline{OB}=\overline{OD}$이므로
$11=5y+1$, $5y=10$ $\therefore y=2$
$\therefore xy=65\times2=130$ 답 130

09 $\triangle BCD$에서 $\overline{BC}=\overline{CD}$이므로
$\angle CBD=\frac{1}{2}\times(180°-118°)=31°$
$\triangle PBH$에서
$\angle x=\angle BPH=180°-(90°+31°)=59°$ 답 59°

10 $\triangle ABE$와 $\triangle CBF$에서
$\overline{AB}=\overline{CB}$, $\angle AEB=\angle CFB=90°$, $\angle A=\angle C$
이므로 $\triangle ABE\equiv\triangle CBF$ (RHA 합동) … ❶
따라서 $\overline{BE}=\overline{BF}$이므로 $\triangle BFE$에서
$\angle BFE=\frac{1}{2}\times(180°-88°)=46°$ … ❷
$\therefore \angle x=180°-(90°+46°)=44°$ … ❸
답 44°

채점 기준	배점
❶ $\triangle ABE\equiv\triangle CBF$임을 설명하기	50%
❷ $\angle BFE$의 크기 구하기	30%
❸ $\angle x$의 크기 구하기	20%

11 평행사변형 ABCD에서 $\overline{AB}=\overline{AD}$이므로 □ABCD는 마름모이다.
ㄱ, ㄷ 직사각형의 성질
따라서 마름모의 성질은 ㄴ, ㄹ이다. 답 ④

12 ① 이웃한 두 변의 길이가 같으므로 평행사변형 ABCD는 마름모가 된다.
④ 두 대각선이 수직으로 만나므로 평행사변형 ABCD는 마름모가 된다. 답 ①, ④

13 $\overline{AD}\,/\!/\,\overline{BC}$이므로
$\angle BCA=\angle DAC=70°$ (엇각)
$\triangle OBC$에서
$\angle BOC=180°-(20°+70°)=90°$ … ❶
즉, 평행사변형 ABCD에서 $\overline{AC}\perp\overline{BD}$이므로 □ABCD는 마름모이다. … ❷

따라서 □ABCD의 둘레의 길이는

$4\overline{BC}=4\times6=24(\text{cm})$ … ❸

답 24 cm

채점 기준	배점
❶ ∠BOC의 크기 구하기	40%
❷ □ABCD가 마름모임을 알기	40%
❸ □ABCD의 둘레의 길이 구하기	20%

14 △ABP와 △ADP에서

$\overline{AB}=\overline{AD}$, $\angle BAP=\angle DAP$, $\overline{AP}$는 공통

이므로 △ABP≡△ADP (SAS 합동)

$\therefore \angle APB=\angle APD=80^\circ$

$\angle PCB=45^\circ$이므로 △PBC에서

$\angle x=80^\circ-45^\circ=35^\circ$

답 35°

15 두 대각선 AC, BD의 교점을 O라 하면

$\triangle OBC=\frac{1}{4}\square ABCD=\frac{1}{4}\times32=8(\text{cm}^2)$

△OBC는 직각이등변삼각형이므로

$\frac{1}{2}\times\overline{OB}\times\overline{OC}=8$, $\overline{OB}\times\overline{OB}=16$

$\therefore \overline{OB}=4(\text{cm})$ ($\because \overline{OB}>0$)

$\therefore \overline{BD}=2\overline{OB}=2\times4=8(\text{cm})$

답 8 cm

16 △ODE와 △OCF에서

$\angle ODE=\angle OCF$

$\overline{OD}=\overline{OC}$

$\overline{DE}=\overline{CF}$

이므로 △ODE≡△OCF (SAS 합동) … ❶

$\therefore \square OFDE=\triangle OFD+\triangle ODE$

$=\triangle OFD+\triangle OCF$

$=\triangle OCD$

$=\frac{1}{4}\square ABCD$

$=\frac{1}{4}\times6\times6=9(\text{cm}^2)$ … ❷

답 9 cm²

채점 기준	배점
❶ △ODE≡△OCF임을 설명하기	50%
❷ □OFDE의 넓이 구하기	50%

17 ㄱ. 이웃한 두 변의 길이가 같으므로 직사각형 ABCD는 정사각형이 된다.

ㄷ. 두 대각선이 수직으로 만나므로 직사각형 ABCD는 정사각형이 된다.

따라서 직사각형 ABCD가 정사각형이 되는 조건인 것은 ㄱ, ㄷ이다.

답 ㄱ, ㄷ

18 ③ 한 내각의 크기가 90°이므로 마름모 ABCD는 정사각형이 된다.

④ 두 대각선의 길이가 같으므로 마름모 ABCD는 정사각형이 된다.

답 ③, ④

19 ㄴ. 평행사변형이 마름모가 되는 조건

ㄷ. 평행사변형이 직사각형이 되는 조건

따라서 평행사변형이 정사각형이 되는 조건인 것은 ㄱ, ㄹ이다.

답 ㄱ, ㄹ

20 $\overline{AD}/\!/\overline{BC}$이므로

$\angle ADB=\angle DBC=32^\circ$ (엇각)

△ABD에서 $\overline{AB}=\overline{AD}$이므로 $\angle ABD=\angle ADB=32^\circ$

$\therefore \angle x=180^\circ-2\times32^\circ=116^\circ$

또, $\angle y=\angle ABC=32^\circ+32^\circ=64^\circ$이므로

$\angle x-\angle y=116^\circ-64^\circ=52^\circ$

답 52°

21 ③ △ABD와 △DCA에서

$\overline{AB}=\overline{DC}$, $\overline{BD}=\overline{CA}$, $\overline{AD}$는 공통

이므로 △ABD≡△DCA (SSS 합동)

$\therefore \angle ABD=\angle DCA$

$\therefore \angle OBC=\angle ABC-\angle ABD=\angle DCB-\angle DCA$

$=\angle OCB$

⑤ △OAB와 △ODC에서

$\overline{AB}=\overline{DC}$, $\angle ABO=\angle DCO$, $\overline{OB}=\overline{OC}$

이므로 △OAB≡△ODC (SAS 합동)

답 ②, ④

22 □ABCD가 등변사다리꼴이므로

$\overline{AC}=\overline{DB}$ …… ㉠

□AEBD가 평행사변형이므로

$\overline{DB}=\overline{AE}$ …… ㉡

㉠, ㉡에서 $\overline{AC}=\overline{AE}$이므로 △AEC에서

$\angle EAC=180^\circ-2\times33^\circ=114^\circ$

답 114°

23 오른쪽 그림과 같이 점 D를 지나고 $\overline{AB}$와 평행한 직선이 $\overline{BC}$와 만나는 점을 E라 하면 □ABED는 평행사변형이다.

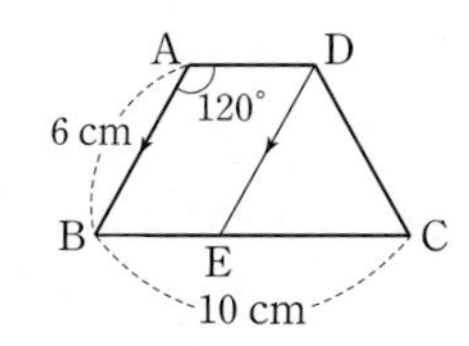

이때 $\angle B=180^\circ-120^\circ=60^\circ$이므로

$\angle C=\angle B=60^\circ$, $\angle DEC=\angle B=60^\circ$ (동위각)

따라서 △DEC는 정삼각형이므로

$\overline{EC}=\overline{DC}=\overline{AB}=6(\text{cm})$

$\overline{BE}=\overline{BC}-\overline{EC}=10-6=4(\text{cm})$이므로

$\overline{AD}=\overline{BE}=4(\text{cm})$

답 4 cm

24 오른쪽 그림과 같이 점 A에서 $\overline{BC}$에 내린 수선의 발을 I라 하면 □AIHD는 직사각형이므로

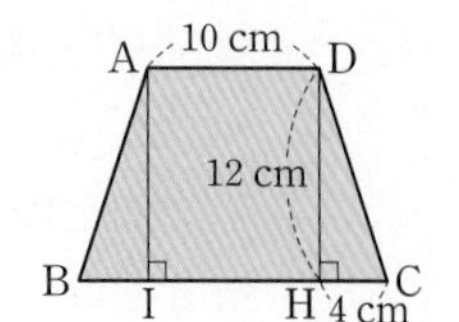

$\overline{IH}=\overline{AD}=10(cm)$ … ❶

△ABI와 △DCH에서

$\angle AIB=\angle DHC=90°$

$\overline{AB}=\overline{DC}$

$\angle B=\angle C$

이므로 △ABI≡△DCH (RHA 합동)

따라서 $\overline{BI}=\overline{CH}=4(cm)$이므로

$\overline{BC}=\overline{BI}+\overline{IH}+\overline{HC}=4+10+4=18(cm)$ … ❷

$\therefore$ $□ABCD=\frac{1}{2}\times(10+18)\times12=168(cm^2)$ … ❸

답 $168\ cm^2$

채점 기준	배점
❶ $\overline{IH}$의 길이 구하기	30%
❷ $\overline{BC}$의 길이 구하기	50%
❸ □ABCD의 넓이 구하기	20%

25 오른쪽 그림과 같이 점 D를 지나고 $\overline{AB}$와 평행한 직선이 $\overline{BC}$와 만나는 점을 E라 하면

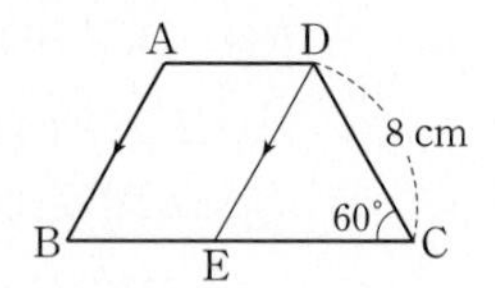

$\angle DEC=\angle B=\angle C=60°$

따라서 △DEC는 정삼각형이므로

$\overline{EC}=\overline{DC}=8(cm)$

또, □ABED는 평행사변형이므로

$\overline{AD}=\overline{BE}$

$\overline{AB}=\overline{DC}=8(cm)$이고 □ABCD의 둘레의 길이가 36 cm이므로

$8+(\overline{BE}+8)+8+\overline{BE}=36$

$2\overline{BE}=12$ $\therefore$ $\overline{BE}=6(cm)$

$\therefore$ $\overline{BC}=\overline{BE}+\overline{EC}=6+8=14(cm)$

답 14 cm

26 답 $\overline{AB}$, ASA, $\overline{BH}$, 마름모

27 △OEB와 △OFD에서

$\overline{OB}=\overline{OD}$, $\angle EOB=\angle FOD$ (맞꼭지각),

$\angle EBO=\angle FDO$ (엇각)

이므로 △OEB≡△OFD (ASA 합동)

$\therefore$ $\overline{BE}=\overline{DF}$

즉, $\overline{BE}/\!/\overline{FD}$, $\overline{BE}=\overline{FD}$이므로 □EBFD는 평행사변형이고, 두 대각선이 수직이므로 □EBFD는 마름모이다.

이때 $\overline{EB}=\overline{AB}-\overline{AE}=\overline{DC}-\overline{AE}=8-3=5(cm)$이므로

□EBFD의 둘레의 길이는

$4\overline{EB}=4\times5=20(cm)$

답 20 cm

28 $\angle EBC=\angle ECB=45°$이므로 △EBC에서

$\angle FEH=180°-(45°+45°)=90°$

같은 방법으로

$\angle EFG=\angle FGH=\angle GHE=90°$ … ❶

또, △EBC≡△GAD (ASA 합동)이므로

$\overline{EB}=\overline{GA}$

△FAB에서 $\overline{FA}=\overline{FB}$이므로

$\overline{EF}=\overline{EB}-\overline{FB}=\overline{GA}-\overline{FA}=\overline{GF}$ … ❷

따라서 □EFGH는 네 내각의 크기가 같고, 이웃하는 두 변의 길이가 같으므로 정사각형이다. … ❸

$\therefore$ $□EFGH=5\times5=25(cm^2)$ … ❹

답 $25\ cm^2$

채점 기준	배점
❶ □EFGH의 네 내각의 크기가 같음을 알기	30%
❷ □EFGH의 이웃하는 두 변의 길이가 같음을 알기	30%
❸ □EFGH가 정사각형임을 알기	20%
❹ □EFGH의 넓이 구하기	20%

29 ④ $\angle OBC=\angle OAD$이면 $\angle OBC=\angle OCB$

$\therefore$ $\overline{OB}=\overline{OC}$

따라서 두 대각선의 길이가 같으므로 □ABCD는 직사각형이다.

답 ④

30 ① 두 대각선의 길이가 같은 평행사변형은 직사각형이다.

② 두 대각선이 서로 수직인 평행사변형은 마름모이다.

⑤ 이웃하는 두 변의 길이가 같고 두 대각선이 수직으로 만나는 평행사변형은 마름모이다.

답 ③, ④

31 답 ④, ⑤

32 답 ㄴ, ㄷ, ㄹ, ㅁ

33 답 ①, ③

34 ① 사다리꼴의 각 변의 중점을 연결하여 만든 사각형은 평행사변형이다.

② 평행사변형의 각 변의 중점을 연결하여 만든 사각형은 평행사변형이다.

③ 직사각형의 각 변의 중점을 연결하여 만든 사각형은 마름모이다.

⑤ 등변사다리꼴의 각 변의 중점을 연결하여 만든 사각형은 마름모이다.

답 ④

35 두 대각선의 길이가 같은 평행사변형 ABCD는 직사각형이고, 직사각형의 각 변의 중점을 연결하여 만든 사각형은 마름모이다.

답 마름모

36 □ABCD의 각 변의 중점을 연결하여 만든 사각형 EFGH는 평행사변형이다. … ❶

이때 $\angle E+\angle H=180^\circ$이므로

$\angle E+80^\circ=180^\circ$ $\quad\therefore \angle E=100^\circ$ … ❷

답 100°

채점 기준	배점
❶ □EFGH가 평행사변형임을 알기	60%
❷ ∠E의 크기 구하기	40%

37 $\overline{BC}/\!/\overline{DE}$이므로

$\triangle DBE=\triangle DCE=5(cm^2)$

$\therefore \triangle ABE=\triangle ADE+\triangle DBE$

$=10+5=15(cm^2)$

답 15 cm^2

38 $\overline{AC}/\!/\overline{DE}$이므로

$\triangle DEC=\triangle DEA$

$\therefore \triangle DBC=\triangle DBE+\triangle DEC$

$=\triangle DBE+\triangle DEA$

$=\triangle ABE$

답 △ABE

39 $l/\!/m$이므로

$\triangle ABD=\triangle ACD=21(cm^2)$

$\therefore \triangle ODA=\triangle ABD-\triangle ABO$

$=21-9=12(cm^2)$

답 12 cm^2

40 $\overline{AE}/\!/\overline{DB}$이므로

$\triangle ABD=\triangle EBD$

$\therefore \square ABCD=\triangle ABD+\triangle BCD$

$=\triangle EBD+\triangle BCD$

$=\triangle DEC$

이때 □ABCD의 넓이가 56 cm^2이므로

$\triangle DEC=56(cm^2)$

$\frac{1}{2}\times(\overline{BE}+6)\times8=56,\ \overline{BE}+6=14$

$\therefore \overline{BE}=8(cm)$

답 8 cm

41 $\overline{BD}:\overline{DC}=1:2$이므로

$\triangle ABD:\triangle ADC=1:2$

$\therefore \triangle ABD=\frac{1}{3}\triangle ABC$

$=\frac{1}{3}\times60=20(cm^2)$

$\overline{AE}:\overline{EB}=3:2$이므로

$\triangle AED:\triangle EBD=3:2$

$\therefore \triangle AED=\frac{3}{5}\triangle ABD$

$=\frac{3}{5}\times20=12(cm^2)$

답 12 cm^2

42 $\overline{AD}:\overline{DB}=1:3$이므로

$\triangle ADC:\triangle DBC=1:3$

$\therefore \triangle BCD=\frac{3}{4}\triangle ABC$

$=\frac{3}{4}\times28=21(cm^2)$

답 21 cm^2

43 $\overline{AE}=\overline{BE}$이므로

$\triangle ABD=2\triangle BDE=2\times24=48(cm^2)$

$\overline{BD}:\overline{CD}=4:1$이므로

$\triangle ABD:\triangle ADC=4:1,\ 48:\triangle ADC=4:1$

$\therefore \triangle ADC=12(cm^2)$

$\therefore \triangle ABC=\triangle ABD+\triangle ADC$

$=48+12=60(cm^2)$

답 60 cm^2

44 $\overline{BD}:\overline{DC}=3:5$이므로

$\triangle ABD:\triangle ADC=3:5$

$\therefore \triangle ABD=\frac{3}{8}\triangle ABC$

$=\frac{3}{8}\times48=18(cm^2)$ … ❶

$\overline{AF}:\overline{FD}=3:1$이므로

$\triangle ABF:\triangle BDF=3:1$

$\therefore \triangle ABF=\frac{3}{4}\triangle ABD$

$=\frac{3}{4}\times18=\frac{27}{2}(cm^2)$ … ❷

답 $\frac{27}{2}$ cm^2

채점 기준	배점
❶ △ABD의 넓이 구하기	50%
❷ △ABF의 넓이 구하기	50%

45 $\triangle ABP+\triangle PCD=\frac{1}{2}\square ABCD$

$=\frac{1}{2}\times60=30(cm^2)$

이때 $\overline{AP}:\overline{PD}=2:1$이므로

$\triangle ABP:\triangle PCD=2:1$

$\therefore \triangle PCD=\frac{1}{3}\times30=10(cm^2)$

답 10 cm^2

46 색칠한 부분의 넓이는

$\triangle ABP+\triangle DPC=\frac{1}{2}\square ABCD$

$=\frac{1}{2}\times12=6(cm^2)$

답 6 cm^2

더블북

47 $\triangle ABD=\frac{1}{2}\square ABCD=\frac{1}{2}\times 28=14(cm^2)$

$\overline{BP}:\overline{PD}=4:3$이므로

$\triangle ABP:\triangle APD=4:3$

$\therefore \triangle ABP=\frac{4}{7}\triangle ABD=\frac{4}{7}\times 14=8(cm^2)$

$\triangle APD=\frac{3}{7}\triangle ABD=\frac{3}{7}\times 14=6(cm^2)$

따라서 두 삼각형의 넓이의 차는

$8-6=2(cm^2)$ 답 $2\ cm^2$

48 $\overline{AC}/\!/\overline{EF}$이므로

$\triangle ACF=\triangle ACE=8(cm^2)$ … ❶

$\overline{AF}=\overline{DF}$이므로

$\triangle ACD=2\triangle ACF=2\times 8=16(cm^2)$ … ❷

$\therefore \square ABCD=2\triangle ACD=2\times 16=32(cm^2)$ … ❸

답 $32\ cm^2$

채점 기준	배점
❶ $\triangle ACF$의 넓이 구하기	40%
❷ $\triangle ACD$의 넓이 구하기	30%
❸ $\square ABCD$의 넓이 구하기	30%

49 $\overline{AD}/\!/\overline{BC}$이므로

$\triangle DBC=\triangle ABC$

$=\triangle OAB+\triangle OBC$

$=(\triangle ABD-\triangle ODA)+\triangle OBC$

$=(15-5)+20=30(cm^2)$ 답 $30\ cm^2$

50 $\overline{AD}/\!/\overline{BC}$이므로

$\triangle ABD=\triangle ACD$

$\therefore \triangle OCD=\triangle ACD-\triangle ODA$

$=\triangle ABD-\triangle ODA$

$=\triangle OAB=16(cm^2)$

$\overline{OB}:\overline{OD}=5:2$이므로

$\triangle OBC:\triangle OCD=5:2$, $\triangle OBC:16=5:2$

$2\triangle OBC=80 \quad \therefore \triangle OBC=40(cm^2)$ 답 $40\ cm^2$

51 $\triangle ABD$와 $\triangle ABC$는 각각 $\overline{AD}$, $\overline{BC}$를 밑변으로 할 때, 높이가 같으므로

$\triangle ABD:\triangle ABC=\overline{AD}:\overline{BC}=1:2$

$12:\triangle ABC=1:2 \quad \therefore \triangle ABC=24(cm^2)$

$\overline{AD}/\!/\overline{BC}$이므로

$\triangle DBC=\triangle ABC=24(cm^2)$

$\therefore \triangle OBC=\triangle DBC-\triangle OCD$

$=24-8=16(cm^2)$ 답 $16\ cm^2$

Real 실전 유형 again 28~33쪽

05 도형의 닮음

01 ④ $\square ABCD$를 확대하면 $\square EFGH$와 포개어진다.

⑤ 대응변의 길이가 같으면 $\square ABCD$와 $\square EFGH$는 합동이다. 답 ④, ⑤

02 답 $\overline{GH}$, 면 ABD

03 답 ①, ③

04 ① $\angle C=\angle G=80^\circ$

② $\angle F=\angle B=70^\circ$이므로 $\square EFGH$에서

$\angle H=360^\circ-(90^\circ+70^\circ+80^\circ)=120^\circ$

③, ④, ⑤ $\square ABCD$와 $\square EFGH$의 닮음비는

$\overline{BC}:\overline{FG}=9:6=3:2$

$\overline{AD}:\overline{EH}=3:2$이므로

$6:\overline{EH}=3:2$, $3\overline{EH}=12$

$\therefore \overline{EH}=4(cm)$

$\overline{AB}:\overline{EF}=3:2$이므로

$2\overline{AB}=3\overline{EF} \quad \therefore \overline{AB}=\frac{3}{2}\overline{EF}$ 답 ④

05 ① $\angle B=\angle F=30^\circ$이므로

$\angle C=180^\circ-(90^\circ+30^\circ)=60^\circ$

② $\angle D=\angle C=60^\circ$

③ $\overline{BC}:\overline{FD}=\overline{AC}:\overline{ED}$이므로

$16:20=\overline{AC}:10$, $4:5=\overline{AC}:10$

$5\overline{AC}=40 \quad \therefore \overline{AC}=8(cm)$

④ $\angle A=\angle E$이므로 $\angle A:\angle E=1:1$

⑤ $\overline{AB}:\overline{EF}=\overline{BC}:\overline{FD}=16:20=4:5$ 답 ⑤

06 주어진 두 부채꼴이 닮은 도형이므로

$x=125$ … ❶

$R:r=15:9=5:3$이므로 $y=5$, $z=3$ … ❷

$\therefore x-y-z=125-5-3=117$ … ❸

답 117

채점 기준	배점
❶ x의 값 구하기	40%
❷ y, z의 값 구하기	40%
❸ $x-y-z$의 값 구하기	20%

07 $\triangle ABC$와 $\triangle DEF$의 닮음비가 $2:3$이므로

$\overline{AB}:\overline{DE}=2:3$에서

$6:\overline{DE}=2:3$, $2\overline{DE}=18 \quad \therefore \overline{DE}=9(cm)$

$\overline{BC} : \overline{EF}=2 : 3$에서

$8 : \overline{EF}=2 : 3$, $2\overline{EF}=24$ $\quad \therefore \overline{EF}=12(cm)$

따라서 $\triangle DEF$의 둘레의 길이는

$\overline{DE}+\overline{EF}+\overline{FD}=9+12+11=32(cm)$ 답 32 cm

08 원 O와 원 O′의 닮음비가 4 : 7이므로 원 O′의 반지름의 길이를 r cm라 하면

$10 : r=4 : 7$, $4r=70$ $\quad \therefore r=\dfrac{35}{2}$

따라서 원 O′의 둘레의 길이는

$2\pi \times \dfrac{35}{2}=35\pi(cm)$ 답 35π cm

09 두 정육각형 A, B의 닮음비가 5 : 2이므로 정육각형 A의 한 변의 길이를 x cm라 하면

$x : 3=5 : 2$, $2x=15$ $\quad \therefore x=\dfrac{15}{2}$

따라서 정육각형 A의 둘레의 길이는

$6\times\dfrac{15}{2}=45(cm)$ 답 45 cm

10 □ABCD와 □EFGH의 닮음비가 3 : 4이므로

$\overline{BC} : \overline{FG}=3 : 4$에서

$9 : \overline{FG}=3 : 4$, $3\overline{FG}=36$

$\therefore \overline{FG}=12(cm)$ … ❶

따라서 □EFGH의 둘레의 길이는

$\overline{EF}+\overline{FG}+\overline{GH}+\overline{HE}=2(\overline{FG}+\overline{GH})$

$=2\times(12+20)=64(cm)$ … ❷

답 64 cm

채점 기준	배점
❶ $\overline{FG}$의 길이 구하기	50%
❷ □EFGH의 둘레의 길이 구하기	50%

11 $5\overline{AB}=3\overline{GH}$이므로 두 삼각기둥의 닮음비는

$\overline{AB} : \overline{GH}=3 : 5$

$\overline{AC} : \overline{GI}=3 : 5$에서

$x : 10=3 : 5$, $5x=30$ $\quad \therefore x=6$

$\overline{AD} : \overline{GJ}=3 : 5$에서

$9 : y=3 : 5$, $3y=45$ $\quad \therefore y=15$

$\therefore x+y=6+15=21$ 답 21

12 두 직육면체의 닮음비는 $\overline{BF} : \overline{JN}=16 : 12=4 : 3$

① $\overline{AB} : \overline{IJ}=4 : 3$이므로

$\overline{AB} : 8=4 : 3$, $3\overline{AB}=32$ $\quad \therefore \overline{AB}=\dfrac{32}{3}(cm)$

② $\overline{EH} : \overline{MP}=4 : 3$이고 $\overline{EH}=\overline{AD}=12(cm)$이므로

$12 : \overline{MP}=4 : 3$, $4\overline{MP}=36$ $\quad \therefore \overline{MP}=9(cm)$

③ $\angle ABC=\angle IJK$ 답 ④, ⑤

13 두 정사면체 A, B의 닮음비가 3 : 2이므로 정사면체 A의 한 모서리의 길이를 x cm라 하면

$x : 7=3 : 2$, $2x=21$ $\quad \therefore x=\dfrac{21}{2}$

따라서 정사면체 A의 모든 모서리의 길이의 합은

$6\times\dfrac{21}{2}=63(cm)$ 답 63 cm

14 두 원뿔 A, B의 닮음비는 $8 : 10=4 : 5$

원뿔 B의 밑면의 반지름의 길이를 r cm라 하면

$4 : r=4 : 5$ $\quad \therefore r=5$

따라서 원뿔 B의 밑면의 둘레의 길이는

$2\pi\times5=10\pi(cm)$ 답 10π cm

15 두 구 A, B의 닮음비가 5 : 6이므로 구 A의 반지름의 길이를 r cm라 하면

$r : 3=5 : 6$, $6r=15$ $\quad \therefore r=\dfrac{5}{2}$

따라서 구 A의 겉넓이는

$4\pi\times\left(\dfrac{5}{2}\right)^2=25\pi(cm^2)$ 답 25π cm^2

16 두 원기둥 A, B의 닮음비는 $8 : 12=2 : 3$

원기둥 B의 밑면의 반지름의 길이는 $\dfrac{1}{2}\times18=9(cm)$

원기둥 A의 밑면의 반지름의 길이를 r cm라 하면

$r : 9=2 : 3$, $3r=18$ $\quad \therefore r=6$

따라서 원기둥 A의 부피는

$\pi\times6^2\times8=288\pi(cm^3)$ 답 288π cm^3

17 잘려진 원뿔과 처음 원뿔의 닮음비는

$6 : 9=2 : 3$ … ❶

처음 원뿔의 높이를 h cm라 하면

$8 : h=2 : 3$, $2h=24$ $\quad \therefore h=12$ … ❷

따라서 원뿔대의 높이는

$12-8=4(cm)$ … ❸

답 4 cm

채점 기준	배점
❶ 잘려진 원뿔과 처음 원뿔의 닮음비 구하기	30%
❷ 처음 원뿔의 높이 구하기	40%
❸ 원뿔대의 높이 구하기	30%

18 $\triangle ABC$와 $\triangle PRQ$에서

$\angle B=\angle R=50^\circ$

$\angle A=180^\circ-(50^\circ+100^\circ)=30^\circ=\angle P$

이므로 $\triangle ABC \backsim \triangle PRQ$ (AA 닮음)

$\triangle$DEF와 $\triangle$LJK에서
$\overline{DE} : \overline{LJ}=6 : 9=2 : 3$
$\overline{EF} : \overline{JK}=12 : 18=2 : 3$
$\overline{FD} : \overline{KL}=10 : 15=2 : 3$
이므로 $\triangle DEF \backsim \triangle LJK$ (SSS 닮음)
$\triangle$GHI와 $\triangle$NMO에서
$\angle G=\angle N=50°$
$\overline{GH} : \overline{NM}=10 : 15=2 : 3$
$\overline{GI} : \overline{NO}=12 : 18=2 : 3$
이므로 $\triangle GHI \backsim \triangle NMO$ (SAS 닮음)

답 $\triangle ABC \backsim \triangle PRQ$ (AA 닮음),
$\triangle DEF \backsim \triangle LJK$ (SSS 닮음),
$\triangle GHI \backsim \triangle NMO$ (SAS 닮음)

19 ③ $\triangle$ABC와 $\triangle$DEF에서
$\angle C=\angle F=65°$
$\angle A=180°-(35°+65°)=80°=\angle D$
이므로 $\triangle ABC \backsim \triangle DEF$ (AA 닮음)

답 ③

20 $\triangle$ABC와 $\triangle$CBD에서
$\angle$B는 공통
$\overline{AB} : \overline{CB}=(7+9) : 12=4 : 3$
$\overline{BC} : \overline{BD}=12 : 9=4 : 3$
이므로 $\triangle ABC \backsim \triangle CBD$ (SAS 닮음)
따라서 $\overline{AC} : \overline{CD}=4 : 3$이므로
$20 : \overline{CD}=4 : 3$, $4\overline{CD}=60$
$\therefore \overline{CD}=15(\text{cm})$

답 15 cm

21 $\triangle$ABE와 $\triangle$CDE에서
$\angle AEB=\angle CED$ (맞꼭지각)
$\overline{AE} : \overline{CE}=10 : 15=2 : 3$
$\overline{BE} : \overline{DE}=12 : 18=2 : 3$
이므로 $\triangle ABE \backsim \triangle CDE$ (SAS 닮음)
따라서 $\overline{AB} : \overline{CD}=2 : 3$이므로
$8 : \overline{CD}=2 : 3$, $2\overline{CD}=24$
$\therefore \overline{CD}=12(\text{cm})$

답 ③

22 $\triangle$ABC와$\triangle$EDC에서
$\angle$C는 공통
$\overline{AC} : \overline{EC}=(13+8) : 12=7 : 4$
$\overline{BC} : \overline{DC}=(2+12) : 8=7 : 4$
이므로 $\triangle ABC \backsim \triangle EDC$ (SAS 닮음)
따라서 $\overline{BA} : \overline{DE}=7 : 4$이므로
$28 : \overline{DE}=7 : 4$, $7\overline{DE}=112$
$\therefore \overline{DE}=16(\text{cm})$

답 16 cm

23 $\overline{AD}=\overline{CD}=\overline{ED}=\frac{1}{2}\overline{AC}=\frac{1}{2}\times 24=12(\text{cm})$
$\triangle$ABC와 $\triangle$EDC에서
$\angle$C는 공통
$\overline{AC} : \overline{EC}=24 : 16=3 : 2$
$\overline{BC} : \overline{DC}=(2+16) : 12=3 : 2$
이므로 $\triangle ABC \backsim \triangle EDC$ (SAS 닮음) … ❶
따라서 $\overline{AB} : \overline{ED}=3 : 2$이므로
$\overline{AB} : 12=3 : 2$, $2\overline{AB}=36$
$\therefore \overline{AB}=18(\text{cm})$ … ❷

답 18 cm

채점 기준	배점
❶ $\triangle ABC \backsim \triangle EDC$임을 설명하기	50%
❷ $\overline{AB}$의 길이 구하기	50%

24 $\triangle$ABC와 $\triangle$AED에서
$\angle$A는 공통, $\angle B=\angle AED$
이므로 $\triangle ABC \backsim \triangle AED$ (AA 닮음)
따라서 $\overline{AB} : \overline{AE}=\overline{AC} : \overline{AD}$이므로
$(8+\overline{BD}) : 6=(6+10) : 8$, $(8+\overline{BD}) : 6=2 : 1$
$8+\overline{BD}=12$ $\therefore \overline{BD}=4(\text{cm})$

답 4 cm

25 $\triangle$ABC와 $\triangle$EBD에서
$\angle$B는 공통, $\angle A=\angle DEB$
이므로 $\triangle ABC \backsim \triangle EBD$ (AA 닮음)
따라서 $\overline{AB} : \overline{EB}=\overline{BC} : \overline{BD}$이므로
$\overline{AB} : 4=9 : 3$, $\overline{AB} : 4=3 : 1$
$\therefore \overline{AB}=12(\text{cm})$

답 12 cm

26 $\triangle$ABC와 $\triangle$DAC에서
$\angle$C는 공통, $\angle B=\angle CAD$
이므로 $\triangle ABC \backsim \triangle DAC$ (AA 닮음)
따라서 $\overline{BC} : \overline{AC}=\overline{AC} : \overline{DC}$이므로
$(\overline{BD}+8) : 16=16 : 8$, $(\overline{BD}+8) : 16=2 : 1$
$\overline{BD}+8=32$ $\therefore \overline{BD}=24(\text{cm})$

답 24 cm

27 $\triangle$ABC가 $\overline{AB}=\overline{AC}$인 이등변삼각형이므로
$\angle B=\angle C$
$\overline{BD}=\overline{CD}=\frac{1}{2}\overline{BC}=\frac{1}{2}\times 12=6(\text{cm})$
$\triangle$ABD와 $\triangle$DCE에서
$\angle B=\angle C$
$\angle BAD=\angle ADC-\angle B$
$=\angle ADC-\angle ADE$
$=\angle CDE$
이므로 $\triangle ABD \backsim \triangle DCE$ (AA 닮음)

A
9 cm
E
B
D
C
12 cm

따라서 $\overline{AB}:\overline{DC}=\overline{BD}:\overline{CE}$이므로

$9:6=6:\overline{CE}$, $3:2=6:\overline{CE}$

$3\overline{CE}=12$ $\therefore \overline{CE}=4(\text{cm})$ 답 4 cm

28 △ABC와 △AED에서

∠A는 공통, ∠C=∠ADE=90°

이므로 △ABC∽△AED (AA 닮음)

따라서 $\overline{AB}:\overline{AE}=\overline{AC}:\overline{AD}$이므로

$(8+12):10=(10+\overline{CE}):8$, $2:1=(10+\overline{CE}):8$

$10+\overline{CE}=16$ $\therefore \overline{CE}=6(\text{cm})$ 답 6 cm

29 △ADB와 △BEC에서

∠ADB=∠BEC=90°

∠BAD

=180°−(90°+∠ABD)

=∠CBE

이므로 △ADB∽△BEC (AA 닮음)

따라서 $\overline{AD}:\overline{BE}=\overline{BD}:\overline{CE}$이므로

$12:16=\overline{BD}:24$, $3:4=\overline{BD}:24$

$4\overline{BD}=72$ $\therefore \overline{BD}=18(\text{cm})$ 답 18 cm

30 △AEC와 △BDC에서

∠C는 공통, ∠AEC=∠BDC=90°

이므로 △AEC∽△BDC (AA 닮음) ······ ㉠

△AEC와 △ADF에서

∠EAC는 공통, ∠AEC=∠ADF=90°

이므로 △AEC∽△ADF (AA 닮음) ······ ㉡

△ADF와 △BEF에서

∠ADF=∠BEF=90°

∠AFD=∠BFE (맞꼭지각)

이므로 △ADF∽△BEF (AA 닮음) ······ ㉢

㉠, ㉡, ㉢에서

△AEC∽△BDC∽△ADF∽△BEF 답 ①

31 $\overline{AB}^2=\overline{BH}\times\overline{BC}$이므로

$20^2=16(16+y)$, $400=256+16y$

$16y=144$ $\therefore y=9$

$\overline{AC}^2=\overline{CH}\times\overline{CB}$이므로

$x^2=9\times(9+16)=225$

$\therefore x=15$ ($\because x>0$)

$\therefore x-y=15-9=6$ 답 6

32 $\overline{CH}^2=\overline{HA}\times\overline{HB}=16\times4=64$이므로

$\overline{CH}=8(\text{cm})$ ($\because \overline{CH}>0$)

$\therefore \triangle ABC=\frac{1}{2}\times(16+4)\times8=80(\text{cm}^2)$ 답 80 cm²

33 △ABC에서 $\overline{AB}^2=\overline{BD}\times\overline{BC}$이므로

$20^2=\overline{BD}\times25$ $\therefore \overline{BD}=16(\text{cm})$ ··· ❶

△ABD에서 $\overline{BD}^2=\overline{BE}\times\overline{BA}$이므로

$16^2=\overline{BE}\times20$ $\therefore \overline{BE}=\frac{64}{5}(\text{cm})$ ··· ❷

답 $\frac{64}{5}$ cm

채점 기준	배점
❶ $\overline{BD}$의 길이 구하기	50%
❷ $\overline{BE}$의 길이 구하기	50%

34 △FAE와 △FCB에서

∠FAE=∠FCB (엇각)

∠FEA=∠FBC (엇각)

이므로 △FAE∽△FCB (AA 닮음)

따라서 $\overline{FA}:\overline{FC}=\overline{AE}:\overline{CB}$이므로

$3:5=\overline{AE}:10$, $5\overline{AE}=30$

$\therefore \overline{AE}=6(\text{cm})$ 답 6 cm

35 ① △ABC와 △ADE에서

∠B=∠ADE (엇각)

∠ACB=∠E (엇각)

이므로

△ABC∽△ADE (AA 닮음)

따라서 $\overline{AB}:\overline{AD}=\overline{BC}:\overline{DE}$이므로

$\overline{AB}:\overline{AD}=6:4=3:2$이지만 $\overline{AD}$의 길이는 알 수 없다.

② $\overline{AC}:\overline{AE}=3:2$이므로

$6:\overline{AE}=3:2$, $3\overline{AE}=12$ $\therefore \overline{AE}=4(\text{cm})$

□ECFD는 평행사변형이므로

$\overline{DF}=\overline{EC}=\overline{AE}+\overline{AC}=4+6=10(\text{cm})$

③ □ECFD는 평행사변형이므로 ∠E=∠F

④ ∠EAD=∠ADF (엇각)

⑤ △ABC와 △DBF에서

∠B는 공통, ∠ACB=∠DFB (동위각)

이므로 △ABC∽△DBF (AA 닮음)

따라서 $\overline{CF}=\overline{ED}=4(\text{cm})$이므로

$\overline{BA}:\overline{BD}=\overline{BC}:\overline{BF}=6:(6+4)=3:5$ 답 ①

36 △ABE와 △FCE에서

∠BAE=∠F (엇각)

∠B=∠FCE (엇각)

이므로

△ABE∽△FCE (AA 닮음)

따라서 $\overline{AB}:\overline{FC}=\overline{BE}:\overline{CE}$이므로

$6:\overline{FC}=(12-4):4$, $6:\overline{CF}=2:1$

$2\overline{CF}=6$ $\therefore \overline{CF}=3(\text{cm})$ 답 3 cm

37 △BED와 △CFE에서

$\angle B=\angle C=60^\circ$

$\angle BDE=180^\circ-(60^\circ+\angle DEB)$

$=\angle CEF$

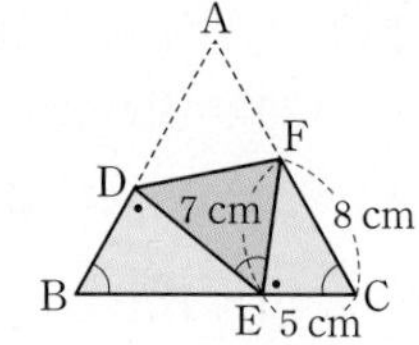

이므로 △BED∽△CFE (AA 닮음)

한편, 정삼각형 ABC의 한 변의 길이는

$\overline{AC}=\overline{AF}+\overline{FC}=\overline{EF}+\overline{FC}$

$=7+8=15(\text{cm})$

$\therefore \overline{BE}=15-5=10(\text{cm})$

따라서 $\overline{BE}:\overline{CF}=\overline{DE}:\overline{EF}$이므로

$10:8=\overline{DE}:7,\ 5:4=\overline{DE}:7$

$4\overline{DE}=35 \qquad \therefore \overline{DE}=\frac{35}{4}(\text{cm})$

$\therefore \overline{AD}=\overline{DE}=\frac{35}{4}(\text{cm})$ 답 $\frac{35}{4}$ cm

38 △ABF와 △DFE에서

$\angle A=\angle D=90^\circ$

$\angle ABF$

$=180^\circ-(90^\circ+\angle AFB)$

$=\angle DFE$

이므로 △ABF∽△DFE (AA 닮음)

따라서 $\overline{AB}:\overline{DF}=\overline{AF}:\overline{DE}$이므로

$16:8=\overline{AF}:6,\ 2:1=\overline{AF}:6$

$\therefore \overline{AF}=12(\text{cm})$ 답 12 cm

39 $\angle PBD=\angle CBD$ (접은 각),

$\angle PDB=\angle CBD$ (엇각)이므로

$\angle PBD=\angle PDB$

따라서 △PBD는 이등변삼각형이므로 $\overline{PQ}$는 $\overline{BD}$의 수직이등분선이다.

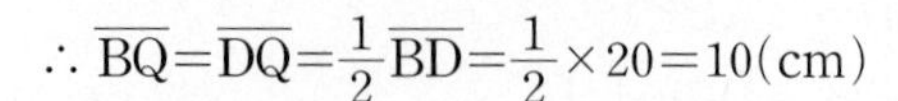

$\therefore \overline{BQ}=\overline{DQ}=\frac{1}{2}\overline{BD}=\frac{1}{2}\times20=10(\text{cm})$ …❶

△ABD와 △QPD에서

∠ADB는 공통, $\angle A=\angle PQD=90^\circ$

이므로 △ABD∽△QPD (AA 닮음)

따라서 $\overline{AB}:\overline{QP}=\overline{AD}:\overline{QD}$이므로

$12:\overline{QP}=16:10,\ 12:\overline{QP}=8:5$

$8\overline{QP}=60 \qquad \therefore \overline{QP}=\frac{15}{2}(\text{cm})$ …❷

$\therefore \triangle PBD=\frac{1}{2}\times20\times\frac{15}{2}=75(\text{cm}^2)$ …❸

답 75 cm²

채점 기준	배점
❶ $\overline{BQ}$의 길이 구하기	30%
❷ $\overline{QP}$의 길이 구하기	50%
❸ △PBD의 넓이 구하기	20%

Real 실전 유형 again 34~41쪽

06 평행선 사이의 선분의 길이의 비

01 $\overline{AD}:\overline{DB}=\overline{AE}:\overline{EC}$이므로

$9:3=x:2,\ 3:1=x:2 \qquad \therefore x=6$

$\overline{AD}:\overline{AB}=\overline{DE}:\overline{BC}$이므로

$9:(9+3)=y:12 \qquad \therefore y=9$

$\therefore y-x=9-6=3$ 답 ②

02 $\overline{CD}:\overline{CA}=\overline{DE}:\overline{AB}$이므로

$8:(8+4)=7:\overline{AB},\ 2:3=7:\overline{AB}$

$2\overline{AB}=21 \qquad \therefore \overline{AB}=\frac{21}{2}(\text{cm})$ 답 $\frac{21}{2}$ cm

03 △AFD에서 $\overline{FC}:\overline{FD}=\overline{EC}:\overline{AD}$이므로

$3:(3+12)=\overline{EC}:20,\ 1:5=\overline{EC}:20$

$5\overline{EC}=20 \qquad \therefore \overline{EC}=4(\text{cm})$

$\therefore \overline{BE}=\overline{BC}-\overline{EC}=20-4=16(\text{cm})$ 답 16 cm

04 $\overline{BD}:\overline{DA}=\overline{BE}:\overline{EC}$이므로

$(15-9):9=\overline{BE}:6,\ 2:3=\overline{BE}:6$

$3\overline{BE}=12 \qquad \therefore \overline{BE}=4(\text{cm})$

$\overline{BD}:\overline{BA}=\overline{DE}:\overline{AC}$이므로

$(15-9):15=6:\overline{AC} \qquad \therefore \overline{AC}=15(\text{cm})$

∴ (△ABC의 둘레의 길이)$=15+(4+6)+15$

$=40(\text{cm})$ 답 40 cm

05 $\overline{AB}:\overline{AD}=\overline{BC}:\overline{DE}$이므로

$20:x=16:8,\ 20:x=2:1$

$2x=20 \qquad \therefore x=10$

$\overline{AC}:\overline{AE}=\overline{BC}:\overline{DE}$이므로

$y:6=16:8,\ y:6=2:1 \qquad \therefore y=12$

$\therefore xy=10\times12=120$ 답 120

06 $\overline{AB}:\overline{DE}=\overline{CA}:\overline{CD}$이므로

$12:16=x:(21-x),\ 3:4=x:(21-x)$

$3(21-x)=4x,\ 63-3x=4x$

$7x=63 \qquad \therefore x=9$ 답 9

07 $\overline{AB}:\overline{AD}=\overline{BC}:\overline{DE}$이므로

$16:6=(x+9):9,\ 8:3=(x+9):9$

$3(x+9)=72,\ x+9=24$

$\therefore x=15$

$\overline{AB}:\overline{FG}=\overline{CB}:\overline{CG}$이므로

$16:y=(15+9):9,\ 16:y=8:3$

$8y=48 \qquad \therefore y=6$

$\therefore x-y=15-6=9$ 답 ④

08 $\overline{AE}=\frac{2}{3}\overline{AC}$이므로 $\overline{AE}:\overline{AC}=2:3$
$\overline{AE}:\overline{AC}=\overline{DE}:\overline{BC}$이므로
$2:3=6:\overline{BC}$, $2\overline{BC}=18$ $\therefore \overline{BC}=9(\text{cm})$ … ❶
또, □ECFD는 평행사변형이므로
$\overline{CF}=\overline{ED}=6$ cm … ❷
$\therefore \overline{BF}=\overline{BC}+\overline{CF}=9+6=15(\text{cm})$ … ❸
답 15 cm

채점 기준	배점
❶ $\overline{BC}$의 길이 구하기	40%
❷ $\overline{CF}$의 길이 구하기	40%
❸ $\overline{BF}$의 길이 구하기	20%

09 $\overline{GE}=x$ cm라 하면 $\overline{DG}=(7-x)$ cm
$\overline{DG}:\overline{BF}=\overline{GE}:\overline{FC}$이므로
$(7-x):6=x:8$, $6x=8(7-x)$
$6x=56-8x$, $14x=56$ $\therefore x=4$
$\therefore \overline{GE}=4(\text{cm})$
답 4 cm

10 $\overline{EF}:\overline{CG}=\overline{FD}:\overline{GA}$이므로
$8:x=6:9$, $8:x=2:3$
$2x=24$ $\therefore x=12$
$\overline{BE}:\overline{BC}=\overline{EF}:\overline{CG}$이므로
$10:(10+y)=8:12$, $10:(10+y)=2:3$
$2(10+y)=30$, $10+y=15$ $\therefore y=5$
$\therefore x-y=12-5=7$
답 ③

11 $\overline{AD}:\overline{DB}=\overline{AE}:\overline{EC}=\overline{AF}:\overline{FD}=4:3$이므로
$12:\overline{BD}=4:3$, $4\overline{BD}=36$
$\therefore \overline{BD}=9(\text{cm})$
답 9 cm

12 $\overline{BE}:\overline{EF}=\overline{BD}:\overline{DA}=\overline{BF}:\overline{FC}$
$=20:5=4:1$
$\overline{EF}=x$ cm라 하면 $\overline{BE}=(20-x)$ cm이므로
$(20-x):x=4:1$, $4x=20-x$
$5x=20$ $\therefore x=4$
$\therefore \overline{EF}=4(\text{cm})$
답 4 cm

13 ① $8:6\neq6:4$, 즉 $\overline{AD}:\overline{DB}\neq\overline{AE}:\overline{EC}$이므로 $\overline{BC}$와 $\overline{DE}$는 평행하지 않다.
② $14:4\neq15:5$, 즉 $\overline{AB}:\overline{AD}\neq\overline{AC}:\overline{AE}$이므로 $\overline{BC}$와 $\overline{DE}$는 평행하지 않다.
③ $9:6=12:8$, 즉 $\overline{AE}:\overline{EC}=\overline{AD}:\overline{DB}$이므로 $\overline{BC}/\!/\overline{DE}$
④ $8:5\neq6:4$, 즉 $\overline{AB}:\overline{AD}\neq\overline{AC}:\overline{AE}$이므로 $\overline{BC}$와 $\overline{DE}$는 평행하지 않다.
⑤ $6:(14-6)\neq8:12$, 즉 $\overline{AB}:\overline{AD}\neq\overline{AC}:\overline{AE}$이므로 $\overline{BC}$와 $\overline{DE}$는 평행하지 않다.
답 ③

14 $20:16=15:12$, 즉 $\overline{BP}:\overline{PA}=\overline{BQ}:\overline{QC}$이므로 $\overline{PQ}/\!/\overline{AC}$ … ❶
$8:10=12:15$, 즉 $\overline{CR}:\overline{RA}=\overline{CQ}:\overline{QB}$이므로 $\overline{QR}/\!/\overline{AB}$ … ❷
$16:20\neq10:8$, 즉 $\overline{AP}:\overline{PB}\neq\overline{AR}:\overline{RC}$이므로 $\overline{PR}$와 $\overline{BC}$는 평행하지 않다. … ❸
따라서 △ABC의 어느 한 변에 평행하지 않은 것은 $\overline{PR}$이다. … ❹
답 $\overline{PR}$

채점 기준	배점
❶ $\overline{PQ}/\!/\overline{AC}$인지 확인하기	30%
❷ $\overline{QR}/\!/\overline{AB}$인지 확인하기	30%
❸ $\overline{PR}/\!/\overline{BC}$인지 확인하기	30%
❹ △ABC의 어느 한 변에 평행하지 않은 선분 찾기	10%

15 $\overline{CD}=x$ cm라 하면 $\overline{BD}=(16-x)$ cm
$\overline{AD}$가 ∠A의 이등분선이므로 $\overline{AB}:\overline{AC}=\overline{BD}:\overline{CD}$에서
$15:9=(16-x):x$, $5:3=(16-x):x$
$5x=3(16-x)$, $5x=48-3x$
$8x=48$ $\therefore x=6$
$\therefore \overline{CD}=6(\text{cm})$
답 6 cm

16 $\overline{BD}$가 ∠B의 이등분선이므로 $\overline{BA}:\overline{BC}=\overline{AD}:\overline{CD}$에서
$8:12=(x+2):(2x+1)$, $2:3=(x+2):(2x+1)$
$2(2x+1)=3(x+2)$, $4x+2=3x+6$
$\therefore x=4$
답 4

17 $\overline{AD}/\!/\overline{CE}$이므로
$\angle BAD=\angle E$ (동위각), $\angle CAD=\angle ACE$ (엇각)
이때 $\angle BAD=\angle CAD$이므로 $\angle E=\angle ACE$
따라서 △ACE는 이등변삼각형이므로
$\overline{AC}=\overline{AE}=16$ cm $\therefore y=16$
$\overline{AD}$가 ∠A의 이등분선이므로 $\overline{AB}:\overline{AC}=\overline{BD}:\overline{CD}$에서
$12:16=9:x$, $3:4=9:x$
$3x=36$ $\therefore x=12$
$\therefore x+y=12+16=28$
답 28

18 $\overline{AD}$가 ∠A의 이등분선이므로
$\overline{BD}:\overline{CD}=\overline{AB}:\overline{AC}=8:6=4:3$ … ❶
따라서 $\triangle ABD:\triangle ACD=\overline{BD}:\overline{CD}=4:3$이므로
$\triangle ACD=\triangle ABC\times\frac{3}{4+3}=21\times\frac{3}{7}=9(\text{cm}^2)$ … ❷
답 9 cm²

채점 기준	배점
❶ $\overline{BD}:\overline{CD}$ 구하기	50%
❷ △ACD의 넓이 구하기	50%

19 $\overline{AD}$가 $\angle A$의 외각의 이등분선이므로
$\overline{AB} : \overline{AC} = \overline{BD} : \overline{CD}$에서
$18 : 12 = 24 : \overline{CD}$, $3 : 2 = 24 : \overline{CD}$
$3\overline{CD} = 48$ $\quad \therefore \overline{CD} = 16(\text{cm})$
$\therefore \overline{BC} = \overline{BD} - \overline{CD} = 24 - 16 = 8(\text{cm})$ 답 8 cm

20 $\overline{AD}$가 $\angle A$의 외각의 이등분선이므로
$\overline{AC} : \overline{AB} = \overline{CD} : \overline{BD}$에서
$20 : \overline{AB} = (10+15) : 15$, $20 : \overline{AB} = 5 : 3$
$5\overline{AB} = 60$ $\quad \therefore \overline{AB} = 12(\text{cm})$ 답 12 cm

21 $\overline{AD}$가 $\angle A$의 외각의 이등분선이므로
$\overline{BD} : \overline{CD} = \overline{AB} : \overline{AC} = 14 : 8 = 7 : 4$
$\therefore \overline{BC} : \overline{CD} = (7-4) : 4 = 3 : 4$
$\therefore \triangle ABC : \triangle ACD = \overline{BC} : \overline{CD}$
$= 3 : 4$ 답 ⑤

22 $\overline{AD}$가 $\angle A$의 이등분선이므로 $\overline{AB} : \overline{AC} = \overline{BD} : \overline{CD}$에서
$9 : 12 = \overline{BD} : 4$, $3 : 4 = \overline{BD} : 4$ $\quad \therefore \overline{BD} = 3(\text{cm})$
$\overline{AE}$가 $\angle A$의 외각의 이등분선이므로
$\overline{AC} : \overline{AB} = \overline{CE} : \overline{BE}$에서
$12 : 9 = (4+3+\overline{BE}) : \overline{BE}$, $4 : 3 = (7+\overline{BE}) : \overline{BE}$
$4\overline{BE} = 3(7+\overline{BE})$, $4\overline{BE} = 21 + 3\overline{BE}$
$\therefore \overline{BE} = 21(\text{cm})$ 답 21 cm

23 $8 : 12 = x : 15$이므로 $2 : 3 = x : 15$
$3x = 30$ $\quad \therefore x = 10$
$8 : 12 = 6 : y$이므로 $2 : 3 = 6 : y$
$2y = 18$ $\quad \therefore y = 9$
$\therefore x + y = 10 + 9 = 19$ 답 ④

24 $x : (3+6) = 4 : 12$이므로 $x : 9 = 1 : 3$
$3x = 9$ $\quad \therefore x = 3$ 답 ③

25 $x : 8 = 6 : 10$이므로 $x : 8 = 3 : 5$
$5x = 24$ $\quad \therefore x = \frac{24}{5}$
$4 : \frac{24}{5} = y : 6$이므로 $5 : 6 = y : 6$ $\quad \therefore y = 5$
$\therefore xy = \frac{24}{5} \times 5 = 24$ 답 24

26 오른쪽 그림과 같이 점 A를 지나고 $\overline{DC}$에 평행한 직선을 그어 $\overline{EF}$, $\overline{BC}$와 만나는 점을 각각 G, H라 하면

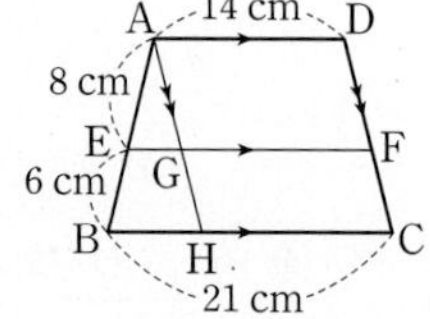

$\overline{GF} = \overline{HC} = \overline{AD} = 14$ cm
$\triangle ABH$에서
$\overline{AE} : \overline{AB} = \overline{EG} : \overline{BH}$이므로
$8 : (8+6) = \overline{EG} : (21-14)$, $4 : 7 = \overline{EG} : 7$
$\therefore \overline{EG} = 4(\text{cm})$
$\therefore \overline{EF} = \overline{EG} + \overline{GF} = 4 + 14 = 18(\text{cm})$ 답 ③

27 $\triangle ABD$에서 $\overline{BE} : \overline{BA} = \overline{EG} : \overline{AD}$이므로
$4 : (4+3) = x : 14$, $7x = 56$ $\quad \therefore x = 8$
$\overline{AE} : \overline{EB} = \overline{DF} : \overline{FC}$이므로
$3 : 4 = 9 : y$, $3y = 36$ $\quad \therefore y = 12$
$\therefore x + y = 8 + 12 = 20$ 답 20

28 $\overline{AE} : \overline{EB} = \overline{DF} : \overline{FC}$이므로
$4 : y = 6 : 12$, $4 : y = 1 : 2$
$\therefore y = 8$ ⋯ ❶
오른쪽 그림과 같이 점 A를 지나고 $\overline{DC}$에 평행한 직선을 그어 $\overline{EF}$, $\overline{BC}$와 만나는 점을 각각 G, H라 하면

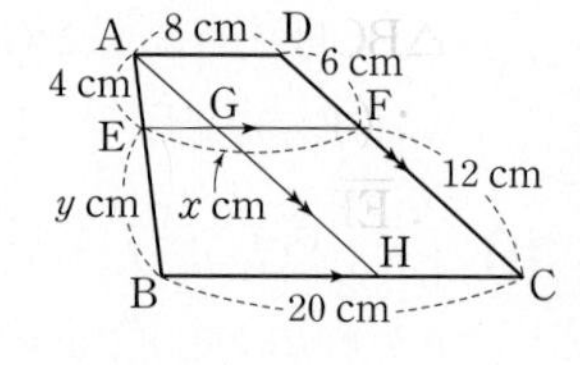

$\overline{GF} = \overline{HC} = \overline{AD} = 8(\text{cm})$
$\triangle ABH$에서 $\overline{AE} : \overline{AB} = \overline{EG} : \overline{BH}$이므로
$4 : (4+8) = \overline{EG} : (20-8)$, $1 : 3 = \overline{EG} : 12$
$3\overline{EG} = 12$ $\quad \therefore \overline{EG} = 4(\text{cm})$
이때 $\overline{EF} = \overline{EG} + \overline{GF} = 4 + 8 = 12(\text{cm})$이므로
$x = 12$ ⋯ ❷
$\therefore x - y = 12 - 8 = 4$ ⋯ ❸
답 4

채점 기준	배점
❶ y의 값 구하기	40%
❷ x의 값 구하기	50%
❸ $x-y$의 값 구하기	10%

29 $\overline{EB} = \frac{1}{2}\overline{AE}$이므로 $\overline{AE} : \overline{EB} = 2 : 1$
$\triangle ABC$에서 $\overline{AE} : \overline{AB} = \overline{EQ} : \overline{BC}$이므로
$2 : (2+1) = \overline{EQ} : 24$, $3\overline{EQ} = 48$ $\quad \therefore \overline{EQ} = 16(\text{cm})$
$\triangle ABD$에서 $\overline{BE} : \overline{BA} = \overline{EP} : \overline{AD}$이므로
$1 : (1+2) = \overline{EP} : 18$, $3\overline{EP} = 18$ $\quad \therefore \overline{EP} = 6(\text{cm})$
$\therefore \overline{PQ} = \overline{EQ} - \overline{EP} = 16 - 6 = 10(\text{cm})$ 답 10 cm

30 $\triangle ABC$에서 $\overline{AE} : \overline{AB} = \overline{EP} : \overline{BC}$이므로
$3 : (3+12) = \overline{EP} : 15$ $\quad \therefore \overline{EP} = 3(\text{cm})$
$\triangle ABD$에서 $\overline{BE} : \overline{BA} = \overline{EQ} : \overline{AD}$이므로
$12 : (12+3) = \overline{EQ} : 10$, $4 : 5 = \overline{EQ} : 10$
$5\overline{EQ} = 40$ $\quad \therefore \overline{EQ} = 8(\text{cm})$
$\therefore \overline{PQ} = \overline{EQ} - \overline{EP} = 8 - 3 = 5(\text{cm})$ 답 5 cm

31 △AOD∽△COB (AA 닮음)이므로

$\overline{OA}:\overline{OC}=\overline{AD}:\overline{CB}=20:30=2:3$

△ABC에서 $\overline{EO}:\overline{BC}=\overline{AO}:\overline{AC}$이므로

$\overline{EO}:30=2:(2+3)$, $5\overline{EO}=60$ $\quad\therefore \overline{EO}=12(\text{cm})$

△CDA에서 $\overline{OF}:\overline{AD}=\overline{CO}:\overline{CA}$이므로

$\overline{OF}:20=3:(3+2)$, $5\overline{OF}=60$ $\quad\therefore \overline{OF}=12(\text{cm})$

$\therefore \overline{EF}=\overline{EO}+\overline{OF}=12+12=24(\text{cm})$

답 24 cm

32 $\overline{BF}:\overline{CF}=\overline{BE}:\overline{DE}=\overline{AB}:\overline{CD}$

$=12:21=4:7$

$\therefore \overline{CF}=\overline{BC}\times\frac{7}{4+7}=22\times\frac{7}{11}=14(\text{cm})$

답 14 cm

33 $\overline{BF}:\overline{CF}=\overline{BE}:\overline{DE}=\overline{AB}:\overline{CD}$

$=28:21=4:3$

△BCD에서 $\overline{BF}:\overline{BC}=\overline{EF}:\overline{DC}$이므로

$4:(4+3)=\overline{EF}:21$, $7\overline{EF}=84$

$\therefore \overline{EF}=12(\text{cm})$

답 ①

34 오른쪽 그림과 같이 점 E에서 $\overline{BC}$에 내린 수선의 발을 H라 하면

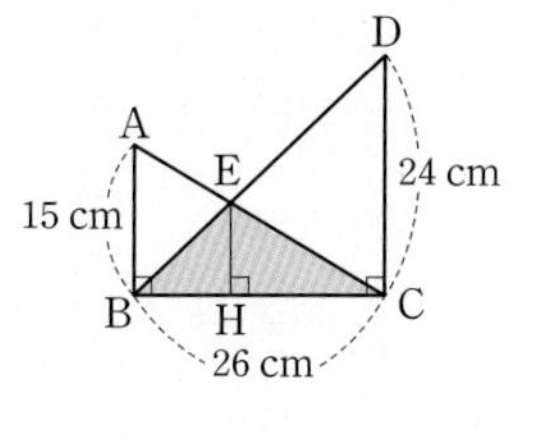

$\overline{BH}:\overline{CH}=\overline{BE}:\overline{DE}$

$=\overline{AB}:\overline{CD}$

$=15:24$

$=5:8$ ··· ❶

△BCD에서 $\overline{BH}:\overline{BC}=\overline{EH}:\overline{DC}$이므로

$5:(5+8)=\overline{EH}:24$, $13\overline{EH}=120$

$\therefore \overline{EH}=\frac{120}{13}(\text{cm})$ ··· ❷

$\therefore \triangle EBC=\frac{1}{2}\times26\times\frac{120}{13}=120(\text{cm}^2)$ ··· ❸

답 120 cm^2

채점 기준	배점
❶ 점 E에서 $\overline{BC}$에 내린 수선의 발을 H라 할 때, $\overline{BH}:\overline{CH}$ 구하기	40%
❷ $\overline{EH}$의 길이 구하기	40%
❸ △EBC의 넓이 구하기	20%

35 △ABC에서 $\overline{AM}=\overline{MB}$, $\overline{AN}=\overline{NC}$이므로

$\overline{BC}/\!/\overline{MN}$

∠AMN=∠B=45° (동위각)이므로 △AMN에서

∠ANM=180°−(75°+45°)=60° $\quad\therefore y=60$

또, $\overline{MN}=\frac{1}{2}\overline{BC}=\frac{1}{2}\times18=9(\text{cm})$이므로

$x=9$

답 $x=9$, $y=60$

36 $\overline{AM}=\overline{MB}=6\text{ cm}$

$\overline{AN}=\frac{1}{2}\overline{AC}=\frac{1}{2}\times10=5(\text{cm})$

또, △ABC에서 $\overline{AM}=\overline{MB}$, $\overline{AN}=\overline{NC}$이므로

$\overline{MN}=\frac{1}{2}\overline{BC}=\frac{1}{2}\times8=4(\text{cm})$

따라서 △AMN의 둘레의 길이는

$\overline{AM}+\overline{MN}+\overline{NA}=6+4+5=15(\text{cm})$

답 ②

37 △DBC에서 $\overline{DP}=\overline{PB}$, $\overline{DQ}=\overline{QC}$이므로

$\overline{PQ}=\frac{1}{2}\overline{BC}$

$\therefore \overline{BC}=2\overline{PQ}=2\times12=24(\text{cm})$

△ABC에서 $\overline{AM}=\overline{MB}$, $\overline{AN}=\overline{NC}$이므로

$\overline{MN}=\frac{1}{2}\overline{BC}=\frac{1}{2}\times24=12(\text{cm})$

답 ③

38 △ABC에서 $\overline{AM}=\overline{MB}$, $\overline{MN}/\!/\overline{BC}$이므로

$\overline{AN}=\overline{NC}=\frac{1}{2}\overline{AC}=\frac{1}{2}\times20=10(\text{cm})$

$\therefore y=10$

$\overline{MN}=\frac{1}{2}\overline{BC}=\frac{1}{2}\times14=7(\text{cm})$

$\therefore x=7$

$\therefore x+y=7+10=17$

답 ②

39 △ABC에서 $\overline{AE}=\overline{EC}$, $\overline{DE}/\!/\overline{BC}$이므로

$\overline{AD}=\overline{DB}$

따라서 $\overline{DE}=\frac{1}{2}\overline{BC}$이므로

$\overline{BC}=2\overline{DE}=2\times15=30(\text{cm})$

또, $\overline{DE}/\!/\overline{BF}$, $\overline{DB}/\!/\overline{EF}$이므로 □DBFE는 평행사변형이다.

따라서 $\overline{BF}=\overline{DE}=15\text{ cm}$이므로

$\overline{CF}=\overline{BC}-\overline{BF}=30-15=15(\text{cm})$

답 ③

40 △ABF에서 $\overline{AD}=\overline{DB}$, $\overline{AE}=\overline{EF}$이므로

$\overline{DE}/\!/\overline{BF}$, $\overline{DE}=\frac{1}{2}\overline{BF}$

△CED에서 $\overline{CF}=\overline{FE}$, $\overline{DE}/\!/\overline{GF}$이므로

$\overline{CG}=\overline{GD}$ $\quad\therefore \overline{GF}=\frac{1}{2}\overline{DE}$

$\overline{GF}=x\text{ cm}$라 하면 $\overline{DE}=2x\text{ cm}$ ··· ❶

한편, $\overline{DE}=\frac{1}{2}\overline{BF}$이므로

$2x=\frac{1}{2}(9+x)$ ··· ❷

$4x=9+x$, $3x=9$ $\quad\therefore x=3$

$\therefore \overline{GF}=3(\text{cm})$ ··· ❸

답 3 cm

채점 기준	배점
❶ $\overline{GF}=x$ cm라 할 때, $\overline{DE}$의 길이를 x를 사용하여 나타내기	30%
❷ x에 대한 방정식 세우기	40%
❸ $\overline{GF}$의 길이 구하기	30%

41 오른쪽 그림과 같이 점 A를 지나고 $\overline{BC}$에 평행한 직선을 그어 $\overline{DE}$와 만나는 점을 F라 하자.

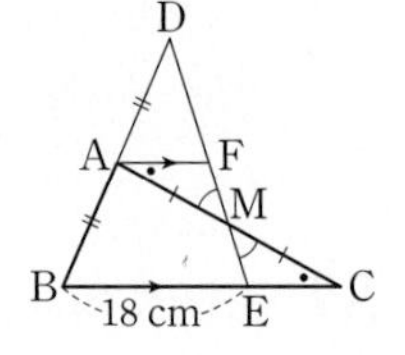

$\triangle DBE$에서 $\overline{AB}=\overline{AD}$, $\overline{AF}/\!/\overline{BE}$이므로

$\overline{DF}=\overline{FE}$

$\therefore\ \overline{AF}=\frac{1}{2}\overline{BE}=\frac{1}{2}\times 18=9(\text{cm})$

$\triangle AMF\equiv\triangle CME$ (ASA 합동)이므로

$\overline{EC}=\overline{FA}=9(\text{cm})$ 답 ②

42 오른쪽 그림과 같이 점 A를 지나고 $\overline{BC}$에 평행한 직선을 그어 $\overline{DE}$와 만나는 점을 F라 하자.

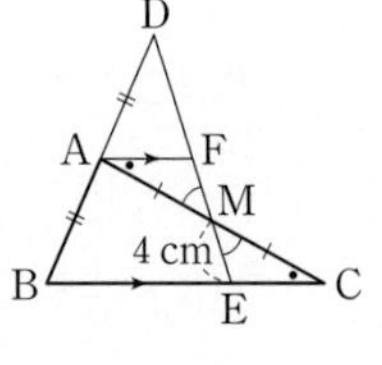

$\triangle AMF\equiv\triangle CME$ (ASA 합동)이므로

$\overline{FM}=\overline{EM}=4(\text{cm})$

$\triangle DBE$에서 $\overline{AB}=\overline{AD}$, $\overline{AF}/\!/\overline{BE}$이므로

$\overline{DF}=\overline{FE}=\overline{FM}+\overline{ME}=4+4=8(\text{cm})$

$\therefore\ \overline{DE}=\overline{DF}+\overline{FE}=8+8=16(\text{cm})$ 답 16 cm

43 오른쪽 그림과 같이 점 A를 지나고 $\overline{BC}$에 평행한 직선을 그어 $\overline{DE}$와 만나는 점을 F라 하자.

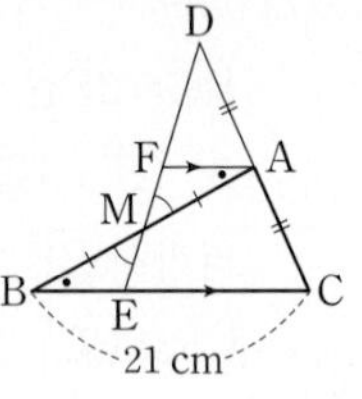

$\triangle DEC$에서 $\overline{AC}=\overline{AD}$, $\overline{FA}/\!/\overline{EC}$이므로

$\overline{DF}=\overline{FE}$

$\overline{FA}=x$ cm라 하면

$\overline{EC}=2\overline{FA}=2x(\text{cm})$ ⋯ ❶

$\triangle FMA\equiv\triangle EMB$ (ASA 합동)이므로

$\overline{BE}=\overline{AF}=x(\text{cm})$ ⋯ ❷

이때 $\overline{BC}=\overline{BE}+\overline{EC}$이므로

$21=x+2x$, $3x=21$ $\quad\therefore\ x=7$

$\therefore\ \overline{BE}=7(\text{cm})$ ⋯ ❸

답 7 cm

채점 기준	배점
❶ $\overline{FA}=x$ cm라 할 때, $\overline{EC}$의 길이를 x를 사용하여 나타내기	30%
❷ $\overline{BE}$의 길이를 x를 사용하여 나타내기	30%
❸ $\overline{BE}$의 길이 구하기	40%

44 $\triangle DEF$의 둘레의 길이는

$\frac{1}{2}\times(\triangle ABC$의 둘레의 길이$)$

$=\frac{1}{2}\times(11+12+9)=16(\text{cm})$ 답 16 cm

45 $(\triangle DEF$의 둘레의 길이$)=\frac{1}{2}\times(\triangle ABC$의 둘레의 길이$)$이므로

$19=\frac{1}{2}\times(\overline{AB}+14+8)$, $\overline{AB}+22=38$

$\therefore\ \overline{AB}=16(\text{cm})$ 답 16 cm

46 ① $\triangle ABC$에서 $\overline{BD}=\overline{DA}$, $\overline{BE}=\overline{EC}$이므로

$\overline{DE}/\!/\overline{AC}$

②, ⑤ $\triangle ABC$에서

$\overline{AD}=\overline{DB}$, $\overline{AF}=\overline{FC}$이므로 $\overline{DF}=\overline{BE}=\overline{EC}$

$\overline{BD}=\overline{DA}$, $\overline{BE}=\overline{EC}$이므로 $\overline{DE}=\overline{AF}=\overline{FC}$

$\overline{CF}=\overline{FA}$, $\overline{CE}=\overline{EB}$이므로 $\overline{EF}=\overline{AD}=\overline{DB}$

$\therefore\ \triangle ADF\equiv\triangle DBE\equiv\triangle FEC\equiv\triangle EFD$ (SSS 합동)

$\therefore\ \triangle ABC=4\triangle DEF$

③ $\angle A=\angle DFE$인지는 알 수 없다.

④ $\overline{DE}/\!/\overline{AC}$이므로 $\angle C=\angle DEB$ (동위각) 답 ③

47 $\triangle ABC$와 $\triangle ACD$에서

$\overline{EF}=\overline{HG}=\frac{1}{2}\overline{AC}=\frac{1}{2}\times 15=\frac{15}{2}(\text{cm})$

$\triangle ABD$와 $\triangle BCD$에서

$\overline{EH}=\overline{FG}=\frac{1}{2}\overline{BD}=\frac{1}{2}\times 18=9(\text{cm})$

따라서 □EFGH의 둘레의 길이는

$\overline{EF}+\overline{FG}+\overline{GH}+\overline{HE}$

$=\frac{15}{2}+9+\frac{15}{2}+9=33(\text{cm})$ 답 33 cm

48 오른쪽 그림과 같이 $\overline{BD}$를 그으면 직사각형의 두 대각선의 길이는 같으므로

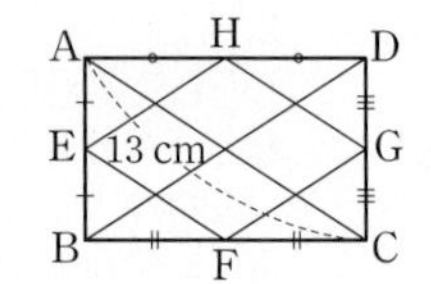

$\overline{BD}=\overline{AC}=13(\text{cm})$

$\triangle ABC$와 $\triangle ACD$에서

$\overline{EF}=\overline{HG}=\frac{1}{2}\overline{AC}=\frac{1}{2}\times 13=\frac{13}{2}(\text{cm})$

$\triangle ABD$와 $\triangle BCD$에서

$\overline{EH}=\overline{FG}=\frac{1}{2}\overline{BD}=\frac{1}{2}\times 13=\frac{13}{2}(\text{cm})$

따라서 □EFGH의 둘레의 길이는

$\overline{EF}+\overline{FG}+\overline{GH}+\overline{HE}$

$=\frac{13}{2}+\frac{13}{2}+\frac{13}{2}+\frac{13}{2}=26(\text{cm})$ 답 ③

49 $\overline{AC}/\!/\overline{EF}/\!/\overline{HG}$, $\overline{BD}/\!/\overline{EH}/\!/\overline{FG}$이므로 □EFGH는 평행사변형이다.

이때 $\overline{AC}\perp\overline{BD}$이고 $\overline{AC}/\!/\overline{EF}$, $\overline{BD}/\!/\overline{EH}$이므로

$\overline{EF}\perp\overline{EH}$

따라서 □EFGH는 직사각형이다.

△ABC에서

$\overline{EF}=\frac{1}{2}\overline{AC}=\frac{1}{2}\times14=7(\text{cm})$

△BCD에서

$\overline{FG}=\frac{1}{2}\overline{BD}=\frac{1}{2}\times20=10(\text{cm})$

$\therefore$ □EFGH $=\overline{EF}\times\overline{FG}$

$=7\times10=70(\text{cm}^2)$ 　　답 70 cm^2

50 △ABD에서

$\overline{MP}=\frac{1}{2}\overline{AD}=\frac{1}{2}\times8=4(\text{cm})$

$\therefore \overline{MQ}=\overline{MP}+\overline{PQ}=4+4=8(\text{cm})$

△ABC에서 $\overline{MQ}=\frac{1}{2}\overline{BC}$이므로

$\overline{BC}=2\overline{MQ}=2\times8=16(\text{cm})$ 　　답 ⑤

51 오른쪽 그림과 같이 $\overline{AC}$를 그어 $\overline{MN}$과 만나는 점을 P라 하자.

△ABC에서

$\overline{MP}=\frac{1}{2}\overline{BC}=\frac{1}{2}\times14=7(\text{cm})$

△ACD에서

$\overline{PN}=\frac{1}{2}\overline{AD}=\frac{1}{2}\times10=5(\text{cm})$

$\therefore \overline{MN}=\overline{MP}+\overline{PN}=7+5=12(\text{cm})$ 　　답 12 cm

52 오른쪽 그림과 같이 $\overline{AC}$를 그어 $\overline{MN}$과 만나는 점을 P라 하자.

△ACD에서

$\overline{PN}=\frac{1}{2}\overline{AD}$

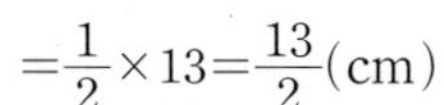

$=\frac{1}{2}\times13=\frac{13}{2}(\text{cm})$ 　　… ❶

$\therefore \overline{MP}=\overline{MN}-\overline{PN}=18-\frac{13}{2}=\frac{23}{2}(\text{cm})$ 　　… ❷

△ABC에서

$\overline{BC}=2\overline{MP}=2\times\frac{23}{2}=23(\text{cm})$ 　　… ❸

답 23 cm

채점 기준	배점
❶ $\overline{PN}$의 길이 구하기	40%
❷ $\overline{MP}$의 길이 구하기	20%
❸ $\overline{BC}$의 길이 구하기	40%

Real 실전 유형 again 　42~47쪽

07 닮음의 활용

01 $\overline{BD}=\overline{CD}$이므로

$\triangle ABD=\frac{1}{2}\triangle ABC=\frac{1}{2}\times28=14(\text{cm}^2)$

$\overline{AE}=\overline{DE}$이므로

$\triangle BDE=\frac{1}{2}\triangle ABD=\frac{1}{2}\times14=7(\text{cm}^2)$ 　　답 7 cm^2

02 $\overline{AD}$는 △ABC의 중선이므로

$\overline{CD}=\frac{1}{2}\overline{BC}=\frac{1}{2}\times18=9(\text{cm})$

이때 △ACD의 넓이가 45 cm^2이므로

$\frac{1}{2}\times9\times\overline{AH}=45$ 　　$\therefore \overline{AH}=10(\text{cm})$ 　　답 10 cm

03 $\overline{AD}$는 △ABC의 중선이므로

$\triangle ABD=\frac{1}{2}\triangle ABC=\frac{1}{2}\times48=24(\text{cm}^2)$ 　　… ❶

또, $\overline{AE}=\overline{EF}=\overline{FD}$이므로

$\triangle BFE=\frac{1}{3}\triangle ABD=\frac{1}{3}\times24=8(\text{cm}^2)$ 　　… ❷

답 8 cm^2

채점 기준	배점
❶ △ABD의 넓이 구하기	50%
❷ △BFE의 넓이 구하기	50%

04 $\overline{AE}:\overline{ED}=1:3$이므로

$\overline{AD}:\overline{ED}=(1+3):3=4:3$

즉, $\triangle ADC:\triangle EDC=\overline{AD}:\overline{ED}=4:3$이므로

$\triangle ADC:12=4:3$, $3\triangle ADC=48$

$\therefore \triangle ADC=16(\text{cm}^2)$

또, $\overline{AD}$는 △ABC의 중선이므로

$\triangle ABC=2\triangle ADC=2\times16=32(\text{cm}^2)$ 　　답 32 cm^2

05 점 G는 △ABC의 무게중심이므로

$\overline{AG}=\frac{2}{3}\overline{AD}=\frac{2}{3}\times24=16(\text{cm})$ 　　$\therefore x=16$

$\overline{BD}=\overline{CD}=11(\text{cm})$이므로 $y=11$

$\therefore x+y=16+11=27$ 　　답 27

06 점 G′은 △GBC의 무게중심이므로

$\overline{GD}=\frac{3}{2}\overline{GG'}=\frac{3}{2}\times6=9(\text{cm})$

점 G는 △ABC의 무게중심이므로

$\overline{AD}=3\overline{GD}=3\times9=27(\text{cm})$ 　　답 27 cm

07 점 G′은 △GCA의 무게중심이므로

$\overline{GG'}=2\overline{G'D}$ ∴ $n=2$

또, 점 G는 △ABC의 무게중심이므로

$\overline{BG}=2\overline{GD}=2\times3\overline{G'D}=6\overline{G'D}$ ∴ $m=6$

∴ $m-n=6-2=4$ 답 4

08 직각삼각형의 외심은 빗변의 중점과 일치하므로 점 D는 △ABC의 외심이다.

∴ $\overline{AD}=\overline{BD}=\overline{CD}=\frac{1}{2}\overline{AB}=\frac{1}{2}\times30=15(\text{cm})$

이때 점 G는 △ABC의 무게중심이므로

$\overline{GC}=\frac{2}{3}\overline{CD}=\frac{2}{3}\times15=10(\text{cm})$ 답 10 cm

09 점 G는 △ABC의 무게중심이므로

$\overline{AG}:\overline{AD}=2:3$

△ADF에서 $\overline{GE}/\!/\overline{DF}$이므로 $\overline{AG}:\overline{AD}=\overline{GE}:\overline{DF}$에서

$2:3=\overline{GE}:15$, $3\overline{GE}=30$ ∴ $\overline{GE}=10(\text{cm})$ 답 ④

10 점 G는 △ABC의 무게중심이므로

$\overline{AD}=\frac{3}{2}\overline{AG}=\frac{3}{2}\times12=18(\text{cm})$

△ABD에서 $\overline{BE}=\overline{EA}$, $\overline{BF}=\overline{FD}$이므로

$\overline{EF}=\frac{1}{2}\overline{AD}=\frac{1}{2}\times18=9(\text{cm})$ 답 9 cm

11 점 G는 △ABC의 무게중심이므로

$\overline{CG}:\overline{GE}=2:1$

이때 $\overline{BD}/\!/\overline{EF}$이므로

$\overline{CD}:\overline{DF}=\overline{CG}:\overline{GE}=2:1$

△ABD에서 $\overline{AE}=\overline{EB}$, $\overline{EF}/\!/\overline{BD}$이므로

$\overline{AF}=\overline{FD}$

∴ $\overline{FD}:\overline{AC}=1:(1+1+2)=1:4$ 답 1 : 4

다른 풀이 $\overline{BD}$는 △ABC의 중선이므로

$\overline{AD}=\overline{CD}$ ∴ $\overline{AC}=2\overline{AD}$

△ABD에서 $\overline{AE}=\overline{EB}$, $\overline{EF}/\!/\overline{BD}$이므로

$\overline{AF}=\overline{FD}$ ∴ $\overline{AD}=2\overline{FD}$

∴ $\overline{AC}=2\overline{AD}=2\times2\overline{FD}=4\overline{FD}$

∴ $\overline{FD}:\overline{AC}=\overline{FD}:4\overline{FD}=1:4$

12 $\overline{BD}$는 △ABC의 중선이므로

$\overline{AC}=2\overline{CD}=2\times6=12(\text{cm})$

$\overline{EF}/\!/\overline{AC}$이므로

$\overline{EF}:\overline{AC}=\overline{BE}:\overline{BA}=\overline{BG}:\overline{BD}=2:3$

즉, $\overline{EF}:12=2:3$이므로

$3\overline{EF}=24$ ∴ $\overline{EF}=8(\text{cm})$ 답 8 cm

13 △FGE와 △DGB에서

∠EFG=∠BDG (엇각), ∠FGE=∠DGB (맞꼭지각)

이므로 △FGE∽△DGB (AA 닮음) … ❶

∴ $\overline{GF}:\overline{GD}=\overline{GE}:\overline{GB}=1:2$ … ❷

이때 $\overline{GD}=\frac{1}{3}\overline{AD}=\frac{1}{3}\times36=12(\text{cm})$이므로

$\overline{GF}:12=1:2$, $2\overline{GF}=12$

∴ $\overline{GF}=6(\text{cm})$ … ❸

답 6 cm

채점 기준	배점
❶ △FGE∽△DGB임을 설명하기	40%
❷ $\overline{GF}:\overline{GD}$를 가장 간단한 자연수의 비로 나타내기	30%
❸ $\overline{GF}$의 길이 구하기	30%

14 $\overline{AD}$, $\overline{AE}$는 각각 △ABM, △ACM의 중선이므로

$\overline{BD}=\overline{DM}$, $\overline{ME}=\overline{EC}$

∴ $\overline{DE}=\overline{DM}+\overline{ME}=\frac{1}{2}\overline{BM}+\frac{1}{2}\overline{MC}$

$=\frac{1}{2}(\overline{BM}+\overline{MC})=\frac{1}{2}\overline{BC}$

$=\frac{1}{2}\times42=21(\text{cm})$

△AGG′과 △ADE에서

$\overline{AG}:\overline{AD}=2:3$, $\overline{AG'}:\overline{AE}=2:3$, ∠GAG′은 공통

이므로 △AGG′∽△ADE (SAS 닮음)

따라서 $\overline{AG}:\overline{AD}=\overline{GG'}:\overline{DE}$이므로

$2:3=\overline{GG'}:21$, $3\overline{GG'}=42$

∴ $\overline{GG'}=14(\text{cm})$ 답 ②

15 점 G는 △ABC의 무게중심이므로

□GDAE=2△BGE=$2\times8=16(\text{cm}^2)$ 답 16 cm²

16 ①, ② △GAF=△GBF=△GCD=△GCE

$=\frac{1}{6}$△ABC

③, ⑤ △GAB=△GBC=□GDCE=$\frac{1}{3}$△ABC

④ □GFBD=$\frac{1}{3}$△ABC, △GCE=$\frac{1}{6}$△ABC이므로

□GFBD=2△GCE 답 ④

17 점 G′은 △GAB의 무게중심이므로

△GAB=3△GAG′=$3\times6=18(\text{cm}^2)$ … ❶

또, 점 G는 △ABC의 무게중심이므로

△ABC=3△GAB=$3\times18=54(\text{cm}^2)$ … ❷

답 54 cm²

채점 기준	배점
❶ △GAB의 넓이 구하기	50%
❷ △ABC의 넓이 구하기	50%

18 점 G는 △ABC의 무게중심이므로

$\triangle MBG : \triangle MGN = \overline{BG} : \overline{GN} = 2 : 1$

$\triangle GBC : \triangle MBG = \overline{CG} : \overline{GM} = 2 : 1$

$\therefore \triangle MGN = \frac{1}{2}\triangle MBG = \frac{1}{2} \times \frac{1}{2}\triangle GBC$

$= \frac{1}{4}\triangle GBC = \frac{1}{4} \times 20 = 5(\text{cm}^2)$ 답 5 cm^2

19 오른쪽 그림과 같이 $\overline{AC}$를 그어 $\overline{BD}$와 만나는 점을 O라 하면 $\overline{AO} = \overline{OC}$, $\overline{BM} = \overline{MC}$, $\overline{CN} = \overline{ND}$이므로 두 점 P, Q는 각각 △ABC, △ACD의 무게중심이다.

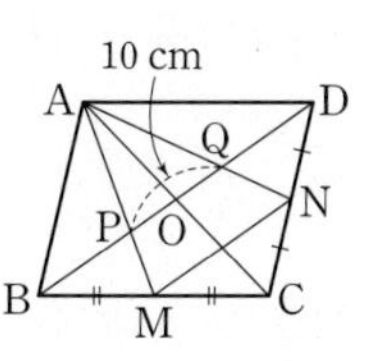

△APQ와 △AMN에서

$\overline{AP} : \overline{AM} = 2 : 3$, $\overline{AQ} : \overline{AN} = 2 : 3$, ∠PAQ는 공통

이므로 △APQ∽△AMN (SAS 닮음)

따라서 $\overline{PQ} : \overline{MN} = 2 : 3$이므로

$10 : \overline{MN} = 2 : 3$, $2\overline{MN} = 30$

$\therefore \overline{MN} = 15(\text{cm})$ 답 15 cm

20 오른쪽 그림과 같이 $\overline{AC}$를 그어 $\overline{BD}$와 만나는 점을 O라 하면 $\overline{AO} = \overline{OC}$, $\overline{BM} = \overline{MC}$이므로 점 P는 △ABC의 무게중심이다.

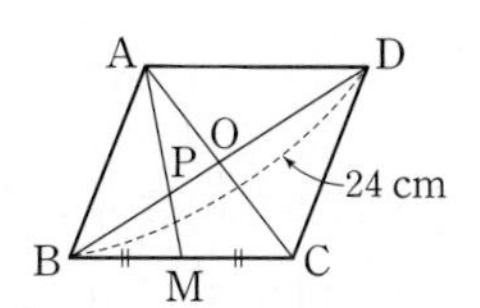

$\therefore \overline{BP} = \frac{2}{3}\overline{BO} = \frac{2}{3} \times \frac{1}{2}\overline{BD}$

$= \frac{1}{3}\overline{BD} = \frac{1}{3} \times 24 = 8(\text{cm})$ 답 8 cm

21 오른쪽 그림과 같이 $\overline{AC}$를 그어 $\overline{BD}$와 만나는 점을 O라 하면 $\overline{AO} = \overline{OC}$, $\overline{BM} = \overline{MC}$, $\overline{CN} = \overline{ND}$이므로 두 점 P, Q는 각각 △ABC, △ACD의 무게중심이다.

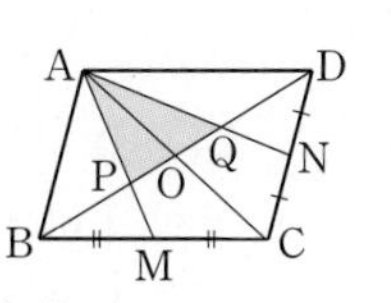

$\therefore \triangle APQ = \triangle APO + \triangle AOQ$

$= \frac{1}{6}\triangle ABC + \frac{1}{6}\triangle ACD$

$= \frac{1}{6}(\triangle ABC + \triangle ACD) = \frac{1}{6}\square ABCD$

$= \frac{1}{6} \times 60 = 10(\text{cm}^2)$ 답 ①

다른 풀이 두 점 P, Q는 각각 △ABC, △ACD의 무게중심이므로

$\overline{BP} : \overline{PO} = 2 : 1$

$\overline{BO} = \overline{DO}$이므로 $\overline{BP} = \overline{PQ} = \overline{QD}$

$\therefore \triangle APQ = \frac{1}{3}\triangle ABD = \frac{1}{3} \times \frac{1}{2}\square ABCD$

$= \frac{1}{6}\square ABCD = \frac{1}{6} \times 60 = 10(\text{cm}^2)$

22 오른쪽 그림과 같이 $\overline{AC}$를 그어 $\overline{BD}$와 만나는 점을 O라 하면 $\overline{AO} = \overline{OC}$, $\overline{BM} = \overline{MC}$이므로 점 P는 △ABC의 무게중심이다.

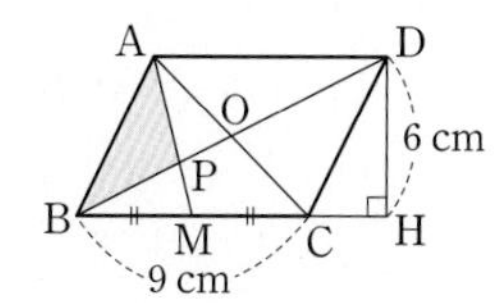

$\therefore \triangle ABP = \frac{1}{3}\triangle ABC$

$= \frac{1}{3} \times \frac{1}{2}\square ABCD$

$= \frac{1}{6}\square ABCD$

$= \frac{1}{6} \times (9 \times 6) = 9(\text{cm}^2)$ 답 9 cm^2

23 △ADE와 △ABC에서

∠A는 공통, ∠ADE = ∠B

이므로 △ADE∽△ABC (AA 닮음)

이때 닮음비는 $\overline{AD} : \overline{AB} = 12 : (9+6) = 4 : 5$이므로 넓이의 비는 $4^2 : 5^2 = 16 : 25$이다.

즉, △ADE : △ABC = 16 : 25이므로

48 : △ABC = 16 : 25, 16△ABC = 1200

$\therefore \triangle ABC = 75(\text{cm}^2)$ 답 75 cm^2

24 가장 작은 원과 가장 큰 원의 닮음비가

$\overline{OA} : \overline{OC} = 1 : (1+2+3) = 1 : 6$이므로 넓이의 비는

$1^2 : 6^2 = 1 : 36$이다.

가장 큰 원의 넓이를 $S\text{ cm}^2$라 하면

$3\pi : S = 1 : 36$ $\quad \therefore S = 108\pi$

따라서 가장 큰 원의 넓이는 $108\pi\text{ cm}^2$이다.

답 $108\pi\text{ cm}^2$

25 △ODA와 △OBC에서

∠AOD = ∠COB (맞꼭지각), ∠DAO = ∠BCO (엇각)

이므로 △ODA∽△OBC (AA 닮음) … ❶

이때 닮음비는 $\overline{AD} : \overline{CB} = 15 : 20 = 3 : 4$이므로 넓이의 비는 $3^2 : 4^2 = 9 : 16$이다. … ❷

즉, △ODA : △OBC = 9 : 16이므로

45 : △OBC = 9 : 16, 9△OBC = 720

$\therefore \triangle OBC = 80(\text{cm}^2)$ … ❸

답 80 cm^2

채점 기준	배점
❶ △ODA∽△OBC임을 설명하기	30%
❷ △ODA와 △OBC의 넓이의 비를 가장 간단한 자연수의 비로 나타내기	30%
❸ △OBC의 넓이 구하기	40%

26 두 정사각형의 한 변의 길이의 비가 $1:3$이므로 넓이의 비는 $1^2:3^2=1:9$이다.
큰 정사각형을 색칠하는 데 사용한 물감의 양을 x mL라 하면
$100:x=(1+9):9$, $10x=900$ $\quad\therefore x=90$
따라서 큰 정사각형을 색칠하는 데 사용한 물감의 양은 90 mL이다.
답 90 mL

27 A4 용지의 짧은 변의 길이를 a라 하면 A8 용지의 짧은 변의 길이는 $a\times\frac{1}{2}\times\frac{1}{2}=\frac{1}{4}a$이다.
즉, A4 용지와 A8 용지의 닮음비는 $a:\frac{1}{4}a=4:1$이므로 넓이의 비는 $4^2:1^2=16:1$이다.
A4 용지 100매의 가격을 x원이라 하면
$x:500=16:1$ $\quad\therefore x=8000$
따라서 A4 용지 300매의 가격은
$8000\times3=24000$(원)
답 24000원

28 처음 원과 잘라 낸 원 하나의 반지름의 길이의 비가 $7:2$이므로 넓이의 비는 $7^2:2^2=49:4$이다.
잘라 낸 원 한 개의 넓이를 S cm^{2}라 하면
$98:S=49:4$, $49S=392$ $\quad\therefore S=8$
따라서 작은 원 한 개의 넓이가 8 cm^{2}이므로 남은 색종이의 넓이는
$98-3\times8=74$(cm^2)
답 ②

29 두 직육면체 A, B의 닮음비가 $5:2$이므로 겉넓이의 비는 $5^2:2^2=25:4$이다.
이때 직육면체 B의 겉넓이를 S cm^{2}라 하면
$150:S=25:4$, $25S=600$ $\quad\therefore S=24$
따라서 직육면체 B의 겉넓이는 24 cm^{2}이다.
답 ①

30 두 구 A, B의 닮음비가 $18:27=2:3$이므로 겉넓이의 비는 $2^2:3^2=4:9$이다.
답 ②

31 두 원기둥 A, B의 겉넓이의 비가 $9:16=3^2:4^2$이므로 닮음비는 $3:4$이다. … ❶
$x:12=3:4$에서 $4x=36$ $\quad\therefore x=9$ … ❷
$15:y=3:4$에서 $3y=60$ $\quad\therefore y=20$ … ❸
$\therefore x+y=9+20=29$ … ❹
답 29

채점 기준	배점
❶ 두 원기둥 A, B의 닮음비 구하기	30%
❷ x의 값 구하기	30%
❸ y의 값 구하기	30%
❹ $x+y$의 값 구하기	10%

32 두 정팔면체 A, B의 겉넓이의 비가 $9:25=3^2:5^2$이므로 닮음비는 $3:5$이다.
즉, 두 정팔면체 A, B의 부피의 비는
$3^3:5^3=27:125$
정팔면체 A의 부피를 V cm^{3}라 하면
$V:250=27:125$, $125V=6750$ $\quad\therefore V=54$
따라서 정팔면체 A의 부피는 54 cm^{3}이다.
답 54 cm^3

33 큰 쇠구슬과 작은 쇠구슬의 반지름의 길이의 비가 $6:1$이므로 부피의 비는 $6^3:1^3=216:1$이다.
따라서 작은 쇠구슬을 최대 216개 만들 수 있다.
답 216개

34 $\triangle$ABC와 $\triangle$DEF의 닮음비가 $9:15=3:5$이므로 $\overline{AC}$와 $\overline{DF}$를 각각 회전축으로 하여 1회전 시킬 때 생기는 회전체의 부피의 비는
$3^3:5^3=27:125$
$\triangle$DEF를 $\overline{DF}$를 회전축으로 하여 1회전 시킬 때 생기는 회전체의 부피를 V cm^{3}라 하면
$108\pi:V=27:125$, $27V=13500$ $\quad\therefore V=500\pi$
따라서 구하는 입체도형의 부피는 500π cm^{3}이다.
답 500π cm^3

35 그릇과 물이 채워진 부분의 닮음비가 $3:2$이므로 부피의 비는 $3^3:2^3=27:8$이다.
빈 그릇에 물을 가득 채우는 데 걸리는 시간을 t초라 하면
$27:8=t:24$, $8t=648$ $\quad\therefore t=81$
따라서 빈 그릇에 물을 가득 채우는 데 걸리는 시간이 81초이므로 앞으로 $81-24=57$(초) 동안 물을 더 넣어야 한다.
답 57초

다른 풀이 그릇과 물이 채워진 부분의 닮음비가 $3:2$이므로 부피의 비는 $3^3:2^3=27:8$이다.
이때 물이 채워진 부분과 더 채워 넣어야 하는 부분의 부피의 비는 $8:(27-8)=8:19$이므로 앞으로 t초 동안 물을 더 넣어야 된다고 하면
$8:19=24:t$, $8t=456$ $\quad\therefore t=57$
따라서 앞으로 57초 동안 물을 더 넣어야 한다.

36 40 cm$=$0.4 m, 120 cm$=$1.2 m이고
$\triangle$ABC$\infty\triangle$DEF (AA 닮음)이므로
$\overline{AB}:\overline{DE}=\overline{BC}:\overline{EF}$에서
$\overline{AB}:0.4=6:1.2$, $\overline{AB}:0.4=5:1$ $\quad\therefore \overline{AB}=2$(m)
따라서 나무의 높이는 2 m이다.
답 ④

37 60 cm=0.6 m이고 $\triangle ACB \backsim \triangle AED$ (AA 닮음)이므로
$\overline{BC} : \overline{DE} = \overline{AC} : \overline{AE}$에서
$0.6 : \overline{DE} = 1 : (1+5)$ $\therefore \overline{DE} = 3.6(m)$
따라서 탑의 높이는 3.6 m이다. 답 3.6 m

38 $\triangle ABC \backsim \triangle DEC$ (AA 닮음)이므로
$\overline{AB} : \overline{DE} = \overline{BC} : \overline{EC}$에서
$1.5 : \overline{DE} = 2 : 6$, $1.5 : \overline{DE} = 1 : 3$ $\therefore \overline{DE} = 4.5(m)$
따라서 건물의 높이는 4.5 m이다. 답 4.5 m

39 $(\text{실제 거리}) = \dfrac{(\text{축도에서의 거리})}{(\text{축척})}$
$= 7 \times 2000000$
$= 14000000(cm) = 140(km)$ 답 140 km

40 $(\text{실제 거리}) = \dfrac{(\text{축도에서의 거리})}{(\text{축척})}$
$= 3 \times 500$
$= 1500(cm) = 15(m)$ 답 15 m

41 모형과 건물의 닮음비는 1 : 400이므로 겉넓이의 비는
$1^2 : 400^2 = 1 : 160000$이다.
실제 건물을 칠하는 데 필요한 페인트의 양을 x통이라 하면
$\frac{1}{8} : x = 1 : 160000$ $\therefore x = 20000$
따라서 필요한 페인트의 양은 20000통이다. 답 20000통

42 실제 땅의 가로의 길이는
$5 \times 50000 = 250000(cm) = 2.5(km)$ … ❶
실제 땅의 세로의 길이는
$8 \times 50000 = 400000(cm) = 4(km)$ … ❷
따라서 실제 땅의 넓이는
$2.5 \times 4 = 10(km^2)$ … ❸
답 10 km^2

채점 기준	배점
❶ 실제 땅의 가로의 길이 구하기	40%
❷ 실제 땅의 세로의 길이 구하기	40%
❸ 실제 땅의 넓이 구하기	20%

다른 풀이 지도에서의 땅의 넓이는
$5 \times 8 = 40(cm^2)$
실제 땅의 넓이를 S cm^{2}라 하면
$40 : S = 1 : 50000^2$ $\therefore S = 10^{11}$
따라서 실제 땅의 넓이는
$10^{11}(cm^2) = 10(km^2)$

Real 실전 유형 again 48~53쪽

08 피타고라스 정리

01 $\overline{BC}^2 = 10^2 - 6^2 = 64$이므로
$\overline{BC} = 8(cm)$ $(\because \overline{BC} > 0)$
$\therefore \triangle ABC = \frac{1}{2} \times 8 \times 6 = 24(cm^2)$ 답 ③

02 $\triangle ABC$에서 $\overline{BC} = 2\overline{OC} = 2 \times 13 = 26(cm)$이므로
$\overline{AC}^2 = 26^2 - 24^2 = 100$
$\therefore \overline{AC} = 10(cm)$ $(\because \overline{AC} > 0)$
따라서 색칠한 부분의 넓이는
$\frac{1}{2} \times \pi \times 13^2 - \frac{1}{2} \times 24 \times 10 = \frac{169}{2}\pi - 120(cm^2)$
답 $\left(\frac{169}{2}\pi - 120\right)$ cm^2

03 정사각형 ABCD의 넓이가 9 cm^{2}이므로
$\overline{BC}^2 = 9$ $\therefore \overline{BC} = 3(cm)$ $(\because \overline{BC} > 0)$ … ❶
또, 정사각형 ECFG의 넓이가 81 cm^{2}이므로
$\overline{CF}^2 = 81$ $\therefore \overline{CF} = 9(cm)$ $(\because \overline{CF} > 0)$ … ❷
$\triangle BFG$에서
$\overline{BG}^2 = (3+9)^2 + 9^2 = 225$
$\therefore \overline{BG} = 15(cm)$ $(\because \overline{BG} > 0)$ … ❸
답 15 cm

채점 기준	배점
❶ $\overline{BC}$의 길이 구하기	30%
❷ $\overline{CF}$의 길이 구하기	30%
❸ $\overline{BG}$의 길이 구하기	40%

04 $\overline{AB} = 5a$ cm, $\overline{BC} = 12a$ cm라 하면 $\triangle ABC$에서
$(5a)^2 + (12a)^2 = 26^2$, $25a^2 + 144a^2 = 676$
$169a^2 = 676$, $a^2 = 4$ $\therefore a = 2$ $(\because a > 0)$
$\therefore \overline{AD} = \overline{BC} = 12 \times 2 = 24(cm)$ 답 ⑤

05 $\triangle BCD$에서
$\overline{CD}^2 = 15^2 - 12^2 = 81$
$\therefore \overline{CD} = 9(cm)$ $(\because \overline{CD} > 0)$
$\therefore \square ABCD = 12 \times 9 = 108(cm^2)$ 답 108 cm^2

06 직사각형의 대각선의 길이를 l cm라 하면
$l^2 = 7^2 + 24^2 = 625$
$\therefore l = 25$ $(\because l > 0)$

즉, 원 O의 반지름의 길이는

$25\times\frac{1}{2}=\frac{25}{2}$(cm)

따라서 원 O의 둘레의 길이는

$2\pi\times\frac{25}{2}=25\pi$(cm)

답 ⑤

07 △ADC에서

$\overline{AD}^2=15^2-9^2=144$

$\therefore \overline{AD}=12$(cm) ($\because \overline{AD}>0$)

△ABD에서

$\overline{AB}^2=12^2+16^2=400$

$\therefore \overline{AB}=20$(cm) ($\because \overline{AB}>0$)

답 20 cm

08 $\overline{BM}=\frac{1}{2}\overline{AB}=\frac{1}{2}\times10=5$

△MBC에서

$\overline{BC}^2=13^2-5^2=144$

$\therefore \overline{BC}=12$ ($\because \overline{BC}>0$)

△ABC에서

$\overline{AC}^2=10^2+12^2=244$

답 244

09 △ABC에서

$\overline{AC}^2=17^2-15^2=64$

$\therefore \overline{AC}=8$(cm) ($\because \overline{AC}>0$)

△ACD에서

$\overline{CD}^2=6^2+8^2=100$

$\therefore \overline{CD}=10$(cm) ($\because \overline{CD}>0$)

따라서 △ACD의 둘레의 길이는

$\overline{AC}+\overline{CD}+\overline{DA}=8+10+6=24$(cm)

답 24 cm

10 △ABC에서

$\overline{BC}^2=20^2-12^2=256$

$\therefore \overline{BC}=16$(cm) ($\because \overline{BC}>0$) … ❶

$\overline{AD}$는 ∠A의 이등분선이므로

$\overline{BD}:\overline{CD}=\overline{AB}:\overline{AC}=20:12=5:3$ … ❷

$\therefore \overline{CD}=\overline{BC}\times\frac{3}{5+3}=16\times\frac{3}{8}=6$(cm) … ❸

답 6 cm

채점 기준	배점
❶ $\overline{BC}$의 길이 구하기	40%
❷ $\overline{BD}:\overline{CD}$ 구하기	30%
❸ $\overline{CD}$의 길이 구하기	30%

11 △ABC에서

$\overline{BC}^2=8^2+15^2=289$

$\therefore \overline{BC}=17$(cm) ($\because \overline{BC}>0$)

$\overline{AB}^2=\overline{BD}\times\overline{BC}$이므로

$8^2=\overline{BD}\times17 \qquad \therefore \overline{BD}=\frac{64}{17}$(cm)

답 $\frac{64}{17}$ cm

12 $\overline{CD}^2=\overline{AD}\times\overline{BD}$이므로

$12^2=\overline{AD}\times18$

$\therefore \overline{AD}=8$

△ADC에서

$\overline{AC}^2=12^2+8^2=208$

답 208

13 △ADC에서 $y^2=10^2-8^2=36$

$\therefore y=6$ ($\because y>0$)

$\overline{AC}^2=\overline{CD}\times\overline{CB}$이므로

$10^2=8\times z \qquad \therefore z=\frac{25}{2}$

△ABC에서

$x^2=\left(\frac{25}{2}\right)^2-10^2=\frac{225}{2}$

$\therefore x=\frac{15}{2}$ ($\because x>0$)

$\therefore x+y+z=\frac{15}{2}+6+\frac{25}{2}=26$

답 ③

14 오른쪽 그림과 같이 점 A에서 $\overline{BC}$에 내린 수선의 발을 H라 하면

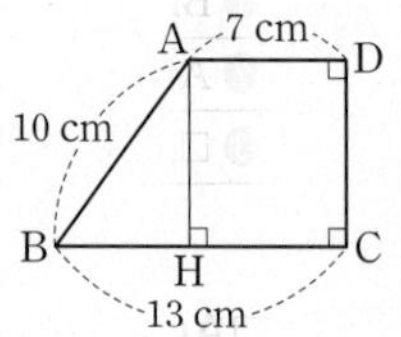

$\overline{HC}=\overline{AD}=7$(cm)

$\therefore \overline{BH}=\overline{BC}-\overline{HC}$

$=13-7$

$=6$(cm)

△ABH에서

$\overline{AH}^2=10^2-6^2=64$

$\therefore \overline{AH}=8$(cm) ($\because \overline{AH}>0$)

$\therefore \overline{CD}=\overline{AH}=8$(cm)

답 8 cm

15 오른쪽 그림과 같이 $\overline{BD}$를 그으면

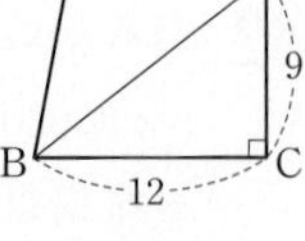

△BCD에서

$\overline{BD}^2=12^2+9^2=225$

$\therefore \overline{BD}=15$ ($\because \overline{BD}>0$)

△ABD에서

$\overline{AB}^2=15^2-10^2=125$

답 125

16 오른쪽 그림과 같이 점 D에서 $\overline{BC}$에 내린 수선의 발을 H라 하면

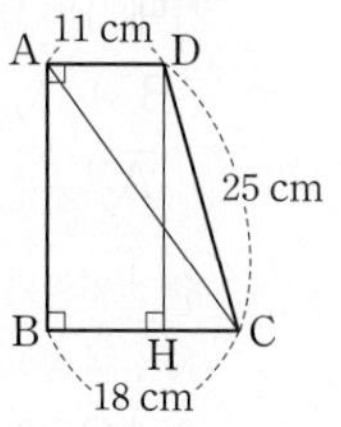

$\overline{BH}=\overline{AD}=11$(cm)

$\therefore \overline{CH}=\overline{BC}-\overline{BH}$

$=18-11$

$=7$(cm)

△DHC에서

$\overline{DH}^2=25^2-7^2=576$

$\therefore \overline{DH}=24$(cm) ($\because \overline{DH}>0$)

$\overline{AB}=\overline{DH}=24$(cm)이므로 △ABC에서

$\overline{AC}^2=24^2+18^2=900$

$\therefore \overline{AC}=30$(cm) ($\because \overline{AC}>0$)

답 30 cm

17 오른쪽 그림과 같이 두 점 A, D 에서 $\overline{BC}$에 내린 수선의 발을 각각 H, I라 하면

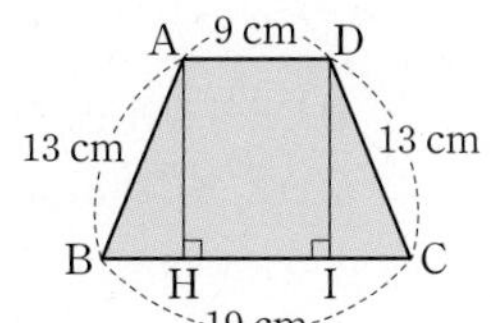

$\overline{BH}=\frac{1}{2}\times(\overline{BC}-\overline{AD})$

$=\frac{1}{2}\times(19-9)$

$=5(\text{cm})$ … ❶

△ABH에서

$\overline{AH}^2=13^2-5^2=144$

$\therefore \overline{AH}=12(\text{cm})\ (\because \overline{AH}>0)$ … ❷

$\therefore \square ABCD=\frac{1}{2}\times(9+19)\times12$

$=168(\text{cm}^2)$ … ❸

답 $168\ \text{cm}^2$

채점 기준	배점
❶ $\overline{BH}$의 길이 구하기	40%
❷ $\overline{AH}$의 길이 구하기	40%
❸ □ABCD의 넓이 구하기	20%

18 $\square ACHI=\square BFGC-\square ADEB$

$=68-34$

$=34(\text{cm}^2)$

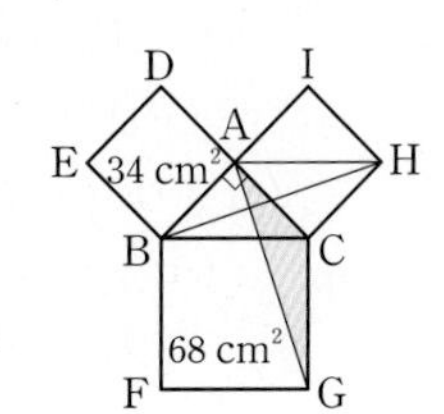

오른쪽 그림과 같이 $\overline{BH}$, $\overline{AH}$를 그으면

$\triangle AGC=\triangle HBC$

$=\triangle HAC$

$=\frac{1}{2}\square ACHI$

$=\frac{1}{2}\times34$

$=17(\text{cm}^2)$

답 $17\ \text{cm}^2$

19 $\square ADEB=\square BFGC-\square ACHI$

$=85-36=49(\text{cm}^2)$

이때 □ADEB는 정사각형이므로

$\overline{AB}^2=49$

$\therefore \overline{AB}=7(\text{cm})\ (\because \overline{AB}>0)$ … ❶

또, □ACHI도 정사각형이므로

$\overline{AC}^2=36$

$\therefore \overline{AC}=6(\text{cm})\ (\because \overline{AC}>0)$ … ❷

$\therefore \triangle ABC=\frac{1}{2}\times7\times6=21(\text{cm}^2)$ … ❸

답 $21\ \text{cm}^2$

채점 기준	배점
❶ $\overline{AB}$의 길이 구하기	40%
❷ $\overline{AC}$의 길이 구하기	40%
❸ △ABC의 넓이 구하기	20%

20 △ABC에서

$\overline{BC}^2=9^2+5^2=106$

오른쪽 그림과 같이 $\overline{FD}$, $\overline{FE}$를 그으면 색칠한 부분의 넓이는

$\triangle ABD+\triangle AEC$

$=\triangle BDF+\triangle FEC$

$=\frac{1}{2}\square BDGF+\frac{1}{2}\square FGEC$

$=\frac{1}{2}(\square BDGF+\square FGEC)$

$=\frac{1}{2}\square BDEC$

$=\frac{1}{2}\overline{BC}^2$

$=\frac{1}{2}\times106=53(\text{cm}^2)$

답 $53\ \text{cm}^2$

21 △AEH≡△BFE≡△CGF≡△DHG (SAS 합동)이므로 □EFGH는 정사각형이다.

□EFGH의 넓이가 100 cm²이므로

$\overline{EF}^2=100$

$\therefore \overline{EF}=10(\text{cm})\ (\because \overline{EF}>0)$

△EBF에서

$\overline{EB}^2=10^2-8^2=36$

$\therefore \overline{EB}=6(\text{cm})\ (\because \overline{EB}>0)$

따라서 $\overline{AB}=\overline{AE}+\overline{EB}=8+6=14(\text{cm})$이므로

$\square ABCD=\overline{AB}^2=14^2=196(\text{cm}^2)$

답 $196\ \text{cm}^2$

22 △AEH≡△BFE≡△CGF≡△DHG이므로 □EFGH는 정사각형이다.

$\overline{AH}=\overline{BE}=4(\text{cm})$이므로 △AEH에서

$\overline{EH}^2=5^2+4^2=41$

$\therefore \square EFGH=\overline{EH}^2=41(\text{cm}^2)$

답 $41\ \text{cm}^2$

23 $\overline{AE}=\overline{AB}-\overline{BE}=17-12=5(\text{cm})$ … ❶

△AEH에서 $\overline{EH}^2=5^2+12^2=169$

$\therefore \overline{EH}=13(\text{cm})\ (\because \overline{EH}>0)$ … ❷

이때 △AEH≡△BFE≡△CGF≡△DHG (SAS 합동)이므로 □EFGH는 정사각형이다.

따라서 □EFGH의 둘레의 길이는

$4\overline{EH}=4\times13=52(\text{cm})$ … ❸

답 52 cm

채점 기준	배점
❶ $\overline{AE}$의 길이 구하기	30%
❷ $\overline{EH}$의 길이 구하기	40%
❸ □EFGH의 둘레의 길이 구하기	30%

24 ① $5^2\neq5^2+5^2$이므로 직각삼각형이 아니다.

② $7^2\neq5^2+6^2$이므로 직각삼각형이 아니다.

더블북

③ $10^2=6^2+8^2$이므로 직각삼각형이다.
④ $17^2=8^2+15^2$이므로 직각삼각형이다.
⑤ $20^2\neq10^2+15^2$이므로 직각삼각형이 아니다.

답 ③, ④

25 $26^2=10^2+24^2$이므로 주어진 삼각형은 길이가 10 cm, 24 cm인 두 변의 끼인각의 크기가 90°인 직각삼각형이다.
따라서 구하는 삼각형의 넓이는
$\frac{1}{2}\times10\times24=120(\text{cm}^2)$ 답 ④

26 $10^2=6^2+8^2$, $13^2=5^2+12^2$이므로 5에서 13까지의 자연수 중 직각삼각형의 세 변의 길이가 될 수 있는 수의 쌍은 (6, 8, 10), (5, 12, 13)의 2개이다.
따라서 2개의 직각삼각형을 만들 수 있다. 답 2개

27 ㄱ. $12^2>6^2+9^2$ ➡ 둔각삼각형
ㄴ. $25^2=7^2+24^2$ ➡ 직각삼각형
ㄷ. $12^2<8^2+10^2$ ➡ 예각삼각형
ㄹ. $15^2=9^2+12^2$ ➡ 직각삼각형
따라서 옳은 것은 ㄱ, ㄹ이다. 답 ②

28 $13^2>7^2+9^2$이므로 $\triangle ABC$는 $\angle C>90^\circ$인 둔각삼각형이다. 답 ⑤

29 ① $15^2>8^2+8^2$이므로 둔각삼각형이다.
② $15^2<8^2+13^2$이므로 예각삼각형이다.
③ $15^2<8^2+15^2$이므로 예각삼각형이다.
④ $17^2=8^2+15^2$이므로 직각삼각형이다.
⑤ $20^2>8^2+15^2$이므로 둔각삼각형이다. 답 ④, ⑤

30 $\overline{DE}^2+\overline{BC}^2=\overline{BE}^2+\overline{CD}^2$이므로
$\overline{DE}^2+12^2=10^2+9^2$
$\therefore \overline{DE}^2=37$ 답 37

31 $\triangle ABC$에서 $\overline{AB}^2=16^2+12^2=400$
$\therefore \overline{AE}^2+\overline{BD}^2=\overline{DE}^2+\overline{AB}^2$
$=8^2+400=464$ 답 ⑤

32 $\triangle ABC$에서 $\overline{AD}=\overline{DB}$, $\overline{BE}=\overline{EC}$이므로
$\overline{DE}=\frac{1}{2}\overline{AC}=\frac{1}{2}\times14=7$ … ❶
$\therefore \overline{AE}^2+\overline{CD}^2=\overline{DE}^2+\overline{AC}^2$
$=7^2+14^2=245$ … ❷
답 245

채점 기준	배점
❶ $\overline{DE}$의 길이 구하기	50%
❷ $\overline{AE}^2+\overline{CD}^2$의 값 구하기	50%

33 $\triangle BCO$에서 $\overline{BC}^2=4^2+3^2=25$
또, $\overline{AB}^2+\overline{CD}^2=\overline{BC}^2+\overline{AD}^2$이므로
$6^2+\overline{CD}^2=25+9^2$ $\therefore \overline{CD}^2=70$ 답 70

34 $\overline{AP}^2+\overline{CP}^2=\overline{BP}^2+\overline{DP}^2$이므로
$7^2+\overline{CP}^2=\overline{BP}^2+5^2$
$\therefore \overline{BP}^2-\overline{CP}^2=24$ 답 ②

35 $\square ABCD$는 $\overline{AD}/\!/\overline{BC}$인 등변사다리꼴이므로 $\overline{AB}=\overline{CD}$
$\overline{AB}^2+\overline{CD}^2=\overline{AD}^2+\overline{BC}^2$이므로
$\overline{AB}^2+\overline{AB}^2=6^2+8^2$, $2\overline{AB}^2=100$
$\therefore \overline{AB}^2=50$ 답 50

36 ($\overline{AC}$를 지름으로 하는 반원의 넓이)
=($\overline{BC}$를 지름으로 하는 반원의 넓이)
−($\overline{AB}$를 지름으로 하는 반원의 넓이)
$=40\pi-32\pi=8\pi(\text{cm}^2)$
따라서 $\frac{1}{2}\times\pi\times\left(\frac{\overline{AC}}{2}\right)^2=8\pi$에서
$\overline{AC}^2=64$ $\therefore \overline{AC}=8(\text{cm})$ ($\because \overline{AC}>0$)
답 8 cm

37 $\triangle ABC$에서
$\overline{AB}^2=25^2-7^2=576$
$\therefore \overline{AB}=24(\text{cm})$ ($\because \overline{AB}>0$) … ❶
∴ (색칠한 부분의 넓이)$=\triangle ABC$
$=\frac{1}{2}\times24\times7=84(\text{cm}^2)$ … ❷
답 84 cm²

채점 기준	배점
❶ $\overline{AB}$의 길이 구하기	50%
❷ 색칠한 부분의 넓이 구하기	50%

38 $\triangle ABC$에서
$\overline{AB}^2+\overline{AC}^2=16^2$
이때 $\overline{AB}=\overline{AC}$이므로
$\overline{AB}^2+\overline{AB}^2=16^2$, $2\overline{AB}^2=256$
$\therefore \overline{AB}^2=128$
∴ (색칠한 부분의 넓이)$=\triangle ABC$
$=\frac{1}{2}\times\overline{AB}^2$
$=\frac{1}{2}\times128=64(\text{cm}^2)$ 답 64 cm²

Real 실전 유형 again 54~61쪽

09 경우의 수

01 두 눈의 수의 합이 6이 되는 경우는
(1, 5), (2, 4), (3, 3), (4, 2), (5, 1)의 5가지 답 ②

02 앞면이 1개, 뒷면이 2개 나오는 경우는
(앞면, 뒷면, 뒷면), (뒷면, 앞면, 뒷면), (뒷면, 뒷면, 앞면)
의 3가지 답 ②

03 $x+3y=11$을 만족시키는 순서쌍 (x, y)는
(2, 3), (5, 2)의 2가지 답 2

04 세 사람이 비기는 경우를 순서쌍 (창수, 유림, 성호)로 나타내면
(가위, 가위, 가위), (가위, 바위, 보), (가위, 보, 바위),
(바위, 바위, 바위), (바위, 가위, 보), (바위, 보, 가위),
(보, 보, 보), (보, 가위, 바위), (보, 바위, 가위)
의 9가지 답 9

05 9의 약수가 적힌 카드가 나오는 경우는 1, 3, 9의 3가지
답 3

06 삼각형을 만들 수 있는 경우는
(4 cm, 5 cm, 7 cm), (4 cm, 7 cm, 9 cm),
(5 cm, 7 cm, 9 cm)의 3가지 답 3

07 오른쪽 그림과 같이 A 지점에서 B 지점까지 최단 거리로 가는 경우의 수는 6이다.

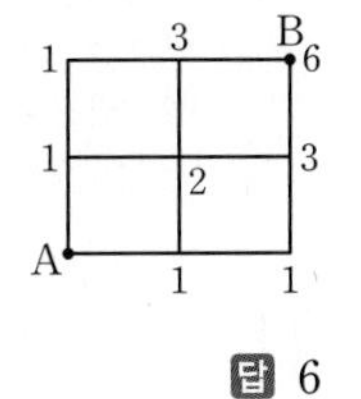

답 6

08 빵의 값 2500원을 지불하는 방법은 다음 표와 같다.

500원 (개)	5	4	3
100원 (개)	0	5	10

따라서 구하는 방법의 수는 3이다. 답 ②

09 꽃의 값 3500원을 지불하는 방법은 다음 표와 같다.

1000원 (장)	3	3	2	2	2	1	1	1	0	0	0
500원 (개)	1	0	3	2	1	5	4	3	7	6	5
100원 (개)	0	5	0	5	10	0	5	10	0	5	10

따라서 구하는 방법의 수는 11이다. 답 ⑤

10 동전을 각각 1개 이상 사용하여 지불할 수 있는 금액은 다음 표와 같다.

500원 (개)	3	3	3	3	3	3	3
100원 (개)	1	2	3	4	5	6	7
금액 (원)	1600	1700	1800	1900	2000	2100	2200

500원 (개)	2	2	2	2	2	2	2
100원 (개)	1	2	3	4	5	6	7
금액 (원)	1100	1200	1300	1400	1500	1600	1700

500원 (개)	1	1	1	1	1	1	1
100원 (개)	1	2	3	4	5	6	7
금액 (원)	600	700	800	900	1000	1100	1200

… ❶

이때 1100원, 1200원, 1600원, 1700원인 경우는 각각 2가지로 중복되므로 지불할 수 있는 금액은
$21-4=17$(가지) … ❷

답 17가지

채점 기준	배점
❶ 표를 만들어 각각의 경우 구하기	60%
❷ 지불할 수 있는 금액은 몇 가지인지 구하기	40%

11 기차를 타고 가는 경우는 3가지, 버스를 타고 가는 경우는 4가지이므로 구하는 경우의 수는
$3+4=7$ 답 7

12 김밥의 종류는 4가지, 라면의 종류는 2가지이므로 구하는 경우의 수는
$4+2=6$ 답 ②

13 수학 참고서는 6종류, 과학 참고서는 5종류이므로 구하는 경우의 수는
$6+5=11$ 답 ④

14 두 눈의 수의 합이 4인 경우는
(1, 3), (2, 2), (3, 1)의 3가지
두 눈의 수의 합이 5인 경우는
(1, 4), (2, 3), (3, 2), (4, 1)의 4가지
따라서 구하는 경우의 수는
$3+4=7$ 답 ③

15 9의 배수가 적힌 공이 나오는 경우는 9, 18의 2가지
소수가 적힌 공이 나오는 경우는 2, 3, 5, 7, 11, 13, 17의 7가지
따라서 구하는 경우의 수는
$2+7=9$ 답 9

16 5의 배수가 적힌 카드가 나오는 경우는 5, 10, 15, 20, 25, 30, 35의 7가지 … ❶

7의 배수가 적힌 카드가 나오는 경우는 7, 14, 21, 28, 35의 5가지 … ❷

이때 5와 7의 공배수는 35의 1개이므로 구하는 경우의 수는

$7+5-1=11$ … ❸

답 11

채점 기준	배점
❶ 5의 배수가 적힌 카드가 나오는 경우의 수 구하기	30%
❷ 7의 배수가 적힌 카드가 나오는 경우의 수 구하기	30%
❸ 5의 배수 또는 7의 배수가 적힌 카드가 나오는 경우의 수 구하기	40%

17 두 눈의 수의 차가 홀수인 경우는 두 눈의 수의 차가 1 또는 3 또는 5인 경우이다.

두 눈의 수의 차가 1인 경우는

(1, 2), (2, 1), (2, 3), (3, 2), (3, 4), (4, 3), (4, 5), (5, 4), (5, 6), (6, 5)의 10가지

두 눈의 수의 차가 3인 경우는

(1, 4), (2, 5), (3, 6), (4, 1), (5, 2), (6, 3)의 6가지

두 눈의 수의 차가 5인 경우

(1, 6), (6, 1)의 2가지

따라서 구하는 경우의 수는

$10+6+2=18$

답 18

18 햄버거를 선택하는 경우의 수는 6이고, 그 각각에 대하여 음료수를 선택하는 경우의 수는 4이다.

따라서 구하는 경우의 수는

$6\times4=24$

답 ⑤

19 자음이 적힌 카드를 선택하는 경우의 수는 4이고, 그 각각에 대하여 모음이 적힌 카드를 선택하는 경우의 수는 3이다.

따라서 구하는 경우의 수는

$4\times3=12$

답 ②

20 티셔츠를 선택하는 경우의 수는 3이고, 그 각각에 대하여 바지를 선택하는 경우의 수는 2이며 또, 그 각각에 대하여 모자를 선택하는 경우의 수는 4이다.

따라서 구하는 경우의 수는

$3\times2\times4=24$

답 ③

21 집에서 우체국까지 가는 경우의 수는 4이고, 그 각각에 대하여 우체국에서 도서관까지 가는 경우의 수는 3이다.

따라서 구하는 경우의 수는

$4\times3=12$

답 ②

22 올라가는 등산로를 선택하는 경우의 수는 6이고, 그 각각에 대하여 내려오는 등산로를 선택하는 경우의 수는 5이다.

따라서 구하는 경우의 수는

$6\times5=30$

답 30

23 A 지점에서 B 지점을 거치지 않고 C 지점으로 바로 가는 경우의 수는

2

A 지점에서 B 지점을 거쳐 C 지점으로 가는 경우의 수는

$2\times3=6$

따라서 구하는 경우의 수는

$2+6=8$

답 8

24 $2\times2\times2\times6\times6=288$

답 ④

25 $2\times2\times2\times2=16$

답 ④

26 동전에서 서로 같은 면이 나오는 경우는

(앞면, 앞면), (뒷면, 뒷면)

의 2가지 … ❶

주사위에서 5 이하의 눈이 나오는 경우는 1, 2, 3, 4, 5의 5가지 … ❷

따라서 구하는 경우의 수는

$2\times5=10$ … ❸

답 10

채점 기준	배점
❶ 동전에서 서로 같은 면이 나오는 경우의 수 구하기	40%
❷ 주사위에서 5 이하의 눈이 나오는 경우의 수 구하기	40%
❸ 동전은 서로 같은 면이 나오고 주사위는 5 이하의 눈이 나오는 경우의 수 구하기	20%

27 구하는 경우의 수는 20명 중에서 2명을 뽑아 한 줄로 세우는 경우의 수와 같으므로

$20\times19=380$

답 380

28 구하는 경우의 수는 7명 중에서 3명을 뽑아 한 줄로 세우는 경우의 수와 같으므로

$7\times6\times5=210$

답 210

29 구하는 경우의 수는 A와 F를 제외한 나머지 4명을 한 줄로 세우는 경우의 수와 같으므로

$4\times3\times2\times1=24$

답 24

30 언니, 오빠, 나, 동생 4명을 한 줄로 세우는 경우의 수는

$4\times3\times2\times1=24$

이때 부모님 2명을 양 끝에 세우는 경우의 수는 2
따라서 구하는 경우의 수는
$24\times2=48$ 답 48

31 C와 D를 1권으로 생각하여 4권을 일렬로 꽂는 경우의 수는
$4\times3\times2\times1=24$
이때 C와 D의 자리를 바꾸는 경우의 수는 2
따라서 구하는 경우의 수는
$24\times2=48$ 답 ④

32 초등학생 3명을 1명으로 생각하여 4명을 한 줄로 세우는 경우의 수는
$4\times3\times2\times1=24$
이때 초등학생의 순서를 바꾸는 경우의 수는
$3\times2\times1=6$
따라서 구하는 경우의 수는
$24\times6=144$ 답 144

33 W와 O가 적힌 카드를 1장으로 생각하여 5장을 일렬로 나열하는 경우의 수는
$5\times4\times3\times2\times1=120$
이때 W와 O의 자리는 정해져 있으므로 구하는 경우의 수는 120 답 ④

34 짝수와 홀수가 적힌 카드를 각각 1장으로 생각하여 2장을 일렬로 나열하는 경우의 수는
$2\times1=2$ … ❶
이때 짝수가 적힌 카드끼리 자리를 바꾸는 경우의 수는
$3\times2\times1=6$ … ❷
홀수가 적힌 카드끼리 자리를 바꾸는 경우의 수는
$3\times2\times1=6$ … ❸
따라서 구하는 경우의 수는
$2\times6\times6=72$ … ❹
답 72

채점 기준	배점
❶ 짝수와 홀수가 적힌 카드를 각각 1장으로 생각하여 2장을 일렬로 나열하는 경우의 수 구하기	40%
❷ 짝수가 적힌 카드끼리 자리를 바꾸는 경우의 수 구하기	20%
❸ 홀수가 적힌 카드끼리 자리를 바꾸는 경우의 수 구하기	20%
❹ 짝수가 적힌 카드끼리, 홀수가 적힌 카드끼리 이웃하도록 나열하는 경우의 수 구하기	20%

35 A에 칠할 수 있는 색: 5가지
B에 칠할 수 있는 색: A에 사용한 색을 제외한 4가지
C에 칠할 수 있는 색: A, B에 사용한 색을 제외한 3가지
D에 칠할 수 있는 색: A, B, C에 사용한 색을 제외한 2가지
따라서 구하는 방법의 수는
$5\times4\times3\times2=120$ 답 120

36 A에 칠할 수 있는 색: 5가지
B에 칠할 수 있는 색: A에 사용한 색을 제외한 4가지
C에 칠할 수 있는 색: A, B에 사용한 색을 제외한 3가지
D에 칠할 수 있는 색: A, C에 사용한 색을 제외한 3가지
E에 칠할 수 있는 색: A, D에 사용한 색을 제외한 3가지
… ❶
따라서 구하는 방법의 수는
$5\times4\times3\times3\times3=540$ … ❷
답 540

채점 기준	배점
❶ A, B, C, D, E에 칠할 수 있는 색의 수 구하기	80%
❷ A, B, C, D, E에 색을 칠하는 방법의 수 구하기	20%

37 E에 칠할 수 있는 색: 4가지
A에 칠할 수 있는 색: E에 사용한 색을 제외한 3가지
B에 칠할 수 있는 색: A, E에 사용한 색을 제외한 2가지
C에 칠할 수 있는 색: B, E에 사용한 색을 제외한 2가지
D에 칠할 수 있는 색: A, C, E에 사용한 색을 제외한 1가지
따라서 구하는 방법의 수는
$4\times3\times2\times2\times1=48$ 답 48

38 홀수가 되려면 일의 자리에 올 수 있는 숫자는 1, 3, 5의 3개, 십의 자리에 올 수 있는 숫자는 일의 자리에 사용한 숫자를 제외한 4개이다.
따라서 구하는 홀수의 개수는
$3\times4=12$ 답 ②

39 십의 자리와 일의 자리에 올 수 있는 숫자는 각각 1, 2, 3, …, 9의 9개이다.
따라서 구하는 두 자리 자연수의 개수는
$9\times9=81$ 답 81

40 십의 자리의 숫자가 6인 경우: 61, 62, 63, 64, 65의 5개
십의 자리의 숫자가 5인 경우: 51, 52, 53, 54, 56의 5개
십의 자리의 숫자가 4인 경우: 41, 42, 43, 45, 46의 5개
십의 자리의 숫자가 3인 경우: 36의 1개
따라서 36 이상인 두 자리 정수의 개수는
$5+5+5+1=16$ 답 ③

41 백의 자리에 올 수 있는 숫자는 0을 제외한 6개, 십의 자리에 올 수 있는 숫자는 백의 자리에 사용한 숫자를 제외한 6개, 일의 자리에 올 수 있는 숫자는 백의 자리와 십의 자리에 사용한 숫자를 제외한 5개이다.
따라서 구하는 세 자리 자연수의 개수는
$6\times6\times5=180$ 답 ③

42 십의 자리에 올 수 있는 숫자는 0을 제외한 9개, 일의 자리에 올 수 있는 숫자는 10개이다.
따라서 구하는 두 자리 자연수의 개수는
$9\times10=90$ 답 90

43 짝수가 되려면 일의 자리의 숫자는 0 또는 4 또는 6이어야 한다. …❶
일의 자리의 숫자가 0인 경우: 30, 40, 50, 60, 70의 5개
일의 자리의 숫자가 4인 경우: 34, 54, 64, 74의 4개
일의 자리의 숫자가 6인 경우: 36, 46, 56, 76의 4개 …❷
따라서 구하는 짝수의 개수는
$5+4+4=13$ …❸
답 13

채점 기준	배점
❶ 짝수가 되기 위한 일의 자리의 숫자 구하기	20%
❷ ❶의 각 경우에 해당하는 두 자리 정수의 개수 구하기	60%
❸ 두 자리 정수 중 짝수의 개수 구하기	20%

44 (i) 백의 자리의 숫자가 1인 경우
십의 자리에 올 수 있는 숫자는 1을 제외한 5개, 일의 자리에 올 수 있는 숫자는 1과 십의 자리에 사용한 숫자를 제외한 4개이므로
$5\times4=20$
(ii) 백의 자리의 숫자가 2인 경우
십의 자리에 올 수 있는 숫자는 2를 제외한 5개, 일의 자리에 올 수 있는 숫자는 2와 십의 자리에 사용한 숫자를 제외한 4개이므로
$5\times4=20$
(iii) 백의 자리의 숫자가 3인 경우
십의 자리에 올 수 있는 숫자는 0의 1개, 일의 자리에 올 수 있는 숫자는 3과 0을 제외한 4개이므로
$1\times4=4$
(i)~(iii)에서 310 미만인 세 자리 자연수의 개수는
$20+20+4=44$ 답 44

45 $8\times7\times6=336$ 답 ③

46 준형이를 제외한 9명의 후보 중에서 부회장 1명, 총무 1명을 뽑아야 하므로 구하는 경우의 수는
$9\times8=72$ 답 72

47 $\frac{7\times6\times5}{3\times2\times1}=35$ 답 35

48 사과를 제외한 5개의 과일 중에서 2개를 골라야 하므로 구하는 경우의 수는
$\frac{5\times4}{2}=10$ 답 10

49 구하는 경우의 수는 8명 중에서 자격이 같은 대표 2명을 뽑는 경우의 수와 같으므로
$\frac{8\times7}{2}=28$(번) 답 28번

50 여학생 6명 중에서 대표 2명을 뽑는 경우의 수는
$\frac{6\times5}{2}=15$ …❶
남학생 7명 중에서 대표 1명을 뽑는 경우의 수는 7 …❷
따라서 구하는 경우의 수는
$15\times7=105$ …❸
답 105

채점 기준	배점
❶ 여학생 6명 중에서 대표 2명을 뽑는 경우의 수 구하기	40%
❷ 남학생 7명 중에서 대표 1명을 뽑는 경우의 수 구하기	30%
❸ 여학생 대표 2명과 남학생 대표 1명을 뽑는 경우의 수 구하기	30%

51 구하는 경우의 수는 7명 중에서 자격이 같은 대표 2명을 뽑는 경우의 수와 같으므로
$\frac{7\times6}{2}=21$ 답 ③

52 직선 l 위의 한 점을 선택하는 경우의 수는 3
직선 m 위의 한 점을 선택하는 경우의 수는 4
따라서 구하는 경우의 수는
$3\times4=12$ 답 12

53 구하는 경우의 수는 8명 중에서 자격이 같은 대표 3명을 뽑는 경우의 수와 같으므로
$\frac{8\times7\times6}{3\times2\times1}=56$ 답 ③

Real 실전 유형 again 62~69쪽

10 확률

01 5의 배수가 적힌 공이 나오는 경우는 5, 10, 15, 20의 4가지이다.
따라서 구하는 확률은 $\frac{4}{20}=\frac{1}{5}$ 답 ③

02 포도맛 사탕의 개수를 x라 하면 $\frac{x}{16}=\frac{3}{4}$ $\therefore x=12$
따라서 주머니 속에 들어 있는 포도맛 사탕의 개수는 12이다. 답 12

03 모든 경우의 수는 $2\times2\times2=8$
앞면이 2개 나오는 경우는 (앞면, 앞면, 뒷면), (앞면, 뒷면, 앞면), (뒷면, 앞면, 앞면)의 3가지
따라서 구하는 확률은 $\frac{3}{8}$ 답 $\frac{3}{8}$

04 모든 경우의 수는 $6\times6=36$
나오는 두 눈의 수의 차가 3인 경우는 (1, 4), (2, 5), (3, 6), (4, 1), (5, 2), (6, 3)의 6가지
따라서 구하는 확률은 $\frac{6}{36}=\frac{1}{6}$ 답 $\frac{1}{6}$

05 모든 경우의 수는 $6\times5\times4\times3\times2\times1=720$
재윤이가 맨 뒤에 서는 경우의 수는
$5\times4\times3\times2\times1=120$
따라서 구하는 확률은 $\frac{120}{720}=\frac{1}{6}$ 답 ②

06 모든 경우의 수는 $5\times4\times3\times2\times1=120$
남학생끼리 이웃하여 서는 경우의 수는
$(4\times3\times2\times1)\times2=48$
따라서 구하는 확률은 $\frac{48}{120}=\frac{2}{5}$ 답 ③

07 모든 경우의 수는 $\frac{11\times10}{2}=55$ … ❶
2명 모두 A 농구팀 선수가 뽑히는 경우의 수는
$\frac{5\times4}{2}=10$ … ❷
따라서 구하는 확률은 $\frac{10}{55}=\frac{2}{11}$ … ❸
답 $\frac{2}{11}$

채점 기준	배점
❶ 모든 경우의 수 구하기	40%
❷ 2명 모두 A 농구팀 선수가 뽑히는 경우의 수 구하기	40%
❸ 2명 모두 A 농구팀 선수가 뽑힐 확률 구하기	20%

08 모든 경우의 수는 $6\times6=36$
$2x+y=7$을 만족시키는 순서쌍 (x, y)는 (1, 5), (2, 3), (3, 1)의 3가지
따라서 구하는 확률은 $\frac{3}{36}=\frac{1}{12}$ 답 ①

09 모든 경우의 수는 $6\times6=36$
$3x<2y$를 만족시키는 순서쌍 (x, y)는 (1, 2), (1, 3), (1, 4), (1, 5), (1, 6), (2, 4), (2, 5), (2, 6), (3, 5), (3, 6)의 10가지
따라서 구하는 확률은 $\frac{10}{36}=\frac{5}{18}$ 답 $\frac{5}{18}$

10 모든 경우의 수는 $6\times6=36$ … ❶
$2x+y\le6$을 만족시키는 순서쌍 (x, y)는 (1, 1), (1, 2), (1, 3), (1, 4), (2, 1), (2, 2)의 6가지 … ❷
따라서 구하는 확률은 $\frac{6}{36}=\frac{1}{6}$ … ❸
답 $\frac{1}{6}$

채점 기준	배점
❶ 모든 경우의 수 구하기	40%
❷ $2x+y\le6$을 만족시키는 순서쌍 (x, y)의 개수 구하기	40%
❸ $2x+y\le6$일 확률 구하기	20%

11 12칸 중에서 3의 배수가 적힌 부분은 3, 6, 9, 12의 4칸이므로 구하는 확률은 $\frac{4}{12}=\frac{1}{3}$ 답 ④

12 10칸 중에서 10의 약수가 적힌 부분은 1, 2, 5, 10의 4칸이므로 구하는 확률은 $\frac{4}{10}=\frac{2}{5}$ 답 ④

13 과녁 전체의 넓이는
$\pi\times9^2=81\pi(\text{cm}^2)$ … ❶
9점에 해당하는 부분의 넓이는
$\pi\times6^2-\pi\times3^2=27\pi(\text{cm}^2)$ … ❷
따라서 구하는 확률은 $\frac{27\pi}{81\pi}=\frac{1}{3}$ … ❸
답 $\frac{1}{3}$

채점 기준	배점
❶ 과녁 전체의 넓이 구하기	40%
❷ 9점에 해당하는 부분의 넓이 구하기	40%
❸ 9점을 얻을 확률 구하기	20%

14 ㄷ. $p=0$이면 사건 A는 절대로 일어나지 않는다.
ㄹ. $p=1$이면 사건 A는 반드시 일어난다.
따라서 옳지 않은 것은 ㄷ, ㄹ이다. 답 ㄷ, ㄹ

15 ① $\frac{1}{2}$ ② $\frac{1}{4}$ ③ 1 ④ 1 ⑤ 0 답 ③, ④

16 ① 빨간 구슬이 나올 확률은 $\frac{4}{12}=\frac{1}{3}$

② 파란 구슬이 나올 확률은 $\frac{8}{12}=\frac{2}{3}$

⑤ 빨간 구슬이 나올 확률은 $\frac{1}{3}$이고 파란 구슬이 나올 확률은 $\frac{2}{3}$이므로 두 확률은 서로 다르다. 답 ⑤

17 모든 경우의 수는 $\frac{12\times11}{2}=66$

종민이가 뽑히는 경우의 수는 11이므로 그 확률은

$\frac{11}{66}=\frac{1}{6}$

따라서 구하는 확률은

$1-\frac{1}{6}=\frac{5}{6}$ 답 $\frac{5}{6}$

다른 풀이 모든 경우의 수는 $\frac{12\times11}{2}=66$

종민이가 뽑히지 않는 경우의 수는 종민이를 제외한 11명 중에서 2명을 뽑는 경우의 수와 같으므로

$\frac{11\times10}{2}=55$

따라서 구하는 확률은 $\frac{55}{66}=\frac{5}{6}$

18 (A 중학교가 이길 확률)=(B 중학교가 질 확률)

=1−(B 중학교가 이길 확률)

$=1-\frac{3}{5}=\frac{2}{5}$ 답 $\frac{2}{5}$

19 모든 경우의 수는 $6\times5\times4\times3\times2\times1=720$

C와 D가 이웃하여 서는 경우의 수는

$(5\times4\times3\times2\times1)\times2=240$

이므로 그 확률은 $\frac{240}{720}=\frac{1}{3}$ … ❶

따라서 구하는 확률은

$1-\frac{1}{3}=\frac{2}{3}$ … ❷

답 $\frac{2}{3}$

채점 기준	배점
❶ C와 D가 이웃할 확률 구하기	60%
❷ C와 D가 이웃하지 않을 확률 구하기	40%

20 모든 경우의 수는 $6\times6=36$

두 눈의 수의 합이 9인 경우는 (3, 6), (4, 5), (5, 4), (6, 3)의 4가지이므로 그 확률은 $\frac{4}{36}=\frac{1}{9}$

따라서 구하는 확률은

$1-\frac{1}{9}=\frac{8}{9}$ 답 $\frac{8}{9}$

21 모든 경우의 수는 $\frac{7\times6}{2}=21$

여학생 4명 중에서 대표 2명을 뽑는 경우의 수는

$\frac{4\times3}{2}=6$이므로 그 확률은 $\frac{6}{21}=\frac{2}{7}$

∴ (적어도 한 명은 남학생이 뽑힐 확률)

=1−(2명 모두 여학생이 뽑힐 확률)

$=1-\frac{2}{7}=\frac{5}{7}$ 답 ⑤

22 모든 경우의 수는 $2\times2\times2\times2=16$

4개의 문제 모두 맞히는 경우의 수는 1이므로 그 확률은 $\frac{1}{16}$

∴ (4개의 문제 중 적어도 한 문제는 틀릴 확률)

=1−(4개의 문제 모두 맞힐 확률)

$=1-\frac{1}{16}=\frac{15}{16}$ 답 $\frac{15}{16}$

23 모든 경우의 수는 $2\times2\times2\times2\times2=32$

동전 5개 모두 앞면이 나오는 경우는

(앞면, 앞면, 앞면, 앞면, 앞면)의 1가지이므로 그 확률은

$\frac{1}{32}$

∴ (적어도 하나는 뒷면이 나올 확률)

=1−(5개 모두 앞면이 나올 확률)

$=1-\frac{1}{32}=\frac{31}{32}$ 답 ⑤

24 6장의 카드 중에서 2장을 뽑아 만들 수 있는 두 자리 정수의 개수는 $6\times5=30$

각 자리의 숫자가 모두 홀수인 수의 개수는 $3\times2=6$이므로

그 확률은 $\frac{6}{30}=\frac{1}{5}$ … ❶

∴ (각 자리의 숫자 중 적어도 하나는 짝수일 확률)

=1−(각 자리의 숫자가 모두 홀수일 확률)

$=1-\frac{1}{5}=\frac{4}{5}$ … ❷

답 $\frac{4}{5}$

채점 기준	배점
❶ 각 자리의 숫자가 모두 홀수일 확률 구하기	50%
❷ 각 자리의 숫자 중 적어도 하나는 짝수일 확률 구하기	50%

25 모든 경우의 수는 $6\times6=36$

두 눈의 수의 차가 3인 경우는 (1, 4), (2, 5), (3, 6), (4, 1), (5, 2), (6, 3)의 6가지이므로 그 확률은

$\frac{6}{36}=\frac{1}{6}$

두 눈의 수의 차가 5인 경우는 (1, 6), (6, 1)의 2가지이므로 그 확률은 $\frac{2}{36}=\frac{1}{18}$

따라서 구하는 확률은

$\frac{1}{6}+\frac{1}{18}=\frac{2}{9}$ 답 ②

26 좋아하는 과일이 귤일 확률은 $\frac{5}{25}=\frac{1}{5}$

좋아하는 과일이 딸기일 확률은 $\frac{4}{25}$

따라서 구하는 확률은

$\frac{1}{5}+\frac{4}{25}=\frac{9}{25}$ 답 ⑤

27 5의 배수인 경우는 5, 10의 2가지이므로 그 확률은

$\frac{2}{14}=\frac{1}{7}$ …❶

14의 약수인 경우는 1, 2, 7, 14의 4가지이므로 그 확률은

$\frac{4}{14}=\frac{2}{7}$ …❷

따라서 구하는 확률은

$\frac{1}{7}+\frac{2}{7}=\frac{3}{7}$ …❸

답 $\frac{3}{7}$

채점 기준	배점
❶ 5의 배수가 적힌 공이 나올 확률 구하기	40%
❷ 14의 약수가 적힌 공이 나올 확률 구하기	40%
❸ 5의 배수 또는 14의 약수가 적힌 공이 나올 확률 구하기	20%

28 A 주머니에서 빨간 공을 꺼낼 확률은 $\frac{4}{10}=\frac{2}{5}$

B 주머니에서 파란 공을 꺼낼 확률은 $\frac{3}{8}$

따라서 구하는 확률은

$\frac{2}{5}\times\frac{3}{8}=\frac{3}{20}$ 답 $\frac{3}{20}$

29 $\frac{2}{3}\times\frac{4}{5}\times\frac{3}{8}=\frac{1}{5}$ 답 $\frac{1}{5}$

30 A 주사위에서 나오는 눈의 수가 소수인 경우는 2, 3, 5의 3가지이므로 그 확률은 $\frac{3}{6}=\frac{1}{2}$

B 주사위에서 나오는 눈의 수가 3 이상인 경우는 3, 4, 5, 6의 4가지이므로 그 확률은 $\frac{4}{6}=\frac{2}{3}$

따라서 구하는 확률은

$\frac{1}{2}\times\frac{2}{3}=\frac{1}{3}$ 답 ③

31 두 명 모두 명중시키지 못할 확률은

$\left(1-\frac{5}{9}\right)\times\left(1-\frac{1}{3}\right)=\frac{4}{9}\times\frac{2}{3}=\frac{8}{27}$

∴ (적어도 한 명은 표적을 명중시킬 확률)

=1−(두 명 모두 명중시키지 못할 확률)

$=1-\frac{8}{27}=\frac{19}{27}$ 답 $\frac{19}{27}$

32 10명 중에서 2명의 대표를 뽑는 경우의 수는

$\frac{10\times9}{2}=45$

여학생 4명 중에서 2명의 대표를 뽑는 경우의 수는

$\frac{4\times3}{2}=6$이므로 그 확률은 $\frac{6}{45}=\frac{2}{15}$ …❶

∴ (적어도 한 명은 남학생이 뽑힐 확률)

=1−(두 명 모두 여학생이 뽑힐 확률)

$=1-\frac{2}{15}=\frac{13}{15}$ …❷

답 $\frac{13}{15}$

채점 기준	배점
❶ 2명 모두 여학생이 뽑힐 확률 구하기	50%
❷ 적어도 한 명은 남학생이 뽑힐 확률 구하기	50%

33 두 사람 모두 약속을 지킬 확률은

$\left(1-\frac{3}{8}\right)\times\frac{4}{5}=\frac{5}{8}\times\frac{4}{5}=\frac{1}{2}$

∴ (두 사람이 만나지 못할 확률)

=1−(두 사람 모두 약속을 지킬 확률)

$=1-\frac{1}{2}=\frac{1}{2}$ 답 $\frac{1}{2}$

34 두 스위치가 모두 닫히지 않을 확률은

$\left(1-\frac{3}{4}\right)\times\left(1-\frac{2}{3}\right)=\frac{1}{4}\times\frac{1}{3}=\frac{1}{12}$

∴ (전구에 불이 들어올 확률)

=(두 스위치 중 적어도 하나는 닫힐 확률)

=1−(두 스위치가 모두 닫히지 않을 확률)

$=1-\frac{1}{12}=\frac{11}{12}$ 답 ⑤

35 (i) A 주머니에서 노란 공, B 주머니에서 빨간 공이 나올 확률은

$\frac{4}{9}\times\frac{8}{12}=\frac{8}{27}$

(ii) A 주머니에서 빨간 공, B 주머니에서 노란 공이 나올 확률은

$\frac{5}{9}\times\frac{4}{12}=\frac{5}{27}$

(i), (ii)에서 구하는 확률은

$\frac{8}{27}+\frac{5}{27}=\frac{13}{27}$ 답 ②

36 A 영화관을 이용할 확률이 $\frac{4}{7}$이므로 B 영화관을 이용할 확률은 $1-\frac{4}{7}=\frac{3}{7}$

(i) 두 명 모두 A 영화관을 이용할 확률은

$\frac{4}{7}\times\frac{4}{7}=\frac{16}{49}$

(ii) 두 명 모두 B 영화관을 이용할 확률은

$\frac{3}{7}\times\frac{3}{7}=\frac{9}{49}$

(i), (ii)에서 구하는 확률은

$\frac{16}{49}+\frac{9}{49}=\frac{25}{49}$

답 $\frac{25}{49}$

37 (i) A 상자에서 제품을 꺼냈을 때, 불량품일 확률은

$\frac{1}{2}\times\frac{3}{100}=\frac{3}{200}$

(ii) B 상자에서 제품을 꺼냈을 때, 불량품일 확률은

$\frac{1}{2}\times\frac{4}{100}=\frac{1}{50}$

(i), (ii)에서 구하는 확률은

$\frac{3}{200}+\frac{1}{50}=\frac{7}{200}$

답 ④

38 $a+b$가 홀수가 되려면 a가 짝수, b가 홀수이거나 a가 홀수, b가 짝수이어야 한다. … ❶

(i) a가 짝수, b가 홀수일 확률은

$\left(1-\frac{5}{6}\right)\times\frac{1}{3}=\frac{1}{6}\times\frac{1}{3}=\frac{1}{18}$ … ❷

(ii) a가 홀수, b가 짝수일 확률은

$\frac{5}{6}\times\left(1-\frac{1}{3}\right)=\frac{5}{6}\times\frac{2}{3}=\frac{5}{9}$ … ❸

(i), (ii)에서 구하는 확률은

$\frac{1}{18}+\frac{5}{9}=\frac{11}{18}$ … ❹

답 $\frac{11}{18}$

채점 기준	배점
❶ $a+b$가 홀수가 될 조건 이해하기	20%
❷ a가 짝수, b가 홀수일 확률 구하기	30%
❸ a가 홀수, b가 짝수일 확률 구하기	30%
❹ $a+b$가 홀수일 확률 구하기	20%

39 (i) 월요일에만 비가 오지 않을 확률은

$\left(1-\frac{1}{2}\right)\times\frac{1}{3}\times\frac{1}{4}=\frac{1}{2}\times\frac{1}{3}\times\frac{1}{4}=\frac{1}{24}$

(ii) 화요일에만 비가 오지 않을 확률은

$\frac{1}{2}\times\left(1-\frac{1}{3}\right)\times\frac{1}{4}=\frac{1}{2}\times\frac{2}{3}\times\frac{1}{4}=\frac{1}{12}$

(iii) 수요일에만 비가 오지 않을 확률은

$\frac{1}{2}\times\frac{1}{3}\times\left(1-\frac{1}{4}\right)=\frac{1}{2}\times\frac{1}{3}\times\frac{3}{4}=\frac{1}{8}$

(i)~(iii)에서 구하는 확률은

$\frac{1}{24}+\frac{1}{12}+\frac{1}{8}=\frac{1}{4}$

답 ②

40 원재가 당첨 제비를 뽑을 확률은 $\frac{4}{20}=\frac{1}{5}$

은서가 당첨 제비를 뽑을 확률은 $\frac{4}{20}=\frac{1}{5}$

따라서 구하는 확률은

$\frac{1}{5}\times\frac{1}{5}=\frac{1}{25}$

답 ①

41 4의 배수는 4, 8, 12, 16의 4개이므로 첫 번째에 4의 배수가 적힌 카드가 나올 확률은 $\frac{4}{16}=\frac{1}{4}$

12의 약수는 1, 2, 3, 4, 6, 12의 6개이므로 두 번째에 12의 약수가 적힌 카드가 나올 확률은 $\frac{6}{16}=\frac{3}{8}$

따라서 구하는 확률은

$\frac{1}{4}\times\frac{3}{8}=\frac{3}{32}$

답 ①

42 두 개 모두 노란 공이 나올 확률은

$\frac{4}{10}\times\frac{4}{10}=\frac{4}{25}$

∴ (적어도 한 개는 파란 공이 나올 확률)

=1−(두 개 모두 노란 공이 나올 확률)

$=1-\frac{4}{25}=\frac{21}{25}$

답 $\frac{21}{25}$

43 희원이가 당첨 제비를 뽑을 확률은 $\frac{6}{30}=\frac{1}{5}$

영재가 당첨 제비를 뽑을 확률은 $\frac{5}{29}$

따라서 구하는 확률은

$\frac{1}{5}\times\frac{5}{29}=\frac{1}{29}$

답 ②

44 첫 번째에 빨간 구슬이 나올 확률은 $\frac{3}{9}=\frac{1}{3}$

두 번째에 흰 구슬이 나올 확률은 $\frac{6}{8}=\frac{3}{4}$

따라서 구하는 확률은

$\frac{1}{3}\times\frac{3}{4}=\frac{1}{4}$

답 $\frac{1}{4}$

45 (i) 두 바둑돌 모두 흰 바둑돌일 확률은

$\frac{8}{15}\times\frac{7}{14}=\frac{4}{15}$

(ii) 두 바둑돌 모두 검은 바둑돌일 확률은

$\frac{7}{15}\times\frac{6}{14}=\frac{1}{5}$

(i), (ii)에서 구하는 확률은

$\frac{4}{15}+\frac{1}{5}=\frac{7}{15}$

답 $\frac{7}{15}$

46
(i) 병규가 장미를 꺼내고 민정이가 장미를 꺼낼 확률은

$\frac{4}{12}\times\frac{3}{11}=\frac{1}{11}$ … ❶

(ii) 병규가 백합을 꺼내고 민정이가 장미를 꺼낼 확률은

$\frac{8}{12}\times\frac{4}{11}=\frac{8}{33}$ … ❷

(i), (ii)에서 구하는 확률은

$\frac{1}{11}+\frac{8}{33}=\frac{1}{3}$ … ❸

답 $\frac{1}{3}$

채점 기준	배점
❶ 병규가 장미를 꺼내고 민정이가 장미를 꺼낼 확률 구하기	40%
❷ 병규가 백합을 꺼내고 민정이가 장미를 꺼낼 확률 구하기	40%
❸ 민정이가 장미를 꺼낼 확률 구하기	20%

47
모든 경우의 수는 $3\times3=9$

우찬이와 미수가 내는 것을 순서쌍 (우찬, 미수)로 나타내면 우찬이가 이기는 경우는 (가위, 보), (바위, 가위), (보, 바위)의 3가지이므로 그 확률은 $\frac{3}{9}=\frac{1}{3}$

비기는 경우는 (가위, 가위), (바위, 바위), (보, 보)의 3가지이므로 그 확률은 $\frac{3}{9}=\frac{1}{3}$

따라서 구하는 확률은 $\frac{1}{3}\times\frac{1}{3}=\frac{1}{9}$

답 ③

48
모든 경우의 수는 $3\times3=9$

A와 B가 내는 것을 순서쌍 (A, B)로 나타내면 B가 이기는 경우는 (가위, 바위), (바위, 보), (보, 가위)의 3가지이므로 그 확률은 $\frac{3}{9}=\frac{1}{3}$

B가 지는 경우는 (가위, 보), (바위, 가위), (보, 바위)의 3가지이므로 그 확률은 $\frac{3}{9}=\frac{1}{3}$

따라서 구하는 확률은 $\frac{1}{3}+\frac{1}{3}=\frac{2}{3}$

답 $\frac{2}{3}$

49
A, B, C가 내는 것을 순서쌍 (A, B, C)로 나타낼 때, A만 이길 확률은 다음과 같다.

(i) (가위, 보, 보)를 낼 확률은

$\frac{1}{3}\times\frac{1}{3}\times\frac{1}{3}=\frac{1}{27}$

(ii) (바위, 가위, 가위)를 낼 확률은

$\frac{1}{3}\times\frac{1}{3}\times\frac{1}{3}=\frac{1}{27}$

(iii) (보, 바위, 바위)를 낼 확률은

$\frac{1}{3}\times\frac{1}{3}\times\frac{1}{3}=\frac{1}{27}$

(i)~(iii)에서 구하는 확률은

$\frac{1}{27}+\frac{1}{27}+\frac{1}{27}=\frac{1}{9}$

답 $\frac{1}{9}$

50
모든 경우의 수는 $3\times3\times3=27$

세 사람이 가위바위보를 한 번 할 때, 비기는 경우는 모두 같은 것을 내거나 모두 다른 것을 내는 경우이다.

(i) 세 사람 모두 같은 것을 내는 경우는

(가위, 가위, 가위), (바위, 바위, 바위), (보, 보, 보)의 3가지이므로 그 확률은 $\frac{3}{27}=\frac{1}{9}$

(ii) 세 사람 모두 다른 것을 내는 경우는

(가위, 바위, 보), (가위, 보, 바위), (바위, 보, 가위), (바위, 가위, 보), (보, 가위, 바위), (보, 바위, 가위)의 6가지이므로 그 확률은 $\frac{6}{27}=\frac{2}{9}$

(i), (ii)에서

$$\begin{aligned}(\text{승부가 결정될 확률})&=1-(\text{비길 확률})\\&=1-\left(\frac{1}{9}+\frac{2}{9}\right)\\&=1-\frac{1}{3}=\frac{2}{3}\end{aligned}$$

답 $\frac{2}{3}$

51
(i) A팀이 첫 번째 시합에서 이기고 두 번째 시합에서 지고 세 번째 시합에서 이길 확률은

$\frac{3}{5}\times\left(1-\frac{3}{5}\right)\times\frac{3}{5}=\frac{3}{5}\times\frac{2}{5}\times\frac{3}{5}=\frac{18}{125}$

(ii) A팀이 첫 번째 시합에서 지고 두 번째 시합에서 이기고 세 번째 시합에서 이길 확률은

$\left(1-\frac{3}{5}\right)\times\frac{3}{5}\times\frac{3}{5}=\frac{2}{5}\times\frac{3}{5}\times\frac{3}{5}=\frac{18}{125}$

따라서 구하는 확률은

$\frac{18}{125}+\frac{18}{125}=\frac{36}{125}$

답 ⑤

52
주사위 한 개를 던질 때, 3의 배수의 눈이 나오는 경우는 3, 6의 2가지이므로 그 확률은 $\frac{2}{6}=\frac{1}{3}$

(i) 2회에서 현수가 이길 확률은

$\left(1-\frac{1}{3}\right)\times\frac{1}{3}=\frac{2}{3}\times\frac{1}{3}=\frac{2}{9}$ … ❶

(ii) 4회에서 현수가 이길 확률은

$\left(1-\frac{1}{3}\right)\times\left(1-\frac{1}{3}\right)\times\left(1-\frac{1}{3}\right)\times\frac{1}{3}$ … ❷

$=\frac{2}{3}\times\frac{2}{3}\times\frac{2}{3}\times\frac{1}{3}=\frac{8}{81}$

(i), (ii)에서 구하는 확률은

$\frac{2}{9}+\frac{8}{81}=\frac{26}{81}$ … ❸

답 $\frac{26}{81}$

채점 기준	배점
❶ 2회에서 현수가 이길 확률	40%
❷ 4회에서 현수가 이길 확률	40%
❸ 4회 이내에 현수가 이길 확률	20%

• Memo •

유형
더블
중등수학
2-2

www.nebooks.co.kr NE 능률

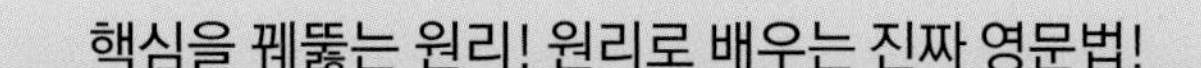

전국 **온오프 서점** 판매중

중학 영문법 개념부터 내신까지 원더영문법

원더영문법 STARTER
(예비중-중1)

원더영문법 1
(중1-2)

원더영문법 2
(중2-3)

내신 준비와 문법 기초를 동시에 학습

- 문법 개념의 발생 원리 이해로 탄탄한 기초 세우기
- 학교 시험 유형의 실전 문항으로 개념 적용력 향상

Unit 누적 문항 제시, 기출 변형 서술형 문제로 실력 향상

- Unit별 학습 내용이 누적된 통합 문항 풀이로 한 번 더 반복 학습
- 실제 내신 기출을 변형한 서술형 문제로 실전 감각 UP!

모든 선택지를 자세히 짚어주는 꼼꼼 해설

- 자세한 정답 풀이, 명쾌한 오답 해설을 활용한 스스로 학습